VOYAGE

DANS

L'AMÉRIQUE MÉRIDIONALE

(LE BRÉSIL, LA RÉPUBLIQUE ORIENTALE DE L'URUGUAY, LA RÉPUBLIQUE ARGENTINE, LA PATAGONIE, LA RÉPUBLIQUE DU CHILI, LA RÉPUBLIQUE DE BOLIVIA, LA RÉPUBLIQUE DU PÉROU),

EXÉCUTÉ PENDANT LES ANNÉES 1826, 1827, 1828, 1829, 1830, 1831, 1832 ET 1833,

PAR

ALCIDE D'ORBIGNY,

CHEVALIER DE L'ORDRE ROYAL DE LA LÉGION D'HONNEUR, OFFICIER DE LA LÉGION D'HONNEUR DE LA RÉPUBLIQUE BOLIVIENNE, PRÉSIDENT DE LA SOCIÉTÉ GÉOLOGIQUE DE FRANCE ET MEMBRE DE PLUSIEURS ACADÉMIES ET SOCIÉTÉS SAVANTES NATIONALES ET ÉTRANGÈRES.

et publié sous les auspices de M. le Ministre de l'Instruction publique

(commencé sous le ministère de M. Guizot).

TOME DEUXIÈME.

PARIS,

CHEZ P. BERTRAND, ÉDITEUR,

Libraire de la Société géologique de France,

RUE SAINT-ANDRÉ-DES-ARCS, 38.

STRASBOURG,

CHEZ V.e LEVRAULT, RUE DES JUIFS, 33.

1839—1843.

PARTIE HISTORIQUE,

PAR

ALCIDE D'ORBIGNY.

1835 — 1838.

VOYAGE

DANS

L'AMÉRIQUE MÉRIDIONALE.

CHAPITRE XVII.[1]

Départ et voyage de Buenos-Ayres au Rio negro de Patagonie. — Premier séjour au Carmen. — Voyage et séjour à la baie de San-Blas.

§. 1.er

Départ et voyage de Buenos-Ayres au Rio negro de Patagonie.

1828. Buenos-Ayres.

DEPUIS long-temps j'avais tout préparé pour mon voyage en Patagonie; il me tardait d'aller reconnaître, par moi-même, ces fameux géans décrits par le chevalier Pigafetta, dans l'expédition de l'immortel Magellan; de pouvoir, en recueillant des renseignemens sur les langues des nations qui habitent la partie la plus australe du continent américain, fixer, par des indications positives, la véritable ligne de démarcation entre tous ces fiers indigènes que l'Espagne n'a pu, ni par les insinuations des Jésuites, ni par les armes, déterminer à se réunir en société, de ces nomades indépendans qui firent tant de mal à Buenos-Ayres, sans jamais changer de position sociale. Une autre raison, non moins attrayante et plus analogue à ma mission, m'attirait vers ces contrées sauvages: j'y devais trouver une foule d'animaux nouveaux dont j'avais entendu parler, plusieurs fois, par des habitans de la république Argentine; j'y devais voir les côtes couvertes de ces monstrueux amphibies dont on vient faire la pêche de toutes les parties du monde; j'y devais trouver une nature tout à fait différente de celle des pays chauds, plus analogue à celle du détroit de Magellan; et, enfin, mes observations sur la distribution géographique des

1. Ici reprend la relation du voyage de l'auteur.

1828. Buenos-Ayres. animaux, en raison de la latitude, devaient s'y enrichir de faits intéressans. La botanique me promettait des récoltes non moins abondantes, non moins curieuses. La géographie et la géologie allaient aussi m'offrir, sur ce sol, si différent de celui des Pampas, des renseignemens nouveaux pour la science. Je voyais donc avec plaisir arriver le moment de ce départ, me transportant souvent en imagination sur cette terre ignorée, et reconnaissant, par avance, tous ses trésors étalés sous mes pas. Cependant, ce projet avait été assez fréquemment combattu par mes amis : ce pays, pour moi si beau, malgré son aridité effective, était, depuis quelque temps, en proie à des guerres cruelles avec les indigènes, qui, déjà, avaient attaqué l'établissement du Carmen; tout enfin annonçait, pour l'avenir, des rixes réitérées qui pourraient entraver mes courses, et même compromettre mon existence. Ces considérations ne durent point m'arrêter. Il ne me restait d'autre alternative, les Pampas étant en proie à la guerre civile, que celle d'abandonner Buenos-Ayres, pour me rendre au Chili par mer, renonçant, alors, à compléter mes observations vers le Sud, ou bien à entreprendre le voyage. Je ne balançai pas; et, ayant appris qu'un bâtiment nord-américain partait sous peu, j'y allai retenir mon passage.

8 Novemb. Le 8 Novembre, le navire, après plusieurs retards, était prêt à mettre à la voile : j'y transportai mes malles, et me rendis au Bajo, où je rencontrai d'autres passagers, parmi lesquels se trouvait madame Cardoso, femme d'un administrateur des douanes de Patagones, accompagnée d'une foule de parentes qui se promettaient de la conduire jusqu'à bord. Il faisait une de ces belles journées d'été, si communes dans ces contrées; le ciel azuré n'était voilé d'aucun nuage; le soleil, depuis plus de trois heures, échauffait la plage; il n'y avait pas un souffle de vent; un air trop chaud annonçait seulement que le temps était à l'orage. L'horizon, au Sud, mais encore dans l'éloignement, paraissait chargé de gros nuages noirs; les marins des canots qui devaient nous transporter à la petite rade, éloignée de près d'une lieue, nous prévinrent qu'il allait y avoir un pampero ou coup de vent de Sud-Ouest. Ces observations glissèrent sur les dames, qui se promettaient un grand plaisir d'une promenade sur l'eau. On partit; à peine à quelques centaines de pas du rivage, les nuages parurent beaucoup plus près, et l'horizon prit tout à coup une teinte rougeâtre, où se dessinaient distinctement des trombes de poussière, qui devenaient, à chaque instant, plus apparentes. Nous obligeâmes alors les dames à retourner à terre, et nous essayâmes d'arriver au navire; mais les nuages de poussière s'approchaient de plus en plus. La ville, éclairée par le soleil, se détachait en blanc sur un fond enflammé. Le silence de toute la

nature, sur le lieu où nous étions; l'eau des plus tranquille, sur laquelle nous voguions, tout contrastait avec le déchaînement des vents qui s'annonçait au loin. Ce spectacle d'oppositions si imposantes dura peu : bientôt les nuages de poussière enveloppèrent entièrement la cité; la côte nous fut tout à fait voilée; un bruit affreux se fit entendre, le roulement du tonnerre au milieu du sifflement des vents; et la Plata, quelques instans avant unie comme une glace, se couvrit subitement de houles élevées. Nos rameurs ne pouvaient, malgré tous leurs efforts, lutter contre l'impétuosité du vent, qui entraînait notre barque loin de la direction que nous devions suivre : la pluie commençait à tomber par torrens; l'eau agitée venait, comme en furie, se briser contre notre frêle esquif, et paraissait vouloir nous engloutir. Notre passagère se mit à pousser des cris; le mouvement la rendit bientôt assez malade pour qu'elle oubliât sa position. Nous étions toujours entraînés; nous avions perdu tout espoir d'atteindre le bâtiment; il ne nous restait plus que celui de gagner le premier qui se présenterait; ce que nous fîmes en effet, non sans beaucoup de peine.

On nous reçut avec une hospitalité toute cordiale à bord d'un navire portugais, où l'on prodigua des soins à la malade. La pluie tomba pendant quelque temps; puis le vent baissa peu à peu, le soleil reparut, l'orage s'enfonça vers le Nord, et la nature redevint presque aussi calme qu'avant. La Plata seule resta encore agitée quelques instans; mais le vent ne donnant plus qu'une faible impulsion aux vagues, elles tombèrent graduellement. Nous nous rembarquâmes et pûmes enfin, vers midi, arriver à notre navire, qui n'attendait plus que nous et voulait profiter d'une petite brise qui avait succédé à l'orage. On leva l'ancre, on déploya les voiles, et nous partîmes bientôt. Chacun alors chercha à s'arranger le moins mal possible. Notre bâtiment était une de ces goëlettes américaines faites plutôt pour la marche que pour la charge; elle était sur lest, allant se charger de sel en Patagonie, commandée par un capitaine de mince apparence, secondé par un lieutenant qui ne le valait pas. Les passagers étaient deux Français, capitaines de corsaires, qui allaient rejoindre leurs navires restés en Patagonie. Tant qu'il fit jour, le capitaine, pourvu de bonnes cartes, nous dirigea parfaitement; mais, quand vint la nuit, il alla se coucher, nous laissant à la charge du pilote. J'avais remarqué que celui-ci, dans la journée, avait bu beaucoup de genièvre, et je n'aimais pas à le voir descendre, à chaque instant, pour en reprendre encore : il faisait gouverner au Sud; les deux capitaines passagers, qui connaissaient mieux la rivière que lui, firent remarquer qu'il allait nous perdre, s'il continuait; l'observation fut inutile, il suivit toujours son même rumb, voulant, peut-être, couper

1828. Rio de la Plata.

à travers le continent, pour arriver plus vite. Vers onze heures du soir, nous fûmes tous effrayés par une secousse affreuse. Nous venions de toucher sur le sable, et nous talonnions de telle manière que tout craquait à bord : le capitaine et le pilote s'occupèrent en vain de retirer le bâtiment, ils jetèrent des ancres au large, pour le haler dessus; mais, bientôt, les secousses détachèrent une partie des bordages, l'eau entra de toutes parts, et il n'y eut plus d'espoir de salut pour la goëlette. Dans l'intervalle, on doit juger de l'état dans lequel se trouvait la pauvre passagère, embarquée pour la première fois; elle questionnait tout le monde, se vouait à tous les saints, et ne trouva que moi à bord qui voulût bien répondre à ses questions. Les marins sont trop occupés, en des circonstances semblables, pour satisfaire les passagers, toujours importuns; à chaque instant, cette dame venait me demander de l'accompagner dans la cale, pour voir si l'eau augmentait. J'avais beau lui répéter que, le navire touchant, il ne pouvait aller plus bas; que, par conséquent, nous devions attendre le jour pour savoir où nous étions, mais qu'à la vérité nous avions à craindre qu'un coup de vent mît notre bâtiment en pièces, tous mes raisonnemens étaient en pure perte. Elle ne voulut pas m'écouter et continua de se plaindre. La nuit étant fort obscure, on ne distinguait aucun objet : il eût été difficile de savoir à quelle distance nous étions de terre; il ventait un peu, et il serait impossible de décrire la triste nuit que nous eûmes à passer. Il nous semblait que le jour tardait plus qu'à l'ordinaire à paraître; aussi avec quelle joie n'accueillîmes-nous pas les premiers rayons de lumière qui vinrent éclairer l'horizon.

Nous reconnûmes alors que nous étions échoués sur les bancs de sable de la côte, à plus d'un quart de lieue d'une terre plate et marécageuse. S'il eût un peu venté, et que le navire se fût entièrement brisé, il nous eût été difficile de nous sauver tous dans le petit canot du bord, et nous dûmes nous trouver fort heureux d'en être quittes à si bon compte. Les naufrages sont bien plus fréquens chez les Américains, que chez toutes les autres nations; ce qui s'explique par l'extrême imprudence des marins qui s'aventurent partout, ne veulent pas employer les pilotes par économie et comptent toujours sur eux-mêmes. Si le commerce a pris aux États-Unis une extension que nous pourrions envier, il n'en est pas ainsi de cette sage prévoyance des vieux gouvernemens, qui, avant de permettre aux capitaines de diriger un navire, et de leur remettre des passagers, dont l'existence leur est confiée, les soumettent à des examens. Aux États-Unis il en est tout autrement : le premier venu peut être capitaine; il peut s'aventurer partout où bon lui semble. J'ai souvent vu des jeunes gens de dix-huit à vingt ans capitaines d'un bâtiment, parce qu'ils y avaient un intérêt, ou en étaient les propriétaires; aussi en trouve-t-on fréquemment d'aussi ignorans que celui qui venait de nous perdre par son peu de soin et par l'ivresse de son second. 1828. Punta de Lara.

Nous étions en face de la *punta de Lara,* la pointe de Lara, à huit lieues de Buenos-Ayres, dont nous apercevions les clochers; l'impatience était grande parmi nous tous de descendre à terre, quoique nous n'eussions rien à craindre pour l'instant. Nous désirions être sur un sol plus solide que celui du pont d'un navire. On nous débarqua; et, bientôt, nous nous abouchâmes avec des hommes de la campagne, qui arrivèrent à cheval, pour obtenir d'eux les moyens de sauver nos effets et de les transporter à Buenos-Ayres. Tout nous fut promis; et, en attendant, chacun se promena sur la plage, qui, déjà très-vaste, le devenait à chaque moment davantage, parce que le vent du Sud-Ouest, qui continuait toujours à souffler, chasse les eaux de la Plata vers la mer et découvre, en quelques heures, des plages de plus d'une demi-lieue d'étendue, et qui s'agrandissent tant que les vents règnent du même côté. Ce sont les seuls abaissemens de cette large rivière, sur laquelle les marées n'influent pour ainsi dire pas; aussi les eaux restent-elles quelquefois, pendant plusieurs jours, très-hautes ou très-basses, selon les vents qui soufflent. Ce jour-là les eaux baissèrent au point que, le soir, le navire était tout à fait à sec, et que nous n'avions pas besoin de canot pour nous y rendre; ce qui fit que, n'ayant pu obtenir de moyens de transport, nous restâmes encore à bord. Tandis que mes compagnons d'infortune s'attristaient sur la plage, et s'ennuyaient de ne pouvoir traverser les marais qui les séparaient des lieux habités, je faisais d'amples récoltes de coquilles fluviatiles, dans un petit ruisseau qui se jette dans la Plata, près du lieu où nous étions. Notre mésaventure me fut donc fructueuse, puisque de belles espèces d'unio, d'anodontes et d'ampullaires[1] vinrent enrichir mes collections. Nous n'eûmes des charrettes que le lendemain, encore arrivèrent-elles très-tard; cependant on put les faire approcher très-près du navire, et elles furent faciles à charger; mais il n'y avait aucun espoir d'arriver le même jour à Buenos-Ayres. Il fallut donc s'arrêter à une petite cabane de pêcheurs pour attendre le lendemain. Le soir, un grand nombre de Gauchos pêcheurs rôdèrent autour de nos charrettes, dont ils convoitaient le chargement; il ne fallut rien moins, pour

1. Les espèces que je rencontrai en ces lieux sont les suivantes : *Unio lacteolata*, Lea, *U. solisiana*, Lea; *Anodontes lato-marginata*, Nob., *A. exotica*, Lam.; *Ampullaria naticoides*, Nob., et *Paludina australis*, Nob.

1828 les empêcher de me voler, qu'une garde assidue pendant toute la nuit, et des
Buenos-Ayres. menaces de faire feu, quelques-uns d'entr'eux s'étant approchés en silence, à plusieurs reprises.

Dès que ma charrette fut bien avancée sur la route, je l'abandonnai aux soins de mon domestique, et je voulus prendre les devans pour chercher un lieu où l'on pût descendre. Je passai par le joli petit village de los Quilmes, fondé en 1677[1], pour recevoir les Indiens de ce nom, que l'on amenait de Santiago del Estero : il serait impossible de trouver aujourd'hui aucune trace de son langage primitif; les habitans en sont tous, il est vrai, d'un sang plus ou moins mélangé; mais toutes les traces des indigènes se sont peu à peu fondues avec les descendans des fiers Castillans. Los Quilmes, situé à trois lieues de Buenos-Ayres, sur une très-faible éminence, qui protège ses maisons des fréquentes inondations auxquelles son voisinage est exposé, présente un aspect riant; on y voit du mouvement commercial, des boutiques, beaucoup de pulperias, et beaucoup de Gauchos désœuvrés. J'y restai peu; car ma qualité d'étranger devait m'y faire regarder de mauvais œil par les gens de la campagne, d'autant plus que les nouvelles politiques étaient peu rassurantes, surtout pour les partis qui agitaient les campagnards. Le général Lavalle commandait, dans les environs, le parti *unitario ;* tandis que toute la campagne, soulevée par Juan Manuel Rosas, était pour le parti *federal.* Lavalle, vainqueur dans plusieurs petites escarmouches, avait pu même s'emparer, par surprise, du gouverneur Dorrego. Sans autre examen et sans jugement préalable, il lui avait accordé deux heures seulement, et l'avait fait fusiller, croyant ainsi mettre fin à la guerre civile; et avait envoyé au gouvernement provisoire une proclamation, dans laquelle il se contentait de dire : « Aujourd'hui, par « mon ordre, a été fusillé le général Dorrego. » Il en appelait à l'histoire de l'appréciation de cette mesure, sans donner de plus amples détails. Cet assassinat politique, connu le jour même à Buenos-Ayres et dans les environs, occupait tout le monde; les esprits étaient on ne peut plus exaltés; on n'entendait que menaces; tout, dès-lors, au milieu de l'effervescence générale, devait faire présager, dans les campagnes, ces guerres sanglantes, cette lutte entre frères, fléau si prolongé de la république Argentine. Effrayé des dispositions dans lesquelles je trouvais les Gauchos, je me rendis promptement

1. Voyez Azara, Voyage, t. II, p. 338. Il est curieux de voir cet auteur indiquer l'année 1618 pour la translation des Indiens, et pour la fondation du village en *1677*, dans son tableau de la fondation des villages. *Idem.*

dans la capitale, où l'acte de despotisme du général Lavalle mettait tout en rumeur. 1828. Le commerce était, pour ainsi dire, suspendu; depuis le négociant Buenos-Ayres. jusqu'au porte-faix, tous paraissaient avoir momentanément oublié leurs affaires, pour parler politique, ou même afin de se décider à prendre parti pour ou contre, dans l'anarchie du jour.

Un compatriote voulut bien m'accorder provisoirement l'hospitalité, et recevoir mes bagages, qui arrivèrent le même soir. En revoyant mes effets, je m'aperçus de plusieurs pertes irréparables, causées par l'infiltration de l'eau dans la cale du navire sur lequel je m'étais perdu. Il fallut, autant que possible, les réparer, et m'occuper de nouveaux moyens de reprendre mon voyage; car le *mauvais succès de ma première tentative* n'avait pas changé mes résolutions. Je me réunis aux autres passagers pour chercher à me rendre en Patagonie. Il fallait renoncer à toute idée d'y aller par terre, vu le peu de sûreté de la campagne; d'ailleurs une escorte était nécessaire pour traverser les Pampas, et je ne pouvais l'obtenir. Cependant il se présenta, bientôt, une nouvelle occasion de partir. Le gouvernement devait envoyer un navire de guerre pour transmettre quelques ordres au commandant de Patagonie, et j'obtins la permission de m'y embarquer, ainsi que tous mes autres compagnons d'infortune dans la première tentative de départ. Mes effets furent mis à bord; mais les nouvelles de la marche de l'armée ennemie devenant, de jour en jour, plus alarmantes, un embargo très-strict sur tous les bâtimens du port les empêcha long-temps de sortir; le mien subit l'effet de l'ordonnance, et la mise à la voile fut indéfiniment ajournée.

Je restai ainsi jusqu'au 29 Décembre; enfin on me prévint que le départ 29 Décemb. aurait lieu le lendemain. Lorsqu'il avait été question de mon voyage en Patagonie, j'avais réclamé du gouvernement de Dorrego des recommandations pour le commandant du Carmen sur le Rio negro et pour celui de la bahia Blanca: elles m'avaient été accordées avec beaucoup d'obligeance par le ministre Don Tomas Guido, qui avait parfaitement compris ma mission. Lorsque le gouvernement changea, après la révolution de Lavalle, je m'étais adressé, de nouveau, aux autorités; et, ayant rencontré la même bienveillance de la part du ministre Don Jose Maria Diaz Velez, j'étais muni d'ordres de la part des deux partis, ce qui m'était très-nécessaire; car, souvent, les autorités éloignées ne tiennent compte des ordres d'un gouvernement qu'autant qu'elles sont du même parti politique; aussi me promis-je de remettre à la fois mes diverses lettres; sous ce rapport, je devais m'attendre à être aidé dans l'exécution de mes projets de voyage. Le lendemain, je me rendis sur le port; je fis de

1828. nouveau mes adieux à mes amis, et m'embarquai, sous des auspices plus heureux, à bord de la goëlette la *Convencion*.

Rio de la Plata.

A 10 heures du matin, le navire appareilla par un temps magnifique; nous passâmes, en suivant le chenal, au milieu de plus de deux cents navires de toutes les nations, arrivés depuis la paix, et qui promettaient à Buenos-Ayres une prospérité nouvelle, quant aux relations extérieures. Ensuite le vent devint contraire, de sorte que nous louvoyâmes tout le jour, sans, pour ainsi dire, avancer; car nous avions toujours Buenos-Ayres aussi clairement en vue. Nous parvînmes seulement à sortir de la grande rade; et, là, nous mouillâmes jusqu'au jour suivant. Nous n'étions encore qu'à trois lieues de la capitale argentine. Le lendemain, le vent n'était pas devenu beaucoup meilleur; mais le courant nous portait en dehors, de sorte qu'en courant des bordées nous avancions lentement. Nous passâmes en face de la punta de Lara, où, quelques jours avant, je m'étais vu à la veille de périr; je remarquai alors que, de tous les environs, c'est peut-être la partie la plus basse sur toute la côte; elle forme, au reste, l'extrémité ouest de la baie nommée *Ensenada de Barragan*, dont la pointe de *Santiago* forme l'autre extrémité. Cette baie est devenue célèbre par le grand nombre de navires qui s'y sont sauvés des Brésiliens pendant la dernière guerre, et par les divers combats qui s'y sont livrés, à plusieurs reprises, entre l'escadre de Buenos-Ayres et celle de Don Pedro. Avant cette guerre, le petit village de l'*Ensenada*, qui occupe le fond de cette baie, n'était composé que de quelques maisons de fermiers. L'obligation d'y maintenir une garnison, pour garder un petit fort; le grand nombre d'armemens qui furent faits, ainsi que le commerce et l'argent qu'y jetaient un grand nombre d'officiers et de matelots de corsaires, lui avaient donné de l'importance; mais sa prospérité cessera, sans doute, en même temps que le motif qui y attirait tant d'étrangers. L'aspect des côtes de la Plata est remarquable par son uniformité; à peine ont-elles une couple de mètres au-dessus du niveau des hautes eaux; l'horizontalité en est singulière. S'il s'y montre quelques arbres semés çà et là, comme ceux qu'on voit au-dessous de la pointe de Santiago, par exemple, le mirage les détache au-dessus des eaux en les grandissant de telle manière qu'ils prennent, de loin, une apparence fantastique, et qu'on se demande ce que ce peut être, quand on n'a pas l'habitude de cette rivière; au reste, même du milieu de la passe, entre la côte du sud et le terrible banc de sable nommé *banco de Ortiz*, on n'aperçoit presque jamais les deux rives à la fois.

Le commandant fut assez prudent pour faire mouiller à l'entrée de la nuit,

1828. Rio de la Plata.

dans la crainte que le vent contraire ne nous jetât sur les bancs qui ont coûté la vie à tant de malheureux navigateurs, et causé tant de pertes. Opposé au courant de la rivière, il rendait l'eau très-houleuse, et le navire au mouillage ballottait cruellement; circonstance d'autant plus fâcheuse qu'il n'y avait aucune cabane de libre, et que le commandant n'offrit pas même la sienne à madame Cardoso, obligée de s'établir sur deux malles d'un côté de la chambre. Il fallut bien que j'en fisse autant; à cette différence près que les deux miennes étaient en dôme et d'inégale hauteur, ce qui me fatigua au point, le lendemain, d'avoir le corps rompu; et cependant tel fut mon lit pour le reste de la traversée.

1829. 1.er Janvier.

Nous étions au premier jour de 1829, à ce premier de l'an, si fêté en France, et si fastidieux pour les visiteurs et les visités; mais si agréable pour un père de famille entouré de ses enfans, parmi lesquels le don de quelques bagatelles fait naître la joie la plus pure; à ce premier de l'an où tout est surprise pour les personnes qui s'aiment. Dès l'aurore, me promenant seul sur le pont, je me rappelais successivement le commencement de toutes les années de ma vie; je pensais à ces instans de bonheur, où, heureux d'un rien, sans crainte de l'avenir, je ne m'occupais que du présent, ne pouvant pas même supposer que je dusse me voir un jour séparé de parens chéris. De ces souvenirs de l'enfance, où les soucis sont aussi passagers que leurs causes futiles, je me jetais au milieu du bruit de Paris, au sein de ce tourbillon du monde, passion de quelques-uns, et supplice de tous les autres. Arrivé aux années suivantes, je me retrouvais, en 1827, à demi prisonnier dans la ville de Montevideo, ne sachant pas quand j'en pourrais sortir; en 1828, au contraire, dans le lieu le plus reculé de la province de Corrientes, dans le village de Caacaty, parmi ses bons habitans, dont les mœurs patriarchales me faisaient souvent oublier que j'y vivais comme un véritable sauvage, mangeant seulement de la viande sèche et du maïs rôti, sans presque jamais quitter mon cheval. Enfin, parvenu à l'époque actuelle, « Où suis-je aujourd'hui? » me dis-je.... « Sur cet élément continuellement « agité, route commune de l'ambition et de la curiosité; mais qui, souvent, « fait payer bien cher les imprudens désirs! et sur quel point me dirigé-je? « vers une contrée dont le nom seul répand la terreur dans les pays voisins, « surtout en un moment où les nations aborigènes sont en querelle avec le « petit nombre des colons du Carmen.... » J'avoue qu'à cette dernière pensée je n'osai pas chercher à deviner où je me trouverais l'année suivante. Il pouvait arriver tant de choses impossibles à prévoir! D'ailleurs, tant

1829. d'entraves étaient venues contrarier mes projets, que je n'osais plus en former.

Rio de la Plata. Le vent était passé au Nord-Est, et nous pouvions marcher grand largue; nous suivîmes la passe du sud, entre le banc *Chico* et la terre, mais assez près du premier pour distinguer les mâts d'un navire qui s'y était perdu, il y avait peu de temps. La Plata est trop large pour avoir beaucoup de profondeur; aussi est-elle remplie, partout, de bancs de sable plus ou moins grands, parmi lesquels on peut citer le fameux *banco de Ortiz,* qui a près de vingt lieues de long, et le banc Chico. Ce sont les principaux écueils que présente la navigation de la rivière, indépendamment des atterrages également couverts de plages s'étendant au loin, qui obligent d'y entrer avec un pilote; car, dans le cas contraire, les brumes fréquentes et le manque de points visibles sur la côte, mettent les navires en danger. Nous filions assez vite, la *punta Atalaya* disparut rapidement; nous vîmes ensuite la *punta del Indio* (pointe de l'Indien), la *punta de la Memoria* (pointe de la mémoire), aussi basses l'une que l'autre; et, marchant toujours, nous nous trouvâmes bientôt en face de la *punta de Piedras* (la pointe des pierres). Nous en étions là, lorsqu'à midi nous entendîmes distinctement des coups de canon, qui, sans doute, venaient de Montevideo; car ce même jour était fixé, depuis longtemps, aux Brésiliens, pour rendre la place au gouvernement naissant de la *Republica oriental del Uruguay,* formée de la province de la Banda oriental. Nous étions alors à près de quinze lieues marines de distance de Montevideo; mais ce qui m'étonna le plus, ce fut d'entendre encore distinctement les salves le soir, après nous être constamment éloignés, en longeant la baie de Sombonrombon, quoique nous en fussions alors à la distance au moins de vingt-cinq lieues marines; il est vrai qu'aucun obstacle n'en interceptait les sons, que le vent nous apportait. Nous étions, néanmoins, toujours dans la rivière de la Plata; car, bien qu'on puisse considérer plus spécialement la punta de Piedras et celle de Montevideo, comme la véritable embouchure de la Plata, puisqu'elle conserve jusque-là des eaux douces, ce qui ne lui donnerait que vingt à vingt-deux lieues marines de largeur, on est convenu de regarder, comme la véritable borne, le cap *San-Antonio* au Sud, et le cap *Santa-Maria* au Nord; ce qui lui donne d'entrée, trois degrés dix minutes de largeur, ou mieux soixante-trois lieues et demie. On n'est pas accoutumé en Europe à voir des rivières aussi grandes, et dont surtout la largeur, à cinquante lieues en la remontant, est encore de plus de neuf lieues marines, comme à Buenos-Ayres.

Nous voguions assez loin de la côte de la baie de Sombonrombon, qui reçoit l'embouchure de la rivière de ce nom et du *Rio Salado*, où, peu de temps auparavant, les Brésiliens avaient souvent eu des rixes avec les corsaires argentins, et même avec les navires marchands qui venaient y débarquer leur cargaison; c'est dans cette baie, au milieu des vases qui la remplissent en partie, que plusieurs navires français sont venus s'échouer, pour échapper aux Brésiliens, et pour débarquer des chargemens de passagers amenés par la commission d'émigration; souvent ces pauvres infortunés étaient jetés au milieu des vases, et arrivaient avec une peine extrême jusqu'à la terre ferme, où les attendaient de nouveaux malheurs. Le vent nous poussait avec assez de force. Toute la nuit nous longeâmes la côte de la baie; et, à la pointe du jour, le 2 Janvier, nous avions en vue la pointe sud du cap San-Antonio, dont, à cinq ou six lieues, nous apercevions les hautes dunes rougeâtres, qui offraient un aspect singulièrement mamelonné, et sur lesquelles les rayons du soleil levant se montrèrent bientôt. Ces dunes forment une simple lisière au bord de terrains bas et marécageux, empêchant l'écoulement de leurs eaux; aussi ces plaines sont-elles plus souvent inondées, et toujours totalement désertes. Ce sont même des lieux où personne ne va, si ce n'est pour chasser les phoques qui les habitent quelquefois. Des pétrels damiers commencèrent à paraître en très-petit nombre, et sans jamais s'approcher du navire. Nous étions dans la saison où ces oiseaux se réunissent par milliers sur des îles inhabitées de la côte, afin d'y nicher. C'est à cette époque que, tous les ans, les pêcheurs de Montevideo vont sur l'île de Flores faire des provisions de leurs œufs et de ceux des mouettes, qui couvrent toute la côte. À midi, nous étions en face du *cap Corrientes* (des courans), par un calme parfait; nous ne l'apercevions cependant pas encore. Le calme dura quelques instans, sans me permettre de voir, à la surface, aucun animal marin, sans doute à cause de la proximité des côtes; le vent ensuite s'éleva peu à peu, et nous marchâmes. Nous aperçûmes une énorme tortue endormie, les marins voulurent descendre dans le canot pour s'en saisir; par malheur, aux cris qu'ils jetaient, elle se réveilla et s'enfonça, de suite, au sein des eaux. Le soir, nous étions en vue des caps Corrientes et *San-Andres;* mais à une très-grande distance. Les sommités des montagnes, qui forment ces deux caps, se distinguaient parfaitement au-dessus de l'horizon. Ces montagnes constituent la dernière pointe ou l'extrémité de la chaîne nommée, selon ses différens groupes, *Sierra de Tapalquen, Sierra Amarilla, Sierra de la Tinta, Sierra del Tandil,* où est le fort de l'Indépendance, et, enfin, au plus près, la *Sierra del Volcan,*

1829. Rio de la Plata.

2 Janvier.

1829. nom très-improprement donné; car il n'y a aucun volcan dans toutes ces
En mer. montagnes, ni la moindre apparence qu'il y en ait jamais existé.

3 Janvier. Le jour suivant, nous ne vîmes plus la terre : quelques damiers seuls se montraient encore, de temps à autre; un vent des plus favorable nous poussait avec force vers notre destination; aussi, à midi, l'observation nous mit-elle vis-à-vis la *bahia Blanca*, déjà connue. Le soir, le temps se chargea de gros nuages, des éclairs parurent au Sud; mais la mer resta belle; le vent tomba un peu, sans cesser d'être bon; seulement nous n'allions plus aussi vîte.

4 Janvier. Le commencement de la journée du 4 Janvier fut calme : la mer était très-belle, et la brise assez bonne; à midi nous étions par 40° 31′ de latitude australe, par le travers de la *bahia de San-Blas*. Nous nous estimions à vingt-cinq lieues de terre; le vent augmenta progressivement vers le soir, et nous poussa vers la côte, que nous ne pûmes néanmoins apercevoir. La nuit, comme de plus en plus il soufflait avec violence, nous fûmes obligés de mettre à la cape par une mer affreuse, qui nous ballottait d'une cruelle manière.

Le commandant de la Convencion était un Français, venu comme mousse à bord d'un navire marchand, et qui, ayant déserté en arrivant à Buenos-Ayres, était parvenu, en peu d'années, au grade de capitaine dans la marine argentine. C'était un assez bon homme, pas trop despote avec les passagers; seulement il ne se montrait pas des plus complaisant pour M.me Cardoso, qu'il laissait constamment couchée sur des malles, tandis qu'il avait une bonne cabane à lui offrir. Pour mes autres compagnons de voyage, je dus, pour l'avenir, me féliciter de leur rencontre. L'un des capitaines de corsaire, M. Dautan, de Nantes, que je me plais à nommer ici, voulut bien m'offrir ses services, qui n'étaient pas à dédaigner; son navire était mouillé à la bahia de San-Blas; il me proposa, avec cette franche cordialité qui caractérise les marins, de venir passer quelque temps à son bord, et de mettre à ma disposition ses canots, afin de me faire visiter cette immense baie, si peu connue en Europe. Cette offre obligeante remplissait parfaitement mes vues, et comblait une lacune qui serait toujours restée dans mes observations, sans cette heureuse circonstance. L'un des autres passagers, M. Alfaro, négociant, et l'un des plus riches propriétaires de l'établissement de Patagones, était un de ces Argentins instruits auxquels le français et l'anglais sont également familiers, ainsi que notre littérature; il jouissait d'une grande considération au Carmen, et m'offrit aussi ses services avec une grâce toute particulière. Maître d'une estancia sur les bords de la baie de San-Blas, il me fit prendre l'engagement d'y aller passer quelque temps, afin de parcourir par terre tout ce que je ne verrais pas par eau, mettant à mes ordres les chevaux et les guides qui pourraient m'être nécessaires. J'avais donc d'avance la certitude de résultats satisfaisans pour mon voyage; et mes fréquentes conversations avec M. Alfaro me procuraient, chaque jour, des renseignemens précieux sur le pays que j'allais parcourir. On doit sentir qu'avec de tels compagnons de voyage les instans devaient me paraître bien courts, et que je m'enrichissais rapidement de notions indispensables au succès de mon entreprise. 1829 En mer.

Le 5 au matin, nous croyions être en vue de terre; mais nous ne l'aperçûmes qu'à dix heures, et encore était-elle perdue à l'horizon; il est vrai que, lorsqu'on commence à la voir, elle est déjà assez près, étant très-peu élevée. A onze heures, nous en étions à une lieue. La côte que nous apercevions était celle de *punta rasa* (pointe rase); car nous avions déjà passé la *punta rubia* (la pointe blonde). Elle est partout bordée de très-hautes dunes de sable, la plupart s'élevant comme de petites montagnes, et paraissant, en partie, dénuées de verdure; à leur vue, les souvenirs de la patrie se présentèrent à moi; je croyais revoir les côtes de la Vendée, surtout celles de la Tranche, près du golfe de l'Aiguillon; ou, mieux encore, celles de Saint-Jean-de-Mont, que j'avais si souvent parcourues dans mon enfance; le même aspect se manifestait, seulement sur une plus grande échelle. Il est vrai que les dunes les plus élevées du pays sont celles de punta rasa. Nous longeâmes long-temps la côte, apercevant toujours les mêmes sables. Comme on me disait, à chaque instant, que c'était là qu'avait lieu la pêche aux éléphans marins ou grands phoques à trompe[1], l'imagination me faisait souvent rapprocher les distances, et j'allais même jusqu'à croire distinguer, sur le sable, des groupes de ces animaux; mais des objets qui ne laissaient aucune incertitude, étaient les nombreux débris de navires qu'on apercevait, de distance en distance, sur toute la côte. La mer s'y brisait avec fureur: bientôt les falaises escarpées nommées *barrancas del norte* (les falaises du nord), par opposition à celles qui sont au sud de l'embouchure du *Rio negro* (rivière noire), commencèrent à se montrer; elles paraissaient ne plus être battues par les flots, qui en étaient séparés par quelques petites dunes; elles n'étaient éloignées que de deux lieues du Rio negro; aussi, tout en suivant des côtes basses et sablonneuses, vîmes-nous bientôt le mât des signaux du poste des pilotes, au nord de la rivière; mais la marée était basse, la barre était en furie, et il fallut remettre notre entrée au lendemain. On ne peut franchir avec quelque 5 Janvier.

1. *Phoca leonina*, Linn.

1829. Côtes de Patagonie.

sûreté ce terrible obstacle que lorsque la mer est très-haute, et que les vents ne sont pas de l'Est au S. E. ou du N. E.; et, malheureusement, ce sont, en *même temps*, *ces mêmes vents qui soulèvent* la mer sur la barre, peut-être l'une des plus mauvaises du monde. A mon grand regret, nous marchâmes vers le Sud, et passâmes devant l'embouchure du Rio negro, où nous remarquâmes, au Nord, sur la plage, trois ou quatre carcasses de navires, qui déposaient assez de ce qu'on pouvait attendre de cette côte inhospitalière. Les mugissemens affreux des brisans élevés nous effrayèrent d'autant plus que M. Alfaro, qui avait plusieurs fois fait ce même voyage, et avait failli s'y perdre à deux reprises différentes, racontait à tout le monde les dangers auxquels il avait échappé d'une manière réellement miraculeuse. Nous perdîmes bientôt les brisans de vue, en longeant les côtes sablonneuses du sud, qui firent bientôt place à ces hautes falaises nommées *barrancas del sur*. Elles s'étendent, sur une trentaine de lieues de longueur, au moins, d'une manière on ne peut plus uniforme; présentant, partout, une muraille perpendiculaire, de deux à trois cents pieds de haut, où l'on n'aperçoit, nulle part, d'ouvertures qui permettent de monter ou de descendre. La mer bat partout leur pied, avec une violence extrême, se choquant contre ces barrières insurmontables que la *nature lui a opposées sur cette terre de désolation, où aucun arbre* ne vient varier cette ligne si uniforme que présente la côte. De fait, je n'avais jamais vu plus de régularité dans la hauteur des falaises, qui paraissent composées de couches si uniformément déposées qu'on peut, tant que la vue s'étend, en suivre les diverses teintes. Dans la crainte d'être jetés sur cette côte par les coups de vent qui y sont si fréquens, nous prîmes le large; et l'obscurité fit bientôt disparaître à nos yeux cette rive si dangereuse.

6 Janvier. La nuit fut assez calme jusqu'à trois heures du matin; mais les vents du Sud-Ouest s'élevèrent tout à coup; et, malgré tous nos efforts, nous ne pûmes nous approcher de la côte, que nous avions toujours en vue. La mer tomba un peu, vers dix heures; et nous longeâmes de plus près les falaises du sud, afin d'entrer à la marée pleine, que nous craignions déjà de manquer; un pavillon, sur la maison du pilote, annonçait qu'il y avait assez d'eau sur la passe. Nous fîmes force de voiles. A midi, nous étions près de la barre. Tout était disposé pour ce passage difficile; tout le monde gardait le silence. Le capitaine l'avait demandé, afin de ne pas être troublé dans les manœuvres; nous mîmes le cap sur la passe, avec un vent assez faible; nous y étions même assez engagés, lorsque le pavillon des signaux du pilote, placé au milieu du mât, annonça que la marée commençait à perdre; le commandant voulut

néanmoins entrer, se disant bon pilote de la rivière. Nous étions déjà entourés de brisans, lorsque nous vîmes que le pilote ôtait son pavillon, signe certain du danger qu'il y aurait à entrer; au même instant le vent tomba tout à coup, le courant nous entraînait sur les bancs. Déjà nous avions talonné; la consternation était peinte sur toutes les figures. Le commandant seul était de sang-froid, quoiqu'entouré de périls et menacé d'une mort qui paraissait d'autant plus certaine, que la rivière descendant, et portant au large, eût été un obstacle de plus à vaincre pour se sauver. Il se leva une petite brise, dont on put profiter assez heureusement: on vira de bord; et, aidés du courant, nous fûmes bientôt affranchis de toute crainte. Chacun se félicitait d'être sorti de ce mauvais pas, et l'on reprit bientôt la gaîté qui avait régné jusqu'alors, en attendant le lendemain, où nous devions faire une nouvelle tentative. On tira un coup de canon pour demander le pilote, qui ne parut pas de la journée. Nous louvoyâmes dans le Sud, assez près des falaises; puis, nous nous éloignâmes de terre, et mîmes encore à la cape avec un vent assez fort, qui nous ballotta violemment pendant toute la nuit. 1829. Côtes de Patagonie.

Le 7, le vent du Nord-Ouest, qui nous avait été si favorable pour sortir des brisans, s'était maintenu; malgré la cape, il nous avait porté très-loin vers le Sud; et un calme, qui lui avait succédé, nous donnait à craindre de ne pas être, à l'heure de la marée, devant la barre. Nous faisions face à ces terribles falaises, dont l'uniformité nous désolait d'autant plus que nous ne pouvions savoir positivement à quelle distance nous nous trouvions de l'embouchure de la rivière. La marée devait être pleine à midi; et, à onze heures, nous ne voyions pas encore la fin de ces monotones falaises. Enfin, le vent devint bon, les dunes du nord se montrèrent encore à près de trois lieues de distance. Au même instant nous crûmes distinguer une embarcation qui venait à nous, et nous rendit l'espoir; car nous attendions impatiemment le pilote. En effet, c'était sa chaloupe qui nous atteignit bientôt; il monta à bord, et nous nous regardâmes dès-lors comme presque hors de danger. Le vent était assez bon, circonstance peu commune; il n'est pas rare, en effet, de voir des navires attendre un mois l'instant favorable pour franchir la barre et entrer dans le Rio negro, retenus tantôt par le vent contraire, tantôt parce qu'ils sont arrivés trop tard, tantôt parce que la barre est trop mauvaise; car, lorsque le vent règne du Sud ou du Sud-Est, elle devient si terrible, qu'ainsi que j'ai pu le reconnaître plus tard, on l'entend, lorsque le vent porte, du village même du Carmen, distant de 7 Janvier.

1829 plus de six lieues; alors, bien imprudent serait celui qui s'y aventurerait; les dangers doubleraient pour lui. Il devient donc indispensable d'attendre à la cape au large, pendant plusieurs jours, où un coup de vent du Sud-Ouest, si fréquent dans ces parages, peut le pousser si loin qu'il lui faille, ensuite, plusieurs jours pour regagner la côte. On a vu tel navire obligé de renoncer au projet d'entrer dans la rivière, après avoir été ballotté pendant assez de temps pour se voir privé de vivres. Le Carmen est, en un mot, le port le plus dangereux de toute la côte orientale de l'Amérique méridionale.

Rio negro. Patagonie.

A midi et demi, le pilote prit le commandement du navire; car, on sait que, même dans la marine militaire, le capitaine perd ses droits, dès qu'il y a un pilote à bord. La marée commençait à baisser, il voulut, néanmoins, profiter d'une petite brise favorable. Il est vrai que nous nous trouvions à l'instant des marées de syzygies; et, d'ailleurs, il connaissait trop bien les localités pour s'y risquer sans être sûr du succès. Nous entrâmes, de nouveau, au milieu des brisans..... Spectacle à la fois imposant et beau! Qu'on se figure, au milieu d'une mer tranquille, où les houles forment des ondulations mollement marquées, des vagues en furie qui se heurtent en tout sens avec fracas, s'élèvent dans l'air en poussière, et blanchissent d'écume la surface de la mer; souvent ces vagues sont mélangées d'un sable jaunâtre, élevé du fond par la violence même du choc. Avant d'entrer dans cette barre, la vue intimidée n'embrasse qu'une ligne non interrompue de brisans : elle cherche, avec effroi, à reconnaître l'étroit passage que le navire doit prendre, et que les yeux exercés du pilote peuvent seuls découvrir; mais il ne suffit pas d'avoir franchi la terrible barre; on ne peut se dire hors de tout danger, qu'après être assez avancé dans la rivière, pour pouvoir y mouiller. Nous sortîmes bientôt de la passe fatale, et la joie fut générale.

Dès-lors, devenu observateur, je ne m'occupai plus que d'examiner cette terre nouvelle, théâtre actuel de mes recherches. Il faut être possédé du démon des découvertes pour sentir cette extase, ce bonheur indéfinissable, qu'éprouve le voyageur en abordant un sol qu'il a long-temps désiré d'explorer. J'étais *enthousiasmé; tout me paraissait nouveau*; les oiseaux même que je connaissais le mieux, il me semblait les voir pour la première fois, tant j'étais persuadé qu'en Patagonie je ne retrouverais rien de ce que j'avais déjà vu.

Le Rio negro, à son embouchure, peut avoir un quart de lieue de largeur. Au nord est une pointe de sable assez avancée, sur laquelle la mer déferle avec violence; en remontant un peu, on aperçoit une batterie montée de plusieurs pièces de canon; non loin de là est la maison du pilote, le tout sur un terrain peu élevé et sablonneux. Au sud se prolonge une pointe de sable, qui n'est pas aussi avancée que celle du nord; elle se dirige transversalement au cours des eaux, et vient rétrécir de beaucoup la largeur de l'entrée, formant, en dedans, une anse étendue qui sert de mouillage aux navires en partance, s'ouvrant de telle manière que la rivière, en cet endroit, s'élargit de plus du double, pour se resserrer de nouveau un peu plus haut, où elle reprend une largeur qu'elle conserve long-temps. Elle est partout très-profonde, et court dans un lit fort encaissé. En remontant un peu, les deux rives forment contraste : celle du nord est partout bordée de falaises élevées, dont la pente, par endroits, est assez douce; tandis que celle du sud, basse, marécageuse, est partout couverte de bestiaux. Un vent favorable nous poussait toujours avec vîtesse. Le tableau changeait à chaque instant, montrant successivement des établissemens épars, de loin en loin, sur l'une et l'autre rive, soit au milieu des plaines du sud, soit dans des anses formées par les coudes de la rivière, au milieu et au pied des falaises. Je vis des estancias et des fermes, où, non sans plaisir, je reconnus beaucoup de nos arbres fruitiers d'Europe; des cerisiers, des figuiers, des pêchers, et surtout beaucoup de pommiers. J'admirais, avec bonheur, ces petits bosquets d'une verdure vive, dont la couleur contrastait soit avec des îles cultivées ou boisées au milieu de la rivière, soit avec des champs dorés, aux épis de blé déjà mûrs, penchant leur tête vers la terre, et n'attendant plus que le moissonneur; mais, quand, par hasard, je levais les yeux sur les terrains qui couvrent le sommet des falaises, un triste contraste venait aussitôt blesser ma vue. De toutes parts une végétation maigre, un sol aride, dépourvu d'arbres, ou qui n'était couvert que de buissons rabougris; contrées sauvages fréquentées seulement par quelques oiseaux de proie, de ceux qui annoncent la mort, ou ne vivant, tout au moins, que de cadavres, et qu'à leurs cris on prendrait pour les seuls maîtres de ces lieux. Détournant les yeux de ce triste aspect, je les portais naturellement sur les plaines basses du sud, aussi tout à fait dépourvues d'arbres, mais du moins animées par une multitude de bestiaux.

Tout en admirant cette variété de paysages, en suivant les contours sans nombre de la rivière, toujours poussés par un bon vent, nous vîmes enfin, vers six heures du soir, les premières maisons du *Carmen* ou *Patagones*, distant de sept lieues de l'embouchure. En avant du village, quelques vergers, placés sur le bord de la rivière, contrastent avec la terre sablonneuse et

1829. Carmen. Patagonie.

unie sur laquelle le fort est bâti. J'arrivai, finalement, en face de l'établissement, situé au nord sur la falaise et sur ses coteaux; il me présenta un ensemble irrégulier de petites maisons éparses, placées à diverses hauteurs sur leur penchant, au milieu des sables, dominé par un fort délabré, qui pouvait servir de défense tout au plus contre des Indiens. Dans la falaise se remarquaient aussi des ouvertures pratiquées par lignes, demeures des premiers colons espagnols de ces contrées, ainsi que plusieurs autres du même genre que j'avais déjà observées en route. Au sud de la rivière, je vis quelques misérables maisons couvertes en chaume; et ce qui me plût bien davantage, ce fut d'apercevoir, au milieu de la campagne, des groupes de tentes ou *toldos* des diverses tribus d'Indiens amis, presque toutes des nations patagones ou Tehuelches, ou des Puelches; nations dont je n'avais entendu parler que vaguement à Buenos-Ayres, et sur lesquelles les voyageurs et les historiens sont si peu d'accord.

§. 2.

Premier séjour au Carmen.

A peine eûmes-nous mouillé, que le commandant de la place, qui gouverne en même temps au civil, vint à bord, accompagné du receveur des douanes, connu, dans le pays, sous le nom trop pompeux de *ministro* (ministre), ainsi que de plusieurs officiers et habitans. Je trouvai, de suite, une partie des personnes pour lesquelles j'avais des lettres de recommandation. Je remis mes ordres du gouvernement au chef militaire, M. Rodriguez, dont le charmant accueil me donna beaucoup d'espoir pour l'avenir. Le ministre, M. Cardoso, et les autres habitans m'offrirent également leurs services; et je ne cessai de m'étonner des attentions qu'on me prodiguait qu'en apprenant que, par une galanterie des autorités de Buenos-Ayres, mon voyage avait été annoncé depuis quelque temps, de sorte que j'étais désiré dans le pays; aussi, peu d'instans après avoir pris terre, je me vis reçu partout de la manière la plus agréable.

Je fus frappé de l'inégalité du terrain, du sable mouvant sur lequel j'étais obligé de marcher pour aller d'une maison à l'autre, traversant des dunes, qui se dérobaient sous moi, ou gravissant une falaise nue, des plus rapide, où l'on avait à peine tracé des sentiers, au milieu des grès friables. J'arrivai enfin au fort, par des dunes assez élevées, séparé du plus grand groupe de maisons, nommé *la Poblacion,* et placé au sommet de la falaise sur un point élevé, qui non-seulement commande la rivière, et la partie de maisons de la rive opposée, mais encore tous les environs. Il se compose d'une muraille quadrangulaire, munie de trois bastions à trois de ses angles. J'y entrai; j'en vis l'intérieur orné, sur ses quatre faces, de corps de bâtimens qui sont : au Sud, l'église et la poudrière; à l'Ouest, le logement du commandant; au Nord, les bureaux du ministre; et, enfin, à l'Est, qui est en même temps le côté de l'entrée, sont les habitations de divers officiers. Tous ces corps de logis n'ont qu'un rez-de-chaussée en mauvais état et couvert en tuiles. Je fis ma visite au commandant; sa femme, avec ces manières distinguées et l'amabilité toute spéciale qui caractérisent les dames des bonnes familles de Buenos-Ayres, me reçut parfaitement, et m'offrit, ainsi que son mari, un asyle au fort même, ce que j'acceptai avec plaisir, pour être plus en sûreté et en société. Je fus reçu avec la même cordialité par M. Cardoso. Il me restait à visiter une autre personne, celle qui était chargée de me fournir les fonds dont je pourrais avoir besoin pour mes voyages. Tous ceux à qui j'en avais parlé, me l'avaient annoncée comme un négociant, parlant le français et l'anglais, et très-instruit sous tous les rapports; renseignemens qui me faisaient vivement désirer de faire la connaissance de M. Manuel Alvarez, dont j'aurai, plusieurs fois, occasion de parler; mais il n'était pas chez lui, et je dus remettre ma visite au lendemain. On trouvera peut-être étonnant qu'il se rencontre tant de gens bien élevés dans un établissement pour ainsi dire naissant, et si éloigné de toutes ressources. J'en étais moi-même surpris; mais la chose paraîtra toute naturelle quand on saura que toutes ces personnes n'étaient pas là avant la guerre avec les Brésiliens; que cette même guerre avait, momentanément, fait, du Carmen, un entrepôt général de toutes les marchandises prises à l'ennemi par les corsaires; et, du Rio negro, un port où ces mêmes corsaires, ne pouvant entrer dans la Plata, à cause du blocus, trouvaient un abri sûr, et des provisions de bouche; aussi le Carmen, peuplé, il y avait quelques années, d'agriculteurs, de fermiers et de déportés pour crimes ou pour cause politique, était-il alors habité par deux négocians de Buenos-Ayres, MM. Alvarez et Alfaro; par une foule de petits commerçans secondaires, de toutes les nations, Français, Anglais, Portugais et, surtout, Américains; par quelques capitaines de corsaire de diverses nations; par beaucoup de matelots et de soldats, et malheureusement, aussi, par cette troupe de déportés assassins, rebut des Gauchos des environs de Buenos-Ayres. Il y avait, enfin, les propriétaires, premiers fondateurs de l'établissement, et les autorités, qui étaient en raison du commerce et de l'importance du pays; aussi le commandant était-il un colonel des armées de Buenos-Ayres; le ministre ou receveur des douanes, un employé

1829. Carmen. Patagonie.

distingué de la même ville, et les officiers y figuraient-ils en plus grand nombre que d'ordinaire. Tels étaient, en masse, les habitans actuels du Carmen. Si le village avait gagné sous le rapport de quelques-unes des personnes qui s'y étaient établies, il avait perdu sous beaucoup d'autres; on n'y trouvait plus cette bonhomie des fermiers et des cultivateurs; et quant aux malfaiteurs exportés, aux matelots de corsaire, les hommes les plus vicieux de toutes les nations, qu'y réunissaient l'appât d'une fortune aisée et la facilité de piller, tout à leur aise, tout ce qui se présente à eux en mer, on sent que cette dernière catégorie de gens habitués au sang, au pillage et à toutes sortes d'exactions, y devait amener des rixes continuelles, des coups donnés et reçus, des querelles journalières; et forçait les habitans paisibles à se tenir continuellement sur leurs gardes, leur imposant l'obligation d'une prudence extraordinaire pour bien vivre au milieu d'une réunion si monstrueuse; aussi j'avoue que j'éprouvai un instant de crainte, en me trouvant, tout à coup, au sein d'une telle société; crainte qui, au surplus, ne pouvait être que tout à fait passagère, et que j'oubliai en retournant à bord de la Convencion.

Je me mis au lit, mais j'y cherchai en vain le sommeil; l'idée d'être dans un pays neuf pour la science, le désir de voir des objets nouveaux, m'empêchèrent de dormir. Ce n'était pas la première fois que j'éprouvais cette agitation, produite par le plaisir d'arriver sur une terre que je ne connaissais pas; je l'avais sentie surtout en abordant à Ténériffe et à Rio de Janeiro, et elle s'est reproduite dans tout le cours de mon voyage. La nuit dut me paraître bien longue. Dès les premiers rayons de l'aurore, je me levai, me fis débarquer aussitôt, et me mis à parcourir les environs, pour prendre une première idée du pays, sous le rapport de ses productions. Je visitai les sables de derrière le fort, où je rencontrai plusieurs insectes que je n'avais pas vus ailleurs. Je m'avançai plus avant en remontant la rivière, et j'eus lieu de m'apercevoir que les buissons, qui couvrent et caractérisent les hauteurs, diffèrent par la forme de ceux que je connaissais; plusieurs, couverts alors de belles fleurs composées, dures et d'un beau jaune, rendaient, par les épines dont elles sont protégées, le pays assez semblable aux landes de notre Bretagne. J'observai que tous les buissons des lieux élevés sont épineux, et que la plupart appartiennent à la série des plantes légumineuses, des genres mimose et acacia; mais, ce qui leur donne un aspect plus triste, c'est la petitesse des feuilles de ces buissons touffus et rabougris, et la longueur des nombreuses épines qui les hérissent de toutes parts. Au milieu d'eux, je rencontrai une belle espèce de serpent, orné des couleurs les plus vives; le rouge, le jaune et le noir variaient, par taches régulières, ses écailles brillantes. Je descendis ensuite au bord de la rivière, où je remarquai, sur les pierres humides, plusieurs plantes cryptogames; et, au bord des eaux, des débris de coquilles fluviatiles. Je vis aussi plusieurs oiseaux qui me parurent nouveaux. Tout me donnait l'espoir d'une récolte abondante. Je revins au fort; il n'était que neuf heures, et personne n'était encore levé, excepté la garnison, composée seulement de nègres de la côte d'Afrique, pris sur des navires négriers du Brésil; je fus donc de nouveau obligé d'aller me promener. A onze heures, je retournai; et le commandant voulut bien me montrer l'appartement qu'il m'avait destiné. Il était composé de deux petites chambres, dont l'une sans fenêtre, et toutes deux dépourvues de vitres, n'ayant que des volets pour fermeture; toutes deux délabrées, noires, non parquetées, n'ayant pour plancher qu'une terre sablonneuse, aussi meuble que celle des dunes, et partout criblée de trous de rats. Je dus cependant les recevoir avec plaisir; car il est probable que j'aurais en vain cherché mieux ailleurs. Il eut aussi la bonté de me prêter un bois de lit, une table vermoulue, à moitié brisée, et deux chaises, qui devaient former mon mobilier: il m'offrit encore, mais non par manière d'acquit, comme on le pratique dans le pays, de prendre sa maison pour la mienne, et de venir manger chez lui; ce que j'acceptai, en débutant par déjeûner dans sa compagnie. Cette table, et celles de MM. Alvarez et Cardoso, furent les miennes tout le temps que je restai dans le pays. Je retournai à bord de mon navire; je fis débarquer mes malles et m'occupai de tout mettre en ordre pour commencer mes recherches, sans cesser de me disposer à accompagner M. Dautan à la baie de San-Blas.

1829. Carmen. Patagonie.

Quant aux hostilités des Indiens, rien n'annonçait qu'on dût les craindre de nouveau: il y avait deux mois qu'ils avaient fait leur dernière tentative; mais ils avaient été repoussés avec perte, et s'étaient retirés dans l'intérieur des terres, attendant, peut-être, l'instant de nous surprendre. Quoi qu'il en fût, je devais profiter de la tranquillité dont jouissaient les environs pour les parcourir; car je savais qu'avec les indigènes, le moment où l'on est le plus tranquille, est celui où l'on doit le plus les craindre. Ils se précipitent comme un torrent débordé, et profitent toujours de la confiance où l'on est pour surprendre et faire leurs coups avec plus de sûreté.

Dès la pointe du jour, je partis pour la chasse, en remontant la rivière. 9 Janvier.
Je suivis d'abord les hauteurs; et après plus d'une heure de marche, au milieu des épines qui se rapprochaient de plus en plus, je n'avais pas encore vu un seul oiseau. Cette campagne aride et uniforme semblait entièrement déserte.

1829. Carmen. Patagonie

Il est probable que le manque total d'eau force les oiseaux à se rapprocher des bords de la rivière; dans cette supposition, je regagnai les rives du Rio negro, et les suivis jusqu'à une petite cabane, habitée par un vieux nègre et sa femme, cultivant une petite lisière de terrains d'atterrissement qui les longeait, et qui en retirent de quoi pourvoir à leur subsistance. Je pris un peu d'eau et passai outre. A quelques pas en avant, je vis un aigle qui planait dans les airs. Je ne pus le tirer; mais il me fut assez facile de le reconnaître pour l'aguya[1], tant le vol de cette espèce est remarquable par le peu de longueur des ailes, et par l'extension des arrière-pennes ou rémiges, d'où vient que l'ensemble de l'oiseau paraît plus court qu'il ne doit l'être. Arrivé à un autre atterrissement plus étendu, couvert d'un beau champ de blé, et appartenant à une pauvre famille dont la cabane était auprès, je m'arrêtai, et pris, avec un bien grand plaisir, un peu de lait, qui me fut offert de la meilleure grâce possible par un vieillard. En suivant toujours la côte, j'atteignis un endroit où la rivière est divisée en deux bras, et renferme une île connue sous le nom d'*isla de Crespo*, de celui de son propriétaire actuel; lieu qui présente un coup d'œil charmant. Partout on aperçoit des champs de blé, ou de petits groupes de pêchers, de pommiers, de figuiers, entourant et protégeant, de leur ombre, une petite maison couverte en tuiles, d'un aspect propre et modeste; enfin des pampres grimpans qui, élancés de terre au milieu du feuillage des autres arbres, commençaient à montrer les grappes de raisin, destinées à devenir, plus tard, leur plus bel ornement. Tout faisait de cette île un lieu d'autant plus charmant, qu'il contrastait avec les terrains arides et secs des éminences voisines. Bientôt l'intensité de la chaleur à l'instant le plus brûlant de l'année, augmentée par la réverbération des sables des coteaux, et par la faiblesse du vent, m'empêchèrent de continuer ma promenade; je revins, n'ayant tué qu'une espèce d'oiseau intéressante pour moi. Les animaux paraissent être en si petit nombre dans ces parages, que j'en fus étonné; mais, en revanche, j'avais recueilli des fleurs d'un acacia que je ne pouvais me lasser d'admirer, tant à cause de leur élégance, que de l'éclat de leurs couleurs. Le pourpre en longs jets jaillit du milieu d'un beau pétale jaune. Je rentrai pour la dessiner, tout en remarquant les arbustes qui la portent, afin d'en recueillir des graines à la saison, dans le but de la naturaliser en Europe, où elle ferait, bien certainement, un des plus beaux ornemens des parterres.

Je voulus profiter de la journée pour passer de l'autre côté de la rivière,

---

1. *Falco melanoleucus*, Vieill.; *Falco aguya*, Temm.

afin d'y voir, chez eux, ces Indiens de diverses nations, qui venaient journellement à l'établissement. Un canot m'y transporta, en passant au milieu de dix à douze barques ou navires désarmés et en mauvais état, mouillés dans la rivière; je débarquai sur l'autre rive, au groupe de maisons qu'on désigne, le plus habituellement, sous le nom de *Poblacion del sur*, et qui est composé d'une ligne d'habitations entourées de parcs pour les bestiaux. De là, j'arrivai à la première réunion de *toldos*, tentes de peaux ou tolderia [1], habitée par des Indiens de la nation puelche; je me rendis ensuite à une seconde, où vivaient seulement des Patagons ou Tehuelches. J'appris avec joie qu'il y avait, dans chacune des deux réunions, de bons interprètes, qui, au moyen de l'espagnol, pourraient me donner tous les renseignemens désirables. Il est impossible de décrire le plaisir que me procurait l'examen de la moindre chose au milieu de ces hommes primitifs, que la civilisation des lieux environnans n'a jamais fait varier dans leurs manières, ni dans leurs habitudes; mais je remets à une autre visite les détails qu'un premier aperçu ne pourrait que rendre très-incomplets. Je revins au village, où je m'occupai d'obtenir tout ce dont j'avais besoin pour mon voyage à la baie San-Blas; M. Alvarez, à qui j'en parlai, me promit, avec son obligeance ordinaire, de me procurer une charrette et les chevaux.

Comme je n'avais visité que le haut de la rivière, je voulus, le lendemain, me diriger d'un autre côté: je descendis le Rio negro, traversai tout le village; et gagnai le lieu dit *Bañado*. C'est un très-vaste atterrissement, formé par un grand coude de la rivière, et composé de terrains en partie inondés au temps des crues, sur les points culminans desquels on a établi quelques fermes de culture, où l'on sème des légumes, et où sont plantés beaucoup de vergers. Ce terrain, en s'élevant de plus en plus, s'étend à près d'une lieue le long du fleuve, où, partout, on remarque une culture tout à fait européenne; car, sauf peut-être les pommes de terre venant primitivement d'Amérique, et rapportées d'Europe, aucun arbre, aucun légume, aucune plante cultivée n'est propre au sol; aussi pourrait-on se croire dans deux pays distincts, lorsqu'on parcourt les coteaux, ou les rives du Rio negro. Les premiers ont un caractère tout à fait particulier; et, tout en ne ressemblant pas au reste du nouveau monde, n'ont pas non plus de ressemblance avec l'Europe. Je n'ai retrouvé une végétation analogue que sur les Andes du Chili et de la Bolivia. Quant à celle

1. Le nom de *tolderia* est donné à toute réunion de tentes des Indiens; ceux-ci, toujours nomades, n'ayant jamais d'autres maisons que des cuirs étendus sur des pieux et nommés *toldos* par les Espagnols.

1829. des rives, c'est, en tout, celle de la France, et de la France septentrionale; au reste, je pus déjà m'assurer que les terrains d'atterrissement de la rivière étaient les seuls susceptibles de culture; car les coteaux, qui les circonscrivent au nord, ne sont propres à rien. Le chemin passe entre le pied des coteaux et les terrains cultivés; le penchant de ceux-ci est couvert de petits buissons, où voltigent quelques petits oiseaux. Je n'ai pu chasser que là. Au pied de ces mêmes buissons, vivent en famille un grand nombre de petits coboyes ou cochons d'Inde d'une espèce nouvelle[1], qui se jouent sur le sable, et se familiarisent avec les passans, au point de ne pas se sauver à leur approche; leur poil est des plus soyeux, et leurs yeux sont bien plus grands que ceux des cochons d'Inde ordinaires; ils ont, au reste, tout à fait, les manières de ces derniers. Je m'en revins par l'intérieur des terres, où je retrouvai partout la même aridité; et l'excès de la chaleur me contraignit à hâter le pas pour préparer plus tôt ma chasse.

Carmen. Patagonie.

11 Janvier.

Le 11 au soir, après avoir employé ma journée à mes préparatifs de voyage, et à écrire à Buenos-Ayres et en France, j'allai passer la soirée chez M. Alvarez. Il s'y trouvait un Allemand, que j'eus le plaisir d'entendre exécuter, sur le piano, avec des variations charmantes, l'ouverture de Robin des Bois, si fort à la mode, lors de mon départ d'Europe; de plus, des morceaux d'opéras allemands, le tout rendu avec beaucoup de goût et une excellente méthode. J'étais, depuis bien long-temps, privé des airs connus dans ma patrie; aussi ne pouvais-je m'en rassasier. Qui croirait en France que, dans le malheureux village du Carmen, aussi peu connu que les Patagons le sont réellement, il y a plusieurs pianos, et qu'on y joue des airs européens? Ce luxe momentané est encore une suite de la guerre. A Buenos-Ayres une maison n'est pas *comme il faut*, quand elle n'a pas son piano; mais, en Patagonie, il eût été permis de s'en passer, si le hasard n'avait pas fait trouver ces instrumens sur des prises de corsaires. Je n'aurais, d'ailleurs, entendu que des valses ou des contredanses espagnoles, si cet Allemand ne se fût pas trouvé là. Il était venu comme matelot à bord d'un des navires capturés : c'était une des victimes de ces embarquemens forcés, faits à l'occasion du différent politique; il était instruit, et ne se trouvait nullement à sa place. Je revins chez moi fort content de ma soirée, mais beaucoup trop occupé des souvenirs de la patrie, que la musique m'avait rappelés.

Comme je pensais séjourner assez long-temps à la baie de San-Blas, je dus

1. *Cavia australis*, Isid. Geoffr. Saint-Hilaire et d'Orb.

faire mes préparatifs. Je payai assez cher une charrette destinée au transport de mes effets; on ne me demanda rien moins que soixante piastres (trois cents francs) pour un trajet de vingt-cinq lieues seulement; mais il n'y avait pas à choisir; je dus en passer par où l'on voulait. Il est difficile de se figurer combien coûtent les voyages, même dans les pays les plus pauvres de l'Amérique. Une piastre est partout considérée comme rien; et, dans le fait, elle ne vaut comparativement pas plus d'un franc, en raison de la valeur qu'elle représente; ainsi tel voyageur qui, pour toutes ses dépenses, aura sept ou huit mille francs par an, et paraîtra richement rétribué aux yeux des Français, se verra continuellement entravé dans ses recherches par défaut de ressources. C'est la position dans laquelle je me suis constamment trouvé, et dont je n'ai jamais pu sortir, pendant mon long pélerinage, obligé que j'ai toujours été de me priver du nécessaire pour faire tourner ces économies au profit du succès de ma mission. En effet, indépendamment de la charrette, il me fallait un péon, pour soigner les chevaux, pour me servir de guide et pour me chasser des animaux dans la campagne; cet homme, je le payais vingt piastres par mois (cent francs), et je donnais les mêmes gages à un domestique français, que j'avais amené de Buenos-Ayres avec moi. Il me fallait, en outre, des chevaux et des vivres; il est vrai que j'avais borné ceux-ci à un baril de biscuit et à un petit baril d'eau-de-vie, comptant acheter de la viande sur l'estancia de la baie de San-Blas. Mon bagage se composait de trois malles, dont deux pleines d'instrumens, d'objets de préparation et de munitions de chasse. Je n'avais point emporté de lit pour le diminuer d'autant, me résignant à coucher par terre pendant toute l'expédition, ou à prendre, comme les habitans du pays, ma selle pour lit et pour oreiller, et mes ponchos pour couverture. Je voulais m'aguerrir aux privations, afin de pouvoir entreprendre quelque voyage que ce pût être.

1829.

Carmen. Patagonie.

J'ai déjà dit que la baie de San-Blas est distante du Carmen de vingt-cinq lieues; mais ce que je n'ai point dit encore, c'est que le trajet a lieu par un véritable désert, dans lequel on chercherait vainement de l'eau pour soi, pour les chevaux et les bœufs; aussi, afin que les animaux fournissent plus facilement la traite, a-t-on coutume de la faire en partie dans les ténèbres. Il fut, en conséquence, décidé que le départ aurait lieu le lendemain soir, et qu'on marcherait toute la nuit.

1829.

Chemin de San-Blas. Patagonie.

13 Janvier.

§. 3.

Voyage et séjour à la baie de San-Blas.

Le 13 Janvier, à huit heures du soir, tout était prêt pour le départ. Nous formions une petite caravane, composée de cinq officiers du corsaire de M. Dautan, qui se rendaient à leur bord, de six à sept matelots français du même navire, du charretier, de moi et de mes domestiques. Mon équipage de voyage m'eût fait passer, partout, plutôt pour un terrible chef de brigands, que pour un pacifique naturaliste. J'avais un fusil en bandoulière, une carnassière, un sabre, deux paires de pistolets, l'une d'arçon, l'autre à la ceinture, et un grand couteau dans sa gaîne, passé dans le ceinturon par derrière, à la manière du pays; de plus, un poncho et un vaste chapeau de paille, attaché sous la gorge, à cause du vent. Mon domestique était également bien équipé, et le reste de nos armes, toutes chargées, était sur la charrette. J'étais obligé de marcher sans cesse avec cet attirail de guerre, et de prendre des précautions auxquelles je devais de tenir toujours les malfaiteurs en respect, et d'avoir, jusqu'alors, cheminé sans accidens. Qu'il est différent de voyager ainsi, au sein des déserts, assiégé de privations de tous genres, exposé à des fatigues continuelles, et aux attaques des hordes sauvages, ou de visiter l'Europe dans une voiture bien suspendue, trouvant partout de bons hôtels, et toutes les commodités que la civilisation a semées sur les routes! La seule chose qui puisse dédommager le voyageur de ses sacrifices volontaires, c'est le plaisir de voir des pays nouveaux, de servir les sciences et son pays; car, peut-il toujours espérer, pour son dévouement, d'autres récompenses?

La lune brillait d'un vif éclat, augmenté par la pureté d'un ciel sur lequel se détachaient les belles constellations de l'hémisphère austral. Il faisait si clair qu'on pouvait suivre, presque aussi bien qu'en plein jour, le sentier tracé que nous devions prendre. La troupe gravit la falaise; et, bientôt, nous nous trouvâmes dans la campagne, où un terrain sans ondulation aucune s'offrit de toutes parts. Ce sol ingrat est comme brûlé, couvert seulement, de distance en distance, de quelques petits buissons épineux et rabougris, semblant indiquer que la nature ne l'a pas entièrement déshérité de ses faveurs. Il eût été assez ennuyeux de suivre au pas la marche lente de la charrette, pesamment traînée par deux bœufs; aussi je crus devoir suivre le conseil de mon péon, et je pris les devans au galop, accompagné de quelques-uns des officiers. Après avoir ainsi marché près de deux heures, au milieu d'une campagne d'une uniformité désolante, nous arrivâmes à un groupe de buissons plus élevés que les autres, et qui, au besoin, pouvaient passer pour de petits arbres; là, nous descendîmes de cheval, et chacun chercha une place pour s'étendre sur sa selle, afin de se reposer. J'imitai mes compagnons de voyage; mais je ne pus dormir. Le vent du Sud, qui soufflait avec assez de force sur la plaine, amenait un froid pénétrant qui faisait éprouver une sensation désagréable. Tous les terrains sablonneux ont la fâcheuse propriété de donner beaucoup de chaleur le jour par la réverbération; tandis que la nuit ils sont des plus froids. Avant le lever du soleil, la charrette nous atteignit; alors on alluma du feu; on fit rôtir des morceaux de viande, qu'on mangea pour réparer la mauvaise nuit. Les buissons, auprès desquels nous nous étions arrêtés, se composent d'une seule espèce de plante, connue dans le pays sous le nom de *chañar;* ce sont des arbustes épineux, tortueux et presque sans feuilles, qui donnent, dans leur saison, des fruits à noyau, recouverts d'une pulpe, dont la forme et le goût rappellent à peu près de petites prunes jaunes, et qui sont recherchés des habitans. L'aspect de cette plante est d'autant plus triste que la moitié des tiges en sont noires, et paraissent mortes. Notre station, appelée *chañares,* présentait une trentaine de ces arbustes, formant un petit bouquet de bois isolé au milieu de la campagne; elle est partout ailleurs dépourvue de cette plante, toujours uniforme dans son horizontalité, qu'interrompent seulement de petits buissons épineux, aux fleurs jaunes, qui s'aperçoivent sur une terre presque nue, couverte d'un sable grossier, noirâtre, mélangé de beaucoup de petits cailloux roulés, nommés *chinas* par les habitans, presque tous porphyritiques, basaltiques ou quartzeux, provenant, sans doute, des Cordillères et abandonnés par les eaux. Sur ces terrains croissent encore, mais à de grands intervalles les unes des autres, quelques touffes d'une petite espèce de graminée, alors entièrement sèches, et ne contribuant pas peu à l'aridité de la plaine.

1829.

Chemin de San-Blas.

A quatre heures et demie la troupe partit de nouveau. Toute la matinée, même aspect de terrain, même horizontalité; cependant le paysage s'anima d'un grand nombre de ces mammifères que les Indiens appellent *mara*[1], et les habitans espagnols *lièvres.* Notre lièvre est, en effet, l'animal auquel celui-ci ressemble le plus quand il court. Ceux-ci se montraient tantôt par couples, tantôt en troupes de six à huit, composées de couples. Je m'amusais beaucoup de leurs courses. Je voulus essayer d'en tuer, mais sans aucun succès; ils étaient beaucoup trop sauvages pour qu'on pût s'en approcher,

1. C'est le *Cavia patagonica*, Penn. et Schr.

1829. — Chemin de San-Blas.

au milieu d'une campagne presque découverte. Plusieurs me parurent hauts comme des chiens. Désirant ardemment les voir de plus près, je me mis à les poursuivre au galop; mais je faillis me tuer. Les chevaux, habitués à ce genre de chasse, ne se contentent pas de courir dans la même direction; dès que le mara fait un crochet, le coursier en fait un aussi, et se détourne autant de fois que l'animal. Je n'étais pas prévenu de ce manége; et, dès la première feinte du gibier, au lieu d'imiter ma bête dans son brusque saut de côté, je la laissai continuer sa route toute seule; par bonheur je ne me fis aucun mal. Alors mon péon voulut me montrer comment se fait cette chasse dans le pays. Ayant sellé un cheval, qu'il amenait à cet effet, il fit lever un lièvre, après lequel il courut au grand galop, jusqu'à le lasser; puis, sans mettre pied à terre, il le saisit par les oreilles, et me l'apporta tout vivant, répétant deux ou trois fois sa course, à mon grand amusement. Les crochets continuels du cheval, aussi rapides que ceux du mara, servent au mieux ce genre de chasse; mais il faut être excellent cavalier, et habitué d'enfance à cet exercice, pour ne pas être désarçonné.

Le mara diffère du lièvre par sa manière de courir, plus saccadée, par la moindre prolongation de sa course, et par l'habitude qu'il a de se creuser des terriers profonds; au reste, il n'appartient pas au même genre, plus voisin qu'il est des agoutis. Il n'a qu'un rudiment de queue, quatre doigts aux pieds de devant, et trois seulement à ceux de derrière : ses oreilles sont plus droites, ses dents différentes, son derrière plus carré; son pelage est assez joli : le dessous blanchâtre; le dos gris-roux foncé, passant au noir, couleur qui vient former un large croissant, occupant tout le dessus du derrière, où elle forme une ligne tranchée avec le blanc des parties inférieures. Un d'eux, que prit mon péon, pesait près de trente livres. Il est étonnant de rencontrer ces animaux au milieu de terrains aussi stériles, et entièrement dépourvus d'eau; probablement qu'ils ne boivent pas ou se contentent de la rosée du matin; car on ne peut pas supposer qu'ils abandonnent le voisinage de leurs terriers, pour aller à dix ou quinze lieues chercher l'eau qui en est le plus rapprochée. Nous fîmes halte à onze heures; on dépouilla un mara, qui fut immédiatement jeté sur des charbons pour le rôtir, et on le mangea avec appétit. La chair de cet animal est blanche, analogue à celle du lapin; et s'il était bien préparé, ce serait une très-bonne nourriture. Nous stationnâmes jusqu'à deux heures, pour laisser passer la grande chaleur, qui était réellement accablante. Je profitai de cette circonstance pour parcourir les environs à pied, afin de chercher des insectes : ce fut en vain; je n'en vis pas la moindre trace; et ne trouvai pas non plus une seule coquille terrestre. Nous recommençâmes à marcher; et à mesure que nous nous éloignions des lieux fréquentés, les maras paraissaient se multiplier. Je cherchai à découvrir quelques oiseaux; mais je ne vis que des chevêches urucurea[1], qui sortaient des terriers abandonnés des maras, ou peut-être même des biscachas, et qui se tenaient sur des mottes de terre, ou sur des buissons voisins, jetant leurs cris d'alarme, étonnés, sans doute, de voir leur tranquillité troublée au milieu du désert. Le parasite carácará[2] se montrait aussi de temps à autre; car, bien qu'il nous accompagnât pour se repaître des restes de nos repas, il ne se laissait apercevoir que par instans, volant à distance, en cherchant le cadavre de quelque animal, afin d'en faire sa proie. Mon péon me prévint que, si j'avais envie de trouver une des espèces de tatous du pays, qu'ils nomment *quirquincho*, je n'avais qu'à m'éloigner du sentier battu, et à le suivre dans la campagne. En effet, nous en rencontrâmes plusieurs, qui étaient sortis au soleil pour chercher des bulbes dont ils sont très-friands; je reconnus, de suite, l'espèce de tatou que les Indiens pampas nomment *pichi*[3]. Ils courent assez lestement; mais rien de plus facile que de les saisir au simple pas de marche, en leur coupant la retraite de leurs terriers. C'est un charmant petit animal tout à fait inoffensif, qu'on garde, quelquefois, dans les maisons, où il mange de tout, et se montre très-familier: les jeunes, particulièrement, divertissent par leurs postures singulières; au reste, ce n'est pas sa gentillesse qui le fait rechercher par les habitans, mais sa chair, aliment des plus délicat, et qui ferait, sans aucun doute, honneur à nos tables les plus somptueuses, s'il appartenait à l'Europe. J'avais déjà aperçu, au milieu de la campagne, plusieurs renards à la mine rusée; ils s'étaient sauvés lentement, non sans se retourner plusieurs fois pour nous regarder. Pendant que je recherchais des tatous, j'en vis un qui portait un jeune mara dans sa gueule; je le poursuivis; et, au moment d'entrer dans son terrier, il abandonna sa proie, calculant apparemment qu'il ne pourrait pas l'entraîner avec lui dans sa tanière; je la saisis, et reconnus qu'il avait saigné l'animal avec une adresse toute particulière, sans lui faire d'autres blessures.

1829.

Chemin de San-Blas.

Nous arrivâmes presque au coucher du soleil à un lieu nommé *Laguna blanca* (Lagune blanche). C'est un terrain plus bas de dix à douze pieds que ceux qui le circonscrivent, et dans lequel, lorsqu'il pleut, il s'amasse de l'eau.

---

1. *Strix cunicularia*, Molina.
2. *Polyborus vulgaris*, Vieill.
3. *Dasypus minimus*, Desm.

1829. Chemin de San-Blas.

La lagune était alors totalement sèche : quand elle est couverte, on y mène des bestiaux de l'estancia de la baie de San-Blas, parce que, dans la saison, on trouve, aux environs, d'assez bons pâturages ; c'est à cet effet qu'on a construit un parc, qui en est voisin. On avait même pensé à établir une estancia dans ce lieu, en creusant un peu plus la lagune; mais les pluies se mêlaient avec le sel dont le sol est saturé, et, dès-lors, les animaux ne buvaient qu'avec répugnance. Une maison voisine du lac annonce qu'on avait eu l'intention d'habiter cette localité; mais un puits creusé pour obtenir de l'eau, n'en avait donné que de très-salée, et toutes les tentatives faites, à cet égard, dans les campagnes environnantes, n'avaient amené que des résultats semblables. Nous fîmes un bon feu; mon péon ouvrit longitudinalement le ventre d'un des tatous, le saupoudra d'un peu de sel, le jeta tout entier sur le feu, sa carapace en dessous, et le laissa cuire ainsi. J'avais déjà mangé des autres espèces de tatous, dans la province de Corrientes; mais celle-ci, au dire de tous les habitans, leur est bien supérieure pour la délicatesse de sa chair. Lorsque l'animal fut bien cuit, mon péon le retira, enleva toutes les écailles du dos, qui se détachèrent sans peine, et le rôti, ainsi préparé, eut flatté le palais du gastronome le plus difficile. Le dos, sous la carapace, est couvert d'une couche épaisse de près d'un pouce d'une graisse blanche assez ferme; j'en mangeai avec un véritable plaisir, et je pus m'assurer, par moi-même, que ce mets n'est pas au-dessous de la réputation dont il jouit dans le pays. Son goût est analogue, mais supérieur en délicatesse à celui d'un cochon de lait. Le festin demi-sauvage achevé, je me disposai à prendre le pas sur la charrette; car on venait de s'apercevoir qu'il n'y avait plus d'eau, que nos provisions étaient épuisées; et nous avions encore six lieues à franchir, avant d'arriver au but de notre course. Je proposai de faire ce trajet d'un galop; et, guidé par mon péon, je me mis en route, accompagné des officiers du corsaire. Les mêmes terrains continuent encore cinq lieues, puis s'abaissent légèrement vers la côte, où nous entendions mugir les vagues. Nous longeâmes des dunes élevées, en foulant un sable jaunâtre; enfin, à huit heures du soir, nous arrivâmes à l'*estancia de la bahia de San-Blas,* qui appartenait à M. Alfaro, avec lequel j'étais venu de Buenos-Ayres; il avait bien voulu donner des ordres à son capatas ou majordome, chargé de la surveillance des nègres qui gardaient les bestiaux; aussi fus-je parfaitement reçu. On nous présenta un rôti; mais j'étais trop fatigué pour en manger, n'ayant pas dormi la nuit précédente : je laissai donc mes compagnons y faire honneur; et, comme il n'y avait qu'une seule hutte pour nous tous, je fus obligé de m'étendre sur la terre, dans un coin de la chambre, où des myriades de puces vinrent m'assaillir et m'empêcher de prendre le repos dont j'avais si grand besoin. 1829.

Baie de San-Blas.

Avant de parler de mes courses dans les environs de l'estancia, je vais donner un court aperçu de la forme des terrains, afin de rendre plus intelligible l'exposé de mes diverses excursions. La maison est située au point de jonction de la presqu'île *de los Jabalis* (île des Sangliers[1]) à la terre ferme. Cette presqu'île est nommée *Isla* (île) par les habitans, et tout annonce qu'elle a dû former une île véritable : sa forme est celle d'un triangle aigu, dont le petit côté, dirigé à l'est, regarde la mer, et est partout bordé de hautes dunes; les deux autres sont celui du nord, qui forme un des rivages de la baie de San-Blas, dont l'extrémité est est couverte de dunes élevées, et constitue la *punta del Infierno* (pointe de l'Enfer), ainsi nommée parce que la mer y est on ne peut plus mauvaise; l'extrémité ouest, au contraire, se couvre de galets, s'abaisse et vient dessiner une pointe basse, dirigée vers le fond de la baie. Pour le troisième côté, il est déterminé par un canal profond, qui, jadis, séparait entièrement la presqu'île du continent, mais dont l'extrémité orientale a été comblée par des sables, qui la réunissent à la terre ferme, au lieu où est l'estancia. Dans cet endroit le passage a, au plus, un demi-quart de lieue de largeur. La partie qui borde la mer peut avoir une lieue et plus de long : elle est bordée d'une lisière de dunes mouvantes de près d'un demi-quart de lieue. Celle qui forme la baie a près de trois lieues de long, à peu près autant que celle du canal ou du sud; ce qui donne plus de sept lieues de tour à la presqu'île de los Jabalis. La superficie en est très-inégale à l'est, à cause des dunes; le reste est entièrement uni, couvert de cactus mamillaires ou d'une herbe courte et sèche.

Le 15 Janvier, je me levai de bonne heure, je pris mon fusil et sortis de la maison pour aller reconnaître les environs. Je me dirigeai vers le canal qui sépare la terre ferme de la presqu'île de los Jabalis. Je demandai à mon péon d'où pouvait venir le nom de Jabalis, dans un lieu où l'on n'en voyait aucune trace; il me répondit qu'il avait été donné, parce qu'avant qu'on peuplât le canton de bestiaux, il y avait beaucoup de pécaris, au milieu des grandes graminées qui couvrent les vallons formés entre les dunes, mais qu'ils avaient entièrement disparu depuis. L'extrémité du canal que je longeai était très-vaseuse et alors entièrement à sec, ne se trouvant inondée qu'au temps des crues. Je passai sur la presqu'île et m'enfonçai 15 Janvier.

1. Ce nom est celui par lequel les Espagnols désignent, en Amérique, le *Pecari torquatus*.

1829 au milieu des sables, où je vis quelques tinamous et beaucoup de cerfs, qui, dès qu'ils m'apercevaient, s'enfuyaient avec une extrême agilité, non, toutefois, sans se retourner souvent pour me regarder; j'en tirai plusieurs à une grande distance, sans les atteindre. Je vis aussi beaucoup d'ossemens de phoques.

Baie de San-Blas

Les bestiaux de l'estancia couvrent toute la presqu'île de los Jabalis, d'où ils ne peuvent sortir, une fois qu'ils y sont entrés, à moins de suivre le bord de la mer, ce qui n'est pas à craindre; car il n'y a pas d'exemple que ces animaux se soient jamais approchés de la côte, tant le bruit des vagues les épouvante et les fait fuir. L'endroit est donc on ne peut plus propre pour les élever, parce qu'il n'est besoin ni de les réunir dans des parcs, ni de les surveiller. Ce lieu serait encore bien meilleur, s'il y avait de bonne eau; mais, pour tout abreuvoir, on a été obligé de pratiquer de grandes fosses au pied des dunes, dans les parties basses, et ces fosses n'ont donné qu'une eau très-saumâtre qui n'est pas potable. C'est, sans doute, ce qui empêche les bestiaux d'engraisser: l'eau même que l'on buvait à l'estancia était tellement salée qu'elle inspirait de la répugnance, et n'étanchait pas la soif. Sous ce rapport, ces plaines sont bien mal partagées, et, dans tout autre pays, seraient regardées comme inhabitables; mais l'herbe qui croît partout sur la presqu'île est assez bonne, et peut nourrir plus de dix mille têtes de bétail, quoiqu'elle soit rare. On a remarqué, généralement, que les pâturages saturés de sel étaient bien plus nourissans que les autres; aussi sont-ils très-recherchés par les bestiaux. D'ailleurs, indépendamment de l'avantage de n'avoir pas à exercer une surveillance aussi immédiate, le propriétaire avait encore celui d'être tout à fait isolé, et éloigné de tout autre lieu habité; ce qui n'est pas à dédaigner, dans une contrée où l'on se fait peu de scrupule de voler les bêtes à cornes.

L'estancia, fondée depuis quelques années seulement, se compose de trois chambres ou huttes, construites et couvertes en paille, et de l'aspect le plus misérable: l'une d'elles, celle où nous étions, est habitée par le capatas ou surveillant; l'autre sert de cuisine et de magasin de dépôt pour les cuirs; et la troisième, séparée des deux premières, de logement à douze ou quinze nègres esclaves, employés aux travaux de l'établissement. Les maisons sont entourées des parcs, dans lesquels on met les chevaux et les moutons, distantes de cinquante pas au plus du canal qui sépare la presqu'île de la terre ferme, et d'un demi-quart de lieue de la mer; séparées de celle-ci par des dunes peu fixées, d'un sable pulvérulent, qui vole continuellement partout, et incommode d'autant plus, qu'il vente presque toujours assez pour qu'on ne puisse sortir ni à pied, ni à cheval.

Vers midi, je montai à cheval pour aller à bord du navire, mouillé dans le port de San-Blas, distant de trois lieues de l'estancia; je laissai ma charrette prête à partir, afin d'apporter ce dont je pourrais avoir besoin pour mes recherches, pendant le temps que je devais passer à bord du corsaire; et, d'un galop, je franchis la distance, courant sur un sol à moitié desséché, peu couvert d'herbe, et entièrement dénué des buissons qu'on remarque dans les terrains élevés. Il ventait beaucoup; et, lorsque j'arrivai à la plage, les marins ne savaient pas si les lames en furie nous permettraient de nous rendre à bord, d'autant plus que le mouillage est à près d'un quart de lieue de la côte. On tenta pourtant l'aventure; et, quand il fallut entrer dans la chaloupe, je fus mouillé de la tête aux pieds. Pour surcroît de malheur, avant qu'on pût l'éloigner de la côte, elle fut à demi remplie d'eau; je vis même le moment où elle se brisait sur les cailloux; mais plusieurs marins se jetèrent à la mer, et nous laissâmes la côte. Le bâtiment à bord duquel je m'embarquai, était un trois mâts, de près de huit cents tonneaux, construit à Bahia, au Brésil, et solide comme un rocher. Il se nommait *la Gaviota* (la Mouette); c'était un navire marchand brésilien, pris à l'abordage par M. Dautan, avec une petite goëlette qu'il montait alors, et armé ensuite de vingt pièces de canon, et d'un équipage analogue. La Gaviota avait, dans sa construction, quelque chose qui me paraissait extraordinaire : les mâts en étaient très-minces, et me semblaient disproportionnés avec le reste; cependant ils étaient bien plus forts que les nôtres. Sa coque était aussi construite en bois tellement dur, qu'il devait être éternel; dans le fait, il est bien prouvé que les navires brésiliens résistent presque le double de ceux construits en chêne dans l'Amérique du nord. M. Dautan, à qui je me plais à payer ici un juste tribut de reconnaissance, pour la complaisance avec laquelle il a facilité mes recherches, n'avait pas pu nous accompagner; mais il avait écrit à ses officiers de mettre des canots à ma disposition pour les différentes courses que j'avais à faire, et l'un des capitaines de prise était spécialement désigné pour me suivre partout; aussi attendais-je le lendemain avec impatience, pour commencer mes observations. Malheureusement le temps fut affreux : les vents étaient déchaînés; l'orage grondait de toutes parts, et nous éprouvâmes des craintes; car le tonnerre tomba sur le navire même, et coupa plusieurs manœuvres sur le mât de beaupré. J'étais alors à l'arrière du bâtiment, et je fus tellement ébloui par l'éclair, et stupéfait de la commotion, que je demeurai quelques instans privé de la vue et de l'ouïe. Nous n'étions rien moins que tranquilles, parce qu'il y avait à bord beaucoup de poudre, qui nous eût infailliblement fait sauter, si le

1829.

Baie de San-Blas.

1829. Baie de San-Blas. feu eût pris. Peut-être même aurions-nous été dans l'impossibilité de nous embarquer, la mer étant trop mauvaise, et le vent trop fort pour que les chaloupes pussent tenir. Nous étions donc menacés du sort du malheureux second de la *Gaviota*, qui, avec trois marins, avait péri, il y avait trois jours seulement, en voulant aller à terre, sans qu'il fût possible de lui porter aucun secours. La pluie tomba par torrens le reste de la journée, ce qui m'inquiétait d'autant plus, que la charrette qui portait mes bagages, partie en même temps que moi, n'avait pas paru la veille, et qu'elle ne paraissait pas encore. Je craignais que des papiers intéressans ne fussent gâtés.

17 Janvier. Le 17 Janvier, je descendis à terre pour voir si ma charrette arrivait, et pour chasser les nombreux cerfs[1] qui couvrent la presqu'île de los Jabalis. Je vis beaucoup de ces animaux; je fis tous mes efforts pour en tuer; mais toujours inutilement. La campagne, des plus horizontale, et sans aspérité aucune, ne me permettait pas de les approcher, et ils semblaient se jouer de mes infructueuses tentatives; souvent isolés, d'autres fois par couples, ou plus souvent encore réunis ensemble, dès que je me trouvais à trois cents pas d'eux, ils partaient d'une course légère, et s'arrêtaient un peu plus loin pour paître, jusqu'à ce que mon approche leur fit, de nouveau, prendre la fuite. On eût dit que les mâles servaient de sentinelles aux autres, qui suivaient leurs moindres mouvemens. Rien de plus gracieux que l'attitude fière d'un de ces cerfs, lorsqu'il s'arrête pour regarder, et rien de plus léger que sa démarche, quand, la tête haute, il court, au grand galop, au milieu des plaines; je les suivais des yeux avec plaisir; enfin, à tout hasard, je tirai un coup de fusil à balle; je blessai l'un de ces animaux, sans que je pusse m'en rendre maître. Enfin, ennuyé de l'inutilité de ma chasse, je me rendis au bord du bras de mer, pour voir si je serais plus heureux, en poursuivant les oiseaux aquatiques; mais, trouvant la mer basse, j'aimai mieux en profiter et m'occuper de chercher des animaux marins. Je me mis nu-jambes, laissai mon fusil à terre, et m'aventurai au milieu des vases. Après un trajet assez long et assez pénible, j'arrivai au milieu du chenal, dont la largeur est de près d'un quart de lieue, bordé d'immenses bancs de graminées maritimes, inondés à chaque marée. Au milieu est un lit profond, sur les bords duquel je rencontrai plusieurs coquilles acéphales des plus intéressantes, plus des buccins et des olives vivantes[2]; mais ce qui me fit le plus grand plaisir, ce fut

---

1. C'est encore le cerf guaçu-ti d'Azara.

2. Entr'autres l'*Oliva puelchana*, Nob., et l'*Anatina patagonica*, d'Orb.

une très-belle espèce de zoophyte libre du genre renille, d'un pourpre brillant, ornée de polypes d'un beau blanc. L'attention que j'avais mise à rechercher les animaux, m'avait empêché de remarquer que la mer, montant, déjà, depuis long-temps, avec beaucoup de force, avait intercepté la retraite; il fallut, pour regagner la côte, me mettre à l'eau jusqu'à la ceinture. Avant de revenir, je fis de nouvelles recherches sur les bords du canal, et je me procurai ainsi plusieurs coquilles et des insectes. J'étais presque à l'extrémité de la presqu'île, et à plus de deux lieues du mouillage; je m'y dirigeai, en suivant l'intérieur de la côte du nord; mais j'eus beaucoup à souffrir; car le sol est partout couvert de ces petits cactus mamillaires, qui ne le dépassent pas et sont armés de longues et dures épines, qui percent la chaussure la plus épaisse, entrent dans les pieds à chaque instant, et sont, ensuite, d'autant plus difficiles à enlever qu'elles sont couvertes de petites aspérités qui les empêchent de sortir de la plaie, et les font quelquefois se rompre dans les chairs, où elles causent des douleurs affreuses. Ce ne fut qu'en m'arrêtant à chaque pas pour enlever les épines, fatigué et dévoré d'une soif ardente, que je pus rejoindre les dunes qui avoisinent le mouillage. J'y trouvai plusieurs hommes du bord, auprès d'une aiguade formée d'un trou creusé dans les sables, et donnant une eau douce et limpide, la seule bonne de toute la presqu'île; c'est là que les navires, qui venaient tous les ans à la pêche des phoques, faisaient l'eau nécessaire pour les provisions. Il est singulier, au milieu de terrains chargés de muriate de soude, de rencontrer une aussi bonne eau, purifiée qu'elle est, apparemment, par les sables au travers desquels elle filtre. J'appris aussi, avec plaisir, que la charrette était arrivée, et que mes effets étaient embarqués; je me rendis de suite à bord, pour mettre mes animaux dans l'eau et les dessiner, et pour dîner; ce qui me fit bien vite oublier les fatigues du matin; aussi étais-je disposé à entreprendre une nouvelle excursion, que me proposait un des officiers du bord; il s'agissait d'aller à l'île *de las Gamas* (île des Biches).

Le port de San-Blas est plus spécialement à l'extrémité sud de la baie du même nom, connue aussi des marins sous celui de *Bahia de todos santos* (Baie de tous les saints). Cette immense baie s'étend sur près d'un degré, du nord au sud, depuis l'embouchure du Rio Colorado (rivière Rouge), jusqu'au port de San-Blas, bordé de terrains bas et marécageux du côté de la terre ferme; elle renferme, dans son étendue, plusieurs îles plus ou moins grandes, et plus ou moins élevées au-dessus des eaux: 1.° l'île de las Gamas, la plus grande de toutes, qui a plus de cinq lieues marines de longueur, et

1829. Baie de San-Blas.

la plus rapprochée du lieu où je me trouvais; 2.° une autre aussi longue, mais beaucoup plus étroite, nommée, pour cette raison, l'*Isla larga* (l'île longue), ou du Nord-Est; 3.° l'*Isla de los Arroyos*, présentant une surface carrée et basse, placée au nord des deux premières; 4.° enfin, l'île *de Borda*, ou *de la Hambre* (la faim), formant, avec la pointe de l'embouchure du Colorado, le lieu dit *puerto de la Union* (le port de l'Union); et qui est la plus septentrionale. Il en reste une cinquième, actuellement très-petite, située au sud-est de l'extrémité sud de l'île de las Gamas, la *Isla de los Chanchos* (île aux Cochons), qui, avec la pointe de l'Infierno, forme l'entrée du chenal du port de San-Blas.

L'île de las Gamas est à deux milles de distance de la côte ferme [1], dont elle est séparée par le port de San-Blas; elle a environ dix-neuf milles de long, et trois dans sa plus grande largeur. La forme en est très-allongée; et un étroit canal la sépare de l'île de los Chanchos ou *Rasa* (rase), dont j'aurai l'occasion de parler; encore ce canal est-il à sec, lors des basses marées. L'île de las Gamas est la plus haute de toutes, et la seule qui offre quelques pâturages; sa surface est entièrement plane, couverte de petits buissons épineux et de quelques graminées. Elle forme plusieurs pointes: une au sud-ouest, peu avancée, munie d'une très-petite île, séparée de la grande à la marée haute seulement; une au sud-est, s'unissant aux bancs de l'île de los Chanchos; et dont la pointe nord, mieux connue sous le nom de *punta del Elefante* (pointe de l'Éléphant), est couverte de dunes élevées; les bords en sont vaseux dans quelques endroits, sablonneux dans d'autres, mais toujours garnis de graminées maritimes, sur près d'un mille de largeur, et de bancs de sable qui se découvrent à marée basse, sur une immense étendue. Son nom lui vient du grand nombre de cerfs et de biches qui s'y trouvaient, il y a cinq ou six ans, sans qu'on puisse savoir comment ils y étaient venus. On y voyait même des cochons abandonnés par les pêcheurs; mais tous ces animaux ont disparu, et l'île est aujourd'hui entièrement déserte, ce qu'on m'expliqua en me disant que les derniers navires américains qui y firent la pêche, y ayant, par mégarde ou autrement, laissé plusieurs chiens, ceux-ci, pour vivre, furent obligés de donner la chasse aux cerfs, qu'ils détruisirent peu à peu, finissant ensuite, quand les alimens leur manquèrent, par mourir eux-mêmes.

Un vent arrière me porta, dans un instant, à l'île de las Gamas; je débarquai à son extrémité sud-ouest, au milieu des bancs de graminées maritimes, où les marins pêchèrent un grand nombre de très-bonnes moules, de petites

1. Distance que j'ai mesurée par des triangles.

huîtres attachées aux racines de ces plantes, et des crabes qui abondent dans les mêmes lieux; mais ils furent bientôt chassés par la mer, qui montait depuis long-temps. Mes récoltes n'avaient pas été moins fructueuses; j'avais recueilli des coquilles tant vivantes que jetées à la côte sur la plage sablonneuse. Je trouvai même là beaucoup de choses intéressantes. Sur la petite île de cette partie était un fourneau à moitié enlevé par la mer, bâti par les marins qui, tous les ans, revenaient faire la pêche aux phoques; mais celui-ci, ainsi que beaucoup d'autres, disséminés partout, sur les îles et à la côte ferme, est abandonné, depuis que cette pêche, faite sans discernement, a détruit ou fait disparaître ces amphibies, qui ne reviennent plus sur aucune des îles de la baie de San-Blas. La nuit m'obligea bientôt à cesser mes observations, et je revins à bord lorsqu'elle était close; j'avais cependant reconnu, d'après ce premier coup d'œil, que je pouvais espérer rencontrer sur ces îles des animaux marins; car, pour les animaux terrestres, je n'avais rien à attendre de ces terrains si arides que leur simple vue inspire la tristesse, surtout quand on les compare aux sites si pittoresques et à cette belle végétation, toujours renaissante, de certaines parties de l'Amérique.

1829

Baie de San-Blas.

Le lendemain, à la pointe du jour, j'étais à observer, à dessiner et à décrire les animaux recueillis la veille, ce qui m'occupa jusqu'à midi; mais des nouvelles vagues de l'attaque du Carmen, par les Indiens, transmises par les nègres de l'estancia, me décidèrent à m'y rendre de suite, pour avoir des détails qui m'intéressaient d'autant plus qu'il fallait toujours me réserver les moyens de retourner au village, avant d'être bloqué à San-Blas par les Indiens. Je descendis à terre, et me dirigeai à pied, tout en chassant, vers l'estancia; je suivis les rives du canal, en continuant mes recherches; je trouvai plusieurs oiseaux intéressans, et, à un quart de lieue de la ferme, je rencontrai une colonie de biscachas, qui, en dehors de leurs terriers, se jouaient sur le gazon, en santant en tous sens; mais, dès que je voulus m'approcher d'elles, elles rentrèrent dans leur demeure souterraine, pour n'en plus sortir.

En arrivant à l'estancia, j'appris que le fameux Pincheira, officier pour le parti espagnol, qui s'était réuni aux Indiens chilenos, afin de continuer à faire la guerre aux républiques, était parvenu, il y avait quelques jours, à l'île de Cholechechel, sur le haut du Rio negro, à la distance de plus de soixante lieues du Carmen; et que, de suite, il avait envoyé un exprès au commandant du fort, en lui faisant des propositions de paix; mais, tandis que, sur la rive nord, attirant ainsi l'attention de ce chef, il faisait passer une partie de ses Indiens sur la rive opposée pour voler les bestiaux, ceux-ci trouvèrent la cam-

1829. Baie de San-Blas. pagne non gardée; et, profitant de l'imprudence des habitans, ils réunirent, dans la nuit, les bestiaux des estancias situées au-dessus du Carmen, et les emmenèrent tous. On évaluait à cinq ou six mille le nombre des animaux enlevés, sans qu'on pût s'occuper assez à temps de poursuivre les ravisseurs. Ce vol, privant d'un seul coup les habitans d'une partie de leurs ressources, les avait jetés dans la consternation; ils craignaient tellement les Indiens, que personne n'osait sortir du village, d'autant plus que, d'après le rapport des sauvages amis, on donnait à Pincheira des forces assez respectables. Il avait réuni les déserteurs et les malfaiteurs de toutes les républiques, ce qui faisait trois cents hommes armés, qui, joints à plus de mille Indiens, présentaient une force d'ensemble formidable, comparée à l'effectif de défense qu'on pouvait lui opposer au Carmen, où une poignée de nègres récemment amenés d'Afrique, et une milice composée des habitans, étaient les seules troupes disponibles, ne s'élevant pas à plus de cent cinquante hommes; encore près de la moitié se composait-elle de deux compagnies de gardes nationaux, de Gauchos et de déportés, hommes sans domicile, sans parens, qui, s'ils avaient cru rencontrer des avantages certains, ne se seraient fait aucun scrupule de passer aux Indiens, avec lesquels ils avaient des relations fréquentes, surtout avec ceux qui étaient établis près du Carmen, sûrs d'y mener plus librement leur vie vagabonde. Toutes ces nouvelles n'étaient pas très-rassurantes; cependant M. Alvarez m'ayant promis de m'écrire, lorsqu'il y aurait réellement du danger à rester à la baie de San-Blas, je devais ne pas trop m'inquiéter, et continuer mes recherches sur le point où je me trouvais; tout pouvait me faire craindre que mes voyages fussent continuellement entravés, pendant mon séjour en Patagonie.

19 Janvier. Le 19, j'attendais le jour avec impatience, tourmenté que j'étais par les piqûres des puces; aussi, aux premiers rayons de l'aurore étais-je sur pied, ma toilette n'étant pas longue, puisque je n'avais pas à me déshabiller pour coucher sur un cuir étendu par terre. Je partis, de suite, pour parcourir le côté extérieur des dunes vers la mer; mais je m'arrêtai, d'abord, au milieu de celles-ci, pour ramasser de belles espèces d'insectes de la famille des mélasomes, qui se promenaient sur le sable. Après une récolte abondante, je laissai les dunes, et traversai une assez grande étendue de sable mouvant, dont les vents changent à chaque instant les formes. Il paraît qu'une violente rafale avait profondément creusé le sol, en enlevant, sur une lisière de quelques centaines de pas de large, tout le sable fin, et ne laissant que les parties les plus lourdes; car toutes les coquilles se trouvaient découvertes en grands

bancs. Je franchis cette espèce de vallée accidentelle; et, traversant les derniers monticules de sable, j'arrivai enfin au bord de la mer, où je suivis la plage, sur laquelle la mer venait battre avec fureur; je recueillis d'assez belles coquilles et quelques polypiers. Ce qui me frappa le plus, ce fut le grand nombre de débris de navires dont la côte est couverte : d'un côté, des mâts fracassés; de l'autre, des bordages, des porte-haubans, à moitié enfouis dans le sable.... Je voyais, avec douleur, tous ces témoins de cruelles catastrophes, surtout l'avant d'un gros navire, qui paraissait avoir tout récemment fait naufrage; j'en exprimai ma surprise au capatas qui m'accompagnait. Il me dit, que toute la côte, jusqu'à l'embouchure du Rio negro, ainsi que toutes les îles de la baie de Ban-Blas, étaient parsemées des mêmes débris de bâtimens perdus, depuis une couple d'années. Avant la guerre avec les Brésiliens, à peine en apparaissait-il cinq à six par an dans ces parages inhospitaliers, pour approvisionner de sel la capitale de la république; mais, la guerre ayant forcé les corsaires de l'État à chercher un port, depuis qu'ils ne pouvaient plus entrer dans la Plata, bloquée par les Brésiliens, ils avaient choisi la baie de San-Blas et le Rio negro, pour réparer leurs avaries, et déposer leurs prises. Dès-lors, un grand nombre de navires de toutes portées venaient en Patagonie; les plus gros allaient mouiller dans la baie de San-Blas, tandis que ceux de moyenne grosseur pénétraient dans le Rio negro; mais, comme l'entrée des ports est également difficile, près du tiers, soit mal dirigés, soit par l'effet des mauvais temps, ayant été jetés à la côte, s'étaient entièrement brisés, et leurs restes jonchaient, maintenant, toutes les plages. Les Brésiliens avaient fait aussi plusieurs tentatives pour prendre les corsaires : deux fois le pavillon de cette nation avait flotté dans les environs; la première, sur cinq corvettes qui voulaient entrer dans le port de San-Blas, pour s'emparer d'un corsaire qui y était mouillé, trois touchèrent, sur lesquelles une parvint à se relever, les deux autres furent mises en pièces par la mer, ce qui empêcha de nouvelles tentatives : c'étaient les débris de ces dernières, parmi lesquels se distinguaient ceux de la corvette la Massayo, que j'avais sous les yeux. Il est impossible de décrire l'impression de tristesse que me laissa la vue de ces débris; impression toujours augmentée par la rencontre de chaque nouveau fragment, surtout quand je songeais que tant d'hommes avaient été, en même temps, victimes; ce qu'attestaient, au reste, quelques ossemens humains disséminés sur la plage. Je laissai cet affligeant spectacle, incessamment renouvelé, et revins à l'estancia.

1829.

Baie de San-Blas.

Des chevaux m'y attendaient pour me ramener à bord de la Gaviota; je

1829. Baie de San-Blas. me mis machinalement en selle, et suivis mon guide, absorbé par de tristes réflexions et sans presque savoir où j'allais; disposition dans laquelle, peut-être, je serais long-temps resté, si le hasard ne m'eût pas fait jeter les yeux à terre, où, au pied des dunes sur lesquelles je cheminais, je vis un très-bel insecte. De suite mes sombres rêveries s'évanouirent; mon idée fixe de découverte l'emporta; je descendis de cheval, ramassai l'insecte, et le désir d'en recueillir d'autres me fit regarder avec attention, et achever à pied le trajet jusqu'au navire; heureux de ma récolte, et ayant entièrement oublié la tristesse qui m'accablait.

20 Janvier. Le jour suivant, je m'embarquai dans un canot pour aller à l'île de los Chanchos, située à près de deux lieues du mouillage, à l'entrée de la passe; favorisés par un assez bon vent, nous y arrivâmes bientôt. La marée était basse. On me débarqua au plus près, tant j'étais impatient de commencer mes recherches; tandis que, pour mieux abriter le canot, on le conduisit sur les bancs qui séparent cette île de celle de las Gamas. Avec quelle avidité je parcourais des yeux les sables de la côte, afin d'y chercher le moindre indice extérieur qui m'annonçât qu'un mollusque était caché dans son sein! Aussi rencontrai-je d'assez belles espèces d'animaux, parmi lesquels un polypier du genre virgulaire[1], qui s'enfonce à un pied dans le sable, et forme un seul animal composé de milliers de polypes, vivant de la même vie. La mer montante vint m'interrompre; alors j'allai rejoindre les gens du canot, et je trouvai les marins occupés à pêcher des moules assez grosses, qui, de même que celles de l'île de las Gamas, sont attachées aux tiges des graminées maritimes, qui abondent dans tous les lieux où la mer est moins battue des vents, et où le fond est vaseux. Nous voulions, de celui-ci, regagner les restes d'un fourneau de pêcheurs de phoques, situé à l'extrémité sud de l'île; mais le courant de la marée montante, qui portait avec force dans le fond de la baie, et dans le chenal entre les deux îles, nous retint avec une telle force, que nous fûmes obligés de tirer le canot à la cordelle. Chemin faisant, j'admirai des centaines d'une espèce nouvelle d'acalèphes, voisine des cyanées, qui étalaient les couleurs les plus vives et les plus variées, semblables à de belles fleurs épanouies, ou fermées selon la contraction de l'animal, ouvrant leur ombrelle couleur d'eau, munie de lignes pourpres concentriques, et bordée d'une multitude de bras filiformes, rosés, jaunes ou aurores. Souvent ces mêmes couleurs passaient, sur le même animal, par dégradation de teintes,

---

1. Espèce nouvelle, que j'ai nommée *Virgularia patagonica*.

comme les couleurs que donne le prisme, en décomposant les rayons de lumière. La première idée de celui qui voit une belle fleur, au sein d'une campagne, est de l'admirer; la seconde, de la cueillir. Après avoir bien observé mes acalèphes, je voulus les prendre; mais, à l'instant où je touchai leurs bras nombreux si gracieusement colorés, je sentis à la main une douleur semblable à une brûlure [1], douleur qui dura tout le jour. Je me suis contenté depuis de les contempler et de les dessiner, sans les toucher davantage. D'autres animaux du genre Béroé, de plusieurs espèces, émaillaient également l'eau tranquille, abritée du vent, de leurs teintes rosées ou bleuâtres, et de leurs huit rayons, sur les nombreuses papilles desquels se décomposent les rayons de lumière, en ondulant mollement au sillage de notre canot. La côte alors pouvait rivaliser avec les plus beaux parterres; mais, à toutes ces fleurs en mouvement, il manquait le contraste de cette douce verdure, qui en eût si bien fait ressortir le brillant coloris.

Tout en observant et en admirant, j'arrivai aux restes du fourneau, où nous devions déjeûner. Nous avions apporté de la Gaviota du biscuit et de l'eau, comptant sur notre pêche pour les provisions : en effet, des moules excellentes, assaisonnées, en outre, par l'appétit que procurent toujours les courses sur les bords de la mer, furent trouvées meilleures encore; d'ailleurs la satisfaction que j'éprouvais de mes découvertes donnait un cachet tout particulier de gaîté à ce repas sauvage, où tout respirait la simplicité. La nature n'était pas animée par ces tableaux imposans qui commandent le respect; je n'étais pas à l'ombre de ces vastes forêts que le vulgaire ignorant croit trouver partout en Amérique; je n'étais pas égayé par le chant de mille brillans oiseaux; au contraire...... Des sables mouvans, emportés par les vents et dépourvus de végétation, m'entouraient de toutes parts : au loin, je ne voyais que des côtes basses, arides, sans verdure; le soleil dardait, en plein, ses rayons sur ma tête; le silence du désert n'était interrompu que par quelques mouettes ou hirondelles de mer, qui passaient de temps en temps, et semblaient me reprocher, par leurs cris aigus et désagréables, de venir, sur leur domaine exclusif, troubler, du bruit de mes pas, la tranquillité habituelle de cette nature si triste; et, cependant, j'éprouvais un bonheur indéfinissable

1. Cette espèce d'acalèphes n'est pas la seule douée de la propriété de causer au contact une douleur semblable à la piqûre des orties : les physalies ou galènes des marins l'ont à un bien plus haut degré, et je l'ai retrouvée même chez le rhysostome bleu de nos côtes; mais beaucoup moins forte. C'est peut-être le moyen de défense des acalèphes en général.

1829. à me trouver si loin des cités, sur un sol si peu fréquenté, où jamais un observateur n'était venu.... Ce plaisir indicible d'être entièrement isolé du monde, je l'ai souvent goûté dans toute sa plénitude.... Mais, de deux choses l'une.... Au sein des villes, je préfère la plus civilisée, la plus savante; en des lieux inhabités, les plus sauvages, et ceux où la nature primitive contraste le mieux avec la civilisation.

Baie de San-Blas.

Je partis pour faire le tour de l'île, ce qui ne fut pas long; car, à marée haute, à peine a-t-elle trois quarts de lieue de circonférence; elle est entièrement dénuée de végétation, formée seulement d'un sable pulvérulent; la forme en est elliptique. Il paraît qu'elle a été beaucoup plus grande qu'elle ne l'est aujourd'hui, ce que prouve l'étendue des bancs de sable qui se découvrent à marée basse, et qui font plus que doubler sa superficie. Elle a été couverte de végétation; et, si l'on en croit son nom, elle aurait donné asyle à une foule de cochons qui, ainsi que la végétation, ont pu être emportés, en 1827, par une très-forte marée, augmentée par un coup de vent terrible. C'est aussi à ce coup de vent qu'on attribue son changement de forme et sa destruction presque complète. A cette même époque fut comblé le chenal qui la sépare de l'île de las Gamas, et qui servait, avant, de passage aux navires; tandis qu'actuellement la plus petite barque même n'y pourrait pas entrer. Toute la côte extérieure est couverte de débris; l'officier du corsaire que j'avais avec moi, me montra, dans le nombre, la carcasse d'un bâtiment de Nantes, venu pour la pêche aux phoques, et sur lequel il s'était perdu, il y avait trois ans. Ma course autour de l'île ne fut pas infructueuse; elle me produisit encore plusieurs objets intéressans pour l'histoire naturelle.

21 Janvier. Le 21, après avoir préparé et dessiné toute la matinée, je proposai à un officier de la Gaviota de m'accompagner dans une reconnaissance que je voulais faire au fond de la baie. Il y consentit; nous nous approvisionnâmes pour un jour, et nous nous embarquâmes dans le canot, longeant la côte de la presqu'île jusqu'à son extrémité occidentale. Nous passâmes devant l'embouchure du bras de mer qui la sépare du continent, en remarquant qu'il pouvait avoir près d'un demi-quart de lieue de largeur; puis, après avoir suivi, quelque temps, la côte ferme, nous entrâmes dans un autre bras de mer qui s'enfonce dans les terres, connu sous le nom de *Riacho del Ingles* (le ruisseau de l'Anglais), sans doute parce qu'il vient de la saline naturelle du même nom; nous le remontâmes aidés d'une forte marée, jusqu'à près d'une lieue de son embouchure, où nous nous arrêtâmes pour réparer nos forces. Pendant que les uns chassaient au milieu de la campagne, que les

autres allumaient du feu, pour préparer notre repas, je parcourus les environs en observateur. Dans le lieu où nous nous étions arrêtés, les bords du ruisseau étaient munis de larges bancs de sable vaseux, élevés de près d'un pied au-dessus des marées hautes; je rencontrai dessus, non sans étonnement, toutes les coquilles qui vivent actuellement dans la baie, non pas roulées, comme on pourrait le supposer, mais, au contraire, dans leurs positions naturelles, toutes les bivalves placées telles qu'elles ont vécu, les deux valves réunies, enfoncées dans le sable, et des volutes aussi fraîches que celles qui sortent de l'eau; seulement elles avaient perdu leurs couleurs, et étaient devenues très-blanches; enfin, sur ce banc, je me trouvai environné de toutes les espèces du pays sur le lieu où elles vivaient, comme si la mer se fût retirée, tout à coup, de vingt-cinq à trente pieds, et eût laissé son lit à sec; car les coquilles que je voyais ne se trouvent actuellement vivantes qu'en dehors de l'embouchure de ce bras, et ne commencent à se montrer à découvert, que lorsque la marée baisse au moins de trente pieds au-dessous du niveau ordinaire des syzygies. Ce fait, qui prouve un soulèvement insensible de trente pieds au moins sur tout le littoral de la Patagonie, n'est pas le seul que j'aie pu observer sur les côtes de l'océan Atlantique. J'ai déjà parlé des bancs de conchillas des Pampas de San-Pedro[1], élevés de plus de cinquante pieds au-dessus du cours actuel du Parana; et j'aurai occasion de signaler les mêmes circonstances sur les côtes du grand Océan; au reste, les parties salines qui imprègnent tous les terrains de la Patagonie, annoncent un séjour récent de la mer sur son sol.

1829

Baie de San-Blas.

Le Riacho del Ingles est tantôt large, tantôt étroit, souvent rempli d'îles et de bancs de sable; mais nulle part il n'excède une largeur de cent à cent cinquante mètres, lorsqu'il est dégagé de tous accidens. Il s'enfonce ainsi dans les terres, où, à une lieue de son embouchure, il s'élargit tout à coup et paraît prendre encore une plus grande extension, en s'éloignant de la côte; formant alors, à marée haute, une espèce de lac. Ses bords sont toujours bordés de coteaux élevés d'une pente douce, nus ou couverts de buissons épineux, image de la tristesse et de la stérilité du terrain, qu'ils ne cachent qu'en partie. Jamais cette espèce de rivière ne charrie d'eau douce; celle de la mer qui y pénètre avec le flux s'en retourne avec le reflux, laissant à découvert des terrains vaseux qui exhalent une odeur empestée. Le fond de la baie, sur toute sa longueur, est coupé, de distance en distance, de canaux sem-

1. Chapitre XII, p. 470.

1829. Baie de San-Blas.

blables, où jamais ne coule d'eau douce; aussi personne ne peut-il aborder cette côte, partout vaseuse, très-unie, remplie soit de canaux, soit de bancs de graminées aquatiques. J'ai connu, plus tard, un marin français (M. Hervaux), au service de Buenos-Ayres, qui, s'étant perdu avec son navire à l'embouchure du Rio Colorado, a vécu quelque temps des jeunes et des œufs des mouettes qui nichent sur les bancs de sable élevés; obligé, pour étancher sa soif, de boire le sang des jeunes oiseaux. Moitié à la nage, moitié sur ces bancs ou sur un désert des plus aride, il avait pu gagner, sans boire, l'estancia de San-Blas, après huit ou dix jours de souffrances inouïes, ayant survécu seul à tous ses compagnons d'infortune. Les détails de ce naufrage sont affreux; et, d'après ce que je voyais, j'avais peine à m'expliquer comment il avait pu franchir ainsi une distance qui, par les détours, au milieu d'obstacles de tout genre, n'est certainement pas moindre de cinquante à soixante lieues.

On m'appela pour dîner; j'abandonnai un instant mes recherches. Le repas était somptueux, se composant de deux tinamous ou perdrix rôties, et d'un morceau de bœuf boucané, à quoi l'on joignit de l'eau apportée du bord. Des gens délicats auraient trouvé la cuisine fort imparfaite. Les perdrix étaient sèches et sentaient la fumée, le bœuf était brûlé d'un côté et crû de l'autre; l'eau avait un mauvais goût de baril; du reste, rien de plus.... Aucune liqueur pour stimuler l'appétit; mais, moi, pauvre voyageur, accoutumé à tant de privations, je trouvais encore que j'aurais pu être plus mal partagé, et il me semblait même que, le lieu où j'étais, je ne pouvais rien désirer de mieux.

Tandis que nous dînions, le vent, qui soufflait avec force, fit voler des étincelles de notre feu sur les buissons voisins. En un instant, la campagne fut enflammée, ce qui nous força d'abandonner la rive sud, pour aller chercher, ailleurs, un gîte de nuit. Je profitai de la circonstance pour m'établir près de l'embouchure du canal, afin d'utiliser la marée basse du lendemain matin; mais, lorsque nous voulûmes nous embarquer, le canot touchait partout, et nous ne pûmes faire autre chose que de nous mettre tous à l'eau jusqu'à la ceinture, pour le pousser devant nous; car, la mer baissant toujours, les difficultés croissaient à chaque moment. Nous fîmes ainsi un quart de lieue, tantôt rencontrant le canal, et alors, nous mettant à la nage; tantôt touchant, jusqu'à ce que nous arrivassions à trouver plus d'eau; alors on ramait. Nous parvînmes ainsi près de l'embouchure, où nous nous arrêtâmes. Là nous amarrâmes le canot, ramassâmes des crabes pour notre souper, puis nous occupâmes à préparer notre bivouac. La grève favorisait ce projet par beaucoup de roseaux secs que les vents y avaient jetés. Nous en formâmes une espèce de lit de camp commun; puis la voile du canot fut placée de manière à nous garantir du vent. Nous étions prêts à nous coucher, lorsque l'aspect des flammes de la campagne du côté opposé, qui, comme un torrent de feu, s'étendait sur une surface immense, envahissant le sol entier avec une rapidité extrême et offrant, au milieu d'une belle nuit, un spectacle singulier, engagea mes compagnons de course, pendant que j'étais éloigné, à mettre le feu à une certaine distance sous le vent du lieu où nous étions, pour jouir de plus près du spectacle. Cette proposition fut goûtée; et, en moins de rien, les environs furent embrasés, et les étincelles, portées d'une touffe d'herbe sèche à l'autre, marchèrent avec une rapidité étonnante. Aussitôt que je m'en aperçus, je les exhortai à l'éteindre et me mis au travail; mais la chose me fut impossible; car j'étais seul. J'abandonnai donc mon projet, en faisant observer aux incendiaires imprudens que le feu gagnerait bien certainement au vent; que, dès-lors, nous ne serions pas en sûreté; que non-seulement notre bivouac pourrait être brûlé, mais qu'ainsi nous pourrions perdre notre canot, et nous trouver dans l'impossibilité de retourner à bord. Mes remontrances ne furent pas écoutées; je suivis long-temps des yeux les progrès du feu, pour voir s'il venait de notre côté; il paraissait, au contraire, s'éloigner. J'en conclus que je pouvais, sans crainte, aller me reposer aussi. Vers une heure du matin nous dormions tous du sommeil du voyageur, lorsque je fus éveillé par une vive lumière, un grand pétillement, et me vis entouré de feu. Je me levai à la hâte, réveillant les autres en sursaut; mais ceux-ci, ainsi surpris, se mirent à courir comme des fous, en jetant des cris de frayeur; je réussis pourtant à les arrêter; et, tout-à-fait réveillés, ils revinrent de leur terreur panique. Nous nous mîmes à embarquer nos fusils et ce que nous avions à terre, non sans perdre quelques objets, au milieu des flammes; puis nous passâmes sur une petite île peu éloignée, d'où, deux minutes plus tard, nous vîmes consumer entièrement le lieu où nous avions bivouaqué. Si je ne m'étais pas levé à temps, nous aurions perdu beaucoup plus; car nos rames et notre voile une fois brûlés, nous n'eussions pas pu nous servir du canot pour retourner à bord. Sur l'île où nous nous étions réfugiés, nous ne trouvâmes plus de roseaux. Il fallut se coucher sur des cailloux roulés, où des moustiques vinrent encore nous persécuter jusqu'au jour, et nous faire regretter le lit de la veille. Une vive lumière se répandait au loin dans

1829. — Baie de San-Blas.

1829. Baie de San-Blas.

la campagne, tandis que des nuages de fumée, portés sous le vent, obscurcissaient l'horizon, ce qui faisait d'autant plus ressortir les flammes.

A la pointe du jour, le canot fut mis à flot; nous nous y embarquâmes, et bientôt nous fûmes à l'embouchure du ruisseau; là je laissai mes compagnons faire ce que bon leur sembla, et je commençai mes recherches. La marée encore haute me détermina à m'occuper de chasser plusieurs oiseaux, parmi lesquels une espèce de pie de mer ou huîtrier[1] noir, que je n'avais pas aperçu ailleurs, ainsi que plusieurs autres oiseaux de rivage. Dès que la marée fut assez basse pour me permettre d'entrer en recherches, je laissai mon fusil sur la plage et me mis à l'eau jusqu'à la ceinture, pour passer sur les bancs les plus avancés; et, pendant plus de trois heures, je restai dans l'eau à pêcher. La côte est peu inclinée, partout couverte de bancs de sable vaseux, sur lesquels je rencontrai des coquilles admirables, que je découvrais soit à sec, soit en les sentant avec les pieds, au fond de l'eau. Dans quelques endroits il y a de petits bancs d'huîtres agglomérées, au milieu desquelles je trouvai encore des espèces de *mollusques* très-intéressans; entr'autres la volute angulée[2], avec son animal, ornée de couleurs si vives, que je ne me lassais pas de l'admirer. En général, je voyais les mêmes espèces vivantes que celles que j'avais recueillies, à demi fossiles, la veille, sur les bancs du ruisseau salé, à une lieue dans l'intérieur des terres; mes récoltes furent des plus abondantes, et je trouvai beaucoup d'animaux que je savais exister, parce que je les avais rencontrés roulés à la côte, mais que j'avais vainement cherchés vivans jusqu'alors. Que de richesses en coquilles offrira le fond de la baie de San-Blas à quiconque, avec des canots, ira draguer sur les sables vaseux! Malheureusement je n'avais pas de drague et j'étais réduit à recueillir ce que la marée basse me permettait d'atteindre. La mer montante me chassa bientôt, à mon grand regret, et je fus réduit à me replier sur les bancs de plantes maritimes, afin d'y continuer mes recherches. Encore chassé de là, je m'embarquai. Mes compagnons de voyage avaient, pendant ma pêche, achevé le reste des provisions que nous avions apportées; tout le temps que j'avais été occupé de mes découvertes, je n'avais éprouvé ni faim, ni soif; mais, quand je fus dans le canot, les deux besoins se firent sentir en même temps avec beaucoup de force; la soif, cependant, dominait et me fit horriblement souffrir. Il n'en fallut pas moins attendre l'arrivée à bord

1. *Hæmatopus luctuosus*, Cuv.
2. *Voluta angulata*, Swenson.

lu navire, que nous n'atteignîmes que très-tard, à cause du vent con- 1829.
raire.

Je me promettais bien de retourner au fond de la baie, afin d'y passer plu- Baie de San-Blas.
ieurs jours; mais je dus y renoncer; car, à bord de la Gaviota, je trouvai le apitaine Dautan, qui venait du Carmen, et donnait les ordres nécessaires our appareiller, le plus promptement possible; ce qui m'ôtait tout moyen le continuer mes courses, attendu qu'on allait avoir besoin de tout l'équipage. e m'occupai alors, sans relâche, de profiter de mes dernières recherches, n dessinant mes récoltes, et prenant les notes indispensables; ce travail me lemanda la journée du lendemain, jusqu'au moment du départ pour l'île le las Gamas d'un canot, qu'on y envoyait chercher des moules et des crabes. e voulus ne pas perdre cette nouvelle occasion de recueillir des objets ouveaux. Je descendis à terre: je fis encore de belles récoltes; puis, je par- ourus l'intérieur de l'île, où je vis, partout, un grand nombre d'ossemens le cerfs, qui me prouvèrent combien il devait y avoir eu de ces animaux vant leur destruction. Je cherchai ensuite vainement l'aiguade qui donnait le l'eau aux pêcheurs; malgré les indications que l'on m'avait fournies, il ne fut impossible de la découvrir. Ce fut ma dernière excursion faite du ord de la Gaviota; car, à l'exception d'une course à terre, ayant pour bjet de mesurer une base pour obtenir, par des triangles, la distance de la ôte ferme aux différentes îles [1], travail dans lequel je fus aidé par M. Dautan, e restai constamment à bord, travaillant à terminer mes observations sur les nimaux marins recueillis, ou bien à détacher des ancres et des chaînes du avire beaucoup de polypiers, et autres animaux qui s'y étaient fixés, pendant eur long séjour au fond des eaux. Le 27 seulement, après avoir été retenu, 27 Janvier.
ur la Gaviota, par un gros temps, j'en pus descendre et faire mes adieux, insi que mes remercîmens à M. Dautan et à ses officiers, qui tous m'avaient nontré on ne peut plus de complaisance; je m'en séparai avec peine pour ller m'établir à l'estancia, où une charrette transporta mes effets, et où je ne rendis aussi, de suite; et comme, en y arrivant, il me restait encore une ouple d'heures de jour, je voulus les employer, et j'allai parcourir la côte. Le nême jour la Gaviota mit à la voile, et, depuis, je n'en ai jamais entendu arler.

Je n'étais pas très-commodément à l'estancia; j'y manquais de table, de iéges même, n'ayant, pour tout meuble, qu'un misérable banc. Mon lit con-

1. Voyez partie géographique.

1829. sistait en un cuir que j'étendais à terre, et sur lequel je devais me reposer des
Baie de San-Blas. fatigues du jour. Après une vie des plus active, et incessamment occupé pendant tout le temps que j'étais resté dans ce lieu, je puis dire, sans exagérer, que le plus pauvre des habitans de nos campagnes, en France, est mieux pourvu que je ne l'étais des commodités de la vie.

Le lendemain, je recommençai mes courses; j'envoyai mon péon et des nègres de l'estancia me chasser des cerfs, et partis moi-même pour chercher des oiseaux; j'en tuai plusieurs intéressans. A mon retour, je me mis à préparer ma chasse, ainsi que celle de mes gens, qui consistait en deux cerfs, un mâle et une femelle. C'est la seule espèce qui abonde dans le pays; on ne la trouve que dans le voisinage de la mer et aux bords des rivières; mais, dans certains endroits, elle est d'autant plus commune que les habitans ne la mangent qu'à la dernière extrémité. Ayant fini ma tâche d'assez bonne heure, je montai immédiatement à cheval, pour parcourir au loin la plage, où je recueillis des coquilles, et vis, en plus grande quantité que jamais, des débris de navires, dispersés çà et là sur le sable; des caisses, des ballots, des barriques vides attestaient à chaque pas l'étendue des pertes des Brésiliens. Je revins par les dunes, de ce côté très-élevées, et couvertes de graminées propres à ce genre de terrain. Je n'ai jamais été plus frappé que là de la ressemblance de ces dunes, et des plantes qu'elles nourrissent, avec celles de la pointe de l'Aiguillon, dans la Vendée, où j'ai souvent été faire des courses du même genre. Il n'y a pas seulement identité des plantes des dunes, mais encore des bancs de plantes maritimes qui, couvrant tous les sables vaseux du fond de la baie, se retrouvent, en tout, dans les mêmes circonstances aux lieux indiqués. On aime à rencontrer à quelques mille lieues de sa patrie, au sein d'un hémisphère différent où tout, d'ailleurs, est changé, jusqu'aux constellations, des lieux identiques tant par la position géographique, que par les accidens de terrain, et même par une végétation si voisine qu'au premier aperçu on serait tenté de la regarder comme absolument la même.[1]

29 Janvier. Le 29, après avoir préparé le produit de ma course de la veille, je partis pour aller à la *punta de Piedras* (pointe des pierres). Je suivis la côte dans la direction sud. Elle est d'abord sablonneuse; puis les dunes sont remplacées, à la pointe même, par des amas très-élevés de galets roulés et amoncelés par

1. Les plantes maritimes ont tout à fait l'aspect de notre *Trachinotia stricta*, Decandolle; tandis que celle qui couvre les dunes offre un *facies* semblable à celui de notre *Calamagrostis littorea*, Decandolle, sans que je puisse affirmer que les deux appartiennent aux genres cités, ne les ayant pas vues fructifiées.

les vagues, composés soit des grès de la côte, soit de petits cailloux porphyritiques et basaltiques nommés *chinas*, qui recouvrent partout le sol dans l'intérieur. La mer, en descendant, laisse à nu une pointe assez avancée, formée de bancs de couches horizontales d'un grès tertiaire, friable, partout tapissées de petites moules, serrées les unes contre les autres; mais j'y cherchai vainement quelques varechs ou plantes marines. Il paraît que la mer bat ces bancs avec trop de force, pour que ces plantes puissent y croître. Cette pointe, redoutée des marins, est éloignée de trois lieues de l'entrée de la baie de San-Blas, et de plus de cinq de la *Punta rasa*. J'y recueillis quelques animaux marins; et, dans les dunes, beaucoup d'insectes. En arrivant à l'estancia, je trouvai que mes gens, que j'avais aussi envoyés à la chasse, n'en avaient pas fait une moins fructueuse avec leurs bolas, la seule arme qu'ils eussent avec eux. Ils m'apportaient un tigre congouar[1] de la plus grande beauté, un mara, et plusieurs tatous pichi; en conséquence, au lieu de me reposer, je dus me mettre au travail. Le lendemain, j'avais d'autant plus à faire que, pendant que j'étais occupé à la préparation de la chasse de la veille, les nègres de l'estancia, stimulés par les gratifications que je leur donnais, m'avaient apporté deux mouffettes[2] et un renard. Les premiers de ces animaux répandent une odeur tellement nauséabonde que personne ne voulait m'aider ni s'approcher de moi, lorsque je les préparais. J'achevai, cependant, ma tâche; après quoi, je partis, pour aller chercher des insectes au milieu des dunes. Depuis quelque temps, le désir de voir des animaux nouveaux me donnait seul la force de faire mes recherches; car l'eau fortement saumâtre, que je buvais à l'estancia, m'avait causé une dyssenterie qui m'occasionnait des coliques affreuses; ce jour-là elles étaient accompagnées d'une petite fièvre, bientôt devenue si forte que je fus obligé de rentrer promptement au logis. Cette indisposition me fatigua plusieurs jours; car je n'avais aucun remède à ma disposition. Je n'interrompis pourtant point mes recherches. J'avais résisté jusqu'alors à toutes les fatigues; et je ne pouvais attribuer ce malaise qu'à la mauvaise qualité de l'eau, dont je n'avais pas encore l'habitude.

1829 — Baie de San-Blas.

Le 31 Janvier un vent affreux soufflait du Sud, de telle manière qu'il était impossible de se tenir à cheval, et même de marcher contre. En en suivant la direction, je fus poussé violemment au loin; mais, lorsque je voulus revenir à la maison, je fus renversé plus de dix fois. Enfin, après m'être reposé à

31 Janvier.

1. C'est le puma, *Felis puma*, Linn.
2. Espèce du genre *Mephitis*, Cuv.

1829 — Baie de San-Blas. plusieurs reprises, j'arrivai à l'estancia, à demi suffoqué, les yeux pleins de sable; car la terre, le sable, tout est enlevé par ces tourbillons. Jamais je n'ai éprouvé, même au sommet des Andes, où les vents violens sont fréquens, des rafales aussi fortes et aussi continues; il est rare qu'il se passe trois jours de suite, sans que l'on en sente les effets. Ces vents sont constamment accompagnés du ciel le plus beau, qui, au reste, règne presque toujours dans ces latitudes; même au milieu de l'été ils amènent, surtout le soir et le matin, un froid piquant, expliqué par le fait que, venant du Sud-Ouest, ils passent sur les neiges de la Terre-du-Feu et des Cordillères, et, n'étant arrêtés par aucune montagne, parcourent rapidement les plaines, où ils apportent une température qui ne devrait pas être celle du niveau des mers, au 40.ᵉ degré de latitude, la même que celle de Naples, de Madrid, regardée comme chaude. Il faut ajouter que, lorsque le vent est du Nord, la chaleur, au milieu des sables, est suffocante; et qu'alors on serait loin de se douter que, dès le lendemain, on éprouvera un froid aussi vif, pour peu qu'il change et passe au Sud.

1.ᵉʳ Février. Le 1.ᵉʳ Février, quoique la violence du vent n'eût pas diminué, j'allai chasser, après avoir envoyé mon péon courir la côte, pour savoir si, du côté de Punta rasa, il n'y aurait pas quelques phoques à trompe; mais la rafale me ramena encore promptement. Le lendemain, même tentative, même résultat. Le calme ne se rétablit un peu que vers le soir; j'en profitai pour aller à la chasse; je trouvai un tatou; et, au milieu des dunes, un renard, qui sortit devant moi, reçut un coup de fusil. Ces animaux sont des plus communs dans toute la Patagonie. Rien de plus fin et de plus rusé; aussi les habitans les détestent-ils on ne peut davantage. Ils les nomment *guaracha*[1]: ces renards habitent des terriers soit sur le bord du Rio negro, au milieu des buissons des coteaux, *soit en rase campagne*; *ils sortent assez souvent de jour*; cependant ils préfèrent le crépuscule, et c'est alors, surtout, qu'ils parcourent, en tous sens, la campagne dans les environs de leur terrier; s'ils sont en un lieu voisin des habitations, ils cherchent à se saisir des volailles; mais, à défaut d'une chasse facile, ils se jetent sur les lanières de peau non tannée, que les habitans emploient à tout, les coupent et les emportent. Aussi est-il souvent arrivé que des bestiaux ou des chevaux retenus dans un parc, formé de piquets debout, et de traverses attachées par des liens en cuir, se sont échappés

1. Ce nom, sans doute donné par les Espagnols, est une corruption d'*aguara-chay*, qui est le nom guarani du même animal.

pendant la nuit, parce qu'un malicieux renard avait ainsi renversé la clôture; d'autres fois, il m'est arrivé de voir mon cheval s'échapper dans la campagne, quoiqu'il fût bien attaché à un piquet, parce qu'un renard avait coupé le lazo qui le retenait. Les habitans les craignent extrêmement et excitent leurs chiens à les empêcher de s'approcher des lieux habités et de leurs stations en plein champ; mais, malgré les plus grandes précautions, ils leur causent toujours quelque préjudice. En Patagonie, leurs ruses font le sujet de la conversation des campagnards, comme le jaguar fait celui des Correntinos. Ils ont sur eux une foule d'histoires plus ou moins exagérées; ils vont jusqu'à assurer que les renards sont assez hardis pour venir couper les courroies qui suspendent leurs recados, placés en oreiller, quand ils dorment; aussi ont-ils toujours le soin de mettre celles-ci sous le corps de la selle. Ils prétendent encore qu'un renard, en tirant la longe d'un cheval pour se l'approprier, a pu amener le cheval même près de son terrier; ou, enfin, qu'étant blessé, il fait semblant d'être mort, pour se sauver dès qu'on l'abandonne.

1829. Baie de San-Blas.

Le soir, mon péon revint de Punta rasa, et m'annonça qu'il avait aperçu, à la côte, une troupe assez considérable de phoques à trompe, en face de la cabane d'une estancia. Dès-lors, sans attendre davantage, je m'occupai de tout préparer pour aller, le lendemain même, leur donner la chasse; car j'avais tant entendu parler de ces animaux, que j'éprouvais un extrême désir de les voir de près. Aussi, le 3 Février, je montai à cheval de bonne heure, accompagné de mon domestique et de deux hommes du pays, et me mis en route pour aller à Punta rasa, éloignée de sept lieues. Nous prîmes le chemin de l'intérieur des dunes, bordant la mer sur une largeur qui est, quelquefois, de plus d'un quart de lieue. Je rencontrai, partout, les mêmes terrains que ceux qui couvrent l'intervalle entre le Carmen et la bahia de San-Blas; partout la même aridité, la même uniformité; cependant, à moitié chemin, mon guide me fit remarquer, sur la droite de la route que nous suivions, une petite saline naturelle, nommée dans le pays *salitral*[1]. Elle est à peu près à une demi-lieue de la mer. Je voulus la voir de près, et m'y rendis. Elle forme un lac de peu d'étendue, dont le fond est très-uni, vaseux, et sur lequel est répandue une légère croûte de sel marin cristallisé. Lorsqu'il pleut, les eaux qui tombent sur les terrains en pente des environs, fondent, de suite, ce peu de sel; mais

3 Février.

1. On appelle *salitral*, les terrains imprégnés de sel, et sur lesquels il n'y a que des efflorescences.

1829. Punta rasa.

quelques jours de sécheresse suffisent pour le cristalliser de nouveau; aussi trouve-t-on presque toujours cette saline dans le même état. Le sel sert aux habitans de l'estancia de Punta rasa; mais il n'a jamais été exploité, en raison de son peu d'abondance; d'ailleurs, il est plus difficile à recueillir qu'aux autres salines naturelles du pays, dont j'aurai occasion de parler, et le transport en est plus pénible, à cause du plus grand éloignement. Je repris mon chemin; et, après un long galop, mon péon me désigna, comme but de ma course, une dune très-élevée et dénuée de verdure, qui se montrait au loin au-dessus des autres. J'aperçus bientôt, en effet, une petite cabane en paille, qui servait de demeure à quelques hommes, chargés de la surveillance de deux ou trois cents têtes de bétail appartenant à un capitaine de corsaire anglais, fixé au Carmen. J'étais si impatient de voir les fameux phoques ou éléphans marins des habitans, que j'avais envie de me rendre de suite à la côte; mais mes gens me représentèrent qu'ils avaient faim; et, comme ils n'étaient pas, comme moi, stimulés par le désir de faire des découvertes, il fallut les attendre.

La cabane a trois mètres de long et de large : couverte en roseaux, elle est construite de pieux fichés en terre, attachés ensemble par des courroies à des traverses, sur lesquelles sont fixés des roseaux, qui ne garantissent ni du vent, ni de la pluie. Pour tout meuble, il y avait, dans un coin, quatre piquets couverts de traverses en bois, sur lesquelles était étendu un cuir, seul lit du lieu. Le feu brillait au milieu de la chambre, où une fumée épaisse, répandue dans l'intérieur, gênait beaucoup la respiration; pour tous siéges, il y avait deux tronçons de mâts de navire, sur lesquels on prenait place autour du feu. Telle était l'habitation d'une ferme qui passerait, en France, pour riche. Le rôti fut bien vîte fait : on ficha la broche en terre, et chacun y coupa son morceau, jusqu'à ce que tout fût mangé; car les habitans ont pour coutume de ne laisser jamais rien. C'est à leur estomac de se dilater plus ou moins, selon le volume de la provende; mais aussi ne se plaignent-ils pas, quand ce même morceau est trop petit pour le nombre de personnes qui s'en nourrissent.

Le repas achevé, je fis monter mes gens à cheval. De la cabane, située au pied intérieur des dunes, il y a, jusqu'à la mer, une demi-lieue, au milieu de monticules de sable élevés, couverts d'un peu de verdure; mais, à mesure qu'on avance vers la mer, cette verdure disparaît peu à peu, et fait place à des montagnes de sable mouvant, nues et très-hautes, surtout celles qui avoisinent la côte. C'est sur ces dunes que le hasard fit rencontrer, en creusant, de l'eau douce, en vain cherchée dans les terrains qui composent le sol des campagnes en dehors; on en avait profité pour creuser, dans le fond d'une vallée, une large fosse où filtre assez d'eau douce pour suffire aux besoins des bestiaux. Des expériences faites sur beaucoup de points de cette côte m'ont prouvé, plus tard, qu'il serait inutile d'en chercher sur aucun point de cette terre, à moins que ce ne soit au sein des dunes épaisses, où, à deux ou trois pieds de profondeur, on en rencontre presque partout.

1829.

Punta rasa.

Tout en cheminant, montant et descendant sans cesse, j'arrivai à une petite cabane construite par des pêcheurs de phoques, qui, la saison dernière, avaient fait la pêche. La vue se portait, de là, sur une longue étendue de côte, et j'aperçus, avec un plaisir indicible, un groupe de ces animaux endormis, le même que mon péon avait déjà vu; ils paraissaient être au nombre de cinquante ou soixante. Je descendis promptement de cheval; et, marchant le plus près de l'eau possible, afin de leur couper la retraite, nous nous dirigeâmes vers eux, armés de fusils, de lances et de longs couteaux de chasse. Je remarquai que toutes les femelles étaient ensemble; tandis que les mâles, toujours au moins du double plus gros, se tenaient à l'écart; l'un d'eux, le plus grand de tous, accompagnait les femelles, qui ne parurent pas s'inquiéter de notre approche, et restèrent immobiles; mais les mâles, qui étaient aux environs, commencèrent à s'acheminer vers l'eau. J'en distinguai surtout un d'une taille gigantesque, et trois fois aussi gros que les autres. Je me dirigeai vers lui, tandis que les péons s'occupaient de tuer des femelles, et me plaçai devant l'animal, pour l'arrêter; alors, il souleva toute la partie antérieure du corps sur ses ailerons, et ouvrit, en jetant un cri affreux, une énorme gueule, garnie de dents proportionnées, les canines surtout, ressemblant à de petites défenses. C'était un beau spectacle que celui d'un animal d'une longueur de plus de dix-huit pieds, et dont la mâchoire seule était au moins d'un pied et demi de large; mais, comme il n'y avait pas de temps à perdre, j'envoyai une balle presque à bout portant, dans ce gouffre béant; au même instant, il se referma. Le phoque tomba lourdement sur le sable, faisant trembler les alentours sous le poids de son corps : il ne fit plus aucun mouvement; je le crus mort, et ne pus m'empêcher de jeter un cri de joie. J'allai aider à tuer quelques femelles; mais, en regardant du côté du grand mâle, je le vis se relever n'étant qu'étourdi, et se diriger vers l'eau. Pour l'achever, je lui tirai une balle dans chaque œil, ce qui ne l'arrêta pas encore; je lui fis donner dans les flancs plusieurs coups de lance; le sang jaillit jusque dans les flots, et il n'en continua pas moins à se traîner vers la mer. On lui déchargea alors sept ou huit balles; mais,

1829. Punta rasa. malgré tous mes efforts, j'eus le regret de le voir entrer dans l'eau, où il se mit à nager, quoiqu'avec peine. Je n'avais pas de temps à perdre : je voulais au moins avoir quelques femelles; celles-ci étaient plus faciles à tuer; bien moins agiles, elles s'occupent à se serrer les unes contre les autres, sans chercher, pour ainsi dire, à se sauver. Il suffisait, d'ailleurs, d'un coup de lance pour les mettre à mort.

Ayant déjà plusieurs femelles sur la place, je me retournai du côté de la mer, et j'aperçus, à ma grande satisfaction, que le mâle, qui m'avait coûté tant de peine, était mort, et avait été jeté sur le sable par les vagues; dès-lors il me fut assuré. Je voulus voir ensuite si ma chasse était suffisante, et je trouvai qu'elle passait de beaucoup mes besoins; car il y avait étendus, sur la plage, huit femelles et le mâle. Le reste de la troupe avait, en partie, gagné la mer; quinze à vingt femelles seulement ne s'étaient pas épouvantées du bruit ni du carnage : elles paraissaient dormir; je défendis qu'on leur fît aucun mal; seulement mes gens s'amusèrent à les piquer, pour les réveiller, afin de les forcer à regagner la mer. Rien de plus singulier qu'une troupe de ces animaux si pesans, et si peu faits pour la marche, avançant encore avec assez de vîtesse, comme par un mouvement ondulatoire, portant tout le poids de leur corps sur leurs nageoires antérieures, ou pieds de devant, et traînant toute la partie postérieure du corps sur le sable; car les pieds de derrière ne peuvent servir qu'à la natation, et ne sont pas conformés de manière à se ramener en avant. Si l'on attaquait ces femelles dans leurs retraites, elles se retournaient, en ouvrant la gueule, et essayant de mordre sans autre défense; tandis qu'elles marchaient à reculons vers la mer, presque aussi vîte que si elles eussent été en avant, semblant ainsi vouloir faire face à l'ennemi.

La côte présentait un effrayant spectacle de carnage : la plage était couverte, sur plus de soixante pas d'étendue, d'un sang noir qui, versé par les phoques, était arrivé jusqu'à la mer, et l'avait rougie sur une assez grande surface. J'éprouvai un moment d'horreur pour cette boucherie, surtout en me rappelant de quel courage il avait fallu m'armer, pour me décider à tuer de pauvres animaux presque sans défense, dont le regard si doux semblait me demander la vie; tandis que je me croyais obligé de leur donner la mort, dans l'intérêt de la science. Ils m'étaient recommandés d'une manière spéciale comme manquant au Muséum de Paris. On doit pardonner au naturaliste de se montrer souvent cruel par nécessité. Il est impossible de se figurer quelle quantité étonnante de sang répandent les phoques; à grosseur égale, je crois qu'ils en ont beaucoup plus que les animaux terrestres, ce qui vient peut-être de leur besoin de plus de chaleur au milieu des eaux, surtout dans les régions glacées qu'ils habitent souvent. Si j'éprouvais de la peine à voir neuf phoques morts sur la plage, et si j'étais frappé des flots de sang répandus, qu'aurait-ce donc été si j'avais été témoin de ces tueries faites par les pêcheurs, dans lesquelles il leur arrivait quelquefois de massacrer, en un seul jour, plus de cent de ces amphibies!

En m'approchant du mâle pour le faire écorcher, je remarquai que toute la côte était couverte de poissons, de l'espèce d'athérine connue dans le pays sous le nom de *peje-rey* (poisson-roi); ceux-ci avaient été attirés par le sang, et ils étaient si nombreux qu'il eût été difficile, en donnant un coup de sabre dans l'eau, de n'en pas blesser quelques-uns. C'était un nouveau genre de pêche, auquel mon domestique prit grand plaisir, tandis que j'étais occupé avec les deux Gauchos, plus habiles que moi, à écorcher mon grand phoque. Mais cette opération était encore assez difficile, car il était dans l'eau, et bientôt la mer montante nous mouilla jusqu'à la ceinture; pendant que les houles, souvent, nous couvrirent en entier. Je persistai à travailler ainsi pendant quelque temps; mais, enfin, la mer nous chassa; et comment remuer cette masse énorme pour la traîner dans un meilleur endroit. J'eus la douleur d'être obligé de l'abandonner, non sans un instant de désespoir. Le travail fut reporté sur des femelles de neuf à dix pieds de long, et la nuit seule nous fit remettre au lendemain la suite de notre opération. Nous les traînâmes au haut de la côte, et je m'acheminai vers la cabane, tout en espérant que la marée jetterait le mâle à la côte, et qu'ainsi je le retrouverais.

J'arrivai fatigué de l'exercice de la journée, et la tête préoccupée de la chasse que je venais de faire; je ne pus manger. J'étendis ma selle sur le lit de cuir, et m'y couchai; mais, pendant long-temps, la conversation des cinq ou six hommes entourant le feu, la fumée épaisse répandue de tous côtés, m'empêchèrent de me reposer, d'autant plus que ma position était très-gênante; car le lit n'était pas assez long pour moi, et j'y étais assailli par des myriades de puces, qui ne me laissaient pas un instant de repos. Je luttai contre deux inconvéniens, celui de me couvrir de mon poncho, et alors j'étais dévoré des piqûres de cet incommode insecte; ou bien de rester découvert pour en moins avoir, et un fort vent de Sud, qui passait à travers les murailles de la maison, me faisait greloter de froid. Enfin je me levai, et allai me coucher dehors; je n'y fus pas plus heureux, et toujours harcelé, je fus obligé de passer le reste de la nuit à me promener. Les puces abondent tellement en Patagonie, que, dès qu'une hutte se bâtit au milieu d'un terrain désert, elle en est de suite infestée;

1829. Punta rasa. la campagne même en est remplie. Elles y sont, sans doute, transportées par les renards, communs en ces lieux, et que j'en ai toujours vus couverts. Sous ce rapport, la Patagonie ressemble beaucoup à certaines parties de la Bolivia; car je ne connais pas de pays au monde où il y en ait plus que dans les environs de Cochabamba et de Chuquisaca, et au sein même de ces deux villes, où elles se reproduisent avec d'autant plus de facilité que les maisons d'Indiens ne sont pas pavées. Leur nombre est au-dessus de tout ce qu'on peut imaginer; on dirait presque, sans exagération, qu'il y en a autant que de poussière.

Le jour commençait à peine à poindre, que je m'acheminai vers la côte, emmenant un cheval que j'avais fait venir à l'effet de charger les peaux des animaux tués. J'éprouvai un véritable plaisir en apercevant de loin, sur le sable, le grand phoque que j'avais été obligé d'abandonner; je le mesurai; il avait six mètres de long, et trois de circonférence. On y travailla long-temps; mais, quand il fut question de le retourner, nouvel embarras. A cinq, nous ne pûmes le remuer; il ne nous restait pas d'autre moyen que de couper les chairs par morceaux; nous l'employâmes. Il avait, partout, sous la peau, une couche épaisse de plus de huit pouces de graisse blanche huileuse : c'est pour la recueillir qu'on fait, tous les ans, la chasse aux amphibies; car un mâle de cette taille-là donne, au dire des pêcheurs, une demi-pipe d'huile, ou une barrique ordinaire. J'ai remarqué qu'ils ont d'autant plus de graisse qu'ils habitent des régions plus froides; ce qui pourrait faire penser que c'est elle qui les garantit de l'action immédiate du froid. On acheva enfin d'écorcher le phoque, et je fis approcher le cheval, afin d'y charger la peau; mais celle-ci pesait près de six cents livres, et le cheval se couchait sous sa charge, sans pouvoir se relever. Je ne m'attendais pas à cette nouvelle contrariété; une troisième fois, il me fallut abandonner ma prise, me contentant de charger les peaux des femelles; et je partis à la hâte pour la baie de San-Blas, afin d'envoyer promptement ma charrette chercher ce que je ne pouvais emporter. On me montra en route, au pied des dunes, et recouvertes de sable, trente-six pipes d'huile, résultat de la pêche d'un seul propriétaire, M. Alfaro, qui, tous les ans, avait des hommes chargés de chasser les troupes de phoques qui s'arrêtent à la Punta rasa. Dès que je fus arrivé, j'expédiai, de suite, une charrette, et me mis à dégraisser et à saler les deux peaux de femelles; car elles ne peuvent sécher, à cause de la grande quantité d'huile dont elles sont imprégnées. Un essai fait sur deux autres ne me donna aucun bon résultat; et je dus m'estimer heureux d'avoir cru à l'expérience du capatas de l'estancia, qui, tous

1829

Punta rasa

les ans, dirigeait la pêche de la Punta rasa, et était fort au courant de tout ce qui concerne ces animaux. La charrette ne revint que le lendemain au soir, apportant, en même temps, plusieurs peaux que j'avais demandées. Pendant trois jours, il me fallut un travail extraordinaire pour les préparer.

Patagonie.

La pêche de ces amphibies ayant été exploitée, tour à tour, par toutes les nations, et offrant des particularités intéressantes, j'ai mis à profit tous les moyens que j'avais à ma disposition pour obtenir à ce sujet, de la bouche même des pêcheurs, tous les renseignemens désirables; et je vais en reproduire ici quelques-uns jusqu'à présent tout à fait inconnus, soit sur les mœurs de ces animaux, soit sur la manière de les pêcher.[1]

Le phoque à trompe[2] est connu des Espagnols sous le nom d'*elefante marino* ou *lobo de azeite* (éléphant marin ou loup à huile); il doit son premier nom à sa trompe, le second à son produit. Les pêcheurs français appellent aussi les mâles éléphans marins, et les femelles *vaches brunes.* Les naturels du pays leur donnent aussi des noms particuliers[3]. Ces animaux ont les formes générales des loups marins ordinaires; leur tête ressemble beaucoup à celle du chien; seulement le museau en est plus court, et les grands crins raides, qui forment les moustaches, leur donnent beaucoup de la physionomie du chat. Ce museau est court chez les femelles; dans les mâles, au contraire, il s'allonge en une espèce de trompe mobile de six à huit pouces de longueur, à l'extrémité de laquelle sont percées les narines. Ce prolongement, qui les distingue, surtout, des femelles, leur a valu le nom d'éléphans. La gueule est énorme, d'un beau rouge en dedans, et armée, de chaque côté, chez les mâles, d'une longue canine, trait de ressemblance de plus avec l'éléphant. Les femelles n'ont pas ces défenses; mais elles ont des yeux très-grands, beaux et si doux, qu'ils contrastent avec leurs manières menaçantes; cette expression de bonté ne disparaissant même pas, lorsque l'animal est blessé. Ces yeux sont recouverts d'une pellicule si mince qu'un rien suffit pour les crever. L'absence totale d'oreille extérieure donne à leur tête un aspect singulier : elle est, d'ailleurs, petite à proportion du corps et du cou, dont le diamètre va en augmentant jusqu'à l'épaule, puis

1. Il n'a été question de cette pêche, et encore très-vaguement, que dans l'Esquisse historique, etc., de Buenos-Ayres, par Ignacio Nuñez; trad. franç. (1826), p. 240.

2. *Phoca leonina*, Linn.

3. Les Araucanos ou Aucas les nomment *lame*; les Puelches, *kilmanee*, et les Tehuelches ou Patagons, qui habitent depuis le détroit de Magellan jusqu'au Rio negro, *yabick.*

1829. Patagonie.

diminue jusqu'à la partie postérieure, mais d'une manière assez peu sensible, se terminant par deux nageoires ou pieds postérieurs qui ne peuvent pas aider la marche; car ils ne sont propres qu'à la natation, divisés en cinq lobes inégaux, qui remplacent les doigts, au milieu desquels est une queue très-courte. Les pieds de devant consistent en une nageoire anguleuse, aplatie, sur laquelle sont cinq ongles plats, indiquant seuls la place des doigts. Le corps est partout couvert de poils aplatis, courts et serrés, d'une couleur bleuâtre très-pâle en dessus, et blanche en dessous. Les mâles ont, quelquefois, de cinq à sept mètres de longueur, sur trois ou quatre de circonférence; les femelles, au contraire, n'atteignent jamais plus de trois mètres. On doit sentir qu'avec des formes aussi massives ces animaux doivent vivre au sein des eaux plutôt que sur terre; aussi cheminent-ils difficilement sur le sol, en se servant de leurs ailerons pour soulever la partie antérieure du corps, et traîner le reste; ce qu'ils font encore assez vite sur le plan déclive des plages de sable, allant tantôt en avant, tantôt en arrière, ou même, lorsqu'ils sont pressés, se laissant rouler sur le côté, comme une barrique, afin d'arriver plus vite à la mer. L'eau salée est leur élément exclusif; et, bien différens, en cela, des autres phoques, ils y restent presque toujours; tandis que les autres n'abandonnent pas certaines côtes, où l'on est presque sûr de les rencontrer en quelque temps que ce soit. Ils nagent avec beaucoup de vivacité, et même d'élégance. On les voit, tour à tour, paraître et disparaître au sein des eaux, se jouer à leur surface, s'élevant souvent de la moitié du corps hors de la mer, pour regarder à la côte, rester quelques instans dans cette position, en montrant beaucoup de curiosité; puis, plongeant tout à coup, ils restent long-temps sous l'eau, se montrent, de nouveau, à la surface, quelques poissons à la gueule, les croquent, les avalent et plongent encore. La grande quantité de poissons, qu'ils trouvent sur toutes ces côtes, leur procure une pêche facile; aussi sont-ils très-gras; cependant, il est bien prouvé que, tant qu'ils restent à terre, ils ne mangent pas, et leur séjour, quand les femelles y viennent faire leurs petits, ne dure pas moins d'un à deux mois. Il est vrai, qu'à moins que ceux-ci ne soient trop jeunes, elles vont manger, lorsqu'une averse, les fait regagner la mer.

Toute l'année, quand le temps est beau, les phoques sortent de l'eau par petites troupes, sur les plages sablonneuses de la côte, principalement à Punta rasa, qui a toujours été le point le plus fréquenté par eux. Mais, vient-il à pleuvoir, ou s'élève-t-il une tempête? de suite la troupe qui, à ce qu'il paraît, n'aime pas l'eau douce, regagne promptement la mer, et ne reparaît que quelques jours après le retour du beau temps. Ces troupes sont peu nombreuses, et les pêcheurs les dédaignent, parce qu'elles n'ont pas toute la graisse qu'ils peuvent espérer, et parce que leur petit nombre ne leur offre pas assez de produit; aussi attendent-ils les mois de Septembre et d'Octobre, saison où tous sortent sans exception. C'est l'instant où les femelles viennent mettre bas, nourrissent leurs petits, et leur apprennent à nager. La troupe rôde quelque temps sur les côtes, avant de s'approcher de terre, s'élevant souvent au-dessus des eaux pour reconnaître les lieux. Les mâles surtout servent d'éclaireurs; bientôt, l'un d'eux, chef de son troupeau, arrive à terre, gravit la plage, bien au-dessus du niveau des hautes mers, et, là, pousse un cri d'appel à ses femelles, qui, en grand nombre, sortent de l'eau presque toutes à la fois, et vont se réunir sur le sable en un groupe, se serrant les unes contre les autres, comme de timides brebis; tandis que leur conducteur se tient à l'écart et fait sentinelle; tant il tient à leur possession exclusive. Un autre mâle sort-il des eaux; il est contraint de s'isoler à son tour; et, s'il veut s'approcher du troupeau, de suite le jaloux animal vient le recevoir au bord du rivage. Si le nouveau venu ne se sent pas de force à se mesurer avec lui, il retourne à la mer, et va s'établir loin de là, toujours isolé, malgré ses cris pour appeler des femelles; car celles-ci se joignent à la troupe déjà réunie à terre, sans faire cas de lui, à moins qu'il ne soit leur protecteur; aussi voit-on les mâles seuls au loin sur toute la côte. Si, au contraire, celui qui sort de l'eau ose lutter contre le défenseur officieux, ils se livrent un long et sanglant combat, dont le succès décide de la possession des femelles. On voit alors les deux rivaux s'élever ensemble sur leur queue, chercher à se mordre, et ébranler le sol voisin de la pesanteur de leur chute, en retombant lourdement l'un sur l'autre. La lutte est ordinairement très-prolongée, et le sang ruisselle autour d'eux des blessures profondes qu'ils se font en se mordant; ils semblent doués d'une activité que paraissaient démentir leurs formes monstrueuses. Après une ou deux heures de ce combat à outrance, le vaincu gagne la mer, et va souvent y mourir de ses blessures, en cachant au loin sa honte. Les femelles, pendant ce temps, semblent peu s'inquiéter de savoir qui sera le vaiqueur, et reçoivent toujours, quel qu'il soit, celui qui reste maître du champ de bataille. A chaque mâle qui sort de l'eau, les mêmes combats se renouvellent; ce qui peut expliquer pourquoi, toujours en si petite quantité que leur nombre comparatif avec les femelles est à peu près d'un à vingt-cinq, ceux-ci sont

1829. Patagonie.

tous couverts de larges cicatrices, qui attestent les combats qu'ils ont eu à livrer.

Les femelles, au contraire, sont très-pacifiques, et vivent dans la meilleure intelligence, toujours couchées les unes très-près des autres, de manière à ne laisser aucun espace libre entr'elles, lorsqu'elles sont à terre; à la mer, elles ne voyagent qu'en grandes troupes. Autant les mâles sont défians, autant les femelles sont apathiques. Dès que quelque chose vient effrayer une troupe, le mâle, presque toujours aux aguets, cherche immédiatement à gagner la mer, en se traînant avec vîtesse; beaucoup de femelles le suivent; mais un plus grand nombre encore reste sans se mouvoir, s'inquiétant peu du danger qui les menace; aussi arrive-t-il souvent qu'au milieu d'un groupe de femelles, tuées par les pêcheurs, il en reste quelques-unes de vivantes. Cette circonstance fatale à plusieurs, fait prendre la précaution de jeter de la paille enflammée sur le monceau de cadavres après la pêche, afin de réveiller celles qui ne sont qu'endormies; car, sortant, parfois, de leur sommeil, au moment où les pêcheurs, les croyant mortes, leur enfonçaient leur couteau dans le dos pour leur enlever la graisse, elles leur donnaient souvent de terribles coups de dents.

C'est aux mois de Septembre et d'Octobre, que les phoques à trompe, qui vivent, ordinairement, toute l'année dans des régions plus australes, affluent sur les côtes sablonneuses; les femelles, pleines à cette époque, y viennent mettre bas. On voit, alors, cesser momentanément l'union étroite qui règne d'ordinaire entr'elles : chacune se détache un peu de la troupe; et, au milieu des dunes, sur le sable, dépose un ou deux petits, de quarante à cinquante centimètres de longueur. Les premiers jours ils sont aveugles; alors la mère ne les abandonne pas; et, si on les attaque, elle les défend avec acharnement, en jetant des cris plaintifs. Aussitôt qu'ils voient clair, et qu'ils sont assez avancés pour marcher, toutes les femelles se réunissent, de nouveau, en troupe avec leur défenseur. Les jeunes, plus alertes que leurs mères, restent à se jouer autour d'elles; et, quand on s'en approche, ils paraissent vouloir les défendre; mais leurs forces ne répondent pas toujours à leur courage, d'autant plus qu'ils sont encore dépourvus de leurs seules armes; car les dents ne leur poussent qu'après un mois. Les jeunes naissent avec une livrée qui les fait beaucoup différer de leurs parens; indépendamment de formes bien plus raccourcies que les adultes, ils ont un poil laineux et noirâtre, sous lequel on aperçoit bientôt des poils aplatis et courts, qui, au bout d'une couple de mois, se trouvent tout à fait à nu par la chute complète de la livrée laineuse.

Tous les pêcheurs m'ont assuré que, dès que les femelles croient leurs petits assez forts pour apprendre à nager, elles les conduisent tous les jours à la mer, et là s'occupent de diriger leurs premiers essais dans cet exercice, les surveillant avec le plus grand soin, et attentives à leurs moindres mouvemens: d'abord elles entrent dans l'eau, leurs petits sur leur dos, nageant ainsi pendant quelque temps, pour les y habituer; puis, s'enfonçant soudain, elles laissent le jeune livré à ses propres forces; mais, s'il se trouve embarrassé, elles viennent se replacer sous lui, et le portent de nouveau. Des animaux dont le genre de vie est essentiellement aquatique, s'habituent bien facilement à suivre la mère dans l'eau, comme ailleurs. Il reste une nouvelle éducation, celle de la pêche : elle s'en occupe d'abord seule, en leur apportant du poisson; mais bientôt ceux-ci cherchent eux-mêmes à poursuivre de petits poissons, si abondans sur cette côte, genre d'aliment qu'ils préfèrent bien vîte au lait maternel; ils y prennent tellement goût qu'au bout de trois mois ils ne suivent plus la mère que par habitude, vivant indépendans de ce qu'ils prennent eux-mêmes. Ils restent ainsi probablement long-temps avec la troupe de femelles; mais il est certain qu'une année plus tard les jeunes mâles ont abandonné déjà la troupe; sans doute parce qu'ils se voient, dès-lors, en butte à la jalousie des vieux, qui les forcent à vivre isolément, jusqu'à ce qu'ils soient assez forts eux-mêmes pour devenir à leur tour conducteurs d'une troupe de femelles.

1829 — Patagonie.

Avec quel plaisir ne retrouve-t-on pas chez tous les animaux, depuis le tigre féroce jusqu'à la timide brebis, depuis le singe agile jusqu'à la massive baleine, ces soins si tendres d'une mère pour ses enfans; cette éducation première, qui leur enseigne l'art de pourvoir à leur nourriture; cette tendresse, enfin, qui leur fait sacrifier jusqu'à leur vie au bien-être ou pour la défense des êtres qui leur doivent le jour! Il est facile de connaître combien cet instinct est naturel, et combien les exceptions en sont monstrueuses. J'ai souvent étudié les mœurs des animaux de toute classe, sous ce rapport, et partout j'ai trouvé la même identité.

Les anciens navigateurs aux terres magellaniques ont fréquemment parlé des autres espèces de loups marins, qui habitent les pointes pierreuses ou les bancs rocailleux de toute la Patagonie; mais je n'ai trouvé chez eux aucune mention de celle-ci. On doit en chercher la cause dans la manière même de vivre de cette espèce, restant à terre seulement sur les caps sablonneux, où la mer brise avec force, ou sur les îles basses des grandes baies, que ces navigateurs redoutaient tellement que la connaissance qu'on en a date seulement de la fin du siècle dernier. Les premiers qui les connurent furent les Espagnols de Buenos-Ayres et de Montevideo, qui les aperçurent à la pointe de San-Antonio, ou lorsqu'ils voulurent peupler les côtes de la Patagonie, et qu'en conséquence ils en firent l'exploration. Avant qu'on songeât à les pêcher, ces animaux couvraient de leurs troupes tous les endroits sablonneux de la côte, depuis le cap San-Antonio jusqu'à l'embouchure de la Plata, vers le Nord, et jusques aux côtes escarpées de la Patagonie, au sud du Rio negro, c'est-à-dire plus de cent lieues du littoral. Ils abondaient surtout tellement à Punta rasa, et sur les îles avancées de la bahia Blanca et de la bahia de San-Blas, que le sol de certaines parties en était entièrement couvert. Les Espagnols de Montevideo et de Buenos-Ayres commencèrent à les chasser au cap San-Antonio, pour les besoins de ces deux villes; alors ils se retirèrent vers le Sud, et abandonnèrent l'entrée de la Plata, où on les poursuivit. L'établissement de Patagonie fut ensuite obligé de pourvoir à la consommation de Buenos-Ayres; le nombre des tonneaux d'huile fut déterminé à cinquante ou soixante, et la pêche fut si peu importante que le même nombre revenait tous les ans sur les mêmes plages; car, en Patagonie, elle avait lieu seulement à Punta rasa, où le gouvernement payait, tous les ans, des hommes chargés de la faire. Cependant, jaloux des avantages qu'ils en retiraient, les Espagnols la surveillèrent soigneusement avec leurs navires; mais ils ne purent empêcher quelques bâtimens américains et anglais d'aller dans la baie Blanche, la faire abondamment, en contrebande. Il paraît que c'est sur ce point que les étrangers tentèrent les premiers essais de ce genre d'exploitation.

Lorsqu'en 1810, la révolution des Américains du Sud ne leur permit plus de s'occuper de leurs côtes et de surveiller l'exploitation, les étrangers, gênés jusqu'alors, en firent l'objet d'armemens spéciaux. On vit les Anglais, et surtout les Américains, armer, tous les ans, des navires dans ce but. Après la promulgation de la liberté des mers en 1815, les Français ne restèrent pas en arrière: Saint-Malo et Nantes s'en occupèrent activement; le nombre des bâtimens qui s'y trouvèrent employés, ne fut pas moindre de dix à douze, sur toute l'étendue de la côte. Comme chacun d'eux était au moins de deux cents tonneaux, le nombre des tonneaux d'huile, recueillis chaque année, ne pouvait guère être au-dessous de deux mille; et, si l'on calcule que vingt phoques à trompe, l'un dans l'autre, à cause du peu de graisse des femelles, ne produisent pas plus d'un tonneau, on pourra évaluer approximativement à plus de quarante mille le nombre des phoques à trompe détruits tous les ans. On sent donc quelle diminution doit subir la quantité de ces animaux; mais leurs troupes étaient tellement multipliées que, pendant beaucoup d'années, on s'en aperçut à peine. Si une seule nation se fût occupée de cette exploitation, on eût ménagé la pêche de manière à la faire durer long-temps; mais il en fut autrement..... Il y avait rivalité entre des nations différentes. C'était à qui d'entr'elles ferait le plus; on tuait, sans discernement, les femelles pleines et les jeunes, et le carnage était énorme. Des fourneaux étaient établis sur plusieurs points de la côte et sur les îles, et marquaient la propriété de chaque navire, qui, ordinairement, laissait les siens, dans l'intention de revenir l'année suivante. Dès que le gouvernement de Buenos-Ayres fut installé, il voulut remédier à cet abus : il perçut un droit sur chaque navire; et, pour empêcher les rixes fréquentes entre les matelots des divers pavillons, le commandant de Patagones fut chargé de déterminer les limites sur lesquelles chaque équipage pouvait faire sa pêche, limites dont on ne pouvait s'écarter sans encourir une amende; et, de plus, on fixa des intervalles de temps de dix ou quinze jours de suite, pendant lesquels la pêche était tout à fait interrompue, afin de donner aux phoques le temps de sortir des eaux; mesures qui obligeaient des inspecteurs de courir la côte par terre, tandis que des chaloupes suivaient le littoral pour le surveiller. Tout cela gênait des hommes habitués à une entière liberté. La baie Blanche, et le nord de celle de San-Blas, furent les plus fréquentés, parce qu'ils étaient plus éloignés du Carmen et hors de cette surveillance. Il en résulta que les phoques disparurent plus promptement de ces points, et que, tout d'un coup, la pêche manqua. Alors le gouvernement de Buenos-Ayres voulut prendre des mesures pour la rétablir; mais ces mesures étaient un peu tardives, et le remède arrivait quand le mal était irréparable..... La pêche était détruite pour toujours. En 1823, une ordonnance la prohiba pour cinq années, afin de laisser aux restes de ces phoques le temps de se reproduire. Cette sage mesure n'amena aucun résultat; car les phoques ne reparurent plus à la baie de San-Blas; le peu qui survécut sortit seulement à la Punta rasa, et, plus au Sud, dans une petite baie inconnue sur les cartes, nommée *Ensenada de Ros*, où ils restent plus tranquilles, parce qu'on ne peut y aborder, et qu'il est très-difficile de s'y rendre par terre. En 1828, lorsque le délai de la prohibition fut expiré, la pêche ne produisit, dans l'année, que dix-huit tonneaux d'huile. Il y a six à sept ans, dix à douze navires complétaient, en deux mois, leur chargement avec beaucoup de facilité; aujourd'hui on pourrait à peine compter sur quelques tonneaux, et je pense même que, pour peu que

1829. Patagonie. l'on continue à les chasser, ces animaux disparaîtront, soit qu'ils périssent tout à fait, soit qu'ils se retirent plus au Sud, où le manque de plages commodes les a empêchés d'habiter jusqu'à présent.

La manière de faire la pêche était assez curieuse. Les navires arrivaient aux mois d'Août et de Septembre; ils mouillaient soit dans le Rio negro, soit à la baie de San-Blas et au port de l'Union. Chaque navire avait une petite barque pour le transport de la graisse, et pour suivre la côte; son équipage établissait ses fourneaux sur le terrain qui lui était assigné, attendant que les troupes de phoques sortissent des eaux, ayant le plus grand soin de ne pas les attaquer avant qu'ils fussent tous à terre. Souvent même l'époque où l'on pouvait commencer, était arrêtée par les autorités du Carmen. Au jour fixé chaque équipage, armé de longues lances de fer et de leviers, suivait le bord des eaux, pour arriver en face de la troupe, et lui couper la retraite. Les mâles, les premiers, cherchaient à gagner l'eau; les pêcheurs leur barraient le passage; et, pour les vaincre plus facilement, leur donnaient un coup sur la trompe. L'animal, alors, s'élevait sur ses ailerons, tout en se dirigeant, la gueule ouverte, sur son agresseur, et cherchait à le mordre ou à l'écraser du poids de son corps; mais ce dernier, exercé à cette manœuvre, profitait de l'instant pour lui plonger sa lance dans la poitrine, assez adroit et assez prompt pour la retirer avant sa chute. Souvent ce premier coup, bien dirigé, laissait le phoque étourdi, perdant ses forces avec son sang, de telle sorte que quelques coups dans les flancs suffisaient pour l'achever. D'autres fois, ces premières blessures ne servaient qu'à le mettre en colère; et, avec plus de force, il s'élevait de nouveau, ouvrant sa terrible gueule, et jetant un cri rauque. La lutte alors était plus difficile. Le pêcheur non expérimenté, qui ne retirait pas sa lance assez tôt, la voyait incontinent brisée par la pesanteur de l'animal, ou brisée en mille pièces par ses formidables dents. Pendant que les marins les plus adroits s'occupaient de tuer les mâles, d'autres, avec des barres de bois, tuaient les jeunes, qui entourent les femelles; et celles-ci, qui, pour toute défense, ouvraient la gueule, jetaient des cris, et se rapprochaient encore davantage les unes des autres, étaient tuées à coups de lance dans les flancs, au-dessous de l'aileron. Nul de ces animaux ne meurt avant d'avoir perdu tout son sang, à moins d'avoir le crâne rompu par les leviers. Les pêcheurs ne laissaient jamais vivant aucun des individus qui composaient une troupe; tous étaient tués, eussent-ils été plus de deux cents. Ceux-là seuls échappaient qui, au sein du carnage, pouvaient gagner la mer sans être aperçus.

La tuerie achevée, les pêcheurs jetaient de la paille enflammée sur le monceau de morts, afin d'en faire sortir les femelles endormies; puis, tous les matelots se mettaient à enlever la peau du dos, depuis la nuque jusqu'auprès de la queue, et ensuite, en un ou deux lobes, toute la graisse de cette partie, ordinairement la plus épaisse, mais dont l'épaisseur varie, selon la taille, de quinze centimètres dans les mâles, et dans les femelles de cinq à sept. Ces morceaux, chargés sur des chevaux, ou mis à la remorque des embarcations, étaient conduits aux fourneaux, dont le feu, d'abord allumé avec du bois, était entretenu avec des résidus tirés de la chaudière; ainsi fondus, ils donnent une huile limpide, qu'on enlève et qu'on met dans des barriques amenées à cet effet.

Un grand mâle rend ordinairement un tiers de tonneau d'huile; tandis qu'il faut toujours quatre à cinq femelles pour en produire autant. Nul doute que chaque phoque ne pût donner au moins le double de l'huile qu'on en retire; car presque toutes les autres parties du corps, les intestins, le foie, pourraient en fournir, comme le ventre, qui a toujours un à deux pouces de graisse; mais toutes ces parties sont abandonnées, et l'on enlève seulement, comme plus facile à emporter, celle du dos, en perdant ainsi plus qu'on n'en recueille. On a employé tous les moyens possibles pour sécher la peau des phoques, toujours inutilement; j'ai moi-même fait plusieurs essais, tous restés infructueux. Les très-jeunes seulement peuvent, lorsqu'ils sont maigres, donner quelques parties de la peau du ventre qu'on peut sécher; mais cette peau est sans valeur et sans beauté. On a de même cherché à utiliser les grandes défenses des mâles; opération dont il paraît que les résultats n'ont pas été aussi productifs qu'on l'aurait pensé, à cause de la dureté des dents. L'huile peut donc seule offrir une branche de commerce toujours lucrative; on la vend ordinairement en Europe comme huile de baleine. Des tentatives de commerce, faites par les pêcheurs indigènes, leur ont prouvé que ce n'était pas sur ce continent qu'on en tire le meilleur parti; mais bien sur les côtes du Brésil, où l'on donne plus de valeur à cet article que partout ailleurs.

Après avoir terminé la préparation de mes phoques, je recommençai mes recherches aux environs de l'estancia: plusieurs personnes, venues de Patagones, m'avaient donné de nouvelles craintes; beaucoup d'indices certains, pour les habitans, leur faisaient redouter l'arrivée prochaine des Indiens ennemis. Aussi M. Alfaro avait-il envoyé à son capatas de l'estancia, deux caronades de vingt-quatre, avec ordre d'établir, le plus promptement possible, une batterie au point de jonction de la presqu'île à la côte ferme, afin d'en défen-

1829. Baie de San-Blas.

dre l'entrée, et d'empêcher le vol des bestiaux. Les nègres furent, dès-lors, occupés sans relâche à transporter des débris de navire pour la construction du fortin projeté, que l'on commença bientôt au sommet de la plus haute dune des environs. J'étais toujours étonné qu'on trouvât de bonne eau dans les dunes près du mouillage; tandis qu'on n'en avait à l'estancia qu'une saumâtre et désagréable au goût. Je pensais qu'en faisant des recherches, je pourrais en découvrir également de potable; je me mis donc en quête; et, après plusieurs tentatives infructueuses, je fus assez heureux pour en rencontrer, non loin du fortin, au milieu des dunes, elle était claire, limpide et, surtout, très-douce. Cette découverte fut des plus agréable aux habitans de l'estancia, qui, dès-lors, abandonnèrent avec joie celle qu'ils avaient bue jusqu'alors, et à laquelle ils ne s'étaient pas habitués; différens en cela de certains habitans de Cobija, sur la côte de la Bolivia, qui, probablement par fanfaronade, invités à dîner à bord du navire mouillé dans le port, demandèrent du sel pour mettre dans celle qu'on leur présentait, disant qu'ils étaient tellement accoutumés à l'eau saumâtre du pays, qu'ils ne pouvaient plus en boire d'entièrement douce. Je sais combien l'habitude peut influer sur les goûts; mais je crois difficilement que l'homme qui a bu toute sa vie de l'eau douce, puisse, dans l'espace d'une année, prendre assez d'habitude pour ne pas retrouver avec plaisir celle qu'il rencontre dans son état naturel.

Seul au milieu de gens de la campagne, avec lesquels je ne pouvais m'entretenir que de chevaux et de bestiaux, je ne trouvais pas un grand plaisir à les entendre; d'un autre côté, privé de tous moyens commodes de repos, et, ne pouvant rester un seul instant dans l'inaction, dès que j'avais terminé une chose, je cherchais une occupation nouvelle, de sorte que tous les instans de la journée étaient employés, soit à préparer les nombreux animaux que l'on m'apportait à chaque instant, soit à écrire ou à dessiner, quoique ces derniers travaux fussent d'autant plus pénibles que je manquais de table; et, quand je ne travaillais pas à l'estancia, je parcourais les environs, en cherchant, avec le plus grand soin, tout ce que pouvait m'offrir ce sol ingrat. Quelquefois je parcourais le bord de la mer, recueillant des coquilles, jusqu'à la Punta de Piedras, où j'attendais que la mer descendît pour retourner les pierres isolées, et recueillir des animaux nouveaux tant en mollusques[1] et en polypiers, qu'en crustacés, que je dessinais ensuite: souvent mes courses étaient infructueuses, le vent retenant les eaux, qui ne baissaient pas assez pour

---

1. C'est là que j'ai rencontré mon *Eolidea patagonica*, Nob.

me découvrir leurs trésors; alors je laissais les coquilles et parcourais les dunes, pour y chercher des insectes. D'autres fois, je me levais avant le jour, afin d'aller étudier les mœurs de certaines espèces de mammifères crépusculaires. Avec quel plaisir ne trouvais-je pas ces jolies familles de mouffettes, connues dans le pays sous le nom de *zorrillo* (petit renard); charmant petit mammifère, ressemblant aux martres, aux formes sveltes et gracieuses, à la fourrure noire, sur laquelle deux lignes blanches, prenant au-dessus de la tête, et s'écartant vers le milieu du dos, vont se réunir à la queue. Ces animaux vivent dans des terriers, et c'est surtout le matin que je les voyais s'ébattre en dehors de leurs trous, comme pourraient le faire de jeunes chats. Ils semblaient même privés, lorsque je m'en approchais; mais, instruit du tour perfide qu'ils jouent à quiconque se fie à leur extérieur si doux, je m'en tenais à une distance respectueuse; car leur moyen de défense, quoique paraissant des plus innocent, est, peut-être, un de ceux que craignent le plus les hommes et les animaux. Il consiste, comme je l'ai déjà dit[1], en une liqueur fétide, qu'ils lancent sur ceux qui les approchent. On serait pourtant tenté de croire que les Indiens parviennent à prévenir, chez quelques individus, le développement de cette liqueur méphitique; car on m'a assuré qu'ils en ont de domestiques, dont ils ne redoutent rien. Leur peau est surtout des plus estimée par tous les indigènes, au reste peu délicats pour l'odorat, et qui en font des manteaux, composés d'un grand nombre d'entr'elles cousues ensemble, dont ils se parent avec vanité: il est vrai qu'une fois réunies, elles offrent un aspect régulier et varié de lignes blanches, sur un noir-brun très-agréable à la vue. C'est alors aussi que je trouvais les biscachas hors de leur terrier, se jouant aux environs; ou les chouettes urucurea, parcourant les campagnes; ou bien encore ces belles espèces de tinamous (perdrix américaines), faisant leur récolte des insectes dont elles se nourrissent. Je n'entreprenais jamais une de ces courses matinales sans recueillir un bon nombre d'observations importantes, et sans rapporter une chasse abondante.

1829.

Baie de San-Blas.

Le 7 Février, je voulus aller visiter une saline que l'on m'assurait être voisine de ce lieu. Je montai à cheval, accompagné de tout mon monde, qui devait s'occuper de poursuivre, dans la campagne, une nouvelle espèce d'autruche, que tous les habitans, sans exception, s'accordaient à reconnaître comme tout à fait différente de celle d'Amérique ou ñandu[2]. Je m'avançai

7 Février.

1. Chap. IV, pag. 74.

2. Cette espèce a les acrotarses couverts de petites plumes; c'est pourquoi je lui ai imposé le nom de *Rhea pennata*. Voyez la partie ornithologique.

1829. Salina del Ingles.

dans l'intérieur vers l'ouest. A mesure que je m'éloignais de la côte, le sol devenait, de plus en plus, sec et stérile. A trois lieues de l'estancia, les terrains formaient des plaines légèrement ondulées, sur lesquelles étaient épars de petits cailloux roulés, une herbe courte, alors très-sèche, et, çà et là, quelques buissons. La vue ne se reposait avec plaisir sur aucun point, et l'uniformité était telle que la boussole seule pouvait guider sur une direction quelconque à suivre. Je commençais même à désespérer de rien trouver qui payât ma course, lorsque je vis, pour la première fois, une belle espèce d'oiseaux gallinacés, nommée, dans le pays, *martinete;* grosse perdrix, pointillée de blanc sur un fond gris, à peu près comme notre pintade. Son col élevé et droit, sa petite tête ornée d'une longue huppe effilée, sa démarche précipitée, tout me frappa dans cet oiseau, dont je parvins bientôt à tuer plusieurs individus. Je reconnus alors qu'il diffère essentiellement des perdrix, en ce qu'il n'a que trois doigts aux pieds [1]; au reste, il vit en famille, comme elles; la troupe blottit sur la terre nue, dont elle se distingue peu par sa couleur, et, au moment où l'on s'y attend le moins, elle court quelques pas en sifflant, et part tout autour de vous. Avec le martinete un grand nombre de pluviers, à long bec, à ventre jaune, muni d'une tache noire, volaient aussi de tous côtés; c'étaient les deux seules espèces qui pussent habiter ces plaines arides. J'ai retrouvé l'une d'elles (le pluvier) au sommet des Andes de la Bolivia, à plus de quatre mille mètres au-dessus du niveau de la mer, en des plaines qui ressemblent, sous tous les rapports, par leur aspect et par la plupart des plantes qui s'y rencontrent, au sol de la Patagonie; aussi, sur ces sommets élevés je m'attendais à apercevoir, à chaque pas, les oiseaux que j'avais vus dans les environs de la baie de San-Blas, et je ne fus pas étonné de découvrir aux environs de la Paz, dans la Bolivia, non-seulement le pluvier à ventre jaune, mais encore une eudromie, voisine de celle de Patagonie; mais qui en diffère par le manque de huppe. [2]

Quelques maras habitaient aussi ces lieux, sur lesquels je rencontrai

1. Cet oiseau, que j'ai envoyé en France, a servi de type à l'établissement d'un nouveau genre, nommé *Eudromie;* et l'espèce a été nommée *Eudromia elegans*, dans un mémoire que j'ai publié en commun avec M. Isid. Geoff. Saint-Hilaire, dans le Magasin de zoologie, t. II (1832), classe II.e, n.o 1.

2. Elle est aussi plus grosse, a la gorge bleuâtre et le dos agréablement varié de jaune roux, couvert de taches rondes plus pâles. C'est encore une espèce nouvelle, à laquelle j'ai imposé le nom d'*Eudromia andecola.*

beaucoup de débris de coquilles marines, les mêmes que celles qui sont vivantes dans la baie; et dont le grand nombre ne permet pas de supposer qu'elles aient été transportées par des oiseaux, ou même par quelques hordes indiennes. Il faut donc croire encore, malgré une élévation de plus de trente à quarante mètres au-dessus du niveau actuel de la mer, que ces coquilles ont vécu dans ces lieux, comme celles que j'ai trouvées au fond du riacho del Ingles, et qu'un soulèvement insensible les a éloignées de la mer de la distance qui les en sépare aujourd'hui. En continuant ainsi à nous avancer vers l'Ouest, à peu près à six lieues de la baie de San-Blas, au milieu de terrains unis, toujours couverts de buissons épineux, j'arrivai tout d'un coup sur un point d'où un spectacle charmant se déroula sous mes yeux. Ici la plaine est interrompue; un vaste bassin s'offre aux regards; les terrains s'inclinent en pente douce vers un lac de neige, car je ne puis, en raison de sa blancheur, comparer qu'à de la neige une immense étendue d'un sel éblouissant qui en couvre tout le fond, sur une surface de près de deux lieues de diamètre. Je ne me lassais pas d'en admirer l'aspect imposant. L'aridité des environs, la chaleur même que j'éprouvais, contrastaient avec cette superficie brillante, de forme à peu près circulaire. Je pus enfin m'en approcher, et je trouvai partout une couche de cinq à sept pouces d'épaisseur, de petits cristaux blancs, assez durs, dont la saveur est en tout celle du sel marin de nos marais des côtes de France. Je fis beaucoup de questions au capatas de l'estancia qui m'accompagnait, et j'appris que personne, jusqu'alors, n'avait exploité cette saline, à cause de son éloignement de l'eau douce, et de la longueur du trajet jusqu'au premier port; cependant les habitans de l'estancia s'y approvisionnaient. Nous bivouaquâmes sur le bord de la saline, que d'instans en instans je regardais avec un nouveau plaisir: la nuit était des plus calme; le cri, ou, pour mieux dire, l'espèce d'aboiement des renards qui abondent aux alentours, interrompait seul le silence de la nature.

1829.

Salina del Ingles.

Le lendemain matin, à la pointe du jour, mes hommes se mirent à parcourir les environs pour découvrir des autruches. Ce fut en vain. Leurs traces fraîches, imprimées sur le sol, annonçaient cependant qu'il devait y en avoir dans le voisinage; des tas d'excrémens de guanacos[1] nous faisaient aussi espérer de rencontrer de ces derniers animaux. C'est une coutume bien singulière qu'ont les llamas, les alpacas, les vigognes et les guanacos, de se

1. *Auchenia llacma*, Linn., confondu à tort avec la llama domestique du Pérou, dont il diffère essentiellement.

1829. Salina del Ingles. réunir pour déposer toutes leurs déjections au même endroit; au lieu de faire comme les chèvres, qui les laissent tomber où elles se trouvent. Nous courûmes long-temps la campagne, sans rien apercevoir; enfin nous vîmes, au loin, une troupe de guanacos, et cherchâmes à nous en approcher. Nos efforts furent inutiles; elle disparut à l'horizon, comme un éclair. Nous découvrîmes aussi quelques autruches; mais elles s'enfuirent sitôt que nous ne pûmes même pas reconnaître à quelle espèce elles appartenaient. Je m'étonnais de voir des animaux aussi sauvages dans un lieu où personne ne vient; mes gens, plus au fait que moi des localités, en furent aussi frappés; mais ils en tiraient la conséquence qu'il était prudent de revenir promptement; car ils ne doutaient pas que ce qui rendait les animaux si craintifs, était la chasse que les Indiens leur avaient récemment donnée. Cette remarque, jointe au souvenir de la sagacité connue des habitans des campagnes, me rappela le mot du Gaucho de la province d'Entre-rios : « la forêt est épouvantée[1]; » et, reconnaissant que l'observation de mes gens pouvait être fondée, j'abandonnai ces lieux à mon grand regret, et revins le soir à l'estancia.

12 Février. Le 12 Février, un homme arriva du Carmen, annonçant que les colons y étaient dans la plus grande consternation et entourés de craintes. On venait d'apprendre, par un exprès, que les Indiens amis de la Bahia blanca, ayant engagé le lieutenant-colonel Morel[2] à aller à la rencontre des Indiens de Molina, qui venaient, disait-on, attaquer le fort, celui-ci, se fiant trop aux apparences, et à la parole des indigènes, était sorti avec près de cent cinquante hommes de cavalerie, et toutes les forces réunies des alliés, sous les ordres des fameux caciques Negro, Chanel et Guayquilof, les premiers Puelches, le troisième Auca ou Araucano. Ils avaient fait ainsi plusieurs lieues dans le meilleur ordre, lorsque, tout à coup, ces Indiens, regardés comme amis, avaient, à un signal donné, brandi, tous à la fois, leurs longues lances, et attaqué à l'improviste les troupes à l'arrière-garde, avec une impétuosité dont eux seuls sont capables. Le pauvre commandant, entendant des cris, se retourna, et crut, d'abord, que ce n'était qu'un jeu, ne s'apercevant du danger réel que lorsqu'il devint difficile de le fuir, et quand ses compagnons d'armes tombaient, de toutes parts, percés de coups. Cherchant enfin à se sauver, il partit au grand galop; mais les Indiens lancèrent des bolas à son cheval, en

---

1. Voyez chap. XII, pag. 431.

2. C'est celui dont il a été question chapitre XVI, page 656. Il avait alors le commandement du fort, le colonel Estomba étant à Buenos-Ayres.

même temps qu'une grêle de *bolas perdidas*[1] vint l'abîmer de contusions. Il tomba, et ces mêmes Indiens, qu'il avait nourris des mois entiers, se précipitèrent sur lui comme des tigres altérés de sang, le chargèrent de liens, le mutilèrent d'une manière infâme, en lui coupant les lèvres, les oreilles; et, après l'avoir long-temps fait souffrir, finirent par lui arracher le cœur, qu'ils déchirèrent en lambeaux. Ses malheureux soldats furent aussi tous massacrés, ne pouvant que bien peu se défendre, et la campagne fut couverte de cadavres. Dès le commencement de cette attaque, Montero, lieutenant de Venancio, officier chilien, qui avait vécu long-temps avec les Indiens, connaissant parfaitement leur fausseté, et s'étant opposé à cette sortie, s'était tenu sur ses gardes; et, les voyant attaquer l'armée, il avait songé à prévenir au moins la ruine complète du fort. Il avait, en conséquence, été, en toute hâte, avertir le reste des troupes, tout en ramenant les bestiaux répandus autour de l'établissement, et qui pouvaient nourrir la garnison; et à peine le détachement de Montero fut-il à portée du canon du fort, que les Indiens revinrent, mais un peu tard, pour consommer leur trahison. Ils trouvèrent une résistance à laquelle ils ne s'attendaient guère, comptant surprendre le reste des troupes, et détruire ainsi, en un jour, le fruit de tant de travail, par l'entier anéantissement d'un établissement naissant, qui commençait à les gêner.

1829. Baie de San-Blas.

Le même exprès m'annonça, de la part de M. Alvarez, qu'on s'attendait, tous les jours, à voir ces Indiens arriver au Carmen, pour l'attaquer; que, d'un autre côté, les Aucas, qui accompagnaient Pincheira, paraissaient aussi se mettre en mouvement, et qu'enfin on savait, à n'en pas douter, que les Patagons ou Tehuelches du sud se réunissaient, pour opérer leur jonction avec les autres. Les habitans du Carmen étaient sous les armes, et tout faisait craindre que la pleine lune prochaine, époque des excursions des hordes sauvages, qui ne marchent que la nuit, fût signalée par la venue de ces barbares. En retranchant de ces nouvelles tout ce qu'elles avaient d'exagéré, je devais, pourtant, en faire cas; d'autant plus que j'étais sur la route des Indiens qui viendraient de la Bahia blanca, à vingt-deux lieues de tout secours, dans une localité où quatre ou cinq mille bêtes à cornes pouvaient attirer ces Arabes du nouveau monde, sans que nous eussions à leur opposer plus d'une dou-

1. La différence de ces bolas d'avec celles que j'ai déjà décrites, c'est que celles-ci ne sont considérées que comme projectiles, et ne se ramassent point, une fois qu'elles ont été lancées; d'où vient leur nom de *bolas perdidas* (boules perdues).

1829 — Baie de San-Blas.

zaine d'hommes, parmi lesquels huit nègres, tout nouvellement arrivés de la côte d'Afrique. Je crus donc prudent de m'occuper immédiatement des préparatifs du départ; car la pleine lune arrivait dans dix jours, et la marche des Indiens commence invariablement quelques nuits avant ou après. Je me mis à emballer à la hâte: j'avais beaucoup de bagages, et j'étais vraiment dans l'embarras des richesses. Ma charrette ne pouvait, en aucune manière, porter tout ce que j'avais recueilli, et je me trouvais dans la triste alternative de devoir emporter la peau du mâle de phoque seule, en laissant tout le reste, ou bien de faire le contraire, en abandonnant celle-ci. Je ne fus pas longtemps indécis; et, après avoir obtenu du capatas la promesse de me l'envoyer promptement, je me décidai à la laisser. Ces nouvelles étaient venues troubler ma tranquillité. Le sort du malheureux commandant de la Bahia blanca se retraçait continuellement à ma pensée, et je ne me trouvais plus en sûreté. La nuit suivante arriva un nouveau courrier, qui m'apportait une lettre de M. Alvarez, dans laquelle tout trahissait les craintes qui agitaient les habitans du Carmen; il me confirmait tout ce qu'il m'avait fait dire verbalement la veille, en m'annonçant aussi l'arrivée des Indiens. Je m'occupai de mon départ avec une activité nouvelle. A midi, tous mes bagages étaient chargés sur la charrette, et je l'expédiai à travers champs, en suivant le chemin de la côte, quoiqu'il allongeât de quatre ou cinq lieues; mais il me parut plus sûr, en ce qu'il s'éloignait davantage de la direction que devait prendre l'ennemi, en se rendant de la Bahia blanca au Carmen. La charrette partie, j'attendis des chevaux pour la rejoindre plus tard. Vers quatre heures, je montai à cheval, et fis mes derniers adieux à la bahia de San-Blas. Un galop me transporta promptement à la Laguna blanca, lieu où le chemin direct du Carmen se sépare de celui de la côte: là, on dételа les bœufs, et on les laissa paître, car ils devaient ensuite cheminer toute la nuit. Vers six heures, nous nous mîmes en marche au milieu d'une campagne aride et sèche, dans laquelle les traces d'une charrette, à peine marquées sur le sol, annonçaient la route que nous devions suivre. Mon fidèle chien, Cachirulo, que j'avais amené de Corrientes, s'en allait, comme à son ordinaire, en chassant aux environs : tout à coup je le vis courir avec force, et, bientôt, aux prises avec une mouffette, qui, selon sa coutume, ne s'était pas sauvée en se sentant poursuivie; mais, dès qu'elle fut blessée, elle lança sa liqueur défensive à la tête du chien, qui, presque aveugle, courait, comme un fou, dans la plaine, en hurlant et se frottant contre terre, en écumant de dégoût et de rage, comme pour se débarrasser de l'odeur infecte qui le poursuivait. Il fit ce manége pendant plus de deux heures, et paraissait ne pouvoir pas se supporter lui-même. Depuis ce temps, lorsque, dans mes courses, nous rencontrions des mouffettes, jamais il ne voulut s'en approcher, ayant reçu une trop bonne leçon pour l'oublier, et suivant l'exemple de tous les animaux, même les plus carnassiers, qui s'en éloignent aussitôt qu'ils l'aperçoivent.

1829.

Chemin du Carmen.

A sept ou huit heures, fatigué de suivre la marche si lente de la charrette, je pris les devans au galop avec mon péon, et cheminai au milieu de la campagne jusqu'à onze heures du soir; alors je m'arrêtai, pour attendre mes bagages. J'étais couché près d'un buisson, livré à mes réflexions, par une nuit sereine et dans le silence le plus complet, quand je fus tiré de ma rêverie par le bruit lointain d'une cavalcade. Je ne m'attendais guère à rencontrer, sur ce chemin, des voyageurs en marche à cette heure. Je me tins donc sur mes gardes, et les cavaliers, peut-être aussi surpris que moi, répondirent en espagnol à mon qui vive. En même temps, le bruit de leurs armes m'annonça que ce ne pouvaient être des Indiens. En effet, c'étaient deux Anglais, qui venaient de visiter l'estancia de Punta rasa, afin de pourvoir à la sûreté des animaux, en les amenant au Carmen. Nous conversâmes un instant, et ils suivirent leur route, tandis que j'attendais l'arrivée de la charrette. Je la laissai poursuivre, décidé à ne partir que plus tard. Le chemin n'offrait rien d'attrayant : la nuit était devenue plus sombre, les buissons, épars sur cette plaine stérile, prenaient des formes fantastiques; je courus long-temps encore, sans rencontrer mon bagage. La lune était couchée, et une obscurité profonde régnait partout. Mon péon avait perdu les faibles traces de la route, et nous ne savions de quel côté la chercher. Je lui demandai où nous étions; il me répondit que nous ne devions pas être bien loin du Rio negro, et qu'en coupant dans la direction de telle étoile, nous arriverions infailliblement au chemin qui suit les bords de la rivière; en effet, après un quart d'heure de marche au milieu des épines, nous atteignîmes, en même temps que mes bagages, le point qu'il avait désigné.

L'horizon s'éclaircissait à l'Est, et annonçait le lever de l'aurore; un vent frais, son précurseur, me tenait engourdi. Je fis faire halte, à l'abri d'un buisson; on alluma du feu; et un morceau de viande, jeté sur les charbons, répara notre insomnie de la nuit. J'étais en vue du Rio negro, à cinq lieues au-dessous du Carmen, et assez près du lieu dit *Estancia del estado* : aussitôt le soleil levé, je laissai la charrette continuer doucement sa route, et je pris au galop le chemin du village. Je m'arrêtai à la première maison que je ren-

1829 Chemin du Carmen.

contrai, pour savoir s'il était survenu quelque chose de nouveau ; on m'apprit qu'on craignait toujours, et que tout le monde était sous les armes au Carmen. A neuf heures du matin, j'étais rentré dans ma chambre, après un mois de voyage, me sentant un peu fatigué d'une traite de trente lieues fournie sans interruption.

CHAPITRE XVIII.

Première visite aux Patagons, suivie de leur description. — Voyage et séjour à l'embouchure du Rio negro. — Excursion, en remontant la rivière, à la saline naturelle d'Andrès Paz.

§. 1.er

Première visite aux Patagons, suivie de leur description.

Avant de reprendre mes travaux habituels, j'eus à mettre en ordre, afin de 1829.
les conserver, toutes les collections que j'avais apportées de mon voyage.
Ce travail, ainsi que plusieurs petites courses, m'occupèrent jusqu'au 18 Le Carmen
Février, jour que j'avais fixé pour aller visiter les Indiens établis de l'autre Patagonie.
côté de la rivière. Ils y avaient alors trois tolderias ou réunions de tentes 18
distinctes : l'une de Puelches et de Patagons, placée près du village; une Février.
seconde, peu éloignée, où vivaient des Aucas ou Araucanos, et une troisième, bien plus considérable, de Patagons ou Tehuelches, sous les ordres d'un cacique nommé Churlakin; cette dernière, éloignée d'une lieue en remontant la rivière, et non loin de ses bords. Je traversai le Rio negro, débarquai à la Poblacion, y restai quelques instans, puis me rendis à pied vers les toldos. La première tolderia était formée de trente à quarante tentes divisées en deux groupes; l'un, habité par des familles aucas ou araucanos; l'autre, par des familles de Puelches et de Patagons. Chaque toldo est construit de pieux plantés en terre, plus ou moins nombreux, selon l'étendue de la tente, hauts de quatre à cinq pieds sur les côtés, et de six à sept sur le milieu. Les plus droits sont sur le devant, invariablement placés à l'est, afin qu'on puisse, tous les matins, jeter un peu d'eau vers le soleil levant, pour conjurer l'esprit malfaisant ou *gualichu* de ne pas faire de mal à ses habitans, dans le courant de la journée; car ces hommes-là sont les plus superstitieux du monde. Ces toldos sont couverts de peaux de chevaux ou de guanacos, cousues ou grossièrement unies ensemble, et garantissant bien faiblement de la pluie; ils sont toujours ouverts au faîte, afin de laisser un libre essor à la fumée des feux qu'on allume dedans. L'aspect extérieur en est misérable, et l'on conçoit difficilement qu'ils puissent donner asyle à une famille entière. Les cuirs plus ou moins tendus, selon le temps, se retournent quelquefois au soleil, et n'offrent aucune régularité; diversement colorés, et plus ou moins

1829. Le Carmen. Patagonie.

vieux, ils présentent une bigarrure peu agréable. Quelques toldos ont fichées en avant les lances de chacun des guerriers qui les habitent; aussi reconnaît-on facilement la demeure du cacique ou chef, d'abord à sa plus grande étendue, puis aux lances à panaches, insignes de son pouvoir. La lance, faite d'un roseau long de seize à dix-huit pieds, cueilli dans les montagnes du Chili, près de Valdivia, est assez légère et des plus flexible, armée à son extrémité d'un fer forgé par les Indiens, long de près d'un pied, dont la base, chez les premiers chefs, est enveloppée d'une peau toujours colorée en rouge; et, à environ un ou deux pieds plus bas, se déploie un panache de petites plumes d'autruche de la même couleur. Les chefs secondaires ont le panache blanc, et l'enveloppe de la base du fer est traversée d'une large bande noire au milieu du rouge; tandis que les simples Indiens n'ont ni panache, ni couleur. Ces lames ne sont les marques du commandement que pour les Araucanos seulement; car les Puelches, qui ont pris aussi la lance, depuis leurs fréquentes communications avec eux, n'ont adopté aucune de ces distinctions; quant aux Patagons, ils ne se servent pas de cette arme. Le toldo que j'apercevais était celui du cacique *Lucanei,* alors en commission. Quoiqu'il fût Tehuelche ou Patagon, il commandait des Indiens patagons, puelches et aucas, qui, depuis long-temps parasites des chrétiens, étaient toujours restés leurs alliés, s'occupant peu des différens qui désunissaient les tribus sauvages voisines; ils s'étaient probablement séparés des leurs, par suite de quelques querelles particulières, ou parce qu'ils avaient trouvé une vie plus facile aux dépens des Espagnols, auxquels ils rendaient quelques services, en échange de tout ce qui pouvait leur être nécessaire. Unis aux chrétiens par l'intérêt, ils n'avaient pris d'eux que quelques-uns de leurs vices, sans en adopter jamais ni la religion, ni la civilisation. Vivant avec eux, ils n'avaient en rien changé leurs coutumes, et étaient tout aussi sauvages que ceux qui sont nomades; d'ailleurs, à l'exception de quelques familles toujours fidèles aux habitans, les autres s'éloignaient quelquefois avec les hordes ambulantes, restaient avec elles, revenaient plus nombreux, et s'en retournaient ensuite; aussi leur nombre était-il des plus variable. Ils habitent indistinctement au nord ou au sud de la rivière, soit à la Poblacion, soit au Carmen, où ils se réunissent quand on parle d'attaque d'Indiens; alors ils se rendaient tous au fort avec armes et bagage, et se mettaient à la disposition du commandant. Ils ont plusieurs fois bravement combattu, et ont souvent été fort utiles aux colons de Patagones.

J'entrai dans plusieurs toldos, où tout respirait la misère. Au milieu est placé le feu qui sert à faire cuire le repas, et autour duquel figurent quelques pots de terre fabriqués par eux; de larges coquilles marines de volutes, qu'ils nomment *kepuec*, leur servent de coupe. A un piquet pendent les armes offensives et défensives: des bolas de deux sortes, celles de chasse et celles de guerre; des paquets de *bolas perdidas*. Je vis, dans quelques-uns, des chapeaux de cuir, armés de plaques de cuivre, pour garantir des armes offensives; des selles pendues d'un autre côté; quelques sachets de peau, contenant leurs bijoux, qui consistent en épingles d'argent pour leur mante, en boucles d'oreilles du même métal, et en beaucoup de verroteries pour les femmes, et le peu de tissus qu'ils n'ont pas sur le corps. Je trouvai, dans chaque toldo, les Indiens couchés sur quelques peaux étendues à terre ou accroupis dans un coin, les jambes repliées à peu près comme les Orientaux. Les femmes étaient dans la même posture, occupées de leurs enfans, ou travaillant à quelques vêtemens; mais je remarquai partout une malpropreté des plus grande, tant dans les toldos que sur leurs habitans. Ces femmes, dont les traits ne sont pas toujours repoussans, sont dégoûtantes par la saleté de leurs habits. J'examinais avec une extrême curiosité tout ce qui se montrait à moi. On aime tant à saisir les moindres nuances qui distinguent l'homme sauvage de l'homme civilisé; tout intéresse alors; et l'objet dont on détournerait la vue avec dégoût, au sein de la civilisation, frappe, chez le sauvage; on veut deviner l'usage du moindre objet, avant même de faire la première question. Quand j'entrais, accompagné de mon péon, qui connaissait tous les Indiens par leur nom, on lui répondait quelquefois, mais on ne faisait nulle attention à moi, à moins qu'il ne s'agît d'argent; ils paraissent des plus indifférens sur tout ce qui ne les touche pas immédiatement: j'en questionnai un grand nombre, pour reconnaître les plus versés dans la langue espagnole, et j'étais toujours étonné, quand ils voulaient bien me répondre, de leur naïveté et de leur laconisme. Dans un toldo de Patagons amis, je trouvai une femme nommée *Lunareja*, qui parlait assez l'espagnol pour me servir d'interprète; elle appartenait à la nation puelche, et était mariée avec un Patagon, de sorte qu'elle connaissait également les deux idiomes, ce qui m'était de la plus grande utilité. Elle savait aussi l'araucano; mais des notions sur ce langage pouvaient m'être bien mieux transmises par deux Indiens de cette nation, remplissant les fonctions d'interprètes. Tous ces renseignemens m'étaient d'autant plus nécessaires que je voulais en former des vocabulaires. J'ai souvent été étonné de la facilité avec laquelle les hommes qu'on appelle sauvages apprennent les langues américaines: cette femme en connaissait à fond

1829. Le Carmen. Patagonie.

trois tout à fait distinctes, indépendamment de l'espagnol, qu'elle écorchait un peu; mais autant ils acquièrent facilement les langues aborigènes, autant il leur est difficile de se mettre dans la tête celle des conquérans du nouveau monde; ce qui vient, sans doute, de la grande différence qui existe, dans les formes grammaticales, entre celles d'Amérique et celles qui sont dérivées du latin; aussi ai-je rencontré, surtout dans la province de Moxos, des interprètes qui pouvaient s'exprimer dans quatre ou cinq idiomes du pays, sans avoir pu jamais apprendre à bien placer un verbe castillan, quoiqu'ils allassent tous les jours à l'école.

La position de ces Indiens, amis des Espagnols, est assez différente de celle des nomades leurs voisins: il leur est devenu indispensable de camper près des villages, parce qu'ils se sont créé, par l'habitude, de nouveaux besoins, auxquels cependant ils ne tiennent pas autant qu'on pourrait le croire; de sorte qu'ils servent d'intermédiaire entre les habitans du Carmen et les tribus vagabondes auxquelles ils appartiennent. Ce sont eux qui, selon leurs dispositions du moment, tantôt trahissent les leurs, en prévenant les Espagnols des mouvemens projetés et de leurs plans d'attaque; tantôt les avertissent du moment le plus favorable pour piller leurs alliés. Ils ont de fréquentes relations avec les nations voyageuses; aussi sont-ils toujours au courant de tout ce qui se prépare. Les habitans du Carmen les emploient souvent comme courriers, comme espions ou comme parlementaires; ils sont, d'ailleurs, indispensables comme interprètes. Leurs rapports avec les nations sauvages sont à peu près les mêmes qu'avec les chrétiens: ils sont méprisés par elles, tout en leur étant on ne peut plus utiles; aussi celles-ci se mêlent-elles rarement à leurs tolderias, et s'en tiennent-elles, au contraire, éloignées, les regardant comme des espèces de Parias, d'autant moins estimés qu'ils vont jusqu'à s'allier par le mariage à des nations autres que celles auxquelles ils appartiennent par la naissance; ce qui est un crime aux yeux des sauvages.

En général, tous ces Indiens sont peu causeurs, et l'on est, pour ainsi dire, obligé de leur arracher les paroles; ce n'est pas en eux timidité, mais quelquefois indifférence ou fierté; car, il n'est aucun de ces hommes libres qui ne se croie bien au-dessus des chrétiens, qu'ils méprisent. Après avoir visité, pendant quelques heures, toutes les tentes, je montai à cheval, et m'acheminai vers la tolderia des Patagons.

Je traversai des terrains bas, en partie couverts de buissons épineux, et j'aperçus enfin les toldos; ceux-ci formaient une grande réunion, où, d'après le nombre des tentes, je calculai qu'il pouvait y avoir quarante ou cinquante familles, sous les ordres du cacique Churlakin. Les toldos étaient également placés à l'est, et de la même forme que ceux que j'avais vus près de la Poblacion; seulement il paraissait y avoir plus d'union entre leurs habitans, car leurs demeures étaient plus resserrées. « Je vais donc, » me disais-je en approchant, « me trouver en présence de ces fameux Patagons du chevalier Pigafetta, compagnon de Magellan, et du commodore Byron, de ces hommes *si hauts que les Européens ne leur allaient qu'à la ceinture*[1], ou bien, grands de neuf pieds et plus[2]; de ces colosses de trois aunes, qui ressemblent à des cyclopes[3]; ou bien de ces hommes de dix à onze pieds, qui sont *féroces,* parce qu'ils se préparent au combat, en voyant plusieurs des leurs tués par le canon de Sébald de Weert.[4] »

1829

Le Carmen. Patagonie.

A leur aspect, j'eus lieu de douter s'ils étaient bien de la même nation que ceux dont il est question dans les auteurs que je viens de citer; car je ne voyais pas en eux des géants, mais seulement de beaux hommes. Cependant, plus tard, lorsqu'en Europe je confrontai mon vocabulaire des Patagons avec celui qu'a écrit, en 1520, le chevalier Pigafetta, sur la langue de ses géants, il me fut facile de me convaincre que c'était bien positivement le même peuple; car beaucoup des mots sont identiques[5]; d'ailleurs, lorsque je questionnai les Patagons sur les tribus du Sud, ils s'accordèrent tous à me dire qu'il n'y en avait pas d'autres que les leurs sur le continent, qu'ils connaissaient bien les habitans que l'on avait pu voir au port Désiré, et plus au Sud, puisqu'il y en avait parmi eux plusieurs qui avaient fait ce voyage; et que, tous les ans, ils avaient, d'ailleurs, des communications fréquentes avec ces mêmes habitans, ce qu'ils me prouvèrent en me montrant, dans l'un des toldos, un jeune Indien, qu'ils me dirent être de ces pêcheurs qui vivent sur la Terre-du-Feu, et à l'ouest du détroit. Ils l'avaient amené de ces parages l'année précédente, et une de leurs familles le conservait comme esclave. Je n'eus, dès-lors, aucun doute sur l'identité; il me restait cependant à résoudre un problème, c'était celui de la taille. En effet, comment concilier le grand nombre d'assertions

---

1. Ce sont les propres paroles de Pigafetta (édition de l'an IX, page 26).

2. Voyez les citations de l'auteur de l'introduction à l'ouvrage de Pernetti, t. 1, p. 45, différente de la relation même de Byron, édit. de 1774, p. 64.

3. Sarmento, par Argensola, Histoire de la conquête des Moluques, part. 3.

4. Sébald de Weert, Recueil de la Compagnie des Indes, t. 2, p. 300.

5. Voyez le mémoire spécial sur les Patagons, dans la partie zoologique, au commencement des observations sur l'homme considéré sous le rapport physique, article Patagon, où j'ai traité à fond toutes les questions qui peuvent avoir rapport à ces prétendus géants.

1829 Le Carmen. Patagonie.

sur la stature gigantesque de ces Patagons, dont le nom même était un problème pour les auteurs, quoiqu'il fût dans tous les dictionnaires espagnols, comme synonyme de *grand pied*[1], long-temps avant la découverte de l'Amérique? C'est moi pourtant qui en fais le premier la remarque. Comment réfuter vingt voyageurs, parmi lesquels se trouve Pigafetta? J'avoue que cette question est assez délicate; cependant mes Patagons et ceux de Magellan sont bien les mêmes, et les miens ne sont pas des géants. Il faut donc croire qu'il y a eu erreur manifeste. Les habitans des parties australes de la Patagonie peuvent être un peu plus grands que ceux que je voyais; mais il y a bien loin encore de cette haute taille à celle de ces colosses, de ces cyclopes, lançant des quartiers de rochers, que nous reproduisent, d'après l'antiquité, les Contes arabes (les Mille et une nuits), dans les voyages de Sindbad le marin[2]; monstres terribles, qui ne sont que les hommes décrits par Cavendish[3]. Il m'est donc impossible de croire que les Patagons aient dégénéré pour la taille; mais, à l'époque où ont été faits ces premiers récits, on ne voyait rien dans les bornes ordinaires; toute relation qui n'avait pas quelque chose de fabuleux passait pour dépourvue d'intérêt; et, sans doute, de telles idées auront engagé les voyageurs à amplifier un peu la vérité; car, après bien des recherches, j'ai pu reconnaître que tous les navigateurs qui donnent aux Patagons une stature plus qu'ordinaire, tels que Pigafetta, Sarmiento, Cavendish, Olivier de Noort, Spilberg, Sébald de Weert, Byron, etc., n'ont fixé aucune mesure positive; tandis que tous ceux qui en donnent de précises, tels que Duclos Guyot, Bougainville et Wallis, indiquent de hautes tailles, il est vrai; mais, dans ces appréciations, on ne tient pas souvent compte de la différence des mesures locales. Ainsi, Wallis, parlant de la stature des plus grands des Patagons, leur donne six pieds cinq à sept pouces anglais; tandis que la taille de la majorité était de cinq pieds dix pouces. On doit réduire cette mesure à six pieds pour le plus grand; pour les autres à cinq pieds dix pouces, et la taille moyenne à cinq pieds cinq pouces (mesures françaises); ce qui, dès-lors, ne paraît pas aussi extraordinaire qu'on pourrait le croire d'abord, puisque nous retrouvons souvent cette même taille parmi nous. Un des motifs qui a dû, aussi, contribuer à faire

1. Grand pied se dit en espagnol *patagon*, ou *paton*, augmentatif de *pata* (patte) et de pied. Voyez tous les dictionnaires.

2. Mille et une nuits; édit. in-18 (1824), t. II, p. 179.

3. Voyez les voyages de Cavendish, écrits par Knivet, Collection de Purchas, t. IV, liv. VI, chap. 7, bien différens du récit fait par le secrétaire du navigateur anglais, Collection d'Harckluyt, t. III, p. 842, qui est, sans aucun doute, plus vraisemblable.

paraître les Patagons plus grands qu'ils ne le sont réellement, est la largeur 1829.
de leurs épaules, ainsi que la manière dont ils se drapent, de la tête aux
pieds, avec leur manteau de peaux d'animaux sauvages, cousues ensemble. Le Carmen.
D'ailleurs, que peut-on dire, lorsqu'on voit les auteurs, qui veulent plaider en Patagonie.
faveur de la haute taille des Patagons, citer, comme preuve[1], les fables des géants sodomites, décrits par Garcilaso de la Vega dans l'Histoire des Incas[2], dont on trouve encore les ossemens, ainsi que ceux que Turner[3] montra en Angleterre, en 1610; lesquels ne sont tous que des ossemens de mastodonte, animal voisin de l'éléphant[4], et dont la race est perdue.

Pour moi, après avoir vu, sept mois de suite, beaucoup de Patagons de différentes tribus, et en avoir mesuré un grand nombre, je puis affirmer que le plus grand de tous n'avait que cinq pieds onze pouces métriques français, tandis que leur taille moyenne n'était pas au-dessus de cinq pieds quatre pouces; ce qui est, sans contredit, une belle taille, mais pas plus élevée que celle des habitans de quelques-uns de nos départemens. Cependant je remarquai que peu d'hommes étaient au-dessous de cinq pieds deux pouces. Les femmes sont presque aussi grandes et surtout aussi fortes. Ce qui distingue particulièrement les Patagons des autres indigènes et des Européens, ce sont des épaules larges et effacées, un corps robuste, des membres bien nourris, des formes massives et tout à fait herculéennes. Leur tête est grosse, un peu aplatie en arrière; leur face est large et carrée, comme celle des Norwégiens, à pommettes peu saillantes; leurs yeux sont horizontaux et petits, et non inclinés, comme chez les Botocudos du Brésil, par exemple; leur profil a cela de singulier pour les Américains, que leur front et leurs sourcils sont très-saillans, ainsi que les grosses lèvres qui bordent leur grande bouche; mais, si l'on tire une perpendiculaire du front aux lèvres, le nez viendra à peine l'effleurer, et la dépassera rarement; celui-ci est épaté, et à narines ouvertes. L'ensemble des traits présente une face informe et démesurément large; néanmoins quelques-unes de leurs figures ne sont pas désagréables; au contraire, même parmi leurs jeunes femmes, on trouve une expression spirituelle qui annonce de la vivacité, de la douceur, et les rend quelquefois passables. Dans la jeunesse, les femmes sont plutôt bien que mal: elles ont toutes la main et le pied petits. Je puis dire, en général, que ce

1. Introduction générale au voyage de Byron, trad. franç., t. I, p. 56.
2. Garcilaso de la Vega, *Comentarios reales de los Incas*, p. 314.
3. Introduction générale au voyage de Byron, Wallis, trad. franç., t. I, p. 56.
4. C'est principalement le *Mastodon angustidens*, Cuv., qui est propre à l'Amérique méridionale.

1829. Le Carmen. Patagonie.

sont les mieux faites de toutes les sauvages que j'aie vues. Si leur bouche est trop grande, si les lèvres sont un peu grosses, ces défauts s'effacent à l'aspect de leurs dents, qui, à quelqu'âge que ce soit, même dans la plus grande vieillesse, ne tombent jamais; elles s'usent par la mastication, mais sont toujours bien rangées, d'une égalité parfaite, et surtout, d'une blancheur extraordinaire. Je me suis souvent demandé pourquoi cette nation et ses voisines jouissent de la prérogative de conserver une denture aussi belle et aussi durable; tandis que les habitans des villes voisines, de Buenos-Ayres, par exemple, les conservent encore moins qu'en France. Cette faculté tient-elle à la nation? ou serait-elle le résultat d'une meilleure santé, d'une nourriture plus saine et moins compliquée? Je pencherais pour la dernière supposition; car j'ai remarqué que plus l'homme se rapproche de l'état de nature et plus il jouit long-temps de ses facultés physiques; ainsi l'Indien qui conserve ses dents, conserve aussi sa chevelure, sa vigueur avec ses facultés morales, jusque dans la vieillesse la plus avancée. Je n'ai jamais vu une tête chauve au milieu des tribus sauvages, et je dirai même que rarement leurs cheveux blanchissent; tandis que, sans exception aucune, tous les hommes des races blanches perdent leur chevelure ou deviennent blancs de bonne heure. On peut donc appuyer de cette observation le fait que le grand exercice de la pensée, les soucis et les chagrins, influent, on ne peut plus, sur le changement de couleur des cheveux. L'Indien qui pense peu au lendemain, qui montre tant d'indifférence pour le présent, et dont les souvenirs ne peuvent être que très-rarement pénibles, ne doit donc pas blanchir.

Il est certain que si l'on compare les Patagons aux Aucas ou Araucanos du Chili et aux Puelches, leurs voisins, ils pourront être considérés comme des hommes extraordinaires; mais si l'on procède par gradation, en marchant du sud au nord, on trouvera tous les passages; les Puelches, qui s'en rapprochent le plus, sont grands encore et robustes; la forme de leurs traits participe de celle des leurs. De même leur face est un peu carrée; leurs pommettes plus saillantes; leurs yeux horizontaux. Si, de ceux-ci, l'on va plus au nord, on verra, d'un côté, le passage aux traits des Péruviens par les Araucanos, et aux Guaranis par les nations des plaines du grand Chaco, les Charruas, les Bocobis et les Tobas. Les Guaranis ont déjà les yeux légèrement inclinés, et ce caractère est à son plus haut degré chez les Botocudos du Brésil, qui ressemblent à des Chinois[1]. Je ne pousserai pas plus loin ces comparaisons, qui

1. Voyez les discussions à cet égard dans la partie zoologique (Homme considéré sous le rapport physique).

m'éloigneraient trop de mon sujet; il me suffira de dire qu'en allant des nations *du sud à celles du nord*, dans l'*Amérique méridionale*, on passe graduellement d'un genre de figure et de forme à un autre; mais, si l'on rapproche les extrêmes, on trouve une différence telle qu'on serait tenté de se croire loin du pays habité par la nation américaine, prise pour type.

1829

Le Carmen. Patagonie.

La couleur des Patagons est bien plus foncée que celle des Guaranis et des Tobas : ils sont si bruns que leur peau ne peut être comparée à du cuivre, comme on l'a fait jusqu'à présent, mais bien à du bistre; c'est, en un mot, plutôt la couleur des mulâtres, que celle qui partout leur est assignée. Ce fait est en contradiction avec l'opinion de quelques auteurs, qui veulent que l'intensité de couleur soit en raison du rapprochement de la ligne[1]. Mes observations m'ont prouvé que, pour les Américains, elle est plus grande chez ceux des plaines, des montagnes sèches et arides, bien qu'éloignées de l'équateur, que chez ceux des pays très-chauds, lorsqu'ils vivent au sein des forêts. Je trouvai une exception qui me parut assez extraordinaire : c'était une Indienne tout à fait blanche, que j'aperçus dans son toldo; elle était d'une *teinte* entièrement européenne, les yeux bleuâtres, et les cheveux d'un rouge-brun foncé; ses traits, cependant, sans aucune différence, étaient ceux de sa nation. Dès-lors je crus que ce pouvait être une espèce d'albinisme, comme j'en ai vu, plus tard, deux exemples parmi les nations de la république de Bolivia; cependant, je n'oserais affirmer que cette femme ne vînt pas d'un père blanc, malgré l'assurance que l'on me donna du contraire. Lorsque je voulus prendre des informations, je vis son père tout aussi foncé en teinte que ses compatriotes, mais sa mère était presque blanche, ce qui m'expliqua plus facilement le fait; car cette Indienne ne pouvait descendre de cette malheureuse colonie espagnole, que Sarmento[2] fit fonder, en 1582, au port Famine, sur la péninsule de Brunswick, et dont tous les membres moururent de faim, ou restèrent parmi les Indiens; cette partie du détroit étant habitée par les Fuégiens et non par les Patagons.

En parcourant successivement les toldos des Patagons, je pus reconnaître leur costume, leurs armes, et le peu d'ustensiles dont ils se servent. Les hommes portent attachée à la ceinture une pièce de cuir, dont une partie, en pointe, passe entre les jambes et est fixée par derrière; avec cela, ils ont un large

1. Pauw, sur les Américains, t. I, p. 227.

2. Argensola, Histoire de la conquête des Moluques, liv. III; Debrosses, Histoire des navig. aux terres australes, t. I, p. 222.

1829. Le Carmen. Patagonie.

manteau carré (*manuké*), long de huit pieds et presque aussi large, dont ils se drapent à l'antique, laissant traîner un bout à terre : ce manteau est formé de diverses peaux d'animaux artistement cousues ensemble avec des tendons d'autruches servant de fil : les animaux qu'ils emploient plus particulièrement à cet usage sont les guanacos, dont ils ne prennent que la peau du dessous du cou et des jambes, comme ayant la laine plus douce ; ceux-ci donnent une fourrure d'un fauve clair, varié de blanc. Les renards et les mouffettes leur fournissent aussi des manteaux plus riches, mais moins chauds. Ils ont toujours soin, lorsqu'il fait froid, de mettre le poil en dedans, ce qui les oblige à orner le revers de dessins en rouge, assez réguliers, qui ont beaucoup de rapport avec les grecques ; cette partie de l'habillement est aussi employée comme couverture, lorsqu'ils sont couchés. Les Patagons portent quelquefois des bottes de potros, semblables à celles des Gauchos : c'est un usage qui leur vient des Espagnols ; car, avant l'arrivée des chevaux, ils se servaient de peaux de guanacos, dont ils se faisaient des espèces de sandales. Leurs cheveux sont longs et noirs ; ils les attachent presque toujours sur la tête avec un cordon de cuir, ou un ruban de laine[1]. Leur figure reste rarement de sa couleur naturelle ; le plus souvent ils se la peignent en rouge, en noir ou en blanc, tout en suivant certaines règles pour l'application de ce fard d'un nouveau genre. Le rouge occupe, presque toujours, l'intervalle compris entre les yeux et la bouche, à l'exception d'un espace d'un pouce au-dessous de la paupière inférieure, consacré au noir ; le blanc forme une tache au-dessus de chaque œil. Les femmes mettent aussi les mêmes couleurs, à l'exception du blanc, qui m'a paru réservé pour le costume de guerre. Jamais un Patagon ne marche sans avoir plusieurs petits sacs de peau contenant les couleurs qui lui servent à se parer[2]. Les femmes ont un costume analogue : elles portent, de la ceinture au genou, une pièce de peau qui ne couvre que le devant ; puis, une autre pièce semblable avec laquelle elles s'enveloppent le corps, de dessous les bras jusqu'aux genoux. Par dessus tout (c'était plus particulièrement leur costume quand elles sortaient), elles mettent un manteau qui ressemble à celui des hommes, et qui leur enveloppe les épaules. Au Carmen quelques-unes commençaient à prendre le costume des Aucas, en se couvrant de tissus et d'ornemens. Au reste, quelquefois, leurs cheveux flottent de chaque côté, sur

1. Voyez Costumes, n.° 1, et Vues, Coutumes, n.° 4 et 5.

2. Narborough et Wodd, en 1670 (Histoire des navigations aux terres australes, t. II, p. 22), parlent de ces mêmes sachets, entre les mains des Patagons du port Saint-Julien. J'ai rapporté en France ceux des Tehuelches du Rio negro.

les épaules, séparés seulement sur la ligne médiane; d'autres fois, au contraire, ils sont réunis en deux queues qui tombent aussi sur les épaules, et auxquelles se suspendent une foule d'ornemens, en verroterie et en plaques de cuivre. Elles portent toutes des boucles d'oreilles d'argent, larges de trois pouces, ornées de plaques de ce métal de forme carrée, à peu près de la même largeur, et également empruntées aux Aucas.

Une coutume des Patagons qui me frappa, est celle de s'épiler avec soin la barbe; aussi voit-on les hommes continuellement armés d'une petite pince en argent, avec laquelle, tout en causant, ils s'arrachent les poils qui poussent.[1] J'avais déjà trouvé cette coutume chez les Tobas[2], et je la retrouvai encore parmi les nations de la Bolivia, lorsque je les visitai : il y a ainsi, dans la vie privée, et dans les religions des Américains, beaucoup de pratiques qui leur sont communes, quoiqu'ils soient très-éloignés les uns des autres, et que leurs langues n'aient pas plus de rapports entr'elles que leurs traits n'ont de ressemblance.

Dans une des tentes, je vis une Indienne mettre quelques petites racines dans un pot pour les manger: elle paraissait déplorer sa misère auprès de mon péon, en montrant ce mets, et lui faisant entendre qu'elle aimerait beaucoup mieux un morceau de bœuf, qu'il avait attaché à sa selle; je dis à celui-ci de le lui donner. Elle montra alors une joie extrême; arracha, de suite, les lambeaux de graisse qui y tenaient, et les mangea tout crus, en en donnant à un enfant, qui s'en régala comme elle. J'appris, plus tard, que la graisse, et le suif le plus rance, sont, pour tous les Patagons, un mets délicieux; que souvent ils mangent la viande crue, quoiqu'ils la préfèrent cuite; mais ces mêmes Indiens, qui absorbent tant d'alimens en un seul repas, qu'on a lieu de s'étonner que leur estomac soit assez dilatable pour les contenir; ces mêmes Indiens, dis-je, lorsqu'ils manquent de nourriture, en supportent la privation avec le plus grand courage, et s'en passent, sans paraître en souffrir. Ils restent plusieurs jours sans manger, attendant de la chasse, ou de toute autre circonstance, des moyens de satisfaire leur appétit.

Tandis que j'étais près d'un toldo, je vis venir six jeunes Indiens d'une

1. C'est sans doute cet usage de s'épiler, répandu chez les Américains, qui a fait croire à beaucoup de voyageurs que ces peuples étaient imberbes; fait erroné, dont Pauw, dans son ouvrage sur les Américains, a tiré des déductions si fausses (t. I, p. 45 et suiv.) qu'il est inutile de les réfuter.

2. Voyez chapitre X, page 305.

1829. Le Carmen. Patagonie.

vingtaine d'années : ils s'arrêtèrent dans un lieu dépourvu de buissons, et où la terre était battue, ôtèrent leurs vêtemens, ne gardant que la petite pièce de cuir qui s'attache à la ceinture, tracèrent un grand cercle sur le sol, y entrèrent, et commencèrent ce fameux jeu, que les Aucas nomment *pilma*. Il m'intéressa, et je me plaçai parmi les spectateurs, non sans m'étonner de sa singularité. Les joueurs se rangèrent sur deux lignes, vis-à-vis les uns des autres; un champion de chacune d'elles est muni d'une balle de peau remplie d'air; l'un la tient du côté gauche, et l'autre du côté droit, et bientôt ils commencent à jeter ensemble leur balle, non devant eux, comme on le fait ordinairement, mais en arrière du corps, de manière à ce que, pour qu'elle revienne librement en avant, *ils doivent immédiatement lever la jambe gauche*. Ils reçoivent la balle de la main, et la renvoient à l'adversaire, *qu'ils doivent atteindre au corps*, sous peine de perdre un point; ce qui oblige le vis-à-vis à faire, pour l'éviter, mille contorsions, se baissant ou sautant, afin que la balle ne le touche pas et sorte du cercle, ce qui fait perdre deux points au premier joueur, alors obligé d'en sortir lui-même, pour l'aller chercher. Si, au contraire, le second est touché, il faut qu'il saisisse la balle et la renvoie au premier joueur, qu'il doit aussi frapper, sous peine de perdre lui-même une marque; puis c'est à celui qui suit, du côté opposé, à recommencer la même chose. On sent bien qu'une telle combinaison doit amener les mouvemens les plus singuliers, tant de ceux qui jettent la balle sous la jambe, que de ceux qui cherchent à se replier, comme des serpens, pour l'éviter; ce qui leur fait prendre les postures les plus grotesques, aux grands éclats de rire du parti opposé. Les Indiens déploient au jeu de pilma la joie bruyante de nos écoliers encore enfans : rien de plus plaisant alors, d'un *peu loin, que les contorsions des joueurs, en* faisant leurs gambades, et agitant les bras et les jambes. On prendrait vraiment cet exercice pour une danse. Il a, sans doute, été inventé par eux pour se réchauffer, pendant l'hiver, au sein des régions glacées qu'habitent quelques-unes de leurs tribus; mais, dans le mois de Février, au milieu du jour, par une chaleur excessive, je ne concevais pas comment ces athlètes pouvaient y résister. La balle est, comme on le voit, un jeu de tous les pays. Je l'ai retrouvé, plus tard, sous le nom de *guatoroch*, dans la province de Chiquitos, en Bolivia, où la moitié des habitans d'un village se met contre l'autre, et où ce jeu est devenu une joûte très-compliquée, ayant ses juges, ses fanfares, et tout ce qui peut lui donner de la pompe.

Un interprète que j'avais amené avec moi me prévint que, le même soir, il devait y avoir, parmi les Indiens, une grande cérémonie, une conjuration solennelle de l'*Achekenat-kanet* des Patagons, le *Gualichu* des Puelches, et le *Quecubu* des Araucanos, révéré par toutes les nations de cette partie australe; et tour à tour génie du mal ou génie du bien. Ainsi, éprouvent-ils quelque indisposition? il est entré dans le corps du malade. Perdent-ils quelque chose? il est la cause de leur perte..... Mais, en revanche, leur arrive-t-il quelqu'événement heureux? c'est à lui qu'ils en sont redevables. Cependant le mal l'emporte sur le bien, ce qui fait qu'ils le craignent plus qu'ils ne l'aiment, et toutes leurs conjurations tendent à empêcher que ce mauvais génie ne vienne contrarier leurs désirs; aussi ne sortent-ils pas le matin de leurs tentes avant d'avoir jeté un peu d'eau en l'air pour que leur journée soit heureuse, et font-ils des cérémonies pour la moindre chose. Ce soir-là, on devait s'occuper d'une double question. On voulait savoir si les Indiens de Pincheira viendraient attaquer le Carmen, ou si quelqu'autre invasion ne le menaçait pas; et il s'agissait encore de demander au dieu si les eaux de la rivière croîtraient autant que cette même année, et s'il y aurait des récoltes. Cette dernière question les intéressait moins immédiatement que la première; car les tribus indiennes sont toujours en guerre entr'elles; mais ils avaient pris ce prétexte pour demander aux habitans de quoi faire les libations indispensables, afin que l'oracle leur fût favorable; et ils avaient, à cette occasion, recueilli une quantité d'eau-de-vie et de vivres. J'étais bien curieux de voir cette cérémonie; mais mon domestique me fit observer qu'il fallait m'affubler de mon poncho, pour ne pas être autant remarqué par les Indiens, peu jaloux de voir les étrangers assister à ces réunions. Je persistai dans mon projet, tout en prenant les précautions préalables; en effet, vers le soir, tous les habitans de cette tólderia étaient rassemblés, les hommes et les femmes parés de ce qu'ils avaient de mieux, et surtout la figure bien peinte de différentes couleurs. Les jeunes filles et les hommes non mariés se mirent en dehors: les hommes s'assirent en rond, tous tournés du côté de l'Est; les femmes se placèrent autour d'eux; alors une vieille Indienne, qui était, simultanément, à ce que j'appris, interprète des dieux et médecin (*kilmalanchel*), se mit en avant de ce cercle, regardant du même côté, tournant le dos aux assistans, ayant devant elle son toldo, où se trouvaient plusieurs calebasses, avec d'autres objets de conjuration. Elle commença par faire beaucoup de gestes; puis, après un instant de réflexion, elle contrefit sa voix, la rendit perçante, et parla à Achekenat-kanet avec véhémence, scandant ses phrases, et changeant d'intonation, surtout à la fin de chaque conjuration. Elle parla

1829 ainsi pendant près d'une heure et demie, toujours avec facilité, sans s'arrêter un seul instant; puis, elle cessa tout à coup et se recueillit. On l'attendait en silence, tous les yeux étaient tournés vers elle; mais, après une très-longue pause, cette pythie d'un nouveau genre se retourna, annonçant à l'assemblée que le dieu ne répondrait que le lendemain matin; après quoi tous les Indiens se levèrent.

Le Carmen. Patagonie.

Je demandai à l'interprète que j'avais avec moi, ce qu'avait pu, pendant si long-temps, dire cette sorcière: heureusement pour moi, cet Indien appartenait à la nation puelche; car il est probable que, sans cela, il n'aurait pas répondu à ma question. Il me dit que cette femme avait retracé successivement les malheurs arrivés à sa tribu, les pertes qu'elle avait eues à supporter, soit par suite des maladies, soit par les guerres; et, après l'énonciation de chaque malheur, elle avait demandé qu'il ne se renouvelât pas. Cette longue énumération achevée, elle était enfin arrivée à l'instant présent, et alors avait énoncé tous les maux que pouvaient avoir à redouter ses frères (ceux de sa nation), si les ennemis venaient les surprendre; finissant par conjurer le génie du mal de vouloir bien répondre à sa prière, afin qu'elle prévînt les siens assez à temps pour qu'ils pussent fuir le danger. Cette pauvre femme était tout en sueur, lorsqu'elle acheva de parler; alors elle alla trouver le cacique Churlakin, qui s'était approché d'un barril rempli d'eau-de-vie, mélangée avec de l'eau [1], et lui en demanda. Le chef en versa dans une coquille; mais, avant de s'en servir, il en prit un peu avec ses doigts, et les élevant au-dessus de sa tête, les secoua pour conjurer le malin génie de ne pas leur faire de mal; cérémonie usitée surtout chez les Aucas, et introduite depuis peu de temps chez les Patagons, qui n'ont commencé à connaître les liqueurs fortes que bien long-temps après les autres nations. Je remarquai que plusieurs parmi eux n'en burent pas, faisant même des gestes de répugnance, en en voyant boire; cependant la plupart se livrèrent à de si fréquentes libations que force leur fut de rentrer dans leurs toldos, et moi-même je crus plus prudent d'abandonner la place, me rappelant que les Indiens, lorsqu'ils sont ivres, se portent quelquefois à des actes de fureur. Je puis dire, néanmoins, en passant, que parmi cette foule d'Indiens des parties australes, que j'ai vus dans un état plus ou moins complet d'ivresse, je n'ai jamais entendu aucune menace....; au contraire. Ils se contentent, alors, de chanter avec monotonie,

1. Les habitans, lorsqu'ils donnent ou vendent de l'eau-de-vie aux Indiens, ont toujours soin d'y mettre la moitié d'eau.

sans montrer de colère; bien différens en cela des habitans des autres parties du monde, qui, dans l'ivresse, sont si disposés aux querelles, et même quelquefois aux crimes. 1829. Le Carmen. Patagonie.

En revenant, je trouvai les Puelches et les Aucas des premières tolderias au milieu des jeux et des fêtes; ils avaient aussi fait parler l'oracle, qui, ainsi que je l'ai dit plus haut, est, sous d'autres noms, le même qu'Achekenatkanet. Je fus alors témoin d'une danse exécutée par les Aucas : ils avaient formé une ligne de lances fichées en terre, et les hommes d'un côté, les femmes de l'autre, commencèrent à sauter d'une manière assez compassée en chantant ou dansant au bruit sourd et monotone d'une flûte de roseaux à cinq trous, dont ils tirent quelques sons nasillards. Ils obtiennent aussi une sorte d'harmonie grossière par le frottement d'un grand os d'oiseau sur un arc auquel, au lieu de corde, sont attachés des crins de cheval; ou bien en soufflant dans une calebasse. Cette danse était aussi fréquemment interrompue par des libations, qui obligèrent les danseurs à se coucher. Il paraît qu'ils passèrent toute la nuit à danser et à boire; car, le lendemain, lorsque je revins, de très-bonne heure, pour entendre la réponse de l'oracle, je les trouvai encore dans le même état.

Je poussai, de suite, ma promenade vers les toldos des Patagons, pour être témoin de la fin de la cérémonie de la veille. En effet, j'arrivai à temps : les Indiens étaient tous en rond, et la vieille Indienne avait changé de rôle; elle ne fit plus de questions, elle se recueillit pendant quelque temps, paraissant abattue; puis, elle leva les yeux vers le ciel; sa figure se décomposa peu à peu, ses membres se tordirent, toute sa personne parut dans une exaltation des plus grande; on l'aurait crue vraiment frappée d'épilepsie. Bientôt ces contorsions cessèrent : elle semblait comme possédée d'un esprit surnaturel, tout en reprenant, par degrés, sa figure ordinaire; puis, après un nouveau recueillement de quelques minutes, il sortit de sa bouche des sons flûtés presque inarticulés, rendus par l'oracle. Il était favorable aux désirs des assistans; aussi se retirèrent-ils tous satisfaits, pour continuer leurs libations. La pythie alla se renfermer dans sa tente, où la suivirent encore plusieurs Indiens, curieux, sans doute, de consulter cet oracle sur plusieurs choses qui les concernaient particulièrement. J'ai pu reconnaître que, chez les Patagons, les prêtres ne reçoivent pas autant, pour faire leurs cérémonies, que les *marabous* et les *chamaas* chez les Maures et chez les Mongols; car ils sont d'une pauvreté extrême pour leurs vêtemens. Il est vrai de dire que, malgré leur superstition, les Patagons ne sont

1829 pas, comme les peuples de l'Asie et de l'Afrique, esclaves de leurs croyances religieuses.

Le Carmen. Patagonie.

Les Patagons ont, à peu de choses près, la même religion que les Puelches et les Aucas; ils sont des plus superstitieux. Comme je l'ai dit, ils ont une divinité qui châtie et récompense en même temps: ils croient, de plus, à une autre vie, où ils goûteront la suprême félicité; mais si, comme l'a écrit Falconer[1], cette suprême félicité consiste à être toujours ivres, on pourrait supposer qu'ils connaissaient les liqueurs fortes avant l'arrivée des Espagnols, ce qui pourtant n'est pas bien prouvé; car je n'ai vu chez eux aucun fruit, aucune racine, qui puissent subir une fermentation vineuse; et, d'ailleurs, l'aversion des Patagons du détroit pour toute boisson spiritueuse prouverait la fausseté du fait[2]. Il est plutôt certain, ainsi que je l'ai entendu dire à tous les Indiens que j'ai questionnés sur ce point, qu'ils vont sur une autre terre, où ils retrouveront tout ce qu'ils possédaient sur celle-ci. De là est venue la coutume de tuer sur la tombe d'un mort tous les animaux qui lui ont appartenu, et d'enterrer, avec lui, tout ce qui a été à son usage, comme je le dirai plus tard; ils croient qu'ainsi ils paraîtront avec dignité sur cette terre où ils auront, de plus, tout à profusion. Cette croyance d'une autre vie est, pour ainsi dire, générale chez les Américains; et quoique Don Félix d'Azara veuille, le plus souvent, la combattre par son argument habituel, *que telle nation n'a pas de religion,* on pourrait lui demander pourquoi les Indiens qu'il décrit enterrent, avec leurs morts, des provisions et des armes, si ce n'est pour que ces objets les accompagnent dans une autre vie? C'est, au reste, une si grande consolation pour l'homme, en abandonnant ses parens, ses amis, que cet espoir de les retrouver dans une autre existence, qu'il est aussi naturel de le rencontrer chez le sauvage patagon, que parmi les peuples les plus civilisés.

Il paraîtrait que la nation patagone, ainsi que les autres nations du Sud, diffèrent, par leurs croyances, de celles que Falconer[3] a observées. Les Patagons n'ont pas deux divinités; car il est bien certain que c'est le même être supérieur qui fait le bien et le mal en même temps; j'en ai eu mille preuves pendant mon long séjour parmi les nations australes. De plus, ils croient que ce dieu, lorsqu'il est génie bienfaisant, les a créés sous terre, et leur a donné leurs armes; c'est lui aussi qui a formé toute la nature animée.

---

1. Voyez Falconer, Description des terres magellaniques; traduction française de Lausanne, 1787, t. II, chap. XXVII, p. 75.

2. Les voyageurs sont unanimes à cet égard. Voyez Bougainville, Byron, Wallis, etc.

3. *Loc. cit.*, t. II, p. 74.

Leurs devins expliquent d'une singulière manière l'apparition, après tant de siècles de cette croyance, du cheval et des bestiaux, qu'ils ne connaissaient pas. Ils supposent qu'après la création de l'homme, les animaux vinrent tous des mêmes cavernes; mais que, dès que le taureau voulut en sortir, il effraya tellement les hommes avec ses cornes, qu'ils en fermèrent précipitamment l'entrée de pierres énormes[1]. Les Espagnols seuls la laissèrent ouverte, en arrivant en Amérique; c'est pourquoi ces animaux arrivèrent si tard sur leurs terres. C'est cette apparition qui a perpétué la croyance que la création continuera encore de produire des êtres nouveaux.

1829. Le Carmen. Patagonie.

La superstition est poussée à son comble parmi toutes les nations australes, depuis les Araucanos, les Puelches et Patagons, jusqu'aux habitans de la Terre-du-Feu[2]; ce sont bien certainement les peuples les plus jongleurs de toute l'Amérique, et ceux qui, sous ce rapport, se ressemblent davantage. Tous, indépendamment du dieu bienfaisant et méchant à la fois, croient à une foule d'êtres malins qu'ils craignent beaucoup; et comme, parmi eux, les devins sont censés être familiers avec ces derniers, on recherche leur amitié, et ils sont chargés des conjurations, pour les chasser du corps du malade, parce que, dans tous les cas, la maladie ne provient que d'un être malfaisant qui a pris possession d'un corps; dès-lors, l'art du devin, par la même raison devenu médecin, est de l'éloigner pour toujours. Je fus un jour témoin de cette cérémonie. Le malade souffrait d'une forte fièvre, due à l'imprudence avec laquelle il s'était jeté tout en sueur dans l'eau de la rivière, qui est des plus froide; il était étendu dans son toldo. La vieille Indienne devineresse qui le soignait, le fit mettre le ventre contre terre, et se mit à le sucer sur la nuque; puis, en faisant beaucoup de contorsions, elle le frappa de grands coups sous le menton et sur la poitrine, en appelant, en chantant, le génie du mal, avec prière d'en sortir. Puis, elle suça successivement les épaules et autres parties du corps, en continuant le même manége; retourna le malade, lui imprima sa succion sur le nombril, sur les bras, aux yeux, sur la bouche et au nez; mais elle insista davantage sur cette dernière partie, et manifesta plus d'espérance d'obtenir ce qu'elle désirait. Tout à coup elle fit des grimaces affreuses, et parut souffrir elle-même; après avoir recommencé trois fois son opération, se frappant avec force, elle s'écria qu'elle tenait le mal, et qu'elle allait le montrer. En effet, après beaucoup d'autres simagrées,

1. Falconer, t. II, p. 76.

2. Bougainville, Voyage, pag. 159. Je me sers de la traduction du nom espagnol *Terra del fuego*, Terre-du-Feu, et non Terre-de-Feu.

1829 Le Carmen. Patagonie. elle fit semblant de tirer de la bouche du patient un gros insecte du genre cerambix, qu'elle montra aux assistans, comme l'emblème du démon qui possédait son corps; souvent alors la jongleuse annonce que le mal ne rentrera plus, et elle fait disparaître l'animal quelconque qu'elle est supposée avoir fait sortir du corps de l'Indien : ou bien elle chante de nouveau, lui place l'insecte sur la bouche, sur les yeux, sur le nez; et, après avoir changé la nature de l'esprit malfaisant, et l'avoir rendu bon, elle le fait rentrer dans le corps souffrant. Comme l'état de l'imagination sur les personnes indisposées influe au moins autant que les remèdes, dès qu'elles se croient délivrées du mal qui les fatiguait, et qu'elles n'ont plus d'inquiétudes pour l'avenir, elles sont à moitié guéries.

Tout en ayant tant de pouvoir, les devins ne sont pas eux-mêmes sans craintes; car il arrive quelquefois, quoique rarement, que les Indiens, dans leurs superstitions, s'ils ne guérissent pas facilement, ou si les leurs périssent, jettent le blâme sur les devins, qui, alors, paient de la vie leur imposture, sacrifiés qu'ils sont par les parens; mais de telles scènes ne se renouvellent pas aussi souvent qu'on pourrait le croire, par suite de la croyance que le devin, après sa mort, devient lui-même un de ces démons malfaisans. Ces devins sont des deux sexes; mais il est difficile de reconnaître auquel ils appartiennent; car, chez les Araucanos, les hommes prennent toujours le costume des femmes[1]. Bien différens des confréries du *Botuto*, ou trompette sacrée, des rives de l'Orénoque, que les hommes seuls peuvent voir, les femmes étant mises à mort si leur curiosité les y amène, et celui qui le garde observant un célibat rigoureux[2]. Ces emplois, dans les Pampas, sont donnés à ceux qui montrent, dès leur enfance, des dispositions convenables. Les Indiens épileptiques sont élus de droit; car on prétend qu'ils sont possédés du malin esprit; et, dès-lors, ils sont instruits par les anciens devins. Leurs attributions sont de communiquer avec les êtres surnaturels, de prédire l'avenir, et de présider à toutes les cérémonies.

Indépendamment des devins, ils ont, comme tous les peuples ignorans, une foule de superstitions; ils expliquent tout ce qu'ils éprouvent par des sortiléges, par l'influence d'êtres malfaisans. Ainsi, un Indien en marche, se

---

1. C'est, sans doute, cette coutume qui a fait dire à M. Gautier (Nouv. Ann. des voyages, t. XIII, p. 282), observateur assez superficiel, qu'il y avait, chez les Patagons, une tribu hermaphrodite.

2. Humboldt, Voyage aux régions équinoxiales, t. VII, p. 337.

sentant fatigué, ne manque pas d'attribuer sa lassitude au malin esprit; et, s'il n'a pas de devin à sa portée, il se fait des blessures aux genoux, aux épaules, sur les bras, pour faire sortir le mal avec le sang; c'est pourquoi beaucoup d'Indiens, principalement les Aucas, ont toujours les bras couverts de cicatrices. Cette coutume, diversement appliquée, est à peu près générale en Amérique; car je l'ai retrouvée jusqu'au pied des Andes, dans la Bolivia, chez les nations chiriguana et yuracarès. Il est rare qu'un Patagon se coupe les cheveux; mais, s'il le fait, il a le plus grand soin de les jeter dans la rivière ou de les brûler, dans la croyance que quelques Indiennes sorcières peuvent, avec leur chevelure, les faire mourir en peu de temps, en leur faisant sortir le sang par tous les pores. S'ils voyagent, et que, passant auprès d'une rivière, ils aperçoivent quelques gros morceaux de bois, emportés par les eaux, ils les prennent pour des divinités malfaisantes, ils s'arrêtent pour les conjurer, et leur parlent à haute voix; si le hasard fait que ces troncs, transportés dans un remou de la rivière, semblent entraînés moins rapidement, et tournoient sur eux-mêmes, les Indiens croient qu'ils s'arrêtent pour les écouter. Alors ils promettent beaucoup pour se les rendre favorables, remplissant ensuite scrupuleusement leur promesse. Leurs armes, leurs objets les plus précieux sont, pour ce même motif, jetés dans l'eau, et même, dans les grandes occasions, ils y précipitent jusqu'à des chevaux attachés ensemble par les pieds, se croyant ainsi plus à l'abri des événemens. Ce sont, au reste, les seuls sacrifices qu'ils fassent, n'ayant aucune image, aucune idole, et riant même de notre crédulité, en nous voyant en adoration, en prière, devant des figures souvent mal faites. Ils n'attachent de prix qu'aux processions extérieures; et ce n'est que par ce grand étalage de cérémonies, de danses, que les premiers Jésuites sont parvenus à convertir au christianisme les Indiens des forêts de l'Amérique centrale.

1829

Le Carmen.

Patagonie.

Falconer rattache les idées religieuses des Indiens du Sud à un fait qui me paraît tout à fait distinct : il indique seulement que les étoiles sont de vieux Indiens, et que la voie lactée est leur chemin pour la chasse[1]; mais les renseignemens que j'ai pris à cet égard, m'ont fait découvrir un système d'astronomie, et non pas une simple croyance religieuse. Il est tout simple que des peuples errans, vagabonds, parcourant des plaines immenses non accidentées, eussent besoin, pour leurs courses lointaines, de se guider pen-

1. Falconer, Terres magellaniques, t. II, p. 76.

1829. Le Carmen. Patagonie.

dant le jour sur le soleil, et la nuit sur les étoiles ou les constellations; dès-lors ils durent connaître parfaitement la direction de chacune d'elles, ainsi que leurs heures d'apparition; mais, pour transmettre verbalement ces remarques aux leurs, ils durent donner des noms à tous les points qui les frappaient. Leur génie, alors (car ils en ont, en dépit de M. Pauw[1]), leur fit appliquer, comme l'ont fait les Grecs, des noms à chaque groupe; et l'on peut dire que la partie du ciel qui leur est connue fut transformée en un seul tableau, représentant la chasse de l'Indien. Ainsi, la voie lactée ne fut pas, pour eux, le chemin parcouru par la chèvre Amalthée; mais celui du vieil Indien chassant l'autruche. Les trois rois furent les boules (*tapolec*), qu'il jetait à cet oiseau (*ilhui*), dont les pieds sont la *croix* du Sud; tandis que les taches australes qui accompagnent la voie lactée, ne sont, à leurs yeux, que des amas de plumes, formés par le chasseur. Lorsque les Indiens parlent d'une direction à suivre, soit du Nord au Sud, soit de l'Est à l'Ouest, ils désignent les constellations. On sent combien de semblables renseignemens seraient importans à recueillir sur un peuple que l'on regarde comme tout à fait sauvage. Dans ce but, il faudrait parfaitement s'identifier avec la langue, afin d'en saisir les détails; car, malgré tous mes efforts, je n'ai pu recueillir, de leur système astronomique, que les traits les plus généraux. L'année, *sura*, chez les Patagons, est divisée en douze mois, *kéchnina*, ou lunes; et, tous les ans, au printemps, à l'instant de la pousse des plantes, ils rectifient les jours de surplus. Pour eux, la journée est un soleil.

Tous ces renseignemens, ainsi que beaucoup d'autres qui vont suivre, je les ai obtenus, peu à peu, par des visites réitérées aux Patagons, et en passant des journées entières à les interroger sur tout ce qui pouvait m'intéresser; et, lorsqu'ils ne voulaient pas m'instruire sur une chose, j'avais toujours un moyen sûr de la savoir; c'était de la demander à un Puelche, ou bien à un Araucano. La rivalité entre nations me servait beaucoup dans ce cas; et tout m'était ainsi dévoilé sans beaucoup de peine. Je m'aperçus d'abord, dans ces conversations, de la manière singulière dont ils s'expriment, pour ainsi dire, toujours au figuré, ou par comparaisons naïves. Dès mes premières questions, en les entendant parler espagnol, je dus reconnaître qu'ils avaient peu de temps différens dans leurs langues; car ils n'emploient presque jamais que l'infinitif des verbes auxiliaires; ainsi, par exemple, pour

1. « L'Américain est toujours enfant, ni vertueux, ni méchant; son bonheur est de ne pas penser. » (Pauw, *Recherches sur les Américains*, t. I, p. 159.)

dire qu'ils n'ont pas telle chose, ils se servent toujours de cette expression *no tener* (ne pas avoir), et il en est de même pour tous les autres verbes. On peut dire qu'en tout ils parlent comme des enfans. 1829 Le Carmen. Patagonie.

Un Indien, en m'entretenant de sa femme méchante et tracassière, s'exprimait ainsi en espagnol : *prava como aji* (méchante comme du piment), et tout ce qu'il m'en raconta était dans le même goût. D'autres, en me parlant de la puissance du grand chef des Patagons, le disaient de cette manière : *cacique grande como tierra larga*, « il est aussi puissant que la terre est grande. » Pour me faire entendre qu'ils avaient beaucoup bu, ils disaient : *beber largo como lazo* (boire long comme un lazo); car, pour eux, la plus grande mesure de longueur est cette arme de chasse, familière dans le pays. Jamais ils ne disent qu'un Indien est pauvre : ils se contentent de dire qu'il est *laid;* selon leur manière de penser, il n'y a de laid que la misère. Ils peignent la fausseté en paroles, en appelant celui qu'ils accusent l'homme à *deux langues;* tandis que la fausseté en actions s'exprime par *deux cœurs*. Ainsi, un cacique que nous avions envoyé en députation pour sonder sur ses intentions à notre égard une tribu de Patagons, cantonnée au haut du Rio negro, pour nous faire entendre que les chefs étaient de bonne foi, l'expliquait ainsi dans son mauvais espagnol : *caciques todos, corazon dos no tener, uno, no mas;* traduction littérale : « *caciques tous, cœur deux ne pas avoir; un, pas plus.* » Pour dire qu'un Indien est peureux, ils disent : *cœur de puce :* tandis qu'ils comparent un homme brave et courageux à l'animal le plus fort. Ainsi, depuis la conquête, ils disent toujours : *cœur de taureau;* ou ils représentent la force par une charrette avec son attelage. Pour exprimer qu'ils ont séjourné dans un lieu, ils se servent du verbe asseoir; ainsi ils disent telle nation s'est assise à tel endroit. Un Indien qui me racontait une rencontre entre le cacique Negro, l'un des chefs des Puelches, avec les Patagons, me disait, pour faire sentir qu'il avait eu peur, que ses éperons tremblaient.

Les Patagons, que les Araucanos nomment, dans leur langue, *Huiliche* (hommes du Sud), et que les Espagnols du Carmen connaissent sous le nom de *Téhuélche*, qui, sans aucun doute, leur a été imposé par les Puelches, sont, cependant, distingués en deux tribus : celle du nord, à qui l'on donne le nom de Téhuélche, et celle du sud, ou des bords du détroit de Magellan, que les autres Patagons appellent *Inaken*. C'est la dernière nation du continent américain ; elle habite les rives du Rio negro au 41.e degré de latitude sud, et même plus au nord du Rio colorado, jusqu'aux parties orientales du détroit de Magellan, où les ont vus tous les navigateurs qui ont parlé des

1829. Le Carmen. Patagonie.

véritables Patagons, depuis l'immortel Magellan, qui, le premier, les a fait connaître; ils n'ont jamais été aperçus ailleurs qu'au port Saint-Julien, au port Désiré, et près de l'embouchure orientale du détroit. Ce sont au moins les seuls points où, dans l'été seulement, c'est-à-dire depuis Décembre jusqu'en Avril, on les a presque toujours vus; tandis que quelques navigateurs, qui abordaient en d'autres saisons, n'en rencontraient que des traces anciennes. D'ailleurs, comme tous les peuples chasseurs, ils ne peuvent séjourner dans un lieu qu'autant que la chasse y est abondante; aussi, dès que le gibier devient rare, ils partent et cherchent un lieu où ils puissent encore rester quelque temps. De là le peu de fixité de leur domicile, et leur vie errante et vagabonde du nord au sud, et de l'est à l'ouest. On peut dire qu'ils habitent du Rio negro au détroit de Magellan, et du pied oriental des Andes, au bord de la mer, sans pouvoir fixer, au juste, le point où ils vivent plus particulièrement. D'après ce que j'ai su d'eux-mêmes, ils font, presque tous les ans, un voyage aux sources du Rio negro, afin de se procurer des grains d'araucaria pour leurs provisions, et en même temps des pommes, qui abondent à présent d'une manière étonnante sur les contreforts orientaux des Andes, à peu près comme les pêchers à l'embouchure de la Plata[1]. Les pommiers ont été semés aussi par les premiers Espagnols qui peuplaient les Andes du Chili peu après la conquête; car, depuis ce temps, les conquérans ayant été repoussés par les Araucanos, les indigènes redevinrent paisibles possesseurs de ces contrées sauvages. Cette saison des récoltes est, en même temps, une époque à laquelle tous les Indiens patagons du Sud viennent avec leurs pelleteries pour commercer avec les Aucas des Cordillères et des Pampas, et avec les Puelches qui s'y rendent des rives du Colorado. Le rendez-vous le plus ordinaire pour ces réunions annuelles est l'île de *Chole-hechel*, formée par la séparation de deux bras du Rio negro, à soixante ou quatre vingts lieues de son embouchure. Là se rendent le Patagon, avec ses fourrures de guanacos; l'Auca et le Puelche, avec leurs tissus et le produit des vols faits aux chrétiens qui avoisinent les Pampas; et, dès-lors, s'entament des échanges qui, depuis les temps les plus reculés, ont eu lieu entre les nations australes, lorsque les guerres ne les divisaient pas. C'est ainsi que les Patagons furent bientôt pourvus de chevaux[2], de troupeaux nombreux, et que les objets européens, apportés par les Espagnols, passèrent promptement au détroit de Magellan, avec des

1. Voyez chapitre V, pag. 87.

2. Ce fut en 1764 qu'on vit les premiers Patagons à cheval.

1829.

Le Carmen. Patagonie.

mots espagnols; ce qui explique ceux qu'y ont entendu prononcer Bougainville[1] et Wallis en 1767[2]; mais ce qui dénote encore mieux les communications fréquentes entre toutes ces nations, et même celles de la Terre-du-Feu, ce sont les mots espagnols que Weddel[3] a entendu prononcer aux habitans de la partie sud de la Terre-du-Feu, qui, non pour chasser, mais pour chercher les coquillages dont ils se nourrissent, sont obligés de voyager continuellement d'une île à l'autre. Ce sont, au reste, les seules nations de navigateurs de toute la pointe de l'Amérique, les Patagons, pas plus que les Puelches ni les Aucas des Pampas, n'ayant jamais eu l'idée de se construire même un radeau pour passer une rivière.

Les Patagons forment un assez grand nombre de petites tribus vagabondes, dispersées sur les vastes plaines du Sud, comme les restes d'un grand naufrage; toutes sont composées, au plus, de trente à quarante familles, ayant chacune sa tente. On sent que, se nourrissant exclusivement de chasse, il est impossible qu'un plus grand nombre puisse vivre ensemble; car peu de jours suffiraient pour épuiser leurs ressources. Cette nation doit donc être toujours disséminée en petites sections errantes au milieu de cette immense plaine, qui s'étend sur toutes les terres signalées dans les cartes sous le nom de Patagonie, transportant avec elles leurs toldos de cuir, tout autre genre d'habitation ne pouvant leur convenir en aucune manière. Si l'on doit en croire plusieurs caciques, que je questionnai pour savoir à quel nombre s'élevait celui de leurs frères, il est réduit de moitié depuis que la petite vérole a exercé ses ravages parmi eux, de 1809 à 1812; on pourrait cependant croire que, quoique borné, il est encore de huit à dix mille âmes, divisées par hordes, chacune sous la direction d'un chef. Ce nombre est certainement peu élevé, comparativement à l'immense étendue des terres sur lesquelles il est réparti, puisqu'approximativement, du Rio negro au détroit de Magellan, et des Andes à la mer, on peut compter au moins vingt-huit mille lieues de superficie, ce qui donnerait à peu près un homme par trois lieues; mais cette énorme différence disparaît, quand on considère la nature de ces terrains arides, et la surface nécessaire à chaque tolderia. Dans le fait, la Patagonie est tellement sèche et stérile, que beaucoup de ses parties ne peuvent être utilisées, faute d'eau : elles demeurent tout à fait désertes; et chaque famille,

1. Voyez Bougainville, *Voyage de l'Étoile et de la Boudeuse*, p. 129 et suiv. Les mots espagnols entendus sont *muchacho*, *bueno*, *chico*, *capitan*, etc.

2. Wallis, avec le *Dauphin*, traduction française, t. III, p. 24.

3. Weddel, *Voyage towards the south pole*, 1822-1824, p. 152 et suiv.

1829. Le Carmen. Patagonie.

pour trouver sa nourriture, doit s'étendre, au moins, cent fois autant qu'elle aurait besoin de le faire dans un pays fertile, y admettant le même nombre d'habitans cultivateurs. Il paraîtrait, néanmoins, que chaque tolderia, ou réunion de familles, a pris, pour demeure habituelle, une certaine contrée où elle tournoie; ainsi deux ou trois de ces tribus demeurent sur les rives du Rio negro, tandis que d'autres paraissent vivre dans des montagnes voisines de la péninsule de San-Jose, au 43.e degré de latitude sud ou dans le voisinage du port Désiré, au pied des derniers contre-forts des Andes, d'où elles se rendent sur les rivages de la mer, lorsqu'elles veulent y faire la chasse. C'est même, ce me semble, plus particulièrement, sur les plaines du pied oriental des Andes qu'elles sont plus nombreuses. De leurs habitudes voyageuses proviennent ce besoin de parcourir tous les pays qui les avoisinent, et les fréquentes communications qui en résultent entre les tribus. Ces communications ont lieu sur deux lignes distinctes; ainsi tous les Indiens qui vivent près des Andes en suivent, dans leurs voyages, le pied oriental, parce qu'ils y rencontrent partout de l'eau, tandis qu'ils en manqueraient en suivant les côtes; c'est par là que viennent les Patagons qui se dirigent du détroit de Magellan au Rio negro, suivant ensuite des chemins qui rayonnent du couchant à l'orient. Pour se rendre au port Désiré et au port de San-Julian, ils arrivent à l'île de Chole-hechel, dont j'ai parlé, et descendent ou remontent le Rio negro, en longeant ses rives; ou, lorsqu'ils veulent se rendre aux montagnes de San-Jose, ils descendent la rivière jusqu'à trente lieues au-dessus du Carmen, rencontrant là une route connue d'eux, qui se dirige au sud, parallèlement aux côtes, et qui, passant par San-Jose, leur sert aussi pour se rendre au port de San-Julian et au port Désiré. Dans cette direction, ils ont des journées marquées pour les haltes, d'abord par le Rio Valchita, puis par des lacs qu'ils connaissent, et auprès desquels ils vont chasser et s'arrêter : cependant des Indiens m'ont assuré que ce chemin ne se prenait qu'au temps des pluies, à cause du manque d'eau; que, malgré cela, ils avaient encore des traversées très-étendues sur lesquelles on chercherait vainement une source salutaire; et qu'alors ils voyageaient jour et nuit, afin d'être plus tôt hors de danger.

Les Patagons, jusqu'à présent, ne paraissent pas désunis entr'eux; leurs tribus, quoiqu'éloignées les unes des autres quelquefois de plusieurs centaines de lieues, ne vivent pas moins en bonne intelligence. On en peut dire ce qu'en disent les Indiens eux-mêmes : ils sont frères; et, sans contredit, ce sont, de tous les sauvages, les plus intimement liés; ce qui fait leur force, et leur assure le respect des nations voisines. Les Puelches sont les plus immédiats : c'est avec eux que leur commerce d'échange avait plus particulièrement lieu; car, après une rupture ancienne, ils étaient peu intimes avec les Araucanos, et le désir seul du pillage les a fait s'en rapprocher momentanément pour dévaster les établissemens chrétiens. Ils ont aussi été les amis fidèles des Espagnols, auxquels même ils ont rendu de grands services, jusqu'au moment où l'orgueil d'un chef brutal est venu les éloigner, pour quelque temps, de l'établissement du Carmen, avec lequel, néanmoins, ils ont renoué, depuis quelques années. On peut dire qu'ils sont vagabonds par excellence, quoiqu'ils n'aient passé que très-rarement au nord du Rio negro, pour piller les Aucas et les Puelches.

Leur gouvernement paraît être bien simple : la nation a un chef ou grand cacique qu'elle nomme *carasken*, et dont l'autorité est très-bornée. S'il y a une guerre commune de toute la nation, il préside aux réunions des chefs subalternes, et les guide alors. En paix, il est, comme les autres, chef de sa tribu, et exerce un pouvoir plus paternel que despotique. Les Indiens le respectent, sans pourtant avoir pour lui la déférence que pourrait commander un chef de sauvages. Il est vrai que lui-même est aussi pauvre que les autres; que, s'il ne chasse pas, on ne le pourvoira pas de gibier, et que le seul avantage qu'il puisse retirer de sa position, est de recevoir une plus forte part du butin, lors d'un pillage, parce qu'il a plus de femmes et d'enfans; encore est-il obligé de la donner peu à peu aux Indiens pauvres, pour se faire des amis. Le carasken n'est pas toujours remplacé par son fils : pour succéder à son père, il faut qu'il ait montré du courage et de l'éloquence, lors des conférences, dans ses harangues aux autres Indiens, et surtout de la libéralité; dans le cas contraire, on nomme à ces fonctions l'Indien qui s'est le plus distingué par son esprit, par sa bravoure et par ses connaissances locales. Le carasken que j'ai connu lors de mon voyage, s'appelait *Bicente;* il avait remplacé, deux ans avant mon arrivée, un autre cacique renommé par sa taille élevée, par sa force, et surtout par des manières pleines de grandeur. Chaque tribu a ensuite son chef particulier, et c'est leur réunion qui compose le conseil.

Ils n'ont aucunes lois, aucunes punitions contre les coupables. Chacun vit à sa manière, et le plus voleur est le plus estimé, comme plus adroit. Un motif qui les empêchera toujours de cesser de voler, en même temps qu'il devra s'opposer à ce qu'ils forment jamais d'établissemens fixes, est le préjugé religieux qui, à la mort de l'un d'entr'eux, les oblige à détruire ses biens.

1829. Le Carmen. Patagonie.

Le Patagon qui, dans toute sa carrière, se sera formé un patrimoine en volant les blancs, ou en échangeant, avec les nations voisines, le produit de sa chasse, n'aura rien fait pour ses héritiers; toutes ses économies sont anéanties avec lui, et ses enfans sont obligés de reconstruire sur nouveaux frais leur fortune; usage, pour le dire en passant, retrouvé chez les Tamanaques de l'Orénoque, qui ravagent le champ du défunt, et coupent les arbres qu'il a plantés[1]; et chez les Yuracarès, qui abandonnent et ferment la maison du mort, regardant comme une profanation de cueillir un seul fruit des arbres de son champ. On sent qu'avec de telles manières ils ne peuvent nourrir de véritable ambition, puisqu'ils n'ont besoin que pour eux; c'est une des causes de leur indolence naturelle, et un motif qui s'opposera toujours, tant qu'il existera, aux progrès de leur civilisation. Pourquoi s'occuperaient-ils de l'avenir, puisqu'ils n'en doivent rien espérer? Le présent est tout à leurs yeux, et tout intérêt est individuel; le fils ne soignera pas le troupeau du père, puisqu'il ne doit pas lui revenir; il s'occupe de lui seul, et, de bonne heure, songe à se ménager, à se chercher des ressources. Cette coutume a bien son point de vue moral, en ce qu'elle détruit la convoitise dans les héritiers qui ne sauraient s'en préoccuper, comme on ne le voit que trop souvent dans nos cités. Le désir ou l'espoir d'un prompt décès de leurs parens ne peut exister, puisque ceux-ci ne leur laissent absolument rien; mais, d'un autre côté, si les Patagons avaient conservé des propriétés héréditaires, ils seraient, sans aucun doute, aujourd'hui possesseurs de nombreux troupeaux, et nécessairement plus à craindre pour les blancs, puisqu'alors leur puissance eût plus que doublé; tandis que leurs mœurs actuelles les laisseront infailliblement dans un état stationnaire, dont un changement total pourra seul les affranchir.

Les Patagons n'ont aucune aptitude pour la pêche; aussi se contentent-ils de prendre le poisson que le hasard met à leur portée, sans se servir de filet, ni d'aucune autre ruse; bien différens, en cela, des habitans de la Terre-du-Feu, qui sont spécialement pêcheurs. Il est vrai que les Patagons, ne venant que momentanément au bord de la mer, n'ont pas dû chercher à approfondir cet art, la chasse étant tout pour eux. Avant qu'ils obtinssent des chevaux, et que les Puelches leur en eussent montré l'usage, ils chassaient à pied. Un grand nombre d'entr'eux se rendaient au lieu désigné; et, le lendemain matin, à la pointe du jour, ils commençaient leur battue, se servant avec

1. Humboldt, Voyage aux régions équinoxiales, t. VIII, p. 273.

adresse des deux genres de bolas que j'ai décrits plusieurs fois, soit pour arrêter dans leur course, soit pour tuer les guanacos, les cerfs et les autruches. L'arc y est aussi employé. Arrivés au lieu où les chasseurs savent qu'il y a une troupe de cerfs ou de guanacos, ils se partagent, forment un très-grand cercle autour du gibier; puis s'avancent vers lui tous ensemble, en rétrécissant toujours le cercle formé. Dès qu'un des animaux ainsi cernés veut s'échapper, ils cherchent à lui couper la retraite, en lui lançant les bolas, ou en lui décochant leurs flèches. Les chiens nombreux, dont ils sont toujours entourés, leur rendent de grands services dans cet exercice; et, maintenant, qu'ils sont devenus bons écuyers, ils ont encore moins de peine à chasser; mais, en revanche, ils dépeuplent plus promptement une contrée, et sont devenus plus ambulans. Ils ne sont plus obligés, comme du temps de Pigafetta (en 1520), d'avoir avec eux de jeunes guanacos, pour attirer les adultes et s'en saisir; aujourd'hui le cheval les met à portée de les prendre plus facilement, en leur lançant leurs bolas. Au temps des disettes, ils cherchent, au milieu de la campagne, une petite racine, qu'ils conservent sèche ou qu'ils mangent fraîche, cuite ou crue. Les Patagons des parties les plus australes craignent encore les taureaux; aussi n'en ont-ils pas; mais nul doute qu'ils n'adoptent bientôt l'usage d'en élever; usage transmis des Araucanos des Pampas aux Puelches, et de ceux-ci aux Patagons des rives du Rio negro. Cependant, tout en mangeant de la chair de bœuf, ils préfèrent encore, à tous égards, celle de jument, le mets le plus exquis pour tous les Indiens du Sud. Le cheval, par un autre motif, est bien plus commode pour les Indiens; ils peuvent s'en faire suivre dans leurs traites lointaines; tandis que les troupeaux de vaches ne peuvent pas marcher assez vite, et, dès-lors, résistent moins à ces longues traversées, au milieu des déserts arides que les Patagons sont souvent obligés de franchir dans leurs migrations annuelles, ou pour aller d'une tribu à une autre. Ils m'ont assuré que les Patagons des rives du détroit de Magellan ne possédaient pas encore de troupeaux de cette espèce; avant la conquête, leur seul animal domestique était le chien, ce compagnon fidèle de l'homme de tous les pays, depuis le nomade le plus sauvage jusqu'aux nations les plus policées. Comme dans nos cités, ils s'en servaient pour chasser au mara, au cerf et à l'autruche. J'ai été souvent à portée de jouir de l'adresse avec laquelle chassent ces chiens; la race en est assez voisine de celle de nos lévriers, pour la forme; mais elle s'en distingue par la longueur de ses poils. Depuis que les Patagons ont des troupeaux de chevaux, ils en ont moins de soin encore que les habitans des environs de Buenos-Ayres: ils n'ont aucun parc pour les

1829. Le Carmen. Patagonie.

réunir, et les bêtes à cornes, lorsqu'ils en possèdent, ne sont pas mieux surveillées; ils se contentent d'en faire, quelquefois, le tour à cheval, pour les rapprocher de leur tolderia, bien certains qu'ils sont, de s'en saisir quand ils le voudront.

Les Patagons ont une industrie des plus bornée. Comme on l'a vu, leurs cabanes sont en peau, et d'une construction peu difficile; ils le cèdent de beaucoup, sous ce rapport, à bien des nations américaines. A l'exception des armes offensives et défensives, et de l'harnachement de leur cheval, ils ne font absolument rien; ils ignorent l'art de tisser, bien différens, en cela, de leurs voisins les Araucanos, qui fabriquent des tissus de laine qu'ils échangent avec eux, et dont se servent même les habitans des villes. Ce qu'ils font le mieux, ce sont leurs fourrures : ils sont renommés, parmi les autres nations, pour la manière dont ils les cousent, par les peintures dont ils les ornent; les seuls fils dont ils se servent, sont des *tendons d'autruche*, ou de *l'épine dorsale* des grands animaux; ils les font sécher, puis les mâchent, en séparent les fibres de manière à en former une espèce de filasse, qu'ils filent ensuite, et qui donne un fil des plus fort et des plus durable. Leurs dessins ont cela de singulier, qu'ils ne représentent jamais aucune figure d'animaux, ni même aucunes lignes courbes; tous les traits en sont droits, dirigés en divers sens, formant invariablement, et toujours avec une régularité parfaite, des espèces de grecques à eux particulières, différant, en cela, de quelques races américaines[1] qui, au contraire, affectent de ne tracer que des figures arrondies.

On peut dire que ces Indiens sont d'une saleté extrême; jamais leur tente n'est balayée, les immondices qui s'y amassent les incommodent quelquefois; alors, au lieu de la nettoyer, ils la changent de place, en se mettant à quelques pas de là. Ils ne se baignent que rarement; encore est-ce pendant les chaleurs, pour se rafraîchir, mais non pour se laver. Ils n'ont soin que de leur figure et de leurs cheveux; de la première, pour se la couvrir de couleurs mélangées de graisse de jument, et des seconds pour les peigner avec une espèce de brosse en racines, analogues à celles dont nous faisons ordinairement ce même ustensile. Ils les tiennent toujours bien séparés sur le milieu de la tête ou les relèvent de diverses manières; la coquetterie des hommes et des femmes se borne à cela.

Ils vivent, le plus souvent, dans un désœuvrement complet, dormant au

1. Les Indiens yuracarès se servent, dans leurs peintures, autant de lignes arrondies que de lignes droites.

moins la moitié de la journée; et même, s'ils ont des bestiaux, ils ne font absolument rien, tout le temps qu'il leur reste une vache, et ne recommencent à chasser que lorsque la faim les presse. Les femmes sont chargées de la cuisine, de la confection des vêtemens, des tentes et des selles; les hommes ne s'occupent que de leurs armes. Leurs amusemens sont très-bornés : indépendamment du jeu de balle, réservé aux jeunes gens, ils ont un jeu de dés à peu près semblables à ceux dont on se sert pour le trictrac; ce sont des os presque carrés, sur les six faces desquels sont les numéros 1, 2, 3, 4, 5 et 9, marqués par des points; ces dés ressemblent beaucoup trop aux nôtres, à l'exception du 9, pour n'être pas une imitation de ceux des Espagnols, depuis la conquête; cependant ce jeu, qui demande des combinaisons de nombres, annonce, chez eux, une connaissance du calcul bien plus étendue que chez quelques nations des forêts, lesquelles, le plus souvent, n'ont que trois termes de comparaison [1]. Les Patagons peuvent compter jusqu'à plus de cent mille : il est vrai que leurs nombres *cent* et *mille* n'appartiennent pas à leur langue; et, comme ils sont les mêmes chez les Puelches et chez les Aucas, et comme ces derniers ont été soumis par les Incas, qui les désignent aussi par les mêmes mots *pataca* (cent) et *guaranca* (mille), je dois supposer que ceux-ci, bien plus instruits que les Araucanos, leur ont enseigné ces termes collectifs, transmis, plus tard, aux Puelches, aux Patagons, et peut-être même parvenus aujourd'hui, en descendant vers le Sud, jusqu'aux habitans de la Terre-du-Feu. Lorsque les tribus ont, entr'elles, des communications fréquentes, accompagnées d'échanges, leur système de numération ne tarde pas à se compléter. Toutes les nations de chasseurs nomades des parties australes ont adopté ce dernier; tandis que leurs voisins du nord, qui vivent dans les bois, tels que les Guaranis, les Bocobis et les Tobas, sont restés avec des termes de comparaison si restreints, qu'on doit en conclure la nullité de leurs relations et de leur commerce avec les Araucanos.

Le caractère des Patagons est, à peu de chose près, analogue à celui de tous les indigènes de ces contrées australes : la fausseté et la dissimulation en font la base; il est vrai que leurs manières entr'eux sont bien différentes de celles qu'ils ont envers les chrétiens. On pourrait donc croire qu'il faut attribuer beaucoup de leurs défauts au contact des colons espagnols; ceux-ci ont toujours fait si peu de cas des Américains, que jamais ils ne leur ont tenu leurs

1. Il est singulier de voir les nombres manquer entièrement chez les Chiquitos, nation puissante du centre de l'Amérique (Bolivia), et dont la langue est d'ailleurs si étendue.

1829. Le Carmen. Patagonie.

promesses, ne les regardant pas comme des hommes, et se faisant un jeu de les tromper, dans leurs relations commerciales ou dans leurs traités. Les Indiens se sont, dès-lors, habitués à en faire autant; car, s'ils sont des plus scrupuleux les uns envers les autres, si leur parole entr'eux est sacrée, s'ils ne convoitent jamais ce que possède un des leurs, ils ne se font aucun scrupule de voler et de tromper les chrétiens. Je crois pouvoir en tirer la conséquence que, s'ils avaient été traités d'une autre manière, ils auraient, sans aucun doute, conservé, à l'égard des Espagnols, les mêmes ménagemens, qu'ils croient se devoir mutuellement. Les colons les accusent d'être rancuneux et ingrats, de ne tenir aucun compte de ce qu'on leur donne, voulant toujours avoir davantage; et, dès l'instant qu'on leur refuse quelque chose, après les avoir déjà comblés de bienfaits, devenant des ennemis irréconciliables, qui ne cherchent plus que l'occasion d'assouvir une haine mortelle. Sans pouvoir absolument démentir cette assertion, puisque j'en ai vu plusieurs fois les preuves, je dois dire néanmoins que je pourrais citer bien des exceptions. Il y avait donc, chez eux, le même mélange que partout ailleurs; cependant la haine héréditaire de ces aborigènes pour les Espagnols en général, peut beaucoup influer sur les actes de perfidie qu'on a pu leur reprocher dans maintes circonstances, et qu'un autre motif explique encore. Ils ne se volent pas *entr'eux*, il est vrai; mais leurs parens, dès leur tendre enfance, leur font considérer le vol sur l'ennemi comme la base de leur éducation; comme l'une des qualités indispensables à quiconque veut parvenir, comme une chose ordonnée par le génie du mal; si bien que, lorsqu'on leur reproche quelque rapt, ils disent toujours qu'Achekenat-kanet le leur a ordonné; enfin, l'esprit de convoitise pour tout ce qui leur paraît étrange chez les chrétiens, en fait de véritables enfans, désirant tout ce qu'ils voient. On sent que de pareilles coutumes les mettent souvent en état de contravention dans les lieux civilisés; d'autant plus que les colons sont très-exigeans, ne s'apercevant pas que leur manque de foi envers les Indiens, autorise à une conduite semblable envers eux ces derniers, regardant tout vol qu'ils leur ont fait comme une conquête sur l'ennemi commun. S'ils flattent quelquefois les chrétiens, c'est qu'ils ne peuvent pas faire autrement; car, lorsqu'ils se sentent en force, ils deviennent fiers, arrogans et se croient de beaucoup supérieurs aux blancs, qu'ils méprisent, parce qu'ils voient en eux des hommes sans foi et sans probité. Il en résulte que, dans les rapports établis, on ne peut jamais se fier aux apparences. Le Patagon, comme tous les sauvages, possède, au plus haut degré, l'art de la dissimulation : il cache ses vœux les plus chers sous le voile de la plus complète indifférence, et la menace même de la mort ne lui arrache jamais un secret, surtout s'il s'agit de la sûreté de sa nation; son caractère est, en un mot, un mélange de grandeur d'âme, de fierté sauvage, de courage féroce, unis à l'astuce des pays les plus civilisés, et accompagnés d'une adresse dont on ne croirait pas susceptibles des peuples nomades encore dans l'enfance.

1829. Le Carmen. Patagonie.

Les Patagons aiment leurs enfans et leurs femmes: ils n'admettent point la polygamie, comme le font les Araucanos; s'ils laissent les jeunes filles libres de leurs actions avant leur mariage, ils se montrent très-jaloux après, et punissent sévèrement l'infidélité, différant essentiellement, en cela, des Puelches, *amis de l'établissement, qui font un véritable* trafic de leurs compagnes. J'ai remarqué chez les femmes sauvages beaucoup de décence, surtout chez les nations australes: jamais on n'y voit sans vêtemens de jeunes filles, même de l'âge le plus tendre; tandis que, jusqu'à la nubilité, elles vont, pour ainsi dire, entièrement nues chez les nations guaranis.

Leur langue est dure à prononcer, et remplie de sons que ne peuvent rendre nos lettres françaises: elle est gutturale, sans néanmoins l'être autant que celle des Puelches, quoiqu'elle le soit beaucoup plus que celle des Araucanos[1]; *mais*, avec beaucoup *de soin, je suis* parvenu à en écrire une assez grande quantité de mots pour qu'on puisse s'en faire une idée. La voix est douce chez les femmes et très-rauque chez les hommes.

On a, jusqu'à présent, multiplié à l'infini le nombre des races américaines, en prenant pour des nations distinctes les moindres petites tribus; mais cette multitude de noms, semés, par les auteurs, dans les cartes, sur tout le sol de l'Amérique, au sud de la latitude de la Plata, à l'est et à l'ouest des Andes, doivent se réduire à quatre seulement; car il n'y a véritablement que quatre nations distinctes, savoir: 1.° les *Araucanos* ou *Aucas*, qui s'étendent de la Plata au Rio negro, dans les Pampas, sur le versant oriental des Andes, et sur tout le versant occidental, de Coquimbo jusqu'à l'Archipel de Chonos: ce sont eux qu'on a nommés Ranquelès, Péhuenches, Pampas et Chilenos; 2.° les *Puelches*, qui occupent l'espace compris entre les Araucanos et les Patagons, sur la seule étendue des Pampas; mais plus particulièrement entre le Rio negro et le Rio Colorado; 3.° les *Patagons* ou *Tehuelches*, dont la patrie s'étend du Rio negro au détroit de Magellan, sur toutes les plaines du

1. Voyez, dans la partie de la Linguistique, ce qui a rapport à cette langue et à celles des nations voisines.

1829. Le Carmen. Patagonie.

versant oriental des Andes, et qui se mêlent quelquefois avec les Puelches à leurs confins septentrionaux : ce sont ces fameux géants des premiers navigateurs, aperçus par eux au port San-Julian, au port Désiré, et à l'entrée orientale du détroit de Magellan; 4.° les *Fuégiens* [1], errans sur toutes les îles de la Terre-du-Feu, et sur les deux rives des parties occidentales du détroit, et dont la taille médiocre a donné lieu à la grande discussion sur les grands et sur les petits Patagons, parce qu'ils avaient toujours été confondus avec eux par les auteurs qui ont traité cette question [2], que je crois avoir éclaircie. Les Fuégiens sont, des quatre nations que je viens de nommer, la seule qui navigue dans des pirogues d'écorce; les autres n'ayant jamais eu l'idée de se construire même un radeau.

§. 2.

Voyage et séjour à l'embouchure du Rio negro.

26 Février. J'avais continué mes fréquentes visites aux Indiens jusqu'au 26 Février, et je comptais les laisser momentanément, pour aller passer quelques jours à l'embouchure du Rio negro. J'avais même obtenu d'un compatriote, M. Bibois, ex-capitaine de corsaire, marié dans le pays, la permission de rester sur son estancia, assez voisine de l'entrée de la rivière; j'y avais envoyé, par eau, des malles contenant tout ce dont je croyais avoir besoin pendant mon séjour, et mon départ était fixé au lendemain, lorsqu'un accident très-grave, arrivé à mon domestique, me retint encore, et me permit de reprendre mes observations sur les Patagons.

Dès qu'on avait eu connaissance des événemens arrivés à la Bahia blanca, on avait envoyé le cacique Lucané, avec un autre Patagon, pour savoir au juste ce qui s'était passé; ces deux Indiens arrivèrent et confirmèrent ce que j'avais appris à la baie de San-Blas [3]. De plus, ils avaient vu les assassins paisiblement campés au haut du Rio Colorado, et avaient su d'eux que leur intention était de venir s'établir au bord du Rio negro, ce qui ne nous était pas très-favorable; car nous pouvions craindre qu'ils cherchassent à faire de nous ce qu'ils avaient fait des habitans du nouveau fort.

---

1. Ce nom est celui que leur assigne le capitaine Weddel, dans la description qu'il en donne, *Voyage towards the southpole*, 1822, p. 152.

2. Voyez les discussions à cet égard, dans l'article Patagon, de l'homme considéré sous les rapports physiques, t. IV (Mammifères).

3. Voyez chapitre XVII, p. 70.

1829 Le Carmen. Patagonie. 28 Février.

Le 28, on apprit qu'un bâtiment, qui était en vue depuis quelques jours, venait de se perdre sur la barre. Le malheureux capitaine arriva peu de temps après la nouvelle, et donna les détails de l'événement. Il s'était approché la veille de la côte, et avait pu prendre les deux pilotes à son bord; il se trouvait en face de la barre; le vent était au plus près, et la mer commençait à perdre. Il demanda aux pilotes ce qu'ils comptaient faire. Ceux-ci dirent qu'ils allaient entrer dans la rivière; connaissant bien le danger, il leur représenta qu'il avait mis toute sa fortune sur la goëlette, qui lui appartenait. Les pilotes persistèrent et mirent le cap sur la funeste barre, qu'ils franchirent; mais, en dedans, le vent refusa tout à coup; le navire, moins heureux que le mien, lorsque j'étais entré, toucha sur un banc de sable et resta à sec pendant la basse mer; mais, vers le matin, le vent s'éleva avec la marée. Dès que le bâtiment flotta un peu, il commença à talonner d'une manière affreuse et à craquer de toutes parts. Le capitaine voulut mettre sa chaloupe à la mer; au même instant, un choc violent démâta le navire, qui s'ouvrit en deux; dès-lors, plus d'espoir de se servir des embarcations. Les pilotes, voyant leurs secours inutiles, et craignant de ne pouvoir recevoir l'équipage dans leur chaloupe sans courir risque de se perdre eux-mêmes, s'étaient embarqués en silence, et abandonnaient lâchement les marins à une mort certaine. Le capitaine s'en aperçut; et, au moment où ils se séparaient de lui, il sauta dans la barque, son poignard à la main, menaçant de les tuer tous, s'ils ne sauvaient les siens; il les contraignit ainsi de prendre les matelots de la goëlette, qui, bientôt après, virent leur bâtiment mis en pièces. La chaloupe lutta péniblement contre la mer irritée; et, après avoir contemplé la mort de près, à diverses reprises, ils touchèrent enfin à terre. Le pauvre capitaine était le même qui avait déjà fait naufrage à la baie de San-Blas [1]: il s'était encore une fois sauvé, ne possédant plus que ce qu'il portait sur lui. Sa fortune, ses espérances, son avenir, tout s'était évanoui dans un seul instant. Le vent avait continué de souffler; et, quoiqu'on fût éloigné de la mer de six lieues, au moins, en ligne directe, on entendait distinctement, du village du Carmen, les mugissemens des vagues en furie.

Le 3 Mars, reconnaissant que mon domestique ne pourrait m'être d'aucune utilité pendant plusieurs mois, je le laissai dans une maison à la garde d'une honnête famille, me décidant à faire mes excursions seul; et, devant partir pour l'embouchure du Rio negro avec le capitaine du navire perdu, je me rendis, à cet effet, chez M. Bibois, propriétaire de la maison dans laquelle je

---

1. Voyez chapitre XVII, p. 44.

1829. Le Carmen. Patagonie.

devais coucher à l'entrée de la rivière. J'y fus témoin d'une scène tout à fait nouvelle et curieuse pour un étranger. La maison était pleine d'Indiens et d'Indiennes de la nation puelche; je ne tardai pas à apprendre le motif de cette réunion. La coutume des habitans du Carmen est d'acheter des captifs aux nations sauvages qui viennent aux environs, afin de s'en faire des aides, qu'ils traitent à peu près comme des nègres, et qu'ils emploient soit dans l'intérieur de leurs maisons, soit dans leurs estancias : ils envoient aussi les jeunes Indiennes à leurs amis de Buenos-Ayres, où l'on aime beaucoup ce genre de domestiques esclaves; car, bien que le pays soit libre, les Indiens, obtenus par ce moyen, sont contraints à un service personnel, auquel ils ne peuvent se soustraire qu'en s'évadant. Depuis long-temps M. Bibois voulait acquérir un jeune Indien; mais comme il ne trouvait pas de captif, il s'était adressé à une Indienne, dont il voulait avoir le fils, âgé de dix ans; et c'était ce marché qui motivait, chez lui, une si nombreuse assemblée. La mère, craignant le blâme de ses parens, avait voulu les rendre témoins de la vente, et les intéresser dans son produit; elle demandait, en paiement, pour elle et les siens, toute l'eau-de-vie qu'ils pourraient boire trois jours et trois nuits de suite. Cette singulière proposition étonna tous les assistans, d'autant plus que la mère était couverte de vêtemens en lambeaux, et qu'elle n'avait pas pensé à se vêtir; néanmoins on conclut le traité, selon les désirs de l'Indienne, et l'exécution en commença sur-le-champ. Tous ces Puelches se mirent à boire et à manifester une gaîté des plus bruyante. Ils parlaient avec action, chantaient à tue-tête, et semblaient goûter un bonheur parfait : l'espoir de trois jours d'ivresse était, pour ces malheureux, la suprême félicité; et, tout entiers à leur joie, ils ne songeaient, en aucune manière, au prix auquel ils l'achetaient; ils buvaient avec délices, s'animant de plus en plus, jusqu'à ce qu'enfin le sommeil de l'ivresse leur eût fermé les yeux; puis, ils se réveillaient pour demander encore de l'eau-de-vie. J'appris, plus tard, que, pendant le temps convenu, cette famille n'avait cessé de boire, sans prendre de nourriture. Le quatrième jour arrivé, toutes les illusions disparurent : des pleurs vinrent remplacer la gaîté; la mère gémit; ses parens l'imitèrent dans sa douleur, comme dans sa joie, mais un peu tardivement; l'enfant devait être abandonné pour toujours; il était vendu. Cette mère dénaturée ne reconnut qu'alors qu'elle avait besoin de vêtemens : pour la calmer, on lui donna un morceau d'étoffe; et, en apprenant qu'elle pourrait encore voir son enfant, ses regrets, peut-être fictifs, cessèrent tout à coup, et elle reprit sa gaîté.

Cette femme, nommée Junijuni, devait avoir été bien méchante ou bien malheureuse : elle me montra son corps couvert de cicatrices profondes, et il lui manquait la moitié du nez, qu'un Indien, comme une bête féroce, lui avait, disait-elle, emportée d'un coup de dent. Si cette Indienne avait été ainsi blessée en combattant l'ennemi, ou par les siens, elle avait dû beaucoup souffrir, et je concevrais qu'elle cherchât à oublier le passé, en se plongeant dans l'ivresse la plus profonde; car, souvent, le malheur jette dans des excès; mais si, au contraire, ses blessures n'étaient que la suite d'une orgie, son courage, son insensibilité et le défaut de cette affection maternelle que les bêtes fauves même ont pour leurs petits, la ravalaient bien au-dessous des plus féroces d'entr'elles.

Quel contraste entre Junijuni et cette Indienne dont M. de Humboldt retrace l'histoire dans son Voyage sur l'Orénoque[1], en parlant de la *Piedra de la madre* (Pierre de la mère), dont l'amour maternel était si fort qu'elle s'exposa plusieurs fois aux châtimens les plus durs, au milieu des inondations des fleuves, des fourrés des forêts, pour rejoindre ses enfans, et qu'elle se laissa mourir de faim lorsqu'on vint à l'en séparer à jamais par une distance trop grande pour qu'elle pût la franchir? L'exemple de Junijuni est heureusement assez rare. J'ai remarqué que les sauvages qui vivent éloignés des colonies européennes tiennent surtout beaucoup à leurs enfans, et conservent une bonté patriarchale; tandis qu'en vivant près des colons, tous en contractent les vices, sans en adopter les vertus, et montrent une dépravation de mœurs et de sentimens qu'on aurait peine à croire, si l'on n'en voyait tous les jours des preuves.

Je ne pus partir que vers trois heures du soir. En sortant du village, je passai devant le Bañado, formé de terrains d'atterrissement, dont une partie est inondée, ce qui lui a valu son nom, et dont le reste est divisé en vergers (*quintas*) et champs cultivés, plantés de tous les arbres et légumes d'Europe. Ce terrain, d'abord très-large, se rétrécit peu à peu, près du lieu nommé *Cerro de la caballada* (la colline des chevaux), et ne laisse, à la fin, que la largeur du chemin au pied de la falaise, la rivière en battant le pied sur plusieurs points; ce rétrécissement se continue sur une demi-lieue de longueur; puis un nouveau coude de la rivière laisse encore des terrains d'atterrissement très-étendus, connus sous le nom de *Laguna grande*, parce que, dans certains temps, l'eau s'y amasse et y forme un assez vaste lac. J'y remarquai plusieurs fermes, et beaucoup de champs, où l'on cultive, avec un succès

1. Voyage aux régions équinoxiales, t. VII, p. 289.

1829. Embouchure du Rio negro.

étonnant, toutes nos céréales; j'abandonnai ces plaines, parce que la rivière vient battre le pied de la falaise, qu'elle mine continuellement, sans laisser aucun passage. Je montai sur le coteau, qui, comme tous ces plateaux, est couvert de buissons épineux; le chemin suit les hauteurs une demi-lieue, en passant près de trois mamelons qui se dessinent au loin, connus sous le nom de *los tres cerros* (les trois collines). Je descendis sur une troisième anse très-étendue, nommée le *Carisal,* terrain encore abandonné par la rivière, et sur lequel se montrent trois fermes, ornées de vergers de pêchers et de pommiers. Ce lieu, qui me rappelait la France, disparut, à son tour, à mon grand regret; car j'aimais à me créer cette illusion, d'autant plus complète que toute la végétation qui m'entourait appartenait à un autre hémisphère. Je suivis, pendant un quart de lieue, le chemin qui serpente sur le coteau, parce que les eaux en battent le pied; puis, je trouvai encore un lieu cultivé dans une dernière petite baie; et, là, disparaissaient les traces de la charrue; car, jusqu'à l'estancia *del Estado* (l'estancia de l'État), il n'y a plus que des terrains incultes. La route passe quelquefois au pied du coteau; d'autres fois à mi-côte, jusqu'à l'endroit où la falaise abandonne brusquement les bords de la rivière, pour prendre une autre direction. C'est à ce coude qu'est située l'estancia de l'État; c'était là qu'au temps des Espagnols on élevait un grand nombre de bestiaux pour la nourriture de la garnison. On m'assura qu'il y avait eu jusqu'à huit ou dix mille têtes de bétail; mais, à l'époque des querelles politiques, les partis en avaient profité pour les détruire tous. Dans presque toute l'Amérique méridionale, les propriétés nationales sont ainsi abandonnées, ou bien elles servent à enrichir les employés, sans que le gouvernement en tire aucun avantage. Il en résulte qu'il renonce à ce genre d'établissemens, pour s'approvisionner, par des *traités*, des vivres nécessaires aux troupes, ce qui lui est beaucoup moins onéreux.

La rive nord du Rio negro est bordée, depuis le Carmen jusqu'à l'estancia de l'État, c'est-à-dire sur plus de cinq lieues et demie de longueur, d'une falaise élevée, dirigée nord-est et sud-ouest, et dont les coteaux viennent mourir près des eaux qui les baignent souvent; tandis qu'elles s'en éloignent sur trois points principaux, le Bañado, la Laguna grande et le Carisal, pour former des anses étendues, couvertes d'une culture en contraste avec l'aridité des terrains environnans couverts d'épines, et paraissent comme perdues au milieu du désert. A l'estancia, la falaise abandonne la rivière, se dirige au nord, et va rejoindre la mer, au lieu dit Barrancas del norte; de sorte qu'entre le fleuve, continuant au nord-est, les falaises courant au nord, et les rives de la mer, dirigées N. N. O., il se trouve un delta de plus de deux lieues de largeur, composé de terrains sablonneux, de plaines du côté de la rivière, de falaises et de dunes mouvantes du côté de la mer. C'est sur ce terrain que, suivant un chemin tracé au bord de l'eau, j'arrivai, à une lieue au-delà de l'estancia de l'État, aux cabanes où M. Bibois logeait les gardiens de ses bestiaux. Elles étaient au nombre de deux, couvertes en roseaux, et leurs murailles, formées de branchages de saules, livraient passage à tous les vents : elles sont situées près du Rio negro, au commencement des dunes mouvantes; l'une d'elles avait pour tous meubles une table et un banc de bois; l'autre, demeure des nègres esclaves, servait de cuisine. Je fus encore obligé de me coucher sur mon recado; et si ce n'eût été le supplice incessant de la piqûre de milliers de puces, j'aurais pu jouir de quelque repos, en dépit même de l'incommodité du lieu.

1829.

Embouchure du Rio negro.

Deux navires étaient mouillés en face de l'estancia; ils venaient de charger du sel, destiné à l'alimentation des saloirs de Buenos-Ayres, et ils attendaient, depuis quelques jours, que le vent, moins violent, calmât la barre, et leur permît de partir. Un avantage qu'ont les bâtimens qui sortent sur ceux qui arrivent, c'est de pouvoir attendre et choisir leur jour; tandis que ceux qui sont à la mer ont à craindre d'être repoussés au loin dans l'est, le vent favorable à leur entrée étant le même qui grossit la barre et la rend affreuse. L'un de ces navires était anglais, l'autre français venant de Nantes; j'avais vu au Carmen le capitaine de ce dernier. Des compatriotes, à quelques milliers de lieues de leur patrie, ont bientôt fait connaissance. J'allai à son bord le lendemain matin; on m'y retint jusqu'au surlendemain; il faisait un temps affreux, la pluie était poussée avec violence par un vent très-fort, et je me trouvai très-heureux d'être à bord; car la cabane était inondée et j'y eusse été seul, tandis que j'avais le plaisir de m'entretenir de la France; ce que je ne pouvais guère espérer en Patagonie.

Ma première course fut vers l'embouchure du Rio negro. Le temps était encore affreux; et, pour me décider à sortir, il ne fallait rien moins que le désir de reconnaître si les vents n'avaient pas jeté quelques productions marines à la côte, joint à celui de considérer la barre en furie. Après avoir traversé une ligne de dunes qui avoisinent l'estancia, je remarquai que, de l'autre côté, elles s'éloignent un peu du rivage, pour laisser des terrains vaseux couverts de plantes maritimes, que recouvrent les grandes marées, et qui servent de retraite aux crabes et aux oiseaux de rivage. A l'extrémité de ce terrain, une demi-lieue plus loin, à l'endroit où les dunes reviennent border les eaux, se

1829. Embouchure du Rio negro.

trouve la maison des pilotes, établissement formé sous le gouvernement espagnol, et dont l'utilité ne peut être contestée. Là, dans une jolie petite habitation couverte en tuiles, il y a toujours un pilote de garde, avec ses marins; un mât, auquel on hisse un pavillon, annonce au navire si la mer monte ou descend, et s'il peut entrer. Les deux pilotes d'alors étaient Anglais; l'un d'eux était renommé surtout pour la connaissance profonde qu'une longue expérience lui avait donnée des passes, qui variaient assez souvent, et le forçait à aller fréquemment, lorsque la mer redevenait calme après une tempête, voir si les bancs n'avaient pas changé de place; ce qui oblige même le capitaine le plus exercé à ne pas s'y risquer sans s'exposer à une perte presque certaine, s'il y voulait entrer seul. Près de la cabane sont plusieurs fourneaux avec leurs chaudières en fer, qui attestent qu'il y a peu de temps on y faisait encore la pêche aux éléphans marins. On ne voit plus aujourd'hui, près de l'embouchure de la rivière, ces animaux qui, jadis, en couvraient, de préférence, par milliers les dunes et les plages sablonneuses; le carnage qu'on en a fait sur toute la côte les a chassés pour jamais.

De la maison des pilotes, il y a près d'une lieue jusqu'à la pointe de la *Pantomima*, formant le côté nord de l'embouchure. Je franchis la distance en suivant, au pied de dunes élevées, le rivage sablonneux, où venait battre la mer. Une fois arrivé à la pointe, j'étais en face de la barre. La mer y brisait avec une violence extrême; des houles, hautes comme des montagnes, dispersaient dans l'air, par leur choc, une sorte de poussière blanche, que les vents emportaient au loin; un bruit affreux se faisait entendre, et les amateurs d'une mer en courroux eussent difficilement trouvé un spectacle à la fois plus imposant et plus triste. Le vent était de l'Est; la mer des plus mauvaise, mugissante; les lames qui arrivaient à terre, semblaient vouloir tout engloutir; hautes de plus de vingt pieds, elles rugissaient avec furie, en se brisant sur la plage, qu'elles couvraient d'une écume blanche, enlevée et poussée sur la plage par le vent. J'admirai long-temps ce tableau, non sans penser qu'il me faudrait encore franchir cette terrible barrière, pour quitter la Patagonie. Lorsque la mer a été quelque temps aussi agitée, il faut plusieurs jours de vent de terre pour faire tomber les houles, et ce n'est qu'après quatre ou cinq journées de beau temps qu'on peut se hasarder à sortir.

En suivant la côte vers le nord, je me trouvai bientôt entouré de débris de navires, provenant des fréquens naufrages dont la barre est le théâtre; jamais je n'avais vu réunies autant de marques de destruction. Là, une carcasse défoncée, à moitié enfouie dans le sable, et contre laquelle venaient battre les lames; ici, des mâts, des membrures, des gouvernails, dispersés sur la plage; mais, parmi ces restes de navires, aucun n'appartenait à celui qui s'était récemment perdu; son capitaine, qui m'accompagnait, fit, à cet égard, des recherches inutiles; il n'eut pas même la triste consolation de rencontrer, sur toute la côte, une seule planche de son bâtiment qui, sans doute, avait été emporté au loin par les courans. J'y retournai deux jours après, pour continuer à suivre la côte, et poussai ma course jusqu'aux falaises du nord. Je remarquai, en passant près de la pointe de la Pantomima, qu'une batterie, armée de quelques pièces de canons, et construite dans le but de protéger l'embouchure de la rivière, avait été tellement minée par la mer, que les canons en étaient démontés et à moitié cachés par le sable. Il est difficile que les personnes accoutumées à ne contempler que les bords d'un fleuve paisible, se fassent une idée juste de la force d'une vague violemment poussée par les vents; les constructions les plus solides ne sauraient lui résister, et ses efforts toujours renouvelés finissent par ébranler et faire écrouler tout ce qu'on lui oppose.

1829

Embouchure du Rio negro.

Patagonie.

Je fis le tour de la pointe, et suivis une lieue vers le Nord; en cet endroit la côte n'est plus la même; la mer ne vient plus battre le pied des dunes, qu'une immense baie de sable vaseux, couverte seulement aux grandes marées, en sépare, sur une largeur de plus d'une demi-lieue, où sont entassées des coquilles de toute espèce. J'en fis le tour non sans peine, parce que nos chevaux, y enfonçant, me forcèrent d'en parcourir l'étendue à pied, tandis que mon péon les conduisait par l'intérieur des terres. J'aperçus enfin, de loin, les falaises du nord; et j'y arrivai, tout en recueillant des objets d'histoire naturelle. Ces falaises ressemblent beaucoup à celles qui bordent le Rio negro près du village; même aspect et même composition géologique. Le grès bleuâtre friable et tertiaire en occupe presque toute la hauteur, qui est de cinquante à soixante pieds, formant des couches horizontales, au milieu desquelles on remarque de petites lignes d'un calcaire compacte blanc, partout traversé de dendrites ferrugineuses noirâtres, qui se ramifient dans toutes les directions, pénètrent, en tous sens, dans la masse, et y représentent des arbustes. Sous ce rapport, cette couche, propre à l'exploitation, fournirait au luxe européen des matériaux dont les marbriers pourraient tirer avantage. Dans les parties les plus inférieures du grès, il y a beaucoup de coquilles d'eau douce fossiles. Cette falaise, au pied de laquelle la mer ne bat qu'aux grandes marées, se prolonge deux ou trois lieues vers le Nord, sans changer, en aucune manière, l'horizon-

1829. talité de ses couches, suivant, en cela, la composition de tous les terrains de la Patagonie septentrionale. Je recueillis beaucoup d'échantillons, et m'en revins chargé d'au moins cent livres de roche. Je suivais le pied des falaises; en route, mon péon me montra, au milieu des dunes anciennes, couvertes, çà et là, de buissons épineux rabougris, et de quelques graminées, un petit bois de l'arbrisseau nommé chañar, connu sous le nom de *Monte de los leones* (Bois des lions), parce qu'il sert de refuge aux cougouars des environs, appelés leon (lion). Quelques jours après, dans une nouvelle course que je fis aux falaises, je m'y arrêtai pour chasser; et mon chien fit partir un animal de cette espèce, qui, au lieu de se jeter sur lui et de le mettre en pièces, ce qui lui eût été facile, se sauvait à toutes jambes, quand une balle l'arrêta dans sa course et le coucha sur la place. Ce bois est de même nature que le petit bouquet que j'avais rencontré en allant à la baie de San-Blas, et se compose du seul arbrisseau qu'on trouve dans les terrains secs.

Embouchure du Rio negro. Patagonie.

Je désirais, depuis long-temps, visiter les hautes falaises du sud; il me

9 Mars. semblait que je trouverais là des alimens à ma curiosité. Le 9 Mars, le temps était magnifique, et (chose assez rare dans ces régions) il faisait peu de vent: la rivière coulait paisiblement, et invitait à faire une course sur l'eau. Le capitaine nantais vint m'offrir de me transporter sur l'autre rive, le plus près possible de la falaise; il me débarqua, en effet, sur une pointe de sable qui forme, de ce côté, l'entrée de la rivière. Je traversai les dunes, et j'arrivai à la côte. La barre était encore très-grosse, ce qui présentait un contraste singulier avec la tranquillité de la mer aux environs, et la sérénité du temps. Je suivis la plage sur plus d'une lieue et demie, rencontrant partout des débris de navires, et je vis enfin, de près, ces hautes falaises du sud, qui, de là, s'étendent, sans interruption aucune, comme une muraille perpendiculaire, sur plus de seize ou dix-huit lieues, jusqu'à l'ensenada de Ros; partout elles sont coupées verticalement, sur une hauteur de deux à trois cents pieds, contre laquelle la mer bat continuellement à chaque marée. Je ne puis mieux en comparer l'aspect qu'à celui des côtes de la Normandie, entre le Hâvre et Dieppe. Un sentiment de crainte m'accompagnait lorsque je suivais, le marteau du géologue à la main, le pied de cette masse imposante, d'où se détachaient fréquemment des blocs qui pouvaient m'écraser; car le sommet formait souvent saillie, et le grand nombre d'éboulemens que je remarquais çà et là, m'annonçait qu'il fallait peu s'y fier. A la pleine mer, l'eau bat partout, et l'on ne peut plus en suivre le pied; aussi, malheur au pauvre navire que la tempête jetterait sur cette côte inhospitalière! Non seulement il y serait

brisé dans un instant, mais encore personne n'y pourrait conserver le moindre espoir de salut. *Le soir je revins à mon gîte.* 1829.

Embouchure du Rio negro. Patagonie.

Je passai onze jours à l'estancia de M. Bibois, parcourant les bords de la mer, après chaque marée, afin d'y chercher des animaux marins; ou bien retournant, plusieurs fois, soit aux falaises du nord, soit dans les dunes, et chassant, tour à tour, aux insectes ou aux oiseaux. Ma récolte fut abondante, surtout en individus de cette dernière classe, et j'étais d'autant plus occupé, qu'il me fallait tout faire par moi-même: chasser, préparer, décrire les animaux et les dessiner. Croyant, enfin, avoir recueilli tout ce qui était propre à cette localité, je me disposai à retourner au Carmen, le 13 Mars, afin d'en visiter d'autres. J'y revins en chassant, et remarquai, dans la campagne, plusieurs corps humains gisant sur le sol, et à moitié dévorés par les oiseaux de proie. Ce triste spectacle me frappa; et, sur les questions que j'adressai à mon guide, il m'apprit que c'étaient les corps des Brésiliens tués depuis un an dans la dernière guerre avec Buenos-Ayres. Ceux-ci, ayant voulu s'emparer du Carmen, y firent une descente; mais ils furent repoussés avec vigueur; tous les hommes qu'on n'avait pas fait prisonniers, avaient été tués, et les corps des morts et des blessés abandonnés aux vautours. Je m'étonnais de voir des hommes qui se croient civilisés, refuser la sépulture à des ennemis chrétiens comme eux. J'appris qu'au milieu de cette lutte, le général, beaucoup trop chamarré d'or, et devenu, par conséquent, le point de mire de tous les Gauchos, avait été frappé dans une des premières décharges; qu'un de ces farouches soldats était descendu de cheval, lui avait enlevé ses vêtemens et ses armes, et, s'étant aperçu qu'ayant à son doigt un anneau de prix qu'il ne pouvait lui ôter, avait tiré son couteau et lui avait coupé le doigt. Le pauvre blessé qui restait sans mouvemens, croyant ainsi se sauver, donna alors un signe de vie que lui arracha l'excès de la douleur; et le Gaucho, reconnaissant qu'il vivait encore, lui coupa la gorge pour l'achever. Telle est l'hospitalité qu'un ennemi peut attendre de cette classe de gens, plus barbares même que les sauvages. L'auteur de cette action infâme ne rougit pas de me conter le fait, dont il s'honorait comme d'une prouesse; ce qui me rappela les *héros* de l'officier de Corrientes.[1]

13 Mars.

Le 14, j'étais occupé, dans ma chambre, à déballer mes récoltes des jours précédens, lorqu'un mouvement extraordinaire dans le fort attira mon attention. J'allai aux informations, et j'appris qu'un des détachemens d'éclaireurs, que le soin de notre sûreté nous avait obligés d'envoyer, afin de n'être pas 14 Mars.

1. Voyez chapitre IX, p. 216.

1829. Le Carmen. Patagonie.

surpris, sur tous les points d'où l'ennemi pouvait venir, celui qui veillait sur le chemin du Rio Colorado, avait envoyé un courrier, annonçant que les Indiens s'étaient présentés pour l'attaquer; que, des sept qui avaient d'abord paru, on n'en avait pu tuer que cinq, ce qui faisait craindre que ceux qui s'étaient sauvés, n'eussent été chercher les leurs, pour venger la défaite des autres; que, d'ailleurs, on avait aperçu, au loin, des flots de poussière, annonce d'une troupe nombreuse, dont les premiers n'étaient que les vedettes. L'alarme la plus chaude fut aussitôt donnée au Carmen. Le commandant fit, de suite, battre la générale, pour réunir les habitans au fort, et l'on tira trois coups de canon, afin de prévenir les personnes dispersées dans la campagne, qu'elles eussent à se rallier à nous. Une heure après, en effet, tous les habitans étaient sous les armes; et, en comptant la garnison, nous pouvions être au nombre de plus de cent hommes. Le commandant, après avoir donné ses ordres, voulut aller lui-même, avec vingt soldats, reconnaître l'ennemi. Aussitôt après son départ, tous les Indiens amis, de l'autre rive, arrivèrent pour nous défendre, en costume de guerre et avec leurs armes; circonstance qui me fit beaucoup de plaisir, en ce qu'elle me mettait à portée de voir de près les signes distinctifs de chaque nation. Il y avait, parmi eux, des Patagons, des Puelches et des Aucas.[1] Rien de plus burlesque que l'accoutrement de ces sauvages. Les Patagons, aux formes athlétiques, étaient effroyables de laideur, dans leur tenue militaire. Si tous ces voyageurs, amis du merveilleux, qui en firent des géants de dix à douze pieds, les avaient vus dans cet équipage, sans aucun doute ils en eussent fait un tableau plus terrible encore. Mes Patagons s'étaient tous peint la figure d'une façon hideuse; leur visage entier était rouge; le dessous de leurs yeux bleuâtre ou noir, et ils avaient une large tache blanche au-dessus de chaque œil. Cette dernière couleur, que je n'ai vue que lorsqu'il fut question de se battre, me paraît propre à la guerre; en général, la coutume de s'enlaidir est une tactique employée par tous les Indiens de cette partie australe de l'Amérique, pour effrayer l'ennemi auquel ils doivent être opposés, et leurs peintures des jours de fête étaient d'un aspect moins horrible. Ils portaient des armes offensives et défensives. Les premières consistaient en un arc et en flèches. Long de quatre-vingt-dix centimètres, l'arc, sans aucun ornement et fabriqué de bois blanc fortement recourbé, est muni de deux cordes faites des tendons d'un animal. Les flèches sont très-courtes, en bois, ornées, à l'une de leurs extrémités, de plumes blanches d'oiseaux de mer, courtes et raides; l'extré-

1. Voyez Costumes, pl. 1, et Coutumes et Usages, pl. 4, 5.

1829 Le Carmen. Patagonie.

mité opposée en est armée d'un morceau de silex ou pierre à fusil, artistement taillé en fer de flèche, faiblement attaché avec des tendons d'animaux, de manière à ce que, lorsqu'on vient à retirer le trait, cette pierre tranchante, mais irrégulière, reste dans la plaie, où la retiennent ses deux crans postérieurs, et ne puisse plus être retirée des chairs qu'en élargissant beaucoup la blessure[1]. Par un rapprochement singulier, cette arme terrible ne se trouve absolument semblable que chez les naturels de la Californie. On réunit quelquefois ces flèches dans un carquois de peau, attaché à la ceinture sur le côté gauche du corps. Les Tehuelches le disputent d'adresse avec elles aux Américains chasseurs des forêts des pays chauds : ils s'arment aussi d'un dard assez court, garni d'un silex taillé, et d'une fronde des plus simple, faite en peau, élargie vers la moitié de sa longueur, pour recevoir la pierre qu'ils lancent à une grande distance, et avec une dextérité comparable à celle que mettent à cet exercice tous les Péruviens, qui en font leur premier moyen de défense; mais les armes les plus redoutables du sauvage Patagon sont les bolas. C'est de lui et des autres nations des plaines que les créoles les ont prises pour les répandre sur une aussi grande étendue de l'Amérique australe. Indépendamment de celles dont j'ai souvent parlé, qui, doubles ou triples, servent à faire tomber le cheval ou le piéton, ou à arrêter le gibier à la chasse, il en a encore d'une autre espèce, les *bolas perdidas* (boules perdues), qui ne lui servent que comme projectiles. Il s'en sert avec une précision peu commune, en atteignant sans peine un but désigné, et en les lançant tout en courant grand galop; avec elles il brise la tête à son ennemi.

Les moyens de défense des Patagons sont appropriés à l'attaque, et ne contribuent pas peu à les rendre affreux. Au moment du combat, ils restent presque nus, avec leur espèce de ceinture de cuir, à laquelle sont attachées leurs armes; mais les grands guerriers ou les chefs, sont couverts d'une armure défensive assez singulière, qu'ils ont empruntée des Aucas. Ils s'affublent d'une longue cuirasse à manches, ressemblant à une ample chemise, et composée de sept à huit doubles d'une peau[2] souple parfaitement préparée, peinte en dessus

---

1. C'est, sans doute, une pierre semblable restée dans la plaie qui a fait dire à Pigafetta (p. 34) que les Patagons se servent de flèches empoisonnées. Ces flèches, décrites par tous les voyageurs, sont communes également aux habitans de la Terre-du-Feu.

2. Les Aucas prétendent que ces peaux sont celles du *quemul* (*equus bisulcus* de Molina); ne serait-ce pas cet animal singulier, dont parle Wallis (t. III, p. 58) et qui lui parut différent du guanaco? Dans tous les cas, le nom d'*equus* lui est mal à propos appliqué; car le quemul est une espèce voisine du lama.

1829. Le Carmen. Patagonie.

en jaune, et munie d'une large bande rouge sur la ligne médiane; le col de cette cuirasse s'élève jusqu'au menton, et couvre une partie de la figure. Avec cette armure ils portent une espèce de casque, formé de deux peaux épaisses, cousues ensemble, représentant un grand chapeau à larges bords, surmonté d'une crête d'arrière en avant, orné de plaques d'argent ou de cuivre, attaché, par derrière, au col de la cuirasse, et retenu, par devant, au moyen d'une mentonnière en cuir. Ainsi affublé, le guerrier se trouve garanti de toutes les armes des Indiens. La lance des Araucanos ne peut lui faire que des contusions, et non pas entrer; la flèche ne le blesse aucunement; il est accessible seulement à la balle. La tête est aussi préservée de l'atteinte des bolas par le chapeau-casque, et un homme de guerre ne peut être blessé qu'à la figure et aux extrémités; mais, en revanche, il ne peut plus agir avec vivacité, tous ses mouvemens sont gênés; la longueur de la cuirasse, qui lui descend jusqu'aux genoux, est très-incommode à cheval. Pourtant un Indien, revêtu de ce costume, peut inspirer la terreur. Ceux qui n'ont pas de cuirasse laissent flotter leurs cheveux sur leurs épaules.

Les Indiens Aucas ne se servent ni d'arcs ni de flèches; la fronde ne leur est pas non plus toujours familière; les seules armes offensives que je leur aie vues alors étaient les diverses espèces de bolas ou *laque,* en notant qu'ils nomment les bolas perdidas *quichun laque,* et la lance de dix-huit pieds, dont j'ai déjà eu occasion de parler. Cette dernière arme paraît leur être plus particulièrement propre, comme l'arc aux Patagons : ils la rompent quelquefois, et en font des dards; ils ont aussi de grands couteaux, ou espèce de sabres. Pour leurs armes défensives, elles sont semblables à celles des Patagons. Comme ces derniers, ils ont la cuirasse à manches, laquelle paraît appartenir surtout aux Pehuenches, qui la font toujours avec la peau du quemul. Les Puelches portent les armes offensives et défensives des Araucanos et des Patagons; quelques-uns ont la lance, d'autres des arcs et des flèches, et tous des bolas. L'ensemble de ces Indiens offrait un singulier spectacle. Ces figures diversement coloriées, dont les traits paraissent si différens des nôtres; cette réunion d'armes étranges, de costumes bizarres; les sons rauques et gutturaux de leur langage, tout cela contrastait avec les habitans de différentes classes, aussi diversement vêtus, mais dont le cachet extérieur annonçait, cependant, un air demi-européen. Nègres, mulâtres, Indiens, blancs de toutes nations, Américains, Français, Anglais, Portugais, Espagnols, Allemands, nous étions là, faisant cause commune contre l'ennemi, sans distinction de rang, de race, ni de patrie; aussi étroitement unis, au moins en apparence, que si nous eussions toujours vécu ensemble.

Nous restâmes ainsi sous les armes toute la journée, nous attendant à être attaqués à chaque instant; mais il en fut autrement. Le commandant revint le soir, et nous renvoya tous chacun chez nous; l'alerte avait été causée par sept Indiens, qui se rendaient du Rio Colorado au Carmen. Ils s'étaient présentés aux éclaireurs, qui, faisant feu sur eux, sans les entendre, en avaient tué trois et blessé deux autres; le reste s'était enfui. Le commandant avait appris des blessés mêmes qu'ils étaient seuls; que, manquant de chevaux au Colorado, ils avaient pris le parti de venir en voler aux habitans du Carmen, et qu'ils n'étaient suivis d'aucune autre troupe indienne. Il avait donné l'ordre de les amener, et on les avait mis à cheval; mais les conducteurs, apparemment ennuyés de cette charge, les achevèrent peut-être en route; car ces derniers revinrent seuls, le matin du jour suivant, contens, sans doute, d'avoir trouvé l'occasion d'assouvir la haine qu'ils nourrissent contre les Indiens, dont ils font moins de cas que du plus mauvais de leurs chevaux, et qu'ils se font peu de scrupule de tuer. La tranquillité revint au Carmen; et, le lendemain de cette affaire, personne n'y pensait plus.

1829 — Le Carmen. Patagonie.

Le 16, je recommençai mes excursions; j'allai chasser à quelques lieues au-dessus du village. En chemin, je recueillis beaucoup de plantes, et découvris un banc d'huîtres fossiles, au milieu des grès de la falaise; puis, tandis que mon péon s'occupait à faire un rôti, j'allai chasser dans l'intérieur de la campagne; là, entraîné à la poursuite de quelques oiseaux de proie, je m'éloignai beaucoup de la rivière, et restai très-long-temps absent. A mon retour au campement, un jeune homme, qui gardait les chevaux, me dit que mon péon me croyait perdu; et, qu'après m'avoir appelé inutilement par des coups de fusil, il était parti, pour aller à ma recherche; il ne revint qu'une heure après, désespéré de ne pas m'avoir rencontré. Je lui sus bon gré de son attention, tout en l'assurant qu'ainsi que lui je pouvais assez bien me guider sur le soleil, pour me reconnaître au milieu de ces plaines si uniformes, qu'on s'y trouve comme au milieu d'un vaste océan, aucune inégalité n'y pouvant servir de remarque; de sorte que l'homme inexpérimenté qui s'y égare, sans savoir s'y diriger sur les astres, peut y mourir de faim ou de soif, avant de se retrouver. Ce qui avait tant effrayé mon guide, c'était l'exemple d'un Français qui, peu de temps avant, s'était aventuré dans les plaines, pour chasser des lièvres; il s'y était égaré, sans avoir la présence d'esprit de s'orienter; et, après trois jours de souffrances, il avait reparu à demi mort, à quelques lieues de l'établissement.

16 Mars.

1829. Le Carmen. Patagonie.

§. 3.

Excursion, en remontant la rivière, à la saline naturelle d'Andres Paz.

J'avais souvent entendu parler des salines naturelles exploitées dans le pays; mais je n'avais pas encore pu les visiter. Je fis donc mes dispositions, pour aller voir la seule qui fournisse au chargement des navires expédiés depuis
19 Mars. quelque temps. Le 19, je montai de bonne heure à cheval; et, accompagné de mon seul péon, je me mis en route, en remontant le Rio negro. Je pris le chemin qui suit tous les détours de la rivière, dans l'espoir de trouver des objets nouveaux, et afin de mieux juger du pays. En sortant du fort, je descendis sur la rive droite, qui permet, à marée basse, de passer au pied de la falaise; tandis que, lorsque les eaux sont hautes, on est obligé de suivre, à mi-côte, un sentier très-étroit, dont les sinuosités sans nombre sont remplies d'épines, qui, malgré la plus grande attention, font, assez souvent, payer, de ses vêtemens, au cavalier, l'étroite issue qu'elles lui livrent. Je passai devant l'île de Crespo, où, alors, une grande quantité de figuiers, couverts de fruits, ne présentait pas moins d'attrait que des treilles garnies de grappes de raisin valant presque celles de la Terre promise, tant elles étaient grosses, et témoignant de l'extrême fertilité de ce lieu. Je vis ensuite une autre île, plus grande encore, dont plusieurs maisons et des sillons tracés annonçaient la richesse agricole. Sur cette route la côte est presque partout escarpée et ne laisse aucun terrain d'atterrissement. Le premier qui se présente est celui qu'on nomme *potrero cañada* [1], situé en face de la seconde île; il a peu de largeur, mais il s'étend sur un quart de lieue de long. Le propriétaire, qui y possède une jolie petite maison, construite à l'entrée, y sème, tous les ans, du blé et tous les légumes des pays tempérés. Une partie de ce terrain, inondée aux grandes marées, est, en tout temps, couverte d'une fraîche verdure, qui contraste assez agréablement avec l'aridité des coteaux voisins. Après avoir passé ce lieu, la rivière, qui coule au pied même de la falaise, sur une longueur de près d'une demi-lieue, n'est embarrassée d'aucune île, et laisse apercevoir des fermes sur l'autre rive; puis, quand on a doublé une pointe, commence un autre atterrissement, assez étroit, quoique de près d'une lieue d'extension,

1. Nous avons eu déjà l'occasion de remarquer que le mot *potrero* signifie, dans le pays, un terrain fermé, un enclos, etc.

connu sous le nom de *potrero asegurado*. Ce dernier, comme les autres, sert à la culture, placé qu'il est sous la garde des habitans d'une petite maison couverte en chaume, assise au pied du coteau qu'il borne du côté des terres. Plusieurs îles cultivées ornent la rivière, en face de ce potrero; et de là, pendant à peu près une demi-lieue, les eaux battent encore la falaise; tandis qu'une grande île habitée, et deux petites incultes, obstruent le cours du Rio negro. Vient, ensuite, le *potrero de Churlakin*, ainsi appelé, parce que le cacique patagon de ce nom y a vécu très-long-temps. Celui-ci sert plus particulièrement de pâturage; car, plus on s'éloigne du Carmen, et moins il y a de culture. J'y rencontrai des volées de canards posés dans des fossés, et j'en fis une très-belle chasse. A un quatrième terrain abandonné par les eaux, le *potrero del carbon* (du charbon), ainsi nommé parce qu'il y a quelques années on y faisait du charbon, je vis les premiers saules non plantés, couvrant l'une des trois îles qui obstruaient alors la rivière. Là commencent à se montrer des bois entiers de cette espèce d'arbre, et je remarquai, partout, une végétation plus active; au reste, le potrero del carbon est un des plus beaux et des plus productifs de tout le cours du fleuve, depuis son embouchure; il est habité par deux propriétaires, qui y ont leurs fermes et leurs estancias. Après l'avoir franchi, pour arriver au lieu de dépôt du sel, j'eus à longer des coteaux escarpés jusqu'à l'endroit où les ouvriers ont construit de petites cabanes; ce point d'embarquement est à cinq lieues du Carmen. En y arrivant, j'y vis dix à douze monceaux qu'on avait apportés de la saline, et dont chacun aurait pu charger un navire de cent tonneaux.

1829

Rio negro. Patagonie.

Les *ranchos* ou cabanes, si toutefois on peut donner même ce nom modeste à de semblables constructions, ressemblent à celles des Indiens : ils sont formés de piquets attachés ensemble, et sur lesquels on jette plusieurs cuirs de chevaux cousus, qui couvrent à peine la moitié du toit; de sorte qu'on n'y est pas plus à l'abri du soleil que de la pluie, et encore moins à l'abri du vent: je dus, cependant, me féliciter de les avoir rencontrés. En regardant du côté de la rivière, il eût été difficile de se croire en Patagonie; car on découvrait, de toutes parts, des bois épais de saules, et une fraiche et vigoureuse végétation; mais, du côté de la campagne, toujours les mêmes terrains secs, hérissés d'épines. Les îles voisines sont toutes couvertes d'arbres verdoyans, et l'une d'elles, séparée du continent par un canal à sec au temps des chaleurs, offre des arbres d'une haute taille. Le Rio negro ressemble au Rio Colorado et au Rio *Sauce*, en ce qu'à commencer de douze lieues au-dessus de son embouchure, jusque très-haut dans son cours, il est orné de

1829. saules, les seuls arbres qui croissent naturellement au sud de Buenos-Ayres, dans toutes les Pampas. En suivant à l'ouest des cabanes, on rencontre une prairie longue d'une lieue, dont les bords, du côté de la rivière, sont chargés d'arbres. Ces lieux sont réellement charmans; et, à leur extrémité, se trouve la maison du propriétaire, *Andres Paz,* qui a donné son nom au potrero comme à la saline voisine, et qui est la dernière habitation de ce côté-là. Je passai cependant outre; mais plus j'avançais, plus le chemin devenait difficile, à cause de l'inégalité des terrains et du peu de chemin marqué. De cette ferme au premier lieu habitable, au *potrero serrado,* il y a quatre lieues. Depuis les guerres avec les Indiens, ce terrain, quoique très-fertile et presque fermé naturellement, avantage des plus grand pour élever les bestiaux, a été totalement abandonné; de sorte qu'à la maison d'Andres Paz, c'est-à-dire à six lieues au-dessus du Carmen, cessent les possessions des colons sur la rive nord, et commence le domaine des sauvages.

Rio negro. Patagonie.

A mon retour aux cabanes, je pus régaler de ma chasse tous les ouvriers réunis; et, quoiqu'ils ne l'appréciassent pas à beaucoup près autant qu'on pourrait le croire, elle leur fit cependant plaisir, et fut, pour eux, une diversion agréable à leur viande sèche et salée. Ma chasse, qui leur paraissait extraordinaire, fournit long-temps sujet à la conversation; puis, chacun s'étendit à terre sur un cuir, et chercha à se reposer des fatigues du jour; mais un fort vent de Sud amena un froid piquant, qui éveilla presque tout le monde. Au point du jour il fit même très-grand froid; aussi, pour se réchauffer, les ouvriers se disposèrent-ils à partir de si bonne heure, qu'au lever du soleil j'étais seul, et n'entendais plus que les cris lointains des piqueurs, mêlés au bruit des roues des charrettes, tournant avec effort sur leurs essieux en bois.

Des cabanes part un chemin conduisant à la saline d'Andres Paz, qui en est éloignée d'une lieue, dans l'intérieur des terres. Le terrain présente une pente douce, qu'on suit en montant au milieu de buissons épineux jusqu'au sommet de légères hauteurs, d'où, tout à coup, j'aperçus comme un lac rempli de neige, entouré, à un quart de lieue tout autour, de hautes collines qui s'inclinent très-doucement vers le fond du lac; de sorte que l'ensemble constitue un bassin de plus d'une lieue de diamètre. Les sommités des coteaux sont couvertes de la même végétation que tous les environs; mais, en descendant jusqu'au fond, par un plan peu incliné, je remarquai que les espèces de plantes se succédaient, en se rapprochant du centre, et que toutes celles des coteaux avaient disparu, pour faire place à d'autres, remplacées elles-mêmes, près du sel, par des végétaux tout à fait maritimes, appartenant surtout aux genres soude et salicorne, resserrant, sur un court espace, ce passage graduel qu'on remarque, souvent, au voisinage plus ou moins immédiat de la mer; et, avant d'atteindre le sel même, je vis une assez grande étendue circulaire de terrain qui en était saturé au point qu'il n'y croissait plus aucune plante. J'étais descendu, non sans être déchiré par les épines, et tout en admirant cette merveille, au bord de cette immense surface de sel. Je ne pouvais me lasser de contempler ce lac arrondi de plus d'une demi-lieue de diamètre, et d'une blancheur si éblouissante. Je ne pouvais croire qu'il fût formé seulement de sel; mais je m'en convainquis en marchant dessus. Il y avait douze à quinze ouvriers occupés à le recueillir: les uns, avec une pelle de bois, l'entassaient en petits monceaux; d'autres, avec des charrettes, emportaient ces petits monticules sur les bords de la saline, afin d'en élever de plus considérables, que d'autres charretiers transportaient au bord de la rivière. L'effet de ce spectacle était singulier; on eût cru voir des hommes se promener sur la neige; car ils se détachaient d'une manière bizarre sur cette plaine étincelante, où des milliers de petits cristaux brillans reflètent la lumière du jour et en augmentent l'éclat. Il serait facile de calculer combien de sel contient ce réservoir naturel, en prenant, pour terme moyen, quatre pouces d'épaisseur sur un diamètre d'une demi-lieue au moins; et l'on pourrait se convaincre, malgré l'opinion des habitans, que cette saline ne serait pas inépuisable, si l'exploitation en était plus active; mais, tant qu'on n'en tirera qu'un millier de tonneaux par an, comme on l'a fait jusqu'à ce jour, il est probable qu'il y en aura pour quelques siècles; d'autant plus que les terrains environnans en fournissent encore par les pluies, qui les lavent. La croyance des habitans, que la saline ne peut s'épuiser, est fondée sur une fausse préoccupation de leur ignorance, et que je devais détruire pour toujours. En parcourant ses bords et en étudiant les terrains dont ils se composent, je remarquai, dans le sable fin qui en forme le fond, un grand nombre de cristaux blancs. Au même instant un ouvrier, beau parleur, me dit, en me voyant les ramasser, que ce qui empêchait le sel de la saline de jamais diminuer, c'est que ces cristaux, dont le sol est partout rempli, se renouvelaient continuellement; que c'était la *madre de la sal* (la mère du sel); et, pour me le prouver, il se mit à creuser dans plusieurs endroits, où, partout, il y avait de cette substance; mais, ayant examiné cette forme cristalline avec attention, et surtout sa cassure spathique et brillante, je m'assurai que ce n'était autre chose que du sulfate de chaux ou gypse. Je le dis à l'ouvrier, qui ne voulut pas me croire, son père lui ayant assuré le contraire; et il fallut, pour le convaincre, lui démontrer que cette substance

1829.

Saline d'Andres Paz. Patagonie.

1829. non-seulement n'était pas soluble dans l'eau, mais qu'elle n'avait aucune saveur, et que, mise au feu, elle se réduisait en feuillets blancs, dont la pulvérisation donnait un plâtre d'une blancheur extrême. Alors, tous les ouvriers se réunirent, et ma découverte fut, pour eux, une affaire d'État. Peut-être doutaient-ils encore; car nous n'abandonnons pas sans peine une idée à laquelle nous nous sommes habitués dès l'enfance, surtout quand elle flatte nos désirs. Ce qui avait surtout contribué à faire croire à ces pauvres gens que ces cristaux ne pouvaient être que *la mère du sel*, c'est que, par un hasard singulier, ou plutôt en vertu d'un principe d'unité remarquable dans la formation des couches tertiaires du sol, ils les avaient rencontrés absolument les mêmes dans la saline de la péninsule de San-Jose, au 43.° degré de latitude sud, à plus de cinquante lieues de là; et ils avaient dû en tirer la conséquence que je viens de faire connaître. Je fis plusieurs fouilles, et recueillis une série de cristaux de la plus grande beauté; les uns, en aiguilles de dix à onze pouces de longueur, et larges de trois; les autres, composés de deux cristaux croisés, très-transparens et d'une belle conservation. Aussi, à leur arrivée en France, les a-t-on regardés comme dignes d'être montrés, tous les ans, au Muséum de Paris, au cours de minéralogie de M. Brongniart, comme ce qu'on a vu jusqu'alors de plus complet dans leur genre.

Saline d'Andres Paz. Patagonie.

En me promenant sur les bords de la saline, j'aperçus de loin, dans son milieu, comme une petite île de terre peu élevée au-dessus du sol. Je demandai ce que ce pouvait être; on me répondit que c'était une réunion de nids de *flamingos* (flammants)[1], et je me mis en route aussitôt pour les aller voir. En cheminant sur le sel, dont une croûte très-finement cristallisée couvre tous les points et offre assez de consistance pour qu'on y puisse marcher, je fis ainsi près d'un quart de lieue, et j'arrivai enfin au groupe de nids, composé de plus de deux mille, formant un seul îlot noirâtre, en contraste piquant avec la blancheur des environs: chaque nid est un cône élevé d'un pied, tronqué au sommet et concave sur cette partie, de manière à recevoir les œufs; il est isolé des autres par un espace d'un pied tout autour, de sorte qu'une espèce de régularité paraît avoir présidé à leur construction. Rien de plus singulier que cette réunion de cônes, tous absolument semblables et d'égale hauteur, dont l'ensemble donne l'idée d'une grande cité, au milieu de

1. L'oiseau connu sous ce nom est une nouvelle espèce de phénicoptère, que, dans un mémoire publié en commun avec M. Isidore-Geoffroi Saint-Hilaire, dans le Magasin de zoologie de M. Guérin, nous avons nommé *Phœnicopterus ignipalliatus*.

laquelle circulent des sentiers tortueux qui en font un véritable jardin anglais. Il y avait encore beaucoup d'œufs et de petits morts dans les nids; et les ossemens de phénicoptères répandus aux environs, ne me laissèrent aucun doute sur leurs rapports avec ces oiseaux, auxquels la longueur de leurs jambes ne permet, en aucune manière, un autre genre de nid. En effet, si le phénicoptère faisait sa ponte à terre, comment pourrait-il couver? que deviendraient ses longs pieds? Il a dû choisir un lieu approprié à sa forme; et l'instinct naturel à tous les animaux l'a servi dans cette circonstance. Ces oiseaux blanc-rosés, aux ailes de feu, aux pattes et au cou d'une longueur démesurée, vivent dans toutes les plaines, soit des Cordillères, soit des Pampas, au sud de Buenos-Ayres; c'est là que se rencontrent leurs troupes, composées, le plus souvent, de quelques centaines d'individus, voyageant d'un lac à l'autre, préférant ceux dont l'eau est saumâtre, et là, dans l'eau jusqu'au jarret, cherchant, sans se séparer, leur nourriture, qui consiste en petits animaux aquatiques. Ces compagnies semblent être nées pour la société; jamais on n'en trouve d'individus isolés; si quelque chose les effraie, ce qui n'est pas rare (car ils sont des plus timides), tous s'envolent à la fois; et, quittant la terre où ils représentaient une ligne d'infanterie, ils déploient leurs longues ailes du plus beau rouge, tout en conservant l'ordre régulier, et forment encore, en volant, une longue file un peu arquée, qui se dirige au-dessus des plaines jusqu'à un autre lac, où ils se posent de nouveau. Dans la saison des amours, ces phalanges s'éloignent davantage des lieux habités et préfèrent les déserts; nul doute qu'alors elles ne se renforcent, ou du moins ne se réunissent sur un point où elles ont coutume de revenir tous les ans pour la nichée. Chaque couple, à cette époque, s'occupe à réparer, avec son bec, les nids de l'année précédente, souvent dégradés par les eaux; et, devenus architectes, ils les élèvent davantage, ou construisent en terre de nouveaux cônes, sur lesquels, sans autres apprêts, ils déposent leurs œufs, que les deux couvent l'un après l'autre, en se mettant à cheval dessus, jambe de ci, jambe de là, seule position que leur permette la dimension de leurs tarses.

1829.

Saline d'Andres Paz.

Patagonie.

La plus grande union paraît exister dans cette colonie momentanée, et les soins qu'ils donnent à leurs petits, les occupent pendant les mois de Novembre et de Décembre; puis ils repartent, pour ne revenir que l'année suivante. Ils sont troublés dans leurs nichées à la saline d'Andres Paz, parce que les ouvriers sont friands de leurs œufs, et plus encore de leurs jeunes, qui sont, pour eux, d'un goût exquis; mais comme il arrive, quelquefois, que, dans cette saison, les pluies ne permettent pas la récolte du sel, les oiseaux y demeu-

1829. rent tranquilles; car il n'est pas douteux qu'autrement ils ne cherchassent un autre lieu, où ils pussent s'occuper en paix de la reproduction de leur espèce. Quand le naturaliste trouve ainsi quelques bonnes fortunes qui lui dévoilent quelques-uns des mystères de la nature, il ne peut se lasser de les admirer, et de chercher à en pénétrer les détails; aussi ne pouvais-je me détacher de ce lieu, où je restai plusieurs heures. Je n'étais cependant pas à la fin de mes intéressantes découvertes sur ce terrain, en apparence si dépourvu d'intérêt. Il m'en restait à faire une non moins importante.

Saline d'Andres Paz. Patagonie.

Les vents, lors de la dernière évaporation et de la cristallisation du sel, en avaient amoncelé de très-fin autour de cette réunion de nids: j'y remarquai plusieurs insectes morts; je les recueillis, et, regardant avec plus d'attention aux environs, j'en rencontrai beaucoup d'autres de la plus belle conservation, et seulement saturés de sel. J'en cherchai de nouveau sur la surface cristalline, à mon retour; et, en rencontrant toujours, une idée vint aussitôt me donner l'espoir d'une récolte plus abondante encore. Je songeai que, lorsqu'il pleut, la superficie entière du sel fond, et se couvre de quelques pouces d'eau; qu'alors, nécessairement, tous les insectes épars sur le lac doivent être poussés à la côte. J'en conclus que les vents qui amènent de la pluie, étant, le plus souvent, N. E. ou N. O., il fallait chercher du côté du sud. Toujours récoltant, je gagnai le rivage, le cœur plein d'espérance! Que ne devins-je pas en trouvant, sur toute la côte, en une ligne épaisse de quelques pouces, des insectes de tous les ordres amoncelés ensemble, des coléoptères, des hyménoptères, etc., beaucoup d'araignées et de scorpions; et, ce qui me parut plus singulier, des grenouilles, des lézards, et jusqu'à de petits mammifères? C'était une bonne fortune au-dessus de tout ce que je pouvais attendre. Après deux mois de recherches des plus minutieuses, je n'avais recueilli qu'une quarantaine d'espèces d'insectes, et je me plaignais, avec quelque raison, de la pauvreté du pays, sous ce rapport; aussi ma joie fut-elle extrême de rencontrer, comme par miracle, plus de deux cents espèces *réunies*, présentant, sur un point unique, tout ce que l'entomologie de cette partie de la Patagonie pouvait offrir de plus complet, ce qu'enfin, en des circonstances ordinaires, l'on n'aurait obtenu que par des années de recherches. Dès-lors, je ne m'occupai qu'à choisir; et, afin de ne pas les endommager, j'en remplissais des boîtes, en les emballant avec du sel encore mouillé, pour les transporter ainsi jusqu'au Carmen.

Tout en m'occupant de ma récolte, je cherchai à me rendre compte du motif de cette réunion fortuite de tant d'insectes différens dans cette saline; et si je crois avoir trouvé, pour quelques-uns, le mot de l'énigme, il n'en est pas ainsi pour tous. Quiconque a cultivé l'entomologie, n'ignore pas qu'en étendant un drap sur la pelouse, au milieu de la campagne, par une nuit obscure, et en y tenant une bougie allumée, les insectes, attirés par la lumière, y volent bientôt de toutes parts, et qu'on fait ainsi, en quelques instans, une chasse abondante. Ne peut-on pas expliquer, de même, l'apparition des espèces ailées? Les motifs qui les attirent vers la lumière, et les font tomber sur le drap, ne peuvent-ils pas bien aussi les faire se jeter sur cette nappe blanche, qui réfléchit les rayons de lumière? Ainsi tombés, ils mouillent, de suite, leurs ailes au sel fondu par l'humidité du soir; et, le lendemain matin, quand le soleil vient absorber la rosée du matin, qui couvre d'une légère couche d'eau toute la superficie de la saline, les malheureux insectes, les pattes remplies de sel, doivent, en cessant de marcher, s'y trouver bientôt privés de leurs mouvemens, par la cristallisation; ils restent alors exposés, sous les feux d'un soleil ardent, à une réverbération des plus forte, qui les tue promptement, et demeurent fixés à la surface, jusqu'à ce que la pluie vienne la fondre en entier, et que les vents les transportent à la côte, où ils s'amoncellent comme ceux que j'y trouvais.

1829.

Saline d'Andres Paz. Patagonie.

Encore l'explication de la présence de ces mêmes insectes pourvus d'ailes, présente-t-elle une grande difficulté. Tous ne sont pas crépusculaires ou nocturnes; et si je puis expliquer, comme on l'a vu, l'apparition de ceux qui ne volent que le soir, comme les espèces des genres capricorne, carabe, bousier, hanneton, scarabé, hydrophile, ditisque, etc., il n'en est pas ainsi de celles qui ne volent que le jour, et encore quand le temps est très-beau, tels que les buprestes, les cétoines, les cigales, etc. Quel motif a pu attirer ces derniers en aussi grand nombre à la surface du sel? Ils n'y sont, sans doute, pas amenés par le désir de voir la lumière; car, en plein jour, tout en l'aimant, les insectes diurnes n'ont pas besoin d'aller la chercher; et le soir, comme le matin, encore engourdis, jusqu'à ce que le soleil échauffe l'atmosphère, la réfraction des rayons serait-elle assez forte pour les attirer? Ce fait serait d'autant plus difficile à admettre, que la chaleur leur est plus indispensable que la lumière. Il semblerait plus simple de supposer que, voulant traverser ce lac, la violence des vents, si fréquens en Patagonie, ou la longueur du trajet, les ont forcés à s'y reposer; mais cette hypothèse-là soulève encore une difficulté. Ordinairement, en plein jour, par un beau temps, la surface du sel est solide, et l'insecte qui s'y voit poussé peut aussi bien reprendre son vol qu'il le fait sur le sol; il faut donc qu'il y tombe juste au moment où il y reste encore une pellicule humide qui l'arrête, et qui lui sert de tombeau.

1829. Saline d'Andres Paz. Patagonie.

S'il m'a été difficile d'expliquer d'une manière satisfaisante l'apparition d'un grand nombre d'insectes diurnes à la surface de la saline, il me le serait plus encore de découvrir le motif qui y amène un grand nombre d'insectes aptères, comme ceux de la famille des mélasomes, et cette quantité d'araignées et de scorpions qu'on y rencontre; tous animaux qui ne peuvent y arriver que volontairement et en marchant. Serait-ce le désir de manger du sel, dont ils seraient friands, qui les y conduit? Je crois qu'il n'en peut être ainsi, la grande quantité d'efflorescences qui couvrent les terrains et les plantes des environs pouvant leur suffire. Ont-ils été surpris par une inondation momentanée, qui les aura entraînés dans la saline? Cette dernière supposition paraît la plus vraisemblable et la plus admissible. Les insectes jetés à terre par la pluie, peuvent être entraînés par les courans dans le lac, et finir par s'y noyer.

Il me reste à chercher les causes qui amènent aussi les serpens, les grenouilles, les crapauds, les lézards, et même les souris, les rats et les oiseaux, que je rencontrai également salés, en assez grand nombre, sur les rivages et au sein de la saline. Y sont-ils venus? Y ont-ils été apportés? Ce sont les deux premières questions qu'on peut se faire. S'ils y sont venus volontairement, quels sont les motifs qui ont pu les y attirer? Ce ne peut être le besoin de lumière; car, dans tous les cas, ce premier motif ne pourrait s'appliquer qu'aux animaux crépusculaires; et, dès-lors, les crapauds, les grenouilles et les souris y seraient venus seuls; mais, pour cela, il faudrait prouver que toutes ces espèces sont susceptibles d'être attirées par la lumière, ce qui n'est pas reconnu. Supposera-t-on qu'ils meurent dans la saline, pour avoir mangé du sel? Ceci n'est pas probable. On ne peut, non plus, croire qu'ils y ont été amenés par le désir de goûter du sel; d'ailleurs, comme je l'ai dit, ces hypothèses ne seraient admissibles que pour les espèces nocturnes; et la même raison pourrait difficilement porter les serpens et les lézards à s'approcher du lac; aussi rejetai-je cette première supposition. Après avoir bien réfléchi sur ces questions, et remarqué que presque tous ces animaux avaient évidemment été blessés avant d'arriver à la saline, je me suis cru certain qu'ils n'y étaient pas venus; mais qu'ils y avaient été apportés. La parité de leurs blessures m'a même convaincu qu'ils y ont été apportés par des oiseaux de proie; encore dans cette hypothèse, assez vraisemblable, il n'est facile de s'expliquer pourquoi ces oiseaux ont abandonné leur proie, qu'en se rappelant que, presque tous, en transportant un animal dans leurs serres, le laissent souvent tomber, ce qui les oblige à se poser, et à en faire de nouveau la recherche; mais si, volant au-dessus de la saline, ils en font de même, il est tout simple de supposer qu'ils abandonnent cet animal, quand il tombe dans le sel dissous, qui ne peut leur être agréable, ou par la crainte de se poser sur un espace qui ressemble tant à de l'eau. 1829. Salines de Patagonie.

La saline d'Andres Paz, comme toutes les autres du pays, est un réservoir où les corps qui y arrivent se conservent plusieurs années. Jamais, au temps des pluies, l'eau douce ne s'y mêle au sel en assez grande abondance pour lui ôter sa propriété conservatrice; aussi y voit-on, à la fois, les insectes de plusieurs printemps; et la décoloration de quelques-unes de leurs parties, exposées à l'action de la lumière, fait seule reconnaître qu'ils y sont depuis un temps plus ou moins considérable. Ainsi les mammifères y conservent leur pelage, les reptiles leurs écailles, les oiseaux leurs plumes; et, s'ils ont quelque chose à perdre, ce ne sont guère que les couleurs.

Avant de dire un mot sur l'exploitation du sel, je crois devoir exposer l'idée que me fit concevoir l'inspection des environs sur la formation de cette saline naturelle. Comme je l'ai dit, elle est au fond d'un très-grand bassin circonscrit de petites collines et de coteaux; aux bords, la végétation annonce la plus ou moins grande salure des terrains, jusqu'à ce qu'on arrive au sel cristallisé, qui couvre tout le centre. J'avais déjà pu reconnaître que le sol entier de la Patagonie est imprégné d'une grande quantité de parties salines, ce qui, de même que des fossiles récens, annonce évidemment qu'il a été couvert par la mer. On pourrait donc supposer que, lorsque les eaux se sont retirées pour la dernière fois, elles ont laissé un lac d'eau salée, circonscrit par des collines. Si ce lac eût été situé dans un pays très-humide, au sein des Pampas, près de Buenos-Ayres, par exemple, il serait probablement resté sans cristallisation, comme ceux qu'on rencontre si fréquemment dans ces lieux; mais se trouvant, au contraire, dans une contrée où il ne pleut que très-peu, et où la sécheresse est extrême, l'eau a dû plus promptement s'évaporer, en concentrant peu à peu les parties salines dans le fond, où elles ont enfin passé à l'état de cristallisation complète, qu'elles conserveront tant que l'atmosphère ne changera pas. La même supposition est applicable aux nombreuses salines qui couvrent le sol de cette partie de la Patagonie, et qui affectent une uniformité extraordinaire dans la formation des terrains d'alluvion et tertiaires dont elles se composent, s'alimentant continuellement du lavage des terrains environnans lors des pluies.

Avant la fondation des établissemens espagnols sur la côte de la Patagonie, on se servait, à Buenos-Ayres, du sel d'Espagne ou de Cumana, ou l'on en tirait, par terre, de la saline naturelle située au S. S. O. de Buenos-Ayres,

1829 — *Salines de Patagonie.*

à environ quatre-vingts lieues de distance; mais aussitôt que le Carmen fut fondé, et que fut faite la découverte des salines des environs, on en fit une exploitation réglée; des ouvriers, pour le compte de l'État, furent employés à l'extraction du sel de la saline d'Andres Paz, comme la plus voisine de la rivière et la plus facile à exploiter; et des navires, envoyés à cet effet, fournissaient à la consommation de Buenos-Ayres, de Montevideo et du Paraguay, qui abandonnaient le sel impur que leurs habitans retiraient du lavage des terres. Aussitôt après l'émancipation de la république Argentine, le commerce du sel devint libre. De ce moment des navires brésiliens et de toutes les nations s'en chargèrent, et l'exploitation augmenta graduellement. La saline appartient à tout le monde, et chacun peut, quand bon lui semble, y aller recueillir telle quantité de sel qu'il lui plaît. On ne doit payer qu'un faible droit de douane de sortie, et aucun préposé n'entrave l'exploitation du sel; elle se réduit à très-peu de chose. Quelques propriétaires du Carmen, qui en ont le monopole, y entretiennent un certain nombre d'ouvriers, qu'ils ne paient pas à la journée, mais à la tâche; et chacun d'eux, pour gagner six *reales* (trois francs soixante-quinze centimes), est obligé de former quinze petits monticules de sel de six à huit cents livres : mais il arrive souvent que l'homme actif peut facilement doubler cette tâche; car il n'a d'autre peine que de recueillir, avec une pelle de bois, la couche de sel de la surface, en prenant garde de ne pas y mêler de terre. Ces monticules, ainsi formés en ligne sur la saline même, restent, pendant au moins trois jours, à s'égoutter, avant que des charrettes viennent s'en charger, pour les porter hors de la saline, où l'on en fait de grands tas, dans un endroit assez élevé pour que l'eau des grandes pluies ne puisse pas y arriver. On laisse encore le sel quelque temps en ce lieu, avant de le transporter à la côte de la rivière, où l'on en forme, de nouveau, de grands monceaux. Le transport, de la saline à ses bords, se paie à la journée, et coûte peu au spéculateur; celui de la saline au bord de la rivière, est bien plus cher, une charrette ne pouvant faire que trois voyages par jour; et, malgré le prix énorme de deux reales (vingt-cinq sous) par *fanega*, ou cent cinquante livres pesant, pour le transport dans des barques, des environs de la saline jusqu'au Carmen, le propriétaire trouve encore de beaux bénéfices en vendant le produit, à ceux qui l'exportent, une piastre ou neuf réaux (cinq francs ou cinq francs soixante-cinq centimes) la fanega.

Depuis le matin, j'étais resté autour ou dessus la saline, continuellement exposé à la réverbération de cette étendue cristallisée d'une blancheur éblouissante; mais j'étais trop occupé de mes recherches pour m'apercevoir du mal que cela me faisait, de telle manière que, lorsque je voulus revenir, j'avais les yeux aussi fatigués que si je fusse resté sur la neige, et à peine y voyais-je assez pour me conduire. Les ouvriers m'assurèrent que, lorsque le soleil n'est masqué par aucun nuage, la réfraction souvent insupportable, surtout au temps des sécheresses, les oblige d'abandonner le travail. Je me dirigeai vers les cabanes; et, de là, pensant pouvoir arriver encore au Carmen, je continuai ma route, tout en chassant, et fus assez heureux pour tuer le mâle et la femelle d'une belle espèce de buse[1], aux vives couleurs, un renard, plusieurs eudromies huppés, et un grand nombre d'oiseaux aquatiques et terrestres. Voyant, enfin, que, mon péon et moi, nous ne pourrions plus porter ma chasse, si je continuais, et pour ne plus être tenté, j'abandonnai la côte de la rivière, au potrero de Churlakin, afin de suivre le chemin de charrette qui passe sur les hauteurs, et, d'un galop, j'arrivai, avant la nuit close, au village, où j'étais tellement enchanté de ma course, la plus fructueuse de toutes celles que j'eusse faites depuis mon arrivée en Patagonie, qu'avant de songer au repos, je passai quelques heures à contempler mes richesses.

1829

Salines de Patagonie.

Il ne me fallut rien moins que quatre jours de travail pour préparer et mettre en ordre mes récoltes. Je vis avec un bien grand plaisir que les insectes desséchés reprenaient toute leur fraîcheur, et qu'ils étaient alors aussi beaux que s'ils eussent été pris vivans. Le désir de m'en procurer encore, ainsi que des cristaux, me fit aller à la saline aussitôt que la chose me fut possible. J'y retournai, en effet; le 25, je partis de très-bonne heure, et suivis encore le chemin de la côte sans chasser; j'étais si pressé de revoir la saline, ce trésor d'histoire naturelle, que, sans même m'arrêter aux cabanes, je m'y rendis en toute hâte, et m'occupai spécialement des insectes, principal but de ce voyage. J'en recueillis un très-grand nombre, parmi lesquels plusieurs différens de ceux de ma première excursion. Le soir, je m'en revins en chassant; car il fallait aussi songer aux provisions. Il est vrai que j'avais là, tout près, tant de canards, que je pourvus, en peu de temps, à mes besoins, et que je pus même me montrer généreux envers les ouvriers qui me donnaient l'hospitalité dans leur cabane, où je me couchai à terre. Je retournai, dès l'aube du jour, à la saline, où la journée entière fut encore employée à chercher; et, le soir, en revenant au Carmen, quoique ma chasse ne fût pas aussi belle que dans ma course antérieure, je tuai un beau mâle de l'aigle couronné, le seul oiseau de proie qui mange la mouffette, dont la puanteur met en fuite jusqu'au plus affamé des carnassiers.

25 Mars.

26 Mars.

---

1. *Buteo tricolor*, Nob., Oiseaux, page 106.

1829.

Le Carmen. Patagonie.

CHAPITRE XIX.

Voyage dans le Sud, à l'ensenada de Ros. Description des otaries lions marins. Séjour sur la rive sud du Rio negro, et détails sur un saladero. — Voyage à l'arbre sacré du Gualichu. Députés orateurs des Indiens aucas, et excursion à la Salina de Piedras et à celle d'Andres Paz.

§. 1.er

Voyage dans le Sud à l'ensenada de Ros. Description des otaries lions marins. Séjour sur la rive sud du Rio negro, et détails sur un saladero.

Il me fallait une vie active et continuellement occupée pour ne pas m'ennuyer au Carmen, où la monotonie des journées était accablante; aussi ne pouvais-je mieux employer mon temps qu'à courir toujours les campagnes, chassant et observant les animaux. Cependant, j'avais presque tout épuisé autour du village. Le besoin de rencontrer du nouveau nécessitait des courses lointaines; mais ces voyages sont d'autant plus pénibles et d'autant plus coûteux, qu'on ne peut compter que sur ce qu'on emporte. J'avais formé le projet de prendre à ma solde une chaloupe assez grande, et d'aller parcourir toute la côte du Sud, vers le détroit de Magellan; malheureusement le prix qu'on m'avait demandé pour cette expédition, était bien au-dessus de mes ressources pécuniaires, et je dus y renoncer. Il ne me restait d'autre moyen que celui de m'avancer par terre le plus loin que je pourrais vers le Sud. Cette course présentait aussi de grandes difficultés. Au-delà des rives du Rio negro il n'y a plus aucune trace de chemin; la campagne y est vierge, ou n'est fréquentée que partiellement par des hordes vagabondes et sauvages, les autruches et les maras. Je ne savais comment y pénétrer, lorsqu'on me prévint qu'il y avait au Carmen plusieurs hommes renommés pour avoir une connaissance étendue de tous ces déserts, jusques et même au-delà de la péninsule de San-Jose. J'envoyai chercher un de ces vaqueanos; je lui fis beaucoup de questions, et enfin je me décidai à me faire guider dans ces contrées inconnues; je l'invitai à s'adjoindre trois compagnons, et à se préparer au départ. De mon côté, je m'assurai d'un bon nombre de chevaux de rechange, des vivres nécessaires à l'expédition; quand tout fut prêt, je prévins mon monde et me disposai à aller voir, sur la côte, au sud, une petite anse sablonneuse sur laquelle je

devais trouver beaucoup de phoques, et où j'avais aussi l'espoir de rencontrer 1829
beaucoup d'autres animaux marins. Mon principal but était de me procurer, en même temps, cette nouvelle espèce d'autruche, dont les habitans m'avaient si souvent parlé, et qu'on disait y être en grande abondance; c'est pour cela que j'avais choisi, pour m'accompagner, les hommes les plus adroits à *bouler* (*bolear*) les animaux, et des chevaux accoutumés à ce genre de chasse.

Voyage au Sud. Patagonie.

Le 1.er Avril, malgré mes efforts, tout mon monde ne fut réuni que très-tard. Je fis charger deux de nos bêtes de vivres et de bagages, et partis. M. Alvarez et son neveu M. Drago, voulurent m'accompagner jusqu'à l'estancia du premier, afin d'y donner les ordres nécessaires pour que j'y fusse bien traité : c'était un nouveau service, à ajouter à mille autres. Ces hommes aimables me comblaient de prévenances, et cherchaient toujours à me faciliter mes excursions. Je suivis la rive du nord, jusqu'à la ferme d'André Real, à trois lieues du village; là, un bateau me passa de l'autre côté de la rivière, à l'estancia de M. Alvarez, où je fus obligé de rester à coucher, et me séparai du propriétaire du lieu, non sans recevoir beaucoup d'avis, et sans être prié à plusieurs reprises de renoncer à mon projet de voyage, pouvant être rencontré par les Indiens, et ayant tout à craindre dans ce dernier cas. Un Américain ne concevait pas que, pour l'amour de la science seulement, je m'exposasse ainsi; j'avouerai même qu'il était difficile que je fusse compris par tout autre que par une personne remplie comme moi de cet esprit de découverte qui fait tout braver, afin d'arriver à un but.

1.er Avril.

Je voulais me mettre de bonne heure en route, afin d'avoir un jour de moins à payer à mes gens. Je donnais près de huit francs à chacun, et le louage des chevaux m'en coûtait vingt, ce qui élevait mes dépenses journalières à plus de cinquante; encore devais-je m'estimer heureux d'avoir obtenu le tout à si bon compte. Le temps d'aller chercher les chevaux dans la campagne, de les amener au parc, de les seller et de les charger, me retint jusqu'à une heure; enfin, nous nous mîmes en route. J'abandonnai, dès-lors, tout chemin tracé, traversant une campagne horizontale sur laquelle, jusqu'à la *cuchilla* ou premiers coteaux qui bordent les anciennes limites de la rivière au sud, c'est-à-dire à deux lieues de la rive actuelle, je ne foulai qu'un terrain bas, très-uni, couvert, par intervalle, de légères efflorescences salines, ou de petits buissons épineux assez semblables à nos ajoncs des landes de France. Tous en ligne de front, toujours au galop, nous chassions devant nous les chevaux de charge, et douze de rechange, en suivant une direction qu'indiquait le vaqueano, qui allait souvent en avant; nous galopions à droite, à gauche, afin de pour-

1829. Voyage au Sud. Patagonie.

suivre les traînards de nos bêtes; et, ainsi, nous franchissions la distance, lorsque nous nous trouvâmes tout à coup arrêtés par une petite mer de près d'une lieue de large, sans doute ancien lit du Rio negro, qui s'étend depuis cinq à six lieues au-dessus du Carmen, se remplit d'eau au temps des crues et sèche rarement. Cette lagune, agitée de houles lorsqu'il vente, est couverte, sur ses bords, de joncs, séjour d'un grand nombre d'oiseaux aquatiques de tout genre. En arrivant auprès, et ne lui voyant aucune fin, je commençai à craindre d'être obligé de la traverser; mais je fus promptement rassuré par mes compagnons de voyage, qui me dirent qu'une lieue plus bas elle finissait et nous livrerait passage; c'est en effet ce que nous trouvâmes. Avant d'arriver à la cuchilla, mon cheval enfonça dans un terrier de tatou, et tomba lourdement à terre avec moi; par bonheur je ne me fis que peu de mal. Ces accidens, au reste, sont des plus fréquens, la campagne étant souvent minée de trous, dans lesquels les pieds des chevaux enfoncent, ce qui les fait trébucher à chaque pas. Il faut une habitude toute particulière pour lutter, toujours au galop, contre tous ces obstacles.

Mes gens m'invitèrent à rester à coucher à la cuchilla, près de l'eau, afin de reposer les chevaux et de leur donner à boire; car, jusqu'à l'instant où nous reviendrions au même lieu, nous devions nous attendre à ne rencontrer, nulle part, de l'eau douce; mais le soleil était encore assez haut pour me donner l'espoir de faire cinq à six lieues avant la nuit. Je ne tins donc aucun compte de leur invitation. On donna à boire aux chevaux; on remplit un baril d'eau; chacun se désaltéra tout à son aise; dès ce moment on devait être à la ration, et nous repartîmes. Nous montâmes le coteau par une pente très-douce, qui règne sur tous les points de cette colline, où les bestiaux ont tracé mille sentiers qui se croisent en tous sens, en se rendant des plaines sèches au bord des eaux. Une fois sur la hauteur, je vis un terrain horizontal, stérile, couvert d'épines, semblable à celui que j'ai décrit dans mon voyage à la baie de San-Blas; la seule différence que j'y trouvai, c'est que les buissons y sont plus rapprochés les uns des autres, ce qui rend le chemin pénible, en obligeant de prendre bien garde de tourner autour de chacun d'eux, sous peine de se remplir les jambes d'épines, ou même de tomber. La marche devint de plus en plus embarrassée, et l'obligation d'aller promptement, afin de ne pas laisser les chevaux trop long-temps sans boire, forçait de galoper, tout en chassant nos relais devant nous. Si je n'avais pas été un peu habitué aux courses du pays, j'aurais cru impossible de galoper dans ces lieux, et même alors la nécessité seule m'obligeait à suivre mes guides.

Je fis à peu près deux lieues en suivant une direction fixe, sans que cependant la plaine offrît le moindre objet sur lequel on pût se guider. Rien de plus extraordinaire que la sagacité avec laquelle les gens de ces campagnes, de même que les Indiens, se dirigent au milieu de ces déserts, se guidant soit sur le soleil, la lune, les étoiles; soit, lorsque le temps est couvert, par une espèce d'instinct naturel. Il est bien rare qu'un homme qui se dit bon vaqueano d'une contrée, se perde et même s'écarte du rumb qu'il veut suivre. J'avais ma boussole, dont mon guide se moquait quelquefois, me disant qu'il n'en avait pas besoin pour se diriger vers un lieu quel qu'il pût être.

Au bout de ma première traite, le guide me montra devant nous, au milieu de cet océan épineux, d'une uniformité parfaite, un point que ses yeux seuls pouvaient distinguer des environs, une de ces légères inégalités du sol que je n'aurais certainement pas aperçue sans lui. Nous nous dirigeâmes un peu à droite, à peu près deux lieues, et nous nous trouvâmes en face: c'étaient de très-légères dunes à peine visibles. De là nous aperçûmes encore des inégalités semblables, sur lesquelles nous marchâmes, et nous parvînmes, après une longue course, au bord d'une espèce de vallon sablonneux, qui forme un bassin sans issue d'une demi-lieue de largeur, dirigé est et ouest. La nuit s'approchait, et il fut décidé qu'on la passerait en ces lieux. Nous descendîmes dans le vallon, et nous établîmes notre bivouac auprès d'un buisson; on déchargea les chevaux, on leur attacha les pieds de devant, on les accoupla, et on les lâcha dans la campagne. Mes gens firent du feu; et, selon leur coutume, établirent, de suite, autour, plusieurs rôtis. Pendant ce temps, je parcourais le vallon, que je trouvai partout sablonneux. A la surface du sol, je rencontrai plusieurs débris de coquilles fossiles [1]; toutes appartenaient aux terrains tertiaires, et ne se trouvaient plus vivantes sur la côte; bien différentes, en cela, de celles que j'avais rencontrées à l'arroyo del Ingles [2]. La végétation est la même qu'aux environs; et, dans toute ma marche sur les hauteurs, je n'avais vu que deux espèces de mammifères, des renards, qu'on trouve partout, et des maras, qui étaient là chez eux. Je n'avais rencontré d'autres oiseaux que quelques carácará, qui nous avaient accompagnés; ils étaient alors perchés sur des buissons autour de la troupe, attendant à profiter des restes de nos repas.

La nuit arrivée, après quelque peu de conversation, chacun s'étendit sur son recado, auprès d'un buisson. Je n'étais pas assez fatigué pour désirer le

1. Des genres *Arca*, *Pecten*, *Venus* et *Ostrea*.
2. Chapitre XVII, page 43.

1829. sommeil, quoique la plus belle nuit du monde m'invitât au repos. La lune n'était pas sur l'horizon; mais le ciel était sans nuages, et parsemé d'étoiles brillantes. La voie lactée, ainsi que les deux taches lumineuses qui appartiennent à l'hémisphère sud, se distinguaient au milieu des belles constellations australes, parmi lesquelles se montrait la croix du Sud, indiquant la direction du pôle antarctique; et, en admirant la marche invariable des corps célestes, je fus frappé de la grande quantité d'étoiles filantes que j'aperçus. Le temps était des plus calme; pas un souffle de vent.... La nature entière était dans le repos le plus profond; le chant d'aucun être ne troublait ce silence imposant et solennel. Je considérai le ciel pendant long-temps et avec plaisir. Celui qui s'est trouvé dans des circonstances semblables pourra concevoir comment, alors, on est conduit à de douces pensées, à de douces rêveries. Le tableau de ma vie se déroula successivement à mon imagination, en m'en retraçant les principaux traits. J'abandonnai le passé pour interroger l'avenir; et, alors, mon retour se peignit à moi, orné de tout ce qui pouvait me le rendre cher. Je jouissais déjà d'un bonheur tranquille et simple, après une vie agitée. Ces idées si consolantes, si pleines de l'espérance, compagne du voyageur, se succédaient avec une rapidité étonnante; rien ne les troublait; elles chassèrent entièrement le sommeil, et la croix du Sud ne m'éclairait déjà plus, que je cherchais vainement à écarter les pensées qui me ramenaient malgré moi vers les mêmes sujets. Enfin, sorti de ma rêverie, je me reportai à tout ce qui m'entourait, et m'étonnai d'avoir choisi ce lieu pour me bercer de si douces illusions. En effet, au milieu d'un désert, couché durement à terre, sans autre abri qu'un buisson épineux, seul, isolé sur le domaine de sauvages plus féroces que les jaguars des forêts, comment avais-je pu me transporter au sein de la capitale du monde, au centre du luxe et des lumières? Comment, déjà, me croyais-je heureux et tranquille...? Quelle folie! Bien des années devaient s'écouler encore, avant que je revisse ma chère patrie; et, lorsque je me rappelai la longue tâche que je m'étais imposée, mon espoir me fut ravi. Je tremblai, en considérant l'avenir; mes illusions disparurent; je ne vis plus que mon buisson et le désert....

Voyage au Sud. Patagonie.

3 Avril. Le soleil n'avait pas reparu sur l'horizon, que la troupe était sur pied : les uns faisaient du feu; les autres étaient allés chercher les chevaux dans la campagne, ce qui prit assez de temps. On sella les coursiers; et, bientôt, la petite caravane se mit en marche. Nous passâmes au pied d'une ancienne dune très-haute, qui s'élève au milieu du vallon, et arrivâmes à d'autres dunes bordant le côté sud du bas-fond. Nous les traversâmes avec beaucoup de peine; car le

sol était mouvant, et, de plus, miné par une quantité innombrable de petits mammifères rongeurs; en sorte que les chevaux y entraient jusqu'aux genoux dans le sable, ce qui nous obligeait d'aller seulement au pas. Après ces collines de sable, nous retrouvâmes des terrains plus fermes, analogues à ceux de la veille, mais bien plus hérissés d'épines; et, par conséquent, plus difficiles à traverser. Nous avions toujours, à notre gauche, une ligne de petites dunes anciennes, qui guidaient notre marche, et dont la dernière devait être voisine du but de notre voyage : elle tarda beaucoup à se montrer. La chaîne paraissait sans fin, d'autant plus que des terrains meubles nous retardaient encore. Cette dernière montagne de sable parut cependant, et l'espoir de voir changer l'uniformité de la campagne, nous fit précipiter nos pas.

Arrivés à la dune indiquée, une immense étendue se déroula à nos yeux. Nous dominions un très-vaste bassin, que la vue embrassait en entier; à gauche, la mer, agitée sur la côte, montrait, au loin, son horizon bleuâtre, qui se confond avec le ciel; à droite, des terrains bas et des dunes, sur plus de deux lieues de largeur, circonscrits de collines élevées comme celle sur laquelle je m'étais arrêté. Ces terrains forment une demi-lune, dont la partie tronquée est une immense baie ouverte à tous les vents, sur laquelle la mer vient battre avec force : à ses deux extrémités s'élèvent de hautes falaises coupées perpendiculairement; celle du nord est la même que celle qui commence à l'embouchure du Rio negro, et ne montre aucune interruption, sur près de quinze lieues de distance; celle du sud, plus haute encore, au dire de mon guide, n'a point de coupure jusqu'à douze lieues plus au Sud, à une autre baie, nommée *ensenada del agua de los Lorros* (anse de l'aiguade des perroquets).

Ensenada de Ros.

La baie que j'avais en vue est connue sous le nom d'*ensenada de Ros* (anse de Ros [1]) : elle est distante du Carmen de quinze à dix-huit lieues, a plus de deux lieues de largeur, et est peu cintrée, sa côte formant presque une ligne droite avec les falaises de ses extrémités; aussi n'est-elle réellement abritée que des vents du Nord-Ouest, en passant par l'Ouest, jusqu'au S. S. O.; c'est, en un mot, une solution de continuité, due, sans doute, à un bassin semblable à celui où j'avais couché, dont la mer avait enlevé les falaises qui l'en séparaient. Je descendis, non sans peine, à cause des sables mouvans, une côte rapide, que forment les terrains élevés, tout autour du bassin, et trouvai, au fond du vallon, sur plus d'une lieue, un sol encore plus stérile que tous

1. Cette baie, ainsi que la précédente, n'existe sur aucune carte, et je suis le premier qui en fais mention.

1829. Ensenada de Ros. Patagonie.

ceux que j'avais vus en Patagonie, sol consistant en sables non fixés par la végétation, que le moindre vent change souvent de place, et où les chevaux peuvent à peine marcher. Afin de soulager le mien, et, en même temps, de voir la côte de plus près, je descendis des dunes vers la plage, par une pente rapide; mais je fus bientôt obligé de renoncer à mon projet. Pour des chevaux non ferrés, comme ceux du pays, le chemin est encore plus pénible, en ce que le rivage de la mer est tout couvert de petits cailloux arrondis, de la grosseur d'une noix, tous mouvans, sur lesquels les chevaux n'avancent qu'avec peine. Je suivis les dunes jusque près de l'extrémité sud de la baie, où mon guide me fit arrêter dans un lieu moins sablonneux, plus ferme et plus marécageux, où il y a quelques chétifs buissons, et, aux environs, un peu de pâture pour les animaux. On déchargea les bêtes de somme, et nous attendîmes que la mer baissât un peu pour aller chasser des otaries ou loups marins, qui abondent dans ces parages si peu fréquentés.

Tandis que mes gens sellaient d'autres montures, je partis à pied pour la côte, afin de recueillir des plantes marines et des polypiers jetés par la vague; mais je ne tardai pas à me voir forcé de monter à cheval, à cause des petits galets sur lesquels il était plus difficile de cheminer que sur du sable mouvant. Nous arrivâmes bientôt à la falaise : elle est d'abord peu élevée, puis elle offre une muraille perpendiculaire de plus de trois cents mètres de hauteur; la mer, qui en bat le pied à la marée haute, laisse un lit de galets étendu lorsqu'elle est basse; alors aussi se découvrent, au-dessous des cailloux, des plages de sable, et des bancs de grès par couches horizontales, qui s'étendent dans la mer à une grande distance, et rendent l'attérage on ne peut plus dangereux. Après avoir fait plus d'une demi-lieue au pied de la falaise, j'aperçus, de loin, une grande masse noirâtre, que je crus, d'abord, être la carcasse d'un navire jeté à la côte; opinion qui me paraissait d'autant mieux fondée, que ce pouvait être le bâtiment du pauvre capitaine français, perdu sur la barre il y avait à peu près un mois. Je me félicitais déjà de la possibilité de lui sauver quelque chose, et cheminais tout occupé de cette idée, lorsque cet objet, plus rapproché, me montra, au lieu d'un navire, une baleine échouée. Je m'en approchai avec joie; car c'était le premier animal de ce genre que j'eusse jamais vu d'aussi près. J'en avais aperçu un grand nombre, pendant mes diverses traversées; mais il est bien différent de voir cette masse imposante à sec à la côte, et de pouvoir en observer les moindres parties tout à son aise. C'était un Baleinoptère à ventre plissé, de taille moyenne; encore assez frais pour qu'on en pût approcher sans souffrir de son odeur. Je le mesurai, et lui trouvai dix-neuf mètres ou cinquante-sept pieds de long, sur trente pieds de circonférence : toutes ses parties supérieures étaient noires, moins le museau, qui n'avait qu'une légère teinte bleuâtre; le dessous était blanchâtre, et près de la moitié antérieure du corps, marquée, en dessous, de larges et profondes rainures longitudinales. Quelle disproportion entre les parties! quelle volumineuse tête comparée au corps! que les yeux sont petits, par rapport à la masse entière! Si la nature est imposante et étonne, lorsqu'elle se montre dans ses gigantesques productions animées, elle ne brille plus, dès-lors, par des formes agréables. Les plus grands animaux paraissent ordinairement difformes au premier aperçu : ainsi un éléphant, un rhinocéros, nous offrent un extérieur massif et lourd; car nous n'examinons pas si ces formes, qui nous choquent, sont appropriées au genre de vie de l'animal que nous critiquons. La baleine, considérée du point de vue du vulgaire comme un poisson, n'a rien de remarquable : c'est seulement une taille plus qu'ordinaire; mais examinée comme mammifère, son genre d'existence admettrait-il une forme différente? Un animal de sa taille devant vivre de très-petits animaux, il lui fallait un appareil tout particulier pour en prendre un nombre suffisant à sa nourriture : de là cette grosseur énorme de la tête, comparativement au corps; de là ces immenses mâchoires qui, ne faisant que soutenir des fanons à barbe, remplissent l'office d'écluses, qui laissent sortir l'eau de la bouche, mais retiennent des milliers de petits crustacés à la fois. Ce n'est qu'en s'expliquant les fonctions de chaque forme d'animal, qu'on parvient à en admirer l'organisme. Les proportions et les formes nous paraissent alors admirablement bien appropriées aux besoins de chaque être, depuis la trompe acérée du fragile et léger moustique, jusqu'à la large mâchoire de la pesante baleine.

1829

Ensenada de Ros.

Patagonie.

Il serait impossible de peindre le plaisir que j'éprouvai à étudier ce volumineux cétacé, à le dessiner et à en revoir les moindres parties. Mes gens ne se montraient pas moins curieux que moi; car, bien que les baleines soient communes sur toutes les côtes de la Patagonie, il est rare qu'il en vienne à la côte précisément sur les points habités. Celle-là avait été harponnée par un baleinier : elle portait une large blessure dans le flanc; mais aucun harpon n'était resté dans sa graisse, que mes hommes entamèrent pour en mesurer l'épaisseur, qui n'était pas de moins d'un pied, à peu près, dans certaines parties. En tout autre pays on serait venu l'exploiter et en tirer quelques barriques d'huile; mais je ne pus le persuader à mes gens, pas plus que d'en emporter les fanons, qui leur eussent produit, sans peine, un

1829. gain assuré. Ils me répondaient toujours qu'ils ne voulaient pas entreprendre un commerce qu'ils ne connaissaient pas.

Ensenada de Ros. Patagonie.

Mon guide me pressa d'aller au lieu où nous devions rencontrer des otaries de l'espèce qu'ils appellent *leon marino* (lion marin), parce que le mâle a une longue crinière; tandis que les femelles, qui en sont dépourvues, portent le nom de *lobo* (loup). Je fis près d'une lieue au pied de la falaise, et j'aperçus, enfin, plusieurs troupes nombreuses de ces amphibies. Les mâles se distinguaient de loin, au milieu des femelles, tant par leur bien plus grande taille, que par leur habitude de faire sentinelle. Je descendis de cheval encore à distance, et nous cherchâmes à couper la retraite à une première phalange, composée de plus de six cents de ces animaux, qui formaient sept à huit troupeaux, distingués, chacun, par son mâle; tout le reste était composé de femelles et de jeunes de l'année. Mes hommes s'occupèrent à assommer des unes et des autres; et, comme les mâles ne peuvent être tués ainsi, je cherchai à les chasser à coups de fusil : j'en blessai plusieurs inutilement; ils regagnaient la mer, et ma chasse était faite pour les femelles et les jeunes, que je n'avais pas encore un seul mâle. L'un d'eux était resté sur la place; mais avait, ensuite, atteint la mer, à l'instant où j'y pensais le moins. Déjà même je renonçais à m'en voir le maître, lorsque j'aperçus deux autres troupes peu éloignées, qui ne s'étaient pas inquiétées du carnage de leurs voisins : je les joignis; à l'instant toute la bande s'ébranla pour se rendre à l'eau; elle était déjà près d'y arriver, lorsque j'ajustai son énorme conducteur, qui se trouvait au milieu. J'en étais encore à trente pas, et la rapidité de sa marche me faisait désespérer de l'atteindre; mais une balle lui traversa le corps, et il resta sur la place. Les siens passèrent tous sur lui pour se sauver; dès-lors je me contentai de ma chasse, et j'occupai mes gens à écorcher ces animaux.

Cette espèce d'amphibie, du genre Phoque de Linné[1], distinguée de ces derniers par Péron, sous le nom d'otarie, à cause de ses oreilles extérieures, dont les phoques proprement dits sont dépourvus, diffère essentiellement de l'éléphant marin[2] par une taille beaucoup moindre, par des mœurs et par des formes distinctes. Le mâle de cette espèce, nommé lion marin ou *pelucon* par les habitans, a, quelquefois, jusqu'à trois mètres de longueur : sa tête ressemble à celle d'un chien; son museau est allongé, droit, muni de longs crins raides; son front bombé; et, un peu en arrière des yeux, qui sont assez

1. *Phoca jubata*, Gmel.; *Lion marin* de Pernetty.

2. *Phoca leonina*, Linn. Voyez chapitre XVII, page 57, et Mammifères.

petits, commence une longue crinière, composée de poils durs qui couvrent le cou seulement jusqu'aux épaules; le corps est trapu, très-étroit postérieurement; en avant, ses pieds sont formés par deux ailerons triangulaires, sur lesquels on ne distingue pas les doigts. Ces ailerons lui servent à nager, mais ne sont guère propres à favoriser la marche terrestre; ses pieds de derrière forment aussi de grandes nageoires, divisées en cinq doigts aplatis, qui en font, encore, de puissantes rames. Bien différens des phoques à trompe, les otaries peuvent ramener ces pieds en avant, et s'en servir pour la locomotion; mais, comme ils sont très-courts, cette marche est gênée et toute particulière. C'est un mouvement continuel du corps de gauche à droite, qui ressemble à celui qu'exécutent des canards en marchant vîte. Dans la course, ils traînent tout le train de derrière, en faisant effort sur les pieds de devant. Leur couleur est brune ou rousse. Les femelles n'ont jamais que les deux tiers de la taille des mâles : elles manquent de crinière, leur poil est lisse, jaunâtre ou roux; leur tête arrondie, et toute différente de celle du mâle; aussi les deux sexes, vus l'un à côté de l'autre, donnent-ils l'idée de deux êtres distincts. Autant le mâle est belliqueux, autant la femelle est timide et sans défense; aussi les premiers sont-ils couverts de blessures, tandis que les femelles ne soupçonnent pas qu'elles puissent se battre.

Ces animaux forment des troupes composées de cinquante à cent individus, chacune sous la conduite d'un vieux mâle, qui en est le possesseur exclusif, ne permettant pas aux autres de s'en approcher sans leur livrer de sanglans combats, et chassant même jusqu'à ses propres enfans, dès qu'il peut en être jaloux. Pour les femelles de cette troupe, elles sont des plus obéissantes, et se fient, pour leur sûreté, à la vigilance de leur sultan, de leur maître, leur existence étant toute passive. Combien faut-il qu'un mâle combatte pour arriver à la possession d'un sérail! Heureux, dans son premier âge, des soins maternels qui ne lui laissent rien à désirer, à peine a-t-il complété sa première année, qu'il se voit en butte à la jalousie de son père, jalousie qui, souvent, lui est funeste; s'il n'y succombe pas, il est forcé de s'éloigner des siens, de vivre isolé, solitaire, ou d'aller chercher la société de quelques autres malheureux comme lui. Il traîne ainsi sa triste existence repoussé de la société, jusqu'à ce qu'il se trouve assez fort pour combattre; alors, de son courage dépend sa destinée. Vaincu, il vit toujours seul; vainqueur, il mène une vie délicieuse. A son tour, il possède un sérail, une famille; et, entouré de femelles, qui le suivent partout, il devient chef et roi despote de sa petite tribu; mais le maintien de ses droits l'oblige à des luttes continuelles avec les autres mâles qui

1829. Ensenada de Ros. Patagonie.

veulent ou le vaincre, pour devenir maîtres de son troupeau, ou, tout au moins, lui enlever quelques-unes de ses compagnes, pour s'en former aussi une cour. Malheur au poltron! il restera toute sa vie délaissé, comme je fus à même d'en voir plusieurs, tant dans cette course que dans quelques autres[1]. Combien la vie passive des femelles est différente! elles naissent dans un troupeau, vivent et restent auprès de leur mère, se soumettent indifféremment à tous les chefs qui se succèdent, meurent auprès des leurs, à moins que la troupe ne se trouve trop nombreuse, et ne s'en séparent qu'afin d'en former une nouvelle.

Ces animaux, bien moins aquatiques que les phoques à trompe, demeurent toute l'année sur les côtes pierreuses, où ils passent la moitié des journées à faire la digestion, nonchalamment étendus au soleil. Tous sont alors couchés les uns à côté des autres, presque sans mouvement, paraissant se complaire dans l'intimité la plus complète : un seul veille pour tous; le mâle, à qui sa jalousie ne permet pas de goûter le repos, ne laisse approcher qui que ce soit, sans prévenir la troupe du danger, ou sans faire entendre ses grognemens à ceux qui tenteraient de lui ravir ses compagnes. Ce sont probablement ces querelles réitérées qui rendent les mâles si peu nombreux, comparativement aux femelles, que ceux-ci sont, par rapport aux dernières, comme un est à trente : ils sont beaucoup moins craintifs que les phoques à trompe, ce qui est dû à leur plus grande agilité; et ne se pressent pas autant de regagner l'eau. Il y a même quelques mâles qui reviennent sur leurs pas pour faire face à l'ennemi, en cherchant à l'effrayer de leurs rauques rugissemens ou à le mordre; s'ils voient, enfin, qu'ils ne peuvent soutenir le combat, ils regagnent la mer avec vitesse, et alors, avec ceux des leurs restés au rivage, ils font entendre des hurlemens affreux, en menaçant encore de leur souffle, à peu près comme un chat qui se fâche. Une fois à l'eau, avec quelle adresse ils nagent! ils sont là chez eux. On les voit toujours au sommet de la vague, plongeant et reparaissant, plongeant encore, regardant à terre, en élevant une partie du corps au-dessus de l'eau. Autant ils sont peu propres à une vie terrestre, autant ils montrent de dextérité dans leur élément favori. Leur adresse est extrême à pêcher : il est vrai que ces côtes sont très-poissonneuses; mais il est rare qu'une minute

1. Je réunis ici non-seulement les faits que j'ai observés dans plusieurs courses sur les lieux qu'habitent ces animaux, mais encore ceux que je dois aux observations que les pêcheurs m'ont communiquées.

après avoir plongé, chacun d'eux ne rapporte pas un poisson dans sa gueule. 1829.
Leur ouïe est bien plus fine que celle des éléphans marins, et leur vue ne paraît pas moins bonne. Ensenada de Ros.

Les femelles mettent bas au mois de Décembre; chacune n'a qu'un ou deux petits qu'elle dépose sur la plage, et qu'elle mène ensuite à la mer, dès qu'ils sont assez forts pour nager; rien de plus doux que ces jeunes animaux, qui, sans crainte, viennent vous flairer comme de jeunes chiens, et demandent même à jouer. Leur croissance est très-rapide : six mois après leur naissance, ils sont déjà grands; et dès l'âge d'un an, les femelles paraissent avoir acquis toute leur taille. Les mâles, au contraire, ne prennent leurs grandes dimensions qu'au bout de deux années. Un fait assez singulier, que j'ai vérifié pour tous ceux que j'ai chassés, c'est que leur estomac contient toujours un assez bon nombre de cailloux, dont plusieurs pèsent jusqu'à six et sept livres; ces galets sont siliceux, et conséquemment ne peuvent être dissous par le suc gastrique. J'ai dû supposer qu'ils sont nécessaires à la trituration des alimens, comme ceux qu'on rencontre dans le gésier des gallinacés. Patagonie.

Avant que la côte de Patagonie fût habitée, ces animaux en couvraient de leurs phalanges une partie, surtout à l'embouchure du Rio negro et au commencement de toutes les falaises : ils étaient bien inquiétés, quelquefois, par les premiers habitans; mais, jusqu'en 1821, ils y étaient tout aussi communs, lorsque les Nord-Américains, ne trouvant plus la pêche des phoques à trompe assez lucrative, parce qu'ils disparaissaient tous les jours, commencèrent celle des otaries. Un navire vint mouiller dans le Rio negro; et, en deux mois, tout ce qu'il y en avait aux environs fut détruit. Les habitans du Carmen évaluent à plus de 15 à 20,000 peaux celles qui y furent recueillies. Les pauvres loups marins, jusqu'à ce moment paisibles possesseurs des côtes, furent, dès-lors, en butte à la cupidité des pêcheurs. Les Gauchos de Patagonie se mirent à en faire le commerce, et tous ceux qui venaient à l'embouchure de la rivière se retirèrent pour toujours vers le Sud. C'est pour les poursuivre, qu'on suivit les côtes jusqu'à l'ensenada de Ros, sur laquelle on les pourchassa vers 1822 et 1823, ce qui les contraignit de se retirer de l'extrémité nord de la baie vers celle du sud, d'où ils se replièrent encore jusque sous les falaises au lieu où je les avais trouvés; car les habitans du Carmen faisaient journellement des expéditions par terre; mais le prix des cuirs, qui s'était élevé à un franc vingt-cinq centimes, tomba tout à coup, et personne n'en voulut plus. Dès-lors on laissa les otaries tranquilles, et quelques

1829. Ensenada de Ros. Patagonie.

personnes seulement continuèrent à faire tous les ans une expédition, non pour en recueillir les peaux, mais pour en emporter la graisse, qu'elles faisaient fondre ensuite, dans le but d'en tirer de l'huile à brûler; cette espèce en donnant de bien plus limpide et presqu'inodore.

La pêche de ces animaux est beaucoup plus facile que celle des éléphans marins. Les gens qu'on y emploie en ont tellement l'habitude qu'un seul coup de barre suffit pour assommer une femelle ou un jeune. Quant aux vieux mâles, malgré le danger, ils les tuent à coups de lance. Les peaux, salées, étaient vendues aux capitaines des navires. C'est ainsi qu'on en tua des milliers sur toute la côte; cependant l'espèce ne cesse pas d'être commune, comme celle des phoques à trompe; car j'en ai vu au moins cinq à six mille à l'ensenada de Ros, autant à l'ensenada de los Lorros; et la facilité avec laquelle nous les menions devant nous, comme un troupeau de moutons, annonce combien il est facile de les détruire; mais leurs troupes, qui couvrent toutes les baies de la péninsule de San-Jose, ainsi que les côtes plus méridionales, peuvent, sans cesse, renouveler celles du nord, jusqu'à ce qu'elles se retirent pour toujours, comme elles l'ont déjà fait à l'embouchure du Rio negro.

Pendant que j'examinais la baleine et chassais aux otaries, j'avais vu plusieurs condors, ces fameux vautours des Andes, planer, en suivant la falaise, ou bien se reposer sur les assises avancées de cet énorme mur naturel. Mes gens m'avaient aussi assuré qu'ils habitaient tous les points de la côte où il y avait des troupes de loups marins, qui les attirent, par la curée qu'ils leur offrent continuellement, après leurs sanglans débats. Je fus d'abord étonné de trouver ces oiseaux en Patagonie, croyant que leurs seuls lieux d'habitation étaient les sommets neigeux des Andes; mais je me rappelai que le commodore Byron en avait vu au détroit de Magellan[1]; et, dès-lors, je dus penser qu'ils habitent toutes les côtes munies de falaises, qui remplacent, à quelques égards, les montagnes par eux fréquentées d'habitude. Le matin, le condor, en se réveillant, abandonne les anfractuosités des falaises, et part d'un vol majestueux, pour parcourir les environs et chercher un animal rejeté par la vague. Que son vol alors est beau! avec quelle facilité, quelle vîtesse il fend l'air, sans paraître faire le moindre mouvement pour avancer! Dès qu'il aperçoit sa proie, il descend en tournoyant, se pose sur sa pâture, la déchire de son bec tranchant, s'en repait; puis, va se poser moins haut sur des pierres avancées de la falaise; alors, la tête enfoncée entre les épaules, l'air stupide, il est

1. Traduction française, page 33.

moins fuyard, et laisse passer au-dessous de lui, sans partir; ou, s'il le fait, ce n'est, d'abord, qu'avec pesanteur. J'avais grande envie de me procurer cet oiseau, si rare en Europe à l'instant de mon départ; mais il était perché, sur ma tête, à une élévation perpendiculaire qui n'était pas moindre de 100 à 150 mètres. Le plomb le plus gros n'aurait pu atteindre celui que je convoitais; je chargeai donc mon fusil à balle; et, du premier coup, j'eus le bonheur de le voir tomber. La balle lui avait traversé le corps. Je peindrai difficilement ma joie, en pensant que cette pièce ornerait le Muséum de Paris, auquel elle manquait encore. Tout fier de mon adresse, je renouvelai l'épreuve, et tirai, inutilement, à plusieurs reprises, au risque de m'ensevelir sous les quartiers de la falaise qui se détachaient à chaque fois.

1829

Ensenada de Ros. Patagonie.

En examinant de près ce beau vautour au plumage noir, à la collerette blanche, à la crête noirâtre, et surtout en le mesurant, je fus étonné de ne pas trouver, en lui, cet oiseau d'une si grande taille que, dans son vol, il enlevait une jeune vache au-dessus des plus hautes montagnes; cet oiseau, que les Américains mêmes gratifiaient d'une envergure de quinze à vingt pieds. Cet examen me mit bientôt à portée de reconnaître qu'il en était du condor comme des Patagons; car l'observation immédiate ne me donna que trois mètres ou neuf pieds de vol. Il fut un temps où le mensonge était indispensable au succès d'un voyage. Le lecteur n'était pas satisfait, s'il n'y trouvait pas de merveilleux; il est vrai qu'alors les communications avec les contrées lointaines étaient si rares, que le voyageur pouvait espérer de voir s'écouler un laps de temps considérable avant d'être démenti. Notre siècle, au contraire, présente, sous ce rapport, une véritable régénération. Quel homme, en effet, pourrait, aujourd'hui, donner la moindre notion fausse ou seulement tomber dans l'exagération, sans avoir à craindre d'être presqu'aussitôt démenti des quatre coins du monde à la fois?

Il me restait encore à faire un genre d'observation. J'avais à examiner la composition géologique de ces immenses falaises perpendiculaires qui bordent la mer. Toutes les couches qui les forment sont à découvert, et il ne peut y avoir aucune incertitude sur leur ordre de superposition. Ce sont, sans aucun changement, les mêmes terrains tertiaires que j'avais déjà vus partout; et même, plus tard, il me fut facile de juger que la Patagonie offre peut-être le sol le moins irrégulier pour l'horizontalité de ses couches; fait si vrai qu'à des degrés de distance on retrouve, en tout, les mêmes accidens. Je recueillis de magnifiques huîtres fossiles, dont les feuillets calcaires sont, partout, pénétrés de dendrites ferrugineuses; elles sont entières et en position. Je trouvai, dans des couches bien inférieures, divers ossemens de mammifères. Je revenais

1829. Ensenada de Ros. Patagonie.

lentement vers la station, en admirant cette masse imposante de pierres qui menaçait de m'engloutir. Plusieurs éboulemens récens annonçaient qu'au temps des pluies il y aurait de l'imprudence à passer au pied des falaises; car, alors, il doit souvent s'en détacher des quartiers énormes; ce dont, au reste, je ne pus juger que trop facilement. A une cinquantaine de pas en avant de ma petite troupe, une portion de la falaise, qui menaçait ruine, s'écroula tout à coup, avec un fracas épouvantable; le sol en trembla sous nos pas. C'était pour nous un avertissement de ne pas nous approcher des parties détachées de la masse.

Une fois arrivé au campement, on déchargea les chevaux, on fit du feu, et je pus enfin m'asseoir; depuis quatre heures du matin j'avais mené une vie des plus active. A cheval ou à pied, je n'étais pas resté un instant dans l'inaction; cependant, le temps ne nous présageait rien de bon. De sombres nuages, précurseurs de l'orage, couvraient tout le Sud; aussi, avant la nuit close, je couvris mes armes et ma chasse avec le cuir de ma selle, et me résignai à recevoir la pluie, plutôt que de laisser mouiller mes fusils et mon condor. Le guide, homme prévoyant, habitué à ces accidens, rassembla, à la hâte, un peu d'herbe sèche et de petites bûchettes, qu'il enveloppa soigneusement dans son recado. Je ne compris pas d'abord le motif de cette précaution; mais il me dit que, s'il ne la prenait pas, il lui serait impossible d'allumer du feu, après l'orage. Peu de temps après, les éclairs brillèrent de toutes parts, au milieu d'une obscurité profonde; le tonnerre gronda avec fracas, et des torrens de pluie tombèrent, deux ou trois heures de suite, sans que je pusse m'en préserver. J'étais donc transpercé d'une pluie froide et pénétrante, et ne pouvais changer de vêtemens: vers onze heures la pluie cessa; le tonnerre s'éloigna; le ciel se nettoya peu à peu, et les étoiles reparurent. La prévoyance de mon guide triomphait alors; car, en moins de rien, une flamme pétillante vint nous rendre la joie avec la chaleur, autour d'un feu réparateur. Il faut avoir passé un grand nombre de mois au bivouac pour se faire une juste idée de l'effet que produit la vue seule du feu, quand il a plu ou qu'il fait froid, surtout au milieu de la nuit. Les voyageurs l'entourent, le caressent, pour ainsi dire; il fait oublier les peines, la fatigue, les souffrances physiques. Aussi nécessaire à la vie que les alimens mêmes, consolateur du pauvre et du riche, du nomade, dans ses sauvages forêts, et du citadin au sein de ses salons dorés, le feu est, en un mot, l'ami de l'homme, dans tous les pays comme dans tous les temps.

L'orage avait, sans doute, exercé une assez grande influence sur les loups marins de la côte. Le vent nous apportait, au milieu d'un profond silence, leurs cris tumultueux, qui ressemblaient assez aux voix discordantes de personnes qui se disputeraient; seuls sons qui, d'ailleurs, se fissent entendre avec le mugissement des vagues, roulant bruyamment après elles les galets de la côte.

1829. Ensenada de Ros. Patagonie.

Les chevaux n'avaient pas bu, depuis que nous avions laissé la cuchilla; mais l'orage de la veille avait mouillé le sol, et je pensais, ainsi que mes gens, que, sans inconvéniens, nous pourrions encore passer la journée du 4 Avril aux environs de l'ensenada, occupés à chasser l'espèce d'autruche nommée, dans le pays, *avestruz petiso*, le ñandu nain, pour le distinguer de l'ordinaire. Mes gens firent leurs dispositions en conséquence, et nous commençâmes à parcourir les campagnes stériles des environs; mais nous fûmes obligés de renoncer à notre projet, parce que les endroits où vit cette espèce, sont sablonneux et criblés, en tous sens, de petits terriers de rongeurs qui empêchent de galoper; ainsi j'éprouvai, de nouveau, le regret de voir de loin ce curieux animal, sans pouvoir le poursuivre. Il parcourait avec une grande légèreté la surface du sol; tandis que nos chevaux ne s'y soutenaient qu'avec peine. Nous vîmes, toute la journée, des guanacos et des autruches, qui ne se laissaient jamais approcher de plus de quelques centaines de pas; et, le soir, nous regagnâmes le campement, gratuitement harassés de fatigue. 4 Avril.

Le 5, j'allai, le matin, poursuivre des condors, et chercher des plantes marines au pied de la falaise. Je revins après trois ou quatre heures de courses. Les chevaux n'avaient pas bu depuis près de trois jours; nous-mêmes nous manquions d'eau, depuis la veille; il n'y avait donc pas de temps à perdre. On chargea les coursiers, et nous nous remîmes en marche : quelques-unes de nos bêtes paraissaient déjà souffrir beaucoup; de notre côté, nous commencions à éprouver une soif dévorante; et, cependant, douze mortelles lieues nous séparaient encore du terme de nos souffrances. Nous cherchâmes à tromper la distance, en allant plus vite; mais quelques-uns de nos chevaux s'y refusèrent. Nous fûmes même obligés d'en abandonner un, et continuâmes péniblement; à une couple de lieues de la cuchilla, nos montures, par un instinct remarquable, reconnurent l'approche de l'eau. Elles pressèrent leur marche; et, même, en arrivant à la côte, nous ne pûmes pas les retenir; elles coururent au galop vers le lac, où elles entrèrent, se désaltérant tout à leur aise. Nous en fîmes autant; mais, craignant qu'il nous fût impossible de fournir les trois lieues qui restaient à franchir pour atteindre l'estancia de M. Alvarez, nous aimâmes mieux bivouaquer encore, de sorte que nous n'arrivâmes que le lendemain matin. 5 Avril.

1829. Rive sud du Rio negro. Patagonie.

Mon intention était de séjourner quelque temps à l'estancia, afin de recueillir tous les animaux de ces plaines basses, de visiter, fréquemment, les falaises du sud, et, en même temps, de suivre les travaux d'un saloir (*saladero*), établi, par le propriétaire de la ferme, pour saler la viande de tous ses bestiaux, dans la crainte de les voir enlever par les Indiens, qui paraissaient disposés à nous attaquer ouvertement. J'employai mes deux premières journées à la préparation des peaux que j'avais apportées de l'ensenada de Ros; puis, je recommençai mes courses, en dépit d'une fièvre ardente, causée, sans doute, par la fatigue que j'avais éprouvée, et à laquelle je n'appliquai d'autre remède qu'un exercice forcé, qui me réussit encore. La première de mes promenades me conduisit sur les rives de cet amas d'eau, voisin de la cuchilla : là je chassai une multitude d'oiseaux aquatiques, les joncs des bords étant peuplés de canards, de poules d'eau, et les rivages, d'un grand nombre de chevaliers et d'alouettes de mer. Je tuai aussi, pour la première fois, près de ces lieux, ces belles espèces de Thinocores [1], qui vivent en grandes troupes et se blotissent à terre, de telle manière que leur couleur grise se confond avec le terrain, et qu'à une certaine distance on ne les aperçoit pas. Cet oiseau me présenta un exemple de plus de l'analogie qui existe entre les animaux de la Patagonie et ceux des Andes; car j'en retrouvai, plus tard, une espèce voisine, mais plus grosse [2], sur les plateaux élevés des environs de la ville de la Paz. Mon péon, qui m'accompagnait toujours, m'offrit de me conduire à une petite saline naturelle, qui se trouve au milieu des terrains d'atterrissement. Nous revînmes par ce côté. Cette saline n'est qu'à un quart de lieue de la rivière, une lieue plus bas que l'estancia; elle est entourée de petites élévations; les terres y sont fortement saturées de sulfate de soude, et le fond du bassin peut avoir trois à quatre cents mètres de diamètre. La superficie en est partout couverte d'une légère couche de sel cristallisé, difficile à recueillir, en raison du peu de consistance du sol. Aujourd'hui personne ne vient s'y approvisionner; cependant on m'assura que, dans un temps où les Indiens empêchaient l'exploitation de la saline d'Andres Paz, un navire y avait trouvé son chargement complet. D'autres explorations plus éloignées, et auxquelles j'attachais le plus grand prix, étaient celles des falaises que je n'avais encore aperçues, pour ainsi dire, qu'en passant [3] : elles

1. *Thinocorus rumicivorus*, Eschscholtz, *Zoologischer Atlas*, pl. 2. Ces oiseaux, dont MM. Isidore-Geoffroy Saint-Hilaire et Lesson ont, en les réunissant aux *attagis* et aux *chionis*, formé, parmi les *gallinacés*, une famille des *pontogalles*, sont tous des échassiers voisins des *œdicnèmes*.

2. *Thinocorus andecolus*, d'Orb. Voyez partie ornithologique.

3. Voyez tome 2, chapitre XVIII, p. 114.

sont distantes de l'estancia de trois lieues de pays, au milieu de plaines buissonneuses, dont l'uniformité eût été réellement désolante, sans le grand nombre d'animaux sauvages qu'on y rencontre à chaque pas; là, un troupeau de cerfs pacifiques, paissant, au milieu d'une petite prairie, aussi tranquillement que s'ils eussent été privés; ici, des maras, qui fuient par couples devant le cavalier, s'arrêtant, néanmoins, bientôt, comme pour le narguer; ou bien de nombreuses familles d'autruches ñandus, à la démarche légère, qui disparaissent rapidement dès qu'elles se croient poursuivies. J'en rencontrai, plus que partout ailleurs, dans une espèce de cul-de-sac formé par des marais, ce qui, dès-lors, me fit concevoir le projet d'en faire un jour une chasse en règle; idée qui m'occupa jusqu'à mon arrivée aux falaises. Une barque venait de faire côte: c'était le second naufrage qu'essuyaient les pauvres marins anglais qui la montaient; ils étaient venus sur les côtes de la Patagonie à bord d'un trois mâts baleinier, qu'un très-mauvais temps avait jeté dans le golfe de Saint-Georges, vers le 46.e degré de latitude australe. Le navire, défoncé, ne pouvant ni continuer son voyage, ni sauver ces malheureux marins des déserts affreux sur lesquels ils avaient été portés, ils y avaient vécu une année, occupés à dépecer leur bâtiment, pour construire, de ses débris, une petite barque qui pût les transporter en un lieu peuplé: ils avaient ainsi fait un cutter de vingt tonneaux, avec lequel, emportant quelques vivres, ils étaient arrivés, après deux mois de navigation, jusqu'à la barre du Rio negro, sur laquelle ils s'étaient perdus; leur barque n'était pas entièrement défoncée, et personne n'avait péri dans ce second naufrage. La vue de ces marins m'affligea beaucoup: ils avaient éprouvé tant de privations, que leurs traits s'en ressentaient; tour à tour ils avaient eu à lutter contre la faim, le froid et la fureur de la mer, dans une partie du monde où ils ne pouvaient trouver de ressources qu'en eux-mêmes. Leurs longues barbes, leurs figures amaigries, leurs vêtemens usés, me causaient une douleur qui contrastait avec la joie bruyante qu'ils manifestaient, en se voyant enfin sauvés, et avec des hommes.

A notre arrivée au bord de la mer, la marée était basse. La côte offrait des bancs de pierres qui s'étendaient au loin dans les eaux, et se prolongeaient sur toute son étendue, comme ceux que j'avais vus à l'anse de Ros. Je cherchai, avec beaucoup de soin, des mollusques; mais la mer y battait avec trop de violence. Je rencontrai seulement quelques animaux marins dans de petites flaques d'eau, entr'autres un crustacé[1] très-voisin des trilobites, qui appar-

1. Voyez la partie consacrée aux animaux articulés.

1829. Rive sud du Rio negro. Patagonie.

tiennent à l'animalisation la plus ancienne des couches dont se compose la croûte terrestre. Il était curieux de découvrir sinon l'analogue, au moins *quelques* formes rapprochées de cet animal perdu, l'un des plus vieux de notre sol; c'était le premier exemple qui s'en fût présenté jusqu'alors. L'attrait de ces investigations me fit suivre les bancs à découvert, sous le rapport géologique; j'y rencontrai des peignes et des huîtres fossiles, et continuai mes observations bien avant au pied des falaises, que je trouvai de même nature que celles de l'ensenada de Ros. Je m'appliquai à rechercher, au sein des immenses couches de grès tertiaire qui les composent, quelques restes d'organisation. Je découvris des terrains d'eau douce, dans lesquels il y avait des lymnées, des *unio*, mélangées avec un grand nombre d'ossemens de poissons. Je trouvai aussi, dans les couches supérieures, des ossemens de mammifères, et les mêmes calcaires à dendrites qu'aux *Barrancas del norte*. L'ardeur avec laquelle je me livrais à ce travail, m'avait fait oublier que la mer montait rapidement; et, sans mon péon, qui crut de son devoir de m'en prévenir, les flots m'auraient entièrement coupé la retraite; ils battaient déjà, sur plusieurs points, le pied de la falaise, et je ne pus en sortir sans lutter contr'eux. J'étais chargé de fossiles et d'échantillons géologiques, qui m'obligèrent à m'en retourner tout doucement, pour ne rien gâter.

Je renouvelai cette promenade; et, la seconde fois, en revenant à mon gîte, je m'arrêtai près de l'estancia de Ramos, située un peu plus bas que celle sur laquelle j'étais. Lorsque j'en fus près, je fus étonné de trouver, partout, des cadavres humains desséchés, dispersés dans la campagne, et plus ou moins rongés par les vautours, sans parler des cochons de la ferme. Terrifié de cette rencontre, je demandai avec empressement à mon péon, qui avait fait périr ces hommes. La chose lui paraissait toute naturelle, et il me dit que, l'année d'avant, deux bâtimens négriers ayant été pris aux Brésiliens par les corsaires de Buenos-Ayres, on avait amené ces chargemens au Rio negro. Les nègres, arrivant des régions brûlantes de l'Afrique, avaient été entassés les uns sur les autres sous un hangar qu'il me montra; et ces pauvres malheureux, privés d'habits, exposés à tous les vents et au froid de l'hiver, étaient presque tous morts de misère, sans qu'on songeât à les vêtir, ni à leur procurer un abri. Plus de deux cents avaient ainsi péri, et leurs corps sans sépulture, abandonnés dans la campagne, servirent de pâture aux vautours des environs. Je frémis d'horreur à ce récit, et je ne pouvais concevoir que des hommes fussent capables d'un si cruel abandon de leurs semblables, parce que ces derniers n'ont pas reçu le baptême; car c'était là le véritable motif qui avait empêché de les enterrer. Des *Barbaros*[1] sont-ils des hommes, surtout lorsqu'ils sont noirs? Cet infâme procédé n'aurait pourtant pas dû m'étonner : jamais on n'enterre le corps d'un Indien tué; d'ailleurs, je devais me rappeler d'avoir rencontré des corps de Brésiliens également délaissés dans la campagne, pour la seule raison qu'ils étaient *ennemis.*[2] J'avais appris avec quelle barbarie on avait traité les malheureux prisonniers de guerre échappés au massacre, en les conduisant soit aux travaux de la baie Blanche, soit même jusqu'à Buenos-Ayres, et abandonnant, sur la route ceux qui ne pouvaient résister à la fatigue d'un si long trajet fait à pied. Je m'étonnais de trouver, dans un pays en général si hospitalier pour le compatriote, ou même pour l'étranger ami, tant de cruauté envers l'ennemi; mélange monstrueux de vertus sociales et de férocité sauvage! 1829. Rive sud du Rio negro. Patagonie.

Tout en m'occupant de mes recherches, je suivais, journellement, les travaux du saladero, qui s'exécutaient à l'estancia de M. Alvarez. Quatre à cinq mille têtes de bétail devaient être tuées, pour être salées, afin que le propriétaire pût, en même temps, les soustraire aux Indiens, et en réaliser la valeur. Ces travaux sont assez importans pour que j'en donne une description détaillée, d'autant plus que je n'en ai pas parlé à l'article de Buenos-Ayres, endroit où ce genre de spéculation s'exploite en grand dans des lieux appropriés. M. Alvarez avait fait bâtir un très-vaste hangar, où tout était disposé pour l'opération. Les bestiaux sont amenés aux environs de l'estancia; et, tous les soirs, on enferme, dans des parcs, ceux qu'on destine à être abattus le lendemain. Dès la pointe du jour, les ouvriers se distribuent le travail : les uns montent à cheval avec le lazo, entrent dans le parc, enlacent, chacun, un animal par les cornes, le contraignent à sortir, tandis que les autres, à force de coups, l'obligent à s'avancer vers le lieu de l'exécution, en face du hangar. Aussitôt qu'il y est arrivé, l'ouvrier qui le pousse par derrière, sans descendre de cheval, d'un coup de couteau adroitement donné, lui coupe les jarrets de derrière, afin de l'empêcher de marcher; puis, d'autres le renversent, et lui donnent un coup dans la gorge, pour le saigner, ou bien encore, s'ils sont pressés, ils lui enfoncent, ce qui exige une très-grande habitude, la pointe de leur grand couteau derrière la nuque, de manière à atteindre la moelle

1. C'est l'épithète qu'on donne, dans toute l'Amérique, à tous ceux qui ne sont pas catholiques romains.

2. Tome 2, chapitre XVIII, page 115.

1829. épinière; et, dès-lors, la pauvre bête reste sans mouvement et comme morte, jusqu'à ce qu'on ait le temps de l'achever. Pendant que les hommes à cheval continuent ainsi d'enlacer et de tuer, d'autres ouvriers commencent à écorcher et à décharner; mais, aussitôt que le nombre d'animaux suffisant pour le travail de la journée est mort, ce qui a lieu, quelquefois, de huit à neuf heures du matin, quoiqu'il y en ait de quatre-vingts à cent dix tous les jours, deux s'attachent à chaque bête. D'un coup de couteau ils fendent la peau, sur toute la longueur du ventre, depuis la tête jusqu'à la queue, et les jambes, en dedans, depuis le coude, au point de jonction de la ligne du milieu; coupent les pieds, qu'ils jettent; écorchent l'animal, et, sur la peau même, commencent à le dépecer. Les quatre quartiers sont enlevés avec une dextérité étonnante, et transportés sous le hangar, où ils sont suspendus à des crochets destinés à les recevoir; puis, ces mêmes hommes détachent toutes les chairs des os en quatre ou six lambeaux, mais avec une adresse et une promptitude difficiles à croire: l'un enlève, d'un seul morceau, celles des côtes; l'autre, celles de la colonne vertébrale, également par grandes pièces, portées sous le hangar, puis jetées en tas, sur des cuirs. Ils détachent la masse des intestins, que des enfans s'occupent à dégraisser, avant de les mettre à part.

Rive sud du Rio negro, Patagonie.

Dès que tous les animaux tués sont ainsi dépecés, les ouvriers portent les peaux dans le hangar, et enlèvent la chair de dessus les quartiers, toujours avec la même adresse, jetant, à mesure, les chairs d'un côté sur des cuirs, et les os d'un autre. Quand tout est fini, commence une nouvelle opération, à laquelle tous se livrent ensemble. Il s'agit de revoir séparément chaque lambeau, pour le fendre, s'il est trop épais, pour lui enlever le surplus de la graisse et le rejeter en tas. Cela terminé, l'on étale des peaux à terre, on y met une forte couche de sel; puis un lit de morceaux de viande étendus avec soin; et, alternativement, de l'un et de l'autre, jusqu'à ce que tout soit placé, de manière à en former une haute pile carrée, à laquelle on ne touche pas de dix à quinze jours, pour que les chairs se saturent bien de sel. Ce temps écoulé, on expose journellement la chair à l'air, sur des cordes, jusqu'à ce qu'elle soit tout à fait sèche, ce qui la rend moins lourde, et plus facile à transporter. Les peaux se salent de la même manière que la chair. On les laisse en pile pendant quinze jours ou un mois; puis, on forme un paquet de chacune d'elles, quand il s'agit de les embarquer, pour les livrer au commerce.

Les graisses sont divisées en trois classes : il y a, d'abord, celles qu'on enlève des intestins, et qui forment le suif (*sebo*); elles sont, souvent, envoyées en barriques seulement empilées ou fondues; c'est la dernière qualité, dont on se sert pour l'éclairage du pays et pour l'exportation. Puis, celle qu'on enlève des chairs (*grasa*) : on en dégage la chair, on la fait fondre, et on la met, ensuite, dans des vessies ou de gros intestins ; elle n'est employée, dans le pays, que pour la cuisine ; c'est une des denrées dont peut le moins se passer soit l'habitant des campagnes, soit celui de Buenos-Ayres. On recueille, enfin, dans les saladeros, une troisième sorte de graisse. Les ouvriers mettent à part tous les os susceptibles de contenir de la moelle ; et, quand leur journée est finie, ils brisent ces os, l'en retirent avec un petit morceau de bois, la fondent en des chaudières, et en remplissent de petits barils. Cette dernière espèce sert dans les cuisines du propriétaire, se donne en cadeaux aux amis, comme chose de prix, et se vend assez cher aux gourmets argentins, qui l'estiment beaucoup ; c'est, en effet, sans contredit, l'assaisonnement le plus délicat des mets, bien supérieur à la graisse de porc, au beurre, et même à l'huile. Les langues sont salées à part, puis on les fait sécher, et elles deviennent, ainsi, un objet de commerce ; c'est un mets assez bon, estimé des consommateurs de viande sèche. C'est principalement avec le Brésil qu'on en fait le commerce, ainsi que de la graisse ; parce que les fortes chaleurs de Bahia, de Rio de Janeiro, et de toutes les autres villes situées sous la zone torride, ne leur permettent pas de conserver de viande fraîche.

Une fois que les ouvriers ont fini leur journée de travail, ils s'occupent à nettoyer leur abattoir. La tête avec ses chairs, toute la charpente osseuse du tronc et les os des jambes, sont transportés près du bord de la rivière, où l'on entasse tous ces restes, ainsi que les intestins, le cœur, le foie et les poumons, qu'on jette aussi, lorsque des pauvres gens du Carmen ou les Indiens, ne viennent pas les chercher ; c'est ainsi que les os, recherchés avec tant d'empressement en Europe, sont abandonnés dans la campagne, et restent sans usage. A peine, lorsque les chairs se sont putréfiées, le propriétaire fait-il enlever les cornes, qui se détachent, alors, plus facilement ; mais comme les environs fournissent assez de bois pour qu'on ne soit pas obligé d'employer les os en guise de combustible, ainsi qu'on le fait dans toutes les Pampas de Buenos-Ayres, ils sont abandonnés et ne servent absolument à rien. On rencontre, sur plusieurs points de la rive, de ces amas considérables d'ossemens qui attestent qu'il y a eu un saloir dans le voisinage ; et qui y resteront jusqu'à ce que l'industrie étrangère veuille se les approprier, en en faisant prendre des chargemens pour les transporter en Europe, ou que l'industrie indigène les emploie dans le pays même, lorsque la civilisation y aura transporté ses

1829. Rive sud du Rio negro. Patagonie.

fabriques, et l'application de tant de produits, en attendant perdus pour tout le monde.

L'Européen, témoin de l'exploitation d'un saladero, ne peut qu'être frappé de l'adresse et de la férocité des ouvriers, ainsi que de la dextérité avec laquelle ils esquivent les coups de cornes des taureaux, furieux d'être enlacés, qui se débattent avec une force extraordinaire, lorsqu'ils approchent de leurs frères déjà morts sur la place, sautant, ruant, et mettant, à chaque instant, le cavalier dans un danger réel; ou de la vache, séparée de force de son veau, et ne voyant plus, en celui qui l'entraîne, qu'un ennemi dont elle cherche à se défaire. Le spectateur frémit, à chaque instant, à l'aspect de ces hommes, qui, entourés de mille morts, se font un jeu de la colère du taureau, comme de celle de la vache, et de périls qu'ils affrontent, sans cesse, avec le plus grand sang-froid. Leur présence d'esprit, dans tous les momens, égale leur vigueur et leur adresse. Il est rare qu'ils soient blessés; car ils sont à tout, prévoient tout; mais ces hommes, qui ne craignent pas la mort, qui la trouvent continuellement, sont aussi durs pour les animaux que pour eux-mêmes. Ils jouissent des souffrances de leur victime, comme d'une sorte d'indemnité des risques qu'elle leur a fait courir. Souvent ils la laissent long-temps se tourner à terre, les jarrets coupés, et rient des beuglemens plaintifs que lui arrache la douleur; la mutilant gratuitement, et la livrant, ainsi, sans défense, à d'énormes chiens qui, lorsqu'elle beugle, lui saisissent la langue et la tirent avec force. Ce sont, alors, des applaudissemens à ne pas finir des ouvriers qui, entourés et tout couverts de sang, le font couler goutte à goutte, en s'enivrant de ce spectacle, qu'ils aiment par dessus tout. Comment ces hommes, si habitués à voir souffrir, pourraient-ils être humains? Aussi, toujours le couteau à la main, se menacent-ils, sans cesse, de se tuer, s'amusent-ils à se faire des balafres sur la figure; aussi est-il rare que les Gauchos consommés n'aient pas la face couverte de cicatrices. Ils s'assassinent avec autant de sang-froid qu'ils égorgent un bœuf ou une génisse, et sans en éprouver aucun remords. Une circonstance, qui arriva plus tard dans cette même estancia, prouve combien ils sont peu sensibles aux angoisses des animaux. Ayant achevé de tuer tous les bestiaux, excepté les jeunes de l'année, et craignant que ceux-ci ne fussent emmenés par les Indiens ennemis, ils les renfermèrent dans le parc, où, le temps leur manquant pour les tuer, afin d'en empêcher la soustraction, ils leur coupèrent les jarrets à tous, et les laissèrent en cet état plusieurs jours, avant de les achever; moyen de conservation qui leur paraissait naturel.

Le spectacle d'un saladero est des plus attristant. La nuit, les mugissemens des animaux enfermés dans le parc et sans nourriture, quelquefois, depuis deux ou trois fois vingt-quatre heures; le jour, les beuglemens plaintifs des bestiaux mutilés ou expirant sous le fer de leurs bourreaux, l'expression de la rage de ceux qui cherchent vainement à se soustraire à la mort, les clameurs des ouvriers, entendus au loin; et, approche-t-on? quel spectacle! Huit à dix hommes dégouttant de sang, le couteau à la main, égorgeant, écorchant ou dépeçant des animaux morts ou prêts à mourir; soixante à cent cadavres étendus sanglans sur quelques centaines de pas de superficie. Là, un taureau qui expire; ici, un corps encore intact, mais inanimé, des carcasses décharnées, des lambeaux de chairs dispersés; et tout cela au milieu des éclats de rire des ouvriers et des cris des oiseaux de proie attirés par la curée, et volant au-dessus, en attendant leur tour, ou disputant aux chiens les parties qu'on leur abandonne.

1829. Rive sud du Rio negro. Patagonie.

Je fus témoin d'une de ces réunions fortuites des oiseaux qui ne se nourrissent que de chairs mortes. Jamais une estancia ne manque d'avoir, aux environs, un certain nombre de cathartes urubu et aura, les vautours de ces contrées, et de grands et de petits carácarás [1], qui vivent des restes des habitans; mais ces oiseaux ne dépassent pas le nombre de huit à vingt, à moins qu'on ne tue un animal; car, alors, il en arrive une plus grande quantité, qui s'en vont, dès qu'il n'y a plus assez de pâture pour tous. Le jour où l'on avait commencé à tuer pour le saladero, il y avait à peine une douzaine de ces parasites de l'homme: bientôt, dans la journée, la vue du sang les attira de toutes parts; et, le soir, il s'y en trouvait déjà au moins une centaine; mais, lorsqu'on eut placé les carcasses décharnées au bord de la rivière, et qu'on leur eut, ainsi, donné une curée facile et inépuisable, les cathartes et les carácarás arrivèrent de tous les points; et tous ceux de vingt à trente lieues à la ronde se réunirent en quelques jours. Leur multitude grossissait à chaque instant; et, quand le saladero fut avancé, il y avait quelques milliers d'urubus, des centaines de carácarás, et un grand nombre de chimangos et d'auras, qui, toute la journée, perchés sur les ossemens, s'y disputaient, à grands cris, les lambeaux de chairs, et couvraient, de leurs teintes sombres, tous ces restes sanglans. Là, aussi familiers que s'ils eussent été privés, ils se dérangeaient à peine, lorsqu'on approchait; ou bien, au bruit d'un coup de fusil, leurs volées, par le bruit de leurs ailes, imitaient le roulement du tonnerre, et leurs nuées, tournoyant au-dessus de la pâture à une moyenne hauteur, faisaient

1. Voyez, à la partie zoologique, la description de ces oiseaux, t. IV, 2.e partie, p. 31 et suiv.

1829. ombre sur le sol. A Buenos-Ayres, où il n'y a pas de noirs urubus, les alentours des saladeros, en hiver, sont couverts, au contraire, de blanches mouettes, qui vivent, également, de restes de chairs. Toutes ces réunions momentanées d'oiseaux divers, se dispersent, dès que la pâture manque; cette société, qui paraissait si intime, se dissout; et, si l'on abandonne l'habitation, on ne verra même plus un seul de ces parasites dégoûtans, mais indispensables à l'estancia; car les chairs restées sur les ossemens pourraient, en se putréfiant, mettre la peste dans le pays; tandis que les oiseaux enlèvent tout ce qui donnerait de l'odeur, et *remédient ainsi à l'incurie des habitans.*

Rive sud du Rio negro. Patagonie.

11 Avril. Le 11 Avril, ayant fini mes recherches aux environs de l'estancia, et suffisamment vu les travaux du saladero, j'envoyai un courrier au Carmen, afin que l'on m'expédiât un canot pour chercher mes collections, qui auraient pu beaucoup souffrir d'un transport à cheval. Ce canot arriva le lendemain matin; je le fis partir, et je m'en revins à cheval par le village du sud.

§. 2.

Voyage à l'arbre sacré du Gualichu. Députés orateurs des Indiens Aucas, et excursion à la Salina de Piedras et à celle d'Andres Paz.

Le Carmen. Patagonie.

En arrivant au Carmen, j'appris que tous les habitans de la rive sud étaient consternés, et que tout donnait des craintes pour la sûreté des propriétés. Des éclaireurs avaient aperçu, sur les cuchillas, des feux, signaux que se font, ordinairement, les Indiens, lorsqu'ils ont quelques projets; plusieurs chevaux avaient aussi été rencontrés sur la même rive, ayant encore les bolas des indigènes; et ce qui inquiétait le plus, c'était le départ des Patagons de Churlakin, qui avaient abandonné le lieu où ils étaient fixés, pour aller camper à San-Xavier, à six lieues au-dessus du Carmen. Plusieurs de leurs paroles faisaient craindre que, d'amis qu'ils étaient, ils ne devinssent ennemis, en prenant part au complot général des Indiens, qui paraissait avoir pour but de nous enlever tous les bestiaux de la rive sud. Ces craintes m'obligeaient à ne faire mes excursions que lors des nouvelles lunes; car j'avais alors moins à appréhender la rencontre de ces hordes ennemies, qui ne marchent et n'attaquent jamais que pendant la pleine lune. Une autre nouvelle me contrariait on ne peut davantage, le remplacement du commandant Rodriguez. J'avais eu tant à me louer de ce digne officier, que je ne pouvais que perdre au change; d'autant plus que le nouveau venu avait été devancé par une renommée de présomption qui ne promettait rien d'agréable. 1829.

Deux jours me suffirent pour mettre mes affaires en ordre, et je voulus, avant que les choses se compliquassent davantage avec les Indiens, faire un petit voyage sur la route du Rio colorado; d'ailleurs tous les indices de guerre paraissaient être au sud de la rivière, tandis qu'au nord tout était tranquille. Le principal but de cette course était de visiter un lieu que la superstition des Indiens avait rendu célèbre; un arbre révéré par les hordes sauvages, et connu, dans le pays, sous le nom d'*arbol del Gualichu* (arbre du Gualichu) ou du dieu malfaisant. Je ne voulais pas être venu dans ces parages sans avoir vu cette merveille, cet arbre mystérieux, objet du culte des sauvages; aussi, le 14 Avril, au matin, je m'y acheminai, avec mon péon.

Le Carmen. Patagonie.

En sortant du village, je me dirigeai de suite au Nord, au milieu de plaines arides et sèches, par un sentier battu, tracé depuis bien long-temps par les Indiens, dans leurs voyages journaliers du Rio colorado au Rio negro, lorsqu'ils veulent aller au Carmen, ou lorsqu'ils se dirigent vers la péninsule de San-Jose; car, lorsqu'ils remontent le Rio negro, ils font leur traversée à une vingtaine de lieues plus à l'Ouest. J'éprouvais un instant de tristesse en me voyant obligé de m'enfoncer au sein de ces déserts, qui couvrent toutes les plaines de la Patagonie. Quelle uniformité désolante! Un sol brûlé par le soleil, couvert de petits cailloux roulés ou de graviers, sur lequel des buissons épineux, sans feuilles, annoncent la maigreur de ces terrains. Je franchis quatre ou cinq lieues, qui me parurent d'autant plus longues que rien n'y fixe la vue; pas un buisson plus élevé que les autres sur lequel on puisse se guider.... S'il n'y avait pas eu de route tracée, je me serais cru au milieu d'un océan où la boussole seule eût pu me diriger: à mesure que j'avançais, la campagne se peuplait de petits arbustes; mais j'y voyais moins d'êtres animés. Les maras, si communs dans toutes ces plaines, y étaient plus rares, et aucun oiseau ne s'y montrait, pas même le caracará voyageur, ni le sombre urubu...... Le bruit seul des pas de nos chevaux troublait le silence de ce triste séjour. Après sept ou huit lieues marines de marche, mon péon m'annonça que nous allions, enfin, arriver aux *primeros pozos*. Toute la traversée au Rio colorado étant absolument dépourvue d'eau, les voyageurs se sont vus forcés d'y suppléer en creusant des réservoirs où l'eau s'amasse au temps des pluies, et qui, dès-lors, offrent, naturellement, une halte: ces puits, au nombre de deux sur cette route, ont pris, pour distinction, leur ordre numérique; ceux-ci portent le nom de *premiers puits*. Avant d'y arriver,

14 Avril. Route du Rio colorado.

1829. Route du Rio colorado. Patagonie.

nous aperçûmes, de loin, des chevaux et des cavaliers. Mon guide tremblait déjà; mais je le rassurai, en lui annonçant que ce ne pouvaient être que nos éclaireurs, au nombre de quatre, les mêmes qui avaient causé la dernière alerte que nous avions eue au Carmen. Ils me montrèrent même, non loin de là, les corps des Indiens tués, et me racontèrent, sans omettre la moindre circonstance, comment la chose avait eu lieu. Il paraît que, depuis la fondation du Carmen, on a toujours senti le besoin d'avoir de ces éclaireurs, connus, par les habitans, sous le nom de *bomberos*. Ces gens forment une espèce de corps d'hommes des plus braves, des plus habitués à la vie champêtre et à ses privations. Leurs services sont volontaires; et, comme ils sont bien payés, on en trouve toujours assez pour les besoins du pays, quoique leur profession soit des plus périlleuse. On leur donne dix-sept piastres par mois (85 francs), pour se nourrir et se servir de leurs chevaux. Ils se divisent sur les différens points d'où peut venir l'ennemi. Nous en avions alors seulement sur le chemin du Colorado, vers le Nord, et à l'Ouest, sur les deux rives du Rio negro, en le remontant. Ce sont des espèces de sentinelles perdues, qui se placent sur un point où l'ennemi doit nécessairement passer, et à une distance souvent assez considérable, puisque quelques-uns des nôtres étaient à plus de vingt-cinq lieues du village. Ils doivent, là, tâcher de saisir tous les mouvemens qui peuvent se faire aux environs, et prévenir immédiatement de ce qu'ils aperçoivent le jour. Ils chassent pour se nourrir; et, continuellement à cheval, ils reconnaissent, à l'herbe légèrement foulée, si quelqu'un a passé, et quelle direction il a prise. C'est en cela, surtout, que leur sagacité est étonnante; vivant sans cesse au milieu des déserts, ils deviennent très-habiles à tout observer. Après leurs courses diurnes, ils se réunissent, le soir, de dispersés qu'ils étaient le jour; mais ils n'osent pas faire du feu, de peur d'être surpris. Ils cherchent, alors, à apercevoir, des hauteurs voisines, des feux ou de la fumée, qui pour eux sont des indices, et changent à chaque instant de bivouac, tout en se plaçant de manière à voir ou à entendre tout arrivant; car jamais ils ne dorment tous à la fois. Ce sont ces hommes, au nombre de quatre sur chaque direction, qui nous gardaient au dehors, sans s'inquiéter du sort qui les menaçait; en effet, si ces malheureux sont surpris par les Indiens qu'ils épient, ils sont immédiatement sacrifiés, et, pour eux, il n'y a point de quartier. Il est même rare qu'il se passe une année sans qu'il en périsse quelques-uns; il en avait déjà été tué deux, dans les dernières invasions, sans que cela empêchât qu'il s'en trouvât toujours de disposés à faire ce service. Leur caractère est singulier. Un courage féroce en fait le fonds; ils ne tiennent pas plus à la vie pour eux que pour leurs semblables; aussi s'occupe-t-on à peine de la mort de l'un d'eux. Ses camarades se contentent de dire avec sang-froid : il a eu *mala suerte* (mauvaise chance), et restent indifférens au sort qui les attend eux-mêmes; véritables sauvages, ils n'aiment rien et ne croient à rien. C'est réellement une classe d'hommes tout à fait à part, qui semble n'avoir pas son analogue dans l'humanité.

1829. Route du Rio colorado. Patagonie.

Les premiers pozos sont des réservoirs où, lorsqu'il pleut, les eaux pluviales se ramassent, et où elles séjournent pendant quelque temps; mais, comme ils sont mal entretenus, il leur arrive souvent d'être entièrement à sec. Je restai seulement quelques instans avec les éclaireurs; je fis donner à boire aux chevaux; car ils ne devaient plus trouver d'eau jusqu'à leur retour au même endroit; et je partis. A deux ou trois lieues en avant, au sein des mêmes déserts, je rencontrai un petit lac à sec, nommé *Laguna de la querencia;* il peut être, en tout, comparé à la Laguna blanca, que j'avais rencontrée en allant à la baie de San-Blas [1]. C'est, de même, une assez forte dépression de la plaine, au fond de laquelle, après les pluies, on trouve encore, pendant quelques jours, un peu d'eau, qui contracte, de suite, une salure désagréable, qu'expliquent les efflorescences dont se couvre le sol desséché. Je passai outre; et, après deux lieues de marche, dans des plaines de plus en plus buissonneuses, j'aperçus, enfin, à l'horizon, l'arbre du Gualichu, qui, isolé, comme perdu au milieu du désert, domine tous les environs, et offre un point au milieu de l'espace; car aucun autre arbre, à plus d'une lieue à la ronde, ne se montre sur la ligne invariable de l'horizon. J'arrivai enfin à cet arbre mystique, et je m'y arrêtai.

Arbre du Gualichu.

Comme je l'ai dit, en parlant des Patagons [2], les nations australes ont une divinité, ou, pour mieux dire, un génie quelquefois bienfaisant, le plus souvent nuisible, qu'ils craignent plus qu'ils ne le révèrent; génie que les Patagons appellent Achekenat-kanet, les Puelches Gualichu, et les Aucas Quecubu. Ce territoire ayant été plus souvent parcouru par les Puelches, ce sont eux qui ont perpétué le nom de leur génie du mal, en le donnant à l'arbre en question, auquel ils attribuent le même pouvoir. Cette croyance date, sans doute, de bien long-temps, et il serait difficile de remonter à sa source. Il est présumable, néanmoins, qu'elle est venue de ce que, lors de leurs grandes courses, ils se sont trouvés très-fatigués, que leurs chevaux n'ont pas voulu

1. Tome 2, chapitre XVII, page 29.
2. Tome 2, chapitre XVIII, page 91 et suiv.

1829. Arbre du Gualichu. Patagonie.

passer le seul ombrage de ces déserts sans s'y arrêter, ou qu'ils y sont morts de lassitude, ce que les superstitieux Indiens n'auront pas manqué d'attribuer au malin esprit; de là les conjurations, les offrandes indispensables pour se le rendre favorable. C'est, en un mot, le dieu de ce chemin, qu'il faut absolument gagner pour parcourir l'espace sans malencontre et sans accidens.

Ce méchant dieu est tout simplement un arbre rabougri, qui, s'il avait crû dans un bois, n'aurait pas attiré l'attention; tandis que, perdu au milieu de plaines immenses, il anime cette étendue, et sert au voyageur. Il est haut de vingt à trente pieds, tout tortueux, tout épineux, formant une coupe large et arrondie; son tronc est gros et noueux, à moitié vermoulu par le nombre des années, et le centre en est creux : il appartient aux nombreuses espèces d'acacias épineux, qui donnent une gousse dont la pulpe est sucrée, et que les habitans confondent toutes sous le nom commun d'*algarrobo*. Ce qu'il y a de singulier, c'est de trouver cet arbre seul au sein des déserts, comme jeté par la nature pour en interrompre la monotonie. Remarqué par les peuples voyageurs de ces contrées, il a dû les étonner et leur paraître une merveille; ce qui a peut-être aussi contribué au culte dont il est l'objet. En effet, les branches de l'algarrobo sacré sont couvertes des offrandes des sauvages; on y voit suspendus : là, une mante; ici, un poncho; plus loin, des rubans de laine, dés fils de couleur; et, de toutes parts, des vêtemens plus ou moins altérés par le temps, dont l'ensemble n'offre pas l'aspect d'un autel, mais bien plutôt celui d'une triste friperie, déchirée par les vents. Aucun Indien ne passe sans y laisser quelque chose; celui qui n'a rien, se contente d'offrir du crin de son cheval, qu'il attache à une branche. Le tronc caverneux de l'arbre sert de dépôt aux présens des hommes et des femmes : du tabac, du papier pour faire des cigares, des verroteries; on y trouve même quelquefois des pièces de monnaie. Ce qui atteste, encore plus que tout le reste, le culte des sauvages, c'est le grand nombre de squelettes de chevaux égorgés en l'honneur du génie du lieu, l'offrande la plus précieuse qu'un Indien puisse lui faire, et celle qui doit être la plus efficace; aussi les chevaux ne sont-ils sacrifiés qu'à l'arbre du Gualichu et aux rivières, également révérées, parce qu'on les craint, étant obligé de les passer continuellement, et de braver, à la fois, et leur courant et leur profondeur. Il était tout naturel que des peuples nomades cherchassent à se rendre favorables les déserts, où la soif et la fatigue peuvent les faire mourir, et les rivières, qui menacent de les engloutir; aussi ne douté-je pas que les hordes sauvages des parties australes n'aient un grand nombre de lieux qu'elles révèrent, comme marqués par la perte de quelques-uns des leurs. L'homme qui ne connaît pas le culte de transmission, portant purement sur des êtres moraux et par conséquent invisibles, craindra les causes naturelles qui peuvent lui nuire; il s'efforcera de se les concilier, et, dès-lors, se fera des dieux d'une foule d'accidens de la nature, tels que les déserts, les fleuves, les rochers escarpés et la peste. Son culte se répartira sur une foule d'objets, tous susceptibles de lui inspirer des craintes; aussi craindra-t-il les causes immédiates qu'il connaît, plus qu'il n'espérera de l'avenir qu'il ne connaît pas; et, de ce moment, sa vie, ses jouissances se borneront à des choses présentes, et seront toutes naturelles. Telle est l'existence religieuse des nations australes.

1829.

Arbre du Gualichu.

Patagonie.

Mon guide voulut prendre quelques-uns des objets déposés sur l'arbre sacré; mais je m'y opposai, et ne voulus pas laisser ainsi profaner les offrandes des sauvages. J'avais appris que beaucoup de chrétiens qui ont parcouru cette route, n'ont pas toujours été aussi scrupuleux; que même la cupidité de certains Gauchos les a, quelquefois, portés à suivre les troupes d'Indiens qui venaient commercer avec le Carmen, sûrs de recueillir, en ce lieu, beaucoup d'objets de valeur; mais il est arrivé que ces incrédules, surpris par les Indiens, ont payé de leur vie leur profanation. Comme il était tard, et qu'il m'eût été impossible de revenir rejoindre les éclaireurs aux primeros pozos, parce que nos chevaux étaient rendus et incapables de servir, j'établis mon bivouac au pied même de l'algarrobo, malgré les remontrances de mon guide, et ses terreurs paniques; car non-seulement il craignait la venue d'Indiens pendant la nuit, ce qui aurait bien pu arriver, et nous aurait peut-être été funeste; mais encore il redoutait l'influence du Gualichu sur nous, et je ne pus jamais le décider à s'établir près de moi. Il se tint à quelques pas, et ne voulut pas dormir, s'attendant, à chaque instant, à se voir attaqué ou par les Indiens ou par le diable.

La traversée du Rio negro au Rio colorado est estimée, par les habitans, à plus de cinquante lieues, en comptant les détours que font les sentiers qui servent de chemin. Cet intervalle n'avait, sur aucun point, d'eau permanente, avant que l'on n'y eût suppléé par des réservoirs creusés. Le pauvre voyageur ne pouvait, en aucune manière, étancher sa soif, à moins qu'il n'eût apporté de quoi se rafraîchir, et ses chevaux périssaient faute d'eau; ou bien les chrétiens, comme les sauvages, attendaient le lendemain d'une pluie générale; car alors, seulement, ils avaient pour halte la Laguna de la querencia, où ils s'arrêtaient, pour franchir ensuite, d'une traite, une étendue d'une quarantaine de lieues. Aujourd'hui cette traversée est moins pénible. En aban-

1829. Route du Rio colorado. Patagonie.

donnant les rives animées du Rio negro, où se déploie une belle végétation, on s'enfonce dans un désert sec et aride. A sept lieues, à peu près, du Carmen, on rencontre les premiers réservoirs (*primeros pozos*), où l'on peut s'arrêter et faire boire les chevaux: à trois lieues plus loin, lorsqu'il a plu, se trouve la Laguna de la querencia; et, encore trois lieues en avant, est l'arbre du Gualichu, où l'on jouit d'un peu d'ombre. Jusqu'à ce point, la campagne n'offre que de petits buissons épineux, qui s'élèvent à peine de quelques pieds au-dessus du sol. A un peu plus d'une lieue au-delà de l'arbre du Gualichu, le sol se couvre, par intervalle, de ces grands arbustes épineux de chañares et d'algarrobos, sur une surface d'à peu près vingt lieues; et, au milieu de cette pauvre nature, ces arbustes simulent une petite forêt, dont les plus grands arbres n'atteignent pas à plus de douze pieds de hauteur. C'est au commencement de ce bois, du côté sud, que se trouve, à gauche du chemin, le plus vaste réservoir de sel de toute cette partie de la Patagonie, connu sous le nom de *salina del algarrobo*. Lorsqu'enfin l'on est près d'arriver à l'extrémité septentrionale du bois de chañares, se présentent les *secundos pozos*, où l'on peut prendre un peu de repos; car, de ce lieu jusqu'au Rio colorado, sur les quatorze ou quinze lieues qui restent à franchir, on ne voit que des terrains arides. Le voyageur haletant de fatigue, ennuyé de la monotonie et de la tristesse de cette longue traversée, aperçoit, avec délices, les rives des fleuves, où une verdure continuelle, des saules élégans, viennent reposer sa vue attristée, et lui donner du courage pour s'élancer dans l'océan de prairies des Pampas. S'il veut franchir les deux cents lieues qui le séparent encore de Buenos-Ayres, il est sûr de ne rencontrer que des animaux sauvages, ou quelques hordes ambulantes d'indigènes, qu'il doit fuir plus que les jaguars; car elles sont plus féroces que le tyran des forêts. Avant l'établissement du fort de la baie Blanche (en 1828), le premier point habité qu'on rencontrait sur la route était le Tandil, où une poignée de soldats, renfermés dans un fort, étaient perdus au milieu des Pampas désertes, comme les montagnes auxquelles ce fortin est adossé.

La nuit se passa non sans plusieurs alertes, occasionnées par la pusillanimité de mon péon: son imagination craintive lui montrait partout du danger; il n'avait pas voulu allumer de feu, de peur d'attirer l'ennemi; ni dormir ni s'éloigner de son cheval, pour être toujours prêt à fuir; aussi, plusieurs fois avant le jour, vint-il me conjurer de repartir, ce à quoi je ne me déterminai que lorsque l'aurore colora l'horizon et put guider notre marche. Je fis mes adieux à l'arbre sacré que je ne devais jamais revoir, et je me mis en route pour revenir aux premiers réservoirs, où, après nous être reposés quelques instans, nous repartîmes au galop, et arrivâmes de bonne heure au Carmen. 1829. Le Carmen. Patagonie.

Les nouvelles qui nous arrivaient de toutes parts sur les dispositions des sauvages, augmentaient journellement nos craintes. Les Indiens amis, surtout, ne nous parlaient que des préparatifs d'attaque des nombreuses nations que nous savions exister sur les rives du Rio negro; notre commandant crut bien faire en cherchant à éloigner, par des moyens de paix, cette conjuration générale. Il envoya notre fidèle Patagon, le cacique Lucané, en députation au cacique Chaucata, l'un des plus redoutables de tous les chefs aucas, qui avait sous ses ordres un grand nombre de guerriers habitués aux vols et ennemis des chrétiens. Six jours après, cet envoyé revint avec trois caciques subalternes de la tribu de Chaucata et de Guaykilof, qui venaient pour traiter avec des pouvoirs verbaux. Ces Indiens étaient assez pauvrement vêtus; tous étaient de la nation auca, et accompagnés de quelques soldats déserteurs chiliens. Ils se présentèrent au fort; alors commença, par l'intermédiaire d'un interprète, un long pourparler assez singulier entre ces chefs et le commandant. On m'avait souvent expliqué de quelle manière ont lieu ces entrevues, et l'inflexion que les Araucanos donnent à leur voix, lorsqu'ils haranguent, ou qu'ils traitent d'affaires importantes; mais j'étais, cependant, bien loin de m'en rendre un compte exact. Ces caciques, quoique l'un d'eux parlât assez bien l'espagnol, ne voulurent pas s'abaisser à s'exprimer dans cette langue: ils avaient avec eux leur interprète, dont ils ne voulurent pas, non plus, se servir; ils demandèrent le nôtre. Alors, celui de ces sauvages qui avait le plus d'autorité, commença son discours sur un ton élevé, scandant ses paroles; chaque deux ou trois mots ou chaque phrase, achevant en chantant, c'est-à-dire en traînant davantage sur les sons, et forçant en même temps sa voix; reprenant ensuite, *piano*, sur un ton monotone et *crescendo*, jusqu'à une autre fin de phrase. Il parla ainsi pendant près d'une demi-heure, sans s'interrompre, et sans jamais hésiter un seul instant; après quoi l'interprète, qui avait été très-attentif, rapporta ce qu'il avait dit, qui consistait en protestations d'amitié, en reproches de quelques griefs passés, et se terminait par la demande de quelques rouleaux de tabac et de quelques barils d'eau-de-vie, comme nantissement de la paix qu'il proposait. Le commandant répondit en espagnol, en acceptant. L'interprète indien, prenant le même ton et le même chant que l'orateur, traduisit la réponse; et le cacique, qui n'avait pas perdu un moment son air de dignité, sortit du fort, sans avoir témoigné ni plaisir,

1829. Le Carmen. Patagonie.

ni crainte. Il s'en alla trouver les Indiens amis de sa nation, et repartit avec les siens, quelques jours après, emportant les présens demandés. La suite nous montra quel fonds on pouvait faire sur les promesses pacifiques qu'il était venu nous faire; quant à moi, j'avais cru voir que le principal but de cet Indien et des siens était de se mettre au courant de nos forces, pour nous attaquer plus tard.

Toutes les nations australes ont leurs orateurs : c'est même le don de la parole, joint à la bravoure, qui les fait parvenir au pouvoir. Dans les tribus des Aucas, l'Indien qui n'a pas l'habitude de parler en public, de faire de longues harangues et sans se couper, ni paraître hésiter un instant, ne parviendra jamais, même aux emplois inférieurs. Depuis le premier cacique ou *Ilmen*, jusqu'à celui qui ne dirige que sa famille, tous doivent, au besoin, savoir parler d'abondance. Lorsque j'assistais aux pourparlers, je ne pouvais me lasser de les entendre discourir une heure de suite, sans jamais chercher un mot. Je me faisais quelquefois traduire littéralement leurs discours, et je m'étonnais de la netteté de leurs idées, de la force de leurs argumens, qui dénotent une nation spirituelle et susceptible d'une haute civilisation; j'étais aussi surpris de l'éclat de leurs figures, de la poésie de leur langage, de la justesse de leurs comparaisons. C'est une chose assez générale, parmi les nations sauvages, que cet usage des harangues. J'avais déjà entendu les Tobas du Chaco parler long-temps; mais, plus tard, parmi des Indiens chasseurs, au sein des sombres forêts du pied oriental des Andes, je devais encore en rencontrer. Les Yuracarès ne le cèdent en rien, à cet égard, aux Araucanos, aux Puelches et aux Patagons; seulement ils ne scandent pas, comme ces derniers, leurs discours.

Je voulus un jour, par l'interprète araucana, me faire traduire littéralement une de ces harangues, que les chefs adressent à leurs subalternes, lorsqu'ils veulent les faire se préparer à l'une de leurs excursions sur les terres chrétiennes. Je n'en fus pas aussi content que je l'aurais espéré, ce qui venait, sans doute, de la faute de l'orateur. Elle se réduisait, en abrégé, aux recommandations suivantes : « Frères que faisons-nous ici? Pourquoi « restons-nous inactifs? Pourquoi manquons-nous de chevaux pour la chasse, « tandis que d'autres en ont en abondance? Allons les leur enlever. « Caciques! réunissez vos gens! adressez-leur des discours, enflammez leur « courage; dites-leur de nettoyer leurs lances, de faire des bolas, et surtout « de n'avoir pas peur. Si la crainte n'arrive pas jusqu'à eux, ils réussiront « à tout; ils auront de nombreux troupeaux et des femmes. Dites-leur de ne

« pas dormir, de seller leurs chevaux, dès l'aube du jour, et de s'apprêter à « marcher; dites-leur, surtout, de ne pas craindre la mort, et qu'avec de la « prudence ils parviendront à tout. Qu'ils sachent qu'il ne faut pas parler; si, « la nuit, ils craignent de ne pas se reconnaître, qu'ils sifflent d'une manière « particulière et convenue. »

Il paraît que, dans ces harangues, ils retracent, successivement, les succès passés et les moyens d'en obtenir de nouveaux. Ils n'oublient aucune des précautions de guerre; ils les retracent toutes, plus ou moins poétiquement, en montrant, toujours, les avantages que les leurs en peuvent tirer pour leur bien à venir. Une seule chose ne cessait de m'étonner, c'était de les entendre faire de si longs discours, bien que leur langue soit des plus laconique. Je ne trouvais l'explication du fait que dans les détails minutieux dans lesquels ils entrent; détails qui sont toujours des leçons de tactique militaire dont les jeunes hommes peuvent profiter.

Les approches des froids avaient amené, sur les rives du Rio negro, une innombrable quantité d'oiseaux aquatiques ou riverains, ainsi que de passereaux; et, tous les jours, il en arrivait encore. J'avais vu beaucoup de gibier dans la province de Corrientes; mais rien ne pouvait être comparé à celui qui couvrait les campagnes marécageuses de la rive sud, et les buissons de celle du nord; il semblait que tous les oiseaux des parties australes et des montagnes se fussent réunis en ce lieu, comme dans leur habitation annuelle, lorsque les frimas les chassent des régions alors glacées sur lesquelles ils vivent en été. La chasse était si abondante et si facile, que l'on n'avait, pour ainsi dire, que la peine de charger et de tirer. A moins d'un quart de lieue de la Poblacion del sur, on ne voyait que volées d'oies, de canards et de pigeons. Les petits lacs servaient de retraite aux canards divers et aux poules d'eau; et leur familiarité était telle qu'à peine daignaient-ils s'envoler lorsqu'on approchait. Plus loin, c'étaient des troupes de phénicoptères aux ailes de feu; tandis que les parties verdoyantes servaient de pâture à des milliers d'oies [1], très-improprement connues, dans le pays, sous le nom d'*abutardas* (outardes), et dont les myriades coloraient diversement les plaines. Celles-ci arrivent vers le mois d'Avril, et repartent en Septembre. Elles viennent en si grand nombre que la campagne en est couverte; leurs cris retentissent au loin, et animent ces prairies, naguères désertes. Les coteaux étaient animés

---

1. L'oie antarctique, *Anser antarcticus*, Vieill. Elles sont très-communes en hiver aux îles Malouines. Pernetty, t. 2, p. 14.

de nombreuses troupes de l'ara patagon[1], et du brillant étourneau militaire; aussi, dans mes chasses journalières, m'était-il peu difficile de charger, en quelques heures de promenade, mon cheval et celui de mon péon. Un chasseur passionné y eût bientôt trouvé trop de plaisir; et la facilité avec laquelle il eût pu satisfaire son goût, n'aurait pas tardé à lui ôter le désir de jamais chasser en Europe, où il faut se donner, quelquefois, tant de peine pour ne tuer qu'un petit nombre de pièces. J'avais beaucoup aimé la chasse en France, avant mon départ; mais, gâté par l'abondance, je pensais, dès-lors, ce qui est arrivé; c'est qu'une fois de retour, je ne pourrais plus trouver de plaisir à cet exercice.

19 Avril. Le 19 Avril, je voulus accompagner le commandant Rodriguez jusqu'au navire qui devait l'emmener à Buenos-Ayres. Cet officier, depuis mon arrivée, non-seulement avait bien voulu me faire partager sa table, ce qui n'était pas peu de chose, en un pays où je ne pouvais rencontrer aucune ressource à cet égard; mais je devais encore à sa complaisance beaucoup de facilités de voyage, que je n'aurais pas obtenues sans lui. Si cet ouvrage lui tombe sous les yeux, qu'il y reconnaisse, au moins, l'expression de toute ma gratitude. Un voyageur est si heureux de trouver les autorités disposées à le soutenir dans ses entreprises, qu'il ne peut ni ne doit passer sous silence les noms de ceux qui l'ont obligé. Je partis en canot; et, retardé par un vent contraire, je n'arrivai qu'à une heure de l'après-midi. Je restai à bord du navire jusqu'à six heures; et me séparai enfin de M. Rodriguez, non sans en éprouver une peine réelle. Le retour fut des plus difficile. La marée descendait; et, après trois heures de lutte contre le courant, je n'étais encore qu'à une lieue du mouillage d'où j'étais parti. Saisi par un froid piquant, je dus m'estimer heureux d'obtenir des chevaux à l'une des fermes de la rive; et, d'un galop, je me rendis au fort, où je n'arrivai que très-tard.

22 Avril. Le 22, je me mis en route pour aller visiter la *salina de piedras* (la saline de pierres), ainsi nommée parce que le sel y est par couches épaisses et compactes, aussi dures que des pierres. Cette saline est située au milieu de la plaine, à droite du chemin qui mène à l'arbre du Gualichu, à près de dix lieues du village. Je montai à cheval de très-bonne heure; et, sans suivre aucun sentier tracé, guidé par mon péon, je traversai le désert épineux pendant quelques heures; puis, lorsqu'il crut que nous devions être à une lieue de la saline, il me proposa de nous arrêter pour déjeûner, ce que nous fîmes

1. *Psittacus patagonicus*, Vieill., Encycl.

aussitôt, nos chevaux attachés à des buissons. Le feu ne tarda pas à pétiller, et mon guide prépara le morceau de bœuf qui devait composer notre modeste repas, tandis que je parcourus les environs, cherchant à y découvrir quelques oiseaux; mais la gent ailée abandonne rarement les lieux où elle peut trouver de l'eau. Aussi ne vis-je, dans mes recherches, que quelques buses tricolores, égarées, sans doute, et plusieurs caracarás, qui nous avaient suivis à notre insçu, bien certains de profiter de nos restes. Je remontai à cheval, et, un instant après, j'aperçus les petites collines qui bordent la saline: elles sont marquées seulement à l'est, et encore à peine ont-elles là quelques pieds au-dessus du niveau du sol environnant; tandis que, du côté de l'ouest, elles n'existent pas. Les terrains offrent, tout à coup, une pente douce, qui forme, tout autour, le versant de la saline. Je restai au sommet de la côte à examiner avec plaisir le coup d'œil qui s'offrait à moi. Un immense bassin allongé, en demi-cercle, s'étend sur une surface que je crus être, au moins, de deux à trois lieues de long, sur près d'une lieue de large, dans son plus grand diamètre. Je distinguais nettement, d'où j'étais, le passage graduel des différentes zones de végétation, se succédant les unes aux autres, depuis les parties élevées jusqu'au fond du lac, selon la plus ou moins grande proximité du sel; les dernières tout à fait maritimes, composées de plantes vert foncé, qui appartiennent probablement au genre *Trachynotia*[1], sont les mêmes que j'avais vues sur les bancs vaseux et recouverts par les eaux de la mer, à la baie de San-Blas. Elles offraient un singulier contraste, en succédant à une verdure blanchâtre, et encadrant, de leurs teintes sombres, une étendue éblouissante de blancheur, qui occupe tout le centre du lac, semblable à la neige la plus pure. L'œil est d'abord surpris: il se promène avec étonnement, et même avec admiration, sur tout ce qui s'offre à lui; tout paraît étrange, tout surprend; mais, au bout de quelques instans, dès que les premières impressions se dissipent, on s'aperçoit qu'il manque quelque chose à ce tableau magique; tout y est morne et silencieux, tout y paraît abandonné de la nature animée. La végétation est maigre, appauvrie, dans ce lieu, dont aucun mammifère n'ose approcher; les oiseaux paraissent le fuir; le passereau voyageur, même, trompé par l'aspect du lac, croit pouvoir s'y désaltérer, s'y reposer de ses courses lointaines et de la longue traversée du désert. Vain espoir!.... A peine s'est-il approché de ces rives trompeuses; à peine a-t-il voulu goûter de ces eaux, qu'il s'envole épouvanté, et va tristement chercher, bien loin encore, un lieu plus hospitalier.

1829.

Salina de piedras. Patagonie.

---

1. Voyez tome 2, chapitre XVII, page 48.

1829. Salina de piedras. Patagonie.

Après être resté pendant une demi-heure en contemplation et absorbé dans mes réflexions, las du silence de mort qui m'entourait, je m'acheminai vers les rives de la saline. En route, je rencontrai, sur le coteau, plusieurs excavations pratiquées par les ouvriers employés à l'extraction du sel, dans l'espoir de se procurer de l'eau douce; mais, jusqu'à présent, toutes les tentatives ont été inutiles; toutes n'ont donné qu'une eau aussi salée que celle du lac; ç'a même été l'un des motifs qui empêchent que la saline soit fréquentée; et tout annonçait qu'il y avait quelques années que personne n'y était venu. Nulle part le sel ne paraissait avoir été touché; on jugeait, bien facilement, qu'il est incomparablement plus abondant dans cette saline, que dans celle d'Andres Paz. Il forme, partout, une couche dure et épaisse de cinq à huit pouces, qu'on ne peut entamer qu'avec le pic et la pioche. Je laissai les chevaux à la garde de mon péon, et me mis à faire une récolte d'insectes salés. Je suivis la côte de l'est; et, comme le terrain était vaseux, et que j'étais chargé de boîtes, je me déchaussai, continuai, pieds nus, mes recherches, trouvant quelques insectes différens de ceux que j'avais rencontrés dans l'autre saline; en général, ils étaient très-peu nombreux, ce qui me contraignit à parcourir une bien plus grande surface des rives. Ce travail absorbant toute mon attention, je marchai quelques heures, et j'achevai de faire le tour de l'extrémité orientale; puis, reconnaissant que j'avais autant de chemin à faire pour revenir au lieu d'où j'étais parti, je préférai continuer, pour arriver de l'autre côté du lac, en face du lieu où m'attendait mon péon, afin de n'avoir plus qu'à le traverser sur le sel. Ce projet arrêté, je voulus le mettre à exécution. Je poursuivis mes recherches, qui devenaient de plus en plus fructueuses: les rives vaseuses avaient fait place à des plages sablonneuses, remplacées, plus tard, par des bancs de grès plus ou moins compacte, où je commençai à regretter mes souliers; car, les pieds attendris par la marche, par le sel et par l'humidité, je souffris beaucoup des petites aspérités du sol. J'avançais, néanmoins, toujours plus avide de découvertes; et, tout en observant les couches qui composent le sol, sans négliger d'en constater l'identité avec celles qui constituent celui de la Patagonie, je recueillis beaucoup d'insectes intéressans. J'avais fait ainsi quatre lieues au moins, lorsque je m'aperçus que le soleil approchait du terme de sa carrière; il fallut bien se décider à abandonner les recherches, pour regagner mon cheval. Je regrettai beaucoup, alors, de n'avoir pas dit à mon domestique de me suivre avec nos montures, ce qui m'aurait permis de continuer plus long-temps; mais ces réflexions un peu tardives portaient sur un mal sans remède, et j'abandonnai tout pour m'aventurer sur la saline.

Le commencement de la traversée ne fut pas pénible. Il y avait, sur la masse pierreuse de sel cristallisé, une épaisse couche de sel en petits cristaux non adhérens entr'eux, poussés par les vents, ce qui rendait la marche assez facile, et les pieds ne me faisaient pas beaucoup de mal. Je fis ainsi un demi-quart de lieue, dans la direction de mon péon, que j'apercevais sur la rive opposée, et je croyais pouvoir arriver encore de bonne heure auprès de lui; malheureusement, bientôt, le sel libre disparut peu à peu, et je me trouvai sur le sel pierreux à nu, recouvert d'une couche d'un pied d'eau, qui n'attendait que de la chaleur pour se changer en cristaux de sulfate de soude. Alors commença, pour moi, un supplice qu'il est impossible de se figurer. Mes pieds, attendris par l'eau, me faisaient éprouver les douleurs les plus vives, lorsque je les posais sur cette surface dure, couverte de cristaux anguleux, qui pénétraient dans les chairs, et je ne pouvais y remédier; car il fallait bien que j'avançasse d'un côté ou de l'autre. Mon embarras était extrême, et je mesurais, tristement, l'étendue qui me restait à franchir, tout en n'osant marcher. Je me fis, de mon mouchoir, des espèces de bandages, et j'en enveloppai mes blessures, ce qui me soulagea quelques instans; mais les pointes aiguës déchirèrent bientôt ces lambeaux, et j'étais réellement embourbé, ne pouvant ni avancer, ni rester en place, sans éprouver de vives douleurs. Je fus réduit à mettre successivement mes vêtemens en pièces, pour m'envelopper la plante des pieds; c'est ainsi qu'après une heure et demie de marche sur le sel, je gagnai enfin l'autre rive, et souffrant beaucoup du sel, qui pénétrait dans chaque plaie. Je peindrais difficilement le plaisir que j'éprouvai à toucher le sol, et à reprendre ma chaussure; j'oubliai mes douleurs passées, tout en riant de ma mésaventure et de ma position critique, au milieu de cette mer de sel, sans aller en avant ni en arrière, et ne pouvant néanmoins m'arrêter, sous peine de rester long-temps sur des pointes pénétrantes. Ces détails, peut-être un peu minutieux, pourront servir de leçon au naturaliste qui voudrait tenter les mêmes courses; et c'est pour cette raison que j'ai cru ne pas devoir les passer sous silence.

1829. Salina de piedras. Patagonie.

La saline de piedras pourrait donner bien plus de sel que toutes les autres des environs du Carmen: c'est aussi celle où cette substance est la plus pure; à sa superficie elle présente une cristallisation d'un blanc éblouissant. Si l'on en entame, avec force, la croûte supérieure, tout le dessous est rose très-foncé; cette teinte disparaît, dès qu'elle est exposée à l'air, et tous les habitans s'accordent à préférer le sel de ce lac à celui d'Andres Paz. Cependant ils ne l'exploitent pas, pour le moment, empêchés qu'ils en sont par plusieurs motifs,

1829. dont le premier a toujours été le manque d'eau douce. Les ouvriers étaient obligés d'en apporter des rives du Rio negro, distant de près de huit lieues; et, dès qu'ils en manquaient, ils se voyaient contraints d'abandonner leur travail pour s'en procurer. Un autre motif était le moins de facilité d'extraction : à la saline d'Andres Paz, il suffisait de recueillir, avec une pelle de bois, le sel de la surface du sol; tandis que, pour celle-ci, on ne peut, dans aucun cas, en user ainsi; le pic et la pioche sont indispensables, pour partager en morceaux des couches solides, épaisses de six à huit pouces, qui recouvrent toute la superficie de ce lac salé; d'ailleurs, le sol étant moins ferme, les charrettes ne sauraient entrer au sein même de la saline, et ne pourraient se charger que sur ses rives, ce qui obligerait de porter le sel jusque-là. Une difficulté de plus est celle de ne pouvoir faire qu'à peine un voyage de charrette par jour, jusqu'à la rivière, le trajet, aller et retour, étant de seize lieues, sans eau. Tous ces inconvéniens n'ont pu compenser le grand avantage de conduire le sel directement au lieu d'embarquement; tandis que, de la saline d'Andres Paz, il y a un transport de charrette et un autre par eau. A diverses reprises on a abandonné et repris l'exploitation de cette saline : plusieurs navires y ont trouvé leur cargaison; mais, depuis la certitude acquise que les puits qu'on y creuse ne donnent que de l'eau fortement salée, et que beaucoup de bœufs sont morts de fatigue et de soif, dans le trajet, on a renoncé à cette exploitation, jusqu'à ce qu'on soit forcé d'y revenir.

Salina de piedras. Patagonie.

Le soleil s'était couché, et l'ombre commençait à s'étendre sur tous les objets. Je me retournai vers la saline, et fus frappé de son aspect. La teinte rembrunie, répandue sur toute la nature, ne paraissait pas avoir atteint cette belle nappe blanche, plus éblouissante que jamais; et je pourrais dire qu'elle se détachait d'autant plus des coteaux qui l'entourent, que ceux-ci se couvraient de teintes plus sombres. Celui qui a vu, la nuit, les sommets neigeux des montagnes se dessiner sur les objets diversement colorés dont ils sont environnés, ou qui a dormi au milieu des neiges, peut avoir remarqué combien toutes les grandes masses blanches jettent de lumière autour d'elles, et combien elles se distinguent, même au milieu d'épaisses ténèbres. Je m'étais aperçu, déjà, de cet effet purement physique à la saline d'Andres Paz, et je le revis bien souvent sur les sommets élevés des Andes. En remontant des rives de la saline jusqu'au sommet des coteaux, j'y rejetai plusieurs fois les yeux; et, enfin, arrivé à l'instant où j'allais la perdre de vue, son centre, en un large croissant, se détachait encore des sombres buissons qui l'entourent.

Mon péon me pressait, depuis long-temps, de revenir : il ne se trouvait pas

en sûreté dans ces lieux; et, malgré tout mon désir de coucher aux environs, 1829.
pour revoir, le lendemain, l'autre côté de la saline, je ne pus jamais l'obtenir. Mon guide me fit valoir que nous n'étions pas loin du chemin du Colorado, par où les Indiens pouvaient venir; que nos chevaux n'avaient pas bu; et, enfin, il me signifia qu'il me laisserait seul, si je m'obstinais. Il fallut donc céder, et nous galopâmes au milieu du désert, parmi les buissons épineux, nous dirigeant sur les étoiles. Nous cheminions ainsi en silence, lorsque la lassitude de nos chevaux nous força de ralentir, peu à peu, notre course, et nous obligea même à nous arrêter tout à fait. Nous étions encore, autant que nous en pouvions juger, à une ou deux lieues du Carmen; force nous fut donc de bivouaquer. Un autre motif nous eût empêchés d'arriver pendant la nuit; c'était la crainte de jeter l'alarme dans le fort; toute marche nocturne, à moins de nouvelles d'attaque, étant interdite. Nous nous établîmes au pied d'un buisson, où s'acheva le reste de la nuit, non sans éprouver un froid piquant; car, ayant cru revenir le même jour, j'avais négligé de me pourvoir de ce qui pouvait m'en garantir. Le lendemain matin, à la pointe du jour, je me remis en route, et j'arrivai promptement au Carmen.

Salina de piedras. Patagonie.

Malgré les nouvelles alarmantes que nous recevions, de toutes parts, sur les intentions hostiles des Indiens, je voulus ne pas perdre un instant pour parcourir les lieux que je ne connaissais pas, et pour achever de recueillir les objets qui pouvaient m'intéresser. Je chassais tous les jours, et mes collections s'augmentaient beaucoup. Le 25, je voulus retourner encore à la saline d'Andres Paz, en relevant jusque-là les sinuosités de la rivière. Je m'occupai de ce travail, tout en voyant des milliers d'oiseaux sur la route. Une fois arrivé au lieu où étaient les baraques d'exploitation, celles-ci ayant été brûlées par négligence, un jour de grand vent, je partis à pied pour la chasse, remontai le Rio negro, près de trois lieues, et m'en revins, pliant sous le poids des oiseaux que j'avais tués. Depuis quelque temps les pigeons[1] étaient arrivés par troupes innombrables sur les rives du Rio negro : tous les matins leurs vols, composés, le plus souvent, chacun, de plusieurs milliers, descendaient du haut du Rio negro vers son embouchure, venaient, en nuages épais, peindre d'une couleur bleuâtre toutes les plaines des rives, cachant la terre sur une surface de quelques centaines de pas; et là, pressés les uns contre les autres, ils paissaient paisiblement; car il n'y a que peu de chasseurs au Carmen. J'en avais vu plusieurs troupes en allant, et chaque coup de fusil en avait fait rester

Le Carmen. Patagonie.

25 Avril.

1. *Pigeon aux ailes tachetées*, Azara, n.° 318.

1829. Rio negro. Patagonie.

près d'une douzaine sur la place. Vers le soir, tous ces oiseaux reviennent de l'embouchure de la rivière, où il n'y a aucun arbre, pour se percher sur les *saules* de ses rives et dans les îles; et, comme les premiers de ces arbres sont au lieu où je me trouvais, un peu avant le crépuscule, ils y arrivèrent de toutes parts, se posant sur les branches, qui pliaient sous leur poids. Je mets en fait que, sans ajuster, un coup de fusil tiré au hasard dans une direction quelconque, au milieu du fourré, n'aurait pu manquer d'en tuer un grand nombre, à plus forte raison lorsqu'on voulait s'approcher avec précaution et viser au plus épais de la troupe; je le fis deux ou trois fois, la terre se trouva jonchée de pigeons morts ou blessés, et le lendemain encore j'en rencontrai sous les arbres à chaque pas. En trois coups de fusil, j'en tuai plus de cinquante; ces oiseaux arrivaient déjà depuis quelques heures, lorsque j'allai les chasser, et les saules en étaient couverts. Je connaissais, depuis longtemps, le bruit que produit une de leurs troupes, lorsqu'elle s'envole; néanmoins, à l'instant où je tirai au milieu des arbres, je restai comme stupéfait du tapage que firent ces myriades d'oiseaux, en s'enlevant tous ensemble. C'était un roulement pareil à celui du tonnerre, et qui se renouvelait à chaque instant; car ces pauvres pigeons, tournoyant dans les airs, revenaient, ensuite, à leur perchoir; mais, effrayés de nouveau, la peur les faisait s'envoler encore, avec le même bruit, et ils ne commencèrent à prendre de repos que lorsque la nuit close ne leur permit plus de se guider. Celui qui n'a pas vu ces grandes troupes d'oiseaux couvrir certains lieux sauvages, ne peut, en aucune manière, se rendre compte de leur innombrable quantité; c'est au-dessus de tout ce qu'on peut imaginer.

Vers le mois d'Avril, les pigeons, qui nichent, sans doute, dispersés sur tous les lieux boisés avoisinant les rives du Rio negro et des autres rivières de la Patagonie, et tout le pied oriental des Andes, commencent à se réunir en grandes familles; et descendent, alors, pour aller chercher, dans les plaines riveraines des fleuves et voisines de la mer, des régions moins froides, où ils puissent vivre; c'est ainsi que, de tous les environs, ils viennent à cette époque sur les atterrissemens qui bordent la rivière, et y paissent pendant quelques mois, à peu près jusqu'en Août, amenant, à leur suite, un très-grand nombre d'oiseaux de proie, surtout d'aigles aguya [1], qui vivent à leurs dépens, et repartent ensuite, pour ne revenir que l'année suivante, à pareille époque. Les pigeons ne fréquentent pas les plaines élevées, et jamais ils ne s'éloignent de

1. *Pygargue aguya* (*Haliætus melanoleucus*). Oiseaux, p. 76.

la rivière; apparemment parce que là, seulement, ils trouvent les graines dont ils font leur nourriture. J'avais déjà rencontré, en hiver, dans la province de Corrientes, principalement au Rincon de Luna [1], et sur les rives de la Plata, des troupes de cette même espèce; mais elles étaient peu nombreuses, comparativement à celles-ci. Il paraît même que cette espèce a, partout, les mêmes habitudes; car elle forme aussi de grandes volées sur le versant oriental des Andes, dans la province de Yungas, en Bolivia. Elle vit sur les lieux élevés, où elle retrouve, à cause de la hauteur, à peu près les mêmes terrains et la même température que ceux de la Patagonie.

Le manque de cabanes m'avait obligé de passer la nuit en plein air, exposé à une rosée abondante et froide; aussi, dès l'aube du jour, étais-je sur pied. J'allai, avec les ouvriers, voir si, sous les arbres où j'avais tiré les pigeons, je n'en rencontrerais pas de morts; et, sans chasser, je fis une moisson aussi abondante que la veille. Je m'acheminai ensuite vers la saline, que je revis avec un nouveau plaisir; puis, je revins au Carmen, tout en observant minutieusement la géologie des coteaux, et me chargeant d'échantillons.

1. Tome 1.er, chapitre VII, page 155.

1829.

San-Xavier.

Patagonie.

CHAPITRE XX.

Voyage et séjour à San-Xavier et suite de la description des mœurs et usages des Patagons. — Chasse aux autruches. Première invasion des Indiens. État critique du Carmen. Complot des Gauchos. — Second voyage au Sud. Nouvelle attaque des hordes sauvages.

§. 1.er

Voyage et séjour à San-Xavier, et suite de la description des mœurs et usages des Patagons.

Je connaissais assez bien les deux rives du Rio negro, en le descendant, et celle du nord, en le remontant; mais je n'avais pas encore visité le poste le plus avancé sur la rive du sud, au lieu nommé *San-Xavier,* que les habitans me signalaient comme un lieu couvert de bois de saules, et séjour de nombreux pécaris[1], sanglier de ces contrées. Je cherchai à découvrir un gîte où je pusse séjourner quelques jours, afin de bien voir ce lieu. Un matelot français, marié dans le pays, m'offrit obligeamment sa ferme, et je
29 Avril. me disposai à m'y rendre. Je devais partir le 29; mais un vent affreux me força d'ajourner l'expédition. La côte de Patagonie est peut-être le pays du monde où le vent souffle avec le plus de force : il fut tel ce jour-là que personne ne put sortir à cheval, sans avoir à craindre d'être désarçonné; et, le lendemain, nous apprîmes que plusieurs accidens avaient eu lieu; cependant, comme le temps s'était un peu calmé, je ne voulus pas tarder plus long-temps à me mettre en route. Je fis passer des chevaux à l'autre rive, et m'y rendis avec armes et bagages. De la Poblacion del sur, le chemin, jusqu'à San-Xavier, offre assez d'uniformité. On suit toujours la plaine d'atterrissemens qui occupent toute cette rive, sur plusieurs lieues de largeur; et le trajet en serait des plus monotone si, sur le bord du Rio negro, on n'apercevait pas, de distance en distance, des fermes de culture, les unes ornées d'un petit jardin et de quelques arbres; les autres nues, isolées au milieu de la plaine, et des champs qu'elles font valoir, dont les chaumes, alors secs, n'avaient rien de bien gai. Dans l'espace de six lieues, la même uniformité dans la campagne; le peu d'arbres qu'on y remarque, sont tous plantés, et la nature y serait attristante, si un grand nombre de petits lacs, de marais, n'étaient incessamment vivifiés par des volées

1. *Dicotyles torquatus,* Cuv., Règne anim., t. I, p. 245.

d'oiseaux de toute espèce, qui offrent elles-mêmes, à chaque pas, le gibier le plus riche à quiconque a le moindre désir de chasser. Dans les prairies, des troupes innombrables de pigeons et d'oies; au bord des eaux, encore plus de variété. Le grand nombre d'espèces et la multiplicité de chacune d'elles, feraient croire que tous les oiseaux du pôle se sont donné rendez-vous sur le même point, où ils vivent de la manière la plus familière. Je ne crois pas, en un mot, qu'il soit possible de rencontrer, nulle part, une réunion plus nombreuse. J'étais étourdi de leurs cris divers, et l'air était continuellement agité de leurs mouvemens graves et réguliers. Des nuages de pigeons, poursuivis par l'aigle ravisseur, y font des évolutions rapides, se resserrant tout à coup, ou dessinant à l'horizon mille figures bizarres; puis se replient comme des serpens, se rassemblant, ensuite, pour échapper au tyran des airs, mais en vain.... La troupe ne peut avoir la paix que lorsqu'un malheureux oiseau, saisi par les serres acérées de l'aigle, est emporté loin de ses frères, et a fait trève, par sa mort, à la poursuite dont tous sont constamment l'objet. Si l'on compare nos champs, où à peine une joyeuse alouette ose se montrer, de loin en loin; où le moineau familier, lui-même, ne se croit pas en sûreté; où le peu d'oiseaux qui restent, sont continuellement en butte aux atteintes du chasseur; si, dis-je, on compare de tels lieux aux régions encore sauvages, où tous les êtres jouissent d'une liberté complète, y pullulant par myriades, affranchis de toute crainte, on jugera de l'influence qu'a sur toute la nature, sur l'aspect d'un pays, considéré sous le rapport des animaux qui l'habitent, la proximité des grands centres de civilisation. Il est probable que ces oiseaux, aujourd'hui paisibles habitans des déserts, deviendront fuyards et craintifs, et même abandonneront la contrée, dès qu'une forte population, et une civilisation avancée, viendront envahir les rives, encore aujourd'hui désertes, du Rio negro.

1829. — San-Xavier. Patagonie.

J'arrivai ainsi, accompagné de la gent ailée, jusqu'à une lieue de San-Xavier, où la nature revêt d'autres formes. Les rives du fleuve se couvrent de bosquets de saules; les eaux se divisent en plusieurs petits canaux tortueux, et forment des îles boisées dont la vue égaie. Un instant avant, la contrée ne devait la vie qu'aux êtres animés qui la couvraient; là, au contraire, c'est à la végétation seule qu'elle doit toute sa parure. Les saules, qui, à la différence de ceux d'Europe, n'ont jamais senti le fer de la hache, sont élancés et droits: leur forme est gracieuse, et leurs légers rameaux se balancent doucement au gré des vents; leur ombrage protège des plantes élevées et verdoyantes qui poussent avec vigueur, et je commençais à regretter qu'un aussi joli site fût

1829. San-Xavier. Patagonie.

dépourvu d'habitations, lorsqu'au détour d'un bois j'aperçus l'humble cabane de *mon compatriote*. Elle est adossée aux arbres, et n'est séparée de ce labyrinthe d'îlots boisés que par de très-petits canaux naturels, qu'on traverse sur quelques troncs de saules, disposés en guise de pont. Oubliant un instant que j'étais en Patagonie, je me croyais sur les rives les plus jolies de nos petites rivières de France, et l'illusion était d'autant plus complète que j'étais chez un Français. Ce petit coin des rives du Rio negro ne ressemble en rien à tout ce qui caractérise le pays; c'est un oasis perdu au milieu de déserts arides et désolés. Je m'installai dans la hutte, où tout manquait aux commodités de la vie, parce que son propriétaire, dans la crainte des invasions des Indiens, avait transporté au Carmen tout ce qui lui appartenait; néanmoins, sachant qu'il y avait beaucoup à faire pour la chasse, et qu'une réunion très-nombreuse de tentes de Patagons était à peu de distance, je résolus de passer quelques jours dans ce lieu, autant pour recueillir tous les objets d'histoire naturelle qui pourraient s'y trouver, que pour continuer mes observations sur les Téhuelches, alors éloignés de l'influence des lieux habités par les blancs.

Un jour, à cheval, accompagné de quelques hommes et d'une meute de chiens, je remontai de la maison vers l'ouest, pour chasser les *jabalis* ou pécaris. Je suivis le dehors des bois, jusqu'aux toldos des Patagons, restai un instant avec eux, puis continuai ma route jusqu'au corps-de-garde de San-Xavier, la dernière maison de ce côté, la seule bâtie en pierres, et recouverte de tuiles. C'était, dès la fondation du Carmen par les Espagnols, le poste le plus avancé et les *limites de la colonie*; c'est là qu'on entretenait toujours quelques soldats pour surveiller les mouvemens des Indiens. J'y trouvai quatre ou cinq bomberos, chargés encore du même service, remontant, tous les jours, bien au-delà, pour s'assurer si la campagne est tranquille ou non. Je passai outre; et me trouvai, bientôt, au milieu de terrains demi-marécageux, couverts, par intervalle, de bois, de prairies, coupés de beaucoup de canaux naturels. Ces lieux, riches en pâturages, sont difficiles à parcourir. Je faillis plusieurs fois y renoncer : pas un seul sentier. Il faut se frayer un chemin au travers de plantes élevées de huit à dix pieds, formant buisson, d'où, à dix pas de distance, on n'aperçoit même pas sur son cheval le cavalier, souvent obligé de descendre, pour s'ouvrir un passage à coups de sabre. Je fis ainsi plus de quatre lieues dans le fourré, rencontrant souvent des prairies magnifiques, entourées d'arbres; des îles, dans lesquelles j'entrais, où tout annonçait une végétation active, et offrait au fermier les meilleurs pâturages;

mais qui n'ont jamais été foulés par les troupeaux domestiques. On n'a pas tenté de se fixer au-dessus du corps-de-garde, quoique ce fût, bien certainement, ce qu'il y avait de mieux à faire pour l'agriculture. Le peu de garanties contre les Indiens, et le peu de profondeur de la rivière, qui ne permet pas aux navires de remonter au-delà du Carmen, ont toujours empêché les spéculateurs de s'y établir. Espérons qu'un jour les plus belles parties de la Patagonie, sous un ciel encore serein et tempéré, ne resteront pas désertes, et qu'une population active viendra se les approprier. Ces réflexions me vinrent bien souvent en foulant ce sol vierge, qui n'appartient encore à personne.

Nous rencontrâmes bien, à diverses reprises, des traces non équivoques du passage de troupes de pécaris; mais je ne pus voir aucun de ces animaux; les chiens en sentirent plusieurs fois, inutilement. La difficulté qu'ils éprouvent à pénétrer au milieu du fourré, nous priva de poursuivre ce gibier. Je me contentai de tuer plusieurs aigles, des cygnes au col noir, beaucoup de canards et de petits oiseaux, et je revins à ma cabane les jambes déchirées par les épines et par les plantes tranchantes. Plusieurs jours de suite je recommençai mes recherches, sans être plus heureux pour les pécaris, quoique toujours favorisé pour les oiseaux, pour les insectes, et même pour les coquilles, les eaux très-basses m'ayant permis de recueillir plusieurs bivalves[1], et de très-belles lymnées. En général, quoique toutes mes excursions fussent des plus pénibles, j'en tirai de grands avantages; et ce séjour fut un de ceux qui profitèrent le plus à l'augmentation de ma collection.

J'avais à m'occuper d'un autre genre de travail. Il s'agissait de compléter, auprès des Patagons, les observations qui pouvaient me les faire parfaitement connaître; à cet effet, j'allais passer une partie de mes journées parmi eux, et le hasard me favorisa beaucoup pour ce que je désirais voir. Un jour j'arrivai, dès le matin, à l'instant où commençait une cérémonie nationale, dont je suivis toutes les circonstances. Je vis beaucoup d'Indiens entourant une tente, où était placée une jeune Indienne que ses voisins venaient visiter tour à tour, et auxquels elle donnait un morceau de viande. Ce singulier spectacle m'occupait beaucoup; et, par le moyen d'un Indien puelche, qui se trouvait chez mon compatriote, j'en obtins bientôt l'explication. L'époque de la nubilité de la jeune Indienne en était la cause. Pour satisfaire à un usage commun aux Patagons, aux Araucanos et aux Puelches, dès qu'une jeune fille s'aperçoit des premiers indices de sa nubilité, elle en prévient sa

1. *Anodontes patagonica*, d'Orb.; *Lymnæus Dombeyanus*.

1829. mère ou sa plus proche parente; celle-ci en avertit le chef de la famille, qui choisit, immédiatement, sa jument la plus grasse, afin d'en régaler ses amis. La jeune fille est placée au fond d'un toldo, nommé *huetenuca*, séparé des autres, et décoré à cet effet; et là, sur une espèce d'autel, elle reçoit les visites successives de tous les Indiens et Indiennes de la tolderia, qui viennent la féliciter d'être femme, et recevoir d'elle un morceau de la jument, proportionné à leur rang ou à leur degré de parenté. Aussitôt que tous les visiteurs sont venus, et que personne n'ignore, dans la tribu, que la jeune Indienne est nubile, on l'assied sur une mante de laine, que sa mère prend par devant, sa plus proche parente par derrière, et; ainsi soulevée, on la promène; tandis qu'une vieille femme, remplissant les fonctions de devin ou de prêtre, marche en tête, en chantant, sans doute pour conjurer le malin esprit. Ce cortège s'achemine lentement vers un lac voisin, sans que personne le suive; la prêtresse entre la première dans l'eau, prend un peu d'eau et la jette en l'air, en parlant long-temps, sans doute afin de prier le dieu du mal de protéger la jeune Indienne dans la nouvelle position qu'elle va prendre dans le monde. Les autres femmes entrent aussi au sein de la lagune : la conjuration terminée, elles y plongent la jeune fille à trois reprises différentes; l'essuient bien, étendent quelques pièces de tissus à terre sur la rive; l'y couchent, en la couvrant de ce qu'elles ont de meilleur; puis, plus tard, lorsque la prêtresse a terminé et recommencé les prières, la néophyte revient vers la tolderia, où, dès-lors, elle doit jouer un rôle.

San-Xavier. Patagonie.

Je suis presque certain que cette coutume est générale parmi les nations de l'Amérique méridionale; car, non-seulement je me suis assuré qu'elle existe encore parmi les autres nations australes, telles que les Puelches et les Araucanos, mais encore je l'ai retrouvée au sein des immenses forêts du centre de l'Amérique. Il est vrai que, partout, elle n'est pas célébrée de la même manière, souvent même cette époque est marquée par des souffrances qu'on impose aux jeunes filles. Les Guarayos, par exemple, la signalent en imprimant de profondes cicatrices sur la poitrine de la patiente. Les Yuracarès du pied oriental des Andes de Cochabamba, plus insensibles aux maux physiques, non-seulement lui couvrent les bras de blessures, mais encore s'en font à eux-mêmes et à tous les membres de la famille. Les animaux domestiques ne sont pas exempts de sanglantes stigmates; et ainsi la fête, qui a lieu ordinairement à la suite de jeûnes, se passe en libations, et se termine par cette scène barbare. L'éducation des néophytes de la province de Moxos, malgré tous les efforts des religieux qui ont cherché à leur faire oublier toutes les coutumes primitives de leur religion, n'a pu, depuis deux siècles, effacer les souvenirs de cet instant, que les Canichanas marquent par des jeûnes beaucoup trop longs. Puisque cet usage existait à de si grandes distances, et chez des nations si différentes, on pourrait supposer qu'il se trouvait parmi presque toutes, avant que le christianisme eût fait abolir les anciennes coutumes religieuses. Dans les tribus où elle existe encore, elle est au moins une garantie contre la corruption prématurée : jamais, chez les nations australes, une jeune fille, avant d'être nubile, ne cessera d'être soumise à la sévère surveillance de ses parens; tandis que chez les Indiens demi-civilisés des Missions, la corruption n'attend jamais cet instant. Il faut dire aussi que, parmi tous ces aborigènes, dès qu'une fille est nubile, elle est absolument sa maîtresse; et, jusqu'à ce qu'elle se marie, elle peut faire ce que bon lui semble, sans qu'on y trouve à redire. Elle est aussi libre étant fille, qu'elle est esclave étant mariée.

1829.

San-Xavier.

Patagonie.

Le mariage des Patagons n'est pas aussi compliqué que la cérémonie dont je viens de parler; il se réduit à peu de chose. Jamais un Indien ne se marie avant d'avoir fait ses preuves à la chasse et à la guerre; aussi reste-t-il garçon jusqu'à plus de vingt ans, cherchant jusque-là à se faire une réputation de guerrier, ou à réunir, dans les invasions, assez de richesses pour obtenir une femme; car il ne lui suffit pas d'être aimé d'une jeune Indienne; il lui faut encore convenir à sa famille. C'est pour cela que le prétendant est obligé à faire des cadeaux à ses parens, qui souvent, même, fixent le prix qu'ils veulent de leur fille; et, s'il n'est pas au-dessus de la fortune de l'Indien, tout s'arrange facilement; bien entendu qu'il n'est pas question de la conduite passée de la future. Comme il est reconnu qu'elle est maîtresse de sa personne, on ne s'occupe nullement de ce qu'elle a fait, n'étant obligée d'être fidèle qu'à son mari. Dès que les parties sont d'accord, la mère de la future et ses amies construisent le toldo de mariage, que doit occuper le nouveau ménage : on y renferme les deux époux; puis, tous les devins et parentes se réunissent autour. Les devins commencent par donner des conseils au mari, sur la conduite qu'il doit tenir avec sa femme, sur ses devoirs; puis en font autant à celle-ci, en lui prêchant, surtout, la soumission, la première des vertus exigées d'elle dans son nouvel état. Une fois que tous les conseils sont donnés, les devins avec les parentes chantent et dansent autour de la tente, tout en exécutant une musique diabolique avec de grandes calebasses, ou en soufflant dans de grandes coquilles. Les hommes, dans cet intervalle, allument un grand feu, et font rôtir de la viande, dont ils offrent, de temps en temps, quelques petits morceaux aux époux, en leur faisant encore de nouvelles recommandations. La nuit se passe ainsi; et, *le lendemain matin, ils ne sont considérés comme définitivement mariés* que lorsque tous les habitans de la tolderia les ont visités au lit. Aussitôt après, la nouvelle épouse aime à se parer de ce qu'elle a reçu de plus précieux de son mari : ainsi elle prend ses énormes boucles d'oreilles; et la plus grande jouissance qu'elle puisse éprouver, c'est si son mari, à l'imitation des Aucas, lui a donné un bonnet fait de perles de verre de couleur, enfilées dans des tendons d'autruche (le seul fil des Patagons), et réunies par mailles, comme du filet. Alors elle reçoit la visite des autres femmes et des jeunes filles, qui l'admirent. Ses bijoux consistent en verroteries. Si elle a un cheval, elle le selle, l'orne de tout ce qu'elle possède, et va ainsi se promener, *étalant toutes* ses richesses aux yeux de ses voisines. Un Patagon n'a jamais qu'une seule femme *légitime* : celle-là, il ne l'abandonne jamais; il n'y a qu'une concubine qu'il puisse abandonner sans honte, ce qu'il ne fait encore que lorsqu'il n'en a pas d'enfant. Si, dans une guerre, il obtient des captives, celles-ci servent de domestiques à sa femme.

Les veuves et les orphelines peuvent seules disposer d'elles-mêmes, et se marier à qui bon leur semble; les filles qui ont des parens sont, pour ainsi dire, regardées, par eux, comme des moyens de richesse. Ils rançonnent tellement le prétendant, que plusieurs Indiens tardent long-temps à se marier, parce qu'ils n'ont pas assez pour acheter une femme. Souvent celle-ci, mariée contre son inclination, ne peut, néanmoins, résister aux ordres de son père; mais, si elle persiste à ne rien accorder au mari, quelquefois celui-ci, qui n'emploie jamais *les mauvais traitemens pour* la contraindre, lassé enfin de son obstination, la renvoie à ses parens, ou la vend lui-même à l'homme qu'elle préfère. Lorsqu'une femme s'échappe de la tente de son mari, pour aller retrouver un amant aimé et vivre avec lui, l'époux, s'il est d'un rang supérieur, ou s'il a des amis plus puissans que le ravisseur, se fait rendre sa femme; mais si, au contraire, celui-ci est dans une position plus élevée, le mari doit patiemment se voir enlever sa compagne, sans se plaindre. Le plus souvent les intéressés entrent en composition, et s'arrangent moyennant quelques cadeaux. Quelques Patagons m'ont assuré qu'ils prennent une femme pour épouse ou pour concubine; que, dans le second cas, ils peuvent l'abandonner quand bon leur semble, mais qu'il n'y a pas d'exemple de cet abandon, dès qu'il naît des enfans; *et les Indiennes sont, en même temps*, des compagnes laborieuses et fidèles, vivant en bonne intelligence avec leurs maris, qui les protègent même jusqu'à la vieillesse la plus avancée, et les traitent avec beaucoup de douceur. Il est rare qu'un Indien batte sa femme.

Les attributions de l'homme et de la femme sont bien différentes. Le premier fait la guerre, va à la chasse, doit fournir à sa famille la nourriture et les peaux d'animaux, pour les vêtemens et la tente; tandis que tout le travail intérieur est confié à la seconde. Celle-ci doit construire les tentes et s'occuper des transports en voyage, elle supporte tout le poids du ménage, tout en élevant ses enfans; elle fait tout, excepté la chasse et la guerre; encore n'est-il pas rare de la voir, dans ce dernier cas, aider son mari à sauver le butin. Elle s'occupe des bagages, charge et décharge les chevaux, sans jamais être aidée de son mari, qui croirait déroger à sa dignité, en la soulageant dans ses travaux. Cette coutume est assez répandue parmi tous les sauvages américains, depuis l'habitant des plaines et des montagnes, jusqu'à celui des forêts; partout l'homme est le maître et seigneur des femmes, qui ne remplissent que des fonctions d'esclave, portant les fardeaux, et travaillant continuellement; tandis qu'il reste spectateur inactif. C'est une preuve de plus, que la femme jouit d'un sort d'autant plus heureux que la civilisation est plus avancée. Quelle différence, en effet, de celles de nos cités, entourées de tout le prestige de leur amabilité, de leur pouvoir absolu sur nous, à ces pauvres sauvages, les humbles esclaves de leurs maris, dont la vie n'est qu'un fardeau continuel, qu'elles supportent patiemment sans se plaindre, parce qu'il est l'attribut de leur sexe!

Une femme enceinte n'est jamais dispensée de remplir ses fonctions : elle doit vaquer à ses occupations journalières, même lorsqu'elle approche de l'instant de ses couches, ou lorsqu'elle est nouvellement accouchée; à peine alors lui accorde-t-on un ou deux jours de repos. L'une des devineresses lui sert de sage-femme; et, à l'occasion de la naissance de l'enfant, il y a, quelquefois, des fêtes, des danses et des chants, ainsi que quelques conjurations contre le malin esprit ou Achekenat-kanet. La mère nourrit toujours son enfant, une ou deux années, jusqu'à ce que son estomac puisse supporter les alimens grossiers dont vivent les Patagons. Dès sa plus tendre jeunesse, il est livré à tous ses caprices, sans que jamais ceux-ci soient réprimés; souvent la mère cède aveuglément à ses moindres désirs. Un enfant mâle est quelquefois plus maître que son père, qui, lui-même, ne le contrarie jamais; cette nation pousse si loin cette faiblesse, qu'on a vu une tribu abandonner un parage, ou y séjourner plus qu'elle ne devait le faire, par le simple vouloir d'un enfant. Les Puelches sont presque d'aussi faibles pères.

1829. San-Xavier. Patagonie.

On doit sentir que, par cette éducation, les jeunes garçons sont très-heureux. Dès leur plus tendre jeunesse, le père les promène souvent à cheval; et, à six ou sept ans, ils savent déjà diriger les montures les plus douces; quelques années après, ils accompagnent leurs pères à la chasse, apprennent à manier les bolas et la flèche. Peu à peu ils s'habituent à tous les exercices qui entrent dans les attributions de l'homme; cependant, de long-temps encore, les jeunes garçons n'accompagnent pas leurs pères à la guerre, ou du moins ils restent à l'arrière-garde avec les femmes, afin d'aider à emporter le butin. Ce n'est que vers dix-huit ou vingt ans qu'ils commencent à se battre pour leur compte; car, n'ayant rien à attendre de leurs parens, sous le rapport de la fortune, ils sont contraints de songer, de bonne heure, à leur avenir particulier. Pour les jeunes filles, dès qu'elles ont assez de force, elles aident leur mère dans tous les travaux du ménage, sans que celle-ci puisse les y forcer: elles ont, au reste, liberté pleine et entière; seulement, elles ne peuvent se marier sans le consentement de leurs parens. En général, autant l'on remarque d'union entre le père et la mère, autant il en existe entre ceux-ci et leurs enfans. A cet égard, les sauvages possèdent, souvent, bien plus que beaucoup d'hommes civilisés, l'instinct paternel, filial et de famille.

Les nations australes célèbrent à peu près de même les funérailles des leurs; cependant il y a plusieurs nuances. Les Patagons sont on ne peut plus superstitieux à cet égard : ils conservent long-temps la mémoire de ceux qu'ils ont aimés; et souvent on les entend se lamenter, et retracer les vertus et les bonnes qualités des défunts. Combien de fois n'ai-je pas entendu prononcer ces plaintes, en approchant d'une tente! Il est rare qu'une vieille Indienne passe une journée sans parler, en pleurant, à ses voisines, ou à ses enfans, des jours heureux qu'elle a passés avec son mari; et le vieil Indien se rappelle, avec la même sollicitude, les services qu'il a reçus de sa femme. Ils supposent les morts admis à une autre vie de béatitude, et ils espèrent aller les retrouver. J'ai dit[1] de quelle manière les Patagons se soignent lorsqu'ils sont malades, et quelles sont leurs suppositions sous ce rapport. Si la mort arrive, les devins sont, quelquefois, accusés; mais, le plus souvent, les parens sont trop affligés de la perte qu'ils viennent de faire pour s'occuper d'eux. Dès qu'un chef de famille est décédé, les amis se peignent de noir, et viennent, successivement, consoler sa veuve et ses enfans. Le corps du défunt est immédiatement dépouillé de ses vêtemens par les parens; puis, tandis qu'il

1. T. II, chapitre XVIII, page 91.

est encore chaud, on lui place les jambes de manière à lui mettre les genoux au menton, les talons à la partie inférieure du tronc, et on lui croise les bras sur les jambes[1]. Aussitôt après, une partie de ce qui a appartenu au défunt, est brûlé par les siens en signe de deuil : sa demeure est anéantie, sa femme et ses enfans sont dépouillés de tout ce qui ne leur est pas propre; et la veuve, sans asyle, souvent presque nue, attend, aux environs, que quelques parens viennent lui donner des vêtemens; elle se barbouille de suite la figure de noir, se coupe les cheveux de devant, peigne les autres, qu'elle laisse tomber sur les épaules, et se renferme dans une vieille tente, d'où, pendant une année, elle ne sort pas, gardant des habits lugubres, la figure teinte en noir, sans pouvoir se la laver qu'une année après, et astreinte, dans cet intervalle, à la conduite la plus austère. La moindre infraction à cet usage serait, pour la mémoire du défunt, un affront, que les siens auraient le droit de punir par la mort de la coupable et de son complice.

1829.

San-Xavier.

Patagonie.

Lorsque le corps du défunt est ainsi ployé, que sa tente est brûlée, ses proches immolent à ses mânes tous les animaux qui lui ont appartenu : ses bestiaux sont tués dans la campagne, ainsi que ses chevaux, et aucun Indien ne mange de leur chair; ses chiens même, fidèles compagnons de sa chasse, sont aussi égorgés; on ne réserve que son meilleur cheval, destiné à porter son corps jusqu'à la sépulture, avec ses armes et ses bijoux, qui doivent être ensevelis avec lui. Ses fils ou ses neveux, l'accompagnent jusqu'à sa dernière demeure; ils marchent au loin dans la campagne, surtout lorsqu'il y a, aux environs, une nation différente de la leur ou des chrétiens, afin de ne pas être aperçus d'eux. Dès qu'ils se croient seuls, et assez éloignés pour ne pas être dépistés, ils creusent une fosse circulaire, de deux pieds de diamètre tout au plus, et assez profonde pour que le corps, déposé assis, puisse avoir quelques pieds de terre sur la tête[2] : ils enterrent avec lui ses armes, ses éperons d'argent, ses meilleurs vêtemens, afin qu'il les retrouve dans l'autre

---

1. Cette manière de donner au corps le plus petit volume dont il est susceptible, est générale dans toute l'Amérique. Les tombeaux des Incas et ceux des peuples chasseurs du sein des forêts, m'en ont tous offert la preuve. Les corps y étaient enterrés assis.

2. Falconer (Description des terres magellaniques, t. II, p. 83 et 89) dit que les Patagons, comme les Aucas, font des squelettes des corps de leurs morts, et qu'ils les transportent au loin, où des matrones les veillent; mais je me suis souvent assuré du contraire. Ont-ils changé de coutume, depuis l'époque où cet auteur écrivait?

1829. vie[1], le recouvrent de terre, et immolent, ensuite, le coursier sur sa tombe, afin qu'il l'ait lorsqu'il voudra s'en servir; puis ils reviennent tristement, en faisant de grands détours, pour ne pas indiquer où ils sont allés. Ces précautions sont des plus nécessaires; car si, dans la même tolderia, un Indien n'était pas assez hardi pour aller profaner la tombe de son frère, de son ami, les autres tribus, toujours peu scrupuleuses sur ce point, et, surtout, les chrétiens qui peuvent se trouver parmi elles ou aux environs, ne manqueraient pas de rechercher ces tombes, afin d'en enlever les vêtemens et les ornemens d'argent qu'on y place; violence qui a souvent, entre les nations, amené des rixes et des haines mortelles. C'est même telle profanation trop fréquente, surtout auprès des établissemens des Espagnols, qui a rendu les parens moins sévères à cet égard. Comme tous les troupeaux, tous les chevaux, sont au chef de la famille, lorsqu'une Indienne meurt avant son mari, on ne peut anéantir que ce qui lui a appartenu en propre, ce qui se réduit à des habits et à quelques ornemens, en y joignant ce qu'on met avec elle dans la tombe. On fait, au reste, absolument la même cérémonie; mais le veuf ni les enfans ne portent aucun deuil extérieur, et le premier peut se remarier immédiatement, si bon lui semble.

San-Xavier. Patagonie.

J'allais régulièrement, tous les jours, voir les Patagons à leurs toldos. Un soir que j'étais resté un peu plus tard, je me trouvai entraîné à causer avec le cacique Churlakin, par le moyen de mon interprète; et, comme il faisait très-grand froid, mon péon alla chercher du bois et fit un peu de feu. C'est alors que je remarquai une coutume que j'ai souvent retrouvée parmi les sauvages. Le chef patagon, au lieu de regarder le feu, comme on le fait généralement en Europe, lui tournait constamment le dos. Je vis ensuite que tous les autres en faisaient autant; et, plus tard, j'eus lieu de me convaincre que c'était une règle parmi eux, ainsi que parmi les Puelches et les Araucanos. Je crus en trouver l'explication dans le besoin qu'ils ont de voir ce qui se passe autour d'eux; et le seul moyen de distinguer dans l'obscurité, c'est de ne pas regarder le feu. Je retrouvai cet usage chez les nations de chasseurs, surtout au milieu des forêts, où ils ont besoin de se tenir continuellement en garde contre les jaguars. On sent que, s'il y a un grand cercle autour d'un feu, ceux qui le composent sont dans une position qui nous paraît des plus ridicule; mais réfléchissons sur le motif qui la fait prendre, et nous y

1. Dans la relation du Voyage de Cavendish (1586), la description qu'on donne d'une sépulture observée au port Désiré s'accorde parfaitement avec mes observations.

verrons, au contraire, une preuve de la réflexion qui accompagne la moindre des actions des Indiens sauvages. 1829.

San-Xavier.

Patagonie.

Je pourrais m'étendre beaucoup sur la prévoyance qui guide les Patagons et autres nations australes dans leurs opérations militaires; mais j'aurai occasion d'en parler, plus tard, en plus ample connaissance de cause; d'ailleurs, les Patagons montrent le moins de cette tactique serrée qui fait la force des Aucas; et ce sont les plus pusillanimes en temps de guerre, peu aguerris qu'ils sont, encore, au bruit du canon. Ils sont, cependant, les plus forts au physique, et leur taille est, certainement, au-dessus de celle des autres Américains; mais cette formidable nation, d'abord la terreur de ses voisins, respectée pendant des siècles, fut décimée par la peste de 1809 à 1811, et attaquée, ensuite, par les belliqueux Araucanos, qui en firent un carnage horrible. Il y a un siècle, les Patagons voyageaient encore à pied, et il n'y a que bien peu de temps qu'ils commencent à combattre à cheval; mais l'exemple de leurs voisins, les Puelches et les Araucanos, les a, ainsi que l'abondance des chevaux, déterminés à faire comme eux. Ils se servent de feux pour télégraphe, et s'avertissent ainsi, à de grandes distances, du danger qui les menace. Comme les Puelches et les Araucanos, ils n'attaquent jamais sans que, préalablement, le chef ne fasse une longue harangue, pour stimuler les guerriers, et sans aller reconnaître la position de l'ennemi, attendant à dix ou douze lieues le retour de leurs éclaireurs. Les Indiens sont d'une adresse et d'une patience étonnantes pour les reconnaissances: ils tiennent leurs chevaux à une assez grande distance de l'ennemi qu'ils veulent surprendre, afin de ne pas laisser de traces, et marchent, souvent, sur les pieds et sur les mains, en rampant sur le ventre, de peur d'être aperçus; ils s'approchent, l'oreille contre terre, pour entendre le moindre bruit, cherchant ainsi à s'assurer de la position et des forces de l'ennemi; et, la nuit suivante, dès que la lune a paru, ils tombent sur les bestiaux épars près des fermes, dans les lieux habités par les Espagnols, pour les enlever; ou bien, si ce sont des Indiens, ils tâchent de les surprendre et font, alors, un grand carnage. Tous les hommes susceptibles de porter les armes, qui ne peuvent se sauver, sont mis à mort: les femmes et les enfans seuls sont toujours respectés; les premières servent de concubines aux vainqueurs, et les autres de serviteurs à leurs femmes. La surprise est tout leur art. Ils n'attaquent jamais qu'au temps des pleines lunes, afin de n'avoir pas à craindre de funestes erreurs, et pour se ménager, au besoin, soit qu'ils triomphent, soit qu'ils se sauvent, en cas de non-réussite, deux jours et deux nuits de suite de marche non inter-

1829. San-Xavier. Patagonie.

rompue. Après l'action, l'Indien qui, personnellement, n'a pas fait de capture, n'a rien pour lui ; car jamais les possesseurs du butin ne le partagent avec leurs frères d'armes moins heureux. En un mot, les Patagons n'ont pas cette bravoure sauvage, cette intrépidité extraordinaire qu'on trouve chez les Araucanos; leurs armes sont aussi inférieures à celles de cette nation belliqueuse qui, de tout temps, fit trembler les Espagnols du Chili[1]. Ils n'ont pas cette terrible lance qui atteint le cavalier de si loin; ils se servent seulement de l'arc, de la flèche et des diverses bolas; et, comme armes défensives, d'espèces de cuirasses en peaux d'anta, dont j'ai déjà donné la description.[2]

Un matin que j'étais de bonne heure avec les Patagons, je vis toute la tolderia en mouvement; j'en demandai immédiatement la cause, et j'appris que le cacique Churlakin avait ordonné le départ, et que, pour cela, chacun s'occupait de ses préparatifs. Quelques hommes étaient en campagne à réunir les chevaux, qui paissaient librement aux environs; tandis que les femmes faisaient des paquets de tout ce qu'elles voulaient emporter. Les chevaux arrivèrent, amenés par des Indiens; aussitôt ceux qui étaient à la tolderia formèrent un grand cercle autour, afin de les empêcher de fuir; tandis que d'autres entrèrent dans ce parc ambulant, et enlacèrent, successivement, les bêtes qu'ils voulaient monter, et celles qu'ils destinaient à porter les fardeaux, les femmes et les enfans. Cette opération se fit comme elle se fait tous les jours dans les estancias du pays. A mesure qu'un cheval, au milieu de la troupe, était adroitement enlacé par le cou, on le tirait du cercle; et, dès-lors, s'il était pour une femme, elle s'en arrangeait ainsi que bon lui semblait; si, au contraire, il était pour un homme, celui-ci l'emmenait immédiatement auprès de sa tente. La manœuvre, qui occupa quelques heures presque tout le monde, une fois achevée, tous les coursiers nécessaires à la marche pris et attachés, on lâcha, provisoirement, le surplus dans la campagne, sous la garde de quelques jeunes garçons, et les Indiens s'occupèrent de l'harnachement des leurs. Ils les sellèrent avec un recado, qu'ils nomment *catzca*, peu différent de celui des Gauchos, du pays; la bride en est également tressée; les étriers de bois (*kichu*) sont à peine assez larges pour recevoir le gros orteil, ou même, quelquefois, remplacés par un gros nœud qui sert de point d'appui, passé entre le premier et le second orteil. Les éperons (*stji*) seuls indiquent une innovation : ils sont

1. On se rappelle le poëme de l'Araucana sur les guerres des Espagnols au Chili du temps de Valdivia. On se rappelle aussi les guerres qui, jusqu'à nos jours, font encore craindre les Indiens.

2. Voyez tome II, chapitre XVIII, page 117.

composés chacun de deux petits morceaux de bois mobiles, terminés en pointe, unis ensemble, près de leur extrémité, par un morceau de cuir, de sorte qu'ils peuvent s'ouvrir en V par derrière, et donner entr'eux place au talon; ils sont, de plus, retenus par une courroie qui passe sous le pied, et vient s'attacher sur le coude-pied, à peu près comme les nôtres[1]. Les Indiens relevèrent leurs cheveux, attachés sur la tête, au moyen d'un cordon de cuir ou de tissu nommé *cochil*, s'affublèrent de leur *manuhue* ou grande pièce de fourrure, dont ils se parent; se chargèrent seulement de leur carquois de peau, qu'ils fixèrent à la ceinture, de leurs armes; et, ainsi, sans bagages, furent bientôt prêts à partir. Il n'en était pas de même de leurs femmes, celles-ci ayant beaucoup plus à faire : elles avaient bien commencé, la veille, à empaqueter les divers objets qui leur étaient propres; mais il leur restait encore leurs enfans et leurs tentes en cuir. Elles avaient profité de l'humidité de la rosée de la nuit, qui avait rendu celles-ci plus souples, pour les enlever de dessus leurs bâtons, les rouler et en faire des ballots, auxquels étaient attachés leurs soutiens. Cette opération avait demandé beaucoup de temps; elles sellèrent ensuite les chevaux qui devaient les porter, ainsi que leur bagage. Leur selle, nommée *chelesca*, est bien différente de celle des hommes : elle consiste en deux rouleaux de joncs, recouverts d'une peau très-mince, et ornés de peintures variées. Ces rouleaux, retenus ensemble par une courroie, sont placés sur le dos du cheval, par dessus quelques peaux qui tiennent lieu de schabraque. Lorsqu'une Indienne veut seulement se promener, elle ne met, sur son cheval, qu'un morceau de cuir, sur lequel elle s'assied : sa bride est semblable à celle de l'homme, et elle n'a qu'un étrier des plus singulier, dans lequel elle épuise tout le luxe que lui permet sa position. Cet étrier, nommé *kékén-kénohué* dans la langue patagone, et commun à toutes les Indiennes des parties australes des Pampas, consiste en une forte pièce de tissu de laine, ornée de couleurs vives, et large de trois à six pouces, dont les deux extrémités, réunies ensemble et fixées par le tissu même, viennent se séparer, ensuite, pour former des franges en dehors de leur jonction. Il est passé au cou du cheval, pend sur sa poitrine; et quand l'Indienne veut monter, elle y pose un pied, tout en saisissant une

1829. San-Xavier. Patagonie.

1. Dans la courte description des Patagons que donne le capitaine King, dans la relation du *Beagle* et de l'*Adventure*, il parle des mêmes éperons, preuve de plus que ce sont les mêmes hommes. Wallis avait dit la même chose dans sa relation, dès 1767. Voyez traduction française, t. III, p. 24.

1829. San-Xavier. Patagonie.

poignée de crin au garrot, et se trouve, ainsi, d'un saut, sur le dos de sa monture, où elle reste comme encaissée entre les deux bourrelets, les genoux très-élevés et les jambes pendantes en avant; position des plus gênante, qui ne l'empêche pas de galoper aussi vîte que les hommes[1]. Souvent, dans ces promenades, elle se couvre de son chapeau de voyage, ressemblant à un très-large plat renversé, formé de jeunes pousses de saule et de laine artistement croisées, et qu'elle orne, quelquefois, de plaques d'argent ou de cuivre, selon ses richesses; ce chapeau singulier, nommé *joa*, presque toujours réservé pour les voyages, est fixé derrière la tête par deux petits fils attachés aux cheveux, et par une mentonnière qui passe sous la gorge.

Lorsqu'il s'agit d'une longue marche ou d'un changement de campement, comme celui qui allait avoir lieu, les chevaux des femmes sont autrement chargés. Sur la selle, dont je viens de parler, elles placent successivement tout ce qu'elles ont de fourrures, quelquefois, même, les cuirs de leurs tentes; et lorsqu'il y a plusieurs pieds de haut de bagages, elles montent par dessus, jambe de ci, jambe de là, et y mettent encore leurs enfans, qu'elles portent, alors, de la manière la plus bizarre. Elles placent le plus jeune devant, et l'autre en croupe, ce dernier se saisissant des vêtemens de sa mère pour se soutenir, ou attaché autour de sa ceinture, au moyen d'une pièce de peau; souvent, encore, elles en font deux paquets bien solidement attachés, et unis ensemble par une courroie qui laisse entr'eux un espace de quelques pieds, et ce précieux fardeau est, comme un ballot, mis sur le cheval, de façon à ce que les enfans pendent de chaque côté, et ne gênent aucunement la mère pour s'asseoir. Ce dernier mode de transport a lieu seulement quand les enfans ne sont plus très-jeunes, et que le voyage doit être long. Lorsque je vis, par-dessus une très-haute charge, une femme mettre encore ses enfans et y monter elle-même, j'en fus réellement étonné; car le cheval était beaucoup trop chargé, et l'Indienne, ainsi juchée sur cet échafaudage, ne pouvait y avoir aucune solidité. Sur mon observation, le cacique me dit que cette pratique n'avait lieu que lorsqu'ils allaient à peu de distance, et qu'ils devaient, sur une route, ne manquer ni d'eau, ni de pâturages, comme sur les rives du Rio negro, qu'ils allaient remonter. Les pauvres femmes étaient, de plus, obligées de tirer, d'une main, après elles, un autre cheval, portant le surplus des effets. Je vis ainsi successivement s'acheminer lentement quelques familles. Je souffrais de voir les Indiennes surchargées de

---

1. Voyez planche n.° V (Coutumes et Usages).

tant d'objets, comme des bêtes de somme; tandis que l'Indien ne portait absolument que ses armes, et encore celles de chasse ou les plus légères, les armes défensives étant parmi le bagage. Ils n'avaient pas même à chasser devant eux leurs bestiaux; c'était encore une des attributions des femmes ou des enfans. 1829. San-Xavier. Patagonie.

J'avais vu que plusieurs tentes, trop vieilles pour être transportées, avaient été brûlées. Je n'y attachais aucune importance; mais mon interprète, au fait des coutumes de ces nations, me dit que c'était un très-mauvais signe et l'annonce d'une déclaration de guerre contre nous. Je ne fis qu'en rire, et demandai au cacique Churlakin si son intention était de nous attaquer, après les services qu'on avait rendus aux siens, pendant son séjour au Carmen. Il parut étonné de ma question; et son air, assez embarrassé, me donna des craintes trop fondées, d'autant plus que, sur l'observation que je lui fis que, sans doute, son intention n'était pas de revenir, puisqu'il brûlait ses tentes, il m'avait dit: « Qui sait si je ne reviendrai pas promptement? » J'appris, plus tard, que c'est une marque infaillible de rupture, qu'une tribu détruise tout ce qu'elle ne peut ni ne veut emporter. Ce fut seulement alors que je me rendis compte de ma position. Dans le fait, s'il eût convenu aux Indiens de me regarder aussi comme ennemi, et de s'emparer de moi, la chose leur eût été on ne peut plus facile; car, seul, armé d'un fusil chargé, le plus souvent, avec du plomb à petits oiseaux, qu'aurais-je fait pour me soustraire à l'esclavage? Je dus donc, par la suite, lorsque je me rappelai que, loin de tout secours, je m'étais trouvé continuellement mêlé, avec confiance, aux ennemis les plus cruels, m'estimer bien heureux de n'avoir pas eu à déplorer mon imprudence; d'autant plus que plusieurs Gauchos, qui étaient, avec leurs armes, auprès des Indiens, et sur lesquels je me fiais comme chrétiens et amis, désertèrent avec eux, et furent, ensuite, les plus cruels ennemis de leurs frères. Ces hommes sans croyance religieuse aucune, sans vertus sociales, sans attachement pour personne, aiment, par dessus tout, leur indépendance, et la vie indolente et paresseuse, qu'ils trouvent parmi les hordes indiennes, dont ils ont les mœurs; aussi, toutes ces hordes sont-elles, aujourd'hui, remplies des assassins échappés des prisons de Buenos-Ayres et du Chili, ainsi que de tous les établissemens des chrétiens. Il arrive même, souvent, que ces hommes, quoiqu'ayant une famille, se décident à vivre avec les Indiens, parce qu'ils n'y sont soumis à aucun frein. Parmi ceux qui étaient avec moi à la tolderia de Churlakin, deux avaient leurs femmes, qu'ils abandonnèrent pour suivre les émigrans. Avant 1824, la plupart des nations des Pampas, lorsqu'elles

1829. étaient en guerre, tuaient indistinctement *tous* les blancs dont elles pouvaient s'emparer. Alors elles étaient moins redoutables qu'à l'époque où elles commencèrent à recevoir, dans leur sein, le grand nombre de déserteurs des républiques voisines; car, depuis, elles se sont familiarisées avec les armes à feu, et se sont trouvées toujours soutenues par des hommes semblables à ceux qu'elles attaquaient et aussi bien armés.

San-Xavier. Patagonie.

Le cacique Churlakin partit un des derniers, et vint, avant, me faire ses adieux. Je lui fis remarquer qu'il laissait encore, derrière lui, deux toldos, l'un renfermant une pauvre veuve avec ses deux enfans; et l'autre, un Indien malade. Il me dit que la veuve du premier toldo était si pauvre qu'elle n'avait pas de chevaux pour accompagner la nation; que, d'ailleurs, elle irait vivre parmi les chrétiens. Quant à l'Indien du second, fou et infirme à la fois, il était *absolument inutile;* et, en même temps, il me pria de lui rendre le service de le tuer; car il ne pouvait que souffrir, et peut-être communiquer sa maladie aux autres: c'était surtout ce dernier motif qui l'avait fait abandonner. La crainte des contagions rend souvent les Patagons, ainsi que les autres nations australes, des plus inhumains; mais ne sont-ils pas excusables, après avoir vu la moitié des leurs emportés par la *petite vérole*, subséquemment à leurs communications avec les blancs? Ils regardent cette maladie, apportée d'Europe, comme un effet particulier du malin esprit, qui passe successivement d'un corps à un autre; aussi, dès qu'ils craignent une épidémie, et qu'un membre d'une de leurs familles leur fait soupçonner qu'il en est atteint, de suite tous s'éloignent de la tente, ne laissant au malade qu'un peu de viande cuite et de l'eau, et vont s'établir au loin. Si un second individu meurt, et que d'autres personnes soient immédiatement atteintes des mêmes symptômes, dès-lors, plus de doute.... La tribu entière abandonne le lieu et les malades, leur laissant le faible secours que je viens d'indiquer; et, afin que le mal ne l'accompagne pas, les Indiens s'en vont en donnant dans l'air, de distance en distance, de grands coups de leurs armes tranchantes, dans le but de couper le fil du mal et d'ôter toute communication avec lui, jetant, en même temps, de l'eau dans l'espace, pour conjurer le dieu du mal ou Achekenat-kanet. Une fois arrivés à quelques journées de marche, assez loin pour ne plus craindre la maladie, ils placent encore, par le motif indiqué ci-dessus, tous leurs instrumens tranchans dans la direction du lieu qu'ils ont abandonné. Si, dans ce nouveau séjour, quelques maladies viennent à se déclarer, ils fuient, de nouveau, avec les mêmes superstitions, semant ainsi leurs malades sur tous les points où ils s'arrêtent. Leurs fuites, cependant, ne sont jamais assez précipitées, pour qu'ils en viennent aux mêmes extrémités que les Mahas des plaines du Missouri; qui abandonnent le lieu où vivaient leurs ancêtres, et, dans leur terreur, brûlent leurs cabanes et tuent leurs enfans[1]. On sent combien peu il doit en échapper; car, si une crise heureuse sauve ceux qui sont ainsi abandonnés, ils consomment, dans les premiers jours de convalescence, tout ce qu'ils ont de provisions, et meurent, ensuite, de faim ou de misère; car seuls, à pied, ils sont au milieu du désert sans force, sans secours, sans espoir de regagner jamais l'habitation des leurs, souvent éloignée de plus de cent lieues, surtout lorsqu'il y a eu plusieurs fuites successives. Se figure-t-on quelles doivent être les angoisses du pauvre malheureux, revenu à la vie, n'ayant autour de lui que le spectacle de cadavres qui sont la proie de milliers d'oiseaux, déchirant par morceaux les chairs de ses frères, pendant leur léthargie. Il craint de se livrer au sommeil; car il pourrait alors devenir aussi la victime des monstres ailés, même avant sa mort. Si ces hommes n'étaient pas aussi indifférens sur les souffrances physiques, et s'ils se rendaient bien compte de leur position, en est-il un seul qui pût résister à l'idée de ce qui l'attend, et qui ne cherchât à abréger ses souffrances?

1829. San-Xavier. Patagonie.

§. 2.

Chasse aux autruches. Première invasion des Indiens. État critique du Carmen. Complot des Gauchos.

Le 10 Mai, après douze jours de résidence à San-Xavier, il ne me restait absolument rien à faire. J'avais recueilli à peu près tous les animaux qui fréquentent les environs, et j'avais vu s'éloigner jusqu'au dernier des Patagons. La veuve même s'était acheminée vers le Carmen, où elle allait se réunir aux Indiens parasites qui, jusqu'à meilleure occasion, vivaient aux dépens des habitans. Il n'y avait absolument que l'Indien fou et malade; et, comme je ne pouvais décider celui-ci à abandonner ces lieux, je me contentai d'augmenter sa ration de vivres, en priant les éclaireurs du poste de continuer à lui fournir des alimens; mais ce malheureux ne devait pas en avoir long-temps besoin; car, peu de jour après, il fut achevé par des hordes indiennes, lors d'une invasion de celles-ci sur notre territoire. Tout en chassant, je revins au Carmen, où je repris mes travaux accoutumés. En arrivant, j'appris que Pincheira, 10 Mai.

1. Voyez les Voyages de Clark et Lewis.

1829. Le Carmen. Patagonie. ce fameux chef des Indiens, avait écrit pour demander la paix; et, suivant la coutume des Araucanos, il avait voulu qu'on l'achetât par du vin et de la farine, qu'il demandait comme gage, voulant, disait-on, faire dire la messe par son chapelain. Tout en soupçonnant que ce n'était qu'un prétexte, le commandant ne voulut rien lui refuser, afin de ne pas se mettre à dos un ennemi si redoutable. Un Portugais, prisonnier de Pincheira depuis plus de six mois, trouva moyen de s'échapper; et ce qu'il nous dit confirma l'à-propos de la conduite que nous avions tenue. Je repris mon existence monotone, continuant mes chasses, de jour en jour plus fructueuses; car les froids augmentaient, et un grand nombre d'oiseaux du pôle sud arrivait sur les rives du Rio negro. Je puis dire que l'abondance du gibier était telle, que ce plaisir devenait beaucoup trop facile; et il n'était pas rare de rapporter soixante à quatre-vingts pièces dans une seule chasse de quelques heures; ce qui me mettait fréquemment à portée d'en fournir les habitans du fort.

Plusieurs chevaux enlevés aux éclaireurs de San-Xavier avaient renouvelé nos craintes, et tout nous portait à croire que l'invasion serait de ce côté du fleuve. On sentit la nécessité d'organiser tous les habitans en régimens, et l'ordre fut donné à tous ceux dont les demeures étaient éparses dans la campagne, de se réunir au village dès qu'ils entendraient les trois coups du canon d'alarme. Tous les Gauchos furent divisés en deux compagnies, chargées de la défense extérieure; les commerçans et étrangers requis de venir passer les nuits au fort; ainsi nous ne craignions plus d'être surpris. On plaça partout des barrières, pour se garantir d'une de ces charges des Indiens qui, comme un torrent qui a rompu ses digues, viennent envahir les lieux habités; on doubla le nombre des éclaireurs, et l'on attendit de pied ferme. Cette circonstance ne ralentit pas mes projets de recherches.

En parcourant les environs de l'estancia de M. Alvarez, j'avais remarqué qu'un peu plus bas, près des rives du Rio negro, il se trouvait toujours un grand nombre d'autruches ou ñandus; et je n'avais jamais perdu de vue le projet formé dès-lors d'aller chasser ces oiseaux. Dans ce but, je cherchais, depuis quelque temps, à intéresser à cette chasse quelques-uns des habitans du Carmen, en leur présentant la chose comme une partie de plaisir. M. Alvarez voulut bien me seconder dans l'exécution; et, bientôt, profitant de la réunion de tous les estancieros au Carmen, tous les jeunes gens, propriétaires des meilleurs chevaux de course, et les meilleurs chasseurs aux bolas, se proposèrent; l'affaire fut convenue et tout à fait arrêtée pour le 19 Mai.

Au jour fixé, dès l'aurore, je montai à cheval, me rendis au lieu du rendez-vous de départ, et me vis avec quatorze personnes armées de bolas et qui, préalablement, avaient envoyé leurs meilleurs coursiers en avant. Plein d'espoir de posséder bientôt de beaux exemplaires du ñandu, je me réjouissais, par avance, d'une chasse que je désirais voir faire depuis long-temps et qui, pour moi, ne pouvait qu'être neuve et curieuse. Nous eûmes bientôt franchi les cinq lieues qui séparent le Carmen de l'endroit où nous devions traverser la rivière, en face de l'estancia de M. Alvarez. Les chevaux furent facilement passés, au moyen de bateaux qui les remorquaient et les aidaient à nager; et, de l'autre côté, en s'occupant des préparatifs, chacun fit amener ses coursiers. On discuta long-temps sur la beauté de celui-ci, sur la bonté de celui-là; puis, enfin, tous les chasseurs, vêtus à la légère, deux ou trois paires de bolas attachées à la ceinture, enfourchèrent leurs montures, et nous partîmes.

1289. Patagonie. 19 Mai.

A une lieue au-dessous de l'estancia, l'on se divisa. Les uns marchèrent vers la campagne, en formant un très-grand cercle, de manière à obliger, pour ainsi dire, le gibier à se diriger vers un cul-de-sac où il était plus facile de le prendre; tandis que les autres formèrent une ligne de front à une assez grande distance les uns des autres, afin de ne rien laisser passer, et de décrire une autre partie du cercle. Il y avait déjà quelque temps que chacun marchait en silence, lorsqu'une petite famille d'autruches se montra; de suite, tous les chasseurs s'élancèrent sur ses traces au galop. Un spectacle des plus animé s'offrit alors. Les malheureux oiseaux hâtaient leur course le plus possible, et franchissaient d'un pas léger une grande distance en une seconde. Les chasseurs expérimentés, sachant que, s'ils n'approchent pas l'oiseau dans le premier instant de la fougue du cheval, ils doivent perdre l'espoir de l'avoir plus tard, lancent leurs coursiers avec toute la vélocité possible. Dès qu'ils en sont à douze ou quinze pas, sans cesser de galoper, on les voit penchés en avant, pressant leur monture des éperons, faire tournoyer leur arme au-dessus de leur tête, puis la lâcher pour atteindre l'animal : s'ils le manquent, sans s'arrêter, ils se baissent, ramassent leurs bolas et les lancent encore; bientôt dix de ces armes, jetées par plusieurs chasseurs, sont autour du col et des ailes de l'autruche; celle-ci, souvent enveloppée par les chevaux, se trouve au milieu des chasseurs; et, alors, en faisant continuellement des feintes, des zigzags, pour se soustraire à leur poursuite et à leur tir de bolas, elle cherche aussi, par des coups d'aile, à droite et à gauche, à piquer le cheval de l'espèce d'ongle terminal dont son aile est armée, et à l'épouvanter

1829. Patagonie. ainsi, ce qui arrive souvent; car, lorsqu'elle est forcée, elle se précipite entre les jambes du coursier, qui a peur et jette quelquefois son cavalier par terre. L'oiseau repart, alors, en ligne droite; mais d'autres chasseurs l'atteignent; et, chargé de bolas, il finit par en recevoir une qui, en s'euroulant autour de ses jambes, le force à tomber. Le vainqueur descend de suite; et, en signe de sa victoire, le tue et lui coupe les ailes, qu'il attache au cou de son cheval, en reprenant sa course. Le champ de chasse offrait un singulier aspect: des autruches épouvantées fuyant comme le vent devant les chasseurs; ceux-ci galopant dans toutes les directions; les cris de joie des uns, les applaudissemens des autres, tout animait, momentanément, cette campagne, l'instant d'avant si calme et si paisible.

Déjà plus de dix autruches étaient tombées en notre pouvoir; dans la chaleur de l'action, dans leur joie, les vainqueurs les avaient toujours mutilées, selon leur habitude, en leur enlevant les ailes, pour en parer leurs chevaux. Je commençais même à craindre de n'avoir entier aucun de ces animaux, lorsque tous les chasseurs se divisèrent de nouveau. Ils n'avaient encore poursuivi que les autruches qui étaient en dehors du cul-de-sac, qu'ils réservaient pour le dernier, comme le lieu le plus facile. En effet, les coursiers, lancés à la suite de plusieurs familles de ces oiseaux qui s'y trouvaient paisiblement réunis et qui se mirent à fuir, ranimèrent la scène, et l'on fit une chasse au moins aussi abondante. Je pus alors choisir, et j'eus, en un instant, tout ce que je pouvais désirer pour le Muséum de Paris.

L'autruche improprement appelée de Magellan[1], se trouve dans presque toute l'Amérique méridionale, dans tous les lieux où d'assez grandes plaines lui permettent de vivre; aussi en rencontre-t-on dans tout le haut Pérou, tout le Brésil, et principalement dans les Pampas; c'est là qu'elle abonde surtout, c'est là qu'on la chasse le plus fréquemment. Elle vit ordinairement par petites familles, de huit à dix, disséminées dans les lieux voisins des eaux, et où elle trouve à paître; car elle se nourrit d'herbe fraîche, qu'elle coupe avec son bec. Ces troupes, réparties dans tous les lieux entremêlés de ruisseaux ou de lacs, s'éloignent peu de ceux où elles naissent; aussi les trouve-t-on toujours dans les mêmes endroits, ne les rencontrant jamais au sein des déserts arides, qui manquent d'eau. Au mois d'Octobre ou de Novembre, elles vont déposer leurs œufs dans les lieux les plus sauvages au milieu de

1. Je suis convaincu que l'autruche qui va jusqu'au détroit de Magellan, est mon *Rhea pennata*, et non le ñandu.

la campagne, et les couvent la nuit seulement. Ces œufs, au nombre de cinquante ou soixante, sont couvés par les mâles et par les femelles. Les habitans assurent que, lorsque l'incubation est à son terme, celui qui couve casse les œufs non fécondés, afin que les mouches, qui les couvrent aussitôt, puissent servir de nourriture aux jeunes, qui commencent à marcher dès leur naissance, et suivent la mère, comme nos petits poussins, en cherchant des insectes dont ils se nourrissent. Ils grandissent bientôt, et ceux qui échappent aux oiseaux de proie, suivent toujours leur troupe jusqu'à ce qu'elle soit trop nombreuse. Combien de fois, au lever du soleil, ne me suis-je pas intéressé à ces familles, tranquillement paissant dans une parfaite union; et n'ai-je pas éprouvé des regrets, en les effrayant de ma présence? Le mâle, en sentinelle, prévient du danger dont est menacée la famille, aussitôt mise en fuite, en ligne droite, sans regarder en arrière; et qui, seulement quand elle est poursuivie, fait des feintes et marche en zigzag, sans doute pour tromper le chasseur ou pour l'effrayer. Un trait caractéristique de ses mœurs, c'est son extrême curiosité. A l'état domestique, souvent elle vient se mettre au milieu des personnes qui causent, pour les regarder; à l'état sauvage, sa curiosité lui a été souvent fatale; car elle vient reconnaître tout ce qui lui paraît étrange; et les habitans prétendent que les rusés cougouars en profitent. Ils se couchent à terre, en remuant la queue; et les autruches les approchent d'assez près pour que ceux-ci puissent sauter dessus et en faire leur proie. Les Indiens les chassent comme un excellent manger, dont ils sont très-friands. Quelques Gauchos les poursuivent aussi pour en manger la poitrine, qu'ils appellent *picanilla*, le seul morceau qu'ils aiment; c'est, en effet, un très-bon plat, et nul doute que, s'ils n'avaient pas autant de viande, ils les recherchassent seulement pour s'en nourrir, comme ils l'ont déjà fait en temps de disette, de même que les habitans de la province d'Entre-rios en 1828. Leurs œufs sont toujours estimés des habitans des campagnes, et l'on en vend souvent aux marchés de Buenos-Ayres et de Montevideo.

1829. Patagonie.

Pendant long-temps les Indiens des Pampas apportaient continuellement à Buenos-Ayres une grande quantité de plumes de ñandus, achetées par les pulperos, et expédiées ensuite en Europe; aujourd'hui quelques Gauchos continuent ce commerce, et, en Patagonie, j'en vis d'assez grands dépôts. On sait que ces plumes n'ont aucune beauté, et qu'on ne les employait que pour faire des épousssetoirs, et pour les transporter à cet effet en Europe. En Amérique, elles servent aux mêmes usages. A Buenos-

1829. Patagonie. Ayres et chez les Indiens Moxos, on les teint de couleurs brillantes, et elles constituent le luxe des maisons. Ainsi l'autruche américaine ne sert aux habitans que pour ses œufs, un peu pour sa chair et pour ses plumes; quelques-uns seulement aiment à se faire des bourses de la peau de leur col. Il n'y a rien de plus ordinaire que de rencontrer des ñandus privés dans les estancias de la république Argentine, et même jusque dans la capitale; il est si facile de les élever, et cet animal est si doux, qu'on le recherche généralement. Il pond souvent à l'état de domesticité; mais ne se reproduit point, sans doute parce qu'on l'empêche de couver, en mangeant ses œufs.

La journée fut réellement une des plus agréables que j'eusse passées en Patagonie, et je n'avais pu me lasser de suivre les chasseurs : ceux-ci avaient été si contens de leur course, qu'ils décidèrent qu'ils reviendraient le lendemain, ce qui me fit rester à l'estancia de M. Alvarez; effectivement quelques-uns se présentèrent de nouveau; je pus encore obtenir quelques autruches; et, avec tous les chasseurs, je retournai au Carmen. En route, en galopant dans une descente, mon cheval s'abattit et fit la culbute; par le plus grand hasard, le choc fut tellement fort que, lancé en l'air, je devais me rompre le cou; néanmoins, en retombant, je me trouvai sur mes deux pieds debout, en avant de mon cheval, sans ressentir rien autre chose que l'effet d'une violente secousse. Je fus très-étonné de m'entendre applaudir par mes compagnons de voyage, qui prirent ma chute pour un exploit d'équitation, du genre de ceux qui leur sont assez familiers[1]; et, tout en m'en défendant, j'eus, dans le pays, une réputation de *parador,* ce qui est, parmi les Gauchos, une des qualités qu'ils apprécient le plus.

21 Mai. Le 21, toute la journée, un vent assez fort amena du Sud-Ouest une épaisse fumée, qui empêchait de distinguer au loin les objets, et causée par l'embrasement de la campagne; et comme nous savions que, du lieu d'où elle venait, elle ne pouvait provenir que du fait des Indiens, nous n'étions pas sans inquiétudes. C'est un moyen que les nations australes emploient souvent, lorsqu'elles veulent faire une invasion sur le territoire des chrétiens. En couvrant tout le pays de fumée, elles empêchent que les éclaireurs puissent les apercevoir de loin, et facilitent ainsi leur système d'attaque par surprise. Ce jour-là les Indiens réussirent d'autant mieux, si telle était leur intention, que le vent amenait la fumée sur les plaines, et qu'à peine pouvait-on voir à dix pas de distance. On doit sentir qu'au milieu d'un sol uni, qui

1. Voyez tome I.er, chapitre XIV, page 538.

n'offre aucun point propre à masquer une marche, et où, de loin, on peut voir l'ennemi, il est très-ingénieux, de la part de ces guerriers, de se servir d'un moyen aussi simple. L'instant était d'autant mieux choisi pour une invasion, que nous étions dans la pleine lune; et, d'après beaucoup d'indices, nous devions nous attendre à nous voir attaqués. Le lendemain au soir, nos craintes se réalisèrent. Nos éclaireurs de la rive nord du Rio negro arrivèrent à toute bride pour nous dire que le matin, à près de vingt lieues au-dessus de l'établissement, sur l'autre rive, un grand nombre d'Indiens s'étaient montrés en marche, descendant la rivière et venant, sans doute, dans des dispositions hostiles; que le nombre leur en avait paru très-considérable; et, comme ils les avaient vus, plus loin, s'arrêter pour changer de chevaux, ils avaient pu, sans être aperçus, prendre les devans pour prévenir, ne doutant pas que l'ennemi n'arrivât la nuit même au Carmen. Leur coalition paraissait composée de Patagons et d'Aucas. De suite, le commandant fit mettre tout le monde sous les armes. On tira les trois coups de canon convenus, pour avertir de se mettre en lieu de sûreté tous les habitans dispersés dans les fermes et les estancias; on fit passer quelques volontaires à la Poblacion del sur, et l'on attendit. Les habitans étaient dans la plus grande consternation. Toutes les femmes s'étaient réfugiées au fort, avec les enfans; tandis que les hommes, sans exception, étaient à leur poste; les uns en éclaireurs, les autres autour du village et aux batteries du fort. (22 Mai.)

Jusques à quatre heures du matin tout fut calme; mais alors des Indiens ennemis se présentèrent, en silence, au village du sud; heureusement que les barrières, qu'on avait placées partout, les retinrent un instant; tandis que les volontaires, postés en ce lieu, firent sur eux une décharge, qui les força de reculer immédiatement. On tira aussi au hasard plusieurs coups de canon, autant pour les effrayer que pour prévenir, de nouveau, les fermiers de se sauver, s'il en était encore temps. Les Indiens, afin de nous narguer, et de nous montrer qu'ils n'avaient pas peur, tournaient continuellement autour du village, en sonnant de la trompette[1]; et ainsi, jusqu'au jour, nous nous trouvâmes dans une position assez désagréable. Nous ignorions quel était au juste notre ennemi, et quelles étaient ses forces; et tous les habitans, dont la fortune consistait seulement en bestiaux épars dans la campagne, se voyaient d'un seul coup ruinés pour toujours. Cependant, personne ne voulut sortir de l'enceinte du (23 Mai.)

---

1. C'était celle qu'ils avaient enlevée aux malheureux soldats de la Bahia blanca, lors de la mort du lieutenant-colonel Morel. Tome II, chap. XVII, p. 70.

1829. Le Carmen. Patagonie.

village du sud; il eût même été imprudent de le tenter, et toute notre défense se réduisit à rien. Le commandant, lui-même, occupant le poste par intérim, désirait peu, je crois, se mesurer avec les sauvages; aussi restait-il à se lamenter avec les familles réunies au fort; ce ne fut qu'au jour qu'il passa sur l'autre rive. Alors, des bastions, avec une bonne longue-vue, je suivis tous les mouvemens de l'ennemi. Les plaines du sud, dès que la clarté du jour permit de distinguer au loin les objets, offraient un singulier aspect. Là, une troupe d'Indiens, chassant devant eux des chevaux, des bestiaux volés; plus près, un grand nombre de guerriers, la lance debout, campés pour faire face à ceux qui se présenteraient; un peu plus loin, des femmes et des enfans poussant des troupeaux de bœufs et de vaches, qui, fâchés d'abandonner leurs pâturages, faisaient retentir les environs de leurs beuglemens. Toute la plaine était animée; partout des sauvages à cheval par petits groupes, emmenant leur butin, ou protégeant, en arrière, les leurs, qui se dirigeaient paisiblement vers la Cuchilla, avec leur prise. Enfin l'on envoya vingt des nôtres, armés de carabines, de pistolets et de sabres, pour tâcher de reconquérir nos bestiaux; mais, dès que ceux-ci s'approchèrent des Indiens, un détachement vint les recevoir, et il s'engagea une lutte qui eût été funeste aux volontaires, s'ils ne s'étaient pas précipitamment sauvés. Un Gaucho seul, qui s'était un peu plus avancé, reçut trois coups de lance dans le dos. Ce détachement ne fit autre chose que de massacrer, sans fruit, trois Indiennes sans défense, qui passaient aux ennemis, en nous abandonnant, sous prétexte d'aller instruire les ennemis de notre position défensive. Dès-lors, voyant que nos forces n'étaient pas égales, on laissa les ravisseurs enlever leur proie; et, toute la journée, ils défilèrent par petites troupes, gravissant le coteau sud, et se dirigeant vers l'Ouest.

D'après les détails que j'obtins les jours suivans, voici les motifs qui avaient déterminé les Indiens à nous attaquer, et de quelle manière ils s'y étaient pris. Depuis long-temps Chaucata, chef araucano, était l'implacable ennemi de Pincheira, parce que celui-ci, dans une ancienne guerre, l'avait surpris et vaincu, et retenait même sa femme et ses enfans prisonniers. Il savait que, tout en entretenant des relations d'amitié avec lui, nous en avions aussi avec Pincheira; il avait même saisi et massacré les derniers envoyés que nous en avions reçus. Cette réception lui servit de prétexte. Malgré le bon accueil fait à ses députés, malgré les cadeaux de beaucoup de particuliers, il décida qu'il attaquerait le Carmen, et il lui fut facile de s'associer au pillage le puissant chef Guaykilof, de la même nation que lui, ainsi que ses caciques Tranamel, Killamil; et, de plus, il avait réussi à s'adjoindre tous les Patagons; garant de plus du succès de son entreprise. Ainsi toutes les tribus australes, attirées du détroit de Magellan même, et des points intermédiaires, vers les rives du Rio negro, à sa source, à cause de la saison de la récolte des pommes et des amandes de l'araucaria, qui abondent sur le versant oriental des Andes, s'étaient réunies à Chaucata pour cette expédition, avec le premier chef des Patagons, le cacique Vicente[1], et quelques autres caciques de cette nation, tels que Eyachu, Okénel, Zapa, Véra, Kesné et Churlakin. Ce dernier n'avait abandonné San-Xavier, lorsque j'y étais, que pour se joindre aux autres Téhuelches et augmenter la ligne ennemie. Toutes ces forces combinées ne s'élevaient qu'à mille ou quinze cents âmes, en y comprenant les femmes et les jeunes gens chargés d'emmener le butin, tandis que les guerriers feraient front; car il n'était venu qu'une partie de chaque tribu. Les hommes de guerre étaient au nombre de deux cents Araucanos, armés de lances; de trois cents Patagons, munis d'arcs, de flèches et de frondes, ce qui composait la cavalerie légère; le reste était chargé de bolas perdidas, qui ne servent, comme je l'ai déjà dit, que comme projectiles. Il paraît que ces derniers, ainsi que les femmes, portaient une très-grande provision de ces armes.

1829

Le Carmen. Patagonie.

Toutes ces nations unies par l'intérêt, puisque toujours chacune agit pour soi, étaient, le 23, au matin, encore à vingt lieues au-dessus du Carmen, lorsque nos éclaireurs de la rive nord les avaient aperçues. Elles continuèrent à marcher toute la journée, et le soir elles avaient atteint San-Xavier, où elles avaient surpris nos éclaireurs, en entourant de leurs phalanges les lieux qui leur servaient de retraite. Ces malheureux, connus des Indiens de Churlakin, auraient peut-être été épargnés, si dix chrétiens armés, au nombre desquels se trouvaient ceux qui étaient partis avec armes et bagage, lorsque j'étais à San-Xavier, n'avaient pas demandé leur mort, afin qu'on ne pût pas apprendre au Carmen qu'ils étaient parmi les ennemis. Deux furent massacrés à petits coups, heureux encore de n'avoir pas subi le supplice réservé aux caciques qui, le plus souvent, sont brûlés vifs. Le troisième, déjà blessé d'un coup de couteau par l'un des chrétiens, implorait la pitié de plusieurs Indiens auxquels il avait rendu des services, quand ceux-ci étaient nos amis; l'un d'entr'eux dit qu'il voulait se donner le plaisir de tuer cet homme, parce qu'il avait à venger une offense personnelle. Dès-lors on lui abandonna l'éclaireur, qu'il attacha fortement par les pieds, et les mains derrière le dos; et, après l'avoir ainsi garotté, s'aidant de l'un de ses parens, il le transporta au loin

1. Ce nom, qui n'a rien de patagon, est celui sous lequel le connaissent les colons du Carmen.

1829. Le Carmen. Patagonie.

dans la campagne; et rassura seulement alors le pauvre prisonnier, en lui disant qu'il n'avait agi avec tant de dureté apparente que pour le sauver; qu'il lui rendrait la liberté; que, pour le moment, il ne pouvait le faire, parce qu'il risquerait sa vie, en compromettant le succès de l'entreprise des siens; et il le laissa là, en lui promettant de revenir le détacher. Ce trait prouve que, quoique tous les sauvages des plaines du sud aient été traités de barbares, quelques-uns d'entr'eux, du moins, gardent encore le souvenir des services qu'on leur a rendus, et sont capables de reconnaissance. Dès que le prisonnier se trouva seul, cherchant à se débarrasser des fortes courroies qui l'attachaient, il passa la nuit sans y pouvoir réussir, et dans une position des plus gênante; mais, s'étant aperçu que la rosée avait un peu relâché ses liens, en se roulant long-temps à terre, il arriva en un lieu où il y avait un peu d'eau; il chercha, au risque de s'y noyer, à s'y plonger les mains; après de longs et pénibles efforts, tout en se déchirant les poignets, les courroies de cuir non tanné s'étant distendues par l'humidité, il avait réussi à se détacher les mains, puis les jambes; et, rendu enfin à la liberté, fuyant les regards des nombreux Indiens qui couvraient la plaine, il avait gagné le Rio negro, l'avait passé à la nage, et était venu nous rendre compte de ce qu'il savait sur nos ennemis.

En quittant San-Xavier, les Indiens s'étaient silencieusement répandus sur toute la campagne, et chacun, avec les siens, s'occupait de ses intérêts. Ils s'étaient dirigés, par petites troupes, sur toutes les estancias; tandis qu'un détachement, pour attirer l'attention sur un seul point, était venu attaquer la Poblacion du sud, et sonnait de la trompette. Parcourant, toute la nuit, les plaines du sud, jusqu'à la mer, ils se présentèrent à l'estancia de M. Alvarez, où j'avais couché deux jours avant, et ne l'abandonnèrent qu'après y avoir trouvé une défense obstinée; d'ailleurs, ils cherchaient plutôt des bœufs que des balles, et c'étaient eux qui, dès le matin, ramenaient tous les bestiaux qu'ils avaient enlevés au bord de la rivière. On peut juger de la rapidité de leur marche, quand vus, le 22, à vingt lieues au-dessus du Carmen, dès le matin du 23, après avoir été voler les bestiaux à six lieues au-dessous, ils se trouvaient déjà de retour, ayant ainsi fourni, en une nuit et un jour, une carrière de plus de trente-deux lieues.

Dans la nuit du 22 au 23, au moment où les Indiens parcouraient la plaine en cherchant du butin, et massacrant les pauvres fermiers, l'un de ces derniers ne dut son salut et celui de sa famille qu'à cet esprit d'observation qui caractérise tous les hommes de la campagne. Il avait bien entendu le canon d'alarme; mais habitué à de fausses alertes, beaucoup trop fréquentes, 1829. il y avait fait peu d'attention, et s'était couché, comme à son ordinaire, dans son humble cabane, entouré de sa femme et de ses enfans. Sa maison était isolée au milieu des plaines du sud. Les nuits, dans ces contrées, sont, ordinairement, des plus silencieuses; souvent épouvantés de jour, les nombreux oiseaux aquatiques, qui couvrent les environs, y restent tranquilles possesseurs de leurs déserts. Les troupes innombrables des abutardas ou d'oies antarctiques paissent alors paisiblement, sans plus frapper les airs de leurs accens aigus. Habitué à ce calme de la nature, le fermier entend tout à coup, dans la plaine, les cris perçans des abutardas, le cri d'alarme du vanneau armé, sentinelle de la solitude. Il se lève, écoute; le bruit se renouvelle, et redouble d'instans en instans. Il prête une oreille plus attentive. La gent ailée est dans la terreur; plus de doute.... L'ennemi menace le voisinage. Sans autre certitude, fort de son observation, il allume une bougie au pied d'une petite vierge, pour qu'elle protège ses récoltes, ses meubles, son seul avoir; suivi de sa famille, il gagne les rives du Rio negro, et ne tarde pas à se voir forcé de se cacher, pour ne pas tomber entre les mains des Indiens qu'il rencontre; et, après mille appréhensions, il arrive au village du sud.... Il est sauvé; d'autant plus reconnaissant envers le Ciel, qu'il trouvera, plus tard, son habitation incendiée, ses récoltes dispersées au loin dans la campagne; et qu'il ne lui reste absolument que la vie.

Le Carmen. Patagonie.

Le 24, la tristesse était plus grande encore parmi les habitans du Carmen; 24 Mai. car on commençait à pouvoir apprécier les pertes, et plus de cinquante familles étaient entièrement ruinées. On évaluait à quinze ou dix-sept mille *têtes de bétail celles qui avaient été enlevées; et les campagnes du sud*, que, peu de jours auparavant, animaient de nombreux troupeaux, étaient alors presque désertes, n'étant plus peuplées que de ceux qu'on avait eu le temps d'amener au parc le 22 au soir. Les ennemis même ne les parcouraient plus, et nous apprîmes qu'ils étaient campés à quatre lieues du village. Il paraît qu'ils tentèrent à plusieurs reprises d'engager les nôtres à poursuivre de petites troupes de bœufs, qu'ils faisaient semblant, en s'embusquant, de laisser échapper, afin de se saisir de ceux qui viendraient les reprendre. L'éclaireur, qui s'était sauvé de ces lieux, nous apprit leur nombre effectif, et nous dit que leur intention était de ruiner entièrement l'établissement; que le cacique Chanel, chef des Puelches, alors campé sur les rives du Colorado, viendrait sous peu, par le nord, attaquer le Carmen. Un fermier, épargné par les Indiens, vint nous faire, de leur part, les mêmes menaces. Ces nouvelles, jointes à d'autres, crues peut-être un peu légèrement par le commandant, faillirent faire tomber les habitans dans une grande faute. Depuis long-temps le cacique *Lucaney* nous avait, ainsi que ses Patagons, été si dévoué, que nous n'avions aucun motif de soupçonner qu'il pût aider nos ennemis; cependant il vint aux oreilles du commandant qu'il songeait à nous trahir, en passant avec Churlakin. Sur ce seul soupçon, sans chercher à le vérifier, il fit mettre en prison ce chef, avec sa famille, et quelques-uns de ses parens; et plusieurs personnes proposèrent de tuer ou d'expulser, sans autre examen, tous les Indiens amis. Un plus grand nombre penchait pour la première de ces deux alternatives; et Lucaney, pour prix de ses services passés, allait être sacrifié à la pusillanimité des colons; mais on se contenta de le retenir sous bonne garde, jusqu'à nouvel ordre.

25 Mai. Le 25 Mai, jour anniversaire de l'indépendance des Argentins, devait être signalé par des fêtes, qui, vu les circonstances, se réduisirent à une salve le matin; une à midi, et une troisième le soir. Notre position était d'autant plus triste, qu'un navire, arrivé le même jour de Buenos-Ayres, nous avait donné quelques détails sur l'anarchie qui régnait, plus que jamais, dans cette malheureuse ville; les différens entre Rosas et Lavalle continuaient avec beaucoup d'acharnement, et le sang coulait entre frères aux portes même de la capitale

26 Mai. Argentine. Le lendemain nous acquîmes la certitude que le départ des Indiens ennemis n'était qu'une feinte; car, dès la pointe du jour, ils étaient encore près du village du sud, et recommencèrent à passer, en emmenant le reste des bestiaux qu'ils avaient pu trouver au sud. Ils vinrent sous nos yeux, à un demi-quart de lieue du village, enlever quelques-uns des animaux qui y paissaient, sans paraître craindre qu'on s'y opposât; ils étaient au nombre de soixante ou quatre-vingts, ce qui empêcha le commandant de prendre contr'eux aucune mesure. Ils surprirent encore des éclaireurs en reconnaissance, et en tuèrent deux; les autres se sauvèrent à la nage, porteurs de nouvelles menaces, qui tendaient à l'anéantissement complet du Carmen. Notre position était critique; aussi parla-t-on de demander du secours à Buenos-Ayres, d'autant

27 Mai. plus que, le 27, nous eûmes une alerte des plus chaude. Des éclaireurs, en remontant la rivière sur la rive nord, annoncèrent que les Indiens revenaient en grand nombre, amenant avec eux des chevaux de rechange; le commandant décida, de suite, que le peu d'animaux qui restaient sur la rive sud, seraient immédiatement passés au nord, et que l'on abandonnerait la Poblacion del sur. Tout le monde, à l'instant, se mit en mesure d'exécuter cet ordre.

C'est un spectacle singulier que le passage des bestiaux. Le Rio negro est, au Carmen, un peu plus large que la Seine à Paris; mais ses eaux courent avec une vitesse du double au moins, ce qui augmente les difficultés. Les animaux sont amenés près des bords, tandis qu'on retient un bœuf de l'autre côté, pour donner aux autres l'envie de le rejoindre. Un grand nombre de cavaliers en séparent une trentaine au plus, les poussent par derrière, en les empêchant de rétrograder, et les harcèlent, en criant, lorsqu'ils sont près des eaux. Ils refusent d'abord d'y entrer; mais, effrayés par les cris, ils se jettent, successivement, dans la rivière, où le courant les emporte aussitôt; souvent ils cherchent à retourner, et les cavaliers, nageant avec leurs chevaux, les y poursuivent encore, en les obligeant à se diriger sur l'autre rive. Ils ont peine à gagner la terre; souvent même ils sont emportés très-loin de là; cependant il est rare qu'il s'en noye. Les difficultés de l'opération diminuent, quand une fois la première troupe est passée; car celle-ci appelle les bœufs avec lesquels elle vivait habituellement, et qui, se décidant plus facilement à se lancer dans le fleuve, n'ont plus besoin d'être guidés. Les échos des environs retentirent toute la journée des cris des cavaliers et des beuglemens des bestiaux, qui regrettaient leurs gras pâturages; et, dans toute autre conjoncture, j'aurais vu ce spectacle avec plaisir. Le soir, tous ces bœufs et vaches furent renfermés en un grand parc, sur la place du Carmen et autour du fort, en des lieux préparés à la hâte à cet effet; et, dès-lors, les mugissemens augmentèrent, devenant bientôt réellement étourdissans. Les propriétaires ne parlaient tous que de tuer leurs troupeaux, afin de sauver au moins les cuirs; mais une commission des notables décida qu'on les mènerait à la bahia de San-Blas, où l'on n'avait à garder qu'une seule entrée; qu'on y enverrait des troupes, et qu'on ne réserverait au village que six cents animaux, destinés à la consommation d'un mois et demi, temps présumé nécessaire pour recevoir une réponse de Buenos-Ayres. Un député fut nommé à l'effet d'implorer des renforts; ou, en cas de refus, au moins des navires, où les habitans pussent se sauver. Une nouvelle alerte fit accourir toutes les femmes au fort; on avait vu des Indiens à quelques lieues du Carmen. Nous passâmes la nuit aux batteries; et, ensuite, pendant bien long-temps, je fus obligé de remplir les fonctions de soldat, au lieu de celles de naturaliste.

1829. — Le Carmen. Patagonie.

Le 29, un de ces ouragans, qu'on ne voit que bien rarement, vint faire diversion à nos craintes sur les ennemis. Le vent de Sud-Est soufflait avec une force extrême, charriant des nuages épais, qui s'ouvrirent; et des torrens de pluie inondèrent le pays. Jamais je n'avais vu un vent pareil et un plus mauvais temps. Les estancieros étaient désolés; car les bestiaux, lors de ces tempêtes, ne restent pas dans les lieux de leur résidence habituelle; ils se dis- 29 Mai.

1829. Le Carmen. Patagonie.

persent au milieu du désert et se perdent au loin, ne s'arrêtant que lorsque le temps est redevenu beau; aussi les fermiers, quand ils peuvent le prévoir, les renferment-ils dans le parc; mais la crainte des Indiens les avait empêchés de prendre cette précaution; et le vent était parvenu à une telle violence qu'un cavalier n'aurait pu se tenir sur son cheval. Toute la nuit suivante fut terrible; le vent continua, soufflant dans la même direction. Les eaux de la mer, toujours violemment refoulées à l'embouchure de la rivière, étaient portées jusqu'au village; et, à la pointe du jour, un spectacle de désolation s'offrit de toutes parts. Élevées au moins de quinze à vingt pieds au-dessus de leur niveau ordinaire, les eaux couvraient toutes les plaines du sud, à trois lieues au large, et présentaient une vaste mer irritée, qui ne cessait d'augmenter; tandis qu'une pluie des plus forte, fouettée par un vent impétueux, permettait à peine de se tenir debout. La Poblacion, ou village de l'autre rive, était en partie sous l'eau; les bestiaux se noyaient dans les parcs, et les habitans qui n'avaient pas fui, étaient obligés de monter sur le faîte de leurs maisons; mais celles-ci, bâties en terre, minées par les flots, s'écroulaient successivement, et entraînaient, dans leur chute, des familles entières, luttant contre la vague, se rattrapant à des bois flottans, et gagnant les toits encore debout, sans que, du Carmen, on pût leur porter secours. Toutes les embarcations étaient à la côte, ainsi que les navires mouillés dans la rivière, et la fureur des eaux ne permettait pas de la traverser. Cet état de choses dura jusqu'à neuf heures du matin, instant où le vent se calma peu à peu. L'eau commençant à se retirer et à s'apaiser, on put aller sauver les familles de l'autre rive; et, le soir, nous pûmes recevoir quelques détails sur les malheurs que nous avions à déplorer.

Plusieurs des habitans de la Poblacion avaient disparu, sans qu'on sût si l'on devait encore, après ce déluge, espérer de les retrouver. Nul doute qu'il n'y en eût de noyés, comme l'avaient été quelques autres personnes du navire nouvellement arrivé de Buenos-Ayres, et sur lequel reposait tout mon espoir de retourner à la capitale Argentine. Le vent l'avait jeté, du mouillage au rivage, dans la rivière même; et, là, il s'était brisé en mille pièces. Non-seulement je perdais, en lui, les moyens de sortir du Carmen; mais ma position et celle des habitans, devenaient, de plus en plus, critiques; car tous les bestiaux de l'autre rive, qui n'avaient pu gagner les hauteurs, avaient péri; tous ceux qu'on acheminait vers la baie de San-Blas s'étaient dispersés, et quelques-uns de leurs conducteurs étaient morts pendant la nuit. Ainsi, nous nous voyions tout à la fois privés de navires, et menacés de manquer de vivres ; car, si les Indiens profitaient de cet instant pour nous enlever les bestiaux ainsi disséminés, il leur devenait facile de nous réduire par famine. Jamais je n'ai vu une désolation plus grande que celle des colons ; aussi, sans perdre de temps, se hâta-t-on d'envoyer à Buenos-Ayres la barque que le mauvais temps avait heureusement épargnée, et qui était notre dernière ressource. Elle était trop petite pour que j'y pusse trouver place avec mes collections, et j'aimai mieux rester que de les abandonner, liant ainsi mon sort à celui des habitans. C'est sous l'influence de cette fâcheuse position, entre un ennemi féroce et la crainte de la famine, que j'écrivis en France, à mes parens et au Muséum, par cette frêle barque. En la voyant partir, je frissonnais à la pensée que je laissais peut-être échapper le seul moyen qui me restât de jamais revoir ma patrie.

1829 — Le Carmen. Patagonie.

Les malheurs présens font toujours oublier ceux qui sont éloignés. Pendant les premiers jours, il ne fut plus question des Indiens, et tous les efforts se concentrèrent vers un seul but : réparer, autant que possible, le mal qui avait eu lieu. Tous les hommes s'occupèrent de la recherche des bestiaux dispersés ; puis, les éclaireurs, envoyés de tous les côtés, nous assurèrent que les Indiens se retiraient. Ceux du sud, trouvèrent beaucoup de bolas perdidas entassées dans la campagne près de San-Xavier, ce qui fit présumer que les Patagons avaient eu une discussion avec les Aucas, et qu'ils s'en étaient séparés ; car cet entassement de bolas est toujours, chez les Téhuelches, un signe de rupture. Cette circonstance pouvait diminuer nos craintes, si la certitude nous en eût été acquise ; et, pour l'acquérir, on tira de prison le fidèle Lucaney, tout en gardant sa femme et ses enfans pour otages ; on l'envoya vers ses compatriotes, les Patagons, avec des paroles de paix. Quelques jours après, les Indiens aucas amis firent une grande conjuration du *quecubu*. La cérémonie, à peu de chose près, semblable à celle que j'ai décrite pour les Patagons [1], se prolongea très-avant dans la nuit. Leur but était de nous tranquilliser, et de se rassurer eux-mêmes, en nous confirmant l'éloignement des Indiens ; car ils avaient tout à craindre des leurs, s'ils étaient pris avec nous. Comme on peut le penser, l'oracle fut favorable, et la Pythie déclara qu'il n'y avait plus rien à appréhender pour le moment.

9 Juin.

L'existence du fameux Pincheira, d'officier chilien devenu chef puissant de la réunion la plus considérable des Indiens araucanos (dits Chilenos), était un sujet d'émulation pour beaucoup de nos Gauchos, la plupart déportés de

1. Tome II, chapitre XVIII, page 89.

1829. Buenos-Ayres pour crimes. A leurs yeux, rien n'égalait le bonheur de ce chef.
Le Carmen. Patagonie. N'être soumis à aucun frein, obligé à aucun travail; vivre vagabond et errant; piller, successivement, toutes les provinces limitrophes des Pampas, rien n'égalait une telle félicité; aussi tous aspiraient-ils à devenir son émule. D'un autre côté, les guerres intestines de Buenos-Ayres, les succès obtenus par les Gauchos des campagnes sur les citadins, leur faisaient regretter de ne pas être de la partie. Nous avions remarqué que, depuis quelque temps, plusieurs de ceux qui étaient chargés de notre défense extérieure, devenaient d'une insolence extrême, parlant, dans les pulperias, d'enlever les femmes du village, et d'aller vivre parmi les Indiens. Jusqu'alors ce n'avaient été que des propos vagues qui, néanmoins, ne laissaient pas de nous inquiéter, d'autant plus que les discussions de Buenos-Ayres pouvaient servir de prétexte à une révolte. Nous étions toujours sur nos gardes, lorsqu'enfin nous acquîmes la certitude
21 Juin. positive de l'existence d'un complot qui était sur le point d'éclater. Le 21 Juin, un de nos miliciens, en reconnaissance de grands services reçus par lui de l'un des propriétaires du pays, lui dévoila toute la trame ourdie contre nous. Une partie de la deuxième compagnie de miliciens, composée de Gauchos déportés, auxquels s'étaient joints des artilleurs, formant, en tout, un corps de trente hommes des plus déterminés du pays, déjà couverts de crimes, devaient, la nuit, s'introduire dans le fort, à l'aide des artilleurs, prêts à leur en faciliter les moyens; massacrer tous les officiers et employés; se rendre maîtres des armes; se défaire de tous les habitans qui n'abonderaient pas dans leur sens; s'approprier toutes les femmes, et se déclarer pour le parti des assiégeans de Buenos-Ayres, en s'alliant aux Indiens. Ils étaient tous armés, et les artilleurs leur avaient procuré une grande quantité de munitions. L'exécution de ce projet avait dû avoir lieu, déjà, depuis plusieurs jours; mais les conspirateurs, pour des motifs particuliers, l'avaient remise à la nuit du 22. Nous n'avions donc pas de temps à perdre; aussi, réunis immédiatement et bien armés, à huit heures du soir, à l'instant précis où les conspirateurs étaient à leur poste, nous gagnâmes, en silence, leur campement, où nous les surprîmes, leur intimant l'ordre de nous rendre les armes, avec menace de faire feu sur eux au moindre mouvement de leur part pour se défendre. Ils se trouvèrent ainsi dans la nécessité d'obéir; et quelques-uns ne cherchèrent même pas à nier leurs intentions, nous déclarant leurs projets sinistres. Nous les menâmes au fort, où nous les mîmes en prison. Tous, sans exception, étaient sous notre garde; mais le manque d'espace suffisant nous avait contraints à les entasser ensemble. Ils eurent, dès-lors, le temps de se concerter. Le lendemain, on interrogea les témoins à charge.

Il s'en trouva un grand nombre qui osèrent parler, parce qu'ils n'avaient rien à craindre des accusés; mais, quand on interrogea ces derniers, ils déclarèrent unanimement qu'ils ne savaient rien, et nièrent ce qu'ils avaient dit le jour de leur arrestation, attribuant leurs aveux à l'égarement de l'ivresse; ils eurent même l'impudence de le jurer. On sait que la plupart de ces hommes n'ont absolument aucune croyance religieuse; et, par conséquent, la foi du serment est nulle à leurs yeux. Un Gaucho, auquel on parlait de Dieu à l'instant même où l'on allait le fusiller, répondit : « Pourquoi me parlez-vous de Dieu? Je ne « connais pour mobile de tout que l'argent; » et tel est le fond de la croyance de la plupart de ces vauriens, dispersés dans les campagnes des environs de Buenos-Ayres. 1829. Le Carmen. Patagonie.

Notre situation s'aggravait de jour en jour. Menacés au dehors par des hordes sauvages; échappés à des assassins, que nous regardions comme nos soutiens, nous étions obligés à un service actif des plus pénible. La nuit aux batteries et autour de la prison, où la garde de nos prisonniers nous demandait beaucoup de soin; le jour à cheval, nous allions faire paître nos bestiaux, tout en les surveillant de très-près, pour prévenir un coup de main des ennemis.

Le 26, le cacique Lucaney revint de la mission dont nous l'avions chargé, 26 Juin. avec un fils du chef patagon Vera, et deux autres Indiens de cette nation; ils se rendirent immédiatement au fort, où ils s'expliquèrent. Les Téhuelches, en effet, s'étaient brouillés avec les Indiens de Chaucata et de Guaykilof, et ne demandaient pas mieux que de se réconcilier avec nous; ils offraient même de rendre les déserteurs chrétiens qu'ils avaient parmi eux, ainsi que les bestiaux volés; ils demandaient qu'on envoyât six hommes, auxquels ils remettraient *tout ce qu'ils avaient à nous*. Ces nouvelles étaient rassurantes, à quelques égards; mais, quant à envoyer des nôtres, pour chercher notre bien, on était peu disposé à le faire, les habitans n'ayant pas encore perdu le souvenir de ces malheureux officiers de Buenos-Ayres donnés en otage aux Indiens, lors d'un traité de paix, et du supplice affreux qu'on leur avait fait subir, contre la foi des traités, en les brûlant à petit feu. Ainsi l'on s'efforça d'obtenir des envoyés que leurs caciques envoyassent eux-mêmes nos bestiaux et nos hommes, moyennant une promesse de cadeau; et Lucaney, chargé de cette nouvelle négociation, dut retourner avec les députés à leur campement, situé à sept journées de marche, en remontant le Rio negro, sur la rive sud. Nous apprîmes, en même temps, qu'il y avait au moins mille tentes à la seconde *angostura*[1],

1. *Angostura* est, en espagnol, un défilé ou un lieu dans lequel les falaises d'une rivière, se rapprochant, en resserrent le lit; celle-ci était la seconde en remontant le Rio negro. (Voy. la carte, n.° 2.)

1829 et beaucoup d'autres plus haut; ce qui annonçait une réunion d'Indiens formidable. Les Patagons venus avec Lucaney étaient d'une très-belle taille; l'un d'eux, fils de Vera, avait cinq pieds onze pouces de haut; les autres arrivaient, pour la première fois, des rives du détroit de Magellan. Ils me confirmèrent dans l'idée de leur identité parfaite avec les hommes que j'avais vus, et avec lesquels je vivais.

Le Carmen, Patagonie.

§. 3.

Second voyage au Sud. Nouvelle attaque des hordes sauvages.

Voyage au Sud.

J'avais expédié deux fois des chasseurs dans les lieux désignés comme résidence de cette nouvelle espèce d'autruche, voisine du ñandu, dont tous les habitans me parlaient si souvent; mais ces courses étaient restées sans fruit, soit que mes hommes eussent eu peur de s'aventurer, dans la crainte de rencontrer les Indiens, soit qu'ils n'eussent point aperçu les oiseaux objet de leur recherche. Ils étaient revenus sans rien m'apporter, et j'en avais été de nouveau pour des frais énormes.

Je voyais avec peine les jours s'écouler, et mon départ de Patagonie, dépendant de l'arrivée d'un navire qui pouvait se présenter à chaque instant, me faisait craindre de ne pas avoir mon autruche. D'un autre côté, si les dangers, dont nous étions entourés au fort même, nous mettaient dans une position périlleuse, je l'aggravais peu, en m'avançant seul dans les lieux sauvages; car je pouvais tout aussi bien être tué en défendant l'établissement, qu'en parcourant les déserts. Je résolus donc de tenter une nouvelle excursion, quelque danger réel qu'elle me présentât; car l'inaction dans laquelle je vivais au fort, ne pouvant m'en éloigner sans risque, le dégoût de la vie, déterminé par l'ennui qui me dévorait continuellement, et qui m'ôtait le sommeil, me décidèrent à tout braver, en dépit des conseils des personnes qui, me portant de l'intérêt, regardaient comme des plus imprudente toute sortie faite à cette époque. Pour mettre ce projet à exécution, il fallait non-seulement m'exposer en personne, mais encore trouver quelqu'un qui s'exposât avec moi, ce qui n'était pas le plus facile; cependant, je connaissais la bravoure féroce des vrais Gauchos, et c'est à eux que je dus m'adresser. Je rencontrai, d'abord, le capatas d'une estancia, qui voulut bien, moyennant de forts émolumens, m'accompagner, et fournir, pour l'expédition, vingt chevaux, qu'il avait sauvés du pillage. Il trouva, de son côté, trois autres hommes bien déterminés; et, dès-lors, je préparai tout pour le départ. Nous étions aux jours les plus froids de l'année; néanmoins la perspective de dormir en plein air, et d'être exposé, pendant plusieurs jours, aux intempéries de la saison, ne m'effraya pas. Je savais tout supporter; j'étais même devenu, sous ce rapport, aussi dur aux souffrances physiques que les habitans du pays. Mon départ fut arrêté pour le 1.er Juillet, qui correspond parfaitement au commencement de Janvier dans notre hémisphère. Je ne pus l'effectuer que le lendemain. 1829. Voyage au Sud. Patagonie.

Au moment de monter à cheval, je reçus la visite des principaux habitans, 2 Juillet. qui venaient me prier de ne pas partir, ce qui ne m'empêcha pas de me mettre en route. Je me rendis, par la rive du nord, en face de l'estancia de Don Manuel Alvarez. Je fis passer mes chevaux, ce qui employa une partie de la journée, et me força de ne pas pousser plus avant. Je ne trouvai personne à l'estancia; tout y était silencieux; et je fus obligé de m'établir sous le hangar, ouvert à tous les vents. Quel triste aspect! pas même un chien qui vînt aboyer après moi. Ces lieux, lors de mon premier séjour, couverts d'ouvriers s'occupant du saloir, étaient alors tristes et froids; il ne restait de cette vie, de ce tapage journalier, que les squelettes décharnés des animaux tués, d'autour desquels l'oiseau de proie même, ne trouvant plus de pâture, avait fui pour toujours. Quelques troupes d'oies couvraient seules les bords de la rivière. La grande marée y avait déposé une couche épaisse de limon, qui en cachait l'herbe, et contribuait à en augmenter le deuil. Pas un seul caracará..... Tous ces oiseaux, parasites de l'homme, s'étaient retirés en même temps que lui. Je passai la nuit sous le hangar, où j'eus grand froid; mais j'étais sous un toit, que je n'aurais plus les jours suivans. En été, le sol paraît moins dur qu'en hiver, et la fraîcheur de la terre fait éprouver quelques douceurs; mais encore lorsqu'il fait froid, il est difficile de communiquer au sol assez de calorique pour ne pas sentir, continuellement, au travers d'un cuir, une impression désagréable, qui pénètre incessamment les membres. Nos chevaux furent difficiles à rassembler le matin suivant; ceux-ci étaient remarquables par leur beauté. Les estancieros cherchent souvent à réunir des troupes de chevaux de même couleur. Mon capatas avait eu aussi cette fantaisie; mais il avait choisi la plus rare, celle des chevaux pies; et, depuis quelques années, il les avait, à tout prix, achetés des Indiens, chez qui l'on en trouve, à ce qu'il paraît, plus fréquemment de cette variété. Un amateur passionné aurait pu les admirer; car ils réunissaient toutes les qualités voulues dans le pays; l'aspect en paraissait singulier, et l'on n'en voit que très-rarement d'ainsi tachetés, et jamais en troupe. Nous ne partîmes qu'à neuf heures; nous n'emportions pas

1829 Voyage au Sud. Patagonie.

de vivres frais; mes gens n'avaient pas voulu s'en charger en partant, comptant sur des bestiaux égarés près de la Cuchilla, pour en tuer une pièce, dont ils tireraient ce que bon leur semblerait pour le voyage; c'est en effet ce qu'on fit. Il fallut s'arrêter à la Cuchilla : mes gens partirent pour la campagne avec leurs lazos; et, trois heures après, ils reparurent, amenant enlacé un jeune taureau furieux. Ils l'abattirent; et, au lieu de l'écorcher, comme à l'ordinaire, ils résolurent d'en emporter seulement des morceaux, avec la peau, afin de faire de ces rôtis si estimés parmi eux, qu'ils nomment *asado con cuero* (rôti avec le cuir). Ils enlevèrent donc, avec la peau, les morceaux de viande jugés les meilleurs, ainsi que la langue, et abandonnant le reste aux oiseaux de proie, après en avoir détaché quelques petites parties de graisse, qu'ils jetèrent aussitôt sur des charbons, et mangèrent à moitié cuite. Nous avions, pour toutes provisions, un peu de pain, du fromage et deux barils, l'un rempli de vin et l'autre d'eau; mais, comme mes gens craignaient de ne pas avoir assez de cette dernière, ils enlevèrent, d'une seule pièce, la peau de la cuisse et de la jambe du taureau; l'attachèrent fortement, et en firent deux énormes outres, qu'ils remplirent d'eau. Il fallut coucher sur la Cuchilla; car tous ces préparatifs prirent la fin de la journée. Si l'on veut voyager dans ces contrées, il faut s'armer de beaucoup de patience. Les habitans mettent une telle nonchalance dans tout ce qu'ils font, qu'on souffre beaucoup de leur lenteur; mais comme, en se fâchant, on ne pourrait rien obtenir d'eux, mieux vaut se taire et s'abstenir de toute observation. Ils attachèrent leurs chevaux; et, jusqu'au commencement de la nuit, ne cessèrent de faire de petits rôtis, qu'ils mangeaient à mesure, tout en conversant sur les Indiens, sur la crainte qu'ils avaient d'être surpris par eux, assaisonnant leur conversation de toutes les histoires d'attaques de ceux-ci, qui pouvaient avoir du rapport à leur position actuelle; et leur babil me fit comprendre que, malgré leur promesse, leur intention était bien de se sauver, si nous rencontrions l'ennemi, en abandonnant jusqu'à leurs armes, pour aller plus vite. Je reconnus, dès-lors, combien peu je pouvais me fier à eux. A l'entrée de la nuit on éteignit le feu pour n'être pas aperçu des Indiens. Nous nous étions placés au fond d'un petit ravin, afin de moins souffrir d'un vent piquant du Sud on ne peut plus froid; et j'avoue que je le sentis beaucoup trop, sur-
4 Juillet. tout à l'approche du jour, où toute la campagne, couverte d'une épaisse gelée blanche, annonçait un temps peu sûr. Le ciel était nébuleux. Tout nous présageait, pour la journée, un de ces temps sombres, qui attristent, et pénètrent tout le corps. J'étais muni de vêtemens propres à me garantir du froid; néanmoins le vent me glaçait constamment la figure. Nous étions armés

jusqu'aux dents, et notre costume nous aurait facilement fait prendre pour une troupe de brigands; j'aurais alors défié mes amis de Paris de me reconnaître, sous mon accoutrement demi-européen et demi-indien. Pendant plusieurs lieues, franchies au galop, aucune trace d'hommes n'avait été aperçue par mes gens, quand je vis celui qui marchait en avant s'arrêter tout à coup et regarder à terre; il reconnaissait les marques récentes du passage des Indiens aux lignes des lances traînantes à terre. Nous reconnûmes qu'il y avait au moins vingt hommes, qui s'étaient dirigés vers l'Ouest. La coutume des Indiens, en marche, est de tenir leur longue lance près du fer, et d'en laisser traîner le manche à terre, habitude qui facilite beaucoup la reconnaissance de leur nombre; ceux-ci étaient, sans doute, venus reconnaître la rive du sud, pour s'assurer s'il restait encore quelques troupeaux à voler, et s'en étaient retournés par l'intérieur des terres, afin de ne pas être découverts. Il paraissait y avoir une couple de jours seulement qu'ils étaient passés, ce qui nous inspira des craintes, que la réflexion dissipa bientôt; car les Indiens n'avaient aucun motif d'aller vers le Sud, au-delà des lieux habités. Il n'y avait donc, réellement, rien à appréhender qu'auprès du Carmen, ou des lieux dont l'eau invite les sauvages à s'en rapprocher, dans leurs chasses. Nous continuâmes, en conséquence, à cheminer au milieu des déserts; et, après avoir franchi, d'une seule traite, la distance d'une douzaine de lieues, le vent dans la figure et toujours au galop, nous arrivâmes, enfin, vers trois heures, à l'ensenada de Ros. En me rendant au lieu où j'avais campé lors de ma première course, je m'aperçus que la forte marée du 30 Mai avait tout changé. La vague avait rompu la digue de dunes qui la bordent, s'était répandue sur plus d'un quart de lieue de large au milieu des terres, et y avait laissé des terrains tellement mouvans, que les chevaux y enfonçaient jusqu'aux genoux, et que nous fûmes obligés d'en faire le tour pour arriver à la halte. La mer avait été si terrible sur ces côtes, que beaucoup d'oiseaux de haute mer, tels que les spénisques, les albatrosses, avaient été jetés morts à la grève; et les eaux avaient remué le fond avec une telle violence, qu'un grand nombre de mollusques et de polypiers en avaient été détachés, et formaient une ligne épaisse sur les galets de la côte. C'était, pour moi, une bonne fortune dont je profitai, en faisant des récoltes abondantes. Jamais je n'avais vu un effet plus effrayant de la furie de la mer; partout elle avait franchi ses bornes ordinaires; partout elle avait changé les formes du terrain. Des dunes épaisses avaient été entraînées et s'étaient répandues sur la plaine; des quartiers de rochers, arrachés de la falaise, avaient été roulés au loin, et un grand nombre d'éboulemens annonçaient avec quelle

1829. force les eaux devaient battre cette haute muraille. A plus de cinquante ou soixante pieds de hauteur, on voyait que la houle avait tout lavé, en luttant contre cette inébranlable barrière.

Voyage au Sud. Patagonie. 5 Juillet.

Le 5 Juillet je voulus, avant de chasser aux phoques de la côte, m'avancer bien plus loin vers le Sud, afin de tenter encore la fortune pour les autruches pattues. Je parcourus, avec mes hommes, une partie des environs de l'ensenada de Ros; je retrouvai les mêmes terrains meubles que dans la première excursion, et j'eus encore le déplaisir de voir en vain courir l'oiseau que je désirais tant m'approprier. Je résolus, d'après ce que me disaient mes guides, de pousser jusqu'à une douzaine de lieues plus au Sud, dans l'espoir d'être plus heureux aux environs de l'*ensenada del agua de los loros*, anse à peu près semblable à celle de Ros. Je franchis donc d'un galop les déserts épineux et secs qui m'en séparaient, au sein d'une campagne absolument semblable à celle qui couvre tous les terrains élevés. En route je ne vis aucun animal; l'autruche tant désirée ne se montra même pas. Ce n'est qu'en arrivant près de la baie, que j'en revis encore; mais toujours dans les mêmes terrains criblés de trous et sablonneux, où il est impossible de galoper; cependant, les restes d'un de ces animaux, mort et dévoré par ces renards, me firent reconnaître que leur tarse est réellement emplumé sur la moitié de sa longueur, ce qui me l'a fait nommer *Rhea pennata*[1], pour la distinguer du *Rhea americana*, l'autruche improprement appelée *de Magellan*, puisque cette espèce ne passe pas le 42.e degré de latitude sud.

La baie que j'avais en vue est absolument semblable à celle de Ros; de même la mer y bat en plein, et les deux extrémités en sont bornées par la continuité d'une haute falaise. La côte m'en parut bien plus peuplée de phoques et d'otaries que celle de Ros; mais, comme j'avais trop de chemin à faire pour les rapporter au Carmen, je les laissai en paix. Je restai quelques instans sur la plage; puis force me fut de chercher un lieu où je pusse passer la nuit. Pendant que j'étais occupé au bord de la mer, un de mes hommes était allé seul chercher l'aiguade qui a donné son nom à la baie; il la rencontra au milieu de très-hautes dunes, du haut de l'une desquelles il nous fit signe d'aller le rejoindre. Nous nous y rendîmes, et nous y trouvâmes, au fond d'un vallon, un trou creusé dans le sable, auprès duquel une eau limpide nous invita à rester. Nos pauvres chevaux purent se désaltérer tout à leur aise, et nous nous occupâmes de notre campement. Des traces d'anciens feux nous annon-

1. Voyez t. II, chap. XVII, p. 67, et partie ornithologique.

cèrent que des Indiens y étaient aussi venus camper; ce qu'il fut facile de reconnaître à un reste de toldo de peau qu'on y voyait encore. Pendant long-temps les voyageurs, qui allaient à l'établissement fondé dans le siècle dernier sur la péninsule de San-Jose, avaient traversé les déserts sans y rencontrer aucun point où ils pussent faire boire leurs chevaux; le hasard seul vint à leur secours. Un jour qu'un pauvre voyageur, arrêté sur le sommet de l'une des dunes, se désolait de voir sa provision d'eau s'épuiser, il remarqua plusieurs volées d'aras patagons qui se dirigeaient du même côté, et s'abattaient au même endroit. Il pensa que quelque chose attirait ces oiseaux; il s'y rendit, et vit, avec le plus grand plaisir, un peu d'eau douce amassée dans le fond du vallon; il en fit part aux autres voyageurs; et, dès-lors, le nom d'*eau des perroquets* (agua de los loros) fut donné à ces lieux. Le grand nombre de vestiges de guanacos, que j'y remarquai, me fit comprendre pourquoi les Indiens le fréquentent. Nous aperçûmes même plusieurs troupes de ces légers animaux, qui fuyaient au loin, dès qu'ils nous voyaient. Nous passâmes une nuit fort tranquille. Mes gens pouvaient, sans crainte, y faire du feu; aussi ne s'en firent-ils pas faute; et, pendant toute la soirée, ils avaient apporté des buissons secs à cet effet. Ils n'étaient cependant pas trop rassurés, et il suffisait que les Indiens y fussent venus, pour qu'on pût les craindre encore; en conséquence, le lendemain matin, ils me demandèrent instamment de revenir en chassant. 6 Juillet. Quiconque a parcouru les dunes de la côte de la Vendée, et celles des environs de Bordeaux, pourra se figurer l'aspect des dunes patagoniennes.... Partout même stérilité, même tristesse, même monotonie.... Ce sont les ondulations irrégulières d'une mer agitée; du sable mouvant, aux sommets de ces sillons interrompus, et un peu de végétation, au fond des vallons qu'ils forment. Sans boussole ou sans le secours des astres, on ne pourrait se tirer de ces montagnes de sable, où l'homme se trouve perdu au milieu d'une solitude sauvage.

Peu charmé de mon voyage en ce lieu, fatigué de quatre mauvaises nuits, je tentai un dernier effort pour avoir l'autruche désirée; ce fut en vain.... Le peu de solidité du sol ne me permit pas d'en approcher; désolé, je n'eus d'autre ressource que de me mettre en route pour revenir à l'ensenada de Ros, où j'avais envie de chasser les otaries, pour remplacer les peaux que la chaleur de la saison avait gâtées, lors de ma première course. Un galop me ramena vers la baie, où, bien fatigué, je n'eus, pour me reposer, d'autre lit que des cailloux, et d'autre abri, qu'un triste buisson. Pour comble de malheur, il plut toute la nuit, et le désagrément d'être trempé jusqu'aux os vint augmenter mes souffrances.

1829. Voyage au Sud. Patagonie. 7 Juillet.

A la pointe du jour, j'étais à la côte, recherchant les productions marines rejetées par la mer; et là j'oubliais l'univers entier, pour ne songer qu'aux objets intéressans qui se montraient à moi. Je fus, néanmoins, interrompu par mes gens, qui amenaient des chevaux, afin d'aller chasser les otaries. Nous nous rendîmes au lieu où ces animaux se tiennent ordinairement, et nous pûmes, sans beaucoup de peine, en tuer autant que j'en voulus; car jamais je n'en avais tant vu réunis. Plusieurs mâles énormes, destinés à être emportés en peau et en squelette, furent choisis; puis je laissai les autres tranquilles. Je chassai aussi des condors, et j'eus le plaisir d'en blesser un qui tomba, et faillit emporter la main d'un de mes hommes, lorsque celui-ci voulut le saisir. Les froids de la saison avaient, sans doute, fait fuir des glaces du cap Horn quelques-unes des espèces d'oiseaux qui lui sont propres; car, tout à coup, m'apparut, sur les rochers couverts de moules, que la marée basse laissait à sec, une troupe d'oiseaux blancs comme de la neige, à peu près aussi gros que des pigeons, dont ils avaient les formes et un peu le vol rapide. C'était une bonne fortune pour un naturaliste. Sautant, de suite, d'un rocher à l'autre, je parvins à m'en approcher, de manière à pouvoir les tuer. Il en resta deux sur la place; mais il s'agissait d'aller les chercher. La mer montante entourait déjà le lieu où ils étaient tombés. Je ne balançai pas; encore mouillé de la nuit dernière, j'entrai dans l'eau et parvins à m'en saisir. La troupe revint, à plusieurs reprises, voler autour de moi, comme pour chercher les siens; et, chaque fois, elle diminuait de nombre; car je tirais dessus, et il en tombait à la mer, jusqu'à ce qu'enfin elle s'éloignât pour ne plus revenir. Je pus encore attraper quelques-uns de ceux qui flottaient. Cet oiseau, dont les mœurs maritimes contrastent avec son aspect général tout terrestre, était un bec en fourreau.[1] Oiseau de rivage, voisin des pies de mer, quoique la forme de son bec l'en éloigne, c'est celui qu'indiquent, comme pigeon blanc, tous les voyageurs qui se sont approchés du détroit de Magellan, ou qui ont passé le cap Horn. Il a été décrit, dès le seizième siècle, par les premiers navigateurs espagnols et anglais, qui visitèrent ces contrées, et long-temps ballotté, de nos jours, par les zoologistes, entre les gallinacés et les échassiers, toujours d'après la forme extérieure; car ses mœurs eussent fixé immédiatement sa place dans l'échelle des êtres.

Je revins chargé de ma chasse et tout mouillé. Le temps fut encore affreux toute la journée; il avait tombé de petits brouillards; et, la nuit suivante, il

1. *Chionis alba*, Forst.; *Vaginalis alba*, Gmel.

plut à verse. Je ne m'étais pas séché depuis deux jours; aussi éprouvai-je un froid des plus vif. L'eau continuait à tomber le lendemain. Pour me dégourdir, je me rendis à pied à la côte, où le désir de rencontrer quelque chose de nouveau me fit rester jusqu'à deux heures. Autant recevoir la pluie, en cherchant des objets d'histoire naturelle, que de rester oisif auprès d'un buisson. Le temps s'éleva un peu; et, ayant réuni tous nos chevaux, nous nous dirigeâmes sur le Carmen. Vers le soir, le vent passa au Sud, le ciel se découvrit, et nous annonça le beau temps; mais, en même temps, une température glaciale. Nous nous arrêtâmes à moitié chemin, au milieu de la plaine, et pûmes allumer un feu qui ne nous fit que mieux sentir le froid; car, mouillés comme nous l'étions, il nous était impossible de nous sécher. Quand je fus couché, j'éprouvai des souffrances difficiles à décrire. Il gelait fortement; mes vêtemens glacés se raidirent sur moi, et je ne trouvai d'autre moyen de résister à cette souffrance, que de me promener sans relâche; car je craignais, en restant dans l'inaction, de ne pouvoir plus agir le lendemain. Le vent était violent et glacé, et je puis dire que jusqu'alors ce fut la nuit la plus pénible que j'eusse jamais passée. Il fallait réellement toute la force de la jeunesse, dont j'étais doué, pour se jouer ainsi des intempéries des contrées méridionales; beaucoup d'autres en seraient morts; je n'eus même pas le plus petit rhume. Sept jours de douleurs et de fatigues continuelles avaient glissé sur moi, comme si j'avais toujours mené ce même genre de vie; cependant, j'aspirais à rentrer au Carmen. Huit lieues seulement m'en séparaient; mais ce reste du trajet n'était pas sans risques; les Indiens pouvaient être en possession de la rive sud, et je pouvais tomber entre leurs mains. Toutes ces craintes vinrent m'assaillir un instant, avec d'autant plus de raison que j'entendis, très-bien, des coups de canon; mais je me rassurai lorsque j'eus compté vingt et un coups, qui me rappelèrent que ce jour était l'anniversaire de l'indépendance de la république Argentine. Je franchis les terrains arides; j'arrivai à la Cuchilla, d'où je dominais la plaine. Je n'aperçus aucun objet qui pût me donner de l'inquiétude; et, pour plus de sûreté, je me rendis au bord du Rio negro, que je suivis, en le remontant, jusqu'à la Poblacion, d'où je passai au Carmen. Les habitans du fort commençaient à désespérer de me revoir, et me reçurent comme une personne qui revenait de l'autre monde.

1829 — Voyage au Sud. Patagonie. 8 Juillet. 9 Juillet.

Les Indiens menaçaient la rive nord. Notre petite barque, arrivée avec peine à Buenos-Ayres, avait trouvé cette ville en proie à une guerre intestine. Les Français qui faisaient partie de la milice de la ville s'étaient bien montrés; et, enfin, une espèce d'accommodement entre les deux partis paraissait sur

1829. le point de se conclure. Rosas rentrait dans Buenos-Ayres; mais il n'y avait aucun espoir de rien obtenir pour le Carmen; il fallait que cet établissement se soutînt par lui-même, la capitale Argentine ayant bien assez de ses propres maux à réparer. Notre chaloupe, revenant avec ces tristes nouvelles, avait failli périr; une voie d'eau s'y était déclarée à la mer, et à peine avait-elle pu gagner les îles de la bahia de San-Blas, sur lesquelles elle était venue s'échouer, afin de sauver son équipage; ainsi notre position n'avait nullement changé; seulement il n'y avait plus aucun espoir de sortir du Carmen, puisqu'il ne nous restait que de vieilles carcasses de navires, impropres à une navigation, et qu'il ne devait pas en venir de Buenos-Ayres. Il fallut encore se résigner.

Le Carmen. Patagonie.

16 Juillet. Le 16 Juillet était la fête patronale, celle de Notre-Dame du Carmen. Dans tout autre temps, ce jour eût été marqué par des réjouissances; l'église seule le fêta. Il y eut une grand'messe, et une procession, dans laquelle on promena une haute figure de la Vierge. C'était un singulier contraste que de voir, sur le passage du cortége, un grand nombre de nos Indiens amis, bien barbouillés de rouge, regarder, avec un air de mépris, notre cérémonie, et nous traiter de superstitieux, nous rendant ainsi nos sarcasmes, lorsqu'ils conjurent leur Gualichu. Ce sont, peut-être, de tous les Américains, les plus incrédules sur ce point. Jamais un Patagon, un Puelche, ni un Araucano des Pampas, n'a embrassé la religion catholique, si ce n'est par force; tandis que, dans les pays chauds, les naturels s'y sont très-facilement soumis, et qu'ils ont, sans peine, abandonné, au moins en apparence, toutes leurs anciennes croyances. Entrés dans les plaines du sud, les Jésuites ont persisté, pendant plus de quarante ans, à prêcher le christianisme au milieu des hordes vagabondes; mais celles-ci ne vivaient autour d'eux, et ne paraissaient se plier à leurs désirs, qu'autant qu'elles avaient quelque chose à obtenir des pères, dont toute l'éloquence resta toujours infructueuse. Les croyances religieuses des nations australes sont encore aujourd'hui ce qu'elles étaient au temps de la découverte. Ces hommes tiennent autant à leurs superstitions, qu'à la vie vagabonde et nomade, qui paraît leur plaire par dessus toute chose; car, jusqu'à présent, on ne compte, dans les Pampas, aucune association d'Indiens qui soit fixe, même autour des lieux habités.

Nos éclaireurs couraient les campagnes dans toutes les directions, et nous

18 Juillet. pouvions nous fier à leur vigilance. Effectivement, le 18, ils accoururent pour nous apprendre qu'ils avaient poursuivi, sur le chemin du Colorado, un Indien qui venait espionner; cette déclaration sema l'alarme, et la nuit chacun dormit à son poste. On envoya, le lendemain, un détachement reconnaître les

traces; et, au lieu de celles d'un seul homme, on rencontra celles de dix à douze, qu'on ne put atteindre. Les craintes augmentèrent, d'autant plus que les nègres du fort, qui faisaient le service de l'infanterie, se refusèrent formellement à faire des patrouilles de nuit; ce qui nous obligeait à en faire nous-mêmes; car elles étaient indispensables pour prévenir les surprises. Il est si facile, au milieu d'un désert, de se rendre d'un lieu à un autre sans être aperçu, lorsqu'on ne suit pas les sentiers battus, qu'il était, pour nous, de la plus grande importance, dans un fort dont les murailles étaient à moitié tombées et des plus faciles à franchir, de ne pas être surpris; sans quoi, plus de défense possible. Le 20, un envoyé de Lucaney arriva et nous apprit qu'un des caciques de Pincheira avait attaqué, à l'improviste, une tolderia des Indiens de Chaucata, que tous les hommes avaient été tués, et les femmes enlevées; qu'un cacique subalterne avait été pris et brûlé vif. Alors nos appréhensions devenaient plus sérieuses. Ces mêmes Indiens vainqueurs pouvaient venir aussi jusqu'à nous; ce qui ne tarda pas à se réaliser.

1829. Le Carmen. Patagonie.

Le 22 au matin, après avoir passé la nuit auprès des canons, nous prenions quelque repos, lorsque la sentinelle d'un des bastions cria aux armes: nous sortîmes tous; et, à demi-portée de canon du fort, nous aperçûmes les Indiens, marchant sur le fort, la lance au poing, au nombre de cinq à six cents. De suite, nous pointâmes sur eux une caronade de vingt-quatre; mais la trop grande précipitation avec laquelle nous exécutâmes ce mouvement, nous fit mal pointer, et le boulet passa bien au-dessus de leurs têtes. Ils s'arrêtèrent. Tandis qu'on cherchait à être plus adroit, on envoya contre eux de l'infanterie, qui ne fit pas plus d'effet. Les Indiens demandèrent à parlementer au moyen d'un drapeau. L'aspect d'une troupe de ces guerriers, armés de leurs longues lances, a quelque chose de singulier: ces roseaux longs de seize à dix-huit pieds, plantés debout par tous les cavaliers, les panaches de plumes d'autruche qui y sont attachés, et auxquels nous pouvions reconnaître qu'il y avait un grand nombre de chefs; tout cela dénotait que ce n'était que l'avant-garde de forces plus considérables, campées, sans doute, dans les environs. Cette considération fit accepter le pourparler; et quatre caciques, parmi lesquels un des principaux chefs, vinrent au fort suivis de leur interprète, avec tout le sérieux qui les caractérise. Ils étaient sans armes offensives, mais deux d'entr'eux étaient munis de cottes de mailles d'acier, faites de petits anneaux, qui, probablement, s'étaient conservées parmi cette nation depuis la première entrée d'Almagro au Chili[1], ou depuis celle de Valdi-

22 Juillet.

[1] En 1534. Garcilazo de la Vega, *Comentario del Peru*, p. 86.

1829. via[1]; car, depuis, ces armes ont été remplacées chez les guerriers espagnols. Ils étaient très-richement vêtus, leur harnachement était partout couvert de plaques d'argent. Ils entrèrent dans le fort, et le chef se mit à parler, en chantant suivant la coutume, et en marquant ses paroles comme par versets. L'interprète traduisit son discours, et nous apprîmes qu'ils venaient comme alliés de Pincheira, pour savoir des nouvelles du courrier qu'il nous avait envoyé, il y avait quelques mois; que, du reste, ils ne se présentaient pas avec des intentions hostiles; que, s'ils s'étaient, en arrivant, emparé de tous nos bestiaux, c'était pour avoir une garantie; mais qu'ils nous les rendraient immédiatement, si nous voulions leur donner un certain nombre de rouleaux de tabac, et de barils d'eau-de-vie. Le commandant, homme des plus pusillanime, plutôt que de retenir ces gens, jusqu'à ce que les traités fussent exécutés de part et d'autre, annonça aux caciques que leur envoyé avait été tué par Chaucata, et leur fit apporter ce qu'ils demandaient, sans réclamer la remise des bestiaux; aussi, dès que les caciques furent réunis aux leurs, ils changèrent de ton, et rien ne fut rendu. Ils se retirèrent seulement hors de la portée du canon, ce qui nous obligea, pendant la nuit, à une surveillance des plus active. Je fus choisi pour commander une des patrouilles qui devait parcourir les environs, au milieu des broussailles, écoutant à terre d'instans en instans, et cela jusqu'au lever de la lune. Je remplis cette mission sans rencontrer la moindre des choses.

Le Carmen. Patagonie.

Les Indiens, avant d'arriver près de nous, avaient pris tous les bestiaux et chevaux qui se trouvaient dans la campagne aux environs, ne nous en laissant que quelques-uns, que nous avions autour du fort. Ils avaient tué un pauvre vieillard, l'un des deux seuls hommes échappés au massacre des habitans de la péninsule de San-José, par les Patagons, vingt ou trente ans auparavant. Le corps de ce malheureux était méconnaissable, tant il était criblé de blessures. Il avait reçu plus de deux cents coups de lance, et sa tête était écrasée par les *bolas perdidas*. Les Indiens avaient aussi tué trois de nos nègres soldats, qui étaient allés chercher du bois; un quatrième, qui avait pu se cacher dans un terrier de biscachas, s'était sauvé ainsi et à la faveur de la nuit; à moitié mort de peur, il avait regagné le fort, sans être aperçu. Sa frayeur était telle qu'il avait à peine la force de parler, et ce ne fut que long-temps après qu'il put nous conter les dangers auxquels il s'était soustrait. De ce moment, convaincus de la mauvaise foi des Indiens, nous comptâmes peu recouvrer

23 Juillet. ce qu'ils nous avaient enlevé. Quelques-uns des leurs revinrent, cependant,

1. En 1540. Garcilazo de la Vega, *Comentario del Peru*, p. 492.

le lendemain matin, mais sans remettre les bestiaux. Ces pourparlers annonçaient beaucoup de fausseté de leur part, et nous perdîmes tout espoir, lorsqu'une grande troupe d'Indiens se réunit aux autres, et les rendit encore plus intraitables. Nous avions appris qu'il y avait trois premiers caciques, celui nommé par Pincheira *Mulato* (mulâtre), de sa teinte plus foncée que celle des autres; *Melipan* et *Killapan*. Le cacique Mulato dirigeait tout. Il paraissait y avoir de sept à huit cents guerriers, qui restèrent campés aux environs, ce qui fit qu'aucune famille ne voulut sortir hors du fort; tout ce qui se trouvait d'habitans au Carmen s'y rassembla. J'avais, dans ma chambre, quoiqu'elle fût très-petite, dix-sept à dix-huit personnes, en comptant les enfans. Je la leur abandonnai, pour passer la nuit sous les armes. 1829. Le Carmen. Patagonie.

Le 24, un de nos Gauchos ayant quitté le fort, pour aller trouver les Indiens, nous eûmes lieu de craindre que cet homme ne leur fît connaître l'estancia de M. Bibois, au bas de la rivière, celle de Punta rasa, celle de la bahia de San-Blas; et nos craintes se réalisèrent, quand nous apprîmes qu'ils avaient descendu le fleuve. Nous pûmes alors faire sortir les bestiaux que nous avions dans les parcs; ils n'avaient pas mangé depuis trois jours, et il fallait ou les tuer, ou les mener paître. Nous prîmes ce dernier parti. Toute la cavalerie disponible fit un grand cercle autour, dans les environs, tandis qu'ils paissaient, et nous fûmes obligés de prendre cette précaution tous les jours, pour conserver quelques vivres; car c'étaient les seuls que nous eussions, dans un pays où le pain est rare; ainsi nous passions la nuit auprès des canons, et le jour à cheval, dans la campagne, toujours armés. 24 Juillet.

Le capitaine Bibois, déterminé corsaire, n'avait pas laissé son estancia sans défense; il y avait construit une petite batterie, qui dominait les parcs où étaient ses bestiaux, et avait fait creuser, autour de ceux-ci, des fossés profonds qui empêchaient que les animaux sortissent, quand même on eût enlevé les barrières dont les parcs étaient fermés. Dès qu'on apprit que les Indiens se portaient vers l'embouchure de la rivière, on y envoya, par eau, de l'infanterie pour le secourir, et fort à propos; car le 25, vers midi, plusieurs coups de canon nous annoncèrent l'attaque dont nous obtînmes ensuite les détails. Aussitôt après avoir reçu le renfort de notre infanterie, et appris que les Indiens se dirigeaient de son côté, M. Bibois avait fait rentrer les troupeaux dans les parcs, et s'était préparé à recevoir l'ennemi. Ses préparatifs à peine achevés, il vit paraître les Indiens sur les hauteurs voisines; et, quelques instans après, ceux-ci chargèrent avec la rapidité de l'éclair, arrivant au grand galop, cachés en partie sur le flanc de leurs chevaux. Presque nus, les cheveux 25 Juillet.

1829 flottans, traînant leur lance, et jetant tous ensemble le cri de guerre, afin d'effrayer, ils arrivèrent ainsi sous la batterie même, essuyant un feu continuel et la mitraille qui pleuvait sur eux, sans perdre un instant de vue leur principal but; car, aussitôt, les uns s'occupèrent à combler les fossés, tandis que les autres détachaient et arrachaient les perches qui formaient le parc, afin de pouvoir enlever les bestiaux. Ils ne paraissaient pas s'inquiéter de la défense des assiégés, quoique la mitraille eût fait déjà, parmi eux, un grand ravage. La terre était couverte de chevaux morts ou blessés. Une partie des assaillans s'occupait à enlever leurs morts et leurs blessés, tandis que d'autres commençaient à entraîner les bestiaux, lorsqu'à ce qu'il paraît, le chef fut atteint. Il fit sonner la retraite: tous les Indiens obéirent; et, dans un instant, il ne resta, sur le champ de bataille, que des chevaux morts, du sang, beaucoup de lances abandonnées, le poignard [1] et le chapeau du cacique Mulato, ce qui nous fit beaucoup espérer; mais on ne rencontra pas un seul mort indien. C'est pour eux une coutume des plus ancienne, que celle de ne jamais abandonner un seul cadavre, même au plus fort de la mêlée; ce qui diminue beaucoup leur force, et leur a, souvent, fait manquer une attaque. Pendant toute l'action, les parens ne sont occupés qu'à enlever les leurs, souvent à demi morts; ils les enlacent et les entraînent au loin. Il est assez curieux de pouvoir citer, parmi ceux qui ont la même tactique militaire, les Gauchos de Buenos-Ayres, qui, pendant la guerre de 1829 contre les citadins, ne laissèrent jamais un mort sur la place, afin d'ôter à l'ennemi les moyens d'apprécier leurs pertes. Les Aucas, chez qui cet usage est établi, ne le suivent pas pour le même motif; c'est une idée religieuse qui leur défend de laisser profaner le corps de leurs parens. On ne dut réellement qu'à la blessure du chef de ne pas perdre les bestiaux de l'estancia de M. Bibois; car, lorsque les Indiens commencèrent à s'éloigner, celui-ci manquant de munitions, était sur le point d'abandonner son fortin, qui, au reste, ne pouvait plus lui servir, les assiégeans étant au pied; de sorte que les canons, beaucoup trop élevés, ne pouvaient plus les atteindre. Il était, néanmoins, urgent qu'il se retirât avant qu'on ne lui coupât la retraite sur la rivière, où des canots l'attendaient. Le lendemain, lorsque les Indiens quittèrent leur campement provisoire, on y trouva beaucoup de sang, que les oiseaux de proie recherchaient; et des restes d'appareils, des éclisses, propres à remédier à une fracture, nous firent présumer que le cacique Mulato avait eu la jambe cassée, nouvelle qui se confirma plus tard. Pour les morts, ils

Le Carmen, Patagonie.

1. J'ai rapporté ce poignard, que je possède avec les armes des nations australes.

avaient sans doute été emportés au loin dans la campagne, et enterrés dans les lieux les plus cachés; aucun ne se trouva dans le camp. Les Indiens s'étaient dirigés du côté de la baie de San-Blas. 1829. Le Carmen. Patagonie.

Lorsque les Araucanos sont en guerre ou dirigent des expéditions vers un point quelconque, ils ont soin d'échelonner quelques-uns des leurs sur des points intermédiaires et culminans, afin de s'avertir, au loin, par des feux ou de la fumée, disposés de diverses manières, soit du danger, soit de tous autres faits qu'ils ont besoin de savoir. C'est, pour eux et pour les autres nations australes, un télégraphe qu'ils emploient toujours[1]. Nous avions remarqué leurs signaux, presque tous les jours et les nuits; et, dès-lors, nous jugeâmes qu'il serait facile de leur donner l'alarme, en allumant, sur la rive opposée, des feux sur des points différens des leurs. Le commandant avait envoyé des Indiens prévenir Chaucata que le cacique Mulato nous menaçait, afin d'engager celui-ci à venir nous en débarrasser; mais il voulut encore faire croire aux ennemis que celui-ci arrivait, afin de les décider à abandonner plus tôt le pays. Il envoya, en remontant la rivière, sur la rive sud, allumer de grands feux sur les hauteurs; mais nous fûmes très-surpris d'y voir répondre immédiatement, sur la même rive, à l'embouchure de la rivière; ce qui nous confirma dans l'idée que nous étions espionnés de tous les côtés à la fois.

Les Indiens s'étaient présentés le 27 à la baie de San-Blas, où ils avaient été reçus par un feu d'artillerie qui les avait fait gagner les hauteurs voisines; ils demandèrent la paix, afin, sans doute, de s'introduire dans l'île de los Jabalis, et de devenir maîtres des bestiaux. On rejeta leur demande; mais que pouvaient faire une vingtaine d'hommes, la plupart nègres esclaves, contre une force aussi respectable? Cela fit craindre que l'établissement ne fût surpris et détruit. Voyant, enfin, que nos forces n'étaient pas suffisantes pour chasser un ennemi puissant, il vint dans l'esprit d'un propriétaire du pays une mesure infernale, qui, malgré les remontrances de beaucoup de personnes raisonnables, fut reçue avec enthousiasme par les habitans. Il ne s'agissait de rien moins que de chercher à détruire les Indiens par le poison. Un médecin anglais s'étant proposé pour préparer le mélange, mit de l'arsenic 27 Juillet.

1. Les Incas, dans leurs guerres (voyez Garcilazo de la Vega, *Comentario de los Incas*, p. 181), se servaient de moyens semblables. Le jour ils prévenaient avec de la fumée, et la nuit avec des feux; et ainsi, à quelques centaines de lieues, ils pouvaient avoir des nouvelles dans quelques heures. Cette tactique des Aucas et des Patagons leur a peut-être aussi été transmise par les Incas, lorsque ces derniers conquirent le Chili, sous l'inca Yupanqui.

1829. Le Carmen. Patagonie. et du sublimé corrosif dans cent cinquante pains, et dans deux barils d'eau-de-vie, que des gens porteraient comme vivres aux assiégés de la baie de San-Blas, et qu'ils laisseraient prendre aux Indiens, lesquels, ignorant le piége, devaient infailliblement y tomber. J'eus beau réclamer contre un moyen de défense qu'on ne pouvait avouer sans honte, et démontrer quelle influence un attentat semblable pouvait avoir sur l'avenir, en nous faisant mortellement haïr de la nation araucana. Ma voix ne fut pas écoutée, et l'on expédia le 30 deux chevaux chargés de ces vivres. Le projet était bien conçu; car les ennemis, mangeant du pain dans un lieu sans eau, voudraient aussi boire, et alors entameraient les barils. Ce cruel cadeau, accompagné d'une lettre qu'on devait aussi laisser prendre, et par laquelle on prévenait les assiégés qu'on leur envoyait ces provisions pour soutenir leurs forces et prolonger leur résistance, fut escorté par deux hommes pourvus des meilleurs chevaux de course du pays. Ils rencontrèrent les Indiens près de Punta piedra; un grand nombre les poursuivit: ils firent semblant de se défendre; et, après avoir enfin abandonné le convoi, ils revinrent nous prévenir du succès de leur mission. Tout le monde au village se réjouit de cette mesure, en pensant que les ennemis étaient morts. Rien n'avait changé au fort; les familles y étaient toujours, et nos charges de surveillance augmentaient, plutôt que de diminuer, parce qu'on avait été contraint de distribuer les forces sur différens points. Jamais je n'avais été plus loin de pouvoir remplir ma mission. La profession des armes s'alliait mal avec celle d'observateur pacifique de la nature.

30 Juillet.

1.er Août. Le 1.er Août l'on apprit que les Indiens avaient abandonné la côte, et qu'ils se dirigeaient sur le village, dont ils passèrent à deux lieues, en précipitant leur marche vers l'endroit d'où ils étaient venus primitivement; dès-lors, plus de doute qu'une partie du poison n'eût produit ses terribles effets, et que, par suite de leur croyance, ils n'abandonnassent le séjour du mal, l'attribuant au malin esprit. Quoi qu'il en fût, ils marchaient rapidement, et s'éloignaient précipitamment, non sans nous laisser l'expression de leur implacable haine et de leur désir de vengeance, en brûlant toutes les maisons qu'ils rencontraient, pillant tout, et tuant les bestiaux qu'ils ne pouvaient emmener. Des courriers envoyés vers le lieu où ils se trouvaient lorsque le poison leur était parvenu, ne trouvèrent aucune trace de mortalité. Les deux barils d'eau-de-vie étaient abandonnés et intacts; mais les Indiens, sans doute pour se venger des souffrances occasionnées par le poison contenu dans le pain, qui, vraisemblablement les avaient empêchés de toucher aux barils, avaient détruit tous les apprêts d'une pêche aux éléphans marins de Punta rasa, incendiant les charrettes et les barriques, défonçant les pipes d'huile déjà remplies, jetant au loin les cercles de fer, et disséminant au milieu des dunes tout ce qu'ils ne pouvaient anéantir. De plus, ils avaient enlevé tous les bestiaux qu'ils avaient pu rencontrer : ils s'étaient, enfin, retirés pour tout à fait; car, plusieurs jours après, à plus de trente lieues au-dessus du Carmen, on ne les rencontra pas. 1829. Le Carmen. Patagonie.

Nous vîmes, le 5 Août, un navire près de la barre; et, le lendemain, il était dans le port. Il amenait un nouveau commandant et plusieurs officiers; ce commandant était le même qui, par des mesures sévères, avait, quelques années auparavant, amélioré le pays. Le colonel Oyuela était un peu fanfaron, mais c'était, sous d'autres rapports, l'homme qui convenait au Carmen. Nul doute que la pusillanimité de notre commandant par intérim n'eût amené une partie des revers que nous avions éprouvés. Celui-ci promit de tout réparer, et se prononça pour le gouvernement despotique, menaçant de la mort tous ceux qui ne lui conviendraient pas ou qui lui désobéiraient. Pour moi, malgré quelques procédés peu convenables de sa part, je m'en inquiétai peu, puisqu'il m'amenait un navire qui pouvait me tirer du pays; dès-lors, j'arrêtai mon départ. Je passai les jours qui me restaient, à étudier encore les nations indiennes, tant sur les tribus amies, que sur un grand nombre de députations qui nous arrivèrent, *successivement*, *de tous les côtés*. La première fut envoyée au nom de tous les chefs Puelches et Araucanos ligués avec le cacique Negro, et fixés alors sur les rives du Colorado; elle fut reçue avec beaucoup de hauteur et de dureté par le commandant, qui avait pour tactique de tout braver; aussi, lorsque ces chefs demandèrent paix et amitié, Oyuela leur offrit la guerre; et, cependant, il n'y eut aucune rupture; au contraire..... Une partie des Indiens de leurs nations vinrent, quelques jours après, s'établir auprès de nous. Le 8 Août, Lucaney revint de sa mission auprès du chef patagon; il amenait le frère du fameux cacique Vicente et plusieurs autres Indiens, avec lesquels on resta sur le pied d'amis. Un déserteur chilien, qui les accompagnait, avait été reconnu, par notre éclaireur sauvé des mains de Chaucata[1], comme ayant demandé la mort de ses camarades. Cela suffit au commandant, qui avait besoin d'un exemple effrayant; il lui fit donner deux cents coups de verges, ce qui faillit le faire périr. Il fit aussi fusiller un Gaucho, pour avoir tué une jeune fille, peut-être par imprudence, plutôt que par préméditation; et l'on jugea facilement qu'il voulait se faire craindre. Une autre occasion lui en fut encore offerte, peu de jours après, par l'arrivée de dix députés du cacique 5 Août. 8 Août.

1. Voyez tome II, chapitre XX, page 199.

1829. Le Carmen. Patagonie.

Chaucata, qui, malgré le tour qu'il nous avait joué le 22 Mai, venaient encore nous demander la paix. On les traita on ne peut plus mal, et un soldat chilien, qui était avec eux, fut mis aux fers.

Tout avait changé pour moi au Carmen. Je n'y trouvais plus cette intimité fraternelle qui régnait naguère entre nous; Oyuela y avait amené la désunion, et je dus me féliciter de n'avoir que peu de jours à attendre, avant de laisser la Patagonie. Je ne pouvais encore m'éloigner du fort, dans la crainte d'une surprise; aussi tous les jours, comme je l'avais déjà fait dès mon arrivée, réunissais-je, chez moi, des Indiens des diverses nations, avec des interprètes, passant des heures entières à leur faire des questions de tout genre, pour m'instruire de ce qui me restait à savoir, relativement à leurs mœurs. J'avais pris le parti d'interroger des Indiens de diverses nations à la fois, parce qu'ainsi ce que m'aurait caché tel interprète sur les coutumes propres à sa tribu, m'était immédiatement dévoilé par les autres, à cause de l'espèce de rivalité qui existe entr'elles, et, dès-lors, j'appris une foule de choses que, sans cette précaution, j'aurais toujours ignorées.

1829.

Patagonie.

CHAPITRE XXI.

Description des Indiens aucas et puelches.

§. 1.er

Description des Indiens aucas.

Je n'ai encore parlé avec détails que des Patagons; il me reste à faire connaître les deux nations voisines, les Puelches et les Aucas, qui se partagent, avec eux, la possession du territoire de la Patagonie septentrionale, et à spécifier les différences qui les distinguent.

Je commencerai par les Aucas, qui s'éloignent le plus des Téhuelches par leur taille, par leur langage, par le pays qu'ils habitent; après quoi je n'aurai plus qu'à établir les rapports qui peuvent exister soit entre les Puelches et les Aucas, soit entre les Puelches et les Patagons, avec lesquels les auteurs les ont souvent confondus.

Les Araucanos des Pampas ou *Aucas*, nom que les Espagnols leur ont donné[1], et sous lequel on les connaît dans le pays, appartiennent à cette nation qui, sous Yupanqui[2], força les Incas à borner leur empire au Rio Maule, et les contraignit à renoncer à la conquête du Chili, en défendant bravement son territoire contre l'étranger armé pour le soumettre à de nouvelles lois et à une nouvelle religion. Ce sont ces guerriers indomptables qui, presque sans armes, firent, en 1535, reculer Almagro et ses soldats cuirassés[3]; puis le malheureux Valdivia[4]; et qui, plus tard, toujours combattus, ne furent jamais entièrement vaincus par les Espagnols. Ces guerriers toujours indépendans, ont su, malgré ces interminables combats, chantés par plusieurs poëtes espagnols, entr'autres par Don Alfonso de Ercilla, dans son poëme de l'*Araucana*, et malgré la supériorité des armes des conquérans du nouveau monde, conserver entière, jusqu'à nos jours, leur liberté de lois, de

1. Le nom qu'ils portent varie selon la tribu; ainsi il serait difficile de prendre plutôt l'un que l'autre.

2. C'était le dixième Inca, qui entra au Chili vers le commencement du quinzième siècle. Voyez Garcilazo de la Vega, *Comentario de los Incas*, p. 246.

3. Garcilazo de la Vega, *Comentario del Peru*, p. 86.

4. Garcilazo de la Vega, *ibid.*, p. 492.

1829. religion; et, surtout, cette noble fierté, qu'ils devaient à leur non-asservissement au pouvoir étranger. Les Aucas sont, pour ainsi dire, avec les Patagons et les Puelches, la seule nation voisine des républiques espagnoles qui n'ait jamais cédé ni à la force des armes, ni à l'éloquence des religieux, qui tentèrent, à diverses reprises, de s'introduire au milieu d'elle[1]. Inébranlable dans ses opinions, fidèle conservatrice des terres occupées par ses ancêtres, cette nation est, encore aujourd'hui, sous le rapport de la religion et des coutumes, ce qu'elle était avant la découverte de l'Amérique, sans avoir jamais voulu se modeler sur la civilisation qui l'entoure. Elle n'a adopté que ce qui pouvait lui faciliter les moyens de combattre avec plus de succès tous ceux qui la gênent, soit chrétiens, soit sauvages. Tels sont les hommes dont je vais m'occuper.

Patagonie.

Il ne faudrait pas croire que les Araucanos du Chili, peuples agriculteurs et fixés dans les vallées du versant occidental des Andes chiliennes, sont les mêmes que les Araucanos des Pampas; ces derniers n'ont de commun avec les premiers que le langage et le fond de la croyance religieuse. Des peuples nomades ne pouvaient, en *rien*, conserver les coutumes d'une nation fixée; aussi est-ce cette différence si remarquable qui existe entre les Araucanos du Chili, décrits par l'abbé Molina[2], et ceux des Pampas, véritables Arabes américains, que je vais examiner en détail, sous leurs divers points de vue, ce qui pourra prouver combien le genre de vie influe sur les mœurs et sur les coutumes des peuples sauvages.

Les Araucanos des Pampas sont connus sous divers noms, soit parmi les Espagnols, soit parmi les autres nations. Souvent ces noms tiennent aux lieux qu'ils fréquentent le plus, ou bien aux caciques ou chefs qu'ils suivent; ainsi, en les considérant sous le rapport du pays qu'ils habitent, on nomme *Péhuenches* ou *Péguenches*[3] tous les Araucanos qui vivent dans les Cordillères du Chili, depuis Antuco jusqu'à Mendoza; *Ranqueles* ou *Ranquelines*,

1. Les Jésuites entrèrent dans les Pampas en 1739 (voyez Funes, *Ensayo de la historia del Paraguay*, t. II, p. 396); à peu près à l'époque où Falconer et Dobrishoffer pénétrèrent chez les Aucas.

2. Molina, Histoire du Chili. Il est curieux de voir se reproduire, mot à mot, dans le *Viagero universal*, ce que cet auteur dit du Chili; et de le retrouver, en anglais, dans le Voyage dans l'Amérique du Sud par Stevenson.

3. Ce nom a presque toujours été confondu, par les auteurs, avec celui de Puelche, qui appartient à une nation différente. Il veut dire homme du pays des Amandes de pin, qui abondent dans les Cordillères; *che* signifiant *homme*, dans la langue araucana; ainsi *catapulliches*, les habitans du *rio Catapulili*, etc.

ceux qui habitent à l'est des Andes, au nord de ceux-ci encore, et près des derniers contreforts des montagnes. Les autres ou Aucas se divisent, selon les caciques qu'ils suivent, en diverses tribus ennemies; entr'autres celle de *Pincheira*, généralement appelée *Chilenos* (Chiliens), parce qu'elle est accompagnée d'un grand nombre de Chiliens déserteurs. Beaucoup de caciques sont réunis à cette tribu; tandis que d'autres, ayant eu à en souffrir, forment une ligue à part, composée de Chaucata, Guaykilof, et de plusieurs autres, qu'on appelle, plus particulièrement, Aucas. Les Espagnols les nomment indifféremment *Aucas* et *Pampas*. Cette dernière dénomination leur vient du lieu qu'ils habitent; celle de *Moluches*, indiquée par Falconer[1] comme celle qu'ils s'appliquent, est peu usitée; car je n'ai jamais entendu les Indiens se nommer ainsi. Peut-être n'était-elle employée que par la tribu chez laquelle vivait ce Jésuite. Quant à celle de *Huiliches* (hommes du sud), à celle de *Picunches* (hommes du nord), etc., données à quelques nations indiennes, par le même auteur, on sent que ces noms, comme celui de l'antique Hespérie, qui n'était que rélatif et s'appliquait à plusieurs contrées, ne sont vrais qu'en raison de la position de la nation qui les donne; ainsi ceux qui vivent le plus au nord appelleront toujours Huiliches ceux qu'ils ont au sud, tandis que le contraire arrivera pour ceux du sud. Ces mots désignent donc, seulement, le côté habité par les voisins de chacune des tribus, sans les spécifier rigoureusement; car des peuples errans peuvent être tour à tour plus au nord ou plus au sud d'un lieu quelconque. En général, tous les Aucas, excepté les Péhuenches et les Araucanos proprement dits du Chili, sont divisés en tribus errantes et vagabondes, qui n'ont aucun lieu fixe, allant continuellement, suivant le mouvement de leurs guerres, ou par nécessité, des rives du Rio negro en Patagonie, jusqu'à Buenos-Ayres, ou des Andes jusqu'à l'Océan atlantique, afin de se soustraire les unes aux autres; car, ne vivant, de même que les Patagons, que de chasse ou du produit de leurs bestiaux, lorsqu'elles en ont, elles ne restent dans un lieu qu'autant qu'elles y trouvent abondance de gibier, ou, autour de leurs tentes, des pâturages pour leurs bestiaux, voyageant ainsi sans qu'on puisse dire, à une centaine de lieues près, où l'on pourra les rencontrer. C'est ainsi que telle tribu, qui se trouvait, naguère, à l'embouchure du Rio negro, peut, quelques mois après, vivre au pied des Andes ou près de Buenos-Ayres; voyageuses par excellence en un mot, et, certainement, les plus nomades de toutes les nations connues, bien différentes, en cela, des

1. Falconer, Description des Terres magellaniques, t. II, p. 33.

1829 Chiliens agriculteurs décrits par Molina. En résumé, les Aucas ou Araucanos
Patagonie. orientaux vivent sur ces immenses plaines étendues, en latitude, depuis le 41.e jusqu'au 34.e degré sud; et, en longitude, depuis les Andes jusqu'à l'Atlantique.

Si l'on devait en croire Azara[1], les Aucas n'auraient habité les Pampas que lorsque les bestiaux sauvages arrivèrent au pied des Cordillères, où ils vivaient avant la conquête; et le désir de se les approprier les aurait fait s'avancer vers l'Est, tandis que les Puelches seuls auraient vécu, sous le nom de *Querandis*, sur les rives de la Plata, lors de la première fondation de cette ville, en 1535; mais je ne suis pas entièrement de son avis. Presque tous les voyageurs qui ont parcouru les Pampas, ont toujours rencontré des hordes aucas, désignées, le plus souvent, sous le nom de *Pampas;* ainsi, Luis de la Cruz[2] en vit plusieurs dans son voyage de Valdivia à Santa-Fe, et apprit d'elles qu'elles habitaient les plaines depuis des siècles. Il en est de même de Villarino; d'ailleurs il est facile de conclure des expressions mêmes d'Azara, qu'il confond les Puelches avec les Aucas, et qu'il n'a pu lui-même les observer, comme il le déclare, du reste, avec beaucoup de franchise. Cette confusion est surtout patente, quand l'auteur espagnol, d'ailleurs si véridique, parle de leur langage, qu'il dit ne contenir aucun son guttural[3]; il est évident que c'est des Aucas qu'il s'occupe alors et non des Puelches, dont le langage est peut-être le plus dur de toute l'Amérique. De plus, le nom de Puelche, qui, dans la langue auca, signifie *homme de l'est*, devait être appliqué à toutes les tribus du littoral de l'Océan atlantique; mais il serait possible que les indigènes, connus, au temps de la conquête, sous le nom de Querandis, dont parle Herrera[4], fussent des Puelches aussi bien que des Aucas. Quoi qu'il en soit, cette nation, à laquelle je conserve, aujourd'hui, le nom de Puelche, possédait, lors de la fondation du Carmen en Patagonie, les rives du Rio negro, ne vivant que sur les bords de cette rivière, et sur ceux du Colorado.

Les Aucas ne ressemblent nullement aux Patagons; en général, ils sont petits, c'est-à-dire qu'ils ont à peine cinq pieds pour taille moyenne. Il y a, cependant, une distinction fort tranchée à établir, même parmi eux. Tous les Ranqueles sont d'une plus belle stature. On trouve, dans leur tribu, des hommes

1. Voyage dans l'Amérique méridionale, t. II, p. 48.
2. Je possède le manuscrit original de cet intéressant voyage.
3. *Loc. cit.*, p. 41. Voyez la description des Puelches, à la fin de ce chapitre.
4. Herrera, *Decada* V, *lib.* IX, p. 220, et Funes, *Historia del Paraguay*, t. I, p. 29.

de cinq pieds cinq ou sept pouces; tandis que les Aucas de Pincheira, qui vivent plus particulièrement dans les montagnes, sont presque tous au-dessous de cinq pieds, de forme massive et non élancée. J'ai été à portée de remarquer cette différence si positive qui se manifeste, en Amérique, entre les nations des Andes et celles des plaines. En Europe, les montagnards sont cités comme de beaux hommes élancés et bien faits; en Amérique, c'est tout le contraire, au moins pour les Andes; les hommes les plus grands sont ceux des plaines, tandis que ceux des Cordillères sont toujours petits et trapus; c'est surtout au milieu des Péruviens des Andes qu'on peut reconnaître ce fait, les nations des plaines voisines étant, au contraire, élancées et d'une belle taille. Parmi les Aucas on distingue immédiatement ceux qui descendent des montagnes des habitans des plaines, par la différence de leur extérieur. Ainsi les Chiliens sont les plus petits de tous; et les autres, qui vivent depuis longtemps dans les Pampas, sont bien pris, comme les Ranqueles.[1]

1829. Patagonie.

Quelques-uns sont assez bien faits: tous ont les épaules carrées et très-larges; mais il ne faut pas chercher, chez les femmes, ces formes élégantes qu'on aime en Europe. Elles sont, au contraire, généralement assez grosses et grasses, toujours pourvues de beaucoup de gorge. Leurs membres, comme ceux des hommes, sont nourris et replets, et chez ceux-ci, même, il n'existe point de formes herculéennes. Leurs muscles ne sont pas saillans; tout est arrondi. Les mains des femmes et leurs pieds sont très-petits, comme on le remarque chez presque toutes les Américaines. Les traits sont bien différens de ceux des Patagons; ce ne sont plus ces larges faces carrées et ces petits yeux. Les Aucas ont la figure plus arrondie, les pommettes plus saillantes, les lèvres un peu moins grosses, la bouche moyenne, le nez un peu plus long, quoique encore très-court et épaté; leurs yeux sont horizontaux, bien ouverts; en général, la figure est plutôt intéressante par son expression spirituelle, que repoussante par sa laideur. Les jeunes gens se confondent facilement avec les femmes par leur face rondelette, leur sourire doux et gracieux: celles-ci sont passables, dans la jeunesse; quelques-unes même sont réellement jolies. Il est vrai que leur fraîcheur dure peu; car, dès qu'une Indienne atteint vingt-cinq ans, ses traits changent totalement et deviennent, pour ainsi dire, hideux. Ses pommettes saillent

1. Quand Molina (Histoire naturelle du Chili, p. 314), disant que les montagnards étaient plus grands, prétendait que ce devaient être les Patagons de Byron, et abondait, alors, sur ces derniers, dans le sens d'Anson, il voulait parler d'Indiens venus du revers oriental au travers des Andes: c'étaient donc probablement des Puelches, qui descendaient des plaines de l'est, et non, comme il l'a cru, des montagnes.

1829. Patagonie. beaucoup trop, et elle prend les traits d'un homme fait. De cet âge jusqu'à la vieillesse la plus avancée, on n'aperçoit plus aucun changement, et il serait difficile de distinguer la femme de trente ans de celle de soixante. Peut-être aussi leur malpropreté naturelle contribue-t-elle beaucoup à changer leur extérieur. Comme chez les Patagons, leurs dents sont toujours bien rangées, très-blanches, et elles ne les perdent jamais. Il en est de même des cheveux, constamment très-fournis, assez gros, droits et noirs; seulement j'ai remarqué que l'extrémité en est rougeâtre, comme dans une vieille perruque. Cette couleur, que je n'ai pas retrouvée chez d'autres nations, provient-elle de l'action de l'air et de l'eau sur des cheveux qui ne sont jamais cachés, les Aucas ne portant rien sur leur tête? ou est-elle déterminée par leur singulière coutume de les laver sans cesse dans le sang des jumens qu'ils tuent pour manger? Je serais porté à l'attribuer à cette dernière habitude; car, s'il n'en est pas ainsi, il n'y aurait pas de raison pour qu'elle ne se reproduisît pas chez d'autres nations voisines, qui ne se couvrent point davantage. Leur usage de s'épiler la barbe, fait qu'ils paraissent n'en pas avoir. Ils s'arrachent aussi les cils; quant aux sourcils, ils se contentent d'en enlever quelques poils, afin de les rendre plus minces, ne laissant qu'une simple ligne étroite. Pour s'épiler, ils se servent, comme les Patagons, de pinces d'argent, qu'ils ne quittent, en quelque sorte, jamais. Combien de fois n'ai-je pas vu des Indiennes les yeux tout rouges, par suite de l'irritation continuelle que produit l'extraction des cils! ce qu'elles ne font, cependant, que par coquetterie. Leur teint est bistré et non rougeâtre, semblable en tout à celui des Patagons, qu'on pourrait même dire n'être que basané foncé.

Si les Aucas sont bons écuyers, ils marchent très-mal; ce qui est, sans doute, l'effet de leur exercice favori, et de la manière dont ils s'accroupissent, les jambes croisées, dans leurs tentes; aussi leur tournure est-elle des plus disgracieuse. On les croirait cagneux. Les femmes marchent plus mal encore, les pieds en dedans, ce qui résulte de leur vie trop sédentaire, et de ce qu'elles sont toujours assises comme les Orientaux. Ce qu'il y a de remarquable chez les Aucas, c'est leur extrême longévité. D'après la date de tels événemens historiques, que j'entendis rapporter par quelques-uns de leurs vieillards, qui en parlaient comme témoins oculaires, je puis croire qu'il y en avait de près de cent ans; et, cependant, ils avaient conservé toutes leurs facultés physiques et morales: aucun d'eux n'était chauve; à peine quelques cheveux blancs aux plus anciens; point de dents de moins; la figure sans rides; seulement des pommettes très-saillantes; le corps très-droit, une mémoire des meilleures, une

présence d'esprit remarquable... Voilà la vieillesse d'un sauvage Auca, qui, *toute sa vie*, a été exposé aux *intempéries des saisons*, à des veilles, à des privations de tout genre, et qui a vieilli dans les combats. Qu'elle contraste avec la caducité, la décrépitude, les infirmités de tous genres, la perte des facultés intellectuelles, accompagnant, si souvent, l'âge avancé du citadin, qui, sa vie entière, a pu se soigner de toutes les manières! Il a vécu au milieu des commodités que la civilisation lui procure; mais il a beaucoup pensé, beaucoup travaillé de tête, tandis que le premier, au contraire, n'a éprouvé que des fatigues physiques; ce qui est encore, pour moi, une preuve irrécusable que les travaux du corps fatiguent infiniment moins que ceux de l'esprit.

1829. Patagonie.

Le costume des Aucas (voyez Coutumes et Usages, n.° 3) est bien différent de celui des Patagons, et annonce une civilisation plus avancée. Ils ne se parent plus de peaux de bêtes sauvages, mais de tissus de laine, fabriqués par leurs femmes, et chargés d'ornemens d'argent, qui dénotent de l'industrie et de la richesse. L'habillement des hommes se compose de deux pièces: l'une, nommée *chamal* ou *chaman*, entoure le corps, depuis la ceinture, où elle est attachée par un ruban de laine, jusqu'à moitié des jambes, semblable, en tout, au chilipa des Gauchos de Buenos-Ayres, qui ont, peut-être, emprunté ce costume aux Indiens, et un *poncho*[1] court, dont j'ai plusieurs fois parlé; celui-ci, comme le chamal, est noirâtre ou longitudinalement rayé, surtout de bleu et de rouge. Ils chaussent des bottes de potros, ou de cuir tanné et souple de *quemul*[2], artistement cousues avec des tendons d'animaux. Ils portent, toujours, des éperons d'argent massif. Leurs cheveux sont, quelquefois, relevés sur la tête, et attachés par une lanière de tissu, toujours de couleur bleue (*keca*); mais les Chilenos, plus recherchés dans leur mise, les divisent, derrière la tête, en trois queues, réunies ensemble, près de leur extrémité, par un gland ou pompon de laine, ou par un ornement d'argent; tandis que ceux de devant sont attachés et relevés par le ruban bleu, qui, après avoir fait trois tours, vient retomber sur le côté, et est orné de petits morceaux d'argent roulés en tuyaux. Ils se parent de boucles d'oreilles d'argent de forme massive, et terminées par une plaque, divisée en compartimens; ils ont toujours pendue au cou la petite

1. Comme on sait, à n'en pas douter, que le poncho existait chez les Indiens du Pérou avant la conquête, il est probable que cette pièce a été adoptée par les Araucanos du Chili à l'époque de l'Inca Yupanqui; ce qui semble prouvé par les vêtemens de peaux que portent encore quelques-uns des Aucas qui ont vécu plus éloignés de ceux du Chili.

2. C'est l'animal nommé *Equus bisulcus*, par Molina, et qui n'est rien moins qu'un cheval, mais bien une espèce voisine du llama.

1829. pince qui leur sert à s'épiler. Ils ne se couvrent que dans les grands froids

Patagonie. de ces manteaux de peaux de divers animaux propres aux Patagons et aux Puelches, desquels ils les achètent pour s'en servir habituellement la nuit en guise de couverture.

Le costume des femmes est peu élégant : il consiste en deux grandes pièces de tissu de laine. L'une (*quedeto*) enveloppe tout le corps, en s'enroulant autour, depuis l'aisselle jusqu'à terre, et croise en avant, assujettie, par en haut, sur chaque épaule, par des épingles de fer ou de cuivre, et au corps par une ceinture (*kepike*) large de cinq à six pouces, serrée au moyen d'une boucle; et, le plus souvent, de laine; mais les femmes de caciques ou les femmes riches, font consister leur grand luxe à porter cette ceinture en cuir, sur lequel des fils de tendons fixent des dessins de perles de couleur des plus réguliers, ressemblant toujours, plus ou moins, à des grecques par les lignes droites dont ils sont composés; c'est l'ornement auquel les femmes tiennent le plus. Cette première pièce de vêtement laisse les bras libres; mais les jambes sont tellement serrées que l'Indienne ne peut marcher qu'à très-petits pas, gênée continuellement dans ses mouvemens. La seconde pièce (*pilken* ou *ikilla*) est carrée, et se pose sur les épaules comme un manteau. On en attache les deux coins sur la poitrine au moyen d'une très-grande épingle d'argent (*topu*)[1], dont la tête est ornée d'une plaque d'argent ronde, de six pouces de diamètre. Elles portent d'énormes boucles d'oreilles d'argent (*chahuaitu*), d'une forme extravagante, pourvues d'une plaque quadrangulaire, large de près de trois pouces; de plus, leur cou est orné de plusieurs colliers (*echepel*) de verroteries, de diverses couleurs; leurs bras sont chargés de bracelets (*charrecur*), soit de perles de verre, soit de grains d'argent soufflés ou de cuivre, par petits tuyaux aplatis. Le bas de leurs jambes est aussi garni de ses ornemens, et leurs doigts sont couverts d'un grand nombre d'anneaux d'argent et de cuivre. Les femmes riches, lorsqu'elles veulent se parer, se coiffent d'un bonnet (*luchu* ou *tapake*) de perles de verre de couleur, principalement rouges et bleues; ce bonnet, usité surtout parmi les Indiennes

1. Cette plaque est absolument semblable au *topo* que portaient les femmes des Incas, et que les Indiennes ont encore aujourd'hui; seulement cette pièce est unique chez les Aucas, tandis qu'elle est paire chez les Quichuas et les Aymaras de la Bolivia. Il paraît que cet ornement leur a été transmis par les Incas conquérans, car le nom aucas est le même que celui donné par les Incas; il n'en est pas autrement, comme on le verra plus tard, de beaucoup d'autres usages des Incas vainqueurs, adoptés par les Aucas vaincus.

péhuenches[1], est très-rare chez les Aucas du Sud. Elles s'arrangent les cheveux avec un luxe tout particulier, qu'elles ont communiqué aux Patagones. Quelquefois elles les divisent, tout simplement, en deux parties, d'avant en arrière, depuis le front jusque derrière la tête, les laissant ainsi tomber, de chaque côté, sur les épaules. C'est le costume des femmes âgées. Les jeunes femmes en forment deux queues, qui pendent sur les épaules et non sur le dos, enroulées de rubans bleus; et, les jours de gala, elles les entourent d'un bout à l'autre de fils de perles de verre. A leur extrémité sont suspendues des plaques de cuivre ou d'argent, formant des espèces de grelots tintant à chaque mouvement de celle qui les porte.

L'Indienne auca, lorsqu'elle est en grande toilette, ne se contente pas de ce costume national si singulier: il faut encore, pour que sa vanité soit satisfaite, que sa figure basanée soit couverte de fard; que la vivacité de son regard soit rehaussée par des teintes particulières. Ainsi les joues sont, jusqu'aux yeux, d'un beau rouge[2], couleur favorite; elles y ajoutent, quelquefois, des traits noirs ou bleus aux angles extérieurs; ou, aux pommettes, une large bande sous les yeux, comme les Patagones. Les Péhuenches se servent beaucoup de blanc en bordure, autour des autres couleurs; mais je n'ai pas vu cette couleur employée par les Aucas du Sud. Elles préparent leur fard en le mélangeant avec de la graisse de mouton ou de jument, et elles s'en barbouillent; les hommes s'en parent quelquefois aussi, mais bien plus rarement. Plusieurs motifs portent les femmes à se farder. Le premier et le plus puissant, le désir de plaire, est celui pour lequel la sauvage la plus dégoûtante ne reste pas en arrière; d'autres fois ces teintes, généralement répandues sur la figure, leur servent à se déguiser, pour n'être pas reconnues, dans les circonstances où elles ont intérêt à se cacher; et, enfin, le dernier et le plus plausible, c'est que ce mélange, à ce qu'elles disent, les garantit de l'ardeur du soleil, en été, et en hiver de la rigueur du froid; aussi cette mascarade dure-t-elle toute l'année. Les peintures de la figure remplacent, chez les nations américaines, le tatouage de celles de l'Océanie; elles se retrouvent sous diverses formes,

1. C'est au moins ce que je lis page 203 de l'intéressant manuscrit de Luis de la Cruz, dont je possède l'original.

2. Cette couleur, qui ressemble à du cinabre pour la vivacité de sa teinte, et qui me paraît n'être pourtant qu'un oxide de fer, se trouve à la Sierra de la Tinta et du Tandil, où les Indiens vont la chercher, la mettent dans de petits sacs et en font un objet de commerce avec les Puelches et les Patagons, qui, tous les ans, viennent au Rio negro en échanger pour des pelleteries.

1829. depuis le montagnard jusqu'à l'habitant des plaines, et depuis la ligne jusqu'aux Fuégiens de l'extrémité méridionale du continent d'Amérique.

Patagonie

L'harnachement du cheval, chez les Aucas, est, à peu de chose près, celui des Gauchos. C'est, tout simplement, un recado, semblable à ceux des habitans des campagnes; seulement les caciques ont, souvent, des plaques de cuivre sur le devant et sur le derrière de la selle, comme ils en mettent sur leur poncho, en signe de richesse. Tous, à moins qu'ils ne soient très-pauvres, portent des éperons d'argent; leurs étriers sont en bois, et seulement assez larges pour qu'ils y puissent passer le gros orteil. La selle des femmes est, sans aucune différence, celle qu'elles ont fait passer aux Patagones[1]; cependant un luxe que ne connaissent pas encore ces dernières, c'est l'usage d'une schabraque de laine artistement tissée, couverte de dessins, de diverses couleurs, de grecques, surtout, qu'elles placent dessous; leur étrier de tissu est le même, ainsi que tous les autres accessoires. Leurs tentes sont semblables à celles des Patagons; elles sont formées de bâtons debout, et couvertes de peaux de cheval. Ce sont les femmes qui préparent ces peaux, en les tendant pour les faire sécher. Elles les décharnent, lorsqu'elles sont tendues, au moyen d'un instrument tranchant et recourbé, avec lequel elles les grattent, les amincissent, et les assouplissent, en les brisant et les frottant entre les mains. Si elles préparent assez bien les cuirs pour les tentes et les cousent, de même que les Patagones, elles ne peuvent, en aucune manière, rivaliser d'adresse avec celles-ci dans l'art d'assembler les fourrures des animaux sauvages. De même les tentes ou *choca* sont basses, et à peine peut-on s'y tenir debout. En dehors sont plantées les lances des guerriers qui les habitent, avec la marque distinctive de leur grade. C'est la seule chose qui vienne un peu en relever l'aspect triste et misérable; mais, si l'on ne reste pas à l'extérieur, et qu'on veuille y pénétrer, on y trouvera tout dégoûtant de malpropreté, le toit noirci de fumée, les parois couvertes de graisse de cheval, et infectes, tous les ustensiles aussi sales que la tente même, dont on ne nettoie jamais l'intérieur ni les alentours, et où croupissent, partout, des restes de la chasse. Lorsqu'enfin elles leur paraissent trop sales, ils se contentent de les changer de place; c'est par ce motif, joint à leur esprit d'indépendance vagabonde, et un peu à leur paresse, que les Aucas n'ont jamais cherché à se construire une demeure plus commode. Ils dédaignent d'imiter les chrétiens, ceux qui vivent près d'eux depuis de longues années autant que les autres.

1. Voyez tome II, chapitre XX, page 187.

On n'obtient même qu'avec peine d'une famille d'entrer, afin d'y vivre, dans une cabane; il lui semble que l'air y manque, et elle est tourmentée de l'idée que la maison ne peut se transporter ailleurs.

Leurs coutumes nomades les dispensent d'avoir un mobilier bien considérable; aussi l'intérieur de leurs tentes offre-t-il toujours un aspect de misère qui contraste avec la fierté et l'arrogance de leurs habitans. L'ameublement consiste en armes et selles pendues tout autour de la tente; en sacs de peau ou de tissu, contenant tous les vêtemens et ornemens de la famille. Là sont des brides, des lazos, des bolas; ici une cuirasse; plus loin, un paquet de courroies, des lanières de cuir enfumées; dans les coins, des tas de peaux de mouton qui servent de lit, et la *liloica* ou *kilango*, grand manteau de fourrures cousues ensemble pour se couvrir la nuit. Au milieu flambent un ou plusieurs feux, selon le nombre des femmes, chacune ayant le sien propre, auquel viennent se placer le mari et les enfans. Quelques vases de terre forment toute la batterie de cuisine. Dans certaines familles on y joint de grosses coquilles marines servant de vases à boire; en général, le plus grand dénûment existe dans ces choca; et, en y entrant, on est bien éloigné de penser que c'est la demeure de l'homme qui, dans toute l'Amérique, se montre le plus fier, le plus vain de sa liberté sauvage.

On doit cependant croire qu'il y a un peu plus de propreté chez les Aucas que chez les Patagons; car tous les matins, quelque temps qu'il fasse, les femmes ne négligent jamais de se laver la figure et les cheveux, avant de s'appliquer le fard. Quelques-unes même, mais c'est le plus petit nombre, vont quelquefois se baigner; et, alors, il leur arrive de se frotter le corps d'une argile onctueuse qui leur tient lieu de savon. Les hommes se nettoient aussi la figure, ce qui paraît en contradiction avec leur coutume dégoûtante de se baigner la tête dans le sang d'une jument ou d'un cheval, chaque fois qu'ils en tuent pour en manger; ils laissent, ensuite, sécher leurs cheveux; et ne les démêlent que lorsqu'ils sont tout à fait secs. Il est impossible que cette habitude bizarre n'ait pas une origine superstitieuse, et qu'elle ne soit pas transmise par tradition. Je les ai vainement questionnés à ce sujet, et n'ai jamais obtenu que des renseignemens si vagues que je n'osais y croire; c'est, disent-ils, pour se donner de la force et du courage. Le sang de jument est aussi employé, en guise de savon, par quelques femmes, pour nettoyer leurs vêtemens.

L'industrie, chez les Aucas, est plus avancée que chez les Patagons, ce qu'il est facile de s'expliquer; une partie de leur territoire ayant été envahi par

1829. les Incas avant la conquête, et les chrétiens étant établis dans leur voisinage; cependant je doute que, sous ce rapport, ils aient beaucoup gagné depuis l'arrivée des Espagnols; car tout ce qu'ils savent existait depuis des siècles, chez les Incas. On peut dire, en thèse générale, que les hommes sont on ne peut plus paresseux, ne s'occupant que de leurs armes, laissant les femmes faire tout le reste. Ce sont elles qui prennent soin du ménage, sans jamais être aidées, qui sellent les chevaux, tissent pour habiller la famille et procurer au mari ce qu'il peut désirer; aussi jouissent-elles, parmi les Puelches et les Patagons, d'une grande renommée pour leurs tissus. Elles filent la laine de leurs troupeaux sur des fuseaux à peu près semblables à ceux des Incas, c'est-à-dire consistant en une tige mince et en un petit morceau de bois ou de pierre circulaire, dans lequel cette tige est passée, et dont l'extrémité inférieure sert à retenir le fil. Leurs métiers à tisser sont aussi de la plus grande simplicité, horizontaux et en tout pareils à ceux des Incas; ce qui m'a fortifié dans l'opinion que c'est de ceux-ci qu'ils ont appris le tissage. Ces métiers consistent en deux morceaux, dont la longueur est proportionnée à la largeur du tissu, et sur lesquels s'étendent les fils; ces montans sont plus ou moins espacés, selon l'ampleur qu'on veut donner à la pièce, et tendus au moyen de fils qui viennent se rattacher à des pieux fichés en terre. Sur le milieu du tout sont passés des fils qui séparent la trame en deux, et livrent alternativement le passage à ceux qui viennent former le tissu, et qu'on serre au moyen de petites baguettes, dont l'ouvrière frappe entre les deux couches de la trame, après y avoir passé chaque fil. Cette manière de tisser est on ne peut plus lente; aussi faut-il un temps infini pour achever un poncho, ou même le plus mince ruban, et il n'est pas rare de voir travailler, sans relâche, des semaines entières, à une pièce que notre industrie terminerait sans peine en un jour. Parmi les Aucas, ceux des montagnes, tels que les Péhuenches, sont les plus fameux pour ce genre de fabrication. Ils se servent de leur laine brute, en préférant la brune; mais ils ont découvert, dans leurs déserts, plusieurs sortes de teintures, surtout pour la couleur rouge, très-vive, et obtenue des plantes qu'ils nomment *polcura* et *relvun* (la dernière est une plante grimpante). La couleur jaune est due au *pokil;* le noir aux *maké*, *panké* et *rovo*. Quant au bleu, ils le tirent de l'indigo, qu'ils se procurent des chrétiens par voie d'échange. Le noir, le rouge, le bleu, le jaune et le blanc sont les seules couleurs qu'ils emploient. La première est la plus commune et la moins chère, parce qu'elle est naturelle, et tous leurs tissus sont mélangés de ces teintes. Les ponchos sont constamment rayés longitudinalement de ces couleurs. Les chabraques, au contraire, sont ornées, tout autour, de beaucoup de dessins réguliers de diverses teintes, formés seulement de lignes droites, comme ceux des Patagons, et représentant des espèces de grecques, comme on peut le voir dans l'étrier de la planche 3 des coutumes et usages. 1829. Patagonie.

J'ai souvent remarqué des dessins sur leurs sangles, sur leurs selles, et même sur le revers des kilango, et, toujours, j'y ai vu, invariablement ce caractère des lignes droites, retrouvé chez les Patagons. Au reste, ces dessins ne sont jamais imitatifs; ils ne représentent ni animaux, ni plantes, ce qui est assez rare parmi les nations sauvages, toujours disposées à imiter la nature, plutôt qu'à inventer des figures de pure imagination, comme celles que j'ai retrouvées, partout, chez les nations australes. Parmi les Aucas, plusieurs savent battre le fer, et en faire les instrumens à leur usage; mais la matière première est toujours achetée des chrétiens. Ils se servent de pierres très-dures; peu d'entr'eux ont recours à des marteaux. Ils utilisent aussi l'argent et le cuivre, pour en faire des éperons, des boucles d'oreilles, des épinglettes ou *topu*, et cette multitude de plaques dont ils ornent leurs selles, leurs chapeaux, leurs colliers. C'est probablement encore des Incas qu'ils ont appris à souffler l'argent, de manière à en faire ces perles creuses dont ils se parent si souvent. Quoi qu'il en soit, leurs procédés sont on ne peut plus grossiers. Ils travaillent, d'ordinaire, couchés à plat ventre, dans l'intérieur de leurs tentes, se servant seulement de petites tiges de fer et de pierres, et battant toujours, à froid, avec une patience remarquable; à cela se borne, en y joignant la confection des armes, toute leur industrie actuelle. Les femmes, comme on l'a vu, sauf le tissage et la fabrication d'une poterie grossière, des tresses de cuirs, et de quelques autres petits travaux de ce genre, propres aux Gauchos, sont encore bien en arrière; il est vrai que la vie errante, que mène toujours la nation, empêche tout développement en grand de cette industrie naissante et stationnaire.

Le commerce que font ces Indiens avec les autres nations consiste seulement en tissus. Tous les ans, à cette grande réunion des nations australes aux sources du Rio negro [1], toutes les tribus qui peuvent se réunir sans crainte d'attaque de leurs ennemis, apportent le produit de leur industrie en tissage, ou bien des bagatelles enlevées aux chrétiens, et viennent les échanger pour des fourrures avec les Patagons, renommés sous ce rapport; ces échanges sont leur seul négoce. Il n'en est pas ainsi de celui qu'ils font avec les chrétiens.

1. Voyez tome II, chapitre XVIII, page 96.

1829. A cet effet ils se rapprochent des établissemens de la campagne de Buenos-Ayres, de San-Luis de la Punta, de Mendoza, du Chili, et surtout du Carmen. Ils y apportent quelques tissus, des bestiaux volés au loin, des pelleteries non préparées, et beaucoup de plumes de ñandu ou autruche d'Amérique, ensuite expédiées en Europe, pour la confection des époussetoirs; alors ils demandent, quelquefois, de l'argent, souvent des boissons; mais plus souvent encore, des colifichets ou des tissus colorés, pour s'en parer. En général, ils sont toujours trompés par les chrétiens qui commercent avec eux; ce qui a contribué à leur donner la défavorable idée qu'ils en ont. Au surplus, ce commerce est si peu de chose, et les produits en sont de si peu de valeur, qu'il mérite à peine qu'on en fasse mention.

Patagonie.

Je pense qu'avant la conquête les Aucas n'avaient aucun autre animal domestique que le chien; car ils n'ont aujourd'hui conservé, même dans les Andes, ni llamas, ni alpacas, si communs sur tous les plateaux élevés de la Bolivia. Ils ne vivaient que de chasse. La grande quantité de bestiaux devenus sauvages, qui couvrirent, si long-temps, les Pampas, annoncerait même que c'est seulement vers la fin du siècle dernier que les véritables Aucas des Pampas ont pris des Péhuenches et des habitans des environs de Buenos-Ayres, l'habitude d'avoir des troupeaux. Cette coutume et la facilité des transports, leur ont, probablement, fait prendre ce goût si prononcé pour la chair de cheval, au lieu de celle de bœuf, goût qui prédomine toujours chez eux. Depuis la première tentative de fondation de Buenos-Ayres, par Pedro Mendoza, en 1535[1], les Querandis, qui habitaient, alors, les rives de la Plata, ayant eu, en leur pouvoir, soixante-douze chevaux de l'expédition, s'y accoutumèrent; rivalisèrent, en peu de temps, avec les conquérans du nouveau monde, dans l'art de les monter et de les dompter, et transmirent, de proche en proche, ce goût, accueilli avec fureur. Ces Indiens en firent long-temps un grand commerce avec les nations de l'intérieur, jusqu'à ce qu'enfin celles-ci, voulant, à leur tour, en obtenir elles-mêmes, vinrent successivement rôder autour des établissemens naissans de la capitale Argentine et les piller; motif qui, à ce qu'il paraît, amena, de partout, les Indiens des Pampas à cette curée générale, laquelle dure encore aujourd'hui. Bientôt toutes les nations en furent pourvues, jusqu'aux Patagons du détroit de Magellan[2]; tandis que peu d'entr'elles encore avaient des troupeaux de bêtes à cornes. A présent même

1. Voyez tome I.er, chapitre XIII, page 479.

2. C'est en 1764 que, dans l'expédition du commodore Byron, on vit, pour la première fois, les Patagons à cheval, et c'est alors, aussi, qu'on leur entendit prononcer les premiers mots espagnols.

tous ont des chevaux, et un petit nombre seulement possède des vaches. Les guerres continuelles qu'ils se font entr'eux, la nécessité de se sauver rapidement, seront toujours un obstacle à ce qu'ils aient jamais de grands troupeaux. Les habitans des Cordillères peuvent seuls en conserver, en les cachant dans des gorges à eux connues. Il en est de même des moutons, qui jouissent, néanmoins, d'une grande réputation parmi les fermiers de Buenos-Ayres. Il leur est difficile d'en garder, et les troupeaux de cette nature changent de maîtres on ne peut plus fréquemment. Au reste, comme les Gauchos, ils ont bien peu de soin de leurs animaux domestiques, presque livrés à eux-mêmes au milieu des plaines, et encore à moitié sauvages. Ils aiment surtout à réunir les chevaux pies, connus sous le nom de Pampas à Buenos-Ayres, et il paraît que ce goût leur est venu de ce que cette variété est naturellement bien plus commune dans les Pampas que partout ailleurs. Presque tous ont l'habitude de fendre l'oreille de leurs chevaux, sans doute par suite d'une idée superstitieuse commune à la nation entière.

Les Aucas, pour leur nourriture, ont les mêmes coutumes que les Patagons; comme eux ils mangent la graisse crue, et sont, en particulier, très-friands des rognons des jeunes chevaux, qu'ils se contentent d'assaisonner encore palpitans avec un peu de sel. Ils en font de même du fœtus de toutes les jumens pleines qu'ils tuent, et du cœur encore dégouttant de sang. Leur aliment habituel est notamment la chair rôtie, mais encore sanglante, ou bouillie et à moitié cuite: ils aiment aussi beaucoup le sang simplement cuit dans l'eau; ils préfèrent à tout la chair de jument, et celle que leur produit la chasse. Aucun ne se livre à l'agriculture; aussi ne mangent-ils des grains que lorsqu'ils les volent dans les établissemens voisins. En temps de disette, cependant, ils recueillent de la graine d'une plante crucifère, voisine de notre moutarde, et qu'ils broient entre deux pierres, avant de la manger; ou bien ils font rôtir, dans un pot, une petite racine noire et longue, assez semblable à du chien-dent, que les femmes pilent ensuite, la convertissant en une farine sans saveur, mais qui leur suffit momentanément. Ils prennent, habituellement, trois repas: un le matin; un autre à midi, et le troisième le soir. Pour manger, ils s'asseyent à terre, les jambes croisées, à peu près comme les Orientaux.

Ils préfèrent la chasse à tout autre exercice; aussi la font-ils d'après les mêmes principes que la guerre, sans différer essentiellement des Patagons[1] sur ce point. Ils ne pêchent jamais, et, sous ce rapport, n'ont aucune industrie.

---

1. Voyez tome II, chapitre XVIII, page 101.

1829. Patagonie.

Les Aucas, étant souvent dans l'inaction, ont pris l'habitude des boissons *fermentées*, et les aiment avec passion. Pour eux, le bonheur suprême est de s'enivrer, à tel point que Falconer[1] a prétendu que, ce qui leur fait désirer une autre vie, c'est l'espoir de s'y plonger toujours dans l'ivresse. Ceux qui vont vers les Cordillères du Chili, font leur liqueur fermentée avec les amandes des araucaria, avec des grains qu'ils se procurent dans leurs incursions, ou qu'ils obtiennent des fermiers par voie d'échange. Depuis que les pommiers, plantés dans les Andes par les premiers conquérans, se sont naturalisés et multipliés à l'infini, jusque sur le versant oriental, vers les sources du Rio negro, ils fabriquent une espèce de cidre, qu'ils aiment beaucoup. Près des établissemens des blancs, ceux qui y sont depuis long-temps, et qui en ont pris les vices, sacrifient tout à cette passion. Dès qu'ils ont obtenu quelqu'argent, ils le dépensent, de suite, en eau-de-vie, que les hommes n'aiment pas seuls, car les femmes leur tiennent aussi fort bien tête; dans l'un comme dans l'autre sexe, quand ils boivent, c'est à tomber ivres-morts. Au Carmen on rencontre, tous les jours, des Indiens ou des Indiennes couchés comme des animaux, sur le sable, aux portes des marchands de boissons. Chaque époque notable de leur existence est marquée par une orgie. Ils ne fêtent jamais leur bon génie, sans faire des libations copieuses; et il en est de même lorsqu'ils implorent leur génie malfaisant. Ils boivent pour célébrer un mariage, une naissance, l'âge de nubilité d'une femme; pour accélérer la guérison d'un malade, pour pleurer la perte d'un père, d'un époux, lors de son enterrement; et, enfin, chaque fois que des circonstances de leur vie privée leur en font trouver l'occasion. On a vu[2] une femme puelche vendre son fils pour trois jours d'ivresse; et lorsque les Indiens n'ont plus d'autres ressources, on les vit, au Carmen, prostituer leurs femmes et leurs filles, afin de satisfaire ce goût effréné. Combien de fois n'ai-je pas rencontré, le soir, aux portes des pulperias, un grand nombre de femmes et de jeunes filles des nations sauvages attendant que les Gauchos les choisissent, et mettant à leurs faveurs un prix, qu'elles partageaient, ensuite, avec leurs maris ou leurs pères, placés près d'elles! Combien de fois n'ai-je pas rougi, pour elles, de l'effronterie avec laquelle l'ivresse les faisait s'abaisser jusqu'aux plus viles démarches! Ce commerce scandaleux aurait même bien plus de succès, sans l'habitude qu'ont ces femmes d'interpeller tous ceux avec lesquels elles ont eu des

---

1. Falconer, Description des terres magellaniques, t. II, p. 75.
2. Voyez tome II, chapitre XVIII, page 108.

relations, du titre de mari, chaque fois qu'elles les rencontrent; ce qui retient beaucoup d'habitans du Carmen; mais comment concilier de pareilles coutumes avec la réserve et la décence qu'elles mettent dans leurs vêtemens, qui les couvrent toujours de la manière la plus scrupuleuse? Il ne faudrait cependant pas croire que tous les Aucas portent aussi loin la corruption; leur fierté s'y opposerait. Les Indiens depuis long-temps fixés près des chrétiens, ont seuls, peu à peu, tout sacrifié à leur passion favorite; d'ailleurs les commerçans les encouragent à ce vice, en les excitant, sans cesse, à s'y livrer, et vont même jusqu'à leur donner des boissons pour faire, ensuite, avec eux des marchés qui les enrichissent, en doublant ou triplant bientôt leurs capitaux sur tout ce qu'ils leur achètent. 1829. Patagonie.

On pourrait croire qu'aimant autant les liqueurs fortes, et perdant aussi souvent la raison, il y a journellement, parmi eux, des rixes et des batailles; mais il n'en est pas ainsi; l'ivresse les porte seulement à la gaîté. Jamais je n'ai vu d'Indiens se battre, lorsqu'ils avaient bu; au contraire, j'ai remarqué, en eux, plus d'épanchement, plus de gaîté, de laisser aller. C'est alors qu'ils chantent, rient, pleurent, se rappellent leurs parens morts, font l'énumération de leurs bonnes qualités, sans se souvenir jamais de leurs défauts; c'est alors, aussi, que leur éloquence naturelle prend tout son essor. J'ai entendu les chefs, avec feu et sentiment tour à tour, haranguer les leurs, des heures entières, sans hésiter un instant; et, souvent, je m'étonnais, par la traduction que j'en obtenais d'un interprète, de l'élévation, de la sublimité des idées, et de la poésie de style, répandues dans ces improvisations.

Les Aucas sont aussi amateurs de tabac que de liqueurs : ils en demandent continuellement, le fument avec délices, en en faisant des cigares; et quand ils peuvent obtenir de la yerba (du maté), ils en consomment aussi les grosses tiges, en les pilant et les mêlant au tabac. Pour se procurer ces objets, l'indolent Indien, si sa femme et ses filles ne suffisent pas, se décide quelquefois à travailler, non à quelqu'ouvrage industriel, mais seulement, aux environs du Carmen, à ramasser du bois pour les habitans, qui leur donnent, en échange, de quoi se nourrir ou de quoi satisfaire leurs vices. On rencontre toujours ces familles en campagne; et, lorsqu'on leur demande ce qu'elles font, elles répondent, invariablement, *paseando* (promenant). Ces Indiens, ainsi que tous les membres de la nation, sont les plus grands demandeurs qui existent; ils ne cessent de se plaindre de leur pauvreté, exagérant les richesses des chrétiens, afin d'exciter leur compassion, et ayant toujours à la

1829. Patagonie.

bouche le mot *presantando*[1]. Si on ne leur donne rien, ils savent bien dire *mesquino* (mesquin); et quand, au contraire, on les satisfait, ils disent *buen corazon* (bon cœur). Il est on ne peut plus rare qu'un Indien donne quelque chose; et, lorsque l'un d'eux obtient des objets quelconques, il ne partage jamais avec ses compagnons. Ce qui les a rendus si *égoïstes*, c'est, sans aucun doute, la manière dont les Espagnols ont toujours traité avec eux, en les comblant de présens à chaque entrevue, et surtout lors de leurs traités, sans jamais rien recevoir d'eux. Il ne faudrait pas croire, en voyant un Auca peindre sa misère à un chrétien, qu'il se croie son inférieur; il le fait parce que sa position du moment l'y oblige; car il se regarde, en tous les temps, comme bien supérieur à lui.

Les jeux des Aucas sont les mêmes que ceux des Patagons. Ce sont la balle[2], les dés, et quelques autres du même genre; cependant leurs amusemens se sentent un peu de leurs mœurs guerrières, et ils les laissent tous pour la chasse, ou pour s'exercer au maniement des armes.

Les Aucas se traitent toujours entr'eux avec bonté, lorsqu'ils appartiennent à la même tribu. Ils sont obligés, mutuellement, à beaucoup d'égards, par cela même qu'ils ne sont soumis à rien, et qu'ils peuvent, d'ailleurs, avoir journellement besoin les uns des autres. Ceux qui ont fait une campagne ensemble, se regardent, pour ainsi dire, comme liés à jamais; ils ont le droit d'aller se demander, en signe d'amitié, un objet quelconque, qui ne peut se refuser; mais le demandeur de l'année est obligé, l'année suivante, de donner, à son tour, à l'autre ce que ce dernier désire.

Leur caractère est le même que celui de tous les indigènes nomades des parties australes. Comme les Patagons et les Puelches, les Aucas sont intéressés au dernier point, défians au-dessus de toute expression, ce qui s'explique par la mauvaise foi que les Espagnols leur ont si souvent montrée dans leurs traités; malins comme on ne l'est pas; rusés plus que les hommes civilisés; faux par nécessité; dissimulés entr'eux, et surtout avec les chrétiens, dont ils ont la plus mauvaise opinion du monde, les croyant incapables de remplir une promesse, et d'avoir de la conscience dans leurs rapports commerciaux. Ils sont arrogans dans leurs manières, sans gêne dans toutes leurs actions; hardis jusqu'à la témérité, ils ne craignent nullement la mort. Si l'on voulait, en un mot,

---

1. Ce mot est une de ces corruptions indiennes de la langue espagnole, qu'on ne peut traduire que par une demande de présens.

2. Voyez tome II, chapitre XVIII, p. 86.

dépeindre un sauvage libre, c'est un Auca qu'il faudrait prendre pour type; car celui-ci n'est retenu par rien. La crainte d'un Dieu ne dirige jamais ses actions, pas plus que le respect pour l'autorité des chefs et pour l'autorité paternelle. La seule chose qui puisse l'empêcher de se livrer à plus d'excès encore, c'est la crainte de représailles de la part d'hommes aussi libres que lui. Les Aucas sont les plus fiers indépendans de l'Amérique méridionale, mais non pas les plus unis, cette même liberté d'actions amenant, chez eux, entre les familles, de continuelles divisions, des haines implacables, qui les forcent à se tenir, en tout temps, séparés en tribus ennemies, toujours en guerre entr'elles. Il n'est pas de société plus divisée et plus indisciplinable; ses chefs n'ayant aucune autorité, la persuasion seule peut la faire se rallier et se réunir momentanément dans un intérêt général; mais les intérêts particuliers ne tardent pas à la diviser.

Un jeune homme, quelle que soit sa conduite, ne craint jamais un châtiment, que personne n'a le droit de lui infliger; il n'attend non plus aucune récompense de ses bonnes actions; la seule chose qui le retienne, c'est le droit de représailles. Il peut tuer même un cacique, si celui-ci l'attaque, pourvu, toutefois, que sa famille soit opulente et en état de le soutenir; car ses parens sont responsables de toutes ses actions. La mort doit être punie par la mort, à moins que de grands présens ne calment les haines, qui sont presque toujours implacables, et d'autant plus à redouter que la vengeance n'est jamais ouvertement exercée, à moins d'un grand pouvoir dû à la possession de grandes richesses. C'est ainsi que certaines familles ont non-seulement toujours conservé des désirs de vengeance, mais encore souvent porté des tribus entières à se battre contre une autre pendant des siècles. Le dernier tué ayant toujours des parens disposés à faire payer sa mort, ces querelles ne doivent cesser qu'à l'extinction totale d'une famille, ou lorsque la plus outragée est très-pauvre et dépourvue de moyens d'attaque. Ces haines naissent non-seulement des querelles que ceux d'une tribu peuvent avoir entr'eux, mais encore de guerriers tués au milieu des batailles entre tribus ennemies; aussi n'est-il pas au monde de nation plus disposée à la guerre et aux combats, ne manquant jamais de prétexte. Le cacique Venancio élevait, en 1828, avec le plus grand soin, le fils du cacique Polican, pour pouvoir, un jour, venger la mort de son père, tué par Pincheira; ainsi cet enfant, jusqu'à ce qu'il ait trouvé moyen d'assouvir une haine qu'on lui rappelle à chaque instant, ne cessera, plus tard, d'attaquer Pincheira et les siens, tant que ses partisans le soutiendront assez pour le lui permettre. M. Parchappe a entendu, à la baie

1829. Patagonie.

Blanche, Venancio se rappeler encore les batailles livrées par les Espagnols, lors de la conquête, aux Araucanos du Chili, et l'a vu nourrir une haine mortelle contre les conquérans du nouveau monde. Cette aversion, sans doute, empêchera toujours quelque alliance solide des nouvelles républiques avec les indigènes des Pampas.

Si un Auca en vole un autre, le volé se fait rendre l'objet du larcin, quand il en a le pouvoir et si le voleur en a les moyens; sinon, c'est la famille du détenteur qui doit payer, dans la personne de son plus proche parent.

Pour achever de faire connaître les Aucas à toutes les époques de leur vie, par les cérémonies superstitieuses qui en marquent chaque passage, pour les deux sexes, et par leur éducation, qui chez eux, comme partout, influe tant sur le caractère de l'adulte, je vais les prendre dès leur naissance, et exposer, successivement, tous les faits propres à compléter le tableau de leur vie privée.

Aussitôt qu'un enfant est né, on va le baigner, enveloppé de langes de laine, dans la rivière ou dans le lac le plus voisin. La mère en a le plus grand soin, tout en vaquant à ses affaires. Dès qu'il a pris un peu de force, on s'occupe de lui trouver un parrain chargé de lui donner un nom, qui doit accompagner celui de son père. C'est toujours un parent ou un ami qui est choisi à cet effet. Dès qu'il a accepté, on fixe le jour; on prévient, de part et d'autre, les amis, qui, tous réunis, un matin, de bonne heure, se rendent, conduits par le parrain, à la tente où se trouve l'enfant, menant avec eux une jument grasse, qu'on jette par terre en arrivant, et à laquelle on attache fortement les quatre pieds; on place, sur son ventre, un poncho sur lequel, tour à tour, les conviés déposent, chacun, un présent destiné au héros de la fête. Pour un garçon, ce sont des éperons, des vêtemens, des armes; pour une fille, ce sont des vêtemens ou des ornemens de son sexe. Aussitôt que chacun a fait son offrande, le parrain demande l'enfant, qu'il pose sur les dons; alors on ouvre la poitrine de la jument, on lui arrache le cœur; et, tout palpitant encore, on le passe au parrain, qui s'en sert pour faire une croix au front de l'enfant, en lui disant: Tu t'appelleras ainsi, ajoutant seulement, au nom de famille, un court adjectif, que les assistans répètent, aussitôt, trois fois de suite. Le père reprend son enfant; tandis que le parrain, en élevant le cœur sanglant dans les airs, demande à haute voix qu'il vive. Il le recommande au Quecubu (dieu du mal); puis il prie le destin de lui donner de la bravoure, et surtout l'éloquence, finissant l'énumération de ses vœux, en insistant particulièrement sur le don de la parole. La cérémonie terminée, on coupe la jument par morceaux, on allume de grands feux, et tous les convives font honneur au festin, qui dure tant qu'il reste un morceau de la bête. C'est ainsi qu'on fête la naissance d'un enfant parmi les Aucas riches, et surtout chez les Péhuenches[1]; mais la pauvreté et le dénûment de certaines familles viennent tout modifier, de telle manière que la cérémonie se réduit à presque rien chez ceux qui ont été ruinés par des invasions de l'ennemi.

La mère et même tous les parens sont les esclaves des enfans. Les femmes âgées sont chargées de les surveiller, lorsque la mère est obligée de vaquer aux soins du ménage; et la coutume de leur présenter un sein desséché pour les apaiser, a, sans doute, été cause de ce qu'a dit Pauw[2] sur ce sujet. On laisse d'abord l'enfant, sans aucun vêtement, étendu sur des peaux de bêtes sauvages, essayer ses forces et chercher à marcher, sans l'aider, pour ainsi dire, dans ses premiers pas; il grandit ainsi, libre comme l'air, commandant en tyran, sans être jamais contrarié dans ses moindres caprices, frappant sa mère, son père et ses parens, affranchi de toute réprimande. Un Auca, au contraire, applaudit à tout ce que son fils fait de mal, le regardant comme de bon augure pour l'avenir. Plus il est méchant, plus les parens s'en réjouissent; car ces mauvaises inclinations leur paraissent annoncer du courage, de la résolution; ils y voient le prélude de grandes actions. Leur système d'éducation est, en somme, que, réprimer les inclinations ou les punir lorsqu'elles sont mauvaises, c'est retrancher autant de force physique et morale à leur enfant, et l'empêcher d'acquérir cette hardiesse, qui caractérise les hommes libres de leur nation.

Il ne faudrait cependant pas croire que l'éducation des enfans soit tout à fait négligée; les parens, au contraire, cherchent à les intéresser à leurs travaux, en leur enseignant, selon leur sexe, ce qu'ils savent eux-mêmes. Une jeune fille doit connaître toutes les attributions des femmes; et, peu à peu, elle apprend, en aidant sa mère, à filer, à tisser, et tous ces petits ouvrages auxquels se livrent les Indiennes. L'éducation d'un garçon est bien différente; il faut qu'il sache parfaitement l'histoire de sa nation, de sa tribu, de ses chefs, comme de ses ennemis; la géographie des lieux qu'ils habitent au milieu des immenses plaines des Pampas; et, surtout, qu'il se pénètre de l'importance de la pureté du langage et de la nécessité de devenir bon orateur. A cet effet,

1. Cette cérémonie compliquée a surtout lieu chez les Péhuenches, et est beaucoup plus simple chez les Aucas des Pampas.

2. Pauw, Recherches sur les Américains, t. I, p. 69.

1829. Patagonie. le père ou même les vieilles femmes bercent ses premières années du récit des hauts faits de ses parens morts, de l'éloge de leur éloquence dans les grandes occasions. L'enfant sent ainsi, peu à peu, son âme s'élever, par ces continuelles idées de victoires, et s'intéresse à ces narrations qui se fixent dans sa tête, en même temps que le souvenir des lieux où les actions se sont passées; et, bientôt, il connaît, parfaitement, les noms de tous les chefs amis et ennemis, le lieu où ils vivent. Commence ensuite l'étude du langage; et, de celle des mots, on ne ne tarde pas à passer à celle des phrases. Les élèves reconnaissent, par degrés, l'empire de l'éloquence; ils assistent toujours aux grandes conférences publiques, aux conférences journalières que tiennent entre eux leurs parens, au retour de chaque chasse ou de chaque expédition. Il n'est pas rare de voir des enfans de dix à douze ans, au milieu des femmes et des jeunes garçons de leur âge, s'essayer à prononcer soit des allocutions, soit des panégyriques, qui annoncent déjà leurs dispositions pour l'art oratoire. Les parens, qui les voient se développer en eux, les encouragent de tout leur pouvoir, en leur répétant continuellement que le don de la parole est la première qualité de l'homme qui veut parvenir. J'ai souvent été frappé de la connaissance parfaite que les Indiens ont de tous les pays voisins des Pampas et de leurs productions. Un Patagon, qui n'a jamais passé le Rio negro vers le Nord, connaît parfaitement celles des terres plus septentrionales, et a des idées très-justes de Buenos-Ayres; ce qui tient à l'esprit d'observation des sauvages, et à la clarté des descriptions qu'ils se transmettent dans le contact journalier. On s'étonne de voir, chez ces nations encore sauvages, les idées des choses précéder presque toujours les choses mêmes. Un autre objet essentiel de l'éducation, c'est la tactique militaire, la manière de surprendre l'ennemi, les moyens employés par la nation pour se faire des signaux, et, enfin, tout ce qui a rapport à la stratégie pratique. Ils entendent continuellement vanter celui qui, dans une affaire, a fait le plus de butin; ceux qui ont enlevé à l'ennemi commun, les chrétiens, des troupeaux et surtout des captives; et ils apprennent, dès l'âge le plus tendre, à regarder la ruse comme une des premières vertus.

L'éducation physique est à peu près la même que l'éducation morale. Les jeunes gens prennent peu à peu les coutumes de leurs pères; ils montent à cheval de bonne heure, s'exerçant journellement avec les armes ou les appareils de chasse. On les voit souvent s'essayer à lancer les bolas, et s'efforcer d'atteindre une lance fichée en terre à une assez grande distance ou bien d'enlacer leurs chiens. Ils deviennent, promptement, bons écuyers; aussi sont-ils bientôt aptes à suivre leurs parens dans toutes les guerres ou dans les changemens de domicile si fréquens chez les nations nomades; c'est alors qu'ils font, par eux-mêmes, des remarques sur la géographie, apprennent à connaître les lieux où l'on peut trouver de l'eau, au milieu de la plaine, et quelles sont les directions à suivre sans crainte, en se guidant, pour ces marches lointaines, sur le soleil et sur les étoiles. Les jeunes filles savent monter à cheval aussi bien que les jeunes gens; et, jusqu'à ce que ceux-ci soient assez forts pour combattre avec leurs pères, et pour leur propre compte, ils suivent les femmes à l'arrière-garde, employés à sauver le butin, tandis que les hommes se battent. Les deux sexes n'ont pas plus de respect pour leurs parens qu'ils ne connaissent la crainte; cependant il y a, chez eux, un amour de famille, une union intime de tous ses membres, qui cherchent toujours à s'aider et à se soutenir, mutuellement, dans quelque circonstance que ce soit. Il est bien rare qu'un père touche un de ses enfans; mais s'il lui arrivait de le faire et de le tuer, dès-lors, les parens de la femme seraient en droit de s'en venger sur lui et de le mettre à mort, sans avoir à craindre aucune représaille. C'est probablement ce motif, joint à leur amour pour leurs enfans, qui les empêche de jamais les frapper.

1829.

Patagonie.

Les jeunes filles sont les premières qui, naturellement, prennent rang dans la société: elles deviennent femmes vers treize à quinze ans, âge où les garçons sont encore des enfans. Cet instant, comme chez les Patagons, chez les Puelches, et chez presque toutes les nations américaines, est marqué par une cérémonie qui, tout en ayant beaucoup de rapports avec celle que font les Patagons [1], en diffère cependant assez pour que j'en donne la description. Dès qu'une jeune fille s'aperçoit de son nouvel état, elle en prévient sa mère, qui, de suite, en fait part à tous les parens, et place la jeune fille dans un angle de la tente, où elle la renferme, au moyen de ponchos ou autres vêtemens, en lui recommandant, surtout, de ne pas lever les yeux sur les hommes. Elle reste ainsi renfermée tout le jour. Le lendemain matin, dès le lever du soleil, sa mère et sa plus proche parente la font sortir, la prennent par les mains, et la font courir dans la campagne, jusqu'à ce qu'elle soit tout à fait fatiguée; alors on la renferme encore jusqu'au coucher du soleil, où l'on recommence la promenade forcée; puis, on la fait rentrer de nouveau. Le troisième jour, on ne lui fait pas reprendre sa course; mais, à la même heure, le matin, on l'envoie chercher trois brassées de bois à brûler, qu'elle

1. Voyez tom. II, chap. XX, p. 177.

1829. Patagonie.

apporte et place, sur trois directions différentes, aux sentiers qui conduisent à sa tente, afin que tous ceux de la même nation puissent être prévenus qu'elle est devenue femme. Tous les invités se réunissent. On tue une ou plusieurs jumens, et l'on fête solennellement la nouvelle position de la jeune fille, qui devient, dès-lors, sa maîtresse, et peut comme bon lui semble disposer de son cœur, mais non de sa main. La famille la laisse libre de mener la conduite qui lui convient le mieux, pourvu qu'elle ne se marie pas.

Le père de famille qui a beaucoup de filles, est regardé comme le plus riche; tandis que celui qui n'a que des fils est très-pauvre. C'est absolument le contraire de ce qui existe en Europe. Il n'est pas besoin de s'occuper de la dot d'une fille, puisque c'est le prétendu qui doit apporter la sienne; aussi est-il beaucoup d'Indiens qui ne peuvent avoir que très-tard les moyens d'obtenir, ou mieux, d'acheter une femme, toujours mise à un très-haut prix par les parens. C'est pour cela que, dès qu'ils se sentent assez de courage pour commencer seuls leur fortune, ils se livrent aux hasards de la guerre, cherchant, par tous les moyens possibles, à se distinguer, et, surtout, à amasser des richesses. Si les filles se marient jeunes, il ne peut donc en être ainsi des hommes, qui ne le font que lorsqu'ils se sont montrés bons chasseurs, bons guerriers, lorsqu'ils ont une famille opulente, et lorsqu'ils possèdent eux-mêmes quelque chose. Plusieurs Indiens qui n'ont jamais pu réunir de quoi avoir une femme, se sont trouvés dans l'obligation de se contenter d'une captive pour toute compagne; souvent, aussi, un mariage est arrêté, lorsque la jeune fille est encore enfant; et, alors, une partie des présens est donnée d'avance.

Le mariage est une chose des plus compliquée chez les Aucas, surtout chez ceux des montagnes, et ne regarde pas exclusivement les deux intéressés, ni même seulement leurs pères et mères, mais encore les familles entières des deux côtés: celle de la jeune fille, parce qu'il faut qu'elle reçoive assez de cadeaux pour être satisfaite de l'alliance, sans quoi ce sont des ruptures à ne pas finir; et celle du prétendant, parce qu'elle doit l'aider à se procurer les objets demandés par les parens de la jeune Indienne, et toujours en fournir sa part. Lorsqu'un Indien veut se marier, il en fait part à sa famille, qui se réunit aussitôt. On discute quels sont les présens qu'on peut offrir, en raison des exigences des parens de celle qu'il aime. Dès qu'on croit ne pas essuyer un refus, que tout est bien entendu, on fixe un jour où tous les membres se réunissent en un lieu désigné, chacun avec son offrande. Ces réunions ont lieu au point du jour. Il se tient un nouveau conseil, où sont choisis, comme députés, deux ou trois membres les plus éloquens; ceux-ci partent, se rendent

à la tente du père de la prétendue, réveillent les parens, qui se lèvent aussitôt, 1829.
et invitent les députés à entrer, ce que ces derniers ne font qu'après avoir jeté à terre quelques-uns des présens qu'ils veulent donner. Dès-lors le père comprend de quoi il s'agit, si toutefois il n'est pas prévenu d'avance; il reçoit les embrassemens des arrivans; étreintes mutuelles, semblables à celles que les Aucas se font toujours, chaque fois qu'ils se retrouvent après une absence. Aussitôt après, les envoyés, les uns après les autres, prennent la parole et font connaître le motif de leur démarche, l'appuyant d'une longue énumération des titres du prétendu, de ses qualités personnelles; puis de celles de ses parens morts ou vivans, remontant jusqu'à la cinquième ou sixième génération, pour faire valoir d'autant plus les avantages de l'alliance proposée. Dès que les députés ont cessé leurs discours, qui durent quelquefois plusieurs heures, le père, à son tour, prend la parole : il énumère aussi, lui, les avantages qui ornent sa fille, expose le mérite de ses parens; puis renvoie la demande à sa femme, par pure forme; car celle-ci, n'ayant aucun pouvoir, donne toujours son consentement. Le seul assentiment qu'on ne demande pas, c'est celui de la jeune fille; que la chose lui convienne ou non, elle est si sévèrement subordonnée à la volonté paternelle, qu'elle ne peut se refuser à rien.

Patagonie.

Alors commence un second pourparler avec le père, pour s'entendre sur les valeurs qu'on donnera; ce qui est toujours le point le plus délicat et le plus long à traiter. Il demande en raison du nombre de ses parens, étant obligé de les contenter tous. Lorsqu'enfin tout est d'accord, un des députés retourne au lieu où attend la réunion de famille, qui vient en corps, amenant ou apportant tous les présens annoncés. En arrivant près de la tente, ils jettent à terre, et attachent par les pieds les jumens, les chevaux, les vaches ou les brebis qu'ils veulent donner; puis, chacun à son tour et un à un, ils entrent dans le toldo, sans dire une seule parole, laissant tomber les dons, qui consistent principalement en tissus, ou en ornemens d'homme et de femme, éperons d'argent, etc. Ils vont ensuite s'asseoir en dehors de la tente, les jambes croisées, et forment un grand demi-cercle, au milieu duquel se place le prétendant, avec ses plus proches parens, réservant encore entr'eux un siége élevé, formé de vêtemens de femme. Le père de l'Indienne sort de sa tente, fait un salut général à l'assemblée, et, avec un grand sérieux, désigne sa demeure, en annonçant que sa fille s'y trouve, et qu'on peut l'en faire sortir. Aussitôt toutes les femmes, venues avec le prétendant, se lèvent à la hâte, entrent dans la tente, demandent aux femmes qu'elles y rencontrent

1829. Patagonie. de leur indiquer la prétendue, la prennent par la main [1], la tirent de force, pour la faire sortir, elle s'efforçant de rester, et la présentent aux parens du futur. Elle s'assied sur le siége réservé, où on la couvre de présens. C'est alors que tout le luxe des cadeaux est étalé devant les assistans, et que, pour la première fois, elle se pare du bonnet de perles, qu'une fille n'ose porter. Tout le monde étant satisfait, les deux familles se mêlent momentanément. On tue l'une des jumens, on lui enlève la poitrine et le cœur, qu'on met bouillir dans de l'eau; ensuite tous les convives mangent, et emmènent la fiancée chez les parens de son mari, où, quelques jours après, se consomme le mariage.

D'autres fois, surtout lorsqu'il y a eu des liaisons anciennes entre les deux futurs, le mariage ne se fait pas de la même manière. Les parens du mari enlèvent la prétendue, la gardent, et ne vont que quelques jours après en faire la demande en forme, s'excusant de leur violence sur la force de l'amour du futur, et demandant pardon, en faisant quelques présens, qui ne sont suivis des autres que lorsqu'il y a eu consentement formel; puis la cérémonie d'usage se continue, plus ou moins compliquée, suivant la tranquillité de la tribu et ses richesses; et, quelquefois, se réduit à un simple achat. Souvent le mari n'a pas encore la libre possession de sa femme, et il n'en est pas quitte pour ces premiers frais; car si, lorsque le père de sa compagne fait la distribution des présens à ses parens, ceux-ci ne sont pas satisfaits, ce qui arrive presque toujours, l'époux est obligé de leur donner ce qui lui reste; de sorte qu'un mariage ruine souvent, pour de longues années, la famille entière du mari.

Dès qu'une Indienne est mariée, elle vit dans une tente à part de sa famille; et, dès-lors, toutes les charges du ménage pèsent sur elle; mais elle est généralement bonne épouse et devient ensuite bonne mère. On voit très-peu de mauvais ménages. Comme chez les Patagons, le mari est toujours plein d'égards pour sa compagne; et jamais, même dans l'ivresse, il ne s'oublie jusqu'à la frapper.

La polygamie est permise chez les Aucas, et tous auraient plusieurs femmes si elles n'étaient pas si dispendieuses; aussi n'y a-t-il que les propriétaires de

---

1. Dans le manuscrit du Voyage de Luis de la Cruz (page 218), j'ai retrouvé cette cérémonie, telle qu'elle se passe chez les Péhuenches. Elle est la même, à cette différence près, que la prétendue tient, de la main droite, un plat contenant une pierre verte nommée *llanca*, qu'elle présente à son futur époux, en signe de consentement. Cette dernière coutume n'est point usitée parmi les Aucas des Pampas; au moins ne l'ai-je pas vu pratiquer.

nombreux troupeaux ou les chefs (*ulmens*), qui profitent de cette permission, parce que leur position les met bien plus à portée d'en obtenir; car non-seulement ils peuvent en acheter; mais, souvent, un père de famille pauvre est heureux de s'allier avec un chef, afin d'avoir plus de pouvoir. Il lui donne, alors, sa fille presque sans rétribution. Viennent, ensuite, les concubines, en nombre illimité, captives prises sur l'ennemi, et qu'on emploie comme esclaves des femmes légitimes. Lorsqu'il y a plusieurs femmes légitimes, la première domine toujours sur les autres. On doit penser qu'entr'elles naissent beaucoup de jalousies, à l'occasion des préférences qu'accorde le mari; aussi, quoique celui-ci s'en occupe fort peu, prend-il souvent la précaution de passer successivement et alternativement deux jours de suite avec chacune d'elles; et, alors, celle-ci, respectée des autres, jouit de la prérogative de s'asseoir au même feu que son mari. Cette préférence des feux vient d'une coutume assez généralement établie, qui consiste en ce que, dans chaque toldo, il ne doit y en avoir jamais plus de deux, celui où se tient le mari, avec sa femme du jour et ses enfans, et un second, où toutes les autres doivent être ensemble. Il est réellement remarquable que la rivalité des femmes des Indiens ne les porte pas à des rixes continuelles. Pour qu'elles ne se disputent pas plus fréquemment, il ne faut rien moins que cette espèce d'indifférence apparente que les maris affectent toujours dans toutes leurs querelles intestines; d'ailleurs, comme chacune a, momentanément, l'autorité entre ses mains, toutes sont obligées de se plier aux exigences des autres.

1829. — Patagonie.

Si l'époux auca peut mener la conduite qui lui convient, et faire à ses femmes autant d'infidélités qu'il lui plaît, sans que celles-ci puissent y trouver à redire, il n'en est pas ainsi de ses compagnes, astreintes à une conduite irréprochable; car leurs maris ont une jalousie poussée à l'extrême; mais ils ne se portent à aucun excès, surtout contre leur complice, qui doit seulement racheter sa faute par le don de chevaux, ou de tel autre objet, s'il ne veut s'exposer au mécontentement d'une famille entière, et à l'obligation de s'éloigner. Chez les Péhuenches la sévérité des coutumes est toute contre la femme. Le mari offensé peut la tuer; mais dans le seul cas où les parens de celle-ci y consentent, ce qui n'arrive presque jamais; et si le mari se portait à ces extrémités sans ce consentement préalable, les parens de la femme les lui feraient payer par la peine capitale. Entr'eux ils sont très-jaloux, et c'est même pour ce motif qu'un Indien, qui reçoit, sous sa tente, un parent en députation, a toujours la précaution de coucher à côté de lui, sous prétexte de lui montrer de la déférence.

1829. Patagonie. Lorsqu'une femme accouche, elle va immédiatement se laver, ainsi que son enfant, dans le lac ou dans la rivière voisine, et continue de se baigner ensuite tous les jours. On fait une fête à cette occasion; on danse, et surtout on boit. C'est le médecin (femme) ou *machi* qui fait l'accouchement. Quand on compare le peu d'importance qu'attachent les sauvages à l'instant des couches, aux précautions sans nombre qu'on prend dans nos villes, sans pouvoir, cependant, encore empêcher des accidens graves, on serait tenté de croire que les Américaines sont d'une autre espèce que les femmes de notre continent. Si l'on exposait aussitôt après sa délivrance une Européenne aux rigueurs du climat, à des bains presque glacés, on causerait le plus souvent sa mort; tandis que l'Américaine n'en éprouve pas la moindre incommodité. J'ai vu, chez les Indiennes des pays chauds, suivre cette coutume, généralisée tant dans l'intérieur de la Bolivia, qu'aux frontières du Paraguay. Il est permis de croire que la température élevée de ces régions peut être le motif du peu d'accidens qui en résultent; mais il n'en est plus de même pour les régions tempérées et même glacées; ainsi, en Patagonie, la température est, à peu de chose près, celle de la France, et ces bains froids n'amènent aucune suite fâcheuse. Il faut donc admettre que la constitution féminine y est bien autrement vigoureuse; que la jouissance des commodités, apportées par la civilisation, a, successivement, atténué de beaucoup les forces physiques des femmes des pays policés, et qu'on ne retrouve plus que parmi les sauvages les plus rapprochés de la nature cet état primitif de notre espèce, qui devait exister partout, avant que chaque siècle y eût apporté ses modifications particulières[1]. *Cette vérité vient à l'appui de ce que j'ai déjà dit*[2], *que l'homme perd* au physique ce qu'il gagne au moral par la civilisation.

Si, dans le cours de la vie des Aucas, il leur survient quelques maladies, ils ne se soignent jamais eux-mêmes : ils ont constamment recours à la machi, qui pratique la médecine, tout en exerçant les fonctions de sorcière. Celle-ci cherche d'abord à soulager le malade par des applications d'herbes, de poudre ou de savon, ou bien encore elle fait des incisions sur les parties douloureuses, en pinçant la peau, la tirant un peu et passant, au travers, un instrument tranchant (opération nommée *catalun*), administrant, ainsi, une

1. On peut juger de cette influence en comparant, à cet égard, les animaux domestiques aux animaux sauvages. Combien n'arrive-t-il pas d'accidens dans la mise-bas des vaches de nos étables d'Europe! tandis qu'il est on ne peut plus rare de voir périr des vaches sauvages des plaines de l'Amérique, où l'on ne s'occupe jamais d'elles.

2. Voyez tome II, chapitre XVIII, page 82.

petite saignée locale; mais si tous ces remèdes ne réussissent pas, et si la maladie empire, on ne la combat plus que par des moyens de superstition. J'en vis pratiquer plusieurs; mais jamais d'une manière aussi compliquée que le font les Péhuenches des ravins des Andes[1]. Intéressée à la multiplicité des cérémonies, la machi, dès qu'elle éprouve de la résistance, annonce aux parens qu'elle a rêvé (et les Aucas sont esclaves des rêves) que la maladie s'aggrave, et que le *machitun* devient absolument nécessaire. On se prépare, dès-lors, à exécuter cette conjuration, qui se fait ainsi : près du toldo l'on plante deux arbres ou deux lances, à chacun desquels on suspend un tambour et un vase rempli de boisson fermentée; on range circulairement, tout autour, douze autres vases remplis de la même liqueur; on apporte, bien attachés, un mouton et un poulain d'une couleur indiquée par la sorcière; on les place auprès des vases; on sort le malade bien enveloppé; on le place du côté du soleil, au milieu du cercle. Deux femmes âgées se mettent, aussitôt, auprès des tambours. La machi donne le ton, en entonnant une chanson appropriée à ce genre de cérémonie. Les deux vieilles frappent le tambour, les assistans chantent ensemble en chœur, en dansant autour du malade. La machi allume un cigare, en hume la fumée, et vient en parfumer, à trois reprises différentes, les arbres, les animaux, et le malade, dont elle découvre la partie souffrante, qu'elle suce jusqu'à en exprimer beaucoup de sang. A force de faire des efforts qui, peu à peu, l'échauffent, elle s'enflamme; ses yeux se remplissent de sang, signe infaillible que la maladie ne provient que du malin esprit ou Quecubu, qu'elle enlève du corps du malheureux, et qui passe dans le sien. De plus en plus animée, elle paraît possédée du démon; et devient, enfin, tout à fait furieuse; ce qui oblige les assistans à cesser leur danse et à la tenir, tandis qu'elle se démène. Alors on ouvre tout vivant le pauvre poulain; on lui arrache le cœur, encore palpitant; on le passe à la sorcière, qui le reçoit, en suce le sang, et s'en sert pour faire une croix sur le front du malade, qu'on met debout, et dont on frotte ensuite de sang tout le corps. La même cérémonie se fait pour le mouton, et la danse recommence. On oblige le malade à se tenir debout; et, tout en le soutenant, on le force à prendre part à la danse. S'il se réjouit, il doit survivre au mal; si, au contraire, il reste triste, il doit mourir. La machi explique la non-réussite de l'opération, parce qu'il n'était plus temps de guérir le mal; que le Quecubu y occupait une trop grande place, depuis plus de

1829. Patagonie.

1. Voyez Luis de la Cruz, p. 206.

1829. Patagonie.

quatre mois, terme qui ne permet plus d'espoir. Que l'augure soit favorable ou non, les assistans, après avoir dansé, ne s'occupent pas moins, sur-le-champ, de faire cuire la chair des animaux qui ont servi à la cérémonie, et de la manger jusqu'au dernier morceau, ce qui est d'obligation; car les os même ne peuvent être abandonnés aux chiens, et sont enterrés ou suspendus aux lances ou aux arbres.

Il y a encore une autre jonglerie bien plus compliquée, qui ne se pratique que dans les occasions solennelles, lors de la maladie d'un chef riche, par exemple. Elle a lieu de la manière suivante: on place également les deux lances ou arbres, auxquels on suspend les tambours; on fait un grand entourage, avec une seule entrée à l'ouest; on met le malade entre les deux arbres. La machi y place deux vieilles femmes, une de chaque côté; et deux vieillards, l'un à la tête, l'autre au pied du malade. Elle donne aux femmes deux morceaux de bois longs d'un pied et demi, ornés de plumes à l'extrémité, et qu'elles tiennent de la main droite, pour frapper sur les tambours, quand le signal est donné; plus, deux calebasses, où sont de petites pierres, et qu'elles doivent agiter de la main gauche. Aux deux vieillards elle passe quatre vases, deux remplis d'une couleur blanche, dont il s'agit de se barbouiller; et deux vides, destinés à recevoir le sang d'un cheval bien attaché, que l'on amène à cet effet. Tous les convives entrent dans le cercle; parmi eux sont six jeunes filles parées, qui se prennent par la main, en tournant le dos aux vieilles. Quand tous ces préparatifs sont terminés, la machi donne le signal, en commençant à battre du tambour et à entonner les versets *consacrés*, qu'accompagne le bruit des calebasses des vieilles. Les jeunes filles dansent, sans changer de place; on continue ainsi quelque temps. Puis, la machi ordonne de tuer le cheval et d'en arracher le cœur, qu'on lui passe tout palpitant, pour qu'elle fasse sa jonglerie accoutumée. Tandis que les vieillards reçoivent le sang, et qu'ils en barbouillent les six jeunes filles, ainsi que de la peinture blanche, douze des assistans coupent par morceaux le foie et les autres viscères, pour en faire douze chapelets, que, par dérision, on passe au cou des deux vieilles, en même temps que deux autres femmes coupent au cheval, l'une la tête, et l'autre la queue, qu'elles vont ensuite donner aux deux vieux Indiens. On sent que les jeunes filles barbouillées, les vieilles avec leurs colliers, les vieillards qui vont, avec un grand sérieux, présenter au malade, l'un la tête et l'autre la queue du cheval, tout cela doit inspirer une hilarité très-exaltée, surtout chez les jeunes filles; puis la troupe burlesque se remet à danser, et se fait suivre du malade, qu'elle promène dans le cercle, tandis que la machi marche en avant. Si le malade s'égaie au milieu de cette scène, on le regarde comme sauvé, ainsi que dans le premier machitun. 1829. Patagonie.

Il est facile de juger que toutes ces jongleries tendent à égayer le malade; ce qui n'est pas aussi sauvage qu'on pourrait le croire, puisque le soin qu'on prend, ainsi, de secouer et de retremper le moral, doit nécessairement agir sur le physique; intention assurément fort raisonnable. Dans toutes les circonstances de la vie, le moral est la première chose à soigner, son énergie, maintenue ou relevée, influant le plus sur le prompt rétablissement des personnes qui se trouvent dans un état désespéré. Les Aucas ont aussi cette coutume propre à beaucoup de nations américaines, que j'ai décrite chez les Patagons [1], et qui consiste, d'un bout à l'autre des Pampas, à fuir les maladies contagieuses, en abandonnant, avec la même inhumanité, dans les campemens désertés, les personnes qui s'en trouvent atteintes.

Si, malgré toutes les jongleries des machis, le malade vient à mourir, arrivent les cérémonies des funérailles, assez différentes, chez les Aucas, de celles des Patagons [2]. Aussitôt qu'un Indien a rendu le dernier soupir, les parens se réunissent sous sa tente, pour pleurer, en commun, la perte qu'ils viennent de faire. Tous sont assis à terre, d'abord sans proférer une seule parole; tandis qu'on revêt le défunt de ses meilleurs habits, et qu'on le couche sur son lit de mort. Alors les orateurs de la famille commencent, chacun à leur tour, à célébrer, à haute voix, les talens et les bonnes qualités morales du défunt, s'étendant sur sa valeur à la guerre, sur son éloquence, sur sa prudence, lors des affaires délicates; sur ses vertus comme père, comme époux. Le panégyrique se prolonge pendant quelques heures; et s'il est quelquefois suspendu, c'est parce que les convives s'occupent d'une chose qui leur est plus agréable, en mangeant la chair d'une jument qui appartenait au défunt, ou donnée, à cet effet, par un des parens. Ils veillent, ensuite, toute la nuit, auprès du corps. Le lendemain, on le charge sur son meilleur cheval, couvert de ses plus beaux harnais, et que toute la parenté accompagne, en le conduisant, par la bride, jusqu'au lieu de sépulture de ses ancêtres. Arrivés là, ou dans la partie la plus déserte de la campagne, s'ils en sont éloignés, ce qui a lieu le plus souvent, ils creusent une fosse, y mettent des branchages, lorsqu'ils en possèdent, étendent le lit où l'Indien est mort, l'y couchent, le recouvrent avec soin, déposent, à ses côtés, toutes ses armes, le harnachement

1. Voyez tome II, chapitre XX, p. 190.
2. Voyez *ibid.*, p. 183.

1829. complet de son coursier, ses éperons d'argent, ses instrumens de chasse, comme ses bolas, ses lazos, etc., et enfin tout ce qui lui a appartenu; de plus, des mets renfermés dans des vases, de la boisson fermentée, s'ils en ont, et plusieurs pots d'eau, afin qu'il retrouve tout cela dans une autre vie; puis, on le recouvre d'une peau de cheval, et l'on jette de la terre jusqu'à combler la fosse. Le cheval qui le portait ordinairement, est immédiatement étranglé sur la tombe, et l'on y abandonne son cadavre.

Patagonie.

Si l'Indien mort est opulent, la cérémonie dure plus long-temps, surtout parmi les Péhuenches, les moins vagabonds de tous les Aucas, et qui, par conséquent, sont plus riches en bestiaux. Dans ce cas, dès que le moribond n'est plus, les femmes et les parens fabriquent de la boisson fermentée. Aussitôt qu'elle est prête, on invite tous les alliés et amis qui viennent accompagner le cortége, en pleurant, jusqu'au lieu de sépulture, menant, en même temps, plusieurs jumens et autres animaux domestiques. Une fois arrivé, on creuse la fosse, et l'on allume des feux; puis, on tue les animaux amenés; et, sur-le-champ, commence le festin des morts, après lequel on passe la nuit à pleurer. Le lendemain, on enterre le corps, avec toutes ses richesses; on le couvre de terre, on pleure encore; puis, les assistans se partagent les restes des animaux tués, et chaque invité en emporte son morceau chez lui, où il va penser au défunt plus à son aise. Si, au contraire, un Indien meurt dans un combat, loin des siens, et qu'on n'ait pas le temps de lui donner la sépulture, on tue son cheval à côté de lui ou devant sa tente, s'il en a une, en l'abandonnant avec tous ses vêtemens et toutes ses armes. Lorsqu'il s'agit d'une femme, la cérémonie est toujours plus simple; mais on enterre, avec elle, tout ce qu'elle possédait en ornemens, ainsi que tous les ustensiles qui lui ont servi. Il en est de même des enfans.

Les parens portent le deuil du mort une année, pendant laquelle ils pleurent souvent, en se rappelant ses vertus. Le mari qui a perdu sa femme, ne porte d'autre deuil que celui du cœur; il n'est astreint à aucune autre réserve extérieure. Il n'en est pas ainsi des femmes, forcées de rester dans leurs tentes, et de garder le plus rigoureux célibat pendant l'année qu'exigent les convenances, et à l'expiration de laquelle elles sont maîtresses d'elles-mêmes; aussi, à l'expiration de ce terme, les Aucas, en général, aiment-ils peu qu'on leur parle de leurs parens morts, de telle sorte qu'il n'est plus question d'eux que dans les harangues. Dans toute autre circonstance, c'est presque leur faire une offense que de les leur nommer.

Ce qui précède montre que, si les Aucas suivent quelques-unes des coutumes des Patagons dans l'habitude de tuer le cheval favori du défunt, ils sont loin de pousser cette croyance jusqu'à l'anéantissement total de tout ce que possédait le mort, se bornant à celui de ses bijoux et de ses vêtemens, sans comprendre dans la proscription ses chiens et les bestiaux; ce qui fait que, généralement, ceux-ci sont plus riches en troupeaux, s'ils ne le sont pas plus en armes et en ornemens d'argent. C'est encore cette dernière coutume qui a stimulé la cupidité des chrétiens du voisinage, qu'elle porte à chercher soigneusement ces sépultures, afin de les profaner et d'en enlever les objets que les Indiens y ont déposés; motif de plus de haine contr'eux, qui oblige les indigènes voisins d'un établissement à s'en aller cacher au loin, dans la campagne, les dépouilles de leurs pères, en prenant toutes les précautions possibles pour ne pas être découverts. Je crois que les tribus ennemies ne profanent pas mutuellement leurs tombes. Lors d'une attaque, les combattans tentent, de part et d'autre, de ne pas abandonner les corps de leurs frères, afin de leur rendre les derniers honneurs; mais le parti vainqueur laisse toujours sur la place les corps des vaincus.

1829. Patagonie.

Chez un peuple superstitieux au-delà de toute expression, on doit, plus que partout ailleurs, s'occuper des causes de la mort des parens; aussi va-t-on, sans délai, consulter la machi, qui remplit toujours les fonctions de devineresse, et la paye-t-on pour apprendre d'elle d'où vient la perte qu'on déplore. Celle-ci se recueille quelque temps, et finit par déclarer quel est l'individu qui a ensorcelé le défunt, et qui l'a tué. Si la personne désignée appartient à la même tribu, et qu'il soit possible de la joindre, les parens, sans chercher d'autres preuves, se rendent, de bonne heure, à sa tente ou dans les environs, pour la surprendre; font aussitôt un feu, la saisissent, la tiennent fortement, l'amènent au brasier, la mettent sur les flammes, en l'accablant d'injures, et lui ordonnent de déclarer si elle a des complices de son sortilége. Vaincue par la douleur, la malheureuse victime nomme souvent une autre personne à qui elle en veut, ce qui n'empêche pas ses bourreaux de la brûler ainsi à petit feu, et de jeter, ensuite, son corps à l'abandon dans la campagne; puis, les jours suivans, ils s'efforcent de se saisir, toujours à l'improviste, des prétendus complices du crime, à moins que ceux-ci ne puissent les apaiser par des présens. On sent combien cette croyance barbare doit porter obstacle à l'augmentation de la population, et à combien de haines elle donne lieu entre les familles; cependant, la machi ne désigne ordinairement que des Indiens appartenant à des tribus ennemies, et l'on voit rarement de ces scènes atroces, de ces *auto-de-fé* d'un nouveau genre. On sent aussi que les

1829. Patagonie.

parens, ayant toujours à reprocher à une tribu ennemie la mort de quelqu'un des leurs, ne doivent jamais se réconcilier avec elle; tandis qu'au contraire ils ont, tous les jours, de nouveaux motifs de lui faire la guerre; car, souvent, cette simple dénonciation de la machi suffit pour déterminer une de ces expéditions, où une tolderia tout entière est massacrée. C'est, sans doute, de là qu'est venu l'usage de brûler vivans tous les caciques pris en guerre; attendu que, se trouvant dans une position éminente, il est rare qu'on ne leur attribue pas la mort d'individus plus ou moins importans. Ces superstitions tendront toujours à diviser les tribus des Aucas, et les empêcheront, peut-être pendant bien des siècles, de se réunir en corps de nation, quoique leur nombre pût leur permettre de réaliser une masse assez imposante, pour rivaliser avec les républiques voisines.

Les Aucas croient, plus que tous les autres Indiens, à l'immortalité de l'âme[1]. Chaque être a un corps et une âme; le premier est périssable, la seconde ne meurt jamais. Elle va dans un autre monde, de l'autre côté de la mer, où elle vit dans une continuelle abondance de toutes choses, de fruits et d'animaux. Dans ce séjour du repos, les époux se retrouvent et y sont unis comme sur la terre; mais, étant dépourvus de corps, ils n'ont jamais d'enfans. C'est pour faire le voyage, qu'on a déposé des vivres dans leurs tombes; tandis que tous leurs ornemens, ainsi que leurs armes, ont dû leur servir de parure, ainsi que leur cheval favori, qui devient immortel comme eux. Pour ce même motif, un guerrier, lorsqu'il va combattre, prend avec lui tout ce qu'il a de plus précieux en ornemens et en armes, afin de les retrouver après sa mort, s'il a le malheur d'être tué. C'est probablement la conviction d'une autre existence qui fait que les Aucas s'exposent avec tant de bravoure aux plus grands périls, et qu'ils affrontent avec courage les plus grands dangers; cependant ils ne font rien sur la terre pour obtenir plus de félicité dans l'autre vie, certains qu'ils sont d'y être toujours bien reçus, quelque conduite qu'ils mènent dans celle-ci. La foi que les Aucas accordent aux rêves, leur vient d'une croyance commune à tous. Ils pensent que ce sont des conseils de leurs parens morts; mais comme ils supposent qu'il n'y a que les vieillards des deux sexes dont l'expérience puisse leur en donner de bons, ils ne se rendent qu'à ceux-ci, méprisant ceux des jeunes gens. Ils sont

1. On doit donc s'étonner de trouver encore à ce sujet dans Azara (Voy. dans l'Amér. mérid., t. II, p. 51) : « Toutes les nations qui habitent ces contrées (en parlant des Pampas), ne connaissent ni religion, ni lois, ni jeux, ni danses. »

tellement esclaves des premiers qu'on les a vus, souvent, abandonner un campement, une entreprise, faire une guerre, ou devenir ennemis, en conséquence d'un simple rêve. 1829. Patagonie.

Ils croient à un être bon, créateur de toutes choses, obligé, par nécessité, à leur donner tout ce qu'ils peuvent désirer, et à les protéger dans le danger, sans qu'ils soient tenus de lui complaire; aussi lui demandent-ils peu de chose; et, persuadés que l'homme est entièrement maître de ses actions, tant bonnes que mauvaises, ils ne craignent pas de se voir privés de ses faveurs. C'est, au reste, pour le fond, la même religion que celle des Patagons[1] et des Puelches, sur laquelle je me suis déjà étendu. Il n'y a que très-peu de modifications. Ils croient que les machis sont les agens du malin esprit ou Quecubu, et que tout ce qui peut se faire de mal vient aussi de lui; ainsi les poisons sont de sa création, de même que tous les accidens fortuits. Leurs machis interprètent une foule de circonstances : les hurlemens des chiens pendant la nuit, le chant d'un oiseau nocturne, la rencontre, dès le matin, d'un renard, au moment d'un départ, et une foule d'autres incidens auxquels ils attachent quelques influences fâcheuses. De même que les Patagons, ils croient à l'efficacité d'une foule de plaies qu'ils se font aux bras, aux épaules et aux genoux : les premières, pour avoir plus de force contre leur ennemi; les secondes, pour mieux marcher à quatre pieds, lorsqu'ils vont en éclaireurs de nuit[2]; les troisièmes, pour être plus légers à la course ou pour éviter de se fatiguer lorsqu'ils vont à pied.

Ils ont aussi l'idée d'un déluge universel, qui les a obligés de monter sur les montagnes des Andes pour se sauver; mais ces traditions transmises ne seraient-elles pas l'effet de réflexions suggérées par la rencontre d'un grand nombre de fossiles marins, faciles à reconnaître, sur plusieurs points de la Cordillère, et même sur les falaises des rivières; et ne pourrait-on pas expliquer, par ce seul fait, une croyance qu'on retrouve chez tous les peuples, où elle ne subit que de légères modifications? C'est au moins la manière de voir qui me paraît la plus naturelle et la plus en rapport avec la raison.

Plusieurs Indiens m'ont assuré que ces Aucas célèbrent par une grande fête, la réception d'une machi. Les nouvelles machis sont toujours choisies parmi les personnes qui montrent dès l'enfance des dispositions pour cette

1. Voyez tome II, chapitre XVIII, page 90.

2. C'est cette manière de marcher que les Créoles appellent *gatear*, dérivé de *gato*, chat : c'est-à-dire *marcher comme des chats*.

1829. Patagonie.

profession, et qui, par des rapports fréquens avec les anciennes, ont pu apprendre beaucoup de choses de ces dernières. On fait asseoir la postulante au milieu d'une grande réunion d'Indiens, munis d'instrumens et dansant autour d'elle; puis, on la place en l'air, sur quatre lances fixées en terre et croisées, et l'on recommence à danser, tandis que les lumières sont censées descendre sur elle. Dans l'intervalle on tue une jument, on en donne le cœur sanglant à la récipiendaire, qui doit le sucer et se barbouiller la figure de sang; puis l'on continue à danser le reste de la nuit.

C'est un système de gouvernement presqu'entièrement négatif, que celui des Aucas. Ils ont bien des chefs de divers rangs, dont le premier ou *ulmen* dirige, en temps de guerre, les actions de toute une tribu, mais n'en obtient pas plus de respect de ses frères d'armes; il a sous lui des chefs subalternes qui commandent chacun une section moins considérable, et, enfin, chaque famille a le sien. Jamais ils n'ont de véritable subordination envers le chef; il faut que, par la force de son éloquence, celui-ci décide les siens à le suivre dans une attaque, ou dans une alliance avec une autre tribu. Ordinairement ces chefs sont les plus riches, les plus valeureux, et, surtout, les meilleurs orateurs; ce n'est même qu'en se distinguant à ces divers égards, qu'un Indien obtient peu à peu de la popularité, et finit par commander. Cette dignité n'est pas héréditaire. Le fils d'un ulmen ne le remplace que lorsqu'il s'est autant distingué que son père; dans le cas contraire, il demeure simple particulier.

On a vu, quand j'ai parlé des superstitions relatives à la mort[1] et des haines de famille, combien, souvent, sont légers les motifs pour lesquels on entreprend une guerre; et, néanmoins, un Indien obscur déciderait difficilement sa nation à partager son désir de vengeance. Il faut donc qu'un chef, qu'un cacique ait lui-même à se plaindre; alors, il envoie immédiatement prévenir les caciques ses alliés, qui viennent le joindre. Il cherche à les émouvoir, en leur peignant ses griefs avec toute la chaleur dont il est capable. Les autres examinent, ensuite, successivement, le sujet; puis, on va aux voix; et, presque toujours, la guerre est décidée; car un Auca repousse rarement une occasion de piller. On fixe le jour de la réunion; mais aucun des chefs ne songe à aider les siens; chacun est obligé de se pourvoir d'armes, de vivres, de chevaux; assez ordinairement l'offensé dirige les mouvemens, en qualité de commandant de l'expédition, si d'autres ulmens, plus puissans, ne veulent pas prendre

1. Tome II, chapitre XXI, page 257.

la chose à cœur. Une fois décidés, ils doivent vaincre ou mourir. Comme leur principal but est de voler, tous ont un égal intérêt au succès de l'affaire. Au jour désigné, tous sont réunis sur un seul point, et prêts à se mettre en marche. Chaque famille tue des chevaux, en fait bien rôtir la viande, la pile, et on la porte, en cet état, dans des sacs; ce qui dispense de l'obligation de faire du feu, chance de plus de ne pas être aperçu des ennemis qu'on va combattre; car toute la tactique militaire des Aucas ne repose que sur la ruse. Ils ne se battent jamais qu'en traître, tout leur art consistant à surprendre l'ennemi, pour en avoir meilleur marché. Ces expéditions ne se font jamais qu'aux approches des pleines lunes; car les Aucas, comme toutes les autres nations du Sud, n'attaquent que la nuit. Ils cherchent, préalablement, à reconnaître, au moyen d'espions, la position de l'ennemi, et à s'assurer qu'il se livre au repos. Un peu avant le jour, tout le monde est à cheval; les hommes, munis de toutes leurs armes et de leurs ornemens précieux, se disposent à attaquer. Sûrs que l'ennemi n'est pas prévenu, ils viennent sans bruit, cherchent à s'emparer des lances que les guerriers mettent toujours en dehors de leur tente; et, ensuite, commencent l'attaque. S'ils s'aperçoivent, au contraire, qu'ils sont attendus, comme un torrent débordé, avec toute la vîtesse de leurs coursiers, ils se précipitent sur leurs adversaires, en poussant de grands cris, pour les effrayer, et commencent le carnage, tout en ayant soin de marcher toujours par familles, afin de se soutenir mutuellement, et de pouvoir, au besoin, ne pas abandonner le corps des leurs. Quand ils attaquent les colons, ils se couchent, ordinairement, sur le côté de leur cheval, en galopant, pour être à couvert du premier feu. Tandis qu'ils égorgent tous les hommes sans faire de quartier, qu'ils s'emparent des enfans et des femmes, tous les membres de leur famille, susceptibles de monter à cheval, sont aux aguets, cherchent, de leur côté, du butin, parcourent la campagne, afin d'y découvrir des bestiaux, qu'ils poussent aussitôt devant eux, et se saisissent des dépouilles des vaincus, mettant à ces opérations autant d'acharnement et de courage que les guerriers. Ils se chargent aussi toujours de conduire les bestiaux enlevés; et, comme ils sont très-souvent en arrière, il leur arrive fréquemment de tomber entre les mains des vaincus ralliés. Les femmes à cheval placent des sacoches devant et derrière leur selle, de sorte qu'elles sont exhaussées et seulement assises sur le cheval; ce qui ne les empêche pas de galoper aussi rapidement que les hommes. Celui qui fait la rencontre de tout un troupeau, en est seul propriétaire; aucun autre ne cherche à le lui enlever, et personne ne compte sur un partage quelconque. En général, ce que les

1829. Aucas apprécient le plus dans ces guerres, c'est d'avoir pu faire des femmes
Patagonie. captives, parce qu'elles leur servent de concubines, devenant, dès-lors, leur propriété, aussi bien que si elles étaient leurs propres filles; car ils les font payer, quand elles veulent se marier. Les très-jeunes enfans des deux sexes sont aussi conservés comme esclaves ou vendus aux colons.

Il est glorieux pour les Aucas d'avoir un grand nombre de captives, surtout des captives blanches, qu'ils préfèrent à leurs propres femmes. Il y a des caciques qui s'en forment une espèce de sérail. Pour les enfans qu'ils ont ravis, ils les élèvent ainsi que les leurs et très-doucement; aussi les captifs qu'ils volent journellement sur les établissemens chrétiens, s'attachent-ils à eux au point que souvent une femme, même après quelques années d'esclavage, aime mieux rester parmi eux que de retourner dans sa famille, retenue, il est vrai, par les enfans qu'elle a de son maître. Pour ces derniers, on ne les arrache jamais que par force à leurs nourrices indiennes; et ceux qui ont été dérobés dans un âge à connaître leurs parens, se trouvent si bien parmi les Aucas, qu'il est très-difficile de les leur faire abandonner. Lorsqu'on emploie la violence pour les enlever aux Indiennes, comme on l'a fait souvent dans les Pampas, ces pauvres femmes gémissent et demandent toujours quelques instans pour pleurer avec ceux de leurs enfans d'adoption qu'on prétend leur arracher. Lorsque les Aucas attaquent un camp ennemi, il est rare que, se saisissant du chef encore vivant, ils ne le livrent pas aux flammes, soit comme acte de superstition, la machi lui ayant attribué la mort de quelqu'un des vainqueurs, soit pour suivre une coutume établie; ce qui oblige les caciques à se battre jusqu'à la mort, et à montrer plus de bravoure que les autres. Les Aucas sont d'une profonde barbarie dans l'application de ce supplice, qu'un de nos Indiens amis a subi dans les derniers temps de mon séjour au Carmen, par les mains des chefs de Pincheira. Ils placent un pieu en terre, y attachent fortement le prisonnier, de manière à ce qu'il ne puisse pas remuer; réunissent de la paille ou des broussailles, et allument de grands feux autour de l'infortuné, qui périt dans des souffrances horribles. Lorsqu'ils n'ont pas le temps de faire du feu, ils tuent leur victime soit à petits coups de lances, soit à coups de *laques* ou bolas. Autant ils témoignent de bonté dans leur vie privée, autant ils sont féroces envers leurs ennemis.

En général, les Aucas sont les meilleurs tacticiens des nations australes, et les plus braves à la guerre. Les Patagons ne peuvent, en aucune manière, rivaliser avec eux sous ce rapport. Je ne chercherai point à faire ici l'histoire de leurs sanglantes luttes contre le Chili[1] et contre Buenos-Ayres, qu'il serait beaucoup trop long de retracer; mais je ne puis passer sous silence quelques-unes des principales causes qui ranimèrent, au dix-huitième siècle, la haine implacable des indigènes contre les Espagnols. Depuis la conquête, il y avait eu une alternative continuelle de paix et de guerre. En 1738, l'expulsion non motivée du cacique Maypilqui[2] du territoire de la province de Buenos-Ayres, où il défendait, comme allié, les frontières contre les autres nations des Pampas, indisposa les Indiens, qui, pour s'en venger, vinrent piller Areco et Arecife. Le maître de camp, Juan de San-Martin, se mit en campagne pour les châtier; mais, ne les trouvant plus, il s'avança vers le Sud, et rencontrant la tribu du cacique Calelian, innocente des torts d'un autre chef, il ne la fit pas moins égorger tout entière. Le fils de Calelian, alors absent, voulut venger la mort de son père, et attaqua la ville de Luxan, qu'il laissa dans les larmes. San-Martin le poursuivit; et, ne pouvant l'atteindre, il tomba sur une tribu alliée, la massacra, et en fit successivement de même de tous les indigènes qu'il put découvrir. Dès-lors, plus de paix à espérer. Les Indiens ont, en effet, trop de raisons de se défier des Espagnols, pour qu'on puisse jamais attendre qu'ils se rapprochent sincèrement d'eux; et, bien des siècles encore, les républiques de Buenos-Ayres et du Chili auront à souffrir de leur voisinage, sans pouvoir leur opposer des forces capables de les contenir. Tous les traités sont illusoires : la paix avec tel cacique ne lie aucun des autres, ni même ses propres subordonnés, qui ne le suivent et ne remplissent ses vues que lorsqu'il s'agit d'attaquer et de voler; tandis que, l'entreprise mise à fin, ils s'en séparent sous le plus frivole prétexte, et vont prendre parti dans une autre tribu.

1829.

Patagonie.

J'ai cherché à m'éclairer sur le nombre de leurs caciques et de leurs guerriers, pour arriver à une évaluation du chiffre auquel peut s'élever la nation auca; mais tous mes soins n'ont abouti qu'à des résultats bien peu satisfaisans. Toutefois, en portant ce nombre à vingt mille seulement, pour ceux du versant oriental des Andes, y compris les Péhuenches, peut-être ne serai-je pas loin de la vérité; je suis au moins autorisé à me croire plutôt au-dessus qu'au-dessous du nombre exact. Si l'on compare ces nations à la surface des terrains qu'elles occupent dans les Pampas, depuis les Andes jusqu'à l'océan Atlantique, et, du sud au nord, depuis le Rio negro jusqu'aux provinces de Buenos-Ayres, de Mendoza, la superficie de ces terrains étant à peu près de

1. On trouvera quelques détails sur ces guerres dans l'*Ensayo de la historia du Paraguay*, par Funes, t. III, p. 230, 234, et 250, 366, 342.

2. Voyez Falconer, Terres magellaniques, t. II, p. 53.

1829. Patagonie. seize à dix-sept mille lieues, on trouve un peu plus d'un homme par lieue carrée, proportion plus élevée que pour la Patagonie proprement dite, qui n'a qu'à peine un homme par trois lieues. Que l'on compare ces résultats à ceux que présente la France, par exemple, où se trouvent trente et un millions huit cent vingt mille âmes[1] pour une surface de 26,739 lieues, ce qui donne plus de 1,191 habitans par lieue, et l'on pourra se faire une idée de l'amélioration dont les Pampas seraient susceptibles, si l'on en cultivait les terrains, habités seulement par des peuples chasseurs, qui occupent comparativement dix fois plus de superficie que les peuples agricoles.

La langue auca est la même que celle des Araucanos du Chili; mais elle est bien différente de celle des Patagons et des Puelches. Autant cette dernière est rude et gutturale, autant celle des Aucas est douce et harmonieuse[2]: elle contient peu de sons durs, et ne blesse nullement l'oreille; on pourrait même dire que c'est une langue musicale, par le nombre des voyelles qu'elle emploie, et par leur mesure dans la prononciation. Les Aucas sont esclaves de la pureté du langage, et c'est, peut-être, pour ce motif que le leur a subi moins de changemens que les autres. Rien, en effet, ne peut égaler le purisme des hommes et des femmes, et le scrupule qu'ils mettent à corriger tous les vices de prononciation qui pourraient leur nuire; ils poussent même cette affectation jusqu'au ridicule. Il est vrai que ce qu'ils apprécient le plus au monde, c'est le don de la parole; car, de la facilité d'élocution, de la chaleur dans le discours, du sentiment, et surtout de l'imagination, pour rendre poétiquement toutes ses idées...... au besoin il n'en faut pas davantage pour devenir un des premiers ulmens, pour se faire aimer et respecter de toute la nation. Dans une harangue ou *cayactum*, un chef cherche des expressions choisies; son style est toujours figuré, rempli des allégories les plus ingénieuses, élevé, chaleureux, par instans, enflammant ainsi les esprits; ou bien rempli de sensibilité. C'est par ce moyen que, sans aucun pouvoir, il détermine tous ses alliés soit à l'accompagner à la guerre, soit à ratifier un traité de paix. Comme on l'a vu[3], dans leurs harangues, les Aucas prennent un ton tout à fait différent de celui du discours ordinaire, chantent alors plutôt qu'ils ne parlent, et traînent beaucoup sur chaque fin de phrase.

Ils ont, parmi eux, des poëtes qu'ils nomment *entugli*, ordinairement

---

1. Nombre indiqué par Maltebrun, Précis de la Géographie universelle, 3.e édit., t. III, p. 197.
2. Voyez le Vocabulaire, à la partie spéciale de la Linguistique.
3. Voyez tome II, chapitre XIX, p. 163.

chargés de célébrer les hauts faits des chefs décédés, leurs travaux, leurs passions, leurs amours et leur mort. Le mérite de ces bardes américains consiste à retracer ces images de manière à émouvoir leurs auditeurs, à les faire pleurer d'attendrissement, lorsqu'ils traitent des sujets tristes, ou bien à les égayer, si leurs sujets sont enjoués. A la mort d'un chef, ils doivent exalter sa gloire et ses exploits; ils s'amusent aussi quelquefois, surtout chez les Péhuenches, à faire des chansons analogues. Luis de la Cruz[1] nous a transmis un couplet d'une de ces longues histoires en vers; je le reproduis ici, comme pouvant donner une idée de leur poésie, et de leur genre de versification.

Auca.	*Espagnol.*	*Français.*
El mebin ñi Neculantey Tilqui mapu meum Anca maguida meum Ay guinchey ñi pello menchey.	Fui à dejar mi Necoulantey à las tierras de Tilqui, o homicidas faldas de cerro, que en sombras y moscas lo convertieron.	Je suis allé perdre mon Neculantey[2] dans le pays de Tilqui. O coteaux homicides, qui l'ont changé en ombres et en mouches!

L'année (*kiyen* ou saison), chez cette nation, est divisée en douze parties ou lunes, dont chacune a son nom, désignant les principaux changemens qui s'opèrent dans la nature.

En voici le tableau.[3]

JANVIER : *Gualen kiyen*, mois de chaleur.
FÉVRIER : *Inam kiyen* (*gualen*), second mois de chaleur, c'est-à-dire, même temps.
MARS : *Aten kiyen*, mois de la maturité de la graine d'araucaria.
AVRIL : *Unem nimi*, mois de l'herbe de la perdrix.
MAI : *Inam kiyen* (*unem nimi*), même temps ou même mois.
JUIN : *Unem curikenu*, premier mois du ciel noir.
JUILLET : *Inam curikenu*, second mois du ciel noir.
AOÛT : *Llake cuye*, mauvais mois pour les vieilles.
SEPTEMBRE : *Penken*, mois de la pousse.
OCTOBRE : *Guta penken*, mois des grandes pousses.
NOVEMBRE : *Kekil kiyen*, mois d'émonder.
DÉCEMBRE : *Villa kiyen*, mois de misère, de nécessité.

Ils divisent aussi l'année en quatre saisons : le printemps, *tripantu*; l'été,

1. Manuscrit, Voyage, p. 215.

2. Un général nommé Neculantey fut tué à Tilqui, dans une guerre, et c'est un fragment de son histoire.

3. Ces noms, que j'ai en partie rectifiés, sont tirés du Voyage de Luis de la Cruz. On reconnaît sans peine, qu'ils sont propres aux Péhuenches ou *hommes des pays boisés*.

1829. *gualén tripantu;* l'automne, *déuma trakén*, et l'hiver, *piken.* Lorsqu'ils

Patagonie. parlent d'un projet quelconque, ils ne comptent pas, comme nous, par jours, mais constamment par nuits, temps ordinaire de leurs excursions, de leurs grandes opérations; et, alors, comme les Patagons, ils observent une foule de constellations, connaissant les heures de la nuit par l'instant de leur disparition ou de leur hauteur respective sur l'horizon. Ils nomment les pléïades, *nau;* la croix du sud, *poron choyké;* les trois rois, *kélukitra.* La voie lactée est, souvent, par eux, comparée à une rivière, et se nomme alors *leuvu.* Pour les comètes (*chérubé*), ils les ont souvent remarquées; mais ils n'en ont peur que lorsqu'elles leur semblent se diriger sur leur pays; dans le cas contraire, ils ne s'en inquiètent guère. Une éclipse de soleil (*layantu,* mot qui veut dire *le soleil est mort*) est un signe de tristesse; car il leur indique qu'un de leurs chefs doit mourir; tandis qu'une éclipse de lune (*laykeyen,* la lune est morte) indique, au contraire, la mort d'un homme puissant chez les ennemis; et, depuis la conquête, toujours celle d'un Espagnol. La nuit, ils désignent le ciel sous le nom poétique de *keyen mapu,* le pays de la lune.

§. 2.

Puelches.

Entre les Patagons et les Aucas il existe une troisième nation, celle des Puelches, qui tient le milieu entr'elles, tant par la taille que par les mœurs, tout en s'en distinguant nettement par le langage; motif pour lequel j'ai cru devoir n'en parler qu'après avoir bien fait connaître les deux premières, afin de n'avoir plus à signaler que les rapports ou les dissemblances. Cette nation, si l'on en croit Azara [1], serait celle qui, sous le nom de Querandis, qu'elle a reçu des premiers conquérans, aurait habité les rives méridionales de la Plata, en 1535, lors de la première tentative de fondation de Buenos-Ayres par l'adelantado Mendoza [2]. Quoique rien, dans les anciens historiens, ne prouve la justesse de ce rapprochement, Azara lui-même ayant confondu les Puelches avec les Aucas, je crois, pourtant, que les Puelches, sous le nom de Querandis, vivaient sur le littoral occidental de la Plata. Tout me porterait à penser que ces habitans des Pampas, si célèbres par les guerres qu'ils

1. Voyage dans l'Amérique méridionale, t. II, p. 35.
2 Voyez Herrera, *decada V, libro IX*, p. 220, et Funes, t. I, p. 29.

firent aux premiers Espagnols, étaient soutenus par de nombreuses tribus des Aucas, comme je l'ai déjà dit[1], en parlant de cette nation; mais, alors, les Puelches se seraient retirés, ensuite, vers le Sud, ce qu'on peut prouver par plusieurs faits. En 1739[2], lorsque les Jésuites s'avancèrent dans les Pampas, afin d'y prêcher la doctrine chrétienne, et lorsqu'ils s'établirent au Salado, ils ne rencontrèrent que des tribus aucas, comme on peut en juger par la relation de Falconer[3], qui place les Puelches, par lui nommés *Chechechets*, ou *peuple de l'est*[4], entre le Rio negro et le Rio colorado, dont ils ne sortent que pour faire des excursions; ce que prouve également l'achat que firent les Espagnols des rives du Rio negro, à leur premier cacique (cacique Negro), lorsqu'en 1779 ils voulurent fonder le Carmen[5], comme je m'en suis assuré par les archives mêmes du fort. Ainsi donc les Puelches étaient, dans tout le siècle dernier, fixés au-delà du 39.e degré de latitude australe; et si, au commencement du seizième siècle, ils ont habité les environs de Buenos-Ayres, au moins y a-t-il bien long-temps qu'ils les ont abandonnés, pour faire place aux hordes aucas. Quoi qu'il en soit, je vais reproduire toutes les notions que j'ai obtenues d'eux-mêmes, tant sous le rapport historique que sous celui de leurs caractères physiques et moraux.

1829.

Patagonie.

La nation qui m'occupe, questionnée sur son nom, m'a souvent répété qu'elle s'appelait *puelche;* et les Aucas la nomment ainsi. Les Patagons l'appellent *Yonec,* et les Espagnols la confondent, sous la dénomination de Puelche ou de *Pampas,* avec les hordes des Aucas. Non moins guerrière, non moins amie de sa liberté que ces dernières, la nation puelche a suivi des principes en tout semblables dans sa conduite politique et religieuse, et dans ses rapports avec les colonies européennes; elle est restée aussi sauvage qu'au temps de la conquête. Continuellement en lutte avec ses voisines et avec les blancs, elle s'est fixée, depuis près d'un siècle, du 39.e au 43.e degré de latitude sud, entre le cours du Rio negro et celui du Rio colorado, principalement sur les rives de ce dernier; et, de là, au nord et au sud, vers la péninsule de San-José ou vers les montagnes de la Ventana. Ne s'écartant de ces régions que pour aller piller les fermes des colons

1. Voyez tome II, chapitre XXI, p. 228.
2. Funes, *Historia del Paraguay*, t. II, p. 394.
3. Falconer, Description des Terres magellaniques.
4. Falconer, *loc. cit.*, t. II, p. 45. Au reste, cet auteur confond toujours, dans ses descriptions, les Patagons avec les Puelches.
5. Funes, *loc. cit.*, t. III, p. 258.

1829. Patagonie. de Buenos-Ayres ou les tribus des Aucas, elle est, comme tous les peuples chasseurs, continuellement ambulante, et réside rarement quelques mois de suite dans les mêmes lieux, tant à cause du besoin de pâturages pour ses bestiaux, que pour trouver plus de gibier, sa principale ressource.

Il paraît que les Puelches ont été fort nombreux, et ont formé une nation redoutable autant pour les colons que pour les sauvages; mais, dans le siècle dernier, une épidémie de petite vérole en détruisit, en peu de temps, plus des trois quarts. Moins à craindre, alors, pour les Aucas, depuis long-temps leurs ennemis, ils eurent, surtout dans ces dernières années, à soutenir des guerres cruelles contre Pincheira et ses Indiens; et, aujourd'hui, leurs restes, sous les ordres du cacique Chanel, fils du cacique Negro, du cacique Maziel et du cacique Calinao, présentent un effectif de cinq à six cents âmes, au plus, ne comptant que deux ou trois cents guerriers.

Les Puelches ressemblent beaucoup aux Patagons; en effet, leur taille est bien plus élevée que celle des Aucas, et approche un peu de cette belle stature qui caractérise les Patagons. Elle peut être, en terme moyen, de cinq pieds deux pouces au moins; peu d'hommes sont au-dessous de cinq pieds, tandis que quelques-uns atteignent jusqu'à cinq pieds six à sept pouces, et rivalisent avec les Patagons pour la grosseur, pour la largeur de leurs épaules, et par la force de leurs membres. Ils ne s'en distinguent guère que par une taille en général un peu moins avantageuse, et par un langage tout à fait distinct; du reste, face également large et sévère; mêmes pommettes, quoique un peu plus saillantes; même bouche très-ouverte, munie de grosses lèvres; mêmes yeux petits, horizontaux; mêmes cheveux longs, noirs et épais; même nez épaté; en un mot, on peut dire des Puelches que ce sont des Patagons parlant un autre langage. J'ai retrouvé, jusqu'à un certain point, cette ressemblance chez les autres nations de chasseurs du grand Chaco; chez les Bocobis; chez les Tobas, dont il a déjà été question[1]; et j'y ai vu le passage presque insensible d'une nation à l'autre, en prenant seulement celles des plaines; tandis qu'on trouve immédiatement des différences tranchées, en les comparant aux peuples montagnards d'origine. Cette comparaison m'a conduit à reconnaître combien les localités et le genre de vie peuvent influer sur les caractères physiques. On pourra donc suivre à la trace les passages graduels des traits, selon les localités plus ou moins chaudes et plus ou moins boisées, en passant, du sud au nord, des Patagons aux Puelches, aux Charruas, aux

1. Voyez tome I, chapitre X, page 304.

Bocobis, aux Tobas, et, de là, aux Chiquitos, aux Moxos; et l'on verra les traits, la taille changer peu à peu, mais jamais d'une manière brusque. Les peuples montagnards voisins, au contraire, se distinguent toujours des derniers, et éprouvent moins de ces changemens déterminés par les latitudes. Il en est de même des nations du nord-est de l'Amérique méridionale, qui conservent, aussi, un cachet particulier. Elles diffèrent, jusqu'à un certain point, de celles des plaines du Sud et du centre, et de celles des montagnes.[1] 1829. Patagonie.

Les femmes puelches ressemblent beaucoup aux hommes. On trouve rarement, chez elles, ces caractères de figure propres au sexe; cependant quelques-unes ont encore, dans le jeune âge, des traits agréables, un visage plus arrondi; mais ces traits changent bientôt, et sont remplacés par une expression tout à fait masculine et disgracieuse. Elles sont fort robustes, atteignent une taille élevée; et, travaillant plus que les hommes, rivalisent avec eux par la force de leurs membres. Elles conservent toujours, comme celles des autres nations australes, des dents d'une grande beauté, et, jusqu'à leur mort, des cheveux noirs; de même, elles s'épilent les sourcils et les cils, tandis que les hommes s'arrachent encore la barbe. Leur peau est d'une couleur un peu moins foncée que celle des Patagons; mais toujours d'une teinte brune. Au reste, chez les Puelches, même gêne dans la démarche, même longévité que chez les autres nations des plaines du Sud.

Leur costume tient de celui des Patagons et de celui des Aucas; ainsi les hommes se servent indistinctement de pelleteries préparées par leurs femmes ou de tissus de laine achetés ou fabriqués par elles. Les deux sexes prennent indifféremment les habits de ces nations voisines ou même adoptent un mélange de leur costume et de leurs usages dans la toilette, dans la vie domestique, dans l'industrie. Leurs cheveux sont arrangés de même; leurs ornemens sont absolument semblables, ainsi que le fard dont ils se couvrent la face[2]. Le harnachement de leurs chevaux est également identique. Leurs tentes en cuir, leur saleté habituelle, la paresse des hommes, hors le cas de la chasse ou de la guerre, l'activité des femmes dans les travaux domestiques, leur commerce entr'eux et avec les blancs, leur nourriture, leur manière d'élever leurs troupeaux, l'usage de s'enivrer, tout, en un mot, tient, chez eux,

1. Voyez, à cet égard, l'article Homme, à la Zoologie.

2. Azara, tout en disant qu'il ne connaît pas ces nations (Voy. dans l'Amér. mérid., t. II, p. 48), affirme (p. 43) que les femmes ne se peignent pas le visage. C'est une erreur.

1829 des deux nations citées, dont ils se rapprochent, enfin, aussi, par leur
Patagonie. défiance, par leur cupidité, par leur fierté, par leur amour de l'indépendance.

Si l'on prend un Puelche à sa naissance, on le verra élever comme un Auca, avec la même liberté; il reçoit les mêmes leçons d'éloquence, de géographie locale, d'astronomie, de tactique militaire, de courage dans le danger, de prudence dans l'attaque. Les jeunes filles s'accoutument aux travaux auxquels leurs mères sont soumises. Les cérémonies superstitieuses sont aussi à peu près les mêmes, à quelques exceptions près ou avec quelques modifications. Les Puelches ne se lavent point les cheveux dans le sang des jumens, comme les Aucas; mais, à la naissance d'un enfant ou pour un enterrement, leurs pratiques sont à peu près semblables, de même que celles par lesquelles ils célèbrent l'âge de nubilité des jeunes filles ou tentent la guérison des malades. Elles sont seulement toujours beaucoup moins compliquées, se réduisant à quelques coutumes de circonstance. Le mariage est un marché que le père seul a le droit de conclure avec le prétendu, qui achète bien chèrement son épouse. L'orpheline et la veuve sont seules les maîtresses de leur main. Les hommes riches usent de la polygamie, aucune loi ne s'y opposant; mais, quoique d'un caractère généralement peu jaloux, les Puelches, qui sont les premiers à produire leurs femmes et leurs filles aux établissemens des chrétiens, font, dans leurs déserts, payer l'adultère avec un compatriote, soit de la vie, soit par beaucoup de présens. Ils ont souvent un grand nombre de concubines esclaves, enlevées à l'ennemi dans les invasions.

Les croyances religieuses sont, chez les Puelches, tout à fait analogues à celles des autres nations du Sud. De même, ils ont un être bienfaisant qui, sans qu'ils lui adressent des prières, doit leur donner tout ce qu'ils désirent; et ils redoutent, sous le nom de *Gualichu* ou d'*Arrakèn*, un mauvais génie qui leur envoie les maladies et la mort. Leurs médecins ou *calmelache*, ses seuls interprètes, entretiennent des relations avec lui, et ont le pouvoir de le faire comparaître en personne. Ils pratiquent cette évocation surtout lors de la maladie de quelque personnage éminent. Afin d'y procéder, on équipe, avec tout le luxe possible, un cheval, on l'attache à une certaine distance du camp : il est destiné au Gualichu, qui, maintenant qu'ils ont des chevaux, ne saurait venir à pied. A l'approche de la nuit, le *calmelache*, chamarré de différentes couleurs et couvert de grelots, monte sur un cheval blanc, et galope en diverses directions, poussant de grands cris, secouant ses grelots et faisant des gestes extraordinaires, le tout pour appeler le Gualichu, qui se garderait bien de venir de jour. Il n'apparaît qu'à la nuit noire, sous la forme d'un squelette et monté sur le cheval qui lui a été préparé; il s'entretient avec le médecin, lui indiquant les remèdes qu'il doit employer, et qui se réduisent, ordinairement, à l'œil ou à quelqu'autre partie d'une jument de telle couleur. Le lendemain l'animal désigné est étranglé, et l'on administre la prescription. Quand elle ne produit aucun effet, et quand le malade meurt, le médecin attribue ce contre-temps à l'état trop avancé de la maladie. La terreur qu'inspirent les prêtres et les médecins leur survit; car lorsque, dans les voyages, on passe près du tombeau de quelqu'un d'entr'eux, on observe le plus profond silence, persuadé qu'au moindre bruit le médecin sortirait de sa tombe, et immolerait infailliblement le profanateur. Ils croient aussi à l'immortalité de l'âme, et à une autre vie; de là le dépôt des bijoux et des armes du défunt dans sa tombe, ainsi que le sacrifice de son cheval. Leur seconde vie est analogue à celle des Patagons.

Leur gouvernement est celui des Aucas. Ils ont des caciques en chef ou *ganac*, qui les dirigent en temps de guerre, mais auxquels ils n'obéissent presque jamais; celui-ci doit aussi être bon orateur et bon guerrier; car ils sont des plus ardens pour le pillage et pour la rapine. C'est même cette coutume qui fait des Aucas de Pincheira leurs ennemis mortels, et qui, en partie, a causé leur ruine; aussi, sentant leur faiblesse, une partie d'entr'eux est venue s'établir au Carmen, et vit, en parasite, aux dépens des colons, tandis que le reste, sous la conduite du cacique Chanel, allié aux Aucas, erre sur les rives du Rio colorado. Mais, réduite au nombre de six à sept cents âmes, entourée d'ennemis qui égorgent impitoyablement ses membres, chaque fois qu'ils peuvent les surprendre, cette nation diminuera tellement qu'il est à craindre qu'elle ne disparaisse en entier du sol américain, soit en s'anéantissant, soit en se confondant avec les Aucas par des alliances forcées; aussi ne restera-t-il probablement, dans un siècle, d'autres traces des Puelches que le souvenir qu'en auront gardé les historiens et les voyageurs; et de leur langage, que le vocabulaire que j'en donne à la partie de Linguistique [1], vocabulaire propre à faire juger de la dureté des sons gutturaux qui caractérisent leur idiome, si différent du parler harmonieux des Aucas.

J'ai décrit les Patagons et les Aucas; j'ai parlé des Puelches, et ma tâche se trouve, par conséquent, complétement remplie, relativement aux nations

1. Voyez cette partie spéciale.

1829. — Patagonie.

que j'ai pu étudier avec soin. Il ne me resterait plus, pour achever le tableau de tous les habitans indigènes de cette partie australe du continent américain, qu'à présenter quelques détails sur les Fuégiens, ou habitans de la Terre-du-Feu, les seuls navigateurs de cette partie du monde; mais j'en ai déjà parlé, sous le rapport physique, dans une autre partie[1]; et comme, d'ailleurs, je n'ai fait qu'en apercevoir quelques-uns, qui étaient captifs chez les Patagons, je devrais recourir aux relations des voyageurs, pour démontrer l'analogie de leur croyance religieuse avec celle des nations dont j'ai parlé; aussi, ayant à peine, dans le cadre de cet ouvrage, assez de place pour mes propres observations, me vois-je forcé de renoncer à ce projet déjà mis à exécution, et pour lequel j'ai analysé tous les voyages qui ont parlé de cette dernière nation.[2]

---

1. Zoologie, Mammifères, t. IV, *Homme*.

2. Ces voyages sont ceux de Drake, en 1577; de Sébald de Weert, avec Simon de Cord (1599); d'Olivier de Noort; de l'Hermite (1624); de Narborough et Wood (1670); de Degennes (1696); de Beauchêne Grouin (1699); de Byron (1764); de Bougainville (1766, 1767); de Wallis (1767); de Cook, en 1769; de Forster, en 1774; de Weddel, en 1822; et *enfin*, du capitaine King, en 1827.

CHAPITRE XXII.

Coup d'œil historique sur les établissemens espagnols de Patagonie. — Description du Carmen de Patagonie et de ses environs.

§. 1.er

Coup d'œil historique sur les établissemens espagnols de Patagonie.

Les côtes de la Patagonie, avant que les Espagnols les visitassent, avaient, pour habitans, les mêmes nations sauvages qui les peuplent encore maintenant, et qui, sans aucun doute, y vivaient, alors, comme aujourd'hui, exclusivement du produit de leur chasse; ce qui les empêchait d'avoir aucune demeure fixe, et les obligeait à se répandre en très-petites tribus, errantes et vagabondes, sur la surface de ces immenses déserts, qui s'étendent du pied oriental des Andes à la mer, et de l'embouchure de la Plata au détroit de Magellan. Toujours en guerre, au lieu de se réunir, ces peuplades tendaient à se diviser, chaque jour, de plus en plus; aussi les voyait-on, à cette époque, tout aussi peu disposées que maintenant à former un corps de nation. Les premiers Espagnols qui parurent sur cette partie du continent américain, seize ans après la découverte du nouveau monde par Christophe Colomb, furent Juan Diaz de Solis et Vicente Yañez Pinzon, qui, en 1508, reconnurent l'embouchure de la Plata, et poussèrent, vers le Sud, jusqu'au 40.e degré de latitude australe [1]. Ils y revinrent sept ans plus tard; mais ils restèrent à l'embouchure de la Plata [2], où l'un d'eux tomba sous les coups des sauvages. Les choses en étaient là, lorsque l'immortel Magellan (Magallanes ou Magalhaes) toucha, en 1520 [3], les rives du même fleuve, et alla, ensuite, hiverner au port San-Julian. Les premiers Européens qui mirent le pied sur le sol de la Patagonie proprement dite, lui et son historien, le chevalier Pigafetta [4], ont les

1. Voyez Herrera, *Dec. I*, p. 177, qui ne parle que du départ de ces deux aventuriers; *Guia de forasteros* de Buenos-Ayres, 1803, p. 3, et Funes, *Ensayo de la historia del Paraguay*, t. I, p. 2.

2. Herrera, *Dec. II*, p. 11.

3. Herrera, *ibid.*, p. 235.

4. Pigafetta, Voyage autour du monde, trad. franç., p. 22; édit. ital. de 1536, ch. 1, §. 10; et Oviedo, 1547, liv. XX, fol. 18. Nous devons la communication de ces ouvrages très-rares à M. Ternaux Compans, qui possède la bibliothèque la plus complète en livres sur l'Amérique.

1829 premiers, aussi, créé ces géants patagons qui, en occupant les esprits jusqu'à nos Patagonie. jours, sont devenus l'objet d'une polémique si active entre les savans du siècle dernier. De ce moment, l'extrémité sud-est du continent reçut un nom, celui de Patagonie, dû, comme je l'ai déjà dit, plutôt au hasard qu'à d'autres causes; car *Patagon* signifie *grand pied*, et n'est, en aucune manière, une dénomination locale. Les indigènes apprirent alors, pour la première fois, à leurs dépens, qu'ils devaient craindre les armes de ces hommes nouveaux plus encore que celles de leurs belliqueux voisins; ils eurent même, dès cette époque, un triste exemple de cet esprit de domination des conquérans du nouveau monde sur tous les indigènes qu'ils rencontraient dans leurs découvertes.[1] Jusqu'en 1535, des Espagnols virent seuls les côtes de la Patagonie: Loaysa et Alcaçoba[2] y arrivèrent successivement; mais, en 1578, l'Angleterre, qui voulait rivaliser avec l'Espagne, y arbora aussi son pavillon, à bord du bâtiment commandé par Drake[3]. La fable des géants fut, pour la première fois, démentie; et, afin de la remettre en crédit, l'année suivante l'Espagnol Sarmiento[4] décrivit encore les Patagons comme des hommes *de trois aunes de haut*. Ce début peut donner une idée de l'esprit d'exagération qui présidait à ce récit, dans lequel, cependant, on trouve beaucoup de choses vraies, mélangées à des fables; ainsi les villes nombreuses, les somptueux édifices de la côte du détroit de Magellan, dont parle cette relation, ne sont que des fictions imaginées par l'historien du voyageur (Argensola), ou par l'investigateur lui-même, pour déterminer le roi d'Espagne à envoyer une colonie sur ces terres glacées, si différentes du tableau qu'on lui en présentait.

Aujourd'hui l'on s'étonne de voir qu'au seizième siècle le gouvernement espagnol fut assez crédule pour ajouter foi aux contes de Sarmiento, et pour ordonner les préparatifs d'une nombreuse colonie destinée à peupler les rives du détroit; mais, en se reportant à cette époque, on verra que le manque de connaissances géographiques positives sur ces contrées, bien loin de faire repousser ce projet, devait, au contraire, l'autoriser et le rendre plausible. On croyait encore que le continent américain recommençait au-delà du détroit; qu'étendu jusqu'au pôle, il ne laissait, pour pénétrer dans l'Océan découvert

---

1. On sait que, dans cette première expédition, on emmena, de force, un Patagon, sur le vaisseau de Magellan. Pigafetta, *loc. cit.*, p. 32.

2. Herrera, *Dec. V*, p. 162.

3. Voyez l'extrait de cette expédition dans Desbrosses, Hist. des navig. aux terres austr., t. I, p. 178.

4. Histoire de la conquête des Moluques, livre III, écrite par Argensola.

par Vasco Nuñez de Balboa, d'autre passage que celui qu'avait reconnu Magellan; et Sarmiento avait démontré qu'une seule batterie, établie sur tel point de ce passage, suffisait pour le commander, et pour rendre l'Espagne maîtresse du chemin des Indes occidentales, par le sud-ouest. Dans cette hypothèse, ce projet acquérait une haute importance; malheureusement, la supposition était fausse; et, dans cette circonstance, le mensonge d'un voyageur coûta la vie à quelques centaines de fiers Castillans. Les apprêts de l'expédition se firent. Un grand nombre de colons débarquèrent, en 1582, avec Pedro Sarmiento et Diego Flores, sur la partie orientale de la péninsule de Brunswick, au lieu dit, aujourd'hui, port Famine, et y jetèrent les fondemens de la ville de San-Felipe[1]. Les colons trouvèrent le sol bien différent de l'idée qu'ils s'en étaient faite, d'après Sarmiento; ils commencèrent à souffrir du froid excessif de ces régions et du manque de provisions, la culture ne leur ayant procuré que peu de soulagement; ils se voyaient prêts à manquer de vivres, lorsque Sarmiento s'embarqua, pour aller demander du secours aux colonies du nord, laissant encore, sur cette terre ingrate et désolée, quatre cents malheureux. Il éprouva bientôt des contrariétés sans nombre; après avoir fait plusieurs fois naufrage, il finit par être pris par les Anglais, et il ne lui fut plus permis de venir secourir ses compagnons d'infortune, qui, décimés par le froid, la disette la plus horrible et les querelles avec les indigènes, se trouvèrent réduits à vingt-cinq hommes, dont vingt-quatre, au désespoir, en s'efforçant de gagner, par terre, une région plus hospitalière, périrent, sans doute, dans leur entreprise; car on n'en a jamais entendu parler depuis. Le seul colon qui, pour cause de maladie, n'avait pu suivre ses compatriotes, fut trouvé sur les ruines de San-Felipe, en 1587, par le corsaire Cavendish, et fait prisonnier de guerre. Ainsi la première colonie de la côte de Patagonie n'eut aucun succès; et, dès-lors, l'Espagne fut d'autant moins disposée à renouveler les entreprises de ce genre, que ses possessions de la Plata, et des affluens de ce fleuve, étaient dans un état de prospérité qui suffisait à son ambition, et la dispensait de songer, plus long-temps, à ces terres australes, regardées comme inhabitables.

On ne vit plus que des navigateurs sur les côtes patagoniennes. Les Espagnols renoncèrent tout à fait à passer par le détroit, et, pendant quelques années, les Anglais seuls en parcoururent le littoral. Cavendish[2], à plusieurs

1829.

Patagonie.

1. Herrera, t. I, p. 51, 52; Relation de Cavendish par Pretty, et Hist. des navig. aux terres austr., t. I, p. 222.

2. En 1586 et 1592. Voyez Harckluyt, t. III, p. 803.

1829. Patagonie. reprises, arriva au port Désiré; John Chidley (en 1590) toucha au port Famine[1]; et, trois ans après, Richard Hawkins mouilla au port San-Julian.[2] Bientôt ce ne furent plus les Anglais qui visitèrent ces côtes; les Hollandais les y remplacèrent; on vit, successivement, les expéditions de Sébald de Weert et Simon de Cord[3], d'Olivier de Noort[4], de Spielberg[5], traverser le détroit et aborder plusieurs points de la côte. Les seuls efforts des Espagnols, pour reconnaître le continent austral, se réduisirent à une expédition de terre, dirigée, en 1601, par Hernandarias de Saavedra[6], qui passa de Buenos-Ayres en Patagonie par les Pampas, expédition dont le seul résultat fut de prouver aux indigènes qu'ils pouvaient résister aux armes des Espagnols; et à ceux-ci, qu'ils n'étaient pas invincibles, puisque Hernandarias, fait prisonnier lui-même par les naturels, avec toutes ses troupes, eut beaucoup de peine à s'arracher d'entre leurs mains.

Dans le cours du dix-septième siècle, les côtes de Patagonie restèrent encore sans colonies européennes. Vers les premières années, les Hollandais seuls y arrivèrent fréquemment; c'est même à deux d'entr'eux, Lemaire et Schouten, en 1615[7], qu'on dut la découverte du détroit qui a conservé le nom du premier, et qui communique d'une mer à l'autre. Le bruit de cette acquisition géographique détermina les Espagnols à envoyer encore un navire reconnaître ce nouveau passage, sous les ordres de Garcia de Nodal, en 1618[8]; après lui un Hollandais, Jacques l'Hermite (1624), parut à l'extrémité de la Terre-du-Feu[9]. Pendant bien long-temps, ensuite, aucun navigateur n'aborda cette côte, revue, vers la fin du siècle, par les bons observateurs anglais, Narborough et Wood[10]; et plus tard, enfin, le pavillon français flotta, pour la première fois, dans ces parages, que sillonnaient depuis tant d'années les Espagnols, les Anglais et les Hollandais. Alors nos compatriotes s'y succédèrent rapidement; Degennes[11],

1. En 1590. Voyez la Relation de Guill. Magoths, Recueil d'Harckluyt, t. III, p. 339.
2. En 1593. Voyez Collection de Purchas, t. IV, liv. 7, chap. 5.
3. En 1599. Voyez Renneville, Recueil de la Compagnie des Indes (1725), t. II, p. 300.
4. En 1599. Desbrosses, Histoire des navigations aux terres australes, t. I, liv. 3, p. 344.
5. En 1614. Spielberg, p. 22 et 23.
6. Funes, *Ensayo de la historia del Paraguay*, I, pag. 320, et *Guia del forastero* de Buenos-Ayres (1803), p. 18. On le fait s'avancer deux cents lieues au Sud.
7. Recueil de la Compagnie des Indes (1725), t. VIII, p. 128.
8. Desbrosses, Histoire des navigat. aux terres australes, t. I, p. 423.
9. Desbrosses, Hist., t. I, p. 442.
10. Voyage de Coreal, t. II, p. 231-234. C'est le plus judicieux de tous les voyages publiés jusqu'alors.
11. En 1696. Voyage de Degennes, par Froger, en 1700, p. 97.

Beauchesne, Grouin[1] et Frezier[2], y abordèrent les uns après les autres. Dans le siècle suivant, les plus fameux circumnavigateurs y passèrent tour à tour: les Anson[3], les Byron, les Bougainville[4], les Wallis[5], les Cook[6]; mais abandonnons les voyageurs qui ne se sont occupés que du littoral, pour suivre le cours des découvertes par terre, et pour faire connaître les motifs qui décidèrent enfin les Espagnols à fonder des établissemens stables sur quelques points du sol de la Patagonie.

Les Jésuites du Paraguay et du Haut-Pérou avaient obtenu de trop brillans succès, en réunissant en villages les sauvages chasseurs épars dans les bois, pour ne pas tenter d'en faire autant, au sein des Pampas de Buenos-Ayres; leur première tentative dans ce but eut lieu en 1740[7]. Deux religieux jetèrent les fondemens d'une Mission, nommée Concepcion, près du Rio Salado, et y réunirent les tribus de quatre caciques. A cette même époque, jalouse de ses possessions et des terrains environnans, l'Espagne était continuellement tourmentée de la crainte que l'Angleterre ou la France ne s'emparât de quelques points du littoral patagonien, et n'y vînt fonder une colonie. Elle forma le projet de prendre les devants; et, à cet effet, deux Jésuites, les pères Quirogas et Cardiel, embarqués, en 1745[8], à bord de la frégate San-Antonio, furent chargés, d'abord, de reconnaître la côte, depuis le cap Saint-Antoine jusqu'au détroit de Magellan, et de fonder une colonie au lieu qui leur paraîtrait le plus convenable. Ils revinrent trois mois après, non-seulement sans avoir rempli le but de leur voyage, mais encore en donnant, sur l'aridité de ces parages, sur leur défaut absolu de végétation et même d'habitans, des détails tels que, dès-lors, on jugea la Patagonie tout à fait impropre à tout établissement. Ces mêmes religieux, accompagnés de plusieurs autres[9], résolurent, alors, de s'avancer au Sud, dans les Pampas; et, l'année suivante, ils

1. En 1699. Relation, dans l'Histoire des navigations aux terres australes, t. II, p. 113.
2. En 1712. Voyage, p. 31.
3. En 1764, trad. franç., t. I, p. 64.
4. En 1767, p. 129.
5. En 1767. Voy., trad. franç., t. III, p. 24.
6. En 1769. Trad. franç., t. IV, p. 12-35.
7. Funes, *Ensayo de la historia del Paraguay*, t. II, p. 396.
8. Funes, *loc. cit.*, t. III, p. 21; Charlevoix, t. III, p. 271.
9. Funes, *loc. cit.*, t. III, p. 23. C'est avec ces religieux que Falconer entra dans les Pampas. Je signale ce fait pour prouver qu'il n'avait point passé au-delà du 37.° degré de latitude australe, et que, par conséquent, tout ce qu'il dit des Patagons, il le tenait des tribus des Pampas.

1829. Patagonie. fondèrent, aux montagnes du Volcan, le village de la *Virgen del Pilar*[1]. Cette réduction, comme celle de Concepcion, ne se maintint que jusqu'à l'expulsion des Jésuites du territoire américain en 1767; et, depuis, aucun religieux ne voulut tenter de prêcher la foi catholique au sein des hordes qui habitent les Pampas.

Tenant beaucoup à ses possessions sur le sol américain, et même aux terres qu'elle n'y possédait pas, l'Espagne ne vit pas sans beaucoup de peine les Français s'établir, en 1764, aux îles Malouines[2], qu'elle considérait comme faisant partie du continent de l'Amérique. Elle en réclama la propriété; et la France, moyennant le remboursement des frais, lui abandonna sa colonie naissante, que le capitaine de vaisseau, Felipe Ruis Puente, vint occuper au nom de l'Espagne, le 2 Avril 1767[3]. L'année suivante, d'après des bruits non dénués de fondement que les Anglais s'étaient fixés sur quelque point de la côte ou dans les îles des parties australes, et d'après le rapport fait par des naufragés dans le détroit de Magellan, sur la fertilité de ces parages, on envoya deux navires[4], l'un pour chercher les Anglais, l'autre pour fonder une colonie dans le détroit; aucun des deux ne remplit sa mission. On ne vit pas d'étrangers sur les côtes, et le climat parut trop rigoureux pour qu'on y pût fonder un établissement.

Au nombre des Jésuites expulsés en 1767 se trouvait l'Anglais Falconer ou Falkner, qui, ayant toujours vécu parmi les Indiens des Pampas, était plus à portée que personne de donner des notions un peu exactes sur les contrées qui séparent Buenos-Ayres de la Patagonie. Il importait alors beaucoup au ministère anglais d'exciter l'attention du parlement, et de le rendre favorable au projet d'occupation, qu'il méditait déjà, sur les côtes australes de l'Amérique; et ce fut à l'instigation de ce ministère que Falconer écrivit sa Description des terres magellaniques[5]. Lorsqu'elle parut, l'Espagne en prit beaucoup d'ombrage, et donna immédiatement l'ordre de fortifier les principaux points de la côte de la Patagonie. Ce fut l'origine des établissemens dont je vais parler.

---

1. On trouve dans Funes, *loc. cit.*, t. III, p. 24, qu'à cette même époque (1747) deux religieux allèrent au Rio negro jeter les fondemens de Notre-Dame du Carmen. Si le fait est vrai, nul doute que cette première tentative n'ait été sans succès; car c'est bien positivement en 1779 qu'on acheta du cacique Negro le terrain propre à bâtir le fort qui existe aujourd'hui.

2. Voyez Pernetty, Histoire d'un voyage aux îles Malouines.

3. Funes, *Ensayo*, etc., t. III, p. 116; Bougainville, Voyage.

4. Funes, *Ensayo*, etc., t. III, p. 128.

5. Description des Terres magellaniques et des pays adjacens.

On envoya, de suite, d'Espagne un sur-intendant des établissemens projetés; et, dès-lors, on ne pouvait plus retarder la colonisation de ces côtes. Ce chef, Don Juan de la Piedra [1], partit, en 1779, avec cent hommes de troupes et accompagné d'Antonio de Viedma, pour aller s'établir, en même temps, à San-Julian et au port Désiré; parvenu à la péninsule de San-José, au 43.e degré de latitude sud, il mouilla dans la baie à laquelle ce nom est resté; puis, ne jugeant pas à propos d'avancer, il fit débarquer les troupes, jeta, dans ce lieu, les fondemens de San-José, remit la colonie naissante aux soins de Viedma, et revint à Buenos-Ayres, où, pour justifier le non-accomplissement de ses instructions, il fit une description pompeuse du lieu qu'il avait choisi; ce qui ne l'empêcha pas de se voir remplacé dans ses fonctions; et, quoique l'établissement subsistât encore, une partie des colons, par suite d'une épidémie, passèrent à Montevideo.

Basilio Villarino avait été chargé, dans la même année, de la reconnaissance du cours du Rio negro [2], où il devait chercher un lieu convenable pour un établissement. Ayant rencontré un terrain propice, il avait fait connaître au sous-intendant les résultats de sa mission; il s'était provisoirement établi sur la rive gauche, à sept lieues de l'embouchure, à l'endroit où est maintenant le fort; il y avait, ainsi que ses compagnons, vécu exclusivement de chasse, et tous n'y habitaient que des caves pratiquées dans la falaise. Le cacique Negro [3], chef de Puelches, vivait, alors, sur les rives du Rio negro; il accueillit bien les Espagnols; fit juger, dès ce moment, qu'il serait un allié fidèle; et Villarino n'ayant rien négligé pour entretenir ces bonnes dispositions, une amitié sincère s'établit entre les Indiens et les nouveaux venus.

Francisco Viedma, nommé sous-intendant à la place de Piedra, pour les établissemens de Patagonie, voulut exécuter le projet, depuis long-temps formé par l'Espagne, de la fondation de différens établissemens sur la côte. Il appareilla, en Janvier 1780, pour le port San-Julian; il ne trouva, sur cette plage stérile, malgré tout le soin qu'il mit à la visiter, aucun point convenable au parfait accomplissement de sa mission; ce qui ne l'empêcha pas d'exécuter les ordres qui lui étaient transmis. Il laissa son frère Antonio Viedma s'établir

---

1. Funes, *Ensayo*, t. III, p. 238.

2. *Ibid.*, p. 239.

3. J'ai vu ce cacique en 1829, au Rio negro. Il avait encore conservé une grande vigueur, malgré son âge avancé.

1829. Patagonie.

au port San-Julian, y fit construire un petit fort en bois et quelques maisons, nomma cette colonie *Florida blanca*[1], puis, voulut reconnaître le cours du Rio de Santa-Cruz jusqu'à sa source; mais il fut rebuté par l'extrême aridité du sol, qui semblait devoir se refuser à toute culture. Il en fut de même d'un autre établissement, fondé presqu'en même temps, au port Deseado. Ces colonies se maintinrent pourtant quelques années encore, malgré leur peu de ressources, mais sans amélioration sensible; et, en 1783, l'Espagne résolut de les abandonner toutes, à l'exception de celle du Rio negro. Celle de San-José se soutint plus long-temps que toutes les autres jusqu'à une catastrophe sanglante, dont j'aurai occasion de parler plus tard.

Francisco Viedma avait été chargé de se fixer immédiatement sur les rives du Rio negro; il donna plus d'extension à la colonie naissante de *Nuestra Señora del Carmen*, plus connue, dans le pays, sous le nom de *Patagones*. Il était muni de pouvoirs qui lui permettaient aussi d'entrer, de suite, en marché avec le possesseur naturel du sol, le cacique Negro; et il lui acheta le cours du Rio negro[2], depuis son embouchure jusqu'à San-Xavier, moyennant une assez grande quantité de vêtemens, et une distribution générale faite aux Indiens de toute sorte d'objets à leur usage. Quoiqu'il fût fort beau pour ses premiers fondateurs de pouvoir être comparés, à cause des demeures qu'ils s'étaient faites dans des trous pratiqués au sein même de la falaise, aux premiers habitans de l'île de Crète, sur les coteaux du mont Ida[3], ou bien aux Gouanches de l'île de Ténériffe, ils n'en attendaient pas plus patiemment une position moins précaire. Viedma la leur procura bientôt; son allié, le cacique Negro, non content de lui céder ses droits sur le sol, voulut encore, avec ses Indiens, l'aider à construire un fort, et l'on vit, pour la première fois, ces fiers et indomptables indigènes se plier, et même concourir de leurs bras et de leurs chevaux, au transport des matériaux nécessaires à l'édification du fort du Carmen, qui s'éleva peu à peu, et ne tarda pas à pouvoir renfermer les premiers habitans espagnols de ces contrées.

Francisco Viedma, cherchant à donner plus d'extension à sa colonie, avait demandé à l'Espagne des agriculteurs, qui, près d'arriver, ne devaient

1. Funes, *Ensayo*, etc., t. III, p. 252; et *Coleccion de obras y documentos de Pedro de Angelis* (Buenos Ayres, 1836), t. I. *Memoria de Francisco Viedma*, p. 7.

2. Il est probable que le nom du cacique a plus de part à celui que porte la rivière, que la couleur de ses eaux, qui ne sont pas plus noires que ne le sont celles de beaucoup des rivières de l'Amérique; à moins qu'il ne lui vienne de son contraste avec le Rio colorado.

3. *Voyage d'Anacharsis*, t. VIII, p. 46.

point être exposés au malheur de ne rien rencontrer de ce qui pouvait les attacher au sol qu'ils devaient fertiliser; aussi le vice-roi de Buenos-Ayres envoya-t-il des commissaires pour reconnaître la vérité. D'après l'opinion alors généralement adoptée, la Patagonie était entièrement dépourvue des ressources nécessaires à tout établissement. Les commissaires, préoccupés de cette idée, ne donnèrent, en conséquence, que des renseignemens défavorables; et il fallut toute la persévérance de Viedma, jointe à la multiplicité de ses rapports sur la fertilité des rives du Rio negro, et de ses indications relatives aux terrains propres à élever des bestiaux, pour décider, enfin, le vice-roi[1] à lui faire passer, en 1784, sept cent trente-quatre personnes, venues des montagnes de la Galice[2]. Dès-lors l'établissement du Carmen s'étendit hors du fort; on bâtit des maisons au-dessous, sur le penchant du coteau; et, bientôt, un grand nombre de fermes et d'estancias vinrent animer cette campagne, naguère séjour des animaux sauvages. Les terrains d'atterrissement furent sillonnés par la charrue, le blé germa, pour la première fois, en Patagonie, tandis que des troupeaux, transportés de Buenos-Ayres et de Montevideo, se répandaient sur les rives du Rio negro. En un mot, tout pouvait faire espérer que, les choses en étant là, le village et ses environs allaient prospérer; malheureusement, alors, les Puelches reconnurent, quoique un peu tard, que le voisinage d'hommes si puissans n'était pas sans dangers pour eux. Le cacique Negro, en apparence toujours ami, donna, plusieurs fois, lieu de suspecter la sincérité de ses intentions; et Viedma eut besoin de toute son adresse pour ne pas rompre avec lui, et pour se conserver ses services.

1829. Patagonie.

La crainte de doubler le cap Horn pour aller au Chili, avait établi, depuis long-temps, un commerce par terre entre Buenos-Ayres et cette dernière contrée; mais, plus de trois cents lieues de trajet, une Cordillère fermée par les neiges pendant près de six mois de l'année, firent penser, d'après les idées émises par Falconer, que la rivière de Mendoza, venant se jeter dans le Rio negro par le Rio *diamante*, offrirait au commerce un débouché moins dispendieux. D'un autre côté, l'on espérait encore trouver une communication plus facile avec le Chili, soit en remontant un des bras du Rio negro, soit

1. Funes, *Ensayo*, t. III, p. 253.

2. Pendant bien long-temps ces premiers habitans, isolés du reste de l'Amérique, conservèrent leur accent, leur costume primitifs; et, à l'époque où je m'y trouvais, il était encore facile de distinguer des exportés les premiers fondateurs.

1829. — Patagonie. en cherchant une route directe sur Valdivia [1]. Ces deux motifs réunis firent charger Basilio Villarino de l'exploration du cours du fleuve; ce pilote partit du Carmen à la fin de 1782, avec quatre chaloupes, montées par des marins choisis. La géographie eut beaucoup à gagner à cette expédition [2]; mais les autres avantages qu'on en attendait ne furent pas tels qu'on l'avait espéré. On reconnut, il est vrai, un passage facile par la Cordillère; mais rien n'annonça l'existence de la communication supposée avec le Rio de Mendoza. Ainsi ce voyage, qui semblait devoir améliorer beaucoup l'établissement du Carmen, ne lui fut utile sous aucun rapport.

Juan de la Piedra, celui-là même qui avait fondé San-José, nommé commandant du Rio negro [3] en 1784, faillit perdre tout ce qui avait été gagné avec tant de peine: son prédécesseur avait toujours maintenu une espèce de neutralité avec les Indiens, et les relations d'une amitié apparente avec le cacique Negro. Les colons vivaient en paix, soit en cultivant la terre, soit en élevant des bestiaux. Piedra suivit une marche tout à fait contraire; il voulut faire la guerre aux nations sauvages; et, sans tenir compte de l'alliance avec le cacique, il l'attaqua, lui et ses alliés. Ses officiers, dans cette campagne, se montrèrent des plus cruels, égorgeant hommes, femmes et enfans, dans chacune des petites tribus indiennes qu'ils rencontraient; mais celles-ci, bientôt, eurent leur tour, et les troupes de Piedra durent s'estimer fort heureuses de pouvoir se replier sur Buenos-Ayres. Dès ce moment, il n'y eut plus de neutralité possible avec les sauvages, qui regardèrent, plus que jamais, l'Espagnol comme leur ennemi commun.

La pêche de la baleine attirait, journellement, sur les côtes de la Patagonie, beaucoup d'Anglais et de Nord-Américains. L'Espagne en fut encore jalouse: elle passa, en 1790 [4], dans cet intérêt, un traité avec l'Angleterre, et voulut, aussitôt, se réserver le monopole de cette spéculation; mais l'inexpérience de ses marins fit que toutes les compagnies n'obtinrent aucun bénéfice, et que ce genre d'entreprise se réduisit à l'établissement au port Désiré de quelques barques occupées de la chasse aux loups marins. Ainsi une mesure qui devait donner

---

1. Il paraît qu'il existait, au temps de la conquête, un chemin de charrettes entre Valdivia et Buenos-Ayres; c'est en partie dans l'espoir de le retrouver que Villarino fit son voyage.

2. Je possède le manuscrit authentique de ce voyage; j'en donnerai un extrait à la partie géographique spéciale. C'est un des documens les plus précieux sur cette partie ignorée du sol américain.

3. Funes, *Ensayo*, t. III, p. 342.

4. *Ibid.*, p. 373 et suiv.

plus d'importance à l'établissement du Rio negro, ne lui fut d'aucun avantage, et le Carmen resta dans un état de langueur stationnaire; on y entretenait pourtant de l'infanterie et de la cavalerie. En 1800, il s'y trouvait deux employés des douanes, un garde-magasin, et un commandant militaire, qui dirigeait le tout; l'administration y était d'autant plus compliquée, qu'un grand nombre de péons ou d'ouvriers du pays étaient employés sur les estancias du gouvernement, sur ses fermes, et à l'extraction du sel de la saline d'Andrès Paz. Un grenier était destiné à recevoir les récoltes de l'année; un moulin, mu par des chevaux, suffisait à moudre le blé nécessaire à la consommation des habitans, et permettait de faire quotidiennement, au nom du gouvernement, aux Indiens amis, une distribution de petits pains, qui les attirait en grand nombre. Un navire de guerre était toujours mouillé au bas du fleuve, et deux chaloupes armées parcouraient incessamment le cours du Rio negro. Le commerce était assez actif; une grande quantité de navires venaient charger du sel, destiné à la consommation de Buenos-Ayres et de Montevideo, qui, avant la découverte des salines de la Patagonie, tiraient celui dont ils avaient besoin de la péninsule d'Araya en Colombie.

Depuis que l'Espagne avait voulu se borner, sur la côte de Patagonie, à la seule colonie du Carmen, San-José s'était, néanmoins, soutenu, en raison de sa proximité du Rio negro, dont il relevait; plusieurs estancieros y habitaient, ainsi qu'un sergent et quelques soldats. On comptait même, alors, plus de quinze à vingt mille têtes de bétail, et tout annonçait, à cet égard, une succursale non moins productive des fermes du Rio negro, lorsque la conduite hautaine d'un commandant du Carmen vint plonger les Espagnols dans le deuil, et causa la ruine totale de San-José d'une manière tragique, qui rappelle, en petit, la scène sanglante des Vêpres siciliennes. Les Indiens commerçaient journellement avec les établissemens, et cherchaient à rendre aux colons une foule de petits services. La désertion de trois soldats du Carmen aux Indiens, fit que le commandant requit ceux-ci, d'aller chercher et de ramener les déserteurs; et, à cet effet, il offrit de fortes récompenses aux caciques patagons, qui s'en chargeraient. Stimulés par l'appât du gain, deux de ces derniers partirent; de retour, après quelque temps, avec deux soldats espagnols, ils réclamèrent ce qu'on leur avait promis. Le chef espagnol, regardant comme nulle, à l'exemple de beaucoup de ses compatriotes, toute parole donnée à des Indiens, ne fit aucun cas de la juste demande des caciques: ils insistèrent; et, pour s'en débarrasser, il leur dit, enfin, d'aller à San-José, où le sergent était chargé de leur donner les objets promis. Ils firent le voyage;

1829. Patagonie. et non-seulement le chef de cet établissement n'avait rien à leur donner, mais encore il n'avait reçu aucun ordre à cet égard. Les caciques irrités revinrent au Carmen, et reprochèrent au commandant son manque de foi : celui-ci trouva mauvais que des barbares osassent lui faire des reproches ; il se fâcha, les menaça de sa canne, et les fit chasser du fort. Les caciques, la haine dans le cœur, résolurent de venger cette offense, à quelque prix que ce fût. Le Carmen étant trop bien défendu pour qu'ils pussent l'attaquer, ils dissimulèrent, et attendirent le moment favorable à l'exécution de leur dessein : ils ne savaient pas, au juste, lequel des deux les trompait, le commandant du Carmen ou le sergent de San-José ; mais ce dernier endroit se trouvant plus accessible, ils résolurent de s'y diriger. Plusieurs tribus de Patagons se réunirent, marchèrent sur la péninsule, campèrent aux environs ; et, un jour de fête, tandis que tous les habitans du village étaient sans armes, dans la petite chapelle, à entendre la messe, elles les y cernèrent, et les massacrèrent. Trois Espagnols seulement, échappés à cette boucherie, ne durent leur salut qu'à l'amitié qu'avaient pour eux quelques-uns des Indiens. L'établissement fut entièrement détruit ; les maisons brûlées, et une partie des bestiaux enlevés. Je dois tous les détails de cette catastrophe à l'un des trois hommes épargnés par les Patagons. Ce pauvre malheureux, par une fatalité toute particulière, succomba, le 22 Juin 1829[1], sous les coups des Aucas, dans une des invasions que nous eûmes à souffrir. C'est ainsi que la hauteur insupportable d'un employé causa la destruction de tout un village, qui subsistait, sans secours aucun, depuis plus de vingt années ; malheureusement, on trouve beaucoup de traits semblables dans l'histoire de la conquête de l'Amérique.

Patagones, jusqu'alors, n'avait été qu'une simple colonie, et fut bientôt, en raison de son éloignement de la capitale et de son isolement, regardé comme un *presidio*, ou lieu d'exil ; dans le principe, on n'y envoya que des personnes condamnées pour délits politiques. Le premier exemple que j'en ai trouvé dans les historiens et dans les archives que j'ai eues entre les mains, ne remonte pas au-delà de 1809[2] ; époque à laquelle cinq des hommes les plus exaltés dans le sens de l'indépendance, furent exilés en Patagonie par le vice-roi Liniers, au milieu de la crise qui devait, l'année suivante, faire pousser le premier cri de liberté par les créoles de Buenos-Ayres, et renverser, pour toujours, la monarchie espagnole sur le continent américain. Le Carmen, depuis, reçut

1. Voyez tome II, chapitre XX, page 218.
2. Funes, *Ensayo*, etc., t. III, p. 480.

fréquemment des condamnés politiques, au milieu des querelles qui agitèrent si long-temps ce pays. Plus tard, on ne se contenta pas de ceux-ci; et les rives du Rio negro reçurent également les criminels et les assassins, que le peu de vigueur des juges ne permettait pas d'envoyer au supplice. 1829. Patagonie.

Vers cette même époque, le Carmen avait déjà quelqu'importance par son commerce de sel, et par celui des Indiens. L'agriculture donnait aussi quatre mille cinq cents *fanegas*[1] de blé par année; les bestiaux offraient une branche lucrative d'exportation. Les estancias du gouvernement renfermaient plus de 20,000 têtes de bétail; les propriétaires pouvaient en compter au moins autant. On avait, jusqu'alors, envoyé de Buenos-Ayres tout ce qui pouvait contribuer à donner plus d'importance au Rio negro; mais les troubles qui précédèrent la révolution, le firent d'abord négliger beaucoup, et bientôt tout à fait oublier.

Aussitôt après la révolution de 1810 à Buenos-Ayres, on envoya un commandant patriote soumettre le Carmen au parti républicain, et y substituer le drapeau de la république au drapeau espagnol, ce qui se fit sans difficulté. Les habitans se déclarèrent patriotes; mais ils ne le furent pas long-temps. Le nouveau chef se mit à dilapider, pour son propre compte, les fermes et les estancias de l'État. Les habitans regrettant, alors, l'ancien système, auquel ils étaient habitués, supportèrent impatiemment les exactions sans-nombre de la nouvelle administration. Vers 1812, pendant le siège de Montevideo par les troupes de Buenos-Ayres, deux Espagnols, exilés de Mendoza en Patagonie[2], soulevèrent les esprits contre le parti républicain, et tramèrent, avec les habitans, un complot bientôt mis à exécution. Non-seulement les conspirateurs s'emparèrent facilement du fort, mais encore ils parvinrent à prendre, par surprise, possession d'un bâtiment de guerre, mouillé, alors, à l'embouchure de la rivière; et le drapeau espagnol reparut sur les rives du Rio negro. Les moteurs de cette révolte furent ceux qui en profitèrent le plus; après beaucoup de promesses, faites aux habitans, ils partirent pour Montevideo, avec le bâtiment, non sans avoir obtenu des colons du Carmen plusieurs chargemens de viande salée, pour secourir les assiégés espagnols de Montevideo, ce qui diminua d'autant les ressources du gouvernement. Buenos-Ayres apprit, enfin, le soulèvement de Patagones; et, malgré sa position précaire, elle y envoya des troupes avec un commandant, chargés de faire rentrer les habitans

1. La *fanega* pèse environ 42 kilogrammes.

2. Esquisse historique, etc., de Buenos-Ayres, par Ignacio Nuñez, trad. franç., p. 238.

1829. Patagonie.

dans l'ordre, et de les châtier de leur déloyauté. Le Carmen se soumit de suite; mais les malheureux habitans payèrent un peu cher leur condescendance envers le parti espagnol. Le nouveau chef, sous prétexte que les insurgés avaient détruit les bestiaux de l'État, s'en appropria les restes, qu'il fit tuer à son profit; et, de plus, toujours au nom du gouvernement républicain, il confisqua toutes les bêtes à cornes des habitans, les fit tuer, seulement pour leur suif et pour leurs peaux, qu'il expédia successivement à Buenos-Ayres en son nom; puis, enfin, il autorisa les soldats à piller les maisons, à dévaster les champs; et la colonie du Carmen se trouva entièrement détruite. Ses campagnes, naguère couvertes de bestiaux, devinrent désertes. Les pauvres habitans, méprisés de l'autorité, par suite de l'opinion qu'ils avaient manifestée, n'ayant aucun moyen d'appel auprès de la capitale, se trouvèrent, bientôt, dans le plus grand dénûment, sans troupeaux, sans bœufs pour labourer. Ils restèrent long-temps plongés dans la misère la plus complète, contraints de chasser, au sein des déserts, les animaux sauvages, désormais leur seule ressource.

On sent bien que ces exactions étaient du fait du commandant seul, Buenos-Ayres étant trop occupée des guerres du Haut-Pérou, de Montevideo et du Paraguay, pour faire aucune attention au Carmen; aussi ce chef prévaricateur, après avoir ruiné pour long-temps le pays, où, lui-même, il ne trouvait plus de quoi subsister, abandonna la place, qu'il laissa sous la direction d'un subalterne, avec un détachement de dragons, complices de ses malversations. Dès-lors le Carmen tomba dans un état d'abandon déplorable. Forcés d'user, pour se soutenir, de moyens qui leur avaient répugné jusqu'à ce moment, les habitans se mirent à commercer avec les Indiens, qui leur apportaient de la pelleterie et leurs tissus, dont il fallait bien qu'ils se vêtissent. Ces échanges stimulèrent les indigènes à aller piller les frontières de Buenos-Ayres, et à venir vendre le produit de leurs invasions aux habitans du Carmen, ce qui enrichit, de nouveau, ces derniers. Ils achetèrent des bestiaux aux indigènes, les envoyèrent vers la péninsule de San-José, où, depuis le massacre des colons, les bêtes à cornes, abandonnées à elles-mêmes, avaient tellement multiplié que la campagne en était couverte. Un cacique, avec lequel on avait traité (vers 1816), en amena près d'un millier en deux voyages, ce qui engagea les habitans à s'y rendre; et, chaque année, on les voyait traverser les déserts et s'établir quelques mois à San-José, afin d'en ramener des bestiaux. Ils allèrent encore sur les rives du Rio colorado, où il y avait aussi de ces animaux devenus sauvages; peu à peu ils devinrent plus aisés, et jouirent, bientôt, d'un bien-être qui leur présageait la prospérité dans un avenir prochain.

On se souvient qu'après les exactions de 1812, le détachement de dragons, laissé au Carmen par le commandant, était habitué au pillage, et peu subordonné à son chef. Ce même détachement, avec d'autres soldats, mit, en 1819, Patagones à deux doigts de sa perte; il se révolta contre l'autorité, tua le commandant, fit subir des supplices affreux aux autres officiers, jusqu'à enchaîner les vivans à des cadavres sanglans qui venaient d'être fusillés, et à les forcer de les traîner ainsi jusqu'au lieu où ils devaient être enterrés vivans, la tête seule hors de terre. Ces tigres à figure d'homme se livrèrent, pendant quelques mois, à toutes sortes de crimes, gouvernant le pays en véritables sauvages; mais, dès qu'on envoya de Buenos-Ayres des troupes pour les soumettre, ils n'osèrent pas même les attendre, abandonnèrent le fort, après l'avoir pillé, et allèrent vivre de brigandages au sein de la horde de Pincheira, où ils sont encore, consacrant le reste de leur existence à la vie errante et aventureuse des Aucas.

Les habitans du Carmen avaient souffert de ce soulèvement; cependant leur position s'améliorait tous les jours. En 1820, l'établissement possédait près de quatre mille têtes de bétail, nombre qui croissait tous les jours. Les Indiens, ayant épuisé la chasse de ces animaux, devenus sauvages, faisaient, pour continuer leur commerce, des incursions sur les estancias de Buenos-Ayres et de Mendoza, et revenaient, ensuite, vendre leurs troupeaux au Carmen. Ce trafic scandaleux enrichit plusieurs propriétaires; il est devenu l'une des causes de cet esprit de pillage, qui augmente tous les jours parmi les Indiens, il peut, au reste, être imputé au gouvernement; car si celui-ci eût prohibé l'achat de toutes les bêtes à cornes marquées par les propriétaires d'estancias, sans doute les Indiens n'auraient pas fait un commerce continuel avec les mêmes troupeaux. Ils en volaient à Buenos-Ayres, pour les aller vendre, ensuite, au Carmen et au Chili, ou bien en enlevaient dans ces dernières localités, pour en trafiquer sur d'autres points. L'arrivée du commandant Oyuela, en 1822 ou 1823, augmenta encore la prospérité du Carmen déjà florissant. Pendant les trois années de sa gestion, on n'évalue pas à moins de quarante mille les têtes de bétail livrées par les Indiens aux habitans, qui, dès-lors, exportaient des chargemens de cuirs ou de viande salée; et, tandis que, d'un côté, tous les propriétaires se voyaient enlever leurs troupeaux par les hordes sauvages, Patagones devenait un point intéressant, où plusieurs commerçans de Buenos-Ayres s'enrichirent en peu d'années.

1829. Patagonie.

La guerre de l'indépendance amena quelques changemens dans les coutumes des indigènes, et, en les civilisant, les rendit plus redoutables aux blancs. Ils avaient, dans leurs fréquentes incursions, l'habitude de tuer tous les hommes adultes, et de ne conserver que les femmes et les enfans, qu'ils gardaient comme esclaves. Les guerres arrivées, un officier du parti espagnol, Pincheira, passa aux Indiens avec ses soldats; se déclara, par là même, l'ennemi de toutes les villes ou villages dépendant des républiques du Chili et de Buenos-Ayres; et, suivi de près de trois cents hommes armés à l'européenne, s'alliant à plusieurs tribus d'Indiens aucas, il se mit à ravager successivement les frontières des deux républiques. Les naturels, qui craignaient si fort les armes à feu, s'y accoutumèrent peu à peu, et prirent même l'habitude d'être soutenus, dans leurs invasions, par des chrétiens armés. Non-seulement la troupe de Pincheira s'augmenta journellement, mais encore les autres tribus reçurent également des déserteurs; et, bientôt, l'on vit, dans les établissemens mêmes, des Gauchos, préférer, au soin de leurs familles, la vie nomade des Indiens. Ceux-ci, devenant plus hardis, livraient de fréquentes attaques aux fermiers, mais ne massacraient plus aussi souvent les hommes qu'ils y surprenaient; ce qui fit qu'on les craignit moins, quoiqu'ils se fortifiassent et devinssent, de jour en jour, plus redoutables. Telle est, aujourd'hui, la position des naturels, par rapport aux établissemens espagnols voisins des lieux qu'ils habitent.

D'un côté, le Carmen prospérait; de l'autre, les Indiens acquéraient une certaine importance politique, lorsque survint, à la fin de 1826, la guerre entre Buenos-Ayres et l'empire du Brésil. Bientôt la Plata fut bloquée par l'escadre brésilienne, et aucun corsaire de la république Argentine ne put rentrer dans ce fleuve, sans avoir à craindre d'être pris. Alors on créa le fort de l'Ensenada et celui du *Tuyu*; mais ces forts étant beaucoup trop près de l'ennemi pour offrir quelque sûreté, l'on pensa que le seul point où l'on pût relâcher sans crainte, et envoyer les nombreuses prises faites sur le Brésil, était, sans contredit, le *Rio negro*. Dès ce moment, tous les corsaires argentins arrivaient au Carmen avec leurs captures, soit pour se réparer, soit afin d'y prendre des vivres, soit, encore, pour sauver les riches cargaisons qu'ils enlevaient journellement. Le paisible village de Patagones vit se réunir une foule considérable de matelots de toutes les nations, vrais forbans, qui, par la licence de leurs mœurs, ne le cédaient pas aux Gauchos déportés. Des effets précieux de tout genre passèrent, pour la première fois, au Carmen; on y connut enfin le luxe, ignoré peu auparavant. La prodigalité des officiers de corsaires, les dépenses qu'ils étaient obligés de faire, chaque jour, pour eux et pour leurs navires, tout concourut à changer les habitudes du pays. La monotonie d'un village agricole avait fait place au mouvement d'un port à la fois militaire et commercial. On était obligé de bâtir, de tous les côtés, des maisons, pour loger les habitans; un grand nombre de commerçans de Buenos-Ayres, Anglais et Nord-Américains, y ayant été attirés par l'appât des bénéfices exorbitans qu'ils pouvaient réaliser au milieu de cette réunion fortuite d'hommes de toutes nations, de tous états, et surtout de cette classe mixte entre les militaires et les négocians, les corsaires, hommes qui dépensent avec tant de facilité ce que le hasard leur a donné, toujours peu certains de le conserver jusqu'au lendemain. Patagones n'était plus le même, et ne devait plus retrouver cette candeur qui le caractérisait encore, l'année d'avant; l'esprit mercantile y avait remplacé la franche hospitalité, et le luxe des villes, la simplicité des villages éloignés de la civilisation. On vit des pianos au Carmen; les vins étrangers les plus délicats y parurent, en même temps que les tissus de soie les plus fins de l'Inde et de la Chine. L'espagnol qui, seul, avec les langues indigènes, avait, depuis la fondation de l'établissement, frappé l'écho des falaises du Rio negro, y fut remplacé par le langage varié de toutes les nations européennes. Le Français, l'Anglais, l'Allemand, l'Espagnol et le Portugais, se trouvaient rapprochés dans les réunions; et l'on pouvait comparer le Carmen à une tour de Babel, où il devenait quelquefois presque aussi difficile de s'entendre que dans les plaines de l'antique Sennaar.

Les habitans du Carmen jouissaient en paix de leur nouvelle position, lorsqu'au commencement de 1828 les Brésiliens résolurent de s'emparer d'un établissement qui leur était devenu si préjudiciable; ils vinrent, d'abord, avec plusieurs navires de guerre, à la bahia de San-Blas, pour prendre un corsaire qui y était mouillé; mais, bien loin d'exécuter leur projet, conduits par de mauvais pilotes, ils y perdirent deux de leurs bâtimens, et furent obligés de renoncer à cette entreprise[1]. Ils revinrent, peu de temps après, dans le Rio negro avec des troupes destinées à effectuer une descente; ils parurent sur la barre, la franchirent, non sans y laisser deux des cinq navires qui composaient leur expédition, et mouillèrent dans ce fleuve. Le Carmen n'avait, pour toute défense, que des matelots de corsaires, quelques soldats d'infanterie et la milice du pays, composée des habitans et des Gauchos. On se rassembla; l'on tint conseil, et l'avis unanime fut de se défendre. Les capitaines de corsaire

1. Voyez tome II, chapitre XVII, page 39.

1829. Patagonie.

armèrent, de suite, deux bâtimens; et, de concert avec tous les marins, prirent la résolution d'aller attaquer les navires, tandis que la cavalerie devait tomber sur les troupes ennemies. Le général brésilien (Anglais d'origine) crut qu'avec des soldats aguerris il était facile de vaincre une poignée d'hommes non disciplinés, et de s'emparer de l'établissement. Sans perdre de temps, dès le lendemain matin, il opéra son débarquement, mit sept cents hommes à terre, et laissa peu de monde à bord des navires. Du bas de la rivière, il avait six lieues à faire pour arriver au Carmen. Le guide qui le dirigeait lui conseilla, de peur d'embûches, de prendre l'intérieur des terres, pour tomber à l'improviste sur le Carmen; mais, parmi des hommes habitués aux petites ruses de guerre des Indiens, il était impossible que toutes les démarches de l'ennemi ne fussent pas connues. Les miliciens, au nombre de cent à cent vingt, prirent immédiatement la résolution de le vaincre par la soif, et l'exécution de ce projet commença de suite. Les troupes brésiliennes, toutes composées d'infanterie, étaient parties sans prendre la précaution de se munir de rafraîchissemens; aussi, après quatre ou cinq heures de marche forcée au milieu de déserts arides, une soif dévorante, augmentée par la chaleur de l'été, se fit-elle bientôt sentir. L'armée approchait de son but, et voulait gagner le Rio negro; vains désirs!.... Elle rencontra la milice prête à l'en empêcher. Il y eut plusieurs escarmouches; plusieurs hommes furent tués de part et d'autre. L'affaire paraissait s'échauffer, lorsque le général, point de mire pour les Gauchos, à cause de son uniforme chamarré d'or, fut renversé par une balle [1]. Le découragement se mit parmi ses gens : une soif cruelle tourmentait les soldats et les faisait murmurer; les officiers cherchaient en vain à les rallier; le cri général de se rendre les contraignit à remettre leurs armes aux miliciens, qui les firent tous prisonniers. Pendant que les habitans du Carmen remportaient cette victoire signalée, les navires arrivèrent près du mouillage. On combattit avec ardeur; déjà l'un des bâtimens brésiliens venait d'être pris, lorsque la nouvelle de la défaite de l'armée obligea les deux autres à se rendre. Tel fut le résultat de la seconde expédition des Brésiliens, aussi infructueuse que la première; et qui laissa les colons fiers de leur bravoure, et convaincus de l'impuissance des troupes de *Pedro primeiro*.

Le Carmen se trouva rempli d'un trop grand nombre de prisonniers Brésiliens, pour qu'il fût possible de les y conserver; d'autant plus qu'il en arrivait encore tous les jours à bord des corsaires. On résolut de les envoyer pédestre-

---

1. Voyez tome II, chapitre XVIII, page 115.

ment à Buenos-Ayres, malgré la distance qui les en séparait, et ces pauvres malheureux se virent contraints de faire à pied près de trois cents lieues, au travers de déserts arides, sous la conduite d'un officier peu humain. Le récit des soldats chargés de les accompagner, n'est qu'un tissu de cruautés, et j'aime à le croire exagéré; beaucoup d'entr'eux, m'a-t-on dit, périrent dans le trajet, ou furent abandonnés, faute de pouvoir fournir la carrière. 1829 Patagonie.

La paix conclue le 3 Octobre 1828 entre Buenos-Ayres et le Brésil, mit fin à la prospérité du Carmen. Le mouvement cessa peu à peu. Les corsaires et leurs équipages abandonnèrent un point qui, désormais, n'était plus rien pour eux. Plusieurs commerçans en firent autant; et, pendant mon séjour à Patagones, je vis, successivement, tout le monde s'en aller, d'autant plus que les guerres contre les Indiens anéantissaient tout espoir d'y pouvoir former aucun établissement stable. On avait vu les hordes sauvages dévaster, *à trois reprises différentes*, les deux rives du Rio negro; l'agriculture arrêtée, dans les plaines les plus fertiles, faute de sécurité; les bestiaux des estancias enlevés; tout, enfin, manquait, en même temps, aux colons, et les rendait plus pauvres qu'ils ne l'avaient jamais été. Ils avaient appris à connaître le luxe et une foule de besoins qui leur étaient, naguère, étrangers; ce qui ne les rendait que plus à plaindre. Riches en 1810, abattus par les exactions des commandans jusqu'en 1816, alors, relevés, peu à peu, par l'achat des bestiaux aux Indiens, ils étaient redevenus opulens en 1828, pour retomber dans la misère en 1829. A cette dernière époque, la position du Carmen était des plus critique; et le peu de soutien que donnait Buenos-Ayres à cet établissement, faisait craindre qu'il ne pût long-temps se maintenir, et qu'il ne retombât, un jour, aux mains des sauvages. Tel est l'état où se trouvait le Carmen, lorsque je l'abandonnai; heureux, moi-même, de pouvoir en sortir sain et sauf.

§. 2.

Description du Carmen de Patagonie et de ses environs.

Après avoir fait connaître l'histoire du Carmen, le seul établissement qui subsiste sur la côte de Patagonie, et sur lequel on n'avait, jusqu'à présent, aucun détail, je vais donner une idée sommaire du sol, sous le point de vue de sa configuration, de sa composition et des productions naturelles qui le caractérisent.[1]

1. Il ne s'agit point ici de la géographie proprement dite, dont il est spécialement traité dans une partie à laquelle je renvoie. Il en est de même de la géologie, décrite aussi séparément.

1829. Patagonie. Les géographes ont appelé Patagonie toute l'extrémité de l'Amérique méridionale, située au sud du Rio negro à l'est, et de l'île de Chiloé à l'ouest. Sans rechercher ici le vrai ou le faux de cette division, ce qui sera l'objet d'un travail particulier, je ferai remarquer, au moins, que le nom de Patagonie, venant de la nation patagone ou téhuelche, ne devrait, tout au plus, s'étendre qu'aux régions habitées par cette race. Dès-lors on en distinguerait toutes les terres au sud du détroit de Magellan, les Cordillères des Andes, leur versant occidental; et, ainsi, la Patagonie comprendrait, seulement, sur le continent, le versant oriental des Andes, depuis ces montagnes jusqu'à l'Océan atlantique. C'est de la Patagonie, ainsi restreinte, que je vais m'occuper exclusivement, et encore, plus spécialement, de sa partie septentrionale, la seule que je connaisse par moi-même. Mes observations personnelles ont porté, notamment, sur l'espace compris du 40.e au 42.e degré de latitude sud; les autres, je les ai obtenues des naturels qui traversent, chaque jour, ces déserts, en tous sens, ou de quelques Espagnols que ma longue résidence en ces lieux m'a mis à portée d'interroger sur leurs voyages partiels dans l'intérieur du continent.

Le village du Carmen, situé près du 41.e degré de latitude australe, et par 64° 45′ de longitude ouest de Paris, est sur la ligne nord et sud donnée, par toutes les cartes françaises et étrangères, pour démarcation entre la république Argentine et la Patagonie. Si cette ligne a été adoptée pour la raison que là finissent les possessions de Buenos-Ayres, elle est tout à fait fausse, puisqu'une batterie, à la vérité, actuellement abandonnée, montre, sur la péninsule de San-José, que la domination des Argentins s'étend jusque-là; et puisque, d'ailleurs, on va, journellement, bien au-delà du Rio negro. Si c'est, au contraire, parce que les Patagons ne passent pas au nord du Rio negro, cette limite est encore plus fautive; car les Patagons vont jusqu'au Rio colorado, et même jusqu'à la sierra de la Ventana, au 39.e degré. Elle est donc, de toutes les manières, tout à fait arbitraire, et n'existe que sur les cartes, qui la reproduisent continuellement, sans que les auteurs cherchent à remonter aux causes qui l'y ont fait placer. Pour moi, je ne vois aucun motif qui en autorise la conservation, le territoire de la Patagonie étant si vaguement circonscrit qu'il est difficile d'en déterminer les véritables limites.

La partie septentrionale du lieu habité par les Patagons est formée de terrains secs et arides, allant en pente douce depuis les Andes jusqu'à l'Atlantique; elle est arrosée, sur toute sa longueur, par le Rio colorado, au nord, et par le Rio negro, qui prennent, tous deux, leurs sources dans les Andes. Le cours de ces deux fleuves interrompt la monotonie d'un terrain sec, couvert seulement de buissons épineux; ils y donnent vie à la végétation, et déroulent, sans interruption, sur leurs rives, une vallée fertile, ombragée de saules élancés, contrastant sans cesse avec les plaines arides qui les bordent. Ce sont, en effet, deux natures tout à fait distinctes, l'une analogue, en tout, à celle d'Europe; l'autre reproduisant, presqu'au niveau de la mer, l'aspect triste et stérile du grand plateau des Andes boliviennes, du 15.e au 20.e degré de latitude australe. Ces deux rivières, formant comme deux sillons au milieu d'une plaine presqu'unie, ne présentent pas le même aspect. Le Rio negro, la plus considérable des deux, coule dans une vallée circonscrite de falaises le plus souvent coupées à pic, que les eaux viennent battre encore, ou dont elles se sont peu à peu retirées, pour laisser des terrains d'alluvion seuls cultivables, sur lesquels on trouve une verdure presque permanente. On a vu cette vallée de trois lieues, en face du Carmen, se rétrécir à quelques lieues au-dessus, et laisser, ensuite, sur sa longueur, une moyenne de largeur qu'on peut porter, au plus, à une lieue, jusqu'à l'île de Cholehechel; au reste, quelques-uns de ces atterrissemens, à commencer de huit à dix lieues au-dessus de son embouchure, et les nombreuses îles que forme la rivière, sont couverts d'une grande quantité de saules, qui en font le plus bel ornement, et contrastent avec les falaises nues des coteaux. Le Rio negro est navigable pour les grands navires jusqu'au Carmen; mais Villarino a prouvé qu'avec des barques appropriées on pourrait remonter, au temps des crues, qui ont lieu de Juillet en Février, jusque bien près du pied même des Andes chiliennes. Le Rio colorado, beaucoup moins connu, est bordé de falaises moins élevées; le cours en est moins rapide; et il n'est pas aussi garni de saules que le Rio negro.

1829.

Patagonie.

Les terrains arides des plaines présentent encore un caractère propre aux Pampas, quoique ces plaines en soient bien distinctes, celui d'être couverts d'une multitude de dépressions, qui forment des lacs où les eaux s'amassent momentanément au temps des pluies, et où se cristallise, en couches épaisses, du sel marin exploité dans le pays : ces lacs, nommés salines[1], sont en grand nombre sur toute la Patagonie. J'ai fait connaître,

1. Nuñez, *Esquisse de Buenos-Ayres*, p. 234 (trad. franç.), dit que ce sont des salines de sel gemme ou de roche. Il se trompe complétement. Voyez Géologie, et partie historique, t. II, ch. XVIII, p. 123, la description de celle d'Andres Paz.

dans mes courses, celle de l'Inglès, près de la bahia San-Blas[1], celle d'Andres Paz[2] et celle de Piedras[3]; il y en a, dans les environs du Carmen, beaucoup d'autres dont je parlerai dans les parties géographique et géologique. Toutes seraient susceptibles d'une exploitation facile, sans leur trop grand éloignement des lieux où l'on peut se procurer de l'eau. Non-seulement tous les lacs sont salés, mais encore le terrain est partout imprégné de parties salines qui se manifestent souvent en efflorescences à la surface du sol. Il n'est pas jusqu'aux terrains d'atterrissemens des rives du Rio negro qui n'en montrent également, ce qui fait que jamais aucun des puits creusés n'a donné d'eau douce; mais, si les plaines sont chargées de sel, si elles sont sèches, couvertes, seulement, de buissons épineux qui cachent, en partie, de petits cailloux ou de gros sable répandu sur le sol, la plupart des terrains d'alluvion des rives du Rio negro, inondés presque périodiquement tous les ans, et ainsi fertilisés, offrent, au contraire, non-seulement une végétation indigène, mais encore les moyens d'y transplanter celle d'Europe, sur un terreau des plus propre à l'agriculture.

Considéré sous le rapport de sa composition, le sol de la partie septentrionale de la Patagonie paraît offrir, depuis le pied des Andes jusqu'à la mer, une succession de couches de terrains tertiaires, contenant des alternats de coquilles d'eau douce et marines, et des ossemens de mammifères, au milieu de grès friables si uniformément stratifiés que, sur les côtes de la mer et sur les rives du Rio negro, où se remarquent, partout, des falaises d'une grande hauteur, on peut suivre la moindre couche, l'espace de six à huit lieues, sans qu'elle y varie sensiblement d'épaisseur. Plusieurs échantillons des roches, ainsi que la description des voyageurs, m'ont prouvé que les mêmes terrains occupent presque toute la Patagonie, sur la côte orientale, jusqu'au détroit de Magellan; au reste, le sol tertiaire se continue au pied des Andes, vers le Nord, communique avec celui qui borde le grand Chaco, et circonscrit, partout, les Pampas proprement dites, formées, invariablement, d'argile à ossemens ou de terrains d'alluvion. Les Pampas elles-mêmes sont beaucoup moins étendues qu'on ne l'avait pensé, puisqu'elles ne participent pas du tout du sol de la Patagonie, cessant entièrement au 39.e degré, pour faire place aux terrains tertiaires des parties australes: ainsi, à l'exception des atterrissemens et des bords des rivières, la Patagonie n'est pas propre à la culture,

1. Tome II, chapitre XVII, page 69.
2. Tome II, chapitre XVIII, page 123.
3. Tome II, chapitre XIX, page 167.

offrant, partout, des terrains sablonneux et secs, qui ne conservent pas l'humidité nécessaire.

La température, au Carmen, n'est pas celle qu'on devrait rencontrer au 41.e degré de latitude, à la même distance de l'équateur que Naples et Madrid, mais dans un autre hémisphère; il y fait généralement plus froid, ce qu'il faut attribuer, sans doute, au voisinage des Andes et aux plaines qui s'étendent jusqu'aux régions glacées de l'extrémité méridionale de l'Amérique, dont le froid est constamment amené par les vents, soufflant presque toujours de l'Ouest. On peut voir, en effet, par le tableau des observations faites à la baie Blanche[1] que, sur quatre-vingt-deux jours, le vent est venu, pendant cinquante-huit, du côté de l'Ouest, amenant, continuellement, l'air froid des Andes, qui, passant avec rapidité sur la surface unie des terrains de la Patagonie et des Pampas, ne perd que peu de son intensité, lorsqu'il vient du Nord-Ouest; tandis qu'il est doublement glacé lorsqu'il vient du Sud-Est, où la latitude contribue encore au peu d'élévation de la température. Dans le même temps, les vents ne vinrent que dix-huit jours du côté de l'Est, passant encore sur la mer, où ils ne peuvent pas se réchauffer; et six jours seulement plein Nord ou plein Sud. Ces circonstances peuvent expliquer le froid excessif des nuits, même dans la saison la plus chaude; car il n'est pas supposable que l'abaissement de la température tienne souvent aux vents venant du pôle, puisque, sur quatre-vingt-deux jours ils n'ont soufflé que vingt-trois fois du Sud-Est au Sud-Ouest, tandis qu'ils ont été cinquante-deux fois du Nord-Est au Nord-Ouest, et sept seulement Est ou Ouest. On peut donc en conclure que le froid de cette latitude dépend, plus souvent, du voisinage de la Cordillère que de celui du pôle austral. On s'exagère, néanmoins, la différence que l'on croit exister entre la température de cette latitude sur l'hémisphère austral, et la même sur l'hémisphère boréal. Il gèle rarement à Naples, il est vrai; mais, au Carmen, à peine, pendant l'hiver que j'y ai passé, ai-je vu deux ou trois fois un peu de glace; encore avait-elle, au plus, dans les lieux les plus exposés au froid, un centimètre d'épaisseur. Les légumes n'y gèlent pas. Les habitans n'y ont jamais vu tomber de neige; et le thermomètre centigrade n'a jamais donné plus de deux à trois degrés de froid; et, encore, seulement avant le lever du soleil; tandis qu'au mois de Janvier, à la bahia de San-Blas, je l'ai souvent vu s'élever, dans le milieu du jour, jusqu'à 30 degrés de chaleur.

Ce qu'il y a de remarquable au Carmen, c'est le froid excessif des nuits,

1. Voyez tome I, chapitre XVI, page 666.

1829. Patagonie.

même en été; ce qu'on s'explique assez facilement par le voisinage des Cordillères, par celui des montagnes glacées du pôle, et par celui de la mer, ainsi que par les vents qui règnent presque constamment. Pendant huit mois de séjour, à peine ai-je vu quelques journées de calme; tandis que j'ai toujours eu à souffrir de vents souvent assez forts pour rendre la marche difficile, et qui, en empêchant le développement de la végétation sous des formes variées, déterminent cette désolante sécheresse, l'un des caractères du sol de la Patagonie; sécheresse telle que la pluie qui tombe est, en peu de temps, évaporée, et que tout sèche avec autant de facilité que sur les côtes du Pérou, où il ne pleut jamais, ou sur les sommets des Andes, où la température est identique avec celle du Carmen, quant à ses effets. Tous les corps d'animaux exposés à l'air, s'y dessèchent également au lieu de s'y putréfier, et gisent ainsi sur le sol, pendant plusieurs années, avant de se corrompre. Il pleut rarement au Carmen, les vents qui viennent de l'Ouest, n'amenant jamais de pluie; il n'en vient qu'avec les vents de l'Est jusqu'au Sud, qui passent sur la mer, entraînent avec eux les orages, et forment les rafales. On a remarqué que les premiers seulement donnent des grains passagers de peu de durée; tandis qu'il est rare qu'une tempête ne charrie des nuages qui font pleuvoir pendant un ou deux jours de suite. Toutes ces conditions, néanmoins, rendent le Carmen le pays, peut-être, le plus salubre du monde.

Quels contrastes singuliers présente l'Amérique, quand on compare les effets tout contraires produits, à l'est ou à l'ouest des Andes, aux mêmes latitudes[1]! On vient de voir qu'au Carmen, sur le versant oriental des Andes, au 41.e degré de latitude, il pleut très-rarement; tandis que, par la même latitude, sur le versant opposé, les environs de Valdivia au Chili sont couverts d'une végétation active, alimentée par des pluies continuelles, par des brumes journalières; mais, si l'on s'avance vers le Nord, jusqu'au tropique du capricorne, tout est changé. Sur le versant occidental des Andes, jamais il ne pleut; des sables mouvans couvrent toutes les côtes du Pérou; tandis que le versant oriental, si sec en Patagonie, revêt, dans le haut Pérou, tout le luxe d'une végétation tropicale, au sein d'une température chaude et humide, où des pluies fréquentes vivifient une nature des plus vigoureuse. On voit, à l'ouest des Andes, la belle végétation du sud du Chili diminuer peu à peu

1. Dans la partie géographique spéciale je tâcherai d'expliquer les causes des singuliers contrastes que je signale sommairement ici.

en s'avançant vers le nord, devenir rare au 32.e degré, et cesser tout à fait sous les tropiques, où rien ne croît plus qu'à l'aide d'une irrigation artificielle. A l'est des Andes, on remarque tout le contraire; le sol de la Patagonie y est de la plus grande aridité; mais, vers le nord, dans les Pampas, il se couvre de pelouses; plus au nord encore, de bois épais; et passe, enfin, à cette végétation si exubérante, dont tout le Brésil est décoré. J'ai dû chercher, dans les vents régnans, les causes générales de ces effets contraires : ils sont continuellement du Sud, sur le versant occidental des Andes; le plus souvent du Nord, sur le versant oriental; et, dès-lors, produisent, nécessairement, des effets opposés; mais, avant d'avoir parcouru successivement ces diverses contrées, je n'aurais pu me rendre compte de ces changemens si remarquables, propres au sol des parties australes de l'Amérique méridionale.

1829. Patagonie.

La zoologie du nord de la Patagonie, dont je vais chercher à donner un aperçu sommaire, offre un caractère tout à fait particulier : elle est bien différente, dans son ensemble, de celle que j'ai décrite à Corrientes[1]. Ce n'est plus ce mélange journalier des animaux des zones chaudes avec ceux des parties tempérées; c'est une zoologie propre à un sol aride et sec, augmentée, en hiver, de celle des régions glacées du pôle, qui s'y montre au temps des froids. Si je cherche à la comparer à la zoologie de quelqu'autre partie de l'Amérique, je ne lui trouverai de ressemblance qu'avec celle des montagnes du Chili et du grand plateau des Andes tropicales, dans la Bolivia; et, dans cette dernière localité, exclusivement à la hauteur de 10 à 14,000 pieds au-dessus du niveau de la mer. Là, non-seulement se retrouvent presque tous les mêmes genres, mais encore on s'étonne, souvent, d'y rencontrer les mêmes espèces. En un mot, l'analogie entre ces deux points, sous le rapport zoologique, est frappante, ce qui paraîtra d'autant moins singulier que, sous tous les autres points de vue de température et d'aspect général du pays, il y a une identité remarquable, comme on pourra le reconnaître par la suite de ce coup d'œil.

Les nombreux singes qui animent les coteaux de la province de Corrientes, ont disparu avec les bois qui leur offraient un asyle..... Plus de quadrumanes sur le sol patagonien; tous sont restés au nord du 30.e degré de latitude; cependant, quelques faibles vespertilions voltigent encore, au crépuscule, sur les rives et au bord des falaises du Rio negro. Le glouton grison[2] y établit aussi sa demeure et s'y familiarise sans peine; mais c'est bien au sein de ces

1. Voyez partie historique, tome I, chapitre II, page 322.
2. *Viverra vittata*, Linn.

1829. contrées que la malicieuse mouffette se trouve réellement chez elle; peu inquiétées, ses familles unies s'y jouent au milieu des déserts, y étalant un pelage

Patagonie. que les naturels lui envient.... Seulement, malheur à celui qui se fie trop à son apparente indifférence!..... Le loup rouge[1] parcourt, incessamment, les déserts, trouvant toujours à saisir quelques timides gallinacés, tandis que le renard[2], son voisin, ne sort de son terrier que pour nuire à l'homme fixé dans ces contrées, ou bien encore pour surprendre les petits mammifères ou quelques oiseaux que ses ruses habituelles lui donnent les moyens de capturer. Là, si l'aridité du sol attriste, au moins n'a-t-on pas à craindre la griffe meurtrière du terrible jaguar; il ne passe pas au sud des montagnes du Tandil. Il n'en est pas de même du cougouar[3], qui, au contraire, y devient plus commun que partout ailleurs, au sein des vastes plaines, où il se trouve en concurrence, pour la chasse, avec deux espèces de chats sauvages, ses inférieurs de beaucoup pour la taille, le *pajero* et le *mbaracaya* d'Azara, qui habitent, surtout, les rives du Rio negro. On a vu les côtes maritimes fourmiller de carnassiers amphibies; les phoques à trompe[4] couvrir les plages sablonneuses; les otaries, *lion marin*[5], préférer les rochers ou les côtes couvertes de galets; et, dans les deux espèces, les mâles, aussi vains de la possession de leurs troupeaux de femelles, troubler, journellement, les rivages de la mer par leurs sanglans démêlés; tandis que leurs timides compagnes, objets de la lutte, sans paraître y prendre intérêt, se soumettent, d'avance, au despote que le sort du combat leur destine. Deux espèces de sarigues[6] poussent aussi leurs migrations sur le sol patagonien, où elles nuisent encore aux fermiers, qui leur font une chasse cruelle.

Si les animaux carnassiers sont nombreux en Patagonie, il leur faut, pour nourriture, des êtres aussi nombreux que faibles. Les rongeurs sont là pour remplir cette condition de leur destinée. Les cténomes fouisseurs remplacent en Patagonie nos taupes d'Europe, labourant incessamment toutes les campagnes sablonneuses qu'habitent, aussi, en grand nombre, des rats, les uns d'espèces indigènes, vivant de graines dans les dunes; les autres, étrangers parasites (notre rat et notre souris), venus, avec l'Européen, dans ces contrées sauvages, où, comme en Europe, hôtes importuns et redoutés,

1. *Canis jubatus*, Cuv.
2. *Canis Azaræ*, Prince Maxim.
3. *Felis discolor*, Linn.
4. *Phoca leonina*, Linn.
5. *Phoca jubata*, Gmel.
6. *Didelphis Azaræ*, Temm.

ils se font poursuivre avec raison, mais sont très-difficiles à chasser. L'écho des rives du Rio negro répète, quelquefois, les mélancoliques accens du quya[1], dont quelques familles, venues du nord, peuplent les marais; on les entend à l'heure de la nuit, où la timide biscacha[2], par tribus nombreuses, se joue sur les pelouses des environs de sa demeure souterraine, agitant, toujours, ses énormes moustaches noires. Celle-ci et le léger mara[3], qu'on a vu représenter, sur les plaines du Sud, notre lièvre d'Europe, avec une espèce nouvelle de coboye[4], à poil doux, sont spéciaux à ces contrées, et occupent le sol qui leur est le plus propre, ne s'approchant jamais des tropiques.

Parmi les mammifères édentés on ne trouve plus, en Patagonie, que des espèces cuirassées du genre Tatou; deux seulement vivent au sein des déserts, le pichi[5], recherché pour la délicatesse de sa chair, et le nocturne peludo.[6] Des troupes nombreuses de pécaris à collier[7], les sangliers d'Amérique, ont poussé leurs migrations depuis les forêts chaudes des tropiques jusqu'aux marais des rives du Rio negro, où ils ne sont pas moins intraitables. Il en est de même du léger guaçuti[8], qui, seul entre les quatre espèces de cerfs trouvées dans la province de Corrientes, est passé dans les plaines des Pampas, non moins commun en Patagonie qu'il ne l'est sur les rives du Parana. Ici, pour la première fois, j'ai vu l'un des habitans des Andes péruviennes, le *guanaco*[9], ce chameau américain, qui a suivi les montagnes jusqu'au détroit de Magellan, en jetant, çà et là, quelques-unes de ses familles au sein des vastes déserts de la Patagonie, où l'homme, sauvage comme lui, vient encore le poursuivre, autant pour sa chair que pour sa fourrure, dont se revêt le fier Patagon. Tels sont les mammifères qui couvraient ce sol depuis des siècles, quand nos animaux domestiques, nos bœufs, nos vaches, nos chevaux, sont venus s'y naturaliser et se soumettre aux premiers habitans, qui, dès-lors, devaient prendre des mœurs et des coutumes nouvelles. Je ne dois pas oublier de rappeler que les côtes sont journellement fréquentées par un grand nombre de baleines, de dauphins, de cachalots et autres cétacés, auxquels

1. *Myopotamis coipus.*
2. *Callomys biscacia*, Isid. Geoff. et d'Orb.
3. *Dasyprocta patagonica*, Desm.
4. *Cavia patagonica*, d'Orb. et Isid. Geoff.
5. *Dasypus minimus*, Desm.
6. *Dasypus villosus*, Desm.
7. *Dycotyles torquatus*, Cuv.
8. *Cervus campestris.*
9. *Auchenia llacma*, Illig.

1829. des navires de tous les pays viennent donner la chasse au sein de ces mers agitées.

Patagonie. Il ne faut pas chercher, parmi les oiseaux patagoniens, ce luxe de couleurs brillantes qui caractérise ceux des régions boisées et chaudes. Plus de sautillans oiseaux-mouches, de tangaras coquets, de magnifiques cotingas, d'éclatans manakins, de pies babillardes, d'industrieux caciques, au plumage varié. Tous sont restés sous la zone torride; et la Patagonie n'offre que des oiseaux d'un aspect aussi triste que ses plaines; mais, pour la plupart, aussi nombreux que les déserts en sont étendus.[1]

Aux Andes seules n'était pas réservé l'honneur de voir planer le majestueux condor[2]; la Patagonie, aussi, peut se glorifier de posséder ce messager des dieux, révéré des Incas; cet oiseau dont la taille et la forme ont donné lieu à tant d'exagérations fabuleuses. Il y parcourt, incessamment, les hautes falaises du littoral, souvent accompagné des dégoûtans cathartes urubus et auras[3], qui viennent y chercher, comme lui, les restes des animaux morts, et les disputent, en troupes, aux voraces carácarás[4], non moins communs sur les parties habitées des rives du Rio negro. L'hiver, avec ses frimas, contraint à descendre des Cordillères, vers les plaines, et des glaces du pôle sud, vers le nord, les timides passereaux; les pigeons et les canards sociables y amènent, avec eux, quantité d'oiseaux de proie; ainsi les aigles couronnés[5], l'aguya[6], la buse tricolore[7] et quelques busards[8] y abondent, seulement dans cette saison, près des lieux couverts de saules ou sur les rives du Rio negro, toujours prêts à fondre sur ces nuées vacillantes d'oiseaux timides, dont ils font leur proie journalière; mais ils disparaissent en partie l'été ou se disséminent davantage, laissant aux seuls faucons[9] effrontés des goûts sédentaires, et, pour partage, le voisinage exclusif de l'homme. Les oiseaux de proie nocturnes fréquentent aussi la Patagonie septentrionale; ils y sont même en majorité. Le monotone ffacu-

---

1. Nous avons recueilli en Patagonie 107 espèces d'oiseaux, dont la proportion comparative est la suivante : 16 oiseaux de proie, 36 passereaux, 3 grimpeurs, 5 gallinacés, 22 échassiers, 25 palmipèdes.

2. *Sarcoramphus gryphus*, Linn.

3. *Cathartes urubu*, Vieill.; *C. aura*, Illig.

4. *Polyborus vulgaris; P. chimango*, Vieill.

5. *Circaetus coronatus*, Vieill.

6. *Haliætus melanoleucus.*

7. *Buteo tricolor*, Nob., voy. Ois., pl. 3.

8. *Circus cinereus*, Vieill.

9. *Falco femoralis*, Temm.; *Falco sparverius*, Gmel.

rutu[1] s'y trouve aussi communément que dans les pays chauds; mais, lorsqu'il vient rôder, la nuit, autour du bivouac du voyageur, comme pour l'endormir, il ne lui reste qu'une partie du charme qu'il répandait sur les nuits d'un climat plus chaud. Ce n'est pas, non plus, sans étonnement qu'au milieu des déserts j'ai retrouvé notre moyen duc d'Europe[2], qui, dès-lors, paraît être de tous les pays; et que j'ai entendu, près des falaises du Rio negro, le cri sinistre de l'effraie[3]. Dans les plaines on aperçoit partout, même de jour, la chevêche urucuréa[4], qui, seule de ses mœurs, vit au fond des terriers usurpés; tandis qu'au contraire les bois de saules recèlent la plus petite de toutes les chevêches[5], qui se laisse, en plein midi, mollement balancer au gré des vents, sur les branches flexibles des saules. 1829. Patagonie.

Les oiseaux passereaux y sont à peu près dans la proportion des oiseaux de proie. Quelques rhinomyes[6] empressées s'aperçoivent autour des buissons; un merle[7], qui abandonne momentanément les rivages glacés du détroit de Magellan, y arrive en hiver, et se mêle aux moqueurs[8] bigarrés, pour fréquenter les halliers, recherchés également des troglodytes[9] sautillans, des synallaxes craintifs[10], et de quelques inconstans gobe-mouches[11]. Les prairies sont foulées par quelques pipi[12], par des muscisaxicoles[13], aux mœurs de moteux; par quelques joyeuses alouettes; par un tangara buissonnier[14], le seul de sa famille, qui visite les marais, où se montrent, en nuées épaisses, les troupiales sociables[15], les uns aux teintes noires, les autres munis de couleurs vives, comme, en été, l'étourneau militaire[16], aux épaulettes et à la poitrine rouges. Plusieurs

1. *Bubo magellanicus*, Gmel.
2. *Otus brachiotos*, Linn.
3. *Strix perlata*, Licht.
4. *Noctua cunicularia*.
5. *Strix ferox*, Vieill.
6. *Rhinomya lanceolata*, Isid. Geoff. et d'Orb.
7. *Turdus magellanicus*, King.
8. *Orpheus patagonicus*, Nob., voy. pl. 11, fig. 2.
9. *Troglodytes pallida*, Nob.
10. *Synallaxis troglodytoides*, Nob.; *S. ægythaloides*, Kittlitz; *S. leucocephala*, Nob.
11. *Tyrannus savanna*, Less.; *Muscicapa parvulus*, Kittlitz; *Fluvicola perspicillata*; *Popoaza polyglotta*; *P. variegata*, *P. murina*, Nob.
12. *Anthus fulvus*, Vieill.; *A. furcatus*, Nob.
13. *Muscisaxicola mentalis*, Nob.; *Certhilauda vulgaris*, Nob.
14. *Embernagra platensis*.
15. *Icterus niger*.
16. *Sturnus militaris*, Linn.

1829. espèces d'hirondelles[1] passagères viennent aussi, dans la saison chaude, parcourir les rivages du Rio negro, ainsi que les alentours du fort; mais elles retournent promptement, à l'automne, vers le nord, afin d'y chercher un climat plus doux, partant en même temps que quelques engoulevents, qui s'égarent aussi jusqu'en Patagonie, où leurs mœurs nocturnes leur ont fait donner le nom d'oiseau dormeur (*pajaro dormilon*).

Patagonie.

Si, des bords vivans des rivières, on passe aux terrains élevés, couverts de buissons épineux, on les trouvera souvent déserts; en hiver, pourtant, ils sont incessamment parcourus par de nombreuses troupes de passerines[2] étourdies, parmi lesquelles dominent, surtout, le *diuca*[3] des Chiliens, des anabates[4] criards, l'industrieux anumbi[5], l'hornero architecte[6], à la demeure en spirale, artistement bâtie sur des branches, et quelques craintives huppucerthies.[7]

Dans un pays si dénué de bois les oiseaux forestiers grimpeurs devraient être peu communs. On pourrait même s'étonner d'y voir l'ara patagon[8] s'avancer jusqu'au détroit de Magellan, s'il ne préférait pas toujours les falaises escarpées aux lieux ombragés, à l'exemple du pic des champs[9], qui fréquente les lieux rocailleux. Ce sont de véritables anomalies, quand on vient à les comparer aux oiseaux qui leur sont voisins de forme. Les gallinacés, si communs dans d'autres contrées, se réduisent, en Patagonie, à cinq espèces: dans les plaines, ces plaintifs tinamous[10], qui se cachent au milieu des herbes; tandis que les terrains secs sont foulés par des compagnies d'eudromies[11], oiseau singulier, propre au sol patagonien, et dont on ne retrouve d'analogue que sur les sommets élevés des Andes boliviennes[12]. Quelques tourterelles[13] y roucoulent, en été, près des vergers; mais celles-ci ne sont rien en comparaison

1. *Hirundo cærulea.*
2. *Passerina schistacea*, Nob.; *P. manumbi*, Licht.; *P. flava*, Vieill.; *P. americana*, Nob.
3. *Passerina diuca.*
4. *Anabates albicollis*, Nob.
5. *Anumbius anumbi*, Nob.
6. *Furnarius rufus*, Vieill.
7. *Huppucerthia dumetorum*, d'Orb. et Isid. Geoff.
8. *Psittacus patagonicus.*
9. *Picus auratus*, Linn.
10. *Tinamus maculosus*, Temm.; *T. adspersus*, Temm.
11. *Eudromia elegans*, d'Orb. et Isid. Geoff.
12. *Eudromia andecola*, Nob.
13. *Columba talpacoti?*

des myriades de pigeons[1] qui arrivent, en hiver, des montagnes ou du Sud, et dont les vols épais forment nuage à l'horizon, ou bien colorent en bleu les plaines humides des rivages du Rio negro, où les oiseaux de proie les poursuivent continuellement, soit dans leur vol, soit lorsque, perchés sur les faibles branches des saules, ils les font plier et rompre sous leur poids, tant ils sont nombreux. 1829. Patagonie.

Les oiseaux de rivage sont, sans contredit, les plus communs en Patagonie, parce qu'ils n'ont pas besoin d'eau douce, comme les passereaux. Les plaines sont couvertes de paisibles familles de l'autruche américaine ou ñandu[2], servant de but aux bolas des Gauchos et des Indiens, qui veulent, en même temps, s'approprier leur chair et leurs plumes; mais, agiles à la course, elles se jouent souvent de leurs efforts. Il existe aussi, en Patagonie, une seconde espèce de ces singuliers oiseaux, nommée autruche naine[3] par les habitans: elle se tient dans les déserts arides, et principalement au sein des sables mouvans, où l'on irait en vain la poursuivre; plus légère que les coursiers, elle franchit l'espace avec vîtesse, tandis que le chasseur peut à peine y marcher. Sur les rivages de la mer et sur ceux des rivières, les pluviers voyageurs et variés en espèces courent avec une extrême rapidité, rivalisant, pour l'esprit social, avec les alouettes de mer, les pies de mer[4] des plages sablonneuses, et les nombreux chevaliers de diverses tailles, qui, au contraire, cherchent les terrains vaseux. Les prairies retentissent des cris d'alarme du vigilant vanneau armé[5], des cris plus désagréables de quelques ibis[6] au long bec, non loin des groupes de pusillanimes tinochores[7], blottis à terre et s'envolant, en jetant des cris, sous les pieds même de l'homme qui parcourt les lieux qu'ils habitent. Le voisinage des bois de saules, les bords de ce dédale de canaux qui séparent les îles du Rio negro, sont souvent fréquentés par la blanche aigrette[8], le héron[9] et le bihoreau[10], au cri rauque; tandis que les râles agiles, à la démarche empressée, se faufilent au milieu des plantes aquatiques, où se cache souvent

1. *Pigeons aux ailes tachetées*, Az.
2. *Rhea americana.*
3. *Rhea pennata*, Nob.
4. *Hæmatopus luctuosus*, Cuv.
5. *Tringa cayennensis.*
6. *Ibis plumbeus.*
7. *Thinochorus rumiccivorus*, Eschs.
8. *Ardea egretta.*
9. *Ardea major.*
10. *Ardea Gardeni.*

1829. Patagonie. la tranquille bécassine[1]. La grave cigogne[2] s'aperçoit, quelquefois, dans la campagne, qu'elle arpente avec lenteur, souvent auprès des lacs, dont les eaux sont animées de la présence de foulques joyeuses, qui se perdent au sein des joncs, dans lesquels n'ose entrer l'échasse[3], à la jambe d'une finesse et d'une longueur démesurées. Au sein des salines caractéristiques de la Patagonie, les phénicoptères aux ailes en feu[4] viennent, par phalanges, y construire leurs nids coniques, sur lesquels ils se mettent à cheval pour couver, au milieu même du sel cristallisé, dont la blancheur fait pâlir leurs teintes. On y voit aussi le bec-en-fourreau[5], ce *pigeon blanc*, connu des plus anciens navigateurs au détroit de Magellan, pour venir, à plus de cent lieues en mer, visiter les navires, et faire croire qu'il s'est échappé des cages des voyageurs curieux; tandis qu'il a quitté les côtes rocailleuses, où, par troupes, il parcourt, incessamment, les rochers couverts de moules, afin de s'en nourrir comme les huîtriers, dont il est si voisin pour les mœurs.

Il ne me reste plus à faire connaître, parmi la gent ailée, que les espèces à qui la structure palmée de leurs pieds permet de voguer au sein des eaux; ceux-ci sont, sans contredit, les plus répandus, et, en même temps, ceux qui abondent le plus, surtout en hiver, époque à laquelle ils abandonnent les régions froides du détroit de Magellan, pour aller chercher, sur les fleuves du nord, une température plus douce. A leur tête, je citerai deux cygnes[6] majestueux qui nagent au milieu des grands amas d'eau, entourés de milliers de canards de onze espèces différentes, que l'on croirait former leur cour, les uns plongeant au fond des eaux, mélangés aux grèbes[7] navigateurs; les autres, parcourant les rivages, fréquemment près du noir cormoran. Mais l'espèce qui joue le rôle le plus important sur les prairies du Rio negro, c'est l'oie antarctique[8], dont les troupes, mélangées d'individus blancs et d'autres variés, arrivent au commencement des froids, et font retentir les plaines de leurs cris; ou bien paissent par milliers et familièrement autour des habitations même, peu habituées qu'elles sont à se voir inquiétées dans les régions australes qu'elles habitent l'été. Si les rivages des fleuves sont couverts de gibier

1. *Scolopax paludosa?*
2. *Ciconia americana*, Briss.
3. *Hemantopus melanurus*, Vieill.
4. *Phenicopterus ignipalliatus*, Isid. Geoff. et d'Orb.
5. *Chionis alba*, Forst.
6. *Cygnus nigricollis* et *Cygnus hyperboreus.*
7. *Podiceps Rolland*, Quoy et Gaim.
8. *Anas antarctica*, Gmel.

aquatique, ceux de la mer, quoique moins favorisés, sous ce rapport, ne sont néanmoins pas déserts. Les mouettes[1] et les goélands criards, ainsi que l'inquiète hirondelle de mer, y font leur demeure habituelle; tandis que les circonstances seules peuvent forcer les albatrosses[2] aux longues ailes, et les manchots[3], demi-poissons, à quitter les hautes mers pour venir s'y reposer un instant.

1829.

Patagonie.

Le sol patagonien est peu propice aux reptiles; néanmoins on y remarque une espèce de tortue[4] qui, par un rapprochement rare, se trouve être la même qu'une de celles qui habitent au cap de Bonne-Espérance. Quatre espèces de lézards inoffensifs vivent sur les coteaux ou près des rives du Rio negro; tandis que des amphisbènes[5] annelés s'enfoncent dans les sables, où ils poursuivent des larves d'insectes, au lieu de chercher les rayons du soleil pour se réchauffer, comme le font trois autres espèces de serpens qui rampent autour des buissons épineux, dans les déserts arides. Un seul crapaud habite les lieux aquatiques, si peuplés de ces dégoûtans animaux, dans les régions chaudes.

Les poissons d'eau douce sont, au plus, au nombre de deux à trois espèces, encore de petite taille. Il n'en est pas ainsi des espèces qui peuplent les côtes maritimes: les athérines délicates, ou *peje-rey* (poisson-roi) des habitans, y pullulent, surtout en été, et entrent dans la rivière, de même que quelques lamproies; mais tous sont peu inquiétés par l'homme civilisé, qui ne pêche que très-rarement, tandis que les indigènes Patagons ne pêchent jamais. Le nombre des poissons n'est donc diminué que par les voraces amphibies, qui leur font une guerre cruelle, les poursuivant dans les lieux les plus cachés de leur élément.

Les côtes maritimes, dans celles de leurs parties que recouvrent les eaux de la mer, recèlent un grand nombre d'animaux mollusques nus ou pourvus d'une brillante coquille. Parmi les premiers je citerai quelques céphalopodes[6] aux teintes changeantes, qui vivent dans les endroits rocailleux, ainsi que quelques élégantes éolides[7] et des pleurobranches succinés[8]. Parmi les seconds,

1. Grande mouette d'Azara.
2. *Diomedea fuliginosa*, Gmel.
3. *Spheniscus Humboldtii*, Mey.
4. *Testudo sulcata*, Miller.
5. *Amphisbæna alba*, Lacép.
6. *Octopus tehuelchus*, d'Orb.; voy. Moll., pl. 1, fig. 6.
7. *Eolidia patagonica*, d'Orb.; voy. Moll., pl. 14, fig. 4, 7.
8. *Pleurobranchus patagonicus*, d'Orb.; voy. Mollusq., pl. 17, fig. 4, 5.

1829. Patagonie. les espèces sont bien plus nombreuses. Les brillantes volutes[1], aux vives couleurs, ainsi que les olives[2] polies, fréquentent les baies tranquilles, où elles se cachent sous le sable, de même que les natices[3] et les scalaires; tandis qu'on ne rencontre que sur les rochers les autres coquilles gastéropodes, telles que les buccins, les rochers, les troques, les oscabrions, les fissurelles, les crépidules et les syphonaires. Ces mêmes plages sablonneuses, sur lesquelles rampent les coquilles que je viens de nommer, recèlent beaucoup de bivalves, parmi lesquelles on distingue des vénus colorées, des mactres fragiles, des mésodesmes, des solens, des corbules, des lucines, des anatines, des pétoncles, des nucules et des bissomyes. Les rochers sont perforés par des lithodomes et des pholades, qui n'empêchent pas qu'il ne s'y attache des moules nombreuses, des peignes, des anomies, des huîtres et des plicatules : telles sont les espèces maritimes. Il y a, de plus, dans la rivière, quelques anodontes, quelques unios, des limnées, des paludines, des planorbes, sur ses bords; mais aucune coquille terrestre ne peut habiter ces coteaux, trop secs pour lui fournir des alimens.

De nombreux crustacés couvrent les plages vaseuses ou se cachent sous les pierres des côtes rocailleuses. On ne voit plus que peu d'araignées, encore seulement près des rivières, et bien moins d'insectes myriapodes. Parmi ces animaux, ceux dont le nombre domine, sont les coléoptères; mais ceux-ci ne brillent plus par les teintes, par de belles couleurs métalliques. Les coléoptères patagoniens sont plus en rapport avec les espèces sombres qui caractérisent, le plus souvent, les lieux tempérés; aussi les carabiques riverains y sont-ils nombreux[4], ainsi que les tristes mélasomes, qui préfèrent les dunes et les terrains arides. Au printemps, les cérambix aux longues cornes, les scarabées et les hannetons nocturnes, les copris fouisseurs, les ditisques et les hydrophiles nageurs, les taupins crépusculaires, les charançons au long bec, et, enfin, les plus brillans de tous, les buprestes, qui courtisent les plantes composées, animent, plus qu'on ne pourrait le croire, ce pays si peu favorisé sous d'autres rapports. On y voit aussi quelques orthoptères, des perce-oreilles, des spectres, des mantes, des sauterelles, surtout, ainsi que l'importun gril-

1. *Voluta angulata*, Swains.; *V. coloquinta*, Chemn.

2. *Oliva puelcha*, *O. tehuelcha*, d'Orb.

3. *Natica patagonica*, Nob.

4. Sur 178 espèces de coléoptères que j'ai rencontrées en Patagonie, la proportion numérique du nombre d'espèces de chaque famille est à peu près la suivante : cicindélètes, 4; carabiques, 22; hydrocanthares, 5; buprestides, 10; élatérides, 4; lamellicornes ou scarabées, 29; mélasomes, 27; rhynchophores ou charançons, 13; cérambiciens, 19; etc. Ainsi les carabiques, les mélasomes et les lamellicornes, sont les insectes qui dominent le plus.

lon. Les hémiptères y sont en plus grand nombre. Des cigales joyeuses font retentir les campagnes de leurs chansons d'été, tandis que les punaises infectes couvrent les plantes aquatiques des rives du Rio negro, dont les coteaux recèlent quelques fourmilions aux ailes réticulées, presque les seuls névroptères du pays; mais, si ces derniers sont peu communs, il n'en est pas ainsi des hyménoptères à l'aiguillon acéré. Il semble que les sables soient leur patrie de prédilection; car je n'y en ai pas trouvé moins de trente-cinq espèces, parmi lesquelles de brillans ichneumons. En Patagonie, plus d'abeilles laborieuses et productives, mais, aussi, peu de ces indestructibles fourmis, qui font le désespoir des cultivateurs, dans les pays chauds. En vain chercherait-t-on, sur cette terre désolée, quelques-unes de ces belles espèces de papillons aux couleurs diaprées, qui animent les campagnes de la zone torride. A peine une ou deux espèces nocturnes y viennent-elles témoigner de leur existence; on pourrait, en conséquence, s'y croire plus, qu'on n'y est réellement, à l'abri des piqûres des moustiques et des taons. Ces insectes insupportables se retrouvent encore, en été, sur les rives du Rio negro; il est vrai qu'on n'y en voit que là; car les campagnes sèches en sont exemptes. 1829. Patagonie.

Tel est, en général, l'aspect zoologique de la Patagonie septentrionale.

Si je veux donner une idée comparative de la végétation de ces mêmes contrées, je devrai, d'abord, indispensablement, signaler celle des plaines, dont le facies est triste et monotone au dernier degré..... Plus d'arbres.... aussi le seul qui s'y trouve, celui du Gualichu [1], y est-il révéré des sauvages voyageurs..... Plus de plantes élevées; à leur place, des buissons épineux, rabougris, presque tous dépourvus de feuilles ou n'en ayant au moins que de très-petites, et témoignant, par leurs tiges noires et tortueuses, leur peu de fleurs, combien la nature fait d'efforts pour les nourrir, au sein de déserts sablonneux, dont, si rarement, une pluie bienfaisante vient humecter, et encore pour quelques instans seulement, la surface altérée. A peine, au printemps, quelques graminées ou de petites composées se montrent-elles, pour ne laisser, tout le reste de l'année, que des tiges sèches presqu'inaperçues. J'avais encore ces contrées stériles bien présentes à la mémoire, lorsque je gravis les plateaux étendus des Andes boliviennes, à la hauteur de 12,000 pieds au-dessus de la mer. Je fus frappé de la ressemblance de ces derniers avec la Patagonie; en effet, même aspect général, même aridité. L'illusion était si complète que j'y cherchais les mêmes plantes et les mêmes animaux; et, pour

1. Tome II, chapitre XIX, page 159.

1829. Patagonie.

que rien ne manquât à l'analogie, j'y rencontrai, quelquefois, les mêmes espèces, ou j'y en vis, tout au moins, de très-voisines. Les plaines arides de la Patagonie sont caractérisées, surtout, par une plante composée du genre *Chuquiraga*, dont la fleur jaune doré, et les feuilles épineuses, représentent, jusqu'à un certain point, nos landes d'Europe. Quand, après avoir traversé ces terrains arides, on atteint les rives du Rio negro, de suite, tout est changé..... Les coteaux portent bien les mêmes buissons; mais la superficie des rivages, qui reçoit un peu d'humidité de la rivière, présente, à l'instant, une nature différente. C'est un long sillon d'oasis au milieu du désert; les plaines y sont couvertes de graminées et de nombreuses cypéracées mêlées à beaucoup d'autres plantes toujours vertes; et les îles multipliées du fleuve s'ombragent, partout, de saules sveltes, que la nature seule y fait croître. Si le paysage était plus animé par des habitations, on se croirait transporté sur les rives de notre Loire ou de notre Seine; car l'homme, qui change tout sous ses pas, a souvent fait disparaître, surtout près du Carmen, les arbres indigènes, pour les remplacer par nos pommiers, nos pêchers, nos cerisiers, nos figuiers, notre vigne enlaçante; et cette végétation étrangère croît là comme dans sa patrie. Il en est de même de nos céréales, qui remplacent, tous les ans, les graminées des plaines, donnant aux laboureurs de riches moissons. En résumé, l'on peut dire qu'en Patagonie il y a deux végétations distinctes : la végétation des plaines élevées, qui est des plus pauvre, ressemblant à celle des Andes boliviennes, et la végétation des rives des fleuves, dont l'aspect est tout à fait celui des mêmes lieux en Europe.[1]

J'ai fait l'histoire du Carmen et celle de la Patagonie en général : j'ai décrit l'aspect géographique, zoologique et botanique de ce pays. Il me reste encore à faire connaître ce qu'est aujourd'hui l'établissement, quelle en est l'importance commerciale, proportionnellement au nombre restreint de ses habitans, et quelle influence il a sur les mœurs des colons et des indigènes de ces contrées. Comme j'ai traité d'une manière spéciale ce qui a rapport aux nations sauvages, quant à leur nombre respectif et à l'étendue du terrain qu'elles occupent, je ne parlerai, maintenant, que des habitans du Carmen, qui

1. J'ai recueilli, pendant mon séjour en Patagonie, 117 espèces de plantes, ainsi réparties dans les principaux groupes du règne végétal, savoir : *Acotylédones*, 14 espèces; *Monocotylédones*, 22, dont 17 graminées, et *Dicotylédones*, 81, parmi lesquelles les familles dominantes sont les composées, dont j'ai 26 espèces; les légumineuses, 6; les chénopodées, 6; les ombellifères, 5; les solanées, 4. Les seuls arbustes sont une nyctaginée du genre *Bougainvillia*, 2 lyciets, une composée du genre *Chuquiraga*, 4 légumineuses des genres *Acacia* et *Cassia*, et le *Colletia serratifolia*.

peuvent être au nombre de cinq à six cents, composés des premiers fondateurs, agriculteurs ou estancieros, presque tous venus des montagnes de la Castille; de Gauchos exilés pour crimes, et de nègres esclaves, employés comme ouvriers aux différentes exploitations. 1829. Patagonie.

Le commerce du Carmen est assez borné, mais il est susceptible de beaucoup d'amélioration. Si l'abord du Rio negro est difficile, son port intérieur est sûr et commode. A peine a-t-on franchi la terrible barre, qu'à une mer en furie succède le cours paisible d'un fleuve peu large et très-profond, qui coule entre deux coteaux, et que les navires, même ceux de deux à trois cents tonneaux, remontent facilement jusqu'au village du Carmen, à près de six lieues de son embouchure. Les bâtimens apportent bien quelques marchandises, que des commerçans détaillent aux habitans et aux Indiens, ou dont ils se servent comme moyens d'échange; mais ils viennent, le plus souvent, à lest, pour se charger de sel, et quelquefois de grains. Ainsi l'importation consiste en vêtemens, en objets de première nécessité, en verroteries, en objets de quincaillerie pour les Indiens, en tabac en rouleaux du Brésil, et, surtout, en eau-de-vie, la meilleure marchandise pour les indigènes, avec lesquels on fait des trocs continuels, dont cette liqueur est la base. Les marchands sont tous pulperos ou cabaretiers, détaillant les boissons et les marchandises; c'est chez eux que se rendent les Gauchos et les Indiens, et qu'ont lieu, entre les premiers, des rixes continuelles; tandis que les autres s'enivrent et se défont, alors, en faveur du commerçant, de tout ce qu'ils possèdent, souvent pour des bagatelles; aussi a-t-on vu plusieurs pulperos s'enrichir facilement en quelques années.

L'agriculture, toujours restreinte dans le pays par suite des attaques journalières des indigènes, ne s'étend, le long du Rio negro, qu'à quatre ou cinq lieues au-dessus ou au-dessous du Carmen; encore n'y cultive-t-on que quelques atterrissemens de la rive nord, que les îles; et, quand la position par rapport aux aborigènes le permet, quelques parties de ces terrains vierges qui occupent, sur une assez grande largeur, toute la rive sud. Ce sont des alluvions composées d'une terre noirâtre des plus fertile, arrosée, presque tous les ans, par les débordemens du Rio negro, qui en augmente encore la fécondité; ainsi ces champs donnent toujours de quinze à vingt pour un, d'un blé des plus nourri. La récolte annuelle est estimée, année commune, à 4,500 fanegas[1], dont on exporte tous les ans de deux à trois mille. Si le pays était

1. La fanega de Buenos-Ayres, beaucoup plus grande que celle d'Espagne, équivaut à 42 kilogrammes.

1829. Patagonie.

garanti des invasions des Indiens, et qu'on pût tirer parti des terres inutiles, aujourd'hui, qui bordent la rivière jusqu'à la première angostura, vingt lieues à peu près au-dessus de l'embouchure, et, surtout, des terres si fertiles des environs de San-Xavier, l'établissement du Rio negro serait un des plus riches de la république Argentine. Ses produits pourraient suffire à Buenos-Ayres, qui, dès-lors, trouverait à économiser les fonds qu'elle emploie à l'achat des farines de l'Amérique du Nord; mais le temps où l'on saura profiter des richesses naturelles de ces lieux, est, sans doute, encore bien éloigné. Le blé fait le fonds de la culture des rives du Rio negro; car le surplus ne sert, pour ainsi dire, qu'à la consommation du pays. Tous nos légumes y viennent à merveille, les citrouilles surtout, ainsi que tous nos arbres fruitiers, qui produisent beaucoup et de très-bons fruits; cependant ce genre d'industrie a peu augmenté, depuis les premiers fondateurs. On n'y voit que de vieux arbres; et l'indifférence des créoles, à cet égard, a gagné la Patagonie. La culture est négligée; néanmoins la récolte des pommes y est abondante, et l'on en exporte, tous les ans, une assez grande quantité pour Buenos-Ayres, Montevideo et le Brésil. La vigne, quoiqu'elle pût donner de très-bon vin, n'est pas cultivée en grand; le raisin y est délicieux; mais on n'en fait pas commerce. Sous le rapport des spéculations agricoles, les rives du Rio negro sont susceptibles de toutes les améliorations de notre vieille Europe, avec des avantages d'autant plus grands, que la terre y est encore vierge, et que leurs guérets, d'ici à des siècles, n'auront besoin d'aucun engrais.

Un autre genre d'exploitation, plus en rapport avec les goûts des habitans, est l'élève des bestiaux. Ils s'y sont livrés depuis la fondation de l'établissement; et, à plusieurs époques, on a vu jusques à quarante ou cinquante mille têtes de bétail couvrir leurs campagnes. Ce serait, bien certainement, le mode de spéculation le plus productif, s'il y avait quelque sûreté pour le fermier; mais celui-ci, après avoir, en quelques années, plus que doublé ses troupeaux, et déjà prêt à recueillir le fruit de ses peines, voit une phalange de sauvages couvrir, en une nuit, toute la campagne, comme un torrent débordé. Riche la veille, le lendemain il est plongé dans l'indigence. Toutes ses ressources lui sont enlevées. C'est ce manque de sécurité qui, pendant mon séjour au Carmen, a engagé plusieurs estancieros à faire tuer leurs bestiaux pour les saler, afin de quitter, ensuite, le pays, en emportant avec eux une partie de leur avoir. Il ne faut donc à Patagones, afin qu'il prospère sous ce rapport, que les moyens de défendre ses frontières des invasions des naturels. La viande salée, qu'on peut, en raison de la proximité des salines, y préparer à moins de frais que partout ailleurs, est expédiée sur les côtes du Brésil ou à la Havane. Les cuirs secs ou salés s'exportent et se vendent soit à Buenos-Ayres, soit ailleurs, aux commerçans européens, qui les enlèvent. Pendant un temps, le Carmen fournissait un très-grand nombre de ces cuirs, au moyen du commerce étendu des Indiens; aujourd'hui ce genre de spéculation est un peu tombé, par suite des guerres.

1829. Patagonie.

Les moutons y sont communs et la laine en est estimée; mais le pays est surtout renommé pour ses cochons et pour la fabrication de ses jambons. Ceux de Patagonie sont au moins aussi connus à Buenos-Ayres, que ceux de Mayence le sont en France. Quelques habitans m'ont assuré qu'on n'y en exportait pas moins de huit mille livres par an; mais le commerce le plus productif pour cette contrée est, sans contredit, celui du sel recueilli dans les salines naturelles qu'on trouve partout, et surtout dans celle d'Andres Paz. Je crois, par le nombre des navires qui en chargent annuellement, pouvoir l'évaluer, en exportation, à huit cents à mille tonneaux, au moins. Il approvisionne une partie de Buenos-Ayres et des provinces riveraines du Parana, comme Corrientes, Santa-Fe, la Bajada, la Banda oriental et le Brésil méridional. C'est une source inépuisable de richesses. J'ai fait connaître, en parlant des salines dont on le retire[1], la manière si simple de le recueillir, ainsi que son emploi dans le pays. Il est certain que si les fréquentes attaques des Indiens forçaient la république Argentine de renoncer à tirer le sel de la Patagonie, elle aurait beaucoup à souffrir. Elle a donc, sous ce rapport, le plus grand intérêt à conserver un établissement susceptible de plusieurs genres d'améliorations, et destiné, peut-être, à jouer, plus tard, un rôle moins secondaire qu'aujourd'hui, par les ressources qu'il offre à l'agriculture et à l'industrie, lorsqu'on en pourra commodément exploiter toutes les richesses naturelles.

Un commerce spécial au Carmen est celui qu'on y fait avec les Indiens. Le village est le rendez-vous général de toutes les hordes sauvages qui errent du détroit de Magellan aux frontières de Buenos-Ayres, et du pied des Andes aux rivages de l'Océan. Les Puelches qui habitent aujourd'hui les rives du Colorado, se souviennent qu'ils formèrent, les premiers, des relations d'amitié avec les Espagnols, en leur cédant les rives du Rio negro. Les Aucas des Pampas et les Patagons ou Téhuelches des parties méridionales du continent américain y arrivent chacun avec le produit de son industrie ou celui de ses

1. Tome II, chapitre XVIII, page 129.

1829 Patagonie. incursions sur les établissemens voisins des lieux qu'ils habitent, et y séjournent, alternativement, pendant quelques mois, qu'ils emploient à échanger ce qu'ils apportent. Tous amènent des troupeaux, qu'ils vendent pour des verroteries, du tabac ou de l'eau-de-vie. Les Aucas apportent, de plus, leurs tissus de laine, estimés dans le pays, où ils sont employés comme schabraques ou comme couvertures. Ce sont des ponchos ou des *mantas,* tissés par leurs femmes, des rênes et des sangles de cuir tressé, fabriqués par eux, ainsi que des pelleteries. Les Puelches apportent les mêmes objets, mais en moindre quantité; et, quoique tous soient chasseurs et fassent commerce des dépouilles des animaux qu'ils tuent, ce sont les Patagons qui fournissent le plus de pelleteries, principalement de ces beaux tapis faits de la peau des guanacos, des maras, des renards, des mouffettes et de ces plumes de nandus exportées ensuite en Europe, où elles se convertissent en plumeaux.

En résumé, l'exportation consiste en sel, grains, cuirs, pelleteries, plumes d'autruches, huile de poisson, lorsque la pêche des phoques est permise; quelques fruits et jambons; mais, faute de renseignemens positifs, il me serait difficile d'en déterminer la valeur.

Le Carmen ou Patagones est administré par un commandant militaire, dépendant de l'armée de Buenos-Ayres. Ce chef est investi de tous les pouvoirs; sa surveillance s'étend sur la police, sur la défense du pays et sur son amélioration, dans les diverses branches. Il n'a pas le maniement des finances, dont un employé des douanes est chargé, en même temps que de la perception des droits sur les troupeaux, et de celle des droits d'entrée et de sortie des marchandises ou productions de la contrée. En dehors de ces deux personnes, il n'y a plus que des officiers subalternes soumis au commandant, que secondent quelques artilleurs et quelques soldats, presque tous nègres de la côte d'Afrique, enlevés aux prises brésiliennes. On ne comptait, en 1829, que dix à quinze artilleurs, et soixante à quatre-vingts nègres soldats d'infanterie. Les habitans étaient organisés en milice et formaient la cavalerie, lorsqu'on en avait besoin.

Lors de la fondation du Carmen, l'établissement consistait seulement en un fort, celui qui existe maintenant, situé sur la rive nord, au sommet d'une falaise, et dominant la rivière, les plaines du sud et la campagne environnante. La forme en est carrée, et d'à peu près deux cents mètres sur chaque face. Il est bâti d'épaisses murailles en pierres, et flanqué de trois bastions, deux sur la rivière, à l'Est et à l'Ouest, et le troisième sur la campagne. Dans son intérieur se trouve la chapelle, située sur la façade du sud, et près de laquelle sont le presbytère et le magasin à poudre. Sur les autres côtés se prolongent des logemens spacieux pour le commandant, le trésorier, les officiers, la garnison, et un petit hôpital. Toutes ces constructions n'ont qu'un rez-de-chaussée et sont couvertes en tuiles. Le Gouvernement possède de plus, en dehors, de vastes greniers, une boulangerie, un moulin, un atelier de serrurerie, un atelier de menuiserie, deux estancias. Les bâtimens d'habitation sont les seuls qui soient en bon état; le fort est ruiné, les murailles en croulent de toutes parts, faute de réparation; et les estancias ne possèdent pas aujourd'hui une tête de bétail ou un cheval. L'établissement du Carmen se divise en trois groupes, deux au nord et un au sud de la rivière. Des deux premiers, l'un, l'ancien Carmen, est placé entre le fort et le Rio Negro, sur le penchant de la falaise, et se compose d'une quarantaine de maisons élevées, sans beaucoup d'ordre, à diverses hauteurs, formant une ligne irrégulière qui suit le cours des eaux, et parmi lesquelles il y en a de spacieuses, assez commodes, dont quelques-unes ont un étage ou sont munies d'une terrasse; mais ces dernières jurent au milieu des simples cabanes qui les avoisinent. Là est le centre du commerce avec les Indiens, qui s'établissent à l'extrémité occidentale du village. L'autre groupe de la même rive, nommé *Poblacion*, est à quelques centaines de pas du fort vers l'est; il en est séparé par des dunes mouvantes qui masquent entièrement la volée des canons. La Poblacion forme une vaste place carrée, autour de laquelle s'étend une enceinte d'habitations la plupart neuves, construites pendant la guerre avec les Brésiliens. Toutes n'ont qu'un étage, sont couvertes en tuiles, et servent de demeure à des agriculteurs, à des fermiers, à quelques marchands ou pulperos. Entre les deux groupes on remarque plusieurs habitations éparses le long de la rivière. Le village de la rive sud, nommé, pour le distinguer des deux autres, *Poblacion del sur*, est formé de quinze à vingt maisons alignées sur un terrain bas, sujet aux inondations. Celles-ci, bien plus pauvres que celles du nord, sont habitées par les Gauchos et par quelques familles d'estancieros; quelques pulperos, attirés par le voisinage des Indiens, y ont aussi établi leur commerce. En général, l'aspect en est triste. A peine quelques arbres viennent-ils, de loin en loin, et seulement sur le bord des eaux, témoigner de l'existence que leur donne, comme à regret, un sol ingrat. En vain autour de beaucoup des habitations chercherait-on ces jardins qu'en Europe on établit à tout prix.

1829

Patagonie.

Les rues sont sablonneuses et l'on y enfonce toujours dans un sable pul-

1829. vérulent, que les vents transportent avec violence en diverses directions, selon le côté d'où ils soufflent.

Patagonie. Inconnu au Carmen avant la guerre avec les Brésiliens, le luxe des meubles s'y est montré de 1827 à 1829, lors de mon séjour. Dans plusieurs maisons la simplicité primitive des appartemens des bons fermiers avait été remplacée, chez quelques négocians, par des ameublemens étrangers, assez élégans, et le clavier des pianos avait, pour la première fois, résonné sur le sol des Patagons. Le costume avait aussi éprouvé des changemens, celui des campagnards espagnols ayant fait place au luxe des grandes villes. On recevait les modes de Buenos-Ayres, et des tissus de soie, empruntés à l'industrie asiatique, couvraient, de leurs riches couleurs, des femmes obligées, quelques années avant, de se contenter des grossières étoffes de laine sorties des fabriques espagnoles ou de celles d'Angleterre, quand elles n'étaient pas réduites à celles que fabriquaient les Indiens Aucas; mais ce luxe passager n'avait fait qu'appauvrir le pays. Les besoins qu'on s'était créés pendant la guerre, ne pouvaient plus être satisfaits quand le Carmen, redevenu ce qu'il était originairement, était rentré dans son état paisible; aussi, dès-lors, n'entendait-on plus que plaintes sur le présent et regrets sur le passé.

La masse de la population se compose, comme je l'ai déjà dit, d'Espagnols venus de la Castille, d'étrangers et de Gauchos déportés. Comme ces colons y sont arrivés en des temps peu reculés encore, leurs mœurs, leurs coutumes (je parle de celles des estancieros) sont celles des habitans des campagnes de Buenos-Ayres. Les Gauchos, la plupart exilés pour crimes, y ont conservé leurs habitudes sanguinaires, leur indifférence pour la vie; c'est au milieu d'eux que se renouvellent, si fréquemment, ces rixes, où le couteau joue un si grand rôle. Il est rare qu'ils n'aient pas la figure balafrée de cicatrices, ce qu'expliquent facilement leurs querelles, qui amènent un défi, dans lequel la gloire est de marquer son ennemi. De suite on les voit tirer leur énorme couteau d'une gaîne passée dans la ceinture, saisir leur poncho du bras gauche, l'élever comme un bouclier, se mettre en garde avec un sang-froid remarquable, chercher, l'un et l'autre, souvent en présence de témoins, à se toucher la figure; car, donner un coup de couteau au-dessous de la ceinture, serait regardé comme une trahison, indigne de l'honneur des combattans. Les deux adversaires se regardent fixement, pour deviner leurs mouvemens, afin de profiter du moment favorable pour se balafrer; et si, après bien des efforts de part et d'autre, la pointe du couteau vient effleurer la figure de l'un d'eux, pour peu que le sang en jaillisse, le duel est terminé. Les deux champions redeviennent souvent bons amis. Il arrive quelquefois que le vaincu a reçu un coup de couteau qui lui traverse, en long ou en travers, tout le visage; mais il ne cherche pas à s'en venger. Joueurs infatigables, les Gauchos ont sans cesse les cartes à la main : c'est presque toujours le jeu qui amène entr'eux ces querelles sanglantes. Aussi indifférens pour leur existence à venir que pour les peines du moment, ils sont durs aux souffrances physiques, ne craignent jamais la mort, ce qui les rend susceptibles de tout entreprendre; mais quand, parmi eux, on trouve quelquefois une apparente insensibilité qui leur fait abandonner leurs familles pour aller vivre plus libres au milieu des hordes sauvages; quand on les voit, de gaîté de cœur, verser le sang de leurs semblables, sans paraître en éprouver la moindre émotion, comment, d'un autre côté, ne s'étonnerait-on pas de leur reconnaître des sentimens d'une ardente amitié qui les porte à se sacrifier pour un patron, pour un ami, et à multiplier ces actes extraordinaires de dévoûment auxquels ils n'attachent aucune importance? Leur caractère est un mélange bizarre de mépris de tout lien social, de paresse, de vices, de cruauté même, de fierté, d'idées élevées, de bravoure poussée jusqu'à la témérité, d'abnégation d'eux-mêmes, quand ils aiment, comme de haine implacable lorsqu'ils détestent. Habitués dès l'enfance à voir verser le sang, à le verser personnellement dans les estancias, ils s'y accoutument à tel point, qu'ils voient avec la même impassibilité couler le leur ou celui de leurs semblables. Leurs plaisanteries sont aussi grossières que leurs manières : la plus délicate est de se menacer du couteau. J'ai vu au Carmen un Gaucho, qu'un Indien gênait dans une pulperia, lui donner, sans s'émouvoir, un coup de couteau, l'étendre mort, le traîner ensuite jusqu'à la rivière, reprendre la conversation et sa partie, sans la moindre agitation, sans que les témoins parussent choqués et sans même qu'il fût fait la moindre réprimande à l'assassin. *C'était un sauvage et non pas un homme.....!*

1829. Patagonie.

Au Carmen on ne parle que l'espagnol. Comme il n'y a eu aucun mélange entre les trois nations indiennes qui y viennent journellement, les Patagons, les Puelches et les Aucas, celles-ci se tenant toujours à l'écart et n'ayant jamais de relations amicales bien franches, leurs langues ne sont même pas connues des habitans, qui en écorchent à peine quelques mots. Le sang est encore moins mêlé que le langage; aussi me serait-il difficile de parler du produit du croisement de ces tribus avec les blancs. Les habitans du Carmen

1829. suivent, au reste, en tout, les usages de Buenos-Ayres. Comme à Buenos-Ayres, on y prend beaucoup de maté, et tout le monde y fume.

Patagonie. Pour terminer mon tableau de la Patagonie septentrionale, il ne me reste plus qu'à dire un mot de la salubrité du pays. Pas une maladie endémique ne s'y fait sentir, les incommodités si communes partout y sont à peine connues. Il est vrai qu'il y a peu d'humidité; des vents secs et froids, au contraire, y remontent continuellement le ton de la fibre, sans jamais occasionner ces catarrhes, qui abondent en d'autres contrées. Les habitans y meurent de vieillesse et même n'éprouvent que très-peu des infirmités qu'amène le progrès de l'âge.

Je ne veux pas, non plus, abandonner le Carmen sans payer un juste tribut de gratitude à ses habitans, pour les bontés dont ils m'ont comblé, pour l'hospitalité franche avec laquelle ils m'ont toujours aidé de tout leur pouvoir. Il en est même tels dans le nombre auprès de qui je chercherais en vain à m'acquitter entièrement. Une reconnaissance éternelle ne pourrait pas y suffire. Qu'il me soit permis de nommer ici particulièrement MM. Manuel Alvarez, Valentin Cardoso, Manuel Alfaro, Manuel Rodriguez et Jose Maria Drago, qui, pendant mon long séjour dans le pays, ont bien voulu m'admettre au sein de leurs familles; et qui, indépendamment des moyens de recherches les plus étendus, m'ont, dans les momens de repos, par leur amabilité, par leurs lumières, procuré des jouissances sociales et intellectuelles auxquelles aucun voyageur ne devait s'attendre en abordant le sol patagon.

CHAPITRE XXIII.

Départ du Carmen pour Buenos-Ayres. — Voyage à Montevideo; navigation de ce point au Chili, en doublant le cap Horn. — Séjour au Chili.

§. 1.er

Départ du Carmen pour Buenos-Ayres.

Je croyais pouvoir partir du Carmen dans le courant du mois d'Août; mais le navire ne fut prêt que le 1.er Septembre. Je fis de suite embarquer mes nombreuses collections et me disposai à quitter la Patagonie. Le lendemain nous descendîmes la rivière, n'attendant, près de l'embouchure, qu'un vent favorable pour franchir la barre. Là, je reçus les visites d'adieu des différens habitans, et entre autres celle du bon curé, qui m'avait apporté des provisions de bouche, consistant en jambons, en langues salées et en œufs. Je ne pus le refuser, tant il mettait d'obligeance dans cette attention; et, plus tard, je m'en trouvai très-bien, le bâtiment nord-américain sur lequel j'allais voyager ne pouvant m'offrir beaucoup de ressources de ce genre. Le vent devint passable le 3 au soir, et nous espérions sortir le lendemain à la marée. Dans la soirée de la veille, un Français, ancien capitaine de corsaire, étant venu à notre bord, je fus au moment d'être obligé de rester à terre, par suite d'une mauvaise querelle que l'exaltation de sa tête, causée par l'abus des liqueurs, lui fit me chercher très-gratuitement: il ne parlait que d'égorger tout le monde, et me proposa un duel à onze heures du soir; je voyais déjà briller le poignard qu'il ne quittait pas; mais une fermeté raisonnée, qui lui prouvait que ses bravades m'intimidaient peu, le firent tout à coup changer de langage, et j'eus ensuite autant de peine à me défendre de ses prévenances outrées que de ses premières injures. 1.er Septemb.

Le 4 Septembre, par un temps magnifique, je franchis de nouveau la terrible barre et fis mes derniers adieux à ce sol aride, où, sans parler des entraves de tout genre mises à mes recherches, j'avais été forcé de me battre pour le compte des habitans, risquant à chaque instant ma vie en des courses aventureuses au milieu des déserts. Pourtant, le dirai-je? le départ avait entièrement effacé de mon souvenir toutes les impressions fâcheuses et n'y laissait de place qu'à la satisfaction intérieure que me don- 4 Septemb.

1829. nait l'idée d'emporter de cette terre si célèbre par tant de préjugés, les documens les plus propres à les détruire pour toujours.

En mer.

Je ne m'arrêterai pas aux détails monotones d'un voyage par mer. Retardé d'un côté par les vents, d'un autre assez mal traité par suite de l'avarice du capitaine, je le trouvai plus long encore qu'il ne l'était réellement. A une série de vents contraires succédèrent quelques calmes vers le cap San-Antonio, au sud de l'embouchure de la Plata; mais je pus en tirer parti. A vingt lieues de terre, je trouvai fond à soixante mètres, et pêchai des poissons fort intéressans. Enfin, après seize jours d'une navigation très-ennuyeuse, j'atteignis le terme de cette traversée, la ville de Buenos-Ayres.

Buenos-Ayres.

Je revis avec un plaisir infini la capitale argentine. Après huit mois passés au milieu des sauvages, dans la privation presqu'absolue de ressources intellectuelles, j'avais besoin de me retremper et de retrouver, au moins pour quelque temps, cette nourriture de l'esprit, cette civilisation propre aux grandes sociétés des villes commerçantes.

On se rappelle dans quel état critique j'avais laissé Buenos-Ayres après l'assassinat politique du colonel Dorrego par Lavalle[1]; on se souvient de cette guerre intestine qui armait les habitans les uns contre les autres, et qui décimait de la manière la plus barbare les plus braves de la nation, sans aucun avantage pour elle. Cet état de choses avait duré pendant mon absence; Lavalle, presque toujours vainqueur, était maître de la ville et dirigeait le parti unitaire, tandis que Rosas, chef des fédéraux, régnait sur la campagne avec ses terribles Gauchos, et harcelait incessamment les citadins. Enfin Rosas, reconnaissant l'infériorité de son parti, fit à Lavalle des propositions d'arrangement, que ce dernier accepta, pour arrêter le carnage. Des conventions très-honorables pour lui et pour son parti furent arrêtées entre les deux chefs, et la guerre cessa momentanément; Rosas, rentré dans la ville avec les siens, ne tarda pas à changer de langage; ses campagnards parlaient chaque jour avec plus de hauteur. Bientôt Lavalle et tous les chefs du parti unitaire se trouvèrent trop heureux de pouvoir se réfugier dans la Banda oriental, échappant ainsi au couteau des féroces Gauchos. Les choses en étaient là, lors de mon retour à Buenos-Ayres.

Quelques mots compléteront l'exposé sommaire des principaux faits qui se sont passés sous mes yeux, et pourront expliquer quelques circonstances défavorables à mon voyage. J'ai décrit l'insurrection de Lavalle[2], qui fit,

1. Voy. tome II, p. 6.
2. Tome I, p. 499.

sans coup férir, passer la capitale du parti fédéral aux unitaires; j'ai dit un mot de la guerre sanglante qui suivit, entre la ville et la campagne; mais là ne devait pas finir cette commotion politique. La guerre, restreinte d'abord à la ville, avait bientôt embrasé toute la province de Buenos-Ayres. L'esprit révolutionnaire avait envahi les provinces éloignées, et la lutte entre les deux partis désolait le reste de la République. Mendoza et Cordova étaient alors le théâtre d'autres drames sanglans, qui devaient encore se prolonger bien des années. Quiroga, pour le parti fédéral, commettait des horreurs dans les diverses villes, où ne pouvait exister aucune sûreté pour l'étranger paisible. Buenos-Ayres n'était tranquille qu'en apparence. Les chefs des fédéraux, les Gauchos eux-mêmes, étaient d'une insolence extrême. On ne parlait que de voies de fait, que de vols au préjudice des citadins. Enfin, pour combler la mesure, la chambre réunie nomma, le 8 Décembre, le général Rosas gouverneur de la province. Le nouveau dictateur, en sortant de la chambre, fut couronné par des femmes, la ville fut illuminée, la musique militaire parcourut la ville, accompagnée d'une populace exaltée, et les cris de *mort aux unitaires! mort aux Français*[1]*!* furent répétés partout.

1829. Buenos-Ayres. 8 Décembr.

Arrivé à Buenos-Ayres, je repris néanmoins mes occupations. J'eus à mettre en ordre mes notes et mes collections, afin de les envoyer en France, et je songeai ensuite au moyen de me rendre sur le versant occidental de l'Amérique. On conçoit facilement que mon plus vif désir était de traverser les Pampas de Buenos-Ayres au Chili, et de franchir ainsi ces plaines immenses qui séparent l'océan Atlantique du pied oriental des Andes; mais, d'après l'exposé rapide que je viens de faire de l'état du pays, on jugera s'il m'était possible d'exécuter ce projet, le but de tant de rêves et d'espérances, depuis mes premières pensées de voyage. Il m'eut fallu nécessairement passer par Mendoza ou par Cordova, alors théâtre des sanglantes exécutions de Quiroga, qui venait d'y faire égorger des familles entières. La prudence ne me commandait-elle pas de renoncer à ce plan plus que téméraire et surtout inutile pour mes observations? Tous mes amis s'y opposèrent avec d'autant plus de force, que les Araucanos des Pampas parcourant incessamment l'intervalle compris entre la capitale argentine et les premiers points habités des provinces, j'aurais à lutter en même temps contre deux fléaux également à craindre, les indigènes et les factions

1. Cette haine du parti fédéral contre les Français, haine qui devait amener peu à peu la guerre avec la France, avait pris naissance dans la création d'un corps de Français nommé *Batallon del orden* (bataillon de l'ordre), destiné à empêcher les Gauchos et les fédéraux d'entrer dans la ville et de violer les propriétés privées.

1829. politiques. Obligé, à mon grand regret, de renoncer au voyage par terre,

Buenos-Ayres. je dus songer à me rendre au Chili par mer, ce qui n'était pas non plus sans difficultés, puisque jamais il ne part de navires de Buenos-Ayres pour l'océan Pacifique. Je me trouvais donc dans l'obligation d'aller chercher des occasions à Rio de Janeiro; circonstance fâcheuse par la perte de temps qui devait s'ensuivre. Ces difficultés me tourmentaient, lorsqu'une lettre vint me tirer d'embarras. On m'apprenait qu'un navire russe devait partir, sous huit jours, de Montevideo pour le Chili, en doublant le cap Horn. Je n'avais pas un moment à perdre pour mes préparatifs, ayant encore à expédier mes collections en France. Je me mis de suite au travail, et moyennant quelques nuits passées et beaucoup de fatigues, je me trouvai prêt en temps utile.

§. 2.

Voyage à Montevideo. Navigation de ce point au Chili, en doublant le cap Horn.

J'avais depuis plusieurs jours retenu mon passage à bord d'un paquebot;

10 Decemb. et le 10 Décembre, au matin, je fis mes adieux à la capitale argentine, avec la presque certitude de ne la revoir jamais. J'éprouvai un moment d'une tristesse indéfinissable, bien vite remplacée par l'espoir des nouvelles découvertes qui m'attendaient de l'autre côté de l'Amérique. On leva l'ancre par un vent contraire, qui pourtant nous permit de nous éloigner en louvoyant. Buenos-Ayres ne tarda pas à disparaître entièrement, et je commençai à m'occuper de ce qui m'entourait. Rien de plus singulier que l'ensemble des voyageurs, près des grands centres de commerce. On y entend parler toutes les langues à la fois; on y voit l'espèce d'éloignement que tous paraissent avoir d'abord les uns pour les autres, disparaître peu à peu devant la nationalité individuelle et leur rang plus ou moins élevé, indiqué par leur habit. Chacun se réunit de manière à former des groupes par pays, et pour ainsi dire par classes. Je m'approchai de plusieurs; partout je n'entendis parler que de politique et de commerce. Je m'étais depuis long-temps interdit toute réflexion sur la première question, et j'étais étranger à la seconde; ce qui m'obligeait à rester neutre. Quelques instans après, le vent, devenu plus fort, vint interrompre presque toutes les conversations par l'indisposition des interlocuteurs. La chaleur des expressions fut remplacée par des paroles interrompues, puis par un silence complet.

Le lendemain, le vent contraire continuait, nous étions près de la Colonia del Sacramento, dont les clochers se dessinent au milieu d'une campagne verdoyante et assez accidentée. Nous suivions la côte orientale de la Plata, formée de petites collines semées, de loin en loin, de quelques bouquets de bois. Je n'avais pas oublié que trois ans auparavant, au début de mon voyage, je parcourais ce beau paysage avec l'enthousiasme que fait éprouver à une tête vive et jeune la vue de tant d'objets nouveaux, la vue de cette nature inconnue, où tout fait impression, où tout transporte de joie. 1829. En mer.

Le 12, au matin, les rives boisées du Rio de Santa-Lucia[1] nous annoncèrent l'approche du terme de notre voyage; en effet, quelques heures encore et la vue du Cerro (montagne de Montevideo[2]) vint ranimer tous les esprits. A onze heures nous étions au mouillage. Je me trouvais en face de Montevideo, dont l'aspect retraçait à mon souvenir le séjour que j'y avais fait en 1826, séjour signalé par mon emprisonnement, à l'occasion d'une observation barométrique[3], et par les vexations sans nombre que j'y avais essuyées de la part des Brésiliens, alors maîtres de la ville. Une teinte rembrunie vint couvrir le tableau qui s'offrait à moi et lui enleva le charme qu'il pouvait m'offrir; pourtant, depuis mon départ, une révolution complète s'était opérée. La ville avait été rendue, le 1.er Janvier 1829, à ses véritables propriétaires. La province de la *Banda oriental* (changée par les Brésiliens en province *Cisplatina*) avait adopté un gouvernement indépendant, sous le nom de *République orientale de l'Uruguay*. Montevideo, 12 Décemb.

Les premières démarches relatives à mon passage faillirent me décourager. Les bruits les plus sinistres couraient dans la ville sur le mauvais état du navire, qu'on disait très-vieux, pourri, par-dessus tout non doublé, et incapable de résister aux mauvais temps du cap Horn, plus à craindre encore que le cap des Tempêtes. Plusieurs des passagers, venus comme moi pour passer au Chili, renonçaient à se servir de cette voie, dans la crainte d'une mort presqu'inévitable. Mon embarras était extrême; pourtant il me paraissait bien dur de ne pas profiter de cette occasion, et de perdre, par suite de craintes peut-être mal fondées, quelques mois, en allant à Rio de Janeiro, où

1. Voy. tome I.er, p. 66.
2. Voy. tome I.er, p. 33. Le père Feuillée (Hist., etc., t. 3, p. 177) lui donne 292 mètres au-dessus de l'Océan.
3. Voy. tome I.er, p. 50.

1829. Montevideo. je serais obligé d'attendre long-temps. Toutes ces considérations m'engagèrent à réfléchir mûrement sur le parti à prendre. Je m'adressai à un capitaine constructeur de navires et le priai de venir avec moi à bord de la *Catalina*, beau trois-mâts de 250 tonneaux, monté par des Espagnols et portant le drapeau russe. Nous descendîmes dans la cale; et, après un long examen, le capitaine expert me dit que le navire était effectivement vieux et non doublé; mais qu'il croyait, tout en ne répondant de rien, qu'on y pouvait encore faire un voyage sans un danger très-imminent, surtout si l'on était favorisé par les temps. Cette demi-assurance ne me satisfit pas pleinement, toutefois, peu accessible à la crainte, protégé comme je l'avais été jusqu'alors par la Providence, je me décidai à partir, livrant seulement mon avenir à quelques chances de plus. Ma résolution prise influa sur celle de tous les autres passagers, qui, me voyant déterminé, se décidèrent enfin à suivre mon exemple. Je traitai de mon passage pour quinze cents francs, et j'attendis impatiemment l'instant du départ, fixé au 20.

Au lieu de huit jours, j'en passai quatorze à Montevideo où, d'ailleurs, je revis avec plaisir mes anciennes connaissances. Je fis un grand nombre de courses d'histoire naturelle, et je dessinai beaucoup d'objets; connaissant déjà tout ce qui m'entourait, trouvant toujours la même nature, mes recherches ne me présentaient plus le même attrait, et la soif du nouveau, jointe à l'impatience du départ, remplissait toutes mes pensées. J'allai deux fois, pour me distraire, au spectacle. La première, la troupe, composée d'acteurs espagnols assez bons, joua une tragédie de circonstance faite en Espagne, lors de la première constitution; les grands mots de gloire, de vertus, de liberté et de mort y étaient prodigués outre mesure, et quelques rapprochemens avec l'état du pays se présentèrent naturellement à mon esprit, en me rappelant tous les drames sanglans représentés sous mes yeux pendant mes trois années de séjour dans la république argentine, où je n'avais vu que révolution, que guerre intestine, pour l'intérêt privé de quelques chefs, qui néanmoins ne craignaient pas de se comparer aux Spartiates. La scène fut ensuite égayée par un *bolero*, qu'une Espagnole dansa avec autant de grâce que de précision, et le spectacle se termina par une pièce burlesque qui fit rire tout le monde, sans même en excepter le gouverneur de la province. La seconde fois, on joua la traduction espagnole de la *Mère coupable* de Beaumarchais.

Il était dit que partout je trouverais des troubles, et qu'un si court séjour
15 Decemb. ne se passerait pas sans quelque épisode fâcheux. Dans la nuit du 15 une tentative de pillage dans la ville fut heureusement arrêtée à temps. Le

général Frutoso Rivero avait, parmi les troupes campées dans la campagne, plus de trois cents indiens Guaranis, dont une centaine entrèrent armés. Après avoir tué un pauvre Anglais, loueur de chevaux, ils se présentèrent au cabildo (maison de ville), dans le but de faire évader des prisons plus de cent cinquante assassins qui y étaient retenus et dont ils comptaient grossir leur nombre. Ils trouvèrent là, par bonheur, une vive résistance de la part de l'officier de garde, résistance qui donna le temps aux troupes d'accourir. Après plusieurs décharges assez meurtrières de part et d'autre, les assaillans furent obligés de se sauver; la cavalerie les poursuivit, et la tranquillité fut rétablie de telle manière, que le soir il n'était plus question de rien.

Il n'y a pas en général de pays où la liberté individuelle soit moins respectée que dans les républiques. On croit peut-être que sous le régime de l'indépendance le voyageur doit avoir toute facilité de circulation; mais il n'en est pas ainsi; et les gouvernemens américains sont de toutes les puissances celles où l'obtention d'un passe-port exige le plus de fatigantes formalités. A Buenos-Ayres j'avais perdu un jour entier pour me mettre en règle; à Montevideo, c'était plus difficile encore. Pour se présenter à la police, il ne fallait pas moins de cinq signatures préalables.

Avant de quitter Montevideo, je dirai que la ville était en pleine marche d'amélioration. On commençait de tous côtés à abattre les murailles; et, dégagée enfin de cette enceinte, la capitale de l'État oriental de l'Uruguay devait prendre un accroissement analogue à l'importance de sa position. Le changement des campagnes environnantes naguère dépeuplées, aujourd'hui couvertes de bestiaux, faisait présager un avenir des plus prospère. Les jours de fête j'avais pu voir de nouveau la charmante tournure des femmes et le luxe qu'elles déploient dans leurs toilettes. La promenade du Porton m'avait surtout fait juger de la grâce séduisante qui caractérise les Espagnoles américaines de Montevideo et de Buenos-Ayres.

Je m'embarquai le 26, et le lendemain matin nous mîmes à la voile. La terre s'éloigna peu à peu, le Cerro s'abaissa à l'horizon et disparut enfin à nos yeux. Je saluai d'un dernier adieu les terres orientales de l'Amérique, qui, pendant quatre années, avaient été le théâtre de mes recherches; je ne devais plus les revoir. Rien de plus monotone, comme on sait, qu'un voyage sur mer. On n'a plus pour se distraire que les êtres plus ou moins indifférens, dont on est entouré, les rares incidens de la navigation, l'aspect d'un ciel souvent obscurci par les nuages, la mer calme ou agitée, vrai symbole

En mer.
27 Décemb.

1829. En mer. de la vie; et la pensée ardente qui vous occupe, vous fait devancer l'avenir ou vous reporte vers le passé. Pour moi, habitué, depuis long-temps, à vivre presque toujours isolé, soit que je fusse réellement seul, soit que je me trouvasse avec des gens du pays, j'étais devenu très-rêveur. Le temps que je n'employais pas au travail ou à l'observation, était toujours rempli par des réflexions sur le pourquoi des choses. Je cherchais à me rendre compte de tout par le raisonnement; aussi n'éprouvais-je jamais un instant d'ennui.

Un bon vent nous poussa pendant quelques jours vers le sud. On passa successivement devant le parallèle de la Bahia de San-Blas et du Rio Negro
1830. 1.er Janv. de Patagonie[1], où j'avais séjourné si long-temps. Le 1.er Janvier 1830 nous étions par 12° 42′ de latitude sud, par un temps affreux, le vent contraire et la mer des plus agitée. Nous commencions alors à nous connaître assez pour apprécier ce que serait le voyage. Le capitaine, jeune Catalan de vingt-trois ans, peu instruit, mais bon homme, était peut-être pour le bord un peu trop rigoriste à l'égard des préceptes religieux; il nous faisait faire maigre les mercredi, vendredi et samedi, et n'oubliait jamais sa prière du matin et du soir, récitant d'ailleurs vingt fois chaque jour son rosaire. Il n'avait pas de second, et son lieutenant était un pauvre matelot, sans connaissances nautiques. Le reste du personnel se composait d'un jeune Espagnol, d'un Anglais, de quatre Français passagers, et de matelots espagnols. Si l'on devait juger par notre navire de l'état de l'art culinaire en Espagne, on n'en ferait pas l'éloge; car nos simples marins français sont mieux traités que nous ne l'étions à la chambre. Avec du biscuit gâté on ne nous donnait, le plus souvent, que de la morue et de l'huile rance, auxquels on ajoutait pourtant encore force ail, des garbanzos et du piment. Les logemens n'étaient pas meilleurs que la table. Certains insectes hémiptères des plus importuns habitaient nos cabanes, et nous faisaient vivement désirer le voisinage du pôle, qui devait diminuer leur ardeur à nous tourmenter la nuit.

Jamais dans aucune traversée je ne vis autour des navires autant de poissons, de dauphins et autres cétacés, qu'il s'en offrit autour du nôtre; j'en étais étonné, mais plus tard, j'en appris la cause. Il paraît que la doublure en cuivre ne permettant pas aux différentes plantes, coquilles ou polypiers de s'y attacher, tous les animaux des hautes mers s'en éloignent, d'où il résulte qu'à bord des navires doublés on n'en voit presque point, tandis

---

1. Tome II, p. 26 et suiv.

qu'on en aperçoit beaucoup autour de ceux qui ne le sont pas. Tous les jours de beau temps, du 43.e au 59.e degré de latitude sud, nous eûmes le spectacle réellement amusant de troupes variées de dauphins, les uns noirs, les autres blancs, d'autres avec quatre taches blanches sur du noir, ou moitié d'une de ces couleurs et moitié de l'autre. Chacune venant se jouer autour de nous et faisant plusieurs fois le tour du navire, quelle que fût notre marche, fendait alors les ondes avec la rapidité de la flèche, ou nageait en avant de la proue, comme les coureurs d'autrefois devant la voiture des grands seigneurs. Elle nous accompagnait ainsi souvent une heure, puis nous abandonnait. Nul doute que ces agiles habitans des mers n'eussent plus longtemps fait route avec nous, s'il ne se fût trouvé à bord un habile harponneur qui nous donnait journellement un nouveau spectacle. Dès qu'on signalait des dauphins, il se plaçait sous le mât de beaupré, suivant d'un œil sûr les brusques mouvemens des cétacés; quand il jugeait le moment propice, il lançait son harpon avec vigueur, et, des plus adroit, il manquait rarement son but; mais la marche accélérée du navire, la résistance que l'animal offrait à l'eau, et les mouvemens de celui-ci pour se dégager du fer meurtrier, le faisait presque toujours s'en détacher; et, à mon grand regret, un seul, un delphinaptère ou dauphin sans nageoires, moitié blanc, moitié noir, vint augmenter mes collections pour le muséum.

1830. En mer.

De plus gros animaux de la même famille se montraient souvent à nous dans les régions méridionales, surtout à l'est du cap Horn. Tantôt c'était une énorme baleine franche qui, passant à quelques toises de nous, permettait non-seulement d'apprécier sa longueur par rapport à celle du navire, mais encore d'en reconnaître tous les détails; tantôt un baleinoptère à museau blanc et à dorsale pointue, placée près de la queue, qui se jouait près de nous, tout en suivant lentement notre route. Un jour, par le 52.e degré de latitude, entre la terre ferme et les îles Malouines, nous eûmes, pendant plus de deux heures, un spectacle bien curieux, celui de deux troupes de baleines, composées chacune de plus de cinquante individus. Toutes ensemble paraissaient à la surface, et lançaient des jets d'eau qui retombaient en pluie. Elles s'enfonçaient ensuite au sein de l'onde pour se montrer de nouveau quelques instans après, suivant ainsi une direction contraire à la nôtre, ce qui nous permit de les voir de très-près et d'admirer successivement ces masses ambulantes, et leurs jets multipliés. Ces deux troupes étaient d'espèces différentes, ce que je reconnus à la forme des nageoires du dos, et je ne pus m'expliquer cette réunion fortuite (qui eût fait la fortune d'un

1830. baleinier) que par la saison des amours de ces cétacés. Le parage où nous
En mer. étions était alors un des meilleurs lieux de pêche; mais les baleines, harcelées, poursuivies continuellement par des pêcheurs de toutes les nations, abandonnèrent bientôt ces régions, comme elles avaient, quelque temps avant, abandonné les côtes du Brésil; elles passèrent sur la côte méridionale du Chili, qu'elles furent ensuite obligées de fuir encore, pour aller se réfugier dans les parties non fréquentées de la Nouvelle-Zéelande, où elles sont maintenant l'objet des poursuites des baleiniers. Il est très-curieux de suivre les migrations forcées de ces grands animaux, victimes de l'industrie commerciale des nations; de les voir franchir les océans, passer d'un pôle à l'autre, pour trouver la tranquillité, n'ayant bientôt plus, dans la vaste étendue des mers, un seul endroit où l'homme leur permette de vivre en sécurité.

Les autres êtres qui se montrèrent à nous dans la traversée furent des oiseaux pélagiens. D'abord ils parurent en petit nombre, l'été leur permettant de s'avancer vers les régions méridionales. L'élégant pétrel de tempête, toujours en mouvement, véritable hirondelle marine, se montra le premier, remplacé, vers l'extrémité de l'Amérique, par le pétrel Lesson, qui semblait suivre surtout les troupes de baleines, se posant fréquemment sur les eaux. Bientôt l'albatrosse aux longues ailes, géant de ces régions, parcourut toutes les ondulations de la vague, sans paraître exécuter un seul mouvement. Un soir, vers le 52.e degré de latitude, par une de ces fins de journée assez calmes, où l'on aime à retrouver, dans les nuages amoncelés à l'horizon, quelques formes fantastiques qui répondent aux rêves de l'imagination, j'étais resté tard sur le pont, lorsqu'un bruit confus de voix semblables à des cris humains vint retentir à mon oreille. Je crus d'abord me tromper, et j'écoutai plus attentivement. Ce n'était pas une illusion, j'entendais réellement des sons que m'apportait la brise; mais d'où provenaient-ils? Un beau clair de lune me permettait de découvrir au loin l'horizon, où je n'apercevais aucun navire. Je commençais à douter de moi-même, et pourtant nous approchions certainement du point d'où ils me semblaient partir, la conversation devenant de plus en plus animée. Enfin mon étonnement cessa à la vue de ces êtres parleurs que des temps plus reculés auraient pu transformer en syrènes. C'étaient tout simplement des manchots, oiseaux demi-poissons, puisqu'ils ne volent pas, qui prenaient leurs ébats au milieu de l'onde salée, et célébraient ainsi la beauté du jour.[1]

---

1. C'est l'*Aptenodytes patagonica*, Gmel. Ces oiseaux, autant en raison de leur démarche singulière à terre, qu'à cause de leurs chants, ont reçu des Espagnols le nom de *Pajaro niño* (oiseau

Nous marchions rapidement vers le sud, apercevant, par intervalles, à la surface des eaux, quelques varechs flottans, détachés sans doute des rochers par la vague et que les courans généraux poussaient du sud au nord[1]. Le vent était très-variable. Quelquefois assez bon, il nous rapprochait des régions froides; mais le plus souvent contraire, il nous forçait de lutter péniblement contre lui, ballottés que nous étions par la vague de cette mer toujours en furie. Le 10 nous aperçûmes un navire baleinier, facile à reconnaître à son fourneau et à cet échafaudage où l'on place les pirogues de pêche. Il ne voulut pas nous faire connaître sa nation. Nous étions alors par le 50.e degré. Le changement de couleur de l'eau engagea le capitaine à sonder; mais par quatre cents mètres on ne trouva pas de fond. Nous étions le lendemain entre les Malouines et la terre ferme; nous passâmes, sans le voir, vis-à-vis le détroit de Magellan, et le 13 nous aperçûmes, à dix lieues de distance environ, les hautes montagnes de la Terre-du-Feu, près du détroit de Lemaire, où le capitaine avait le désir d'entrer, pour abréger la route; mais le temps en décida autrement.

1830 — En mer. — 13 Janv.

Dans la nuit nous essuyâmes une tempête aussi affreuse qu'inopinée. Tout d'un coup, par un temps assez calme, le vent du sud-ouest se mit à souffler avec une telle violence, qu'on put à peine carguer les voiles et baisser les hauts mâts. Le navire à sec de toile semblait à chaque instant devoir s'engloutir. Le sifflement des vents déchaînés dans le cordage, le craquement continuel de toutes les parties du vaisseau, les chocs de la vague irritée, semblables à des coups frappés sur un rocher, tout produisait un bruit épouvantable, qui, joint au mouvement incessant, ne permettait de se livrer à aucune réflexion étrangère à la position. Mes compagnons de voyage commencèrent à me reprocher de les avoir, par mon exemple, entraînés dans un voyage, qui, vu le mauvais état du navire, paraissait pour eux devoir être le dernier. Je tâchais de les rassurer de mon mieux, lorsqu'un choc affreux vint interrompre notre conversation, et nous avions en effet tout lieu de nous croire perdus; la lame, brisant le capot et tous les vitrages, entra en entier dans la chambre en nous inondant tous, et l'eau roula avec fracas au milieu de nous. Couché dans ma cabane, qui se trouvait assez élevée, je n'avais reçu que des éclaboussures; mais je vis de suite, à la faible clarté d'une lampe,

enfant); car ils ne vont pas à terre, « en se traînant péniblement sur le ventre, » comme le dit Cuvier (Règne animal, t. I, p. 550), mais marchent debout, ainsi que de véritables enfans.

1. Voyez la partie cryptogamique de la Botanique.

1830. ma malle, qui contenait tous mes écrits et mes dessins, transportée et roulée par les eaux. En un instant pouvait s'anéantir le travail de plusieurs années.

En mer. Je n'avais pas à balancer. Je descendis en chemise au milieu de la chambre. Après une longue lutte, jeté que j'étais d'un côté à l'autre avec les eaux par le roulis, je parvins enfin à tirer du milieu des chaises et des tables, contre lesquelles je me débattais, ma précieuse malle, et profitant d'un instant favorable, je l'enlevai avec bonheur et la plaçai dans mon lit; puis, me cramponnant à ma cabane, afin de résister au mouvement, j'attendis que les eaux se fussent écoulées, et qu'on nous eût garantis d'une seconde invasion semblable par les planches de sûreté, qui avaient été oubliées. Après quelques heures passées dans une position des plus gênante, baigné d'eau et tremblant de froid, je replaçai ma malle et rentrai dans ma cabane également trempée d'eau salée, et qui devait l'être pour une partie de la traversée. La même houle avait fracassé tout l'arrière du navire et emporté notre canot en porte-manteau. La tempête conserva la même force toute la nuit et les deux jours suivans. Des grains affreux de pluie et de grêle tombaient à chaque minute, et le navire resta ballotté par les eaux, craquant toujours et souffrant beaucoup de la mer, qui sans cesse passait par dessus. On peut facilement se faire une idée de la position peu agréable du voyageur dans cette lutte des élémens contre ce faible abri qui le recèle, et des incommodités de tous genres qu'il éprouve alors, surtout s'il est mouillé comme je l'étais, sans aucun moyen de se sécher.

15 Janv. Le 15, enfin, le vent, quoique contraire, devint moins fort. Je pus reconnaître mes pertes, qui se bornaient à quelques livres, mes papiers importans ayant été préservés par les boîtes en fer-blanc, où je les avais renfermés. Le froid était très-vif, quoique nous fussions en été. Le maximum était de 7 degrés centigrades, et le minimum de près de 3 degrés; une humidité extrême nous pénétrait et nous faisait beaucoup souffrir. Le
16 lendemain nous doublâmes le cap de la Terre des États, l'estime nous en portait à quinze milles; nous ne l'aperçûmes pas. Le 17, une observation de
Cap Horn. latitude nous plaçait par 57 degrés au sud du cap Horn[1]; mais les deux jours suivans un vent contraire nous força de courir une bordée vers la terre.
19 Janv. Le 19, au soir, nous étions en vue des îles de Diego Ramirez, situées au

1. Les Espagnols croient généralement que le nom du cap *Horn* est la contraction du nom de *Horno* (four), donné à ce cap, par l'analogie de sa forme; mais ils se trompent : c'est Lemaire qui, en 1615, l'appela ainsi du nom de sa ville natale.

sud du cap Horn et formant l'extrémité méridionale de la grande chaîne des Cordillères. Elles se montrèrent d'abord comme deux points élevés; peu à peu elles se distinguèrent beaucoup mieux. On put apercevoir à l'ouest deux îlots formés de montagnes coniques, couvertes de neige, et à l'est une grande île, également terminée, à l'ouest, par une partie élevée; du reste, le trop grand éloignement ne permettait de juger aucun des accidens extérieurs. On se figure sans peine le plaisir qu'éprouve le voyageur à reconnaître de nouveau la terre, lorsqu'il est depuis long-temps le jouet des flots, dans ces dangereux parages; il lui semble que le sol soit une partie essentielle de lui-même, et se lie à son existence. Un autre objet d'un intérêt plus immédiat encore vint nous faire oublier la terre. On cria: voile! et bientôt un navire américain passa assez près de nous, pour nous dire qu'il était parti depuis trente-cinq jours de Guayaquil.

1830.

Cap Horn.

Le vent tout à fait contraire nous ayant, deux jours de suite, forcés de nous diriger droit au sud, nous étions par 60 degrés de latitude australe. Le temps était beau, l'air très-froid, et le jour nous accompagnait presque sans interruption. Le soir, le soleil se coucha à huit heures et demie; à onze heures, le crépuscule régnait encore; le lendemain il commença à une heure, et le soleil parut à trois heures et quart; ainsi deux heures de nuit tout au plus existent dans cette saison; encore fait-il si clair, qu'on peut douter s'il y en a réellement.

Du 22 au 26 nous restâmes, à peu de choses près, par la même latitude, avec une mer affreuse et de très-mauvais temps. Le froid devenait d'autant plus piquant qu'il ventait toujours du sud-ouest. Nous vîmes au loin deux navires, un trois-mâts et un brick, l'un faisant la même route que nous, l'autre venant du Chili. Le 27, un vent plus favorable nous permit enfin de nous diriger au nord et d'espérer une température moins glaciale. Depuis huit jours que nous avions vu les îles de Diego Ramirez, le capitaine avait bien pu faire quelques observations de latitude; mais incapable d'en faire une seule en longitude, il se guidait uniquement sur son estime. Je m'étais aperçu qu'il connaissait peu les grands systèmes de courans, et que surtout il n'en tenait pas assez compte. Il marchait au nord à pleines voiles, se croyant à près de cinq degrés en dehors de la côte américaine. Je lui fis quelques observations sur l'erreur qui pouvait exister dans son estime, par suite des courans venant de l'ouest, et sur la nécessité d'obliquer encore à l'ouest. Il ne voulut pas m'écouter et continua sa route dans la même direction. Le 29, à midi, nous étions près du 54.e degré. Je renouvelai mes observations avec

En mer. Janvier.

1830. En mer. Janvier.

instances; elles furent plus mal reçues. Il fallut bien se résigner; mais la nuit suivante, heureusement par un beau temps, le navire se trouva au milieu des brisans (sans doute du cap Gloucester de la Terre-du-Feu). Quelques minutes encore ..... et nous nous brisions sur cette côte inhospitalière. On vira de bord en toute hâte et nous reprîmes le large. L'erreur du capitaine était de près de cinq degrés. Je lui rappelai mes observations, qu'il finit par admettre, quoiqu'un peu tard, puisque son entêtement avait failli causer notre perte à tous.

Les grands systèmes de courans ont une importance immense dans la navigation, et l'étude en est même indispensable au zoologiste qui veut s'occuper des grandes lois de distribution géographique des êtres. On voit pourtant combien ils sont peu connus des hommes spéciaux, et quelles conséquences peuvent résulter de l'ignorance de leur direction. Tout le monde a remarqué cette pointe américaine étroite qui s'avance vers le pôle sud, et sépare l'océan Atlantique du grand Océan. Les courans généraux, partant de la Nouvelle-Zélande se dirigent de l'ouest sur l'extrémité méridionale de l'Amérique et s'y divisent en deux branches distinctes. L'une passe à l'est du cap Horn, entre dans l'océan Atlantique, suit le littoral du continent, en se dirigeant du sud au nord, longe successivement la Patagonie, les Pampas, et continue jusqu'à la Plata; l'autre, au contraire, se heurtant contre le continent américain, reste dans le grand Océan, suit le littoral du sud au nord, en longeant les côtes du Chili, de la Bolivia et du Pérou[1]. Il est à remarquer que les vents généraux suivent presque toujours la même direction; d'où il résulte que, pour doubler le cap Horn en venant de l'océan Atlantique, on lutte continuellement contre le courant du sud, qui, dans certaines parties, fait faire près de trois milles à l'heure, et peut mettre, comme on le voit, une différence énorme entre l'estime basée sur la marche du navire et la déviation apportée à cette marche directe, par la dérive qu'occasionne le courant. C'est précisément cette dérive, dont on n'avait pas tenu compte, qui amenait entre la position réelle du navire et la position calculée par le capitaine, une erreur de cinq degrés ou d'environ soixante-quinze lieues terrestres; erreur qui, sans un bonheur inespéré, devait nous perdre, en nous brisant sur la terre, dans la partie la plus à craindre de toute l'Amérique, par les pentes abruptes de côtes impossibles à gravir.

L'ignorance et l'entêtement du capitaine nous obligèrent à courir pendant

1. Voyez la Carte des courans publiée par M. le capitaine Duperrey.

quatre jours vers le sud, afin de nous éloigner de terre; ce qui devenait d'autant plus désagréable, que le temps déjà très-mauvais, et la mer très-houleuse, dégénérèrent bientôt en une affreuse tempête, que nous essuyâmes le 1.er et le 2 Février. Nous en eûmes beaucoup à souffrir de toutes les manières, tant par la pluie qui tombait par torrens, que par ce mouvement incommode qui ne permet de se tenir debout ni assis un seul instant. L'excessive humidité à laquelle je m'étais trouvé exposé, contraint de coucher dans un lit constamment trempé d'eau salée, m'avait fait venir aux mains et aux oreilles des engelures qui me faisaient vivement désirer de me rapprocher des régions chaudes. Enfin, le 4 Février le vent devint excellent, et après avoir beaucoup souffert, nous marchâmes à pleines voiles vers les régions plus chaudes. Certains jours nous franchissions jusqu'à trois degrés ou soixante-quinze lieues de distance. Une douce température succéda au froid. La mer devint magnifique, et put alors, sauf la critique que nous avions dû en faire quelques jours avant, être justement appelée *mer pacifique*. La gaîté ne tarda pas à remplacer, par l'espoir d'une arrivée prochaine, l'humeur plus ou moins aigrie de chacun. En effet, le 13, nous étions par 34 degrés 50 minutes de latitude en vue de la chaîne des Andes. Je ne saurais dire avec quelle joie j'aperçus ces montagnes perdues dans les nuages et ce sol accidenté, si différent de celui que j'avais foulé naguère. Je me promettais de si vives jouissances en parcourant cette terre nouvelle pour moi, où je voyais toute la nature comme empressée à me dérouler ses trésors! La terre formait une vaste ligne, divisée horizontalement en trois étages, l'un bas, plus marqué, constitué, sans doute, par la côte; l'autre intermédiaire, peu accidenté, appartenant à un autre plan, et enfin le troisième et le plus haut, couvert de sommités coniques neigeuses; c'était bien certainement la Cordillère des Andes. L'ensemble représente une chaîne peu déchirée, où peu de points s'élèvent au-dessus des autres, et diffère complètement des Pyrénées vues des hauteurs, au-delà de Rabastens (Hautes-Pyrénées), ou des Alpes bernoises vues du Jura, près de Neuchâtel; de ces trois chaînes, la plus déchirée est celle des Alpes, les Pyrénées le sont beaucoup moins, tout en l'étant bien plus encore que les Andes.

1830. En mer. 4 Févr. 13 Févr.

Je m'étais couché le cœur plein d'espérance, pensant débarquer le lendemain; mais, dans la nuit, une brume épaisse nous obligea de reprendre le large. Nous en fûmes enveloppés deux jours de suite. Le troisième seulement le temps s'éclaircit, et la terre, l'espoir, la consolation du navigateur, reparut enfin à nos yeux. Nous en approchâmes avec vitesse. Les arrières-plans dispa-

Chili.

1830. rurent peu à peu, les collines de la côte semblèrent s'élever davantage. On

Chili. put bientôt distinguer la colline des signaux, annonçant par ses pavillons notre approche de la ville. Nous étions près d'une côte de petites montagnes dont les pentes meurent au rivage ou forment des promontoires élevés à pentes abruptes et déchirées. Chaque pointe est couverte de rochers, dont quelques-uns sortent du sein des eaux, et offrent un obstacle à la vague qui vient s'y briser avec fracas, même dans les plus beaux temps. Chaque vallon, au contraire, présente de petites plages d'un sable blanchâtre, contrastant avec les rochers noircis par le temps. Pour la campagne, tout accidentée qu'elle est, rien de bien pittoresque ne s'y offre à la vue; des mamelons très-aplatis, sans végétation, couronnent la côte et se continuent jusqu'au rivage. Dans les ravins seuls, assez nombreux, on voit de petits buissons et aucun arbre; mais la végétation s'y montre maigre et rabougrie. Ce ne sont plus ces belles montagnes boisées du Brésil, où chaque rocher, couvert de plantes, témoigne de l'activité de la nature entière; c'est en Amérique, une représentation exacte de l'aspect des côtes de l'Algérie.

En voguant à pleines voiles, nous doublâmes bientôt la pointe de Corumillera, et nous aperçûmes une plage sablonneuse et quelques petites maisons. Il faut avoir été pendant long-temps éloigné de la terre, pour se rendre compte de l'effet que produit la vue de la première petite cabane, ou la moindre trace qui rappelle nos semblables. Elle fait éprouver un charme inexprimable, auquel, sans doute, se rattache implicitement l'idée de cette société

Valparaiso. indispensable à l'existence. Après avoir doublé la pointe de Valparaiso, l'immense baie de ce nom parut à nos yeux. Les premières maisons se distinguèrent peu à peu, et à mesure que nous avancions, se déroulait cette longue ligne d'habitations situées au pied de la côte. Une multitude de navires de toutes les nations, de toutes les tailles, étaient au mouillage; dans le nombre se montraient plusieurs frégates de guerre, et l'activité partout répandue, annonçait un grand centre de commerce extérieur. On peut dire avec vérité que Valparaiso, par sa position, est le point de départ de tout le commerce européen avec les républiques de Bolivia et du Pérou, et qu'il est, de plus, la clef des relations commerciales de l'ocean Pacifique.

Combien de fois, entravé par les guerres intestines, par les révolutions de la république argentine, n'avais-je pas désiré voyager au Chili, dont le gouvernement était cité, depuis plusieurs années, comme le modèle des républiques américaines! Je croyais enfin réaliser ce rêve, et jouir de la paix si nécessaire à mes recherches; mais, aussitôt après le mouillage, dès la première visite de la douane, j'appris que mes plus chères espérances étaient encore déçues. Depuis mon départ de Buenos-Ayres une révolution avait éclaté au Chili, et cette république, naguère la plus paisible de toute l'Amérique, se voyait alors en proie aux factions. Jamais elle n'avait été moins sûre pour l'étranger voyageur. Cette nouvelle me contraria au dernier point, et me fit presque croire à une espèce de fatalité qui me poursuivait depuis mon arrivée. En effet, après avoir été retenu et emprisonné par les Brésiliens de Montevideo, en 1826, j'avais trouvé, en 1827, Buenos-Ayres en armes, et bloquée par ces derniers; en 1828, la révolution de Lavalle se déclara presqu'aussitôt après la paix avec les Brésiliens. Arrivé en Patagonie, j'avais dû m'y battre avec les indigènes; enfin, après avoir quitté ce côté de l'Amérique, croyant trouver du repos au Chili, j'allais peut-être encore me voir forcé d'abandonner cette dernière contrée, pour chercher ailleurs une tranquillité indispensable à mon genre d'observations, et cela non sans déplorer la perte de temps que me causaient toujours des circonstances aussi défavorables. 1830. Valparaiso.

§. 3.

Séjour au Chili.

Ne trouvant pas au Chili, par suite de la position politique du pays, assez de facilités pour suivre mes investigations ordinaires, je n'y séjournai que du 16 Février au 8 Avril, ou moins de deux mois, qui furent employés à parcourir les environs de Valparaiso et à faire un voyage à Santiago. Ce court séjour ne me permettant pas de généraliser mes observations, je glisserai sur ce que je pourrais dire du Chili; et cela avec d'autant plus de raison que beaucoup de voyageurs[1] en ont déjà décrit les deux villes principales, ainsi que la route qui conduit de l'une à l'autre. D'ailleurs, je ne veux pas empiéter sur le droit qu'une longue résidence de M. Gay dans la république chilienne semble lui donner de la décrire. Chili.

Aussitôt débarqué, je me présentai chez M. Sébastien Lezica, le correspondant auquel j'étais adressé pour mes fonds. J'y fus reçu avec cette amabilité qui caractérise en tous lieux les personnes bien élevées. M. Lezica tenait une

1. Stevenson, *An historical and descript. narr., etc.* Londres, 1826. — John Miers, *Travels in Chili, etc.* Londres, 1826. — Maria Graham, *Journal of a residence in Chili, etc.* — Schmidtmeyer, *Travels to Chili, etc.* — Hall, *Voyage au Chili.* — Moerenhout, *Voyage aux îles du grand Océan.*

1830. des premières maisons de commerce du pays, et possédait des comptoirs à Chili. Buenos-Ayres, à Cobija, à Arica, à Lima, ce qui pouvait m'être d'une grande utilité pour l'avenir. Il eut l'extrême obligeance de me chercher un logement, et le lendemain j'étais rendu à mes travaux.

Je commençai par visiter la ville. J'allai d'abord dans le vieux quartier, près de l'église. Là, vers le soir, on voit, à la porte de chaque maison, des demoiselles jolies et bien vêtues, qui sont les premières à vous offrir d'entrer, si vous leur adressez la parole; elles cherchent ensuite à égayer leurs visiteurs par leurs chants, qu'elles accompagnent des sons de la guitare. Vous êtes d'abord très-étonné de vous trouver inopinément comme en pays de connaissances; mais, quelque temps après votre arrivée, tout en rencontrant partout dans la ville cette hospitalité, vous ne tardez pas à reconnaître que ce n'est pas là qu'il faut chercher la bonne société du pays. Ce grand nombre de jeunes femmes, qu'on peut regarder tout à son aise en passant, me servit pourtant à juger, sinon de l'ensemble (car les femmes haut placées ont des traits plus distingués), au moins d'une classe entière de la nation. Je trouvai une grande différence dans la forme de la figure, comparée à celle des femmes de Buenos-Ayres : au Chili, la face est généralement ronde et participe évidemment un peu des traits des Araucanos, tandis qu'à Buenos-Ayres elle est beaucoup plus ovale et tient plus des formes européennes. Cependant les Chiliennes sont également enjouées, spirituelles, et ne le cèdent en rien, sous ce rapport, aux aimables Porteñas.

La baie de Valparaiso, de plus d'une demi-lieue de long, est et ouest, se compose, à l'ouest, d'une petite bande de terre située au pied des montagnes, des ravins de ces montagnes, et, vers l'est, d'une assez large plage de sable où coule un petit ruisseau. Les maisons, toujours sans cheminées, forment une seule rue au bord de la mer, et des amas plus ou moins irréguliers, à tous les étages, dans les ravins; parmi ces maisons, il est facile de reconnaître deux rangs différens. Celles du rivage, de la grande rue et de la place basse sont occupées par le haut commerce. Il y règne un air d'aisance: elles sont généralement en bois, ornées autour d'un balcon couvert en galerie, le tout bien peint et d'une propreté extrême. Les autres maisons, qu'habitent le peuple et les artisans, sont petites et sans aucun luxe, groupées aux extrémités de la ville dans les *quebradas* (ravins). Si l'on compare l'état actuel de Valparaiso à la description qu'en fait Frezier en 1714, on s'étonnera de l'accroissement immense du port. Ce savant voyageur s'exprimait alors en ces termes : « Dans une coulée assez petite est le bourg ou ville de

„ Valparaiso, composée d'une centaine de pauvres maisons, sans arrangement „ et de différent niveau; elle s'étend aussi le long de la mer, où sont les „ magasins à bled." .... „ De cent cinquante familles qu'il peut y avoir, à peine „ s'en trouve-t-il trente de blancs.[1] " Aujourd'hui que le commerce n'est plus borné à l'exportation des blés, ainsi qu'il l'était sous la domination espagnole, et que le Chili est comme l'entrepôt général des marchandises destinées à toute la côte de l'Amérique, Valparaiso est devenue une ville des plus importante[2], et s'accroît tous les ans dans une progression réellement étonnante.

1830.

Chili.

Si je commence ma promenade par l'extrémité occidentale de la ville, je trouve d'abord au pied de la falaise, dans un léger enfoncement, quelques petites maisons de pêcheurs, et vis-à-vis leurs étroites pirogues, formées d'un arbre creusé, de chaque côté desquelles sont attachés des tronçons de sapin destinés à les empêcher de chavirer. Là, silence complet; car la curiosité seule peut conduire le voyageur dans un quartier si misérable. Tout près est une batterie basse de quelques canons. On suit une petite rue, et l'on arrive au quartier des artisans, où se tiennent les forgerons, les charpentiers, les tonneliers, etc. On passe devant la maison du gouverneur, très-modeste extérieurement; puis on trouve la place, ornée de fort jolies maisons. Veut-on remonter dans le ravin de l'ancienne ville? on trouvera, après plusieurs rues très en pente, une petite place et une église d'assez mince apparence; puis, à tous les étages, de petites maisons, jusque sur le haut de la colline; c'est même au-dessus que deux petites cabanes, assez mal renommées, placées sur le bord d'un sentier et d'un précipice, ont reçu des marins anglais, qui les fréquentent surtout, le nom de *men top* et *for top* (grande et petite hune), faisant ainsi allusion, en raison de leur position sur la montagne, à la hune d'un navire. Avant de revenir sur la place, on peut gravir à gauche une autre rue très-habitée jusque sur le coteau, mais on est toujours obligé de retraverser la place. On trouve, le matin, dans une petite rue qui descend à la mer, une poissonnerie magnifique, alimentée par la pêche dans la baie même et aux environs. De là au pied de la montagne il n'existe plus qu'une seule rue; mais cette rue, formée des plus belles maisons, est le siége du plus grand commerce. On arrive ainsi à la quebrada de San-Agustin, nouveau ravin, dont les côtés sont couverts d'habitations. C'est la route qu'il faut prendre,

1. Relation de la mer du Sud, p. 86.

2. Voyez-en le Panorama, partie historique, Vues, n.° 6. Cette belle vue, dessinée à bord du *Griffon*, en 1834, par M. Blouet, m'a été communiquée par M. Du Petit-Thouars, capitaine de vaisseau. Valparaiso compte aujourd'hui plus de 25,000 âmes.

1830. Chili. si l'on veut gravir le coteau pour atteindre son sommet, le *monte alegre*, belle esplanade, jadis déserte, animée aujourd'hui par les plus élégantes maisons qu'habitent le consul anglais et plusieurs autres de ses compatriotes, et qui dominent ainsi la baie entière, en découvrant tout ce qui s'y passe. Ce serait certainement le plus agréable lieu d'habitation, si le plaisir d'y vivre n'était acheté par la peine d'y arriver.

Après le ravin de San-Agustin reprend la grande rue, toujours au pied du coteau. On la continue long-temps encore, jusqu'au point d'interruption où le rocher s'avance dans la mer et forme une pointe plaisamment appelée cap Horn. Des travaux exécutés pour établir le passage entre cette pointe et la falaise, ont laissé une excavation profonde où la nuit, lorsque la police a été moins active, des voleurs se sont souvent cachés pour arrêter le passant. Peu après le cap Horn, le terrain s'élargit, s'éloigne de la colline, et forme enfin une large plage de sable, connue sous le nom d'*Almendral*[1]. Dans cet endroit, la grande rue, d'abord resserrée, s'élargit, les habitations se multiplient; mais, à l'exception de quelques nouvelles maisons de commerce récemment bâties, elles se composent exclusivement de petites cabanes et surtout de *chinganas*, maisons publiques, espèce de spectacle, où l'on va prendre des rafraîchissemens et voir danser la *Cachucha*, le *Zapateo*, etc., au son d'une guitare et de la voix; rendez-vous de toutes les classes, où se nouent des intrigues sans nombre, mais où l'Européen se trouve souvent déplacé. La ville finit à l'extrémité de l'Almendral.

On rencontre dans cette promenade au quartier du commerce, force gens affairés, des charrettes, des porte-faix et beaucoup de femmes. Vers l'Almendral ce sont des promeneurs à pied et à cheval : les premiers, des deux sexes, y viennent, par troupes séparées, visiter les chinganas; les autres, faire admirer leurs beaux *recados* (selle du pays). Parmi ceux-ci sont beaucoup de *guazos*, hommes de la campagne, remplaçant absolument au Chili, pour les mœurs, l'intrépidité et les habitudes, les *Gauchos* de Buenos-Ayres. Leur costume seulement offre quelques différences : leur selle est plus ample, leurs éperons sont plus grands et leurs étriers tout à fait singuliers. Ce sont deux énormes tronçons de bois, arrondis en dessous, plus ou moins ornés de sculptures, où sont pratiqués des trous qui servent à recevoir le pied[2]. On trouve d'abord

1. *Almendral* signifie *verger d'amandiers*, sans doute en raison des arbres de cette espèce plantés dans les jardins.

2. Voyez partie historique, Costumes, pl. III. On doit prononcer *Gouasso*. *Gaucho* se prononce aussi *Gaoutcho* et non *Goco*, comme on a l'habitude de le faire en France.

ces étriers ridicules, surtout lorsqu'on quitte les Gauchos, qui ne s'en servent que pour y placer le gros orteil; mais, si l'on considère que ces hommes ne vivent pas en des plaines rases comme les Gauchos; qu'ils sont, au contraire, obligés de galoper souvent au milieu des bois et sur des coteaux escarpés, on concevra qu'ils aient besoin de garantir leurs pieds des chocs continuels que leur font journellement subir les troncs d'arbres ou les rochers. Du reste, le guazo, tout en portant le poncho, la ceinture, le petit chapeau conique des Gauchos, a les jambes couvertes de larges guêtres, appelées *botas*, faites de tissus de laine, et attachées au-dessous du genou par un cordon[1]. Comme dans les bois il se trouve constamment au milieu des épines, il se munit de plus, à cheval, d'une pièce de cuir ornée de franges, destinée à l'en garantir.

Le ciel est admirable au Chili; rarement un nuage vient s'élever à l'horizon, et le soleil s'y montre dans toute sa splendeur. Les soirées, calmes et fraîches, invitent à la promenade. Les nuits sont des plus belles, et dans leurs courses, en annonçant au citadin toutes les heures, les crieurs nocturnes rappellent l'état du ciel, très-souvent étoilé (*estrellado*), bien rarement couvert de nuages (*nublado*). Ces crieurs, auxquels l'étranger s'habitue difficilement, sont en usage non-seulement au Chili, mais encore sur la côte du Pérou, à Arica, à Tacna et à Lima : ils ont été institués principalement pour la sûreté publique. Chargés de la police de nuit, ils se promènent en silence chacun dans un espace circonscrit, et se réunissent immédiatement, au besoin, au son d'une crécelle, signe de ralliement qui leur est particulier; ils sont chargés de crier à haute voix chaque heure dans toute leur circonscription, en annonçant, comme je viens de le dire, l'état du ciel. Au milieu de ces nuits si calmes, dont aucun autre bruit ne vient interrompre la tranquillité, le nouvel arrivé est d'abord éveillé en sursaut par un roulement de crécelle, puis il entend une voix sonore répéter en chantant : *Ave Maria purissima, las doce en tocado y cielo estrellado.* Il écoute, et trouve quelque chose de solennel dans ces cris d'abord rapprochés, et qui, s'éloignant peu à peu, finissent par se perdre dans le lointain. Le crieur de nuit (*sereno*) a encore pour mission de prévenir, lorsqu'on ressent un tremblement de terre (*terremoto, temblores*); et il est rare que cela n'arrive pas toutes les semaines au Chili. Alors il agite sa crécelle avec force et réveille tout le monde. Une première fois j'avais écouté ce bruit en même temps que le craquement de mon lit et de ma chambre, et je ne m'étais pas dérangé, quoique j'entendisse

1. Voyez Costumes, pl. II, les figures à droite.

1830. Chili. mes voisins et voisines s'agiter autour de moi. Je reçus le lendemain quelques reproches bienveillans sur mon imprudence, ce qui fit me lever à la seconde alerte du même genre. Rien de plus plaisant... Chacun sort des maisons tel qu'il est. Hommes, femmes, enfans gagnent le milieu des cours, des rues et des places, ou le dessous des portes de sortie, et attendent, dans la crainte d'une nouvelle secousse; si celle-ci tarde à venir, le calme renaît, et cette réunion burlesque, en un costume peu usité en public, se sépare jusqu'à nouvelle occasion.

Je ne sais si l'on fait toujours la même chose au Chili ou si cette terreur ne devait s'attribuer qu'au souvenir du tremblement de terre qui avait eu lieu quelque temps avant (le 26 Septembre). Les habitans s'étaient alors trouvés, pendant plus d'un mois, exposés à de continuelles secousses, pendant lesquelles toutes les maisons se dégradèrent, plusieurs croulèrent, et des blocs de rochers, se détachant de la falaise, roulèrent avec fracas sur les maisons de la grande rue. Les habitans étaient devenus si craintifs, que beaucoup d'entr'eux avaient pris le parti de vivre sous des tentes dans la campagne, afin de goûter le repos. C'est ce motif plus que le manque de matériaux qui fait multiplier les constructions en bois, si communes à Valparaiso. Les tremblemens de terre se font bien plus sentir sur la côte que dans l'intérieur; j'ai même remarqué, plus tard, qu'ils ne s'étendent presque jamais au sommet des Andes boliviennes. Il n'en fut pourtant pas ainsi du dernier dont je viens de parler; car non-seulement il dégrada l'hôtel des monnaies à Santiago et fit crouler quelques maisons, mais encore M. Pedro Garcia, associé de M. Lezica, qui traversait alors la Cordillère de Mendoza, m'assura qu'il avait été obligé de sortir de la hutte ou halte des courriers où il se trouvait, au sommet de la chaîne, par suite des secousses qui lui firent craindre de se voir enseveli sous ce faible abri.

Valparaiso. Le 23 (mardi gras), Valparaiso, trop occupé de son commerce, s'inquiéta peu du carnaval, si bruyant dans les autres parties de l'Amérique. On se contenta de se jeter de l'eau de senteur, comme à l'ordinaire. Je sortais tranquillement avec notre consul général, lorsqu'il nous tomba un seau d'eau sur la tête. Le consul trouva la plaisanterie par trop forte; il entra dans l'habitation pour faire quelques reproches. Le coupable était un domestique d'une maison de commerce française, qui nous avait pris pour deux de ses camarades. Nous étions dans un pays libre!

Toutes mes journées étaient employées à parcourir les environs, soit du côté de la campagne, soit en suivant la côte au nord ou au sud, afin de me procurer des animaux de tous genres et de faire des observations. J'allais souvent surtout à la Lagunilla ou à la *Playa Ancha*, me dirigeant au sud, passant sur les collines de la ville, et j'arrivais à cette petite plage sablonneuse, environnée de rochers. Là, je chassais aux environs, ou, profitant de la marée basse, je me mettais à la mer pour chercher des mollusques, si variés et si abondans en ces parages, et je revenais ensuite les dessiner chez moi. Un jour j'éprouvai un assez grand désappointement. Il avait fait, depuis quelque temps, beaucoup de vent du sud, reste, sans doute, d'une tempête dans les régions méridionales et dont nous n'avions que la fin. Je crus trouver quelque chose à la côte; et, en effet, la Playa Ancha était couverte de magnifiques varechs de beaucoup d'espèces différentes, que la grosse mer avait détachés du fond. J'étais heureux de choisir dans cette petite flore maritime, et de mettre à part les échantillons les plus entiers, que je me proposais d'emporter pour les préparer. J'avais fini mon exploration, et je revenais joyeux vers mes paquets de plantes, lorsque je trouvai toutes les racines des grandes laminaires coupées près de la tige. J'étais saisi d'un mouvement d'impatience, tout en cherchant quel motif avait engagé les pêcheurs à mutiler ainsi mes belles plantes, quand je vis un très-jeune homme mordre à belles dents l'une des racines coupées, et se disposer à en faire autant des autres. Je me sentis alors plus porté à rire qu'à me fâcher. Comment, en effet, cet enfant eût-il pu se figurer qu'on attachât du prix à conserver une chose si commune, et pour lui toutefois d'une utilité si immédiate? Je voulus au moins essayer ce mets, qui lui paraissait si appétissant; mais je ne partageai pas le goût de mon Chilien, sans éprouver pourtant une trop grande répugnance. 1830. Valparaiso.

D'autres fois je dirigeai mes courses vers le nord. Je suivis un jour la ville, laissai l'Almendral, passai le petit ruisseau; et, coupant à travers le sable, je gagnai l'extrémité de la baie. Là, au-dessus d'une pointe de rochers, sont quelques cabanes de pêcheurs. Je remarquais tout autour des amas de coquilles, que je reconnus pour être des Concholépas[1]. Ne voulant pas en prendre sans en demander la permission aux propriétaires, je frappais à la porte de la première cabane, ouverte et sans habitans, comme toutes les autres; et ce petit hameau se trouvait en entier à la garde de la bonne foi publique. Je m'étonnais de voir encore si près d'une ville cette confiance que je ne croyais plus rencontrer qu'au sein des continens et loin de l'affluence du commerce.

1. Cette coquille, dont on fait de la chaux au Chili, valait encore en France, en 1826, de 60 à 80 francs.

1830. Valparaiso. Un peu plus tard, la femme d'un des pêcheurs arriva avec ses enfans, et cette pauvre famille me montra autant d'hospitalité que de désintéressement. En remontant sur le coteau, j'aperçus la route d'Aconcagna; je la suivis jusqu'à *Viña la mar*, autre petit hameau sur le bord d'un ravin, où les citadins promeneurs s'arrêtent souvent les jours de fête; aussi n'y régnait-il plus la même simplicité. Beaucoup de marchands de boissons peuplaient les habitations voisines de la route, ombragées de berceaux à l'usage des buveurs; mais, en remontant dans les ravins, je vis une belle culture, des points de vue assez pittoresques. C'est, en effet, dans les environs de Valparaiso, le lieu le plus remarquable par sa végétation.

Dans une de ces courses, je me trouvai tout à fait embarrassé; ayant pris un bateau pour la journée, je me dirigeai vers la côte de Riberos. Le vent était faible au départ, mais il s'éleva subitement, et malgré tous nos efforts, nous ne pûmes débarquer nulle part. Forcés de revenir péniblement nous abriter dans une petite baie, j'y restai toute la journée à parcourir les environs. Le soir je me rembarquai pour Valparaiso. Le vent était contraire; nous luttions à la rame, et au lieu de gagner, le vent et le courant nous portaient de plus en plus au large. Les matelots nous firent coucher dans le canot pour offrir moins de prise, et après plus de deux heures d'inquiétudes et de dangers réels, nous pûmes enfin, avec beaucoup de peine, regagner le rivage et débarquer.

Chili. Février. Au commencement du siècle dernier, le trajet de trente lieues entre Valparaiso et Santiago, la capitale du Chili, se faisait avec des mules, et l'on s'arrêtait pour coucher[1] en rase campagne, comme on le fait encore sur toutes les grandes routes de l'intérieur de la Bolivia. Depuis que le commerce étranger est venu remplacer, dans le pays, le monopole du commerce espagnol, tout y est changé; beaucoup des améliorations de notre vieille Europe y ont été transportées, et aujourd'hui l'on fait cette route avec des cabriolets assez commodes. Comme il n'y a pas de poste réglée, on traite avec des entrepreneurs, qui alors exigeaient une once d'or ou 85 francs pour aller et autant pour revenir. Un Italien m'offrit de partager la dépense. J'acceptai cette proposition avec d'autant plus d'empressement, qu'à deux nous pourrions mieux résister à ces troupes de voleurs qu'on disait infester alors la campagne; suite ordinaire de toutes les révolutions intérieures.

Le 2 Mars, après midi, je me mis en route, armé jusqu'aux dents. Je suivis

1. Frezier, Relations du voyage de la mer du sud, p. 89.

l'Almendral, puis commençai à monter la côte. A mesure que je m'élevais, je dominais sur un vallon charmant, orné çà et là de petites maisons et de champs de culture. On voyait beaucoup d'arbustes mélangés à quelques palmiers, voisins pour l'aspect, du yataï de Corrientes [1]. Je revis cette belle plante avec grand plaisir; mais je l'abandonnai bientôt, avant même d'arriver au sommet de la côte. Là un autre spectacle suspendit quelque temps ma marche: c'était le panorama entier de la baie et de la rade de Valparaiso, qui s'offrait à moi, par un ciel pur, éclairé, dans toutes ses parties, d'un brillant soleil. Rien de plus imposant que cette immense étendue du grand Océan, dont la ligne invariable vient à l'horizon encadrer le tableau.

Je dis adieu à la mer pour quelques jours et roulai vers Santiago. Je descendis dans une belle plaine où coule un vaste ruisseau, et je suivis une campagne peu variée jusqu'à *Casa blanca* (Maison blanche), où l'on s'arrêta pour coucher. En France, un cabriolet occuperait tout au plus un homme et un cheval; au Chili c'est tout différent : on a un postillon et deux ou trois chevaux; de plus, un autre postillon pousse devant vous une troupe de chevaux destinés aux relais, car le cheval qui ne traîne pas, n'est pas censé se fatiguer. Casa blanca est situé au milieu d'une belle vallée. C'est une ville toute moderne, où l'on trouve des hôtels et presque le confortable européen.

A la pointe du jour je me remis en route. Je traversai une très-belle vallée, couverte d'assez beaux arbres, et j'arrivai à la côte de Zapata, où, m'élevant lentement jusqu'au sommet, j'eus une vue magnifique de la campagne que je venais de traverser. De l'autre côté, je trouvai le village de Curacavi, et coupai à travers la vallée de Poangué, jusqu'à Bustamente, où mes conducteurs voulurent s'arrêter. Il est en Amérique peu de routes plus fréquentées que celle-ci; on y rencontre, à chaque instant, des hommes à cheval, guazos, fermiers ou négocians, des mules chargées de marchandises, et surtout beaucoup de charrettes remplies de jeunes femmes, les unes venant de Valparaiso, les autres s'y rendant. Je demandai à mon compagnon le motif de cette migration si nombreuse d'un seul sexe; mais il était peu louable, et je me dispenserai d'en parler. Ces charrettes sont conduites par des charretiers que distingue un costume tout particulier: ils portent les cheveux longs,

1. Ce palmier ne fut long-temps utile que pour les petits cocos, qui se vendent par sacs sur toute la côte du Pérou, et dont l'amande est très-agréable. Aujourd'hui, près d'Aconcagna, on l'abat tous les jours pour faire de l'eau-de-vie, et sans doute que ce dernier usage amènera tôt ou tard son entière destruction.

tressés derrière le dos, un chapeau pointu sur la tête, une chemise sans manches et un large pantalon bleu n'arrivant qu'au genou; le reste de la jambe est nu.[1]

Après une heure de repos, on abandonna le petit village de Bustamente. On marcha dans la plaine jusqu'à la côte de Prado, bien plus élevée que celle de Zapata, et qui est même la plus difficile de toute la route par sa longueur, le chemin faisant vingt-six détours sur le flanc de la montagne, avant d'aboutir au sommet. Le spectacle qui s'offre alors aux yeux du voyageur, lui fait sans peine oublier la fatigue de ce trajet. Une partie de la chaîne des Andes, surmontée de ses sommités neigeuses, apparaît tout à coup. Ce ne sont plus des collines mollement accidentées, mais des montagnes majestueuses, des pics, des crêtes qui s'élèvent au-dessus des chaînes de second ordre, et s'élancent vers les cieux, en traversant la zone des nuages.

On monte constamment depuis Valparaiso, d'où il suit que la pente est bien plus prolongée sur un des côtés des montagnes que sur l'autre; aussi, au-delà de la côte de Prado, j'eus peu à descendre pour arriver dans une belle plaine où coule le Rio Podaguel, au milieu de bois d'acacias épineux, très-voisins, pour l'aspect, des espinillos de la province de Santa-Fe, sur les bords du Parana. M. Bihourd, négociant français, dont j'avais eu le plaisir de faire la connaissance à Valparaiso, et qui, avec une extrême obligeance, m'avait offert sa maison à Santiago, eut encore la bonté de venir à cheval au-devant de moi. Nous cheminâmes ainsi quelque temps, et enfin nous aperçûmes bientôt les nombreux clochers de Santiago, où peu après nous étions arrivés.

Je ne passai à Santiago que huit jours, pendant lesquels je vis la ville, ses environs, et fis plusieurs connaissances importantes pour le succès de mon voyage. Je ne m'étendrai pas sur la capitale du Chili, décrite si souvent par les voyageurs. Je dirai seulement que c'est une grande et belle ville, bien percée, et que de larges rues toujours dirigées nord et sud, est et ouest, divisent en quadras ou carrés égaux. Elle est traversée par une rivière torrentielle à la saison des pluies, le Rio Mapocho, dont on a détourné les eaux pour arroser le milieu de chaque carré de maisons. Au sud de la ville est la promenade de la Cañada, très-fréquentée, les dimanches surtout; au nord, le Tajamar ou digue pour retenir les eaux de la rivière, et de l'autre côté le faubourg de la Chimba; à l'est, s'élève le Cerro de Santa-Lucia, petite montagne conique qui domine toute la cité, et du sommet de laquelle on a un magni-

1. Voyez Costumes, pl. 11, figure de droite.

fique panorama. Dans mes promenades je gravis un jour, avec M. Gay, une montagne plus élevée, située bien en dehors de la ville, et d'où je pus admirer les beaux jardins qui entourent Santiago, en faisant non-seulement une grande ville de commerce, mais encore une ville des plus agréable comme habitation. La température y est assez égale pour qu'il n'y fasse jamais très-grand froid ni très-grand chaud, en raison, d'un côté, de sa latitude, et de l'autre, de sa proximité des Andes[1]. Quoique nous fussions en été, je vis un jour les montagnes les plus élevées de la vallée de Santiago se couvrir momentanément de neige, sans que, pour cela, la température changeât sensiblement dans la ville. On pourrait l'appeler *Valparaiso* (vallée du Paradis), avec bien plus de raison que le port, où la végétation est peu développée; mais on se rappelle que ce nom fut appliqué par des aventuriers qui venaient du désert d'Atacama. 1830. Chili.

J'avais trouvé au Chili deux personnes dont les noms sont très-connus au Pérou, par les hautes fonctions politiques qu'elles ont remplies, MM. Rivaguero et le général Don Pio Tristan. Quand ces messieurs me virent décidé à quitter le Chili, ils eurent la bonté de me donner, pour le général Santa-Cruz, président de Bolivia, des lettres de recommandation très-pressantes. Je ne veux pas non plus laisser Santiago, sans témoigner ici ma reconnaissance à M. Bihourd pour la manière toute fraternelle avec laquelle il a bien voulu me recevoir dans la cité chilienne. C'est avec plaisir que je me plais à le nommer, comme étant peut-être celui des négocians qui comprend le mieux le commerce d'exportation dans ces contrées.

De retour à Valparaiso, notre consul général, M. de Laforêt, me communiqua une lettre du général Santa-Cruz, qui me fit arrêter de suite mon itinéraire. Ce généreux président de la république de Bolivia, ami des sciences et de sa patrie, recommandait instamment à M. de Laforêt de m'engager à me rendre dans son beau pays pour y rechercher des richesses naturelles jusqu'alors ignorées, disant à l'avance qu'il s'empresserait de me procurer toutes les facilités désirables pour voyager avec fruit. On conçoit que j'acceptai avec empressement cette offre, qui me donnait l'espoir de visiter une contrée si peu connue, et que je reçus avec reconnaissance les recommandations obligeantes de M. de Laforêt pour le général Santa-Cruz. Comme je devais aller débarquer au port d'Arica, et m'enfoncer immédiatement pour quelques

1. Santiago est au 33.e degré 40 minutes de latitude sud, et à 818 mètres d'élévation au-dessus du niveau de la mer. (Humboldt, Voyage, t. IX, p. 236.)

1830. Chili. années au centre du continent américain, il fallut penser à me munir à Valparaiso de tout ce qui pouvait m'y devenir nécessaire. Je n'ignorais pas que, dans l'intérieur, je me trouverais sans aucune ressource. D'un autre côté, mes dépenses de voyage ayant été beaucoup plus fortes que mes appointemens, je me voyais à découvert de près d'une année, sans prévoir comment je pourrais me maintenir dans un pays où je serais pourtant contraint à quelque représentation, si je voulais me faire un peu considérer. Ma position était réellement des plus critique, et il y avait presque de la témérité à ne pas reculer devant l'idée de m'aventurer dans des circonstances semblables à quelques centaines de lieues, au sein d'un continent d'où le retour pouvait m'être impossible. Je me confiai encore ici entièrement à la Providence.

Parti de France avec le maximum des appointemens donnés aux naturalistes voyageurs qui m'avaient précédé (6,000 francs par an), il me fallait faire face à tous les frais de voyage, acheter des objets d'histoire naturelle, et les transporter quelquefois pendant des centaines de lieues jusqu'aux ports. D'aussi faibles ressources ne m'avaient pas permis de faire, dans l'intérêt de la science, des excursions aussi étendues que je l'aurais désiré. J'avais manqué de belles occasions, et la somme n'avait pu suffire à mes dépenses, quelqu'économie que j'eusse apportée dans ma manière de vivre, et quelques privations que je me fusse imposées. L'exposé de ces faits à l'administration du Muséum me fit obtenir d'elle une augmentation de 2,000 fr., ce qui portait à 8,000 fr. mes revenus annuels. Comparée aux dépenses à faire, cette somme[1] était bien loin encore de suffire dans le pays. Tous les voyageurs savent que la piastre (5 fr.) ne représente pas au Pérou une valeur relative de plus d'un franc de France; aussi mes 8,000 fr. ne correspondaient-ils, dans ces contrées, qu'à 1,600 piastres, équivalant à un chiffre de 1,600 de nos francs. Or, on sait si avec de semblables ressources on pourrait entreprendre une suite de voyages même dans notre Europe, et l'on peut se faire une idée de ma position si souvent pénible en Amérique. Je ne rappelle ici ces faits, qui sont venus m'apporter une difficulté de plus à vaincre dans mes voyages, et qui, pendant huit années de ma vie, ont singulièrement troublé mon repos, que pour rendre mon expérience utile à ceux qui voudraient à l'avenir s'aventurer dans une semblable entreprise, sans avoir préalablement pris, à cet égard, les mesures nécessaires, pour assurer le succès de leurs expéditions lointaines.

1. Je ne recevais plus alors de M. le duc de Rivoli les sommes annuelles qu'il avait bien voulu m'accorder pendant les premières années de mon voyage.

CHAPITRE XXIV.

Voyage par mer et séjour à Cobija (Bolivia). — Voyage par mer du port d'Arica (Pérou). — Voyage et séjour à Tacna.

§. 1.er

Voyage par mer et séjour à Cobija (Bolivia).

Je m'étais embarqué dès le 8 Avril, pour me rendre au port d'Arica; mais on ne put mettre à la voile que le 9. J'avais pris passage à bord d'un bâtiment prussien, le *Kronprinz von Preussen* (le Prince héréditaire de Prusse), navire moitié marchand et moitié militaire, appartenant au prince dont il porte le nom et naviguant pour son compte. En levant l'ancre, je fus agréablement surpris par un chœur charmant qu'exécutaient les matelots, en virant au cabestan, et qu'ils répétaient à chaque grande manœuvre. Ces chants me frappèrent vivement alors, et revinrent à mon souvenir, lorsqu'après mon retour, traversant la Suisse allemande, j'entendis une musique semblable, au départ et à l'arrivée des bateaux à vapeur des lacs de Thun, de Brientz; et des chœurs jusqu'au pied des glaciers du Grindelwald ou de la cascade du Giessbach. 9 Avril.

S'il m'est souvent arrivé d'éprouver un sentiment pénible en abandonnant un lieu où j'étais resté plus ou moins de temps, j'avouerai qu'il n'en était pas ainsi du Chili. Soit que je l'eusse considéré comme un lieu de passage, soit que le désir de pénétrer au centre du continent l'emportât sur toute autre impression, je vis sans regrets s'éloigner le port et s'effacer le rivage. Pendant six jours que dura le voyage, nous aperçûmes toujours la terre; comme elle était très-éloignée, nous ne pouvions rien saisir de la forme des parties les plus rapprochées de la côte; mais nous avions sans cesse en vue les sommités neigeuses qui s'élèvent au-dessus des nuages, et se perdent à une grande hauteur au-dessus de l'horizon.

Rien n'est plus agréable que de naviguer du sud au nord sur la côte tempérée et chaude du Chili, de la Bolivia et du Pérou. La mer y est presque toujours calme, et justifie, dans toute son étendue, le nom d'*océan Pacifique,* que lui donna Magellan, affranchi des tempêtes des régions australes. Les vents y sont généralement du sud; et, joints aux courans, toujours dirigés Côtes du Chili.

1830. vers le nord, font avancer rapidement, sans qu'on s'en aperçoive; aussi les voyages du Chili au Pérou ne sont-ils absolument rien. Il n'en est pas de même du trajet du Pérou au Chili. Si l'on veut alors suivre la côte, il faut, au contraire, lutter sans relâche contre les vents et le courant. Pendant long-temps les navigateurs espagnols n'avaient pas d'autre route que celle de la côte; il en résultait que, si quelques jours leur suffisaient pour arriver à Lima, le trajet de Lima au Chili leur demandait souvent trois mois. Enfin, un capitaine espagnol, las de suivre la routine de ses devanciers, partit du Callao, port de Lima; et, loin de longer la côte, s'éloigna immédiatement à deux cents lieues au large du continent américain. Il trouva là des vents variables, différens de ceux qui règnent sur la côte; il en profita, et se rendit en moins de vingt jours au Chili, où il remit les dépêches que le gouvernement lui avait confiées. Les autorités, étonnées de la date des lettres, crièrent au sortilége, et le pauvre capitaine eut beau expliquer sa marche, il fut impitoyablement emprisonné, jusqu'à nouvelle information prise au nom du saint-office. Cette nouvelle route est maintenant suivie par tous les navires; Lima se trouve ainsi rapprochée du Chili, et le commerce a fait un pas immense, en gagnant du temps.

Côtes du Chili.

Après avoir passé successivement devant Coquimbo et Copiapo, les deux derniers ports du Chili du côté du nord, après avoir longé le désert d'Atacama, le 14 Avril au soir, nous étions en face de la pointe sud de la baie de Mexillones[1], marquée par une haute montagne basaltique ou granitique de la forme d'un pain de sucre écrasé, qui se montre au milieu de terres, elles-mêmes assez élevées au-dessus du niveau de la mer et coupées perpendiculairement à leur extrémité nord. Derrière pourtant on aperçoit encore, à une grande distance, les derniers contreforts des Cordillères occidentales, parmi lesquels, au nord, se dessine une montagne connue des marins sous le nom d'Alto de Cobija (hauteur de Cobija). La baie de Mexillones offre la plus sûre et la plus belle de toutes les rades de la côte du Pérou et de la Bolivia; elle est si vaste, qu'à peine de son entrée distinguerait-on les navires qui seraient mouillés au fond. Avec de si grands avantages, plusieurs raisons empêchent de l'utiliser. Jusqu'à présent, malgré des efforts réitérés, on n'y a pu nulle part trouver de l'eau douce; difficulté à laquelle se joint celle de traverser des déserts arides et secs d'une grande étendue, pour gagner les premiers points habités.

Mexillones. 14 Avril.

1. *Mexillones* veut dire moules; ainsi la baie porte le nom de Baie des Moules, tiré de la grande quantité de ces coquilles qu'on y trouve.

En approchant de la côte, avant d'arriver à Cobija, je remarquai que toutes les pointes de rocher, assez élevées pour se trouver à l'abri de la houle, sont teintes en blanc, couleur qu'affectent aussi les sommités des falaises de la côte. Ce phénomène m'occupait fort, et j'en demandais en vain à la géologie l'explication, que la zoologie devait me donner plus tard. En effet, cette matière blanche, souvent en couches très-épaisses, était tout simplement de la fiente d'oiseaux, connue dans le pays sous le nom de *guano*, et formant comme engrais l'une des principales branches de commerce de la côte. Il serait difficile d'expliquer ces amas si considérables, par la quantité ordinaire d'oiseaux que nous sommes habitués à voir sur nos côtes; mais, en Amérique, il n'en est pas ainsi. Le grand nombre de points inhabités permet à la gent ailée de nicher en paix; tandis que cette mer vierge, pour la pêche, et peut-être l'une des plus poissonneuses du monde, leur offre une nourriture facile. Il en résulte que ces animaux y sont si nombreux que, dans certaines saisons, leurs diverses espèces obscurcissent l'air de leurs troupes voyageuses.[1] Tous ces oiseaux de mer, se reposant toujours pour dormir en grande société sur les mêmes points, augmentent journellement la couche de guano, et comme il ne pleut pas dans le pays, le sol n'est jamais lavé par ces averses auxquelles nous sommes accoutumés en Europe; ces amas ne peuvent dès-lors être enlevés que par la main des hommes.

1830. — Mexillones.

Les ports de Valparaiso, de Coquimbo et de Copiapo, au Chili, de Cobija, en Bolivia, d'Arica, d'Ilo, d'Islay, de Pisco, au Pérou, sont formés d'une pointe de terre qui garantit des vents régnans du sud; aussi, lorsque les vents du nord, assez rares, soufflent quelquefois, depuis Mai jusqu'en Août, ils causent de grandes pertes au commerce. Je fus frappé de cette simplicité des ports, en approchant de Cobija, où, sur une côte courant parallèlement du nord au sud, une pointe basse, avancée dans la mer, vint s'offrir à ma vue pour seul abri du port de Bolivia. Cette pointe de rocher, sur laquelle flottait un drapeau blanc, cachait quelques navires au mouillage. Nous eûmes bientôt franchi cette barrière, et nous nous trouvâmes au milieu du port.

Cobija.

Si le parfum des fleurs, l'aspect grandiose de la belle végétation du Brésil étaient venus exalter mon esprit à mon arrivée à Rio de Janeiro, je fus loin d'éprouver les mêmes émotions, en parcourant des yeux la campagne de Cobija. Je me sentis, au contraire, profondément attristé, en y cherchant

1. Ces troupes sont formées des espèces des genres Puffin, Fou, Pélican, Cormoran, Paille-en-queue, etc. Voyez le paragraphe suivant.

1830. Cobija. inutilement trace de verdure. Toute la nature semblait être en deuil; et, loin de trouver sur cette terre si vantée du Pérou, cette richesse proverbiale d'aspect, dont l'idée s'y rattache inséparablement, dans tout le reste du monde, je voyais à droite une pointe noire, formée de rochers déchirés; en face une côte où la houle se brise avec fracas, au milieu de roches; quelques maisons de mince apparence, au pied d'une falaise coupée à pic; et, au-dessus, une plaine en pente entièrement nue, partant de la mer et s'élevant peu à peu vers des montagnes abruptes, elles-mêmes sèches et décharnées. Tout le prestige avait disparu; et j'éprouvai, non sans un vif sentiment de tristesse, la double crainte de ne rencontrer rien de pittoresque sur cette terre ingrate; et d'y voir mes espérances de découvertes entièrement déçues. Pourtant avec la réflexion, en apercevant cette côte accidentée, ce vaste champ des mers, et au-dessus, des rochers nus, des montagnes que ne déguise nullement la végétation, je pensai que la zoologie marine et la géologie m'offriraient encore des trésors et assez de moyens de remplir les loisirs de la relâche.

Je descendis à terre sous ces nouvelles impressions. La chaloupe me porta vers un point où se fait sentir un très-fort ressac. On n'aperçoit d'abord que des brisans; mais bientôt on passe avec la lame entre deux rochers, puis l'on attend le moment favorable pour se laisser pousser par la houle sur la grève. Je ne pus cependant pas débarquer sans être mouillé de la tête aux pieds; accident, il est vrai, des moins sérieux sous les tropiques, et qui ne m'empêcha pas de faire des visites. Je me présentai chez le gouverneur de la province, qui m'accueillit avec beaucoup de bienveillance, et je fis ensuite la connaissance des chefs de plusieurs maisons de commerce, parmi lesquels je citerai un compatriote, M. Huber. Tous me reçurent de la manière la plus cordiale, avec cette franchise qu'on ne trouve que dans les ports éloignés des villes, et devenus le rendez-vous de toutes les nations.

Cobija fut de tout temps habité par des indigènes pêcheurs de la tribu des Changos [1], sans doute soumis aux Incas, en même temps que les Atacamas. Il paraîtrait même que ces Indiens y étaient assez nombreux au commencement du dix-huitième siècle. Fresier [2] dit qu'en 1712 ils habitaient une cinquantaine de cabanes, et que ce port était alors fréquenté par des contrebandiers

1. Des corps très-anciens trouvés sous mes yeux, en faisant une fouille, m'en ont fait acquérir la certitude.

2. Relation d'un voyage de la mer du sud, p. 130.

français, qui, en échange de leurs marchandises, recevaient de l'argent apporté de Lipes et de Potosi. La nécessité de réprimer cet abus, détermina probablement le gouvernement espagnol à fonder là un petit village, qu'on y bâtit dans le courant du siècle; mais l'église ne fut achevée qu'en 1777[1]. Plus tard, une épidémie y détruisit beaucoup d'Indiens; et la révolution américaine ayant fait disparaître cette jalouse surveillance que rendait inutile l'interruption des travaux des mines, Cobija fut presqu'abandonné. Après l'émancipation de l'Amérique, le partage des terres suivant les anciennes limites de gouvernemens donna au Pérou le port d'Arica, qui devait plus naturellement appartenir à la Bolivia; et cette dernière république, n'ayant pas de port à elle, se trouvait dès-lors contrainte à payer un droit de transit. En 1825, la Bolivia pensa à utiliser Cobija; et, secondée par un Espagnol très-riche, Cotera, ce port, jadis désert, devint bientôt le centre du commerce d'inter-nation, et l'un des comptoirs des principales maisons du Chili et du Pérou. Les cabanes de pêcheurs furent remplacées par un hôtel du gouvernement, une douane, une caserne, et par quelques jolies maisons de bois apportées du Chili. C'est dans cet état que je trouvai le port, appelé Puerto-la-Mar; et, dès-lors, d'autant plus florissant, qu'en 1828 le général Santa-Cruz, jaloux du bien de son pays, avait réduit à deux pour cent les droits de douane sur toute espèce de marchandises. De grandes difficultés restaient néanmoins à vaincre pour consolider ce commerce; car Potosi est à cent cinquante, Oruro à cent soixante-treize lieues du port. Sur cette distance, qu'on franchit à dos de mules, il y a premièrement vingt-cinq lieues d'un sable mouvant sans eau jusqu'à Chacansi; puis viennent des déserts où l'on trouve à peine trois villages, Calama, Chiu-Chiu et Santa-Barbara, perdus, en quelque sorte, au milieu de plaines sablonneuses sèches, ou dans les montagnes de la Cordillère, qu'il faut franchir avant d'arriver sur les plateaux.

1830.

Cobija.

Après avoir passé la journée à me faire une première idée du pays, j'entendis le soir sonner la cloche du village. Je m'en étonnais, sachant qu'il n'y avait pas de curé, lorsqu'on m'apprit que presque tous les commerçans dînaient ensemble dans un restaurant nouvellement établi pour les étrangers, et que le son de la cloche les avertissait qu'ils étaient servis. Je profitai de l'avis et me dirigeai vers le rendez-vous général. C'était une espèce de tente à moitié entourée de planches et de nattes, sur laquelle on avait étendu une toile en guise de toit. L'ameublement correspondait à l'extérieur; une longue

1. C'est la date sculptée sur ce monument.

1830. Cobija. table et des bancs de bois en faisaient tous les frais. On nous servit de beau poisson, mais de la viande prétendue fraîche, apportée de Copiapo il y avait quelques jours.

Les jours suivans je fis plusieurs courses dans les environs, en rayonnant autour de Cobija. En partant pour une de ces promenades, je passai près de l'église, afin de voir de près les seuls arbres du pays, semés sans doute par les premiers habitans espagnols, et consistant en trois palmiers, dont un assez élevé, de la même espèce que ceux du Chili, deux figuiers, un saule et une espèce d'acacia. Tous sept sont placés à côté les uns des autres, à la seule place où il soit possible de trouver un peu d'humidité, à quelques lieues à la ronde. Auprès coule, par un petit tuyau d'un pouce de diamètre, l'unique fontaine qui fournisse aux besoins du village et des Indiens des environs. J'y trouvai plusieurs Indiennes changos, vêtues de noir, et portant, avec une courroie appuyée sur le front, une hotte formée de quelques morceaux de bois divergens, que retenait par le bas une espèce de clissage[1]. Elles venaient, quelques-unes chargées de leurs enfans, chercher de l'eau de deux lieues de distance, d'une mine de cuivre alors en exploitation. En descendant vers le rivage, je vis plusieurs des huttes de ces pêcheurs indigènes. Comme il ne pleut jamais dans cette contrée, ils se contentent de quatre piquets fichés en terre, sur lesquels ils jettent des peaux de loups marins. Là toute la famille, souvent nombreuse, couche sur des algues sèches ou sur des peaux de moutons; elle n'a pour mobilier que des coquilles, quelques vases, des instrumens de pêche, et pour nourriture que du maïs torréfié et le poisson que les hommes vont pêcher au large. Non loin se voyaient, sur le rivage, les singulières embarcations dont ils se servent, et dans la construction desquelles leur industrie supplée ingénieusement au manque du bois dont est privé le pays. Elles sont formées de deux longues outres cylindriques en peau de loup marin, relevées et acuminées aux deux extrémités, frottées d'huile de phoque et remplies d'air, au moyen d'un tuyau. Une fois bien gonflées, les Indiens les attachent fortement ensemble, les serrant plus d'un bout que de l'autre, pour figurer la proue; ils établissent dessus un léger lit de quelques barres de bois, de varechs ou de peaux, et, défiant la vague, se lancent dans cet équipage au sein de la mer. C'est avec ces bateaux, appelés *balsas*, que tantôt à genoux, tantôt assis sur le devant et ramant au moyen d'une longue perche portée des deux bouts alternativement à droite ou à gauche, ils vont au

1. Voyez Coutumes et usages, pl. VI, et Homme américain, p. 153.

loin sur les rochers chasser les loups marins, très-communs sur toute la côte. Ils s'en servent, le plus souvent, pour gagner le large; là ils épient les poissons[1], les suivant d'un œil perçant au sein de l'onde, et saisissant le moment favorable pour leur lancer avec une adresse extrême un petit harpon, qui manque rarement son but. On voit ces balsas et leurs propriétaires sur toutes les parties de la côte, et quelquefois à plus de vingt lieues de leur point de départ. C'est aussi avec ces barques légères que la fraude se fait entre les négocians du pays et les navires mouillés en rade, pour les marchandises prohibées, telles que l'argent natif (*plata piña*) et autres objets de grande valeur; aussi chaque maison a-t-elle son *balsero* attitré, toujours dépositaire de grandes richesses, et toujours personnellement dans le dénûment le plus absolu, lui et sa famille. Hommes dévoués, ces balseros sont prêts à tout. Leur probité est si bien reconnue, qu'on n'a jamais un instant de crainte lors même qu'ils sont les instrumens d'une opération importante, et chargés de valeurs énormes.

Continuant ma promenade vers le nord, je suivis la côte, partout bordée de blocs de rochers granitiques, contre lesquels la vague s'acharne inutilement. Je rencontrai plusieurs troupes de mules venant de l'intérieur, haletantes; car elles avaient fait vingt-cinq lieues sans eau; elles marchaient en hâte vers Cobija, où enfin elles allaient pouvoir se désaltérer, devant en repartir dès la nuit suivante, pour fournir la même traite, attendu qu'à Cobija il n'y a point de pâturages, ce qui ne permet pas d'y faire séjourner les bêtes de somme. Je recueillis sur la côte beaucoup de coquilles, au milieu des rochers et entre les cailloux; puis je gravis avec assez de peine une falaise coupée presque perpendiculairement, d'où je dominai la rade. C'était, sans aucun doute, le lieu le plus propice pour prendre une idée juste du pays. Je saisis cette occasion avec empressement; et, prenant un crayon, je copiai la nature telle qu'elle se montrait à mes yeux, sans l'embellir[2]. Au-dessous de moi, la mer houleuse sur la côte, unie comme une glace au large, s'offrait dans toute sa splendeur; à droite, la baie de Cobija en son entier, avec ses rochers, ses maisons sans toits et les navires de la grande rade; le tout terminé par cette pointe basaltique qui forme l'extrémité sud du port. Au-dessus, des terrains absolument nus s'élèvent en pente douce jusqu'au pied des montagnes abruptes, les plus hautes de tous les points de la côte, signe facile à saisir pour les marins, et qui leur

1. Voyez Coutumes et usages, pl. IX.
2. Vues, n.° 7.

1830. facilite la reconnaissance du port. Je marchai long-temps dans cette direction, sans trouver de différences dans les accidens, recueillant seulement des roches ignées d'une grande beauté et des fers oligistes très-intéressans.

Cobija.

Une promenade vers le sud me fit naturellement porter mes pas vers la pointe de rochers qui forme le port. Ce sont des basaltes noirs, mais prismatiques, hérissés partout de pointes déchirées. Je voulus pourtant, au risque de me rompre le cou, gravir jusqu'au dernier point accessible, afin de juger des animaux marins qui vivent entre les rochers; j'en fus quitte pour revenir presque sans bottes et les jambes écorchées. En dehors de la pointe sont quelques plages demi-sablonneuses, j'y trouvai les restes d'une baleine qui, s'étant échouée l'année d'avant, avait failli faire abandonner le pays, par la mauvaise odeur qu'elle répandait. On avait été obligé d'y mettre le feu, pour la consumer, et purifier ainsi ce foyer d'infection. Je remarquai encore sur la côte un grand nombre de céphalopodes échoués et plus ou moins secs[1]. C'étaient les restes de ces migrations annuelles qui partent des régions méridionales et viennent couvrir toute la côte, depuis le Chili jusque près d'Arica.

J'ai à parler d'une partie très-intéressante des environs de Cobija : de la composition des falaises, des plaines qui les dominent, et des montagnes qui terminent le tableau, vers l'intérieur des terres; point des plus important pour la géologie[2]. Près de la côte sont des bancs horizontaux formés de coquilles marines, élevés de dix à quinze mètres au-dessus du niveau actuel des mers, et annonçant une sur-élévation des terres qu'on peut faire remonter au commencement de notre époque, puisque les coquilles sont celles qui vivent encore aujourd'hui sur la côte. Plus haut, dans la plaine, parmi les alluvions et les débris de roches tombés des montagnes, on voit percer des roches basaltiques, les mêmes que celles de la pointe, sur lesquelles, jusqu'à près de cent mètres au-dessus de l'océan, se trouvent encore en place, blanches et décolorées, les coquilles qui y ont vécu, et partout des restes annonçant évidemment le séjour des mers. Rien n'est trompeur comme la distance dans les montagnes. Une fois en plaine, on croit toucher leur pied; et pourtant on en est encore assez éloigné, d'autant plus qu'on marche d'abord avec facilité sur de petits fragmens de roches; mais bientôt les morceaux deviennent de plus en plus volumineux et finissent par présenter de véritables rochers. En approchant

1. Voyez Mollusques, *Ommastrephes giganteus*, et Monographie des Céphalopodes acétabulifères.

2. Voyez la partie géologique spéciale.

des montagnes, je m'étonnai de rencontrer partout, dans la direction des ravins, des lits de torrens dont les traces sont évidentes, et des eaux dont on peut calculer la force et le volume par les énormes blocs transportés, et par leur profondeur de plus de quatre mètres, sur quelquefois six ou huit de largeur. Ces traces me surprirent d'autant plus, que depuis les temps historiques les plus reculés, il n'est pas tombé une goutte d'eau à Cobija, ni sur toute la côte du Chili et du Pérou, comprise entre Copiapo et Payta. Pourtant nul doute qu'au commencement de notre période il n'y ait eu des pluies abondantes en ces lieux, ainsi que sur tous les points du versant occidental des Andes, où maintenant il ne pleut jamais. Doit-on, pour expliquer ce changement de l'atmosphère, supposer un bouleversement complet dans la direction des vents, changement qui paraît peu probable; ou faut-il remonter à des causes analogues à celles qui ont fait descendre les glaciers d'Europe au milieu des vallées aujourd'hui tempérées? Je pencherais pour cette hypothèse, que je me propose de développer ailleurs. Il est évident que, si, par suite d'un abaissement de température, les montagnes sont fortuitement couvertes de neiges, il s'y forme des torrens, lorsque la température de cette latitude s'y trouve subitement rétablie.

1830.

Cobija.

J'ai déjà indiqué, à propos de la Patagonie[1], les circonstances qui déterminent le manque de pluie sur toute la côte du Pérou; c'est encore une conséquence des vents régnans. En effet, soufflant toujours du sud, les vents apportent, sur les parties méridionales du Chili, des brumes épaisses, qui entretiennent une végétation active dans l'Araucanie et à Concepcion; mais, *vers le nord, ces nuages deviennent de plus en plus rares, et l'on y voit diminuer* graduellement la végétation; maigre à Valparaiso, elle est très-rare à Coquimbo, cesse tout à fait à Copiapo, et disparaît plus loin, au désert d'Atacama, célèbre par ses sables mouvans. Tout le Pérou occidental est couvert de cendres ou de sables transportés au gré des vents; aussi là des cours d'eaux dus à la fonte des neiges des Andes, permettent-ils seuls à l'industrie humaine de féconder, de loin en loin, la terre au moyen d'une irrigation artificielle, et d'y créer ces gracieuses oasis, semées sur la côte, au milieu de brûlans déserts.

Je reviens au pied de la montagne, où je fis plusieurs excursions. Tantôt j'y allais avec un homme que je chargeais de cette jolie variété de roches ignées[2] de toutes les couleurs, où le vert contraste avec le violet, le rouge

1. Voyez t. II, p. 296.

2. Ce sont, suivant M. Cordier, des diorites grenues, souvent amygdaloïdes, des wackes anciennes, à noyaux d'épidote, etc.

1830. Cobija.

et le noir; tantôt j'y allais seul; tantôt, enfin, en compagnie de quelques négocians de Cobija. Cette dernière course avait pour but la visite d'une mine d'argent. Partis à la fraîcheur, pourvus d'un guide indigène, nous nous rendîmes au pied de la montagne, où je trouvai de nouveau quelques espèces de coquilles terrestres qui, privées de pluie et de végétation, se contentaient apparemment, comme les cactus rabougris, sur lesquels elles vivent, de la faible humidité de l'air. Il restait à gravir des pentes escarpées; chacun de nous suivait de l'œil la direction presque perpendiculaire que nous avions à prendre, et peu s'en fallut que ces messieurs ne renonçassent à m'y accompagner; mais l'amour-propre, plutôt que le plaisir, les y décida. Nous commençâmes donc à gravir péniblement, nous accrochant aux rochers, et nous arrêtant souvent. Après plus d'une heure d'une marche extrêmement fatigante, mes compagnons perdaient de nouveau courage, malgré mes exhortations, lorsque le guide, léger comme une chèvre, nous montra, de loin, le but que nous devions atteindre. Il était, en effet, difficile de le suivre dans un sentier non tracé, qui, presqu'à pic, dominait des précipices affreux, et où se détachaient sous nos pieds des blocs énormes, qui roulaient avec fracas jusqu'au bas de la montagne, en faisant résonner l'écho dans leur chute. Après quelques nouvelles pauses, nous arrivâmes enfin à la mine. C'est une excavation presque verticale, de trente pieds de profondeur. Nous trouvâmes, au dehors, de beaux échantillons de fer oligiste et quelques roches contenant un peu de cuivre. J'en recueillis quelques-uns et voulus descendre dans la mine; j'y réussis, mais ce ne fut pas sans peine, obligé que j'étais de me cramponner des genoux et du dos, comme les ramoneurs dans les cheminées. Suivant l'usage du pays, on s'était contenté de suivre, en serpentant, la largeur du filon, sans tracer de galerie où l'on pût circuler.

Jusqu'au point où nous étions, la montagne est composée des mêmes roches ignées. Je n'y avais vu d'autre végétation que quelques cactus. Le guide m'assura que, près d'une source voisine, j'en trouverais davantage. Je me décidai à gravir encore, et rencontrai, à peu de distance, une tache humide de quelques mètres d'étendue, où avaient crû quelques figuiers, plantés sans doute par les mineurs, et un petit nombre de plantes indigènes, telles que carex et céleri sauvage. Je recueillis tout ce qui s'offrit à moi, sans pouvoir me désaltérer, l'eau étant trop chargée de sulfure. Je voyais majestueusement planer, au-dessus et au-dessous de moi, le fameux condor, dont on a tant exagéré la taille[1]. Je

1. Voyez aux Oiseaux l'article Condor, pour les mœurs de cet oiseau.

dominais cette mer tranquille et sans bornes; mais je n'éprouvais rien de ce que j'avais senti dans une halte à l'aqueduc du Corcovado, près de Rio de Janeiro[1]; tant il est vrai que la nature sans végétation est dépourvue de tous ses charmes! Je voulais gravir jusqu'au sommet de la montagne. Le guide me dit ingénument qu'il ne restait plus, vers le sommet, que des *chemins de Guanacos*, expression locale, signifiant que le trajet est impraticable pour les hommes. Il fallut se décider au retour. On sait qu'il est souvent plus difficile de descendre une pente rapide que de la monter. Il me fallut courir plutôt que marcher; et après avoir failli plusieurs fois perdre l'équilibre, j'arrivai le premier au bas de la montagne, où mes compagnons dispersés ne me rejoignirent que long-temps après, leurs vêtemens tout déchirés. Chose étrange! Dans cette course aventureuse il ne m'était survenu aucun accident; et, le lendemain, j'attrapai une entorse au milieu même de la rue. 1830. Cobija.

Ce léger accident, qui pourtant amena une fièvre violente, n'arriva, par bonheur, que le jour même de mon départ; il me retint quelques instans au lieu où nous prenions nos repas. Le maître était *Cruceño*, ou natif de Santa-Cruz de la Sierra, au centre de la Bolivia; j'aimais, en causant avec lui, à me faire d'avance, par ses récits souvent un peu exagérés, une idée de tout ce que je devais trouver de richesses au sein de cette nature vierge encore, ignorée du naturaliste. Si l'on a vu les habitans des parties les plus tristes du monde se rappeler avec bonheur leur patrie, combien ne devais-je pas trouver d'exaltation chez un homme né au milieu du luxe de la végétation des tropiques, et se trouvant alors dans un pays dénué de tous les charmes du sien!

§. 2.

Voyage par mer au port d'Arica.

Le 20 Avril, après cinq jours de relâche, j'abandonnai, poussé par un bon vent, le port de Cobija ou Puerto-la-Mar. Nous longeâmes encore les côtes bolivienne et péruvienne pendant trois jours, que j'employai à observer ce que la mer m'offrait de nouveau. C'étaient, près du navire, de nombreux poissons qui s'élançaient tous ensemble à un ou à deux mètres au-dessus de l'eau et retombaient ensuite, présentant presque, dans leur élan parabolique, l'aspect d'un arc-en-ciel, par l'éclat de leurs écailles, qui réflétaient mille cou- Océan pacifique. 20 Avril.

1. Voyez t. I, p. 22.

1830. leurs aux rayons du soleil. C'étaient des troupes de grands dauphins bruns, à dorsale courbe, à museau court, qui nageaient lentement quelques heures de suite à l'arrière du navire, venant, d'instant en instant, à la surface rejeter l'eau par leur évent et respirer l'air extérieur. Je fus même témoin d'un fait assez difficile à observer. Plusieurs femelles étaient suivies de leurs petits qui se jouaient à leurs côtés; tout à coup je vis l'une d'elles se retourner, le ventre en l'air, et le petit venir se placer immédiatement sur elle et la téter tout à son aise. Ce manége se renouvela plusieurs fois sous mes yeux, ce qui ne me laissa aucun doute sur l'allaitement maternel des cétacés; question agitée plus d'une fois, depuis mon retour, entre des savans du premier ordre.

Océan pacifique.

Je passai vis-à-vis d'Iquiqué, fréquenté jadis seulement par les guaneros, espèce de barques qui vont chercher du guano sur l'île d'Iquiqué, et qui le transportent sur la côte. Ce guano, que laissent les oiseaux, et qu'on regarde comme un excellent engrais, se recueille, à ce qu'il paraît, depuis plus de trois siècles[1], sur une île de moins d'une lieue de tour, située au nord de la pointe d'Iquiqué. Plusieurs personnes m'ont assuré qu'il y en avait encore pour bien long-temps dans le même lieu. Aujourd'hui ce village est célèbre par un autre genre de commerce, consistant en salpêtre ou nitrate de potasse, que beaucoup de navires y viennent prendre, comme chargement de retour, pour le transporter en Europe.

Lorsqu'on est trop près de la côte du Pérou, on se voit souvent contrarié par des calmes; c'est ce qui nous arriva avant d'atteindre le port d'Arica. Le 22 Avril nous étions à trois lieues du Morro d'Arica, pointe élevée qui garantit le port. Je voyais déjà distinctement, avec les côtes escarpées du sud, les montagnes de second ordre formant derrière un vaste rideau brun, sur lequel se dessinaient les principaux pics neigeux coniques de la Cordillère. Un des passagers, qui avait plusieurs fois fait le voyage de la Paz, me montra, parmi ces monts couverts de neige, le Tacora, au pied duquel je devais passer, et le Nyuta. Ils paraissaient si rapprochés, qu'on aurait cru pouvoir y faire une promenade de la côte; mais l'expérience m'apprit plus tard qu'ils en sont séparés par environ trente lieues de route. J'eus tout le loisir de réfléchir sur mes voyages futurs; car nous ne pûmes arriver au mouillage que le lendemain, au coucher du soleil. Combien de fois, dans ce laps de temps, qui me parut un siècle, ne me transportai-je pas en idée au-delà de ces

Arica. 22 Avril. — 23 Avril.

1. Garcilazo de la Vega, *Comentarios reales de las Incas, lib. V, cap. III, p.* 134, nous apprend qu'on s'en servait dès le temps des Incas.

monts, y scrutant la nature entière, tant j'étais désireux d'abandonner les contrées que tout le monde visite, et dans lesquelles on ne fait que glaner! Enfin, je foulai ce sol antique du Pérou, la terre classique de l'ancienne civilisation de l'Amérique méridionale. 1830. Arica.

J'éprouvais toujours une soif ardente de recherches et de découvertes, chaque fois que je voyais un nouveau pays, et la première nuit, mon émotion était telle, que je ne dormais pas. J'attendais le jour avec une impatience difficile à peindre. Je me levais dès le premier crépuscule, pour parcourir les environs et savoir sur quoi je pouvais compter. Cette habitude, dont pendant huit années je ne pus jamais me défaire, m'a fait souvent passer pour fou parmi les habitans, nés sous un ciel brûlant, mais dont les impressions, quoique vives, ne vont pas jusqu'à leur faire comprendre ce qu'il peut y avoir de charmes dans cette première reconnaissance d'un pays nouveau. Le Morro se montrait tout près avec sa falaise escarpée; je m'y dirigeai machinalement; j'y arrivai au moment où des milliers d'oiseaux de mer, qui en occupaient toutes les corniches avancées, en partaient pour aller au loin à la recherche de leur nourriture quotidienne. Je suivis le pied des rochers, et ne revins que lorsque je crus la ville en activité. Je fis débarquer mes effets, et me trouvai pour quelques années citoyen de cette partie du continent américain.

Arica, fondée au seizième siècle, presqu'en même temps que la ville de la Paz, dont elle est le port naturel, eut constamment à lutter, dans son accroissement, contre deux fléaux, dont l'un venait des hommes et l'autre de la nature. En butte, durant les dix-septième et dix-huitième siècles, aux attaques répétées des flibustiers français et anglais[1], son peu de sûreté ne permit pas aux négocians de s'y fixer; d'un autre côté elle souffrit de fièvres intermittentes, qui décimèrent ses habitans, tandis que de très-fréquens tremblemens de terre ébranlaient ses constructions, et même anéantirent plusieurs fois la ville presqu'entière[2]. Pourtant son importante position commerciale, comme clef de l'internation des marchandises étrangères dans toute la Bolivia, tend journellement à l'augmenter. Aujourd'hui elle compte près de trois mille habitans, la plupart de races mêlées. Les négocians étrangers se sont établis de préférence à Tacna, à quinze lieues dans l'intérieur, afin de fuir la fièvre; ils n'ont qu'un pied à terre au port. Cette maladie endémique épargne peu les étrangers, surtout en été. Elle donne aux habitans un teint

1. Fresier, Relation du voyage de la mer du sud, p. 135.
2. Témoin le tremblement de terre du 26 Novembre 1605.

1830. jaune qui les fait ressembler à des spectres; la crainte les pousse, par une
Arica. température très-élevée, à se vêtir outre mesure, surtout le soir, où ils s'affublent d'un manteau par dessus leurs vêtemens, et se couvrent la tête d'un bonnet de laine sous un énorme chapeau de feutre. Ces précautions outrées surtout chez les étrangers, sont, je crois, propres à les disposer à cette maladie plutôt qu'à les en préserver; car les mulâtres, qui vivent au sein même de l'infection, auprès d'un ruisseau sans cours, en sont beaucoup plus rarement les victimes. Ils couchent pourtant à terre pêle-mêle, sous des cabanes de roseaux ouvertes à tous les vents et à peine couvertes de quelques nattes. Dans leur quartier, près de quelques plantations de cannes à sucre, de coton, de bananiers et de luzerne, un grand nombre de chiens se chargent bénévolement de la garde nocturne. Ces animaux connaissent bien les commensaux ordinaires du lieu, nègres, mulâtres ou indigènes; mais, si un étranger a le malheur d'aller s'y promener le soir, il court risque d'être dévoré, ou, tout au moins, d'y laisser quelques parties de ses vêtemens; échec qu'avait éprouvé un de mes compatriotes peu de temps avant mon arrivée.

Le port d'Arica est formé au sud par le Morro, montagne assez élevée, qui garantit un peu la baie des vents du sud, tandis que l'île de Guano, située à quelques centaines de pas du rivage, tout en interrompant la houle du large, abrite légèrement le mouillage. Un môle tout moderne, formé d'une jetée qui s'avance assise sur des rochers, protége le débarquement des canots. C'est une immense amélioration pour le commerce, beaucoup de chaloupes se brisant sur les écueils, lorsqu'on était obligé de débarquer à la côte même. Vis-à-vis du môle est une douane assez vaste, où l'on dépose les marchandises jusqu'au moment de les expédier pour Tacna. Près de la douane se prolonge une rue ornée d'assez belles maisons en bois, à un seul étage. Les autres sont formées de maisons construites en terre et couvertes de nattes, sur lesquelles on étend une couche de terre de deux centimètres d'épaisseur, et qui suffit pour garantir des rayons du soleil, dans un pays où il ne pleut jamais. Dans la partie la plus élevée de la ville existent une église et une place publique, de mince apparence, fréquentées seulement le dimanche.

Le Morro, élevé de près de deux cent quarante mètres au-dessus du niveau de la mer, m'intéressait vivement sous le rapport géologique. Je voulus le visiter avec soin. Avant d'y arriver, la mer étant basse, je vis saillir de la grève une eau excellente d'une source magnifique, où plusieurs marins faisaient leur provision de bord. Cette quantité d'eau qui sort de terre me donna presque la certitude que des puits artésiens creusés dans la vallée supérieure, pourraient fertiliser une surface considérable de terrains aujourd'hui tout à fait incultes. En poursuivant ma promenade, j'arrivai au pied du Morro. Là, s'amoncèlent des rochers battus de la vague, quelques roches stratifiées, et, dans le flanc de la montagne, des basaltes noirâtres, surmontés de grès de l'époque carbonifère. Les rochers sont plus déchirés en approchant de la pointe, où pénètre très-avant une vaste caverne naturelle. Cette grotte porte, dans le pays, le nom d'Enfer (*Infierno*), et sert de thème à beaucoup de contes populaires. Plus loin, les rochers, minés par la mer, ont été creusés en dessous, les eaux s'y engouffrent avec fracas, et comme elles se sont ouvert une petite issue à l'extrémité de cette grotte sous-marine, elles sortent en jet, quand la mer est grosse, et offrent un spectacle des plus curieux.

1830.

Arica.

Arrivé avec peine de l'autre côté du Morro, j'y vis une vaste baie sablonneuse, bordée de dunes de sable mouvant; et là, mon attention dut se porter vers un autre objet. J'avais appris qu'on y avait trouvé beaucoup de tombeaux des anciens indigènes, et l'on sait combien les traces ignorées d'un peuple peu connu présentent d'intérêt. Je vis, en effet, dans le sable, à une dizaine de mètres au-dessus du niveau de la mer, un grand nombre de corps qu'a mis à nu la recherche de trésors cachés. Ces momies naturelles, très-bien conservées, sont noircies et très-dures. J'eus aussi, moi, le bonheur de découvrir, dans une fouille, une de ces tombes non encore ouverte. C'était une espèce de fosse longue d'un mètre environ et large de cinquante centimètres, garnie tout autour de murailles en pierres sèches. Le corps y était assis, les genoux rapprochés de la poitrine, dans la position de l'enfant avant sa naissance; il était vêtu de tissus de laine bruns, et, de plus, entouré de quelques vases, d'instrumens de tissage (car c'était une femme, les hommes ayant leurs instrumens de pêche), de quelques pelotons de fil encore coloré en rouge; et, à son côté, on remarquait un paquet soigneusement enveloppé de tissus de laine cousus. Ce paquet était un enfant, ce qui peut faire croire que la mort de la mère avait suivi ou précédé de près celle du nouveau-né. La tombe était fermée par quelques morceaux de bois peints, croisés, supportant de grosses pierres plates qui recouvraient le tout. Près de cette sépulture, où l'on voyait partout des traces nombreuses de tombeaux, étaient, sans doute, les habitations des pêcheurs indigènes, ce dont on peut juger par les amas de coquilles dont ils se nourrissaient[1], et le grand

1. Ces coquilles sont principalement la *Venus Dombeyi*, la *Purpura concholepas*, la *Purpura chocolatta*, le *Turbo niger*, etc.

1830. Arica. nombre d'arêtes de poisson[1], que les fouilles journalières dégagent de dessous le sable.

Aujourd'hui cette baie, ainsi que beaucoup d'autres de la côte du Pérou, jadis habitées par les indigènes, est entièrement déserte. J'ai entendu plusieurs habitans d'Arica s'étonner de voir les indigènes se fixer dans un lieu sans eau, tandis qu'ils en auraient en abondance à l'endroit où se trouve Arica; mais il est facile de leur répondre, que, n'étant pas, comme eux, retenus dans un foyer d'infection par un motif d'intérêt commercial, ces indigènes aiment probablement mieux aller chercher de l'eau à un quart de lieue, que de s'exposer aux fièvres intermittentes qui règnent de l'autre côté du Morro, en s'établissant au vent de cette montagne.

Au lieu de revenir par le même chemin, je passai par dessus le Morro. Je le gravis péniblement au milieu de sables mouvans, et j'arrivai enfin au sommet et de là jusqu'à la pointe. Un spectacle des plus nouveau m'y attendait. Le déplacement d'une série d'êtres en entraîne presque toujours d'autres à leur suite. J'avais vu, en Europe, les grandes migrations hivernales des canards amener les pygargues sur les régions méridionales, et les troupes de sardines accompagnées par les puffins; j'avais vu en Amérique les pigeons de Patagonie faire rassembler tous les aigles[1] de ces régions; mais rien au monde n'était comparable à ce qui s'offrait alors à mes yeux. Sur le rivage même d'Arica, des enfans et des femmes étaient occupés à prendre dans l'eau, avec des paniers, des seaux, des milliers de petits anchois[2], qu'ils entassaient sur la grève, ou bien à en recueillir sur le sable, où chaque houle les apportait par bancs. Ils les disputaient à une nuée d'hirondelles de mer[3] qui, avides de s'en repaître, plongeaient à chaque minute, puis reparaissaient dans les airs, le pauvre petit poisson au bec. Tandis que cela se passait sur la côte, une autre pêche non moins bruyante avait lieu à une certaine distance en mer, où se trouvait, sans doute, un banc semblable ou de quelqu'autre espèce. Des nuages d'oiseaux y obscurcissaient l'horizon et s'y attachaient avec

1. *Aigle aguya*, Azara.

2. J'ai été, plus tard, témoin d'une semblable pêche à Islay et au Callao. Ces petits poissons en si grand nombre et les oiseaux qui les suivent par myriades, ont fixé l'attention de tous les voyageurs. Il en est question dans Garcilazo de la Vega, *Comentarios reales de los Incas, lib. V, p.* 135; dans Ulloa, *Relacion de viage a la America*, t. III, p. 135; dans Fresier, Relation du voyage à la mer du sud, p. 133; dans le Choix des lettres édifiantes, t. II, p. 32; dans Meyen, Annales des voyages, 1838, p. 130, etc.

3. *Sterna Inca*, Lesson.

acharnement. A la surface, de noirs puffins volaient et plongeaient tour à tour. Non loin de là, des troupes de fous, de cormorans, mêlés à d'énormes pélicans, exécutaient un autre manége. Rien de plus curieux que ces phalanges ailées, les unes planant à sept ou huit mètres au-dessus des mers, les autres reployant leurs ailes, se laissant tomber perpendiculairement la tête la première, sur le poisson qu'elles poursuivent à la nage, en faisant jaillir l'eau autour d'elles. Elles sortent ensuite avec peine des eaux, le tenant dans le bec, et s'y replongent quelques minutes plus tard. On les croirait occupées d'un jeu très-animé, égayé de mille cris, tandis qu'elles ne font que profiter d'une migration annuelle, pour se repaître plus facilement. Je suivis long-temps des yeux cette pêche amusante; puis, les pêcheurs se trouvant enfin satisfaits, je les vis se séparer par espèces et se diriger sur des points divers. Les graves pélicans, les géans de la troupe, allèrent se poser sur des rochers avancés en mer, où bientôt immobiles, le cou droit, perpendiculaire, le bec reployé sur la poitrine, d'un air stupide et ridicule, ils firent tranquillement la digestion. Parmi les autres espèces, les fous et les cormorans vinrent les imiter, en se plaçant justement au-dessous de moi, à toutes les hauteurs, sur les corniches avancées du Morro, qu'ils blanchissent journellement de leurs excrémens, tandis que les troupes des puffins, plus nombreuses encore, prirent la direction du sud, pour chercher quelque rocher dont la possession ne leur fût pas disputée par de plus forts habitans des airs. Ce manége a lieu chaque soir et chaque matin. On voit d'abord ces oiseaux parcourir séparément la vaste étendue des mers, pour rechercher les bancs de poissons. Tout à coup l'un d'eux s'arrête, plane quelques instans et plonge; s'il recommence deux fois de suite, il ne tarde pas à fixer l'attention des autres explorateurs, qui bientôt sont tous réunis sur le même point, et la pêche générale commence. Ce sont ces innombrables troupes d'oiseaux qui, ainsi que je l'ai déjà dit[1], déposent ces couches épaisses de guano, qu'on va chercher sur les îles de la côte, comme un engrais indispensable à la fertilisation du sol péruvien.

1830.

Arica.

J'eus, quelques jours après, une idée exacte de l'action extraordinaire du guano sur la culture, et de la valeur si remarquable qu'il donne aux petites parties que l'industrie agricole a enlevées aux déserts de sable de la côte. Je fis une promenade dans la vallée de San-Miguel de Sapa, à une lieue et demie dans l'intérieur, en remontant un ruisseau qui se jette dans la mer

1. Voyez page 347.

1830. Arica. près d'Arica. Je trouvai, entre deux collines de sable, une oasis charmante: partout des champs de culture encadrés de grenadiers, d'oliviers, de figuiers, mélangés de bananiers et d'orangers au feuillage disparate. Tous ces champs sont fertilisés par de petits canaux d'irrigation, qui donnent à ce sable mêlé de guano l'humidité nécessaire pour en centupler les produits. Je fus étonné de voir cette belle récolte permanente du maïs, et surtout du piment rouge (*aji*), le principal commerce de ces vallées, qui l'expédient dans toutes les parties de l'intérieur de la Bolivia, où les habitans ne peuvent se passer de cette plante excitante, que l'habitude leur rend indispensable. Je trouvai, dans la vallée de Sapa, une grande quantité de petites tourterelles de deux espèces différentes; là, ces timides oiseaux vivent en paix et sans crainte près des habitans, qui ne troublent jamais leur nichée. Je sentis même une peine réelle en venant, peut-être un des premiers, détruire cette sécurité, par l'épouvante et la mort que j'apportais dans leurs troupes familières.

Il était dit que je ne laisserais pas Arica sans éprouver au moins en petit un de ces tremblemens de terre si fréquens dans le pays[1]. Un matin, j'étais encore couché, lorsque j'entendis un léger bruit souterrain, suivi presqu'instantanément de secousses ou d'oscillations horizontales très-marquées. Comme j'habitais une maison en bois, je ne me dérangeai pas, et vis même avec plaisir le mouvement et le craquement de toutes les parties de ma chambre. L'expérience et des renseignemens pris auprès des habitans, m'apprirent plus tard que les tremblemens de terre longent toujours la côte, et qu'ils sont d'autant plus intenses qu'on se trouve plus rapproché de la mer; ainsi les secousses capables de renverser les maisons au port d'Arica, ne causent aucun dégât dans la ville de Tacna, ou les effets y sont bien moins forts. Ils diminuent d'intensité d'une manière sensible en remontant vers les Andes, se réduisent à peu de chose à Pachia, au pied des derniers contreforts de la Cordillère, deviennent à peine sensibles à Palca, à moitié de la pente occidentale, et vers la Paz, sur la chaîne orientale, ne se font plus sentir du tout.[2]

Trois fortes raisons me pressaient d'abandonner Arica : le désir ardent de pénétrer dans l'intérieur, l'énormité des dépenses dans cette ville sans

1. Après mon départ, au mois d'Août 1834, il y en eut un très-fort à Arica.

2. Je puis citer à l'appui de ces faits non-seulement mon expérience personnelle, mais encore l'excellent travail statistique du docteur Indaburro, inséré dans *El Iris de la Paz*, 1829, n.° 1, où l'auteur dit positivement : « *No se conoce niguno volcan, ni menos se experimentan temblores y* « *teremotos.* »

ressources, et l'action du mauvais air, qui pouvait me faire contracter la fièvre. D'ailleurs six jours d'excursions aux environs m'avaient donné une connaissance satisfaisante du pays. Il y a quatorze lieues d'Arica à Tacna, toujours au milieu de déserts de sable sans eau; aussi les habitans préfèrent-ils franchir l'espace la nuit. Les seuls moyens de transport sont des chevaux, qui, vu la rareté des pâturages, se louent 10 piastres (50 francs), prix énorme pour une course de quelques heures seulement; mais c'est l'usage, et l'on ne peut s'en affranchir. 1830. Arica.

Je me mis en route le 1.er Mai, accompagné d'un des associés de M. Lezica, de Valparaiso, M. Tœnius, Russe d'origine, parlant toutes les langues européennes, et l'un des hommes les plus instruits que j'aie rencontré sur la côte du Pérou. Je me plais à le nommer ici, en regrettant qu'une mort prématurée soit venue, depuis, l'enlever à ses nombreux amis. 1.er Mai.

§. 3.

Voyage et séjour à Tacna.

Parti à cinq heures du soir, après une journée accablante de chaleur, je passai au milieu des chétives cabanes de l'extrémité nord de la ville, auprès des plantations restreintes, et plus loin je traversai le Rio d'Arica, dont les eaux claires se sont creusé un lit dans une couche de galets roulés de trois à cinq mètres d'épaisseur, en laissant, de distance en distance, un peu de terre, dont on a profité pour planter des figuiers et quelques autres arbres. Au-delà s'étend un marais, bordé, du côté de la mer, par des dunes mobiles qui voyagent au gré des vents. On les suit quelque temps avant d'entrer dans le désert sablonneux. Je croyais n'avoir plus que des sables à franchir; et pourtant j'apercevais à l'horizon un palmier. Je craignis que ce ne fût une illusion due au mirage; mais mon compagnon de voyage m'assura que nous approchions d'une vallée fertilisée par une petite rivière, la vallée de Lluta, dans laquelle sont quelques cabanes de cultivateurs, un peu de verdure et deux palmiers, *seuls représentans, en ces lieux, de la végétation des tropiques.* Cette rivière, distante de deux lieues d'Arica, et qui descend du pied même du Tacora, est difficile à franchir dans certaines saisons: elle coule dans un lit de galets roulés; ses eaux, quoique claires, limpides et remplies d'une grosse espèce de chevrette (*camaron*), estimée dans le pays, sont pourtant, à ce qu'on assure, très-peu saines, parce qu'elles reçoivent, du sommet de Tacna.

1830. la Cordillère, un ruisseau si chargé de sulfure, que les animaux qui en boivent meurent presqu'aussitôt. Je laissai cette vallée, et de là jusqu'à Tacna, l'espace de douze lieues, je n'abandonnai plus le désert, dépourvu de tout vestige de végétation.

Chemin de Tacna.

Lancé au galop au milieu de cette mer de sable mouvant, où les vents effacent souvent les traces du voyageur, qui s'y trouve perdu sans pouvoir se diriger, je ne vis plus que de nombreuses carcasses de mulets et d'ânes, attestant la difficulté de la route. Les muletiers partent ordinairement le soir, marchent toute la nuit et arrivent le lendemain, vers neuf heures du matin; mais, obligées de faire quatorze lieues d'une seule traite, foulant un sable qui s'élève en poussière salée sous leurs pas, les bêtes de somme ont doublement à souffrir de la fatigue et de la soif; aussi arrive-t-il fréquemment qu'elles s'arrêtent incapables de marcher davantage; alors les muletiers, qui en ont toujours quelques-unes de rechange, les déchargent et les abandonnent sur la route. Souvent la fraîcheur les rétablit, et elles regagnent peu à peu la vallée de Tacna; mais si malheureusement elles se trouvent fatiguées le matin et qu'elles soient prises par la chaleur, elles échappent difficilement aux becs acérés des condors et des cathartes, qui accompagnent toujours le voyageur pour vivre de ses restes. Ces animaux quand ils les voient couchées, ne leur laissent pas de repos; ils viennent leur déchirer les yeux, et souvent ainsi hâter leur mort, après une vie remplie de souffrances. On rencontre d'autant plus de ces débris d'animaux, qu'ils se conservent des siècles au milieu du sable, la peau tendue et sèche sur les os.

Dans beaucoup d'endroits on trouve, sous le sable, un sol assez ferme, non formé d'argile durcie, comme l'a cru M. Meyen[1], mais bien d'une composition singulière. Ce sont des sables grossiers, de petits cailloux roulés et même des pierres liées ensemble par du sel marin, formant ciment entre leurs diverses parties. Plusieurs excavations pratiquées m'en ont donné la preuve la plus complète; d'ailleurs, c'est de là qu'on extrait le sel employé dans le pays. Il suffit de creuser les collines à quelques pouces pour trouver, sous leur croûte sablonneuse, du sel blanc entourant toutes les pierres roulées et les unissant entr'elles.

Au milieu de cette plaine se voient trois anciens lits de torrens maintenant à sec, et qui se sont tracé un cours dans le sable, en formant, de chaque côté, de petites berges perpendiculaires. Le premier s'appelle la *Quebrada de*

1. Voyez la traduction, Nouvelles Annales des voyages, 1836, p. 139.

los gallinazos; le second, distant de cinq lieues d'Arica, est la *Quebrada del escrito;* le troisième, la *Quebrada de los malos nombres* (ravin des mauvais noms), éloigné de neuf lieues d'Arica. Ce dernier se nomme ainsi par suite des pensées des voyageurs écrites sur le sable des falaises. Il est évident pour moi que ces ravins, aujourd'hui entièrement à sec, et qui le sont depuis les temps historiques les plus anciens, se trouvent dans le même cas que ceux que j'ai décrits à Cobija[1]. C'est la meilleure preuve que l'existence d'anciens cours d'eau semés partout sur la côte du Pérou, et de nos jours totalement desséchés, tient à des causes générales qui ont agi sur tout le versant occidental des Andes. Je devais les retrouver encore sur beaucoup de points de l'intérieur. Je gravis la côte de *Muelles;* je descendis dans la vallée de Tacna, traversai un autre ravin sans eau, la *Quebrada de Muelles,* à deux lieues de Tacna; puis, après avoir franchi péniblement, à cause de l'obscurité, une plaine couverte de pierres roulées de toutes les tailles, et dont quelques-unes sont très-grosses, j'arrivai enfin à Tacna, vers onze heures du soir, par une nuit magnifique, quoique sans lune, sous un ciel pur, couvert d'étoiles brillantes, se dessinant sur un beau fond d'un bleu foncé.

1830.

Tacna.

Le lendemain je me levai avant que les condors eussent commencé leurs courses matinales. La nature entière était encore plongée dans le plus profond repos. Ce sol desséché paraissait moins aride, privé qu'il était de la chaleur de rayonnement. On respirait un air frais et doux des plus agréable. Tout le paysage, alors uniformément couvert d'un léger voile sombre, n'en avait que plus de charme. La belle verdure du bananier ne contrastait pas moins avec le bleu glauque de l'olivier, et les fleurs et les fruits pourpres du grenadier, tandis qu'on pouvait encore, sans crainte, regarder fixement ces sables blanchâtres, ces collines poudreuses, qui deviennent de feu vers le milieu du jour. Je vis successivement les êtres s'éveiller autour de moi. Le condor descendit de la montagne et plana dans les airs; le hideux *Gallinazo*[2] secoua ses ailes sur la maison où il avait passé la nuit; la tourterelle plaintive roucoula ses amours, tandis que le léger oiseau-mouche commençait à bourdonner autour de la fleur qu'il se plaît à courtiser. Pourtant j'étais seul encore; personne ne paraissait dans la ville entièrement déserte. Le soleil qui éclairait déjà l'horizon derrière ce vaste rideau de montagnes de la Cordillère, s'éleva enfin peu à peu. Je vis les pics neigeux du Tacora en recevoir les premiers reflets

1. Voyez p. 353 ci-dessus.
2. *Cathartes urubu.* Voyez Oiseaux, p. 31.

1830. dorés, qui se détachaient alors bien plus nettement sur toute la chaîne par leur blancheur éclatante, contrastant avec l'ombre répandue dans la vallée; mais, à l'instant où l'astre sembla franchir cette barrière élevée, il lança d'abord quelques rayons sur les points culminans, puis répandit instantanément des flots de lumière sur toute la nature, qui, au même moment, comme par magie, se revêtit des plus vives couleurs. La journée commençait alors pour les habitans. Le mouvement se répandait de toutes parts. Je n'étais plus isolé; je trouvais partout des importuns qui troublaient l'espèce de solitude dont j'étais heureux de m'entourer. Le charme avait disparu; je dus rentrer, pour me préparer aux courses que j'avais à faire.

Tacna.

La ville de Tacna qui, au moment où je l'ai vue, comptait de dix à douze mille âmes, a pris beaucoup d'accroissement aux dépens d'Arica. Là se fait aujourd'hui tout le commerce du port; là se vendent les marchandises apportées par les différens navires. Aussitôt qu'un bâtiment est mouillé, l'on décharge les échantillons, qui sont immédiatement transportés à Tacna, chez les consignataires. Le capitaine ou le subrécargue s'y rend de suite, et les transactions s'opèrent avec les marchands de l'intérieur, venus à cet effet. C'est seulement alors qu'on débarque les ballots achetés et qu'ils sont envoyés à Tacna. Malgré l'activité du commerce qui se faisait à Cobija, Tacna n'avait pas perdu de son importance. Il y avait encore une dizaine de maisons de consignations, de toutes les nations françaises, anglaises, allemandes ou du pays, et les inter-nations y étaient d'autant plus fréquentes, que la grande distance de Cobija aux premières villes, et le prix des mules, ne permettant d'y transporter que les marchandises de grande valeur, toutes les autres passaient par Tacna.

La ville, de près d'une lieue de long, est à quatre lieues des derniers contreforts des Andes, à sept de la mer, dans une vallée qui court nord-est et sud-ouest, transversalement à la direction de la Cordillère. Cette vallée, large d'environ une demi-lieue, bornée, à droite et à gauche, par des collines trachytiques blanchâtres, est couverte, des deux côtés, de sables mouvans; le milieu seul, sur l'espace que peuvent fertiliser les eaux de la rivière, est occupé par des cultures variées, contrastant avec l'aridité des environs. La partie cultivée se compose de *quintas* (vergers) bien entretenues, où l'on voit, à côté du cotonnier aux houppes blanches[1], le fruit pourpré du grena-

1. *Les cotonniers ont à Tacna jusqu'à quinze pieds de haut; je n'en ai vu nulle part de si beaux. On ne les cultive pourtant que pour une partie des besoins du pays.*

dier. Le figuier, l'olivier, contrastent avec le bananier au feuillage élégant, non loin de massifs de roseaux à quenouille, la plante la plus utile du pays[1], ou de vignes enlaçantes, chargées de grappes dignes de la terre promise. Toutes ces plantes servent de haies, et séparent les carrés, eux-mêmes subdivisés à l'infini, afin de pouvoir profiter de l'irrigation artificielle. Chacun de ces petits compartimens est couvert soit de melons succulens, de pastèques savoureuses, de pimens, pour la nourriture des hommes, soit de luzerne pour celle des bêtes de somme. Cette végétation, mélange singulier de plantes de tous les pays, offre non-seulement un contraste avec les déserts des environs, mais encore avec les maisons de la ville, qui n'ont rien de pittoresque. Qu'on se figure quelques larges rues longitudinales à la vallée, pavées en cailloux roulés, dès-lors très-raboteuses, et bordées de maisons bien blanchies, très-inégales, à un seul étage, couvertes d'un toit très-aigu et présentant chacune, en avant, un pignon, dans lequel sont percées une porte et une fenêtre, et l'on aura l'idée de presque toutes les constructions du pays. Sauf quelques maisons bâties par des étrangers et ayant un aspect plus confortable, sauf encore ces petites cabanes, à peine couvertes, où vivent les muletiers dans les faubourgs, les habitations de la ville sont presque toutes conformes à ce disgracieux modèle. Ne pourrait-on pas se demander quel motif a déterminé les premiers habitans à construire ces toits aigus, dans un pays où il ne pleut jamais, et dans lequel, dès-lors, cette partie ne peut servir qu'à garantir du soleil?

1830. Tacna

La chaleur est très-forte au milieu du jour, surtout à l'instant où disparaît cette voûte de nuages, qui se montre souvent le matin jusqu'à dix heures, et intercepte jusque-là les rayons du soleil. Vers le soir, la brise descend des montagnes, et apporte du sommet des Andes un air froid, qui procure une agréable sensation de fraîcheur. Cette température peu élevée amène quelquefois des nuages dans la nuit; mais ceux-ci se dissipent dès que le soleil a pris de la force. En somme, le climat de Tacna[2] est très-sain, et tient le milieu entre celui des pays chauds et celui des pays tempérés.

Les jours ordinaires la ville est presque déserte. Chacun reste chez soi, surtout les femmes, et il est difficile de juger de la population; cependant deux jours de la semaine, le dimanche et le jeudi, on peut s'en faire une idée.

1. Ce roseau, connu sous le nom de *Caña de castilla* et apporté d'Europe, sert à faire les toits du pays, et se trouve ainsi d'une utilité première.

2. Tacna est à environ 560 mètres au-dessus du niveau de la mer.

1830. Tacna.

J'ai déjà dit qu'il ne pleut jamais sur la côte du Pérou; ainsi les plantes n'y croissent que par l'irrigation artificielle. Il existe à cet effet une administration très-compliquée, chargée de distribuer l'eau aux différens villages de la vallée, et, en particulier, aux propriétaires de chacun de ces villages et de la ville, suivant l'étendue de terrain qu'ils occupent ou en raison de la contribution annuelle qu'ils lui paient[1]. Il en résulte qu'à des jours et des heures fixes, l'eau doit appartenir à tel lieu ou à tel champ. Les villages ont les eaux entières pendant cinq jours de la semaine; les deux autres sont réservés à la ville. Rien de plus singulier alors que ce qui s'y passe. A une heure déterminée, la cloche de l'église annonce que la rivière, entièrement à sec quelques minutes avant, reçoit les eaux détournées les autres jours. Tout le monde sort précipitamment, va faire sa provision, remplir les vases de la maison; et hommes, femmes, enfans accourent au ruisseau, afin d'y puiser le précieux liquide; d'autant plus pressés que deux heures seulement il coulera dans son lit, le reste de la journée étant affecté à l'arrosement des jardins. Bientôt, avec les eaux, les habitans abandonnent la rivière et vont dans la campagne, où une multitude de canaux porte l'eau, distribuée, montre en main, tant de minutes à l'un, tant de minutes à l'autre. Chaque propriétaire à qui l'on a mesuré son volume d'eau, s'occupe ensuite à diriger ses petits conduits vers tel ou tel point, suivant ses plantations, se plaignant toujours de n'en avoir que pour la moitié de ses besoins.

Cette pénurie a fait entreprendre un travail immense. Une société s'est formée pour détourner, sur le sommet de la Cordillère, le cours du Rio d'Ochusuma ou d'Ancomarca, afin de le faire descendre dans une vallée des Andes qui vient aboutir à Tacna; mais ce canal doit entraîner d'énormes dépenses, et surtout demander l'emploi d'une grande quantité de bras. Espérons qu'il trouvera de la persévérance, et que les siècles futurs profiteront de l'intention qu'ont eue les habitans actuels d'être utiles à leur pays.

Après avoir assisté à quelques journées d'irrigation, après avoir vu les habitans à l'église le dimanche, je pus facilement me rendre un compte exact de la population de Tacna et des environs. Je trouvai quelques femmes assez bien, sans leur reconnaître pourtant ce bel ensemble de traits et de formes de Buenos-Ayres. La population est très-mêlée : il y a peu de sang espagnol pur, et beaucoup de

1. Cette somme est parfois très-forte, et mille ou douze cents francs par an sont souvent le taux qu'un propriétaire paie pour un simple verger ou *quinta*.

mélange avec les races américaine et africaine. Les hommes y sont de petite taille; les femmes ont adopté le costume péruvien. Plusieurs portent la grosse jupe de laine, et toutes ont les cheveux divisés en une multitude de petites tresses tombant par derrière. Elles se couvrent la tête d'un chapeau de feutre blanc, apporté de l'intérieur de la Bolivia. Lorsqu'on vient de quitter les élégantes Porteñas et les Chiliennes, on est frappé du contraste que présentent avec les leurs le costume et la tournure des Péruviennes; contraste qui n'est pas, il faut l'avouer, à l'avantage des dernières. On ne parle que l'espagnol à Tacna. 1830. Tacna.

Je restai dans cette ville quinze jours, pendant lesquels je déclarai la guerre à toute la gent ailée, ordinairement si tranquille en ce lieu. Je parcourus les environs sous les rapports zoologique, géologique et géographique.[1] Je relevai la vallée pour en faire la carte, tout en me disposant à partir ensuite pour l'intérieur. J'arrêtai quatre mules de charge et deux mules de selle, à raison de vingt piastres ou cent francs; ce qui, en comptant les deux muletiers, portait mes dépenses à huit cents francs pour un seul voyage de huit à dix jours; encore ne parlé-je pas de la nourriture. C'était énorme pour mes ressources; et, en fixant mon départ, je ne voyais pas comment je pourrais assurer mon retour; mais le mieux, dans certaines circonstances, est de fermer les yeux sur l'avenir; ce que je fis, me confiant entièrement à la Providence.

1. Voyez ces parties spéciales pour les détails qui s'y rapportent.

1836.

CHAPITRE XXV.

Voyage de Tacna à la Paz, en traversant la Cordillère des Andes. — Séjour à la Paz.

§. 1.er

Voyage de Tacna à la Paz.

19 Mai. Tous mes préparatifs terminés, j'attendis jusqu'au 19 (deux jours) mes muletiers (*arrieros*); encore ne vinrent-ils qu'à midi. Je fis aussitôt charger mes effets; et, les laissant avec mon domestique, je pris les devants. Je me dirigeai vers Pachia, où nous devions coucher. Je ne puis dire avec quel plaisir je m'élançais vers les régions élevées des Andes, et combien je me promettais de découvertes dans ce voyage. La campagne que je parcourais était propre à me maintenir dans ces dispositions favorables. Je rencontrai, à une lieue de Tacna, le hameau de *Pocolualle*, dont les maisons, placées les unes sur une hauteur stérile, et les autres au bord de la rivière, dans un lieu bien cultivé, sont simples comme la nature des environs. Plus loin s'étendent les hameaux de *Casa Blanca* et de *Calana*, au milieu d'une végétation active, quoique artificielle, où de beaux saules viennent représenter, par leur forme élancée, les peupliers de l'ancien monde. Après Calana, la vallée se divise en deux branches, dont l'une, qui s'étend à droite, est déserte; tandis que l'autre, toujours cultivée, suit la gauche. Les collines, d'abord très-basses, s'élèvent de plus en plus, à mesure qu'on s'avance, et finissent par former de véritables montagnes; mais elles sont toujours sablonneuses, sèches, et ne donnent naissance qu'à quelques cactus rampans.[1]

Après deux heures de marche, j'arrivai à Pachia[2], joli village situé au milieu de la vallée, près de la rivière : il se compose d'une vaste église et d'un grand nombre de maisons, éparses au milieu de champs cultivés, habitées par des agriculteurs ou des muletiers. Je me présentai chez le curé, qui, avec une franchise toute cordiale, voulut bien m'offrir de partager son

---

1. De ces côtes, l'une, à gauche, est connue sous le nom de *Cuesta de Caracu*, et l'autre s'appelle *Cuesta de la Hiesera*, du plâtre qu'on dit y avoir trouvé (*hieso*, plâtre).

2. Dans la traduction du voyage de M. Meyen, Nouvelles Annales des voyages, 1836, p. 150, soit qu'on ait mal traduit, soit que les noms de lieux aient été mal écrits, ils sont peu reconnaissables; ainsi *Calana* est écrit *Caleo; Pachia*, *Patchi*, etc.

dîner, ce que j'acceptai avec plaisir. Vers le soir, mes bagages arrivèrent, et je cherchai un gîte, les hôtelleries ou auberges étant chose inconnue dans toute la république de Bolivia. Je m'établis avec mes malles dans une simple hutte de roseaux, sans porte et couverte en paille, où je fus parfaitement accueilli par de pauvres gens, tandis qu'à côté un très-riche propriétaire m'avait dit, lorsque je lui demandais à rester chez lui : *Sera usted mejor en casa del vesino* (vous serez mieux chez le voisin). En effet, il avait raison; il m'eût reçu avec hauteur et je le fus avec cette hospitalité naïve qui caractérise, en Amérique, les habitans de la campagne. 1830. Cordillère.

Le soir, je me promenai aux environs, respirant un air vif et froid. Je contemplai avec plaisir l'aspect majestueux de cette chaîne abrupte qui s'élève par gradins, de ces montagnes noirâtres et déchirées, surmontées des pics neigeux du Tacora, perdus dans la région des nuages. Je m'élançai même, en idée, au-delà de cette barrière, que je devais commencer à franchir le lendemain. Au-dessous j'apercevais, au nord, l'embouchure du ravin de *Calientes*, d'où sortent les eaux qui fertilisent la vallée et où se rencontre une source thermale[1]; à côté, une plaine déserte, couverte de blocs de roches roulés, s'élevant peu à peu vers les derniers contre-forts des montagnes; à droite enfin, l'entrée du ravin de Palca, où je devais m'engager pour arriver au sommet de la Cordillère : c'était toute l'extrémité de la vallée de Tacna, n'y ayant plus au-dessus que des rochers. Je me retournai encore vers l'entrée, pour lui faire mes adieux, ainsi qu'aux rives de l'Océan; puis, après avoir vu l'ombre se répandre autour de moi, j'allai m'étendre à terre jusqu'au lendemain, renonçant aux commodités des villes, pour reprendre mes habitudes de voyage.

Le soleil n'avait pas encore éclairé la vallée, que j'étais sur pied. Il n'en fut pas ainsi de mes gens. J'allai tout à mon aise me promener longuement. Je remarquai qu'auprès de chaque maison on entasse des branchages ou des épines, qui servent de retraite à une multitude de cochons d'Inde, qu'on laisse s'élever ainsi pour les manger ensuite.

Vers huit heures, je me mis enfin en route. J'abandonnai les champs cultivés pour traverser deux lieues d'une plaine sans trace de végétation, couverte de blocs roulés de porphyre et de granite, et je me dirigeai vers l'entrée de la Quebrada (ravin) de Palca. Là on aperçoit, dans la montagne, 20 Mai.

1. Cette source, distante de deux lieues de Pachia, est fréquentée par les malades, qui, dit-on, en éprouvent beaucoup de soulagement.

1830. Cordillère. une étroite ouverture, dont les côtés sont très-escarpés. C'est la route qu'il faut prendre; pourtant, au débouché dans la vallée, existe une petite cabane *habitée* par des Indiens qui vendent aux voyageurs de la chicha[1]; dernier point de repos avant de s'élancer dans les gorges. Auprès de cette humble hutte croissent encore quelques figuiers sans feuilles et des molles[2] au feuillage penné, restes chétifs de la végétation des montagnes. Ma troupe entra dans le ravin, où la nature est morte et décolorée. Au milieu des pierres roulées on suit par intervalles le lit à sec du torrent, ayant tout au plus la largeur d'une mule, entre deux murailles gigantesques, formées de morceaux de roches amoncelés; ou bien, lorsque le fond du ravin n'est pas praticable, on monte par de petits sentiers, parmi de petites pierres mouvantes, faisant mille détours, passant d'un côté à l'autre, selon les possibilités locales, la nature seule ayant fait tous les frais de cette route, néanmoins l'une des plus fréquentées du pays. La première impression que ressent l'étranger est remplie de tristesse. Quel contraste, en effet, que celui de ces montagnes sèches, arides, sans végétation, avec ces vallées si riantes de la Suisse ou des Pyrénées, qu'animent et colorent, de tous les côtés, des cascades et des sapins au vert sombre! Ici un chemin affreux, une sécheresse désolante, et pas un point de vue pittoresque. A peine aperçoit-on, devant soi, une étendue de quelques centaines de mètres; encore pas toujours.

Un voyageur doit chercher à s'intéresser à tout, soit que la nature s'y prête, soit qu'elle se montre avare de ses beautés. A l'entrée de la vallée et à la sommité de chaque côte, je remarquai, sur toute la route, des monticules de pierres plus ou moins volumineux, le plus souvent surmontés d'une croix de bois et couverts de taches d'une matière verdâtre; je voulus savoir ce que c'était. J'appris, et j'eus lieu de m'en assurer plus tard, en les retrouvant sur toute la partie de la république de Bolivia habitée par les Indiens, que c'étaient des *apachectas*[3]. Ces monticules existaient avant l'arrivée des Espagnols. Ils étaient formés par les indigènes chargés qui, gravissant avec peine les côtes escarpées, rendaient grâce au Pachacamac ou dieu invisible, moteur de toutes choses, de leur avoir donné le courage d'atteindre le sommet, tout en lui demandant de nouvelles forces pour continuer leur route. Ils s'arrêtaient, se reposaient un instant, jetaient quelques poils de leurs sourcils au

1. Boisson faite avec du maïs écrasé et fermenté. J'en parlerai ultérieurement.

2. *Schinus molle.*

3. Voyez Garcilaso de la Vega, *Coment. real de los Incas*, p. 38. Aujourd'hui on dit *apachetas*.

vent, ou bien, sur le tas de pierres, la *Coca*[1] qu'ils mâchaient, comme la chose la plus précieuse pour eux, ou bien encore se contentaient, s'ils étaient pauvres, de prendre une pierre aux environs et de l'ajouter aux autres. Aujourd'hui rien n'est changé; seulement l'indigène ne remercie plus le Pachacamac, mais bien le Dieu des chrétiens, dont la croix est le symbole; singulier mélange d'anciens souvenirs confondus avec les croyances religieuses actuelles! J'ajoute que cet antique usage a, dans sa naïve simplicité, quelque chose qui va au cœur. Quoi de plus touchant, en effet, que de voir l'homme averti de sa faiblesse par la défaillance de ses forces, en demander et en attendre le retour de l'Être suprême, que tout lui fait reconnaître pour son créateur et son père? 1830 Cordillère.

A trois lieues de l'entrée de la Quebrada, je remarquai, sur le bord du chemin, plusieurs blocs de granite, colorés extérieurement par de l'oxide de fer, et sur lesquels les indigènes avaient sculpté des figures grossières, peut-être allégoriques. Je n'oserais pourtant pas affirmer qu'elles soient anciennes. Ces figures représentent des hommes, des soleils, des llamas et des chiens. Sont-elles encore les signes d'antiques souvenirs, ou les doit-on simplement au désœuvrement de quelques voyageurs indigènes?

Au commencement du ravin on remarque une stérilité complète. Quelques cactus en candelabres[2], d'un aspect singulier, viennent représenter à eux seuls toute la végétation, au milieu de roches tombées des parties plus élevées des montagnes. D'abord aucune couche n'est en place; bientôt des porphyres et des granites se montrent par intervalles. A l'approche du lieu connu sous le nom de Choluncoy, un reste d'humidité dans le fond du ruisseau fait naître un peu de verdure, et des fleurs charmantes[3], ornées de teintes vives, rouges et jaunes, contrastent avec l'aridité des montagnes; il y a aussi quelques cabanes d'indigènes. Avant d'arriver à Palca, on gravit une côte élevée à droite du ravin, et du sommet de laquelle on domine sur le village et sur ses plantations. Les montagnes ici ne sont plus arides comme les premières. Plusieurs espèces de cactus s'y montrent, ainsi que quelques autres

---

1. Je parlerai de la *Coca* et de son usage dans le pays, en traitant des lieux où elle est cultivée.

2. *Cereus candelaris*, Meyen. Sa tige, droite, ligneuse, s'élève de deux à trois mètres, reçoit, au sommet, de cinq à dix branches en candelabres, d'un mètre de haut et d'un vert tendre, contrastant avec les épines noires du tronc. Son étage est à peu près deux mille mètres au-dessus de l'océan.

3. Les *Isolepis fuscata*, Meyen; *Bowlesia diversifolia*, Meyen; *Loranthus acuminatus*, Ruiz et Pavon; le *Lycium distichum*, Meyen; le *Echeveria peruviana* et plusieurs Solanées.

1830. Cordillère.

plantes, aux endroits recouverts par un peu de terre végétale; et, dans le fond du ravin, cent à cent cinquante mètres de largeur, de chaque côté, reçoivent les eaux d'irrigation, et sont semés de luzerne, de maïs et même de pommes de terre[1]. Une haie couverte d'arbustes de la famille des solanées, ornés de fleurs, sépare cette partie des coteaux incultes et abruptes. Les hautes montagnes qui dominent le tout, rendent l'ensemble assez pittoresque.

Je descendis à Palca[2], situé en amphithéâtre sur la rive gauche[3] du ravin. Ce très-petit village, composé d'une église, de quelques maisons éparses et d'un *Tambo*[4] ou maison commune pour les voyageurs, est encore une oasis au milieu des crêtes déchirées des montagnes, et la dernière réunion d'hommes sur le versant occidental des Cordillères. C'est aussi un lieu de repos pour les troupes de mules qui montent ou descendent de la côte du Pérou aux villes élevées de ce pays et de la Bolivia. On peut même dire qu'on est obligé de s'y arrêter; de Pachia jusqu'au sommet de la Cordillère, le trajet est trop long et surtout trop fatigant, pour qu'on puisse se dispenser de coucher en route. Palca est à sept ou huit lieues de Pachia, et à la même distance de l'endroit où l'on peut s'arrêter, au sommet des Andes.

Avant d'arriver à Palca, j'avais vu, sur la hauteur, plusieurs pyramides de terre. Je les retrouvais en nombre autour du village. J'appris bientôt

1. C'est le premier point en remontant où l'on cultive cette plante si utile, les vallées inférieures étant beaucoup trop chaudes; elle devient ensuite la principale culture de tous les plateaux élevés. La pomme de terre, maintenant d'une si grande ressource dans notre Europe, et qui l'affranchit de toute crainte de disette, est originaire des plateaux de la Bolivia et du Pérou; on la nomme *Papa* dans les langues aymara et quichua, dénomination conservée en Espagne.

2. *Palca*, ou mieux *Pallca*, mot aymara, signifie *confluent* de rivière, *bifurcation* de vallées, de ravins, de chemins ou même de branches d'arbre. Les nombreux villages de ce nom sont placés au confluent des rivières ou des torrens.

3. M. Meyen (Annales des voyages, p. 155) dit *rive droite*. Il est indispensable de s'entendre sur ce point. Ce voyageur a peut-être dit *rive droite* dans l'acception des marins, qui la prennent en remontant les eaux; pour moi, comme tout le monde, j'appelle *rive gauche* celle qui est à ma gauche, en descendant les rivières; et c'est toujours dans ce sens que je prends cette expression.

4. *Tambo* est encore un mot quichua corrompu de *Tampu*. Du temps des Incas, il s'appliquait à des maisons bâties sur les routes seulement pour les voyageurs (voyez Garcilazo de la Vega, *Coment. real. de los Incas*, p. 140; Agustin de Zarate, *lib.* 1.°, *cap.* 14). On mettait dans ces maisons des provisions de tout genre. Les Espagnols, après la conquête, ont conservé ces mêmes maisons sous le nom de *Tambo*, non-seulement sur les routes, mais encore dans les villages et dans les villes. Ce sont aujourd'hui des hangars sans aucune commodité, les mêmes qu'on appelait *Casa del Rey*, sur la route du Chili à Mendoza.

que ce sont des *Chulpas*[1] ou tombeaux des anciens Aymaras, antérieurs à la conquête; espèces d'obélisques, de six à dix mètres d'élévation, d'un tiers plus hauts que larges, carrés ou oblongs, à pans droits, surmontés d'une surface inclinée comme un toit. Ils sont parfaitement orientés, offrant, à l'est, une très-petite ouverture triangulaire. Ces tombeaux, bâtis avec de la terre[2] et quelquefois de la paille hachée, figurent assez bien des étages de pierres de taille; ils sont fermés de toutes parts; lorsqu'ils n'ont pas été profanés, leur intérieur contient plusieurs corps assis autour, avec des vases et des ustensiles caractéristiques du sexe des défunts. J'ai été plus tard à portée d'en voir un grand nombre dans la province de Carangas et d'en fouiller beaucoup, dont j'ai pu reconnaître toutes les parties. Quant à ceux de Palca, ils étaient encore respectés par les indigènes actuels, qui n'auraient sans doute pas permis qu'on y touchât. Jusque-là, dans mes voyages, je n'avais trouvé aucune trace d'antiquité; rien qui remontât au-delà de l'époque actuelle; aussi éprouvai-je une véritable sensation de bonheur, en rencontrant, dans la même journée, les *Apachetas*, les pierres sculptées et les *Chulpas*; c'étaient au moins des monumens historiques, des signes certains que l'homme un peu civilisé avait existé sur ce sol; c'était un premier point de la terre classique du Pérou, de l'ancienne domination des Incas. La position des Chulpas est parfois très-pittoresque. Les anciens indigènes révéraient le soleil comme l'image visible du dieu Pachacamac. Ils croyaient dès-lors placer leurs parens morts dans la direction la plus convenable, en les exposant sur les pointes de rochers[3] qui, les premières, recevaient, dans la vallée, les rayons de l'astre fécondateur, pour qu'en entrant dans l'autre vie, ils pussent immédiatement contempler le soleil.

1830.

Cordillère.

1. *Chulpa*, ou mieux *Chullpa*, veut dire *tombeau* dans la langue aymara, et ce nom est consacré dans toute la Bolivia. Lorsqu'un voyageur ne parle pas la langue du pays qu'il parcourt, il tombe indispensablement dans une foule d'erreurs sur les choses et sur leur usage. J'en trouve plusieurs exemples dans la relation de M. Meyen (*loc. cit.*, p. 156). Ce voyageur, d'ailleurs si exact, et dont j'estime on ne peut davantage les intéressans travaux, n'aurait pas dit, sans doute, s'il avait parlé l'espagnol, que les habitans les appellent *Casa del Rey* (maison du roi); mais il eût appris immédiatement que ce sont des tombeaux; et il se serait épargné la peine de remonter aux conquêtes de l'Inca Yupanqui, pour en faire des obélisques, des monumens de conquête. C'est aussi à tort que M. Meyen dit qu'à Palca il y a des Indiens esclaves achetés dans la Cordillère. On l'a évidemment trompé; car jamais un indigène des plateaux ne vend ses enfans.

2. Ce ne sont point des pierres, comme l'a cru M. Meyen. Je me suis positivement assuré que c'est de la terre sèche. La conservation en est facile à expliquer dans une région où il ne pleut jamais.

3. Voyez la Vue n.° 8, à droite.

1830. Cordillère. Je passai le reste de la journée à recueillir des plantes et à chasser aux environs. J'eus le bonheur d'y rencontrer plusieurs espèces nouvelles d'oiseaux[1], entr'autres une très-petite perruche, grosse comme nos moineaux, d'un beau vert, avec la tête grise et une longue queue; les oiseaux-mouches *géans* y sont également très-communs. Le soir je sentis un froid assez vif, qui ne m'empêcha pas de coucher à terre en plein air. Bercé de mille pensées diverses, je m'endormis au bruit monotone du ruisseau.

21 Mai. Le lendemain, après avoir de nouveau exploré le voisinage, je me mis en route. Je suivis, pendant deux ou trois lieues, les bords des plus pittoresques de la Quebrada, ornée, dans le fond, de buissons touffus, de fleurs diverses[2]; dans la partie cultivée, çà et là, de petites cabanes; et, sur les hauteurs, de Chulpas diversement placées. Après les déserts de la veille, je trouvai ce ravin des plus agréable. Au plaisir de voir le paysage se joignait celui de rencontrer, pour la première fois, ces petites huttes[3] rondes, construites en terre jusqu'à la hauteur d'un à deux mètres, puis recouvertes de branchages croisés et n'ayant qu'une ouverture basse et étroite; huttes en tout semblables à ce qu'elles étaient au temps de la conquête. Au bruit du ruisseau se mêlait le sifflement de quelques indigènes qui gardaient leurs troupeaux sur le sommet des coteaux voisins. De plus, je rencontrai plusieurs troupes de llamas descendant de la montagne, conduits par des Indiens occupés à filer ou à tresser de la laine. Ces bêtes de somme sont aussi paisibles et aussi douces que leurs conducteurs; réunies en troupes de quinze à vingt, composées seulement de mâles, elles portent de soixante à soixante-quinze livres soit de viande sèche, soit de pommes de terre ou de *chuño*[4]. Elles font ainsi de quatre à cinq lieues par jour, marchant très-lentement, sans jamais s'écarter de la route: elles sont presque toujours précédées d'un jeune enfant ou d'une femme et suivies d'un Indien, qui portent sur leur dos, avec leurs provisions, consistant en maïs rôti et en coca, un paquet de laine qu'ils filent en marchant. La petite caravane descend ainsi à petits pas, évitant, autant que possible, les routes tracées, dans la crainte d'être pillée par les arrieros ou même par les voyageurs, qui se font peu de scrupule de lui dérober

1. *Arara aymara*, d'Orb.

2. Le *Cactus peruvianus*, *Mutisia hirsuta*, suivant M. Meyen.

3. ~~Vue n.° 8, à gauche.~~

4. On appelle *chuño*, en aymara, des pommes de terre qu'on fait geler sur les plateaux, qu'on laisse ensuite sécher, et qui se conservent alors des années. C'est un mets très-estimé des habitans des régions élevées, mais que je n'ai jamais beaucoup aimé.

une partie de ce qu'elle transporte; aussi les pauvres Indiens vous saluent-ils avec une extrême humilité. Les llamas marchent d'abord assez bien; mais l'une d'elles commence-t-elle à se fatiguer? on l'entend se plaindre d'un ton triste; et si son guide ne s'empresse de la décharger, elle se couche bientôt et rien ne peut la faire marcher de nouveau : alors le conducteur, toujours avec la plus grande douceur, soulage forcément ses bêtes, en quelqu'endroit qu'il se trouve, et les laisse paître en liberté. Non moins sobres que leurs maîtres, elles se contentent de peu et vivent même au milieu des rochers les plus abruptes, où d'autres animaux mourraient de faim. J'aimais à les voir marcher la tête haute, l'air soumis, dressant les oreilles en signe d'étonnement à notre approche; ou, si on les serrait de trop près, les baissant en signe de crainte, et crachant, quand on les tourmentait un peu; ce qui est leur seule défense.

J'arrivai au point de jonction du ravin de Palca avec un autre ravin sans eau, confluent qui a fait donner le nom de Palca au village où j'avais couché. Là j'abandonnai la végétation avec l'humidité et quittai, non sans regrets, ce bras, qui descend de la Cordillère, pour entrer dans une Quebrada dénuée de verdure ou n'offrant plus, sur des porphyres et des siénites à nu, que quelques cactus, les uns grands, les autres très-petits, couverts d'un duvet blanc. Les plantes y étaient desséchées. A peine y rencontrai-je quelques crucifères aux fleurs blanches; du reste la végétation que j'avais vue, à mesure que je m'élevais, changer deux ou trois fois, depuis mon entrée dans le ravin, était alors toute différente de celle du ravin de Palca. Le sentier, à peine tracé, présente des pentes plus abruptes. On le gravit péniblement au milieu de terrains des plus tourmentés. Je ressentis une forte chaleur dans le ravin; mais bientôt je commençai à monter la côte de Cachun, et j'éprouvai à son sommet, en même temps que les premières atteintes de la raréfaction de l'air, un froid très-piquant, dû à l'élévation. Là, d'un côté, j'apercevais cette multitude de crêtes dépouillées, qui s'abaissent peu à peu vers la côte, en présentant l'aspect d'une mer agitée; et, à plus de mille mètres au-dessous de moi, une zone de nuages me cachant, sans doute, l'Océan; de l'autre côté, j'avais en face, une seconde montagne, plus élevée que celle où je me trouvais, et à mes pieds, une petite vallée très-étroite, tapissée de ce gazon vert et court comme du velours, qui caractérise les hautes régions de toutes les vallées du monde. J'y descendis et je reconnus dans les crevasses des rochers les premières glaces respectées du soleil; elles m'étonnèrent d'autant plus, que j'étais bien loin du niveau des neiges et par une température assez

1830. — Cordillère.

élevée.[1] La pente devint encore plus rapide. Nous serpentions au milieu de rochers aigus, au-dessus de précipices affreux, ayant devant nous une muraille à franchir. Je sentais, de plus en plus, se manifester les vives atteintes de la raréfaction de l'air, un très-violent mal de tête, un grand embarras dans la *respiration; mes arrieros*, leurs bêtes, et jusqu'à mon chien, mon fidèle Cachirulo, étaient obligés de s'arrêter tous les vingt à trente mètres, pour souffler, tourmentés qu'ils étaient comme moi du *soroché*[2], qui ne m'empêcha pas néanmoins de faire de l'histoire naturelle. Après bien des fatigues, nous atteignîmes le sommet de la dernière côte: je me trouvais enfin sur la crête de la Cordillère.

Aucune expression ne pourrait rendre les sensations que j'éprouvai, lorsqu'en débouchant je me vis tout à coup en face du Tacora, couronné de ses neiges perpétuelles; du Tacora, placé au milieu d'une vaste plaine, ainsi que beaucoup d'autres pics coniques, dont les sommets gigantesques, également blancs, se dessinent sur une campagne des plus étendue, d'un aspect grisâtre. Ce changement de décoration de la nature entière produisit sur moi un tel effet, que je restai comme en extase, sans rien distinguer, frappé seulement d'abord de l'immensité du tableau, de son aspect sévère, et saisi d'un mouvement de respect pour la main puissante qui l'a tracé. Je descendis de ma mule pour mieux admirer; et voulus, comme les pauvres indigènes, jeter ma pierre sur un monument des siècles, sur une énorme[3] apacheta surmontée d'une croix, qui se trouve sur la crête; autel modeste, témoin muet des fatigues et de la gratitude religieuse de bien des milliers d'hommes. Devant moi, peut-être à une ou deux lieues de distance, s'élevait le Tacora, formé de deux pics peu séparés. Cette masse, qui me semblait si rapprochée que j'aurais presque avancé la main pour la saisir, me montrait ses anfractuosités, ses neiges perpétuelles, ses différentes zones de végétation, en descendant la vallée. J'avais à gauche une immense plaine,

1. Il faut les attribuer à des causes identiques à celles que M. de Saussure a observées. (Voyage dans les Alpes, §. 1406.)

2. Chaque fois qu'on éprouve le malaise dû à la raréfaction de l'air, les habitans disent qu'on a le *soroché*. Ils en méconnaissent la véritable cause, la grande élévation au-dessus du niveau de la mer, pour l'attribuer à des émanations minérales d'antimoine appelées, en espagnol, *soroche*. C'est même cette souffrance, cette difficulté de respirer dans les parties très-élevées des Cordillères, qui leur a fait donner le nom de *Puna brava*. Quelques voyageurs emploient pour les Cordillères péruviennes le mot *Paramo*, inusité dans le pays, et qui ne remplace nullement le mot *Puna*, désignant un *plateau élevé*, sec et dépourvu d'arbres.

3. La montée demandant au moins deux jours depuis la mer, on conçoit avec quel plaisir l'indigène y arrive; aussi ce monticule de pierres est-il de plus de vingt pieds de haut.

bordée de pics coniques formant une chaîne dirigée au nord; à droite, la même plaine; et, dans le lointain, d'autres pics moins élevés; le tout sous un ciel sans nuages et d'une admirable pureté. 1830. Cordillère.

La végétation de cette région, plus élevée que le passage de Gualillas, par conséquent à plus de 4,500 mètres au-dessus de l'Océan, et de 300 mètres seulement au-dessous du niveau du Mont-Blanc, est tout à fait particulière, et me parut différente de tout ce que j'avais vu jusque-là. Il n'y a plus d'arbres, ni même d'arbustes; on n'y voit, avec quelques rares graminées, que des plantes vivant en famille et d'un aspect des plus singulier. Aucune ne s'élève; toutes croissent sur les rochers, forment une masse compacte, arrondie, souvent de quelques mètres de diamètre, d'un beau vert, mais dont les rameaux sont tellement serrés en gazon, que la hache, pour ainsi dire, peut seule les entamer. Chaque masse représente une seule plante, pourvue d'une seule racine, et qui, dans plusieurs siècles, n'a peut-être pas acquis plus d'un demi-mètre de hauteur[1]. On se sert de ces souches comme de tourbe, quand elles sont sèches.

Tout en cherchant des plantes, je remarquai un très-grand nombre de petits monticules, formés de quatre ou cinq pierres placées debout les unes sur les autres. Je supposai qu'elles devaient avoir une destination superstitieuse. Je ne m'étais pas trompé, ainsi que je le reconnus plus tard, en retrouvant partout ces mêmes pierres debout et comme en équilibre. On serait loin de croire que la paix d'un ménage tienne à ces pierres mystérieuses, que le vent seul peut renverser, ce qui pourtant est vrai chez les Indiens aymaras. L'indigène qui part pour un voyage, souvent forcé (puisque tous sont exposés à être envoyés en courriers) et qui abandonne sa femme pendant quelques jours, place, en allant, plusieurs de ces monticules de pierre au bord des chemins qu'il parcourt. Si, à son retour, il les trouve encore debout, il est le plus heureux des hommes; sa femme a pensé à lui et ne lui a point été infidèle. Si par malheur, au contraire, ses petits tas de pierre ont croulé, sa pauvre compagne reçoit de vifs reproches; c'est une preuve qu'elle a trahi ses devoirs. L'Aymara voyageur respecte toujours ces signes, parce que lui-même y croit; mais les muletiers et les voyageurs, soit par mégarde, soit même par malice, s'amusent à les détruire, et sont ainsi la cause de brouilles et d'altercations domestiques. Dès que j'en eus connu la signification rigoureuse, je m'abstins

1. M. Meyen rapporte ces plantes au *Selinum acaule*, aux diverses *Fragosa*, et à la *Verbena minima*, Meyen.

1830. d'y toucher et j'empêchai, autant que possible, les personnes qui m'accompagnaient de les déranger. A combien peu tiennent la réputation et le bien-être d'une pauvre femme!

Cordillère.

Je descendis dans la plaine, où coule un ruisseau connu sous le nom de *Rio de azufre* (rivière de soufre): il descend du versant occidental du Tacora, suit la vallée du sud au sud-ouest, passe à l'ouest de la chaîne et se dirige vers la vallée de Lluta et vers l'Océan. Ce ruisseau est tellement saturé de sulfate de fer et d'alumine, que les bêtes de somme, qui, trompées par son aspect limpide, boivent de son eau, meurent peu de temps après, en proie à d'affreuses tranchées. Les carcasses de plusieurs d'entr'elles gisant à terre, annonçaient la vérité du fait. Les bords du ruisseau sont couverts d'efflorescences alumineuses jaunâtres, que les habitans prennent pour du soufre. Peut-être aussi son nom lui vient-il de sa source, où l'on rencontre, sur les flancs du Tacora, beaucoup de soufre natif; ce qui pourrait faire penser que cette montagne, couverte de neiges depuis les temps historiques, fut jadis un volcan. Pendant plus d'une lieue je suivis les bords du ruisseau, dans une plaine couverte de cailloux roulés et d'une végétation bizarre. Je l'abandonnai ensuite pour tourner autour du Tacora; puis, enfin, je m'arrêtai près d'un autre cours d'eau, au milieu d'un plateau couvert d'efflorescences salines, dans l'intervalle qui sépare le Tacora du Niyuta, au passage de Gualillas, à la hauteur de quatre mille cinq cent vingt mètres[1] au-dessus du niveau de l'Océan.

Depuis mon arrivée au sommet de la Cordillère, je souffrais au dernier point de la raréfaction de l'air. Je sentais des douleurs atroces aux tempes; j'avais des maux de cœur analogues à ceux que produit le mal de mer; je respirais avec peine. Au moindre mouvement, j'éprouvais des palpitations des plus fortes et un malaise général, joint à un découragement que tous mes efforts ne pouvaient me faire surmonter. J'eus une preuve bien marquée de ce que produit l'habitude. Tandis que je souffrais ainsi, je voyais deux indigènes, envoyés en courriers[2], gravir agilement à pied avec facilité, pour

1. *Annuaire du bureau des longitudes*, 1834, p. 151.

2. Tous les indigènes sont exempts, en Bolivia, du service militaire; ils paient seulement une contribution personnelle ordinairement proportionnée à la valeur de leurs troupeaux, et cette contribution s'élève quelquefois à plusieurs centaines de francs. Les Indiens privés de ressources et qui ne peuvent payer la taxe, sont contraints à un service personnel. On les emploie à porter les dépêches dans toutes les directions, en faisant l'office de courriers réguliers. Tous les quinze jours, deux indigènes partent, à cet effet, de la Paz pour Tacna. La distance d'une ville à l'autre est d'environ quatre-vingt-quatre lieues, ce qui fait cent soixante-huit lieues pour aller et revenir. On m'a assuré

abréger leur route, des points incomparablement plus élevés que ceux où je me trouvais, et sur lesquels des bergers, légers comme les chèvres des Pyrénées, étaient occupés, au milieu des vallées humides, près des neiges perpétuelles, à garder leurs troupeaux de llamas. Ils étaient pourtant à une élévation égale à celle du Mont-Blanc. Le soir j'éprouvai une forte hémorrhagie nasale, qui me soulagea un peu; néanmoins, je passai une nuit d'autant plus affreuse, que j'étais sans abri, exposé à un froid vif et piquant, qui convertissait en glace toutes les eaux des environs. 1830. Cordillère.

Je campais dans une vaste plaine entre le Tacora à l'ouest et le Niyuta à l'est. J'avais au sud le village du Tacora, l'un des plus élevés du monde, puisqu'il est à 4,344[1] mètres au-dessus de l'Océan. Je voyais au-dessous de moi, à une lieue de distance, son humble chapelle, et ses dix ou douze maisons d'indigènes, occupées seulement par des pasteurs de llamas, aussi paisibles que les régions glacées qui les entourent. Je vis les premières troupes de vigognes, qui, par dix à douze, paissaient près de nos mules sans paraître effrayées. Je voulus les tirer; mais elles ne me laissèrent pas approcher à plus de deux ou trois cents mètres, et je ne pus en tuer aucune. Leur forme est très-élancée, leur cou long, leur tête petite; leurs jambes sont grêles; leur couleur est jaune-brun avec la gorge blanche. Ces animaux, jadis si communs, sont aujourd'hui peu nombreux, et finiront par disparaître entièrement. Rien ne peut les cacher au milieu des vastes plateaux. Depuis que le commerce a mis un prix à leur belle fourrure, on en fait une chasse régulière sur le *despoblado* du plateau des Cordillères, dans l'intervalle compris entre les provinces argentines et le Pérou; mais les spéculateurs, moins prévoyans que les anciens Incas, ne se contentent pas de les tondre pour avoir leur laine, ils les tuent et les écorchent, vendant leur peau avec leur fourrure. Du temps des Incas[2], tous les quatre ans une chasse réglée était faite dans chaque canton, et leur territoire, divisé en quatre parties, leur donnait une belle battue tous les ans. Cette chasse, nommée *Chacu*[3], se faisait par tous

que ces courriers font le trajet à pied en dix jours au plus, en marchant jour et nuit. Ils coupent à travers les montagnes, afin de s'abréger; mais alors ils ont, en passant la Cordillère, à lutter contre les aspérités naturelles d'un sol on ne peut plus accidenté et couvert de précipices.

1. Annuaire du bureau de longitude, 1834, p. 152.

2. Zarate, Histoire de la conquête du Pérou, p. 43. Voyez aussi Garcilaso de la Vega, *Comentarios reales de los Incas*, p. 179.

3. C'est de ce mot, qui veut aussi dire *cercle, enceinte*, qu'est venu le mot espagnol *Chaco*, désignant un lieu cultivé et entouré; et le nom du *grand Chaco*, compris entre Corrientes et Tucuman.

1830. Cordillère.

les hommes d'une province, toujours réunis au nombre de plusieurs milliers. Ils marchaient en file dans une direction donnée, embrassant une surface immense de la plaine et de la montagne; poussaient le gibier devant eux, puis formaient un vaste cercle, qu'ils resserraient de plus en plus, afin d'y concentrer tout ce qui s'y trouvait; ils tuaient ensuite les animaux malfaisans, le surplus des mâles propres à la reproduction chez les cerfs, les guanacos et les *vicuñas;* puis tondaient toutes les femelles de ces dernières espèces et les rendaient à la liberté. On faisait la répartition des bêtes tuées et de la laine aux plébéiens. Les Incas et leur famille se réservaient, comme fils du soleil, toute la laine des vigognes destinée à leur confectionner des vêtemens; et, dans chaque province, on conservait, au moyen des quipos, le compte de ces animaux sauvages, par sexes et par espèces, afin de connaître les ressources de l'État. A l'arrivée des Espagnols, les chasseurs trouvèrent beaucoup à faire; et, en peu de temps, ils en tuèrent tant, qu'aujourd'hui on ne voit presque plus de cerfs. On ne trouve maintenant de guanacos que sur quelques points des Andes orientales, et les vigognes sont assez rares. A l'imitation des Incas, les Espagnols, et actuellement les spéculateurs, ont fait et font encore une chasse plus facile, à laquelle ils emploient beaucoup d'indigènes. Ils tracent un vaste cercle avec de petits pieux fichés en terre de distance en distance, et auxquels ils attachent, à un demi-mètre au-dessus du sol, un fil de laine, de manière à former une enceinte, dont l'entrée présente un vaste entonnoir formé de fils. Beaucoup d'Indiens poursuivent les vigognes dans la direction de l'embouchure, puis les forcent d'y entrer, en se pressant derrière elles. Les pauvres animaux sont si timides, qu'ils ne franchissent pas cette faible barrière, et se laissent tuer plutôt que de chercher à rompre le fil ou de sauter par-dessus; mais si, parmi les vigognes, il se rencontre un guanaco, celui-ci, plus hardi, force la barrière, et les vigognes le suivent rapidement; aussi a-t-on le plus grand soin de tuer à coups de fusil ou de chasser les guanacos, dont la présence détruirait l'espoir du chasseur.

Le froid extrême des matinées, dont la gêne se compliquait peut-être, pour moi, de la souffrance que me faisait éprouver la raréfaction de l'air, m'engagea à me lever de bonne heure. D'ailleurs, je ne pouvais me lasser de contempler cet imposant plateau que j'occupais, quoique pourtant tout fût gelé autour de nous. La glace du ruisseau était même si épaisse, qu'on pouvait marcher dessus sans la casser; et cela (le croirait-on?), en dedans des tropiques, sous la zone torride.

1830. Cordillère.

Dans ce pays les hommes sont aussi sobres que les animaux, et le déjeuné de mes muletiers m'en fournit une preuve. Tandis que leurs mules paissaient, dans la campagne, l'herbe sèche des plus rare, peu susceptible de leur donner la force de continuer à porter leurs lourdes charges, ils tirèrent d'un sac des grains de maïs torréfié, et se mirent à partager cet aliment avec leur chien, réduit aussi lui à cette mince nourriture; ils se disposaient ensuite à boire un peu d'eau de glace fondue pour terminer ce frugal repas, prêts à marcher, de nouveau, toute la journée; mais je leur donnai une partie de mes provisions plus substantielles, consistant en viande salée, qu'ils reçurent avec plaisir. J'ai toujours été étonné de voir combien les Américains, malgré leur sobriété, peuvent supporter de fatigues. Tous les voyageurs ont également remarqué qu'un de nos paysans ou de nos ouvriers consomme au moins le double de nourriture d'un indigène ou même des hommes de peine de ces contrées.

22 Mai.

Je remontai le ruisseau, les mules marchant péniblement au milieu d'une campagne couverte de gros cailloux porphyritiques roulés, ou traversant, de distance en distance, des parties revêtues d'une couche épaisse d'efflorescences salines et de composition tourbeuse; ces parties plus marécageuses sont des affluens du ruisseau, et descendent des pentes du Tacora. Je m'élevai ainsi peu à peu vers une colline qui unit la chaîne du Tacora à celle du Niyuta; je m'y arrêtai pour recueillir des plantes[1] et des échantillons de grès siliceux. Un aspect intéressant parut alors devant moi. A gauche, les chaînes du Tacora et d'Ancomarca, peuplées de llamas et de bergers, dans les vallées voisines des neiges; au nord, des plaines à perte de vue; et à droite, une large dépression sans issue, chargée d'efflorescences salines blanchâtres, ressemblant à de la neige, et au milieu de laquelle est le lac d'Aracoyo, d'une demi-lieue de large, environ. Je vis avec plaisir, sur ses bords paisibles, plusieurs autres oiseaux aquatiques, avec des troupes d'une belle espèce d'oie, presqu'aussi grande que nos cignes, ayant également une couleur blanche et les ailes noirâtres. Je descendis dans cette dépression, passai trois bras des affluens du lac, ceux-ci tourbeux et couverts d'efflorescences, comme ceux du ruisseau de l'autre côté. Je remontai un peu ensuite, et redescendis vers le Rio d'Ochusuma ou d'Ancomarca. Cette rivière, large d'environ quinze mètres, est très-rapide, très-peu profonde et peut être traversée à gué en

1. M. Meyen y cite des *Baccharis*, entr'autres une espèce voisine du *B. humifusa*, Kunth; *Lecidea bullata*, *Parmelia perforata*, *Parmelia conspersa*, Ach.; *Chamæcalamus spectabilis*, *Ambrosia tacorensis*, Meyen, etc.

1830. Cordillère. tout temps; c'est celle dont on veut détourner le cours pour l'amener dans la vallée de Tacna [1]. A cet effet, on creusait un canal sur le penchant de la montagne. Je passai encore une autre rivière plus petite, affluent de la même, et je m'arrêtai dans une petite vallée entourée de falaises trachytiques escarpées, et près d'un très-petit lac rempli d'eau limpide. Cette halte était d'autant plus favorable, qu'il s'était élevé, dans l'après-midi, un vent de sud-ouest affreux et si violent, qu'à peine pouvait-on se tenir à cheval.

Je m'étais rapproché du Cerro de Chipicani [2], le point le plus élevé de la chaîne d'Ancomarca, et je pouvais en être, autant, du moins, qu'il m'était permis d'en juger par approximation, à la distance d'environ une lieue et demie. C'est une cime écrasée, conique, de la pente de laquelle le côté oriental est creusé, coupé presque perpendiculairement sur les bords, et offre des roches rougeâtres à nu, au-dessous des neiges, contrastant avec la maigre végétation qui s'élève sur ses flancs. Quoique je souffrisse de la raréfaction de l'air, je passai la soirée à préparer les animaux tués depuis deux jours et à faire aux environs une excursion géologique. Je vis pour la première fois, dans les falaises trachytiques, des viscachas [3], espèce de mammifère voisin de nos marmottes, mais ayant de longues oreilles et une longue queue, vivant dans les trous des rochers et grimpant avec une agilité extraordinaire, même contre les parois les plus escarpées. Je tuai, dans cette course, un pic [4], qui ne vit que sur les roches, et deux belles espèces de rongeurs, qui pratiquent leurs galeries souterraines dans les plaines humides. Les roches des environs sont remplies de petits cristaux de quarz; ces roches se décomposent et laissent les cristaux en si grand nombre sur le sol, qu'il brille au soleil et présente un aspect singulier.

23 Mai. Le jour suivant, je parcourus une plaine immense, occupant le plateau jusqu'à la chaîne du *Delinguil* ou *Tuyuncani*, qui borne, à l'est, le plateau particulier de la Cordillère. Partout le terrain est couvert de cailloux porphyritiques roulés, et d'une plante arbuste composée, remplaçant sur ces régions

1. Ici encore M. Meyen a été mal informé. La rivière ne se dirige pas au sud-ouest, et ne va pas se jeter sur le versant occidental de la Cordillère, près de Tacna. Elle va, au contraire, sur le versant oriental, se réunir au Rio Mauré.

2. L'Annuaire du bureau des longitudes, 1834, p. 150, lui donne, d'après M. Pentland, je crois, 5,760 mètres au-dessus de l'Océan, ou 950 mètres au-dessus du Mont-Blanc.

3. *Viscacha* vient de *visca*, ou bien *viscalla*, lanière de laine tressée; nom donné par analogie à cet animal, à cause de sa longue queue en lanière. C'est le *Callomys aureus*.

4. *Picolaptes rupicola*, Nob.

élevées les bruyères de nos landes. Cette plante très-aromatique, dont l'odeur se répand dans la campagne, sert aux voyageurs à faire du feu, et brûle, quoique verte, parce qu'elle contient beaucoup de résine. Je traversai trois petits affluens du Rio d'Ancomarca, dont les bords escarpés sont formés de trachytes, et contre lesquels s'appuient, çà et là, quelques huttes abandonnées, ainsi que des enceintes en pierres sèches, où les Indiens renferment leurs troupeaux. Rien de plus triste au monde que cette partie du plateau; son sol blanchâtre, sablonneux, montre à peine, de distance en distance, de rares plaques d'une verdure sombre et grisâtre. La nature semble entièrement inanimée. On n'y voit plus planer le majestueux condor. Les oiseaux ont fui. Le montagnard avec ses troupeaux y manque entièrement. Un morne silence n'y est interrompu que par la marche pesante des mules chargées, dont l'écho seul répète le bruit. La désolante uniformité du sol n'est pas même variée par un nuage passager, qui momentanément jetterait un peu d'ombre sur la campagne. Un ciel d'un bleu foncé, sans la moindre petite tache, s'étend aussi loin que l'horizon. Je l'aurais admiré, sans doute, au sein d'une campagne ombragée d'une végétation active; je le trouvai trop *monotone* pour *cette nature elle-même, déjà si sévère et si peu ornée.* Nous étions seuls, et aucun autre être humain ne s'apercevait dans le lointain. On ne saurait exprimer la sensation que produisent ces grandes solitudes du nouveau monde, où l'on est, des journées entières, isolé, perdu au milieu de plaines sans bornes, de forêts vierges ou de montagnes désertes.

1830. Cordillère.

Dans les cartes géographiques de l'Amérique, la chaîne des Cordillères est, en cet endroit, représentée par une crête aiguë, et je trouvais, à la place, un vaste plateau sur lequel je cheminais depuis deux jours, et dont je n'apercevais pas encore la fin. Cette grande disparité me fit redoubler d'activité et de soin, pour relever toutes les particularités de cette chaîne, encore si peu connue.

Bientôt, en marchant sur les trachytes blancs et sans végétation, j'arrivai aux bords du Rio Mauré, le plus grand des cours d'eau de la chaîne. On s'étonne de trouver tout à coup, au milieu de ces terrains presque horizontaux, une vaste fente profonde de quelques centaines de mètres, au fond de laquelle la rivière coule majestueusement comme dans un gouffre. Les bords en sont coupés presque à pic et forment comme deux murailles. Au premier moment on se demande, en la mesurant de l'œil, comment on pourra parvenir jusqu'au lit de la rivière; mais bientôt le muletier vous fait découvrir

1830. un petit sentier à peine de la largeur d'une mule et taillé dans le trachyte blanchâtre. Vous y devez entrer pour suivre ensuite mille détours, suspendu sur l'abyme, en dessus ou en dessous de masses de porphyres et de trachytes superposés, à moitié en équilibre, qui menacent de se détacher sous vos pas ou de vous écraser. On descend ainsi, non sans être obligé plusieurs fois d'abandonner la mule et de se fier à ses jambes plutôt qu'à celles de sa monture, et l'on arrive avec peine jusqu'au fond. Des eaux majestueuses de trente à quarante mètres de largeur, mais peu profondes, y coulent avec rapidité sur un lit de galets. Quelques plantes graminées y viennent former de petits rubans verts flottant au gré des eaux, et au milieu desquels se jouent de petits poissons. Les eaux n'ayant pas cru, je les passai facilement, malgré la force du courant, et je trouvai, sur l'autre rive, un chemin moins difficile, dont la pente est beaucoup plus douce, mais aussi beaucoup plus longue. On profite d'un ravin pour gravir, tandis que, du côté opposé, c'est la falaise même sur laquelle on descend. Une fois remonté dans la plaine, je continuai à gravir pendant long-temps, jusqu'à la petite rivière de Tuyuncané, où nous fîmes halte. Humectés par les eaux que produit la fonte des neiges, les coteaux des montagnes voisines sont couverts d'un peu de végétation[1], et des Indiens y font paître journellement leurs troupeaux, qu'ils ramènent, tous les soirs, vers leurs demeures, placées près de la côte du Delinguil. Au moins je voyais du mouvement, et du milieu de la vallée où j'étais campé, j'apercevais, au loin, le berger montagnard, que j'entendais descendre du haut des montagnes vers des régions moins élevées. De plus, des vicuñas apparaissaient sur les flancs des coteaux; et, après nous avoir regardé quelques instans, disparaissaient rapidement à nos yeux.

Cordillère.

Les points de repos sont loin d'être indifférens dans ces voyages. On ne s'y occupe pas des commodités des voyageurs, mais des conditions nécessaires pour que les bêtes de somme puissent y trouver de l'eau et quelques pâturages, ces pauvres animaux n'ayant d'autre nourriture que le peu qu'ils trouvent à brouter aux environs des haltes nommées, par ce motif, *Pascanas,* dans la langue espagnole. Tous les soirs, aussitôt arrivés, les muletiers déchargeaient les mules et disposaient les malles de manière à en faire, du côté du vent, une espèce de muraille, derrière laquelle je pouvais

1. On peut en comparer l'aspect à celui de certaines vallées élevées des Pyrénées, où il n'y a plus que des graminées, aux coteaux du pic de Bergonse, près de Lus, par exemple, ou aux vallées du pic d'Espada et du Tourmalet.

m'abriter un peu. Ils lâchaient immédiatement leurs bêtes de somme et les menaient vers l'endroit le plus convenable pour qu'elles pussent paître; puis ils ramassaient quelques petits arbustes, allumaient du feu, mettaient à rôtir un peu de viande salée, et chacun s'étendait à sa guise sur le sol. Le froid paraît la nuit d'autant plus excessif, que le thermomètre, qui donne le jour jusqu'à 23 degrés, descend, vers six heures du matin, jusqu'à 0 — 5° centigrades; différence énorme qui rend plus sensible les deux extrêmes, et fait beaucoup souffrir. Un vent très-fort et d'une sécheresse désolante, tend sans cesse la peau de la figure, partout fendue, surtout celle des lèvres. Il en sort du sang à chaque mouvement, ce qui augmente considérablement le malaise. Afin de s'en garantir, les habitans portent un *Tapa cara*, espèce de masque de tissu; pour moi je m'en ressentis plus d'un mois, temps où je séjournai sur le plateau bolivien. L'humidité de la province de Yungas seule vint me guérir, en rendant la souplesse à ma peau. J'éprouvais aussi toujours les atteintes de la raréfaction de l'air. Les maux de tête et les palpitations de cœur ne me laissaient pas un instant de repos. S'il est agréable de voyager dans notre Europe civilisée, où toutes les commodités de la vie sont semées sur les routes, il est loin d'en être ainsi dans le nouveau monde. Une volonté ferme y est indispensable pour parcourir un long itinéraire; mais il faut aussi que la force physique vienne s'y joindre; car, sans elle, il serait difficile de résister aux fatigues du jour et à l'agitation des nuits. Mes muletiers me dirent que, quelques mois avant, un Espagnol faisant la même route avec eux, s'était vu si fort affecté par la raréfaction de l'air, qu'il éprouva, dès le premier jour, des symptômes très-alarmans, et qu'incapable de poursuivre, il mourut la nuit suivante, sans qu'on pût lui procurer le moindre soulagement. Ils me citèrent encore beaucoup de circonstances où les voyageurs qu'ils accompagnaient avaient souffert on ne peut plus de ce qu'ils appellent le soroché.

1830. Cordillère.

Je commençai la marche du lendemain avec d'autant plus de plaisir, que j'avais l'espoir d'abandonner les régions élevées pour descendre vers le grand plateau bolivien; mais je devais auparavant atteindre les points les plus élevés de la chaîne du Delinguil, qui borne le plateau occidental. Je remontai un ravin, en suivant le ruisseau qui coule au milieu, et parvins ainsi sur le penchant d'une montagne porphyritique, dont tous les vallons sont couverts de troupeaux de moutons, de llamas et d'alpacas. Je vis aussi, dans un des ravins que je traversai, un grand arbuste, que je retrouvai plus tard en grand arbre vers les montagnes de Cochabamba. Il est remarquable

24 Mai.

1830. Cordillère.

par les nombreuses couches minces comme du papier et satinées, qui composent son écorce. Après avoir passé plusieurs ruisseaux, après avoir tourné long-temps autour d'une montagne, et avoir, au loin, aperçu quelques cabanes d'Aymaras[1], j'arrivai au sommet de la chaîne du Delinguil.

Là j'éprouvai un sentiment d'admiration que déterminaient la vaste étendue qui se déployait à mes yeux, et la grande variété que la vue pouvait saisir à la fois. Il y a, sans doute, bien des points plus gracieux dans les Pyrénées et dans les Alpes, mais jamais un aspect aussi grandiose et aussi majestueux ne s'y est offert à moi. A mes pieds le plateau bolivien[2], de plus de trente lieues de large, s'étendant, à perte de vue, à droite et à gauche, montrant seulement, au milieu de cette vaste plaine, quelques petites chaînes parallèles[3], mollement ondulées, comme les houles de la mer, sur ce bassin gigantesque, dont le lointain, au nord-ouest et au sud-est, me cachait les limites, tandis qu'au nord, toujours sur le plateau, je voyais briller, par-dessus les hautes collines qui les circonscrivent, quelques parties des eaux limpides du fameux lac de Titicaca[4], berceau mystérieux des fils du soleil[5]. Au-delà de cet ensemble imposant, un cadre sévère, formé par le vaste rideau des Andes[6] découpées en pics coniques représentant tout à fait une sierra. Au milieu de

1. M. Meyen, p. 177 et p. 185 des *Nouvelles Annales des voyages*, dit que les habitans sont *Quichuas*. Il a été mal informé. Les indigènes des plateaux depuis Puno jusqu'à Lagunillas sur la route de la Paz à Potosi, sont tous de la nation aymara, dont ils parlent la langue. Les Quichuas ne commencent à se montrer que vers le Cuzco.

2. Je l'ai nommé ainsi dans ma carte de la Bolivia, pour le distinguer de celui de la Cordillère, que j'appelle *plateau occidental*.

3. L'Apacheta de la Paz, la côte de *Corocoro*, et celle de San-Andres.

4. Voyez-en la carte, partie géographique, carte n.° 3 et n.° 4. (*Titicaca* vient de *titi*, plomb, et de *caca*, rocher, montagne; ainsi Titicaca veut dire *montagne de plomb*.

5. On sait que, d'après les traditions conservées par les historiens, *Manco-capac*, et sa femme et sœur, *Mama Oello Huaco*, tous deux fils du soleil, furent déposés, par leur père, sur les rives du lac de Titicaca, d'où ils allèrent civiliser les peuples du Cuzco, où ils fondèrent le royaume des Incas. Garcilaso de la Vega, *Comentarios reales de los Incas*, *lib. I*, *p.* 18; Lopez de Gomara, *General historia de las Indias*, *cap.* 120; Agustin de Zarate, *lib. I*, *cap.* 13; Padre Acosta, *lib. I*, *cap.* 25.

6. On a bien souvent abusé du mot *Andes*, en l'employant comme synonyme de Cordillères, et en l'appliquant à toutes les chaînes américaines. C'est une faute de géographie aussi grave, que si l'on disait les *Pyrénées de Colombie* ou les *Alpes du Chili*. *Andes* est un mot corrompu d'*Antis*, qui, chez les Incas, ne signifiait pas *Cordillère*, mais bien les montagnes boisées situées à l'est de la Cordillère orientale; témoin la province d'*Antisuyo* (Garcilaso, *Comentarios reales de los Incas*, p. 122). Les anciens Espagnols l'ont si bien senti, que, dans les cartes d'Herrera, on trouve la

ces sommités s'élèvent le Guaina-Potosi[1], l'Ilimani[2], avec ses deux pointes, et l'Ancumani[3] ou *le vieux blanchi par les ans*, comme le nomment poétiquement les indigènes, montrant son cône oblique, écrasé, les trois géans des monts américains, dont les éblouissantes neiges se dessinent, au-dessus des nuages, sur le bleu foncé du ciel, le plus beau et le plus pur du monde. De chaque côté de ces montagnes, au nord et au sud, la chaîne orientale s'abaisse peu à peu et disparaît tout à fait à l'horizon. Si j'avais éprouvé de l'admiration en face du Tacora, ici j'étais transporté, et ne pus me lasser de contempler ce spectacle, le plus majestueux qui se soit jamais offert à moi dans mes voyages. Ce n'était pourtant qu'un côté du tableau; car en me retournant, j'avais un ensemble non moins attrayant. Je voyais encore le Chipicani, le Tacora, toutes les montagnes du plateau occidental que je venais de franchir, et sur lesquelles ma vue s'était tant de fois portée, pendant les trois journées que j'avais passées sur la Cordillère.

1830.

Cordillère.

Au milieu de ma contemplation, je m'étais tout à fait oublié, et lorsqu'abandonnant ce magique tableau, je me rappelai mon existence, je baissai les yeux et regardai autour de moi. Je reconnus alors que j'étais seul, ma troupe ayant cheminé sans que j'y fisse la moindre attention, tant je me trouvais absorbé; enfin j'aperçus déjà loin, comme dans un gouffre, ma petite caravane, descendant lentement la côte par une gorge profonde, où je la rejoignis près d'un ruisseau limpide, qui arrosait un tapis de fraîche verdure où paissaient de nombreux llamas et des alpacas[4] à la longue fourrure, pendant jusqu'à

---

chaîne occidentale sous le nom de *Cordillera*, et la chaîne orientale sous celui d'*Andes*. Je crois en conséquence que la chaîne orientale doit seule conserver cette dernière dénomination.

Si, jusqu'à un certain point, on peut comparer à la vue du plateau, l'ensemble du Languedoc qu'on aperçoit du sommet des montagnes noires, entre Castres et Carcassonne (Aude), il n'en est pas ainsi des Pyrénées, qui, dans ce lieu, n'ont aucun rapport avec les Andes. L'endroit où je trouvai dans les Pyrénées quelque ressemblance avec les Andes vues du Delinguil, c'est l'ensemble du Mont-Perdu et du cirque de Gavarnie, vu du pic de Bergonse, près de Lus.

1. Le jeune Potosi, allusion aux mines de Potosi.

2. L'Ilimani est élevé de 7,315 mètres au-dessus du niveau de la mer (Annuaire du bureau des longitudes, 1834, p. 150, d'après M. Pentland).

3. C'est le Sorata, dernière dénomination appliquée par le voisinage de la ville de ce nom au pic de la montagne, appelée Ancumani par les Indiens. Cette montagne, la plus haute de l'Amérique méridionale, d'après M. Pentland, plus élevée que l'Ilimani, puisqu'elle a 7,696 mètres au-dessus de l'Océan, ne se montre pourtant pas à la vue. Du lieu où j'étais, l'Ilimani, au contraire, paraissait le plus élevé.

4. La laine de cette espèce de chameau, bien différente de celle des llamas, qui ne peut être utilisée, s'emploie aux vêtemens des indigènes.

1830. terre. Rien de plus fatiguant que les descentes si rapides dans les montagnes.

Cordillère. Le petit sentier à peine tracé est toujours rempli de pierres qui roulent sous vos pas, et à mule, on est naturellement porté sur le cou de sa bête, ce qui ne laisse pas que d'être très-incommode. Pourtant, à mesure que je descendais, je respirais plus facilement, et j'espérais voir cesser, avant la fin du jour, une partie du malaise que me causait la raréfaction de l'air. Après avoir traversé des pentes pierreuses, entouré, à droite, de rochers trachytiques qui présentent des pointes, des tours et toutes les figures fantastiques que l'imagination peut y chercher, d'autant mieux qu'ils se dessinent en blanc sur la verdure des vallées, j'arrivai dans une petite plaine tourbeuse, coupée de beaucoup de ruisseaux serpentant sur le gazon velouté, couvert de troupeaux et de leurs bergers. J'apercevais, de tous côtés, au milieu de leurs parcs, des huttes rondes, surmontées d'un toit conique en terre, les mêmes qu'au temps de la conquête. Partout sur les pentes des montagnes de petits champs clos de pierres, où l'on cultive la pomme de terre, et formant comme des taches ou des pièces grises, sur les pentes vertes des montagnes. Ce n'étaient plus ce plateau sec et aride, ces déserts inanimés. Tout ici annonçait le mouvement, et le premier mélange de la vie purement pastorale des plateaux[1], à la vie agricole des vallées humides. J'étais peut-être injuste; mais je trouvais qu'il manquait un complément au paysage. J'aurais désiré quelque chose pour orner cette nature. Les montagnes, pour être réellement pittoresques, ont besoin d'arbres, et je n'en avais pas vu un seul, depuis que j'étais sur la Cordillère. Dans ce lieu même j'aurais en vain cherché le moindre petit buisson, les indigènes étant réduits pour tout chauffage à la *taquia*[2], recueillie dans les parcs de llamas.

Mes muletiers, voyant une si grande abondance de moutons, me demandèrent d'en acheter un pour la troupe. J'y consentis d'autant plus volontiers, qu'ayant partagé mes provisions avec eux, j'avais appris le matin qu'il ne me restait absolument rien, pas même de pain, pour continuer ma route. Il n'était certes pas difficile de demander un mouton aux Indiens; le tout était de l'ob-

1. La culture ne peut exister que sur quelques points humides des montagnes qui ont moins de 4,200 mètres d'élévation au-dessus du niveau des mers. Il en résulte que le plateau particulier des Cordillères ou le plateau occidental n'est habité que par les indigènes pasteurs. Il en est de même des huit dixièmes de la population du grand plateau bolivien.

2. La *taquia*, ou crottes de llamas ou d'alpacas, se recueille avec soin dans les parcs. On la porte par sacs dans les bourgs, dans les villages et à la ville de la Paz, où c'est, pour ainsi dire, le seul combustible, même des personnes les plus riches du pays.

tenir. Ces pauvres pasteurs s'identifient tellement avec leurs troupeaux, ils les aiment tant, qu'il est très-rare de les décider à s'en défaire; aussi les muletiers ont-ils l'habitude de commencer par tuer un mouton, qu'il faut bien finir par leur céder. Ce moyen me répugnait beaucoup, ne partageant pas du tout, *sur ce point*, l'opinion du *plus grand nombre des voyageurs*, *qui violent* impunément la propriété des indigènes, parce qu'ils ne les considèrent pas comme des hommes. Je voulus entrer en pourparler par l'organe d'un des muletiers, qui savait assez bien l'aymara. On refusa d'abord, craignant de ne pas être payé; ce qui n'arrive que trop fréquemment et rend les Aymaras très-défians; mais sachant que le prix courant d'un mouton est de *six reales*[1], je donnai une piastre (5 francs). La vue de l'argent décida les bergers, et ils indiquèrent à l'arriero un *bélier*, que celui-ci abattit aussitôt. Cependant deux Indiennes contemplaient cette scène avec tristesse, faisant entendre des plaintes amères; et versaient un torrent de larmes, à la vue du sang d'un de leurs élèves. Je me demandai, si c'était là cette insensibilité que certains auteurs[2] trop systématiques et trop pleins d'idées faussement préconçues, reprochent constamment aux pauvres Américains, qu'ils jugent non-seulement sans les avoir vus, mais encore sans vouloir rien croire de ce qui a été écrit en leur faveur.[3]

J'étais près du village de Calacote[4], qui m'était caché par une haute colline trachytique. C'est, sans doute, avec celui du Tacora, le plus élevé de toute la Cordillère. Il appartient à la Bolivia; j'avais abandonné le Pérou, en traversant le Rio Mauré. Je passai plusieurs ruisseaux plus ou moins gelés, plusieurs côtes rocailleuses, sur une desquelles je tuai une viscacha. J'avais *toujours à ma droite des montagnes coupées perpendiculairement sur quelques* points, ou présentant de nombreux petits pics étroits, debout comme des obélisques, et qui semblaient être l'ouvrage de l'art plutôt que celui de la nature. Je franchis ainsi un grand nombre d'apachetas; puis, je descendis dans une vaste vallée, bordée de montagnes basses, dont quelques-unes cultivées. La nuit

1830.

Cordillère.

---

1. Six reales équivalent à trois francs soixante-quinze centimes de France. La modicité de ce prix fait connaître l'abondance de ces contrées.

2. Pauw, *Recherches sur les Américains*, dit, tome II, p. 195 : « Une insensibilité stupide fait le fond du caractère de l'Américain. »

3. On peut lire ce qu'en dit Garcilaso de la Vega, *Comentarios reales de los Incas*.

4. *Calacote*, ou mieux *Calacoto*, se compose de *cala*, pierre, et de *coto*, amas, tas, réunion; ainsi, littéralement, *Calacoto* veut dire *les tas de pierres*, nom parfaitement appliqué, tous les environs étant formés de petits pics composés de trachytes.

1830. arrivant, je fis arrêter ma troupe non loin d'une petite rivière, dans un lieu couvert de ces petits buissons aromatiques dont j'ai déjà parlé[1]. Le grand

Plateau bolivien. nombre de montées et de descentes que nous avions franchies de sept heures du matin à six heures du soir, m'avait, ce jour-là, fatigué plus que de coutume; pourtant je me sentais plus alerte que la veille, n'ayant plus autant à lutter contre le soroché; j'étais descendu sur le plateau élevé, terme moyen, de 4,000 mètres au-dessus de l'Océan. Cette manière de voyager, en marchant la journée entière sans s'arrêter un seul instant, et sans prendre d'alimens au milieu du jour, paraît assez dure, dans le commencement; l'estomac en souffre d'abord; mais, comme il n'y a pas moyen de faire autrement, on finit par en prendre l'habitude. C'est encore une des difficultés à vaincre dans les voyages au sein des pays peu habités.

25 Mai. N'étant plus masqué par les montagnes, le soleil levant vint beaucoup plus tôt dorer les coteaux voisins. A huit heures du matin, de l'autre côté, tout était encore dans l'ombre et sous l'influence de la forte gelée de la nuit. Nous grelottions tous de froid; ici le jour commença avec les douces influences de l'astre. Vers sept heures mes muletiers étaient depuis long-temps sur pied. Nous partîmes aussitôt. Je suivis le fond de la vallée d'Aygaderia, faisant des détours sans nombre pour suivre la rivière et les nombreux contours des collines, sur lesquelles on voyait partout des traces de culture. La rivière débouchant dans la plaine immense de Santiago, je l'abandonnai à gauche, pour me diriger sur le clocher de Santiago de Machaca, que j'apercevais à environ une lieue et demie. Pour l'atteindre, je n'avais plus qu'à traverser cette plaine horizontale, couverte partout de petits arbustes aromatiques, au milieu desquels je rencontrai beaucoup de troupeaux de moutons, d'alpacas et de llamas. Après tant de journées passées dans les montagnes, j'éprouvai réellement du plaisir à franchir ce terrain uni, qui me conduisit au bourg.

Santiago, appartenant à la province de Pacajes (département de la Paz)[2], est situé au milieu d'une magnifique plaine, sur une petite hauteur : c'est un grand bourg composé seulement d'Indiens aymaras, du curé et d'un corregidor. Dans le jour, comme presque tous les habitans sont pasteurs, on

1. Voyez p. 384. Ces buissons couvrent non-seulement une grande partie du plateau occidental, mais encore toute la partie sud du grand plateau bolivien, dans la province de Carangas. Ils paraissent particulièrement propres aux trachytes en décomposition ou aux terrains sablonneux.

2. Toute la république de Bolivia est divisée en six départemens, et chacun de ceux-ci en provinces.

le croirait entièrement désert, si l'on ne voyait exposés au soleil, pour sécher, un grand nombre de moutons entiers, et si l'on n'entendait le bruit de quelques métiers de tissage, la majorité de la population étant occupée à la garde de ses innombrables troupeaux dans la plaine et sur les montagnes, ou à la culture de la pomme de terre, sur quelques points des collines des environs, exposés au midi. Toute l'industrie de ce village, comme celle de tous les bourgs environnans, consiste, en raison des produits, en grossiers tissus de laine d'alpacas, très-estimés pourtant sur la côte du Pérou, pour une foule d'usages, principalement pour confectionner ces bâts (*aparejos*) si volumineux des bêtes de somme du pays, ou pour habiller les pauvres gens. Nul doute qu'en ces lieux, où la laine de brebis et d'alpacas est à si bon marché, puisqu'elle ne vaut pas plus de trois francs l'arroba (les vingt-cinq livres), on ne dût établir des fabriques, qui, par les moyens économiques employés en Europe, pourraient non-seulement perfectionner beaucoup les étoffes, mais encore les donner à un prix infiniment moins élevé. La Bolivia, dans toutes ses parties, est si riche en produits variés, que pour se passer du commerce étranger, en utilisant ses productions, elle n'aurait qu'à s'appliquer l'industrie européenne. Il n'est pas douteux que le premier spéculateur soutenu par le pays ne pût faire une brillante entreprise et se rendre fort utile aux habitans, en employant les laines qui abondent dans ces contrées. 1830. Plateau bolivien.

La seconde branche industrielle est la préparation de la *chalona*. On appelle ainsi les moutons entiers salés et séchés. Dans ces régions élevées, l'air est si peu humide, que tout y sèche avec une étonnante facilité. On enlève la peau des moutons, on les fend au milieu par dessous, on les tient ouverts, au moyen de petits morceaux de bois, on jette dessus un peu de sel, et on les expose à l'air. Ils se dessèchent ainsi en quelques jours et sont ensuite transportés dans la province de Yungas, où ils servent presque exclusivement de nourriture aux habitans et constituent une des principales branches du commerce. La chalona se fait également dans tous les bourgs et villages situés sur le plateau bolivien.

Au centre de Santiago se trouve une place carrée, entourée de maisons en terre, couvertes en terre ou en joncs, et parmi lesquelles on distingue facilement, à leur toit plus élevé, à leur apparence extérieure, celles du curé et du corregidor; toutes n'ont qu'un étage. Aux quatre coins de la place on remarque une grande porte en terre, formant l'entrée des rues; disposition particulière très-commune dans les environs et appropriée à l'usage des nombreuses processions et des danses religieuses des indigènes. L'église est assez

1830. vaste, bâtie aussi en terre et couverte moitié en tuile, moitié en jonc. La couleur grisâtre de l'argile, dont on a peu cherché à déguiser la teinte, jette sur l'ensemble un air de tristesse qui répond parfaitement au costume toujours noir des indigènes des deux sexes, et à leur aspect morne et silencieux. Je me demandai alors et bien souvent depuis, si ce sombre costume, cette teinte de mélancolie répandue dans leur maintien, sont propres au caractère national, ou s'il faut les attribuer, soit à d'anciens souvenirs de leur grandeur déchue, soit au sentiment de leur servilité et de l'avilissement dans lequel ils se trouvent aujourd'hui. Plus tard, à leur musique lugubre, à leurs fêtes, à leurs danses, à leurs jeux, je crus reconnaître en eux une disposition innée ou tenant à l'élévation de la région qu'ils habitent, mais qu'il ne faut nullement, je pense, attribuer à la conscience de leur position. La tristesse des Aymaras et des Quichuas leur est tout aussi naturelle que la gaîté l'est aux Chiquitos : elle est inhérente à la race à laquelle ils appartiennent.

Plateau bolivien.

En quittant Santiago, j'entrai de nouveau dans la plaine, qui avait changé d'aspect. Je n'y trouvai plus de buissons, mais partout des graminées dures et épineuses, sur un terrain sablonneux, couvert, en beaucoup d'endroits, d'efflorescences salines et offrant même plusieurs petits lacs d'eau salée, où je tuai quelques canards. Je fis ainsi près de quatre lieues, sans rencontrer la moindre inégalité, m'arrêtant souvent, soit afin de poursuivre des oiseaux, soit pour chercher des insectes[1]. Mon muletier me montra, à droite, la continuité de la plaine où est situé le village de Verenguela, célèbre dans le pays par son albâtre transparent[2], qui remplace les vitres aux églises et qu'on emploie depuis peu à faire des tables. En laissant la plaine, je retrouvai, au pied d'une colline de grès silurien, mes petits buissons aromatiques. Je passai deux chaînes parallèles à la Cordillère à une lieue de distance l'une de l'autre, toutes deux de même composition géologique; et j'arrivai, à l'est de la dernière, au grand bourg de San-Andres-de-Machaca, situé sur son flanc oriental[3], au bord d'un ravin profond; l'église en est vaste et les maisons en sont irrégulièrement placées; l'aspect en est triste, et l'on n'y voit pas plus qu'à Santiago de végé-

---

1. Ce sont de belles espèces du genre *Nyctelia*, famille des *Mélasomes*.

2. Voyez, *Iris de la Paz*, n.° 2, ce qu'en a dit M. Indaburro. On en a construit à la Paz un très-beau bassin à jet d'eau, placé sur la place publique. Cet albâtre est, à ce qu'il paraît, en un banc de deux mètres d'épaisseur, sur quinze de large; ainsi l'on ne doit pas craindre de l'épuiser de si tôt, lorsque l'industrie viendra se l'approprier et en tirer sérieusement parti.

3. C'est par erreur que le graveur l'a mis sur le côté opposé dans ma grande carte de Bolivia. Je l'ai rétabli à sa véritable place, dans ma coupe géologique des Andes.

tation ligneuse. Mes muletiers n'espérant pas y trouver de pâture pour leurs bêtes, passèrent outre, et nous allâmes camper dans la plaine, près de la hutte d'un Indien. Il était sept heures du soir. Je n'avais rien pris depuis sept heures du matin; je mourais de faim. Pour comble de malheur, impossible de rien faire cuire, faute de bois. Je m'adressai à l'Indien, qui, se servant de son combustible ordinaire, jeta un morceau de viande sur des crottes sèches de llamas (la taquia), et à huit heures, pour satisfaire au plus pressant des besoins, j'eus à manger, sans pain, un morceau de mouton à moitié cuit, exhalant une affreuse odeur de fumée. Il fallut bien s'en contenter. Je pensai un instant à coucher dans la cabane de l'Indien; mais y étant entré, je préférai, comme à l'ordinaire, m'étendre en plein air. Le moindre inconvénient de cette retraite était la fumée, qui, n'ayant d'autre issue qu'une porte de moins d'un mètre de haut, remplissait la seule pièce ronde de trois mètres de diamètre tout au plus, où devaient aussi coucher le propriétaire, sa femme et trois grands enfans, sans parler de deux petits marmots, qui partageaient avec un chien quelques peaux de moutons. Aux murailles noircies pendaient, à des lanières de peau de llamas, non des vêtemens (les Indiens des plateaux n'en changent jamais), mais plusieurs flûtes de Pan et un tambourin destinés, sans doute, à figurer dans les fêtes religieuses, que les curés multiplient à l'infini. 1830. Plateau bolivien.

Il me restait six lieues à franchir pour arriver au Desaguadero, où se trouve le premier poste de douane de Bolivia. Après un déjeûner semblable au souper de la veille, je me mis en route, traversant une plaine sablonneuse en pente, chargée, comme celle de Santiago, de parties salines et montrant, çà et là, de petits lacs salés. J'avais constamment en vue, devant moi, les neiges de l'Ilimani, vers lequel il semblait que je me dirigeasse, comme le but que je devais atteindre. Voyant encore quelques insectes sur le sol, je descendis de ma mule et la tins par la bride, en m'écartant à droite et à gauche du sentier, pour continuer mes recherches. Je m'oubliai long-temps, laissant la troupe cheminer. Elle était déjà assez éloignée, lorsque je me remis en selle pour la rattraper au galop. Ma bête, plus pressée que je ne le pensais de rejoindre ses camarades, prit le mors aux dent, se mit à ruer et à faire de tels sauts, que, sans me donner le temps de descendre, d'un seul coup elle se débarrassa du cavalier, de la selle et de la bride. Je tombai au loin sur les deux mains, et quand je voulus me relever, je sentis une telle douleur dans les deux poignets, que non-seulement je ne pus les remuer, mais que je les crus démis. Par bonheur, j'en fus quitte pour une très-forte entorse. On rattrapa ma mule et j'arrivai à deux heures au Desaguadero. 26 Mai

1830. Le Rio del Desaguadero, indiqué, dans beaucoup de cartes, comme allant se jeter dans le lac de Titicaca, reçoit, au contraire, le trop plein des eaux de cette lagune. Il franchit une petite colline près du village du Desaguadero, arrose une partie du plateau bolivien, qu'il parcourt sur plus de soixante-dix lieues (280 kilomètres) de longueur, et va, bien au-delà d'Oruro, dans la province de Poopo, au 18.° degré, former la grande *Laguna de Pansa*, qui est sans issue. C'est, sans contredit, la plus grande et la plus belle rivière des parties élevées de la Bolivia. Elle pourrait offrir un moyen de transport facile à tout le commerce du plateau, si les Espagnols n'avaient pas négligé tous les débouchés et toutes les branches de commerce, pour se borner à l'exploitation des mines. Il en résulte aujourd'hui que, beaucoup de mines étant abandonnées ou ne donnant que peu de produits, la ville d'Oruro est presque déserte et que le pays ne profite d'aucun des nombreux avantages que lui offre la nature. Le Desaguadero, très-profond et de près de cent mètres de largeur, serait, dans un pays civilisé, couvert de barques qui, sur ce canal naturel où les eaux sont lentes, où aucun obstacle n'embarrasse la navigation, monteraient et descendraient sans cesse, rapprochant ainsi le lac de Titicaca de la province de Poopo et semant, sur l'intervalle qui les sépare, une prospérité inconnue. Ces bords, aujourd'hui déserts, inhabités, se couvriraient alors d'une population industrielle; et le plateau bolivien pourrait d'autant mieux devenir un des centres du commerce, qu'il est maintenant le lieu le plus peuplé de la république.

Plateau bolivien.

Le poste de douanes où j'étais s'appelle Crassacara : c'est un hameau composé de trois maisons, qu'habitent un commissaire, un agent et une douzaine de soldats. Sur le bord de la rivière sont quelques radeaux en jones, nommés *balsas*, et des Indiens pour les manœuvrer. Ces balsas, dans une contrée où il n'y a pas un seul arbre à vingt lieues à la ronde, sont amenées du lac de Titicaca, où l'on trouve les matières premières propres à les construire : elles se composent de quatre gros rouleaux de jones, attachés ensemble et ayant la forme d'un bateau. Elles servent à transporter les marchandises et les voyageurs sur la rive opposée, les mules passant la rivière à la nage.

J'ai souvent remarqué que les douanes sont d'autant plus sévères dans un pays, que ce pays fait moins de commerce. Ce contraste existe même en Europe, et j'eus lieu, plus tard, de m'en apercevoir, en traversant la Savoie et la Suisse, et comparant les exigences des deux administrations. À Crassacara, poste éloigné de toute vérification, les agents s'écartent souvent de leurs instructions et nuisent ainsi beaucoup au gouvernement, qui n'est pourtant pas coupable des torts de ses employés. Je trouvai là une espèce de matamore, originaire de la république Argentine et se disant colonel des quatre républiques[1]. Il commença, quoique je fusse parfaitement en règle, par me faire mille objections sur mon passe-port et sur mes effets, me demandant en cadeau, avec une rare indiscrétion, tout ce qu'il voyait dans mes malles. J'étais seul. Il lui eût été facile de m'expédier de suite après la visite; mais, dans l'espoir de me forcer d'acheter sa promptitude, non seulement il ne voulut pas me laisser partir le même jour, mais il me força d'attendre jusqu'au lendemain, à midi, me faisant perdre ainsi la marche de près d'une journée. Comme ses manières ne me rassuraient guère, et que je pouvais tout craindre des subordonnés d'un tel chef, je crus prudent de transporter mes malles dans la campagne, de l'autre côté du Desaguadero, et de me tenir sur mes gardes; ce que je fis surtout à la pressante recommandation de mes muletiers, victimes souvent eux-mêmes des exactions des douaniers et constamment témoins de celles qu'avaient à souffrir les Indiens toujours sans défense.

1830. Plateau bolivien.

Le soir je fus obligé de me faire déshabiller, ne pouvant plus remuer les doigts de la main droite. Toute la nuit, une fièvre ardente et de vives douleurs m'empêchèrent de fermer l'œil; aussi le lendemain, lorsqu'enfin il me fut permis de me remettre en route, j'eus beaucoup de peine à monter sur ma bête. Pourtant, aussi dur aux souffrances physiques qu'à la fatigue, je dus poursuivre, comme si de rien n'était. Je suivis quelques instans les contours de la rivière, j'entrai dans un petit vallon, je franchis plusieurs collines sablonneuses, dirigées au sud-est, et j'arrivai dans une vaste vallée entourée de montagnes, où je vis beaucoup d'habitations d'Indiens, et sur les sommités, des chulpas ou tombeaux des anciens Aymaras. Toute la vallée, large de plus d'une lieue et demie (6 kilomètres), était animée par un grand nombre de moutons et de troupeaux indigènes. Je passai ensuite une chaîne de hautes collines, inclinée au nord-est, composée de grès rouge, fortement chargé de cuivre natif. Cette chaîne est si escarpée d'un côté et de l'autre, que j'eus bien de la peine à la franchir. Je me trouvai dans une vallée étroite et profonde, où je vis le village de Corocoro[2] et beaucoup de cabanes de pasteurs. Je m'y arrêtai.

---

1. Il prétendait que son grade lui avait été conféré par les républiques Argentine, Bolivienne, Colombienne et Péruvienne.

2. On trouve, en ce lieu, la mine de cuivre la plus riche du monde peut-être et la plus facile à exploiter. Le cuivre y est natif, dans du grès friable; il suffit de l'écraser et de le laver pour qu'il

1830. Plateau bolivien.

Manquant de nouveau de vivres, j'envoyai un arriero acheter un mouton à la cabane la moins éloignée. Je le vis long-temps parler à une Indienne, puis se jeter sur un mouton et le tuer, malgré les efforts de celle-ci pour l'en empêcher. La vallée paraissait déserte et je n'y avais pas aperçu un seul Indien. A l'instant, comme par enchantement, quelques-uns apparurent aux cris de cette femme, firent entendre un coup de sifflet, que l'écho répéta au loin, et auquel, en une seconde, de nombreux indigènes répondirent en accourant de tous côtés. Ils sortaient comme des fourmis de toutes les montagnes où je n'avais remarqué absolument personne. Je vis l'heure où mon muletier passerait un mauvais moment. Je m'armai vite de mon fusil, pour en imposer, et je me rendis sur les lieux, afin d'interposer mon autorité. Mon arriero, auquel j'avais donné une piastre, voulait en garder une partie pour lui et ne payer que beaucoup moins à l'Indienne, qui l'avait refusé. On conçoit que la difficulté fut bientôt levée et que je revins avec le mouton, ayant au moins la certitude de dîner. Cette petite aventure, heureusement sans suites, m'apprit qu'il valait toujours mieux faire ses affaires soi-même, et que je devais peu compter sur la solitude apparente de ces lieux, où l'on est toujours, sans le savoir, épié par une multitude d'indigènes, dont les sombres vêtemens se confondent avec la couleur des montagnes. Mes muletiers me citèrent à ce propos plusieurs différends graves qu'ils avaient eus avec les Indiens; mais ce qui venait de se passer me prouva que ces derniers ne faisaient, le plus souvent, que défendre leurs droits contre des hommes qui, parce qu'ils sont un peu moins basanés, se croient autorisés à commettre toute espèce d'exactions.

27 Mai.

Le soleil disparut bientôt derrière la Cordillère. L'ombre se répandit en même temps dans la vallée; il fallut songer au repos. La nuit était magnifique, des plus calme, et la nature entière paraissait sommeiller. Pour moi, souvent rêveur, tandis que mes compagnons de voyage dormaient profondément, j'étais heureux de contempler cette voûte d'un bleu profond, sur laquelle brillaient ces belles constellations de l'hémisphère sud, et je me plaisais à mesurer ma petitesse sur l'immensité des mondes. Tout à coup j'entends, en croyant rêver, une musique mélancolique comme ma pensée. J'écoute encore.... ce ne sont pas des préludes; ce ne sont pas des illusions : c'est le son perçant et

---

reste seul. Néanmoins la dépense des transports en empêche l'exploitation. Espérons que l'industrie viendra utiliser cette richesse improductive. La Bolivia possède un très-grand nombre de mines de cuivre qui présentent les mêmes avantages.

sauvage d'un grand nombre de flûtes de Pan, qui se mêle à celui du tambourin, et que l'écho des montagnes me renvoie, en répétant long-temps les refrains, qui finissent par se perdre dans l'éloignement. Beaucoup de voyageurs se seraient plaints du trouble apporté à leur repos. Pour moi, homme de la nature, facile aux impressions et les sentant toutes avec force, j'éprouvai un charme indéfinissable à écouter cette musique monotone et triste, si bien en harmonie avec le lieu, l'instant et l'état de mon esprit. Les pauvres pasteurs aymaras, qui répétaient, sans doute, autour de leur cabane, les airs qu'ils devaient jouer lors des premières fêtes, en dansant devant une procession, ne se doutaient guère qu'un Européen pût les entendre avec tant de plaisir.

1830. Plateau bolivien.

Le lendemain il s'agissait de gravir la chaîne de montagnes connue sous le nom d'*Apacheta de la Paz*. Elle s'élève à six ou huit cents mètres au-dessus de la vallée et se compose de grès siluriens rouges, inclinés au sud-ouest. On profite même, pour monter, d'une large fente naturelle transversale à ces couches. Cette fente est des plus remarquable, en ce qu'elle montre, à dix mètres d'écartement, deux parois perpendiculaires, dont les assises se correspondent parfaitement et dont la hauteur n'est pas moindre de deux cents mètres. On y marche péniblement au milieu de morceaux de roches éboulés, et l'on arrive ainsi au sommet, d'où l'on découvre une vaste étendue. En face est l'Illimani, couronné de ses neiges, ainsi que tous les autres pics des Andes; aux pieds du voyageur une pente des plus accidentée, au bas de laquelle on aperçoit, au loin, plusieurs chaînes de collines transversales nues, dont les sommités sont à peine ondulées. Tous les points des montagnes, assez peu inclinés pour qu'il y reste quelque peu de terre végétale, sont couverts de champs de pommes de terre, tandis que les vallées profondes et abritées du soleil se peuplent de nombreux troupeaux. Pendant quatre heures je descendis l'Apacheta de la Paz, par un ravin d'abord profond et étroit. Il s'élargit peu à peu, à mesure qu'il reçoit de nouveaux ruisseaux, et, par endroits, il est tellement bourbeux, que nos mules faillirent souvent y rester. Toujours en descendant, après avoir passé une large vallée remplie d'habitations d'indigènes, je traversai une autre petite colline, formée de poudingues et de brèches rougeâtres, et inclinée en sens inverse de la montagne. Le grand nombre de mules, de llamas et d'ânes chargés, ainsi que les habitations multipliées partout, annoncent l'approche d'une grande ville; mais le paysage ne change pas d'aspect. Le plus petit buisson ne vient pas l'égayer, et l'ensemble le plus triste se déploie de toutes parts. J'entrai dans une belle plaine sablonneuse, 28 Mai.

1830. Plateau bolivien.

dont toutes les parties sont semées de pommes de terre; je la traversai, je passai une colline basse, et je descendis du côté opposé dans une autre vallée également cultivée, à l'extrémité de laquelle j'aperçus, de loin, une grande tache blanche. Je cherchais en vain à me l'expliquer, lorsque je reconnus, en approchant, que c'était une saline naturelle ou un lac formé seulement de terrains couverts d'efflorescences salines, analogues à celles que j'ai décrites en Patagonie[1], mais moins épaisses. Une seconde colline, de la même nature que la première et toujours dans la même direction, borne cette vallée. Je la passai également et j'en trouvai, à l'est, une troisième, où je vis un petit lac salé, auprès duquel se promenaient des troupes de flamans[2] qui s'envolèrent à mon approche, toujours dans un ordre rigoureux, formant une ligne continue d'un beau rouge. J'étais dans la plaine de Viacha, et j'aperçus le clocher du grand bourg de ce nom, habité par des Indiens aymaras. Je passai à côté et j'allai m'établir, après dix lieues de marche, au-delà d'un ruisseau, dans le voisinage d'une cabane d'indigène, éloignée du bourg.

J'avais eu, dans la journée, un triste exemple des motifs trop légitimes de la haine que les Espagnols reprochent aux naturels d'avoir contre eux. J'aperçus de loin un homme à cheval, qui faisait courir devant lui un pauvre Indien. Lorsqu'il fut près de moi, je reconnus le colonel des quatre républiques, chef du poste de douanes de Crassacara, et ne fus plus étonné. Il m'aborda; mon premier mouvement fut de lui demander pour quel motif il forçait cet homme à le suivre au trot de son cheval? Il me répondit que *este Indio barbaro* avait osé lui manquer de respect; que, pour l'en punir et lui apprendre ce qu'il devait à un blanc, il lui avait déjà fait faire quatorze lieues à la course, depuis le matin, et qu'il espérait bien le mener ainsi jusqu'à la Paz, encore distante de neuf lieues. Je ne pus m'empêcher de lui témoigner toute mon indignation de sa conduite, et le menaçai même de faire connaître au président sa manière barbare de punir une si légère faute. Cette dernière raison, plus que l'autre, me fit obtenir la liberté de l'Indien, qui m'en remercia mille fois. Les indigènes sont loin, comme on le croit, de nourrir une haine invétérée contre les blancs en général. Il est vrai qu'ils haïssent les militaires; mais ils aiment les bourgeois, et leur ont

---

1. Voyez partie historique, tome II, p. 123.

2. *Phenicopterus chilensis*, Molina, le même que M. Isidore Geoffroy Saint-Hilaire et moi nous avons nommé *P. ignipalliatus*. Ils vont toujours en formant front, soit qu'ils marchent, soit qu'ils volent.

donné beaucoup de preuves de dévouement. Cela tient à ce que, pendant la longue lutte de l'indépendance contre le pouvoir de la péninsule, obligées de vivre toujours aux dépens des indigènes, les troupes espagnoles, pillant leurs troupeaux, ou les enlevant eux-mêmes à leurs familles et les forçant à traîner leur artillerie, leur ont inspiré une invincible aversion pour tout ce qui est soldat, ou pour tout homme armé, qu'ils regardent comme tel. D'un autre côté, les propriétaires, les traitant avec une affabilité remarquable et une grande douceur, sont aimés d'eux, surtout s'ils parlent leur langue, ce que font tous les hommes nés dans le pays et toujours élevés par des Indiennes. Il en résulte que le plus sûr moyen de se trouver bien dans les voyages avec les indigènes, c'est d'avoir le moins possible l'aspect militaire.

1830

Plateau bolivien.

J'étais campé au milieu d'une vaste plaine, bornée au nord-est par la Cordillère orientale (mieux les Andes proprement dites), où se distinguent l'Ilimani et le Sorata. Mes arrieros me dirent le lendemain que nous n'étions qu'à six lieues de la Paz, et que nous y arriverions le même jour. Encore peu habitué à mesurer les distances dans les montagnes, trompé par les neiges qui les rapprochent de l'observateur, et surtout par les cartes géographiques, je crus que je franchirais la chaîne à quelques lieues de là, puisque la Paz, dans les meilleures cartes d'alors (celles de Brué), était sur le versant oriental de cette chaîne. Après avoir cheminé quelques lieues dans la plaine, d'abord cultivée et couverte, par intervalles, de maisons d'Indiens, puis très-aride et semée de pierres de grès, je me voyais encore à la même distance des montagnes. Je ne concevais pas comment je pourrais arriver le même jour, en passant les Andes, qui paraissaient s'éloigner à mesure que je m'avançais. Enfin, ne comprenant plus rien à tout ce que je voyais, je questionnai mes muletiers, qui m'apprirent que la Paz n'est point à l'est de la Cordillère, comme je le reconnaîtrais dans quelques heures, mais bien à l'ouest; ce qui vint me prouver une fois de plus combien peu l'on connaît en Europe la géographie américaine. Imaginant alors que la ville de la Paz devait être entre la montagne et le lieu où je me trouvais, je la cherchais en vain. Rien sur la plaine, jusqu'aux premières montagnes, n'indiquait un lieu habité, et ne ressemblait à une ville. Mon embarras recommença. Après une longue incertitude, j'aperçus une colonne destinée à guider le voyageur dans ce désert horizontal et d'une grande uniformité. Je l'atteignis bientôt; et, quelle ne fut pas ma surprise de trouver, sur le bord d'une vaste interruption dans le terrain, un ravin d'une profondeur immense, au fond duquel, à mes pieds, je vis la ville de la Paz, ses églises, ses

1830. toits couverts en tuiles rouges, et jusqu'aux habitans qui, à plus de huit cents mètres[1] au-dessous de moi, paraissaient gros comme des fourmis!

Plateau bolivien. Dans ce pays où tout est contraste, je dus encore admirer l'aspect sauvage, mais grandiose, de la vue que présente l'ensemble du ravin de la Paz, peut-être l'un des plus extraordinaires du monde, puisqu'il est entièrement creusé dans des terrains de transport, appartenant à l'époque diluviale. Qu'on se figure, en effet, une espèce de canal formé par les eaux, coupé, presque perpendiculairement du côté de la plaine, en amphithéâtre vers les Andes, offrant, de tous les côtés, des montagnes nues, noirâtres, très-déchirées, surmontées de sommités couvertes de neige. Ces montagnes s'abaissent peu à peu par ressauts, vers le fond du ravin, où, comme dans un gouffre, la ville avec ses jardins, avec sa verdure, contraste de la manière la plus agréable. Suit-on des yeux le cours tortueux du ravin? on le voit se creuser toujours davantage, se couvrir, de plus en plus, de végétation, et se perdre dans les détours sans nombre des montagnes, au-dessus desquelles, comme un géant, se dessine la masse imposante de l'Ilimani, qui termine le tableau à l'est. Je n'ai rien vu dans les Pyrénées, ni dans les Alpes, qui ressemblât, même de loin, à cet ensemble sévère de la Quebrada de la Paz.

La Paz. Il ne me restait plus qu'à y descendre. La pente en est si rapide, qu'à chaque instant on craint de rouler jusqu'au bas, avec les cailloux arrondis qui se détachent des bancs qu'on traverse à tous les étages. Par bonheur, le président actuel y avait fait pratiquer un chemin. Quoique très-belle, eu égard à la pente abrupte des terrains et à leur nature peu stable, cette route est néanmoins tellement inclinée, qu'on roule plutôt qu'on ne marche, remplie qu'elle est d'ailleurs d'Indiens, de mules et d'ânes, qui montent et descendent sans cesse et embarrassent la route. J'arrivai enfin à la Paz. Je fus parfaitement traité à la douane, où le *Vista* ne voulut rien visiter. J'allai me présenter à la préfecture et à la police, et je fus ensuite tout à fait libre de mes actions. De Tacna j'avais fait arrêter un logement, où je me rendis. Je couchai enfin dans un lit, et me trouvai néanmoins très-mal dans un appartement bien clos, habitué que j'étais depuis onze jours à vivre jour et nuit en plein air. Je regrettai presque la campagne, qui, depuis quelques

1. La ville de la Paz est à 194 mètres au-dessous du niveau du lac de Titicaca. Comme la pente est très-rapide de la colonne du chemin jusqu'au lac, on peut porter la différence de niveau à 5 ou 600 mètres au moins, ce qui me fait évaluer à 800 mètres la hauteur perpendiculaire des parois du ravin. J'avais, de plus, entre la ville et moi, la distance réelle, au moins du double.

années, sympathisait avec mes goûts beaucoup mieux que le bruit des villes, et cette nécessité de m'assujettir à tous les devoirs de société, dont j'étais affranchi dans les déserts. D'un autre côté, j'espérais trouver, chez les habitans de cette ville, la plus riche de la république, quelques ressources intellectuelles.

§. 2.

Séjour à la Paz.

La nouvelle de mon arrivée s'était rapidement répandue. J'étais Européen, et, de plus, chargé de reconnaître les productions naturelles du pays. C'en était assez pour que mon apparition fît événement; et chacun voulut voir le *gran botanico frances;* c'est ainsi qu'on m'appelait, en me saluant du titre de docteur[1]. Je fus assailli de questions de tout genre. Ne voyant dans ma mission que l'un de ses côtés utiles, on m'apportait constamment des plantes, en me demandant leurs vertus médicinales. Quand il s'agissait de plantes d'Europe transportées, je pouvais encore, tant bien que mal, répondre aux questions; mais les plantes indigènes m'embarrassaient fort souvent. Dans toute la république de Bolivia, un seul homme, le docteur Boso, le Dioscorides du pays, cultivait la botanique. J'allai le voir, et nous parcourûmes ensemble, pendant quelques jours, non-seulement certains points des environs, mais encore tous les jardins de la ville, où je retrouvai la plupart des plantes de nos jardins potagers, sur les vertus de chacune desquelles il me fallait faire une longue dissertation, et je devins forcément botaniste. Malheureusement le docteur et moi nous ne nous entendions pas toujours sur le fond des choses. Pour lui, toutes les sciences naturelles consistaient dans l'usage médicinal des plantes et dans la découverte des métaux utiles. Tout le reste ne lui paraissait qu'objets de simple curiosité.

Comme je m'étais trouvé beaucoup mieux en descendant du plateau occidental sur le plateau bolivien, je croyais ne plus souffrir de la raréfaction de l'air; mais il en fut tout autrement dans la ville de la Paz. La nuit je suffoquais dans ma chambre. Dans les rues, en pente très-roide, je ne pouvais

---

1. Dans le pays on nomme *docteurs*, les avocats et licenciés en droit, les théologiens et tous les ecclésiastiques. Il en résulte que plus de la moitié de la population éclairée prend ce titre; ce qui explique comment on me l'avait décerné. D'ailleurs, relativement à beaucoup de ceux qui le portaient, je pouvais m'en prévaloir, sans trop compromettre la réputation du corps.

1830. monter sans être arrêté de dix en dix pas par des palpitations et par le
La Paz. manque de respiration. Si je causais avec chaleur, la parole me manquait tout à coup; enfin, invité dans quelques maisons à prendre part à l'amusement général, il m'était impossible de valser deux tours de suite sans suspendre cet exercice, suffoqué que j'étais par les mêmes accidens; et je faillis un jour succomber, pour avoir voulu me rendre à pied à *los Obrages*, village distant d'une lieue, que j'avais dû faire en gravissant une pente très-rapide. Ce malaise dura tout le temps de mon premier séjour à la Paz. Les personnes nées dans le pays ne s'en ressentent aucunement. Toutes m'assurèrent qu'on finit par s'y habituer, et j'en acquis personnellement la preuve, à mon retour, trois ans plus tard. Pourtant je conseillerais peu aux personnes faibles de poitrine de se soumettre à cette épreuve, celle qui, dans mes voyages, m'a fait le plus souffrir.

La Paz ne ressemble en rien aux autres villes américaines. Toutes celles que j'avais vues jusqu'alors, se rapprochent plus ou moins de nos cités d'Europe. Rio de Janeiro, Buenos-Ayres, Santiago, Valparaiso reçoivent trop d'étrangers, pour qu'il n'en soit pas ainsi. D'ailleurs tout le monde y parle les langues importées, le portugais et l'espagnol; et la plus grande partie de la population est étrangère au sol. A la Paz, au contraire, plus qu'à Corrientes même, non-seulement la masse de la population est indigène, et ne parle que la langue primitive; mais encore le costume national domine, et vient ajouter à l'originalité d'un ensemble, sinon des plus pittoresque, du moins des plus singulier.

J'ai dit que la ville est située au fond d'un ravin, des deux côtés d'un petit torrent. Elle s'y trouve, en effet, comme encaissée; et, de chaque côté, règnent des côtes élevées et très-abruptes, dont la nudité, les masses de couches alluviales, de couleur rembrunie, coupées à l'ouest par étages déchirés à l'est, s'aperçoivent de presque tous les points de la cité, et sont couvertes, à toutes les hauteurs, de petites maisons d'indigènes, qui contrastent avec l'aridité des coteaux. Au nord, en regardant du côté de l'origine du ravin, on voit l'escarpement, couvert de cabanes, s'élever peu à peu vers les hautes montagnes, d'où, à trois lieues de distance, à Chacaltaya, le ruisseau commence à naître. On se douterait peu que c'est une des principales sources des Amazones. Jusque-là, de quelque côté qu'on porte les regards, on est arrêté à peu de distance; mais si, au contraire, on vient à plonger dans le sein de la vallée, on aperçoit un grand nombre de montagnes noirâtres, au milieu desquelles on peut deviner plutôt que suivre les nombreux détours du ravin. Le tout se termine, à cinq lieues de distance[1], par l'Illimani, couronné de ses neiges.

Vingt-deux ans après la découverte du Pérou par Francisco Pizarro[2] et six mois après la défaite et la mort de Gonzalo, le dernier des frères Pizarro[3], Pedro de la Gasca, devenu maître de tout le pays, et ayant mis fin à cette guerre acharnée entre les partis, voulut commencer par fonder une ville non loin du lac de Titicaca, afin d'arrêter les brigandages commis par les aventuriers sur les voyageurs. Pour perpétuer le souvenir de l'entier rétablissement de la paix après tant d'années de désordre, il la nomma *Nuestra Señora de la Paz* (Notre Dame de la Paix)[4]. Il chargea Alonzo de Mendoza d'en être le fondateur et le chef (*justicia mayor*). Ce dernier se rendit sur les lieux, réunit quelques-uns des principaux capitaines, au village de Laja[5], où, une année après, et juste à l'anniversaire de la fameuse bataille de Huarinas[6] (le 20 Octobre 1548), il convoqua la première réunion officielle, pour se faire reconnaître et nommer les autorités[7]. Trois jours après, ayant reconnu que le manque de ressources s'opposait à la fondation d'une ville sur les plateaux, les chefs se rendirent dans le ravin de Choquechapu, au village d'Indiens de ce nom, le choisirent pour site de la ville de la Paz, et s'y établirent provisoirement. Ayant eu d'abord beaucoup à souffrir du manque de vivres, ils ne purent commencer à tracer les rues et la place

1. J'ai mesuré une base sur le plateau au-dessus de la ville, et j'ai trouvé que l'un des côtés du triangle donne la distance indiquée.

2. Garcilaso de la Vega, *Comentarios del Peru, lib. I, cap.* 10. — Zarate, *Conquista del Peru, lib. I, cap.* 2, *etc.*

3. Zarate, *lib. VII, cap.* 6. — Garcilaso de la Vega, *lib. V, cap.* 27, *etc.*

4. Garcilaso de la Vega, *lib. VI, cap.* 6, *p.* 362. — Diego Hernandez, *lib. VI, cap.* 93.

5. Ce village, situé à dix lieues de la Paz, était, antérieurement à la fondation de la ville, habité par des indigènes.

6. Garcilaso, *lib. V, cap.* 20. — Diego Hernandez, *lib. II, cap.* 79. Dans cette bataille les troupes royales furent vaincues par Gonzalo Pizarro; il y eut un carnage horrible d'Espagnols.

7. Un heureux hasard m'a rendu possesseur de l'original du recueil des décisions prises à l'occasion de la fondation de la Paz, et des arrêtés de ses autorités, depuis le 20 Octobre 1548 jusqu'en 1562. Ce précieux monument (in-folio très-épais) offre non-seulement des faits historiques précieux, mais encore des autographes de beaucoup des principaux capitaines de cette époque. Cette première réunion se composait d'Alonzo de Mendoza, capitaine de cavalerie à la bataille de Huarinas (Garcilaso, *Comentarios del Peru*, p. 302); de Juan de Vargas, capitaine à Huarinas et oncle de Garcilaso de la Vega (Garcilaso, *loc. cit.*, p. 301); de Martin de Olmos, également capitaine (Garcilaso, p. 290, 291, 430, 436, 437); de Francisco de Herrera Giron, de Francisco Barrio Nuevo, de Diego de Castilla, de Diego Aleman, de Hernando de Vargas (Garcilaso, p. 294) et de Francisco de Camara.

1830. qu'en 1550; et en 1556 seulement l'Audience de Lima leur permit de prendre, à Chucuito, des Indiens pour bâtir l'église et le cabildo.[1]

La Paz.

La découverte des riches campagnes de la province de Yungas[2], où la coca croît naturellement, et la certitude que les Espagnols acquirent bientôt de la richesse du sol, rempli de mines d'or[3], donnèrent une grande impulsion à l'accroissement de la ville naissante, qui fut érigée en évêché en 1605[4]. Quoique ses mines ne fussent pas aussi riches que celles de Potosi et de la province de Chayanta, sa situation au centre de la partie la plus peuplée d'indigènes, le voisinage de la province de Yungas, où les bras furent utilement employés à la culture de la coca, et la proximité du port naturel d'Arica, contribuèrent bientôt à faire de la Paz une des plus importantes cités de la vice-royauté de la Plata.

Au milieu de cette prospérité de la ville naissante et de la tranquillité de tout le Pérou, la tyrannie qu'exerçaient les Espagnols contre les pauvres indigènes faillit amener la ruine des villes du plateau. Dans une colonie aussi étendue et surtout aussi éloignée que le Pérou du siége du pouvoir, il est impossible qu'il ne s'introduise pas des abus; et l'on ne saurait empêcher ceux-ci d'augmenter journellement par l'autorité de l'usage, par l'impunité, par l'intérêt personnel des mandataires et principalement des subalternes, beaucoup plus nombreux, et toujours intéressés à cacher la vérité. Devenus maîtres du Pérou, de ses richesses et surtout de sa nombreuse population indigène, les Espagnols, tout en se mélangeant à celle-ci, se regardèrent toujours comme n'appartenant pas à la même espèce d'êtres. Ils se servirent des indigènes pour

---

1. Ces derniers renseignemens sont empruntés au manuscrit que je viens de citer. On y trouve plusieurs réglemens de *Pedro de la Gasca*, relatifs aux indigènes, et qui prouvent bien le caractère noble et désintéressé de cet homme extraordinaire. Dans l'un, en 1549, il défend de charger les indigènes des tambos (maisons de halte sur les routes), et surtout de les piller; dans l'autre, de 1549, il défend d'envoyer aux mines de Potosi les indigènes de la Paz et leurs troupeaux. Les choses changèrent aussitôt après le retour de Gasca en Espagne, en 1550; et des réglemens tout opposés se remarquent de suite, tels que ceux de 1552, par lesquels on ordonne, sous peine de coups de fouet ou d'exil, aux Nègres libres de se choisir des maîtres; et celui par lequel on enleva, en 1556, un grand nombre d'Indiens à leurs familles, en les obligeant à venir des bords du lac bâtir l'église et le cabildo de la Paz.

C'est à cette époque que toutes les pierres taillées qui pouvaient être transportées furent enlevées des anciens monumens de Tiaguanaco, et servirent à la construction des églises de la Paz et des villages environnans.

2. Les premiers établissemens eurent lieu en 1560. (Même manuscrit.)

3. On en prévint l'Audience de Lima par une lettre officielle du 15 Janvier 1552. (Même man.)

4. *Iris de la Paz*, n.° 2.

toute espèce de choses, les occupant aux travaux publics les plus pénibles, y compris ceux des mines, et les Indiens furent soumis à l'esclavage le plus rigoureux, même chez quelques particuliers. Les anciens possesseurs du sol n'en eurent plus à eux la moindre partie. Il fut divisé par communautés entre les gros propriétaires, malgré ce qu'avait pu dire le vertueux Las Casas, en faveur des indigènes, malgré le grand nombre de lois toutes paternelles, émanées du conseil de Castille, pour réprimer les excès de cette troupe d'aventuriers sans frein, et pour rendre moins pesant aux Indiens le joug de la servitude. On a vu que leur stricte exécution amena dès la conquête, l'assassinat d'un des vice-rois[1] par les premiers Espagnols, et que Pedro de la Gasca revint en Espagne sans pouvoir obtenir autre chose que des mesures momentanées, restées souvent sans effet. Dans cet état de choses, les Espagnols s'accoutumèrent peu à peu à se regarder comme les seigneurs et maîtres des indigènes, nés pour les servir. Les enfans de ceux-ci parurent d'abord s'habituer à cette tyrannie de tous les instans; mais les charges augmentant encore avec le nombre des Espagnols qui partaient chaque année de la péninsule pour l'Amérique, dans le seul but de s'enrichir le plus promptement possible, et de regagner ensuite la mère-patrie, firent peu à peu naître des abus de tous genres, qui n'existaient pas d'origine et qui aigrirent beaucoup les esprits. Si, d'un côté, les propriétaires espagnols furent toujours les plus humains des colons de toutes les nations, il n'en était pas ainsi des employés, pressés de rentrer en Espagne. Les premiers étaient aimés des Indiens, avec lesquels ils vivaient, pour ainsi dire, en famille, tandis que les autres ne s'occupaient que des moyens de les pressurer de toutes les manières. De là vinrent les principaux griefs des indigènes, la *mita* et le *repartimiento*.[2] 1830. La Paz

1. Blasco Nuñez de Vela fut tué, en 1546, par les troupes de Pizarro (Zarate, *lib. V, cap.* 31. — Garcilaso de la Vega, *Comentarios reales del Peru, lib. IV, cap.* 33, 34), pour avoir entièrement affranchi les indigènes, par suite des ordres qu'il avait reçus d'Espagne, et pour avoir ainsi enlevé les Indiens aux principaux chefs, qui se les étaient répartis comme on se partage un troupeau.

2. Les Espagnols appelaient *mita* le travail des mines. Tous les ans on tirait au sort, dans tous les villages d'Indiens, un certain nombre d'entr'eux, obligés de se rendre sur les lieux d'exploitation des mines, où ils devaient travailler une année pour un léger salaire. Dans le commencement, ils ne furent pas trop chargés; ils reçurent la presque totalité de ce qui leur était promis, et la tâche qui leur était assignée, consistant en un poids déterminé de minerai à rapporter du fond de la mine à la surface, ne fut pas au-dessus de leurs forces; mais insensiblement beaucoup d'abus s'introduisirent. Les agens subalternes, toujours les plus cupides, cherchèrent à retenir une partie des quatre *reales* (2 fr. 50 cent.) alloués par jour à chaque travailleur. Ces agens

1830. La Paz.

Beaucoup d'indigènes se plaignirent. Leur faible voix n'arriva pas jusqu'aux chefs du gouvernement, qui, par suite des rapports intéressés des subalternes, prirent ces justes plaintes pour un esprit de révolte, pour une insubordination criminelle, très-sévèrement châtiés, dans tous les lieux où ils se manifestaient. Les choses en étaient là vers la fin du siècle dernier, époque où les indigènes trouvèrent enfin quelques voix espagnoles qui les appuyèrent[1], sans être néanmoins assez puissantes pour faire réprimer les abus. Sur ces entrefaites un véritable descendant des Incas, Don José Gabriel Tupac-Amaru, cacique de Tungasuca, tout en réclamant un héritage qui lui était légitimement dû[2], prit le parti des opprimés, leva l'étendard de la révolte, en faisant pendre, le 10 Novembre 1780, le corrégidor de la province de Tinta[3]; puis marcha sur le Cuzco. Tous les indigènes des villages se réunirent bientôt à Gabriel Tupac-Amaru, et son parti se fortifia d'autant plus que, dans la province de Chayanta, un autre indigène, Tomas Catari[4], s'opposait de son côté à la mita. En peu de temps les campagnes furent en

---

possédaient, de plus, des magasins, où tout se vendait plus cher qu'ailleurs, et où ils forçaient leurs administrés à se pourvoir de vêtemens; ce qui rendait très-difficile l'existence de ces derniers. D'un autre côté, la tâche imposée primitivement ne fut jamais changée; et tel homme qui pouvait d'abord la remplir, vu le peu de profondeur des galeries, ne le put bientôt plus, sans le secours de tous les siens, parce que les difficultés croissaient à mesure qu'on s'enfonçait dans le sein de la terre. Il en résulta que le travail assigné à un seul homme devint celui de toute une famille, sans augmentation de salaire. Lorsque le sort désignait un indigène, il eût préféré la mort. En effet, il était obligé de vendre tout ce qu'il possédait en troupeaux, comme s'il ne devait plus revenir; et, les yeux en pleurs, la famille entière abandonnait la terre natale, pour s'acheminer vers la mine, où elle s'occupait, jour et nuit, à extraire le minerai, ne devant abandonner la galerie que le dimanche. Là, ne pouvant vivre avec le salaire insuffisant d'un seul homme, elle s'endettait de telle manière, qu'il lui fallait quelquefois, pour se libérer, une seconde année de travail, et souvent, cette famille infortunée, dont les principaux membres étaient morts de chagrin ou d'épuisement, restait dans la plus profonde misère, sans vêtemens et sans asile, aux environs de Potosi.

Le *repartimiento* constituait un autre abus. Le dernier des *Corregidores* nommé dans un village d'Indiens, avait, d'ordinaire, le droit exclusif du commerce. Il obligeait les Indiens à donner à vil prix leurs produits, en échange de marchandises dont lui-même fixait la valeur, les empêchant ainsi de profiter même de leur travail. (*Ensayo de la Historia del Paraguay*, t. III, p. 259, par Funez.)

1. Le père Funez, *loc. cit.*, t. III, p. 263, cite l'évêque du Cuzco, Don Francisco Campos de la Paz, et trois autres personnes.

2. Le marquisat d'Oropesa. (Funez, *loc. cit.*, p. 262.)

3. Funez, *loc. cit.*, p. 266.

4. *Ibidem*, p. 273.

entier sous les armes, les Indiens qui croyaient s'affranchir de la servitude rejoignant partout Tupac-Amaru et Catari. 1830.

La Paz.

Située au centre de la plus grande population indigène, la Paz souffrit de ce conflit plus que toutes les autres cités. Tomas Catari vint l'assiéger sous le titre de Tupac-Catari, vice-roi. Il cerna la ville avec ses Indiens *cent neuf jours* de suite[1], pendant lesquels, valeureusement défendue par Don Sebastian de Segurola, elle fut en proie à toutes les souffrances imaginables. Un tiers de la population tomba sous le fer de l'ennemi ou mourut de faim, et les habitans, réduits à la dernière extrémité, furent enfin secourus par le général Flores; mais les troupes de ce dernier ayant été contraintes de retourner à la défense d'Oruro, la Paz se trouva de nouveau en proie à la famine la plus cruelle par le blocus que lui firent subir Tupac-Catari, et Diego Gabriel Tupac-Amaru, successeur de son frère, que les Espagnols avaient fait mourir de la manière la plus atroce[2]. Ces chefs indigènes, ayant à exercer une double vengeance, reprirent les hostilités avec plus d'ardeur que jamais. A peine restait-il aux habitans la force d'accompagner les troupes pour chercher quelques plantes propres à les nourrir. Ils eurent même, dans ce second siége de quatre-vingt-dix jours, à lutter contre les moyens d'attaque les plus extraordinaires des Indiens. Ceux-ci, favorisés par l'inclinaison du terrain, avaient construit une immense digue[3], pour arrêter

1. Pendant ce blocus, et même durant toute la guerre, non content d'écrire jour par jour tous les événemens, Don Sebastian Segurola réunit, dans un régistre spécial, tous les renseignemens et les pièces relatives à la révolte de Tupac-Amaru et de Tupac-Catari. Ce régistre, intitulé *Libro de Anales y sucesos memorables de la ciudad de la Paz*, contient non-seulement des faits très-curieux, mais encore un grand nombre de lettres des chefs du parti indigène, qui peuvent jeter quelques lumières sur le véritable esprit de leur insurrection. Je possède ce monument précieux des dernières tentatives des descendans des Incas pour recouvrer leur liberté.

2. Le récit de l'exécution de Tupac-Amaru fait frémir d'horreur. C'est un des traits les plus barbares que présente l'histoire. On traîna ce malheureux à terre jusqu'au lieu du supplice. On égorgea devant lui sa femme, ses enfans et tous ses parens; ensuite le bourreau lui arracha la langue, puis il fut, encore vivant, tiré à quatre chevaux; et tout cela pour avoir osé s'élever contre la tyrannie des oppresseurs de sa patrie. Il est certain que si, dès l'origine de cette insurrection, les Espagnols avaient promis de réformer quelques abus, réellement devenus intolérables, et qui ont, plus tard, amené leur entière expulsion de l'Amérique, ils auraient évité une lutte de trois années, par suite de laquelle périrent un grand nombre d'Espagnols, ainsi que quelques milliers d'indigènes.

3. Cette reprise d'eau avait 50 mètres de haut et 120 de large. (Man. cité.) On me montra encore à la Paz des blocs énormes de granit entraînés par les eaux, et qui vinrent se heurter contre les ponts. Le journal de Segurola dit que l'eau monta dans la ville jusqu'à la hauteur de 20 varas (environ 20^{m}).

1830. la rivière bien au-dessus de la ville; et, à l'instant où l'on s'y attendait le moins, le poids des eaux ayant rompu la barrière, la cité fut tout d'un coup inondée par un torrent, qui, précipité avec furie sur une pente très-rapide, entraîna tout sur son passage, les ponts, les maisons, etc., jetant l'épouvante parmi les habitans assez heureux pour échapper à ce fléau destructeur. Enfin, des troupes réglées, sous les ordres de Reseguin, vinrent mettre fin aux nouvelles alarmes de la Paz, et terminer cette collision par la capture de Tupac-Catari, qui fut écartelé ainsi que l'avait été Don José Gabriel Tupac-Amaru, et par plusieurs victoires remportées sur les dernières troupes indigènes, dans la province de Yungas et de Sicasica.

La Paz.

Alors la tranquillité régna dans tous les environs jusqu'en 1810, époque où la première étincelle de liberté, partie de Buenos-Ayres, embrasa bientôt le Pérou, dont les villes devinrent le théâtre d'une guerre cruelle entre deux partis également acharnés. Ce n'étaient plus des indigènes seuls qu'il fallait vaincre. C'étaient les colons unis aux indigènes, qui, cette fois, eurent meilleure chance. Quatorze années de suite la guerre intestine ravagea le Pérou tout entier, et la Paz, comme point intermédiaire, eut encore beaucoup à souffrir. Les Européens luttaient contre l'esprit de liberté des descendans des anciens Espagnols, qui désiraient s'affranchir du joug de la péninsule. Enfin, après bien du sang répandu de part et d'autre, la question fut décidée, en 1824, par la fameuse bataille d'Ayacucho. Le parti de l'indépendance l'emporta; le haut Pérou devint la république de Bolivia, et pour éterniser ce souvenir, la ville de la Paz reçut le nom de *Paz de Ayacucho* (la Paix d'Ayacucho), qu'elle porte aujourd'hui. Après tant d'entraves, la ville, profitant de la paix générale et du commerce étranger, ferma ses premières plaies, et la prospérité remplaça momentanément l'anarchie.[1]

La Paz est bâtie en amphithéâtre de chaque côté du ravin, mais presque tous les édifices publics sont sur la rive gauche. Quatre ponts en pierre, chose rare dans le pays[2], unissent les deux quartiers, dont les rues sont aussi droites que le permet l'inégalité du terrain. Les unes, longitudinales à la vallée, sont presqu'horizontales; les autres, transversales, vont en montant, sur une pente des plus rapide. Presque toutes sont pavées. Au milieu

1. On compte à la Paz aujourd'hui 34,000 âmes, dont un quart d'indigènes. (*Iris de la Paz*, n.° 2, 1829.)

2. Dans tout le pays il n'y a de pont sur aucune des rivières traversées par les grandes routes. Si les eaux ont cru, l'on attend sur la rive qu'elles se soient écoulées. Sur d'autres points on les passe en *maromas*, suspendu à une corde au-dessus du précipice.

de maisons simples, couvertes en tuiles et dont les plus hautes ont un étage orné, sur le devant, de balcons de bois, se distinguent quinze églises plus ou moins vastes, et qui sont : 1.° le Sagrario ou la cathédrale, située sur la grande place; belle et vaste église, malheureusement en partie écroulée, ornée en avant de statues de basalte représentant des anges les ailes ouvertes, d'une sculpture assez grossière, mais qui offre pourtant un aspect assez riche; 2.° San Pedro, placé sur la rive droite, dans un lieu tout à fait séparé de la ville et en formant un véritable faubourg; 3.° San Sebastian et Santa Barbara, sur la rive gauche. Les autres églises sont : dans deux colléges pour les hommes, l'un séculier (de sciences et arts), l'autre ecclésiastique; dans un collége de femmes, celui des Educandas; dans un hôpital de pauvres; dans trois couvens de religieux, celui de San Francisco, dont l'église est la plus belle de la ville, étant toute bâtie en pierres de taille; celui de la Merced et celui de San Juan de Dios, avec un hôpital pour hommes; dans deux monastères de religieuses, l'un de Carmélites déchaussées, l'autre de la Concepcion.[1]

On remarque à la Paz deux places. L'une, la *Plaza major* ou grande place, est en face de la cathédrale, au centre de la ville. Le milieu en est orné d'un vaste bassin d'albâtre blanc de Verenguela, et d'un beau jet d'eau; les maisons qui l'entourent sont assez bien bâties. La seconde, la *Plazuela* ou petite place, est dans un quartier éloigné, également vis-à-vis d'une église. Ces places seraient belles, si, servant de marché, elles n'étaient pas toujours couvertes de toutes les productions naturelles ou industrielles du pays, étalées tout simplement sur le sol, et encombrées d'Indiens des deux sexes qui y viennent pour vendre ou pour acheter. La grande place se trouvant à quelques pas de chez moi, je m'y rendais souvent, afin de faire à la fois des observations sur les indigènes et sur les produits du pays. On sait que les marchés et autres lieux de réunion des hommes du peuple, sont plus propres que les sociétés des villes pour faire juger de l'ensemble d'une nation.

Dans les premiers momens de mon séjour je ne pouvais me lasser de con-

---

1. Ce grand nombre de clochers, à proportion de la population, paraît surtout propre aux villes fondées par les Espagnols. A la Paz, la population étant d'un peu plus de 30,000 âmes, il en résulte qu'il y a une église pour 2,000 habitans. Si l'on suivait la même proportion, Paris en devrait avoir cinq cents, au lieu de trente. La Paz n'en a pourtant pas autant à proportion que Lima, où l'on en compte près de deux cents. Il ne faut pas toujours juger de la religion d'un pays par le nombre de ses églises; Lima différant beaucoup, à cet égard, de la ville de la Paz.

1830. templer les indigènes; leur aspect me reportait aux premiers temps de la

La Paz. civilisation de ce peuple, dont le costume national actuel reproduit, à peu de chose près, celui d'avant la conquête. Les Aymaras purs sont vêtus d'étoffes noires; les métis prennent des couleurs différentes et surtout les plus vives. Les hommes n'ont rien d'extraordinaire : ils ont tous les cheveux longs, tombant en tresses derrière le dos, un caleçon de laine passant à peine le genou[1], une chemise de laine (*ccahua*) par dessus, un poncho (*llacota*) un peu plus long que la ceinture; sur la tête un chapeau de feutre (*tanca*), à larges bords, toujours une petite bourse (*chuspa*) suspendue au côté, où ils déposent leur coca; souvent ils portent une fronde (*korahua*) de laine, dont ils se servent avec beaucoup d'adresse. Leurs jambes sont nues, et ils ne sont chaussés que d'espèces de sandales (*ojota*[2]), consistant en une simple semelle, à laquelle est attachée, sur le côté, une courroie qui passe en avant, entre le gros orteil, et en arrière, au-dessus du talon. Les femmes ont également les jambes nues et portent aussi des sandales. Elles ont, par dessus leur chemise de laine, plusieurs jupons de laine plissée (*urco*), placés les uns sur les autres; c'est même un signe de richesse d'en avoir un grand nombre; d'où il résulte que certaines femmes sont aussi larges que hautes. Au jupon tiennent des pièces qui remontent du côté du dos et sur la poitrine; ces pièces sont unies en avant et sur les côtés, par deux grandes épingles d'argent, nommées *topo*[3]. Sur le cou, elles ont une pièce de tissu (*isallo*) plus courte, mais placée comme les écharpes d'aujourd'hui en France. Non-seulement cette pièce leur sert d'ornement, mais elle leur est encore utile pour porter sur le dos leurs enfans ou tel autre fardeau. Un topo la maintient en avant. Les cheveux pendent derrière le dos en un grand nombre de petites tresses, et la tête est couverte d'un immense chapeau des plus singulier. Ce chapeau figure un très-grand cercle ou un carré d'un diamètre souvent égal à la moitié de la taille de la personne qui le porte. La partie supérieure en est de drap noir ou de velours; le dessous orné de tissus de soie de diverses couleurs. Cette coiffure, appelée *montera*, est la partie du costume qui paraît la plus étrange et donne un caractère particulier à l'en-

1. L'usage de ce caleçon est antérieur à la conquête; j'en ai acquis la preuve par des statues. Voyez Antiquités, pl. 11, fig. d'en-bas.

2. Les indigènes disent *Usutas*.

3. Ces topos étaient très-grands avant la conquête. Aujourd'hui on leur a donné la forme d'une cuiller. C'est l'ornement que les Incas, dans leurs conquêtes, ont porté parmi les peuples du Sud. Voyez Partie historique, t. II, p. 231.

semble, d'autant plus qu'il fait ressortir la petite taille de celles qui la portent et l'ampleur démesurée de leurs jupes. Les femmes de sang indigène mélangé d'espagnol, nommées *cholas*[1], ont également les grosses jupes, celles-ci de couleur et couvertes de rubans, et cette partie du costume se retrouve dans toutes les classes moyennes de la société. Les femmes de cette classe remplaçant la montera par un chapeau d'homme, généralement de feutre blanc. En somme, le costume approprié à la température froide du pays n'a rien de séduisant : il frappe par son originalité, sans plaire en aucune manière; il ne permet à aucune tournure de paraître gracieuse, ni élégante. Les femmes riches suivent de loin les modes françaises; il en est de même des hommes, qui, pourtant, abandonnent rarement le manteau.

Si je fus étonné du costume, je ne le fus pas moins du langage. Tout le monde parle l'aymara[2], langue primitive du lieu. Les indigènes ne connaissent pas d'autre idiôme; les métis y joignent à peine un espagnol souvent peu intelligible et mélangé d'aymara; et, partout, dans les sociétés, les habitans le parlent entr'eux, dans l'intimité, ne se servant de l'espagnol qu'avec les étrangers ou dans les réunions d'étiquette. Rien n'est plus dur que ce langage; et celui qui n'est pas du pays, ne peut jamais arriver à le prononcer; c'est en gutturation et en consonnes saccadées tout ce qu'il est possible d'imaginer de plus désagréable[3], et beaucoup des habitans conservent, même dans l'espagnol, un léger accent dû à la gutturation de l'aymara. Cette langue, qui a beaucoup d'analogie avec le quichua ou langue des Incas, et qui peut-être en est la souche, est, suivant ce que m'en ont dit des hommes instruits du pays, très-riche et pleine de comparaisons naïves, de figures élégantes, et surtout de termes variés pour exprimer les sentimens. Malheureusement, pendant mon court séjour dans les régions qui la parlent, je n'en ai pu apprendre que quelques mots, les plus usuels; et, incapable d'en juger par moi-même, quelques fragmens que j'en obtins ne me satisfirent pas complètement. L'espagnol n'étant compris que des personnes de la société, je ne pouvais, dans la campagne, me faire entendre que par un interprète.

---

1. Voyez ces costumes et ceux des indigènes purs, planche de Costumes, n.° 4.

2. Voyez Ludovico Bertomò, *Vocabulario de la lengua aymara*, imprimé en 1612, à Juli, petit village du plateau des Andes. Cet ouvrage est très-rare.

3. Le curé de Palca (Pérou), causant avec moi de cette gutturation, me dit : C'est vrai; *estos Indios son muy Griegos* (ces Indiens sont très-grecs). Cette expression, d'un très-fréquent usage soit chez les Espagnols, soit chez les colons des parties où l'on ne parle pas les langues indigènes, vient de l'idée générale que le grec, qu'ils ne connaissent nullement, est une langue très-dure.

1830. La Paz. Non-seulement mes visites au marché me procurèrent quelques espèces d'animaux intéressans, mais encore elles me donnèrent une idée exacte des provenances des environs. Je ne fus pas peu surpris d'y trouver réunis les productions et les fruits de toutes les régions à la fois. Tandis que d'un côté un grand nombre d'indigènes des plateaux élevés apportaient beaucoup de variétés de pommes de terre délicieuses, des racines d'oxalis (*oca*), de la quinua et du chuño, les habitans de la vallée étalaient non loin, les uns tous nos légumes, les autres tous nos fruits, à côté de raisins succulens, d'excellentes bananes (*platanos*), d'ananas (*piñas*), d'avocats (*papayo*), de chilimoya et autres fruits de la zone torride, venus de la province de Yungas et du bas de la vallée. Il est, en effet, peu de pays au monde qui, dans un rayon de six à dix lieues tout au plus, puissent varier autant leurs produits. Au-dessus de la ville on va chercher des glaces naturelles pour ceux qui en font usage. Un peu plus bas, avant de descendre dans le ravin, le froid est si rigoureux que, les céréales n'y fructifiant pas, le sol ne peut servir qu'aux pâturages; tandis que dans la vallée, les jardins même de la ville offrent, en toute saison, nos légumes[1], nos fruits[2] au milieu de champs de blé chargés de gros épis. Un peu plus bas, à los Obrages, la végétation est active, les vergers sont des plus beaux. Si l'on descend encore, on trouve les coteaux couverts de vignes magnifiques qui donnent du vin des meilleurs. Plus loin, on arrive à des champs de cannes à sucre, et jusqu'à la température du cacao. La Paz n'est pas seulement riche en végétaux. L'immense surface des pâturages du plateau qui la domine, nourrit quantité de moutons, de llamas et d'alpacas, qui procurent en abondance et à très-bas prix un des alimens de première nécessité; d'où il suit qu'à tous égards la Paz est une ville remplie de ressources. Un autre genre de productions naturelles n'y est pas moins favorisé, celui des mines. Avant la conquête, cette vallée, habitée par les indigènes, s'appelait *Choquehapu* (le champ d'or)[3], du métal en pépites que les indigènes y avaient recueilli partout. Long-temps après la fondation de la ville, lorsque les rues n'étaient pas pavées, on y recueillait encore, après la pluie, des parcelles de ce précieux métal, et le fond de la rivière en offre toujours, même sous le pont. Aujourd'hui plusieurs exploitations sont en pleine activité; et à Poto-poto, à la porte de la ville, des propriétaires rapportent toutes les semaines quelques livres d'or, dues au lavage des terrains

1. Tels que laitue, choux, pois, fèves, haricots, artichauts, oignons, carottes, radis, *etc.*
2. Cerises, prunes, fraises, pommes, etc.
3. De *Choque*, or, et de *Hapu* ou *Haco*, champ, partie cultivée.

d'alluvion. Les fameuses mines d'or de Tipoani dépendent du département; et leurs riches produits sont apportés à la Paz. 1830. La Paz.

A ces élémens de prospérité la ville en joint beaucoup d'autres. La plus rapprochée du port d'Arica, elle en reçoit une grande quantité de marchandises, qui passent ensuite dans les provinces voisines, et devient ainsi un centre du commerce étranger. Elle est aussi le dépôt général des vins et des eaux-de-vie des vallées de Mognegua, d'Aréquipa et de Puno, tout en recevant (et c'est la source de sa plus grande richesse) les produits de ses provinces de Caopolican, de l'Arecaja, de Muñecas, de Yungas et de Sicasica, qui consistent surtout en coca, denrée de première nécessité pour les indigènes, et des plus fructueuse pour les douanes[1], en raison des droits énormes dont elle est frappée. Ces provinces fournissent encore à la Paz du sucre, du café, d'excellent cacao et beaucoup d'écorces de quinquina, qui procurent des retours avantageux aux mules arrivées avec des marchandises du port. En présence de tant de richesses naturelles on peut se demander quel ne serait pas le florissant avenir de cette capitale, si l'industrie venait profiter de ses produits actuels, ou de ceux qu'on pourrait encore y faire naître. Si le génie manufacturier, développé dans le pays, s'appropriait ces immenses ressources, on y verrait s'élever, à la fois, toutes espèces de fabriques de tissus, la soie, la laine, le lin et le coton étant ou pouvant être recueillis dans les environs mêmes; et la Paz, aujourd'hui tributaire de l'étranger pour tous ces objets de première nécessité, non-seulement se suffirait à elle-même, mais pourrait encore les exporter sur un grand nombre de points de l'Amérique, beaucoup moins bien favorisés par la nature; au lieu qu'en ce moment elle n'a, pour toute exploitation, que quelques fabriques de chapeaux de feutre assez beaux. Une fabrique de drap établie à los Obrages par les Espagnols, et abandonnée lors des guerres, n'a pu être remise en activité, depuis le peu d'années que la paix est rétablie dans la république. Espérons que cet état de choses ne durera pas, et que les Pazeños, éclairés sur leurs véritables intérêts, attireront des étrangers, qui les aideront à étendre à tout cette réforme dont ils ont déjà parfaitement senti les avantages, puisqu'ils ont établi un collége de sciences et arts. Malheureusement les théories ne sauraient leur suffire; il leur faut immédiatement une application raisonnée.

Le climat de la Paz est tout à fait particulier, et pourtant assez sain. Sa

1. Suivant *El Iris de la Paz*, n.° 2, 25 Juin 1829, la ville de la Paz produit à l'État la somme de 124,000 piastres ou 620,000 francs.

1830. grande élévation au-dessus du niveau de la mer (3,717 mètres), quoiqu'elle soit près du 16.e degré de latitude sud[1], c'est-à-dire sous la zone torride, lui

La Paz. donne une température très-peu élevée. Il y fait beaucoup moins froid et beaucoup moins chaud qu'à Paris. Il y gèle presque toutes les nuits; mais le soleil est assez fort pour échauffer pendant le jour. Les saisons sont peu marquées par la température, qui y est presque uniforme; elles le sont davantage par les pluies. Huit à neuf mois de suite, le ciel est sans nuages, et l'on éprouve une sécheresse telle que tout devient aride. Les trois ou quatre autres mois, de Novembre à Février, il tombe assez fréquemment de la grêle; alors, et alors seulement, c'est-à-dire en été, les nuages s'élèvent assez pour passer au-dessus de la chaîne orientale des Andes; ils forment des orages dans les vallées, et la pluie ou la grêle tombe par grains. C'est à cette époque que les montagnes voisines se couvrent de nouvelles neiges. Les journées sont assez chaudes; mais les soirées et les nuits sont très-froides; aussi n'abandonne-t-on pas le manteau de toute l'année.

Quelques jours après mon arrivée, j'allai voir l'*Alameda* ou promenade publique, située sur la rive droite du ravin. Vu l'inégalité du sol, son établissement a dû coûter des sommes immenses. C'est une belle et vaste terrasse qui domine un peu le fond du ravin, dont les terres sont retenues par des murailles. Elle est plantée d'allées de pommiers et de cerisiers. A l'extrémité on voit un portique assez simple. Ce lieu, comme beaucoup d'autres, s'était ressenti de la guerre, les Colombiens y ayant laissé leurs chevaux et s'étant fait peu de scrupule de dégrader les arbres; mais, depuis 1828, la police s'occupe de son entretien et l'améliore tous les ans. J'y trouvai peu de monde relativement à son étendue; pourtant cette promenade offre une belle vue sur les champs cultivés de la vallée; et l'œil s'arrête avec plaisir sur la masse imposante de l'Ilimani, qui termine le tableau. Je suivis les promeneurs. Ils me conduisirent à l'extrémité de l'Alameda, et de là au jeu de paume, où les jeunes gens viennent exercer leurs forces et montrer leur adresse. En poursuivant ma course, je descendis dans le fond du ravin, pour étudier, sous le rapport géologique, de petites falaises que j'apercevais à peu de distance. En les examinant, je remarquai un Indien qui enlevait, non sans beaucoup de peine, une argile grasse du milieu des couches de galets roulés. Je crus que c'était pour en faire de la poterie; mais une personne qui m'accompagnait, m'assura que cette argile sert de nourriture aux indigènes et qu'elle se vend

1. Par 16° 30'. *Connaissance des temps*, 1837, p. 37. Observations de M. Pentland.

à cet effet, sur les marchés; j'en recueillis des échantillons et je m'assurai plus tard, de l'exactitude de cette assertion. Les Aymaras l'aiment beaucoup et l'emploient comme assaisonnement dans leur cuisine, en la mêlant surtout aux pommes de terre. Cette argile, dont je donnerai l'analyse dans ma partie géologique, contient beaucoup de silice; les Aymaras ne la mangent point par nécessité, ainsi que le font les Otomacos[1], puisqu'ils ont en abondance de la viande et des légumes. Le prix qu'ils y attachent n'est pas non plus l'effet de ces goûts dépravés de certains enfans ou de femmes malades[2], qui finissent par mourir victimes de l'usage exclusif de cette nourriture. Les habitans de la Paz en font l'objet d'un luxe de table qu'ils recherchent et paient assez cher.[3]

1830.

La Paz.

Je vis un soir passer un convoi funèbre; et frappé par des cris et des plaintes qui parvenaient à mon oreille, je crus d'abord que la personne défunte devait être très-aimée et très-respectée dans le pays; mais, en m'approchant, je reconnus que les assistans espagnols restaient muets, tandis qu'un certain nombre d'Indiennes, qui accompagnaient le corps, seules pleuraient ou du moins faisaient semblant de pleurer; et je fus alors plutôt choqué par des hurlemens qu'attendri par des pleurs. Comme dans certaines provinces d'Italie, on est supposé avoir d'autant plus de chagrin de perdre une personne chère, qu'on attache à son enterrement une quantité plus considérable de pleureuses; seulement cette démonstration n'est pas dispendieuse à la Paz: il suffit de distribuer aux Indiennes un peu de coca pour les faire pleurer, gémir et sangloter, jusqu'à étourdir les spectateurs.

Dans un cirque construit à cet effet, il y a, tous les dimanches, plusieurs combats de coqs, auxquels assistent et pour lesquels parient un grand nombre de personnes. A Buenos-Ayres, où se livrent aussi ces combats, on se contente d'animer les champions, en les laissant avec leurs armes naturelles, leurs ergots et leur bec; mais à la Paz et dans toute la Bolivia, où ce jeu est très en vogue, on attache à la patte des coqs une lancette d'acier très-tranchante et longue de trente à trente-cinq millimètres, avec laquelle les deux gladiateurs

1. M. de Humboldt (Voyage aux régions équinoxiales, t. VIII, p. 287 et suivantes) dit que les Otomacos s'en nourrissent presqu'exclusivement, chaque année, pendant deux mois.

2. J'ai rencontré, surtout à Santa-Cruz de la Sierra, beaucoup d'enfans ayant cette habitude, qui les conduit presque toujours au tombeau.

3. Ce goût des Aymaras paceños pour la terre est d'autant plus curieux, que jusqu'à présent il s'est manifesté principalement dans les régions très-chaudes, tandis que l'élévation de la Paz peut la faire considérer comme une région froide ou tout au plus tempérée.

1830. emplumés se font souvent de larges blessures, lorsqu'ils ne se tuent pas sur place.
La Paz. Des joueurs consommés, nommés juges par la police, décident de la victoire, tandis que des hommes qui en font métier, mettent les coqs en présence, les irritant long-temps l'un contre l'autre, avant de les lâcher. Rien de plus curieux que l'air d'importance qu'affectent les juges, et que le silence qui règne dans la salle, lorsque les combattans sont livrés à eux-mêmes. On suit des yeux avec anxiété leurs moindres mouvemens, comme s'il s'agissait du succès d'une grande bataille; et le premier qui se retourne et abandonne la partie, soit par suite de blessures, soit par défaut de courage, fait perdre les parieurs de son côté. Des sommes très-fortes sont souvent exposées à ces sortes de jeux, et les joueurs ne craignent pas de faire venir des coqs d'Angleterre, où cet amusement existe encore. On les paie jusqu'à mille francs, lorsque leur origine est connue et lorsqu'ils ont déjà remporté plusieurs victoires.

Du temps des Incas, tous les ans, aux équinoxes de Septembre et de Mai, on célébrait avec pompe la grande fête du soleil, appelée *Raymi*[1]. Alors non-seulement au Cuzco, mais encore dans toutes les provinces, les vassaux se rendaient en grand nombre près de leurs chefs (*curacas*), et l'on se réjouissait neuf jours de suite[2], pendant lesquels des troupes d'indigènes chantaient et dansaient, déguisées chacune à sa manière et plus ou moins ornées de plumes. Après l'arrivée des Espagnols, les religieux, trop adroits pour ne pas profiter de ce moyen de s'attirer le peuple, ne défendirent point ces danses et ces déguisemens; ils se contentèrent d'en changer l'application. On ne dansa plus devant les Incas, mais bien devant les processions, à la Fête-Dieu (*Santissimo corpus*), le jour *de la Cruz*, à la Saint-Jean, à la Saint-Pierre, à chaque grande fête du catholicisme, et les indigènes passèrent, pour ainsi dire, sans s'en apercevoir, d'une religion à l'autre. Trois de ces fêtes devant avoir lieu en Juin, je me réjouissais d'avance de pouvoir, en assistant à leur célébration, les décrire, sûr d'y trouver réunis un plus grand nombre d'indigènes.

9 Juin. La veille de la Fête-Dieu, j'entendis de chez moi la même musique de tambourin et de flûtes, qui m'avait si agréablement frappé dans la vallée de Cocoro[3], à cette différence près, que huit ou dix troupes différentes jouaient à la fois et séparément, sans accords de mesure ni de ton, ce qui produisait

1. Garcilaso de la Vega, *Comentarios reales de los Incas, lib. II, cap. 20, p. 96; cap. 22, p. 61.*
2. Garcilaso, *loc. cit., lib. VI, cap. 23, p. 200; cap. 20, p. 96.*
3. Voyez p. 399.

la plus horrible cacophonie. Toute la nuit le bruit fut si fort que je ne pus dormir. Dès le matin j'allai sur la place voisine, où je m'étonnai de l'ensemble burlesque des déguisemens de chaque troupe de danseurs, et de l'espèce d'originalité de cette coutume. Les uns avaient sur la tête un échafaudage de plumes d'autruche aussi haut que leur corps, les autres portaient un masque énorme, qu'ils soutenaient en relevant les bras. Chaque troupe, composée de huit à dix individus, était formée de six à huit musiciens et de deux danseurs. Les musiciens tenaient à la main gauche, soit une flûte à trois trous, soit des flûtes de Pan à différentes octaves, tandis que, de la droite, ils frappaient en mesure sur un tambourin plat et large, suspendu au côté gauche. Avec ces instrumens ils ne formaient que des accords, ou, pour mieux dire, chacun n'exécutait qu'une note; et, de l'ensemble de ces sons, sur diverses octaves, résultaient des airs monotones et tristes. Les musiciens d'une des troupes portaient sur la tête une énorme couronne formée de plumes d'autruche, et les danseurs étaient vêtus d'habits d'arlequin. Une autre se composait d'hommes déguisés en femmes, avec un immense bonnet orné de miroirs et de plumes des plus vives couleurs, enlevées aux brillans oiseaux des régions chaudes. Les membres d'une troisième se distinguaient par un bonnet chinois, garni de rubans et de plumes coloriés. Tous ces indigènes, à l'instant de la procession, dansaient devant le dais et les magnifiques autels dressés aux quatre coins de la place, et chargés d'un grand nombre de vases et d'ornemens d'or et d'argent. Les indigènes dansèrent et jouèrent ainsi sans repos trois nuits et deux jours. Je ne pouvais concevoir comment ils résistaient à une telle fatigue. Le jeudi suivant, jour de l'octave, les danses recommencèrent. Le 24, jour de Saint-Jean-Baptiste, ce fut le tour de la petite place (Plazuela). Les indigènes y déployèrent plus de luxe de costumes; mais rien ne fut comparable à ce que je vis le 29, à la fête de San-Pedro (Saint-Pierre), qui eut lieu dans un faubourg habité seulement par des indigènes. Outre les déguisemens burlesques[1], il y en avait plusieurs qui retraçaient des souvenirs toujours chers, et se rattachaient à des coutumes transmises, sans doute, de père en fils, depuis les Incas. On sait que le condor ou grand vautour des Andes était révéré chez les anciens peuples du plateau et chez les Incas, témoins ces portiques monolithes de Tiaguanaco, dont je parlerai plus tard[2], et qui le représentent

1830.
La Paz.
10 Juin.
17 Juin.
29 Juin.

1. Voyez-en quelques-uns, Coutumes et usages, pl. 7.
2. Voyez Antiquités, pl. 7, fig. 3.

1830. partout. Leur vénération pour cet oiseau tenait peut-être à ce que, s'approchant

La Paz. le plus du soleil, ils l'en regardaient comme le messager. Je le retrouvai jouant à la fête de la Saint-Pierre un rôle analogue à celui qu'il jouait jadis à la fête du soleil[1]. Un Indien en portait la peau attachée autour du corps, de manière à ce que la tête s'en trouvait sur la sienne, et les bras de l'homme étaient attachés aux ailes, qui se déployaient à chaque mouvement, comme dans le vol.

Un grand cercle d'indigènes attira mon attention. Au milieu se faisait remarquer un descendant des Incas, ou, du moins, de l'un des grands *Curacas* (caciques) des environs. Il portait un manteau de velours noir et par-dessous une cotte de mailles de drap noir, où rayonnait, sur la poitrine, un grand soleil en or; sur les épaules[2] et sur les genoux on voyait une figure humaine également en or. Sa tête était ornée d'un diadème doré, où brillaient de belles plumes, et un oiseau suspendu, les ailes ouvertes, comme cherchant à béqueter la tête, avant de s'envoler. Ce personnage tenait à la main une très-longue baguette surmontée de fleurs d'argent. Deux autres personnages, revêtus du même costume, mais un peu moins riche, lui montraient la plus grande déférence. Il y avait de plus, à leur suite, trois pages parés d'un large baudrier rouge en sautoir, et deux porte-drapeaux, tenant une bannière à carreaux blancs, jaunes, rouges, bleus et verts. A mon arrivée, les Indiens, respectueusement groupés autour de ces personnages, s'empressaient de leur offrir à boire, ce qu'ils firent à plusieurs reprises. Je les suivis ensuite vers les autels des coins de la place, devant lesquels les trois Incas baissèrent leurs baguettes et s'inclinèrent, pendant que les porte-drapeaux agitaient, en tous sens, leurs bannières, en signe de salut. Ces costumes, ces cérémonies me semblaient retracer d'anciens souvenirs historiques encore chers à ce peuple asservi, et je m'y attachais avec plaisir; mais il m'était pénible d'avoir à noter, en même temps, le contraste choquant des rires de mépris de quelques-uns des assistans espagnols.

On s'étonnera peut-être du grand nombre des fêtes et de cet usage des danses indigènes. C'est un de ces abus qu'on ne peut réprimer. J'ai dit que, pour amener plus facilement les indigènes à la religion catholique, les Jésuites

---

1. Garcilaso, *Comentarios reales de los Incas*, *lib. VI*, *cap.* 20, *p.* 196.

2. Cet ornement est certainement transmis de siècle en siècle, depuis les temps les plus anciens de la civilisation des Aymaras, c'est-à-dire bien avant l'établissement du royaume des Incas. La preuve en est que je l'ai rencontré sur toutes les statues de cette époque trouvées à Tiaguanaco. (Voyez Antiquités, pl. 6 et 7.) Il est curieux de voir certaines coutumes se perpétuer pendant plus de huit siècles, dans le souvenir d'un peuple, à travers tant de calamités et sous un joug aussi dur.

et autres ecclésiastiques éclairés avaient appliqué, aux fêtes du christianisme, les danses religieuses des Incas, concession d'une haute politique; mais, plus tard, ces fêtes se multiplièrent à tel point et devinrent si obligatoires pour les Indiens par les exigences des curés des villages intéressés à leur maintien, qu'elles constituent aujourd'hui l'un des plus forts impôts dont ces malheureux sont grevés. Un chef de famille aymara doit avoir indispensablement, une ou deux fois dans sa vie, joui du titre d'*alferes* ou de chef dans une de ces fêtes. Il thésaurise avec peine, pendant de longues années, se privant de tout pour réunir les fonds nécessaires à la location des costumes, à l'achat des boissons et à l'acquittement du droit qu'exige l'église; et, souvent, tel Indien, après avoir joui de cet honneur, se trouve, pour le reste de ses jours, réduit à la plus profonde misère. 1830. La Paz.

La soirée du 24 Juin m'avait offert un spectacle très-imposant. Introduite en Amérique par les Espagnols, l'ancienne coutume de célébrer le jour de la Saint-Jean par des feux, devait facilement trouver des imitateurs parmi les indigènes. Ceux-ci, habitant toutes les hauteurs, dans les parois du ravin de la Paz, s'étaient plu à transporter des combustibles sur tous les points peu accessibles; et, comme par enchantement, à la même minute, la profonde obscurité du ravin fut remplacée par des centaines de feux, qui projetèrent une vive lumière sur les objets environnans, et produisirent l'effet le plus pittoresque. 24 Juin.

A mon arrivée à la Paz, je m'étais empressé d'écrire à Son Excellence le Grand-maréchal Don Andres Santa Cruz, président de la république de Bolivia, en lui envoyant les précieuses recommandations dont j'étais porteur, et j'attendais sa réponse, avant de laisser la ville. Elle m'arriva bientôt et me mit au comble de la joie. Le président m'offrait toute sa protection[1], des fonds même, si

1. Voici le texte de cette lettre et sa traduction :

Cochabamba, Junio 10 de 1830.

Muy Señor mio,

He tenido el gusto de recibir la apreciable carta de U. de 30 de Mayo, y las recomendaciones que U. me incluye de personas a quienes deseo complacer. Ya habia sabido yo, por mis amigos, que U. se dirigia à Bolivia, y lo deseaba ciertamente, por que teniendo una positiva estimacion por los hombres de jenio, me era agradable poder concourir à que los viajes de que U. esta encargado tengan un buen resultado, y hagan conocer las producciones de este pais, que hasta ahora ha sido casi ignorado en el mundo.

La mas grande recomendacion con que U. se presenta

Cochabamba, 10 Juin 1830.

Mon très-cher Monsieur,

J'ai eu le plaisir de recevoir votre lettre du 30 Mai et les recommandations que vous y joignez de la part de personnes à qui je désire complaire. J'avais appris par mes amis que vous veniez en Bolivia, et je le désirais certainement, parce qu'ayant une grande estime pour les hommes de génie, il m'était agréable de pouvoir concourir à ce que les voyages dont vous êtes chargé aient un bon résultat, et fassent connaître les productions de ce pays, qui jusqu'à présent ont été presqu'ignorées dans le monde.

La plus grande recommandation avec laquelle vous vous

1830. La Paz. j'en avais besoin, et me proposait deux jeunes gens du pays pour m'accompagner et un officier de l'armée pour me faire respecter. Je répondis en témoignant toute ma reconnaissance pour ces offres généreuses, qui allaient me mettre à portée d'exécuter mes projets, en me permettant de parcourir fructueusement la république de Bolivia, ce que je n'aurais pu faire avec mes ressources personnelles. Rien ne me retenant plus à la Paz, je me disposai à passer sur le versant oriental des Andes, dans la province de Yungas, à peine connue de nom des Européens, et dont on me racontait tant de merveilles.

cerca de mi, es la de estar encargado de objetos tan utiles al comercio y a las artes, por lo que yo estoy demaciado dispuesto a emplear todo el influjo del gobierno en favor de sus travajos, y en este mismo correo hago mis prevenciones al Prefecto de ese departamento; pero seria bien que se dirijiese U. formalmente al ministerio solicitando la concurrencia del gobierno. Entonces se podràn tomar algunas medidas en obsequio de su comodidad y sele hara acompañar con un oficial del ejercito, y un par de jobenes del pays para que le hagan sociedad en las soledades adonde se dirije. Si amas de esto nesecita U. algunos auxilios pecuniarios o de otro jenero para concluir su empresa, puede U. indicarmelos seguro de que el gobierno de Bolivia tiene la mejor disposition para prestarse a tan utiles objetos.

Este pais posée grandes riquesas, principalmente en los reinos mineral y vegetal, y los descubrimentos que se hagan pueden dar un impulso rapido à la industria. Por el viaje que acabo de hacer, y por los demas informes que he recibido, los puntos mas à proposito son las provincias de Caupolican y Yungas, y la de Moxos en Santa Cruz, y enfin toda la montaña colocada al pie de los Andes. Alli encontrara U. la naturalesa salvaje en toda su fecundidad y un eccelente teatro.

Por lo demas yo doy a U. las gracias por los complimientos que me dirije y quiero aprovechar esta ocasion para ofrecer le las particulares considerationes con que soy su afectisimo y atento servidor.

SANTA CRUZ.

présentez auprès de moi, est celle d'être chargé d'une mission aussi utile au commerce qu'aux arts; aussi suis-je entièrement disposé à employer toute l'influence du gouvernement en faveur de vos travaux; et, par ce même courrier, j'adresse mes recommandations au préfet du département de la Paz; mais il serait bon que vous sollicitassiez officiellement auprès du ministère le concours du gouvernement. Alors on pourrait prendre quelques mesures pour votre commodité, et l'on vous ferait accompagner d'un officier de l'armée et d'une couple de jeunes gens du pays, chargés de vous faire société dans les déserts où vous vous dirigez. Si, de plus, vous avez besoin de quelque aide pécunier, ou d'un autre genre pour terminer votre entreprise, vous pouvez me les indiquer, bien certain que le gouvernement de Bolivia est des mieux disposé à se prêter à un objet si utile.

Ce pays possède de grandes richesses, principalement dans les règnes minéral et végétal, et les découvertes qui s'y feront peuvent donner une impulsion rapide à l'industrie. Le voyage que je viens de faire, et les renseignemens que j'ai reçus, m'ont appris que les points les plus favorables sont les provinces de Caupolican et de Yungas, celle de Moxos dans le département de Santa-Cruz, et enfin tous les bois situés au pied des Andes. Là vous rencontrerez la nature sauvage dans toute sa fécondité et un excellent théâtre.

Quant au surplus, je vous remercie des complimens que vous m'adressez, et je désire profiter de cette occasion pour vous offrir l'assurance de la considération particulière, avec laquelle je suis votre affectionné serviteur.

SANTA CRUZ.

1830. Ravin de la Paz.

CHAPITRE XXVI.

Voyage dans les provinces de Yungas, de Sicasica, d'Ayupaya, sur le versant oriental des Andes boliviennes.

§. 1.er

Voyage dans la province de Yungas.

Le 17 Juillet j'étais prêt dès la pointe du jour; mais il me fallut, non sans une vive impatience, attendre jusqu'à deux heures les mules qui devaient me transporter; et, suivi d'un bon nombre de personnes, qui me faisaient l'honneur de m'accompagner quelques lieues, je laissai enfin la ville de la Paz. 17 Juillet.

Je passai à un quart de lieue du village de Potopoto, situé dans un ravin qui traverse des terrains d'alluvion. Ce village, que j'avais visité plusieurs fois, est entouré de champs de blé et de jardins; son ravin est célèbre, à juste titre, par l'or qu'on y recueille. Ce précieux métal, qu'ont, sans doute, charrié d'anciennes catastrophes du globe, se trouve, comme à Tipoani, en pépites souvent assez grosses[1], disséminées dans les alluvions, qu'on lave pour l'extraire. Le premier village que je rencontrai ensuite est *Los Obrages*[2], distant d'une lieue de la Paz. C'est là que les propriétaires riches ont leurs maisons de campagne et leurs jardins fruitiers. En effet, le village de Los Obrages est partout planté de vergers contenant tous nos fruits d'Europe et contrastant avec l'aridité des coteaux voisins. Tout en suivant les champs de blé du fond du ravin, je passai une quebrada qui descend de la Cordillère, et je commençai à remonter sur la rive gauche jusqu'au hameau de Calacote[3], où je m'arrêtai pour passer la nuit, entouré de nombreuses fermes de céréales et dans un lieu si semblable à la France, que j'aurais pu me croire transporté dans les départemens du Rhône ou de l'Ardèche.

---

1. J'ai vu de ces pépites, de six ou huit onces de poids, mêlées à beaucoup de petits morceaux roulés. Le propriétaire de cette exploitation en retire, toutes les semaines, quelques livres d'or.

2. Le nom de *Los Obrages* vient d'une fabrique de drap qu'on y avait établie, et dont il ne reste aujourd'hui que des ruines.

3. J'ai donné plus haut, p. 391, l'explication de ce nom. Ici il vient de la même cause; les montagnes voisines présentant des amas de pierres roulées, restés sous la forme conique.

1830. Yungas. 18 Juillet.

Le lendemain, à peu de distance de Calacote, en remontant vers la montagne, l'une de mes mules fit un faux pas et se cassa la jambe. Cet accident, qui faillit m'arrêter, fut par bonheur promptement réparé. On aperçut aux environs, près d'une hutte d'Indiens, une bête de somme; mon muletier alla s'en emparer de force. L'Indienne à laquelle elle appartenait vint à moi pleurant, et poussant de grands cris. Je cherchai d'abord à l'apaiser par des promesses : elle ne voulait rien entendre, et pleurait toujours. Pensant que la crainte de ne pas être payée pouvait être la cause de son chagrin, je lui donnai une piastre. Jamais je n'ai vu de changement plus subit. Non-seulement cette femme sécha ses larmes, mais elle se mit immédiatement à rire, et se montra des mieux disposée à m'accompagner à Palca, où je devais lui rendre sa mule.

Les montagnes voisines offrent le plus singulier aspect. Comme elles sont composées de couches d'alluvion, les pluies les sillonnent profondément dans tous les sens, et laissent des pyramides coniques, des pointes aiguës, des tourelles ou des créneaux, dont l'ensemble a, dans sa sévérité, quelque chose de très-pittoresque, de très-grandiose; et contraste avec les vallons tous cultivés, dans l'un desquels est, à droite, le village d'Opaña. Marchant sur des cailloux roulés, et par un très-mauvais sentier, j'arrivai au sommet d'une côte, d'où je vis, pour la dernière fois, la Paz. En face, au-dessous de moi, se montrait le profond ravin de *las Animas*, et à gauche s'élevaient des montagnes d'alluvion des plus déchirées. Il fallut descendre par des chemins affreux, remplis de blocs de grès roulés, et passer successivement plusieurs ravins, jusqu'au lit qui les réunit tous. Là s'offrit à mes yeux un autre spectacle. Le fond du torrent sert de chemin; il coupe, en cet endroit, des masses de grès et de poudingues de l'époque diluviale, de quelques centaines de mètres de hauteur, et dont les parois perpendiculaires s'élèvent comme de hautes murailles, de l'aspect le plus sauvage. Dans ce gouffre étroit, qu'on suit plus d'un quart de lieue, où le soleil n'arrive qu'au milieu du jour, se remarquent les accidens que les eaux produisent sur les montagnes voisines, mais avec des formes plus variées et surtout plus extraordinaires. Des flèches ou des tours d'une grande hauteur, ordinairement formées par une grosse pierre, menacent à chaque pas de s'écrouler sur la tête du voyageur, paraissant ne se soutenir que par enchantement; et leur nudité, leur couleur rougeâtre, la variété de leurs formes, captivent l'attention en forçant de les admirer. Au sortir de ce gouffre, je revis la campagne avec plaisir. Je gravis une petite colline, et j'aperçus le gros bourg de Palca, terme de la course de la journée.

Le manque de moyens de transport me retint un jour à Palca. Je n'en fus pas fâché, sous plus d'un rapport, désirant me faire une idée des productions de cette région élevée des Andes; aussi consacrai-je la journée à étudier les environs sous le point de vue géologique, zoologique et botanique. Le soir, sur un tertre élevé de la rive gauche, près d'une cabane d'Indiens, je pris deux vues d'ensemble, l'une de la vallée dans la direction des Andes[1], l'autre de l'église, de ses murs d'enceinte[2], et des montagnes de grès de transition dont elle est dominée. Palca, situé à trois lieues du sommet des Andes, et l'un des plus grands bourgs de la province de Yungas, puisqu'il contient près de deux mille âmes, est placé des deux côtés de la vallée. Ce bourg, exclusivement habité par des Indiens pasteurs, se compose de petites maisons à un rez-de-chaussée, la plupart couvertes en chaume, bâties sans ordre sur le bord du ruisseau ou sur les coteaux, à diverses hauteurs. L'église est assez vaste; en dedans, elle est remarquable par des peintures grossières, parmi lesquelles se remarquent, autour des douze apôtres, les ornemens les plus burlesques. En dehors, elle est circonscrite d'une vaste enceinte, dont les murailles, formées de petits arceaux, sont ornées, aux quatre coins, d'une chapelle, et au milieu, de chaque côté, d'une grande porte d'entrée. Le clocher, qui s'élève sur l'un des côtés de l'enceinte est tout à fait isolé de l'église; disposition singulière, mais générale dans tous les villages d'indigènes des plateaux élevés. La vallée de Palca est entièrement dépourvue d'aspects pittoresques; à peine y voit-on quelques buissons près du ruisseau, ou des cactus sur les coteaux. Tout le reste se compose de hautes montagnes mamelonnées, couvertes de quelques graminées ou montrant des grès à nu. La nature y est encore intacte; et, à l'exception de quelques petits champs de pommes de terre, qui, comme des pièces rapportées, se détachent sur la pelouse des montagnes, tous les environs, encore vierges, ne sont même fréquentés que par les pasteurs. De là les montagnes s'élèvent peu à peu jusqu'aux neiges perpétuelles qui couronnent les Andes. 1830. Palca, Yungas. 19 Juillet.

Le jour suivant, parti dès six heures du matin, je montai lentement la vallée de Palca, suivant la marche pesante de mes mules de charge. Je cheminai d'abord deux lieues et demie sur les coteaux de la rive droite du torrent, en voyant cette nature déjà triste, le devenir de plus en plus, à mesure que je m'élevais. Arrivé à l'extrémité de la vallée, au lieu dit Ojacucho, mon 20 Juillet.

1. Voyez la vue n.° 9.
2. Vue n.° 10.

1830. guide s'arrêta un instant, pour faire reposer les mules, avant de gravir le dernier étage qui nous séparait du sommet. J'étais entouré de montagnes

Yungas. sèches, dont la roche se cachait par endroits soit sous quelques lambeaux de pelouse, soit sous les neiges éternelles. Un silence solennel régnait de tous côtés, ces régions sauvages et glacées n'étant pas même fréquentées par le passereau voyageur. Le guanaco ou l'agile cerf des Andes, l'isard ou le chamois de ces contrées, parcourent seuls les montagnes voisines, que le pasteur montagnard craint quelquefois d'aborder. La dernière traite qui me restait à franchir n'était pas la plus facile : c'était une côte des plus rapide, qu'il fallait gravir par un sentier à peine tracé sur les flancs à nu d'une montagne granitique, dont les crevasses étaient pleines de glace. Après m'être arrêté plus de vingt fois, par suite de la grande raréfaction de l'air, j'aperçus la croix et l'apacheta de la crête, m'indiquant que nous allions atteindre le point culminant de notre ascension.

Arrivé au sommet des Andes, l'admiration l'emporta sur la souffrance que me causait le froid piquant dont j'étais saisi, et me fit oublier les effets si pénibles de la raréfaction de l'air[1]. J'étais tellement ébloui par la majesté du tableau, que je n'en vis d'abord que l'immense étendue, sans pouvoir en distinguer les détails. La vue du Tacora m'avait surpris; celle de l'ensemble du plateau bolivien m'avait étonné; celle-ci, par ses contrastes, m'enchantait. Ce n'était plus une montagne neigeuse, que je croyais saisir; ce n'était plus ce vaste plateau sans nuages, comme sans végétation active.... Tout ici était différent. En me retournant du côté de la Paz, j'apercevais encore des montagnes arides et ce ciel toujours si pur, caractéristique des plateaux. Au niveau où je me trouvais, partout des sommités couvertes de neige et de glaces; mais, vers Yungas, quel contraste! Jusqu'à cinq ou six cents mètres au-dessous de moi, des montagnes couvertes d'un riche tapis vert de pelouse, sous un ciel pur et serein. A ce niveau, un vaste rideau de nuages blanchâtres, représentant comme une vaste mer qui battait les flancs des montagnes, et sur lesquels les pics plus élevés venaient se détacher et représenter des îlots. Au-dessous de cette zone, dernière limite de la végétation active[2], lorsque

1. Ce point, si j'en juge par la hauteur des lieux environnans et de la limite des neiges, est le passage le plus élevé de la Bolivia, et se trouve à près de 5000 mètres au-dessus du niveau de la mer.

2. L'ensemble des montagnes par cette latitude offre trois climats tout différens, déterminés par les vents régnans et les barrières que leur opposent les diverses chaînes. 1.° Dans la province de Yungas et sur tout le versant oriental des Andes, les nuages existent toujours, ou même, pendant neuf mois de l'année, ne franchissent pas une limite déterminée, arrêtés qu'ils sont par les

les nuages s'entr'ouvraient, j'apercevais, à une profondeur incommensurable, le vert bleuâtre foncé des forêts vierges, qui revêtent toutes les parties du sol le plus accidenté du monde. Heureux de me trouver entouré d'une nature si différente de celle que m'avaient offerte le versant occidental et les plateaux de la Cordillère, avant de m'enfoncer sous cette voûte de nuages, je voulus planer quelque temps au-dessus de la région des orages. Pourtant mes guides me forcèrent d'abandonner ce lieu, en m'annonçant que nous ne nous étions déjà que trop arrêtés, et qu'infailliblement nous serions pris en route par la nuit; observation qui ne m'empêcha pas de recueillir beaucoup de plantes curieuses[1] de cette région élevée.

1830.

Yungas.

Le sentier serpentait, par une pente des plus abrupte, sur des granits en décomposition; ce sol peu solide, fréquemment raviné par les pluies d'été, avait obligé de construire partout de véritables marches faites de schistes, sur lesquels les eaux supérieures s'écoulent lentement et offrent une difficulté de plus au voyageur, obligé de descendre ainsi trois ou quatre lieues jusqu'au hameau de Tajesi. Ce hameau, composé d'une vingtaine de maisons habitées par des pasteurs, est la dernière limite de la vie pastorale. A un quart de lieue au-dessous, je me trouvai dans la zone des nuages qui m'enveloppèrent tout à coup, et je vis, en même temps, le commencement d'une végétation active. Je ne saurais dire quel plaisir me faisaient éprouver cet air chaud et humide qui s'élevait du fond des vallées, ce parfum de mille fleurs confondues qui m'arrivait, dilatant ma poitrine si long-temps oppressée par l'air sec et raréfié des plateaux. L'eau limpide et fraîche, après la soif la plus ardente, ne produit pas plus de jouissances que je n'en éprouvais à respirer; il faut, en vérité, passer par la même épreuve pour apprécier cette sensation, que je savourai dans toute sa force. Je passai sur la rive droite du

---

montagnes. Il en résulte des pluies presque continuelles, et la plus belle végétation du monde. 2.° Sur les plateaux, neuf mois de l'année, aucun nuage ne se montre à l'horizon; mais à l'instant de l'été les nuages du versant oriental s'élèvent un peu, quelques-uns franchissent les montagnes et passent sur les plateaux; alors des orages fréquens, presque journaliers, et pour ainsi dire à heure fixe, y versent (vers trois heures) des torrens de pluie ou de grêle, et font naître une végétation maigre et rabougrie. 3.° Ces nuages sont arrêtés par la Cordillère occidentale, et il en résulte qu'aucun ne passe sur le versant ouest, où, ne pleuvant jamais, il n'existe plus qu'une végétation artificielle. Ainsi le versant occidental, où jamais on ne voit de pluie, les plateaux où il pleut trois mois de l'année, le versant oriental où il pleut toujours; telles sont les trois zones tranchées qu'on trouve sous les tropiques, en Bolivia et au Pérou.

1. La végétation ne se compose que de plantes qui ne dépassent pas le niveau du sol, telles que quelques malvacées, des valérianes, des géranium, et des violettes à souche ligneuse.

1830. ravin et continuai à mi-côte, toujours en descendant les mêmes marches, Yungas. par un chemin affreux. A chaque pas se déployait le luxe de la végétation. J'éprouvais une impression délicieuse, en m'enivrant du parfum des fleurs, dont les couleurs éclatantes me montraient tour à tour le mélange du pourpre le plus brillant, de l'azur et de l'or, qui se mariaient si bien avec le feuillage d'un vert foncé; en contemplant ces légers oiseaux-mouches[1], qui commençaient à paraître et à les courtiser; ces oiseaux, emblême de l'inconstance, qui, semblables à nos papillons, ne se fixent jamais, et voltigent de fleurs en fleurs, sans paraître en préférer aucune. Tout, jusqu'aux arbres, changeait de nature. Ce n'étaient plus ces troncs unis de nos régions d'Europe, mais des troncs dont toutes les parties se couvraient de plantes parasites de formes variées, et dont chacun en particulier offrait un jardin botanique entier. Je commençais enfin à sentir partout les douces influences des régions tropicales humides.

Trop préoccupé de ce qui m'entourait, trop exclusivement livré aux diverses impressions de la journée, je ne m'étais pas aperçu que le soleil avait disparu derrière les montagnes, oubliant que, dans ces régions où le crépuscule n'est rien, la nuit, non la nuit claire des plateaux, mais la nuit la plus sombre, la nuit de la zone des nuages, succède immédiatement au jour. La beauté de la nature m'avait, en quelque sorte, caché les épouvantables chemins que je suivais, et les dangers de cette route semée de précipices, où le moindre faux pas de la mule sur cet escalier rapide et peu régulier, toujours mouillé par les eaux, pouvait ou me précipiter à quatre ou cinq cents mètres de profondeur dans le torrent que j'entendais mugir, ou me casser les jambes contre les rochers dans lesquels l'étroit sentier est creusé. Tous ces inconvéniens, auxquels je n'attachais aucune importance durant le jour, augmentèrent avec l'obscurité. Je crus plus prudent de mettre pied à terre et de mener ma bête par la bride; mais ne voyant pas où marcher, tantôt je glissais sur les gradins et tombais sur les pierres, tantôt je manquais de rouler dans le précipice, heureux que j'étais de me raccrocher aux arbres, et d'en être quitte pour de fortes contusions ou quelques déchirures. Je ne pouvais pourtant rester en route; il me fallait suivre ma troupe, qui était un peu en avant. Je commençais à désespérer de jamais sortir de cette route infernale, excédé de soif, de faim et de fatigue, lorsque, vers huit heures, j'aperçus de loin

1. Je tuai, dans cet endroit, une charmante espèce toute noire, avec une jolie cravate blanche, *Orthorhynchus pamela*, Nob. Voyez Oiseaux, pl. 60, fig. 1.

une lumière qui, ranimant mon courage, me donna la force de l'atteindre. 1830. C'était le petit hameau de Cajapi, où personne ne voulut nous recevoir. Yungas. Nous fûmes trop heureux de trouver un reste de hangar, sous lequel ma troupe s'établit pour la nuit; et le peu d'obligeance des voisins indigènes nous fit rester jusqu'à onze heures du soir sans avoir dîné, tout en n'ayant pas mangé depuis six heures du matin.

Le confortable de ma chambre ne m'engageait pas à rester au lit. D'ailleurs pouvais-je être indifférent à la première matinée passée dans une région si différente des tristes plateaux, lorsque cette matinée, sous les tropiques, est l'instant le plus agréable du jour, l'instant où les fleurs s'épanouissent, exhalant leurs suaves parfums; l'instant où les oiseaux, si vivement colorés, parcourent le feuillage et chantent leurs amours; l'instant où s'éveille la nature tout entière, la nature la plus animée? L'aube me vit dans la campagne, où bientôt le soleil darda ses rayons. Là, malgré la forte rosée du matin, je gravissais le coteau, ou contemplais cette riche vallée, dont toutes les parties, couvertes d'une belle végétation, offrent un ensemble des plus varié, qui repose délicieusement la vue qu'il séduit. Là, oubliant les fatigues de la veille, tout me captivait, m'intéressait au dernier point, depuis l'arbre gigantesque, dont le sommet s'élève vers les cieux, jusqu'à l'humble mousse, que je foulais à chaque pas. Tous les êtres étaient également nouveaux pour moi; aussi, ne sachant à quoi donner la préférence, tour à tour je me chargeais de plantes, courais après un insecte brillant, ou poursuivais les nombreux oiseaux que j'apercevais. Il faudrait être bien indifférent pour ne pas sentir le charme que peut faire éprouver, et l'exaltation qu'inspire la première journée passée au sein d'une nature si neuve, si variée et surtout si riche en aspects. Ces montagnes humides, sous la zone torride, ne ressemblent en rien à nos belles vallées boisées de la Suisse ou des Pyrénées. Dans ces dernières, tout est pittoresque; mais peut-on comparer ces uniformes forêts de noirs sapins, où la même teinte, le même feuillage se remarquent partout, au pêle-mêle des forêts vierges des montagnes de Yungas, où la teinte est aussi variée que le feuillage des arbres, où les contrastes les plus piquans se montrent constamment, soit dans la forme des élégantes feuilles pennées, entières ou largement découpées, soit dans la teinte brillante des fleurs qui s'y marient? Dans nos contrées, l'homme peut quelquefois aider la nature et l'embellir; ici, dès qu'il touche à quelque point, la beauté du paysage disparaît, et les plantes qu'il aligne ne pourraient, en aucune manière, rivaliser avec celles qui croissent naturellement

1830. dans ces lieux, où l'on dirait qu'elles savent se répartir d'elles-mêmes, pour

Yungas. réaliser le plus séduisant tableau.

21 Juillet. Six lieues me séparaient encore de Yanacaché, premier bourg de Yungas. J'en fis une grande partie à pied, pour mieux voir et mieux recueillir. Je passai plusieurs torrens sur des ponts de branchages, et traversai deux hameaux, ceux de Pongo et de Chojlia. Dans ce dernier lieu, sur les bords d'une eau mugissante, se précipitant, avec fracas, au milieu de blocs granitiques descendus du sommet des Andes, je restai quelques instans en contemplation. Encore plus belle que tout ce que j'avais vu sur les coteaux, la végétation était surtout ornée d'un grand nombre de magnifiques fougères arborescentes, dont les panaches, si élégamment découpés, tombent en ombrelle tout autour de leur sommet. Ces fougères me rappelaient involontairement l'aqueduc du Corcovado, près de Rio de Janeiro, où je les avais vues pour la première fois.[1] Le voisinage des eaux avait attiré un grand nombre d'oiseaux, tous plus brillans les uns que les autres, dont les chants animaient encore ce beau paysage et m'y attachaient davantage. Je pris la rive gauche du Rio de Chacjro; et, par des marches semblables à celles de la veille, dans un petit sentier tracé, soit en montant, soit en descendant, au milieu de la forêt et de ravins escarpés, je suivis à mi-côte de la montagne un sol des plus inégal, où d'un côté, je dominais le torrent de quelques centaines de mètres, et où, de l'autre, s'élevaient des parois escarpées, taillées presque perpendiculairement. Tout en m'arrêtant encore à chaque pas, j'employai si bien ma journée dans le trajet, que je n'arrivai qu'à la nuit au bourg, où, sur le vu de mon passe-port, je fus on ne peut mieux accueilli par l'alcade et le curé; et, bientôt installé sous un toit, j'eus encore un chez moi.

Yanacaché, ainsi que tous les lieux habités de cette partie de la Bolivia, a été bâti près du sommet d'une crête aiguë, pour en affranchir les habitans de l'excessive humidité. C'est un gros bourg, qui, habité seulement par des Indiens agriculteurs, n'offre rien de remarquable; l'église en est petite; les maisons, par suite de l'inégalité du sol, y sont très-mal alignées. Les environs sont réellement admirables par la vue des montagnes boisées et par les torrens qui coulent dans le fond des vallées. Tout y est taillé sur une large échelle, les montagnes et les vallées qui les séparent : les premières sont, comme l'exprime parfaitement le mot espagnol *Cuchilla*[2], que

1. Tome I, p. 22.

2. *Cuchilla* vient de *Cuchillo* (couteau), qui désigne parfaitement les crêtes tranchantes des montagnes.

leur appliquent les habitans, un véritable tranchant, sur lequel il reste à peine quelques mètres de largeur, au faîte de partage des deux pentes. Celles-ci, très-abruptes, et tellement inclinées, que souvent des parties entières de sol se détachent et glissent jusqu'au bas, montrant alors à nu un schiste bleu dont les couches, diversement inclinées, forment, par leur relèvement, des masses élevées souvent de près de mille mètres au-dessus des torrens. 1830. Yungas.

Cinq jours de suite l'écho des environs répéta les coups de fusil que ma troupe dirigeait sur la gent ailée de ces montagnes. Ces pauvres oiseaux, si confians, que l'indigène ne trouble jamais, apprirent pour la première fois à connaître la crainte. Ils étaient si peu défians, ils avaient si peu éprouvé l'effet des armes, que, tout étonnés, ceux que respectait le plomb meurtrier, restaient encore à la même place, sans fuir le chasseur. Bien différent des indigènes chasseurs encore sauvages, *l'Indien aymara laisse tout croître* autour de lui; s'il s'occupe des êtres qui l'entourent, c'est pour les protéger et jamais pour leur nuire. Il en résulte que la plus grande familiarité existe chez les oiseaux de ces contrées, qui souvent, à moins d'un mètre de distance se croient parfaitement en sûreté. Quelle différence avec nos pays peuplés, où maintenant le plus petit oiseau fuit l'homme d'aussi loin qu'il l'aperçoit, comme le plus grand ennemi de son repos! Cette tranquillité des êtres leur permet de se multiplier de telle manière que les champs, les jardins, les forêts sont remplis d'un nombre considérable de troupes d'oiseaux de diverses espèces, vivant chacune à son gré, en parcourant incessamment les montagnes et trouvant toutes une nourriture abondante et facile.

Mon séjour à Yanacaché fut parfaitement employé à voir, à observer, toujours enthousiasmé de tout ce que je rencontrais. Je fus pourtant souvent distrait de mes occupations favorites par des questions sans nombre que m'adressaient les habitans, par l'absolue nécessité d'aller voir quelques malades, et par la Santiago (Saint-Jacques), fête du lieu, qui me retint assez long-temps. Durant cette fête, les Indiens, déguisés et chamarrés de plumes de toutes couleurs[1], dansèrent trois jours et trois nuits de suite sans s'arrêter, en exécutant une musique analogue à celle dont j'ai parlé dans ma description des fêtes de la Saint-Jean et du Corpus de la Paz.[2]

Le 26 j'abandonnai Yanacaché, pour me rendre à *Chupé*. Je repris à pied

1. Voyez ces costumes, pl. n.° 5.

2. Voyez tome II, p. 418.

1830. Yungas. le sentier à mi-montagne; et, toujours descendant, par un chemin des plus pénible, au sein de la forêt, je rencontrai sur plusieurs points, des cabanes d'indigènes, auprès de beaux champs de bananiers, de maïs et de coca. Chupé est également situé sur le sommet de la continuité de la même crête de montagne et entouré de cultures. J'y fus parfaitement reçu par les autorités, qui m'indiquèrent, de suite, une maison vide, où je m'installai. Le logement qu'on me donna était, comme tous ceux de la province, composé de deux étages. Le bas, destiné aux bêtes de somme, n'est jamais habité, le premier seul l'est; et cela, pour moins ressentir l'humidité de ces régions, où les nuages, constamment arrêtés par les montagnes, donnent presque tous les jours des pluies abondantes. Un orage affreux ayant éclaté la seconde nuit de mon arrivée, je dus me tenir constamment sur pied pour préserver mes collections des torrens que le toit, en très-mauvais état, laissait pénétrer de toutes parts.

La maison qu'on m'avait prêtée était située à l'extrémité inférieure du village et tellement sur la sommité de la crête, que d'un côté (au sud) sur le bord du chemin, je dominais sur le Rio de Chacjro, et voyais au-delà plusieurs affluens, qui, par gradins, descendent de hautes montagnes toutes boisées, de l'aspect le plus riant. Du côté opposé, au nord, par une large ouverture sans fenêtre, de l'espèce de grenier peu solide que j'habitais, j'avais, au premier plan, un enclos en désordre, où les plus beaux orangers, hauts de huit à dix mètres, sont, en tous temps, chargés de fleurs et de fruits, et constamment courtisés par de nombreux oiseaux-mouches; à côté se remarquaient plusieurs papayo (avocats), à l'aspect pittoresque, près de nombreux bananiers, au feuillage élégant. Au-delà, d'abord rien, la pente des plus rapide de la montagne me cachant les coteaux et même le Rio de Chupé, qui coule au bas; mais, de l'autre côté de ce torrent rapide, à une lieue environ, j'avais encore, en amphithéâtre, la montagne opposée avec ses sombres forêts, où la pente abrupte, dans la direction des couches de la roche, m'offrait le plus bel exemple du glissement d'une grande surface de forêts, descendue jusqu'au torrent, en laissant à nu un schiste bleu. Je parle de la disposition de la maison que j'habitais, parce que trois jours de suite, les 27, 28 et 29 Juillet, lorsque, dans ma patrie, une crise politique occupait tous les esprits, durant ces trois mémorables journées, qui, sous les feux d'un soleil ardent, changèrent soudain les destinées de la France, une pluie continuelle me retint constamment dans ma chambre. Quand, fatigué d'écrire, impatient de mon inaction, je regardais la campagne, ma vue suivait avec mélancolie ces lambeaux de nuages blanchâtres, qui s'élevaient lentement du fond des vallées, longtemps arrêtés par les forêts, sur lesquelles ils se détachaient si pittoresquement. Je les voyais se succéder les uns aux autres à divers étages, et souvent, lorsqu'ils arrivaient au sommet, ils nous enveloppaient entièrement, de telle sorte que les objets ne pouvaient se distinguer à quelques pas. Interrompu d'autres fois par les cris de la perruche babillarde, du perroquet parleur, ou par le bourdonnement léger de l'oiseau-mouche, je trouvais ces oiseaux sur les orangers, mes voisins, et alors, de ma fenêtre, je me permettais, de mon côté, de troubler leur repos, en pensant à ma patrie, où ils pourraient figurer un jour; à ma patrie, dont, en ces jours de retraite forcée, l'image si chère se retraçait à mon souvenir, sans que je pusse savoir encore si les circonstances me permettraient de jamais la revoir. 1830. Yungas.

Le 1.er Août, ayant profité de tous les instans pour parcourir les environs, je laissai Chupé, afin de me rendre au bourg de Chirca, distant de cinq lieues. Après avoir attendu, comme à l'ordinaire, jusqu'à midi, l'arrivée des bêtes de somme, je me mis en route par un temps chargé de brouillards et d'humidité. Je descendis rapidement, en décrivant des zigzags sans nombre, jusqu'au pied de la montagne, où je trouvai le confluent du Rio de Chacjro et du Rio de Chupé. La rivière continue sous ce premier nom; elle est célèbre, en cet endroit, par la fièvre intermittente ou *terciana*, qu'on y gagne presque infailliblement[1]. Le sentier est charmant et peu en rapport avec les dangers qu'il cache; on le suit au bord du torrent, sous une voûte naturelle formée des plus beaux arbres, parmi lesquels je remarquai et dessinai un palmier[2] bien singulier, dont les feuilles sont formées de folioles divisées par groupes et toutes tronquées à leur extrémité, offrant l'aspect à la fois le plus remarquable et le plus élégant. Je retrouvai aussi avec intérêt ce mimose aux feuilles pennées (le Curupaï des Guaranis)[3], que, dans la province de Corrientes, j'avais vu exploité avec tant de succès par les tanneries. C'était une ancienne con- 1.er Août.

1. Ce point, ainsi que beaucoup d'autres dans la province, est bien connu pour cette affection fâcheuse, qui règne en tout temps, mais plus particulièrement du mois de Décembre au mois de Mars. Presque tous les habitans en sont atteints. Les figures maigres et jaunes des indigènes, ou leurs gros ventres, indiquent assez les terribles effets de ces fièvres, qui déciment annuellement la population indigène et créole. Ces fièvres, négligées ou renouvelées, finissent par amener des obstructions qui emportent les malades.

2. *Martinezia truncata*, Brongn. Palmiers, pl. 2, fig. 1.

3. Voyez tome I, p. 203. A Yungas, on le nomme *Chirca*. C'est cet arbre qui a sans doute donné son nom au bourg de *Chirca*, où il est en effet très-commun.

1830. — Yungas. naissance que j'aimais à rencontrer au milieu de ce pays, si différent, par ses montagnes, des bords du Parana. Sur la rive droite de la rivière je passai deux affluens peu fournis d'eau et me trouvai au pied d'une côte abrupte qu'il me restait à gravir, par des sentiers affreux, avant d'arriver à Chirca, situé sur le sommet d'une montagne; joli bourg, plus grand, plus peuplé et mieux bâti que ceux de Yanacaché et de Chupé. Le temps étant très-mauvais, les environs ne m'offrant plus cette belle végétation de mes deux dernières stations, je me décidai à ne pas séjourner à Chirca. Je n'y restai pourtant que trop; la nuit je fus assailli et cruellement tourmenté par un insecte très-connu des habitans de ces lieux, sous le nom de *Binchuca*.[1]

Chirca offre une des belles vues de la province. On domine, à une grande hauteur, sur le Rio Chacjro, dont la vallée, des plus boisée, se déroule au loin en contours gracieux et se perd dans l'éloignement. Sur la rive opposée se montrent les deux gros bourgs de Milluhualla et de Coripata; le premier si rapproché qu'avec une lunette on en voit les habitans; le second à deux ou trois lieues de distance, tout au plus: les deux à mi-côte, dans une position d'autant plus pittoresque, que tous les coteaux environnans sont ornés çà et là, à toutes les hauteurs, au milieu de la forêt, d'un grand nombre de fermes de culture, avec leurs champs de coca divisés, en raison de l'inégalité du sol, par gradins construits en pierre sèche, comme les marches d'un escalier. Cette disposition des parties enlevées aux forêts vierges par l'agriculture locale, présente un aspect singulier, très-remarquable, qui contraste avec l'ensemble sévère du paysage.

2 Août. Chulumani, capitale de la province, est à trois lieues de Chirca. Je m'y rendis par un très-mauvais temps. Je m'élevai d'abord au-dessus du bourg, en suivant un coteau d'où Chirca s'offrait sur son monticule isolé, à mi-côte d'une montagne dont je suivais encore les pentes, apercevant, par intervalle, de belles *haciendas* (fermes) pour la culture de la coca, ou traversant des forêts dont chaque ravin était pourvu de tout le luxe de cette riche végétation tropicale. Deux lieues plus loin, je commençai à redescendre par des chemins alors d'autant plus difficiles, que la pluie rendait glissans les schistes en décomposition dont le sol est formé, et qu'à chaque pas, ma mule et moi, nous manquions de rouler jusqu'au pied du coteau. J'arrivai ainsi

---

1. La *Binchuca* est une grosse punaise, longue de deux ou trois centimètres, qui se tient aux toits des maisons, et, la nuit, se laisse tomber sur les personnes couchées et les pique horriblement. Chaque piqûre cause une forte douleur, et l'on s'en ressent long-temps.

à Chulumani. Le gouverneur était absent. Je fus néanmoins très-bien reçu et installé dans un local appartenant au gouvernement. 1830 Yungas.

Mes collections devenant trop nombreuses pour être transportées avec moi, je dus rester à Chulumani le temps nécessaire pour les mettre en ordre, prendre mes notes et les expédier à la Paz. Je le fis d'autant plus volontiers, que journellement encore je rencontrais de nouveaux objets, et que je complétais mes notions générales sur l'ensemble de la province la plus renommée de toute la république de Bolivia, et, sans aucun doute, l'une des plus intéressantes, sous bien des rapports. Je séjournai donc à Chulumani et aux environs vingt-deux jours de suite, pendant lesquels je travaillai avec une activité que stimulait le vif désir de reprendre bientôt mon voyage.

Chulumani, capitale de la province de Yungas[1], n'est pourtant pas une ville : c'est un gros bourg, situé à mi-montagne, dont les rues sont assez inégales, les maisons mal bâties et où rien n'est remarquable. Depuis qu'on a voulu lui donner de l'importance, on a commencé la construction d'une vaste église, destinée à en remplacer une de la plus chétive apparence. Pourtant, si par lui-même, le bourg de Chulumani est peu de chose, il n'en est pas ainsi de la vue des environs, qui est réellement admirable. Adossé à l'extrémité d'une montagne, on découvre au nord, en face, la chaîne vierge de San-Lisidro; et, au bas, le magnifique ravin de San-Martin, où l'homme n'a pas encore fixé sa demeure; à l'ouest, des sommités boisées; au sud, un grand nombre de chaînes de collines, qui, avec leurs forêts jusqu'ici respectées, descendent de la Cordillère. A l'est, le paysage est plus animé. La vue franchit les montagnes qui cachent de profonds torrens; elle aperçoit d'abord, à peu de distance, sur la seconde chaîne, les premières maisons d'Ocovaya; puis, dans le lointain, au sommet d'une grande montagne boisée, la ville de Lanza ou d'Irupana, qui s'y dessine dans son entier. De la chambre où je travaillais, j'avais constamment sous les yeux cette dernière vue, et que je me plus à tracer sur le papier avec toutes les maisons de Chulumani sur lesquelles je dominais[2]. Non-seulement elle pourra donner une idée de l'ensemble du paysage, mais encore elle fixera relativement aux constructions du pays, que je copiai fidèlement, sans les embellir.

1. Les indigènes appellent *Yungas*, dans la langue aymara, les vallées très-chaudes et très-humides, favorables à la culture de la coca; et cette dénomination est devenue générale parmi les habitans; ainsi l'on appelle aujourd'hui *Yungas de la Palma*, les forêts humides au nord de Cochabamba, et beaucoup d'autres lieux qui se trouvent dans les mêmes conditions.

2. Voyez Vues n.° 11.

1830. Yungas.

Le sol des environs est des plus inégal. Les promenades offrent, à chaque pas, des points de vue nouveaux et intéressans; mais elles sont des plus difficiles, puisqu'il faut constamment monter et descendre par les pentes les plus abruptes, se frayant un chemin au milieu des bois, ou suivant les sentiers tracés qui conduisent aux points occupés par la culture, aux *haciendas* ou fermes du pays. Dans celles-ci, ordinairement très-pittoresques et dominant sur des ravins, on cultive surtout le maïs, pour la nourriture des habitans, et la coca comme objet de rapport. C'est, en même temps, le principal commerce de la province et la grande richesse du département de la Paz. Je m'attachai surtout à connaître ce genre d'exploitation et à suivre avec détails tout ce qui se rapporte à cette plante si renommée dans le pays, et qui a été le sujet de tant d'écrits depuis la conquête de l'Amérique.[1]

1. La *Coca*, ou mieux *Cuca*, suivant la prononciation des Indiens, remplace, au Pérou, le bétel de l'Inde. C'est l'*Erythroxylon peruvianum* des botanistes, petit arbuste qui atteint 3 ou 4 mètres de haut, et dont les feuilles ovales, alternes, lisses, sont marquées de trois nervures longitudinales. La fleur, qui paraît en Mai, est petite et blanchâtre. Célèbre du temps des Incas, elle était alors réservée pour la famille royale ou pour ses protégés (Garcilaso, *Comentarios reales de los Incas*, p. 108); mais, depuis cette époque, l'usage en est devenu tellement général, qu'elle fournit à elle seule la branche la plus lucrative de la culture locale. La coca ne croît que dans les lieux chauds, très-humides et très-boisés, qu'on appelle Yungas, sur tout le versant oriental des Andes, du Pérou et de la Bolivia. On choisit encore dans ces régions les lieux lés plus humides; on y abat les arbres, et l'on construit en pierres sèches de petites murailles qui servent à retenir les terres sur les terrains en pente; et là, par gradins très-élevés, on sème ou l'on plante la coca. On la sème quelquefois sur place en Décembre et Janvier, ou l'on en fait des semis qu'on transplante l'année d'après. Cette méthode paraît même préférable. Dans tous les cas, on ne fait la récolte des feuilles que la seconde année des plantations.

Lorsque la feuille est ferme, on la cueille, ce qu'on appelle *mita*. Il y a trois ou quatre récoltes par année. On détache les feuilles une à une, avec le plus grand soin, pour ne pas endommager la plante. On les porte sur des plates-formes pavées, disposées à cet effet, elles y sèchent en partie; le trop grand soleil ne valant rien, et un jour nuageux étant bien préférable. Quand les feuilles sont à cet état convenable, on les porte dans les magasins, où elles achèvent de sécher; puis on en fait de petits ballots (*sestos*), qui sont livrés au commerce.

L'usage de la coca est général. Les Indiens en portent toujours dans une petite bourse (*chuspa*), qu'ils suspendent à leur côté gauche. Elle est pour eux un objet de première nécessité. Sans coca, ils ne peuvent travailler; sans coca, ils ne peuvent faire aucune course; avec la coca, au contraire, ils résistent aux travaux les plus pénibles et sont propres à tout. Dans certaines provinces, les indigènes font brûler les tiges de la quinua, forment de sa cendre de petits pains, qu'ils nomment *llipta*, ou prennent de la chaux, qu'ils goûtent, de temps en temps, en mâchant leur coca. La manière de mâcher la coca, appelée *acullicar*, consiste à former une boule des feuilles, et à la tenir dans un des côtés de la bouche, pour en sucer le jus, à mesure qu'elle s'humecte, et la jeter lorsque la saveur est épuisée.

Les vertus extraordinaires de la coca ont été vantées, dès la conquête, par le père Acosta

La province de Yungas était habitée dès avant la conquête de l'Amérique, ce que m'ont fait reconnaître les restes d'anciens tombeaux, mais elle ne reçut la culture de la coca que vers la moitié du seizième siècle[1]; et depuis, elle n'a fait que prospérer. Aujourd'hui, elle acquiert, chaque jour, plus d'importance par cette culture, et jette beaucoup d'argent dans la ville de la Paz, capitale du département dont elle dépend. Sa superficie est immense[2] et seulement une très-petite partie de son sol est employée; le reste appartient encore à la nature, qui n'y a pas encore été troublée, et malgré ses

1830. Yungas.

(1591, *lib. IV, cap.* 22, *p.* 146); par le père Blas Valera; par Garcilaso de la Vega (*Comentarios reales de los Incas, lib. VIII, cap.* 15, *p.* 283); un peu plus tard par Don Diego Davalos Figuroa (*Miscelanea austral*, p. 152), et par Ulloa (*tom. II, lib. VI, cap.* 3). Chacun a renchéri sur ses devanciers. Toujours est-il bien certain, comme j'en ai acquis un grand nombre de preuves, qu'avec la coca les Indiens résistent aux travaux des mines, dans les régions les plus élevées et les plus froides; qu'ils franchissent, avec la coca seulement et un peu de maïs torréfié, des distances considérables, lorsqu'ils sont envoyés en courriers, traversant les chaînes les plus âpres des Cordillères, sans en paraître fatigués, et qu'ils portent, pendant très-long-temps, des fardeaux énormes. *Plusieurs Espagnols même, ont reconnu que l'usage de la coca leur avait seul donné* la force de résister, dans certains cas, à l'exploitation des mines, dans les hautes régions des montagnes. En dehors de l'usage général, les indigènes et la plupart des habitans font de la coca un remède à tous maux, la prenant en infusion pour les affections intérieures, ou l'appliquant en cataplasmes sur toutes les lésions externes.

Avec autant de vertus, on doit supposer un commerce immense de coca dans tous les lieux où elle est en usage. C'est, en effet, ce qui existe. Une petite brochure, sans nom d'auteur, publiée en 1832 à la Paz, et ayant pour titre : *Descripcion del aspecto, cultivo, trafico y vertudes de la Coca*, s'exprime en ces termes : « Par un calcul approximatif, on recueille en Bolivia 400,000 « sestos (le sesto est de 25 livres espagnoles) de coca par année; 300,000 dans la province de « Yungas; le reste dans celles de Larecaja, d'Apolobamba et dans le département de Cochabamba. « Le prix moyen est de 6 piastres (30 fr.) par sesto à la Paz, où en est l'entrepôt général. Il en « résulte 2,400,000 piastres (12,000,000 de francs) de vente annuelle dans la Bolivia. » Si à cette somme on joint 241,487 piastres (1,207,435 fr.), que produit annuellement la vente de la coca au Pérou, on aura pour total 2,641,487 piastres, ou 13,207,435 francs, par année; somme énorme comparativement à la population, puisque la Bolivia entière a tout au plus un million d'habitans; ce serait donc, à répartir sur la population indigène seulement, la somme de 12,000,000 de francs. Le nombre des habitans purs ou métis des provinces où l'on fait usage de la coca peut s'élever, en Bolivia, à environ 700,000 (voyez mon travail statistique sur l'Homme américain, à l'article des nations aymara et quichua), ce qui donnerait, par tête, la somme de 17 francs 14 cent., si toutefois, les calculs de la brochure sont vrais. On pourrait le croire, puisque la province de Yungas seule, pour les droits de la coca, paye annuellement au gouvernement 148,217 piastres, ou 741,085 francs. (*Iris de la Paz*, n.° 8, p. 3.)

1. Voyez page 406.
2. Voyez Géographie spéciale pour sa circonscription et pour tous les autres détails géographiques.

1830. — Yungas. montagnes, elle offrirait, sans aucun doute, des moyens d'existence à cent fois plus d'habitans qu'elle n'en possède actuellement[1]. Toutes les températures se trouvent dans la province : elle comprend à Palca[2] les régions des plateaux; elle est dominée par les montagnes les plus hautes de l'Amérique, l'Ilimani et le Sorata; et les pentes orientales des montagnes réunissent tous les climats de leurs neiges éternelles aux parties les plus chaudes de la zone tropicale. Ainsi d'un côté, à l'ouest, ses productions sont identiques à celles de la Paz et, dès-lors, à celles des pays tempérés; de l'autre, à l'est, elle renferme tous les étages d'une végétation complètement différente et des plus luxueuse. Cette partie seule caractérise la véritable province de Yungas, considérée suivant ses productions; et là, effectivement, les nuages, constamment arrêtés, entretiennent une abondante humidité, source de cette nature si riche dans ses détails, que je vais chercher à esquisser.

Il n'y a que peu de mammifères à Yungas. Des singes légers, d'espèces variées, parcourent incessamment les forêts les plus chaudes, tandis que des troupes de pécaris en dévastent les plantations. Du reste les jaguars, ainsi que les autres carnassiers, y sont très-rares; seulement les montagnes élevées nourrissent l'ours des Cordillères, avec une belle espèce de cerf[3] à poil rude. Si les mammifères n'abondent pas, il n'en est pas de même des oiseaux; ceux-ci, comme je l'ai dit, sont on ne peut plus nombreux, et ce n'est pas le moindre ornement de la province. En effet, les oiseaux de Yungas, aussi variés que la belle végétation qu'ils parcourent constamment, offrent, à la fois, le plus brillant plumage et les chants les plus mélodieux. Une multitude d'espèces de tangaras, de manakins, de cotingas[4], déploient dans leurs troupes voyageuses, les teintes les plus vives de la pourpre, de l'azur et de l'or, dis-

1. Sa population actuelle est portée, en 1829, par l'*Iris de la Paz*, n.° 8, p. 3, à 39,759 âmes.

2. Voyez p. 425.

3. Que j'ai nommé *Cervus antisiensis*. (Voyez les notes du Rapport de l'Institut en 1834.)

4. Les espèces les plus communes sont les suivantes : *Tamnophilus aspersiventer*, Nob.; *T. aterrimus*, Nob.; *T. mentalis*; *Conopophaga ardesiaca*, Nob.; *Turdus olivaceus*, Nob.; *Synallaxis torquata*; *Troglodytes fulva*; *Tachyphonus flavinucha*, Nob.; *Aglaia montana*, Nob.; *A. cyanocephala*, *A. episcopus*; *Ramphocelus atrosericeus*, Nob.; *Embernagra torquata*, Nob.; *E. rufinucha*, Nob.; *Ampelis rubrocristata*, Nob.; *A. viridis*, Nob.; *Tyrannus ferox*, *T. fumigatus*, Nob.; *T. rufus*, Nob.; *T. melancholicus*, *T. rufiventris*, Nob.; *Todirostrum gulare*, Nob.; *Muscipeta albiceps*, Nob.; *M. obscura*, Nob.; *M. armillata*, Nob.; *M. virgata*, *M. cinnamomea*, Nob.; *Setophaga bruniceps*, Nob., etc.

putant la sommité des arbres aux perruches et aux perroquets, dont le plumage se confond avec le feuillage. Ces troupes en mouvement, mélangées aux cassiques, aux toucans et à une multitude d'autres espèces, s'aperçoivent en tout lieu, tandis que, dans les parties les plus sombres, se cachent à la fois les pénélopes criards à la chair succulente, le coq de roche au plumage de feu, ou le couroucou dont le chant plaintif contraste avec la voix sonore et les gammes chromatiques si admirables de l'organito[1], le chantre le plus parfait de ces lieux. Je ne finirais pas, si je voulais signaler les richesses ornithologiques de la province de Yungas; elles sont réellement au-dessus de tout ce qu'on en peut dire.

La grande humidité et l'ombre sont peu propices aux reptiles; aussi n'en voit-on que rarement à Yungas, où l'on peut parcourir sans crainte le plus épais des bois, sans avoir rien à redouter du venin des serpens. Les poissons y sont également rares. Pourraient-ils remonter ces torrens rapides, qui, encore glacés, descendent si impétueux du sommet des Andes? On n'en trouve donc que dans les parties les plus basses de la province, au Rio de Tamampaya, au Rio de la Paz et à celui de Coroïco, où les habitans vont les pêcher comme mets recherchés. Au sein de cette belle végétation on espérerait en vain rencontrer de nombreux mollusques. Les coquilles terrestres y sont très-limitées[2], et les espèces ne sont pas riches en individus. On m'a dit que les insectes sont magnifiques à Yungas, et j'ai dû le croire; mais n'ayant séjourné dans le pays que l'hiver, je n'ai pu juger du fait par moi-même, cette série d'êtres y étant alors très-rare.

J'arrive à la végétation. Je n'ajouterai que peu de choses à ce que j'ai dit de l'immense richesse de celle de Yungas sous le rapport des formes, des aspects et du pittoresque de son ensemble. Il me suffira de parler des plantes cultivées ou des plantes utiles, qui y sont nombreuses. Parmi les plantes cultivées on distingue le cacao, le café[3], le tabac, l'indigo, le coton, le maïs[4], la coca, les patates

---

1. L'*Organito*, célèbre dans le pays, est le *Tryothorus modulator*, Nob. Les caciques sont les *Cassicus atro-virens*, Nob.; *C. cristatus*, *C. chrysonotus*, Nob. Les pies, *Garrulus peruvianus*, *G. viridi-cyaneus*, Nob., etc. Voyez mes planches ornithologiques, où ces espèces sont représentées.

2. Ces espèces sont les *Helix Audouini*, Nob.; *H. oresigena*, Nob.; *H. omalomorpha*, Nob.; *H. ammoniformis*; les *Bulimus Inca*, *Tupacii*, *Thamnoicus*, Nob.; *Hygrohyleus*, Nob.; *Marmarinus*, etc. Voyez les Mollusques, où ces espèces sont figurées et décrites.

3. Le café de Yungas est de la meilleure qualité connue.

4. Le maïs, dans ces lieux humides et chauds, se récolte incessamment toute l'année.

1830. douces, la yuca ou mandioca, la gualusa, l'ajipa[1], la pastèque succulente,

Yungas. la chirimoya, la papaya ou avocat, les gouyaves, les oranges, peut-être les meilleures du monde[2], le cédrat, le citron, la grenade; plusieurs espèces de bananes, d'ananas, beaucoup de cannes à sucre, et un grand nombre d'autres, dont j'oublie, sans doute, le nom; le sol étant, du reste, susceptible de produire les plantes spéciales aux régions chaudes de toutes les parties du globe, tandis que, dans la vallée de la Paz, près de Mecapata, des vignes nombreuses fournissent un vin délicieux.

La nature sauvage est encore plus riche. Les parties élevées des montagnes, qui sont au niveau même de la zone des nuages, sont couvertes de beaucoup d'espèces de quinquina, qui donnent cette excellente *Cascarilla*, que notre commerce apporte, chaque jour, de Bolivia en France. C'est dans les régions les plus escarpées et les plus abruptes des montagnes que l'indigène, au risque de se rompre le cou, va chercher cet arbuste précieux, et l'enlever aux rochers qui l'ont vu naître. Un peu plus bas, aux environs de Yanacaché, croît une plante renommée, le *Matico*, espèce de pipéracée, dont la feuille passe pour guérir immédiatement les blessures, ce qui la fait rechercher des étrangers, dont elle est des plus estimée. Le *Vejuco*, sorte d'aristoloche à feuille en fer à cheval, jouit aussi à Yungas, depuis le passage du botaniste Hainck, d'une grande célébrité, comme spécifique contre la morsure des reptiles. Je pourrais encore citer le baume du Pérou, un grand nombre de gommes et des résines, l'arbre à la cire, et beaucoup d'autres plantes, qui offrent une application immédiate, soit comme drogues, soit comme substances tinctoriales. Les arbres fournissent non-seulement des bois d'une dimension énorme, mais encore les meilleurs matériaux pour l'ébénisterie, le gayac, l'acajou, les palmiers de toute espèce, et la plus grande diversité de couleur de bois susceptibles de recevoir le plus beau poli, et d'entrer dans la confection des meubles les plus riches.

Le règne minéral est également important dans la province de Yungas. On trouve des lavages d'or à Chunquiagillo, à Caiconi, dans les rivières de Tamampaya et de Suri. Le premier lieu est surtout célèbre par l'histoire de cette fameuse pépite d'or pesant *quarante-sept livres quatorze onces* espagnoles[3],

1. Ces deux excellentes racines sont inconnues au Brésil et à la Guyane; ce serait, sans doute, une bonne acquisition à faire pour nos colonies.

2. On donne à Yungas cent oranges pour un real (60 centimes de France).

3. *El Iris de la Paz*, n.° 9, 5 Septembre 1829, dit que cette pépite, découverte par Antonio Bulucua, lui fut enlevée de force et sans payement par le vice-roi, ainsi que le déclare Antonio Bulucua lui-même, dans son testament reçu à la Paz en 1778, et conservé dans les archives.

qu'on y découvrit en 1730, et que le vice-roi, le marquis de Castel-Fuerte, envoya au roi d'Espagne. Dans les cantons de Coripata et de Coroïco, on recueille ce métal au milieu de la roche même; et plusieurs mines y sont ouvertes. On trouve encore près d'Irupana, dans le schiste, une ancienne exploitation de mine d'argent, la *Guequere*, citée comme une des plus riches, mais abandonnée par suite du peu de soutien des roches environnantes. Du reste, la composition géologique[1] est peu variée. Les sommets très-élevés sont granitiques, recouverts de schistes qui donnent de belles tables; et ceux-ci sont inférieurs à des grès siluriens, d'une extension immense. 1830. Yungas.

On voit que les richesses naturelles de la province de Yungas sont aussi abondantes que variées, et qu'elles pourront augmenter de beaucoup la prospérité du pays, dès que l'industrie s'en appropriera quelques branches et profitera des nombreux cours d'eaux et de leurs pentes, pour établir des moulins, des scieries et toute espèce d'usines. En attendant, à l'exception de la culture de la coca et du maïs, aucune des productions n'est exploitée, en raison de la difficulté des transports et du petit nombre de débouchés. Tout le commerce se fait avec la Paz. Qu'on vienne par Songo ou par Palca, les deux routes sont aussi difficiles l'une que l'autre. Une mule n'y peut transporter que deux planches à la fois et d'un poids très-minime, vu les inégalités du terrain, les marches qu'il faut gravir et le peu de largeur des sentiers tracés. Afin d'y remédier, dans une visite qu'il venait de faire à Yungas, le général Santa Cruz, ami de son pays, avait ordonné l'établissement d'une nouvelle route, à laquelle on travaillait activement, lorsque je revis la Paz en 1833. D'un autre côté, l'on a tenté d'établir une navigation du Rio de Coroïco au Beni, et, dès-lors, à la province de Moxos. Espérons que ces deux projets si utiles recevront leur entier accomplissement, et que des voies plus faciles permettront d'exporter, sans trop de dépense, les riches productions de Yungas, tandis que la navigation, laissant à la population la faculté de descendre vers les régions désertes, non-seulement donnera une impulsion nouvelle à la civilisation, mais encore rapprochera le cours des Amazones et les Andes, points aujourd'hui privés de toute communication, en semant sur la route des colonies et un commerce qui jusqu'à présent y sont inconnus.

Le gouverneur de la province, Don Damaso Bilbao, instruit de mon arrivée, était venu à Chulumani, où il se montra pour moi d'une extrême 24 Août.

1. Voyez Géologie spéciale.

1830. amabilité; je me plais à lui en témoigner ici toute ma reconnaissance. Jusqu'au 24 Août, mon existence fut des plus monotone; mais la San-Bartolome (Saint-Barthélemi) étant la fête de Chulumani, les Indiens s'y réunirent de tous les côtés, et je vis s'y renouveler la représentation des danses de Yanacaché et de la Paz. Cette fête, comme celles de nos campagnes de France, avait attiré, de la Paz, un bon nombre de petits marchands, qui y montèrent momentanément leurs boutiques. Elle me fit juger de l'ensemble de la population, aux trois quarts composée d'Indiens aymaras, sans mélange, ayant, en tout, le costume et les usages de la Paz, d'un quart de métis et de quelques blancs, propriétaires des haciendas voisines. Ces derniers forment la bourgeoisie du pays. Je reçus des uns comme des autres les services les plus désintéressés et l'hospitalité la plus franche. En quittant Chulumani, j'en emportai d'agréables souvenirs.

Yungas.

Mes bagages expédiés dès le matin, malgré les instances réitérées des habitans, je partis pour me rendre à Irupana, ou Villa de Lanza[1], accompagné du corrégidor de cette ville, qui voulut me faire lui-même les honneurs de la route, et m'indiquer le nom de tous les cours d'eaux et de toutes les montagnes; motif qui me rendait toujours un bon guide fort précieux. Irupana est, en apparence, si près de Chulumani, qu'avec une bonne lunette on en distingue les moindres détails; aussi, quel fut mon étonnement, en apprenant que cinq lieues de pays séparent les deux points! Il est vrai de dire que la vue franchit deux chaînes de montagnes et trois torrens, et que la distance est au moins triplée par les détours et les pentes. Un sentier affreux me conduisit de Chulumani au bas de la montagne, où je trouvai le Rio de Huanctata, qui se forme dans les montagnes au sud de la capitale. Je remontai, de l'autre côté, une pente roide jusqu'au sommet de la montagne de Silata, à l'est de laquelle, à mi-côte, est situé le bourg d'Ocovaya, où je ne m'arrêtai pas, faute de temps. Je descendis jusqu'au petit torrent de Solacama, à son confluent avec le Rio de Cutusuma, l'un des plus volumineux des environs et des plus remarquable par la richesse de la végétation. Je gravis la chaîne de Chicanoma, des mieux ombragée; et après être descendu de nouveau vers le torrent de Puri, il ne me restait

25 Août.

1. Le premier de ces deux noms est indigène. Le second a été donné en 1830 par le président de la république, pour perpétuer la mémoire du brave général Lanza, qui, après avoir rendu les plus grands services au parti indépendant, dans les guerres contre les Espagnols, succomba dans la bataille décisive d'Ayacucho.

plus à monter que l'énorme côte de Quiliquila, sur laquelle est bâtie Irupana, où j'arrivai le soir, assez fatigué de mes continuelles ascensions. Pourtant j'avais remarqué que les montagnes composées de schistes friables sont beaucoup moins aiguës que celles des environs de Yanacaché; ce qui tient évidemment à la nature des terrains.

Retenu par une fête, je séjournai quatre jours à Irupana. Il me fut donc permis d'en parcourir, dans tous les sens, les alentours; mais les environs de cette petite ville, une des plus anciennement peuplée de la province, avaient subi l'influence du voisinage de l'homme; et un grand nombre de lieux cultivés ou de champs abandonnés avaient totalement changé la végétation, qui ne reprenait sa parure naturelle qu'à une assez grande distance. Dans l'une de ces courses, je traversai des vergers d'orangers de la plus grande beauté, non de ces arbustes rabougris, à peine élevés de trois mètres, qu'on admire en France, aux environs de Grasse et de la jolie ville d'Hyères; mais de véritables arbres hauts de dix à douze mètres, courtisés par les plus jolis oiseaux-mouches, qu'y attire le parfum de leurs fleurs. En traversant de belles fermes de culture, jusqu'aux pentes abruptes du sud de la montagne de Quiliquila, je me trouvai tout à coup au pied d'une belle cascade, où l'eau, précipitée de quinze mètres environ du haut d'un rocher schisteux, formait une large nappe, qui, tombant avec fracas, couvrait les environs d'une brume épaisse, où se peignaient les plus vives couleurs de l'arc-en-ciel, chaque fois que le soleil traversait la voûte de nuages qui la dérobe, le plus souvent, à la vue. La fraîcheur du lieu, la brillante végétation qu'elle faisait naître, le chant des nombreux oiseaux qu'elle attirait, tout m'y retint long-temps, surpris que j'étais, pourtant, de ne rencontrer aucun sentier tracé qui y conduisît, et de voir ces lieux enchanteurs si négligés des habitans.

La composition géologique des montagnes a la plus grande influence sur l'aspect pittoresque des localités. Lorsqu'on parcourt les Pyrénées et les Alpes, on rencontre à chaque pas des cascades magnifiques qui se précipitent d'une grande hauteur. J'avais été étonné de ne rien trouver de semblable dans les Cordillères et les Andes, où les torrens même, tout en descendant par des pentes rapides, n'offrent jamais ces accidens si remarquables qu'on admire de Cauterès au lac de Gob, dans les Pyrénées. Quand, plus tard, je me demandai l'explication de ce fait, la géologie m'en donna la raison. Dans les Alpes et dans les Pyrénées, la cascade du Giessbach en Suisse, celles du lac d'O, de Baguères de Luchon et de Gavarnie dans les Pyrénées, proviennent

1830. de la dureté des roches, dont les dislocations ont formé d'immenses saillies en gradins, que les eaux ne détruisent pas depuis des siècles, le granit ou la craie durcie qui les composent résistant à leur choc le plus impétueux. Dans les Cordillères, le manque d'eau, sur le versant occidental, où les roches ignées pourraient aussi produire des cascades, empêche, sans doute, qu'il s'en forme; mais, sur le versant oriental des Andes, où les eaux sont des plus abondantes, c'est, au contraire, la nature des couches qui s'y oppose. Le granit y est partout en décomposition; les schistes qui le recouvrent sont, le plus souvent, friables. Il en résulte que les courans se creusent un lit incliné et qu'ils ne sont arrêtés que par quelques petits blocs plus durs que le reste, qui n'offrent ni cet appareil de résistance, ni ces hautes failles, causes des grandes chutes d'eau des montagnes d'Europe. Cette différence de dureté des roches influe encore beaucoup sur l'aspect du pays. Les chaînes de montagnes sur le versant oriental des Andes, sont des plus abruptes; chacune y forme, le plus souvent, une crête presque aiguë; mais la roche, se décomposant facilement à l'air, ne saurait présenter nulle part de ces pics aigus, de ces rochers escarpés des Alpes et des Pyrénées; aussi les montagnes offrent-elles partout des croupes légèrement ondulées, et nullement heurtées ni déchirées.

Yungas.

Je gravis, au milieu des broussailles, jusqu'au sommet de la cascade, et je reconnus qu'elle est formée par une couche plus compacte des schistes siluriens des montagnes voisines, couche qui a résisté davantage à l'effort des eaux. En revenant, je traversai la campagne la plus belle, remplie de bananiers, de caféiers, servant de haies aux champs de maïs.

Un autre jour, je dirigeai ma course d'un autre côté. Je remontai le rameau de montagne de Quiliquila, jusqu'à sa jonction avec la chaîne de Coropata, dont il dépend, suivant la pente nord et dominant sur une vallée profonde, des plus boisée, et de l'aspect le plus riant, au-dessus de laquelle je voyais de très-près, sur le sommet opposé, le gros bourg de Lasa, l'un des plus considérables de Yungas. Au sommet de la chaîne de Coropata, la végétation est tout à fait vierge et de la plus grande beauté. Je descendis sur son versant oriental, je suivis long-temps les coteaux jusqu'au ravin de Juan de Mayo, où je consacrai une partie de la journée à des recherches d'histoire naturelle. M'enfonçant sous la voûte épaisse des arbres, au milieu de lianes enlaçantes, et me frayant un chemin, le couteau de chasse à la main, j'arrivai jusqu'au fond du ravin, où le soleil ne pénètre jamais. Plusieurs étages d'arbres y croisent, au-dessus des eaux, à toutes les hauteurs, leurs rameaux toujours verts, et y conservant la fraîcheur au milieu d'une température très-élevée. Là, les troncs d'arbres amoncelés, les quelques roches qui retiennent les eaux, les forcent à s'écouler lentement et par petites cascades, qui imprègnent l'air d'une telle humidité, que j'étais continuellement mouillé, en recueillant ces belles fougères, dont les feuilles pennées se marient aux lycopodes. Seul, séparé du reste du monde, rien, en ce lieu sauvage, ne pouvait troubler ma pensée que le doux murmure du ruisseau, et le chant varié des oiseaux qui, comme moi, venaient y chercher l'ombre et la fraîcheur. Après avoir long-temps étudié les hôtes légers de ces bois, j'abandonnai le ravin, dans l'intention de pousser plus loin ma course. Je suivis la montagne jusqu'à la côte de San-Juan de Mayo, d'où je dominai sur des haciendas des plus pittoresques, enlevées à la nature vierge des environs, et contrastant avec l'aspect sévère des hautes montagnes boisées que j'apercevais dans toutes les directions. Je ne revins qu'à la nuit à Irupana.

1830. Yungas.

La ville d'Irupana est, sans aucun doute, le lieu le plus important de la province, tant sous le rapport de sa population, que sous celui de son extension. Les maisons y sont beaucoup mieux bâties, et l'on y trouve plus de bourgeois. Son église est vaste et domine la plus grande partie des habitations. Tout y annonce l'aisance et la prospérité. J'y étais logé chez le corrégidor, qui eut pour moi toute espèce de prévenances. Le dimanche, plusieurs personnes, ayant appris que je possédais un microscope, me prièrent instamment de leur montrer quelques insectes avec cet instrument. J'y consentis volontiers, et je m'établis dans la cour du corrégidor. Elles furent tellement étonnées, que tous les habitans se réunirent près de moi; et je me divertis réellement de la conversation naïve et des singulières réflexions de mes nouveaux observateurs. Je m'amusai surtout beaucoup à montrer certains parasites aux indigènes, qui, les voyant si vilains, jurèrent bien, au moins pour le moment, de ne plus les manger, comme ils en ont l'habitude à Yungas, ainsi que dans presque toute l'Amérique méridionale, où cette coutume est générale, sans qu'on y attache aucune de ces idées de répugnance qu'on professe pour ces insectes en Europe.

29 Août

Le 30 Août j'abandonnai Irupana, suivi des vœux bienveillans de toute la population, depuis le curé jusqu'aux moindres des habitans, à qui j'avais pu rendre des services, en coupant quelques fièvres intermittentes. Excepté dans les villes de la Paz, de Chuquisaca et de Potosi, on ne trouve nulle part de médecins qui puissent secourir les pauvres malades, qu'on laisse, d'ordi-

30 Août.

1830. Yungas.

naire, mourir faute de soins; ce qui explique la célébrité que je m'étais bien involontairement acquise à ce titre. Tout Français, dans l'opinion de quelques-uns des habitans espagnols ou descendans d'Espagnols, est indispensablement médecin ou horloger; et ma profession de naturaliste entraînait nécessairement la médecine, sans qu'on me demandât moins souvent de raccommoder les montres; tant est grande la simplicité de la plupart de ces braves gens!

D'Irupana au village de Circuata, j'avais à faire onze lieues de pays, sans savoir si je pourrais les franchir d'une seule traite. Je m'acheminai à l'aventure. Je montai la côte de Coropata, et trouvai au sommet, dans cette direction, plusieurs champs cultivés, ce qui prouve, comme je l'ai dit, que les montagnes commencent à être moins aiguës. De ce point, j'aperçus de nouveau, à ma grande satisfaction, les neiges de l'Illimani[1], qui se dessinaient au-dessus des montagnes boisées. Je le relevai avec d'autant plus de plaisir, qu'il venait confirmer mes itinéraires, pris jusqu'alors, avec le plus grand soin. Deux lieues de descente rapide, au milieu des bois épais de Curupaï et de l'arbre qui donne l'encens, me conduisirent jusqu'à la ferme de la Véga, si connue pour la fièvre qu'on y gagne presque infailliblement, dès la première nuit, que les Indiens mêmes ne peuvent y vivre, et que le propriétaire éprouve les plus grandes difficultés pour la faire cultiver. Au-delà de la Véga, sur les bords peu escarpés du Rio de Porocote, les arbres sont élevés, et des milliers de perroquets et d'aras sont réunis par troupes, toujours composées de couples. Il est curieux de les voir, revêtus du même uniforme, former comme autant de bataillons, qui font retentir les environs de leurs cris de rappel, très-différens suivant les espèces. Les champs de maïs que j'avais aperçus autour de la Véga, les attiraient sans doute, et ils attendaient, pour les dévaster, le premier moment de négligence des surveillans.

Je fus réellement surpris du spectacle que m'offrait le débouché du Rio de Porocote dans le vaste Rio de la Paz[2]. Au lieu de ces bords ombragés et rians de toutes les rivières de Yungas, je me trouvai, tout à coup, devant une plage

1. L'Illimani, de ce lieu, est au sud-ouest, 10° ouest, de la boussole.

2. Le cours de cette rivière est devenu, pour les géographes systématiques, l'occasion des plus graves erreurs. On savait qu'elle prenait sa source près de la Paz, et qu'elle venait se jeter dans un des affluens du Beni, sur le versant oriental des Andes. La rivière coulant à l'est des Andes, la ville de la Paz devait nécessairement se trouver sur ce versant; et, sans autres renseignemens, on l'a placée suivant ce raisonnement, dans toutes les cartes de Brué, de 1824 à 1836. Mais

d'une demi-lieue de largeur, entièrement privée de verdure, et partout couverte de cailloux roulés, apportés de l'autre côté des Andes, par les grandes pluies. Je crus qu'une partie de cette nature aride des plateaux de la Paz, ayant franchi les monts, avait été transportée par les eaux dans ce lieu, où elle formait un contraste des plus choquant avec la végétation de Yungas. Le lit de cette rivière, circonscrit entre les deux hautes chaînes de Coropata et de l'Hospital, offre, à chaque pas, l'image du chaos. Au temps des pluies, sa large surface est entièrement couverte d'eaux, qui charrient tous les matériaux enlevés aux terrains d'alluvion et aux couches diluviales du plateau. Alors il est très-difficile de la franchir. Dans ce moment, la rivière, très-basse, était divisée en plusieurs petits bras disséminés au milieu de cailloux roulés, de granit, de grès et de schistes amoncelés, du plus triste aspect. Je traversai diagonalement et foulai au moins deux lieues de ce sol de transport, où rien ne garantit des rayons du soleil, qui, réfléchi par la couleur blanchâtre des cailloux, fait éprouver une chaleur étouffante; aussi arrivai-je avec un véritable plaisir au confluent du Rio de la Paz au Rio de Meguilla, où je retrouvai enfin des arbres et de l'ombre.

1830.

Yungas.

Le Rio de Meguilla descend des Andes et contient beaucoup d'eau. Lorsqu'il se réunit au Rio de la Paz, il devient bien plus large, et pourrait servir à la navigation, s'il n'était, sur beaucoup de points, resserré entre les rochers, encombré de blocs roulés, ou embarrassé de rapides, auxquels aucune embarcation ne peut résister. C'est pourtant la route que suivent les Indiens mocéténès, lorsqu'ils viennent, des forêts de l'intérieur, vers les Yungas. Ils forment un radeau de troncs de palmiers, attachés avec des lianes, et remontent ainsi péniblement le torrent, portant leurs vivres dans des outres de peau, afin de ne rien perdre, lorsque la force du courant renverse leur frêle embarcation, ce qui a lieu très-fréquemment. Pendant mon séjour à Chulumani, des Indiens de cette nation y étaient venus par cette route, et j'avais même formé le projet de m'embarquer avec eux pour aller reconnaître les régions inconnues qu'ils habitent; mais le gouverneur, sans doute dans mon intérêt, s'y était opposé de la manière la plus formelle, en m'en refusant les moyens.

---

il n'en est pas ainsi dans la nature. La rivière et la ville de la Paz, comme on l'a vu, sont sur le versant occidental des Andes. La rivière parcourt sur le plateau une assez grande surface, au pied de l'Ilimani; puis, tout d'un coup, profitant d'une grande faille, elle franchit la chaîne et passe sur le versant oriental, où je venais de la retrouver. Cette rivière et celle de Sorata sont deux exemples curieux de cours d'eau qui prennent naissance sur un versant des Andes, et passent ensuite sur l'autre, en traversant la chaîne.

1830. Yungas. Plus expérimenté par la suite, je dus l'en remercier de toutes manières; ce voyage, des plus périlleux, ne devant me permettre de rien rapporter, quand bien même j'eusse trouvé des objets intéressans. Je parcourus le confluent des deux rivières; j'en admirai les eaux, aussi limpides que celles du Rhône à sa sortie du lac de Genève; j'y vis des poissons nombreux, que plusieurs personnes étaient occupées à pêcher, et j'y reconnus, non sans plaisir, le *sábalo*[1] du Parana, dont on fait une si grande consommation à Buenos-Ayres. Dans ce dernier lieu, c'était le poisson le plus commun; ici le sabalo jouissait d'une grande réputation de bonté, qu'il devait probablement à ce qu'il se trouvait loin de tout moyen de comparaison.

La rive gauche du Rio de Meguilla, que je remontai, me montra pour la première fois, depuis que j'étais dans la province de Yungas, un changement de forme orographique et de végétation. Je n'avais plus ces torrens encaissés, qu'on ne peut suivre sur leurs bords, tant les pentes en sont rapides; je n'avais plus cette grande humidité qui détermine une végétation active des plus variée, mélangée de palmiers, de fougères en arbre et d'une foule de plantes particulières. Ici les montagnes, plus arrondies, moins tourmentées, laissent, dans leurs intervalles, de larges plages, des surfaces planes couvertes d'arbres d'une grande hauteur, mais dépourvues de ce pêle-mêle de formes des lieux humides. Ce changement m'intéressa et me fit plaisir. Je cheminai sous un magnifique berceau naturel; néanmoins, tout en l'admirant, je regrettai la richesse d'aspect du Rio de Chacjro, trouvant à l'ensemble de cette nouvelle nature trop de rapport avec nos forêts d'Europe, sans que pourtant, elle y ressemblât assez pour me rappeler de doux souvenirs. Persuadé que cette modification devait apporter quelque variété dans l'ensemble des êtres, je voulus camper et coucher sur les rives du Rio de Meguilla. Je ne m'étais pas trompé. Des recherches attentives me procurèrent plusieurs espèces nouvelles de mollusques[2] et d'oiseaux.

Le lieu où je m'étais arrêté ne manquait pas de charme. J'avais établi mon campement entre deux bras de la rivière, dans une île découverte, entourée de petits buissons d'une sensitive, de toutes peut-être la plus sensible aux attouchemens, ayant en vue cette belle espèce de roseau, dont les

---

1. Tome I, p. 418. C'est le *Paca lineatus*. Poissons, pl. 8, fig. 3.

2. Les mollusques sont les suivans, tous figurés dans cette partie spéciale : *Bulimus yungasensis*, d'Orb.; *Helix ammoniformis*, d'Orb.; *H. omalomorpha*, d'Orb.; *Bulimus marmarinus*, d'Orb.; *B. xanthostomus*, d'Orb.

Les oiseaux sont : *Conopophaga ardesiaca*, Nob.; *Tyrannus rufus*, Nob., etc.

feuilles s'étendent en éventail; espèce si commune dans les régions tropicales, mais que je voyais pour la première fois. Ses touffes serrées figuraient, de chaque côté de la rivière, un large rideau, qui dominait le rideau plus élevé des arbres de la grève; et l'horizon, à droite et à gauche, se terminait par de hautes montagnes. Si je suivais des yeux le cours de la vallée, j'avais encore le plus beau lointain, soit que je regardasse vers la source de la rivière, soit que ma vue se portât vers le Rio de la Paz. Le soir, je me couchai sur le sable, par un clair de lune magnifique; et, comparant cette nuit à celles que j'avais passées sur le plateau des Cordillères, je dus trouver une telle différence, que, trop absorbé par la beauté du site, par les réflexions qu'elles amenèrent, je restai très-long-temps sans songer à me livrer au sommeil, jouissant doublement de ma solitude et du calme profond du désert. 1830. Yungas.

Le lendemain, après avoir battu les environs dans tous les sens, je repris ma marche. Je passai sur la rive droite, où je trouvai les premiers arbres sans feuilles, l'hiver ayant marqué son passage en ce lieu; ce qui m'étonna d'autant plus, que je n'en avais trouvé aucun exemple dans les parties chaudes et humides de Yungas, où les arbres sont feuillés toute l'année. Arrivé devant le confluent du Rio Meguilla avec le Rio de Cañamiña, j'abandonnai le premier pour suivre le second, laissant à droite la vallée de Meguilla, où les eaux blanchissantes roulent avec fracas entre des blocs de rochers, et présentent l'aspect le plus pittoresque. Les rives du Rio Cañamiña, tantôt à droite, tantôt à gauche, parcourant des coteaux charmans, souvent coupés de ravins, me conduisirent jusqu'au point où la vallée se bifurque encore. Alors il ne me restait plus qu'à gravir la côte d'Hulmus, pour arriver au village de Circuata. 31 Août.

Le village de Circuata, jadis florissant, fut, à diverses reprises, entièrement détruit par les guerres de l'indépendance. A peine ferme-t-il ses plaies; aussi se compose-t-il, tout au plus, d'une quarantaine de maisons, qu'habitent des Aymaras, d'une petite église, et de beaucoup de fermes dans les environs. La position en est charmante. Il est placé sur le sommet d'une montagne, d'où l'on domine deux vallées profondes, bordées de hautes chaînes boisées, dont les pentes se divisent en une foule de charmantes petites vallées. Au sud, la nature est intacte; la culture n'en occupe aucune partie. Au nord, au contraire, on plonge sur de belles fermes, où l'on ne cultive que le maïs. Je restai deux jours à Circuata, où des courses multipliées me donnèrent une connaissance étendue des montagnes et de leurs productions. Là, comme partout, le curé et l'alcalde se prêtèrent volontiers à mes recherches, et me rendirent tous les services possibles.

1830. Yungas. 3 Sept. Instruit de mon arrivée, le corrégidor du canton de Suri, dont dépend Circuata, vint au-devant de moi, et voulut lui-même me guider jusqu'à Carcuata, situé quatre lieues plus loin. Je descendis une assez longue côte, je franchis le petit torrent de Chahuara, et montai dans la forêt plus d'une lieue, jusqu'au sommet de la côte de Pincaluna. Dans les montagnes, il est de certains points où, d'après la forme des chaînes et la direction des vents régnans, les nuages sont plus souvent retenus qu'ailleurs, et où il y en a même presque toujours de stationnaires. Ces points offrent ordinairement une végétation exceptionnelle, et quelquefois différente de celle des environs. J'en eus un exemple sur ma route. Entre deux sommités, parmi les plantes les plus belles, je trouvai avec plaisir des fougères arborescentes et plusieurs espèces remarquables de palmiers à feuilles de roseaux, dont je m'empressai de prendre des croquis[1], et de cueillir les parties transportables, ayant résolu de compléter, dans la Bolivia, l'histoire de ces magnifiques végétaux. Toujours sous l'ombrage, je descendis deux lieues de suite l'autre versant, jusqu'à Carcuata, village d'un aspect assez misérable, composé d'une seule rue, sur la pente de la montagne. Le corrégidor m'y avait préparé une jolie petite maison, où je m'établis. Dans la route, ce fonctionnaire m'avait beaucoup parlé d'ours qui habitent les hautes montagnes voisines; aussi le priai-je de me procurer des mules pour le lendemain, afin de faire cette ascension d'autant plus importante, que, du sommet, je devais encore apercevoir l'Illimani et plusieurs autres points des Andes.

4 Sept. Le 4 Septembre, j'étais de bonne heure en route pour la montagne du Viscachal[2]. Je descendis la côte jusqu'au Rio de Suri, que je passai sur un pont de branchages. Je traversai, plus loin, un autre ruisseau; puis commençai à gravir une pente des plus abrupte, sur laquelle, sans sentier tracé, je faisais continuellement des zigzags, pour diminuer la roideur de la pente, qu'il eût été impossible de gravir sans cette précaution; et, bien que déjà fait aux montagnes, je n'avais jamais, jusqu'à ce jour, rien trouvé d'aussi difficile. Tantôt foulant la pelouse, au-dessus d'un précipice affreux, tantôt traversant des fourrés, j'étais obligé de m'accrocher à la crinière de ma bête, pour ne pas tomber en arrière. J'admirai alors l'instinct et la force des montures de ces contrées, qui gravissent des pentes sur lesquelles, en

1. *Euterpe andecola*, pl. 2, fig. 2.

2. *Viscachal* vient de *Viscacha*, animal dont j'ai parlé p. 384, et de la terminaison collective espagnole *al*. Ce mot signifie *l'habitation des Viscaches*, comme *Cafetal* signifie *champ de café*, etc. En aymara, *ni* remplace *al*; aussi les Indiens disent-ils *Viscachani*.

vérité, des chèvres auraient peine à se tenir. Après deux heures de montée nous nous arrêtâmes un instant pour donner du repos à nos mules; et, profitant d'une eau limpide, je fis, sans pain, avec du chuño[1] et de la chalona[2] un très-frugal repas, après lequel je continuai ma route. Ce qui restait à faire était encore plus difficile, et si le corrégidor n'avait été en avant, j'aurais certainement gravi à pied plutôt que de continuer à cheval; mais je le suivis, au milieu des épines, dominant le ravin à plus de mille mètres de hauteur, sur une pente si déclive, que je n'apercevais pas la suite du coteau; enfin, après six heures de cette pénible marche, j'atteignis le sommet de la montagne. 1830. Yungas.

A mesure que je m'étais élevé, j'avais vu les sommités des environs s'abaisser autour de moi; et, du haut du Viscachal, la côte de Pincaluna et toutes les autres étaient devenues de simples collines sur lesquelles je dominais. La surface qu'embrassait mon regard était réellement immense. Sur cet horizon de montagnes mamelonnées et chargées de bois, qui s'étendait de tous les côtés, se dessinaient au loin quatre groupes neigeux qui s'élevaient au-dessus de l'ensemble; l'un (encore l'Illimani) avec sa double pointe, qui, bien qu'à près d'un degré ou vingt lieues de distance, paraissait très-rapproché; l'autre, moins éloigné, le groupe *de la Cruz*, formé par la continuité des Andes, distant de plus de quinze lieues marines, d'où descendait le Rio de Suri. Les deux autres points neigeux qui restaient au nord, au milieu des montagnes les plus boisées et les plus chaudes, étaient ceux de *las Bacas* et du *Cargadero*, appartenant à la même chaîne. Le rayon déroulé devant moi n'avait pas moins de vingt lieues; et, si je cherchais quelque point, en Europe qui puisse être comparé à celui-ci, je crois que je le trouverais difficilement. La vue du sommet du pic du Midi, ou du pic de Bergonse dans les Pyrénées, tout en étant beaucoup plus accidentée par la nature des montagnes, est loin d'embrasser une aussi vaste étendue.

Au sommet de la montagne du Viscachal, je croyais trouver une pointe

1. Le *Chuño*, dont j'ai oublié de parler dans le lieu où il se fait, consiste en pommes de terre gelées et séchées ensuite. On les expose, dans les régions élevées, sur le sol, elles y gèlent la nuit. Le jour suivant, lorsque le soleil les a échauffées, on les frotte ensemble; elles se pèlent; puis on les laisse sur le sol, jusqu'à ce qu'elles soient entièrement sèches; et, dans cet état, on les vend sous le nom de chuño. Suivant le mode de préparation, le chuño est noir ou blanc. Pour le manger, on le met tremper dans l'eau froide; puis, le lendemain, on le fait cuire comme les pommes de terre ordinaires. C'est un mets assez médiocre.

2. Voir page 393.

1830. ou un mamelon; mais, quel ne fut pas mon étonnement de rencontrer, au contraire, un plateau, une belle plaine couverte d'une pelouse et de quelques bouquets de bois! Je la parcourus en tous sens pour chercher des ours, sans en apercevoir la moindre trace. J'entrai dans les bois, où je recueillis les plus beaux lycopodes et beaucoup de plantes nouvelles, sans parler de deux oiseaux[1] des plus intéressans, que je vis pour la première fois. La nuit m'ayant surpris pendant ma course, force me fut de regagner mon quartier général, où l'on alluma du feu, et chacun s'étendit à sa guise sur la selle de sa mule. Le froid devint si vif, surtout vers le matin, que j'attendis le jour avec impatience. Le sol était partout couvert d'une forte gelée blanche; et la température si différente de celle que j'avais eue dans les vallées, que je grelotai jusqu'à ce que le soleil eut dissipé les nuages qui enveloppaient la montagne.

Yungas.

Lorsqu'enfin je pus apercevoir tous les environs, je mesurai une base pour connaître la distance réelle de la montagne au village de Carcuata, et pris des relèvemens sur tous les points importans des environs[2]. Peu après avoir parcouru de nouveau la sommité, je me disposai à la quitter. Si la montée avait été difficile, la descente ne l'était pas moins; et j'eus plus d'une fois lieu de craindre d'arriver au bas plus vite que je ne l'aurais voulu. Lorsque, plus tard, j'ai parcouru les Pyrénées, où le concours des voyageurs n'a pas encore fait ouvrir, comme en Suisse, des chemins de voiture jusqu'aux glaciers[3], ceux de leurs sentiers cités par les guides comme les plus mauvais, ne m'ont paru comparables qu'aux parties les plus frayées de la province de Yungas, et, en général, à toutes les routes de montagnes dans la Bolivia; tandis que, le plus souvent, on regarderait comme impraticables et inaccessibles tous les chemins que je suivais journellement dans mes voyages; véritables sentiers, à peine d'un demi-mètre de largeur, où l'art n'a rien fait, où la nature seule, avec ses accidens, n'a pas encore été déguisée.

7 Sept. Le surlendemain j'abandonnai Carcuata, pour me rendre à Suri. Je n'avais à faire que trois lieues, qui furent bientôt franchies. Je suivis le même coteau pendant deux lieues, puis, traversant le Rio de Suri, près du village de *la Puente*, je gravis la côte opposée jusqu'au bourg, chef-lieu du canton, situé au sommet d'une colline très-large, partout cultivée. J'y vis peu de chose pour l'histoire naturelle; mais je fus obligé d'y rester le lendemain,

1. *Synallaxis torquata*, Nob., Oiseaux, pl. 15, fig. 1; *Aglaya montana*, Nob., Ois., pl. 23, fig. 1.
2. Voyez, à cet égard, la partie géographique spéciale.
3. Témoin ceux du Grindelwald au canton de Berne.

jour de la fête du village. Il y vint beaucoup d'Indiens aymaras des campagnes voisines, chacun apportant son présent au curé, les uns des bananes, les autres des ananas et généralement tous les fruits du pays. Une troupe déguisée, avant de se livrer à la danse, vint aussi à la messe, à laquelle je dus nécessairement assister. Les Indiens avaient pris le costume ordinaire des Mocéténès de l'intérieur des montagnes : ils portaient une simple tunique sans manches, bordée au bas, sur la tête, un turban de plumes et sur le côté la *chuspa* ou bourse de la coca, ornée de rubans et de grelots faits avec des calebasses. Leur danse, bien différente de tout ce que j'avais vu jusqu'alors, commença par une chanson quichua, accompagnant des chaînes régulières. La mesure, tantôt lente, tantôt accélérée, est toujours marquée par le bruit d'un bâton plat sur lequel sont attachées des baguettes, qu'ils agitent par intervalle. Je remarquai, dans cette grande réunion d'Indiens, beaucoup d'individus affectés de goîtres des plus volumineux; mais je reconnus que chez eux cette affection n'est jamais accompagnée de crétinisme. 1830. Yungas.

J'avais onze lieues de pays à faire pour me rendre à Inquisivi, premier bourg de la province de Sicasica. Je ne pus partir que le 9, et encore beaucoup trop tard pour espérer d'arriver dans la même journée. Depuis Carcuata, je remontais dans la direction des Andes, et j'avais vu peu à peu disparaître la belle végétation des régions humides, remplacée par un ensemble beaucoup moins varié, composé néanmoins encore des plantes des régions chaudes. Suri m'avait montré des environs peu pittoresques; et, en laissant ce bourg, la campagne devenait de plus en plus sèche, à mesure que je marchais. Je suivis les coteaux en partie nus de la montagne de Subluche, au-dessus du Rio de Suri, en tournant toutes les collines, en passant tous les ravins, jusqu'au ruisseau de la Plata, où j'aperçus une vaste vallée dont le fond seul est boisé, le reste étant couvert de terrains labourés, et, de distance en distance, de quelques maisonnettes d'indigènes. La nature avait totalement changé d'aspect. Plus de ces ravins profonds, plus de ces forêts humides, où l'homme lutte sans cesse contre la végétation active qui reprend de suite ce qu'il n'abandonne que pour quelques mois. Ici la nature, au contraire, est en partie nue, et le cultivateur trouve, sans travail, des terres excellentes et des pâturages immenses; aussi apercevais-je, avec plaisir, sur les sommets des collines, de nombreux troupeaux de moutons, qu'accompagnaient leurs bergers. En traversant des champs de maïs et de pommes de terre, j'arrivai au petit hameau de Charapacce, où l'heure avancée me força de passer la nuit. Campé près de la maison 9 Sept.

1830. — Yungas. d'une pauvre Indienne, je lui achetai un mouton, qui, avec une douzaine de pigeons sauvages tués de deux coups de fusil, vint renforcer nos provisions. Depuis mon départ de la Paz j'étais, comme les habitans, réduit à boire de l'eau; le pain même me manquait le plus souvent, les grands bourgs seuls pouvant m'en fournir. Les indigènes et les pauvres gens ne se nourrissent que de pommes de terre et de maïs. Personne ne chasse, dans ces contrées; aussi me fut-il facile de payer, en quelques instans, l'hospitalité de mon Indienne par une ample provision de pigeons, qui, aussi familiers que s'ils eussent été privés, ne fuyaient nullement le chasseur. La nuit, je voulus me coucher sous un hangar. Des myriades de puces m'en chassèrent bientôt, et je préférai le milieu d'un champ éloigné des habitations. Charapacce est le dernier point habité de la province de Yungas.

§. 2.

Voyage dans la province de Sicasica.

Sicasica. 10 Sept. A une lieue tout au plus du village de Charapacce j'arrivai au sommet de la chaîne de Cocasuyo, qui sépare les provinces de Yungas et de Sicasica. C'est une montagne élevée, où j'éprouvai un froid piquant et fus glacé par un vent fort et sec, qui me rappela tout à fait les Cordillères. J'avais, en effet, entièrement changé de température; et, aux régions brumeuses des forêts humides et chaudes avait succédé le ciel toujours serein des plateaux. J'avais en face le bourg d'Inquisivi, dominé par des montagnes mamelonnées; au-dessous le profond torrent de Cotuma, dont j'étais séparé par une pente rapide et surtout très-longue. Si je jetais les yeux vers l'origine de la vallée, j'apercevais la rivière sortant de montagnes de grès à nu, resserrée qu'elle est dans un lit des plus étroit. Si, au contraire, je suivais le cours des eaux, je voyais la vallée s'élargir et son cours borné au loin par une chaîne de montagnes qui la traverse diamétralement. Je commençai à descendre par d'étroits sentiers qu'embarrassent les difficultés de la pente et les fragmens de roches qui la remplissent. D'abord je trouvai des bois assez élevés; mais, plus bas, au lieu nommé Sila, ils disparurent et furent remplacés par de petits buissons, par des coteaux cultivés, ornés de petites cabanes éparses. J'arrivai ainsi jusqu'à la rivière, où une chaleur étouffante se faisait sentir; chaleur d'autant plus sensible que j'avais éprouvé un grand froid au sommet de la côte. Un pont de branchages, couvert de terre, me permit de passer le torrent, qui est des plus rapide; ses eaux mugissantes, couvertes d'écume, se précipitent avec fracas le long des parois bleuâtres qu'elles se sont creusées dans le schiste. Je me désaltérai avec cette eau glacée, qui conserve encore, dans son cours rapide, la température des neiges. Une lieue de montée roide me restait à franchir, et ne le fut pas sans peine, les mules éprouvant l'action de la raréfaction de l'air, et s'arrêtant de dix pas en dix pas pour reprendre haleine. Ce coteau offrait l'aspect le plus triste. L'hiver y montrait partout son influence; les arbres y étaient tous dépourvus de feuillage, et pourtant les fleurs jaunes, dont quelques-uns étaient couverts, annonçaient les approches du printemps. Tous sont chargés d'une espèce de lichen[1], dont les feuilles déliées, comme une longue chevelure, tombant de toutes les branches, donnent à l'ensemble le plus singulier aspect. Après avoir traversé cette nature sèche et stérile, j'arrivai à Inquisivi. Le corrégidor m'y reçut parfaitement, m'installa dans sa propre maison, et le soir, tous les habitans vinrent me présenter leurs civilités, comme si j'eusse été un grand seigneur. 1830. Sirasica.

Inquisivi, chef-lieu de canton, et l'un des gros bourgs de la province, est placé sur une belle esplanade, à mi-côte d'une montagne mamelonnée, dont les contours sont arrondis. Il se compose d'une belle place, d'une église et de quelques maisons groupées autour. Jadis, bien plus peuplé, bien plus florissant, Inquisivi s'est vu entièrement ruiné, à diverses reprises, pendant les quatorze ans des guerres de l'indépendance. Les Espagnols, s'y étant cantonnés dans un fort dont les ruines existent encore, y furent, pendant de longues années, constamment harcelés par les indépendans, maîtres des campagnes voisines. J'aurais pu recueillir beaucoup de renseignemens sur les divers incidens de cette longue lutte, la conversation des habitans ne roulant, pour ainsi dire, que sur ce sujet; mais le désir de me tenir toujours en dehors de la politique, me fait m'abstenir d'entrer ici dans les détails, qui ne sont, du reste, que d'un intérêt purement local.

Les sommités et les parties élevées des montagnes voisines sont couvertes de petits buissons et de pelouses, où paissent constamment de nombreux troupeaux. Les parties moins en pente sont cultivées et semées de blé et de maïs, et l'aspect général est analogue à certaines parties des montagnes des Basses-Alpes. Au premier aperçu je dus craindre de rencontrer peu d'objets d'histoire naturelle. Il n'en fut pourtant pas ainsi. Les coteaux, en apparence arides, étaient visités par les plus belles espèces connues d'oiseaux-mouches.

1 C'est la même espèce que j'avais recueillie à Iribucua, dans la province de Corrientes.

1830. C'est là, en effet, que je rencontrai le magnifique sapho[1], au plumage de feu, l'oiseau le plus brillant de sa famille.

Sicasica. Après trois jours de station à Inquisivi, faute de moyens de transport, je

14 Sept. me remis en route. Je parcourus la suite du coteau, en passant deux vallons. On laboure tous les lieux susceptibles de l'être, tandis que les vallées ou les sommets des montagnes montrent partout des troupeaux de moutons ou de vaches paissant librement. Après deux heures de marche, j'arrivai à la partie élevée de la côte de Huntul, d'où je dominai le profond ravin de Titipacha, de l'autre côté duquel, sur la montagne opposée, j'apercevais le village de Capiñata, but de la journée. La route qui y conduit directement descend le coteau et remonte de l'autre côté. Comme je voulais voir plusieurs petits hameaux, et surtout les mines d'argent exploitées, je préférai tourner la vallée et faire le double de chemin. Je pris à droite, sur le coteau; je passai près de la chapelle de Titipacha, entourée de ses maisons d'indigènes et de champs labourés; à peu de distance, je rencontrai le hameau d'Acutani, où je vis, non sans plaisir, se montrer partout, dans les jardins, des pêchers, des pommiers et des poiriers en fleurs, qui me rappelaient ma patrie. Le paysage, en effet, concordait parfaitement avec ces arbres importés de l'ancien monde. Les champs de blé naissant, les vaches, les moutons sur les coteaux, et jusqu'aux cabanes couvertes de chaume, tout ressemblait à nos hameaux français de l'*Auvergne ou du Lyonnais*. J'arrivai au Rio de Tucumariri, qui descend des Andes, et je trouvai, sur le bord, la chapelle de Corachapi, appartenant à l'usine où l'on exploite le minerai d'argent de Huala. J'apercevais, à près de deux lieues, les bouches de mines et les tas de déblais.

L'exploitation en est des plus simple. On apporte le minerai extrait et choisi; on le met en poudre, au moyen de deux roues en pierre, qui tournent autour d'un axe commun; on le passe au tamis, on le met au four, puis on fait l'amalgame avec du mercure; on l'expose ainsi à l'air, en l'humectant souvent. Des Indiens sont constamment occupés à le remuer; puis, lorsque l'amalgame est jugé complet, on porte cette pâte dans le lieu de lavage, qui consiste en un trou garni de cuir, où l'eau tombe de haut, pour laver et emporter les parties hétérogènes. A la sortie de ce

---

1. *Orthorhynchus sapho*. Je possédais le premier cette espèce; mais, à Cochabamba, un domestique infidèle, gagné par les offres d'un négociant anglais de Tacna, dont je tairai le nom, me la déroba, avec l'*O. Gouldii*, qui dès-lors arrivèrent en Europe avant moi. Je fus ainsi devancé dans la publication de ces magnifiques oiseaux, que j'avais pourtant découverts.

trou, large de deux mètres, où un homme trépigne constamment des pieds, il existe une petite fossette, où les parties les plus lourdes doivent nécessairement s'arrêter; là, un autre homme remue continuellement le mélange, pour en dégager la terre. De cette fossette part un petit canal, également garni de cuir, où, de distance en distance, sont encore de petites fosses, destinées à retenir les parties plus pesantes; à l'extrémité du canal est un grand réservoir, dont le trop plein débouche dans la campagne. Le mouvement qu'on imprime sur tous les points, dégage les parcelles les plus légères. L'opération terminée, le premier réservoir, ainsi que les autres, ne contiennent plus que le mélange de mercure et d'argent, qu'on presse pour enlever de l'argent le plus de mercure possible. On en forme ainsi de petits pains de diverses formes, qu'on soumet au grillage pour ôter le reste du mercure. Ces pains sont connus sous le nom de *Plata piña.* Les lois du pays sont très-sévères contre l'exportation de la plata piña, l'argent ne devant s'exporter que monnayé, et encore en payant des droits considérables. La plata piña forme pourtant, comme on sait, une des branches lucratives du commerce étranger, qui est très-actif, malgré les précautions que les gouvernemens bolivien et péruvien prennent pour l'empêcher.

1830. Sicasica.

Le propriétaire de la mine mit une complaisance infinie à me montrer son exploitation dans ses moindres détails, et même il me donna plusieurs échantillons du minerai. En le quittant, je me rendis à la mine de Huala, où je trouvai les galeries ouvertes dans le schiste bleuâtre de transition. Je parcourus l'entrée des plus basses, et ne vis aucun intérêt à pénétrer plus avant. J'arrivai ensuite à Capiñata, où l'alcalde me donna pour logement une grange sans portes ni fenêtres. A mon départ de la Paz, sachant que je parcourrais des pays où l'on ne parle que les langues indigènes, l'aymara et le quichua, j'avais pris avec moi un jeune homme, interprète de ces deux langues. J'avais déjà souvent eu lieu de me féliciter de cette précaution, au milieu de campagnes où personne ne parle espagnol. A Capiñata cet interprète me devint indispensable; je n'y trouvai aucun Espagnol, et l'alcalde, Aymara lui-même, savait à peine quelques mots castillans; ce qui ne m'empêcha pas d'être très-bien traité et d'obtenir tout ce que je demandai. Le village de Capiñata, bâti près du sommet de la montagne de Pumulu, est formé d'une place, d'une église et d'une quarantaine de maisons d'Indiens. Il est à six lieues d'Inquisivi, dont il dépend. Les environs m'offrirent le même aspect et les mêmes productions qu'à Inquisivi. La paix dont jouit le gibier de ces contrées est telle, que, de la fenêtre de ma grange, je tuai

1830. Sicasica. 16 Septemb.

tant que je voulus, des tourterelles et des pigeons, qui venaient familièrement se poser au milieu de la place publique.

Dans la direction que je suivais, au nord des Andes orientales, il me restait encore à voir, dans la province de Sicasica, le canton de Cavari, dont le chef-lieu est à huit lieues. Je me mis en marche pour m'y rendre. Je fus bientôt sur le sommet de la côte de Pumulu, où j'éprouvai un froid très-piquant. Cette côte, comme toutes les montagnes de grès des environs, est largement arrondie et la sommité en est entièrement cultivée. Elle ne ressemble, en aucune manière, aux crêtes aiguës des environs de Yanacaché et de Chupé. Ici le quart à peu près des environs des bourgs est employé par l'agriculture, tandis qu'à Yungas la culture n'occupe que très-peu de terrain, comparativement à l'ensemble. J'avais tout à fait abandonné la zone des forêts. Si, du haut de la montagne, j'interrogeais les environs, je ne voyais plus de bouquets de bois épineux, rabougris, que près des sommets des montagnes ou dans le fond des vallées; ailleurs on n'aperçoit que de petits buissons couverts d'épines, qui poussent avec peine dans un terrain très-sec. Toutes les régions de culture de cette province, quoique situées au sommet des chaînes, prennent, dans le pays, le nom de *Valles*[1] (vallées). Du sommet de la côte se montrait, au fond du ravin, le Rio de Colquiri. Je m'en croyais très-rapproché; mais il n'en était pas ainsi. Je descendais par des détours sans nombre, pour diminuer la pente, au milieu de sentiers étroits, à peine tracés, remplis de pierres détachées, qui roulent sous les pas des montures et les font souvent glisser de quelques mètres. Ces pauvres animaux, pour résister à la pente et pour se retenir, avancent les pieds de derrière, comme point de résistance; aussi ne trébuchent-ils presque jamais. Leur instinct, dans ces chemins affreux, est réellement extraordinaire. A pied, l'on aurait de la peine à marcher, sans broncher à chaque pas, en courant, de plus, le risque de rouler de quelques centaines de mètres vers le bas des montagnes. A mule, au contraire, on se fie tellement à la sûreté de la marche de sa bête, qu'on glisse sur les pentes rapides, qu'on saute par dessus les blocs de

1. Chaque zone de terrain a, dans la langue espagnole, son nom local particulier. Ainsi que je l'ai dit, les plateaux très-élevés, comme celui de la Cordillère et le voisinage des neiges, s'appellent *Puna brava;* les plateaux moins froids ou les montagnes moins élevées, sont connus sous la simple dénomination de *Puna;* les vallées sèches, où l'on commence à cultiver les céréales, se nomment *Valles* (vallées); les vallées plus chaudes, mais toujours sèches, où peuvent croître la vigne et la canne à sucre, portent le nom *Valles fuertes* (fortes vallées); et, enfin, les montagnes boisées, très-humides et très-chaudes, sont des *Yungas.*

roches ou qu'on franchit les crevasses, sans jamais s'occuper de ces accidens de terrain : c'est l'affaire de la monture et nullement celle du cavalier, qui se contente de l'aider de la bride. Quatre heures de suite je descendis, au milieu d'un sol pierreux, parsemé de buissons de quebrachos, de quelques cactus en arbre et de mimoses épineux. La campagne était d'autant plus triste, que, peu de temps avant, elle avait été entièrement brûlée.[1]

Je touchai enfin les bords de la rivière, où l'on étouffait de chaleur. Les eaux, alors peu volumineuses, larges de vingt mètres tout au plus, coulaient avec force au milieu d'une plage de près d'une demi-lieue de largeur, couverte de cailloux roulés, et entièrement inhabitée, par suite des fièvres intermittentes qui y règnent, et par le manque de terrain susceptible de culture. C'est, en effet, le plus triste lieu du monde. Je m'y arrêtai un instant; et, en regardant le chemin qui me restait à parcourir, j'en fus presque effrayé. Cavari étant de l'*autre côté de la montagne, j'avais à monter au moins autant que j'avais* descendu, sur des pentes aussi abruptes et par des chemins aussi mauvais. Il faut, au compte des habitans, gravir quatre lieues, qui me prirent près de six heures de marche, les mules haletant, et sentant très-souvent le besoin de s'arrêter. Je trouvai les mêmes plantes, la même aridité que sur le coteau opposé; mais le sommet ne donne plus naissance qu'à des plantes graminées et à des chardons, qu'a chassés, sur plusieurs points, la culture du blé, de la pomme de terre et du maïs. Sur les parties culminantes, de l'autre côté, avant d'arriver à Cavari, je rencontrai avec intérêt des *chulpas* ou anciens tombeaux des Aymaras, plus grands, mais construits en terre, comme ceux que j'avais vus à Palca[2]. Ce qu'ils offraient ici de curieux, c'est que bâtis, sans doute, par les Aymaras, puisque les Quichuas pratiquaient des fosses pour enterrer leurs morts, ils sont aujourd'hui près d'un bourg, où ne se trouvent que des Quichuas, colonie moderne, venue de l'est ou du sud-est. Je devais vivre dorénavant avec cette nation, Inquisivi étant, de ce côté, le dernier point habité par la nation aymara. Dans le fond de la vallée, à une heure, le thermomètre centrigrade m'avait donné

1. C'est une habitude générale en Amérique de profiter de la saison sèche pour incendier la campagne, afin de renouveler les pâturages et empêcher les buissons de croître. Je l'ai notée à Corrientes et dans les Pampas; je devais la retrouver dans tout l'intérieur de la Bolivia. On croit obtenir ainsi une pousse plus tendre, plus propre à nourrir les bestiaux, et détruire les reptiles, avec tous les animaux qui ne peuvent fuir. C'est une véritable calamité pour le naturaliste, qui, ensuite, ne trouve plus rien.

2. Voyez chap. XXV, p. 374.

1830. trente-deux degrés; au sommet de la côte de Chulpa Chirca[1], je le trouvai, à six heures du soir, à six degrés. Cette différence de température me fit éprouver une très-vive sensation de froid, qu'un vent des plus fort rendait encore plus intense.

Sicasica.

Cavari est bâti à l'est de la montagne, très-près de sa sommité. J'y fus on ne peut mieux reçu par le corrégidor, qui me fit partager son habitation. Le lendemain je parcourus le bourg, composé d'une belle église, d'une place et d'un grand nombre de maisons habitées par des Indiens quichuas. C'est le chef-lieu de canton de cinq ou six chapelles disséminées sur les montagnes voisines, dont les principales sont Cascavi, Charula et Carava. Tous les environs sont cultivés; et, des points élevés, la vue en est très-belle, l'œil y pouvant embrasser une très-grande partie du cours des rivières de Colquiri et d'Ayupaya, qui se réunissent à quelques lieues seulement. L'aspect des montagnes situées à l'est me parut d'autant plus agréable, qu'une petite pluie tombée pendant la nuit, les avait revêtues d'une légère couche de neige, contrastant avec le fond brûlant des vallées.

Avant d'abandonner la province de Sicasica, je jetterai un coup d'œil rapide sur son ensemble. Elle est située des deux côtés de la chaîne orientale des Andes; et, dès-lors, participe des productions des plateaux et de celles des vallées chaudes. Pourtant, comme on l'a vu pour les parties que j'ai déjà parcourues, elle est tout à fait différente de la province de Yungas, quant à sa végétation, ses produits, son aspect pittoresque et la forme de ses montagnes. Elle dépend du département de la Paz, et même une partie de ses richesses couvre les bords de cette rivière, avant qu'elle franchisse les Andes. Aux environs de Sicasica, sur les plateaux, on a en tout les mêmes productions qu'à la Paz; on ne s'y occupe que de l'élève des bestiaux et des troupeaux. Les cantons de Cavari, d'Inquisivi, et une partie des vallées de la Paz et de Caracato, offrent la plus belle culture de blé, de maïs et de pommes de terre. Dans ces mêmes vallées, un peu plus bas, on recueille du vin délicieux, de la canne à sucre. Je ne doute pas qu'on n'y pût facilement introduire avec succès des magnaneries, et dès-lors, s'épargner la sortie considérable de fonds, que les étoffes de soie enlèvent au pays. Le lin et le chanvre pourraient aussi se cultiver avec avantage dans les vallées un peu plus élevées;

---

1. *Chulpa Chirca* est aymara, et se compose de *Chulpa*, tombeau, et de *Chirca*, nom du mimose à feuilles pennées, qui donne le tan (voyez p. 433); ainsi le nom de la montagne serait *les Mimoses des tombeaux*, dénomination qui ne laisse pas d'avoir sa poésie.

et ces deux matières premières, jointes à l'abondance de la laine, donneraient une impulsion nouvelle à l'industrie, dans une province où de nombreux cours d'eau et les pentes des rivières fournissent tous les moyens possibles d'établir toutes sortes d'usines. On s'est borné, dans cette province, à l'exploitation des mines; et pendant le siècle passé l'agriculture n'était appliquée qu'aux besoins les plus pressans des ouvriers. Aujourd'hui que presque toutes les mines sont pleines d'eau et ne peuvent plus être exploitées, on a un peu étendu la culture; mais il reste encore beaucoup à faire pour l'élever à la perfection qu'elle peut atteindre, en y appliquant les connaissances théoriques de quelques contrées européennes, comme la France et l'Angleterre. La première amélioration serait de cesser de mettre le feu aux campagnes, ce qui occasionne le déboisement des parties montueuses. Il en résulte que les nuages s'y arrêtent moins, que les pluies diminuent annuellement, et que l'agriculteur se plaint de sécheresses qui nuisent à sa récolte, tandis qu'il n'aurait qu'à laisser agir la nature, pour amener, dans l'économie agricole, un changement des plus favorable.

1830.

Sicasica.

La province de Sicasica est une des plus abondantes en mines d'argent. Un grand nombre s'exploitent encore, comme celles de Suanca, de Pacoani, de Calamarca, de Laurani, de Coacollo, de Yuncayancani, de Choquetanga, de Corachapi et d'Acutani[1], d'où l'on retire de grands profits; mais les plus riches, celles de Colquiri, d'Antara et d'Abara, dans le canton de Cavari, d'Ayoayo, sont aujourd'hui envahies par les eaux. Les mines d'or de Choquetanga et d'Arava présentent aussi, par instans, de grands avantages. L'exploitation des mines est, en général, des plus incertaine. Le nombre des individus qui s'y sont complètement ruinés est trente fois plus élevé que celui des personnes qui en ont retiré de véritables bénéfices. C'est un jeu de hasard que les habitans préfèrent de beaucoup à l'exploitation plus certaine et plus assurée de l'agriculture ou de l'industrie, source de toute prospérité réelle. On trouve principalement dans la riche vallée de Caracato, près du bourg de ce nom, et à Belen, plusieurs sources thermales, qui offrent des bains précieux aux malades, et produisent beaucoup de concrétions calcaires, employées à la fabrication de la chaux. On compte dans la province dix-sept bourgs, habités, en partie, par des indigènes aymaras. Sa population est d'environ 58,500 âmes, et ses produits annuels sont pour l'État de 54,583 piastres (271,915 francs).[2]

1. Voyez ce que j'en ai dit p. 456.

2. *El Iris de la Paz*, n.° 8, 29 août 1829.

1830.

Ayopaya.

18 Septemb.

§. 3.

Voyage dans la province d'Ayopaya.

A Cavari j'avais vu les limites de la province de Sicasica, et, en même temps, le dernier point habité du département de la Paz, Machaca ou Machacamarca, où je devais aller, dépendant de la province d'Ayopaya, département de Cochabamba. Je devais aussi, pendant long-temps, abandonner la langue aymara, pour n'entendre plus parler que le quichua, ancien langage des Incas. En laissant Cavari, je suivis la pente du coteau[1] environ deux lieues, traversant toujours des terrains cultivés, semés de blé et de maïs, ayant en face la neige dont les sommités s'étaient couvertes; à mes pieds le Rio d'Ayopaya, limitrophe des deux provinces, aux bords duquel j'apercevais une verdure annonçant les doux effets du printemps. Tout cela se montrait comme dans un gouffre, où il fallait arriver. Le sentier à peine tracé, suspendu sur la rivière, ne traverse longtemps que des terrains secs, brûlés, couverts d'une végétation maigre, rabougrie, caractérisée par un grand nombre de plantes épineuses; puis cette zone contraste avec les mimoses d'un vert tendre, formant des bois aux espèces variées, par leur élégant feuillage penné, par leurs jolies petites fleurs jaunes en houpes et que leur odeur suave a fait nommer *aroma*[2]. Dans le fond des vallées, abritées des vents de sud-ouest, on éprouve une forte chaleur de réfraction d'autant plus sensible, qu'au sommet des coteaux le froid est très-piquant, et que la transition a lieu au plus dans quelques heures. Après avoir traversé la ceinture de mimoses qui borde, au pied des coteaux, le lit de la rivière, j'atteignis une large plage de cailloux roulés, au milieu de laquelle je trouvai des eaux limpides, courant avec force sur vingt-cinq à trente mètres de largeur; eaux trompeuses, dont l'aspect cristallin, ainsi que les bois charmans de leurs bords, cachent des influences pestilentielles, des fièvres violentes soit intermittentes, soit continues, et mortelles en quelques jours.

---

1. Pour désigner cette nature de *chemins tracés horizontalement sur la pente d'une montagne*, la langue espagnole se sert, au lieu d'une périphrase, du mot *ladera*, qui dit tout.

2. Ce sont des bois analogues, pour la hauteur, pour le feuillage, pour les fleurs, aux bois d'*espinillos* de la république de *Buenos-Ayres* (Voyez t. I, p. 446), et à ceux de la plaine de Santiago, au Chili. (Voy. t. II, p. 342. Si ce n'est pas la même espèce, ce sont au moins des plantes très-voisines.)

Évitées des habitans[1], et même, on le dirait, abandonnées par les oiseaux, ces rives riantes, alors embellies par l'activité du printemps, étaient tristes et silencieuses. On les traverse rapidement, sans les admirer, les abandonnant sans regrets pour gagner les coteaux arides des montagnes. 1830. Ayopaya.

J'avais déjà remarqué, et j'eus lieu, plus tard, de m'assurer partout, que l'humidité ou la sécheresse des montagnes, par une température semblable, changent tout à fait la nature de la végétation. Lorsqu'elles sont chaudes et sèches, elles se couvrent seulement d'arbres épineux à feuilles pennées, et les cactus forment les trois quarts de l'ensemble de leurs plantes, souvent arborescentes. Quand, au contraire, elles sont humides et chaudes, comme à Yungas, on ne trouve plus de trace de cactus; les plantes épineuses disparaissent, les feuilles pennées sont plus rares, tandis qu'on voit dominer les feuilles larges et entières[2]. Après avoir traversé la seconde ceinture de mimoses, j'entrai dans un véritable bois de cactus, que mes guides m'assurèrent être fréquenté par des ours[3], sans que j'en visse aucune trace. Je gravis ensuite, pendant quatre heures, une côte des plus rapide, et j'arrivai au bourg de Machacamarca.

Le corrégidor du canton et le juge de paix étant à recruter[4] dans la cam-

1. On croit généralement que les fièvres intermittentes n'ont lieu que dans les marais ou dans les endroits où les eaux croupissent; c'est une idée tout à fait fausse. J'avais déjà remarqué ce fait à la Vega (p. 446) et au Rio de la Paz; je le retrouvais ici dans une rivière dont les eaux torrentielles coulent sur des galets, sans jamais laisser de dépôts sur leurs bords; et j'ai été à portée de le remarquer sur une foule d'autres points, dans les régions sèches de la Bolivia.

2. J'ai cru m'apercevoir que dans les serres particulières, et même dans les serres des grands établissemens publics, on n'a pas assez tenu compte de ces deux genres de besoins des plantes, qu'on soumet toutes indifféremment à une chaleur humide. Il en résulte que les plantes des régions sèches meurent ou changent tout à fait d'aspect. C'est ainsi qu'on a dénaturé la forme de certains cactus, qu'on ne reconnaîtrait plus, si on les voyait chez eux.

3. C'est l'*Ursus ornatus*, Cuv., comme je m'en suis assuré plus tard à Cochabamba, où j'en vis un faisant mouvoir le soufflet d'un forgeron.

4. Dans le pays, les blancs sont exempts du service; les Indiens le sont aussi, en payant une contribution personnelle. Le recrutement n'a donc lieu que sur les métis indigènes appelés *Cholos*, ou sur les métis de nègres connus sous le nom de *Zambos*. Comme personne ne sert de bonne volonté et qu'aucune loi n'existe pour le recrutement, on se rend armé dans la campagne, où l'on sait qu'existent des hommes propres au service; on cerne leurs habitations, on s'empare d'eux, on les attache même, et ils sont conduits ainsi, sous bonne escorte, jusqu'à la ville voisine, où, enfermés dans les casernes, ils reçoivent les premières leçons. En général, l'aversion est dans le pays on ne peut plus forte pour l'état militaire. L'hospitalité des habitans ne laissant personne mourir de

1830. pagne, je ne trouvai à m'adresser qu'à des Indiens, qui, peu disposés à
Ayopaya. m'accueillir, ne faisaient à mes questions que des réponses évasives. J'étais au milieu de la place, fort embarrassé de ma personne, et ne savais trop que devenir, lorsqu'une personne obligeante voulut bien m'offrir l'hospitalité chez elle, où j'eus les appartemens les plus propres que j'eusse occupés depuis mon départ de Chulumani. J'éprouvai cependant encore quelque embarras. Je ne trouvais absolument rien à acheter pour dîner, et à jeun depuis six heures du matin, je dus attendre jusqu'à huit heures du soir et profiter encore de l'obligeance de mes hôtes.

Machacamarca, situé à quatre lieues de Palca grandé et à vingt-neuf lieues de Cochabamba, était un majorat du marquis de Montemira. Il fut quatorze ans de suite, de 1810 à 1824, pendant les dernières luttes de l'indépendance, le théâtre de la guerre. Le brave général Lanza s'y était cantonné, et y avait résisté à tous les efforts des Espagnols. Les habitans, dans ce conflit, avaient perdu tout ce qu'ils possédaient, ce dont ils se ressentent encore aujourd'hui. Privés de bestiaux, ils sont obligés de consumer leurs produits, faute de moyens de transport jusqu'à la capitale. Le bourg par lui-même n'est rien; sa vaste église n'est fréquentée que le dimanche, y ayant les autres jours, tout au plus deux cents âmes, réparties dans une quarantaine de cabanes, qu'habitent des Indiens quichuas. Le reste de la population est distribué entre cinq annexes[1] et dans un grand nombre d'haciendas. La vue en est très-pittoresque par la vallée d'Ayopaya, qu'elle domine, et les montagnes qui surmontent le village.

19
Septemb. Le lendemain, quelques coups de fusil tirés au milieu des bandes de pigeons et de tourterelles, qui vivent paisiblement autour des maisons et même sur la place, m'en fournirent plusieurs douzaines, dont j'offris une partie à mon hôtesse, et qui me procurèrent des provisions pour la journée. Un sentier étroit, par une montée très-rapide, au sein d'une nature peu variée, me conduisit dans une gorge profonde, où je trouvai avec plaisir de petits bois de cet arbre que j'avais rencontré au sommet de la Cordillère[2] près de la côte de Delinguil; arbre singulier, au feuillage découpé, dont l'écorce, jaunâtre, épaisse de quatre à six centimètres, se compose de couches très-nombreuses de feuillets minces comme le papier le plus fin, et on ne peut plus

faim, les vagabonds trouvent toujours qui les héberge dans l'oisiveté; ce qui fait qu'ils préfèrent, fussent-ils sans vêtemens, cette existence libre à la discipline militaire, qu'ils redoutent par-dessus tout.

1. Ces annexes sont les suivantes: Fuisonga, Sampaya, Cuti, Caimani et Usungani.

2. Voyez chapitre XXV, p. 387.

lisses, qui, à la surface, sont déchirés, papillotent au gré des vents et offrent le plus bizarre aspect. En serpentant par des sentiers tortueux et pittoresques, j'abandonnai ces bois pour la région des graminées, dont toutes les sommités sont couvertes, et j'arrivai au point le plus élevé, d'où s'offrit à mes yeux une vue immense et des plus belle. A gauche, une gorge couverte d'une sombre forêt; plus bas, un large vallon cultivé, qui va déboucher au loin dans une vallée dont je ne pouvais qu'entrevoir le cours, par dessus de hautes collines, le tout terminé à l'horizon par une vaste chaîne de montagnes, dont tous les pics, élevés et découpés, étaient alors couverts de neiges d'une blancheur éblouissante, contrastant avec la région des pâturages, qui s'enfouit dessous.

Pendant que j'observais ainsi tout ce qui s'offrait à moi, mes bêtes de charge et leur conducteur avaient pris les devants. Je me trouvais en face de deux chemins. Rien ne pouvant me guider, je crus bien faire de prendre le mieux tracé; mais, bientôt, en apercevant, au-dessous de moi, le bourg de Palca grandé, je reconnus que je m'étais trompé, et que cette route était celle de Cochabamba. Je revins sur mes pas; et, deux heures plus tard, j'étais descendu à Palca. Un de mes aides m'y avait précédé. C'était un dimanche. Tous les habitans étaient réunis dans la capitale de la province. Ils virent arriver un homme, un étranger, avec un fusil. Le gouverneur étonné l'emprisonna provisoirement, sans vouloir l'entendre. On mit aussi mes effets sous la surveillance de la police, et les trois seuls fusils rouillés du lieu furent mis en état, comme s'il se fût agi d'une attaque. Lorsque j'arrivai, on s'attroupa, de nouveau, autour de moi. La curiosité la plus vive se manifestait de tous côtés, et trois hommes armés étaient un si grand évènement, que, malgré mon air d'autorité, j'eus toutes les peines du monde à percer la foule et à me rendre chez le gouverneur, à qui, après avoir montré mes passe-ports et les ordres du gouvernement, je reprochai son inhospitalité envers les étrangers. Ce gouverneur était, sous les plus minces dehors, le plus riche propriétaire des environs, ce qui le rendait un peu vain. Il daigna néanmoins me faire donner un logement, et se montra, le lendemain, des plus empressé à me servir, sans doute afin de faire oublier sa conduite de la veille.

Situé dans le fond d'une vallée, et près du confluent de plusieurs ruisseaux, Palca[1] grandé, est entouré de champs de maïs et de blé. C'est un bourg

1. J'ai dit, chap. XXV, p. 374, ce que veut dire *Palca*.

1830. distant de vingt-cinq lieues de Cochabamba, et chef-lieu de la province

Ayopaya. d'Ayopaya. L'église est assez vaste; mais les maisons, assez mal bâties, sont de véritables cabanes à rez-de-chaussée[1]. On voit près du bourg les ruines de l'ancienne église, détruite lors de la révolution de Tupac Aymaru[2]; et l'on assure que trois cents Espagnols, hommes, femmes et enfans, y furent impitoyablement massacrés par les Indiens. Sa population est indigène ou métis de Quichuas, les Espagnols y étant peu nombreux. Les habitans des vallées sont affectés de gros goîtres, que le crétinisme ne complique jamais. Les produits de la province sont identiques à ceux de Sicasica; pourtant la culture des grains est ici plus abondante. Il existe une riche exploitation de lavage d'or à Choquecamata, où les pépites sont très-grosses, où des travaux importans sont maintenant entrepris dans le fond de la rivière, pour exploiter en grand cette source féconde de richesses. On a aussi découvert récemment une mine d'argent dans les schistes des montagnes voisines de la capitale; mais elle n'a pas montré de suite dans ses filons. En général, la province d'Ayopaya se ressent encore beaucoup des guerres; la population en est faible proportionnellement à l'étendue des terres agricoles, qui non-seulement pourraient nourrir cent fois plus d'habitans, mais encore offrir les plus grands avantages pour les exploitations de tous genres, au moyen de ses eaux courantes et de la variété de température dont elle jouit, depuis celle des neiges éternelles jusqu'à celle des régions les plus chaudes. Les vers à soie y donneraient, je crois, d'amples récoltes.

J'employai un jour à bien voir les environs et à prendre des relèvemens dans toutes les directions. En me promenant dans le bourg, je remarquai plusieurs groupes d'Indiens âgés, des deux sexes, assis en rond, et paraissant manger du maïs non torréfié. Je m'en étonnai. On me dit que c'étaient des mâcheurs de maïs pour la chicha. Cette explication ne m'apprenait rien et en demandait d'autres. Dans le département de Cochabamba le goût est si prononcé pour la chicha, espèce de liqueur fermentée, faite avec du maïs, que c'est une chose de première nécessité, en même temps qu'un grand régal. But de toutes les réunions du peuple, elle l'est même parmi les riches propriétaires, comme j'aurai occasion de le redire plus tard. Pour satisfaire ce goût, il faut du maïs écrasé; mais un raffinement a fait croire

---

1. En 1787, suivant Viedma, p. 16, dont je possède le manuscrit original, sa population était, y compris celle de cinq annexes, de 1,197 âmes, sur lesquelles 911 Indiens payant le tribut annuel de 750 piastres (3,750 francs). Le curé s'y fait 1,500 piastres de rentes ou 7,500 francs.

2. Voyez chap. XXVI, p. 409.

aux amateurs de chicha que le maïs mâché en procurait une infiniment meilleure. La classe des métis le préfère ainsi, et les propriétaires de majorats ou d'haciendas ont encore aujourd'hui le droit d'exiger de leurs Indiens[1], suivant les conventions, un ou deux quintaux de maïs mâché (*maïs mascado*) par année, afin de s'en faire de la chicha. A cet effet, les pauvres indigènes sont obligés, comme je le voyais, d'employer des journées entières à cet exercice, qui est ordinairement le partage des vieillards, les jeunes gens étant occupés à d'autres travaux, regardés comme plus pénibles. Rien de plus singulier que de voir huit à dix personnes, prendre constamment une poignée de grains de maïs, la mettre dans leur bouche, la broyer jusqu'à ce qu'elle soit bien écrasée et mélangée avec la salive. Elles l'ôtent ensuite, et la posent à leur côté sur un cuir, par petits tas de *mascadas* (mâchées), au fur et à mesure des progrès de l'opération. Les petits tas secs, on les réunit, à la fin de la séance, dans des sacs, jusqu'à ce que la quantité exigée par le seigneur ou le propriétaire des fermes soit atteinte. Ayant appris par moi-même, dans certains momens de disette, combien il est fatigant de triturer ainsi des grains aussi durs, et curieux de voir jusqu'à quel point cet exercice continu pouvait user les dents, je priai la personne qui m'avait donné ces renseignemens, que je vérifiai pleinement plus tard, d'obtenir, à titre de plaisanterie, que quelques-uns des mâcheurs à la journée voulussent bien me montrer leur bouche. Les dents de tous étaient usées jusqu'aux gencives, et offraient une surface lisse, sur laquelle on reconnaissait leurs couches constitutives. Je fus aussi surpris de la perte énorme de salive que devait faire éprouver cette mastication forcée, faite pour l'estomac d'autrui.

1830.
Ayopaya.

Habitué à ne jamais m'étonner de la différence des coutumes et des usages que je rencontrais, je ne pouvais pourtant m'accoutumer à ceux-ci; et je fis à mon interlocuteur quelques observations sur le dégoût que devait causer l'idée d'une préparation semblable. Il me répondit sans s'étonner que si je goûtais de cette chicha, j'en oublierais la fabrication, et que d'ailleurs la fermentation corrigeait tout. Peu disposé, pour le moment, à m'assurer du fait, je dus me contenter de cette réponse. La chicha se fait avec du

1. Il est douloureux de penser que tous les champs partiels, de même que toutes les grandes haciendas, ne sont pas à ceux qui les cultivent, mais à ces grands propriétaires qui remplacent la noblesse et en ont les prérogatives, tous les Indiens étant, soit sur les communautés, soit comme rentiers, sur les terrains qu'ils occupent; et aucun n'ayant un coin de terre qui lui appartienne.

1830. maïs concassé ou mâché, qu'on met dans l'eau. On le soumet, je crois, à
Ayopaya. une cuisson, puis on verse le tout en de très-grands vases de terre, jusqu'à la fermentation; alors on commence à en boire. C'est une boisson si nourrissante que, pour soutenir l'existence, il n'est besoin d'y joindre que très-peu d'alimens.

Le curé de Palca, homme aimable et instruit, vint me rendre visite. J'eus réellement du plaisir à causer avec lui, sa conversation étant, sur quelque sujet que ce fût, gaie, amusante et tout à fait exempte d'affectation. J'avais déjà remarqué, chez quelques-uns des curés de village, notamment chez celui de Suri, des idées très-justes et de l'instruction.

21 Sept. J'abandonnai Palca, pour aller coucher à la chapelle de Santa-Rosa, éloignée de quatre lieues; je traversai des coteaux cultivés par intervalle et garnis çà et là de maisonnettes habitées par les Indiens. Malheureux, sous le rapport des autorités locales, depuis que j'avais touché le département de Cochabamba, je le fus encore plus à Santa-Rosa. Le corrégidor du canton poussa la grossièreté jusqu'à ne vouloir pas même m'indiquer un toit sous lequel je pusse reposer. Après lui avoir fait de justes reproches, je demandai l'hospitalité dans une cabane d'indigènes et m'établis sous un hangar, où j'eus la nuit très-grand froid. Je me trouvais vis-à-vis un bras des Andes couvert de neiges, et n'en étais séparé que par le Rio de Ponacaché. Le lendemain je me dirigeai vers Morochata, limite de la province, distant de huit lieues de Santa-Rosa. L'aspect des montagnes y est réellement imposant. Depuis le lit de la rivière, où le soleil produit un effet de rayonnement singulier, je voyais se succéder toutes les zones de végétation : celle des cactus dans le bas, des buissons ensuite, remplacés, plus haut, par une pelouse s'étendant jusqu'au pied des neiges, que divisaient des pics disséminés sur la chaîne, aussi loin que la vue pouvait s'étendre vers le nord. Je descendis rapidement jusqu'au Rio de Ponacaché, par les plus mauvais sentiers, par des pentes rapides, au milieu de buissons épineux et de cactus en arbre, et d'une terre couverte de pierres de l'aspect le plus triste. Après avoir passé les galets de la plage, je pris le flanc des montagnes neigeuses, en remontant vers les Andes orientales, traversant des lieux parsemés de champs de maïs et de blé, jusqu'au hameau de Chinchiri. Je me trouvai en face de hautes montagnes, formées de grès silurien rouge et violet, disposé par couches presqu'horizontales, dont la tranche, coupée perpendiculairement au-dessus du ravin, offre l'aspect le plus pittoresque. A mesure qu'on s'élève, on voit disparaître les cactus. Quelques arbres se montrent jusqu'au hameau de Paran-

gani, où les champs de blé se succèdent, ainsi que plusieurs moulins à eau, 1830.
alimentés par la fonte des neiges, qui forme plusieurs ravins tombant, sur Ayopaya.
une pente très-rapide, du sommet des Andes. La vallée se rétrécit beaucoup. Je vis encore quelques champs; puis, au pied d'une haute chaîne de grès, coupée à pic vers la vallée, j'aperçus enfin le bourg de Morochata, but de ma course du jour. La plus grande pauvreté semble régner dans ce village, où l'on ne cultive que la pomme de terre et l'orge, tant il est élevé et voisin des sommets neigeux et froids.

Il ne me restait plus que quatre lieues de pays, de Morochata jusqu'au 23 Sept.
sommet des Andes orientales, limites naturelles de la province d'Ayopaya. Je remontai la vallée, réduite alors à un simple ravin des plus encaissé, composé au nord, par une tranche escarpée de couches de schistes anciens, et au sud, par des grès coupés aussi perpendiculairement, le ravin étant, sans doute, formé d'une des plus belles failles que je connaisse. A peu de distance du village, la culture disparaît, et je retrouvai la zone des pâturages, où toutes les plantes sont réduites en pelouses. Le sentier devenait des plus difficile. Je parvins néanmoins, après m'être arrêté de dix pas en dix pas, par suite de la raréfaction de l'air, jusqu'au niveau de ces énormes masses de schistes nus, qui, contrastant avec les neiges qui les recouvrent, offrent l'aspect le plus imposant et le plus sévère. Je mis pied à terre, pour mieux observer, et je recueillis plusieurs plantes intéressantes, ainsi que des renseignemens nouveaux et précieux sur la géologie de cette chaîne elle-même inconnue des géographes. J'éprouvais le froid le plus vif et un tel effet de la raréfaction de l'air, que je pouvais à peine faire quelques pas sans être arrêté par de fortes palpitations. Ces sommets représentent des pointes élevées et déchirées, que constitue le relèvement des couches des schistes et des phyllades, toutes dépouillées de végétation ou couvertes de neiges et de glaces. La chaîne s'aperçoit du faîte dans la direction du nord-ouest, autant que la vue peut s'étendre. Lorsqu'on arrive sous la zone torride, jusqu'au niveau des neiges permanentes, il est impossible de ne pas éprouver, à l'aspect de cette nature sauvage et inanimée, une forte émotion pour ainsi dire indépendante de la volonté. Pour moi, soit qu'à ces masses, de l'aspect le plus grandiose, je rattachasse l'idée des grandes catastrophes, des dislocations de l'écorce terrestre qui les avaient amenées, soit qu'elles m'inspirassent un haut degré de respect, en même temps qu'une vive satisfaction causée par la vue d'une végétation toute particulière, je me sentais animé d'une grande exaltation, chaque fois que, dans mes ascensions, j'arrivais sur ces points culminans du nouveau monde.

1830. Ayopaya.

Je passai deux cols à peu près au même niveau, plus élevés, sans doute, que le passage de Gualillas[1], à en juger par le manque de végétation et par la neige. J'en atteignis un troisième, d'où, tout d'un coup, je plongeai, à quelques milliers de pieds, sur les riches vallées de Cochabamba et de Clisa. Jamais contraste ne fut plus frappant avec les rochers où je me trouvais : c'était l'image du chaos à côté de la plus grande tranquillité; c'était la nature triste et silencieuse, et la vie la plus active, l'animation de tous les points. C'étaient, entourées de collines arides, deux immenses plaines cultivées, semées partout de maisons, de bouquets d'arbres, où l'on distinguait un grand nombre de gros bourgs et une grande ville, à laquelle ses édifices donnaient l'aspect d'une reine au milieu de ses sujets. Rien, en effet, ne peut être comparé à la sensation que produisent ces deux immenses plaines, ou, pour mieux dire, ces plateaux couverts d'habitations et de culture, placés au sein d'une nature montueuse et sèche, qui s'étend à plus de trente lieues à la ronde, et se perd dans l'horizon. On croit voir la terre promise au milieu du désert, le plus beau tableau bordé d'un cadre simple, mais sévère, qui en fait d'autant plus ressortir toutes les richesses. Si j'avais déjà éprouvé de vives impressions devant les beautés sauvages de la nature grandiose du Tacora, du plateau bolivien et des montagnes de Yungas, où la vie n'entre pour rien dans l'ensemble, puisque rien ne s'y montre de ce qui appartient à l'homme, que ne devais-je pas sentir devant ces champs animés, ces plaines couvertes d'édifices, ces riches campagnes, qui me rappelaient ma chère patrie!

1. *La végétation et le voisinage des neiges me font croire que ce passage est à près de 4,800* mètres au-dessus du niveau de la mer.

CHAPITRE XXVII.

Cochabamba et ses environs. — Voyage à Santa-Cruz de la Sierra, par les provinces de Clisa, de Mizqué et de Vallé grandé.

Cochabamba.

§. 1.er

Cochabamba et ses environs.

Les premiers pas que je fis en descendant les Andes orientales, me portèrent dans la province de Quillacollo, dont dépend la partie occidentale de la belle plaine de Cochabamba. En suivant un pénible sentier[1], j'étais peu disposé à observer ce qui m'avoisinait. Je descendais machinalement sans rien voir, les yeux fixés sur la vallée, dont les richesses semblaient croître à mesure que j'en approchais. Après deux mois passés dans les montagnes, où il m'eût été impossible de trouver une surface horizontale, large seulement d'une demi-lieue, tout le terrain étant formé de pentes plus ou moins abruptes dans tous les sens, j'éprouvais d'autant plus de charme à contempler la plaine, que j'y reconnaissais plus de rapports avec nos belles parties agricoles de la France. La vue des dômes des églises, des clochers des couvens de Cochabamba, me donnait l'espoir d'y goûter quelques momens d'une existence intellectuelle dont j'étais depuis long-temps privé, et dont j'éprouvais un besoin réel, avant de m'enfoncer, pour des années peut-être, au centre du continent américain. Après trois heures de marche, je laissai le ravin rocailleux et débouchai dans la plaine. Il était tard, et je dus m'arrêter non loin de là, près d'une humble cabane d'indigènes, où je fus reçu avec toute la bonté imaginable, et trouvai à me procurer quelques vivres, consistant en viande salée et en maïs. 23 Sept.

Tandis que je descendais, j'aperçus des Indiens mettant le feu sur plusieurs points des coteaux; des tourbillons de flammes et de fumée s'élevaient dans les airs, et m'offraient encore ici le spectacle imposant dû à la fâcheuse habitude qu'ont les Américains de brûler tous les ans la campagne, afin d'y renouveler l'herbe. Le vent de sud souffla vers le soir et ranima l'incendie. La nuit, sans lune, était très-sombre, et j'éprouvai un vrai plaisir à voir ces nappes de feu qui descendaient du haut des montagnes dans les ravins, où elles trouvaient plus d'alimens; elles représentaient alors des torrens de laves

1. Je retrouvai dans ce lieu l'arbre dont l'écorce ressemble à du papier. (Voy. p. 387.)

1830. coulant avec lenteur du cratère d'un volcan. Selon la nature du combustible, les flammes changent de couleur, de violence et de formes, et prennent, à chaque instant, un aspect nouveau. La vive lumière qu'elles répandent sur les montagnes s'étend au loin, souvent jusqu'aux sommets neigeux, qu'on voit sortir, par intervalle, du milieu d'un épais nuage de fumée, lorsque le vent vient la dissiper. C'est alors encore que la lumière s'avance vers la plaine et en éclaire une partie, laissant l'autre plongée dans des ténèbres d'autant plus épaisses.

Cochabamba.

24 Sept. Le 24, je traversai d'immenses champs de blé et de maïs, dans une campagne semée partout, auprès de fermes nombreuses, de pêchers, d'oliviers, de figuiers et de saules, offrant tout à fait l'aspect de notre Provence. J'arrivai ainsi, par une pente des plus douce, jusqu'au grand bourg de Quillacollo, chef-lieu de province et le plus peuplé de la vallée, après la capitale du département. Il est très-étendu, chaque maison étant entourée de jardins et d'enclos; aussi y chercherait-on vainement cette régularité habituelle des villes espagnoles en Amérique. De Quillacollo jusqu'à Cochabamba la plaine est plus libre et il y a beaucoup moins d'arbres, mais pas une parcelle de terre inculte; des champs partout, et, çà et là, de petites cabanes de terre[1], entourées d'enclos de même nature, qu'occupent des Indiens; cabanes identiques à celles que les premiers aventuriers trouvèrent dans cette partie du nouveau monde, et dont la forme arrondie en dôme et l'ouverture unique donnent à la campagne un cachet tout particulier, qui seul rappelle à l'Européen qu'il n'est pas chez lui, entouré qu'il se trouve partout d'une végétation importée et nullement indigène. Après avoir passé près du village de Colcapirgua, j'arrivai bientôt aux faubourgs de Cochabamba, qui, comparés à ce que j'avais vu depuis quelques mois, m'annonçaient une grande ville et me firent éprouver une vive sensation de plaisir. Je traversai une partie de la cité jusqu'à la maison d'un commerçant à qui l'on m'avait recommandé, et qui, chargé de me procurer un logement, s'en était occupé, en me choisissant une maison commode, mais sans meubles, où je m'installai immédiatement. Je fis ensuite un peu de toilette pour me présenter chez l'intendant de police et chez le préfet, afin d'être ensuite entièrement libre de mes actions.

La vallée de Cochabamba[2] a, de tous temps, été habitée par des Indiens

1. Voyez une de ces cabanes que je dessinai un autre jour. Vues, n.° 12.

2. *Cochabamba* est un nom corrompu de la langue des Incas ou langue quichua, provenant de *Cocha-pampa*, de *Cocha*, lac, lagune, et de *Pampa*, plaine. Traduction littérale : le lac de la plaine, ou mieux, *plaine inondée*. C'est, en effet, ce qui arrive à la saison des pluies.

quichuas agriculteurs, qui, depuis des siècles, s'étaient soumis à un cacique de la même nation, appelé Chipana, dont le nom se transmettait de père en fils[1]. Ce chef eut, pour les limites de sa juridiction, des guerres cruelles avec le cacique Cari, également souverain de la province de Tapacari, limitrophe, à l'ouest, de celle de Cochabamba. Ces querelles ayant appauvri les deux guerriers, ils résolurent de soumettre leurs différens à l'arbitrage de l'Inca, dont ils avaient entendu vanter la puissance et la justice. Vers le treizième siècle, Capac Yupanqui, cinquième Inca, poussa ses conquêtes jusque vers la province de Paria[2], où les deux caciques ennemis lui envoyèrent des députés pour demander son jugement[3]. L'Inca les accueillit avec beaucoup de bonté, envoya ses parens sur les lieux, puis assigna leurs juridictions respectives à Chipana et à Cari, tout en s'établissant souverain des deux provinces et les soumettant à sa croyance. Cochabamba, en paix, devint florissant; l'agriculture y prit encore plus d'extension[4] jusqu'à l'arrivée des Espagnols, époque où, après le renversement des Incas et des autres chefs naturels, la province et ses habitans furent divisés entre des aventuriers, qui les soumirent à l'esclavage et se partagèrent les indigènes comme on eût pu le faire d'un troupeau. La jalousie d'un côté, le manque de discipline de l'autre, firent passer de main en main les terres et leurs anciens possesseurs, jusqu'au moment où le vice-roi de Lima et l'Audience prirent assez d'ascendant sur le pays pour y établir des lois et les faire exécuter au loin. 1830. Cochabamba.

La fertilité de la vallée engagea les Espagnols à s'y fixer en 1565. Louis de Osorio y fonda un bourg sous le nom de San-Pedro de Cardeña[5]; mais, en 1579[6], le vice-roi de Lima, Don Francisco de Toledo, changea cette

---

1. Garcilaso de la Vega, *Comentarios reales de los Incas, lib. III, cap. XIV, p.* 89.

2. La province de Paria est aujourd'hui le département de l'Oruro.

3. Cieça de Léon, *cap.* 100; Garcilaso, *loc. cit., lib. III, cap. XIV*.

4. J'ai vu, sur le sommet des montagnes voisines, les restes des immenses travaux que les anciens Indiens avaient exécutés pour amener, par des canaux, les eaux du plateau vers la vallée. Ces restes annoncent la puissance et la grande population de la plaine de Cochabamba à cette époque.

5. Garcilaso de la Vega, *Comentarios reales de los Incas, lib. III, cap. XIV, p.* 91.

6. Suivant *El Iris de la Paz*, n.° 16, p. 2, 24 Octobre 1829, la ville aurait été fondée en 1572; la *Coronica de San Agustin en el Peru, lib. III, cap.* 37, *fol.* 722, dit 1677; mais la date la plus certaine est 1579, que j'ai prise dans les archives de Cochabamba, sur *El primer libro de Cavildo*, commencé le 20 Juin 1579.

1830. dénomination en celle de *Villa de Oropesa*[1], en appliquant le nom de sa famille à la nouvelle ville, qui en porta les armes. Cochabamba, peu riche en mines, comparativement à la Paz, à Chuquisaca, et surtout à Potosi, prit peu de consistance politique, l'agriculture y étant trop au-dessous des immenses avantages que donnait l'exploitation des métaux, et l'industrie n'y ayant pas été soutenue par les gouvernemens. Elle resta, comme simple résidence d'un corrégidor, sous la dépendance de Lima, jusqu'à 1776, où, la vice-royauté de Buenos-Ayres ayant été instituée, Cochabamba en dépendit, quoique éloignée de plus de sept cents lieues de sa nouvelle capitale. Six ans plus tard (1782) le vice-roi de Buenos-Ayres, instruit de l'importance agricole de Cochabamba, en fit le chef-lieu d'une intendance, à laquelle il réunit la province de Santa-Cruz, avec les anciennes missions de Moxos et de Chiquitos, renfermant ainsi, dans ses limites, beaucoup plus de la moitié de l'ancien Haut-Pérou, surface égale aux trois quarts de la France. Cochabamba dépendit alors de l'Audience de Charca. Cette ville, après la révolte de Tupac-Amaru[2], reçut, pour ses importans services, le titre de *Ciudad* (cité); elle put aussi porter l'épithète de *leal* et *valerosa* (de loyale et valeureuse), que lui conféra Charles III. Néanmoins, ces titres n'en firent pas une ville plus riche, l'industrie y étant peu encouragée. Si l'on en croit Viedma[3], elle se serait trouvée, en 1793, dans la plus grande misère. Elle eut beaucoup à souffrir, de même que toutes les autres villes, lors de la lutte de l'indépendance. Après l'émancipation définitive et la création de la république de Bolivia, en 1824, elle devint, ce qu'elle est encore aujourd'hui, le chef-lieu du département de Cochabamba[4], tout en perdant les provinces de Moxos, de Chiquitos et de Santa-Cruz de la Sierra, dont la dernière fut aussi érigée en capitale de département.

Cochabamba.

La ville est située à l'extrémité orientale d'un plateau d'environ deux lieues de large et sept de long, circonscrit, au nord, par un bras des Andes, qui

1. Ce nom d'*Oropesa* fut employé sur les cartes, mais n'a jamais été admis par les indigènes, ni même par les Espagnols du pays, qui appellent toujours la ville Cochabamba. Ces deux noms ont fait croire à beaucoup de nos géographes qu'il y avait deux villes; et il est curieux de voir figurer, en même temps, l'une à côté de l'autre, la ville de *Cochabamba* et celle d'*Oropesa*, comme on le remarque dans les cartes de l'Amérique méridionale de Brué (1826), et dans beaucoup d'autres.

2. Voyez chap. XXV, p. 409.

3. *Informe general de la provincia de Santa Cruz de la Sierra* (manuscrit).

4. Aujourd'hui le département se compose des provinces de Quillacollo, de Tapacari, de Ayopaya, de Clisa, d'Arqué et de Mizqué, qui représentent nos arrondissemens.

s'élève jusqu'aux neiges perpétuelles; au sud, par des montagnes sèches et peu élevées. Ce plateau forme une vallée fermée à l'ouest par les montagnes, à l'est par des collines, qui la séparent d'un côté de la vallée de Sacava, de l'autre de la vallée de Clisa. Elle est traversée par le Rio de Rocha, qui, venant de la vallée de Sacava, passe près de la ville, et par le Rio de Tamborada, qui prend sa source dans la vallée de Clisa, et va se joindre à l'autre rivière, entre Colcapirgua et Quillacollo. Ces rivières débordent au temps des pluies, tandis qu'elles sont presqu'à sec en hiver.

1830.

Cochabamba.

La ville de Cochabamba, avec ses faubourgs, occupe une vaste surface. Le grand nombre de ses cours et de ses jardins, la multitude de ses maisons à un seul étage, la font paraître infiniment plus peuplée qu'elle ne l'est réellement[1]. Elle est parfaitement percée, divisée en pâtés égaux ou *cuadras*, par de belles rues larges de neuf mètres, dont les principales sont bien pavées. Il y a deux grandes places, la *Plaza principal* (située au centre de la ville), autour de laquelle sont quatre églises, la maison du gouvernement ou Cavildo, et, au milieu, un jet d'eau. Elle est ornée, de plus, de jeunes saules récemment plantés, destinés à la rafraîchir, plus tard, de leur ombrage: c'est, sans aucun doute, la plus belle des places qu'on puisse voir dans aucune des villes de la république. La seconde place est celle de San-Sebastian, située presque dans les faubourgs. Il y règne la plus grande propreté, grâce à la surveillance de la police. Pourtant, faute de local approprié, ces places, comme à la Paz, servent encore de marché et sont encombrées, certains jours, de toute espèce de produits des environs, apportés par les Indiens.

Les monumens consistent en églises. On remarque surtout la Matriz, bâtie en pierres, et l'église de l'ancien collége des Jésuites (divisée en trois nefs), les plus belles de toutes; puis viennent les églises de Santo-Domingo, de San-Francisco, de San-Agustin de la Merced, de San-Juan de Dios, de la Recoleta, appartenant à autant de couvens d'hommes; celles de Santa-Clara et des Carmélites, où sont des sœurs de ces ordres. De plus, il y a le Cavildo, grand bâtiment d'une architecture très-simple. Au centre de la ville se trouvent beaucoup de maisons à un étage, bâties en briques crues, toutes pourvues, en dehors, de grands balcons en bois, qui se prolongent sur une partie de leur façade; mais ces maisons diminuent d'apparence à mesure qu'on s'éloigne de

1. *El Iris de la Paz*, n.° 16, élève approximativement la population à 23,500 âmes. En 1793, Viedma, p. 9 (manuscrit cité), l'élevait à 22,505 âmes, sur lesquels 6,363 Espagnols, 12,980 métis d'indigènes, 1,600 mulâtres, 175 nègres et 1,182 Indiens quichuas purs.

1830. Cochabamba. la Plaza principal. Elles sont d'abord assez grandes, consistent seulement en un rez-de-chaussée et sont couvertes en tuiles, puis finissent par n'être plus, vers la campagne, que de petites cabanes construites en terre et couvertes en chaume. Les établissemens publics sont : un collége des sciences et arts, institué par le général Sucre, fortement soutenu par le président Santa Cruz; un collége de jeunes orphelines, un autre pour les orphelins, une école d'enseignement mutuel, dotée par l'État et un hospice pour les pauvres.

27 Sept. Le dimanche après mon arrivée, je parcourus une partie de la ville, accompagné du docteur Barrionuevo, médecin instruit, reçu en France, et qui voulait bien me servir de cicerone. Je fus d'abord frappé du costume singulier des femmes, suivant les différentes classes de la société. Les femmes riches, avec nos modes françaises plus ou moins arriérées, portent les cheveux tombant sur les épaules et divisés en une foule de petites tresses dont l'ensemble est assez agréable; elles n'ont rien, du reste, sur la tête; mais elles portent, le plus souvent, le revoso espagnol ou les beaux châles de soie de nos fabriques de Lyon. Pour les femmes des artisans métis, elles ont les cheveux également divisés, la tête couverte d'un chapeau d'homme, blanc ou noir, ce qui est peu gracieux et choque la vue des étrangers. Le reste de leur costume n'est pas de meilleur goût. Sur un corsage de laine elles ont un revoso ou écharpe de laine de couleurs vives, et portent des jupes de *bayeta*, espèce de flanelle de toutes couleurs, rouge, rose, verte, jaune, les teintes les plus éclatantes étant toujours préférées. Ces jupes sont plissées pour en augmenter l'épaisseur, et bordées de larges rubans, dont la couleur contraste avec le reste. Plus la personne est riche, plus le nombre de ces jupes augmente. Il en résulte qu'elle paraît souvent, par ostentation, aussi large que haute, et qu'elle semble plutôt rouler que marcher. Il ne faut plus chercher chez ces femmes la moindre grâce dans la démarche, ni aucune de ces tournures si remarquables des Espagnoles. La mode, sous son tyrannique empire, a, dans ce lieu, voilé entièrement la nature, en déguisant toutes les formes sous un attirail aussi incommode que disgracieux. Le costume chez les Indiennes[1] et les plus pauvres des métis, est peu différent. Les cheveux sont les mêmes, le corsage et le revoso seulement d'une couleur plus sombre; les jupes bien moins nombreuses, d'étoffes noirâtres, à beaucoup plus gros plis. La tête est couverte d'une *montera*, espèce de chapeau de drap à grands bords, en pointe relevée en avant et en arrière, à coiffe pointue, haute, dont l'en-

1. On peut voir tous ces costumes, planche XII des Costumes.

semble rappelle involontairement le chapeau de Polichinelle. Ces monteras me parurent si extraordinaires, que je crus d'abord que c'était un déguisement burlesque. Quelquefois ces femmes portent une montera d'homme, espèce de calotte ronde, ornée de pièces de cuir de couleurs variées, à petits bords, pourvue, en arrière, d'une large lanière qui pend sur le dos, et dont la forme n'est pas moins bizarre. Les hommes de la société sont habillés à la française, les Indiens et les métis ont le poncho assez court, un gilet rond sur une chemise de laine, et une culotte ouverte sur les côtés, descendant au milieu de la jambe, laissant paraître un caleçon qui la dépasse. Le reste de la jambe est nu.

Mon guide me conduisit vers la *Pampa grande,* grande place située presqu'en dehors de la ville. L'organisation toute nouvelle d'une garde nationale qui y manœuvrait, faisait alors s'y porter tout le monde, et je pus observer à mon aise. J'y vis un grand nombre des citoyens de la ville en uniforme gris, et apportant à l'exercice un zèle qui témoignait du plus ardent patriotisme. Près de la Pampa grande est une petite colline nommée *Cerro de San-Sebastian*. J'y trouvai encore des promeneurs, qui y prenaient le frais. A son sommet, élevé de cent à cent cinquante mètres au-dessus de la plaine, et sur lequel sont des bancs, je jouis d'une vue magnifique. Je dominais sur toute la ville, et découvrais l'ensemble de ses environs des plus pittoresques et remplis de contrastes. A droite, les collines de San-Pedro, tristes et desséchées, sans aucune trace de végétation; en face, derrière la ville, le joli hameau de Calacala, avec ses arbres verts, rendez-vous des promeneurs, but des parties de campagne des citadins, le verger de la vallée, dont les succulentes fraises (*frutillas*) sont renommées dans le pays; à gauche, dans le lointain, les grands bourgs de Tiquipaya, de la Colcapirgua, de Paso et de Quillacollo. Partout, dans la vallée, des maisons dispersées, des arbres isolés, des champs cultivés, des prairies toujours vertes, dominées par une chaîne élevée, dont plusieurs points, couverts de neiges, contrastent avec la douce température dont on jouit dans la ville. J'admirai long-temps, sans me lasser de la parcourir des yeux, cette belle campagne, semblable à celles de France. Chassé par la nuit de mon observatoire, je rentrai avec la foule. A Cochabamba il n'y a point d'hôtels, ni d'auberges, pas même de cafés; pourtant on y prend des glaces dans quelques maisons. On va en tout temps chercher la matière de ce rafraîchissement au sommet des pics voisins, au fur et à mesure des besoins, sans s'inquiéter de faire construire des glacières, la nature ayant pourvu à tout.

1830. Cochabamba. Un soir, je vis passer une troupe de femmes et d'enfans, courant avec vitesse après une femme ayant à la main un drapeau blanc, qu'elle agitait de temps en temps, en manière de salut, devant une autre personne, chargée d'un petit paquet soigneusement enveloppé. Je demandai ce que ce pouvait être. On me répondit que c'était un ange qui s'en allait au ciel, et qu'on portait à l'église. Je me souvins alors des *velorios* de Corrientes et ne fus plus étonné; c'était la même coutume. Les parens, lorsqu'ils perdent un enfant jeune, le placent sur un autel. On invite les amis et connaissances; on chante, on danse même, on boit surtout beaucoup de chicha, puis on accompagne en pompe le corps de l'enfant à l'église, sans que les parens en soient autrement tristes, persuadés que c'est un ange qui se rend au céleste séjour. Une autre fois, distrait de mes travaux par le bruit d'une musique qui passait sous mes fenêtres, j'eus la curiosité de regarder. C'était une neuvaine à la Vierge, que je vis faire également pendant neuf jours. Un bon nombre de musiciens allaient en avant, une femme, un encensoir à la main, marchait ensuite, précédant deux autres femmes qui portaient un tableau de la Vierge, le tout suivi d'un nombreux cortége.

La langue générale de Cochabamba est la quichua. Les Indiens ne connaissent qu'elle. Les métis des deux sexes ne savent que quelques mots d'un très-mauvais espagnol. L'idiome quichua est si répandu, même dans la ville, que, dans l'intimité, tout le monde emploie ce langage. Les femmes de la société bourgeoise n'ont qu'une notion très-incomplète du castillan, qu'elles n'aiment pas à parler; aussi l'étranger, qui ne peut apprendre du jour au lendemain la langue des Incas, se trouve-t-il souvent dans un très-grand embarras. A présent que les écoles se multiplient, que l'éducation est plus généralement répandue chez les femmes, elles deviendront, sans doute, facilement, avec les moyens naturels dont elles sont douées, aussi aimables, aussi sensées dans la conversation, et d'une société aussi agréable que le sont les hommes instruits du pays.

Rien ne peut égaler la passion du peuple pour la chicha; c'est une véritable fureur. Les Indiens, les métis ne se contentent pas d'en faire un usage continuel, d'en prendre en mangeant, ou pour se rafraîchir; ils cherchent encore toutes les occasions possibles de fêtes religieuses, pour se réunir et en boire, jour et nuit, souvent pendant plusieurs jours, se livrant alors aux plus grands désordres. L'usage de cette liqueur leur fait perdre toute retenue, et les porte à satisfaire toutes les fantaisies qui leur passent par la tête. Pourtant on peut dire, à l'avantage de leur caractère, que, s'ils sont alors on ne peut plus relâchés, sous le rapport des propos et des actions que peuvent amener le rapprochement des deux sexes, ils restent toujours gais, se querellent rarement, et se battent plus rarement encore. Il semble que cette liqueur ait sur eux une influence tout à fait bénigne, comparativement aux terribles effets qu'amène en Europe l'abus de nos boissons spiritueuses, beaucoup plus fortes. Si le peuple aime la chicha, les autres membres de la société ne la dédaignent pas non plus; et cela se conçoit, élevés qu'ils sont par des Indiennes, qui ne s'en privent guère; aussi l'usage en est-il général[1], de même que la coutume des *meriendas* ou collations. Engagé un jour par le négociant espagnol auquel j'étais adressé, à l'une de ces meriendas, je ne voulus pas manquer une aussi bonne occasion de connaître ce genre de réunions. La compagnie se composait de la femme du commerçant, née dans le pays, de plusieurs de ses amies, d'un des premiers négocians anglais de Tacna, des parens et amis de la maison. On apporta des cochons d'Inde rôtis et de grands plats de pommes de terre avec une sauce épaisse, composée de piment rouge. On se servit; on insista surtout sur la sauce au piment, pour stimuler la soif, et l'on apporta des pots d'une chicha qu'on disait excellente. J'avoue que l'image des Indiens mâcheurs de Palca[2] s'offrit alors à moi dans toute sa force, et me fit retarder, le plus possible, l'instant où je porterais le breuvage à mes lèvres. Que faire pourtant? Refuser eut été incivil. Il fallut m'exécuter de bonne grâce, et me plier encore cette fois aux habitudes locales, quelque désagréables qu'elles me parussent. D'ailleurs, quand je voyais un Anglais mettre en oubli, pour plaire à son hôtesse, sa fierté et ses habitudes nationales, ordinairement si exclusives, il eût été mal séant à moi, voyageur français, de faire le difficile. Je m'immolai donc; néanmoins, comme les verres ne restaient jamais vides, qu'on mangeait toujours du piment pour s'exciter à boire, et que je voyais encore une mer de chicha qu'on se disposait à engloutir, je prétextai un rendez-vous vers dix heures du soir, et pus, avec beaucoup de peine, quitter la merienda, sans en attendre le dénouement, que je prévoyais devoir être peu agréable. Ce qui m'étonna le plus, ce fut de laisser mon Anglais, aussi bon *chichero*[3] que le meilleur des Cochabambinos.[4]

---

1. Suivant Viedma, page 9, on consume annuellement pour la chicha 200,000 fanégas de maïs.

2. Chapitre XXVI, p. 467.

3. Buveur de chicha.

4. Personnes nées à Cochabamba.

1830. Cochabamba. L'habitant de Cochabamba, qu'on voit si disposé à s'amuser et à s'enivrer de chicha, est, en voyage, l'homme du monde le plus sobre et surtout le plus économe. Il a, par dessus tout, l'esprit entreprenant et voyageur. De même qu'on trouve partout des Paraguayos (habitans du Paraguay), on voit également, dans toute l'Amérique, des Cochabambinos, distingués en cela, des habitans des autres provinces. Commerçans par excellence, comptant pour rien les fatigues, on rencontre, sur toutes les routes, des métis avec leurs mules ou avec leurs ânes chargés de marchandises, qu'ils vont vendre partout. Le plus souvent alors leurs provisions consistent en un sac de maïs torréfié. Ils s'arrêtent en des lieux inhabités pour faire paître leurs bêtes ou vivent dans les villes avec la plus stricte économie, afin de rapporter davantage à leurs familles, quand viendra le moment de partager leurs plaisirs avec elles. Si, profitant de ces goûts mercantiles, de ces dispositions entreprenantes, un gouvernement stable et ami du progrès voulait encourager l'établissement de fabriques de tissus de laine, de coton, de lin et de soie, dont les matières premières abondent dans tout le pays, ou pourraient facilement s'y naturaliser, Cochabamba deviendrait d'autant plus rapidement une ville manufacturière, que sa population est très-étendue, qu'un grand nombre de ses habitans vit dans l'oisiveté, conséquemment dans la misère, et que le goût des manufactures est déjà inné chez eux; puisque sans art, sans connaissances mécaniques aucunes, ils ont, dès aujourd'hui, un grand nombre de métiers, qui, bien que grossiers, leur suffisent pour confectionner des étoffes de coton ordinaires, nommées *tocuyos* et *barracan*, et des étoffes de laine appelées *bayetas*. Jusqu'à présent aucun atelier de teinture, ni d'imprimerie sur toile n'existe chez les Cochabambinos, ils n'ont pas même de métiers à faire les bas, et leurs tissus sont loin de valoir ceux que fabriquent les Indiens de la province de Moxos. Pourtant la laine abonde dans le pays; mais, le croirait-on? lorsqu'on voit les belles vallées chaudes des provinces d'Ayopaya, d'Arqué et de Mizqué à peine cultivées, les cotons sont encore aujourd'hui apportés de Tacna, c'est-à-dire de plus de cent soixante lieues de montagnes, à travers les Andes et à dos de mulets. Il faudrait, pour que Cochabamba prospérât, que le gouvernement donnât une prime aux cultivateurs, qui planteraient du coton, en taxant fort les cotons importés du Pérou. Il faudrait encore qu'il encourageât les semis de lin et de chanvre, pour les toiles; de la garance et de l'indigo, pour les teintures; qu'il cherchât à introduire l'industrie des vers à soie, en plantant des mûriers, qui viendraient parfaitement avec la température de la vallée, et assureraient un avenir de prospérité aux belles campagnes du département. Je le redis encore : la Bolivia, surtout dans certaines provinces, possède tous les élémens de la plus grande prospérité; il ne lui manque que l'industrie, pour se suffire à elle-même, pour s'affranchir du commerce étranger qui lui enlève annuellement, en numéraire, souvent plus que ne produisent toutes les mines; et tend constamment à diminuer les ressources de son avenir.

1830. Cochabamba.

Cochabamba produit du maïs, du blé, de l'orge, des pommes de terre, quelques légumes, quelques fruits, et de la luzerne pour pâturage; ainsi l'agriculture en est restée aux choses de première nécessité, qui tiennent à l'enfance de cet art, tandis que les plantes oléagineuses, les plantes tinctoriales et une foule d'autres, utiles à l'industrie et aux arts, y sont encore inconnues. Cet état de choses demanderait des sociétés d'agriculture, soutenues par le gouvernement, et des primes offertes à toute espèce d'amélioration dans la culture ou l'élève des bestiaux, aujourd'hui sous la direction des seuls Indiens, qui, depuis la conquête du nouveau monde, n'ont pas changé leur vieille routine. On tire le sucre de Cuzco et de Santa-Cruz; le vin et les eaux-de-vie de Moquegna ou des autres vallées du Pérou, tandis que ces produits pourraient s'obtenir dans le département. Au moyen de l'irrigation, les parties basses de la vallée donnent chaque année deux récoltes; mais une grande partie de la plaine trop élevée ne peut être cultivée qu'à la saison des pluies, qui, par suite du déboisement, deviennent de plus en plus rares. Pour fertiliser plusieurs parties inutiles, la grande pénurie d'eau a suggéré l'idée de tirer du lac de Larata, situé au sommet des montagnes, le même parti qu'on a tiré des lagunes de Potosi. Ce projet, des plus louable, a déjà reçu un commencement d'exécution. Il s'agit de construire des batardeaux du côté du ravin qui reçoit le trop plein de ce lac, afin d'y retenir les eaux à une plus grande hauteur, et de se ménager ainsi les moyens d'arroser une portion notable de la vallée. Si ce système de reprise d'eau s'applique à l'entrée de la vallée de Sacaba du Rio de Rocha, et à l'angostura du Rio de Tamborado au débouché de la vallée de Clisa, je ne mets pas en doute qu'on puisse, pendant les pluies, retenir une masse d'eau considérable alors tout à fait perdue, et augmenter de beaucoup les produits de la belle vallée de Cochabamba.

La température y est très-agréable. Quoique située sous la zone torride, l'élévation[1] de la vallée au-dessus du niveau de la mer lui donne le caractère

[1] Elle est à 2,575 mètres au-dessus du niveau de la mer, élévation plus grande que l'hospice du mont Saint-Bernard.

1830. d'une région très-tempérée, où il ne fait ni aussi chaud, ni aussi froid qu'en

Cochabamba. Provence : l'olivier n'y gèle jamais. Au mois de Septembre, c'est-à-dire au commencement du printemps, le maximum de température ne me donna jamais au-dessus de 18 à 20 degrés centigrades, et le voisinage des montagnes neigeuses procure souvent une fraîcheur salutaire. Six à huit mois de l'année le temps est serein et le ciel des plus pur; seulement alors on éprouve, vers le soir, des vents d'ouest ou de sud-ouest très-violens et très-chauds, qui élèvent des nuages de poussière et dessèchent les terres. Lorsque le vent vient du nord, il apporte beaucoup de fraîcheur de la chaîne orientale des Andes. Les pluies commencent en Novembre et durent jusqu'au mois d'Avril; alors il y a de fréquens orages et de fortes averses qui tombent, surtout le soir.

J'avais plusieurs fois fait visite au préfet, et sa connaissance m'était des plus agréable. C'était un des hommes les plus instruits et les plus remarquables de la république. Il m'invita à venir avec lui fêter la San-Miguel (Saint-Michel) dans sa maison de campagne, à Viloma, distante de cinq lieues de la ville, à l'extrémité opposée de la vallée. Quoique j'eusse beaucoup à faire, je ne pus m'y refuser. Le lendemain soir il m'envoya un beau cheval, et nous partîmes ensemble. Le vent d'ouest soufflait avec une force extrême et remplissait l'air de flots de poussière. Pour nous soustraire plus tôt à sa violence, nous prîmes le galop; mais, l'ayant dans la figure, nous faillîmes être plusieurs fois renversés. Néanmoins, en trois quarts d'heure, les trois lieues qui nous séparaient de Quillacollo furent franchies. Nous traversâmes de magnifiques campagnes, et arrivâmes au grand hameau de Viloma, appartenant au préfet. C'est, avec sa chapelle et ses Indiens, une vaste hacienda, dont l'étendue n'est pas moindre de douze lieues, du sommet des Andes jusque dans la plaine, et renferme toutes les températures. La surface de la plaine qui en dépend est immense, et donne des récoltes si abondantes en grains, qu'elle alimente neuf moulins à eau, à roues horizontales, mises en mouvement par un torrent que produit la fonte des neiges, et qui les fait tourner l'une après l'autre, en descendant de la montagne. J'admirai le bon ordre de cette ferme, où, sans les figures basanées des Indiens, j'aurais pu me croire un instant dans les plus belles parties de notre France agricole.

29 Sept. Le lendemain, jour de la Saint-Michel, fête du préfet, on vit de très-bonne heure arriver le recteur du collége, le médecin de Cochabamba, le gouverneur de Quillacollo, les autorités des environs et le curé de Sipésipé, qui dit une messe, après laquelle on déjeûna. Pendant ce repas, très-bien servi et des plus convenable, la conversation devint générale. J'entendis causer le

préfet avec beaucoup de plaisir. Instruit sans pédantisme, nourri de bonnes lectures, l'aisance de ses manières et son excellent ton seraient appréciés même dans nos meilleures sociétés de Paris. Je me plais ici à rendre cette justice à Don Miguel de Aguirre, comme un hommage dû à la vérité, et comme une faible marque de ma reconnaissance pour les bontés dont il m'a comblé pendant mon séjour à Cochabamba. Je trouvai aussi dans Mme de Aguirre une femme aimable, sans prétention, et remplie de toutes les qualités. 1830. Cochabamba.

La journée se passa en jeux, en promenades; mais le soir, tous les Indiens de la chapellenie, également en réjouissance, se réunirent pour boire de la chicha. Je fus témoin d'une joûte des plus étrange, qui existe parmi les indigènes des deux sexes. C'est un véritable assaut de courage. Deux champions se mettent en présence, chacun armé d'une baguette de cognassier longue et flexible; l'un des deux flagelle l'autre sur le devant des jambes, jusqu'à ce qu'il soit obligé de s'arrêter de fatigue; le second en fait autant, et ils recommencent successivement, avec le plus grand flegme, à se frapper, malgré le sang qui ruisselle, jusqu'à ce que l'un des deux adversaires s'avoue vaincu par la souffrance. Son vainqueur est alors proclamé le plus courageux, et reçoit les applaudissemens des spectateurs. De jeunes Indiennes luttèrent aussi de cette manière, sans faire durer l'épreuve aussi long-temps. Je ne pus m'empêcher de plaindre les uns et les autres, et de frémir de la barbarie d'un tel jeu, qui me donna l'explication du grand nombre de plaies aux jambes, que j'avais remarquées chez les Indiens et les Indiennes.

Le lendemain matin, en revenant à la capitale avec le recteur du collége (le docteur Torrico) et le médecin, nous rencontrâmes des hommes attachés dix par dix et conduits par des cavaliers. Je les pris pour des voleurs ou des assassins; mais je sus de mes compagnons de voyage que c'étaient tout simplement des recrues qui se rendaient à Cochabamba. Les lois, lorsque le cas l'exige, obligent, les Indiens exceptés, tous les habitans au service militaire. La crainte de la guerre avec le Pérou avait motivé cette levée, dont j'ai parlé à Machacamara[1]. L'aversion des habitans pour la profession des armes oblige les autorités de s'emparer des hommes dans les fêtes, ou d'aller les saisir chez eux. On les attache, on leur met les fers aux pieds dans leur village, jusqu'à ce que le contingent exigé soit complet; alors on les attache, comme je le voyais, et ils sont ainsi conduits dans les prisons des villes, où

1. Chapitre XXVI, p. 463.

1830. Cochabamba.

ils restent tant qu'ils paraissent vouloir s'échapper. Faut-il, dans un pays si peu peuplé, où les bras ne sont pas de moitié assez nombreux pour la culture, les voir ainsi éloignés des campagnes! La levée, par elle-même, n'est rien; mais elle produit le plus grand mal. Au moindre bruit de guerre et de recrue, l'épouvante gagne de proche en proche, et tous les hommes s'enfuient dans les bois, où ils se cachent. Les champs restent dès-lors incultes, et abandonnés jusqu'à ce que la tranquillité renaisse. Le retour de la paix aurait pour conséquence immédiate l'état le plus florissant. La guerre intestine ou les querelles avec les voisins retardent toute amélioration, et arrêteront toujours la prospérité générale. Si le patriotisme étouffait les ambitions particulières, les républiques américaines seraient appelées à jouer un beau rôle parmi les nations civilisées.

Pour me rendre de Cochabamba à *Santa-Cruz de la Sierra*, j'avais, avant d'arriver dans les plaines de l'intérieur, cent vingt lieues à franchir, sur lesquelles cent de montagnes abruptes. La saison avançait. Les habitans expérimentés m'avaient prévenu que les pluies approchaient, et que, si elles me prenaient en route, j'aurais à souffrir beaucoup, et même à courir les plus grands dangers, au milieu de nombreux précipices, sur un sol glissant; ce qui m'obligerait peut-être à m'arrêter tout à fait. Dès mon arrivée à Cochabamba, j'avais pris mes mesures pour en partir le plus promptement possible; aussi, après vingt-cinq jours d'un travail opiniâtre, qui ne m'avait pourtant pas empêché de parcourir les environs de la ville, mes collections étaient revues, emballées, déposées chez le préfet, et mes notes étaient au courant. Dans l'intervalle j'avais complété mes autres préparatifs de départ, en faisant les achats convenables, et en arrêtant un muletier qui devait me conduire jusqu'à Santa-Cruz, voulant n'être pas exposé, comme dans mes courses de Yungas, à perdre beaucoup de journées dans l'attente *de moyens de transport. Je fis mes adieux* à Cochabamba, *et surtout* à Don Miguel de Aguirre, qui m'avait comblé de prévenances, et dont le souvenir est, pour moi, inséparable du sentiment de la plus profonde gratitude.

§. 2.

Voyage à Santa-Cruz de la Sierra, par les provinces de Clisa, de Mizqué et de Vallé grandé.

† *Province de Clisa.*

Le départ est toujours une chose très-difficile à effectuer en Amérique. On croirait que les habitans ne sont jamais pressés, et l'Européen a constamment à souffrir à cet égard. J'avais demandé les mules pour le matin de bonne heure; en habit de voyage, et tout prêt à partir, j'attendis avec impatience toute la matinée, trop heureux encore de les voir arriver avant une heure de l'après-midi. On chargea mes effets; et, enfin, je partis. Cependant je n'avais pas encore quitté la ville. Tous les obstacles n'étaient pas vaincus. Mes muletiers s'arrêtèrent chez eux, où leurs parens, leurs voisins et leurs voisines les attendaient avec de la chicha. J'eus beau dire et beau faire. On resta près d'une heure, pendant laquelle, à toutes mes observations, on répondait en m'offrant de la chicha. On sortit de la maison; mais les parentes des muletiers partirent avec nous, portant des pots de chicha; et, de cent pas en cent pas, tous s'arrêtaient pour boire encore. Fatigué de tant de retards, m'apercevant que mes guides ne pourraient bientôt plus me conduire, je finis par me fâcher, et je contraignis ces femmes trop obligeantes à s'éloigner, bien convaincu que, sans un peu de vigueur de ma part, mes guides me laisseraient en route. 21 Octob.

En sortant de Cochabamba, je suivis le pied des collines de San-Pedro, et j'entrai dans le ravin où coule le Rio de Tamborada, qui apporte les eaux de la vallée de Clisa. Ce ravin, profond et étroit, que, pour cette cause, on appelle *Angostura,* est cultivé sur les bords, couverts, par intervalles, de saules, de mollés, de pommiers, de pêchers, de figuiers et de petites maisonnettes éparses, d'un aspect pittoresque, contrastant avec les collines nues, sèches et décolorées des coteaux, où des cactus rabougris montrent seuls un reste de vie. Bientôt, d'une petite montée limitrophe des deux provinces, j'entrevis la vaste vallée de Clisa, plus grande, mais moins fertile que la vallée de Cochabamba, parce qu'elle a moins de cours d'eau permanens. Au débouché dans la plaine, à quatre lieues de Cochabamba, la

1830. — Clisa.

nuit s'approchant, force me fut de m'arrêter auprès de la première cabane d'Indiens, où je dormis en plein air.

21 Octob. La vallée de Clisa, de forme ovale, ressemble, en tout, pour l'aspect et la culture, à celle de Cochabamba. Je voyais, à deux lieues de distance, le gros bourg de Tarata[1], capitale de la province, dont l'église, surmontée d'un dôme, dont les nombreuses maisons et les vergers se distinguaient des champs alors incultes, et attendaient les pluies pour devenir fertiles. Je voyais aussi, dans la campagne, un grand nombre de hameaux et de maisons isolées, dont l'aspect contrastait avec les montagnes sèches et arides qui entourent la vallée. En laissant mon gîte, je suivis, au nord, le pied des montagnes de grès. Je traversai le village de Sacacirca, dont presque toutes les cabanes d'Indiens sont en dôme, comme celles que j'ai déjà décrites[2]. Trois lieues plus loin, après avoir passé devant Clisa, j'étais près du bourg de San-Benito, et j'avais abandonné le voisinage des collines pour me diriger vers Punata, en traversant deux lieues de champs et des prairies naturelles, couvertes de bestiaux et de troupeaux de moutons. Punata[3], l'une des fortes paroisses de la province, a une très-belle église, beaucoup de maisons bien bâties, divisées en quadras ou pâtés égaux. On y voit surtout un grand nombre de jardins fruitiers. Elle est située assez près de l'extrémité orientale de la vallée, au bord du Rio de Punata, dont les eaux, peu abondantes, servent pourtant à l'arrosement artificiel d'une surface immense de terres cultivables. Mon passage mit tout le village en émoi. Tous les habitans, hommes et femmes, surtout ces dernières, étaient sur leurs portes à nous regarder, et se demandaient qui nous pouvions être. J'eus la cruauté de ne pas satisfaire leur curiosité, en ne m'arrêtant pas à Punata.

En me dirigeant sur Arani, distant de deux lieues, je traversai de belles plaines sablonneuses cultivées, qui, néanmoins, paraissaient souffrir de la sécheresse. A mon arrivée sur cette paroisse, je fus d'abord très-grossièrement reçu par le corrégidor; mais la vue de mes passe-ports le rendit plus traitable, et il voulut bien me permettre de coucher à terre sous un de ses
30 Octob. toits. Le lendemain matin, pendant qu'on chargeait mes bagages, j'allai visiter le bourg. Je trouvai une très-belle place, alors couverte des denrées du pays

1. Tarata, suivant Viedma, avait, en 1793, y compris ses annexes et ses campagnes, 15,826 âmes, dont 3,971 Espagnols, 4,156 métis, 6,924 Indiens et 775 mulâtres.

2. Voyez page 472.

3. Punata avait, en 1793, y compris les environs, 9,732 âmes, dont 1,322 Espagnols, 4,350 métis, 3,411 Indiens et 612 mulâtres.

et de la population indienne des environs. Sur un des côtés est une belle et vaste église, munie d'une très-haute tour carrée. J'y entrai, et commençais à admirer la richesse de ses ornemens d'argent, et cette fameuse vierge nommée *Nuestra Señora de la Bella,* qui attire tant de vœux, de pélerinages, et surtout d'aumônes, lorsque le curé vint en personne me dire qu'il était indécent d'entrer ainsi dans son église. Tout étourdi de cette apostrophe, je cherchais en vain ce que je pouvais avoir d'extraordinaire, lorsqu'il me montra mes éperons, qui l'avaient scandalisé. Je sortis de suite, et me souvins toujours depuis que l'usage du pays ne permet point d'entrer avec des éperons dans une église, ce que j'ignorais alors complétement. Arani, situé à l'extrémité orientale de la vallée de Clisa et au pied des montagnes arides, est un des plus riches bourgs[1] de la province. Ses rues sont bien percées, ses maisons propres, divisées par pâtés égaux, et tout y annonce l'aisance. On y voit un très-grand nombre d'Indiens, et les habitans sont très-renommés comme buveurs de chicha. 1830. Clisa.

La province de Clisa, qui comprend la vallée de ce nom et une partie des montagnes qui s'élèvent au nord et au sud, renferme les cantons de Tarata, de Punata, de Clisa, de Toco, de San-Benito, d'Arani, de Tiraque et de Paredon[2]. Pour ses produits, sa température (quoiqu'un peu plus froide) et les améliorations dont elle est susceptible, elle ressemble en tout à celle de Cochabamba; elle contient plus de pâturages et nourrit de nombreux bestiaux, tels que vaches, chevaux, mules, ânes, moutons et chèvres. Les habitans se plaignirent beaucoup, auprès de moi, de la pénurie des eaux pour l'arrosement et la fertilisation des terres. Lorsque je gravis les montagnes qui dominent la vallée, je reconnus facilement, qu'en établissant un barrage à la partie orientale du grand lac de *Parco,* et faisant une saignée à l'ouest, vers les ravins qui descendent près d'Arani, on pourrait, sans une trop grande dépense, avoir une masse énorme d'eau de plus dans la vallée, qui recevrait, dès-lors, une grande impulsion de prospérité. La différence des niveaux, les pentes naturelles, faciliteraient cette opération, qui, dans tout autre pays, serait faite depuis long-temps. Espérons que le gouvernement sentira le bien-être qui peut en résulter pour une partie notable de ces populations, et qu'il secondera de tout son pouvoir des vues d'une aussi incontestable utilité.

1. Sa population, suivant Viedma, est de 6,256 âmes, dont 803 Espagnols, 2,058 métis, 2,904 Indiens et 488 mulâtres.

2. L'ensemble de sa population est de 37,000 âmes environ, suivant Viedma. *El Iris de la Paz,* n.° 20, lui en donne, en 1829, 60,500; chiffre évidemment trop exagéré.

1830. Mizqué.

†† *Province de Mizqué.*

En gravissant, au milieu de grès de transition, les hautes collines qui bornent la vallée de Clisa et qui sont dénuées de toute végétation, j'atteignis les limites des provinces de Clisa et de Mizqué. Au sommet, j'eus une vue magnifique dominant sur l'ensemble de la vallée, qui se déroulait dans le lointain, avec son cadre de montagnes que la distance montrait sans issue; le tout dominé par l'un des pics neigeux de la vallée de Cochabamba. Plus je contemplais cette belle plaine, plus je lui trouvais d'analogie avec les campagnes de France. L'illusion était réellement complète, quand une troupe d'Indiens, passant près de moi, détruisit tout à coup ce beau rêve, auquel je m'étais abandonné, et me ramena au milieu des montagnes d'Amérique. En suivant une petite vallée sur son coteau toujours montant, et longeant, à ma droite, quelques pâturages où paissaient de nombreux moutons, j'arrivai au sommet d'un petit plateau, où se trouvent les limites de la province. Là, je dominais un plateau assez élevé, dont les alentours, tristes et décolorés, contrastaient avec une suite de quatre lacs étagés qui en occupent le fond, en lui donnant la vie. L'un de ces lacs, la Laguna de Parco, le plus grand de tous, me parut très-propre à fertiliser la vallée de Clisa. Il suffirait, en effet, comme je l'ai dit plus haut, d'établir un barrage à sa partie inférieure, et de couper une très-légère colline de son extrémité occidentale pour changer le cours de ses eaux, et les faire descendre dans la petite vallée que je venais de remonter.

Malgré la sécheresse des environs, la présence de l'eau limpide des montagnes, et des oiseaux aquatiques qu'elle attire, vinrent animer le paysage et égayer l'ensemble. Je mis pied à terre et parcourus les rives du premier lac, de plus d'une lieue de long, et large de la moitié. Je vis d'abord de longues phalanges de phénicoptères, qui s'envolèrent à mon premier coup de fusil, pour aller chercher au loin une tranquillité à laquelle ils sont accoutumés, et que je venais inopinément troubler. Beaucoup d'oiseaux s'y trouvaient réunis : des mouettes blanches au manteau gris, des canards variés, des poules d'eau, des foulques au plumage noir, et surtout une admirable oie, d'une taille gigantesque, nageant majestueusement au sein des eaux, comme nos cygnes, dans les étangs des hommes opulens de notre Europe. Je tuai plusieurs espèces intéressantes, puis je songeai à rejoindre ma troupe. En traversant des champs qu'on disposait à recevoir du blé, je regagnai le sentier tracé près des collines de grès qui bordent le plateau vers le nord-est, foulant des terrains secs, arides, considérés, vu leur élévation, comme de véritables *Puna*. La nuit il y fait un froid très-piquant, et la température paraît donner une hauteur voisine de celle où se trouve la Paz, environ 4,700 mètres au-dessus du niveau de la mer. Le chemin me conduisit, en passant devant deux autres lacs, jusqu'au village de Baca, distant de huit lieues d'Arani. Ce village, peuplé d'Indiens quichuas, se compose de cinquante à soixante maisons, dont les toits en chaume n'annoncent pas une grande aisance. Il n'y avait ni corrégidor, ni alcalde. Je me présentai chez le curé, qui, contrairement à ses collègues, toujours des plus hospitaliers, manqua, envers moi, à l'un des premiers devoirs du christianisme. Je ne trouvai en lui que grossièreté, sans aucun secours. Malheureusement son exemple, suivi par les Indiens, m'exposait au double inconvénient de coucher en plein air, et de ne rien obtenir pour souper. La nécessité oblige souvent à changer de conduite; et, voyant que je ne pouvais rien avoir de bonne volonté, je pris le parti d'user du droit du plus fort. Ma troupe, bien qu'elle ne fût composée que de quelques hommes, était bien armée. Je pouvais tout oser; je ne balançai pas un instant. Deux coups de fusil me procurèrent un mouton et un poulet, qui me donnèrent au moins la certitude de satisfaire au plus pressant des besoins. Je craignais que cet acte d'autorité ne m'attirât tout au moins de fortes querelles; mais il n'en fut pas ainsi. On vint humblement me demander le prix de ma chasse de basse-cour; puis j'obtins tout ce que je pouvais désirer, et je trouvai même des prévenances chez les habitans. Je ne m'en établis pas moins dans un enclos isolé en dehors du bourg, aimant mieux coucher sous la voûte des cieux, que dans les sales maisons des indigènes. 1830. Mizque.

A la pointe du jour, je parcourus les environs, visitant tour à tour les lagunes, le bord de la rivière de Conda, qui en sort, ou bien les coteaux cultivés des environs de Baca. Partout les plaines situées au pied des montagnes sont semées en blé ou en pommes de terre. Les collines sont couvertes de troupeaux de moutons, et les bords des lacs de bestiaux. Je cherchais en vain quelques arbres, lorsque, de loin, je crus apercevoir un palmier au tronc svelte. J'en étais d'autant plus étonné, que ces belles plantes ne croissent jamais dans les régions élevées. Je m'en approchai, et reconnus une magnifique espèce d'agavé. Son tronc grêle, élevé de deux à trois mètres, était surmonté d'un assemblage de nombreuses feuilles en lanières longues et pointues, et formant boule, d'un aspect très-pittoresque. Par malheur, ces plantes sont en petit nombre, et le peu de prix qu'on y attache, les fera sans doute disparaître entièrement de ces régions. 24 Octob.

1830. — Mizqué.

En quittant Baca, je continuai à suivre le coteau jusqu'à la fin de la vallée. Je gravis ensuite par des chemins affreux, marchant sur des pierres détachées jusqu'au sommet de la montagne, où le sentier occupe la crête de la même chaîne, contre laquelle Baca est appuyée. De cette crête, assez aiguë, formée de grès de transition en décomposition, je dominais à droite sur la vallée de Conda, où, en regardant du côté de sa source, je voyais le ruisseau qui sort des lacs de Baca, et un autre affluent, formé par le trop plein d'une lagune, appartenant à une vallée différente. L'abondance des eaux du Rio de Conda fait naître, sur ses bords, une pelouse d'un vert tendre, contrastant avec l'aridité des montagnes situées plus au sud. Plusieurs petites cabanes d'Indiens pasteurs y sont éparses, et ne contribuent pas peu à l'embellir. A gauche coule le Rio de Pocona dans un véritable gouffre, tant il est resserré entre les deux montagnes qui forment son lit, bien plus profond que celui de Conda. Quelques arbustes rabougris en occupent la partie la plus basse. De l'autre côté du ravin de Pocona se montre la chaîne de montagnes de Coripaloma, dont la crête est très-déchirée, noire d'aspect par les schistes qui la composent, la roche se montrant à nu de toutes parts. Je marchais lentement au sommet de la montagne, regardant tour à tour d'un côté ou de l'autre, mesurant des yeux les six ou huit cents mètres de hauteur qui me séparaient des ravins, dont les coteaux sont tellement abruptes, qu'ils forment, sur tous les points, des précipices; ou bien, je recueillais quelques-unes de ces jolies solanées en buissons, dont la fleur violacée m'annonçait le printemps. Le temps était calme et chaud; le ciel un peu couvert. Des nuages isolés, d'abord en petit nombre, parcouraient, bien au-dessous de moi, la vallée de Pocona, tandis que l'autre en était dépourvue. Ils semblaient parfois fixés comme de larges taches blanches aux arbustes de la montagne de Coripaloma. Ils se succédèrent, se rapprochèrent rapidement, et bientôt remplirent toute la vallée, me la cachant entièrement comme un large rideau tendu d'une montagne à l'autre. Ces nuages, d'abord blanchâtres, s'amoncelèrent et prirent une teinte plus sombre; des éclairs les sillonnèrent, le tonnerre gronda avec fracas, l'écho des montagnes répéta mille fois ses roulemens, qui devinrent continus, renvoyés qu'ils étaient, sans cesse, d'un côté à l'autre des pentes. Je jouissais d'autant plus de ce spectacle, que je goûtais au sommet de la montagne le calme le plus parfait. La vallée de Conda n'avait pas non plus un seul nuage. D'un côté, l'image de la nature en courroux; de l'autre, la nature tranquille et non moins imposante.

Du haut de mon observatoire j'admirais ces effets d'un contraste vraiment magique; mais je ne tardai pas à remarquer des nuages remontant la vallée de Conda, qui en fut bientôt entièrement remplie. Ces nuages s'élevèrent peu à peu; ceux de la vallée de Pocona sortirent par lambeaux déchirés de leur lit; tous marchaient avec vitesse. Je fus inopinément enveloppé des uns et des autres, et ne distinguai plus qu'un très-fort tourbillon de vent, qui changeait de direction à chaque seconde. Quelques instans plus tard j'y voyais à peine. Le tonnerre grondait en même temps au-dessus, au-dessous et tout autour de moi; les éclairs sillonnaient l'espace en tous sens, et ma pauvre troupe, sans abri, suspendue au sommet de la montagne, pouvait craindre à chaque instant, soit d'être emportée dans le fond des vallées, soit d'être atteinte par la foudre. Je n'avais jamais entendu un tel vacarme; jamais je n'avais été si fort entouré de nuées électriques. C'était une magnifique horreur, dont l'ensemble m'étonnait, m'étourdissait même, sans m'inspirer pourtant la moindre crainte. J'étais tout à l'admiration que m'inspirait ce phénomène. Les nuages s'ouvrirent; des torrens de pluie nous inondèrent et enlevèrent au tableau quelque chose de sa beauté idéale. Trois heures de suite il plut ainsi. J'étais traversé, et marchais péniblement sur le terrain devenu très-glissant. Le tonnerre, dirigé vers l'ouest, s'éloigna peu à peu et se perdit dans l'espace. La pluie devint moins forte, les nuages se dissipèrent. Vers trois heures du soir l'horizon était entièrement libre, un soleil consolateur parut et le calme le plus parfait se rétablit dans la nature. J'étais alors sur un point de la chaîne, d'où j'apercevais, au fond de la vallée, sur le bord de la rivière, le bourg de Pocona, tout à fait au-dessous de moi. En le voyant si près, je crus y être en quelques instans; mais mon guide m'annonça qu'il nous fallait marcher encore au moins deux heures avant d'y arriver. Je commençai à descendre par mille détours, une pente des plus abrupte, où, à chaque instant, ma mule, se sentant près de tomber, tendait ses pieds de devant, rapprochait ceux de derrière et glissait ainsi quelquefois plus de cinq ou six mètres, puis marchait de nouveau, glissait encore, et recommençait incessamment ce manége, qu'elle continua jusqu'au bas de la côte, au risque d'y rouler avec moi. J'arrivai enfin sain et sauf au lit de la rivière et à Pocona, où, me rappelant quelques-unes des mauvaises réceptions passées, j'aimai mieux acheter l'hospitalité chez un Indien, que de m'adresser aux autorités civiles ou religieuses.

Vers la fin du treizième siècle, l'Inca Roca, sixième roi de sa race, poussant ses conquêtes au-delà des provinces de Cochabamba et de Tapacari, sou-

1830. Mizqué. mises à son père, demanda le vasselage aux provinces de Pucuna[1] et de Chuncuri; prétention qui, après quelques pourparlers avec les anciens, amena la soumission de provinces alors tellement peuplées, que l'Inca leur fit l'honneur d'y prendre cinq cents guerriers pour son armée[2]. C'est la capitale d'une de ces anciennes provinces que j'avais atteinte en foulant, sans aucun doute, le sentier parcouru par l'Inca et sa suite, cinq cents ans avant moi, lorsqu'il poussa ses conquêtes jusqu'à Chuquisaca, par la province de Misqui, aujourd'hui Mizqué. Ces souvenirs de l'antique splendeur de la monarchie des Incas me firent éprouver un sentiment pénible, quand je vis combien ces pays, jadis si riches, sont aujourd'hui dépeuplés, surtout d'indigènes. Le Pocona actuel, le même que l'ancien Pucuna, ne contient plus que quelques Indiens purs, et beaucoup de métis d'Indiens ou de Nègres.

Pocona paraît avoir anciennement porté le titre de Villa[3]. Depuis il passa sous le patronage des frères de San-Francisco jusqu'en 1757, où il reçut un corrégidor. C'est un grand bourg[4], mal bâti, situé sur la rive droite du Rio de Pocona, au fond de la vallée; ses rues sont étroites, sa place petite, son église assez grande; ses maisons sont de véritables cabanes couvertes en chaume, à l'exception de celle du curé, qui est des plus vaste. Tous les environs sont couverts des plus beaux vergers, où dominent les pêchers, les pommiers et les poiriers. Les campagnes, surtout au bas de la vallée, sont cultivées et donnent de magnifiques récoltes de maïs et de froment, tandis que les hauteurs voisines servent aux pasteurs de brebis. La maison où je m'étais établi me paraissait assez bien couverte. Pourtant la nuit, la pluie ayant recommencé, elle se remplit tellement d'eau, que je dus me tenir sur pied, faute autant par l'impossibilité de m'étendre sur le sol, que pour préserver mes malles de cette inondation générale.

De Pocona je devais me rendre à Totora, distant de huit lieues. Je parcourus d'abord tous les environs, en y faisant des recherches d'histoire naturelle, et me mis en route. J'admirais ces crêtes déchirées de la chaîne de Coripaloma, dont les schistes formaient des pointes aiguës. La vallée de Pocona, s'élargissant beaucoup au-dessous du village, offre les plus beaux

1. Garcilaso de la Vega, *Comentarios reales de los Incas, lib. IV, cap. XVII*, p. 122.

2. *Ibidem, cap. XVIII*, p. 123.

3. Viedma, *Informe*, etc., p. 30.

4. Viedma, en y comprenant Baca et les maisons isolées de toutes parts, évalue sa population à 3,209 âmes.

champs de culture et partout des fermes; puis elle se rétrécit tellement vers son débouché dans le Rio de Copi, qu'elle s'y réduit à un simple détroit, où le chemin, entre deux hauts escarpemens, traverse la rivière à plusieurs reprises, sur un lit de cailloux roulés. En sortant, j'avais à droite la vallée de Copi, où toutes les eaux se réunissent pour se rendre au Rio de Mizqué, l'un des grands affluens du Rio grandé. Cette vallée est profonde; mais les côtes en sont trop escarpées pour qu'on puisse les cultiver. Je remontai la vallée et longeai plusieurs fermes, jusqu'au Rio de Machacamarca, qui prend sa source près de Tiraque, dans la chaîne des Andes orientales. Comme l'orage s'était dirigé de ce côté, ce torrent charriait, dans son lit de cailloux, de grès et de schistes, des eaux bourbeuses, que nous traversâmes non sans quelques difficultés, vu la violence du courant. Je me trouvai ensuite dans le lit même d'une autre rivière, que je remontai, passant plusieurs fois ses eaux rapides, au pied d'une grande montagne sèche, composée de grès éboulés de son sommet. Sur l'espace de deux lieues, dans le bassin où je me trouvais, viennent se réunir, de différens côtés, dans le Rio de Copi ou de Mizqué, les rivières de Pocona, de Machacamarca, de Chuchi, de Muqui; une cinquième, la plus petite de toutes, vers laquelle je me dirigeais, roule au milieu d'une belle plaine cultivée, ornée de quelques habitations éparses. Comme les eaux traversent des terres labourables sans aucune consistance, elles se creusent dans tous les sens, suivant les pentes, des ravins très-profonds et très-nombreux (souvent souterrains), qui, minant les terres, en certains endroits, et les faisant ébouler, obligent à changer tous les ans la direction du sentier. Mon arriero n'était pas venu dans ces lieux depuis deux ans; il avait pris son chemin habituel; mais nous le trouvâmes coupé par un profond ravin, et il fallut faire plus d'une demi-lieue pour retrouver la bonne route. De l'autre côté de la vallée je gravis pendant deux heures une très-haute colline, par une pente peu roide, en suivant un coteau dont les ravins sont cultivés; j'y tuai un grand nombre de pigeons et plusieurs oiseaux intéressans. Du sommet de cette colline je pus prendre des relèvemens sur plusieurs points de la vallée. Je descendis par un petit ravin couvert de pierres isolées, jusqu'au grand bourg de Totora.

1830.

Mizqué.

A mon arrivée, j'appris que le corrégidor était absent. Je commençais à craindre de me trouver dans la même position que la nuit précédente, lorsqu'un des principaux propriétaires du pays, Don Manuel Soria, que je me plais à nommer ici, vint lui-même me prier de descendre dans sa maison, où l'on me donna une belle chambre. Je ne pourrais dire avec quelle bonté

1830. Mizqué. M. Soria et son aimable compagne voulurent bien m'accueillir. Tout fut en mouvement pour me recevoir; et les soins les plus empressés me furent prodigués, sans que j'eusse à tant de bienveillance d'autres titres que ceux d'étranger et de voyageur. Retenu un jour au sein de cette honorable famille, j'y goûtai le plus doux repos.

Totora, l'un des plus grands bourgs de la province de Mizqué, est situé assez près du sommet des montagnes, au fond d'un petit ravin, au confluent de plusieurs petits ruisseaux, de sorte que son sol est des plus inégal, ses rues en pente, et que l'on n'y jouit d'aucune vue. Les environs en sont même assez arides, au moins du côté du sud, une petite vallée très-fertile lui donnant au nord un tout autre aspect. Il est à trente lieues de Cochabamba, à vingt-neuf de Mizqué, et à quatre-vingt-dix de Santa-Cruz. Les maisons sont mal bâties, à l'exception de quelques-unes, comme celle où j'étais, qui sont à un étage et dont l'apparence est toute seigneuriale. La place est vaste; et sur une de ses façades, se trouve une église peu grande, mais jolie. La population se compose de propriétaires descendant d'Espagnols et de métis cultivateurs ou de muletiers faisant journellement, avec les provinces de Vallé grandé et de Santa-Cruz, le commerce de pommes de terre et de farine. Lorsqu'on voit la composition actuelle des habitans de Totora, on est loin de pouvoir imaginer qu'il ait été, dans le principe, un bourg d'Indiens purs (*de Indios reales*); ce qui est d'autant plus certain que, du temps des Incas, il formait une province conquise par Capac Yupanqui, cinquième Inca, vers le treizième siècle, époque où fut également soumise la province de Chayenta[1]. Du temps de Viedma[2], en 1793, on ne comptait déjà plus que sept indigènes purs. Si l'on cherche la cause de ce changement, on la trouvera facilement dans les funestes effets de la mita[3]. Les indigènes faisant tous leurs efforts pour s'y soustraire, les bourgs les plus florissans furent presque détruits, au moins pour les Indiens, les uns ensevelis dans les mines de Potosi, où souvent il en mourait le tiers[4]; les autres aimant mieux se livrer au vagabondage que de supporter

1. Garcilaso de la Vega, *Comment. real. de los Incas, lib. III, cap.* 17, p. 95. Totora s'appelait alors Tutura.

2. *Informe*, p. 31.

3. Voyez ce que j'ai dit tome II, chap. 25, p. 407.

4. Viedma (p. 77 et suiv.), l'un des Espagnols qui ont le plus élevé la voix contre cette barbare coutume, donne, dans son *Informe* au vice-roi de Buenos-Ayres, des détails affreux sur le sort des malheureux condamnés à ce travail. Il explique comment les villages se dépeuplaient, et cite celui de Paso, dans la vallée de Cochabamba, où, sur trente-quatre Indiens susceptibles d'être choisis, on devait en prendre tous les ans dix-sept, les nombres étant restés les mêmes par villages, depuis l'établissement de cet impôt personnel, quoique la population en fût réduite à rien.

cette affreuse charge. Il en est résulté le renouvellement complet de la population et l'anéantissement de beaucoup de villages. 1830. Mizqué.

Indépendamment du produit de sa vallée, Totora s'enrichit encore des productions toutes différentes d'un point enlevé aux belles forêts vierges, du côté du pays des Yuracarès, où l'on cultive, comme à Yungas, la coca, le cacao et toutes les plantes des régions chaudes; raison pour laquelle on l'appelle *Yunga* de Choquéoma. Ce lieu est situé au nord des montagnes, sur le versant de la province de Moxos. Nul doute que ce genre d'industrie ne pût, s'il était encouragé, améliorer la province de Mizqué et l'empêcher d'être, pour la coca, tributaire de celle de la Paz. Totora possède encore un autre avantage: entouré des lieux les plus mal-sains du monde, ses habitans n'éprouvent aucune maladie endémique, et y jouissent d'une température agréable.

Pour me rendre de Totora à Challhuani, j'avais douze lieues à franchir 27 Octob. par de très-mauvais chemins. Le 27, après avoir fait mes remercîmens pour l'hospitalité qu'on m'avait accordée, je me mis en route. En sortant, je trouvai sur la première colline plusieurs fossiles appartenant aux terrains de transition. Je pris ensuite la crête d'une montagne de grès, au niveau des graminées, foulant une pelouse unie et ayant à droite des vallées profondes, dont les détours sans nombre me cachaient l'étendue, toutes réduites pourtant au lit profond et étroit d'un torrent, que des montagnes bordent de chaque côté. Après plusieurs lieues de marche, je me trouvai au commencement d'une pente qui descend vers une rivière. Je vis dans un champ, sur le côté du chemin, une femme assise auprès d'un petit enclos de pierres sèches, qui la garantissait du vent. L'arriero m'apprit que cette femme venait tous les jours de Totora, avec un pot de chicha qu'elle vendait aux voyageurs, s'il en passait ce jour-là. Je n'avais pas encore vu ce genre d'industrie, qui me parut assez original. Je me trouvai devant le Rio de Copachuncho, qui coulait au-dessous de moi dans un précipice, dont j'atteignis enfin le fond, après une descente de plus d'une heure et demie, en faisant de nombreux zigzags sur le flanc d'un coteau des plus sec, et en roulant avec les pierres détachées, qui font, à chaque instant, trébucher les mules. Arrivé dans le lit du torrent, j'éprouvai une chaleur étouffante; et, pour m'y soustraire plus promptement, je commençai mon ascension sur le coteau opposé, bien plus élevé encore que celui que je venais de descendre. Cette côte est entièrement privée de végétation. D'abord je cheminais sur des couches de schistes friables, éboulés de tous côtés, et ensuite sur du grès. Plus je m'élevais, plus le sentier devenait rapide et se couvrait de pierres libres; enfin, près d'atteindre le sommet, je doutais encore

1830. Mizqué. que j'y pusse arriver. Le sentier tracé dans le grès friable consiste en trous pratiqués sur la pente de distance en distance, où les mules posent les pieds pour gravir comme des chèvres, au risque de rouler avec le cavalier jusqu'au bas de la montagne. Parvenu au but, je fus dédommagé de ma fatigue par un beau plateau, occupant toute la sommité de la chaîne, sur laquelle, au milieu d'une pelouse courte et verte, s'élèvent plusieurs mamelons arrondis. J'y ressentis un froid piquant, dont j'eus d'autant plus à souffrir, que je venais d'éprouver une chaleur suffocante, ayant, en deux heures, passé de la température des tropiques à celle de pays plus que tempérés; aussi n'étais-je entouré que de plantes propres aux très-hautes montagnes de la Puna. Je m'arrêtai pour chercher des insectes, pendant que mes mules prenaient les devants. Je les rejoignis ensuite, et nous cheminâmes long-temps au sommet de la montagne, jusqu'à ce qu'ayant, par hasard, rencontré un Indien, ce qui est rare sur ces routes, où une journée entière se passe sans qu'on voie personne, l'arriero lui parla, et reconnut que nous suivions une route différente de celle que nous devions prendre; celle-ci conduisait aux Yungas. Il fallut retourner, ce qui nous obligea à nous arrêter près d'une maison de métis, sur le penchant de la montagne, où la nuit, couché en plein air, je souffris beaucoup du froid. Tout, autour de moi, était couvert de gelée blanche.

28 Octob. Désirant vivement connaître ces régions, dès que le crépuscule du matin me le permit, je parcourus la montagne, en poursuivant successivement les oiseaux et recueillant des plantes. Parmi ces dernières, je trouvai, surtout dans les ravins, une belle espèce d'if au feuillage serré, et un grand arbuste à feuilles triangulaires, garni de fleurs violettes par grappes. Les mules ayant été chargées pendant ma promenade, je me mis immédiatement en route. Il s'agissait de regagner dans la journée le temps perdu la veille. Nous eûmes d'abord beaucoup de peine à rejoindre la véritable route, en traversant plusieurs ravins, au milieu de buissons d'ifs; enfin, vers neuf heures, nous avions atteint le petit hameau du Durasnillo, où nous aurions dû coucher. De ce hameau, composé seulement de trois maisons, et du niveau propre aux pêchers dont il porte le nom[1], je descendis deux heures, par une pente rapide, jusqu'au Rio de Challhuani ou Chaluani[2]. A moitié route, au milieu de beaucoup d'arbres dénués de feuilles, où pourtant

1. Pêcher se dit *Durasno* en espagnol. *Durasnillo* est un diminutif, et signifie petit pêcher.

2. Le premier est l'orthographe de la langue quichua, et vient de *Challhua* (poisson) et de la particule collective *ni* (réunion de); ainsi cette rivière, qui donne son nom à la vallée, est *la Rivière des poissons*.

de gros bourgeons annonçaient le printemps, je remarquai plusieurs espèces de *Seibos*[1], couverts de belles grappes; celles-ci d'un beau bleu, celles-là jaunes, contrastant avec d'autres du rouge cramoisi le plus intense, semblables à celles que j'avais vues sur les rives du Parana, en remontant à Corrientes[2]; mais cette variété de couleurs, dont la cime des arbres était ornée, paraissait d'autant plus extraordinaire, d'autant plus tranchée, que ces mêmes arbres n'avaient pas encore une seule feuille, et que la nature des environs était toujours sèche et décolorée, n'attendant que les premières pluies, pour changer tout à fait d'aspect. Plus bas, je trouvai la zone des mimoses et des cactus; les premiers déjà couverts de leur parure printanière, les seconds hauts comme des arbres, de nature très-variée, ceux-ci chargés d'un duvet pendant de l'extrémité de leurs tiges comme une grande barbe blanche, ceux-là très-ramifiés, ornés de fleurs blanches ou rouges de la plus grande beauté, ou de fruits qui, bien que sauvages, ne laissaient pas d'être savoureux. Après avoir vu la végétation changer plusieurs fois à mesure que je descendais; après avoir recueilli quelques fossiles de transition dans les grès friables que je foulais, je laissai les buissons de mimoses épineux devenus plus épais, pour arriver au bord même du Rio de Chaluani, où une maison ombragée d'algarrobos[3] m'invita à me reposer un instant. Un bouchon attaché à l'extrémité d'une grande perche, annonçait aux passans qu'on y vendait de la chicha; je pouvais donc m'y arrêter sans contracter d'obligations. 1830. Mizque.

Je serais volontiers resté dans ce lieu; mais j'avais encore quatre grandes lieues de pays à franchir avant d'arriver à la *Jornada*, point de repos de la journée de marche. Descendu dans le lit de la rivière, dont je suivais le bord, en passant souvent d'un côté à l'autre, selon les obstacles et les accidens naturels du terrain, j'y éprouvai une chaleur étouffante, due au soleil qui y dardait avec force ses rayons, et à la réverbération de ceux-ci sur des cailloux roulés et blanchâtres. Les coteaux étant dans une direction transversale au vent, on n'y sentait pas le plus petit souffle d'air. Je souffrais

1. Du genre *Erythrina*, Linné.

2. Voyez tome I, chap. V, p. 87.

3. L'*algarrobo* est un arbre à feuilles pennées, appartenant au genre Accacia. Il donne une gousse qui ressemble à celle du haricot. Épaisse et pulpeuse, elle est remplie d'une matière farineuse et sucrée, d'un goût très-agréable. On en fait de la farine, du pain, de fort bonnes boissons fermentées. C'est, avec la viande, la seule nourriture des habitans de la province de Santiago del Estero, dans la république argentine.

1830. tant, que j'en vins presque à regretter la gelée blanche de la nuit passée.
Mizqué. J'étais dans ce que les habitans appellent *Valle fuerte* (forte vallée). Pour me faire plus facilement prendre patience, l'arriero me contait, pendant la marche, une foule d'anecdotes de voyageurs qui, en traversant cette rivière, avaient été emportés en trois jours par des fièvres violentes, ou atteints de fièvres intermittentes, autre fléau des habitans; mais, habitué à ces sortes de relations, je n'en restai pas moins exposé toute la journée au soleil, tantôt courant à pied après de belles espèces d'oiseaux, tantôt reposant ma vue, fatiguée de l'éclat du sol blanchâtre, sur le beau vert des arbres épars qui ornaient le pied des collines. Dans la saison des pluies il est souvent impossible de voyager, la rivière devenant un torrent impétueux, et renversant tout sur son passage. En ce moment, ses plages, larges de deux ou trois kilomètres, suivant les endroits, laissaient seulement couler un très-grand ruisseau qu'on traversait sans peine à gué. J'arrivai ainsi le soir au bourg de Chaluani, situé sur la rive gauche, près d'un petit ravin; j'y fus parfaitement reçu par le corrégidor, qui m'installa dans une des maisons vides dont le bourg est rempli.

Chaluani, dernier lieu habité de la province de Mizqué, était jadis très-peuplé d'Indiens; aujourd'hui c'est un triste village, composé de quelques chaumières qui ont vu mourir ou s'expatrier presque tous leurs habitans, par suite des fièvres typhoïdes et des fièvres intermittentes, qui y sont très-communes toute l'année, mais surtout dans la saison des pluies. Ceux qui y restent sont pâles, livides, annonçant trop bien l'insalubrité actuelle de la vallée. Ils sont aussi généralement affligés de goîtres énormes.

Arrivé aux confins de la province de Mizqué, je vais dire un mot de son ensemble. C'était anciennement l'une des plus florissantes du haut Pérou par la grande variété de cultures qu'on y pouvait entretenir; mais, jadis très-peuplée, elle est devenue si insalubre, qu'elle est aujourd'hui presque déserte, au moins dans les vallées, siége de l'infection, sans cesser d'être saine sur les hautes montagnes, de sorte que des sept lieux habités, Mizqué, Tintin, Ayquile, Pasorapa, Chaluani, Poçona et Totora, les deux derniers seuls sont exempts de cette calamité. Traversée par le Rio Grandé, par une foule d'autres rivières, la province se compose de vallées larges, profondes et très-chaudes, formées de chaînes de montagnes assez élevées, dont la direction générale est de l'ouest à l'est. Les sommités, couvertes de bons pâturages, nourrissent beaucoup de troupeaux de vaches et de brebis. Les vallées supérieures donnent des pommes de terre; celles qui sont un peu plus basses, du maïs, du froment, des haricots, etc. Plus bas encore, on y cultivait la vigne, qui fournissait d'excellens produits. Cette industrie est aujourd'hui abandonnée. Au-dessous, on plante un peu de cannes à sucre. On voit qu'avec les mêmes avantages et les améliorations possibles, dont j'ai parlé à Cochabamba, cette province pourrait procurer d'abondantes récoltes de coton, de garance et d'une foule d'autres plantes propres aux régions chaudes, indépendamment de celles des terrains tempérés et froids; ainsi les ressources de la province seraient immenses, si l'on savait profiter de ses avantages, puisqu'à côté des produits le grand nombre de rivières fournirait les moyens d'établir toute espèce d'usine. 1830. Mizqué.

Les vallées ont beaucoup d'arbres utiles, le cedro pour son bois, le quinaquina pour son encens, le seibo, le tipa, le vilca et le soto propres aux tanneries, le mollé, l'if, et une foule d'espèces d'accacias, de mimoses et de cactus. Tous les fruits d'Europe y croissent aussi bien que ceux des pays chauds. Les mammifères y sont nombreux, ainsi que les oiseaux. Parmi ces derniers, les troupes de perroquets variés, les pigeons, les tourterelles, s'y voient par myriades; et les bois sont peuplés de pénélopes ou *pavas del monte*. Les oiseaux particuliers à chaque région fourniraient une chasse abondante, dont aujourd'hui personne ne profite. Les reptiles y sont très-communs; et parmi ceux-ci beaucoup de lézards, de couleuvres et même de crotales ou serpens à sonnettes. Les rivières, au temps des crues, sont remplies de beaux et bons poissons, qui remontent des plaines de Santa-Cruz. On exploite, dans la montagne de Quioma, une très-riche mine d'argent.

La population se compose d'Espagnols, d'un grand nombre de métis de la race africaine et américaine, et d'Indiens[1], mais peu nombreux. Le chef-lieu de la province, la ville de Mizqué, a été l'une des plus grandes du haut Pérou; elle a eu de beaux édifices; elle décline actuellement tous les jours. Ses deux belles paroisses, ainsi que ses quatre couvens, sont presque déserts. Ses larges rues, bien alignées, ses maisons spacieuses, sont, pour ainsi dire, inhabitées, et tout y annonce l'approche d'une déchéance complète.

Instruit de ces détails, de ce changement funeste dans la province de Mizqué, de ce passage d'un état prospère à l'abandon le plus absolu, par suite d'influences malignes, tous les ans plus intenses et remplaçant un état

1. Du temps de Viedma, en 1793, la population de la province était de 17,196, dont 2,962 Espagnols, de 8,031 Indiens, de 5,602 métis, de 2,249 Nègres ou mulâtres. Aujourd'hui, les proportions sont différentes, il y a beaucoup plus de mulâtres, et l'ensemble de la population est réduit aux deux tiers.

1830. Mizqué. sanitaire satisfaisant, je cherchai à m'expliquer ce désastre, tout en songeant aux moyens d'y remédier; et je crois en avoir trouvé la cause. En parcourant les coteaux, je remarquai un bon nombre de vieilles souches charbonnées, seules traces de gros arbres, dans un lieu où il croît à peine, de loin en loin, quelques petits arbustes rabougris encore à moitié brûlés. Je réfléchis à cette circonstance. Je questionnai le corrégidor, qui m'assura avoir entendu dire que ces coteaux étaient jadis couverts de grands arbres. Il me montra effectivement, dans sa maison, assez ancienne, de grosses poutres, qu'on ne pourrait aujourd'hui nullement remplacer. Ces circonstances fixèrent mes idées sur la question. L'insalubrité toujours croissante du pays me parut causée par le déboisement qu'amène la mauvaise habitude de mettre le feu aux campagnes, et de détruire ainsi tous les arbres qui pourraient naître. Les maladies prennent, en effet, chaque année plus de force, à mesure que les terres se *découvrent davantage*, et produisent des miasmes pestilentiels par l'évaporation instantanée due à l'ardeur du soleil. Je suis convaincu, que si le gouvernement bolivien défendait, sous peine de châtimens sévères, ces incendies annuels de tout le pays, les arbres repousseraient peu à peu, les coteaux se couvriraient, à la longue, d'une épaisse végétation; et maintenant, pour ainsi dire déserte, inutile, la province de Mizqué reprendrait un jour sa splendeur passée, son ancienne salubrité, donnant à l'État un revenu qui, diminué sans cesse, finira par n'être plus qu'illusoire. C'est une grande question que je soumets au *gouvernement bolivien*, un moyen que je laisse à sa conscience et à son amour pour le bien général de cet intéressant pays, dont j'ai l'honneur d'être citoyen[1], heureux que je serai toujours de signaler les améliorations que me suggérera la combinaison des possibilités locales avec les moyens d'action que nous fournit l'industrie européenne.

19 Octob. En voyant Challuani dépeuplé, en entendant les habitans parler des maladies qui les assiégent, un voyageur accessible à la crainte se serait empressé de fuir ces lieux, emportant peut-être avec lui le germe des affections endémiques du pays. Pour moi, habitué à tout braver, je passai la journée entière du lendemain à faire de l'histoire naturelle dans la vallée, affrontant les rayons du soleil le plus ardent. Après avoir chassé toute la matinée, je me mis en route à midi. En suivant le lit de la rivière, je traversai le confluent du Rio de Pojo, qui débouche à gauche, joint ses eaux, assez grosses, à

1. Le général Santa Cruz, président de la république, a daigné me conférer ce titre dans plusieurs dépêches officielles.

celles du Rio de Challuani, et en forme un torrent déjà difficile à franchir. 1830.
J'arrivai ainsi à la *Viña perdida* (vigne perdue). On ne peut plus industrieux Mizqué.
et amis du progrès, les jésuites, lorsqu'ils possédaient la province de Moxos, avaient planté de la vigne en ce lieu, et y avaient, dans ce genre, la plus belle ferme du pays. Ils y avaient bâti de magnifiques édifices, une belle chapelle, et étaient parvenus à récolter jusqu'à treize mille botijas[1] de vin; mais, à l'époque de leur expulsion, cette ferme, vendue à la famille Velasco, de Cochabamba, perdit beaucoup, fut ensuite entièrement abandonnée; et maintenant, non-seulement elle est privée de vignes, mais encore elle n'a plus pour habitans, parmi des ruines, que quelques mulâtres ou quelques cholos, qui cultivent un peu de maïs.

Attiré par le cri de nombreux aras, je les poursuivis, et fus assez heureux pour en tuer plusieurs. Ils sont bleus, avec les épaulettes d'un beau rouge[2]. Dans l'intervalle, ma troupe avait marché, et je ne la rejoignis qu'au milieu d'un coteau élevé, quoique peu roide, couvert de cactus énormes, simulant de grands arbres; et, çà et là, d'arbres dont le tronc singulier me frappa. Ils sont gros à la moitié de leur longueur, étroits par le bas et représentent tout à fait un fuseau. Ils portent une gousse qui, lorsqu'elle s'ouvre, donne un coton court, soyeux, et sans doute susceptible de trouver son emploi dans les arts. Au sommet de cette côte j'avais atteint, en même temps, les limites de la province de Mizqué et celles du département de Santa-Cruz de la Sierra.

††† *Province de Valle grande.*[3] Valle grande.

Je commençai à descendre dans un petit ravin, et nous y atteignîmes une petite esplanade, où l'arriero voulut passer la nuit, parce qu'un peu d'herbe lui offrait de la pâture pour ses mules. Nous campâmes donc en rase campagne, au milieu d'une nature sauvage et aride, éloignée de toute habitation. En parcourant les environs, je fus assez heureux pour rencontrer, dans le grès de transition, un bon nombre de fossiles intéressans.

1. Mesure espagnole, qui équivaut à une grande dame-jeanne.

2. *Ara militaris*, d'Orb.

3. Prononcez *Vallé grandé*. Je crois devoir supprimer, à l'avenir, les e accentués des mots espagnols, craignant d'altérer l'orthographe de cette langue, sans arriver pourtant à en donner la traduction française.

1830. De ce point, il me restait encore huit lieues jusqu'à Chilon. Le lendemain, sur le bord d'un ravin sec et profond, je vis un énorme crotale ou serpent à sonnettes, que ma mule faillit fouler aux pieds. Après m'en être emparé pour le rapporter en France, je continuai à descendre jusqu'au Rio de Chilon, alors peu large, très-encaissé, et si desséché, qu'il ressemblait à un simple ruisseau. Les coudes qu'il forme laissent, en plusieurs endroits, de petits lambeaux de terre végétale, que des agriculteurs sèment en maïs et en orge. Dans les petits bois rabougris épars sur ses rives, je trouvai un grand nombre de pénélopes de grande taille, connus sous le nom de *pavas del monte* (dinde des bois). Je m'arrêtai si long-temps à les poursuivre, et à recueillir des plantes fort curieuses, que, ne pouvant arriver à Chilon le même soir, je fus forcé de camper près d'une maison, où je couchai en plein air.

Valle grande. 30 Octob.

Je crus un instant en ce lieu transportée la végétation de la Patagonie, dont l'aspect était toujours présent à mon souvenir. Je remarquai surtout un mimose épineux sans feuilles, tout à fait analogue à ceux que j'avais rapportés des régions méridionales. Toutes les plantes ligneuses de ces ravins sont épineuses, pourvues de très-petites feuilles; et, réunies à de nombreux cactus, elles donnent à la campagne l'aspect le plus triste. Peut-être encore la grande sécheresse de la saison contribuait-elle pour beaucoup à rendre l'ensemble plus aride et à lui ôter le peu de charme qu'il offre au temps des pluies. En suivant les bords tortueux de la rivière la vallée s'élargissant toujours, j'arrivai enfin à Chilon.

Chilon, paroisse de la province de Valle grande, est un triste village, situé au milieu d'une large vallée des plus fertile, lorsqu'on la féconde par l'irrigation. Il est à trente lieues de la capitale. Son église est petite; ses rues sont mal tracées; ses maisons de l'aspect le plus triste, étant toutes construites en briques crues, et, le plus souvent, couvertes en chaume. Je n'y trouvai aucune des autorités, et une personne chargée de remplacer le *corrégidor*, me logea dans la prison. Malgré toute ma répugnance à m'établir dans cette habitation, je dus pourtant l'accepter, plutôt que de m'exposer aux ardeurs d'un soleil dévorant, dont les rayons pouvaient me communiquer ces maladies mortelles, qui mettent obstacle à la prospérité de la vallée, et la feront entièrement abandonner, si l'on ne se hâte de l'assainir. La population y est aujourd'hui composée d'Espagnols, de mulâtres et de quelques cholos. On n'y parle plus aucune des langues indigènes, mais seulement l'espagnol. Depuis mon départ de Tacna, dans tous les lieux où j'avais passé, on parlait l'aymara ou le quichua. J'avais bien retenu quelques mots de ces langues; mais leur dureté et la difficulté de leur prononciation m'avaient tellement rebuté, que je n'en possédais que les expressions les plus usuelles, contraint d'avoir partout recours à mon interprète. C'est, dans les voyages, une grande difficulté de plus, une gêne et un embarras de tous les instans; aussi ne pourrais-je dire le plaisir que j'éprouvai, lorsque je vis une personne à figure rembrunie se fâcher, quand mon interprète lui adressa la parole en quichua, craignant qu'on ne la prît pour un Indien. Dans le but, sans doute, de se donner plus d'importance à mes yeux, elle allait jusqu'à injurier ces pauvres indigènes et toutes les provinces de Cochabamba, m'assurant bien qu'à Chilon, comme dans tout le département de Santa-Cruz, on ne parle d'autre langue que le castillan. J'acquérais ainsi la certitude de pouvoir, au moins pendant quelques mois, me faire entendre partout, sans recourir à un tiers.

1830. Valle grande.

Quand on voit les coteaux des environs de Chilon presque à nu ou couverts à peine, de loin en loin, de quelques buissons épineux ou de cactus; quand on voit sa vallée, aujourd'hui inculte, ou du moins si négligée, qu'à peine en utilise-t-on la millième partie, il est difficile de croire à son ancienne prospérité. Jadis les coteaux étaient chargés de forêts, la plaine était remplie d'haciendas, où l'on cultivait, en grand, la canne à sucre et la vigne, où l'on recueillait les plus beaux produits; mais bientôt, à l'agriculture, on joignit l'élève des bestiaux. Dès-lors la première industrie se perdit, à mesure qu'on détruisit les forêts par l'incendie annuel des coteaux, dans le but d'y renouveler l'herbe. Les pluies devinrent plus rares, la sécheresse plus accablante; les maladies parurent. L'agriculture fut de plus en plus négligée; on la réduisit enfin à *un peu de maïs, pour assurer, en partie, la subsistance des habitans; à l'orge*, pour les bêtes de somme, et à l'aji ou piment rouge, comme seul objet d'exportation. Les fermes pour l'élève des bestiaux ne trouvèrent, faute d'humidité, que peu de pâturages, tandis que les influences pernicieuses augmentèrent, et chassèrent ceux des habitans qu'épargnait la maladie. Là encore j'acquis la preuve qu'il fallait attribuer au déboisement l'insalubrité et la misère du pays; fléaux qui pourraient cesser, si des mesures sévères de police rurale venaient arrêter les terribles effets des incendies périodiques.

La violence de la chaleur, réfléchie sur un sol blanchâtre et poudreux, me força de rester à Chilon jusqu'au lendemain, les mules ayant besoin de repos. De Chilon jusqu'à la première halte, j'avais six lieues à franchir. Je partis de bonne heure, afin de moins sentir l'ardeur du soleil. La route fut des plus ennuyeuse. Je suivis quelque temps la vallée, la traversai, remontai le coteau

1.er Novemb.

1830. de l'autre côté par des chemins pierreux et des plus tristes; puis, au milieu de montagnes basses et mamelonnées, je descendis lentement vers la plaine de Pulquina. Toute cette traversée me parut fort monotone, l'excès de la chaleur n'était atténué par aucun ombrage. Partout les mêmes arbres épineux, partout les mêmes cactus à l'aspect attristant. Enfin j'aperçus, de loin, la plage sablonneuse de la rivière. Je descendis une longue côte, près de collines blanches entièrement nues, jusqu'au hameau de Pulquina, composé seulement de quelques pauvres cabanes situées au milieu d'une vaste vallée, où la culture a enlevé, aux campagnes sauvages des environs, quelques parcelles de terre sur les bords de la rivière. La vallée, beaucoup plus verte que celle de Chilon, offre quelques points de repos à la vue fatiguée de l'aridité et de la sécheresse des coteaux. Je m'arrêtai près d'une cabane si malpropre, que je préférai coucher en plein air, au risque de gagner, en m'exposant à la rosée, réputée mortelle, ces fièvres des plus malignes, particulièrement hostiles à ceux qui bravent l'humidité de la nuit; mais ne devais-je pas craindre davantage un danger plus immédiat encore, celui de devenir la proie certaine de myriades d'insectes parasites, dont la trop grande variété d'espèces m'effraya? Les goîtres les plus volumineux défiguraient presque toutes les personnes que j'aperçus, sans qu'elles fussent néanmoins atteintes de crétinisme; affection tout à fait inconnue dans les parties de l'Amérique que j'ai visitées.

Valle grande.

Le Rio de Pulquina, comme toutes les rivières que j'avais passées depuis Cochabamba, prend sa source dans le bras oriental des Andes, et va se réunir au Rio Grande, qui reçoit les eaux d'une surface immense de terrain. Auprès des maisons, et sur beaucoup de points de la vallée, il y a nombre d'algarrobos, dont les habitans recueillent les gousses pour faire une excellente chicha. Je remarquai que cette espèce d'accacia donne une gomme aussi agréable que la gomme dite arabique. J'en recueillis une ample provision, me rappelant que les maladies régnantes, dans les plaines chaudes de Santa-Cruz, sont principalement des dissenteries. Lorsqu'on voit les pharmaciens du pays faire venir leur gomme d'Europe, on s'étonne que l'industrie ne se soit pas encore emparée de ces produits naturels, qui pourraient doter d'une nouvelle branche de commerce la province de Valle grande, sans préjudice des immenses améliorations à introduire dans les branches existantes.

De Pulquina je devais me rendre à Tasajos[1], distant de huit lieues. Je

1. *Tasajos* en espagnol veut dire *viande sèche*. Je ne sais pour quel motif on a donné ce nom à ce hameau.

gravis une côte peu roide, en traversant les terrains arides de la veille; et j'arrivai sur un très-large plateau, de même nature, dont quelques légères collines viennent seulement modifier l'uniformité. J'aperçus de loin une troupe qui cheminait en sens contraire à ma marche; bientôt elle s'approcha; et je reconnus des recrues à pied conduites par un officier et par quelques soldats à cheval. Les Cruzeños (habitans de Santa-Cruz), plus ennemis encore du service militaire que les autres Boliviens, sont d'autant plus difficiles à réunir, qu'on les arrache à leurs belles plaines chaudes pour les mener vers les montagnes froides, qu'ils redoutent extrêmement; aussi cherchent-ils tous les moyens de déserter, ce qui a provoqué la sévère mesure du *chalejo*. En marche, non-seulement on les attache ensemble comme nos galériens, mais encore on leur met un gilet de peau de bœuf fraîche, qui, en se desséchant, leur serre fortement le haut des bras, et leur rend tout mouvement impossible. Cette coutume barbare les fait arriver à moitié morts de fatigue. Quelquefois même, m'a-t-on assuré, les mouches déposent leurs œufs sous ces gilets de cuir; et les malheureuses recrues, après cent trente-cinq lieues de marche, se trouvent couvertes de plaies et rongées tout vivantes par les vers. On conçoit facilement que la crainte d'être ainsi traitées, les porte à se cacher avec d'autant plus de soin, au moindre bruit de guerre; ce qui rend le recrutement dans l'intérieur si difficile, que jamais ces provinces ne complètent leur contingent.

1830. Valle grande. 2 Novemb.

Le plateau que je parcourais est borné, à l'est, par une chaîne de hautes montagnes, vers lesquelles je me dirigeai. En en suivant des yeux la direction, je reconnus facilement qu'elles continuaient le bras oriental des Andes ou de la Sierra de Cocapata, qui, déjà beaucoup moins élevé, forme un coude vers le sud-est, pour finir vers les rives du Rio Grande, à environ trente lieues de distance. J'allais changer tout à fait de versant, les eaux, de l'autre côté, se dirigeant vers la province de Moxos. Après avoir gravi plusieurs collines, j'arrivai au sommet de la chaîne, au lieu nommé San-Pedro. J'y trouvai une maison isolée, qu'habitait une famille de pasteurs, qui m'accueillit on ne peut mieux; mais le manque d'orge pour les bêtes de charge m'obligea de continuer ma route, malgré mon désir de séjourner quelque temps sur cette chaîne. Toutes ces sommités, de grès friable, montrent aussi loin que la vue peut s'étendre, des mamelons arrondis, couverts de pelouse verte, de l'aspect le plus riant. C'est la zone des graminées. A l'ouest on aperçoit des régions tristes, sèches, en partie dénudées; à l'est, des ravins boisés, qui me rappelèrent un peu la province de Yungas. Les deux versans offraient

1830. les contrastes les plus curieux. Je commençai à descendre une pente rapide sur un sentier à peine tracé, rempli de pierres roulant sous les pieds. J'arrivai dans un ravin profond, couvert de grands arbres, de la plus belle verdure. Ce n'étaient plus ces arbres rabougris, à feuilles rares, épars sur les coteaux du Rio de Challuani; mais des bois épais et touffus d'une grande hauteur, une végétation active, au sein d'une nature humide, où je respirais avec plaisir.

Valle grande.

Chaque fois que la nature montre, dans ses richesses, des formes auxquelles l'homme n'est pas habitué, elle le frappe vivement, quel que soit son état de civilisation; mes voyages m'en ont plusieurs fois fourni la preuve. Je vis, plus tard, les Indiens de Moxos s'extasier en découvrant de petites pierres, et vouloir toutes les recueillir, n'en ayant jamais aperçu dans leur province. Je vis aussi un habitant des plaines sablonneuses de Santa-Cruz se récrier en apercevant, pour la première fois, les rochers des montagnes. Je fus témoin d'une scène de ce genre en descendant le ravin de San-Pedro. Le gouvernement m'avait donné, pour m'accompagner, un jeune homme de Cochabamba. Il sortait du collège, ne connaissait que les montagnes arides des environs de sa vallée, et n'avait encore vu, dans sa route, que des roches sèches, lorsqu'au Rio de Challuani il rencontra les premiers bois de mimoses. Sa joie fut des plus vive; mais rien n'égala son extase, lorsqu'il vit les forêts de ce ravin. A peine pouvait-il en contenir l'expression, ne cessant de me dire qu'il croyait, de ce jour seulement, commencer à vivre.

Le ravin se rétrécit si fort entre les montagnes escarpées, que les eaux coulent entre deux murailles; alors le ruisseau même devient, pendant une lieue, le seul sentier à suivre, en marchant sur des cailloux glissans. Le temps était chargé de pluie; des nuages épais, joints au feuillage doublement croisé sur ma tête, obscurcissaient tellement la profondeur où je me trouvais, que j'y voyais à peine. Le tonnerre grondait dans les montagnes voisines, et mon muletier vint me témoigner ses craintes de se trouver en cet étroit passage, où le ruisseau pouvait devenir un véritable torrent par les pluies si abondantes de ces contrées, et grossir de manière à nous entraîner, si l'orage éclatait au-dessus de nous. Cette crainte, basée sur l'expérience, le fit presser ses bêtes autant qu'il le put, afin de fuir le danger, tout en me racontant une foule d'accidens arrivés aux voyageurs surpris par la saison des pluies, dans ces routes, alors des plus périlleuses. Tout haletant d'inquiétude, il ne respira que lorsque, débouchant du ravin, nous aperçûmes la plage du Rio de Tasajos. Le temps menaçait de toutes parts;

le tonnerre, plus rapproché, roulait avec un bruit épouvantable; l'écho en répétait les fréquentes détonations. Je doublai le pas; et j'avais à peine atteint la maison du *Comisionado* (l'agent local), que des torrents de pluie inondèrent la campagne, même avant que mes bagages fussent arrivés. En un instant, toute la vallée devint un véritable lac; la pluie tombait avec tant de violence, que les eaux accumulées ne pouvaient s'écouler. On rentra pourtant mes malles. L'arriero, tremblant encore du danger qu'il avait couru, remerciait le Ciel de l'avoir préservé d'une catastrophe qui, quelques instans plus tard, aurait pu se réaliser. Il pleuvait toujours à flots. La nuit devint des plus obscure. Les éclairs seuls jetaient, par intervalle, une vive lumière, qui rendait l'obscurité plus sensible. Je contemplai quelque temps cet imposant spectacle; mais bientôt, l'eau pénétrant par le toit et par les portes de la chaumière, où nous étions tous réunis, il fallut aviser au moyen de préserver mes papiers; ce qui m'empêcha de me coucher, et me força de rester sur pied toute la nuit, pour surveiller mes malles. D'ailleurs où trouver un endroit où je pusse m'étendre à terre? Un voyageur abajeño[1], M. Suarez, arrivé de Santa-Cruz quelque temps après nous, me répétait souvent dans cette nuit incommode, le refrain de circonstance des Gauchos: *Una mala noche se pasa como se quiere* (une mauvaise nuit se passe comme on veut).

1830.

Valle grande.

Le temps, redevenu beau vers le matin, me permit de parcourir les environs. La plaine de Tasajos est très-unie, ornée de pelouses dans beaucoup de parties; le reste, près des rivières, est couvert de bois de mimoses épineux, d'algarrobos et de quelques cactus. La saison des pluies avait commencé, dans cette vallée, depuis près de quinze jours; et l'état frais et feuillé de la campagne me montra partout son influence sur la végétation, alors dans sa parure printanière. Au milieu de cette plaine peu cultivée, sont éparses, çà et là, une douzaine de maisons appartenant à des fermiers qui élèvent des bestiaux. J'aurais voulu partir dès le matin; mais le comisionado, en me montrant la rivière qui charriait des arbres entiers au milieu d'eaux bourbeuses, me dit qu'on était obligé de la passer dans un endroit resserré,

1. On appelle, dans le pays, *Abajeños*, tous les habitans des provinces *de abajo* (d'en bas), c'est-à-dire des provinces de Salta, de Jujui, de Tucuman, etc., moins élevées que le haut Pérou, aujourd'hui Bolivia. Les mêmes provinces, par rapport à Buenos-Ayres, sont, pour ces dernières, les provinces d'*arriba* (les provinces d'en haut), le tout relativement à la position respective des lieux.

1830. où elle franchit une montagne, et qu'en cet instant ce serait vouloir se faire engloutir par le courant, ou vouloir disparaître sous les sables mouvans. Il fallut bien attendre. Vers midi enfin, les eaux s'écoulant facilement, le comisionado m'assura qu'en prenant des précautions, je pourrais me rendre à Pampa grande[1] (la grande plaine), distant de quatre lieues. Je pris le pied des montagnes à droite, au milieu de terrains sablonneux d'alluvion; je fis le tour d'une colline arrondie, composée de grès, et rejoignis la rivière à l'*Angostura*, étroit défilé, où les montagnes très-rapprochées ne laissent pas d'autre chemin que le lit même de la rivière, que je dus passer au moins dix fois, luttant encore contre un courant rapide, ou craignant en d'autres endroits, d'enfoncer dans un sable mouvant qui tremblait sous nos pas, et permettait à peine de s'y arrêter une seconde. La ligne des eaux, tracée sur les rochers de schistes, m'annonçait que le torrent devait être terrible pendant les pluies de la veille, et qu'alors, très-profond, il eût entraîné devant lui tous les obstacles. Dans ce ravin, je rencontrai, sur les coteaux, des arbres épineux, des cactus de plus de sept mètres de hauteur, couronnés de beaucoup de branches et couverts de fruits ronds, de la grosseur d'une pomme d'api, et dont je mangeai avec grand plaisir. Au débouché de la rivière, je trouvai une très-vaste plaine unie. Je traversai la plage de sable nu du Rio de Tembladeras[2], et j'atteignis enfin Pampa grande.

Valle grande.

C'est une annexe de Valle grande, distante de quinze lieues de sa capitale, grand village mal bâti, composé de maisons construites en palissades, sur lesquelles on applique un peu de terre, et couvertes en chaume. L'aspect en est d'autant plus triste, que presque toutes sont fermées, et qu'on n'y voit que très-peu d'habitans; encore ont-ils la figure pâle et jaune. Le corrégidor m'avait indiqué une petite cabane où je pouvais me retirer; mais je n'y fus pas plus tôt entré, qu'un nuage de puces s'élevant du sol poudreux me contraignit d'en sortir bien vite. J'aimai mieux m'établir dans la campagne en plein air, que de subir le supplice auquel j'aurais été condamné, si j'eusse passé la nuit dans ce lieu. Le soir, visitant le village, le curé vint m'offrir ses services.

1. Il y a ici réunion de la langue quichua et de l'espagnol. *Pampa*, comme je l'ai dit ailleurs, veut dire *plaine*, en quichua. C'est un de ces mots généralisés en Amérique, même dans les lieux où il n'existe plus de langage indigène, et très-loin de la langue quichua.

2. *Tembladeras* se dit des sables mouvans. Cette rivière, sous ce rapport, est on ne peut plus dangereuse à traverser. Le terrain tremblait à une grande distance sous nos pas.

C'était un brave jeune homme, dont la tristesse m'annonça qu'il était frappé de la crainte de mourir. Tout en me montrant les maisons vides, par suite de la mort des habitans, il me donna des détails affreux sur les fièvres régnantes, qui, tous les ans, en moissonnent une partie, les uns mourant en quelques jours seulement, les autres après de longues souffrances, dont rien ne peut les préserver. Sa mélancolie me toucha; il citait entr'autres morts celles de trois de ses prédécesseurs, enlevés en quatre années, et s'attendait bien à ne pas survivre à la présente saison. Ce pauvre jeune homme était par sa timidité même plus susceptible d'être atteint par le fléau. Je fus obligé de voir plusieurs malades, auxquels j'administrai le sulfate de quinine, tout en déplorant le sort des malheureux habitans des provinces de Mizque et de Valle grande, livrés à la maladie sans espoir de secours, aucun médecin ne venant les soulager et les soustraire à la mort. Le curé m'engagea beaucoup à rentrer sous un toit, afin de m'en préserver; mais je ne pus m'y décider, malgré ses pressantes instances. D'ailleurs, peu accessible à la crainte, je me sentais trop fort pour appréhender que les influences malignes eussent prise sur moi, ayant déjà si souvent traversé des lieux empestés, sans rien éprouver. Je me croyais réellement invulnérable. 1830. Valle grande.

Je fus frappé de la lenteur avec laquelle *le curé s'exprimait en espagnol*, lenteur qui distingue le parler des Cruzeños, de la volubilité ordinaire des Porteños, et même des autres Boliviens. Cet accent pourtant n'avait rien de nouveau pour moi; je m'y étais accoutumé à Corrientes, où le même parler existe. Cette analogie, tout en me dévoilant l'origine des habitans de Santa-Cruz, venus jadis du Paraguay, me rappela d'agréables souvenirs, et me fit espérer de trouver, en ce pays, l'aimable hospitalité que j'avais reçue à la frontière du Paraguay.

La tristesse qui régnait à Pampa grande ne m'engageait pas beaucoup à y rester. D'ailleurs la saison était trop avancée, pour que je ne m'empressasse pas d'arriver promptement à Santa-Cruz, où je voulais passer le temps des pluies. En sortant de Pampa grande, je trouvai une belle plaine d'une lieue de largeur, couverte d'herbe et animée par de nombreux bestiaux. Je rencontrai aussi plusieurs troupes de mules chargées de sucre, qu'on apportait de Santa-Cruz à Cochabamba. Je fus frappé du costume des muletiers, si différent de tous ceux que j'avais vus. Ils ont sur la tête une *montera* ou petite calotte de cuir, à peu près semblable à celle des Cochabambinos[1], 4 Novemb.

1. Voyez chapitre XXVII, p. 476.

1830. Valle grande.

une culotte de peau tannée, une espèce de tunique semblable, ornée de franges et de coutures de diverses couleurs[1]; ils sont chaussés de semelles de cuir attachées sur le pied. Je les fis arrêter un moment, sous prétexte de renseignemens, afin de mieux les voir. C'est, à ce que j'appris plus tard, le costume de tous les arrieros de Samaypata et de la province de Valle grande.

La plaine finit au pied d'une haute chaîne de montagnes, que je gravis par un ravin pierreux, long et difficile, surtout en approchant du sommet, où j'arrivai non sans peine. Ce sommet présente une large croupe arrondie, couverte de graminées, d'où je dominai d'un côté sur la belle vallée de Pampa grande, et de l'autre sur celle de Vilca. Je voyais, dans les deux, serpenter le large lit de sable nu des rivières, les maisons éparses au pied des coteaux dans la plaine; le tout borné par des montagnes vertes, à sommet mollement ondulé en mamelons arrondis. Cette nature m'eût paru admirable, si je n'avais été sous la fâcheuse impression des souffrances des habitans et de leur abandon à l'action permanente des influences pestilentielles de ces belles vallées qui, des plus perfides, cachent, sous une riche parure, le venin le plus actif. Cette vallée de Vilca, que j'apercevais à un millier de mètres au-dessous de moi, est la dernière où les fièvres soient si malignes. Au-delà, jusqu'à Santa-Cruz, les maladies endémiques sont plus rares. Comme j'avais atteint l'un des derniers points élevés de ces montagnes, je voulais m'arrêter sur ce sommet, près d'une ferme; mais mon muletier s'y refusa, empêchant même ses mules de brouter en route, dans la crainte qu'elles ne touchassent une plante vénéneuse, qui les fait enfler et mourir en quelques heures. Il me montra cette plante, que je crus être une euphorbe; et me cita plusieurs exemples de muletiers qui avaient perdu une partie de leurs bêtes, pour avoir passé la nuit en ce lieu, trompés par la belle apparence des pelouses. Ce qu'il y a de singulier, c'est que, tandis que les mules de passage s'empoisonnent sur ces montagnes, en broutant indifféremment toute espèce d'herbes, les mules nées dans ce lieu savent si bien distinguer les plantes nuisibles, qu'il ne leur arrive presque jamais d'accidens semblables.

Le coteau qui me restait à descendre n'était pas non plus sans difficulté. Taillé au milieu d'un grès friable ou rempli de pierres détachées, on y roule souvent plus vite qu'on ne voudrait sur une pente des plus abrupte. En arrivant au pied, je passai près de plusieurs mamelons arrondis et débouchai dans la plaine de Vilca, distante de six lieues de Pampa grande. Je me rendis

1. Costumes n.° 7.

à la maison du comisionado, où je fus très-bien reçu. La vallée, très-large, très-belle, est, sur une petite surface, cultivée en maïs, autour des maisons isolées qui la peuplent. Le reste, susceptible d'une culture aussi profitable, reste improductif, faute de bras. A mesure que je m'avançais vers Santa-Cruz, j'avais remarqué que le nombre des métis diminuait, que la couleur des habitans était moins mélangée, qu'il y avait amélioration évidente dans la race. De Vilca, très-petit hameau sans chapelle, je n'avais plus que quatre lieues jusqu'à Samaypata, dernier point habité avant Santa-Cruz. Je m'y rendis le lendemain, en traversant la plaine de Vilca, ainsi que sa rivière remplie de sables mouvans, et gravissant une montagne, de l'autre côté de laquelle je descendis au milieu de champs cultivés jusqu'au bourg, situé dans une belle plaine, couverte de verdure, circonscrite de collines arrondies.

1830. Valle grande. 5 Novemb.

La pluie, qui m'avait pris en route, tomba par torrens, quatre jours de suite. Je me vis contraint de rester dans la maison d'un des curés, où le corrégidor m'avait logé. Je n'y fus pas plus tôt arrivé que je commençai à jouir de l'hospitalité des habitans. Chacune de mes voisines m'envoya son offrande et ses complimens par ses domestiques : c'était un paquet de cigares attaché avec des rubans de couleurs, une tasse de chocolat, un plat de confitures, de la soupe même; et, dans un instant, confus de tant de bontés, je me trouvai approvisionné pour plus d'un jour. Cette réception d'un étranger à eux inconnu me démontra que tout ce qu'on m'avait dit de Santa-Cruz et de ses habitans, n'était pas exagéré et me fit présager un séjour agréable dans cette ville, éloignée de trois cents lieues de la côte, où le petit nombre d'étrangers, le peu de communication avec le commerce, maintient encore cette hospitalité de l'âge d'or, cette bonhomie qui s'effacent promptement, par l'abus qu'en font les voyageurs, aussitôt qu'ils abondent.

Les jours suivans, j'allai visiter mes voisins et voisines, et les remercier de leur bienveillant accueil. Un des curés, homme aimable et jovial, m'invita à l'accompagner chez une dame dont c'était la fête. J'y consentis d'autant plus volontiers, que là, ce n'est pas une indiscrétion de se présenter ainsi, et que, pour ne pas être entièrement novice à mon arrivée à Santa-Cruz, je désirais me mettre un peu au courant des usages, qui me parurent tout différens de ceux des autres provinces. A la fête d'une des femmes de la société, ses amies envoient chacune son petit gage d'amitié. Nous trouvâmes une table garnie de ces présens : paquets de cigarettes de paille de maïs, artistement arrangés, ornés de fleurs et de rubans; bonbons de diverses espèces, vins et liqueurs. La chambre était remplie d'hommes et de femmes.

1830. Valle grande.

La maîtresse de la maison, aussitôt après mon arrivée, prit un cigare, le mit à sa bouche pour bien l'allumer, et me le présenta. Je n'avais pas plus tôt éteint le premier, qu'on m'en offrit un second; et, ainsi toute la journée. Bientôt une demoiselle vint à moi un petit verre de liqueur à la main, et le portant à ses lèvres, me dit : *Tomo con V. Señor*, je le bois avec vous, Monsieur. Je la remerciai de sa politesse; mais on m'avertit qu'un remerciement ne suffisait pas, et que je devais lui rendre son procédé, ce que je fis immédiatement. Pourtant, j'avais encore commis une incivilité. Je devais nécessairement, en buvant à mon tour, convier une femme; et, pour me punir, on me contraignit à recommencer. On conçoit facilement que ma qualité d'étranger me donna la vogue. Chaque dame se crut obligée de m'inviter à boire; je ne pus m'y refuser; aussi me trouvai-je promptement, comme les autres convives, animé d'une vive gaîté, qui plut beaucoup. Le son d'une guitare fit bientôt songer à un autre divertissement. On chanta une *mariquita*. Tout le monde dansa, jusqu'au curé. Je ne pus moi-même m'en dispenser. Des plus gauche pour la manière de balancer mon mouchoir dans cette danse, je fis rire à mes dépens; et afin de me venger, je demandai une walse, qui m'était plus familière. À deux heures on servit le dîner; chacun se mit autour d'une table longue. On découpa plusieurs volailles, et alors commença un nouvel assaut de politesse. Une dame coupa un petit morceau de poulet, et le plaça au bout de sa fourchette; il passa de main en main, jusqu'à moi, où je dus l'accepter; il m'arriva ainsi des morceaux choisis de tous les côtés. Il me fallut absolument, en retour de cette attention, renvoyer une bouchée à chacune des convives. Pendant le repas les fourchettes ne cessèrent de passer de main en main et de bouche en bouche, ce qui me parut plus original qu'agréable; néanmoins, décidé, par principe, à suivre les coutumes de chaque pays, je me pliai d'aussi bonne grâce qu'il me fut possible à cette convenance si différente des nôtres. On but beaucoup, mangeant toujours, en s'invitant mutuellement; puis on se remit à danser jusqu'au soir. Je me retirai de très-bonne heure, content de cette première leçon, et laissant les invités s'amuser une partie de la nuit.

Samaypata ou mieux Çamaypata[1] est, sans aucun doute, le point où les Incas s'arrêtèrent, lorsque, sous leur dixième roi (Inca Yupanqui), ils vou-

1. *Çamaypata* vient de *Çamay* (repos après la fatigue) et de *pata* (marche, gradin); ainsi Çamaypata voudrait dire le *gradin du repos*, nom poétique, en même temps qu'il décrit parfaitement la localité. C'est, en effet, le premier plateau et le premier point où l'on peut se reposer, lorsqu'on remonte des plaines de l'intérieur vers les montagnes.

lurent soumettre les Indiens Chiriguanos[1], et deux années s'écoulèrent sans qu'ils y parvinssent. Les restes d'antiques sculptures trouvées sur les rochers, les traces nombreuses de maisons arrondies, éparses sur les montagnes[2], les armes enfouies au sein de la terre, tout annonce évidemment le long séjour d'une grande réunion d'hommes civilisés dans les environs de Samaypata. Il est probable aussi qu'il y séjourna postérieurement une population indigène, puisqu'en 1793 on y voyait encore cinquante Indiens purs[3]. Aujourd'hui il n'y existe plus d'Indiens; et le bourg n'est plus placé au sommet des montagnes, où les Incas l'avaient établi. S'étendant au milieu d'une belle plaine, couverte de verdure, grand, assez bien bâti, il a une belle place, une église médiocre et des rues assez prolongées. C'est un passage indispensable, un point de repos presqu'obligé pour les marchands ou pour les voyageurs qui vont à Santa-Cruz, ou se rendent de cette ville aux autres cités de la république; une position charmante, un pays des plus sain, entouré de vallées empestées; un lieu de ressource par la culture de l'orge, du maïs, du blé, de la pomme de terre, par ses excellens pâturages, par les bois qui couvrent tous les ravins environnans. Sa position doit nécessairement rendre Samaypata un des plus important, lorsqu'une population plus nombreuse, des navigations ouvertes avec le Rio du Paraguay par la Plata, avec le Rio Piray par le Rio des Amazones, jetteront une nouvelle vie dans ces vastes régions aujourd'hui sans commerce et sans industrie, destinées pourtant à devenir, un jour, une source de prospérité pour la Bolivia.

1830.

Valle grande.

Le temps affreux qu'il faisait m'inquiétait pour la suite de mon voyage. Il ne me restait que quarante lieues à faire pour arriver à Santa-Cruz; mais quarante lieues sans habitations, dont vingt environ sur les montagnes les plus escarpées, par des chemins horribles, redoutés des voyageurs, et ordinairement abandonnés dans la saison des pluies, à cause des périls de tous genres qu'ils présentent à chaque pas. Les Samaypateños ne cessaient de me les représenter sous toutes les formes, me montrant le voyageur surpris par des pluies abondantes, dans le lit des torrens qu'il faut suivre, au risque d'être emporté par le courant ou retenu plusieurs jours par le gonflement des eaux, sans pouvoir avancer ni reculer. Les autres risques à courir étaient de glisser, sur une terre glaise, du haut des montagnes, avec sa mule; de se

1. Garcilaso de la Vega, *Com. real. de los Incas, lib. VII, cap. XVII*, p. 244.

2. Au-dessus du bourg actuel, le sommet d'une montagne est tellement couvert de ces restes, qu'on l'a nommée *Cerro de los ruedítas*, la colline des ronds ou des petites roues.

3. *Informe* de Viedma, p. 38.

1830. Valle grande. casser les jambes ou de rouler dans les précipices. Avec mon caractère entreprenant, ces récits n'étaient pas faits pour m'arrêter; peut-être, au contraire, m'inspiraient-ils un désir plus vif d'affronter des fatigues qu'un voyageur ne doit jamais craindre. Seulement, comme il fallait braver des dangers réels qui pouvaient tenir à l'inexpérience de mon arriero, je demandai au corrégidor un bon guide, afin de diminuer les chances de non-succès et de n'avoir rien à me reprocher.

9 Novemb. Le 9 Novembre, je laissai Samaypata, avec le regret de n'avoir pu visiter, à cause des pluies, les antiquités des environs, et me promettant bien d'y revenir dans une saison plus propice[1]. Je commençai de suite à descendre dans un ravin profond, escarpé, où les eaux du ruisseau de Samaypata tombent, en mugissant, par petites cascades, sur un lit de grès blanc. J'aurais voulu contempler ce spectacle; mais j'étais obligé de donner toute mon attention au chemin affreux et rempli de blocs de pierres, où je descendais à l'aide de marches informes; et cela sous peine d'aller de beaucoup trop près visiter le fond du ravin. Bientôt le sentier me conduisit, par le lit même du torrent, dans un gouffre qui n'a que la largeur des eaux, entre deux parois taillées à pic. La vallée s'élargissant peu à peu, le lit du torrent est moins encaissé, et l'on peut prendre un sentier tracé au milieu de bois d'accacias épineux, ayant à droite le fameux Cerro de l'Inca, dont on m'avait conté tant de merveilles; et, de l'autre, une haute montagne coupée par le Rio de Piedras blancas (pierres blanches), ainsi nommé des grès blancs qu'il sillonne. Après six heures de marche, les montagnes se rapprochent de nouveau. Je passai à droite le Rio Colorado (rivière rouge), dont le lit et les eaux sont, en effet, d'un rouge foncé, dû à l'oxide de fer qu'elles charrient. Là le Rio de Samaypata, en se réunissant au Rio Colorado, prend le nom de Rio de Laja. Anciennement, on suivait cette dernière rivière; mais les nombreux accidens survenus ont fait abandonner cette route. Elle occupait le lit même du cours d'eau, dans une étroite crevasse des montagnes, que je laissai à gauche, étonné qu'on eût jamais osé se servir d'un chemin semblable.

En abandonnant la rivière, je pris une petite vallée étroite et me dirigeai vers la chaîne de *las Abras* (les ouvertures), où j'apercevais effectivement, au sommet, comme un étroit défilé entre deux mamelons arrondis, qui bor-

---

1. J'y suis revenu en 1832, comme on le verra par la suite; et je donnerai alors des détails curieux sur ces antiquités remarquables.

naient l'horizon. J'étais entre deux chaînes. Celle de droite est des plus singulière. C'est une série de pics élancés, à cimes arrondies, composées de grès friables par couches horizontales, dont la roche est partout à nu et coupée presque perpendiculairement sur ses flancs. Je pris le coteau gauche et j'arrivai en face d'un de ces pics nommé *la Cueva* (la cave), parce que, sur plusieurs points, ses parois, taillées à pic, figurent, par leurs éboulemens, de vastes arcades ou des portiques irréguliers. Là nous campâmes, sur le coteau même, à mi-côte, ce lieu étant une *pascana*[1] obligée. En face de ces pics à la fois menaçans et pittoresques, je trouvai le plus bel écho que j'eusse jamais entendu. Les sons les plus purs étaient reproduits par la montagne voisine, qui les renvoyait aux autres pics; et, plusieurs fois répétés en s'affaiblissant toujours, ces sons se perdaient dans l'éloignement. Tout en ce lieu était romantique : la montagne de la Cueva, son sommet nu et élevé comme une large tour, s'élançant vers les cieux, ses flancs escarpés, formant des assises de diverses couleurs, les portes figurées de ses parois, et jusqu'à son admirable écho. C'eût été un beau type pour un romancier, s'il y avait eu des habitans. Ce lieu sauvage, visité seulement par les voyageurs, est, en tout temps, silencieux et désert.

1830.

Valle grande.

La nuit fut humide et froide; aussi, dès la pointe du jour, laissai-je, pour parcourir les environs, le sol où j'étais couché sous la voûte des cieux. Une brume épaisse, me cachait tous les objets. Elle s'éleva peu à peu, formant de petits lambeaux de nuages, qui passèrent autour des pics et disparurent enfin. De petites nuées arrondies, fixées sur chaque point culminant[2], y restèrent néanmoins plus de deux heures, jusqu'à ce qu'elles fussent dissipées par les rayons du soleil, donnant à l'ensemble un trait de singularité de plus. La journée de marche devait être longue et fatigante; pourtant il était neuf heures avant qu'on eût réuni les mules éparses dans la campagne et qu'on les eût chargées. Arrivé au sommet de las Abras, je descendis de l'autre côté, ayant en face une montagne élevée, que j'avais à franchir, et, au-dessous de moi, une profonde vallée, où coule le Rio de *las Astas*. J'oubliai un instant les mauvais chemins, en apercevant de nombreuses plantes cryptogames, parmi lesquelles des fougères arbores-

---

1. *Pascana*, lieu où l'on peut faire paître les mules. C'est le mot local dans toute l'Amérique.

2. Je tuai, autour des montagnes, une belle espèce nouvelle de martinet à collier, *Cypselus montivagus*, Nob. Voyez Oiseaux, pl. XLII, fig. 1. Il vole encore avec plus de rapidité que notre martinet d'Europe. C'est peut-être l'oiseau qui franchit l'espace avec le plus de vitesse.

1830. centes, des arbres verts et une végétation presqu'aussi active que celle de la province de Yungas; mais les fréquentes glissades de ma mule me les rappelèrent promptement. Je descendis plus de dix mètres d'un seul coup, et je crus prudent de faire le trajet à pied jusqu'à la rivière. J'étais comme encaissé entre des coteaux couverts de bois épais, dont la vue est plus effrayante que gaie. Si la descente avait été difficile, ce n'était rien comparativement à la difficulté que me présentait la côte rapide qui se présentait devant moi. Le début faillit me décourager. A pied, j'étais obligé de m'accrocher aux arbres; à mule, quatre ou cinq fois de suite, ma bête s'abattit des quatre pieds ou glissa, manquant à tout moment de me casser les jambes. Il n'y avait pourtant pas moyen de reculer; aussi, tantôt à pied, tantôt monté, tout en glissant et tombant, menacé de rouler sur les mules qui étaient au-dessous de moi, ou pouvant craindre d'être écrasé par celles qui me précédaient, je gagnai enfin le sommet du *Cerro largo* (la longue colline), couvert de hauts arbres, de palmiers, de fougères arborescentes et de quinquina. Mon guide me montra, sur la route, un cercle de pierres qui, dans le pays, conserve encore le nom de *Casa del Inca* (maison de l'Inca). Les traditions transmises de père en fils rapportent que ce fut le dernier campement des Incas, lors de leurs expéditions contre les Chiriguanos. C'est un point très-important pour la géographie ancienne des Incas.

Valle grande.

En descendant de l'autre côté sur une pente rapide, au milieu des bois, je ne pouvais prévoir où ma troupe trouverait un endroit propice pour s'arrêter, dans ce chaos de ravins profonds et de montagnes escarpées. Mon guide me tira d'embarras, en me montrant, au loin, le sommet d'une montagne, qu'il fallait absolument atteindre. Quelques heures d'une marche pénible m'amenèrent au fond de la vallée où coule le Rio de Bueyes. Je remontai de l'autre côté encore par des chemins affreux, tracés dans le grès friable, et je touchai enfin, à l'entrée de la nuit, le sommet de la côte de Coronilla (petite couronne). J'y vis un petit hangar construit pour abriter les voyageurs; mais il était si rempli de puces, que nous préférâmes camper en plein air sur le coteau, à peu de distance. Les muletiers conduisirent leurs mules dans le fond d'une vallée voisine, où elles trouvèrent un peu de pâture. On alluma du feu, et quelques morceaux de viande sèche, jetés sur la braise et joints à l'eau d'un ruisseau, vinrent, comme à l'ordinaire, réparer la fatigue de cette journée, l'une des plus pénibles que j'eusse passée.

11 Novemb. Le lendemain matin, en parcourant la vallée que je dominai, je trouvai le

coteau couvert de coca[1] sauvage. Craignant de me tromper, je la montrai au muletier, propriétaire lui-même d'une ferme de culture de cette plante, à la Yunga de Yuracarès; la reconnaissant, comme moi, pour la véritable coca, il en recueillit une bonne provision. Cette découverte me prouva quel parti l'on pourrait tirer de ces montagnes, puisque cette plante si précieuse, qu'on n'obtient à Yungas qu'au moyen d'une dispendieuse culture, croissait naturellement, et offrait aux agriculteurs une récolte abondante, une branche lucrative d'industrie jusqu'alors inconnue dans ces régions désertes. Je rejoignis la halte, tout en pensant à cette nouvelle source de prospérité, et aux avantages immenses qu'elle pourrait procurer à celui qui, obtenant du gouvernement la concession de cette vallée, y viendrait fonder un premier établissement. 1830. Valle grande.

Nous nous mîmes en route de bonne heure, la journée devant être encore très-longue. Tout en suivant la crête de Coronilla, j'arrivai sur un point d'où s'offrit à moi une immense étendue. Entre deux hautes montagnes, séparées par une vallée profonde et étroite, se déroulait un vaste horizon de plaines couvertes de bois, où les légères ondulations du sol, l'étendue des forêts, offraient l'aspect d'une mer agitée, au pied d'une côte escarpée. J'avais atteint les derniers contre-forts des Andes, et j'entrevoyais, enfin, les belles plaines chaudes de la province de Santa-Cruz. Je jouissais, par anticipation, du bonheur de parcourir ces beaux pays, véritable terre promise, qui étaient, depuis si long-temps, le but de mes désirs. Il me restait néanmoins à franchir les deux points les plus redoutés de cette route : la descente de la fameuse côte de Petaca et le Rio Piray. La première, ce jour-là moins terrible par le manque de pluie, me donnait l'espoir de la passer sans accidens. Je voyais du sommet, à une énorme distance au-dessous de moi, et comme au fond d'un gouffre, le confluent du Rio de Laja et du Rio Projera, qui forment le Rio Piray, lequel, après avoir serpenté entre deux murailles escarpées, formées des dernières montagnes, va déboucher dans la plaine de Santa-Cruz. La côte est composée de grès et d'argile; sa pente, où l'on a pratiqué le plus mauvais sentier qu'on puisse imaginer, est des plus abrupte. Au lieu de tracer de longs détours sur les flancs de la montagne, on en a suivi le tranchant par un véritable escalier tournant, où, à chaque pas, il faut se retourner d'un côté à l'autre. Je crus plus prudent de descendre à pied, tout en cherchant des hélices et des insectes.

1. Voyez ce que j'en ai dit chap. XXVI, p. 436.

1830. Vallegrande.

Constamment obligé de me retenir pour ne pas aller trop vite, j'arrivai avec de fortes douleurs dans les articulations. Au bord du torrent, je tuai une magnifique espèce d'Ara à ailes bleues[1], que je n'ai jamais vue qu'en ce lieu. Au bas de la côte, j'éprouvai un sentiment de terreur, en regardant la montagne que je venais de descendre, et en songeant que le reste du chemin n'était pas plus facile. Je n'avais, il est vrai, plus de montagnes à franchir; mais jusqu'à la plaine, le Río Piray[2], avec son torrent large et impétueux, resserré entre deux parois gigantesques taillées presque à pic, est le seul chemin à suivre pendant plus de trois lieues. Ce trajet est le plus difficile de toute la route. Il faut dix fois traverser la rivière au milieu des rochers, au risque d'y tomber avec sa mule, ou d'y voir engloutir ses bagages. Si l'on y est surpris par un orage, ou par ces pluies abondantes de la saison où je me trouvais, la rivière croît si subitement, qu'il faut quelquefois s'arrêter, sans pouvoir avancer ni reculer. On a vu, dans ce cas, des troupes de mules mourir de faim, et les voyageurs courir les plus grands dangers. Heureusement pour moi, le temps, quoique toujours menaçant, me permit de franchir ces mauvais pas. Pour passer la rivière, mon guide, des plus expérimenté, connaissant jusqu'à la moindre roche, alors cachée sous les eaux, marchant toujours en tête, faisait passer chaque mule l'une après l'autre; j'arrivai ainsi jusqu'à la plaine, couverte de forêts, et j'entrai dans la province de Santa-Cruz. Par un bonheur extraordinaire, une averse des plus forte ne tomba qu'au moment où, débouchant dans la plaine, je n'avais plus à la redouter.

---

1. *Ara Cruziana*, d'Orb.

2. *Piray*, de *pira*, poisson, et de *ÿ*, eau, rivière, dans la langue guaranie: *la rivière des poissons.*

CHAPITRE XXVIII.

Séjour à Santa-Cruz de la Sierra, et voyage dans les environs.

§. 1.er

Séjour à Santa-Cruz de la Sierra.

En entrant dans la plaine, j'avais abandonné les dernières limites de la province de Valle grande. Je suivis, pendant trois lieues, une forêt vierge des plus majestueuse, où des arbres gigantesques croisent leurs rameaux, et font de la route un berceau impénétrable aux rayons du soleil. Dans toute autre circonstance, je l'aurais admirée; mais la pluie tombait à flots, et l'on voyait à peine dans l'étroit sentier, où, de temps en temps, j'étais contraint, soit de me coucher sur ma bête, pour passer sous les branches, soit de sauter par dessus les troncs des arbres renversés par le vent. C'était pourtant la seule route qui existât entre les plaines de l'intérieur et les villes des plateaux, le seul moyen de communication entre la Bolivia et le Brésil. Malgré tous ces désagrémens, le retour du beau temps ramena la gaîté, et je fus heureux d'admirer la beauté de la forêt, en cheminant sur un terrain plat après avoir franchi tant de rudes montagnes. On s'arrêta dans un espace dégarni d'arbres, près de la rivière, au lieu nommé *Potrero del Rey*. Mon admiration dura peu, atténuée qu'elle fut par les piqûres des *marehui*[1] et des myriades de moustiques[2], qui, toute la soirée, ne me laissèrent pas un instant de repos. On fit rôtir quelques pénélopes tués en route, et je m'étendis à terre, où la fatigue l'emporta sur les insectes. Je dormis profondément la moitié de la nuit. Une forte averse survint alors, me trempa jusqu'aux os, et dura toute la matinée.

Depuis mes voyages sur les rives du Parana et dans la province de Corrientes, j'avais oublié la piqûre des moustiques. Nous en sentîmes tellement les effets, que, le lendemain matin, chacun de nous, en regardant les

1. Le *marehui*, sans doute le même que le *maringouin*, est une petite mouche courte et ramassée, dont la piqûre cause immédiatement une douleur aussi forte qu'une brûlure. Il vient de suite une petite tache de sang à la peau, une démangeaison atroce suit l'enflure, et l'effet en dure trois ou quatre jours.

2. Ce sont des espèces de mouches analogues à nos *cousins* d'Europe.

1830. autres, dut partir d'un éclat de rire, tant nos figures étaient enflées et bouffies.
Santa-Cruz. Pour ma part, à peine pouvais-je ouvrir les yeux. J'ai remarqué que les suites de ces piqûres n'existent que les premiers jours. L'épiderme s'y habitue à la longue. On sent bien la même douleur, mais il n'y a plus d'enflure, et la démangeaison est moins persistante. Tout, durant cette nuit, avait concouru à me contrarier. Un jaguar, habitué, sans doute, à régner sur ces lieux sauvages, avait plusieurs fois rugi dans les environs. Non-seulement il avait jeté l'épouvante dans ma petite troupe, et nous avait contraints à nous tenir sur nos gardes, mais encore les mules, effrayées, sans doute, par cet animal, s'étaient dispersées dans les bois, sans qu'il en restât *une seule à la pascana*. Cette triste nouvelle, que j'appris le matin, vint encore augmenter pour moi le désagrément de rester exposé à la pluie. Tandis que mes muletiers couraient les forêts, cherchant à reconnaître aux traces des pas, à la direction des petites branches cassées, la route suivie par les mules, j'allumai un peu de feu, et fis construire une petite tente sous laquelle je cherchai à m'abriter. Nous n'avions que quelques pièces d'étoffes de laine propres à remplir ce dernier objet. Il s'agissait surtout de préserver les malles de l'inondation générale; aussi me resta-t-il à peine un petit espace où je ne pus rester ni couché ni debout. Lorsqu'on est en butte à ces mauvais temps, la vue du feu, même dans les pays chauds, fait éprouver une joie qu'on ne saurait définir; c'est la véritable consolation du voyageur.

Constamment mouillé, malgré ma tente, je passai l'une des plus tristes journées de ma vie errante. Les arbres les plus élevés qui m'entouraient, n'avaient plus aucun charme. La verdure ne me paraissait plus aussi belle; la nature entière avait perdu son prestige; ce n'était plus pour moi la terre promise, mais une triste solitude, un désert affreux, ne m'inspirant que des pensées mélancoliques. La pluie tomba sans interruption deux jours et deux nuits, pendant lesquels, toujours inondé, l'incommodité de ma position et le voisinage importun des insectes acharnés, ne me permit de goûter aucun repos. Jamais, je crois, je n'avais autant souffert. Comme vivres, il ne nous restait que du maïs torréfié. Le mauvais temps ne m'aurait pas arrêté, si j'avais eu mes mules; mais les pauvres muletiers, après avoir battu les bois en tous sens, ne parvinrent à les réunir que le troisième jour; encore en manquait-il une, devenue la proie du jaguar. On la trouva au plus épais du fourré, où le féroce animal l'avait traînée, à cinquante pas au moins de l'endroit où il l'avait tuée.

Le 14 Novembre, la pluie tombait encore; mais, les mules ayant été retrouvées, je pus partir à onze heures. J'étais tout à fait dans le *Monte grande* (la grande forêt), qui, au pied des dernières montagnes, s'étend vers le nord, à quinze ou vingt lieues de large, sur quelques centaines de lieues de long, jusqu'en Colombie, par Yuracarès et par Apolobamba. C'est, en effet, une des plus belles que j'aie vue; elle se compose, en cet endroit, d'arbres énormes; son sol n'est fourré que vers la lisière, près de la rivière; le reste est libre, et l'on peut en parcourir toutes les parties sous des ombrages impénétrables. Malgré l'incommodité de la pluie, l'espoir de trouver bientôt le repos à Santa-Cruz, me permettait, en me ranimant un peu, de juger plus favorablement le beau pays que je traversais. Rien ne fatigue autant, néanmoins, que l'uniformité des forêts. Il faudrait, pour la rompre, des clairières ménagées, de distance en distance, ou des habitations. Sans doute, encore injuste, tout en me rappelant que j'avais désiré des arbres au sommet des Cordillères, pour animer le tableau[1], ici j'aurais voulu que ces sombres forêts fussent égayées par la présence de l'homme. Je cheminai toute la journée sous cette voûte de feuillage. Vers le soir, aux arbres à feuilles généralement entières, vinrent se mêler quelques palmiers *Motacus*[2], dont les belles gerbes de feuilles pennées, de plus de six mètres de hauteur, surmontant un gros tronc, lisse ou pourvu des anciennes attaches des feuilles, offrent le plus bel aspect, et forment le plus joli contraste avec le reste de la végétation. La nuit arrivant à grands pas, il fallut s'arrêter près des rives du Piray, au milieu des bois. La pluie avait cessé dans la soirée. J'étais heureux de penser que je goûterais un peu de repos, au milieu de ce silence solennel de la nature, que quelques oiseaux nocturnes devaient seuls interrompre. Le grand duc américain vint se poser au-dessus de ma tête; et son chant monotone et triste (*gna cou-routou, tou*), répété par intervalle, troubla seul, quelque temps, le calme universel. Vers minuit, je fus réveillé par une averse qui m'inonda dans un instant. Recevoir de la pluie le jour, je m'en inquiétais assez peu; mais rien de plus triste au monde que d'être mouillé pendant les heures que la nature destine au repos. On est surpris; l'obscurité empêche de s'abriter suffisamment, et le temps qui s'écoule jusqu'à l'aube paraît éternel. 1830. Santa-Cruz. 14 Novemb.

Deux mules égarées, qu'il fallut chercher, retardèrent encore le départ. Le temps était assez beau; j'en profitai pour me livrer à des recherches 15 Novemb.

1. Voyez chap. XXV, p. 390.
2. Nom local. Prononcez *Motacou*.

1830. Santa-Cruz. entomologiques, qui furent des plus fructueuses, le commencement de la saison des pluies étant l'époque de l'année la plus favorable pour ces observations. Il est même difficile de se figurer la diversité de formes, le brillant des couleurs des myriades d'insectes qui couvrent alors, au moindre rayon de soleil, les feuilles des arbres. Lorsqu'on n'a vu que notre Europe, il est impossible de se faire une juste idée des trésors dont la zone torride s'enrichit en ce genre, dans les lieux boisés. Il ne me restait plus que quatre lieues de bois à traverser, pour toucher enfin la première maison de cette route, le poste de la douane. La forêt, toujours des plus belle, changea d'aspect; à mesure que j'avançai, les *motacus*, devenus plus communs, formèrent, à eux seuls, presque toute la végétation des plus curieuse par son ensemble. J'arrivai enfin à la *Guardia* (la garde), deux maisons entourées de champs de maïs enlevés aux forêts des environs. C'était le premier lieu habité depuis Samaypata; aussi ne saurais-je dire avec quel plaisir je l'aperçus. Prévenu de mon arrivée, le chef des douanes qui y demeure, non-seulement ne voulut rien visiter dans mes malles, mais m'offrit de cœur une franche hospitalité, que j'acceptai très-volontiers jusqu'au lendemain. A peine arrivé, j'allai dans les bois, afin d'y continuer mes explorations, fructueuses de toutes les manières. La pluie me ramena vers le toit hospitalier, et m'y retint toute la nuit et le jour suivant. Les deux nuits même je ne goûtai aucun repos, la maison laissant passer l'eau de toutes parts, ce qui m'obligeait à surveiller mes malles, pour les préserver du déluge.

Nos pluies d'Europe ne sont en rien comparables à celles de la zone torride, dans l'été. Ce sont ici des averses incessantes, des torrens qui inondent tout le pays, et, remplissant toutes les plaines, en forment momentanément des lacs. Tout est humide, tout est mouillé. La nature entière est sous l'eau. Je me félicitais d'être échappé à ce fléau, dans les montagnes, où j'aurais fort bien pu rester; mais, à six lieues du terme de mon voyage, tout en remerciant le ciel de m'avoir protégé, je demandais encore quelques heures de soleil, pour gagner Santa-Cruz. Habitué à tout braver, lorsqu'il s'agissait de collections, je partis, malgré la pluie, pour aller chercher des mollusques au sein de la forêt. Je fus trempé, sans autre résultat, dans une course de quelques heures.

J'avais été frappé du langage du petit nombre de Cruceños que j'avais vus, leur trouvant l'accent, les manières, et jusqu'aux traits des habitans de Corrientes. J'avais remarqué le nom *Piray* de la rivière, appartenant à la langue guaranie, dont j'avais appris beaucoup de mots à la frontière du Paraguay. Tous ces rapprochemens m'avaient déjà surpris; mais je le fus bien davantage, lorsque je vis venir à la guardia plusieurs Indiens du village de Porongo, près duquel je me trouvais. Leurs traits m'étonnèrent. Je crus y reconnaître des Guaranis. Pourtant, comment supposer que cette nation habitât le pied des Andes, aussi loin de son berceau? Impatient de fixer mes idées sur ce curieux rapprochement, je me hasardai à leur dire quelques mots guaranis. Ils me regardèrent avec stupéfaction, ne concevant pas, sans doute, qu'un étranger connût leur langue; ils me répondirent, et j'acquis la certitude, que ce sont de véritables Guaranis, ainsi que tous les *Chiriguanos de la province* de Cordillera[1]. Je compris dès-lors comment ces fiers descendans des Caribes[2] durent repousser les armes des Incas, habitués à triompher plutôt par le nombre que par l'esprit guerrier; et tous les rapports que je remarquai ultérieurement entre Corrientes et Santa-Cruz, s'éclaircirent pour moi par l'identité désormais bien prouvée de ces deux contrées.

1830. Santa-Cruz.

Le 17 Novembre, le temps, moins mauvais, me permit enfin de me mettre en route. La plaine est d'abord entrecoupée de bouquets de bois et de prairies, bornées au nord par les forêts des bords du Piray, dont je suivais de loin le cours. J'entrai dans la *Pampa* (la plaine), d'où l'on me montra, sur une petite colline boisée, quelques maisons dépendant de la ville. Je passai le ruisseau de Pari, et fis enfin mon entrée dans Santa-Cruz de la Sierra, capitale du département du même nom. Je traversai plusieurs rues, où je vis toutes les femmes accourues sur leurs portes pour me regarder. Les unes s'écriaient: c'est un *Colla*[3]; les autres, plus jeunes, disaient: je l'ai vu *la première*[4], ce sera *mi camarada* (mon camarade), *mi visita* (ma visite[5]).

17 Novemb.

1. On appelle *Cordillera*, Cordillère, tout le pays de plaine, situé au sud du point où je me trouvais, et longeant le pied des derniers contre-forts des Andes. Ce pays n'est habité que par des Indiens chiriguanos.

2. Voyez mon article Guarani (*Homme américain*).

3. Ce nom de *Colla* que les habitans de Santa-Cruz donnent à toutes les personnes qui viennent des montagnes, n'est pas une insulte. Il tient à d'anciens souvenirs. On appelait, avant la conquête, *Collao*, toute la région des Andes au sud du Cuzco (Garcilaso, *Comentarios de los Incas, lib. VII, cap. I, p.* 220). Les premiers habitans de Santa-Cruz y comprirent toutes les montagnes, et donnèrent le nom de *Colla* à tous les montagnards. Il équivaut au mot de *Serrano*, employé par les habitans de la côte (Costeños) pour désigner les Péruviens des montagnes.

4. C'est encore un terme d'amitié. Les Cruceñas (femmes de Santa-Cruz), des plus amies de la société, regardent entr'elles comme un titre de plus aux visites de l'étranger, de l'avoir vu les premières, et elles s'en prévalent auprès de lui de la manière la plus aimable.

5. Terme de bienveillance locale. Les femmes disent *camarada*, pour les personnes qu'elles reçoivent chez elles à titre d'amie; il en est de même de leur *visita*, ceux qui les visitent, sans qu'il s'y rattache d'autres pensées.

1830. J'arrivai ainsi chez un vieil Espagnol à qui j'étais recommandé, et où je fus parfaitement accueilli. On me fêta de toutes les manières, et je pus enfin coucher sous un toit et dans un lit.

Santa-Cruz.

Le lendemain j'allai voir le préfet, ancien militaire, fort bon homme; et le curé Salvatierra, qu'on ne peut voir sans l'aimer. Sa belle figure ouverte me prévint d'abord en sa faveur; puis son amabilité, ses manières remplies de bonté, produisirent sur moi un effet *réellement magnétique*, que ne diminua pas mon assez long séjour à Santa-Cruz. Il voulut bien me faire obtenir, de suite, pour logement, la plus belle maison de la ville, l'ancien évêché, dont le loyer ne me coûtait pourtant que dix piastres (cinquante francs) par mois. Je m'y installai sans retard, impatient de commencer mes travaux. Je n'étais pas plus tôt dans ma nouvelle demeure, que je reçus la visite de mes voisins, et les *recados* (complimens) de mes voisines, qui, en me faisant témoigner le plaisir qu'elles éprouvaient de me savoir près d'elles, mettaient leurs maisons à ma disposition, m'envoyaient, par leurs domestiques, de jolis paquets de cigares ornés de fleurs et attachés avec des rubans, ou des confitures de toute espèce, dans des plats d'argent. Quelques jours après mon arrivée, j'étais connu de tout le monde; j'avais fait des visites à mes voisins et voisines. Partout j'avais été reçu par les femmes avec tant d'amabilité et de franchise, tant de gaîté et d'enjouement, que j'entrevoyais le séjour le plus agréable dans la ville, où je devais passer la saison des pluies. Lors de mes visites, je n'étais pas plus tôt assis sur l'estrade des salons, que, par ordre de leurs mères, les demoiselles, comme à Corrientes, allumaient un cigare, le fumaient un peu, le tiraient de leur bouche pour me l'offrir, m'en présentant un second, dès que le premier était éteint. Souvent aussi l'on m'offrait un massepain et une coupe de vin, de la liqueur, de la chicha de maïs non fermentée, ou du guarapo[1]. Toutes cherchaient à s'emparer exclusivement de moi, ou du moins à pouvoir dire que j'avais des préférences pour elles.

Peu de jours après, le préfet m'ayant donné un bal, je dus y accompagner plusieurs de mes voisines; je m'y rendis à huit heures. Un grand nombre de femmes étaient déjà réunies dans la grande salle de réception de la préfecture. Je n'en reconnus d'abord aucune, habitué que j'étais à leurs cheveux tombant sur le derrière de la tête, en deux tresses (*partidos*), réunies par des rubans; tandis que je les voyais avec la coiffure élevée,

1. C'est une liqueur faite avec du miel fermenté.

ornée de deux peignes, de fleurs, de perles fines, *et même de diamans*; le reste de leur costume, tout à la française, m'étonna par son luxe. La salle fut bientôt remplie. Les mères se placèrent presque toutes à l'écart. Les jeunes personnes, richement et élégamment parées, restèrent seules, et (je puis le dire à leur avantage) nulle part dans la république, je n'avais vu une réunion d'aussi jolies femmes ou de tournures plus gracieuses. Les hommes, également vêtus à *la* française, ne représentaient pas, par leur nombre, le tiers de l'autre sexe; aussi sont-ils recherchés, courtisés de toutes les manières.[1]

Un orchestre composé d'une vingtaine de musiciens, enlevés momentanément aux églises, commença une charmante contredanse espagnole. Le préfet ouvrit le bal. Je dansai aussi, et j'eus lieu de remarquer le goût exquis que déploient les femmes dans ces berceaux de bras, dans ces figures où l'on forme les groupes les plus gracieux que puisse créer l'imagination du peintre. Ne pas manquer la première contredanse, est une grande affaire pour les jeunes personnes. Lorsqu'il doit y avoir un bal, elles emploient tous les moyens pour s'assurer cette priorité si enviée, en se faisant inviter long-temps à l'avance. Les Cruceñas, si elles avaient le choix, aimeraient mieux rester toute la soirée sans invitation, plutôt que de manquer d'ouvrir le bal. Aussi fières de ce premier succès que si elles venaient de remporter une victoire, leur air de triomphe contraste avec la tristesse et le dépit peints sur le visage de leurs rivales moins heureuses. Celles-ci, néanmoins, ont aussi leur tour. La musique joue un nouvel air; les danseurs se placent, les chaînes se forment. Cette valse[2] enlaçante, où l'on presse successivement toutes les tailles, où l'on serre toutes les mains, où le corps s'abandonne avec mollesse au mouvement voluptueux d'une mesure lente et compassée, fait passer la gaîté dans les traits des nouvelles danseuses, rivalisant de grâces avec les premières, à leur tour condamnées au rôle de spectatrices, mais fières encore de leur triomphe.

Cette première partie d'un bal, toujours de grande étiquette, se danse en habit noir; mais comment supporter ce costume, sous le poids des chaleurs

1. L'infériorité du nombre des hommes à la ville tient, le plus souvent, à la nécessité où se trouvent beaucoup de jeunes gens de se livrer aux travaux de la campagne. Ils y perdent bientôt, dans la solitude, l'habitude du monde, et ne paraissent plus ensuite en société. D'autres vont suivre les cours à l'université de droit de Chuquisaca.

2. La contredanse espagnole, avec la mesure lente de la valse allemande, se compose de figures très-variées et des plus gracieuses, où dansent à la fois un grand nombre de personnes.

1830. Santa-Cruz. de la zone torride? Aussi les hommes ont-ils à Santa-Cruz l'habitude de passer dans une autre chambre, de donner leurs habits à leurs domestiques et de prendre une veste blanche, comme le reste des vêtemens. Dès-lors, il y a moins de réserve et plus de gaîté. On sert de la chicha de maïs[1]; on passe des assiettes couvertes de cigarettes faites de paille de maïs; on cause; des groupes animés se forment. Autour des femmes les plus aimables s'échangent les propos les plus spirituels, interrompus soudain par une *mariquita*, danse vive et gaie, où un guittariste chanteur doit indispensablement se joindre à la musique. Un cavalier invite une demoiselle; ils se placent vis-à-vis l'un de l'autre, un mouchoir blanc à la main. Le chanteur commence des couplets de la plus étrange naïveté, dont aucune périphrase ne voile ou ne déguise le sens; la musique l'accompagne. Les deux danseurs agitent leurs mouchoirs avec grâce, frappent des pieds en mesure, s'avancent, reculent, traversent, paraissent se fuir, se rapprocher, tournent l'un autour de l'autre. Les assistans frappent des mains en cadence et la figure est finie. Elle recommence successivement pour toutes les dames du bal, deux ou trois cavaliers se relevant à cet effet; et chacune d'elles, sûre de devenir tour à tour l'objet des observations de toutes les autres, cherche, non pas à danser avec plus de légèreté (ce qui est inutile), mais à déployer tous les avantages de sa taille et de ses manières.

Pendant le bal, les portes et les fenêtres sont ouvertes sur une large galerie, où se pressent tous les curieux de la ville, hommes, femmes, domestiques, mulâtres et négresses, sans qu'on puisse les congédier, la coutume ayant consacré cette habitude. Rien de plus curieux que les propos de cette bizarre agglomération. Chacun y fait tout haut ses réflexions sur les danseurs, sur les danseuses qui se succèdent à la mariquita; tour à tour ils sont sur la sellette, soit sous le rapport de leur extérieur, de leur mise, soit sous celui de leurs relations, même de leurs intrigues. Leurs petits ridicules sont passés en revue d'une manière aussi naïve que spirituelle, souvent avec une méchanceté raffinée, toujours avec des tournures de phrases dont la gaîté piquante me fit juger du caractère national. J'en sus plus, en un instant, sur la vie privée de tout le monde, que n'aurait pu m'en apprendre une année de séjour.

Une valse m'appela de nouveau parmi les danseurs. C'était ma danse favo-

---

1. C'est une boisson non fermentée et des plus agréable, tout à fait différente de la chicha de Cochabamba.

rite, celle à laquelle j'étais le plus exercé; je m'y montrais infatigable. Elle dura long-temps; je la laissai le dernier, et me fis une véritable réputation parmi les dames; chose à ne pas dédaigner dans un pays où le beau sexe règne despotiquement sur toute la société, et dicte, pour ainsi dire, ses lois à toutes les autorités. Après la valse vint l'indispensable menuet, plutôt par un reste d'habitude que par goût; cette danse grave étant peu en rapport avec le caractère enjoué des habitans. La gavotte lui succéda; mais ne fut le partage que de peu de danseuses. Il en fut de même de l'élégant *ondu*, véritable *bolero* espagnol, qui se danse avec des castagnettes, et dans lequel les femmes tirent un grand parti de leur légèreté et de leurs grâces naturelles. Le *chambé, introduit par les Colombiens, se dansa aussi*; c'est une figure assez monotone et peu élégante. Un cavalier seul tourne autour de la salle; paraît vouloir s'arrêter devant quelques dames, poursuit; et, après en avoir trompé ainsi plusieurs, finit par rester vis-à-vis de l'une d'elles. Celle-ci est forcée de céder sa place au danseur et de commencer le même manége, jusqu'à ce qu'elle veuille choisir un cavalier qui, à son tour, se fait remplacer par une autre femme, et ainsi de suite, tout le temps que la musique continue à jouer le même air, très-gai, dont la mesure est précipitée.

1830.

Santa-Cruz.

Toutes ces figures durèrent jusqu'à onze heures; alors on distribua des *paños de mano*, espèce de longues serviettes ornées de franges, et l'on servit à chaque dame une tasse de chocolat et des bonbons, que les cavaliers s'empressent de porter. Ce sont eux aussi qui, chargés ensuite d'un grand plat d'argent, couvert de confitures, viennent en offrir à toutes les femmes. Pour ma part, je distribuai des *dulces de piñas* (confitures d'ananas). La première personne à qui je m'adressai, prit un peu de ces confitures pour me l'offrir; je dus accepter et lui en présenter à mon tour. Cette politesse continua de l'une à l'autre, toutes me priant avec amabilité d'en recevoir. Ainsi les deux ou trois cuillers du plat passèrent successivement de chaque bouche féminine à la mienne, de manière à me saturer pour long-temps des ananas que je portais, et à me forcer de ne pas continuer ma promenade, dans la crainte d'être obligé d'en absorber presqu'à moi seul la moitié. Après cette pause, la danse variée recommença jusqu'à l'arrivée du punch.

Le bal alors changea tout à coup d'aspect. La réserve et l'étiquette s'en éloignèrent entièrement. A Santa-Cruz on ne sert pas comme en France de verres pleins sur un plateau; mais chaque cavalier, muni d'un grand vase et d'un verre, se présente devant une dame, remplit ce même verre et le vide

1830. d'un seul trait, en invitant la dame, qui le fait remplir à son tour de la même quantité de liqueur, et imite le cavalier en conviant soit le même cavalier, soit un autre, qu'elle appelle, à cet effet, pour lui montrer ce qu'elle boit. Il en résulte que les verres ne sont jamais ni vides ni pleins, qu'on est forcé de boire sans s'arrêter, ne pouvant, sous aucun prétexte, refuser, au risque de passer pour impoli. J'étais nouvellement arrivé, étranger, chargé d'une mission que, sans la comprendre, on regardait comme quelque chose d'important. J'avais vingt-huit ans; je jouissais d'une santé florissante; c'en était assez pour mériter l'attention; aussi toutes les femmes voulurent-elles me fêter. Je ne savais à qui répondre, appelé que j'étais de tous les points de la salle, et forcé de tenir tête à tout le monde. Je ne puis dire combien de douzaines de verres de punch il me fallut accepter, et j'eus besoin, en vérité, de toute la force dont j'étais doué pour résister à cet assaut inattendu. La danse prit un caractère d'abandon poussé jusqu'à la folie, tandis que les hommes excitaient toujours davantage les femmes, par l'effet de la liqueur, dont la source intarissable substituait incessamment des flots de punch à ceux qui venaient de s'écouler. On dansa la *mariquita*, la *rumba* avec frénésie. Le *guachambé*, danse voisine du *batuqué* brésilien, aux figures par trop africaines, et assez peu convenables, n'en fut pas moins exécuté par quelques personnes. Enfin, l'exaltation s'accrut d'autant plus, qu'on ferma les portes pour empêcher de sortir, et que des commissaires firent le tour de la salle, en proclamant à haute voix, au nom du préfet, un *bando*, qui défendait, sous aucun prétexte, de quitter le bal, sous peine de se voir contraint à boire, les hommes dix, les femmes six verres de punch, quand ils seraient atteints et convaincus de tentative d'évasion. Cette fois je crus inutile d'enfreindre ce règlement; mais, plus tard, dans une circonstance semblable, ayant été surpris mon chapeau à la main, on m'amena au centre de la salle, on me fit asseoir sur un fauteuil, on me jugea dans toutes les règles, et je fus forcé de subir une partie de la peine, me pliant aux exigences de la société où je me trouvais, et à une plaisanterie dont je me serais bien passé. On offrit ensuite du pain et du fromage, que chacun s'empressa d'accepter, et l'on dansa jusqu'au jour. Au milieu du tapage, malgré les efforts des femmes liguées contre moi, je conservai ma présence d'esprit, et trouvai réellement plaisans cette bruyante gaîté, ces cris, cette franchise, qui me dévoilaient tant de petits secrets, soit par des regards, soit par des discours. Spectateur bénévole, j'appris à connaître, dans cette soirée, les inclinations, les faibles de tous; l'aimable exaltation, la gaîté spirituelle

Santa-Cruz.

des Cruceñas, que je ferai connaître d'un seul mot, en disant que, n'ayant pas assez des superlatifs de la langue espagnole pour peindre leurs sentimens, elles ont dû inventer un superlatif des superlatifs[1], analogue à la vivacité de leurs impressions. 1830.

Santa-Cruz.

Quelques jours après, je reçus une nouvelle invitation de l'une des premières familles du pays. A Santa-Cruz on est dans l'usage de fêter solennellement le jour où un jeune ecclésiastique dit sa première messe. C'était une circonstance de cette nature qui avait motivé la réunion. Je m'y rendis à neuf heures du matin. Déjà un tambour appelait les invités à la porte des parens, et j'y trouvai le préfet, réuni à toutes les autorités religieuses, civiles et militaires. La musique en tête, nous allâmes en corps à l'église, où le jeune prêtre chanta la messe, servie par deux anciens curés et par le parrain de la fête. La cérémonie achevée, il se plaça au milieu de l'église, où tous les invités vinrent successivement lui baiser la main, en signe de respect et d'obéissance. Il revint ensuite chez lui, où, sur sa porte, il offrit encore sa main à baiser à tous ceux qui se présentèrent. A notre retour dans la salle, la table était couverte de bonbons, de vins et de liqueurs de toute espèce, *para tomar las onze* (pour prendre les onze heures), avant le dîné. On s'invita à boire à l'anglaise; et la conversation devint générale. Chacun s'éloigna pour aller déposer l'habit noir, se mit en blanc, et revint à deux heures pour dîner. Une table somptueusement servie, était chargée d'un porc entier, d'une tête de bœuf, de dindons rôtis, d'une foule de mets, de divers assaisonnemens à l'espagnole, le tout préparé sous la direction d'une marquise, maîtresse de la maison, qui, de même que les autres dames, ne regardait pas comme au-dessous d'elle de surveiller la cuisine faite par ses domestiques; aussi trouvai-je, en général, le tout d'un goût exquis, quoique bien différent de notre cuisine française. On porta beaucoup de toasts; où le sentiment le plus délicat des convenances tempéra toujours la gaîté générale. A la fin du repas, le parrain de la fête invita la compagnie au bal qu'il voulait donner pour terminer la journée.

---

1. Beaucoup, *mucho*, s'emploie en espagnol comme en français, pour désigner le nombre des choses matérielles, pour donner plus de force à la pensée. On dit : *te amo mucho* (je t'aime beaucoup); mais la langue espagnole a, de plus, des superlatifs. On dit donc : *te amo muchisimo* (je t'aime avec excès, avec exaltation); mais ce superlatif, ne paraissant pas suffisant aux femmes de Santa-Cruz pour exprimer ce qu'elles éprouvent, elles ont inventé un superlatif de ce superlatif, et disent : *te amo muchininisimo*, expression que ne peut rendre aucune des nôtres.

1830. En effet, on dansa la nuit entière, et les choses se passèrent alors absolument comme chez le préfet.

Santa-Cruz. 9 Déc. Le 9 Décembre est le jour anniversaire de la fameuse bataille d'Ayacucho (le 9 Décembre 1824), où les Espagnols, vaincus par le parti de l'indépendance, permirent l'établissement des républiques. Bolivia et le Pérou ont l'habitude de fêter, dans chaque cité, cet anniversaire avec toute la pompe possible. Je demeurais précisément dans le *varrio de Ayacucho* (la rue d'Ayacucho). Les autres rues également pavoisées annonçaient l'allégresse. On chanta une grand'messe, après laquelle le préfet vint me prendre; et, suivant une coutume établie depuis quelques années, il fallut se présenter chez toutes les dames de ma rue, qui avaient tout disposé pour recevoir des visites, ayant chacune une bonne provision d'amabilité à prodiguer, et une table abondamment servie en bonbons et en liqueurs. A trois heures, on tira des pétards; à quatre, on courut à cheval un jeu de bagues dans la rue d'Ayacucho. Chaque fois qu'un cavalier était assez adroit pour enlever l'anneau, la musique, par un air, le proclamait vainqueur, et l'heureux mortel recevait, des mains d'une demoiselle de la famille Velasco[1], un nœud de ruban qu'on lui attachait au bras comme marque de distinction. On joûta ainsi jusqu'à la nuit, où chacun alla se préparer pour le bal, qui devait avoir lieu chez le préfet. Le soir, à la première contredanse, chacun des cavaliers vainqueurs au jeu de bague, attacha son nœud de ruban au bras de la jeune personne avec laquelle il dansait; ce qui devint un motif d'envie pour les femmes qui n'en obtinrent pas. Il serait difficile de voir avec indifférence, ainsi transportées au sein des colonies espagnoles du nouveau monde, et conservées au centre du continent, ces dernières traces des mœurs chevaleresques et galantes de la nation du Cid et de Chimène. Là, les âmes n'ont pas cessé de s'ouvrir aux poétiques inspirations du patriotisme et de l'amour.

25 Décemb. La veille du jour de Noël les hommes font un cadeau dans les maisons où ils sont fréquemment reçus. Les gens de la campagne envoient quelques *arrobas*[2] de sucre; mais les citadins donnent souvent de l'argent qui sert à payer des confitures de circonstance appelées *manjar blanco*[3]. On visite toutes ses connaissances pour *dar buena Pascua* (donner les bonnes

1. C'est l'une des plus anciennes et l'une des plus considérées.
2. L'*arroba*, vingt-cinq livres espagnoles.
3. Manger blanc, composé de sucre, d'œufs et de farine.

Pâques)[1]. Afin de ne pas être incivil, j'allai dans quelques maisons; mais je faillis m'en repentir. Du 30 Novembre jusqu'au carnaval dure un jeu assez singulier, qui consiste à faire la petite guerre entre hommes et femmes, en se jetant de petits citrons ou des oranges vertes. Dans une des maisons, je fus ainsi attaqué par trois demoiselles. Je résistai si vaillamment à ce premier choc, que j'allais rester maître du champ de bataille; quand mes trois adversaires, après avoir attaché une grosse orange dans un coin de leur mouchoir, se mirent à me poursuivre à grands coups, et bientôt, tout meurtri, n'osant pas riposter de même, je fus contraint de me sauver. Je subis la même épreuve dans une autre maison, où, tout en ayant fait rendre les armes, je sortis, non sans maudire cette coutume, et surtout des jeux peu féminins qui me laissèrent les membres endoloris pour plusieurs jours, sans que j'eusse le droit de me plaindre.... C'était l'usage. 1830. Santa-Cruz.

Une autre coutume assez curieuse, et qui représente tout à fait notre *premier Avril* d'autrefois, est celle du jour *de los Inocentes*, des Innocens (le 28 Décembre). Heureusement qu'averti assez à l'avance, je n'en fus pas la victime. Tout ce que vous empruntez ce jour-là vous appartient; et si l'on satisfait à une réquisition telle qu'elle puisse être, non-seulement on perd les objets prêtés, mais encore on se fait traiter d'*innocent*. Ordinairement les choses demandées sont de peu de valeur; pourtant on a vu de l'argent n'être jamais rendu. La journée se passe en ruses réciproques des hommes et des femmes, afin d'avoir le droit de s'appeler *innocent*. Le soir il y eut un bal, où personne d'abord ne se rendit avant d'entendre la musique, dans la crainte de mériter cette épithète. 28 Décemb.

Le premier jour de l'année s'écoula sans bruit. A Santa-Cruz on n'est pas dans l'habitude de s'en occuper. La saison des pluies était dans toute sa force; des torrens inondaient journellement les rues, et les sables mouvans qui en forment le fond devenaient des amas d'eau où l'on entrait jusqu'à mi-jambe. Il fallait rester à Santa-Cruz jusqu'à la fin de cette saison fâcheuse, ou braver le mauvais temps. Je pris ce dernier parti, et me décidai à parcourir au moins les environs, puisque, pour long-temps, toute communication était interceptée avec la province de Chiquitos, où je désirais me rendre. 1831. 1.er Janv.

Ayant tout préparé, jusqu'à mes provisions, consistant en biscuit et en viande sèche, je dus aller prendre congé de toutes mes connaissances, et me mis en route le 13 Janvier. Je traversai, à l'est, au sortir de la ville, 13 Janv.

---

1. Noël est appelé *la Pascua de la Natividad de nuestro Señor Jesus-Cristo.*

1831. Santa-Cruz.

un fourré d'une demi-lieue de largeur, rempli de champs cultivés, nommés *chacos*. Ces champs sont de petits espaces où l'on a coupé les arbres et semé du maïs, de la *yuca* (manioc), des batatas et du riz. J'entrai ensuite dans une campagne sablonneuse absolument découverte, pourvue de petits buissons épars, de quelques palmiers totaïs [1], et presque dénuée d'habitations. Après six lieues de plaine, le terrain se couvrit de bois, de fermes de culture, et bientôt j'arrivai à Paurito [2], où je croyais rencontrer un village. Je n'y vis absolument qu'une église assez petite, qu'environnaient trois ou quatre maisons. Je ne savais où m'arrêter, lorsqu'une femme me donna la clef d'une maison vide; je m'y établis pour la nuit, heureux d'avoir pensé à me pourvoir de vivres, que je n'avais aucun espoir de me procurer en cet endroit. Paurito, annexe de Santa-Cruz, est une chapelle, où les cultivateurs se réunissent, les dimanches, pour entendre la messe. Tous ses alentours sont très-peuplés; les hameaux de Pacu et de Tijeras en dépendent [3], et la circonscription en est immense.

Les pays plats, comme le sont tous les environs de Santa-Cruz, n'offrent pas, à beaucoup près, autant de ressources en histoire naturelle que les pays montueux; aussi quelques heures suffirent-elles pour me procurer la presque totalité de ce que je pouvais espérer. Je voulus, dès-lors, multiplier mes excursions, et me rapprocher des rives du Rio Grande, dont je n'étais qu'à peu de distance. La plaine continue peu au-delà de Paurito; elle est bientôt bornée par un bois. Ayant traversé celui-ci, je me trouvai dans un endroit découvert, sablonneux, arrondi, circonscrit de forêts, et au milieu duquel je remarquai un grand nombre de maisons éparses, constituant le hameau de Tijeras (les ciseaux), distant d'une lieue de Paurito. Je marchai au travers des plus beaux champs de maïs, jusqu'à la forêt, que je franchis, et où je reconnus facilement qu'une barrière, que je rencontrai dans ce sentier, servait à distinguer une seconde plaine, entourée également de bois, et à empêcher d'en sortir les bestiaux, qu'on y laisse d'ailleurs en liberté. Ces espèces de plaines caractérisent tout à fait les terrains plats et sablonneux de la province de Santa-Cruz, et leur donnent un cachet géographique tout particulier; on les appelle *potreros* [4]. Le potrero de Pacu, dans

1. C'est le même que le Bocaya de Corrientes.

2. On appelle *Paura*, à Santa-Cruz, un abreuvoir; ainsi *Paurito* veut dire le petit abreuvoir.

3. On compte dans la circonscription de Paurito 2,068 habitans, suivant le recensement de 1832, qui m'a été communiqué par le grand-vicaire de la province, Don Andres Pacheco.

4. Nom dérivé de *potro* (cheval non dressé); *potrero*, le lieu où l'on peut élever des chevaux. On

lequel j'entrai, est grand, des plus beau, et rempli de fermes de culture. 1831.
Je m'arrêtai à la dernière, où demeurait le comisionado, auprès duquel je trouvai une hospitalité dont tout ce que j'en pourrais dire ne donnerait qu'une faible idée. Ce brave homme et sa famille s'efforcèrent de prévenir mes moindres désirs. Je n'ai trouvé vraiment qu'aux environs de Santa-Cruz cette bonhomie des habitans des campagnes, qui les porte toujours à vous accueillir avec le sourire sur les lèvres, avec des prévenances de tous genres. Aucun d'eux n'a ce ton grossier de beaucoup de nos paysans de France. Ils s'expriment bien, avec esprit même, et leurs manières sont réellement distinguées.

Santa-Cruz.

La campagne, au commencement de la saison des pluies, est des plus belle. Les forêts sont garnies de jeunes pousses, d'un vert tendre, et de fleurs élégantes et variées; les plaines sont couvertes d'une herbe haute et fournie, émaillée de plantes fleuries de diverses couleurs. Les champs sont remplis de jets vigoureux de maïs ou de yuca, et tout annonce dans la végétation une incroyable énergie. Je parcourus le potrero en tous sens, admirant tour à tour ses arbres isolés, alors parés de fleurs; sa lagune, auprès de laquelle je tuai un bon nombre de canards musqués, des moins farouches; et d'immenses enclos de maïs, protégés aussi contre les chevaux et les bestiaux, qui par petites troupes les parcouraient en toute liberté. Le bonheur que j'éprouvais à me trouver au milieu de si belles campagnes, ne m'affranchissait pourtant pas de l'ennui d'être constamment en butte à la piqûre envenimée des moustiques, que multiplie l'humidité de la saison.

Le lendemain, malgré la pluie, je me dirigeai, dans la compagnie du comisionado, vers le Rio Grande, distant d'une lieue. Je traversai une magnifique plaine, remplie d'arbres épars, et de palmiers que les Guaranis nomment *carondaï* [1], dont le tronc coupé en deux et creusé sert à faire les tuiles, qui couvrent presque toutes les maisons de Santa-Cruz. Ce palmier aux larges feuilles en éventail, au tronc lisse, présente un aspect vraiment magnifique. Il ne croît que dans les lieux marécageux et non couverts. C'était, de même que le totaï, une ancienne connaissance qui me rappelait mon séjour dans

---

nomme ainsi, à Santa-Cruz, les plaines entourées de bois ou d'eau sans issues, ou n'en ayant qu'une qu'on peut facilement fermer, de manière à y laisser sans inconvénient les bestiaux affranchis de toute surveillance.

1. J'en ai parlé à Corrientes (voyez tome I, p. 119). Ce genre de toiture dure ordinairement une douzaine d'années.

1831. la province de Corrientes, où j'avais trouvé les mêmes paysages, la même végétation et jusqu'à la même bonté de la part des habitans. J'arrivai ainsi au

Santa-Cruz. bord du Rio Grande. Large alors d'un demi-kilomètre, ses eaux bourbeuses, charriant des troncs d'arbres entiers, coulaient avec rapidité, soit près de plages sablonneuses, soit au pied de falaises de sable constamment minées par les eaux. Les bords des fleuves sont gais, lorsqu'ils sont habités; mais quand la nature y est seule, quoique le spectacle en soit quelquefois beau, ce silence du désert leur donne promptement un cachet de tristesse, qui devient monotone. Je ne pouvais me lasser de contempler cette vaste rivière, dont j'avais passé tant d'affluens depuis Cochabamba jusqu'à Santa-Cruz, et qui reçoit, à elle seule, les eaux de plus de la moitié des départemens de Potosi, de Chuquisaca, de Cochabamba et de Santa-Cruz[1]. En entendant mugir des bestiaux de l'autre côté, sans apercevoir ni bateau ni pont, je demandai à mon guide comment on traversait la rivière. Il me répondit qu'au temps des crues on la passait à la nage, moyen plus ou moins commode, et toujours périlleux. A la saison sèche, on la franchit à cheval avec les précautions que commande la présence du sable mouvant et des tourbillons. Content de ma course, en raison des intéressantes découvertes que j'y avais faites, malgré le mauvais temps, je revins pour changer de vêtemens et préparer mes richesses.

16 Janv. Le 16, bravant la pluie, je continuai mes explorations en suivant la route par laquelle j'étais venu. Je passai à Tijeras et à Paurito, d'où je pris un sentier qui devait me conduire au hameau de Pitajaya[2], situé à deux lieues de Paurito. Je traversai un bois peu touffu, et vis une magnifique plaine d'une lieue, inhabitée, ovale, ceinte de forêts. Au-delà est une autre forêt d'égale largeur, au milieu de laquelle coule le ruisseau de Turino, dont les eaux vont au Rio Grande. Ces bois, des plus épais, sont mélangés de palmiers motacu, surtout près du ruisseau. En dehors, dans une large clairière, je rencontrai le hameau de Pitajaya, où je fus parfaitement accueilli, et protégé contre les torrens de pluie qui inondaient la campagne, et ne me permirent pas de sortir. La plaine de Pitajaya se continue, vers l'est, jusqu'au Rio Grande, en formant le potrero de San-Lorenzo et celui de Pari, où vivent un grand

---

1. Toutes les cartes lui donnent le nom de *Guapaix*, inconnu dans le pays.

2. *Pitajaya* est le nom d'un excellent fruit qu'on mange à Santa-Cruz. Il provient d'un petit cactus rampant, qu'on jette sur les murailles de terre et qui y croît. Ce fruit ressemble extérieurement à l'ananas; mais il est beaucoup plus petit. La couleur en est jaune.

nombre de cultivateurs. Ces deux hameaux, par une exception bien singulière, présentent, avec son plus grand développement, le goître, inconnu des autres parties de la province. J'en fus d'autant plus surpris, qu'on est habitué à voir cette affection se manifester seulement dans les montagnes; tandis que là, c'est au milieu du pays le plus plat du monde, par une température des plus élevée, et à vingt lieues au moins des derniers contre-forts des Andes. Cette maladie ne peut, de même qu'à Corrientes, tenir à la qualité des eaux privées d'air. 1831. Santa-Cruz.

L'uniformité de la campagne me donnant des productions identiques pour chaque hameau, je ne crus pas devoir insister beaucoup dans les différentes stations. J'abandonnai donc Pitajaya pour aller à trois lieues au village de Cotoca. Pendant ces alternatives de pluies qui inondent et d'un soleil brûlant aux rayons perpendiculaires, qui brûlent le voyageur, je traversai des fourrés garnis de gouyaviers sauvages, puis un bois épais où coule le Rio Colorado, dont les eaux vont aussi au Rio Grande; et j'atteignis une plaine variée de bouquets de bois, qui me conduisit jusqu'au village. *Nuestra Señora de Cotoca* est, comme Paurito, un point de réunion des propriétaires des environs et une annexe de Santa-Cruz. L'église est petite; elle contient une Vierge miraculeuse, à laquelle on fait de fréquens pélerinages, ce qui a déterminé les habitans à construire une nouvelle église, plus vaste et non encore achevée; les aumônes n'ayant jusqu'ici pu suffire à sa complète édification. Cotoca, par l'affluence de la population qui s'y porte, deviendra, sans doute, l'un des points les plus florissans de la province. J'étais logé chez le commissionné, où je restai deux jours; et, lorsqu'en partant, je lui offris une indemnité pécuniaire pour son hospitalité et les embarras que je lui avais causés, il la refusa positivement, se contentant de l'expression de ma reconnaissance.

De Cotoca je me dirigeai sur Sauce (le saule). En sortant du village, j'entrai dans un bois épais, où coule la rivière de Cotoca. J'atteignis une clairière peu étendue, puis un autre bois, au-delà duquel est un pôtrero circulaire, d'une lieue de diamètre, où je trouvai le hameau d'Itapaque, distant de trois lieues de Cotoca. Il est composé, comme les précédens, de cabanes de cultivateurs et de fermiers, éparses à l'entrée du bois, toutes de même apparence, ce qui m'engagea à pousser plus loin, d'autant plus que je n'étais qu'à deux lieues de Sauce. Je franchis un bois, un immense pôtrero arrondi, et rencontrai le hameau de l'autre côté. Le commissionné m'installa dans une petite cabane couverte en feuilles de palmiers motacu, où il fallait se mettre 19 Janv.

1831. en double pour en franchir la seule ouverture. J'y fus dévoré des mous-
Santa-Cruz. tiques. Ce hameau, semblable aux autres, est entouré de campagnes entremêlées de bois, de buissons et de petites plaines sablonneuses, couvertes de graminées. Dans ces dernières j'admirai beaucoup de palmiers totaïs, qui en font le plus bel ornement; leur feuillage, d'un beau vert, semblable à des plumes d'autruche, forme un vaste faisceau, des plus élégant. Cette espèce caractérise les plaines sèches ou la lisière des bois des terrains sablonneux, tandis que le carondaï distingue les lieux humides et argileux des plaines marécageuses, de même que le motacu ne pousse qu'au sein des bois les plus épais et les plus ombragés; ainsi ces grands végétaux, à l'aspect si pittoresque, donnent chacun, à ces trois sortes de terrains, leur cachet particulier.

J'avais remarqué que partout, sur mon passage, ne se trouvaient que des femmes et aucun homme. J'en cherchai le motif, et j'appris que les habitans, me prenant, à cause de mes armes, pour le chef d'un détachement de recrutement, se sauvaient tous dans les bois à mon approche, et ne se rassuraient un peu, que long-temps après mon départ. Les Cruceños, par leur langage, par leurs habitudes, par les plaines chaudes qu'ils habitent, diffèrent, en tout, des autres habitans de la république. Étrangers, par leur éloignement des centres de la population, à toutes les querelles politiques qui agitent les villes des montagnes, ils y croient leur intervention inutile, puisqu'ils n'en tireront jamais aucun avantage; aussi servent-ils avec plus de répugnance encore que les autres Boliviens. Ce qu'ils préfèrent à tout, c'est la vie paisible de la campagne, où une indépendance sans limites leur procure une existence douce, sans qu'ils aient jamais à s'occuper de ce qui se passe dans le reste du monde. Cette aversion pour l'état militaire est telle, que j'ai souvent entendu dire aux parens, qu'ils aimeraient mieux voir mourir leurs enfans, que de les laisser partir pour l'armée. Si l'on veut se rendre compte des choses, on trouvera qu'en effet, dans le cercle étroit de ses idées, le campagnard cruceño est le plus heureux des hommes. Il ignore et veut ignorer qu'il existe d'autres pays. Pour lui, le monde est un rayon de quelques lieues, compris entre les montagnes, dont il voit souvent le vaste rideau à l'horizon, et les immenses forêts inhabitées de l'est, dont il ne cherche pas à pénétrer l'étendue. Là, s'il possède la moindre industrie, il trouve du terrain tant qu'il en veut. Agriculteur, son travail se borne à abattre les arbres de la forêt, à les incendier, à semer, sans autre préparation, et la récolte que lui donne la terre encore vierge, suffit non-seulement à ses besoins et à ceux de sa famille, mais encore à lui procurer le peu de vêtemens de coton dont il se couvre lui et les siens. Tout en travaillant peu, il est dans l'abondance; son ambition, se bornant à la possession de quelques chevaux et de bestiaux, qui se multiplient sans peine autour de lui. Il se lève de bonne heure, parcourt ses champs, revient prendre un frugal repas, après lequel il fait indispensablement la sieste, sort quelquefois dans l'après-midi pour visiter ses voisins et ses voisines, puis rentre au coucher du soleil. 1831. Santa-Cruz.

Roi chez lui, le Cruceño campagnard ne s'occupe jamais de l'intérieur de sa maison; il se charge de tout ce qui regarde l'extérieur, mais laisse l'administration du reste à sa compagne ou à ses enfans, envers lesquels il se montre peu exigeant. Bon père, bon mari, il se plaint rarement, se contentant de tout. Ses actions sont aussi lentes que ses paroles; il paraît tout faire nonchalamment, et pourtant il termine ce qu'il a commencé. Son costume consiste en un caleçon et une chemise de coton, puis en un poncho lorsqu'il sort. Les femmes portent une chemise de *lienzo*, de coton tissé par elles, et un jupon assez court, qui laisse voir une jambe nue et le plus joli petit pied. Rien n'égale l'esprit d'hospitalité qui les anime les uns et les autres, à tel point que le vagabond qui veut vivre oisif se voit partout accueilli des mois entiers et regardé comme de la maison. Le voyageur y est reçu avec toutes les démonstrations possibles de bienveillance. On met tout en œuvre pour le bien loger, sans qu'au procédé se mêle jamais la moindre idée de calcul; aussi, dans cet heureux pays, le vieillard et l'infirme ne sont-ils jamais à charge, et ne recourent-ils jamais aux asyles publics, jusqu'à présent inconnus à Santa-Cruz. L'humanité de tous y supplée.

Il est fâcheux de penser que cette bonté actuelle des Cruceños, cette hospitalité, cette simplicité de mœurs qui les caractérise encore, devront disparaître, dès que les communications plus fréquentes attireront au milieu d'eux une plus grande affluence de voyageurs; dès que leurs besoins augmenteront par la connaissance d'une foule d'objets qu'ils ignorent aujourd'hui, mais qui, lorsqu'ils les connaîtront, les amèneront insensiblement, en diminuant leurs ressources, à cet esprit d'égoïsme qui règne dans nos pays civilisés.

Obligé de prendre d'autres chevaux, chaque fois que changeait la circonscription d'un commissionné, j'avais fait prévenir celui de Candelaria, croyant me rendre, le même jour, à Grand-diosa, distant de sept lieues; mais il en fut autrement. Je partis de Sauce avec de la pluie, et franchis, au milieu d'un bois, le Rio de Sauce, affluent du Rio Grande. Au delà je traversai, par les plus affreux chemins, des plaines à demi boisées, remplies d'eau. Elles

1831. Santa-Cruz.

me conduisirent au hameau de Chuchio[1], dont les petites maisons, couvertes en feuilles de palmiers, sont disséminées sur tous les points d'une vaste plaine, entourée de forêts et peuplée de chevaux, de bœufs et de vaches, paissant à côté des cerfs guaçu-ti et des autruches américaines, comme si tous ces animaux eussent également été domestiques. A peine ces derniers s'enfuyaient-ils à mon approche; tant est grande la sécurité que leur laissent les habitans! Arrivé au hameau de Candelaria, je fus reçu par la femme du commissionné; et contraint à m'y arrêter faute de chevaux, je pris mon fusil et m'enfonçai dans la forêt voisine, formée de quelques arbres séculaires et de gigantesques palmiers motacus[2], serrés les uns contre les autres. Quiconque ne connaissant que nos forêts d'Europe, se trouverait tout à coup transporté dans ces lieux, resterait certainement en extase devant la beauté, la majesté de l'ensemble, et surtout devant ces contrastes si pittoresques des feuillages des arbres variés avec celui des élégans motacus aux troncs droits et sveltes, surmontés de leurs belles gerbes de feuilles. Là, tout est imposant, jusqu'au profond silence; là, tout commande le respect et l'admiration pour le Créateur. Rien dans nos bois n'est comparable à cette nature vierge, où l'homme n'a pas encore porté son influence. C'est une voûte épaisse divisée par étages, dont on parcourt librement toutes les parties, au sein d'une imposante colonnade que forment les troncs plus ou moins espacés des palmiers motacus.

En trouvant, sur la lisière, plusieurs champs nouvellement enlevés à la végétation naturelle, je me demandai, si, quelques siècles plus tard, le voyageur rencontrerait encore des sites semblables aux environs des villes, et si l'augmentation de la population ne devrait pas changer l'aspect du pays. J'avais déjà remarqué que, partout où l'homme enlève momentanément les forêts vierges, afin d'y semer, les plantes qui repoussent sur le terrain ensuite abandonné à lui-même, changent entièrement de forme. On n'y voit plus aucune des espèces qui y croissaient et croissent aux environs; et même après des siècles, une végétation toute différente de la végétation spontanée y fait toujours reconnaître les lieux où l'homme a laissé des traces de son passage.

1. On appelle *Chuchio*, dans le pays, un grand roseau à feuilles disposées en éventail, et très-commun sur les bords de toutes les rivières de la province de Moxos.

2. C'est le *Maximiliana princeps*, Martius. Palmiers de mon Voyage, pl. IV, fig. 3.

Je passai à Candelaria une journée entière, pendant laquelle je fus, de la part du commissionné, de sa femme et de sa sœur, l'objet de prévenances et de petits soins, dont aucune expression ne saurait donner une idée. Le jeune couple alla jusqu'à me céder le seul lit qu'il possédât. Les habitans des campagnes sont d'une extrême sobriété, se nourrissant habituellement d'un peu de viande sèche et de légumes. Un bœuf coûte 6 à 8 piastres (30 à 40 francs). On le tue, on en fait du charqué[1], et l'on s'en sert comme de provisions, avec du riz, du maïs sec, de la yuca (manioc), qu'on va chercher au fur et à mesure au chaco (champ), et des bananes, dans les lieux qui produisent cet excellent fruit. Je n'en avais pas rencontré dans les premières campagnes, encore trop élevées et trop froides; mais il croît déjà à Candelaria, et de là jusqu'aux autres parties plus septentrionales. Tant que la viande est fraîche, on la rôtit, on la mange bouillie avec un peu de yuca, en guise de pain, sans autre boisson que l'eau du ruisseau voisin. Quand elle est sèche, on en rôtit également les parties grasses; le reste sert à faire du *locro*, assaisonné avec du riz et de la graisse de bœuf. C'était mon ordinaire de voyage. 1831. Santa-Cruz.

Je me trouvais dans la saison la plus favorable à la chasse aux insectes. Cette humidité chaude de l'été des régions tropicales les fait naître en nombre incroyable. Toutes les feuilles en sont couvertes, et leurs brillantes couleurs rivalisent avec celles des fleurs dont la végétation est alors parée; aussi voyais-je s'accroître chaque jour mes collections entomologiques. L'ornithologie, beaucoup moins variée, ne laissait pourtant pas non plus de me procurer de bonnes choses.

Le 21, je pus enfin partir à une heure. Je traversai l'extrémité d'une grande plaine, riche en pâturages, non interrompue jusqu'à Santa-Cruz; et j'arrivai près d'un petit hameau, très-rapproché de la *Rinconada de Chaney* (le recoin de Chaney), centre de toute la région habitée comprise entre la mission de Bibosi et Santa-Cruz, et la partie la plus riche, sous le rapport de l'agriculture et de ses produits. Au delà, j'entrai dans un bois où coule le ruisseau de Chaney. Après avoir traversé une campagne entrecoupée de plaines et de petits bouquets de bois, j'atteignis, à trois lieues de Candelaria, l'une des maisons éparses du hameau de Grand-diosa. Jamais je n'avais tant vu de gouyaviers sauvages. La lisière des bois était partout couverte de ces petits arbustes, alors chargés de gouyaves. Tous les ans, à cette époque, 21 Janv.

1. J'ai déjà plusieurs fois donné l'explication de ce mot quichua.

1831. les enfans des hameaux voisins en font presque leur nourriture habituelle; aussi les rencontre-t-on à chaque pas, choisissant à loisir, dans ce verger naturel, les fruits qui leur paraissent préférables. Je remarquai que les gouyaves sont de deux espèces : la meilleure, verte à l'extérieur, grosse comme une poire, de forme oblongue, est intérieurement rouge; l'autre, qui croît sur des arbustes plus petits, a la grosseur d'une prune de mirabelle; la couleur en est jaune, à l'extérieur comme à l'intérieur: elle est beaucoup moins estimée que la première.

Santa-Cruz.

Je descendis à Grand-diosa, chez un des bons propriétaires de ce hameau, Don Mariano Chaves, où je reçus l'hospitalité la plus cordiale, pendant deux jours, employés à parcourir les environs, ainsi que ceux des hameaux d'Asusaqui et de Coromechi, éloignés d'une lieue et plus.

Entre le Rio Grande et le Rio Piray, qui coulent presque parallèlement au nord, vers la province de Moxos, s'étend une immense plaine tantôt sablonneuse, alors couverte de pâturages et de petits buissons, tantôt marécageuse, alors garnie de bouquets de bois. Cette plaine est, de chaque côté, circonscrite de forêts vierges, bordant les deux rivières sur une largeur bien plus vaste vers le Rio Grande que vers le Rio Piray; aussi les plaines commencent-elles à une ou deux lieues du Piray, tandis qu'elles s'éloignent d'autant plus du Rio Grande, qu'on s'avance davantage au nord. Elles se rétrécissent également beaucoup, et finissent par ne plus former, près de Grand-diosa et d'Asusaqui, qu'une large clairière, bordée à l'est par les forêts du Rio Piray, et à l'ouest par des halliers et des bois s'étendant jusqu'au Rio Grande, sur une distance de dix à quinze lieues.

Toutes les maisons, disséminées au sein de la campagne, sont d'une grande simplicité; elles se composent, le plus souvent, de deux vastes chambres, l'une destinée à coucher la famille, les étrangers, et servant à tous les usages domestiques; l'autre propre à recevoir les provisions ou à la fabrication du sucre; application agricole très-productive dans ces contrées. Elles sont toujours entourées d'un enclos ou *coral* pour les chevaux, et de champs de canne à sucre[1], que des haies sèches garantissent des bestiaux paissant librement dans la campagne.

1. La culture de la canne à sucre est très-simple. Les habitans préfèrent les terrains sablonneux un peu humides; ils abattent les arbres, plantent les cannes et les laissent croître, sans s'en occuper le moins du monde, jusqu'au moment de les couper. Leur manutention est aussi fort simple : ils ont, entre plusieurs propriétaires, un moulin ou *trapiche* commun, formé tout simplement, comme ceux de Corrientes, de trois cylindres, dont un central, qui tourne et écrase grossière-

Le 24, après deux jours de pluie, je repris ma route vers la mission de Bibosi, distante de sept lieues de Grand-diosa et dernier point habité dans la direction du nord-est. Je longeai pendant une demi-lieue la lisière de la forêt; et après y avoir pénétré, je trouvai successivement trois plaines entourées de bois, la dernière renfermant le hameau du *Naranjal*, composé de quelques maisons éparses. De l'autre côté, je reconnus une nouvelle plaine, où est située le hameau de *Turobo*, semblable au Naranjal. Au delà, je traversai un bouquet de bois, une autre plaine sablonneuse, remplie de gouyaviers et de palmiers totais[1] qui, très-différents du motacus, ami de l'ombrage et de la société, poussent isolément dans les lieux découverts. J'arrivai enfin à la mission, après avoir parcouru des chemins inondés dont j'avais eu toutes les peines du monde à me tirer à cheval. Le curé voulut bien me donner une petite cabane couverte de feuilles de palmiers, où je m'établis avec ma troupe.

1831. — Santa-Cruz. — 24 Janv.

La mission de Bibosi est une création toute nouvelle; elle fut fondée vers 1800, par l'un des frères de saint François chargés des missions de la Cordillera, habitées par les Indiens chiriguanos[2]. Ce franciscain ayant appris des Chiriguanos de la Cordillera qu'il existait une de leurs tribus errante au sein des forêts qui bordent le Rio Grande, entreprit de les convertir à la foi catholique. Il parcourut les bois et ses tentatives lui réussirent au point qu'aujourd'hui l'on compte près de huit cents indigènes réduits au christianisme.[3] Jusqu'à leur soumission, ces indigènes se livraient exclusivement à la chasse; chaque famille errait dans la forêt, couchant sous des huttes construites à la hâte avec des feuilles de palmiers. Les hommes chassaient à l'arc les divers animaux sauvages, et les femmes transportaient leurs enfans et les bagages dans les voyages, tout en se chargeant de faire la cuisine; mais, refoulés d'un côté par l'extension que prenait tous les jours la population de Santa-Cruz, ces Indiens étaient forcés de s'avancer vers le Nord, où d'autres tribus plus guerrières et plus sauvages, celles des *Sirionos*, les tenaient continuellement

---

ment la canne. Le produit est ensuite porté dans les chaudières, où l'évaporation donne, du premier coup, sans autre rafinage, un sucre blanc solide, presque aussi beau que notre sucre de première qualité. On le casse en gros morceaux; il est placé dans des *petacas* ou petites malles de cuir sec, et expédié ainsi pour Cochabamba et Chuquisaca.

1. C'est l'espèce que M. Martius a nommé *Cocos totai*. Voyez Palmiers de mon Voyage, pl. IX, fig. 1.

2. Voyez *Homme américain*, t. IV, p. 312, ce que je dis de cette nombreuse tribu des Guaranis.

3. Suivant le recensement qui m'en a été donné par le grand-vicaire de Santa-Cruz.

1831. Santa-Cruz.

en alarmes, ce qui les détermina à se rallier au christianisme, pour obtenir la protection des blancs. D'ailleurs les seuls changemens que subirent leurs mœurs, se réduisirent à renoncer à la polygamie et à cultiver un peu de maïs et de canne à sucre, pour eux et pour leur curé. Quant à la chasse, leurs habitudes sont toujours les mêmes, la moitié des hommes de la mission battant sans cesse les forêts voisines, afin d'approvisionner leurs familles de singes, de pécaris, et surtout de tortues terrestres, qu'ils aiment beaucoup.

La mission n'est plus aujourd'hui sous la direction de l'ordre religieux qui l'a fondée; elle dépend d'un curé du diocèse de Santa-Cruz, arbitre souverain de son administration temporelle et spirituelle. Situé au sein même de la forêt, sur un terrain plat et très-humide, le village se compose d'une place, d'une église fort simple, de cabanes d'indigènes, couvertes de feuilles de palmiers, entourant la place, et de quelques autres éparses dans la campagne des environs, cultivée à quelques centaines de mètres à la ronde, la nature conservant tous ses droits, dès qu'on franchit ces limites restreintes et qu'on s'avance dans la forêt.

Le plus grand dénuement existe dans ces cabanes, dont quelques pots de terre, des hamacs et des armes composent tout l'ameublement. Les hommes de la mission portent, comme les gens de la campagne, une chemise et un pantalon; mais, lorsqu'ils vont à la chasse, ils sont nus, munis seulement d'une petite pièce de cuir. Leurs armes consistent en un arc de bois de palmier chonta, long d'un mètre et demi et de flèches de roseau, longues d'un mètre, les unes garnies de pointes de bois dur de palmier, avec des crans pour les gros mammifères; les autres d'une pièce de roseau, très-tranchante pour les grands oiseaux, tels que les hoccos, dont les plumes ornent ces mêmes flèches. Du reste, ils manient ces armes avec beaucoup d'adresse. Les femmes portent, comme dans toutes les missions, un *tipoi*, longue chemise de coton sans manches. Leurs cheveux tombent en deux tresses sur leurs épaules. Leurs traits sont passables; leur visage arrondi et toujours souriant n'a rien de désagréable. Tous ces indigènes parlent le pur guarani et comprennent déjà quelques mots d'espagnol.

L'année d'avant mon arrivée, les habitants de la mission avaient eu une rencontre avec les Indiens sirionos. Quelques chasseurs, les ayant aperçus dans la forêt, étaient revenus en toute hâte au village chercher les autres hommes, afin de les attaquer. Ils les assaillirent à l'improviste, les battirent et amenèrent de jeunes prisonniers, que je pus voir et questionner. J'avais, à Santa-Cruz, entendu débiter tant de fables sur ces Indiens, qu'on disait être privés de la parole et n'avoir pour tout langage qu'un sifflement barbare, que je m'estimais heureux de pouvoir par moi-même savoir à quoi m'en tenir. Cette tribu[1], composée peut-être d'un millier d'âmes, habite les sombres forêts qui s'étendent sur les rives du Rio Grande de Bibosi jusqu'aux frontières de la province de Moxos. Ils y sont errans, vivent de chasse et vont entièrement nus. Ils ont des flèches et des arcs très-longs, dont ils se servent d'une manière singulière. Ils s'asseyent à terre, plantent leur arc verticalement et appuient le pied sur le bois pour le bander, tandis qu'ils tiennent la flèche et la corde avec les mains, en tirant à eux. Il en résulte qu'ils lancent ainsi une flèche avec une force extraordinaire; mais on conçoit qu'ils ne peuvent employer ce moyen que contre de gros mammifères.

1831.

Santa-Cruz.

Les Sirionos sont grands, bien faits, moins foncés en couleur que les Guaranis. Quelques-uns ont même les cheveux un peu roux. Leurs traits sont différens, leurs longues dents se cachent difficilement derrière les lèvres. Quant à leur langage, je leur fis plusieurs questions, et je pus me convaincre qu'ils parlent tous le guarani, avec une prononciation beaucoup plus dure. Cette langue m'étant un peu familière, il m'était facile d'en juger avec certitude. Je me convainquis donc que les Sirionos ne sont qu'une tribu de la grande nation des Guaranis. Cette découverte était pour moi très-importante, puisqu'elle me démontrait que les Guaranis avaient poussé des migrations vers ces contrées, bien avant la venue des Chiriguanos, dont l'époque est connue (1541)[2]. Il résulterait de ce fait que les indigènes, attaqués par les Incas sous Yupanqui[3], pourraient être les Sirionos, ceux-là mêmes que poursuivirent et anéantirent plus tard les Chiriguanos, lors de leur arrivée en ces parages. On pourrait donc croire que, dès les temps les plus reculés, il y existait des indigènes guaranis; que ces Guaranis, venus sans doute du sud-est, couvraient le pied des derniers contre-forts des Cordillères; qu'ils furent combattus, mais non vaincus, vers 1430, par les Incas, les peuples montagnards ne pouvant résister à la température de ces forêts chaudes et humides. Lorsqu'après le meurtre d'Alexis Garcia, les Guaranis ou Chiriguanos[4] actuels de la Cordillère vinrent en très-grand nombre se fixer au pied des montagnes, pour

1. Voyez ce que j'en ai dit, *Homme américain*, p. 347.

2. Padre Fernandez, *Relacion hitorial de los Chiquitos, cap. I, p.* 4. Lozano, *Historia del gran Chaco, p.* 67, *etc.*

3. Garcilaso, *Comentarios reales de los Incas, lib. VII, p.* 244.

4. Lozano, *Historia del gran Chaco, p.* 57.

1831. fuir les Portugais, il est probable que la nation qu'ils attaquèrent et détruisirent en partie, fut celle des Sirionos, actuellement errante au sein des forêts. Quoi qu'il en soit, les Chiriguanos et les Sirionos ne sont que des tribus de la nation guaranie, souche elle-même de ces Caribes guerriers qui poussèrent jusqu'aux Antilles[1] leurs migrations et leurs conquêtes.

Santa-Cruz.

Je séjournai quelques jours à Bibosi, où, malgré la continuation de la pluie, je parcourus les environs, admirant la beauté de ces imposantes forêts peuplées, dans l'intérieur, de palmiers seulement, ou variées sur les lisières, de figuiers et d'arbres d'une foule d'espèces. Je recueillais simultanément de nombreux insectes et des oiseaux des plus brillans.

Il semble qu'à cet instant, où des pluies abondantes donnent à la nature une vie nouvelle, tous les êtres concourent avec la végétation à l'embellissement de la campagne. Les arbres poussent de nouvelles branches, se parent d'une verdure plus tendre et se couvrent de fleurs. Les plantes herbacées au sein des plaines émaillent le sol de mille couleurs des plus vives. Sous l'ombrage des forêts, les fougères et les lycopodes étendent leurs rameaux pennés aux formes élégantes. Les fleurs, les feuilles sont courtisées par des milliers d'insectes aux teintes métalliques, rivalisant d'éclat avec les papillons aux ailes diaprées. Ceux-ci parcourent avec lenteur, la sombre voûte des forêts; ceux-là les campagnes découvertes, également peuplées d'oiseaux, les uns chanteurs, les autres étalant leur riche parure. Tout intéresse, tout fixe l'attention; et la nature entière paraît animée. On est surpris tour à tour par le bourdonnement de l'oiseau-mouche, par des myriades de papillons jaunes, réunis dans les sentiers, par le chant triste et monotone du couroucou, perché sur les parties les plus solitaires de la forêt, ou par les troupes bruyantes des tangaras et des troupiales, dont la cîme des arbres est peuplée. Il n'est pas jusqu'à l'incertitude du temps, qui n'offre quelques charmes. Sur la côte du Pérou, l'on se fatigue de l'invariable sérénité d'un ciel toujours sans nuages; au sein des campagnes que je visitais, si parfois des torrens de pluie interrompaient le chant joyeux des oiseaux, inondaient le pays, en désolant momentanément le voyageur, forcé de chercher un asyle près du tronc des géans de la végétation, le soleil le plus brillant, le plus chaud, leur succédait promptement, ramenant à la fois le mouvement des êtres et la gaîté chez l'observateur.

1. *Homme américain*, p. 313 et suiv.

Aussitôt après mon arrivée, j'avais appelé le corrégidor des Indiens; je lui avais fait quelques cadeaux, en le priant d'envoyer, à mon intention, tous ses chasseurs au sein de la forêt, afin de me procurer des animaux. J'espérais beaucoup de ce moyen. Je me berçais même de l'espoir de posséder le fameux tatou géant, connu dans ces contrées sous le nom de pejichi; mais mon attente fut entièrement trompée. Arrêtés dans toutes les directions par l'inondation, les Indiens ne me rapportèrent absolument rien. Seulement j'eus un jour l'occasion de m'assurer de l'étonnante sécurité dans laquelle vivent les indigènes relativement aux reptiles venimeux. En Europe, la crainte des vipères porte les habitans des campagnes à tuer, sans exception, tous les serpens qu'ils aperçoivent; le sauvage, au contraire, laisse vivre autour de lui tout ce qui lui est indifférent. Un Indien m'avait apporté un énorme serpent à sonnettes ou crotale vivant, qu'il tenait par le cou; mais il se montra trop exigeant pour le prix, et je ne lui achetai pas l'animal. Je pensais qu'il allait tout au moins le tuer; il n'en fut pourtant pas ainsi. En attendant peut-être une meilleure occasion, il lui rendit la liberté. 1831. Santa-Cruz.

Les environs de Bibosi offrent une disposition de terrain identique à celle que j'ai décrite aux environs de Paurito[1]. Ce sont des contrées entièrement plates, marécageuses, contenant de petites plaines arrondies ou allongées, circonscrites de forêts, et connues, dans le pays, sous le nom de *potreros*, parce que les bestiaux et surtout les chevaux (*potros*), y sont naturellement renfermés. On en compte, à quelques lieues à la ronde, au moins une quinzaine, dont quelques-uns sont habités. J'ai déjà parlé des hameaux du Naranjal et de Turobo[2]; je visitai encore celui de Naico, distant de deux lieues, dans le nord de Bibosi.

La pluie, de plus en plus fréquente, m'arrêtait à chaque pas, et malgré la beauté de la nature, ne pouvant pas espérer la moitié des résultats que j'aurais dû attendre en d'autres circonstances, je me décidai à retourner vers Grand-diosa. J'abandonnai la mission le 28 Janvier, dans l'intention de passer la *Vivora* (le Serpent). Je franchis trois lieues de bois épais et de petites plaines jusqu'à ce hameau, situé dans une petite clairière remplie de pâturages. Un fermier voulut bien me donner l'hospitalité avec cette cordiale franchise des habitans des campagnes, qui n'ont rien de la rusticité des paysans d'Europe. On trouve chez eux, au contraire, un air aisé, une conversation spirituelle, amusante et les prévenances les plus délicates. 28 Janv.

1. Voyez p. 532.
2. Voyez p. 541.

1831. Santa-Cruz. Ordinairement les familles sont nombreuses en Amérique; celle qui m'avait accueilli était très-remarquable sous ce rapport. On y comptait dix-huit enfans du même père et de la même mère, dont douze filles mariées ou d'âge à l'être. Je fus frappé non-seulement du nombre, mais encore de la belle santé de cette famille. Les hommes étaient grands, vigoureux; les femmes d'une belle taille, bien faites, blanches et d'une physionomie agréable. On se multiplia d'abord pour me bien recevoir. Mon étonnement fut grand, en voyant le soir, quelques-unes de ces dames prendre une guitare, tandis que les autres se mirent à chanter; et bientôt un bal impromptu s'organisa, sans l'intervention d'autres personnes que les membres de la famille et ma troupe. Ce qui frappe l'étranger admis dans l'intimité des Espagnols campagnards, c'est surtout l'extrême simplicité de leurs manières et de leurs costumes. Les femmes y sont aimables sans affectation, et d'un naturel si naïf qu'on pourrait croire qu'elles dévoilent jusqu'à leurs plus secrètes pensées, sans paraître y attacher la moindre importance. Leur mise est aussi peu recherchée que leur langage. Une chemise bien blanche à manches courtes et un léger jupon en font effectivement tous les frais, avec des cheveux noirs magnifiques, pendans en deux tresses sur les épaules; les jambes et les pieds nus. Je ne pouvais pas m'habituer à voir des femmes blanches marcher ainsi nu-pieds, et surtout en dansant. C'est pourtant la coutume de tous les habitans des campagnes, et il n'y a même pas long-temps encore qu'elle était générale dans l'intérieur de la ville de Santa-Cruz, où les dames allaient ainsi jusqu'à la porte de l'église, mettant des souliers pour entrer dans le temple et les ôtant à la sortie. Cette coutume s'efface maintenant tous les jours par le contact des étrangers; et néanmoins j'en avais encore vu quelques-unes rester sans souliers chez elles. Dans les campagnes on ne pourrait y rattacher aucune idée étrangère à la commodité; mais à la ville, comme les femmes ont la jambe bien faite, les pieds petits et blancs, et surtout tenus avec beaucoup de soin, on pourrait y soupçonner quelque affectation à les montrer.

Le lendemain je voulus parcourir les environs, qu'on me disait être très-remarquables; c'est en effet la région la plus sauvage de la forêt. J'y vis des cantons où les palmiers motacus sont si serrés, qu'à peine le soleil y peut faire pénétrer quelques rayons jusqu'à terre. J'y rencontrai aussi avec plaisir deux palmiers nouveaux pour moi, le *sumuqué*[1] et la *chonta*[2]. Le

1. *Cocos botryophora*, Martius. Palmiers de mon Voyage, pl. IV, fig. 4.

2. C'est l'*Astrocaryum chonta*, Martius, Palmiers de mon Voyage, pl. IV, *fig.* 1, 2.

premier croît près de la lisière, et sa tête, en panache, portée par un tronc svelte et lisse, dépasse celle des autres arbres et contraste agréablement avec eux. Le second est propre aux parties les plus sombres des forêts, dont il fait le plus bel ornement. Élevé de quinze à vingt mètres, son tronc annelé, couvert de longues épines noires, est surmonté de larges feuilles horizontales, vertes en dedans, blanches en dehors. Cette dernière espèce joue un grand rôle dans l'économie domestique des indigènes sauvages, en leur fournissant ce bois noir, dur comme du fer, qu'ils emploient à la fabrication des casse-têtes, des arcs et de la pointe meurtrière des flèches. C'est donc à la fois l'une des plantes les plus belles et les plus utiles.

Après avoir dessiné et fait abattre ces palmiers, pour en étudier toutes les parties, je m'occupai seul à la recherche des insectes et des coquilles, en grattant au pied des grands arbres. J'eus un instant de crainte, en me sentant tout à coup blessé au doigt, à l'instant même où je voyais se cacher un petit serpent. Mon premier mouvement, me croyant mordu par un serpent venimeux, fut de courir vers mon cheval, pour regagner le hameau de la Vivora; mais réfléchissant qu'avant d'abandonner mes perquisitions, il convenait de m'assurer si mon inquiétude était fondée, je revins vers l'arbre en recherchant le coupable. Je découvris bientôt un reptile inoffensif, voisin des bipèdes de Cuvier; dès lors je fus rassuré et ne songeai plus à revenir, malgré les douleurs assez vives et l'enflure de mon doigt, pensant que j'avais tout simplement été piqué par quelque insecte hyménoptère. Le soir, à mon retour au village, j'eus le plaisir de rencontrer des Indiens qui m'apportaient deux beaux fourmiliers tamandua et un tatou encoubert vivans, que je leur achetai.

Le 30 Janvier, après avoir de nouveau parcouru les environs, je partis pour Grand-diosa, où j'arrivai le soir et j'y continuai mes recherches pendant quelques jours. 30 Janv.

Mes courses me conduisirent soit dans les forêts voisines, soit à leur lisière. De tous côtés on pouvait admirer la force de la végétation; mais ces courses n'étaient plus agréables. Au sein des bois des myriades de moustiques ne me laissaient pas un instant de repos; dans les sentiers et dans les halliers, je me couvrais de tiques appelées *garapatas*, ou *brojelones* : les unes, grosses comme un très-petit pois, se rencontrent partout; les autres, grosses comme la tête d'une épingle, se groupent en nombreuses familles, à l'extrémité des petites branches, le long des sentiers, et, lorsqu'on les touche, elles restent sur les vêtemens. Les unes et les autres déterminent des démangeaisons

1831. Santa-Cruz. atroces, soit en marchant sur la peau, soit en y enfonçant leur trompe et s'y attachant. Si, dans ce cas, on ne les enlève pas avec précaution, la partie enfle, et partout où ils mordent, la démangeaison dure des mois entiers. Il me fallait en enlever chaque jour des centaines, et ma résignation habituelle était impuissante contre ce martyre de tous les instans. Le moindre inconvénient des voyages dans cette saison, est d'exposer le voyageur à se voir toujours mouillé, les averses se rapprochant si fort qu'il pleut presque continuellement.

J'avais néanmoins l'intention bien arrêtée de continuer ma course, de traverser le Piray et de parcourir successivement les missions de San-Carlos, de Buena-Vista, de Santa-Rosa et de Porongo. Je consultai, sur ce projet, les habitans, qui tous se récrièrent, en m'assurant que non-seulement je ne pourrais plus passer le Rio Piray, mais que, si j'y réussissais, au risque de mon existence, je me trouverais certainement retenu, durant un temps considérable, par les sables mouvans des rivières et les crues, sans pouvoir avancer ni reculer. Tous me signalèrent l'exécution de mon entreprise comme remplie de dangers de tous genres, et pour ainsi dire impossible. Habitué à leurs exagérations, je voulus m'assurer de la vérité, et me dirigeai, à cet effet, vers le Rio Piray, à peine distant d'une lieue. Je traversai la forêt, entrecoupée de clairières, et j'atteignis la rivière. Elle est formée là par une plage unie d'une demi-lieue de largeur, de sable jaunâtre, où l'on n'aperçoit d'abord aucun cours d'eau, le courant étant alors rapproché de l'autre rive. Je m'y acheminai dans l'intention de tenter le passage. Le sable, en apparence très-sec et ferme, me permit de franchir quelques centaines de mètres; bientôt néanmoins il devint si mouvant que les chevaux y perdirent pied, s'abattirent tout à coup, et je faillis périr avec le mien. Nous enfoncions tous les deux au moindre mouvement, et j'eus toutes les peines du monde à m'échapper. J'étais venu au grand trot. Le sable avait résisté; mais dès que je ne pouvais plus aller aussi vite, j'enfonçais, incapable de faire un pas. Enfin, après avoir lutté longtemps, je pus remonter à cheval. Je donnai de l'éperon, et mon coursier, faisant un effort qui le dégagea quelque peu, j'en profitai pour le lancer au galop, et je ne parvins que de cette manière à regagner la rive, tout à fait revenu de l'idée de continuer mon voyage par cette voie. A cette occasion, je me rappelai tout ce que j'avais entendu dire à Santa-Cruz des accidens qui arrivent chaque année dans la saison pluvieuse, et du grand nombre de personnes qui ont péri sur ces rivières, en apparence si peu à craindre. Pendant les trois mois des plus fortes pluies, toute communication cesse entre les deux rives du Rio Piray.

Le jour de la Chandeleur j'accompagnai mes hôtes à Chaney, pour entendre la messe. On parlait alors de troupes de voleurs qui parcouraient la campagne. Je crus devoir m'y rendre armé. En arrivant sur la place, je fus encore pris pour une patrouille de recrutement; et tous les hommes, gagnant vite leurs chevaux, s'enfuirent dans les bois. Je causai bien involontairement un autre trouble à l'église. Un étranger fait sensation à Santa-Cruz; à plus forte raison au village de Chaney; aussi, pendant la messe, attirai-je tous les regards et me trouvai-je l'objet de tous les chuchotages; et, le reste de la journée, il ne fut question que de moi, soit que je restasse avec mes hôtes, sous un arbre immense servant de point de réunion sur la place, soit que je les suivisse chez le curé, centre plus convenable. 1831. Santa-Cruz.

Chaney se compose d'une église et d'une dizaine de maisons tout au plus. Les jours ordinaires il y règne le plus grand silence, mais les dimanches et jours de fêtes, les habitans des campagnes s'y réunissent de cinq à six lieues à la ronde, et quelquefois on y voit rassemblées jusqu'à huit cents personnes. Ce sont, en général, les plus riches propriétaires, cultivateurs et fermiers de la province, ayant des chevaux magnifiques et déployant le plus grand luxe en ornemens d'argent aux selles; luxe qui contraste avec la simplicité du costume des hommes et des femmes.

Au nombre des personnes venues à Chaney, mon hôte me montra deux hommes renommés dans le pays comme chasseurs au jaguar. A l'époque des sécheresses, ces animaux parcourent la campagne et vivent loin des lieux habités; mais dans la saison des pluies, fuyant les inondations, ils se montrent fréquemment aux environs des fermes, où ils jettent la terreur parmi les troupeaux, sans même respecter les hommes. Alors on leur fait la chasse à outrance, soit avec des chiens, soit à la manière des Portugais de Caballu Cuatia[1], le bras gauche couvert d'une peau de mouton, pour recevoir le choc de l'animal, et la main droite armée d'un couteau; espèce de lutte corps à corps, où, s'il perd l'équilibre, le chasseur est infailliblement dévoré. La grande réunion de Chaney me donna l'occasion de prendre des renseignemens sur la manière de chasser le *tatou géant* ou *pejichi*. Tout le monde m'en avait parlé; j'en avais vu souvent les traces fraîches, consistant en terriers énormes et en nombreux palmiers déracinés, néanmoins je ne l'avais jamais entrevu. Cet animal, tout à fait nocturne, ne sort jamais le jour de son terrier; et la nuit, tout en l'épiant avec le plus grand soin, il est très-rare de le sur-

1. Partie historique, t. I.er, p. 107.

1831. prendre. J'offris beaucoup pour en posséder un. J'appris même plus tard que des démarches multipliées causèrent malheureusement la mort de l'un des chasseurs au jaguar. On le trouva dans un trou de pejichi, où il paraît qu'il fut entraîné, en voulant retenir l'animal, que peut-être il avait saisi par la queue. Quoi qu'il en soit, il avait été pris par les épaules, sans pouvoir en sortir.

Environs de Santa-Cruz.

13 Févr. Le 13 Février, j'abandonnai Grand-diosa pour me rendre à Santa-Cruz de la Sierra, éloigné de neuf lieues. L'intervalle présente quelques bois, une grande plaine, interrompue seulement par les forêts qui entourent la ville sur deux lieues de largeur, et le ruisseau de *Biru-biru*, l'un des affluens du Piray.

§. 3. *Nouveau séjour à Santa-Cruz.*

Dans la ville, je repris mes travaux ordinaires, retenu que j'y fus jusqu'au mois de Juin, sans pouvoir, par suite des inondations, passer dans la province de Chiquitos. Je dus à la fois reprendre mon rôle d'observateur, continuer mes rédactions scientifiques et profiter de tous les intervalles de beau temps pour parcourir les environs.

Il était pourtant difficile d'allier mes travaux journaliers avec les exigences de société plus multipliées à Santa-Cruz que partout ailleurs. L'on y saisit avec empressement toutes les occasions de réunion, et la plus grande partie de l'année se passe en visites, en amusemens et en danses. Aux fêtes des dames et des demoiselles, il est d'usage qu'elles s'envoient entre elles des fleurs, des confitures, du vin, des liqueurs; puis, vers onze heures du matin, elles se rendent, en grande parure, chez l'héroïne du jour, où bientôt tous les messieurs de la ville (qui n'offrent rien) ne manquent pas de les suivre. Ils donnent tous successivement l'*abraso* espagnol et reçoivent des fleurs de la main de la personne fêtée; ensuite commencent les invitations forcées à boire soit du vin, soit des liqueurs, souvent jusqu'à porter les têtes à la gaîté la plus exaltée. Je m'arrangeais toujours de manière à m'y rendre tard et à m'en retirer de bonne heure; mais il m'était difficile de me soustraire entièrement aux excès de la politesse. Un jour même je ne fus pas plutôt arrivé dans une réunion de ce genre déjà des plus animée, que plusieurs dames vinrent à moi avec un vase rempli de vin, en criant *à la carga*, à la charge, et je fus obligé de subir une question, pour moi nouvelle, qui m'éloigna bientôt du champ de bataille et me contraignit à passer dans une autre partie de l'appartement, renfermant déjà de nombreuses victimes de la fête. Quelquefois l'un des visiteurs propose d'amener, le même soir, la musique à ses frais, ce qui s'accepte sans façon; alors les amusemens recommencent vers huit heures et se continuent bien avant dans la nuit. Indépendamment des fêtes, plusieurs bals se succédèrent au carnaval, qui fut très-gai. J'y vis, pour la première fois, des soupers splendides. 1831. Santa-Cruz.

Le carnaval à Santa-Cruz est, à peu de chose près, le même que dans les autres parties de l'Amérique. Le lundi, les messieurs montent à cheval, vont chercher le mardi gras sur les bords du Rio Pari, à la sortie de la ville, et reviennent parcourir les rues. Tous descendent devant chaque maison, et, munis de poudres de diverses couleurs, commencent une lutte acharnée avec les dames, pour leur en colorer la figure. Bientôt on voit partout des femmes échevelées, les vêtemens en désordre, la figure bigarrée de diverses teintes, attaquer ou se dérober aux attaques, criant, riant tour à tour ou jetant de petits citrons à la tête des hommes. Ces amusemens durent toute la journée. Le soir on remonte à cheval et l'on va chanter des chansons de circonstance à la porte de quelques personnages exceptionnels. On boit partout et l'on se sépare vers dix heures.

Le mardi, aux jeux du carnaval se joignit l'anniversaire de la prestation 15 Févr. de serment à la constitution bolivienne; ce qui amena des réunions sérieuses au milieu des folies de la journée, terminée par un bal que donnait le préfet. Cette soirée, en partie politique, prit un caractère de gravité d'autant plus marquée que la guerre était sur le point d'éclater entre le Pérou et la Bolivia. Beaucoup de santés furent portées aux armes boliviennes. L'une d'elles dégénéra en un discours en trois points. Malheureusement ce discours fut interrompu plusieurs fois par des manques de mémoire de son auteur. Les dames aussi portèrent des santés politiques; puis on se remit à danser, en faisant succéder aux graves préoccupations l'expression de la gaîté la plus franche et la plus aimable.

Le lendemain, aux fêtes joyeuses succède le calme solennel du carême. Tout change de face. Plus de divertissemens, plus de jeux; un morne silence règne dans la ville; on ne voit plus que des costumes de deuil, que l'austérité la plus marquée. Santa-Cruz n'est plus la même, et l'on se croirait transporté à quelques milliers de lieues.

Ce moment consacré à la prière fut soudain troublé. Le premier Mars on 1er Mars. découvrit une conspiration formée dans le but d'assassiner les autorités et de proclamer l'indépendance de la province. Des quatre chefs, trois furent pris et fusillés militairement le lendemain matin, sans autre forme de procès;

1831. Santa-Cruz. mais toute la ville fut sur pied, par suite de la crainte qu'inspirait le conspirateur échappé, qui, disait-on, avait réuni beaucoup de monde dans la campagne et revenait avec des troupes qui se préparaient au pillage. Toutes les nuits se passèrent sous les armes, et je tenais prêt mon petit arsenal, ainsi que mon plan de défense, trop bien averti que, s'il y avait du désordre, ma maison ne serait pas épargnée. Plusieurs alertes se succédèrent; des gens armés se présentèrent en effet sur la place et tirèrent même sur la sentinelle, mettant ainsi toute la ville en émoi. Une autre fois, un curé vint prévenir le préfet, qu'il avait appris, sous le *sceau de la confession*, que la nuit même
27 Mars. nous devions être égorgés. Jusqu'au 27 les transes se renouvelèrent sous toutes les formes. Enfin, le nommé Vallé, chef de la conspiration, fut pris par trahison. On le fusilla immédiatement, comme l'avaient été ses complices, et dès ce moment le calme le plus parfait se rétablit partout.

Le carême reprit ses droits; la tranquillité ramena les prières et l'austérité de ces quarante jours de pénitence. Tous les jeudis et samedis il y avait un sermon fait successivement par chacun des curés. Le jeudi les hommes et le vendredi les femmes, se renfermaient dans l'église. Après la prière, on éteignait les lumières, et chacun se flagellait à qui mieux mieux, avec des lanières de cuir, jusqu'à faire jaillir le sang. On observe aussi les jeûnes les plus rigoureux. Beaucoup de personnes passaient une journée entière sans rien prendre, ce qu'on appelle jeûner au *traspaso*.

30 Mars. Le mercredi saint, je fus invité à la procession du soir, exécutée à la lumière des cierges. Un parent du vice-président de la république, le docteur Velasco, avait été choisi pour diriger la cérémonie. Je m'y rendis. Peu de temps après, les *Hermanos*, frères de la congrégation, vêtus de noir avec une ceinture blanche, dont quatre bouts pendent en avant, en arrière et sur les côtés du corps, apportèrent un drapeau noir avec une croix rouge au milieu. L'on distribua des cierges et l'on se mit en marche sur deux lignes. En avant étaient les Hermanos; au milieu un tambour, recouvert de drap noir, faisait par intervalle entendre des sons lugubres; lorsqu'il cessait, une flûte rendait des gémissemens. On se rendit ainsi, en silence, à l'église dite *capilla* (chapelle). Un prêtre fit un long sermon, après lequel on recommença la marche. On portait un énorme Christ avec sa croix, accompagné d'un saint. A une assez grande distance du Christ marchait la vierge. Par un autre chemin, sainte Véronique vint à la rencontre de la croix et essuya la figure de Jésus avec le saint suaire; elle courut le montrer à la vierge et suivit ensuite la procession jusqu'à la cathédrale, en s'arrêtant aux autels placés à cet effet à chaque coin de rue.

Plus de six cents personnes portaient des cierges. Trois mille âmes au moins accompagnaient cette procession, composée de pénitens en habits de saint François, des dames de la ville et des habitans de toutes classes. Un silence profond, interrompu par le son lugubre du tambour et de la flûte; l'obscurité d'une nuit très-nuageuse contrastant avec la lumière vacillante des cierges; tout donnait à cette cérémonie un caractère de solennité très-remarquable. Les églises restèrent ouvertes toute la nuit et les femmes ne cessèrent d'y aller pour prier.

Le jeudi saint on continua la visite des églises, les dames et les demoiselles y déployant tout le luxe de leurs parures les plus recherchées. On fit une seconde procession, semblable à celle de la veille, mais plus solennelle encore. Le soir du jeudi saint les fonctions publiques cessent dans tous les pays espagnols. Les juges, les fonctionnaires civils et militaires viennent déposer la canne à pomme d'or, signe distinctif de leur autorité, dans une chambre dont le curé prend la clef, qui, jointe à celles des tabernacles des diverses églises, sont passées dans une magnifique chaîne d'or, dont on décora le préfet durant la procession. Dans la marche, on porta le Christ en croix et la statue de la Vierge. Au retour je trouvai à mon grand étonnement, chez M. Velasco, une table couverte de rafraîchissemens, de liqueurs, de bonbons, et l'on servit du chocolat à tous les invités.

Le vendredi saint, la procession se fit avec un silence extraordinaire. On y portait seulement le tombeau du Christ. En sortant de l'église, je ne vis pas sans une grande surprise toutes les négresses et mulâtresses esclaves revêtues des plus belles robes de leurs maîtresses, et couvertes de leurs parures de perles et de diamans; ce qui contraste de la manière la plus bizarre avec le costume simple et lugubre des dames. Sans parler d'un souvenir indirect des antiques saturnales des Romains, ne pourrait-on pas voir quelque peu d'ostentation sous cette apparente humilité des femmes riches, empressées à se dépouiller de leurs atours, afin d'en revêtir leurs esclaves, puisqu'elles-mêmes s'occupent de leur toilette et ne négligent rien pour les faire briller au-dessus de leurs compagnes?

Les Indiens aymaras des plateaux des Andes sont très-religieux, mais leur religion est tout à fait matérielle. Ils y prennent les choses à la lettre et rien de plus. Un ecclésiastique me racontait que, le vendredi saint, ces Indiens se disent : « Puisque Dieu est mort, il ne saura pas ce que nous ferons; » et, dans cette croyance, les deux sexes s'abandonnent à toutes leurs passions; et se passent toute espèce de fantaisie, sans le moindre scrupule.

1831. C'est pour eux un instant de liberté absolue, qui résiste à toutes les observations des curés.

Santa-Cruz. Le jour de Pâques, Santa-Cruz vit affluer une population immense, non-seulement pour la fête, mais encore pour suivre les courses de chevaux, qui durent toute la semaine. Tandis que les femmes des villages et des hameaux de la province visitent leurs amies, les hommes, avec leurs meilleurs chevaux, gagnent la plaine du Pari, choisie pour les courses. On y voit, en effet, de beaux et de bons chevaux, qui ne seraient peut-être pas déplacés dans les courses annuelles des cités européennes. Comme à Paris, comme à Londres, des paris énormes s'engagent sur leur vélocité et très-souvent compromettent toute la fortune d'une famille, sans même en excepter les récoltes pendantes. Il y a quelquefois des hommes chargés de monter les chevaux de course, néanmoins la plupart du temps les propriétaires, tous bons cavaliers, préfèrent courir eux-mêmes. Il s'y exécute des courses de toute longueur, depuis une *cuadra*, jusqu'à une ou deux lieues. Des juges y sont nommés, et la police s'y fait aussi bien qu'au Champ de Mars ou à New-Market.

25 Avril. Une cérémonie vint, le 25 Avril, me donner la preuve de la marche croissante de la civilisation en Bolivia. On y reconnut le nouveau Code de lois, intitulé Code de Santa-Cruz; traduction modifiée et discutée du Code Napoléon, qui venait enfin remplacer un amas de dispositions surannées ou de coutumes considérées comme telles, dont l'interprétation prêtait toujours à l'arbitraire. Ce Code fut accueilli à Santa-Cruz avec beaucoup d'enthousiasme. On avait construit des estrades aux quatre coins de la grande place. Un cortège à cheval, composé de toutes les autorités civiles et militaires, parées de leurs costumes et de leurs insignes, s'avança jusqu'à l'estrade. Le notaire public (*Escrivano*) y monta, et lut les principaux motifs des lois. Le cortège fit à haute voix serment de les suivre fidèlement; et le cri mille fois répété de *Viva la patria*, retentit de toutes parts.

Il est d'anciens usages qui remontent à l'origine des peuples et dont la simplicité pastorale, traversant tous les âges, s'est propagée jusqu'à nous en rayonnant vers les divers points habités du globe. L'instant où la nature dépouille le deuil de ses hivers pour revêtir sa parure printanière est partout une ère de joie. Notre vieille Europe célèbre alors, en France, des fêtes villageoises, en Espagne une fête religieuse, celle de la Croix (*la Cruz*),
3 Mai. qui a lieu le 3 Mai. On chante le renouvellement de la saison, la régénération de la nature, la renaissance des beaux jours. En traversant les mers et changeant d'hémisphère, la fête religieuse de la Cruz, sans changer

d'époque, ne représente plus cette heureuse transition de l'hiver au printemps, mais bien celle de l'automne à l'hiver; aussi les fleurs de l'Espagne sont-elles remplacées en Amérique par des fruits. 1831. Santa-Cruz.

La ville et les faubourgs offraient partout des autels, dont une simple croix de bois, des fleurs, des fruits, des légumes de toute espèce étaient la seule décoration : ici des guirlandes, entremêlées des fleurs brillantes des plaines et des forêts, des branches de différens fruits sauvages unies à l'oranger et au citronnier cultivé; là les plus volumineux régimes de bananes, dignes de la terre promise, les ananas, les melons d'eau (*Zandias*) les plus succulens, ou les plus grosses racines sucrées de la batata ou de la farineuse mandioca. Les insectes y apportent aussi leur tribut : des gâteaux de la guêpe à miel (*Chiriguana*) figurent à côté des nids aromatiques des petites abeilles[1] (*Señoritas*), produits lents d'un pénible travail. Ces temples champêtres, dont la nature a fait tous les frais, deviennent le théâtre d'un culte paisible qui n'amène pas un seul cri de douleur, qui ne fait pas verser une goutte de sang, paré des plus simples produits de la terre, et rappelant cet heureux âge d'or que chantent nos poëtes.

Dans la journée, on visite à pied les autels; mais l'instant le plus agréable est le soir, à la lumière. On trouve partout joyeuse compagnie, des jeux, des danses, jusque bien avant dans la nuit. La fin de la fête est marquée par le partage entre les assistans des ornemens de la croix.

Une coutume qui remonte sans doute aux temps chevaleresques de l'Espagne, est celle d'aller le soir à cheval visiter toutes les croix. Chaque cavalier doit, en toute rigueur, avoir une dame en croupe, s'il ne veut être appelé *huacha*[2] (orphelin). Il est facile aux habitans d'éparguer cette épithète, tous ayant des parentes qui ne demandent pas mieux que de faire cette promenade, à laquelle toute la ville assiste, et où l'on peut réellement s'amuser; mais un malheureux voyageur, éloigné de sa patrie, sans parens, sans amis, ... est et doit être partout *orphelin*. Je dus me résoudre à subir cette conséquence de ma position et recevoir le sobriquet que chaque dame et son chevalier m'adressaient impitoyablement, en passant à côté de la petite troupe à laquelle je m'étais réuni.

Du 29 Mai à la Fête-Dieu, il y eut un second carnaval. Des hommes déguisés en vieillards, en vieilles femmes ou en diables parcouraient les rues, 29 Mai.

1. Espèce sans aiguillon, dont on conserve les nids dans l'intérieur même des maisons.

2. Ou mieux *Huaccha*, signifie, dans la langue des Incas, orphelin de père et de mère.

1831. distribuant devant chaque fenêtre, quelques propos piquans, quelques plaisanteries, les unes spirituelles, les autres parfois assez lourdes.

Santa-Cruz. Les processions de la Fête-Dieu furent les mêmes qu'en Europe.

Vers la fin de Mai, le premier courrier ayant pu passer de Chiquitos vers Santa-Cruz, je m'occupai des préparatifs de mon départ et je demandai des bêtes de somme pour le voyage. J'avais le bonheur de compter beaucoup d'amis dans la ville, et l'on cherchait à m'y faire prolonger mon séjour; aussi éprouvé-je de nombreuses difficultés. Santa-Cruz était alors sans médecin. Comme Français et surtout comme naturaliste, je devais nécessairement l'être. Je tâchai de me soustraire aux devoirs de cette profession, dont je ne possédais pas les élémens; mais un premier succès dans une circonstance forcée, m'obligea d'aller quelquefois voir des malades. D'ailleurs, il n'était personne qui ne me connût dans la ville.

La maison que j'occupais était immense et l'une des plus belles. J'avais une salle de plus de quinze mètres de long, une vaste cour, un jardin plus vaste encore, planté d'un grand nombre d'orangers de haute futaie, et le tout n'était pas cher. Je menais une vie tranquille, agréable même, travaillant beaucoup, mais me délassant au sein d'une aimable société; aussi me fallait-il du courage pour abandonner Santa-Cruz. Jamais pourtant des convenances purement personnelles n'avaient influencé mes décisions. Le succès de mon voyage, l'accomplissement de ma mission étaient le seul but de mes pensées, de mes actions. Je me disposai donc à partir.

Ma salle, l'unique pièce que j'occupasse, me servait à la fois de salon, de salle à manger, de chambre à coucher et de cabinet de travail. Elle ressemblait souvent à l'arche de Noé; j'y avais, en effet, toute espèce d'animaux vivans, des agoutis, des tatous, des paresseux, et jusqu'à un boa de cinq mètres de long. Cet étrange commensal était pour moi un sujet de recherches et d'études. Je voulais fixer mes idées sur l'espèce de fascination, d'influence magnétique qui portent, dit-on, les animaux à se jeter dans la gueule des serpens. Je mis tout en œuvre pour arriver à quelques résultats; mais je n'obtins rien. A l'instant de la forte chaleur, je m'étendais sur mon hamac et j'observais en silence. Les petits animaux passaient et repassaient près du serpent sans manifester d'autre sentiment que celui de la crainte. Les boas à Santa-Cruz, au lieu de faire fuir, sont au contraire employés dans les champs de canne à sucre; on les y place pour chasser une espèce de rat qui y cause beaucoup de dégâts, en rongeant les racines de la plante.

Indépendamment des animaux que j'introduisais chez moi, il en est une multitude qui vivent naturellement dans les maisons, sans que les habitans s'en inquiètent le moins du monde; cela tient au climat et aux nombreuses forêts dont la ville est entourée. Je pouvais souvent, sans quitter ma demeure, faire une belle récolte de reptiles et d'insectes; car, la nuit, des amphisbènes sortaient de mes murailles construites en terre et se promenaient dans ma chambre, sillonnée aussi par des millepieds de dix à quinze centimètres de long, et par une multitude de blattes énormes. Souvent il tombait des serpens du toit sans plafond, et les moindres inconvéniens étaient les thermites dévastateurs, dont j'avais un nid immense dans les parois de ma chambre, les nids de guêpes ou les myriades de *niguas*, ou puce pénétrante, qui entre dans les pieds et fait beaucoup souffrir[1]. J'entends déjà mon lecteur se récrier contre le pays, où l'on vit toujours en si nombreuse compagnie. Pourtant, le dirai-je? si lors de mon arrivée j'avais moi-même trouvé cette réunion incommode, j'avais fait comme les habitans; je m'y étais habitué, et vivais, pour ainsi dire, sans y faire attention.

1. Voyez ce que j'en ai dit t. I.er, p. 208.

CHAPITRE XXIX.

Histoire et description de Santa-Cruz de la Sierra.

§. 1.er *Histoire.*

Un singulier concours de circonstances rattache l'histoire de Santa-Cruz de la Sierra à celle du Paraguay, tandis qu'elle demeure tout-à-fait étrangère à celle du Pérou, dont elle semblerait devoir dépendre par la position géographique de la ville, située au pied des derniers contre-forts des Andes, et distante du Paraguay, en ligne droite, de neuf degrés, ou d'au moins cinq cents lieues terrestres.

Au milieu du vague qui règne dans les récits des auteurs contemporains de la conquête relativement aux habitans de ces contrées, avant l'arrivée des premiers Espagnols, on en pourrait conclure que les derniers contre-forts des Cordillères et les plaines voisines étaient le séjour d'indigènes dépendant de la grande nation Guaranie ou Caribe. Ces peuples résistèrent, vers le 15.e siècle[1], aux armes des Incas sous Yupanqui, et conservèrent leur indépendance sauvage.

Cette fureur des nouveautés, cette soif des richesses, qui animaient tous les Espagnols et faisaient de chaque aventurier un héros toujours prêt à braver volontairement les dangers, les fatigues, pour gagner soit de l'or, soit le gouvernement des pays parcourus, fut la première cause de la découverte de Santa-Cruz de la Sierra. Si l'on cite la persévérance et l'intrépidité des Hernand Cortes, des Pizarros, il est plusieurs Espagnols moins connus dont les hauts faits n'ont pas moins mérité de prendre place dans l'histoire. Il est vrai qu'ils n'avaient point à combattre les Mexicains civilisés, ni à conquérir les richesses proverbiales du Pérou; mais, par cela même qu'ils parcouraient un pays moins peuplé, plus sauvage, ils devaient triompher de beaucoup plus d'obstacles. En scrutant l'histoire du Rio de la Plata, on est surtout frappé de cette vérité, et du peu de retentissement qu'a eu la découverte de cette région du nouveau monde, dont dépend Santa-Cruz de la Sierra.

1. Garcilaso de la Vega, *Comentario de los Incas*, p. 244, 246.

Onze années s'étaient à peine écoulées depuis que Solis avait vu les rives de la Plata, lorsque le premier Européen parvint des côtes du Brésil au pied des Andes. On s'étonne de voir traverser l'Amérique en tous sens, dans ces premiers temps de la découverte du nouveau monde, tandis qu'aujourd'hui de tels voyages seraient en quelque sorte impossibles. Au milieu de cette rivalité nationale des Portugais et des Espagnols, pour étendre le domaine respectif des deux couronnes, on vit entreprendre, tour à tour, les expéditions les plus hasardeuses et les plus extraordinaires. La première et la plus remarquable est, sans contredit, celle d'Alexis Garcia. Les découvertes de Christophe Colomb, d'Améric Vespuce, de Pinzon, de Cabral, de Solis, de Magellan, avaient attiré, de toutes parts, les étrangers sur le continent américain. Martin Alfonso de Sousa établi en 1526, pour le compte du Portugal, à San-Vicente, sur la côte du Brésil, envoya dans l'intérieur quatre Portugais, parmi lesquels se trouvait notre aventurier, très-instruit dans la langue guaranie. Il traversa quelques centaines de lieues, jusqu'au Paraguay, où, stimulant l'esprit entreprenant des Guaranis pour les voyages et les conquêtes, il en décida deux mille à l'accompagner vers les régions occidentales[1]. Ils traversèrent le grand Chaco, en combattant les nations qui s'opposaient à leur passage, et gagnèrent ainsi les montagnes de la Bolivia, près du cours du Rio grande, pillèrent même les vassaux des Incas, et regagnèrent le Paraguay par le même chemin. Alexis Garcia envoya deux de ses compagnons rendre compte de son expédition; mais il fut bientôt assassiné par les indigènes qui l'avaient accompagné.[2] Néanmoins, craignant d'être châtiés par les Portugais, ses assassins traversèrent de nouveau le Chaco et se fixèrent dans les plaines au pied des montagnes de Santa-Cruz, où, sous le nom de Chiriguanos, ils peuplent encore aujourd'hui la province de la Cordillera, dépendante du département de Santa-Cruz. 1831. Santa-Cruz.

Dix ans après, en 1537, l'Espagnol Juan d'Oyolas suivit, pour ainsi dire, les traces de l'infortuné Garcia. Il remonta le Paraguay jusqu'au 21.e degré; et laissant ses navires à la garde d'Yrala, qui devait l'attendre six mois, il partit avec deux cents soldats, traversa le Chaco jusqu'aux premières mon-

1. Rui Diaz de Guzman, *Historia Argentina*, p. 15.
Padre Guevarra, *Historia del Paraguay*, p. 83.
Choix de lettres édifiantes, t. I, p. 179.
2. Rui Diaz de Guzman, p. 18.
Fernandez, *Historia de los Chiquitos*, p. 4.
Lozano, *Historia del Chaco*, p. 57.

1831. — Santa-Cruz.

tagnes du Pérou. Revenant huit ou neuf mois après, chargé des dépouilles des Péruviens, il fut massacré, avec tous les siens, sur les bords du Rio du Paraguay par les Indiens payaguas.[1]

Toutes les pensées des gouverneurs du Paraguay tendaient à s'approprier une partie des richesses si vantées du Pérou; aussi chacun voulut-il tenter ce voyage. En 1542, Nuñez Cabeza de Vaca envoya Yrala, qui remonta le Rio du Paraguay jusqu'à Yarayes, mais put à peine s'éloigner par terre à quatre journées à l'ouest du Rio du Paraguay, dans la province de Chiquitos. Nuñez voulut, l'année suivante, faire lui-même une expédition semblable; mais il ne réussit pas davantage.[2]

En 1548, Yrala, l'un des hommes les plus entreprenants de cette époque, tenta de pénétrer au Pérou; il partit avec trois cent cinquante Espagnols, se rendit par eau à Yarayes, traversa ensuite la province de Chiquitos, et arriva, après des fatigues inouïes, au Rio grande et aux dépendances de Chuquisaca. Les renseignemens qu'il y reçut sur les différens des frères Pizarros et l'arrivée de Pedro de la Gasca, le firent s'arrêter[3]. Il envoya Nuflo de Chaves au nouveau vice-roi, tandis que lui-même fut obligé de revenir, par suite des désordres de ses soldats. Nuflo de Chaves ne retourna au Paraguay qu'en 1549.

Yrala, tenant plus que jamais à son projet de rendre faciles les communications avec le Pérou, renvoya, en 1557, Nuflo de Chaves pour jeter les fondements d'une ville sur les rives du Rio du Paraguay[4]. Celui-ci cherchait déjà un emplacement convenable, lorsqu'il apprit la mort d'Yrala. Il résolut alors de fonder en ce lieu une ville indépendante du Paraguay, résolution qui faillit le faire abandonner de ses soldats, habitués au pil-

---

1. Nuñez Cabeza de Vaca, *Comentarios*, p. 36, cap. 49. Les écrivains ne sont pas d'accord sur le nom; les uns écrivent *Ayolas*, les autres *Oyolas*.
   Rui Diaz de Guzman, p. 45.
   Padre Guevarra, p. 93.
   Schmidel, p. 109.
   Herrera, *Decada VI, lib. VII, cap. V.*
2. Rui Diaz de Guzman, p. 60.
   Padre Guevarra, p. 105.
   Azara, *Voyage dans l'Amérique mérid.*, t. II, p. 359.
3. Padre Guevarra, p. 110.
   Rui Diaz, p. 72.
4. Rui Diaz de Guzman, p. 101.

1831. Santa-Cruz.

lage, et dont ses projets trompaient les espérances. Il n'en conserva que soixante, avec lesquels il parvint au Rio grande, où il rencontra Andres Manso, venu du Pérou dans les mêmes intentions que lui. Une discussion s'éleva entr'eux sur leurs droits. Enfin, Nuflo de Chaves ayant obtenu gain de cause du vice-roi de Lima, jeta, en 1560, les fondemens de la ville de Santa-Cruz [1], où, bientôt après, il se vit entouré de sa famille, qu'il avait été chercher au Paraguay; mais cinq ans plus tard, il fut tué par les Chiriguanos [2], lorsqu'il gouvernait paisiblement la nouvelle ville.

L'ancienne Santa-Cruz était située à environ deux cents lieues à l'est de la ville actuelle, au pied de la Sierra, et près de la mission de San-José, province de Chiquitos. La proximité des hauts escarpemens du Sutos la firent peut-être nommer d'abord *Santa-Cruz de la Sierra* ou *de la Barranca* (Sainte-Croix de la Montagne ou de la Falaise) [3]. Bien distribuée, par carrés égaux, construite en terre [4], elle était bâtie au milieu d'un bois, assez près de la cascade du Sutos et non loin de l'un des premiers affluens du Rio de San-Miguel. La beauté des environs avait, sans doute, autant contribué à faire choisir cet emplacement, que le grand nombre d'Indiens chiquitos amis habitant la contrée.

Les Espagnols furent très-bien reçus des Indiens, qui se laissèrent répartir en Encomiendas, en se soumettant au seul tribut annuel d'un peloton de fil de coton, en signe de vasselage. Ce bon accord des Espagnols et des Indiens chiquitos dura peu. Les nouveaux venus, abusant de la docilité des indigènes, voulurent les opprimer et leur enlever leurs enfans, pour s'en servir comme d'esclaves. Les opprimés se révoltèrent et tuèrent quelques-uns de leurs oppresseurs [5]. Suivant Azara [6], le grand éloignement du Pérou aurait, en 1575, fait transférer la ville à la place qu'elle occupe aujourd'hui, c'est-à-dire à vingt lieues environ des derniers contre-forts des Andes, dans une plaine magnifique, près du Rio Pari. Viedma [7] dit que ce changement s'est opéré

---

1. Rui Diaz de Guzman, p. 109; Ulloa, *Relacion del viage a la America meridional*, t. III, p. 221, dit que Santa-Cruz a été fondé en 1548; mais il se trompe assurément.
2. Rui Diaz de Guzman, p. 123.
3. Ulloa, *loc. cit.*, t. III, p. 221, dit que Nuflo de Chaves la nomma ainsi pour rappeler le nom de sa ville natale, en Espagne, située près de Truxillo.
4. J'ai parcouru plus tard ces ruines; aussi ces renseignemens sont-ils des plus positifs.
5. Viedma, *Descripcion de Santa-Cruz*, p. 78.
6. *Voyage dans l'Amérique mérid.*, t. II, p. 378.
7. *Descripcion*, p. 78.

1831. par suite de querelles avec les Chiquitos. Le vice-roi, marquis de Cañete, ordonna, en 1588, de bâtir une ville à moitié chemin de l'ancien Santa-Cruz à Chuquisaca, autant pour contenir les Indiens chiriguanos que pour faciliter le trajet. Il chargea Don Lorenzo Suarez de Figueroa, gouverneur de la province, de traiter avec Solis Holguin, propriétaire de la plaine, pour y fonder *la noble ciudad de San-Lorenzo de la Frontera* (la noble ville de Saint-Laurent de la frontière); mais la fondation n'eut lieu qu'en 1592. C'est probablement alors que les derniers habitans de Santa-Cruz vinrent habiter la nouvelle ville, qui, malgré tous les efforts du fondateur, conserva toujours le nom primitif de Santa-Cruz de la Sierra, qu'elle porte encore aujourd'hui, celui de San-Lorenzo n'ayant jamais été employé que dans les actes publics.

Santa-Cruz.

La nouvelle ville de Santa-Cruz, tout en offrant des avantages immenses sous le rapport de l'agriculture, resta bien au-dessous des cités des montagnes, si riches sous le rapport minéral. En se rattachant plus intimement au Pérou, elle perdit peu à peu ses relations avec le Paraguay. Néanmoins, également éloignée de six à sept cents lieues de Lima et de l'Assomption, séparée des côtes du grand Océan par trois cents lieues de montagnes, elle resta stationnaire, en conservant les mœurs de ses premiers habitans. En 1605[1] on y fonda un évêché, tout en faisant relever le gouvernement de Cochabamba.

Santa-Cruz dépendit de Lima jusqu'en 1776, époque où Buenos-Ayres ayant été érigée en une vice-royauté indépendante, Santa-Cruz y fut réunie, ainsi que Cochabamba, sa capitale, malgré leur grand éloignement. En 1782, le nouveau vice-roi, qui créait une intendance pour Cochabamba, y plaça, avec la province de Santa-Cruz de la Sierra, les missions de Moxos et de Chiquitos, jusqu'alors sous la domination des jésuites, en en formant une circonscription égale en superficie aux trois quarts de la France.

Si la ville qui m'occupe n'eut rien à souffrir de la révolution de Tupac-Amaru (en 1780 et 1781), elle fut moins heureuse pendant les guerres de l'indépendance. Alors commencèrent à s'effacer ses mœurs patriarcales, sous l'influence des troupes des deux partis. Elle conserva long-temps le drapeau espagnol; mais, envahie par les troupes indépendantes, elle subit sans murmurer, en 1824, les conséquences de la bataille décisive d'Ayacucho. Séparée, à cette époque, de Cochabamba, elle devint le chef-

1. *Relacion historica del viage a la America meridional*, por Don Jorge Juan et Don Antonio Ulloa, t. III, p. 219.

lieu d'un des six départemens de la nouvelle république de Bolivia, en conservant sous son autorité les immenses provinces de Moxos et de Chiquitos. 1831. Santa-Cruz.

§. 2. *Description de Santa-Cruz.*

Circonscription et détails géographiques.

Le département de Santa-Cruz présente, avec ses quatre provinces, une surface immense, bornée au nord par le cours du Rio Itenes et la province de Mato-Grosso, puis par les pays inhabités compris entre les cours du Rio Mamoré et du Beni; au sud, par les déserts du grand Chaco; à l'est, par le Rio du Paraguay et les *possessions brésiliennes*; à l'ouest, par les départemens de Cochabamba et de Chuquisaca. Il est compris entre les 12.ᵉ et 23.ᵉ degrés de latitude sud et les 59.ᵉ et 70.ᵉ degrés 30' de longitude occidentale de Paris, offrant ainsi une superficie d'environ 45,000 lieues carrées, de vingt-cinq au degré.

Cette surface se compose, à l'ouest et au nord-ouest, des derniers contreforts de la Cordillère, puis des plaines immenses qui les bordent, en s'étendant au nord dans la province de Moxos, vers le bassin de l'Amazone, et au sud vers les plaines du Chaco et le grand bassin de la Plata. C'est même une des rares exceptions en géographie, où le faîte du partage des deux grands versans de l'Amérique méridionale, prise du nord au sud, est représenté par une plaine basse, en partie inondée. En effet, si le Rio Grande et le Rio Piray, l'un de ses affluens, se dirigent franchement au nord à l'Amazone; si le Pilcomayo prend au contraire la direction au sud de la Plata, le Rio Parapiti, après avoir erré dans la plaine, paraît indécis s'il se dirigera d'un côté ou de l'autre, finissant néanmoins par former des marais qui se déversent vers le nord.

Cette même disposition singulière des versans à peine tracés, se remarque encore en marchant vers l'est. Ce sont des plaines où naissent, près de San-Jose de Chiquitos, d'un côté le Rio de San-Juan, l'un des affluens de la Plata, et le Rio de San-Jose, qui va au nord à l'Amazone. Plus loin, sur une plus vaste échelle, les premiers affluens de l'Itenes et du Rio du Paraguay communiquent, par des marais communs, où l'on peut établir un chemin de partage en bateau; ainsi, sur trois points différens, au lieu des montagnes que les géographes y ont systématiquement placés, de simples plaines marécageuses séparent les immenses versans des deux plus grands fleuves du nouveau monde.

1831. Santa-Cruz.

Considéré comme système orographique, le département de Santa-Cruz est d'une grande simplicité. Borné, ainsi que je l'ai dit, à l'ouest par les derniers contre-forts des Cordillères, tout le reste forme une seule plaine, traversée toutefois, du nord-nord-ouest au sud-sud-est, par les hautes collines du système chiquitéen[1], à peine élevées de quelques centaines de mètres au-dessus des plaines environnantes.[2]

Les cours d'eau du département dépendent des deux grands bassins indiqués. Les uns se dirigent au sud, les autres au nord. Les premiers sont: le Rio Pilcomayo, qui prend sa source dans les montagnes et sur les plateaux de Tola-Palca et Tola-Pampa, département de Potosi, et traverse ensuite tout le Chaco; le Jaoru, l'un des affluens du Rio du Paraguay, naît près de Villa-Bella de Mato-Grosso; le Rio de San-Juan ou de Tucabaca, qui, réuni aux rivières de San-Rafael et de Latiriquiqui, forme le Rio Oxuquis, également l'un des affluens du Paraguay.

Au nord, les rivières, plus nombreuses et plus grandes, sont formées de trois cours d'eau principaux, l'Itenes, le Mamoré et le Beni. Le premier reçoit à l'est le Rio Barbados, les Rio Verde, Serre, et plus à l'ouest les Rio Blanco et de San-Miguel, qui naissent dans la province de Chiquitos, et se réunissent au Rio Machupo, en formant ainsi du Rio Itenes ou Guaporé, un cours d'eau considérable.

Tous les autres affluens de l'Amazone ont leur origine dans les montagnes, au sein des contre-forts de la Cordillère. Les uns vont au Mamoré, les autres au Beni. Les affluens du Mamoré sont les rivières suivantes : le plus au sud-est, le Rio Parapiti, perdu dans la plaine, l'un des affluens supérieurs du Rio Grande. Cette dernière rivière, qui naît dans la province de Chayanta, reçoit successivement le Rio de Acero, le Rio Piray, le Rio Yapacani ou Ibabo et le Rio Mamoré; c'est après cette réunion que la rivière continue au nord, sous le nom de Mamoré, recevant encore à l'ouest le Chaparé, le Securi, le Tijamuchi, l'Apere, le Yacuma et l'Iruyani.

Le Beni prend sa source dans les montagnes au nord de la Cordillère orientale de Cochabamba et de la Paz. Il est considérable lorsqu'il arrive dans la province de Moxos, qu'il suit au nord jusqu'à son confluent avec le Mamoré.

Le Mamoré et le Guaporé ou Itenes se réunissent au 12.e degré et coulent au nord sous le nom de Mamoré jusqu'au confluent du Beni, où ils forment le Rio de Madeiras.

---

1. Voyez Partie géologique.
2. Voyez, pour les autres détails, la géographie spéciale.

Ces rivières dépendent des différentes provinces du département. Comme j'ai parcouru plus tard ces provinces et que je les décrirai successivement, je me bornerai pour le moment, après cet aperçu rapide, à celle de Santa-Cruz de la Sierra. 1831. Santa-Cruz.

Elle est séparée, au nord, de la province de Moxos par des forêts et des marais inhabités; à l'est, de la province de Chiquitos, par le cours du Rio Grande; au sud, elle est bornée par la province de Cordillera; à l'ouest, par les derniers contre-forts des montagnes dépendant de la province de Valle Grande. Ainsi circonscrite, elle occupe une plaine sablonneuse, uniforme, coupée, dans la direction du nord-ouest au sud-est, par le Rio Grande et par les rivières Piray, Palometa, Palacios et Yapacani, dont aucune n'est navigable; seulement au confin nord de la province, le Rio Grande et le Piray permettent la navigation en pirogue jusqu'à Moxos. La province est d'une grande horizontalité, et son aspect rappelle beaucoup les environs de Caacati et de las Ensenadas [1], dans la province de Corrientes. Ce sont de même des plaines sablonneuses, des marais et des bouquets de bois épars; pourtant Santa-Cruz est infiniment plus boisée, offrant les meilleurs terrains pour la culture et des pâturages excellens pour les troupeaux.

Le climat de Santa-Cruz est des plus brûlans. Trop éloigné des hautes Cordillères pour que sa température en soit modifiée, il subit toutes les influences ordinaires des régions intertropicales situées au sein des plaines du centre du continent. On y distingue deux saisons tranchées, la saison des sécheresses ou l'hiver, la saison des pluies ou l'été. La saison sèche commence en Avril et finit en Septembre et Octobre; elle est marquée principalement par une alternance de vents de nord et de vents de sud. Les premiers sont chauds et soufflent presque toujours. Quand ils cessent, ils sont remplacés par le vent de sud, qui, de suite, abaisse considérablement la température. Ce vent est très-redouté des habitans, qui, lorsqu'il règne seulement deux ou trois jours, ferment leurs portes et se couvrent de leurs manteaux, comme nous le ferions dans nos hivers rigoureux. Généralement fort et très-sec, il jette une sorte de consternation chez les Cruceños, habitués à la chaleur chaude et humide. Il les rend souffrans ou leur fait éprouver tout au moins un état de malaise analogue à celui dont le vent de nord affecte les Corrientinos [2]. Cette saison sèche arrête aussi la végétation. Les feuilles se dessèchent; quelques-

1. Tome I.er, p. 320.
2. *Idem*, p. 321.

1831. Santa-Cruz. unes tombent, et beaucoup d'arbres subissent la même dénudation momentanée que dans les régions froides. Ce phénomène se manifeste surtout dans les plaines non marécageuses.

La chaleur augmente peu à peu vers le mois de Septembre; les jeunes feuilles commencent à paraître; mais elles ne poussent avec vigueur qu'après les premières pluies printanières. Alors la nature change d'aspect et se revêt de sa plus belle parure. Les pluies deviennent de plus en plus abondantes, et sont presque continuelles, dès le mois de Novembre. La campagne s'inonde de toutes parts et les communications sont pour ainsi dire interrompues, d'un côté avec les villes des montagnes, de l'autre avec la province de Chiquitos. Ces pluies durent jusqu'en Avril, en diminuant graduellement.

†† *Produits naturels de Santa-Cruz.*

La province de Santa-Cruz, continuant en quelque sorte les plaines du Chaco, du Paraguay et de Corrientes, offre à peine des différences avec l'ensemble de la zoologie que j'ai signalée dans cette dernière contrée[1], et ces différences se bornent à quelques changemens dus au plus d'élévation de la température. En effet, on y voit apparaître, d'un côté, quelques animaux et des plantes plus propres aux régions chaudes, tandis que les êtres des régions tempérées ou froides y manquent tout à fait. Je vais jeter un coup d'œil rapide sur ces différences, tout en renvoyant aux généralités citées, pour l'ensemble des productions naturelles à peu près identiques.

Les singes sont plus nombreux et plus variés à Santa-Cruz. Les grands bois en sont remplis jusqu'aux alentours de la ville, où, lorsque le temps est à l'orage, on entend soit les sons rauques des singes hurleurs, soit les cris saccadés des troupes joyeuses des autres petits singes. Les chauves-souris, les coatis, les gloutons, les renards, les jaguars, les sarigues, les cabiais, les tapirs, les pécaris, les différens cerfs et les tatous y sont plus communs qu'à Corrientes. Avec eux se montrent de plus les tatous géants ou pejichi, la plus grande race vivante parmi les édentés cuirassés, et les paresseux aux mœurs singulières, types de la lenteur et du manque d'énergie.

Les oiseaux sont les mêmes, sauf ceux qui fuient les rigueurs des hivers. Ces derniers n'arrivent pas jusqu'à Santa-Cruz; ils y sont remplacés par les brillans manakins, par les cotingas, et par une plus grande variété

1. Tome I.er, p. 322.

d'espèces de tangaras, de caciques, de perroquets, de pénélopes, de hoccos. 1831.

Santa-Cruz.

Aux reptiles de Corrientes communs à Santa-Cruz, on peut ajouter une innombrable quantité de couleuvres, variées dans leurs espèces et dans leurs couleurs, des boas d'une grande taille et beaucoup de serpens à sonnettes.

Les poissons, par le manque de grandes rivières, y sont très-peu nombreux. Ils s'y réduisent à quelques palometas et à quelques silures.

Les coquilles terrestres et fluviatiles y sont rares, en raison sans doute du petit nombre de cours d'eau et de l'habitude des habitans de mettre le feu à la campagne.

Les insectes, ainsi que je l'ai fait entrevoir dans la relation de mes courses aux environs de la ville de Santa-Cruz, sont ici plus variés et plus nombreux qu'à Corrientes, ce que devait faire prévoir la plus grande élévation de la température et la plus grande multiplicité d'espèces de plantes. Rien n'égale en effet le brillant des coléoptères et les vives couleurs des papillons, qui fourmillent dans les plaines fleuries et au sein des sombres forêts.

La végétation de Santa-Cruz présente deux aspects bien distincts, suivant la nature des lieux. Dans les plaines sablonneuses elle est en tout semblable à celle de Corrientes. On y reconnaît les mêmes espèces dans les mêmes proportions, et les feuilles pennées y dominent. Dans les lieux humides, soit près du *Monte Grande*, au pied des montagnes, soit près des rives Piray et du Rio Grande, elle offre un ensemble tout différent, remarquable surtout par l'abondance des palmiers d'espèces bien plus diversifiées qu'à Corrientes. On ne trouve plus ici le yatai[1], le pindo[2], le bocaya[3]; mais ceux-ci sont remplacés, au sein des forêts, par l'élégant motacu[4], par l'utile chonta[5], par le marayahu[6] au fruit succulent; et les lisières des bois se couvrent du svelte sumuqué[7], tandis que dans les lieux humides croît partout le carondaï[8] au tronc dur, employé comme toiture. Les mêmes bois sont ornés de lianes enlaçantes,

1. *Cocos yatai*, Martius, Palmiers de mon voyage, pl. I, fig. 1.
2. *Cocos australis*, Mart., *ibid.*, pl. I, fig. 2.
3. *Cocos totai*, Mart., *ibid.*, pl. IX, fig. 1.
4. *Maximiliana princeps*, Mart., *ibid.*, pl. IV, fig. 3.
5. *Astrocaryum chonta*, Mart., *ibid.*, pl. IV, fig. 1, 2.
6. *Bactris socialis*, Mart., *ibid.*, pl. VII, fig. 1.
7. *Coços botryophora*, Mart., *ibid.*, pl. IV, fig. 4.
8. *Copernicia cerifera*, Mart., *ibid.*, pl. I, fig. 3.

1831. de ce pêle-mêle de plantes de toute espèce, parmi lesquelles on distingue de belles fougères et des fleurs des plus brillantes.

Santa-Cruz. Presque tous les fruits de la province de Santa-Cruz se rattachent à la botanique naturelle. En effet, à l'exception de l'oranger, si commun et si productif, tous les fruits y sont sauvages. L'*iba poru*, plus commun qu'à Corrientes[1], étale les siens sur le tronc des arbustes; l'*iba viyu*, l'*iba vira*, autres myrtinées au fruit vert, croissent au sein des bois; les solanées donnent plusieurs espèces rampantes à fruit succulent; les pipéracées en offrent aussi, parmi lesquelles on peut citer le *lambaiva*, donnant les fruits les plus sucrés et les plus savoureux; quelques *ficus* en ont encore de mangeables; l'algarobo, avec ses gouttes sucrées, est assez commun. A ceux-ci, dont quelques-uns se trouvent également à Corrientes, on doit ajouter la *pitajaya*, espèce de cactus rampant à fruit jaune, très-bon; la gouyave, le marayahu au goût aigrelet, etc.

La géologie n'offre aucun produit à Santa-Cruz, puisqu'on ne rencontre de pierre nulle part, tout le sol étant recouvert de sables diluviens.[2]

††† *Population, mœurs, usages.*

La province de Santa-Cruz de la Sierra renferme, indépendamment de la ville et des annexes de Portachuelo, de Paurito, de Chaney et de Cotoca, qui en dépendent, les missions de Buena-Vista, de San-Carlos, de Porongo, de Santa-Rosa et de Bibosi.

D'après le recensement de 1830, qui m'a été communiqué par M. le docteur Don Andres Pacheco, grand-vicaire du diocèse, la population de la province de Santa-Cruz serait comme il suit:

---

1. Tome I.er, p. 340.
2. Voyez la Géologie spéciale.

NOMS DES LIEUX.	RECENSEMENT DE 1830, SUIVANT M. PACHECO.						RECENSEMENT DE 1788, SUIVANT VIEDMA.[1]					
	Espagnols.	INDIGÈNES: Chiquitos.	Chiriguanos ou Guaranis.	Yuracarès.	Métis.	TOTAL.	Espagnols.	Indigènes.	Métis.	Nègres.	Mulâtres.	TOTAL.
Santa-Cruz . . .	3908	=	=	=	=	3908						
Portachuelo. . .	566	=	=	=	=	566	4303	2111	4014	150	=	10578
Paurito.	2068	=	=	=	=	2068						
Buena-Vista . . .	=	2719	=	=	=	2719	=	2107	=	=	=	2107
San-Carlos . . .	=	=	=	337	=	337	=	180	=	=	=	180
Porongo	=	=	1173	=	=	1173	=	1701	=	=	=	1701
Santa-Rosa . . .	=	=	947	=	=	947	=	550	=	=	=	550
Bibosi	=	=	776	=	=	776	=	=	=	=	=	=
TOTAUX . . .	6542	2719	2896	337	=	12494	4303	6649	4014	150	=	15116
		5952										

J'ai voulu comparer les documens fournis par le recensement de 1830 avec ceux que Viedma publiait en 1788, afin de m'assurer s'il y a concordance. Si ces élémens étaient vrais, ce dont on ne peut répondre, en raison des difficultés que présente un travail semblable, par suite des intérêts contraires, qui portent à diminuer ou à augmenter le chiffre de la population, il résulterait de cette comparaison des différences trop fortes pour qu'on y puisse croire; car il faudrait admettre que la population de la ville et des annexes qui en dépendent s'est réduite de plus d'un tiers, puisqu'en y réunissant Portachuelo et Paurito, il n'y aurait eu, en 1830, que 6542 âmes, tandis qu'il y en avait 10,578 en 1788. Cette diminution serait trop forte, surtout lorsqu'on voit au contraire Buena-Vista, San-Carlos et Santa-Rosa, augmenter considérablement le nombre de leurs habitans[2]. L'extension de la ville dénote une population de huit à dix mille âmes, et c'est à ce chiffre que l'évaluent tous les hommes instruits du pays. Il faudrait donc croire que le recensement de 1830 est bien au-dessous de la réalité.

Quoi qu'il en soit, ce recensement donne une idée des élémens comparatifs

1. *Descripcion de la provincia de Santa-Cruz de la Sierra*, p. 91.

2. Le recensement publié dans la *Guia de Forasteros de la Republica boliviana* pour 1835, donne pour total de la province de Santa-Cruz 15,010 âmes, et pour la ville 4596.

La Guia de 1836 indique dans la ville de Santa-Cruz 5066 âmes. On reconnaît sans peine que ces documens manquent de justesse.

1831. — Santa-Cruz.

de la population indigène et de la population espagnole, et prouve que la race primitive est encore numériquement très-puissante dans ces contrées. Cette population se compose en effet d'Espagnols, d'Américains, de quelques nègres et du mélange de ces trois races. Il y a peu de mulâtres, mais beaucoup de métis d'Indiens. Ces derniers sont d'une belle taille, ont de beaux traits, et surtout une physionomie des plus agréable.[1]

La ville et les campagnes renferment, indépendamment de quelques nègres, trois classes distinctes d'habitans: les Espagnols, les métis et les indigènes.

Les premiers, presque tous descendans des compagnons de Nuflo de Chaves, ont conservé jusqu'à présent, par suite de leur éloignement des villes commerçantes, cette simplicité de mœurs du 16.e siècle et poussent encore à l'extrême l'esprit d'hospitalité. Leur langage, leurs manières sont de plus ceux des Paraguayos ou des Corrientinos. Les hommes y ont de bonnes façons et se montrent très-polis, habitués qu'ils sont à remplir constamment les devoirs sociaux. Leur stature est au-dessus de la moyenne habituelle, et leurs traits, leur tournure, sont très-agréables. Ils suivent les modes françaises, un peu modifiées par la température locale. Ils occupent tous les emplois, et se livrent, dans les campagnes, aux grandes exploitations agricoles ou à l'élève des bestiaux. Les femmes de cette classe sont généralement jolies, d'une belle taille, remplies de grâces, aimant la danse et les plaisirs plus que toutes choses. Aimables en société, naturellement très-spirituelles, elles ont cette prompte répartie des femmes du midi et une vivacité de conversation d'autant plus grande, qu'elles sont affranchies de ces sévères convenances qui enchaînent nos dames européennes. Tout ce qu'elles pensent, elles le disent avec une naïveté des plus originale. Leur costume est celui de France; seulement les modes arrivent à Santa-Cruz quelques années après. Le chapeau néanmoins n'a encore été adopté nulle part. Aujourd'hui, si les jeunes personnes vont à l'église dans leurs vêtemens de fête, les femmes de trente à quarante ans en prennent un particulier. Lorsqu'elles ne sont pas vêtues tout de noir, elles portent avec la mantille noire, bordée de velours, une jupe de cette teinte, ornée au bas de larges rubans de couleur tranchée[2]. Avant la révolution de l'indépendance, l'habillement des femmes était très-remarquable par sa richesse et son élégance. Cet habillement, dit de *naguas*, ne se porte plus aujourd'hui, mais les femmes âgées le conservent encore comme

1. C'est absolument le mélange dont j'ai parlé t. Ier, p. 367, à propos de Corrientes.

2. Atlas, *Costumes*, n.° 7, la figure de gauche.

souvenir; je m'en suis procuré un complet et je l'ai représenté dans mon atlas[1]. Il consistait en une jupe appelée *naguas*, faite d'un tissu à jour, par bandes alternant avec des broderies de laine d'une couleur très-vive; cette jupe se terminait en bas par une large dentelle. Le reste se composait d'une chemise également brodée et garnie de dentelles aux manches et autour du cou, ornée, sur la poitrine et par derrière, de velours cramoisi, brodé en or. Les femmes portaient en outre d'énormes croix d'or, et laissaient tomber leurs cheveux en deux tresses entrelacées de rubans de couleur. L'ensemble de ce vêtement était réellement très-agréable, et j'ai vivement regretté de le voir abandonné pour nos modes européennes, destinées à remplacer partout le costume national des peuples, en envahissant le monde entier.

1831. Santa-Cruz.

Il est, je crois, peu de pays où la vie s'écoule plus doucement qu'à Santa-Cruz. On y travaille peu. La principale occupation consiste en visites et en fêtes. Il n'y a point, comme en Europe, de nombreux journaux, une politique universelle qu'on aime à suivre; la littérature y est peu connue. Le Cruceño aime sa province, mais s'inquiète peu de ce qui ne le touche pas immédiatement. Un courrier lui apporte, tous les quinze jours, un journal d'une médiocre étendue, qu'il parcourt quelquefois avec indifférence, la distance le mettant à l'abri des querelles politiques des *Cerranos* (montagnards), nom qu'il donne à tous les autres habitans de la république. Les hommes lisent peu; les femmes ne lisent pas du tout, et leur intérieur, joint aux devoirs de société, suffit pour les occuper: aussi tous les sujets de conversation portent-ils seulement sur des intérêts locaux, restreints aux plaines situées à l'est des derniers contre-forts des Cordillères.

La seconde classe, celle des Métis, connue dans le pays sous le nom de (*Cholos* et de *Cholas*, suivant les sexes), diffère peu de la première pour l'aisance de la tournure, pour la régularité et la jovialité des traits, pour la vivacité du langage, pour la finesse et l'à-propos des réparties. Les hommes et les femmes vont pieds nus et portent le simple costume des campagnards[2]. Les hommes sont généralement artisans : ils exercent des professions de tous genres, et se livrent aux travaux rustiques. Les femmes, comme à Corrientes, travaillent chez elles; mais les jeunes filles vont dans les rues vendre, de porte en porte, soit les produits de leur jardin, soit le résultat de leur industrie personnelle, consistant en pain frais, en pâtisserie, en

1. Voyez Costumes, n.° 7, la figure du milieu et la figure de droite.

2. Voyez p. 537 et p. 546.

1831. Santa-Cruz. cigares, etc. Hardies au-delà de toute expression, ces jeunes filles parcourent ainsi la ville, causant avec tout le monde. Elles sont au courant de tout ce qui s'y passe. Ne tenant aucun compte des différences de position sociale, elles provoquent chacun par une remarque piquante, l'obligent à leur répondre, et causent ainsi des heures entières, sans paraître s'occuper le moins du monde du principal objet de leur promenade commerciale.

Pour les Indiens purs, très-répandus dans les missions, ils sont en petit nombre à Santa-Cruz, y remplissant les fonctions de domestiques ou de nourrices chez les Espagnols, ou exerçant des métiers, comme les métis. Ils participent absolument aux mêmes mœurs. Soir et matin, les Indiennes et beaucoup de femmes métis vont, un vase sur la tête, chercher de l'eau au Pari, hors de la cité. Drapées alors avec coquetterie de leur *revoso* blanc (sorte d'écharpe longue), elles représentent parfaitement les statues antiques.

Santa-Cruz est la seule ville de la république où l'on ne parle que l'espagnol, les langues indigènes étant exclusivement employées par le peuple dans toutes les autres. Le parler, généralement très-lent, est assez pur. Il s'y mêle pourtant soit beaucoup d'expressions du vieux langage espagnol des quinzième et seizième siècles, soit des mots propres aux idiomes des Indiens chiquitos ou guaranis, introduits pour les choses spéciales au pays. Dans les campagnes, on parle comme à Santa-Cruz, sauf une moindre pureté d'élocution. Les missions seules doivent être exceptées. Comme elles ne sont habitées que par des indigènes, on s'y sert de leur langage. A Buena-Vista, c'est le chiquito; à San-Carlos, c'est le yuracares; à Porongo, à Santa-Rosa et Bibosi, c'est le guarani. Quatre langues distinctes se conservent donc encore dans la province de Santa-Cruz.

++++ *Industrie, produits, commerce.*

L'industrie proprement dite est très-arriérée à Santa-Cruz. Sauf quelques métiers, comme ceux des forgerons, des menuisiers, des cordonniers, etc., elle y est exclusivement agricole. On n'y compte aucune fabrique de tissus, aucune usine de quelque genre que ce soit.

Les forêts, remplies d'acajou, de bois jaunes et rouges magnifiques, et de toute espèce de produits d'ébénisterie, y restent à exploiter. On se contente de couper le bois de construction nécessaire aux besoins matériels, et les troncs de palmiers carondaï, propres à confectionner les toits des maisons de la ville.

On y cultive principalement la canne à sucre, dont on retire à la fois le sucre et la mélasse[1], qui s'expédient vers les villes de l'intérieur : la mélasse dans des outres, le sucre[2] dans de petites malles de cuir non tanné, appelées *petaças*. Ce commerce est d'autant plus considérable, que les villes de Chuquisaca, de Potosi et de Cochabamba s'approvisionnent seulement à Santa-Cruz. L'eau-de-vie qu'on retire de la mélasse se consomme dans le pays. 1831. Santa-Cruz.

On cultive encore le riz, qui s'exporte en grand ; le rocou, puis tous les grains et les légumes de première nécessité, tels que le maïs, les batatas, les haricots, les pistaches de terre ou *mani*, le manioc ou *yuca*, les citrouilles, les melons, les bananes, les ananas, etc.

Il s'y fait aussi des exportations de tabac, mais en petite quantité. Du reste le coton ne s'y cultive que pour l'usage des gens de la campagne, sans devenir un objet d'industrie locale, les provinces de Chiquitos et de Moxos procurant, avec les marchandises étrangères, les tissus nécessaires à la consommation du pays.

Le territoire étant très-propre à l'élève des bestiaux, tous les agriculteurs sont en même temps fermiers, sans que ces deux industries, toujours distinctes dans la république Argentine, soient ici séparées. Chaque propriétaire laisse en effet croître autour de lui de nombreux troupeaux de bestiaux et de chevaux, tandis que des enclos sont consacrés à l'agriculture. C'est pourtant un très-mince produit, attendu que les cuirs, vu le manque de débouchés, sont pour ainsi dire sans utilité. On se contente de recueillir la graisse et quelquefois d'en faire de la viande sèche, qu'on expédie dans les provinces montagneuses. Un bœuf gras vaut, à Santa-Cruz, au maximum six piastres (trente francs), et un cheval de choix, de dix à douze piastres (cinquante à soixante francs).

En résumé, l'exportation consiste principalement en sucre, mélasse, riz, maïs, rocou, tabac, graisse de bœuf, viande sèche et un peu de cire, recueillie dans les forêts par les Indiens des missions.

L'importation est bien plus considérable, la ville de Santa-Cruz étant le centre d'où rayonnent les marchandises propres au commerce particulier des provinces indigènes de Cordillera, de Chiquitos et de Moxos. Ces marchandises consistent principalement en pains de sel, qu'on apporte des plateaux pour la consommation de la ville et de la province de Moxos, tout-à-fait pri-

1. Voyez ce que j'ai dit de cette fabrication, p. 540.

2. Le prix moyen du sucre est de quatre à cinq piastres (vingt francs) les 25 livres espagnols ou l'*arroba*.

1831. Santa-Cruz. vées de cette denrée de consommation première[1]; en farine de froment; en vin pour le service de l'église et pour les personnes riches, les autres s'en privant toujours; en rubans de soie; en quincaillerie, comme couteaux, ciseaux, aiguilles, haches et verroterie grossière, à l'usage des indigènes. On consomme de plus dans la ville du *maté* du Paraguay, du drap des fabriques françaises et anglaises, des soieries de Lyon, des indiennes et autres tissus de coton venus d'outre-mer, de l'indigo, de la laine de couleur et toute espèce de marchandises d'un usage journalier; les objets de luxe, à l'exception des bijoux, n'étant pas encore connus à Santa-Cruz.

Le commerce se fait d'une manière toute particulière. Ce sont généralement des marchands de Chuquisaca ou de Cochabamba qui arrivent avec une forte pacotille, ouvrent une boutique et vendent tant qu'ils ont des marchandises. Ils réalisent ainsi des valeurs qu'ils échangent pour des sucres, avec lesquels ils font leurs retours. Indépendamment de ces négocians de passage, il y a quelques magasins appartenant aux personnes les plus riches du pays. Si le travail manuel est un déshonneur pour celui qui l'exerce, le commerce de vente, même au plus petit détail, est toujours compatible avec les prétentions aristocratiques les plus exagérées. On méprise un artisan, un fabricant même. On choye et l'on vante le plus mince boutiquier. Le premier est toujours un ouvrier, qu'on ne reçoit nulle part; le second est partout un *caballero*.

La position centrale de la ville entre les trois provinces de Cordillera, de Moxos et de Chiquitos, est on ne peut plus favorable aux progrès de son commerce futur. Il est certain qu'au fur et à mesure de la civilisation de ces provinces, stimulés par la nécessité de pourvoir à des besoins nouveaux, leurs habitans deviendront plus industrieux, et utiliseront leurs produits. Santa-Cruz elle-même, en profitant de ces avantages, de ses ressources naturelles, peut aussi devenir un pays des plus florissans, surtout quand, d'un côté, la navigation du Rio du Paraguay lui facilitera l'arrivée des denrées étrangères, tandis que de l'autre ses cours d'eau par l'Amazone lui donneront des débouchés pour une foule de productions inutiles.[2]

Santa-Cruz reçoit de Moxos et de Chiquitos tous les produits annuels de

1. Les provinces de Santa-Cruz et de Moxos ne renferment point de terrains salés; aussi la viande y est-elle très-mauvaise. Il paraît que les parties salines répandues dans les pâturages sont nécessaires aux animaux herbivores; car les mules amenées des montagnes maigrissent de suite, si l'on n'a soin de leur donner de temps en temps du sel à lécher.

2. Le commerce des cuirs, actuellement sans valeur, suffirait pour enrichir la province.

ces provinces, tels que cacao, cire, tissus divers de coton, vanille, etc. Ces denrées se vendent dans le pays ou s'exportent vers les villes de l'intérieur, où elles ont beaucoup de valeur. 1831. Santa-Cruz.

††††† *Description de la ville.*

Située environ par 17° 24′ de latitude sud, et par 64° 40′ de longitude ouest de Paris, la ville de Santa-Cruz de la Sierra s'élève au milieu d'une plaine magnifique, entourée de forêts. Elle est à cent vingt lieues de Cochabamba, à cent quarante de Chuquisaca, à près de cent des premières missions de Chiquitos, et plus éloignée encore de Moxos.

Ainsi que toutes les villes espagnoles du nouveau monde, elle se divise en *cuadras* ou pâtés égaux entr'eux; mais, comme l'alignement n'y a pas été scrupuleusement conservé, et que les carrés sont loin d'être remplis, il en résulte une cité très-étendue et peu régulière. Les maisons, à l'exception de celle du préfet, n'ont qu'un rez-de-chaussée. Toutes ont des galeries extérieures destinées à les garantir de la pluie, les murailles étant bâties en charpente et en terre. Elles sont mal alignées et leur hauteur varie beaucoup, quelques-unes étant munies de perrons pour y monter. Elles sont généralement, de même qu'à Corrientes[1], couvertes en troncs de palmiers carondaï; cependant on commence à faire des toits en tuiles cuites. En s'éloignant de la place, elles se réduisent à des petites cabanes couvertes en paille ou en feuilles de palmier. Au centre de la ville, les carrés peu remplis se forment souvent d'habitations éparses au milieu de la pelouse, et l'irrégularité augmente en rayonnant vers la campagne, où il ne règne plus aucun ordre de construction. Les enclos, toujours plus nombreux, se convertissent en champs cultivés. En général, on prendrait Santa-Cruz pour une ville tout-à-fait provisoire. Dans tous les cas, c'est la plus champêtre de celles que j'ai vues en Amérique.

Les rues, assez mal percées, ne sont point pavées. Elles sont couvertes de sable mouvant, où l'on enfonce jusqu'à mi-jambe par la sécheresse et par la pluie, à moins qu'on ne prenne de petits sentiers verdoyans, irréguliers, qui serpentent sur le gazon naturel des emplacemens libres ou près des maisons. Dans une de ces rues, le *Varrio de la Palma,* est un palmier carondaï déjà grand lorsqu'on a bâti la ville, en 1592. Il aurait donc près de trois cents ans.

La grande place, qui figure une prairie naturelle, est ornée, d'un côté,

1. Tome I.er, p. 361.

1831. Santa-Cruz.

de la cathédrale, édifice provisoire, bâti en terre, qu'on s'attendait tous les jours à remplacer par un plus digne de son objet[1], et du Cabildo, où demeure le préfet. Le Cabildo est une vaste maison, pourvue d'une galerie en bois, élevée de deux mètres au-dessus du sol de la place. Sur l'autre face est le collège, servant en même temps de séminaire. Avec la cathédrale on compte deux autres églises, la *Misericordia*, et celle du couvent de la *Merced*. Cette dernière est la plus belle de la ville, mais aucune ne peut rivaliser, par sa construction, avec les églises des missions de Chiquitos et de Moxos, dont j'aurai l'occasion de parler plus tard. Il n'y a pas d'hôpital à Santa-Cruz.

Chaque maison est percée d'une ou de deux portes et d'autant de fenêtres sur la rue : celles-ci, presque toujours ouvertes, sont pourvues d'un grillage en bois et n'ont point de vitres. La nuit et à la sieste on ferme intérieurement des contre-vents, pourvus d'une petite ouverture. Presque toutes les maisons ont leur salle meublée de grands fauteuils ou de canapés en bois, rarement garnis de cuir et dans le goût du quinzième siècle. Le hamac y est aussi quelquefois suspendu : c'est le lieu des réceptions, la pièce où se tiennent les dames, afin de causer, soit avec leurs visiteurs, soit par la fenêtre avec les passans, comme s'ils étaient tous membres d'une seule et même famille. Les meubles recherchés, les tentures, ne sont pas connus à Santa-Cruz. On y remarque la plus grande simplicité dans l'intérieur. Rien du confortable de notre Europe n'y est parvenu ; on s'y croirait en arrière de trois siècles. Loin d'être choqué de cette simplicité d'ameublement des habitations de Santa-Cruz, je me trouvais presque heureux de la rencontrer encore, en pensant aux changemens qu'éprouveront les vertus hospitalières des Cruceños, quand ils connaîtront ces mille et une nécessités que le luxe et la mollesse ont introduites dans nos villes. Dès-lors, avec des besoins sans nombre, jusqu'à présent ignorés d'eux, leur existence deviendra moins facile, leurs dépenses seront centuplées ; la différence des fortunes se fera sentir, et amènera des rivalités tendant à endurcir leur cœur et à leur inspirer ce froid égoïsme qui empoisonne nos centres de civilisation. Les Cruceños seront-ils alors plus heureux? J'en doute, et peut-être regretteront-ils cette simplicité qui les rend égaux, et augmente leurs ressources de tous les besoins qu'ils n'ont pas.

Comme chef-lieu de département, Santa-Cruz est la résidence d'un préfet, gouverneur civil et militaire ; d'un intendant de police, d'un administrateur

1. J'ai appris depuis qu'en 1841 on s'occupait activement de l'édification d'un temple plus convenable.

des courriers, d'un écrivain public. Il y a un tribunal judiciaire et un *jues de letras* ou procureur du roi. Le gouvernement ecclésiastique se compose de l'évêque, d'un grand-vicaire et des chanoines du diocèse. Le collège est à la fois ecclésiastique et laïque. Les études y sont peu élevées; aussi envoie-t-on les jeunes gens les continuer à Chuquisaca, où ils entrent à l'université de droit, pour en revenir, quelques années plus tard, avec le titre de docteur.

1831.

Santa-Cruz.

1831.

Santa-Cruz.

CHAPITRE XXIX.

Départ pour la province de Chiquitos. — Séjour dans les Missions de l'ouest et du centre de la province de Chiquitos.

§. 1.er *Départ pour la province de Chiquitos.*

15 Juin. Je m'occupais depuis un mois de préparatifs de voyage. Mon séjour présumé au milieu des indigènes devant être au moins d'une année et demie, il s'agissait de me munir de tout ce qui pourrait m'être nécessaire durant ce laps de temps; car, éloigné des villes de quelques centaines de lieues, je ne devais plus, dans tout cet intervalle, compter sur aucune ressource. D'un autre côté, l'argent, le mobile le plus facile à transporter, n'ayant pas encore de cours dans les provinces de Chiquitos et de Moxos, je me voyais forcé de m'entourer de tous les objets destinés à le remplacer, dans mes relations journalières avec les indigènes. Je pris, auprès des anciens curés des Missions, des renseignemens positifs sur les objets les plus avantageux, et je consacrai une somme de quatre mille francs à l'achat de bagatelles de tous genres, propres à me concilier, par des cadeaux, la bienveillance des Indiens, ou susceptibles de devenir auprès d'eux des moyens d'échanges utiles. Ces objets consistaient en couteaux, ciseaux, haches, grosses aiguilles à coudre, en petites images, en miroirs, en verroteries de différentes couleurs, en fausse bijouterie, en rubans des couleurs les plus vives, en mouchoirs de coton les plus nuancés, en indienne rouge, en laine de couleur pour broder, et enfin, en drap noir et bleu, pour les chefs. J'avais encore à me pourvoir de tout le matériel d'approvisionnement destiné à mes recherches et à mon personnel.

Le voyageur éprouve d'autant plus de peine à quitter une résidence, qu'il y a fait un plus long séjour. J'avais été reçu à Santa-Cruz avec la cordiale hospitalité qui, le plus souvent, caractérise les lieux peu fréquentés. On y avait eu pour moi tant de bontés, on m'y avait témoigné tant d'estime, qu'en prenant congé de mes nombreux amis, je sentais une impression de tristesse que pouvaient seuls atténuer l'idée de la vie nouvelle que j'allais mener au milieu des indigènes, et l'espoir des découvertes nombreuses sur lesquelles il m'était permis de compter. Néanmoins, le présent frappe plus vivement encore que l'avenir, et je n'avais pas trop de ma fermeté habituelle pour m'arracher aux tentatives faites pour me retenir. 1831. Santa-Cruz.

Le 20, au matin, j'attendais les mules de charge pour me mettre en route; elles n'arrivèrent pas, et ce contre-temps me contraignit à remettre mon départ au lendemain. Les muletiers ne se présentèrent en effet que le lendemain à huit heures, et les principaux personnages de la ville vinrent à cheval pour m'accompagner. Je fus réellement touché des nombreuses marques d'affection qu'on s'empressa de me prodiguer en cette circonstance. Le préfet, le grand-vicaire, les curés, les juges, les chefs militaires, etc., me conduisirent en corps jusqu'à une demi-lieue de la ville, où je me séparai d'eux, confus de leur bienveillance et pénétré de la plus vive gratitude. Ce furent les derniers adieux, et je crus alors seulement abandonner cette ville hospitalière que je regrettais à tant de titres. 20 Juin.

Lorsque je me trouvai seul avec ma troupe, au milieu des campagnes désertes, j'éprouvai un moment d'isolement pénible, auquel succéda bientôt la conscience de ma position et l'obligation où je me trouvais de reprendre mes observations géographiques. J'étais dans cette vaste plaine sablonneuse qui entoure Santa-Cruz à une lieue à la ronde et s'étend au loin. Il régnait un de ces vents violens du sud, qui, dans ces régions, amènent un tel abaissement de la température, qu'on éprouve un froid des plus vifs; aussi, luttant avec peine contre sa fureur, pour n'être pas désarçonné, j'arrivai vers le soir, les yeux remplis de sable, au hameau d'*Itapaqué*, distant de six lieues de la ville. Je m'arrêtai près d'une pauvre cabane d'Indien, où je ne voulus pourtant point passer la nuit, le froid en plein air me paraissant préférable aux inconvéniens variés qui pouvaient m'attendre sous ce toit.

Au bivouac, on est toujours matinal; aussi, dès l'aube du jour, j'étais sur pied et je pressais mes muletiers de partir. Ma troupe se composait d'un Allemand, M. Maurice Bach[1], qui m'accompagnait en amateur; de deux jeunes gens nommés par le gouvernement bolivien, Don Manuel Paz et Don Joaquin; d'un aide belge, de deux domestiques: l'un interprète de Quichua et d'Aymara, l'autre ayant long-temps habité Moxos, et de deux muletiers cruceños. Nous 23 Juin.

1. M. Maurice Bach est aujourd'hui secrétaire du nouveau gouverneur Oliden, à qui le gouvernement bolivien, postérieurement à mon voyage, a fait une concession de terrain sur les bords du Rio du Paraguay, en y comprenant la mission de Santo-Corazon, à la charge par lui d'ouvrir la navigation avec le Paraguay.

1831. — Santa-Cruz.

étions, en tout, neuf personnes, et nous avions sept mules de charge. Ma suite, bien armée de fusils et de lances, avait quelque chose d'imposant et constituait une expédition en règle.

Je me dirigeai à l'est-nord-est, à travers un bois clair-semé, de deux lieues de longueur. J'entrai dans une forêt épaisse, agréablement variée de palmiers motacus, bocaya et marayahu, de l'autre côté de laquelle je rencontrai une plaine oblongue, circonscrite de forêts, où plusieurs fermes composent le hameau d'Urina (nom de la femelle du cerf guaçuti). Là, sur une herbe verdoyante, où poussent quelques palmiers carondaï[1], paissent, avec des troupeaux de chevaux et de bœufs, nombre de cerfs, qu'on aurait pu prendre pour des animaux domestiques. De cette plaine j'entrai dans une seconde, un peu moins grande, où se trouvent la chapelle et la ferme de Payla, dernière limite habitée de la province de Santa-Cruz de la Sierra. J'allais donc quitter les hommes, pour m'enfoncer au sein du *Monte Grande* (grande forêt), qui s'étend des rives du Rio grande au Rio de San-Miguel, sur une surface dont le parcours ne devait pas me demander moins de six journées.

Je traversai un bois d'une demi-lieue de largeur, rempli de mirthidées à fruits sur le tronc, connus dans le pays sous le nom d'*ibaporu*[2], et j'atteignis les rives du Rio Grande[3], qu'il s'agissait de passer à gué. Large environ d'un demi-kilomètre et coulant sur un fond de sable mouvant, son gué est presque toujours très-périlleux. Un guide alla d'abord sonder le passage, et lorsqu'il eut reconnu le point guéable, il y plaça de petites balises, afin de nous diriger. Pour surcroît de précaution, il marcha devant moi, en conduisant par la bride une de nos bêtes de somme. Afin de lutter plus avantageusement contre un courant des plus rapides, l'eau atteignant les épaules des chevaux, on est obligé de tenir toujours de ce côté la tête de sa monture, au risque d'être entraîné, si l'animal est pris en flanc. M. Bach me suivait de près, mais il se laissa dominer par les eaux, et bientôt je le vis disparaître avec son cheval. A ses cris, je saisis au plus vite la mule de charge portant mes notes, et tout en cherchant à la faire passer sur l'autre rive, j'envoyai le guide au secours de mon malheureux compagnon de voyage, qu'il parvint, non sans peine, à ramener sur la grève. Au premier aperçu, l'on peut croire que passer à gué une rivière peu profonde, est chose facile; il n'en est pour-

1. *Copernicia cerifera*, p. 533. Voyez Palmiers, pl. 1, fig. 3.
2. Espèce dont j'ai parlé à Corrientes, t. I.er, p. 339, 340.
3. Voyez ce que j'en ai dit, t. II, p. 534.

tant pas ainsi, et lorsqu'on n'en a pas l'habitude, il arrive trop souvent que la rapidité du courant trouble la vue et cause des vertiges, de telle sorte qu'on perd, sans presque s'en apercevoir, la direction voulue, et qu'on est entraîné comme l'avait été M. Bach. Il n'advint pas d'autres accidens; mais on employa toute la soirée à faire passer la troupe et les charges. On s'établit ensuite sur le bord de la rivière pour passer la nuit.

1831. Rio Grande.

Notre campement était très-sauvage. Nous étions sur le sable, près d'un fourré d'un kilomètre de largeur, composé de grands roseaux à feuilles en éventail. Nous avions remarqué sur le sable beaucoup de traces fraîches de jaguar, et la crinière hérissée de mon chien, son aboiement particulier m'avaient averti que cet incommode voisin ne devait pas être éloigné. L'on rangea les charges sur le sable; chacun s'établit comme il put, non loin de grands feux que je fis allumer. Après un léger repas, on chercha le repos. La nuit, très-obscure, était on ne peut plus calme; le silence imposant du désert n'était interrompu que par le bruit des eaux et par le rauque coassement de quelques crapauds, ressemblant assez au choc d'une pierre sur une autre, répété par intervalle. Bientôt mon chien, s'élançant avec force dans une direction donnée, nous prévint de l'approche du jaguar, qui rôdait autour de nous, sans néanmoins oser s'approcher. Au craquement des roseaux nous pouvions juger de son peu d'éloignement, et tout le monde était sur pied; aussi me déterminai-je à envoyer quelques balles vers le lieu d'où partait le bruit. La manœuvre me réussit, et le jaguar se contenta de faire retentir les échos de ses rugissemens, qui durèrent une partie de la nuit. Nous commencions néanmoins à recouvrer le calme, lorsqu'une pluie assez abondante nous inonda jusqu'à l'aube du jour.

Dans les voyages du genre de celui que j'entreprenais, le temps n'est jamais un obstacle; et malgré la pluie on s'occupe du départ. Les muletiers perdirent beaucoup de temps à chercher leurs mules, qui, à l'approche du jaguar, s'étaient dispersées dans la campagne, et l'on acquit bientôt la certitude qu'il en manquait une à l'appel; en effet, on la trouva étranglée et couverte de blessures au milieu des roseaux, à un demi-kilomètre de distance. Elle avait été tuée par le jaguar, qui, sans doute intimidé par le feu dont je l'avais salué, n'avait pas eu le temps de la dévorer.

24 Juin.

J'abandonnai bientôt les roseaux et je me trouvai sur un terrain plus élevé, couvert de grands arbres non mélangés de palmiers, mais liés par de nombreuses lianes. Plusieurs de ces arbres me frappèrent par la forme de leur tronc, ressemblant à un fuseau. Étroits d'en bas, ils se renflent fortement à

1831. Monte Grande.

deux ou trois mètres de hauteur et se rétrécissent ensuite comme les autres. Cette différence de diamètre est quelquefois du double sur le renflement;[1] aussi ces troncs singuliers contrastent-ils avec les autres, en faisant diversion à la monotonie de l'ensemble. A huit kilomètres environ, j'aperçus à ma droite un bas-fond couvert d'eau; plus loin, je me vis en face d'un autre marais, presque rempli d'eau stagnante et pourtant peuplé d'arbres. Le sentier en cet endroit devint affreux; je fis deux lieues sur ce marais argileux, où les chevaux enfonçaient jusqu'à la sangle. Dix fois je faillis y rester, et me fatiguai horriblement à retirer ma bête et à chercher en vain des parties meilleures. Il me fallut quatre heures pour franchir ce mauvais pas, d'où je me tirai néanmoins, à mon grand contentement. Le terrain s'éleva quelque peu; et, deux lieues plus loin, je me trouvai vis-à-vis d'un autre marais inondé, qu'il fallait traverser. Ce marais ou, pour mieux dire, cet ancien lit de rivière, est large d'un kilomètre environ; il est encombré d'arbres tombés, de branches amoncelées, et l'eau y vient partout au ventre du cheval. Je m'y hasardai, et parvins, non sans beaucoup de peine, à l'autre rive, trébuchant à chaque pas. Deux mules de charge y tombèrent et tous mes effets furent mouillés. Je m'arrêtai enfin le soir à deux kilomètres de là, près d'un autre marais semblable, où je trouvai les restes d'une halte nommée *ramadilla*. C'était une espèce de parc formé de branches sèches, où l'on pouvait enfermer les chevaux et les mules, qui, après la course si fatigante de la journée, devaient y rester sans manger, faute d'herbe. Il avait existé dans ces lieux une cabane couverte de feuilles de palmier; mais on n'en voyait plus que des vestiges. La pluie continuait et notre position devenait réellement difficile. Le sol, partout inondé, ne permettant pas de se coucher, je pris le parti d'attacher mon hamac aux arbres, et de tendre au-dessus une corde sur laquelle je mis une peau sèche de bœuf, pliée en deux, et formant un toit qui, en me garantissant un peu, me permit de prendre un repos bien acheté par la fatigue du jour.

J'avais éprouvé des difficultés sans nombre à parcourir les montagnes au milieu des précipices dont elles sont semées; mais jamais je n'aurais cru en rencontrer de telles au sein de plaines. Le chemin, à peine assez large pour laisser marcher un cheval, n'est qu'un sentier tortueux, où l'on est constamment obligé de s'arrêter pour se frayer un passage, lorsque des

1. C'est, je crois, une espèce de faux cotonnier, très-commune dans la partie orientale de la province de Chiquitos.

arbres déracinés par le vent arrêtent le voyageur en barrant sa route. 1831.
A chaque pas, nouvel obstacle; car il faut se coucher sur son cheval pour Monte
passer sous les branches croisées ou sauter par dessus des troncs d'arbre; Grande.
le tout, sans compter les fondrières et les marais. Pendant six mois de l'année les communications sont absolument interrompues, par suite de l'inondation, tandis qu'à la saison sèche il y a trois journées de marche sans herbe pour les montures, et à peu près autant sans eau, pour les voyageurs.

Je questionnai mes guides sur les marais, dans lesquels, aux arbres couchés du même côté, j'avais facilement reconnu des lits de cours d'eau momentanés. Plus tard aussi, je réunis les personnes les plus instruites sur ces régions, et j'acquis par elles la certitude que ces marais, nommés *Curichis* dans le pays, pour les distinguer des lieux où l'eau suit un cours réglé, prenant alors le nom d'*Arroyos* (ruisseaux) ou de *Riachos* (bras de rivière), ne sont, en effet, que des lits où coule, en certaines circonstances, une masse d'eau considérable. Je crus d'abord que ce pourrait être le Rio Grande, dont les eaux, peu encaissées, sortaient de leurs limites ordinaires au temps des pluies, afin de se frayer un chemin dans les forêts; mais beaucoup de personnes m'assurèrent que ces cours d'eau proviennent du Rio Parapiti, qui prend sa source à l'est de Chuquisaca, descend dans la plaine, traverse la province de Cordillera et s'y perd au milieu des sables. Il arrive aussi que, lors des grandes pluies, trop fortes pour être absorbées, ces eaux traversent sur différens points la plaine boisée pour se rendre au Rio Grande, en laissant ensuite, tantôt dans un endroit, tantôt dans un autre, ces lits ou marais qui occupent près de dix lieues de largeur au sein de la forêt, et paraissent s'étendre du sud-sud-ouest au nord-nord-est, sur deux ou trois degrés de longueur, en traversant le Monte Grande, forêt considérable qui remplace, sur des terrains horizontaux, les montagnes que quelques géographes y ont systématiquement placées, pour séparer le versant de la Plata de celui des Amazones.

En abandonnant Ramadilla, je traversai le marais voisin, plus profond 25 Juin.
que celui de la veille, mais beaucoup moins large. Deux mules de charge y tombèrent; et, par la négligence des muletiers et des domestiques, elles restèrent près de cinq minutes sous les eaux. Avec les mêmes accidens que la veille, je me voyais sur le point de perdre une partie de mes effets et des marchandises que j'emportais pour mes échanges; néanmoins, l'étroit sentier tracé dans la forêt ne permettant pas de s'arrêter, avant d'arriver à la halte ordinaire de la journée, je dus encore prendre patience jusqu'au soir.

1831. Monte Grande. Les terrains s'élevèrent peu à peu de l'autre côté du marais. La forêt, toujours aussi épaisse, montrait de temps en temps des troncs en fuseaux et des cactus, dont la hauteur approchait de celle des arbres de haute futaie. Vers le milieu du jour je rencontrai avec plaisir une jolie espèce de petits palmiers à feuilles en éventail, nommée *saho* par mes guides[1]. Élevé de quelques mètres seulement, il forme de petits bouquets au milieu des autres arbres; mais cette espèce disparut, après s'être montrée sur une couple de kilomètres de largeur; et je n'en retrouvai plus qu'à trois journées de là, toujours dans la forêt. Je m'arrêtai de bonne heure à la halte de *Calavera*, où je fis allumer de grands feux pour sécher le contenu des malles submergées. Cette précaution très-nécessaire sauva presque tous les objets, et je n'eus à déplorer que la dégradation de quelques livres.

La halte n'offrant pas encore de nourriture à nos montures, ces animaux, fatigués de leur abstinence forcée, se détachèrent pendant la nuit, et le lendemain on perdit trois à quatre heures à les chercher, ce qui nous fit partir fort tard; aussi ne pûmes-nous faire plus de quatre à cinq lieues. La forêt, extrêmement épaisse, ne présentait que peu de cactus en arbre et de troncs en fuseaux. Le terrain devint un peu inégal et me montra quelques pierres isolées à la surface du sol. L'uniformité des bois commençait néanmoins à me fatiguer. On n'y entendait pas d'autre bruit que le frôlement du vent sur les feuilles ou le frottement d'une branche sur une autre, rendant des sons tristes, mélancoliques, analogues à des gémissemens plaintifs. Je fus frappé du repos absolu de ces vastes solitudes, où le voyageur, perdu sous une voûte naturelle de verdure, ne voit jamais à cinquante pas devant lui, et marche continuellement sans presque apercevoir le ciel. Pas un oiseau n'égaye la campagne de son chant, pas un être vivant ne se montre autour de vous, et l'on dirait que, loin du séjour de l'homme, la nature est partout froide, inanimée. Le peu de variété de la végétation, réduite à quelques espèces d'arbres, me paraissait peut-être plus fastidieuse que l'étendue des mers, lors de mes longues traversées. J'avais déjà remarqué ailleurs que les très-grandes forêts, lorsqu'elles n'ont pas de clairières, ne contiennent ordinairement qu'un petit nombre d'espèces végétales et nourrissent très-peu d'animaux. Il faut, pour qu'une forêt soit animée, qu'on voie s'y succéder fréquemment des plaines, des cours d'eau ou de fortes inégalités de terrain.

1. C'est le *Trithrinax brasiliensis*, Martius. Voyez Palmiers de mon voyage, pl. 10, fig. 1.

Le point où nous nous étions arrêtés étant moins fourré, il y avait un peu d'herbe sous les arbres, et nos montures s'y trouvaient bien; mais le manque total d'eau nous y fit beaucoup souffrir de la soif; aussi le quittâmes-nous sans regret le lendemain, pour chercher à satisfaire au plus pressant de nos besoins. Je trouvai de l'eau à quelques lieues de là, dans un endroit où mon chien m'annonçait le voisinage d'un jaguar. Ordinairement j'y attachais peu d'importance, ces animaux étant très-communs dans cette région de l'Amérique; néanmoins un incident vint m'y faire penser plus sérieusement. Un de mes aides était resté en arrière, et nous partions en avant, lorsque je l'entendis pousser des cris étranges. Revenu de suite au galop, je le rencontrai pâle de peur, quoiqu'il fût brave, et j'aperçus, à peu de distance, un jaguar qui s'éloignait au milieu du bois. L'aide ayant attaché son cheval à un arbre, y avait laissé son fusil. Il en était éloigné d'une dizaine de pas, lorsqu'un jaguar, qui nous avait sans doute épié, s'approcha lentement de lui, en le regardant comme un chat qui guette une souris. Mon aide n'aperçut le féroce animal qu'au moment où celui-ci allait s'élancer sur lui et jeta le cri d'effroi que nous avions entendu. Ce cri surprit un instant le jaguar et nous permit d'arriver avant qu'il eût attaqué sa proie.

1831.

Monte Grande.

27 Juin.

Les montures s'étant restaurées la nuit d'avant, je franchis une douzaine de lieues au sein de la forêt, en laissant en arrière les haltes de la *Sienega*, du *Sumuqué* et de la *Cola*. A la dernière, nous rencontrâmes beaucoup de traces fraîches de jaguar, ce qui ne nous empêcha pas d'arriver, après avoir traversé une plaine arrondie et inondée, jusqu'à la halte du *Potrero largo*, où se trouve une autre grande plaine allongée, en partie noyée et couverte d'une herbe aussi haute qu'un homme à cheval. Je m'avançai sur ses bords et j'éprouvai une joie inexprimable, en apercevant enfin un horizon, et sur cet horizon, au nord, plusieurs groupes des collines de Chiquitos. C'était la terre après une longue traversée, le terme de mes fatigues et surtout la fin du désert ombragé. Je contemplai long-temps cette vue, qui m'était si agréable. Je ne puis comparer l'impression qu'elle produisait sur moi qu'à l'effet des premiers rayons d'une vive lumière, après des ténèbres très-prolongées.

28 Juin.

Le lendemain, pendant une lieue et demie, je suivis dans la forêt les bords du Potrero largo, et m'enfonçai de nouveau sous l'ombre impénétrable, jusqu'au *Potrero d'Upayares*[1], où, après l'avoir traversé, je m'arrêtai pour

1. *Upayares* est, en chiquito, le nom du ñandu (autruche d'Amérique).

1831. passer la nuit, à six lieues de la halte dernière. La forêt avait changé d'aspect. Le voisinage des plaines était venu modifier notablement la végétation.

Monte Grande. Les arbres étaient infiniment plus variés, et je revis avec plaisir les palmiers motacus, sabos et sumuqués, égayer le paysage du charme de leur élégant feuillage. Jamais je n'avais aperçu de sumuqués plus élevés. Leur tronc svelte et grêle traversait le fourré, et les panaches verts dont ils sont surmontés se dessinaient à plus de trente mètres au-dessus des autres arbres. Le Potrero d'Upayares, plaine arrondie d'une lieue de diamètre environ, est inondé une partie de l'année; aussi est-il couvert d'une herbe si haute, qu'à cheval on la domine à peine.

La nuit suivante fut des plus calme. La nature paraissait plongée dans le repos le plus complet. Je ne dormais pas, bercé de la douce pensée d'avoir atteint le but de mon voyage, et de commencer bientôt, au milieu des indigènes, mon rôle d'observateur. Plongé dans mes rêveries, je crois entendre une voix humaine, au sein de la forêt voisine. J'écoute de nouveau. Je ne me trompe pas.... on crie. Je me lève alors et je réveille un de mes gens, lequel entend, comme moi, distinctement une voix qui semble appeler par intervalles. J'étais sur le point de m'enfoncer dans le bois, lorsque, éveillé par notre colloque, un des muletiers se mit à rire, et nous dit que c'était un oiseau nocturne[1], dont les cris ressemblent absolument à la voix d'un homme perdu, appelant pour retrouver sa route. Depuis, j'ai souvent écouté ce chant trompeur, qui, dit-on, aurait perdu plus d'un voyageur, soit en lui faisant chercher la personne égarée, soit en l'égarant davantage, lorsqu'il l'est déjà lui-même. Cet oiseau nocturne empêche les indigènes de pousser des cris de ralliement, quand ils sont dispersés dans la forêt, et leur a fait prendre l'habitude d'employer des sifflets pour cet usage.

29 Juin. En abandonnant le Potrero d'Upayares, j'entrai de nouveau dans la forêt, où je fis cinq lieues, jusqu'au *Curichi de quita calson* (le Marais d'ôte ton pantalon), si profond que l'eau venait jusqu'à mi-ventre de mon cheval. Peu au-delà j'entrai dans le *Potrero de la Cruz*, où s'offrit à moi le contraste le plus magnifique. La campagne était des plus variée. Les lieux sablonneux montraient le palmier totaï[2] à la tête en boule; les parties humides étaient semées de palmiers carondaï, aux feuilles en éventail; autour de la plaine on apercevait une lisière de palmiers motacus au vert sombre, surmontés

1. Je reconnus, plus tard, cet oiseau pour une espèce d'engoulevent ou *Caprimulgus*.

2. *Acrocoma totai*, Martius. Palmiers, pl. 9, fig. 1.

par intervalle, des panaches plus élevés du palmier sumuqué; le tout borné par la forêt, peuplée de grands arbres au feuillage le plus diversifié. J'admirais l'effet imposant et pittoresque de la distribution tranchée de ces espèces de grands végétaux, sur la fraîche verdure de l'herbe, et ma vue se reposait agréablement au loin sur les collines boisées de Chiquitos. L'homme le plus froid eût été, je crois, frappé de la magnificence du tableau qui se déroula sous mes yeux pendant la journée, tandis que je suivais une série de petites plaines, ayant à ma droite les bois de la rive du Rio de San-Miguel. Je m'arrêtai le soir à un quart de lieue de la rivière, non sans penser au lendemain, où je devais enfin, depuis mon départ, retrouver les premières figures humaines. Avec la variété de ces lieux et de la végétation avait reparu l'animation de la campagne. Des milliers d'oiseaux s'apercevaient de toutes parts et ramenaient la gaîté dans ma troupe, fatiguée de la monotonie et de la solitude de la forêt, autant que des privations auxquelles nous y avions été soumis. Le morceau de viande sèche jeté ce soir-là sur les charbons nous parut à tous meilleur que celui de la veille.

1831. Monte Grande.

Le 30, au point du jour, j'étais dans les bois qui bordent le Rio de San-Miguel, où je tuai une magnifique espèce d'écureuil. J'atteignis la rivière que l'eau, très-élevée, ne permettait pas de passer à gué. Je tirai quelques coups de fusil, afin de prévenir les habitans de la ferme de *San-Julian*, que je savais exister à peu de distance. Les Indiens parurent bientôt, en effet, et me transportèrent en pirogue sur l'autre rive. La rivière a sur ce point tout au plus cinquante mètres de largeur, mais elle est très-encaissée et très-profonde. Elle offrait, sans aucun doute, assez d'eau pour permettre une navigation facile en bateau à vapeur. La navigation serait donc très-praticable depuis l'Amazone jusqu'à ce point; et dès-lors le commerce pourrait profiter des produits naturels et de l'industrie de toute la province de Chiquitos.

30 Juin.

En attendant que les charges fussent arrivées, je voulus fumer un cigarre, que j'allumai aux feux du soleil, au moyen d'une loupe. Les Indiens s'en aperçurent et en furent tellement étonnés, qu'ils me prièrent de recommencer plusieurs fois l'expérience: ils eurent de ce moment, pour moi, une considération toute particulière, qui m'accompagna du reste dans toutes les missions et me fit regarder partout comme un personnage extraordinaire.

A moins d'un kilomètre de distance, je trouvai la ferme de San-Julian; c'est une *estancia* (ferme où l'on élève les bestiaux), dépendant de la mission de San-Xavier. On m'y installa dans une chambre destinée aux voyageurs, où je reçus de suite la visite de toutes les femmes indigènes, vêtues de leur

1831. Chiquitos. *tipoï*, espèce de longue chemise de coton sans manches, ornée, en haut et en bas, de broderies de laine de couleur et traînant à terre. Ces tipoïs ne sont pas attachés à la ceinture, et flottent ainsi sans toucher le corps. Elles portaient les cheveux réunis en une tresse tombant en arrière; autour du col et aux bras elles étaient chargées de quelques kilogrammes de perles de verre de couleur. Chacune m'apportait son présent, consistant en poulets, fromages, miel, etc. Elles attendirent ensuite que, de mon côté, je leur donnasse quelques bagatelles.

En entrant dans la chambre des voyageurs, j'avais senti une forte odeur de musc, qui me fit presque regretter les bivouacs des jours précédens. Cette odeur est produite par des milliers de chauves-souris qui habitent les toits. Dès le crépuscule, des nuages de ces animaux sortirent en effet de toutes parts. Non-seulement ils sillonnaient la campagne, mais encore la chambre, sans me laisser reposer un seul instant, dans la crainte que j'éprouvais de subir leurs morsures. Les vampires ou phyllostomes[1] abondent tellement dans ces parages, que les chevaux et même les hommes en souffrent beaucoup. La nuit ils s'approchent de vous, sans vous éveiller, enfoncent dans la peau leurs dents aiguës comme des aiguilles et sucent le sang. Tout se fait avec tant de légèreté, qu'on ne s'en aperçoit, le plus souvent, que le lendemain. Rarement ces vampires entrent dans les maisons; mais on ne leur échappe en plein air qu'en se couvrant entièrement; aussi les Indiens ont-ils l'habitude de s'envelopper la tête; ce qui n'empêche pas les chauves-souris de les mordre aux jambes. Elles m'ont souvent blessé, mais seulement aux pieds. Cette morsure n'est rien par elle-même, mais elle cause des démangeaisons atroces, analogues à celles que produisent les sangsues, et fait naître des plaies. Les chevaux, les chiens sont très-souvent mordus par les vampires; les premiers ont presque tous les matins le col ensanglanté, et ces légères blessures, constamment renouvelées, font maigrir les chevaux et les affaiblissent beaucoup. Il est même des régions, la province d'Apolobamba, par exemple, où ces êtres voraces ne leur permettent pas de vivre. Deux de mes compagnons de voyage se plaignaient le lendemain matin de ce fléau naturel, ayant été mordus à la figure.

La campagne aux environs de San-Julian est très-accidentée. Il y a beaucoup de rochers de gneiss, saillans au dehors du sol, et formant contraste avec la pelouse verte et les nombreux groupes d'arbres dispersés sur ces

---

1. Voyez les Mammifères de mon Voyage, tome IV, 2.e partie.

collines basses. Des figuiers à feuilles entières poussent, le plus souvent, dans les fentes des rochers, et les racines, croisées en tous sens à leur surface, paraissent en vouloir cacher toutes les parties. Quelquefois ces arbres semblent sortir de la roche même, et offrent l'aspect le plus pittoresque. 1831. Chiquitos.

Quatorze lieues me séparaient encore de la mission de San-Xavier. Je franchis, en sortant de l'estancia, un bois de palmiers carondaïs d'une lieue de largeur. Ces bois ont cela de particulier, qu'ils croissent seuls sans mélange d'autres arbres. J'y vis pour la première fois ces beaux carouges couleur de feu, nommés *maticos* par les habitans. La campagne était animée de troupes nombreuses d'aras de diverses espèces et par des légions de perroquets. Je gagnai une petite colline boisée, qui me conduisit jusqu'au Rio *Quisere*, l'un des affluens du Rio de San-Miguel; et, de l'autre côté, je remontai vers une autre colline, sur laquelle je fus obligé de m'arrêter. A la halte du *Rosario*, la campagne m'offrit partout des points de vue charmans, et dans la végétation les plus agréables contrastes : le palmier carondaï dans les plaines inondées, les coteaux variés de palmiers totaïs dans les parties non boisées, des palmiers motacus, marayahus et des bambous aux tiges pennées, dans les ravins. Après la monotonie du Monte Grande, je ne pouvais me lasser de contempler ces campagnes, où tout offrirait au laboureur des ressources immenses, mais où la nature, encore vierge, étale des trésors jusqu'à ce moment sans usage. La nuit d'avant, les vampires avaient troublé notre sommeil; celle-ci, ce furent les jaguars qui nous tinrent constamment sur pied, pour les chasser à coups de fusil. C'est ainsi que le plus terrible animal, comme le plus petit, amenaient le même résultat. Grâce à notre surveillance, nous ne perdîmes aucune de nos montures.

§. 2. *Séjour dans les missions de l'ouest de la province de Chiquitos.*

Mission de San-Xavier.

Au point du jour, je pris les devants, et après avoir franchi neuf lieues des plus jolies collines, dans une campagne charmante de détails, par sa végétation et ses masses de gneiss, j'arrivai enfin à la mission, située au sommet d'une colline. L'administrateur m'y reçut comme un grand personnage. On me donna le meilleur logement, et le curé m'envoya demander si je voulais entendre la messe qu'il disait à mon intention. Après la cérémonie, je reçus la visite et les complimens de tous les chefs indigènes, qui, après 2 Juillet.

1831. — San-Xavier (Chiquitos).

m'avoir donné l'*abraso*, vinrent me féliciter et m'offrir leurs services. Je reçus leurs harangues dans leur langue, et traduites en espagnol par l'interprète. Je leur répondis par le même intermédiaire, et je pus dès-lors commencer à m'installer dans mon nouveau logement, qui me parut un véritable palais. C'était une immense salle meublée d'un bois de lit et de fauteuils en bois, couverts de cuirs tannés.

Je séjournai à San-Xavier quatre jours, employés à parcourir les environs, afin d'y recueillir des objets d'histoire naturelle et d'y prendre des notes sur la mission. Beau et grand village, agréablement situé au sommet des plus hautes collines boisées et des mieux distribué, San-Xavier se compose d'une belle église, qui n'aurait pas été déplacée dans beaucoup de nos villes. Cette église, assez spacieuse pour contenir quatre à cinq mille personnes, offre, en dehors, un fronton soutenu par d'énormes colonnes en bois, et en dedans deux rangées de ces mêmes colonnes. Partout couverte de sculptures ornementales dans le goût du moyen âge, ses murailles brillent de toutes parts, étant revêtues de lames de *mica*. Le maître-autel est fort beau, et des orgues accompagnent les chants les jours de fête. Auprès de l'église est le *collegio* ou maison de gouvernement, distribuée autour de quatre grandes cours, offrant des appartemens spacieux pour l'administrateur, le curé, les chambres destinées aux voyageurs et de nombreux ateliers. Quarante métiers de tissage sont constamment en action; j'y vis de plus des tanneurs, des cordonniers, des menuisiers, des tourneurs, des forgerons. Je remarquai aussi des usines pour le raffinage et le blanchîment de la cire des abeilles sauvages, et pour la fabrication du sucre. Ces ateliers donnent des produits expédiés tous les ans à Santa-Cruz pour le compte de l'État, qui seul est ici propriétaire. Les maisons des indigènes forment des pâtés allongés, disposés par rues longitudinales et transversales, autour d'une grande place, dont l'église forme une façade. Cette place, décorée d'une croix de bois, est ornée aux quatre angles de chapelles destinées aux cérémonies lors des processions. Cette mission a été fondée en 1691.[1]

Le 3 Juillet (c'était un dimanche) je me rendis à l'église avec l'administrateur. On y chanta une grand'messe italienne en musique, et je fus réellement surpris de trouver, au milieu des Indiens, une musique préférable à tout ce que j'avais entendu, même dans les plus riches cités de la Bolivia. Le maître de chapelle, d'un côté dirigeant le chant, le maître d'orchestre, de

1. *Relacion historial de las misiones de Chiquitos*, p. 63.

l'autre, exécutèrent divers morceaux avec un accord admirable. Chaque chanteur, chaque choriste ayant son papier de musique devant lui, faisait sa partie avec goût, accompagné de l'orgue et de nombreux violons fabriqués par les indigènes. J'écoutai cette musique avec d'autant plus de plaisir, que, dans toute l'Amérique, je n'en avais pas entendu de meilleure. C'était un reste de cette splendeur introduite dans les missions par les jésuites, dont je dus nécessairement admirer les travaux, en songeant qu'avant leur arrivée les Chiquitos, encore à l'état sauvage, étaient dispersés au sein de la forêt. A l'église, les hommes sont d'un côté, les femmes de l'autre et les enfans à part, tous dans le plus grand recueillement.

1831. San-Xavier (Chiquitos).

Un moyen facile de juger l'ensemble d'une population, est de se placer à la sortie de l'église; j'en usai, et je fus frappé de la stature assez haute des Indiens : forts, robustes, leur figure, sans être belle, est intéressante; leur nez est court, un peu épaté, leurs yeux horizontaux, et leur menton offre rarement quelques traces de barbe. Leur costume est celui des gens de la campagne de Santa-Cruz. Ils ont un caleçon de coton, une chemise par dessus et la tête nue, avec les cheveux tombant sur les épaules. Les femmes, assez peu gracieuses, sans être laides, portent le tipoï et ont les cheveux épars. Je remarquai que les jeunes gens des deux sexes avaient les cheveux très-courts. Je questionnai à cet égard le curé et l'administrateur, qui m'apprirent que c'était une ancienne coutume introduite par les jésuites et conservée jusqu'à présent. Afin de stimuler l'augmentation de la population, les jésuites défendirent aux hommes et aux femmes de laisser croître leurs cheveux avant d'avoir des enfans. Les jeunes couples, ainsi distingués des autres ménages, sous les noms de *pelados* et de *peladas*, sont très-contrariés, et font tous leurs efforts pour mériter la permission de porter une longue chevelure. On marie les filles de dix à douze ans, et les garçons de treize à quinze; les hommes, dans la mission, ne peuvent rester ni garçons ni veufs. Il en est de même des femmes encore jeunes. La population, en 1825, était à San-Xavier de plus de deux mille habitans. Une épidémie de petite vérole ayant sévi, il n'en reste plus aujourd'hui que la moitié. Tous appartiennent à la nation des Chiquitos.

Cette effrayante diminution de la population, par suite d'une invasion de petite vérole, paraît très-extraordinaire au premier aperçu, et l'on cherche quel peut en être le motif. J'en fus également surpris et j'en demandai les causes réelles au curé et à l'administrateur. J'appris que la maladie ne sévissait ainsi que par suite du manque de précautions. Du temps des jésuites, une surveillance sévère s'exerçait sur tout ce qui regardait la santé des indigènes, et les pères leur administraient des remèdes. Aujourd'hui l'Indien atteint de maladie est abandonné à lui-même. Personne ne le soigne, personne ne songe à le surveiller.... Il en résulte une mortalité bien plus grande qu'auparavant, et la population, loin d'augmenter, diminue d'une manière sensible. Lors de l'épidémie de petite vérole, l'indigène atteint d'une fièvre ardente trouvait très-naturel d'aller étancher sa soif et se rafraîchir, en se baignant dans les eaux les plus froides des ruisseaux. Il en résultait une répercussion et la mort presque certaine du malade. C'est ainsi que la moitié des habitans de San-Xavier périt en 1825, tandis qu'une mesure préservatrice, en les empêchant de s'éloigner de chez eux, eût prévenu ce désastreux résultat[1]. Espérons qu'à l'avenir les intérêts de l'humanité prendront place à côté des intérêts personnels, et que ces hommes encore privés d'expérience, seront guidés par ceux auxquels leur position donne le pouvoir le plus illimité sur ces novices de la civilisation et de la vie sociale.

Pendant mon séjour j'allai visiter la vallée voisine, où, sur le ruisseau de San-Pedro, l'on avait reconnu des traces d'or. Je fis creuser et laver; je recueillis en effet plusieurs paillettes, qui annonçaient la présence du précieux métal. Néanmoins je doute que cette exploitation offre jamais de grands avantages, les alluvions ne me paraissant pas assez puissantes. Il serait bon, toutefois, de faire de nouvelles recherches, surtout dans les parties les plus inégales.

La province de Chiquitos étant très-étendue, je devais rester peu de temps dans chaque mission, si je voulais toutes les parcourir. Je m'occupai donc des préparatifs de mon départ. J'éprouvai une grande difficulté. La province, après les guerres de l'indépendance, s'était trouvée sans chevaux, et je ne pouvais faire transporter mes malles sur des montures. L'administrateur me proposa de les faire porter par des hommes. Je refusai d'abord; mais je fus pourtant forcé d'y consentir, sous peine de ne pouvoir continuer mon voyage. Le bagage de ma troupe se composant de douze malles, on désigna pour les transporter quarante-huit indigènes, quatre par malle. Douze cuisiniers furent aussi commandés pour aller en avant préparer les repas aux haltes ordinaires, et de plus, on me donna deux interprètes, afin de m'entendre avec les Chiquitos, et de me faire connaître les noms de tous les lieux, que je désirais désigner exactement dans mes itinéraires.

---

1. On a souvent dit, en parlant de la race américaine, que la petite vérole sévissait bien plus chez elle que chez les blancs. Ce que je viens de dire explique ce fait.

Dix-huit lieues me séparaient de la mission de Concepcion, vers laquelle je me dirigeai. Au point du jour partirent mes soixante Indiens cuisiniers et de charge. L'obligation d'astreindre les derniers à un service de cette nature me contrariait infiniment; mais, n'ayant pas à choisir, je m'y résignai. Peu de temps après, je me mis en route, accompagné, l'espace d'une lieue, par le curé et par l'administrateur. Toutes les femmes de la mission s'étaient réunies pour me voir passer, et chacune d'elles me criait à mon passage : *Cha muche ami ichupo* (comment te portes-tu, mon père?). 1831. Chiquitos. 7 Juillet.

Je franchis neuf lieues d'un terrain très-boisé et très-accidenté, coupant tous les petits ruisseaux et les petites rivières du versant nord de la chaîne des collines de Chiquitos, dans la direction générale du nord-est. Ces collines, très-humides, sont partout couvertes d'une végétation active extrêmement variée. J'y trouvai beaucoup de palmiers, entre autres une magnifique espèce nouvelle[1], et de nombreux bambous élevés de quinze à vingt mètres. Un arbre me frappa surtout par ses dimensions, au milieu de cette riche nature encore vierge; ses rameaux, très-élevés, couvraient une immense surface, et son tronc me donna, près de la base, neuf mètres de circonférence. Plus loin, les collines, moins humides et moins boisées, m'offrirent partout, sous les arbres, de charmans roseaux au tronc très-grêle, pourvu, de distance en distance, de feuilles verticillées des plus élégantes. Sur cette route il y a des haltes, avec cabane, de trois en trois lieues. Je m'arrêtai à la troisième, connue, vu sa position, sous le nom de *Ramada del medio* (ramée du milieu). Les cuisiniers m'y attendaient avec le dîner préparé. Tout le jour nous avions été dévorés par les maringouins (*marehui* des Espagnols), et la nuit ils furent remplacés par les moustiques, non moins acharnés, qui nous firent enfler la figure de manière à nous rendre méconnaissables.

Le lendemain, la marche fut à peu près celle de la veille. Les collines de gneiss continuèrent ou firent place à des surfaces couvertes de cailloux de quartz laiteux, anciens débris des roches de même âge. Les terrains étaient toujours très-inégaux. Une végétation active se montrait au fond des ravins, tandis que les sommités des collines étaient presque nues, et recevaient, en ce cas, le nom de *Potreritos*. C'est là que je vis, pour la première fois, le magnifique palmier, appelé *Cusich*[2] (couteau) par les Chiquitos. Ses longues 8 Juillet.

1. C'est le *Guilielma insignis*, Palmiers de mon voyage, Pl. 10, fig. 3.

2. Espèce nouvelle du genre *Orbignia*, Martius. (Voyez les Palmiers de mon voyage).

1831. — Chiquitos. feuilles en lame de sabre, dirigées vers le ciel, me le firent admirer. C'est une des plus belles espèces de ces régions. Je rencontrai également sur ces collines l'arbuste dont les Paraguayos font le maté. Je fus d'autant plus étonné de cette découverte, que la livre de maté valait deux piastres (dix francs) à Santa-Cruz, et qu'on pourrait dès-lors l'exploiter en ces lieux avec de grands avantages. Deux lieues avant d'atteindre la mission de Concepcion, le terrain s'éleva un peu, et je me trouvai dans une vaste plaine entrecoupée d'arbres isolés, mais d'un aspect sec et aride, le sol se couvrant partout de petits rognons de fer hydraté, mélangés à de gros sable diluvien. Le fer hydraté y étant très-commun, je dus penser à l'immense profit que pourrait en tirer l'industrie, par l'établissement de forges catalanes, les forêts voisines offrant d'inépuisables ressources pour le combustible.

Mission de Concepcion.

La mission de Concepcion, où je ne séjournai alors que trois jours, mais où je revins plus tard, est située au milieu d'un plateau arrondi de cinq lieues de diamètre, dont les pentes sont peu sensibles au nord-est et au sud-ouest. A son aspect il me fut facile d'en reconnaître la supériorité sur San-Xavier. La population y est beaucoup plus nombreuse (environ trois mille âmes) et
10 Juill. les monumens y sont bien mieux. L'église se distingue surtout par les peintures gothiques dont son intérieur est orné. Le dimanche, après la messe, où les Indiens exécutèrent une assez bonne musique, toutes les Indiennes imaginèrent de me visiter; il en arriva d'abord vingt à trente, qui me complimentèrent d'être venu dans leur pays, et allèrent ensuite s'asseoir autour de ma salle. Leur nombre croissait à chaque instant, et j'entendais quelques-unes me dire : *por Cristo, Señor* (pour Jésus-Christ, monsieur). Je demandai l'explication de ce mot à l'administrateur, qui me dit qu'elles attendaient mes présens pour s'en aller, et qu'elles ne s'en iraient pas sans cela. Je leur fis distribuer des perles de verre, des aiguilles. Elles se levèrent; mais, leur nombre croissant en proportion de mes largesses, je vis que je ne pourrais plus y suffire, et j'abandonnai la place, afin de me soustraire à leur importunité.

J'avais entendu parler du *Guatoroch*[1], ancien divertissement national, conservé dans toute la province. C'est un jeu de balle exécuté avec la tête, sans le secours des mains, auquel tous les Indiens se livrent les jours de

1. *Guatoroch* est, en chiquitos, le nom de l'arbre qui produit le caoutchouc et du caoutchouc lui-même, avec lequel on fait la balle.

fête. J'avais manifesté le désir de le connaître. Le curé voulut bien m'en faire donner une représentation en grand. J'eus également plus tard l'occasion d'assister plusieurs fois à cet amusement dans les missions du centre de la province. A trois heures une musique sauvage m'annonça l'arrivée des joueurs. C'était un des deux partis, composé de vingt-cinq à trente indigènes, portant triomphalement un gros paquet d'épis de maïs sans grains, destiné à marquer le côté gagnant. Ces Indiens étaient accompagnés de musiciens, les uns battant du tambourin, d'autres secouant une calebasse remplie de petites pierres, quelques autres jouant d'un sifflet ou d'un long bambou, en flûte, percé de deux trous seulement près de l'extrémité, de manière à forcer le musicien d'allonger le bras de toute sa longueur, afin d'en tirer des sons. Tous dansèrent autour du paquet de maïs, en faisant les contorsions et prenant les attitudes les plus extraordinaires. Le parti adverse arriva bientôt avec une musique analogue et prenant également des postures grotesques. Les deux troupes se moquèrent long-temps l'une de l'autre, en se promenant autour de la grande cour du collège. Elles procédèrent à la nomination des joueurs chargés de lancer la balle pour chacune d'elles. Des juges tracèrent deux lignes qui devaient servir de limites aux joueurs; ceux-ci se placèrent de chaque côté, de manière à ce que leurs têtes fussent dans les conditions les plus favorables pour recevoir la balle. Une première rangée en avant était accroupie pour recevoir les bonds au rez-de-terre, les autres se rangèrent derrière, suivant leur taille. Les tambours et la musique des deux troupes annoncèrent le commencement de la lutte. L'Indien choisi pour lancer la balle à son parti, dansa long-temps, en tournant au son de la musique; tandis qu'il sautait ainsi, il jeta la balle à terre et la lança d'un coup de tête avec le front à sa troupe, qui la renvoya, également avec la tête, à la troupe opposée, chargée de la renvoyer encore de même, jusqu'à ce qu'un des deux partis manquât. Alors le parti gagnant recevait un épi de maïs en signe de gain, et se moquait de ses adversaires. Celle des deux troupes qui, après cette lutte acharnée de tout le jour, réussit à réunir le plus d'épis de maïs, fut proclamée victorieuse. Elle avait acquis le droit exclusif de boire de la chicha, préparée à frais communs, et de se moquer impunément des vaincus.

1831. Concepcion (Chiquitos).

Je me divertis beaucoup de ce jeu bizarre, où tous les regards, toutes les têtes sont en mouvement, où la balle, comme une flèche lancée par une tête, est reçue par une autre; où cette balle, fût-elle presque à terre, est relevée avec adresse avec la tête, ce qui me parut souvent impossible, sans se blesser sur le sol. Il me rappelait celui des Patagons, exécuté non avec la tête, mais

1831. — Concepcion (Chiquitos).

avec la poitrine [1]. L'homme, dans ces exercices de gymnastique transcendante, semble prendre plaisir à multiplier les difficultés, comme pour ajouter à sa gloire de les vaincre.

Après avoir parcouru la mission, je voulus entendre la prière du soir des Indiens, où les hommes, les femmes et les enfans chantent en chœur, avec une méthode réellement remarquable. J'ai toujours pris, dans chaque mission, le plus vif intérêt à ces chants, dont l'harmonie contraste si fort avec l'état encore à demi sauvage des virtuoses qui les exécutent.

Concepcion, éloignée de quarante-sept lieues de San-Miguel et de dix-huit de San-Xavier, est peut-être, de toutes les missions, celle dont l'établissement a coûté le plus de peine aux jésuites. Elle fut fondée en 1707. L'administrateur m'avait assuré qu'on y parlait huit langues distinctes. Je voulus m'en assurer, en formant des vocabulaires des différens idiômes, et je pus me convaincre, par une comparaison minutieuse, qu'il n'y en avait réellement que trois, en y comprenant leurs dialectes. Ce sont :

1.° Les *Quitemocas*, avec leur tribu des *Napecas;* les plus nombreux de la mission, doux, bons et des plus robustes, mais généralement très-laids. Ils habitaient primitivement non loin des rives du Rio Blanco. Amenés, les uns à Chiquitos, les autres à Moxos, on les y appelle *Chapacuras* [2]. Le langage de ces Indiens est assez dur. Ils aiment la vie sauvage, qu'ils vont souvent chercher au sein des forêts.

2.° Les *Païconecas,* avec leur tribu des *Paunacas,* restes d'une nation distincte, amenée par les jésuites des forêts situées au nord-est de la mission. Ce sont les plus taciturnes des indigènes de la province.

3.° Les *Chiquitos,* composés des tribus *Cuciquia, Yurucaritia* et *Mococas;* les deux premières parlant un langage très-altéré, mélangé de mots qui proviennent, sans doute, d'idiomes différens.

Quoi qu'il en soit, il y avait une difficulté de plus à vaincre à Concepcion, où il s'agissait de réunir trois nations distinctes, formant huit sections pour ainsi dire ennemies et dispersées dans les bois. J'ai dû admirer les travaux et la persévérance de ces hommes si calomniés pour arriver à former d'élémens si divers un tout homogène. Afin de faire disparaître peu à peu les différens dialectes, les jésuites avaient soin de les mélanger avec la nation

---

1. Voyez t. II, p. 86.

2. Voyez *Homme américain*, t. IV, première partie, p. 288, ce que j'ai dit de cette nation et des suivantes.

dominante des Chiquitos, en exigeant que la prière et tous les rapports avec eux fussent exprimés en cette langue. Il en est résulté beaucoup d'altération dans les autres langues, et si aujourd'hui ces nations distinctes parlent encore leurs dialectes dans l'intérieur des familles, elles commencent à l'oublier, comme il est arrivé déjà pour d'autres. Avant un demi-siècle il n'existera plus qu'une langue dans cette mission : ainsi le but où tendaient les jésuites se trouvera réalisé plus d'un siècle après leur expulsion.[1] 1831. Concepcion (Chiquitos).

Concepcion est, par ses produits, l'une des plus riches d'entre les missions. Le coton y est magnifique, l'indigo des meilleurs, et les forêts voisines donnent beaucoup de cire, de la vanille; mais la dureté de l'administrateur actuel dégoûte les Indiens, qui, pour se soustraire à ses exigences, s'enfuient dans les bois, où ils redeviennent sauvages. C'est ainsi qu'un cinquième de la population a déjà repris ses habitudes primitives, sur les sources du Rio Blanco, où le sol le plus généreux lui fournit presque sans peine une abondante nourriture. N'éprouvant aucun besoin, ces Indiens se trouvent ainsi plus heureux qu'à la mission, où, indépendamment des travaux du Gouvernement, ils ont ceux du curé et de l'administrateur, qui ne les épargnent pas le moins du monde.

Ayant appris qu'il existait, à deux lieues de là, une belle espèce de palmier, je m'y rendis et rencontrai, dans toute sa splendeur, au fond d'un ravin humide, la *Palma real*[2] (le palmier royal). Son tronc svelte, très-droit, est surmonté, à quinze ou vingt mètres de hauteur, d'une touffe de feuilles en éventail de cinq mètres de longueur et de largeur. Je ne puis exprimer le plaisir que j'éprouvais, chaque fois que s'offraient à moi ces végétaux si remarquables des pays chauds. Ici les sexes étaient sur des arbres différens, portant les uns des grappes de cocos ornés d'écailles polies, les autres de longues gerbes de fleurs mâles.

Le 12 Juillet j'abandonnai Concepcion, pour gagner San-Miguel, accompagné de quarante Indiens chargés de mes malles, et de quinze cuisiniers portant des vivres. La distance inhabitée à franchir est de quarante-sept lieues environ, dans la direction de l'est-sud-est. Je traversai, jusqu'à la première halte, trois lieues de plaines ornées d'arbres isolés. J'entrai immédiatement au sein de la forêt, où je parcourus encore cinq lieues. Les terrains

1. M. de Humboldt, Relation historique, t. VIII, p. 65, approuve ce système introduit par les jésuites.

2. C'est le *Mauritia vinifera*. Voyez Palmiers, pl. XIII, fig. 1.

1831. — Concepcion (Chiquitos). y sont très-inégaux, coupés de petits ruisseaux qui dirigent leurs eaux vers le nord. Je les passais sur des ponts de branchages couverts de terre. Souvent j'apercevais d'énormes rochers de gneiss, dont les parois dénudées contrastaient avec la végétation de la forêt. Je me trouvais dans la saison qui, en ces lieux, équivaut à notre hiver. Les arbres avaient des feuilles, mais des feuilles d'un vert triste; beaucoup de végétaux même en étaient dépourvus et annonçaient cet instant de repos de la nature qui précède le printemps. Des coloquintes, des gousses de haricots sauvages pendaient de toutes parts en guirlandes; mais le sol manquait de verdure, toutes les plantes qui le tapissent ordinairement étant alors desséchées.

Arrêté avec tous mes Indiens près de la sortie de la forêt, l'obscurité des bois, les feux épars, entourés des hamacs blancs des indigènes, le silence imposant du désert, donnaient à mon campement quelque chose de solennel et de saisissant. Jamais, pendant leurs voyages, les Chiquitos ne font halte dans la plaine; ils campent toujours dans le bois. Ils y placent des pieux, ou profitant des arbres, y attachent leurs hamacs en cercle, cinq à six ensemble, et font, au milieu de chaque groupe, un feu, qu'ils entretiennent toute la nuit, afin de s'échauffer; car ils n'ont pas l'habitude de se couvrir. A peine ont-ils soupé, au déclin du soleil, qu'ils se couchent et s'endorment. Ils se réveillent d'ordinaire un peu avant le jour; alors ils parlent entre eux de leurs parents morts, et se lamentent jusqu'au jour. Ils se lèvent ensuite, préparent leur déjeûner, mais ne partent que lorsque le soleil a enlevé le plus gros de la rosée de la nuit. Jamais un Chiquito ne voyage seul, ni la nuit; l'ardeur du soleil le plus brûlant lui est indifférente; il ne songe même pas à s'en garantir la tête, qu'il tient toujours découverte; mais il se croirait perdu, s'il faisait un pas dans l'obscurité.

13 Juillet. En quittant la forêt, je passai successivement quatre lieues de petites plaines arrondies, circonscrites de bois peu épais, jusqu'à la halte nommée *Ramada de tejas* (Ramée de tuiles), parce que la cabane est en effet couverte en tuiles. J'entrai dans une autre forêt moins accidentée que celle de la veille, mais identique d'aspect, et après quatre autres lieues, je m'arrêtai à la *Ramada de medio monte* (Ramée du milieu du bois), où j'eus, avant la nuit, le temps de chasser et de recueillir beaucoup de plantes.

14 Juillet. De la Ramada de medio monte je me rendis à *Guarayito*, distant de huit lieues, quatre jusqu'à la petite rivière de *Sapococh*[1], qui, après avoir reçu

1. *Sapococh* est le nom chiquito de toutes les rivières ou ruisseaux.

les ruisseaux que j'avais traversés l'avant-veille, se dirige, au sud-ouest, vers le Rio de San-Miguel. Au temps des crues, ses eaux gonflées sont profondes, et coulent avec beaucoup de violence; alors elles étaient basses, et me permirent de les passer à gué, ce que je crus plus prudent que de les franchir à l'aide d'un grand pont de branchages en assez mauvais état, sur lequel je pouvais craindre d'enfoncer. J'avais foulé toute la journée un terrain très-curieux, géologiquement parlant; je remarquai, de distance en distance, des surfaces couvertes seulement de petites plantes graminées. J'en cherchais la cause, lorsque la nudité de plusieurs points me fit reconnaître que ces plaines, très-circonscrites, ne sont que des surfaces horizontales de couches de gneiss compacte, sur lesquelles il n'y a pas assez de terre végétale pour qu'il y croisse des arbres. Ce sont aussi les lieux où les eaux séjournent faute d'issue. Ces plates-formes très-fréquentes m'intéressèrent au dernier point, en ce qu'elles me prouvaient le peu de dislocation qu'avaient subies des surfaces souvent de plus de deux kilomètres de diamètre. Leur premier aspect m'avait fait croire qu'elles étaient sans fissures; mais j'y reconnus que la plate-forme, couverte de graminées, était quelquefois traversée, dans une direction quelconque, par une rangée d'arbres. En ces lieux, où l'homme n'a encore en rien modifié la nature, je ne pouvais croire qu'on se fût occupé d'aligner ainsi ces arbres. J'examinai avec attention et je reconnus que ces allées n'étaient que le résultat de larges fissures de la masse du gneiss, qui, offrant une terre plus profonde, permettaient aux arbres d'y croître.

1831. Chiquitos.

Au nord nord-est du Sapococh et jusqu'au Guarayito j'aperçus, au-dessus de la forêt, de grands mamelons de gneiss compacte[1], et je couchai au pied de celui de Guarayito, que je pus étudier avec soin. Comme il forme lui-même, à son sommet, un plateau assez étendu et que les parois en sont coupés presque perpendiculairement, je crus y reconnaître une plate-forme analogue à toutes celles que j'avais rencontrées au niveau du sol, et qui, par suite d'une faille des couches environnantes, se trouve plus élevée d'une centaine de mètres que les autres plates-formes, placées au pied et constituant probablement la même masse. Ces espèces de tables sont très-intéressantes, en ce qu'elles prouvent en ces lieux des dislocations de différente valeur. Je parcourus une partie du pourtour de ce promontoire, sans pouvoir décou-

1. Ces mamelons sont analogues à ceux cités par M. de Humboldt (Relation historique, t. 8, p. 34) sur les bords du Cassiquiare.

1831. Chiquitos. vrir aucun point abordable pour arriver au sommet du Guarayito; mais la présence d'une croix placée sur sa croupe, m'indiquait clairement qu'on y était monté.[1]

Le trajet est facile au milieu de ces vastes solitudes; mais on y est horriblement tourmenté par des myriades d'insectes: le jour par les maringouins, la nuit par les moustiques. Les animaux les plus inoffensifs sont encore de tous les plus importuns. Je veux parler des petites abeilles sans aiguillon, dont les essaims pullulent dans la forêt. Lorsqu'on s'arrête et qu'on serait disposé à goûter le repos, des milliers de ces insectes se posent sur les mains, sur la figure, cherchant partout l'humidité avec un acharnement sans égal, *et s'attaquent principalement à la bouche et aux yeux.* On ne peut parler sans en avaler, et il faut incessamment les chasser de la figure, qu'ils enveloppent d'un épais nuage. Il est fâcheux d'être obligé d'acheter si cher le plaisir de fouler ces campagnes aujourd'hui vierges, où l'homme trouvera partout, lorsqu'il les mettra à profit, les plus grands éléments de richesse. Nul doute que ces plaies du désert ne diminuent et ne disparaissent même, dès que l'homme l'habitera, comme il arrive pour les missions, qui, maintenant, en sont affranchies. Combien de fois n'ai-je pas plaint le sort des laboureurs de telles de nos provinces de France, où, avec un travail opiniâtre, l'homme le plus laborieux réussit à peine à donner à sa famille une nourriture insuffisante et grossière, tandis qu'une si grande surface de ces belles contrées américaines encore inculte, pourrait, en quelques jours seulement d'un labour modéré, leur procurer d'immenses récoltes!

13 Juillet. De la halte de Guarayito, je parcourus, dans la même journée, onze lieues jusqu'à la ramée de *Pausiquia.* La campagne, tantôt couverte de forêts, tantôt entrecoupées de petites plaines arrondies, semblables à celles des jours précédens, devint moins variée. Les élégans palmiers n'y montraient plus leur feuillage; et, près de Pausiquia, les collines, alors couvertes de petits cailloux, sont presque nues. La chaleur avait été étouffante toute la journée, et le ciel chargé de nuages annonçait de l'orage. En effet, la foudre gronda dans le lointain, et, tout d'un coup, cette accablante chaleur fit place à un fort vent du sud tellement froid, que, sous le hangar où j'étais, sans aucun abri, je grelottai une partie de la nuit. Les haltes ou ramadas sont formées d'un seul toit, afin que le vent, y circulant librement, les moustiques en soient plus facilement écartés; aussi ces toits, lorsqu'ils existent, ne

1. Voyez cette vue, pl. XIII.

peuvent-ils que garantir le voyageur de la pluie, sans le préserver des changemens de température. 1831. Chiquitos.

Douze lieues me restaient encore à parcourir avant d'arriver à San-Miguel. Je traversai les plus riantes campagnes, parsemées d'arbres et de plaines, jusqu'à la halte du *Carmen,* située près d'une seconde rivière, également appelée *Sapococh,* qui reçoit les eaux des environs de Santa-Ana, de San-Ignacio, de San-Miguel, et forme encore un affluent du Rio de San-Miguel. On la passe sur un pont de branchages. J'y rencontrai beaucoup d'Indiens de San-Miguel pêchant avec des filets. En approchant de la mission, la campagne est plus sèche. J'aperçus néanmoins beaucoup de champs cultivés.

En entrant dans la cour du collége de San-Miguel, je trouvai le gouverneur qui montait à cheval pour aller à ma rencontre. Il était venu exprès, pour me recevoir, de Santa-Ana, la capitale et sa résidence ordinaire. Je fus très-sensible à sa politesse et à la grâce parfaite de l'accueil dont il m'honora. Nous ne tardâmes pas à nous trouver les meilleurs amis du monde, et j'acquis bientôt la certitude qu'il m'accompagnerait partout dans la province; circonstance qui assurait le succès de mon voyage, en me procurant tous les moyens de l'exécuter.

§. 3. *Séjour dans les missions du centre de la province de Chiquitos.*

Mission de San-Miguel.

San-Miguel est une des plus grandes missions du pays; on y compte aujourd'hui 2500 habitans, tous de la race des Chiquitos, divisés en six sections[1], parlant cette langue. Le village est situé à quarante-sept lieues de Concepcion, à onze environ au sud-sud-ouest de Santa-Ana, plus près de San-Rafael, et plus éloigné de San-Ignacio. Sa position est charmante; il est placé au sommet d'une légère colline, entouré de champs de culture sur lesquels la vue se promène agréablement, se reposant au-delà, dans le lointain, sur des forêts dont la sombre verdure encadre partout l'horizon. La mission, elle-même grande et spacieuse, renferme quelques-uns des plus beaux monumens de la province. Un fronton à colonnes et ses dimensions rendent surtout l'église remarquable. J'y admirai une statue de saint Michel, patron de la mission, sculptée à Rome par un excellent artiste. J'entendis dans l'église, dont les ornemens sont très-riches, une très-bonne musique

1. Ce sont les *Pequicas*, les *Saracas*, les *Parahacas*, les *Guazoroch*, les *Gazoros* et les *Guarayos*.

1831. italienne, exécutée par les indigènes. Les maisons des Indiens sont très-bien alignées, et surtout distribuées de manière à laisser à l'air sa libre circulation.

San-Miguel (Chiquitos). Avant de quitter San-Miguel, je n'omettrai pas une circonstance qui a pu exercer une grande influence sur l'avenir de la contrée. La péninsule avait long-temps, au moyen d'une loi prohibitive, empêché l'extension de la culture de la vigne et de l'olivier, afin de s'en réserver exclusivement l'importation; aussi cette culture était-elle exceptionnelle. Le gouverneur, Don Marcelino de la Peña, homme de mérite, demandait depuis long-temps des plants de vigne pour faire des essais de plantation. Depuis quelques jours il en avait enfin reçu, et nous devions chercher ensemble le point le plus favorable à la plantation. J'espère que cette tentative sera couronnée du succès dont elle est digne, et que ce nouveau produit viendra se joindre à ceux que peut déjà donner la province.

19 Juill. Le 19 Juillet je me rendis à Santa-Ana, avec le gouverneur, traversant les plus riantes campagnes, semées de petites plaines sur les coteaux, et de vallons couverts de verdure, où se remarquait une charmante petite espèce de bambou. A six lieues on fit halte, sous une ramée, où nous attendait un dîner splendide, le gouverneur y ayant envoyé une grande troupe de cuisiniers. Au-delà, un délicieux vallon, nommé *Motacucito*, distant de trois lieues de Santa-Ana, m'arrêta quelques instans, et j'y revins plus tard passer une journée entière, afin d'en étudier les environs. De chaque côté sont des coteaux en partie dénudés, montrant partout de magnifiques micaschistes ondulés, remplis de cristaux de grenats et de staurotides. Une végétation active occupe le fond du vallon, où les palmiers motacus se mêlent aux fougères arborescentes, au sein de fourrés variés et pittoresques, égayés par de nombreux oiseaux qu'attirent l'ombrage et l'humidité du lieu. La campagne est ensuite plus variée partout, entrecoupée de petits vallons couverts de pelouse, et de légères inégalités remplies de végétation. A deux lieues de Santa-Ana, nous rencontrâmes le curé et le secrétaire du gouverneur, qui venaient à notre rencontre, et, plus loin, le cacique des Indiens et les principaux juges qui, après nous avoir fait leurs compliments, allèrent au galop annoncer mon arrivée; car le gouverneur avait voulu me ménager, à mon entrée dans sa capitale, tous les honneurs dont on entourait les gouverneurs sous le régime espagnol.

Mission de Santa-Ana.

Santa-Ana (Chiquitos).

A l'entrée de la mission nous attendait un arc de triomphe formé de branchages et de feuilles de palmiers. A peine y étions nous arrivés, que la musique commença. De jeunes Indiens et Indiennes, proprement vêtus dans le costume du pays, commencèrent une danse charmante, espèce de valse ou de chaîne continue, à la fin de laquelle tous en chœur chantèrent mon heureuse arrivée. Je fus aussi touché que surpris de l'attention du gouverneur et de l'ensemble du cortége. Le cacique et les juges à cheval ouvraient la marche, tenant élevée la canne, signe de leur dignité; puis venait une cinquantaine de musiciens, et les danseurs, qui s'avançaient, en dansant devant nous. A l'entrée de la place s'élevait un second arc de triomphe, sous lequel il nous fallut entendre de nouveaux couplets et voir de nouvelles danses, entourés de la population entière de la mission, accourue pour nous faire honneur. Enfin, après avoir traversé la place avec notre cortége, nous parvînmes jusqu'à la maison du gouverneur. Les danses et les chants recommencèrent dans la salle, où l'on me désignait toujours sous le nom de *Don Carlos*, ou de *Señor doctor*[1]. Cette scène, quoique nouvelle pour moi, me fatiguait extrêmement. J'aurais beaucoup donné pour me soustraire aux honneurs dont on m'accablait, et pourtant le gouverneur, malgré mes prières, voulut, trois jours de suite, célébrer mon arrivée, afin, disait-il, de me faire considérer par les Indiens comme un envoyé du gouvernement bolivien, l'égal au moins du gouverneur, et ce n'était pas peu dire, un gouverneur étant, pour ces pauvres gens, un être surnaturel, investi de tous les droits imaginables.

A huit heures du soir, les jeunes Indiennes de la mission se rendirent au bal du gouverneur, parées de leurs plus beaux tipoïs, et couvertes de rubans de couleur[2]. Elles commencèrent à danser entre elles, des danses indigènes et d'origine sauvage; mais bientôt le gouverneur prit part à leurs exercices, et sur son invitation réitérée, j'aurais eu mauvaise grâce à ne pas l'imiter. Elles varièrent leurs danses toute la soirée. Tantôt elles vont en rond, se donnant la main, et tout en faisant le tour se retournent en mesure alternativement d'un côté et de l'autre, en chantant des paroles à refrain, à peu

1. En Bolivia et au Pérou, tous les curés, et même toutes les personnes bien placées dans la société, reçoivent le titre de *docteur;* c'est une offense de l'oublier: aussi le prodigue-t-on à chaque parole.

2. Voyez les costumes des Chiquitos, *Costumes*, pl. VIII.

1831. Santa-Ana (Chiquitos).

près analogues à nos rondes de certaines parties de la Bretagne ou de la Vendée; seulement la musique accompagne toujours leurs chants. On dansa tour à tour le *Quituriqui*, le *Catonapapa* et le *Tamaosis* : cette dernière danse est une espèce de jeu ou de lutte, où deux Indiennes cherchent mutuellement à s'enlever les danseuses, qu'elles défendent, les ayant en file derrière elles. En général, ces chants et ces danses, quoique d'une mesure assez précipitée, sont très-monotones[1]. Avec les danses indigènes on exécuta aussi les danses en usage à Santa-Cruz et au Brésil. Le bal fut gai. Les femmes, malgré leur ingrat costume du tipoï, y déployaient beaucoup de grâce.

Les deux jours suivans, pendant les repas, la musique ne cessait de jouer, tandis que les jeunes gens des deux sexes dansaient ou chantaient des *guainito*, espèces de couplets nationaux très-simples et très-naïfs, dont les chanteurs altéraient le texte espagnol de telle manière qu'il était quelquefois impossible de le comprendre. L'un des soirs on me donna une représentation du *Doctor Borrego*, pièce bouffonne, exécutée sur un théâtre, au milieu de la place. Les Indiens danseurs vinrent nous chercher au gouvernement et nous y conduisirent en dansant. La pièce a pour sujet des domestiques qui, en l'absence de leur maître, médecin célèbre, administrent des remèdes à des malades et les tuent tous les uns après les autres. Les Indiens jouèrent leurs rôles avec beaucoup de gaîté, et leur espagnol estropié n'ajoutait pas peu à l'intérêt de la charge.

Santa-Ana (Sainte-Anne), l'une des plus récentes missions de la province, est située sur une petite colline entourée de vallons, dont les jésuites ont profité, pour former de jolis petits lacs, en barrant la vallée au-dessous. Ces lacs, entourés de bois sur les coteaux voisins, ajoutent beaucoup au charme du paysage. La mission est aujourd'hui en partie dépeuplée. Le dernier gouverneur espagnol, Ramos, à l'instant de l'émancipation de la république de Bolivia, enleva trois cents familles d'Indiens, retenues aujourd'hui par les Brésiliens au village de Casalbasco. Le collége, brûlé plus tard, sous le gouverneur Don Gil Toledo, n'a été rebâti que provisoirement. L'église est spacieuse, bien distribuée, et surtout très-richement ornée, revêtue en dedans, sur les murs et sur les colonnes, de dessins faits de lames du mica le plus brillant. Sa musique est certainement la meilleure qu'on puisse

1. Voyez aux Considérations générales sur la province, la musique de ces danses, que j'ai fait noter par le maître de chapelle de Santa-Ana.

trouver dans toutes les missions. La place est très-belle, très-unie, entourée des maisons des indigènes. 1831.

Santa-Ana (Chiquitos).

Lors de sa fondation, la mission était composée de quatre nations distinctes : 1.° d'un noyau de Chiquitos de la tribu des *Guazaroca*, 2.° des *Curuminacas*, 3.° des *Covarecas*, et 4.° des *Saravecas*. Les jésuites cherchaient toujours à mélanger les autres nations à la race des Chiquitos, la plus nombreuse de la province, dans le but de généraliser leur langue, en y fondant toutes les autres, les prières étant toujours dites en chiquitos. Si ces religieux revenaient aujourd'hui à Santa-Ana, ils y verraient l'accomplissement de leurs vœux; car je ne trouvai plus qu'un vieillard Saraveca, qui parlât bien sa langue; tous les jeunes gens de cette nation, ainsi que ceux des nations *Covarecas* et *Curuminacas*, ayant totalement oublié leur idiôme primitif, dont je n'obtins que quelques mots par le vieillard Saraveca, ancien cacique de la mission. Les Saravecas sont nombreux à la mission; ce sont, de tous les indigènes, les meilleurs, les plus dociles, et ceux dont les traits sont les plus réguliers.

Les indigènes sont plus civilisés à Santa-Ana que dans les autres parties de la province; leurs manières sont très-polies et leurs relations très-agréables. Les hommes ont de la gaité; les femmes en ont plus encore. Avec le christianisme extérieurement le plus rigide, les Indiens ont conservé un grand nombre de leurs anciennes superstitions. J'eus, à ce sujet, beaucoup de conversations avec le curé, avec les principaux Indiens, et je parvins à en obtenir les renseignemens suivans :

Lorsqu'une femme est enceinte, jamais son mari ne tue un serpent, dans la crainte de nuire à la santé de son enfant.

Un mari ne doit jamais rien faire pendant les premiers jours qui suivent l'accouchement de sa femme, dans la crainte de la fatiguer et de la rendre malade.

Une femme enceinte de quatre mois rompt toutes relations avec son mari, et ne les reprend que lorsqu'elle n'allaite plus son enfant, c'est-à-dire deux ou trois ans après. On conçoit la raison de cette mesure, sagement fondée sur ce que les femmes ne peuvent compter que sur elles-mêmes pour élever leurs enfans; mais cette coutume amène beaucoup de perturbations dans les ménages, beaucoup de laisser-aller entre les époux, sans qu'on y attache la moindre importance, et sans que leur foi religieuse en soit le moins du monde altérée. Les femmes se font peu de scrupule de commettre une faute, sûres d'en obtenir le pardon par la confession.

1831. — Santa-Ana (Chiquitos).

La jalousie est très-commune chez les femmes, très-rare chez les hommes; aussi en résulte-t-il une grande indifférence de la part de ces derniers, qui, pour un cadeau, abandonnent sans peine leur compagne. La plupart des Indiens préfèrent même à tout deux choses, leur chien et l'enfant que leur femme a eue d'un blanc. Lorsqu'ils vont aux champs, ils font marcher leurs propres enfants, tandis qu'ils portent sous le bras leur chien et sur leurs épaules l'enfant métis de leur femme. On dirait qu'ils s'honorent de trouver dans leur famille une amélioration de couleur. On sent la fâcheuse influence que peut avoir cette habitude sur la conduite des femmes, surtout en raison de l'indifférence ordinaire des hommes. Il paraît que, sous les jésuites, les mœurs étaient très-sévères, mais les chefs actuels donnant l'exemple de l'inconduite, les Indiens ne se sont plus fait scrupule de les imiter, et la corruption la plus complète règne dans la province.

J'ai dit que la croyance religieuse était poussée à l'extrême. Néanmoins les jésuites ayant été beaucoup mieux pour les indigènes que les curés actuels, qui sont loin d'avoir leur instruction et leur sévérité dans les mœurs, il en est résulté que les indigènes préfèrent de beaucoup les sermons que leurs curés prennent dans les manuscrits des jésuites. Ils disent en parlant des deux : « Ce que dit le curé est bien; mais ce qui est dans le livre des Pères est bien meilleur! » Ils écoutent les premiers avec distraction, tandis qu'ils entendent les autres avec le plus grand recueillement.

Leur foi est telle qu'ils regardent leurs prêtres comme représentant le Christ sur la terre; aussi leur obéissent-ils aveuglément.

Ils n'ont rien voulu changer aux coutumes, aux usages et aux cérémonies établies par les jésuites, ni les modifier en rien. Les vieillards se rappellent avec peine l'expulsion des pères (en 1767), et tous répètent: « Par eux nous sommes devenus chrétiens, par eux nous avons connu Dieu, et nous avons été heureux. »

La foi des Indiennes les console plus facilement de la perte d'un époux que de celle d'un parent. Elles pleurent de longues années leurs père et mère, elles se lamentent tous les matins en pensant à eux; mais il n'en est pas ainsi d'un mari. Il n'est pas rare de voir danser une veuve de quelques jours; et quand on lui fait des observations sur l'inconvenance de sa conduite, elle répond: « Pourquoi serais-je triste? Mon mari n'est-il pas avec Dieu, ne jouit-il pas d'un repos dont je suis privée? D'ailleurs, si je danse, c'est pour me distraire de la peine que j'éprouve de l'avoir perdu, d'être séparée de lui, quoique je le sache heureux, le curé lui ayant donné les derniers sacremens. » Elle s'occupe de suite de chercher un nouveau mari, ne pouvant pas, dit-elle, rester privée de soutien et laisser son champ sans culture, ce qui l'exposerait à mourir de faim. 1831. Santa-Ana (Chiquitos).

J'ai bien souvent été frappé de la naïveté avec laquelle ces pauvres gens concilient les exigences de la religion avec la satisfaction de toutes leurs fantaisies, avec la conduite la plus déréglée.

Nous approchions de la sainte Anne, fête de la mission, et jamais je n'avais vu nulle part une plus grande allégresse. Les vieillards répétaient : « Je verrai donc encore notre fête. » Les jeunes gens chantaient, riaient, et la joie était générale. Le 25 Juillet, veille du grand jour, on éleva sur la place un théâtre et l'on fit une distribution générale de viande. On tua un certain nombre de bœufs ; on les dépeça sur la place publique. Les juges de la mission en firent un partage régulier, en raison de l'importance des familles, et chacune vint, à son tour, recevoir au son des instrumens sa portion des mains du cacique. 25 Juill.

A midi, tandis que le cacique et les juges priaient le gouverneur d'assister à la fête, les Indiens en corps se rendirent à l'église, avec la musique, afin d'y prendre la bannière. Le cacique, en gants blancs, la reçut, et deux autres caciques des missions voisines saisirent un large ruban qui y était attaché. Tous les Indiens, suivant leur rang, la saluèrent tour à tour, en se mettant à genoux. Après beaucoup de cérémonies, la procession fit le tour de la place dans l'ordre suivant : une ligne d'Indiens guerriers marchaient armés, de chaque côté, portant, selon leur âge, un arc et un faisceau de flèches, deux ou une seule flèche. La musique en tête était suivie des jeunes Indiens danseurs, tous vêtus d'une tunique blanche et d'une couronne de plumes brillantes des oiseaux des forêts voisines. Quatre Indiens avec des hallebardes, quatre autres avec des lances précédaient des enfans portant les cannes des trois caciques qui, chargés de la bannière, étaient eux-mêmes suivis de tous les juges et des commissaires de la fête à cheval et dans leur ordre de fonctions. Les Indiens, tête nue, les bras croisés sur la poitrine, marchaient derrière, puis venaient les Indiennes. La procession, après avoir fait le tour de la place, s'arrêta devant un autel élevé en face de la maison du gouvernement. On salua de nouveau la bannière, qu'on déposa ensuite sur l'autel, devant lequel seize enfants exécutèrent des danses simples et chantèrent des cantiques à la louange de la patrone. Après la cérémonie, les Indiens allèrent tous s'agenouiller à la porte de l'église, pour demander des enfans à sainte Anne, les hommes ne jouissant d'aucune considération lorqu'ils n'en ont pas.

A une heure, on nous servit, au son de la musique, des chants et de la

1831. — Santa-Ana (Chiquitos). danse des jeunes Indiens et Indiennes. A trois heures, la procession sortit de nouveau, fit encore le tour de la place et revint à l'église, où l'on chanta les vêpres avec la musique d'un excellent maître italien, variée de chœurs harmonieux et bien accompagnés. Après vêpres, on plaça des fauteuils en dehors de l'église, et je pus voir la suite de la cérémonie. Seize jeunes Indiens vinrent encore exécuter des danses et des chants. L'une de ces danses était très-gracieuse. Un jeune enfant, chargé de cerceaux colorés, les distribua aux danseurs, qui s'en servirent pour former les plus agréables figures. J'aurais réellement pu me croire, un instant, aux ballets de l'Opéra, plutôt qu'en face d'une cérémonie religieuse, et chez des hommes à peine sortis de l'état sauvage.

Le soir, après une comédie burlesque, jouée sur le théâtre, il y eut, chez le gouverneur, un bal, où je fus très-étonné d'entendre exécuter, après les danses indigènes, espagnoles et brésiliennes, des morceaux de Rossini, et le chœur des chasseurs de Robin des bois, de Weber. Ces derniers morceaux y avaient été apportés par un médecin français, mort à Santa-Cruz, à son retour de Chiquitos.

26 Juill. Le jour de sainte Anne, après la grand'messe, chantée en musique, exécutée d'une manière très-remarquable pour des Indiens, la musique nous reconduisit chez le gouverneur où, tandis que toutes les corporations indigènes, et les Indiens et Indiennes venus des autres missions faisaient leur visite officielle, les danseurs figurèrent des groupes très-variés et très-gracieux. Le gouverneur fit donner un verre d'eau-de-vie, un morceau de fromage et des confitures sèches à chacune des Indiennes, qui partirent très-satisfaites de sa galanterie.

A midi je fus témoin d'une cérémonie singulière, la bénédiction du dîner des Indiens. Chaque famille apporta son plat, et même des animaux vivans, sur lesquels le curé vint jeter de l'eau bénite, en récitant des prières au son de la musique. Les Indiens allèrent ensuite s'établir sur la place, où ils partagèrent leur repas avec leurs frères des autres missions (comme ils les appellent), en mangeant au son des flûtes et des tambourins. Au commencement du repas, on voyait briller la joie la plus vive; mais, vers la fin, chacun se souvint de ses parents morts, qui manquaient à ce festin. On se lamenta, on parla des bonnes qualités des absents, et la tristesse devint générale. Avant de se quitter, tous firent des vœux pour se retrouver l'année suivante.

A trois heures, on fit, avec la croix, la même procession que la veille, puis des Indiens, à cheval, se divisèrent en quatre troupes et exécutèrent de nombreuses évolutions, qui toujours figuraient une croix. Pendant ces courses, une autre cérémonie m'occupa. Un enfant portant un sabre et quatre hommes armés de hallebardes vinrent saluer la bannière. L'enfant traça, sur la terre, une croix, aux quatre extrémités de laquelle les hommes se mirent à genoux (cérémonie peut-être symbolique de la conquête spirituelle de cette province). Il vint successivement encore des hommes avec des lances, des Indiens munis de petits drapeaux, de tambours, de trompettes, de hautbois. D'autres divertissemens, tels qu'un mât de cocagne, un jeu de bague à cheval, et un casse-cou, attirèrent bientôt la foule, et je pus y reconnaître l'agilité et l'adresse des Indiens dans ces divers exercices. 1831. Santa-Ana (Chiquitos).

Une distribution de vivres, consistant en morceaux de fromage, en confitures sèches, fut faite aux Indiens. Le gouverneur, le curé, l'administrateur et moi, nous nous chargeâmes de les jeter aux Indiens, qui se les disputaient avec un acharnement sans égal, chacun préférant le morceau conquis de la sorte à tout ce qu'on aurait pu lui donner. Après cette scène bruyante, où tous criaient, sifflaient pour attirer notre attention, ils s'éloignèrent avec leur butin, afin d'en faire cadeau à leurs connaissances; et dans un instant la place fut déserte.

Un bal, le soir, attira encore les jeunes Indiennes chez le gouverneur. Elles y déployèrent leurs atours. La plupart étaient vêtues de tipoïs de mousseline peinte ou d'indienne, ornés de rubans. Une espèce de féronnière retenait leurs cheveux en avant. Leurs figures arrondies, rayonnantes de santé et respirant la plus franche gaîté, imprimaient à cette réunion un cachet tout particulier.

Les 27 et 28, les mêmes cérémonies et les divertissemens continuèrent 28 Juill.
à mon grand désappointement; mais que faire? à moins de donner une très-mauvaise opinion de moi, je devais accompagner partout le gouverneur et rester constamment en représentation. Je me vis même obligé d'accepter avec lui une invitation chez le cacique de la mission, pour prendre le *pemanas*, espèce de liqueur fermentée faite avec le maïs. On écrase le maïs, on le mêle à de l'eau dans un grand vase de terre (*cantaro*), qu'on enterre et qu'on scelle. Quand on croit la liqueur faite, on s'occupe des invitations. La femme du chef indigène ouvrit le cantaro devant nous, et le premier verre, à la surface duquel surnageait la partie grasse du maïs, fut offert au gouverneur. Je reçus le second, et chacun but à son tour, en se livrant aux transports de la plus vive gaîté. Cette liqueur fermentée ressemble beaucoup à la *chicha*

1831. — Santa-Ana (Chiquitos). de Cochabamba; mais elle est plus douce. Elle finit pourtant par porter à la tête; et, après les premiers verres, je trouvais toujours moyen de laisser les Indiens s'amuser entre eux. Je n'ai point vu là, pas plus qu'à Cochabamba, que l'ivresse produite par cette liqueur portât à la férocité. C'est, au contraire, une gaîté douce, bien différente de l'ivresse qui résulte de l'abus de nos liqueurs européennes.

L'un des deux jours il y eut un tir à la flèche, où les Indiens déployèrent beaucoup d'adresse. Ce divertissement m'intéressa au dernier point, sachant combien grande doit être l'habitude de l'arc, pour atteindre un but avec quelque précision, car cette arme laisse tout au juger.

29 Juill. Le 29 Juillet, le gouverneur avait décidé que nous partirions pour la mission de San-Ignacio, où la fête devait avoir lieu le 30. J'aurais bien mieux aimé me soustraire à cette cérémonie, en allant plus tard à San-Ignacio; mais le gouverneur me promit de me laisser parcourir les environs, tandis qu'il recevrait les honneurs. San-Ignacio est à douze lieues au nord-nord-ouest de Santa-Ana. A la sortie de Santa-Ana, nous vîmes la route couverte d'Indiens et d'Indiennes qui se rendaient également à la fête, et le trajet ressemblait presque à une procession. Je descendis dans un vallon, passant auprès de quelques lagunes artificielles, retenues par des digues, et poursuivies au milieu de coteaux assez escarpés. A une lieue, nous entrâmes dans une forêt de douze kilomètres de large, très-peuplée d'arbres, sur un terrain inégal; au-delà, une plaine aussi longue, ornée d'arbres isolés, se continua jusqu'à la halte de San-Nicolas, où nous devions coucher, afin de faire le lendemain une entrée solennelle. L'administrateur de San-Ignacio y avait envoyé une armée de cuisiniers, des tables et des chaises, et l'on avait dressé autour de la cabane, beaucoup de poteaux pour attacher les hamacs des indigènes ou des lits de roseaux à l'usage des blancs. Les Indiens et les Indiennes arrivèrent successivement, et au commencement de la nuit plus de cinq cents personnes étaient arrêtées autour de la halte. Le coup d'œil était réellement étrange, lorsque tous furent couchés et dans le plus grand silence. Ce grand nombre de groupes de six à huit hamacs, le feu de chacun jetant une vive lumière dans la campagne, qui en était toute illuminée; l'ensemble de ces hamacs suspendus, d'une couleur blanche uniforme, au milieu d'une nuit obscure, tout donnait un caractère neuf et imposant à cette scène, que je contemplai long-temps avant de m'étendre moi-même en plein air sur un des lits de bambous.

Mission de San-Ignacio.

San-Ignacio (Chiquitos).

Au point du jour, le camp s'anima tout à coup, les hamacs furent détachés, et les Indiens s'acheminèrent vers San-Ignacio, dont nous étions encore séparés par cinq lieues de plaines ornées d'arbres isolés et coupées de petits bouquets de bois. Avant de quitter la halte, chacun fit sa toilette de manière à se présenter dignement. Le gouverneur, les curés et les autres blancs portaient de petites redingotes d'indienne. Pour moi, j'avais conservé mon costume de bal de Santa-Cruz, qui consistait en une redingote très-courte, blanche, comme le reste de l'habillement; j'y ajoutais, lorsque j'étais à cheval, une belle écharpe brodée de crêpe de Chine rouge, formant ceinture; ce qui produisait un grand effet sur les Indiens et me faisait considérer partout comme un personnage important. A une lieue et demie de San-Ignacio nous fûmes joints par le curé et l'administrateur de la mission, et plus loin par les autorités indigènes. De même qu'à mon arrivée à Santa-Ana[1], on nous reçut sous des arcs de triomphe, avec de la musique et des danses, et nos appartemens étaient ornés avec goût de guirlandes de feuilles. La cérémonie se passa comme à Santa-Ana; mais elle fut plus imposante, six mille Indiens au moins marchant à chaque procession, où je remarquai des costumes dont l'étoffe me parut avoir plus d'un siècle. Après vêpres, les Indiens se mirent tous à prier pour leurs parens morts. Leurs plaintes, leurs gémissemens, leurs cris réunis, ressemblaient au bruit que produit, dans la tempête, le vent sifflant avec force au milieu des cordages des navires, dans un port maritime.

Le soir, une danse nouvelle pour moi m'inspira beaucoup d'intérêt. Trois Indiens, burlesquement habillés, exécutèrent des pasquinades. L'un d'eux plaça un cylindre de bois, haut de trois mètres, dans un trou. Un petit enfant tenait seize rubans de diverses couleurs attachés au sommet de ce cylindre; il les distribua à autant de danseurs, qui, tout en exécutant une charmante chaîne, formèrent une jolie tresse de leurs rubans, autour du cylindre, jusqu'à ce qu'ils les eussent employés tous. Alors ils firent les mêmes figures en sens inverse. La tresse se déroula et les rubans flottèrent de nouveau, comme au commencement de la figure. Ils furent remplacés par huit Indiens masqués et déguisés, dont les postures et les gestes provoquèrent l'hilarité des assistans. A la distribution des vivres du lendemain, le gouverneur imagina d'en jeter tout un panier plein. En une seconde, plus de deux

1. Voyez p. 603.

1831. San-Ignacio (Chiquitos). cents bras enlacés en tous sens furent dirigés vers le point où ce panier était tombé, et il se forma un groupe où les Indiens, grimpés les uns sur les autres, formaient une haute pyramide. J'éprouvais une véritable angoisse, dans l'idée que ceux de dessous allaient être étouffés; mais, le panier vide, le groupe diminua peu à peu, et tous se levèrent en riant à ma grande satisfaction. Un autre soir, après une pantomime burlesque, le déguisement de quatre Indiens me parut des plus original. Ils avaient un bonnet qui leur couvrait tout le haut du corps, jusqu'au bas de la poitrine, de manière à représenter une figure du ventre nu, sur lequel était peinte une large face; le reste du corps formait le bas d'un buste sans jambes. Rien de plus plaisant que de voir ces bustes marcher, et faire, avec leurs larges figures, les grimaces les plus extraordinaires, par les contractions des muscles du ventre.

La mission de San-Ignacio est une des plus grandes de la province, sa population étant, en 1830, de 3299 âmes. Elle fut formée en 1707 seulement d'Indiens Chiquitos, divisés en sept sections ou *Parcialidades*[1]. Elle est située au sommet d'une légère colline, ayant au nord-est trois beaux lacs artificiels, que les jésuites ont formés au moyen de digues. Ces lacs donnent à la campagne un aspect pittoresque, la vue s'arrêtant au-delà sur des forêts ou sur des collines boisées. La mission se compose d'une belle église ornée d'une façade à colonnes torses, surchargées d'ornemens dans le style du moyen âge. Elle offre en dedans une riche colonnade du même ordre. L'autel est très-remarquable par ses sculptures. Le curé me montra un orgue en bois construit par les jésuites, mais alors si détérioré qu'il ne rendait plus de sons. La place, le collège donnent, par leur aspect de grandeur et de majesté, une haute idée de ceux qui purent les faire exécuter par des hommes encore sauvages. Les maisons des Indiens sont aussi très-bien distribuées et couvertes en tuiles.

Je parcourus les environs à cheval, et rencontrai partout les mêmes terrains et les mêmes objets d'histoire naturelle qu'à Santa-Ana. Du reste, la saison était peu propice aux recherches, la nature se trouvant toujours dans le plus grand repos d'hiver. Le vallon de *Castillo*, voisin et au nord de la mission, est réellement charmant. On venait d'y établir une plantation de cannes à sucre.

A San-Ignacio, l'administrateur voulut bien faire pêcher l'un des lacs, afin de me montrer le moyen qu'emploient les Indiens pour prendre le poisson

1. Ces sections sont les suivantes : les *Sañepicas*, *Quehusiquios*, *Guazayocas*, *Samanucas*, *Piococas*, *Churuberecas* et *Punasiquias*.

qui leur convient. Ils vont dans les bois chercher la racine d'un arbre, connu dans le pays sous le nom de *Barbaseo*, ils l'écrasent et la jettent ainsi dans l'eau, en la distribuant partout, en une quantité calculée sur l'étendue des eaux. Peu de temps après, les poissons, à moitié enivrés, viennent comme fous à la surface. Les Indiens choisissent les plus gros et laissent les autres, qui ne tardent pas à reprendre leurs facultés et continuent à vivre. Néanmoins on a soin de retirer des eaux beaucoup des racines empoisonnées. Après la pêche, ils font sécher le poisson à l'air et le conservent ainsi comme provision.

1831. San-Ignacio (Chiquitos).

Le 5 Août, je revins à Santa-Ana, où je continuai paisiblement mes recherches et mes travaux, en faisant tour à tour de la botanique, de la zoologie, de la géographie, de l'histoire, de la linguistique et de la statistique; dernier travail, que me rendait facile l'avantage dont je jouissais de disposer des archives de la province. 5 Août.

J'allai un jour avec le gouverneur visiter le point d'où l'on a tiré les belles lames de mica qui forment les vitres des églises, et dont on a revêtu leurs murailles et leurs colonnes. Cette carrière est à deux ou trois lieues dans la forêt vers le nord; j'y vis une grande surface couverte de gneiss rouges et jaunes micacés, si remplis de mica, que la superficie du sol en était couverte. Je fis creuser pour m'en procurer de beaux échantillons à joindre à ma collection géologique. Je revins par un charmant vallon, où s'étendent tous les champs des Indiens, et j'y jouis du plus joli coup d'œil. On n'apercevait partout que la verdure fraîche et le feuillage varié de la canne à sucre, du bananier, du papayer, au-dessus des champs de maïs; le tout parsemé d'une multitude de petites cabanes couvertes en feuilles de palmiers. Chaque famille a, dans ce lieu, son champ particulier, qui sert à sa nourriture. Trois jours par semaine les Indiens peuvent le cultiver, les autres journées appartenant à l'État. Ces champs fournissent des bananes, des papayes, du maïs, des citrouilles, du manioc, du riz, des haricots et beaucoup d'autres racines et légumes. Comme les insectes à la mission attaquent le maïs, les Indiens laissent, dans chaque cabane, leurs provisions de l'année, qu'ils viennent avec leurs familles chercher tous les samedis, pour la semaine suivante. Ils les portent dans une espèce de hotte carrée, appelée *panakich*. L'ordre, la plus grande propreté règnent partout dans ces champs, et les produits si remarquables de ce petit morceau de terre, enlevé aux forêts vierges, me donna la mesure des immenses ressources qu'on pourrait tirer des terrains aujourd'hui incultes, si une population agricole 15 Août.

1831. venait exploiter cette riche nature, encore inutile. La culture consiste à abattre les arbres, à y mettre le feu, et à semer sur la terre sans aucun labourage préalable. Le feu ayant détruit les graines répandues à la surface du sol, les céréales ou les légumes semés poussent seuls, sans qu'on ait besoin de les sarcler. La seconde année, on se contente de remuer un peu le pourtour du trou, où l'on place deux ou trois grains de maïs ou un morceau de manioc. La nature active fait le reste et la récolte est toujours magnifique.

Chiquitos.

Depuis mon arrivée à Santa-Ana, j'avais souvent vu des troupes d'Indiens revenir de la forêt, après quinze jours d'absence, apportant chacun trois *arrobas* ou soixante-quinze livres de cire, tribut annuel imposé à tous ceux qui ne tissent pas. La manière dont ces Indiens recueillent la cire piquait ma curiosité, et je voulus en réunir plusieurs, afin de prendre des renseignemens positifs sur cette exploitation curieuse faite au sein des forêts vierges.

Tous les ans, du mois de Juin au mois de Septembre, les Indiens de chaque mission partent par troupes de dix à vingt, parmi lesquels se trouvent toujours des hommes expérimentés et connaissant parfaitement les lieux. Ils vont, soit dans une direction, soit dans une autre, plus ou moins loin de la mission, suivant l'abondance du miel. Quelquefois ils ne craignent pas de s'éloigner à vingt ou trente lieues. Dès qu'ils ont trouvé l'endroit où ils croient rencontrer beaucoup d'abeilles, ils choisissent un point voisin de l'eau, s'y arrêtent et déposent au pied d'un arbre leurs vivres, consistant en quelques épis de maïs; puis les uns abattent les arbres, qu'ils creusent et façonnent en auge, tandis que, dirigés par le plus expérimenté, les autres tracent un sentier long quelquefois d'une lieue et dirigé à peu près du nord au sud. Dès que le sentier est tracé, que les auges sont prêtes, ils partent, le matin, par le sentier, puis, à une certaine distance, se dispersent deux par deux, les uns à droite, les autres à gauche, au plus épais de la forêt. Chacun, pendant la journée, observe la direction du vol des abeilles, leur plus grand nombre; et, après avoir découvert l'arbre où elles font leurs nids, il le marque, en cherchant à se créer des signes de reconnaissance. Le soir, lorsque le soleil baisse, ils pensent à revenir au campement, et cherchent à regagner le sentier, en se dirigeant sur le soleil. Le premier Indien qui le rejoint sonne d'une manière particulière d'une corne ou d'un sifflet arrondi qu'il porte toujours suspendu; les autres répandus dans la forêt, répondent en rendant des sons différens, pour qu'ils ne se confondent pas avec ceux de l'Indien qui appelle. En se guidant ainsi sur le son, ils rentrent tous successivement dans la route tracée et regagnent le campement.

Tout en mangeant un épi de maïs rôti, les explorateurs rendent compte de leurs découvertes de la journée, et disent combien de nids d'abeilles ils ont rencontré. Ils se couchent ensuite dans leurs hamacs, à côté d'un bon feu, et se reposent. Le lendemain, tous en frères, sans avoir égard à celui qui a eu le plus de chance, ils se partagent les essaims découverts la veille et se mettent en marche en deux ou trois troupes, avec leur hache et des calebasses. Rendus au premier arbre marqué, ils l'abattent, ouvrent le trou dans lequel se trouve l'essaim, en retirent le miel et la cire, expriment le miel dans les calebasses et font des paquets de la cire, en détruisant entièrement tout le nid d'abeilles. Chaque troupe, après avoir fait de même, revient le soir chargée du produit du travail du jour. Au campement, ils lavent la cire encore pénétrée de miel dans une des auges remplies d'eau, y ajoutent du miel et le laissent fermenter pour faire le *guarapo*, espèce de liqueur très-agréable, dont ces Indiens se nourrissent presque exclusivement pendant leur recherche, ayant à peine quelques épis de maïs pour chacun. Le lendemain ils retournent à la forêt et continuent tant qu'ils ont de nouveaux essaims; lorsqu'ils n'en ont plus, ils en cherchent encore, jusqu'à ce que chacun d'eux ait réuni les trois arrobas (75 livres), qu'il doit à l'État. Il est rare qu'il faille à la troupe plus de quinze jours pour former ce volume considérable de cire, qui ne monte pas à moins de quinze cents livres pour vingt hommes.

1831.

Chiquitos.

Cette habitude des Indiens de parcourir chaque année les forêts des environs, leur donne une telle connaissance de ce labyrinthe naturel, que jamais ils ne s'y égarent, se guidant toujours sur le soleil, pour rejoindre leur mission.

Les abeilles de ces contrées sont différentes des nôtres par leur forme, par leur taille et par le produit de leur travail[1]. Elles font ordinairement leur nid dans les trous ou cavités du tronc des arbres, à une assez grande hauteur au-dessus du sol. Leur ruche est formée de quelques gâteaux réguliers composés de loges hexagones, comme ceux de nos abeilles d'Europe; elles façonnent de plus avec de la cire de petites poches ovales de deux centimètres de longueur, qu'elles remplissent les unes du miel le plus pur et le plus aromatique, les autres du pollen de fleurs. Souvent les Indiens enlèvent l'essaim en entier avec un morceau d'arbre; alors les abeilles le suivent, et l'on peut ainsi les avoir en domesticité, ce qui est d'autant plus facile, que toutes

1. Elles appartiennent au genre *Melipona*.

1831. — Chiquitos.

manquent d'aiguillon et sont très-inoffensives[1]. J'ai vu à Santa-Cruz, dans plusieurs maisons de la campagne, des nids d'abeilles conservés dans des vases; et je ne doute pas qu'on n'en puisse tirer de grands avantages, quand l'industrie pourra s'approprier cette culture, si innocente et si productive.

Les Indiens connaissent treize espèces distinctes d'abeilles, dont neuf sans aiguillon, donnant un excellent miel; trois dont le miel est pernicieux, et une seule avec aiguillon, et par cette raison peu recherchée.

Les neuf premières sans aiguillon sont les suivantes:

1.° L'*Omesenama*, la plus petite de toutes, à peine longue de trois à quatre millimètres, entièrement jaune; c'est l'espèce qu'on regarde comme donnant le meilleur miel. Les Espagnols de Santa-Cruz la nomment *Señorita* (demoiselle). J'ai souvent vu apporter aux dames un nid de cette espèce couvert d'abeilles, qui, sans paraître s'étonner de se trouver dans un appartement ou entre les mains d'une femme, se promenaient innocemment sur sa figure.

2.° L'*Omececanach*, le double de la señorita, dont le thorax est noirâtre, l'abdomen rayé de noir et de jaune. Elle est surtout commune aux environs de San-José.

3.° L'*Ohuarobich*, de la même taille que la précédente, entièrement noire.

4.° La *Pataquiacoch*, grosse comme la señorita, entièrement noire. C'est la plus commune de toutes, et celle qui me fit tant souffrir à la halte du Guarayeto, en s'introduisant dans ma bouche et dans mes yeux.[2]

5.° L'*Opanoch*, petite espèce, moitié noire et moitié jaune, avec de très-longues pattes.

6.° et 7.° L'*Opomoes* et l'*Okichichich*, petites et noires.

8.° et 9.° L'*Ocharichuch* et l'*Oceturuch*, petites et jaunes, mais distinctes de la señorita.

Les espèces qui produisent un miel dangereux, et que les Indiens savent seuls reconnaître, puisqu'il paraît avoir le même goût que l'autre, sont au nombre de trois: l'*Oreceroch* et l'*Overecepes*, dont le miel cause des crispations de nerfs et des maladies terribles; l'*Omocayoch*, dont le miel délicieux enivre comme une boisson spiritueuse et fait souvent, pendant quelque temps, perdre la raison. Comme il faut l'œil exercé des indigènes pour distinguer

1. Des auteurs trop systématiques ont prétendu que ces abeilles ont un aiguillon. Je puis affirmer qu'elles en sont dépourvues, ayant fait toutes les expériences qui pouvaient m'en donner la certitude.

2. Voyez p. 600.

ces espèces des autres, les Espagnols, dans la crainte de se tromper, recherchent seulement les Señoritas, que leur petite taille et leur couleur jaune ne permettent de ne pas confondre. 1831. Chiquitos.

La seule espèce pourvue d'aiguillon, nommée *Botoropes,* est la plus grande de toutes; son miel est excellent, mais, de peur d'en être piqués, les Indiens ne la recherchent que lorsqu'ils ne peuvent s'en dispenser. Dans ce dernier cas, ils s'emparent de la cire et du miel, après avoir éloigné les insectes au moyen d'une épaisse fumée produite par le feu de feuilles mouillées.

La cire, telle qu'on la rapporte de la forêt, est noirâtre et molle. Pour lui donner la dureté nécessaire et la blanchir, on la soumet à diverses préparations. On la fait long-temps bouillir avec les cendres de plantes renfermant beaucoup de potasse. Après cette première lessive, on y mêle de la chaux et on l'expose, pendant quelques mois, à la rosée sur des plates-formes dites *Tendales*. Lorsqu'elle est restée le temps voulu pour son blanchîment, on la fait fondre de nouveau et l'on en forme des pains, qu'on envoie à Santa-Cruz. La cire alors est blanche, solide, même cassante; lorsqu'on la brûle, elle répand une odeur aromatique assez forte et très-agréable. On l'emploie jusqu'à présent aux usages d'église. Dans les années ordinaires, en 1829, par exemple, la province de Chiquitos avait en magasin 119,726 livres de cire.

Je continuai mes recherches jusqu'au premier Septembre et fis mes préparatifs pour visiter les missions du sud. Le 2 Septembre, je me rendis à la mission de San-Rafael; mais, ayant eu beaucoup de peine à arracher le gouverneur de chez lui, nous ne partîmes qu'à onze heures, à l'instant de la plus forte chaleur. Il faisait une de ces journées où l'atmosphère est chargée de matières nébuleuses sèches et ondoyantes, où l'horizon est peu clair, où le soleil des tropiques darde ses rayons avec une violence que ne tempère aucun souffle de vent. L'air que je respirais était comme du feu, et je souffris horriblement. Néanmoins, je rencontrai des Indiens chargés, marchant tête nue à l'ardeur de ce soleil embrasé, sans en paraître affectés. 2 Sept.

Le chemin, dans la direction du sud-sud-est, est orné, sur les coteaux, de bois épais, mélangés de roseaux ou bambous grêles et verticillés, et dans les vallées de pelouses alors sèches, sans que pourtant la différence de niveau soit de plus de cinquante mètres entre les uns et les autres. Après cinq lieues de marche, San-Rafael se montra d'un kilomètre de distance sur une hauteur. Sa tour élevée, ses édifices entourés de palmiers offraient un coup d'œil des plus pittoresque. J'y fus on ne peut mieux reçu par le curé et par l'administrateur.

1831.

Chiquitos.

Mission de San-Rafael.

Située à quarante-cinq lieues au nord de San-José, et fondée en 1696[1], San-Rafael est une des jolies missions de la province. L'église en est bien ornée, la place propre, le collége et la tour en sont bien bâtis. A la vue de chaque nouvelle mission, je sentais une impression de surprise, en pensant que ces monuments avaient été, sous la direction des jésuites, l'œuvre d'hommes à peine sortis de l'état sauvage. Je ne pouvais me lasser d'admirer les progrès inouis que cet ordre avait obtenus en si peu de temps. Je fus surtout frappé à San-Rafael, des ateliers et des objets qui s'y confectionnaient, tant en meubles qu'en objets de serrurerie et en tissage. Je n'avais rien vu de préférable dans les villes les plus civilisées de la Bolivia. Tout cela était l'œuvre des jésuites.

Les maisons des Indiens à San-Rafael étaient d'abord en lignes, comme partout ailleurs; mais le feu en ayant détruit une partie, l'administrateur et le curé en changèrent l'ordre et en firent des pâtés carrés, au milieu de chacun desquels ils ménagèrent une grande cour où les Indiens pouvaient élever de la volaille.

La population de la mission a été, dans l'origine, composée de nations différentes, auxquelles les jésuites mélangèrent des Chiquitos[2] déjà chrétiens, afin de les amener plus facilement au christianisme. Ces nations étaient les *Curucanecas*, les *Corabecas* et les *Huataasis*. Les premiers vivaient dans les bois et furent facilement réduits. Aujourd'hui ils sont si bien fondus avec la nation des Chiquitos qu'ils ne se souviennent plus de leur langue primitive. Les autres furent les plus insoumis des sauvages de ces contrées; aussi les Indiens assurent-ils qu'ils retournèrent dans les forêts d'où ils étaient sortis. Les guerres de l'indépendance firent beaucoup souffrir la mission; et, en 1815, il périt un grand nombre d'Indiens dans l'horrible affaire de Santa-Barbara, dont je parlerai tout à l'heure. Long-temps l'armée campa à San-Rafael même et y sema le désordre. La population actuelle n'est que de 1059 âmes.

1. Fernandez, *Relacion historial de los Chiquitos*, p. 84.

2. Les tribus des Chiquitos sont les *Matahucas*, les *Pahucas*, les *Kihikikias* et les *Tañipicas*.

CHAPITRE XXX.

Voyage dans les Missions du sud de la province de Chiquitos, et retour dans les Missions du centre et de l'ouest.

§. 1.er *Voyage dans les Missions du sud de la province de Chiquitos.*

Chemin de San-José.

Le dimanche, après la messe, nous nous mîmes en marche par une chaleur étouffante. La troupe, composée de la suite du gouverneur et de la mienne, formait un total de vingt personnes, parmi lesquelles le curé de San-Rafael remplissait les fonctions de chapelain du gouverneur. 4 Sept.

En sortant de San-Rafael j'entrai dans un bois épais rempli de roseaux verticillés, dont je ne sortis qu'à trois lieues, au ravin de *Santa-Barbara*. Le gouverneur, en passant dans ce vallon, me montra le lieu où s'était, le 7 Octobre 1815, donnée l'une des plus sanglantes batailles de la guerre de l'indépendance. Les troupes espagnoles, sous le commandement d'Altolaguerre, et, en second, de Don Marcelino de la Peña, avec trois mille Indiens, étaient embusquées derrière un retranchement au fond même du vallon, ayant sur leurs flancs les Indiens chiquitos. Elles furent découvertes et attaquées en flanc par les troupes d'Uvarnes, commandant général des troupes de l'indépendance. L'armée indépendante, forte de cinq cents chevaux et de quinze cents hommes d'infanterie, chargea les Indiens, en poussant des cris de mort. Ceux-ci se déroutèrent et mirent un tel désordre dans les troupes espagnoles qu'ils furent presque tous tués, à l'exception de trente hommes, dont quatre officiers, qui parvinrent à s'échapper; et Don Marcelino de la Peña, gouverneur actuel de Chiquitos fut de ce nombre. Le carnage fut horrible. La plaine fut jonchée de morts et de blessés. Las de tuer, Uvarnes trouva plus court, pour se débarrasser des blessés, de faire mettre le feu aux broussailles et aux grandes herbes de la campagne et de brûler ainsi les pauvres malheureux qui respiraient encore. Cet acte horrible des chefs politiques s'est malheureusement trop souvent renouvelé et le fanatisme de l'esprit de parti peut seul expliquer une telle inhumanité. Plus de mille Indiens périrent dans cette journée.

1831. Chiquitos. Don Marcelino de la Peña échappa au carnage et put gagner la forêt. Il se rendait à Santa-Ana, appartenant alors aux indépendants, lorsqu'il rencontra, sur la route, une jeune Indienne, qui avait été sa protégée. Cette jeune fille l'arrêta au passage et le sauva d'une mort certaine, en l'empêchant d'entrer à Santa-Ana, en lui apportant des alimens pour le soutenir, et en le conduisant par les bois jusqu'au Brésil. Arrivée aux frontières, elle voulut l'accompagner dans sa fuite, mais M. de la Peña n'y ayant pas consenti, elle lui fit accepter sa croix d'argent, afin qu'il pût se procurer de quoi vivre à son arrivée dans l'exil. Ce trait de générosité et de dévouement d'une enfant de quatorze ans, à demi sauvage, qui contraste si fort avec l'atroce conduite d'Uvarnes, réconcilie un peu avec l'espèce humaine.

Je franchis un grand bois, à l'extrémité duquel, près du lieu nommé *la Piedra* (la Pierre), je trouvai un peu d'eau, que l'excès de la chaleur me rendait bien précieuse. Cheminant de ce point dans une petite prairie alors sèche, mais inondée au temps des pluies, j'arrivai à la halte de *San-Nicolas,* située dans une plaine marécageuse, non loin du *Curichi de San-Miguel,* marais très-profond et rempli d'eau, affluent du Rio de San-Miguel, où le soir je pus pêcher. J'étais à dix lieues au sud-sud-est de San-Rafael.

5 Sept. Après avoir été horriblement tourmenté par des nuages de moustiques, je laissai San-Nicolas et j'entrai dans une suite de petites plaines inondées au temps des pluies et souvent remplies de fange. Elles sont couvertes de grandes herbes, parsemées de palmiers carondaï et bordées d'épaisses forêts. Cette suite de marais, dirigée au sud-sud-ouest, forme à son extrémité, une assez grande dépression, où les eaux de toute la vallée se réunissent en un beau lac qui ne sèche jamais. Ce lac, nommé *Laguna de los Migueleños*, a plus de deux kilomètres de longueur; les bords en sont couverts de grandes herbes. On peut néanmoins en approcher sur plusieurs points, et j'y employai une partie de la journée à des recherches d'histoire naturelle. J'y rencontrai beaucoup d'Indiens de la mission de San-Miguel, occupés à pêcher une espèce de silure, qu'ils salent et font sécher comme provision. J'y recueillis plusieurs espèces intéressantes de coquilles d'eau douce.[1]

Je fus obligé d'abandonner le lac pour rejoindre le campement. Je trouvai le gouverneur à l'ombre d'un grand arbre au milieu d'un site très-pittoresque. La troupe s'était établie à la lisière de la forêt, près d'une immense plaine inondée, où, par-dessus un horizon de palmiers, se dessinaient au sud les

---

1. Entre autres le *Ceratodes chiquitensis,* d'Orb.

croupes arrondies de la chaîne de gneiss de San-Lorenzo, dominant un pays entièrement plat, inondé une grande partie de l'année. 1831. Chiquitos.

La nuit, couché au milieu de plus de quatre-vingts Indiens, j'écoutais un jeune homme qui, étendu dans son hamac, jouait sur sa flûte tous les airs nationaux de son village. Cette musique monotone et triste, au milieu de l'obscurité et du silence des forêts, me conduisit insensiblement à des idées des plus mélancoliques. Ce pauvre Indien, me disais-je, à peine à seize lieues de son pays, cherche à se le rappeler, et souffre d'en être éloigné. Cette pensée me ramena malgré moi vers ma patrie, dont j'étais séparé déjà depuis six années, et que je n'osais entrevoir, perdu que j'étais alors au sein des déserts du centre de l'Amérique, et si loin de la France et de sa civilisation. Lorsque quelques incidents me ramenaient ainsi vers un autre hémisphère qui pouvait seul me rendre au bonheur, je cherchais à soulever le voile de l'avenir, à pressentir, dans le lointain de ma vie, les jouissances et les peines qu'il me réservait. Je m'égarais dans ce labyrinthe inextricable, et le sommeil, si nécessaire après la fatigue de la journée, ne pouvait plus m'accompagner. L'aube du jour me surprenait encore au milieu de mes réflexions, plus souvent couvertes de sombres nuages, qu'éclairées des rayons de l'espoir.

Dans ces régions, tout est extrême. Au temps des pluies la campagne entière est inondée, et les communications sont interrompues entre les missions du centre et les missions du sud de la province. Au contraire, dans la saison où je me trouvais, le manque d'eau se fait sentir partout, et oblige à des haltes assez éloignées les unes des autres. Néanmoins, espérant franchir une distance de quatorze lieues, la troupe se mit en marche au lever du soleil. Je suivis la lisière du bois, puis j'entrai dans une vaste plaine, couverte de palmiers carondaï, où existait, du temps des jésuites, l'estancia de *San-Xavier*. J'avais passé la veille près d'une autre ferme également abandonnée faute de bestiaux, les guerres de l'indépendance ayant entièrement ruiné la province. A la plaine succède une forêt, où je franchis six lieues. L'extrême chaleur était augmentée par le manque complet d'ombrage, les arbres étant, pour la plupart, entièrement dépourvus de feuillage. Quelques espèces seulement montraient, de distance en distance, leurs feuilles vert foncé, d'un aspect mélancolique. Ce qui ajoutait encore à l'aridité de la forêt et des plaines, c'est qu'on y voyait partout des branches brûlées, et le sol couvert de cendres noires, les Indiens, suivant leur mauvaise habitude, ayant mis le feu à la campagne, afin d'y renouveler l'herbe. Avant de laisser le bois,

1831. Chiquitos. j'aperçus, à l'est, les hauts mamelons de gneiss de la chaîne de *San-Carlos* qui paraît couper à angle droit la chaîne de San-Lorenzo, sur laquelle je me dirigeais. Ces montagnes, à peine élevées de cinq à six cents mètres au-dessus de la plaine, sont couvertes de végétation dans tous les lieux où le sol n'est pas à nu. A la sortie du bois, je traversai la plaine garnie de palmiers carondaïs, mélangés de palmiers motacus dans les parties sablonneuses jusqu'au pied de la chaîne de San-Lorenzo, que je franchis entre deux mamelons, au point nommé *San Juan nama.* L'aspect pittoresque de la campagne m'eût fortement intéressé dans toute autre circonstance, mais dévoré d'une soif ardente, exposé aux rayons d'un soleil brûlant, je souffrais trop pour rien admirer. J'avais néanmoins à parcourir encore quatre lieues de plaines remplies de palmiers jusqu'à la halte de San-Lorenzo, où enfin je trouvai un peu d'eau stagnante, qu'il fallut, pour la rendre supportable, mélanger avec de la farine de maïs.

La campagne, aux environs de la halte, était, par suite du voisinage de l'eau, remplie d'aras rouges, qui volaient en grandes troupes, en jetant des cris désagréables. Comme ils étaient peu farouches, j'en pus tuer un grand nombre. J'étais à deux lieues environ de la chaîne de San-Lorenzo, et je ne pus résister au désir d'aller en reconnaître la composition géologique. Je laissai ma troupe, et accompagné du gouverneur et du curé de San-Rafael, je franchis en montant des terrains très-inégaux, couverts de morceaux de quartz, et peuplés d'arbres de diverses espèces. Au pied même de la chaîne je rencontrai, au lieu nommé San-Miguel, une petite maison d'Indiens, située dans un charmant ravin couvert de la plus fraîche végétation et qu'arrose un ruisseau d'une eau limpide. Je remontai ce ruisseau à l'ombre de grands arbres et trouvai un champ immense de bananiers, dont les derniers plants étaient baignés par l'eau qui tombait de rochers en rochers d'une muraille de gneiss composant toute la montagne. Une douce fraîcheur se faisait sentir en ce lieu charmant, si différent des campagnes environnantes. Ne pouvant me lasser de contempler cette délicieuse oasis, je revins seulement à la nuit vers la maisonnette où, après un repas très-simple, je m'étendis en dehors, dans mon hamac. J'y croyais goûter le repos, mais des myriades de moustiques, et surtout une espèce de tique, nommée *Piojo-garapata,* m'empêchèrent de fermer l'œil et m'obligèrent à me promener une partie de la nuit.

7 Sept. Sept lieues me séparaient de l'estancia de *San-Ignacio,* située au sud-sud-est du point où je me trouvais. Je quittai de bonne heure l'humble cabane, et après une lieue de bois, je rencontrai de nouveau les *palmares,* ou bois

de palmiers carondaïs, marquant seuls tous les lieux inondés au temps des pluies. L'étrange aspect de ces lieux m'abrégea le chemin. Je m'arrêtai néanmoins quelques instans sur les ruines de l'ancienne ferme abandonnée de *Santiago*, qui ne m'offrirent qu'une eau stagnante et fétide, et j'arrivai de bonne heure à San-Ignacio, où je rejoignis le reste de la troupe. 1831. Chiquitos.

L'estancia de San-Ignacio n'est plus qu'à six lieues de San-José; j'allais donc atteindre le but de mon voyage en abandonnant le désert. Je partis dès le matin et j'entrai immédiatement dans une forêt, qui se continua jusqu'à la mission, où j'arrivai de bonne heure.

†† *Mission de San-José (Saint-Joseph) et chemin de Santiago.*

Après avoir été successivement rejoint par l'administrateur, le curé et les autorités indigènes, nous fîmes notre entrée, comme à l'ordinaire, sous des arcs de triomphe et devancés, jusqu'à la place et de là au collége, par de jeunes Indiens et Indiennes dansant et chantant. 8 Sept.

La mission de San-José, située à peu près par 17° 40′ de latitude sud et par 62° 20′ de longitude occidentale de Paris, fut définitivement fondée par les jésuites en 1706 [1], avec des Chiquitos seulement [2], restes des Indiens amis de l'ancienne ville de Santa-Cruz de la Sierra, dont les ruines sont à une demi-lieue. Sa population était d'environ 5000, mais une petite vérole et une famine de sept années en firent périr un grand nombre. Sa population actuelle n'est que de 1810. Sa position est charmante; elle est à une lieue tout au plus de la Sierra de San-José, chaîne de montagnes peu élevée, dirigée est-sud-est, offrant ses parois escarpés en corniches, et au pied de laquelle s'étend, au nord et au sud, une forêt clair-semée. On y a bâti San-José près d'un petit ruisseau qui descend du ravin du Sutos, et dont on a profité pour établir un beau bassin propre à arroser toute la campagne des environs. L'emplacement de la mission est horizontal, mais, à peu de distance, on voit la montagne de *las Chaquiras*, mamelon arrondi, dont les flancs boisés se dessinent agréablement sur le plus beau ciel du monde. San-José fut longtemps la capitale de la province et le siége du gouvernement des jésuites, qui y donnèrent tous leurs soins, mais qui furent expulsés avant d'avoir achevé leur œuvre, l'église n'étant pas complétement bâtie. Depuis, San-José est

1. Fernandez, *Relacion historial de los Chiquitos*, p. 181.

2. Le père Fernandez, *loc. cit.*, p. 85, parle des tribus *Boxos*, *Taotos*, *Penotos*, *Chamaros* et *Piñocas*. Lorsque j'y suis allé en 1831, le cacique m'assura que la mission se composait des tribus *Chamanucas*, *Penokikias* et *Piococas*, cette dernière étant la plus nombreuse.

1831. resté l'entrepôt des missions de l'est; car on y transporte tous les produits des autres, qu'on dirige sur Santa-Cruz par un chemin spécial tracé au milieu de la forêt, sans passer par les missions occidentales.

Chiquitos.

Quand on est long-temps resté dans les forêts, les moindres édifices frappent davantage; aussi, à mon arrivée à la mission, avais-je été surpris de la façade de la place, ressemblant peu à un village composé d'hommes à peine sortis depuis un siècle de l'état sauvage. J'y avais vu avec plaisir des monumens en pierre, bâtis dans le goût mauresque, et d'une construction originale, que je cherchai à reproduire par le crayon[1]. Ces monumens consistent en une tour carrée à trois étages, pourvue au dernier d'une galerie. Elle forme la porte d'entrée du collége. A gauche est la façade de l'église, d'une architecture simple, et surmontée, de même que la tour, de petits pilastres et de croix de pierre. Cette façade seule existait lors de l'expulsion des jésuites en 1767, aussi l'architecture du corps de l'église, continué par les administrateurs, se ressent-elle beaucoup de l'absence des hommes qui l'ont commencé. Plus à gauche encore est la *Capilla de muertos*, la chapelle où l'on dépose les morts, pendant vingt-quatre heures, avant de les mettre en terre. A droite est la maison du gouvernement ou collége. Ce corps de logis est construit en voûte, mode très-favorable pour conserver un peu de fraîcheur sous la zone torride. Le collége a de plus trois cours, entourées de bâtisses et des ateliers de travail. La place est immense, ornée au centre d'une croix de pierre entourée de palmiers. La façade décrite en forme un des côtés, les trois autres sont occupés par les maisons des juges, représentant en tout neuf groupes de maisons. Malheureusement entre chaque groupe, au commencement de chaque rue, on a placé une croix, des palmiers, et aux quatre coins de la place, des chapelles pour les processions, ce qui la ferme trop et empêche d'apercevoir les débouchés[2]. Le reste de la mission est formé de files de maisons rangées en lignes longitudinales et transversales, et représentant environ quatre-vingts pâtés.

Les produits de San-José sont très-importans; on y fabrique des hamacs, des tissus de coton, comme dans les autres missions. On y récolte encore beaucoup de tamarin pour les pharmacies, et la cire y est bien meilleure qu'ailleurs. Un des grands revenus du pays est le sel, qu'on va recueillir tous les ans à une soixantaine de lieues au sud-sud-ouest, dans deux

1. Voyez *Vues* n.° 14.

2. On peut voir le plan de cette mission, pris par moi en 1831, *Vues*, pl. XXV, fig. 1.

immenses lacs salés, où le sel se cristallise naturellement pendant les sécheresses. On le transporte soit à dos d'hommes, soit sur des trains sans roues, tirés par des bœufs, et on l'expédie ainsi dans toutes les autres missions, où les administrateurs s'en servent pour payer aux Indiens leurs travaux de filature ou autres. C'est, en quelque sorte, la monnaie courante de la province, le sel y étant de première nécessité. 1831. Chiquitos.

J'ai déjà parlé plusieurs fois de la fâcheuse habitude des habitans, de mettre tous les ans le feu à la campagne, afin de renouveler les pâturages. Il en résulte que si les points où ce système est depuis long-temps établi ne sont pas encore arrivés au déboisement complet, du moins y marchent-ils rapidement. On n'y voit plus que des arbres clairs-semés, d'une mauvaise venue, et ils manquent absolument, soit de fourrés épais, soit de forêts ombragées. Ce commencement de déboisement a déterminé, sur ces points, des sécheresses jusqu'alors inconnues et qui augmentent annuellement d'une manière effrayante. San-José surtout eut à subir une calamité de ce genre, qui dura sept années, pendant lesquelles les habitans furent privés de toute récolte, et beaucoup moururent de faim, par suite de l'imprévoyance de l'administrateur. Cette disette a fait prendre le parti de former le réservoir de l'eau du Sutos, afin de ne plus avoir à craindre la famine. L'effet des incendies est si marqué, qu'au lieu de ces arbres gigantesques qui couvrent les lieux éloignés des missions, on ne voit plus aujourd'hui, autour des lieux habités, que des arbres rabougris et une végétation appauvrie, qui diminue de jour en jour. Il est certain que si, dans des vues conservatrices, l'administration ne prend pas des moyens de répression sévères, cette coutume menace l'avenir d'une grande calamité générale.

Je séjournai à San-José six jours, employés à parcourir les environs et à mettre mes notes au courant. Un jour je me dirigeai vers le *Sutos*, d'où sort la petite rivière qui arrose les environs de la mission. Je traversai, pour m'y rendre, des terrains couverts de petits arbres qui me conduisirent jusqu'au pied de la montagne. J'y rencontrai, dans un ravin, une ferme de culture et un immense champ de bananiers, au milieu d'une végétation active et d'une fraîcheur qui contrastait avec la sécheresse et l'air embrasé de la campagne environnante, où tout était brûlé par le feu et par le soleil. Je ne saurais dire le plaisir que j'éprouvai dans ce lieu enchanteur. L'eau y suinte de toutes parts entre les rochers; mais au fond du ravin une magnifique cascade de dix-huit à vingt mètres de hauteur se précipite avec fracas des rochers, et s'est creusé, dans le grès, un large bassin naturel, rempli

1831. d'une onde limpide comme du cristal. Tout me retint dans ce ravin, la vue de cette immense muraille de grès ferrugineux, élevée de trois à quatre cents mètres, formant comme des corniches, les couches se montrant par la tranche, et déterminant, par leur inégale dureté, des saillies et des cavités, sur les fentes desquelles on voyait partout des plantes. La nature a fait tous les frais dans ces lieux, qu'habitent des milliers d'aras rouges et de toucans, dont les cris aigus contrastent avec le murmure des eaux, et animent l'ensemble, sans en altérer l'harmonie. Lorsqu'on a vu les belles cascades du lac d'Oo, du Cirque de Gavarnie dans les Pyrénées, celles du Giesbach, en Suisse, couler au milieu des froids sapins, tout près des frimas éternels, on est heureux de les rencontrer, sous la zone torride, ornées alors des bananiers, des palmiers, des animaux aux riches couleurs propres aux pays chauds. Le contraste plus tranché semble ajouter en Amérique au charme de ces tableaux de la nature.

Chiquitos.

Un autre jour, j'allai visiter une source thermale située à trois lieues à l'est-sud-est, au pied de la montagne. Je passai au pied du *Cerro de los chaquiras* (Colline des perles de verre), ainsi nommé par suite de l'idée où se trouvaient les Indiens que les verroteries qu'ils recevaient des jésuites venaient de cette montagne. Comme on n'y en a plus rencontré depuis l'expulsion des jésuites, les Indiens, dans leur simplicité, croient que les perles s'y sont cachées après le départ de leurs pères, comme ils les appellent. C'est un mamelon de grès isolé dans la plaine et tout-à-fait séparé du reste de la chaîne. Arrivé à la source, je trouvai un magnifique champ de bananiers, au milieu duquel s'élevait une petite cabane couverte en paille. C'était encore une oasis, contrastant, par sa fraîche verdure, avec la campagne sèche et aride des environs. Ce petit lambeau de végétation active était alimenté par la source thermale, qui, au sortir de terre, bouillonne dans le sable blanc et forme un joli ruisseau de près d'un quart de mètre de puissance, qui arrose les champs de bananiers et fertilise cette partie du sol. Je n'avais pas de thermomètre, mais la tiédeur de l'eau me donna la certitude qu'elle n'a pas une température de plus de trente à trente-six degrés centigrades.

A en juger par sa température, cette eau doit provenir d'au moins cinq cents mètres de profondeur. La force avec laquelle elle sort de terre, annonce aussi qu'on pourrait facilement, en exhaussant son bassin, lui faire atteindre un niveau bien plus élevé; ce qui, tout en l'employant pour l'agriculture, permettrait de l'appliquer avant à l'industrie, et de s'en servir comme moteur pour une fabrication quelconque, établie sur une grande échelle; ainsi cette eau pourrait à la fois féconder la terre et mettre en mouvement une assez forte machine. Il en est de même de la cascade du Sutos, qu'il serait également possible d'utiliser au profit de l'industrie.

1831.

San-José (Chiquitos).

Deux kilomètres plus à l'est, il existe une exploitation de pierre à chaux. Je voulus la visiter, et je trouvai, sous les grès quartzeux, un calcaire magnésien ou grès calcarifère, contenant plus de silice que de chaux, et qui pourtant fournit, par la calcination, une chaux assez bonne. Afin de bien déterminer le gisement géologique de cette couche, dans l'ensemble de la montagne, je voulus en gravir le sommet, au milieu des pierres mouvantes et des épines, non sans lutter contre la chaleur étouffante du milieu du jour. J'y parvins effectivement au prix de mille fatigues, mais je n'y trouvai que les grès ferrifères de San-José. Seulement j'eus de ce point la vue vraiment magnifique de l'ensemble de la campagne. Haletant sous les feux d'un soleil brûlant et mourant de soif, je descendis et regagnai la chaumière. Je voulus m'y rafraîchir et demandai de l'eau. On m'en apporta à l'instant même, puisée dans la source chaude; je la bus d'un seul trait, mais j'éprouvai immédiatement d'affreux vomissemens, qui durèrent une partie de la journée. Dans ces régions, les premiers mois de printemps, avant la saison des pluies, sont les plus difficiles à supporter. Une chaleur sèche, sans vent, vous fait respirer sans cesse un air enflammé, que ne tempère même pas la fraîcheur des nuits des autres saisons. Exposé tous les jours à cette chaleur étouffante, j'en sentais les funestes effets; j'éprouvais un malaise continuel, une défaillance dont mon courage seul pouvait triompher. Je n'y aurais sans doute pas résisté, si le vent du sud n'était venu le même soir rafraîchir l'atmosphère et me rendre mon énergie.

Il me restait à visiter un point curieux par les souvenirs historiques qui s'y rattachent. Je veux parler de l'ancienne ville de Santa-Cruz de la Sierra, située à deux kilomètres à l'ouest de San-José dans la forêt, assez près de la montagne. Cette ville, malgré la proximité des montagnes et l'abondance des matériaux, avait été construite en terre; elle couvrait près d'un kilomètre de largeur; et les monticules de terre alignés faisait facilement juger qu'elle était formée de carrés égaux ou *Cuadras,* parmi lesquels on distinguait la place et l'emplacement de l'église; le tout alors couvert d'arbres épars, poussés soit dans les anciennes rues, soit dans les maisons.

Après les tentatives que Nuñez Cabeza de Vaca en 1542[1], qu'Irala en

1. Nuñez Cabeza de Vaca, *Comentarios,* p. 42.

1831. San-José (Chiquitos). 1548[1] avaient faites du Paraguay, afin de pénétrer dans le Pérou, par les provinces de Chiquitos, Irala, devenu gouverneur du Paraguay, envoya en 1557 Nuflo de Chaves fonder une ville à l'extrémité orientale de la province de Chiquitos, non loin du Rio du Paraguay[2]; mais Nuflo de Chaves ayant, peu de temps après, appris la mort d'Irala, résolut de jeter les fondemens d'une ville indépendante du Paraguay; résolution qui le fit abandonner d'une partie de ses soldats. Néanmoins, après quelques échecs, il obtint enfin du vice-roi de Lima la permission de fonder en 1560[3] une ville, qu'il nomma *Santa-Cruz de la Sierra*, par allusion aux montagnes voisines. Cette cité commençait à prospérer, lorsque, cinq ans après sa fondation, Nuflo de Chaves fut tué par les Chiriguanos. Dès cet instant, les Espagnols devinrent plus exigeans qu'ils ne l'avaient été jusqu'alors envers les indigènes leurs voisins, réunis par eux en *encomiendas;* ils voulurent enlever leurs enfans pour les soumettre à l'esclavage; mais ces actes de tyrannie amenèrent des querelles, qui les forcèrent d'abandonner Santa-Cruz, lorsqu'en 1575[4] le vice-roi de Lima ordonna la fondation de *San-Lorenzo de la frontera.* Ils allèrent tous s'établir à la nouvelle ville, en y portant le nom de l'ancienne. Elle devint la Santa-Cruz d'aujourd'hui, située à près de trois degrés à l'ouest de l'autre, non loin des derniers contre-forts des Cordillères, vers le 17° 20′ de latitude sud et le 65° 20′ de longitude occidentale de Paris; ainsi, après quinze ans d'existence, Santa-Cruz fut complétement abandonnée, et les indigènes retombèrent dans l'état sauvage, jusqu'à l'arrivée des jésuites. J'en parcourus long-temps les rues, en me reportant par la pensée à ces temps chevaleresques, où des hommes à peine armés traversaient le continent en des lieux où personne aujourd'hui n'oserait se hasarder.

Le curé de San-José, chasseur renommé dans toute la province, avait à lui seul détruit, pour ainsi dire, tous les jaguars des environs. Dès qu'il apprenait l'existence d'un de ces féroces animaux, il l'allait chasser avec sa meute, composée d'une vingtaine de chiens, et parvenait toujours à le tuer. Je voulus l'accompagner un matin à la chasse au tapir. Partis avant le jour, nous avions atteint à l'aurore des lieux humides connus de lui, où bientôt, revenant de son excursion nocturne, un tapir, gros comme une génisse, fut relancé par les chiens qui le traquèrent, et j'eus le plaisir de le tuer. C'était

1. Padre Guerarra, p. 110; Rui Diaz de Guzman, *Historia Argentina*, p. 72.
2. Fernandez, *Relacion de los Chiquitos*, p. 46.
3. Rui Diaz de Guzman, p. 109.
4. Voyez ce que j'en ai dit, p. 561 et suiv. de ce volume.

le soixante-seizième que le curé chassait depuis deux ans, ne nourrissant sa meute que du produit de ses chasses du matin. Les tapirs sont très-nombreux dans cette partie de la province, où leurs sentiers, tracés au milieu des bois, peuvent souvent tromper le voyageur.

1831. San-José (Chiquitos).

Plusieurs bals avaient eu lieu pendant mon séjour, et j'avais pu juger de l'ensemble des habitans, qui, bien bâtis, très-forts, n'ont pourtant pas les traits aussi réguliers que les Indiens de Santa-Ana. Ils sont loin d'être aussi polis, et leurs danses manquent souvent de grâce.

Le 14 Septembre, j'abandonnai San-José, pour me diriger sur la mission de Santiago, située à quelques journées de marche à l'est-sud-est. Le premier jour, je franchis huit lieues, en longeant à près d'une lieue de distance la Sierra de San-José, traversant des bois clairs-semés ou de petites plaines alors très-sèches et très-arides. Je passai sans m'y arrêter aux haltes du *Pauro*, du *Kitooch*; et, après avoir rencontré des bois plus épais, je gagnai la halte de *Botija*[1], d'où j'avais en vue, à peu de distance, une série de montagnes arrondies, formées par l'extrémité orientale de la chaîne de San-José. Cette suite de mamelons coniques, à sommet obtus et à pentes uniformes, me rappelait le profil des montagnes des terrains trachytiques du sommet des Cordillères; mais leur composition est bien différente, puisqu'elles sont toutes formées de grès anciens[2] en partie friables, ce qui a fait disparaître la coupe abrupte des parois, pour donner aux pentes une inclinaison assez douce. Cette analogie est due aux élémens presque meubles qui composent les unes et les autres. 14 Sept.

A trois lieues de Botija, je passai au pied du dernier mamelon de grès, je traversai un petit ravin; puis, au-delà, je me trouvai sur une hauteur boisée, où j'aperçus, au milieu de grands arbres, la tour et les ruines de l'ancienne mission de San-Juan. Sachant que nous devions y passer, l'administrateur avait fait ouvrir un chemin au travers des broussailles et des arbres qui avaient crû de toutes parts au sein de ces ruines. La tour était intacte, mais sans toit; dans l'église, des plus vaste, on voyait, près des colonnes en partie recouvertes de leurs peintures, les troncs presque aussi gros des arbres nés à côté. Ce contraste des restes de l'art, envahi par la végétation, avait quelque chose d'attristant. Cinquante années s'étaient à peine écoulées depuis l'abandon de ces édifices, annonçant une grande splendeur

1. *Botija*, en espagnol, est le nom de *Dame-jeanne*: ce lieu reçut ce nom de la forme des montagnes voisines, ressemblant en effet à la partie supérieure d'une dame-jeanne.

2. Voyez la *Géologie spéciale*, tome III, troisième partie.

1831. Chiquitos. passée, et déjà la nature reprenait ses droits avec tant de vigueur, que dans quelques années peut-être, on n'en retrouvera plus de traces. Les monumens me parurent grands, bien bâtis; mais je ne pus pénétrer dans les cours, dépendant aujourd'hui de la forêt.

Étonné de l'abandon de cette mission, j'en demandai la cause au gouverneur, qui m'assura qu'à l'instant où des curés dirigeaient seuls les missions, sans administrateurs, le religieux qui en était chargé vers 1780, avait pris sur lui, en prétextant le manque d'eau, d'abandonner ces belles constructions, fruit du travail opiniâtre des jésuites, pour transférer la mission à dix-huit lieues plus à l'est. Il avait effectué ce changement; mais la nouvelle mission de San-Juan, que je visitai plus tard, n'avait rien que de très-provisoire, l'église et tous les autres édifices étant bâtis en terre et couverts en paille. Il paraît que le véritable motif du religieux pour abandonner la mission, était de se rapprocher des frontières du Brésil, afin de vendre aux Brésiliens une partie des bestiaux, qu'elle nourrissait alors en grand nombre. Quoi qu'il en soit, je sentis une impression de tristesse, en pensant que tous les monumens détruits par accidens ou de toute autre manière, depuis l'expulsion des jésuites, n'ont encore été rétablis que provisoirement. Il est dès-lors facile de prévoir la disparition complète des grands édifices que remplaceront dans la suite de simples cabanes; ainsi cette splendeur de la province n'aura fait que passer, comme un beau jour suivi d'une nuit orageuse.

J'employai une journée à parcourir les environs de ce lieu, connu sous le nom de *Tapera de San-Juan* (Ruines de San-Juan), et j'y recueillis une foule de curieux objets d'histoire naturelle. La végétation, malgré la sécheresse, commençait à montrer de jeunes feuilles, et quelques plantes hâtives, parmi lesquelles je remarquai un acacia à fleur rose, présentaient même leurs fleurs, dont le parfum embaumait la campagne. On voyait que la nature, haletante sous les feux du soleil, n'attendait qu'une pluie bienfaisante pour revêtir sa plus riche parure printanière. Je m'étais établi dans une ferme près d'un grand lac, d'où je jouissais d'une vue magnifique. Les hautes chaînes de San-Lorenzo de l'Ipias se dessinaient à l'horizon, et la montagne du Chochiis se perdait dans l'éloignement. La campagne des environs ne ressemblait en rien à celle de l'ouest de la province. Plus un palmier; des terrains mollement accidentés, sablonneux, donnant naissance à des halliers connus sous le nom de *Chaparrales*[1], sem-

1. C'est sans doute un nom transporté par les Espagnols. M. de Humboldt dit, *Relation historique*, t. VI, p. 90, que ce nom vient de l'arbre nommé *Chaparro*, ce qui est très-probable; mais ici l'on ne voit point d'arbres proprement dits, et ce mot désigne les halliers.

blables aux *Capouaires* des Brésiliens. Ce ne sont ni des bois ni des plaines, mais bien des surfaces couvertes de petits arbres, de buissons et surtout de beaucoup de végétaux épineux. Comme partout ailleurs, cet ensemble de végétaux rabougris remplace toujours la végétation primitive, enlevée par l'agriculture. Je me demandai si les nombreux embrasemens successifs de la campagne n'auraient pas amené le remplacement par les chaparrales de la végétation première, encore répandue partout sur les lieux environnans ?

1831. Chiquitos.

En traversant cinq lieues de chaparrales à l'aspect triste, j'arrivai à la halte de *San-Lorenzo,* située près du Rio de *San-Juan,* premier affluent du Rio de Tucabaca, dont les eaux vont au Rio du Paraguay. J'avais donc, en continuant à suivre le fond d'une large vallée, comprise entre la Sierra de San-José et celle de San-Juan, passé, sans m'en apercevoir, depuis San-José, du versant de l'Amazone à celui de la Plata. On pourrait croire que le faîte de partage entre les deux plus grands fleuves du monde est nettement marqué par des chaînes proportionnées à la longueur des versans; mais il n'en est pas ainsi; et, comme je l'ai déjà dit, l'Amazone et la Plata se confondent sur plusieurs points différens, de manière à permettre, à peu de frais, un système de canalisation traversant l'intérieur de tout le continent américain, de la ligne jusqu'au trente-quatrième degré. 17 Sept.

Je laissai un instant la halte; je remontai le ruisseau une demi-lieue et j'arrivai dans une dépression en partie inondée, où je rencontrai une multitude de sentiers tracés. Je m'en étonnais et croyais y voir le voisinage d'une ferme, lorsque je reconnus des empreintes des pieds de tapirs, qui toutes les nuits se rendent au ruisseau. Néanmoins, ces milliers de sentiers tracés sur plus d'une demi-lieue de longueur, dénotent des centaines de ces animaux, qui suivent, à ce qu'il paraît, toujours les mêmes chemins. Les gros monticules de crottins que je rencontrai, annoncent qu'ils se réunissent pour le déposer au même endroit.

De la halte de San-Lorenzo se montraient à moi les montagnes de ce nom. Je les croyais à une lieue tout au plus, et j'en admirais les sommets horizontaux, les parois taillées perpendiculairement et la couleur rougeâtre.[1] Sur quelques points se dessinaient, à côté de tourelles, des pans coupés à pic, à deux ou trois cents mètres de hauteur. On en aurait pu prendre l'ensemble

1. Voyez (*Géologie*, pl. IX, fig. 5), le profil de cette montagne, pris de la mission de San-Juan, à six ou à sept lieues de distance.

1831. plutôt pour un vaste système de fortifications, avec ses bastions, que pour une chaîne de montagnes. Je voulus les aller reconnaître et montai à cheval à cet effet. Je m'aventurai au milieu d'une campagne couverte de buissons épineux et de petits arbres rabougris. D'abord je pus assez facilement faire le trajet; mais bientôt les buissons se rapprochèrent, les épines devinrent plus nombreuses; je franchis néanmoins plus d'une lieue, laissant souvent des lambeaux de mes vêtemens aux épines crochues de certaines espèces d'acacias. Plus j'avançais, plus j'éprouvais le désir d'atteindre les montagnes, que je croyais toucher; pourtant, déchiré, couvert d'égratignures, ne pouvant plus continuer à cheval, je me mis à lutter à pied contre les obstacles, qui se multipliaient à mesure que j'approchais de la montagne; et, après une heure de vaines tentatives, couvert de poussière et de sang, mes vêtemens tout en pièces, force me fut de m'arrêter, sans avoir atteint le but de ma course. Je regagnai tristement la halte avec non moins de peine, et j'allai me baigner au ruisseau, afin de me rafraîchir et de reprendre des forces. Le soir, je me rendis encore, au travers des chaparrales, à trois lieues plus loin, à la halte de l'Ipias, où je passai la nuit dans mon hamac.

(Chiquitos).

J'avais rencontré en route des Indiens de Santiago, transportant du sel vers les autres missions. Ils conduisaient environ cent bœufs, traînant des balles de sel sur l'enfourchure d'une branche d'arbre, qui servait de train. Je fus frappé de la grossièreté de cet attelage, et surtout de la force perdue, chaque paire de bœufs ne traînant ainsi que cent kilogrammes. Dans un pays peu accidenté, il serait facile d'établir des chemins charretiers; et, alors, avec le même nombre de bœufs, on pourrait transporter vingt fois plus de marchandises. J'en fis l'observation au gouverneur, qui me parut très-disposé à introduire les machines à roues, jusqu'alors inconnues dans la province.

De la halte, suivant toujours la même direction, je franchis quatre lieues, et je m'approchai peu à peu de la chaîne de l'Ipias, où tous les accidens possibles semblaient se multiplier, pour lui donner l'aspect de constructions en ruine, plutôt que celui des montagnes ordinaires. Je me dirigeai vers le point le plus bas de la Sierra, au pied du Chochiis, où je commençai à gravir sur des grès friables fortement colorés par le fer, au milieu de petits palmiers rampans, et d'acacias embaumés, à fleurs roses. Au sommet de la chaîne, assez près de la fameuse montagne du Chochiis, le point le plus haut de toute la chaîne, je passai au pied d'un pic droit comme une flèche, élevé de près de deux cents mètres, et qui, suspendu sur la tête du voyageur, semble le menacer de sa chute au moindre souffle du vent. Cette forme aiguë des monticules de grès est des plus singulières. Lorsqu'on en étudie la composition, on s'étonne de trouver au sommet une partie plus dure que le reste, qui, garantissant l'ensemble des pluies presque perpendiculaires, finit à la longue par former ces flèches en enlevant les côtés. Les pluies, après en avoir diminué successivement la largeur, les font s'écrouler, tandis que des érosions voisines, en séparant d'autres blocs de grès de la masse générale, préparent d'autres flèches pour l'avenir.

1831. Chiquitos. 18 Sept.

Du sommet de la Sierra, je n'aperçus au sud aucune élévation. Un horizon de forêts sans bornes se montrait de toutes parts et contrastait avec l'aridité du versant septentrional. J'appris plus tard que les jésuites avaient amené des forêts que j'avais *en vue*, la *nombreuse nation des Morotocas*, *réunie* par eux à la mission de San-Juan, dont je parlerai ultérieurement.

En descendant sur le versant méridional de la chaîne, je suivis, à l'est, quelques degrés au sud, le pied même du Chochiis, ayant toujours assez près de moi les parois perpendiculaires des montagnes et les flèches qui s'en détachent. Leur couleur rouge les dessinait au milieu des grands arbres, alors dépourvus de leur verdure. Après quatre lieues de marche, je m'arrêtai à la halte du Chochiis, où nous attendaient des Indiens de Santiago, que l'administrateur avait envoyés à la découverte du point accessible pour monter au sommet de la montagne, élevée de quatre à six cents mètres au moins au-dessus de la plaine.

Chaque fois qu'une montagne se distingue des autres, soit par sa forme, soit par son élévation, elle devient d'autant plus célèbre par sa richesse, qu'elle est plus inaccessible. L'Ilimani près de la Paz, l'*Ilimani sur lequel* personne encore n'est monté, se compose, dit-on, d'or massif[1]. Le Cerro de l'Inca, près de Samaïpata, renferme des trésors[2]. La montagne de San-Simon, à Moxos, contient les plus précieux métaux[3]. Le Cerro de las Chaquiras, près de San-Jose[4], donne également des produits mystérieux. Le Chochiis, point culminant de la chaîne de Santiago, devait de toute nécessité avoir aussi ses trésors cachés. J'avais entendu répéter sous toutes les formes, par les curés et par les administrateurs, que les jésuites, qui seuls connaissaient les moyens d'arriver au sommet du Chochiis, y avaient recueilli

1. C'est la croyance des habitans de la Paz.
2. Voyez tome II, p. 514.
3. Voyez la suite du voyage, généralités sur la province de Moxos.
4. Voyez tome II, page 626.

1831. Chiquitos. en pépites d'or des valeurs immenses, source de leur opulence si enviée. Ces contes populaires pouvant reposer sur quelques réalités, j'avais résolu l'ascension de la montagne, projet qui m'avait fait accompagner de plus d'un curieux. Après avoir reconnu que le Chochiis, ainsi que toute la chaîne, depuis San-José, n'était composé que de grès friables, peut-être de l'époque carbonifère, il ne me restait aucun espoir d'y rencontrer de l'or, ce précieux métal appartenant exclusivement, dans les Cordillères, aux couches de phyllades et à leurs dénudations[1]. Géologiquement parlant, je trouvais la chose impossible; mes raisonnemens, néanmoins, ne purent pas convaincre mes compagnons de voyage, qui abandonnaient avec peine leurs espérances de fortune. Quand on leur demanda compte de leur découverte, les cinquante Indiens qui avaient reçu la mission d'explorer les alentours, déclarèrent unanimement, qu'après avoir fait le tour du Chochiis, ils avaient reconnu que la paroi de la montagne, coupée de toutes parts à pic, ne permettait de l'aborder sur aucun point. Cette circonstance fit que mes compagnons de voyage abandonnèrent enfin leur projet, à leur grand désappointement.

La splendeur des missions des jésuites, leurs richesses exagérées par l'envie, ont partout fait recourir à des moyens extraordinaires pour en découvrir la source. A Moxos, le Cerro de San-Simon y avait pourvu; à Chiquitos, c'était le Chochiis, et des lavages d'or et de diamans, connus seulement des pères. Jamais on n'a voulu la voir dans l'exploitation combinée des produits naturels de l'agriculture et de l'industrie. Si les premiers fondateurs des villes du nouveau monde n'avaient pas tout sacrifié aux mines, en regardant l'agriculture comme au-dessous d'eux, ils seraient arrivés à des élémens de prospérité solides, et des villes opulentes remplaceraient peut-être, sur d'autres points, Oruro et Potosi, dont la richesse, jadis proverbiale, est aujourd'hui remplacée par des villes en partie abandonnées. La véritable source de prospérité des établissemens des jésuites reposait donc sur leur industrie raisonnée, et non sur le produit des mines, dont l'exploitation dangereuse amène, tôt ou tard, la suite de gains immenses, la ruine complète des intéressés.

Ne pouvant rien faire au Chochiis, on résolut d'aller passer la nuit trois lieues plus loin, au *Potrero de Yupéés*. Nous y arrivâmes en effet, après avoir passé dans le bois trois torrens à sec, descendant des montagnes dont

---

1. Voyez Géologie, p. 150, 227.

nous suivions le pied. Le feu mis récemment à la campagne, avait tout brûlé dans la petite plaine de Yupéés, tout jusqu'à l'humble cabane de la halte. Nous dûmes en conséquence nous étendre sur le sol, où nous fûmes dévorés des moustiques. 1831. Chiquitos.

Le 19, entraîné par les circonstances, je franchis dix-sept lieues dans la journée, en me rendant à la porte de Santiago. Traversant des bois plus ou moins épais, suivant le pied des montagnes ou marchant même sur les couches de grès inclinées vers le sud, qui les composent, je passai successivement les torrens de *San-Carlos*, de *San-Pedro*, de *San-Miguel*, de *Soboreca*, d'*Uracirchikia*, de *San-Luis* et du *Tayoé*, qui descendent des hauteurs et se réunissent dans la plaine, pour former le Rio de San-Rafael, l'un des affluens du Rio Oxukis, qui se joint au Paraguay vers le 19.e degré de latitude. Au dire des Indiens, le Rio de San-Rafael serait navigable à peu de distance de Santiago. Je pus, en effet, le croire tel, en voyant le volume d'eau des nombreux affluens qui s'y jettent. Je passai près des restes de plusieurs fermes des jésuites, aujourd'hui abandonnées. Partout la campagne est belle, partout elle offre ses terres vierges, couvertes de grands arbres et de quelques palmiers motacus, dont la fraîche verdure contrastait alors avec les bois dépouillés de leur ornement, et laissaient apercevoir, au travers de leurs branches croisées, la chaîne de Santiago, que j'avais toujours à ma gauche. Au *Rio de Soboreca* (de la Diablesse) je m'arrêtai un instant près d'un large réservoir d'eau limpide, formé dans le grès par le ruisseau. Deux lieues plus loin, au Rio de San-Luis, je commençai à monter, sur le dos des couches de grès, jusqu'au Rio de Tayoé, où nous croyions pouvoir passer la nuit. L'ombrage de grands arbres, le voisinage de nombreux acacias couverts de fleurs roses, et répandant un parfum dont l'air était embaumé, nous faisaient espérer un calme réparateur après la fatigue de la journée; mais au coucher du soleil des nuages de moustiques nous enveloppèrent au point, de nous rendre le repos impossible. Un clair de lune magnifique nous engageant à continuer notre voyage pour nous soustraire à leur piqûre venimeuse, à minuit on sella les chevaux et nous fîmes trois lieues, au milieu de la forêt, montant toujours dans un terrain pierreux, où nos chevaux, encore plus fatigués que nous, trébuchaient à chaque pas. Nous arrivâmes ainsi, à deux kilomètres de Santiago, près du sommet de la montagne, où nous nous arrêtâmes, pour ne pas arriver de nuit. J'étendis mon poncho à terre, et ma selle pour oreiller, n'étant plus d'ailleurs tourmenté par les moustiques, je dormis jusqu'au jour. 19 Sept.

1831.

Santiago de Chiquitos.

††† *Mission de Santiago de Chiquitos.*

J'avais joui d'un si profond sommeil, que je n'avais pas entendu le curé et l'administrateur de Santiago, qui, venus au devant de nous, s'étonnèrent beaucoup de nous rencontrer aussi près. Tandis qu'on sellait les chevaux, je parcourus les environs, que je trouvai couverts de plantes différentes de celles que j'avais observées ailleurs, et j'en recueillis un grand nombre d'espèces. En traversant une croupe ondulée, nous parvînmes à la mission, où l'on nous reçut avec les honneurs accoutumés. Tout le monde était sur pied, et jamais, je crois, il n'y eut plus de démonstrations de joie.

Santiago, formée des Indiens *Guarañocas* et *Tapiis*, auxquels les jésuites réunirent des Chiquitos, afin de généraliser leur langue, fut d'abord fondée à dix lieues à l'est de la mission actuelle, au pied méridional de la chaîne de Santiago. Les Guarañocas habitaient au sud dans les bois, et leur réduction donna beaucoup de peine aux religieux. Ils ne purent même réunir qu'une partie de cette nation. Le reste continua de vivre à l'état sauvage, dans les forêts voisines, voyageant sans cesse, vivant de chasse, couchant sur des nattes, et faisant continuellement, pour tout enlever, des courses sur les domaines des missions. Ces exactions trop fréquentes déterminèrent, vers 1740, les jésuites à tranférer leur résidence près du sommet de la montagne, au lieu qu'elle occupe aujourd'hui. Ils y bâtirent un collége, une église, et l'établissement put alors rivaliser avec les autres. Néanmoins le caractère belliqueux des Guarañocas demandait beaucoup de ménagemens. Ils menaçaient incessamment de rejoindre leurs compatriotes au sein des forêts d'alentour. Après l'expulsion des jésuites, deux gouverneurs de la province, Don Gil Toledo et Ramos, voulurent conquérir la tribu Guarañoca, encore sauvage, mais loin d'employer la persuasion comme les jésuites, ils entrèrent en campagne avec des soldats, et tirèrent sur les Indiens aussitôt qu'ils les aperçurent. Ces hostilités en firent des ennemis irréconciliables, qui nuisent beaucoup à l'exploitation des salines, en attaquant les Indiens de Santiago et de San-Jose, qui s'y rendent tous les ans. Depuis cette époque (vers 1820) on laissa les Guarañocas sauvages vivre en paix dans leurs forêts. Vers 1801 le feu prit au collége et consuma tout l'établissement. Aucun administrateur n'a songé depuis à le rebâtir; aussi de tous les monumens des jésuites ne reste-t-il plus que l'église, qui même est dans un grand délabrement. Aujourd'hui la population est de 1234 âmes, dont la moitié de Guarañocas, le reste de Chiquitos et de Tapiis mélangés; ces derniers ayant entièrement oublié leur langage primitif. Quant aux Guarañocas, étant nombreux, ils ont toujours conservé le leur, tout en apprenant la langue chiquita, que les institutions des jésuites rendait obligatoire.

1831. Santiago de Chiquitos.

La mission de Santiago, distante de quarante-sept lieues à l'est-sud-est de San-José, est située dans une position charmante, près du faîte des montagnes de Santiago, sur leur versant méridional et non loin d'un ravin ombragé. Elle est néanmoins dominée au nord par les crêtes élevées, découpées en gradins du sommet de la chaîne, ce qui lui donne un aspect de grandeur pittoresque que n'ont pas les autres missions de la province. A l'exception de l'église, munie d'un beau fronton, il n'y a plus que des maisons d'Indiens, où le manque de collége nous contraignit à nous loger.

Les produits actuels de Santiago sont les mêmes que ceux des autres missions, en moindre abondance : on y récolte du coton, de la cire; mais la principale occupation des Indiens est l'extraction du sel dans la saison sèche. Ils vont à une soixantaine de lieues au sud-ouest, tirer d'une saline voisine de celle de San-José, le sel cristallisé par l'évaporation naturelle d'un lac salé. Cette exploitation leur procure de grandes ressources; mais elle nuit beaucoup à l'agriculture, très-négligée à Santiago. Depuis quelques années on taille, en pierres à repasser les rasoirs, une espèce de phyllade à grains très-fins; industrie susceptible de prendre beaucoup de développement, ces pierres étant excellentes et pouvant rivaliser avec les meilleures que nous employons à cet usage en Europe.[1]

A mon arrivée à la mission j'avais été frappé de l'air enjoué et de la bonne mine des indigènes. Les Guarañocas sont sans contredit les plus gais de la province. Ils ont inventé presque toutes les danses nationales. Je pus m'en convaincre dans les bals successifs qui eurent lieu tous les jours depuis notre arrivée. Ces danses, pour la plupart imitatives, sont accompagnées d'une musique vive, quoique peu variée[2], pendant laquelle les Indiennes exécutent des figures variées. Parmi ces danses, quelques-unes me frappèrent par leur originalité. Dans l'une d'elles, un vieil Indien Guarañoca, muni d'une calebasse remplie de maïs, se plaça au milieu des femmes, en chantant et en dansant d'une manière singulière, que les femmes répétaient. Tantôt elles allaient par files, en sautant, le corps penché de côté, puis se retournaient

1. Je me sers de ces pierres depuis mon voyage, et je ne crains pas de les comparer à ce que nous avons de mieux en France.

2. Voyez cette musique, aux Considérations générales sur la province.

1831. — Santiago de Chiquitos.

tout à coup et se penchaient de l'autre, comme si elles eussent semé ou labouré. D'autres fois c'étaient des figures beaucoup trop expressives; ou bien, dans leurs chants, elles se plaignaient d'être dévorées par des fourmis, et alors, tout en dansant, semblaient se gratter. Souvent, dans le feu de l'action, paraissant oublier le lieu où elles se trouvaient, prenant la chose trop au naturel, et recherchant avec trop de soin l'insecte importun, elles relevaient leur tipoï de façon à découvrir une grande partie de leur corps. Cette danse, accompagnée de chants, de cris, de sifflemens aigus, me reportait, par sa sauvagerie, à l'état primitif de la nation.

Une autre danse imitative est celle qui représente la récolte du *Pavi*, grosse coloquinte au fruit mangeable, comme nos potirons d'Europe, qui croît dans les bois, grimpant aux branches et produisant en automne des fruits partout suspendus au sommet des arbres. Dans cette danse les femmes, tout en criant *pavi, pavi*, lèvent les bras en l'air, comme pour saisir le fruit, et sautant en mesure pour l'atteindre, prennent toutes sortes de postures. Bientôt, tout en chantant et dansant, elles saisirent l'un de nous, l'enlevèrent dans leurs bras, et dans un instant il se vit porté étendu sur leurs mains élevées. Elles lui firent faire le tour de la salle, en le secouant à qui mieux mieux, et le chatouillant pour qu'il s'agitât davantage. Comme des énergumènes elles nous prirent tous les uns après les autres de la même manière, sans excepter le curé, le gouverneur ni moi, et je fus aussi porté sur leurs mains avec autant de facilité que si elles eussent enlevé une plume. J'avoue qu'il fallait toute ma bonne volonté habituelle pour me laisser secouer de la sorte, et pour me souffrir ainsi couché en l'air, sur les mains de ces femmes qui, afin de me faire plus d'honneur, me gardèrent plus long-temps que les autres, et me mirent à la torture en me chatouillant.

Tandis que les femmes dansaient chez le gouverneur, les hommes réunis sur la place, et tous munis de flûtes de Pan, exécutaient sur des tons différens des airs sauvages, qui ne manquaient pas d'originalité.

Il est fâcheux d'avoir à dire que chez les Guarañocas, gais jusqu'à la folie, la corruption des mœurs est à son comble. Il paraît qu'il n'en était pas de même du temps des jésuites; mais Santiago ayant été long-temps, après leur expulsion, et durant les guerres de l'indépendance, le séjour d'une garnison, les soldats y ont introduit les habitudes les plus dissolues. Il n'y reste plus la moindre trace de pudeur, et le cynisme y est poussé aux derniers excès.

Tandis que les plaines environnantes haletaient encore sous les feux d'un soleil brûlant, des nuages bienfaisans s'étant arrêtés au sommet de la montagne, y avaient amené un changement total dans l'aspect de la nature. Les arbres se couvraient d'un tendre feuillage et de fleurs variées, la campagne se revêtait de sa parure printannière, dont le charme se répandait de tous côtés. Rien, je crois, dans nos plus beaux pays d'Europe, n'est comparable à cet instant sous la zone torride. En France, par exemple, les feuilles poussent peu à peu, et le froid, le manque de beaux jours se font souvent sentir avec le retour du printemps. En ces lieux, c'est un changement de décoration subit. La nature est morte, inanimée; un ciel trop pur éclaire une campagne froide, à moitié desséchée. Arrive-t-il des pluies? tout, comme par enchantement, prend une forme nouvelle. Quelques jours suffisent pour émailler les plaines de verdure et de fleurs odorantes, pour couvrir les arbres de feuilles à la teinte claire ou de fleurs qui les précèdent et colorent en entier chacun d'eux. Si la campagne embaume l'air des parfums les plus suaves, en montrant son parterre naturel, les bois sont autrement beaux et variés. Ici l'arbre chargé de longues grappes purpurines, contraste avec une coupe d'un bleu d'azur ou de l'or le plus pur; là une cime blanche comme la neige s'élève près du rose le plus tendre, le tout mélangé d'arbres aux feuilles d'une admirable fraîcheur. Avec quel plaisir je gravissais les coteaux, où ces beaux végétaux étalaient leur parure! Je parcourais les plaines, sans savoir à quel lieu donner la préférence, chaque endroit m'offrant un charme particulier, un cachet différent. Jamais je n'avais été aussi frappé des beautés de ce sol éclairé par le plus beau ciel du monde. J'étais réellement en extase devant la richesse, le chaud coloris du vaste tableau qui se déroulait à ma vue, chaque fois que je parcourais les campagnes des environs de Santiago.

1831.

Santiago de Chiquitos.

Je voulus un jour gravir la montagne jusqu'au sommet. J'envoyai la veille des Indiens me frayer, à coups de hache, un passage à travers la végétation, en cherchant le point accessible; et, accompagné d'un guide, je commençai mon ascension. De l'autre côté du ruisseau de Santiago, je m'élançai au milieu des rochers amoncelés, entre lesquels poussent partout des arbres fleuris, de l'aspect le plus varié. Je passai au pied d'un pic de grès élevé de plus de trente mètres, dont les couches horizontales, empilées sur une largeur de trois mètres au plus, semblaient devoir s'écrouler sur ma tête. Je montai ainsi sur trois gradins successifs, entourant la montagne et offrant chacun une assez vaste esplanade couverte de terre végétale. Je parvins avec beaucoup de fatigues au sommet de la chaîne, où je trouvai un plateau hori-

1831. — Santiago de Chiquitos.

zontal de deux kilomètres de circonférence, orné de plantes graminées, mélangées avec un petit palmier nain sans tronc[1], dont les feuilles ont moins d'un mètre de haut. De ce plateau j'avais la plus belle vue possible. A l'est et à l'ouest se présentait à mes yeux, aussi loin qu'ils pouvaient s'étendre, le prolongement de la chaîne, formée de plates-formes ou de tables semblables à celle que j'occupais, le tout entrecoupé de gorges boisées, offrant comme des gradins autour des sommets tronqués. Au sud, je suivais la pente douce de la montagne, ayant en face la mission et les champs des Indiens d'un aspect riant et animé. Au-delà de cette campagne s'étendait un horizon bleuâtre, formé par les bois sauvages du côté du grand Chaco. Au nord, coupée perpendiculairement vers l'immense vallée du Tucabaca, la montagne m'offrait, à sept cents ou mille mètres au-dessous, une mer non interrompue de sombres forêts. Si le regard franchissait un espace d'environ un demi-degré ou douze lieues, il s'arrêtait de l'autre côté de la vallée, à la chaîne de *San-Juan* ou *del Sunsas,* parallèle à la chaîne de Santiago, dont les croupes mamelonnées bleuâtres se dessinaient à l'horizon et se perdaient dans le lointain, à l'est et à l'ouest.

Je serais volontiers resté jusqu'au soir, admirant l'ensemble de l'immense panorama qui se déployait autour de moi; mais, tandis que j'observais et que je prenais mes relèvemens géographiques, un énorme nuage s'arrêta sur la montagne et m'enveloppa dans un instant, en me voilant le magique tableau qui m'entourait. Bientôt des torrens m'inondèrent, et, malgré leur température glacée, je les recevais avec un certain plaisir, n'ayant pas vu de pluie depuis plus de trois mois. J'attendis quelque temps, dans l'espoir que le nuage s'éloignerait. Comme il paraissait, au contraire, s'épaissir de plus en plus, je fus obligé de descendre, roulant plutôt que je ne marchais au milieu des rochers et des ruisseaux gonflés par l'averse. Dès les premières gouttes d'eau, je remarquai que mes guides avaient ôté, étroitement roulé et placé sous le bras leur chemise, aimant mieux recevoir la pluie sur leur corps que de mouiller ce vêtement unique.

En parcourant la montagne, en voyant les gradins couverts de terre végétale assez profonde, en observant que le sommet de la montagne lui-même est chargé d'un terrain noir, encore vierge, je pensai aux incalculables avantages que l'agriculture pourrait retirer de la chaîne entière, où le blé, la pomme de terre, la vigne et toutes les plantes des pays

1. *Cocos petræa*, Martius, Palmiers de mon Voyage, pl. IX, fig. 2.

tempérés, lui prodigueraient sans peine leurs trésors. Je communiquai mes remarques au gouverneur, qui les approuva, et me promit de faire des essais l'année suivante. J'ignore s'il a tenu sa promesse; mais je signale ces faits au gouvernement de Bolivia, afin que les générations futures puissent s'assurer les bénéfices que leur promet ce sol encore abandonné à lui-même. 1831. Santiago de Chiquitos.

J'allai également, à cinq lieues de distance, visiter une source d'eau thermale, en traversant la montagne vers l'est, dans une campagne magnifique, mais difficile à parcourir. Je ne trouvai pas sans étonnement, au lieu d'une source ordinaire, un lac d'un demi-kilomètre de largeur, rempli d'une eau tiède, qui sortait en bouillonnant du milieu du réservoir, où les habitans m'assurèrent qu'il y avait du poisson. Ces eaux, entourées de rochers de grès friable, ont une grande renommée pour les rhumatismes et les maladies de la peau. On y vient de toutes les parties de la province. A cet effet, on y a construit une petite cabane couverte en feuilles de palmier, où l'on peut se garantir de la pluie et du soleil.

Le 27 Septembre, après sept jours d'exploration, je fis mes adieux aux habitans de Santiago et je me dirigeai sur Santo-Corazon, situé à quarante lieues environ à l'est-sud-est. J'emportais de Santiago une belle collection géologique, une flore des montagnes environnantes, presque complète pour la saison, plusieurs oiseaux intéressans, des renseignemens nombreux sur la géographie, un vocabulaire guarañoca écrit par moi, et la musique indigène, notée par le maître de chapelle de la mission. 27 Sept.

Je remontai une lieue le ruisseau de Santiago avant d'atteindre le sommet de la montagne, foulant un terrain inégal, couvert de fleurs et encombré de rochers tombés des parties plus élevées. Arrivé au faîte, je revis, avec un grand plaisir, la vallée de Tucabaca, bornée, dans le lointain, par les montagnes du Sunsas et de San-Juan. J'avais à descendre près de deux heures une pente des plus rapides, remplie de débris des sommités voisines. Des blocs de grès compacte, des phyllades roses, jaunes, se montraient d'abord en plus grand nombre, puis je me trouvai, jusqu'au pied de la côte, sur des phyllades-schistoïdes bleuâtres. Cette descente rapide, la nature et la couleur de la roche me rappelèrent la côte de Petacas[1], en descendant les derniers contre-forts des Cordillères près de Santa-Cruz. J'avais en effet sous les yeux le même étage géologique avec le même aspect minéralogique. En

1. Voyez tome II, p. 517.

1831. entrant dans la forêt qui occupe toute la vallée, je fus surpris de la trouver sans feuilles. Je venais de laisser sur la montagne le printemps dans sa plus belle parure, tandis que je voyais régner encore le triste hiver sur la plaine boisée. Ce changement de nature à si courte distance m'attrista pendant les huit lieues qui me séparaient du Rio Tucabaca, d'autant plus que la forêt me rappelait, sous tous les rapports, le Monte Grande, que j'avais traversé de Santa-Cruz à Chiquitos[1]. J'y voyais également la plus grande uniformité. Point de palmiers au feuillage élégant, mais partout des cactus en arbres de haute futaie, et des faux cotonniers au tronc en fuseau. En arrivant au Rio Tucabaca, la monotonie de la forêt vint cependant s'égayer du feuillage vert foncé du palmier *murayahu*, ancienne connaissance, que j'avais admirée près de Santa-Cruz de la Sierra.

Chiquitos.

Profitant d'une roche saillante de phyllade noirâtre, je pus traverser à gué le Rio Tucabaca, partout ailleurs assez profond. Cette rivière, dont j'avais passé plusieurs affluens à San-Lorenzo et à l'Ipias[2], réunit toutes les eaux de la vallée, coule près de la mission de San-Juan, et continue entre les chaînes de Santiago et du Sunsas, jusqu'à l'extrémité de la première, où, se réunissant avec le Rio de San-Rafael, qui a reçu les eaux du versant méridional de la Sierra de Santiago, elle forme, non loin des ruines de l'ancien Santo-Corazon, le Rio d'Oxukis, affluent occidental du Rio du Paraguay. Le Rio-Tucabaca coule, sur un lit étroit, dans une vallée peu inclinée; aussi suis-je bien convaincu que, débarrassé des branchages qui l'encombrent, il offrirait, au temps des crues, une navigation commode pour des bateaux plats, et pourrait, ainsi, servir au transport des produits de San-José et de San-Juan.

En traversant le Rio Tucabaca, sur les débris de phyllades noirâtres analogues à ceux de la Cordillère de la Paz, je me rappelai que toutes les mines d'or, soit d'extraction, soit de lavage, de ces riches contrées, dépendaient de cette formation géologique ou de ses anciennes dénudations. Je ne doutai plus alors des chances de succès que présenterait la recherche de l'or par le lavage, dans toute cette immense vallée du Tucabaca, la plus propre par sa nature géologique à donner des résultats avantageux.

En traversant des forêts épaisses des plus tristes, je me rendis à quatre lieues plus loin, jusqu'à la halte du *Poso*, où je passai la nuit près d'un trou plein d'eau. La solitude de la forêt était remarquable. Pas un seul oiseau

---

1. Voyez tome II, p. 584.
2. Voyez t. II, p. 631.

ne s'y montrait, et je l'aurais cru entièrement dépeuplée, si, dans le voisinage de la halte, je n'eusse rencontré une pie bleue. J'ai eu l'occasion de parler du vanneau armé, la sentinelle de la plaine, qui s'émeut dès qu'il aperçoit quelqu'un, et ne cesse de crier en le poursuivant. La pie bleue joue dans les forêts absolument le même rôle; dès qu'elle entend du bruit, elle vole, en criant, d'arbre en arbre. On la dirait chargée de la surveillance des forêts, tandis que le vanneau armé garde les plaines. Je rencontrai là aussi plusieurs coquilles terrestres intéressantes.[1] 1831. Chiquitos.

A onze lieues du Poso, après avoir passé, toujours dans la forêt, la halte du *Naranjo*, marquée, en effet, par quelques orangers, et celle du *Potrero*, espèce de marécage orné de palmiers motacus, j'arrivai au lieu nommé *la Cal* (la Chaux), où les jésuites avaient, au pied même de la chaîne du Sunsas, *établi* un four à chaux, pour exploiter une roche analogue à celle de San-José[2], reposant également sous les grès dévoniens. De la Cal, je gravis trois lieues de collines boisées, jusqu'au sommet de la chaîne du Sunsas, en franchissant de profonds ravins, des sommités escarpées, où je reconnus des grès dévoniens souvent ferrugineux, qui, reposant sur des phyllades bleus, superposés à des gneiss en décomposition, laissent partout sur le sol des fragmens de quartz. Je croyais du sommet de la montagne avoir une belle vue; mais je fus trompé dans mon attente, les dislocations nombreuses de cette partie ne permettant pas d'apercevoir la campagne. En descendant deux lieues sur le versant oriental, je suivis la direction d'une vallée transversale bordée aussi de montagnes, et j'atteignis la halte du Sunsas, ayant franchi seize lieues dans la journée. Nous y rencontrâmes, sous la ramée, l'administrateur de Santo-Corazon, venu à notre rencontre. Vers six heures, tandis que j'explorais les environs, je vis, à ma grande surprise, arriver les quarante Indiens portant nos bagages. Ces pauvres gens avaient fait seize lieues à pied, chargés comme des mulets, et pourtant ils étaient gais et contens, ne paraissant pas éprouver la moindre fatigue.

La nuit était des plus calmes. Les étoiles étincelaient sur un ciel d'azur foncé, tandis que des centaines de gros insectes, portant une vive lumière, croisaient en tous sens le sol, couvert de verdure. Ces feux vivans, sans cesse agités, contrastaient avec les feux plus fixes du firmament; et néanmoins de nombreuses étoiles filantes, que j'apercevais de temps à autre,

1. Le *Bulimus apodemetes*, etc.
2. Voyez t. II, p. 627.

1831. pouvaient facilement se confondre à l'horizon avec la lumière animée des insectes volans.

Chiquitos. 29 Sept.

De la halte du Sunsas jusqu'à Santo-Corazon, je n'avais plus que douze lieues. Je suivis, toujours descendant la vallée boisée du *Bokis*[1], la rive droite du ravin du même nom, ayant, des deux côtés, des montagnes assez élevées, aux contours festonnés. Je marchais quelquefois sur les collines latérales composées de grès ferrifères, ou je descendais près du ruisseau ombragé de bambous gigantesques, dont le tronc, de plus de quinze centimètres de diamètre, s'élève comme un arbre, en représentant, dans son ensemble, la forme d'une plume ou d'un panache élégant. A six lieues, je m'arrêtai à la halte du *Bokis*, où chacun fit sa toilette, afin d'entrer dignement à la mission de Santo-Corazon. Le chemin devint plus uni. Les collines s'abaissèrent, et, en trois lieues, représentèrent des mamelons arrondis, au lieu nommé *Bokisito*. Je n'eus plus à parcourir ensuite que des campagnes mollement ondulées, donnant, après l'embrasement annuel, d'assez bons pâturages pour les bestiaux.

++++ *Mission de Santo-Corazon de Jesus.*

Depuis l'expulsion des jésuites, Santo-Corazon n'avait jamais été visité par un gouverneur; aussi la nouvelle de notre arrivée était-elle un véritable événement pour les habitans de la mission, qui firent des efforts inouïs pour bien nous recevoir. Ces pauvres gens, dans leur simplicité ne savaient pas si un gouverneur, dont on leur avait tant vanté le pouvoir, était un Dieu *ou un homme*. Ils avaient même demandé à l'administrateur s'il était tonsuré, le curé étant le premier après Dieu. Nous rencontrâmes à une lieue du village le curé, les juges indigènes à cheval, vêtus de rouge, portant des bannières, et un grand nombre d'Indiens et d'Indiennes burlesquement habillés et couverts de fleurs. Nous nous arrêtâmes sous un grand arc de triomphe, où les chefs indiens et le curé descendirent de cheval pour haranguer le gouverneur, après quoi les juges, avec leurs bannières, accomplirent devant nous les cérémonies qu'ils avaient coutume d'exécuter devant l'autel, les jours de grandes fêtes, tandis que les Indiens dansaient en chantant les louanges du gouverneur. Depuis ce premier arc jusqu'à la mission, il y en avait, de quinze pas en quinze pas, d'autres, ornés de fleurs, et les danseurs nous précédaient, exécutant des figures aux cris souvent répétés de *viva el Señor Gobernador!* Plus

1. *Bokis* est, dans la langue des Chiquitos, le nom des bambous.

nous approchions, plus notre cortége grossissait de curieux venus à sa rencontre, plus les acclamations se multipliaient. Au sommet d'une dernière petite colline, je me trouvai en face de la mission, ayant en perspective, à quelques centaines de pas, un immense arc de triomphe de feuilles et de fleurs, sous lequel attendaient les jeunes Indiens et Indiennes en costume de danse, avec la musique, la population entière de la mission, rangée de chaque côté dans le plus grand ordre. Cet ensemble en amphithéâtre avait quelque chose de majestueux et de pittoresque à la fois. Il fallut s'arrêter encore et entendre des couplets chantés par de jeunes Indiennes parées de fleurs et de plumes; enfin, après nous avoir comblé de tous les honneurs imaginables, on nous laissa gagner, les danseuses en avant, les appartemens du gouverneur, qu'ornaient partout des guirlandes de fleurs. Nous n'eûmes plus qu'à recevoir les complimens de tous les chefs.

Le gouverneur et moi nous marchions toujours de front; mais soit que mon costume blanc, avec une ceinture faite d'une écharpe de crêpe de Chine rouge, dont les extrémités brodées pendant de côté, frappât plus les Indiens que celui du gouverneur, soit encore que mon air plus étranger, ma taille plus élevée les disposassent en ma faveur, ils me prenaient pour le chef de la province, et j'avais beaucoup à faire pour ne pas empiéter sur les droits réels de M. Peña, qui, doué d'un excellent caractère, était le premier à en rire, et même à prolonger la méprise des Indiens, en me forçant de partager les prévenances dont on l'accablait, et dont il faisait néanmoins assez de cas, tenant beaucoup à perpétuer la considération accordée aux gouverneurs, dans le but de conserver plus d'influence.

Le lendemain le curé chanta pour le gouverneur une grand'messe, dont la musique était inférieure à celle de Santa-Ana. A notre arrivée, le curé, en costume sacerdotal, sortit à la porte, afin de nous recevoir et de nous offrir de l'eau bénite. Pendant la messe il vint nous encenser conformément aux anciennes coutumes établies pour la réception des gouverneurs espagnols. C'était en effet une dernière représentation des honneurs exagérés qu'exigeaient ces fonctionnaires. Avant l'émancipation, ils s'asseyaient sous des dais et partageaient, dans les temples, les hommages rendus à la divinité, se regardant, au civil, comme des rois absolus, au moral, comme égaux à Dieu. Ce qui m'étonne le plus, c'est la faiblesse blâmable avec laquelle le clergé se pliait à des exigences de cette nature. Le gouverneur actuel, homme des plus sensé, avait aboli partout ces cérémonies ridicules; mais à Santo-Corazon, pour me montrer jusqu'où allait l'adulation des employés religieux et séculiers, il les laissa faire ce qu'ils voulurent.

1831. — Santa-Corazon de Chiquitos.

Après la messe, les Indiens et Indiennes vinrent nous faire leurs offrandes, *apportant un poulet, un cochon d'Inde, un régime de bananes, des ananas*, ou des calebasses remplies du meilleur miel des forêts. Pour ma part, ces visites me coûtèrent plus de dix douzaines de boucles d'oreilles, une cinquantaine de mètres de rubans, sans compter les mouchoirs de couleur distribués aux chefs. Il y eut deux jours de bal, où l'on exécuta des valses, le menuet, la contredanse espagnole, comme si l'on eût été au milieu de la civilisation; mais à la fin de chaque soirée, les danses nationales me ramenaient facilement sur le théâtre réel de la réunion. Les Indiennes ont moins de grâces qu'à Santa-Ana, tout en exécutant les figures avec autant de précision. Je remarquai que, dans les figures indigènes, elles ne se prennent pas la main.

Après la fondation des autres missions, la recherche du port le plus favorable pour la navigation du Rio du Paraguay, fit découvrir par les jésuites les diverses nations dont se compose la mission de Santo-Corazon. Ils rencontrèrent, en 1717[1], les Samucos ou Samucus. Deux ans après, le père Alberto Romero fut tué par cette nation belliqueuse[2], pour avoir, dans une distribution de viande, méconnu la femme d'un cacique. Le jésuite qui le remplaça ne trouva dans la mission que quatre ou six familles de cette nation; les autres s'étant enfuis dans les bois. La mission, composée d'Indiens *Samucus, Otukés, Caravés* et *Potureros,* fut d'abord fondée à vingt lieues au sud de la mission actuelle, au confluent du Rio Tucabaca et du Rio de San-Rafael, coulant ensemble vers le Paraguay sous le nom d'Oxukis. Elle subsista quelque temps, mais les Samucus, faisant des excursions trop fréquentes sur ses dépendances, les jésuites, vers 1751[3], la transférèrent au lieu qu'elle occupe aujourd'hui. Elle prospéra sous le régime général des jésuites; mais, après leur expulsion, les administrateurs et les curés, se sentant éloignés de tout contrôle, abusèrent de toutes les manières des pauvres indigènes, qui, trop malheureux, préférèrent l'état sauvage; ils allèrent, en effet, s'établir à l'est, au-delà des dernières montagnes, d'où, en 1829, l'administrateur actuel, homme de jugement, put les ramener au village. Depuis le régime des gouverneurs, Santo-Corazon devint de plus, par son éloignement et son isolement, un lieu de déportation, où, non content d'envoyer les Indiens les plus pervertis, on exilait les Espagnols condamnés pour crimes. On

1. Padre Fernandez, *Relacion historial de los Chiquitos*, p. 390.
2. Même ouvrage, p. 398.
3. J'ai obtenu tous ces renseignemens sur les lieux.

conçoit facilement qu'avec ces nouveaux élémens de population, les habitans de ce village durent être bientôt plus corrompus que ceux des autres missions; ce dont l'étude de leurs mœurs ne tarda pas à me convaincre. 1831.

Santa-Corazón de Chiquitos.

La population actuelle de Santo-Corazon est de 805 habitans, de quatre nations distinctes : 1.° Les Chiquitos, amenés par les jésuites à la mission pour populariser leur langue, et qui sont en petit nombre. 2.° Les *Samucus*, que leur langage me fit reconnaître pour une section de la nation des *Potureros*, également réunie à la mission : ces deux tribus dépendant de la même souche que les Guarañocas de Santiago[1], et que les *Morotocas* de San-Juan, dont j'aurai l'occasion de parler[2]. 3.° Les *Otukés*, au nombre d'environ cent cinquante à la mission de Santo-Corazon, qui habitaient les forêts du nord-est de la province : leur petit nombre les a fait se fondre dans les autres nations, de telle manière que deux vieillards se rappelaient seuls la langue primitive, déjà oubliée par les enfans; aussi n'y a-t-il peut-être aujourd'hui d'autre trace de leur langage que le petit vocabulaire que j'en ai rédigé. 4.° Les *Curavés*, qui assurent avoir habité les rives du Rio Tucabaca, et avoir parlé une langue distincte, dont il ne reste plus rien. Ces Indiens se réunirent à Santo-Corazon pour fuir les attaques des sauvages du Chaco, destructeurs du reste de leur nation.

Comparés aux Indiens de Santiago, en général maigres par suite de la négligence de leurs chefs, ceux de Santo-Corazon font honneur à leur administration. Tous sont grands, robustes, bien nourris. On doit cette amélioration à l'administrateur actuel, qui, en 1829, ayant trouvé la mission presque déserte et dénuée de tout, ramena par la douceur les Indiens des forêts où ils s'étaient enfuis, et profitant de la gaîté de leur caractère, les fit travailler en chantant. S'il avait un champ à ensemencer ou à défricher, il faisait préparer du *pemanas* (bière de maïs fermenté), et en transportait des pots sur les lieux, où il se rendait au son des chansons dont on accompagnait le travail. L'opération s'exécutait avec ardeur et l'on revenait avec la même gaîté. Cette méthode ramena promptement l'abondance à la mission, aujourd'hui la mieux approvisionnée de toutes et celle dont les environs sont le mieux cultivés.

Si j'avais été frappé de la dissolution des mœurs à Santiago, Santo-Corazon, sous une température beaucoup plus élevée, m'en offrait des exemples

1. Voyez t. II, p. 636.

2. Voyez *Homme américain*, tome IV, première partie, p. 253, ce que j'ai dit de cette nation.

1831. bien plus surprenans encore. Les passions, et dès-lors le libertinage, sont poussés à leur comble chez les femmes, qui ont changé de rôle avec les hommes, faisant partout et publiquement les avances. Chacune veut tour à tour posséder les jeunes gens, et j'entendis une Indienne se plaindre de la froideur d'un jeune homme, en disant : « Je suis bien malheureuse ! comment pourrait-*il m'aimer? je n'ai rien à lui donner.* » Contrairement aux coutumes des autres missions, les Indiennes préfèrent leurs compatriotes aux blancs, et attachent une grande importance aux cadeaux des premiers. Elles tiennent plus à recevoir d'un Indien une tortue [1], par exemple, mets qu'elles aiment beaucoup, que d'un Espagnol les plus beaux vêtements, disant que l'Indien, pour trouver sa tortue, a dû courir toute la forêt voisine, tandis que le blanc n'a eu d'autre peine que de mesurer son étoffe. Il est singulier de voir les passions si vives chez les femmes, quand les hommes sont au contraire des plus indolens. Mariés, en général, dès l'âge de quatorze à quinze ans, ils n'ont jamais connu l'amour, et leur indifférence est extrême. Les hommes jaloux sont très-rares, et deviennent la risée des autres. Aussitôt qu'un homme accepte des mains de sa femme un cadeau de l'amant de celle-ci, il perd tous ses droits sur elle, ne peut plus s'en plaindre, et, toutefois (chose remarquable, au milieu de cette corruption), jamais il n'y a de mauvais ménages. La plus grande liberté existe de part et d'autre, sans que les époux cessent d'habiter le même toit et de vivre en bonne intelligence. Restés depuis l'expulsion des jésuites à la merci d'hommes sans éducation, sous des chefs sans principes, les premiers à les corrompre, on conçoit combien leur marche dut être rapide dans la dépravation des mœurs; mais il est difficile de dire comment on pourrait ramener cette population égarée vers un état de choses plus satisfaisant.

Santa-Corazon de Chiquitos.

Santo-Corazon est dans une position charmante. Bâtie sur une petite éminence, près du Rio de son nom, elle domine une vallée boisée, qu'arrosent deux autres grands ruisseaux, le Rio du Bokis et le Rio du *Kihusos*, descendant des montagnes de l'ouest. Elle est presque entourée de montagnes couvertes de bois. A l'est c'est la chaîne de grès du *Taruoch*, aux mamelons arrondis; à l'ouest et au sud la chaîne du Sunsas et ses contre-forts, s'étendant au loin vers le nord-ouest. Au nord seulement la vue n'est bornée par aucune

1. La tortue de terre, assez commune dans les forêts, est à Santo-Corazon le cadeau le plus estimé par les Indiennes.

élévation, la forêt seule s'étendant à l'horizon. Les environs sont partout semés de cotonniers, de champs de maïs, de manioc et de toute espèce de légumes. Par lui-même le village est peu de chose. L'église en est spacieuse; mais couverte en chaume, ainsi que le collége et les maisons des Indiens, qui entourent la place.

1831.

Santo-Corazon de Chiquitos.

Les produits de cette mission, la plus pauvre de toutes celles de la province, sont les mêmes que les produits des autres, mais en moindre quantité, à l'exception du coton, très-beau et très-estimé. Dans un pays où les charrettes sont encore inconnues, où les chevaux sont peu nombreux, les moyens de transport par des bœufs, avec des trains semblables à ceux que j'ai décrits[1], n'offrant que très-peu d'avantages, l'administrateur avait voulu dresser des bœufs à remplir l'office des mulets, en en faisant des bêtes de somme et des montures. Sa manière de les dompter me parut ingénieuse. Il perce la cloison des narines de l'animal et y passe un anneau de fer, auquel on attache des courroies pour remplacer la bride des chevaux. Le plus intraitable devient ainsi très-doux et se laisse conduire comme le cheval le plus paisible. Je vis des Indiens monter des bœufs dressés de la sorte et les diriger avec une grande facilité; je les vis encore les couvrir d'un bât particulier, auquel on accroche des espèces de paniers où l'on peut mettre jusqu'à deux cents kilogrammes pesant. Ces bœufs ainsi chargés pouvaient faire huit à dix lieues par jour. J'appris, plus tard, que l'usage a consacré depuis long-temps, sur quelques points du Brésil, ce mode de transport, qui, par les ordres de M. Marcelino de la Peña, doit devenir général dans la province et y remplacer les pauvres Indiens, qui en sont aujourd'hui les bêtes de somme. Je pense qu'il serait facile et surtout très-utile d'introduire cette méthode dans beaucoup de nos départemens de France, où des vaches pourraient, sans cesser de donner du lait, rendre ainsi d'immenses services à l'agriculture et au commerce.

En parcourant les environs, en recueillant partout les produits de la nature, je m'occupais aussi de la géographie de ces régions encore absolument inconnue. Je voulus m'assurer si, à l'est de la chaîne du Taruoch, il n'existait pas quelque autre montagne à l'ouest du Rio du Paraguay. A cet effet, je fis ouvrir par les Indiens un sentier jusqu'au sommet de la chaîne, afin d'apercevoir le lointain. Je me dirigeai à l'est, et je fis une lieue dans la plaine, en franchissant les trois petites rivières de Santo-Corazon, du Bokis et du Kihusos, bordées d'une belle végétation. Je traversai une colline assez basse, entre

---

1. Voyez tome II, p. 632.

1831. — Santo-Corazon de Chiquitos.

deux mamelons de grès, et je pénétrai dans une dépression sans issue, circonscrite de montagnes. Cette dépression, naguère couverte de forêts épaisses, avait été depuis deux ans transformée, par les soins de l'administrateur, en une magnifique ferme de culture, où l'on voyait les plus beaux champs de bananiers, de mandioca, de maïs, de cannes à sucre, entourés de la plus belle végétation, ne le cédant, en aucune manière, aux parties les plus pittoresques et les plus riches des forêts si vantées aux environs du Rio de Janeiro (Brésil). Ce lieu, réellement enchanteur, propre à toute espèce de culture, est, sans aucun doute, le point du pays où la végétation se développe le plus activement.

En traversant les forêts vierges, mélanges de palmiers, qui couvrent les coteaux environnans, je commençai mon ascension vers le sommet d'un des mamelons, par le sentier que j'avais fait ouvrir; mais, pour s'épargner de la peine, les Indiens y avaient tracé une ligne droite sur la pente, au lieu de diminuer par des détours l'ouverture de l'angle. Je me vis donc obligé de marcher sans cesse sur des feuilles sèches, où, quand je ne me retenais pas aux arbres, une glissade me faisait perdre en un instant le fruit d'efforts prolongés. Après quatre heures de lutte par une chaleur étouffante, je pus enfin, mort de fatigue, toucher le but désiré. Je dominais les cîmes voisines et je pouvais parfaitement juger de l'ensemble de la chaîne du Taruoch. Je relevai tous les points avec ma boussole d'arpenteur, et je reconnus qu'à l'est il n'y a plus de montagnes[1]. Un vaste horizon bleuâtre se perdait dans l'éloignement et dessinait partout une ligne uniforme. J'acquis dès-lors la certitude que, de ce point jusqu'au Rio du Paraguay, il n'y a que des plaines boisées, inondées au temps des pluies, sur une grande étendue, et formant le commencement de cette lagune de Yarayés, si célèbre dans tous les premiers historiens de la conquête, par les indigènes du même nom qui l'habitaient.[2]

Mon arrivée à Santo-Corazon avait pour moi un attrait immense. J'avais fixé pour but de mon voyage en Bolivia les derniers points orientaux habités de cette république. Ces limites, je venais de les atteindre, puisqu'on ne pouvait pénétrer au-delà que la hache à la main, en des lieux inhabités,

1. Ainsi, toutes les chaînes de *San-Pantaleon* et de *Santa-Lucia*, figurées dans les cartes d'Azara, n'existent pas. J'ai connu à Santa-Cruz Don Antonio Alvarez, qui, comme commissaire des limites, a fourni les renseignemens publiés par Azara; il m'a assuré qu'il n'a jamais vu tout ce qui, dans la carte de ce dernier, se trouve à l'est de Santiago.

2. Nuñez Cabeza de Baca, *Comentarios*, p. 46, etc.

en partie inhabitables. Santo-Corazon était effectivement, de ce côté, l'extrémité du monde, où je devais m'arrêter pour retourner ensuite à l'ouest. L'idée d'être parvenu à six cents lieues des côtes du grand Océan, de me voir au centre du continent, à peu près à égale distance de l'océan Atlantique, me causait un plaisir que je ne pourrais exprimer. J'avais souvent regardé comme un rêve d'atteindre ce point; aussi la réalisation de ce projet, en complétant mon voyage, me faisait-elle éprouver une grande satisfaction.

1831.

Santo-Corazon de Chiquitos.

Ce n'était pas pour moi seulement une jouissance d'amour-propre d'être arrivé à Santo-Corazon ; mais, en pensant aux immenses avantages qui pourraient résulter de la navigation du Rio du Paraguay pour les débouchés commerciaux et pour la civilisation de la province de Chiquitos, je désirais devenir le premier instrument de cette vaste entreprise. Le président de la république m'avait chargé de prendre des informations sur la possibilité de cette navigation, et le gouverneur avait bien voulu me seconder dans ces recherches. Dès mon arrivée, j'avais réuni chez moi tous les Indiens connaissant le mieux la campagne par suite de leur récolte annuelle de la cire des abeilles des forêts[1]. Dans le nombre se trouvaient plusieurs indigènes restés sauvages aux environs de l'ancienne mission de Santo-Corazon, à vingt lieues au sud de la mission actuelle, et d'autres chefs d'estancias ou de fermes, à l'est du Rio de Santo-Tomas, vers le nord de Santo-Corazon. Tous ces Indiens m'assurèrent qu'il n'y avait à l'est aucun point sur lequel on pût aborder toute l'année le Rio du Paraguay; que si, dans les étés très-secs, on pouvait, en traversant d'immenses marais, y arriver non sans beaucoup de difficultés, tous les terrains compris entre cette rivière et les premières montagnes à l'ouest, depuis le Rio Jauru jusqu'au Rio d'Oxukis, s'inondaient dès les premières pluies de telle manière, qu'il était impossible de les traverser autrement qu'en pirogues, et encore à grand'peine, des bois très-fourrés gênant la marche par intervalles. D'après ces renseignemens, il fallait renoncer à chercher dans les environs un port sur les rives mêmes du Rio du Paraguay, attendu que ces marais connus, au temps de la conquête, sous le nom de *Laguna de Yarayés*, s'y opposent complétement.

Forcé d'abandonner le projet de placer par cette latitude, le port directement sur la rivière du Paraguay, je songeai à l'établir sur un de ses affluens occidentaux. Au nord de Santo-Corazon existent deux rivières, le Rio *Tapana-*

---

1. Voyez t. II, p. 614.

1831. Santo-Corazon de Chiquitos.

kich et le Rio de *Santo-Tomas*. Le premier reçoit toutes les eaux du versant oriental de l'extrémité nord de la chaîne de San-Juan ou du Sunsas. J'en passai plusieurs affluens, assez considérables pour m'assurer qu'au sortir des montagnes cette rivière devait être navigable au moins lors des pluies. Les Indiens, consultés sur ce point, me dirent qu'elle l'est plutôt pendant les sécheresses, son lit se trouvant alors encaissé, tandis que, dans les crues, l'inondation de la campagne ne permettrait pas d'en reconnaître le cours. Tout en réfléchissant qu'on pourrait facilement remédier à cet inconvénient par des balises, sur lesquelles on se guiderait pendant les débordemens, je renonçai pour le moment à cette rivière. Le Rio de *Santo-Tomas* reçoit toutes les eaux de l'extrémité sud de la chaîne du Sunsas. A en juger par les lits que je traversai, son cours, au-dessous du confluent du Rio de Santo-Corazon[1], me parut devoir offrir la possibilité d'y naviguer. Les Indiens m'assurèrent qu'il est dans les mêmes circonstances que le Rio *Tapanakich*, ayant peu d'eau l'hiver, et se confondant l'été avec les marais.

Je me rappelai le volume des deux rivières du San-Rafael[2] et du Tucabaca[3], et sachant qu'à leur point de réunion, à l'extrémité de la Sierra de Santiago, leurs eaux, qui coulent sous le nom d'Oxukis, devaient, vu l'importance de leurs affluens, former une rivière navigable toute l'année, je questionnai encore les Indiens, qui me dirent que, près des rives de l'ancien Santo-Corazon, la rivière est en effet large et profonde, et passe près de lieux non inondés. Je résolus de m'en assurer par moi-même, et je priai le gouverneur d'envoyer des Indiens ouvrir un sentier au milieu de la forêt, afin d'y pouvoir arriver. Cinquante hommes furent immédiatement expédiés, et j'attendis le résultat de cette tentative. Dix jours après les Indiens revinrent et m'apprirent que le sentier était ouvert. Au milieu d'une plaine inégale, en traversant l'extrémité de la Sierra du Sunsas, ils avaient rencontré une grande rivière, pourvue de berges élevées et susceptible de présenser, toute l'année, un port commode. Il ne me restait plus d'incertitude, et ce port, situé à égale distance de Santiago et de Santo-Corazon, pouvait encore servir à remonter sur une grande distance le Rio de San-Rafael vers Santiago et le Tucabaca vers San-Juan. Enchanté de ma réussite, je voulus me rendre sur les lieux; mais le gouverneur qui, par complaisance pour moi, avait déjà attendu onze

1. Voyez la grande carte de Bolivia.
2. Voyez p. 635.
3. Voyez p. 642.

jours, me dit qu'il ne pouvait rester davantage à Santo-Corazon, en m'assurant que je n'en verrais pas plus que les Indiens. Je dus alors renoncer, quoique à regret, à mon projet, et me contenter des nombreux renseignemens obtenus. Plus tard, de retour à Santa-Ana, je dressai une petite carte de l'extrémité orientale de la province de Chiquitos[1], et l'adressai au président de la Bolivia, avec tous les renseignemens que je crus nécessaires pour bien faire connaître le point important de la république, par où l'on pourrait communiquer avec le Paraguay et avec toutes les autres provinces de la Plata, en recevant des marchandises d'Europe par cette voie, également propre à l'exportation des nombreux produits de la province de Chiquitos.[2] 1831. Chiquitos.

Le 10 Octobre, je quittai Santo-Corazon pour me rendre à San-Juan, distant de soixante-cinq lieues. A mon départ, un grand nombre d'Indiennes vinrent, les larmes aux yeux, nous donner la main, tandis que d'autres accompagnaient les Indiens chargés de nos malles, et même les leur portèrent plus d'une lieue, afin de les soulager. A mon arrivée à Santo-Corazon, la forêt était sans verdure et la sécheresse était très-grande. Durant les douze ou treize jours que j'y avais passés, des pluies abondantes, en vivifiant la campagne, y avaient tout changé. Les arbres étaient couverts du plus tendre feuillage ou de fleurs dont l'odeur suave embaumait l'air. Ce changement de décoration me faisait éprouver un plaisir d'autant plus vif, que la gent ailée, muette jusqu'alors, animait tout de ses accens mélodieux. 10 Oct.

Après neuf lieues de marche au nord-ouest, dans une épaisse forêt que distinguaient la hauteur et la variété de ses arbres, j'arrivai à la ramada de *Santo-Tomas*, située près du Rio de ce nom, grand ruisseau, descendant des montagnes de l'ouest et se dirigeant vers le Rio du Paraguay, après s'être uni au Rio de Santo-Corazon. Deux jours de suite je fis faire des fouilles

1. A mon retour à Santa-Ana, je laissai copier cette carte à M. Bach, que j'y retrouvai. C'est celle qu'il a publiée plus tard, en y ajoutant des renseignemens faux pris dans Azara : *Das Land Otuquis in Bolivia* (Francfort, 1838); mais il y a quelque peu dénaturé les lieux, afin de faire tenir plus de localités intéressantes dans le carré comprenant la concession de M. Oliden. C'est ainsi qu'on y voit figurer à tort *Santiago* sous le nom de *Rinconada*, ainsi que les salines de Santiago, etc.

2. J'ai appris plus tard que ces renseignemens ont décidé le gouvernement à concéder à M. Oliden, de Buenos-Ayres, un rayon de vingt lieues carrées autour du point où il s'établirait près du confluent du Rio Oxukis, à la condition expresse d'ouvrir la navigation du Rio du Paraguay. M. Oliden est effectivement allé s'établir près des ruines du Rio de Santo-Corazon, où il a fondé un village auquel il a donné son nom; mais je ne sache pas qu'il ait rien fait pour la navigation, dont l'état ne paraît pas avoir changé depuis mon séjour à Chiquitos.

1831. dans le lit de la rivière, la nature des cailloux me faisant espérer d'y rencontrer de l'or. En effet, des excavations même très-superficielles nous donnèrent plusieurs paillettes, indices certains que des travaux bien dirigés pourraient offrir d'excellens résultats.

Chiquitos.

De Santo-Tomas la forêt, toujours des plus épaisses et peuplée d'arbres gigantesques, parmi lesquels domine le cèdre américain, me conduisit, sous une voûte impénétrable aux rayons du soleil, jusqu'à huit lieues à l'ouest-nord-ouest, à la halte du *Soriocoma,* où je ne m'arrêtai qu'un instant, voulant aller coucher huit lieues plus à l'ouest. De la halte j'apercevais, au sud, des montagnes peu élevées, dont je m'approchai ensuite, sans laisser la forêt, et que je franchis même sur un point très-bas, avant d'arriver au Rio de Tapanakis, où je passai la nuit. Cette rivière, alors presque à sec, me montra partout des débris de phyllades, signes presque infaillibles de la présence de mines d'or; mais manquant alors de moyens d'excavation, je dus abandonner ces richesses présumées à d'autres, plus à portée que moi d'en profiter. Je parcourus le lit de la rivière en chassant, et me procurai beaucoup d'objets d'histoire naturelle.

Je souffrais d'un violent lombago, augmenté par le trot du cheval, durant seize lieues. Le soir, je fus obligé de bivouaquer dans une petite plaine, où je couchai à terre par une petite pluie, qui ne laissa pas de m'inonder. Le len-
14 Octob. demain matin je souffrais horriblement et je pouvais à peine me remuer sans pousser des cris. Néanmoins il ne m'était pas possible de retarder la marche de la troupe. Je dus en conséquence me résigner, non sans beaucoup de difficultés, à me mettre en selle, et à supporter les secousses d'une marche forcée de vingt lieues. Jamais, je crois, je n'eus besoin de plus de courage pour ne pas m'arrêter; mais, perdu au milieu de ces déserts, à vingt-cinq lieues de Santo-Corazon et à quarante de San-Juan, force m'était de suivre mes compagnons de voyage, en jetant par fois des cris que m'arrachait la douleur.

En laissant le Tapanakis, j'entrai dans une large vallée, où la forêt, moins épaisse, me permettait d'apercevoir, de temps à autre, les montagnes dont j'étais entouré. J'avais, au nord, une chaîne assez élevée, au sud une autre plus basse, vers laquelle je me dirigeai, en franchissant huit lieues au sud-ouest, sur un terrain inégal, pierreux, couvert de fragmens de quartz, jusqu'à la halte du *Tapatioch,* située près du pied des montagnes, au sein de la forêt, alors très-épaisse. Je franchis ensuite la chaîne par des chemins très-accidentés, d'autant plus difficiles, que la pluie, continuant toujours, rendait le sentier glissant. A dix lieues sud-ouest du Tapatioch, la forêt s'éclaircit, le terrain devint moins inégal, et je vis partout à découvert 1831. de grandes tables de grès dévonien. Sur une de ces masses, large de près Chiquitos. d'une lieue, coule le ruisseau de *las Conchas*. Ce torrent, par ses chutes en étages, s'est creusé des bassins dans les parties les plus friables. Il en résulte un grand nombre de petits réservoirs arrondis, assez profonds, placés à la suite les uns des autres et dans lesquels l'eau séjourne toute l'année, le trop plein seul s'écoulant dans le ravin inférieur. Ces lieux pittoresques, couverts de grès, se continuèrent deux lieues jusqu'à l'estancia de San-Francisco, où les quelques Indiens qui y demeurent, nous reçurent du mieux qu'ils purent. Pour moi, quoique peu disposé à prendre part à leurs chants et à leurs danses, je fus obligé de représenter encore une partie de la soirée. Je vis arriver nos indigènes, qui avaient dû faire, à pied et chargés, la même route que nous à cheval, c'est-à-dire environ vingt lieues. Ce qui m'étonna le plus, ce fut de les voir danser d'aussi bon cœur que s'ils n'eussent pas dû être accablés de fatigue.

Le lendemain le gouverneur avait décidé que nous gagnerions la mission 15 Octob. de San-Juan, encore à vingt lieues au sud-ouest. C'était beaucoup pour un malade, mais que faire? Il fallut bien m'y résigner encore. De San-Francisco, à travers des terrains pierreux, où des plateaux de grès à nu offrent leurs couches presque horizontales, j'atteignis, après quelques lieues, un immense bois, où le sol accidenté et couvert d'arbres énormes, élevés et droits, offrait le plus beau type d'une forêt vierge. Le temps était couvert; à peine le jour arrivait-il jusqu'à nous sous cette voûte épaisse, formée des rameaux croisés, où nous suivions un sentier large tout au plus d'un mètre. Bientôt une petite pluie commença, et nous nous estimâmes très-heureux de rencontrer, au pied de la montagne du *Tañéméné*, une halte qui nous offrait un abri. Tous entassés sous un toit de quelques mètres de surface, nous ne pouvions y rester; d'un autre côté la pluie, augmentant graduellement, on examina si l'on poursuivrait, et l'avis général fut de partir et de franchir les douze lieues qui nous restaient à faire. La forêt la plus épaisse continua toujours, et tombant de ces branches croisées, de cinquante à soixante mètres d'élévation, chaque goutte d'eau que nous recevions pesait au moins une once. Nous eûmes pourtant à essuyer des torrens de pluie, qui nous transpercèrent. Le terrain était très-inégal, montant et descendant sans cesse au milieu d'un sentier tortueux. A peine voyait-on à quelques pas devant soi. Nous franchîmes ainsi trois collines parallèles; à la dernière, je commençai à respirer, en apercevant au sud une campagne moins boisée, un ciel plus

1831. serein. J'étais sur la chaîne de San-Juan, à trois lieues de la mission du même nom. Le temps s'éclaircit peu à peu et la pluie cessa entièrement dans la plaine.

Chiquitos.

††††† *Mission de San-Juan Bautista.*

Nous rencontrâmes bientôt l'administrateur et le curé, puis les chefs indigènes, qui, en portant devant nous des bannières, nous conduisirent, sous des arcs de triomphe, jusqu'à l'entrée de la mission, où nous dûmes, quoique mouillés, nous arrêter et subir les danses, les chants, les harangues des Indiens. Jamais honneurs ne vinrent plus mal à propos; enfin, pendant que le gouverneur continuait à les recevoir, je pus m'éloigner pour changer de linge. On ne nous tint pourtant pas quittes, et le soir il nous fallut, bon gré mal gré, assister à un bal qui dura une partie de la nuit.

San-Juan fut d'abord fondé par les jésuites en 1706[1], puis abandonné, faute de religieux. En 1716 ils revinrent et y réunirent les Indiens *Boros*, *Penotos*, *Taus* et *Morotocos*, parlant des langues distinctes[2]. San-Juan, établi d'abord à douze lieues à l'est de San-José, à dix-huit de la mission actuelle[3], fut, sous un vain prétexte, long-temps après l'expulsion des jésuites, transférée dans l'endroit qu'il occupe aujourd'hui, par un religieux auquel on reproche d'avoir voulu vendre aux Brésiliens les bestiaux de la mission. Le religieux abandonna des édifices remarquables, bâtis par les jésuites, pour les remplacer, à la nouvelle mission, par des chaumières. En effet, la maison du Gouvernement, l'église, sont en terre, couvertes de paille. L'habitation seule du curé l'est en tuiles. Les cabanes des Indiens, bien propres, sont alignées autour d'une place plantée de palmiers totaïs.

La position actuelle de la mission est délicieuse. Elle s'étend au pied du versant méridional de la chaîne de San-Juan, près de la rivière du même nom, qui, après avoir reçu les ruisseaux de San-Lorenzo et de l'Ipias[4], serpente au milieu d'une vallée sablonneuse, en se dirigeant au sud-est, sous le nom de Tucabaca[5]. Cette vallée est couverte, aux environs du village, de champs immenses de coton, de maïs et de bananiers, entourés de palissades et

1. Padre Fernandez, *Relacion historial de los Chiquitos*, p. 181.

2. Padre Fernandez, *loc. cit.*, p. 362. Aujourd'hui l'on ne parle plus, à la mission, que la langue des Chiquitos et des Mototocas, les autres étant perdues.

3. Voyez ce que j'en ai dit page 630.

4. Voyez page 631.

5. Voyez page 642.

offrant partout l'image de l'abondance. Des bords du Rio de San-Juan la vue se promène agréablement sur la campagne verte et boisée, bornée au sud et au nord par des montagnes. Au sud on aperçoit, à huit ou dix lieues de distance, les trois groupes de montagnes de Santiago, de l'Ipias et de San-Lorenzo[1]. J'admirai la Sierra de Santiago, s'abaissant à l'horizon, vers l'est, et s'élevant peu à peu vers l'extrémité opposée jusqu'au Chochiis, le géant de la chaîne, aux flancs escarpés, déchirés, surmonté d'un plan horizontal. Plus à l'ouest la chaîne de l'Ipias offre sur de plus petites dimensions les mêmes aspects, et celle de San-Lorenzo présente l'ensemble d'une vaste construction en plate-forme plutôt que celui d'une montagne de grès. Si je me retournais vers le nord, les sommités boisées et bleuâtres de la Sierra de San-Juan, contrastaient, ainsi que les vastes forêts que la vue pouvait entrevoir à l'est et à l'ouest, avec l'aridité de la chaîne opposée.

1831. — San-Juan (Chiquitos).

La population actuelle de San-Juan est de 879 âmes. Elle fut formée, dans l'origine, d'Indiens Chiquitos pris à San-José, de Morotocas et de quelques autres petites tribus inconnues aujourd'hui. Les Chiquitos, en minorité et amenés de San-José seulement pour familiariser les derniers avec leur langage, n'ont pas fait disparaître la langue des *Morotocas*. Cette dernière nation, fière et belliqueuse, venue du versant méridional de la chaîne de San-Lorenzo, parlait un dialecte appartenant à la souche commune des Guarañocas de Santiago, des Samucus et des Potureros de Santo-Corazon. Facile à confondre pour les traits avec la nation chiquitos, elle se fait redouter de toutes les autres par sa bravoure; elle est néanmoins docile, bonne et industrieuse. En voulant écrire un vocabulaire de sa langue, je n'eus pas de peine à m'apercevoir que les jeunes gens l'avaient en partie oubliée pour la langue des Chiquitos; aussi ne trouvai-je que des vieillards qui la parlassent correctement. Sous l'administrateur actuel l'abondance règne à la mission, et tout marche vers le progrès. Les Indiens travaillent en chantant, comme ceux de Santo-Corazon[2]. Du reste les produits sont les mêmes que dans les autres missions.

Il est des choses qui répugnent tellement à l'homme délicat, que les divulguer même lui paraît une faute. Appelé pourtant par les circonstances à identifier mon lecteur avec mes impressions, afin de lui faire connaître les pays

1. Voyez-en le profil, Géologie, pl. IX, fig. 5, pris de ce point même, avec un réseau de rhumbs, sur les parties remarquables.

2. Voyez p. 647.

1831. San-Juan (Chiquitos).

que j'ai parcourus, je ne puis taire la conduite incompréhensible du curé de San-Juan. Lorsque j'étais à Santa-Ana, une députation des juges indigènes vint porter plainte au gouverneur contre lui, disant que ses liaisons avec les femmes du lieu ne lui permettant plus d'y confesser personne, tous les Indiens et Indiennes étaient forcés d'aller remplir ces obligations religieuses aux missions des alentours, très-éloignées. Cette plainte, dont je pus facilement saisir la portée, ne serait pas comprise en Europe sans quelques explications. Il est reçu en Amérique qu'un ecclésiastique peut confesser tout le monde, moins les parents des femmes avec lesquelles il a entretenu des relations trop intimes. Or, c'était le fait du curé de San-Juan, qui, par suite de la prolongation de cette conduite, se trouvait hors d'état de recevoir, au tribunal de la pénitence, une seule famille de sa résidence. Le gouverneur voulut faire une enquête. Toutes les autorités indigènes convoquées vinrent unanimement déposer que le curé n'avait pas plus respecté leurs femmes que leurs filles. Elles présentèrent au gouverneur dix-neuf jeunes Indiennes, dernières victimes de ce monstre. Je frémis en voyant que la plus âgée n'avait pas plus d'onze ans, tandis que quelques autres étaient encore dans l'enfance. L'interrogatoire des Indiens et des jeunes Indiennes dévoila des horreurs. Le misérable exploitait partout la religion, la crainte de l'enfer, pour satisfaire ses passions avec le cynisme le plus révoltant et le libertinage le plus déhonté. Je n'entrerai pas dans plus de détails sur un sujet aussi odieux. Il me suffira de dire que le coupable ne nia aucune de ses actions, les trouvant toutes naturelles. Le gouverneur, ne pouvant lui infliger aucune peine sans empiéter sur les droits de l'évêque, se contenta de le changer de mission, en l'envoyant à Santiago, tout en déférant la plainte au chef du clergé.

Lorsqu'on réfléchit à l'existence des curés et des administrateurs dans les missions, il est facile de s'expliquer ces égaremens, qui se renouvellent néanmoins très-fréquemment, quoique sur une plus petite échelle. Dans un village, éloigné souvent de trente à quarante lieues des autres et affranchi de tout contrôle des autorités supérieures, deux hommes, le curé et l'administrateur, se partagent un pouvoir sans limites et peuvent satisfaire tous leurs caprices, toutes leurs fantaisies, sans éprouver la moindre résistance de la part des indigènes : la crainte des châtimens d'un côté, des pénitences ou de l'excommunication de l'autre, obligeant ces derniers à souffrir en silence. Il en résulte que si l'administrateur ou le curé, hommes ordinairement assez mal élevés, ont de mauvaises dispositions, celles-ci augmentent par le désœuvrement, l'impunité, et surtout par le manque de cette critique des grandes sociétés, dont l'influence est des plus efficaces sur la conduite privée de chacun de leurs membres. 1831. Chiquitos.

Le plaisir de commander despotiquement devient une habitude, à laquelle on ne renonce pas sans peine. J'ai vu à Santa-Cruz d'anciens curés et d'anciens administrateurs de Chiquitos et de Moxos, qui ne pouvaient plus vivre dans la société. Ils s'y trouvaient gênés, et soupiraient sans cesse pour le régime des missions, dont la liberté d'action et les jouissances toutes matérielles, leur paraissaient le bien suprême.

§. 2. *Retour vers les Missions du centre et de l'ouest de la province de Chiquitos.*

Après quatre jours passés à San-Juan, je le quittai sans regret, impatient de me voir affranchi des cérémonies et de commencer à Santa-Ana, devenu mon centre d'observations, des recherches suivies sur la province. Le 19 Octobre, ayant expédié mes bagages dès la veille, je m'acheminai directement vers San-Rafael, distant de soixante-six lieues au nord-ouest. En suivant parallèlement la chaîne de gneiss de San-Juan, je franchis jusqu'aux ramadas de *Santa-Ana* et de *San-Nicolas,* huit lieues de terrains sablonneux, peu boisés, entrecoupés de petites plaines, où dans son éclat brillait partout le printemps des tropiques avec sa fraîche verdure, avec ses insectes aux couleurs métalliques, aux ailes diaprées. J'entrai ensuite dans une sombre forêt, qu'un sentier à peine tracé sous des arbres immenses traversait l'espace de neuf lieues sans la moindre variation. Je commençais à m'en fatiguer, lorsqu'enfin le terrain moins boisé, coupé de plaines arrondies, se montra et continua cinq lieues encore jusqu'au *Tunas,* simple hutte, où je m'arrêtai pour passer la nuit, après une marche de vingt-deux lieues. J'y attachai mon hamac et j'y cherchai en vain le repos, que les moustiques ne me permirent pas de goûter. 19 Oct.

La veille j'avais suivi parallèlement la chaîne de San-Juan, qui me parut s'abaisser au Tunas. Là je la perdis de vue, pour entrer dans une forêt très-épaisse, où, après avoir marché toute la journée sans rien distinguer, une course de dix-neuf lieues me conduisit à une petite plaine. Je m'y arrêtai près d'un rocher, à l'endroit nommé la *Piedra.* Je m'étais reposé un instant, le matin, après les premières lieues de terrains plans et humides, où je 20 Oct.

1831. — Chiquitos. remarquai une multitude extraordinaire d'abeilles, surtout de l'espèce moitié noire et moitié jaune, connue sous le nom d'*Opanoch*. Dans cette marche forcée, tourmenté d'une soif dévorante, je n'avais rencontré nulle part de quoi l'apaiser. En traversant de petites montagnes, sans doute l'extrémité de la chaîne de San-Juan, je crus un instant que les ravins m'en offriraient; ..... erreur. A la Piedra, où j'espérais être plus heureux, mon espoir fut encore trompé : il n'y avait ni halte, ni eau. Je m'étendis à terre, en faisant creuser dans un bas-fond, où, après avoir pris bien de la peine, on obtint une eau boueuse, dont il fallut se contenter. Les moustiques en ce lieu ne nous laissèrent pas plus reposer qu'au Tunas.

21 Oct. Il me restait vingt-cinq lieues à faire pour arriver à San-Rafael. Fatigué des mauvaises nuits et de la marche, je résolus de tout tenter pour les franchir. Dans cette intention, je partis à l'aube du jour. Je suivis, pendant trois lieues, ayant à l'ouest la Sierra de San-Carlos (dont les mamelons arrondis se dessinaient à l'horizon), la rive d'un marais, affluent du Rio de San-Miguel, et je le passai dans les plaines les plus belles du monde. Ce marais restreint, dont le lit est assez profond, se couvre tellement d'eau au temps des pluies, qu'il est impossible de le traverser. Les communications entre San-Juan et San-Rafael sont alors entièrement interrompues. J'entrai dans une grande forêt de huit lieues de largeur, peuplée partout d'arbres immenses, au sortir de laquelle je fis quatre lieues au milieu d'un terrain rocailleux, inégal, jusqu'au ruisseau de *Dolores*. Fatiguées des journées précédentes, nos montures n'auraient pas pu nous mener plus loin; mais l'administrateur de San-Rafael nous ayant fait la galanterie de nous envoyer des chevaux frais, nous repartîmes peu après, en traversant des terrains inégaux et entrecoupés de plaines et de bois, jusqu'au ravin de Santa-Barbara[1], où j'avais passé en partant de San-Rafael, et de là jusqu'à la mission. Épuisé de fatigues, je m'étendis sur un cuir, et je savourai le bonheur d'être à l'abri des piqûres envenimées des moustiques.

Après quelques jours employés à faire des recherches d'histoire naturelle et à parcourir de nouveau les environs de San-Rafael, je me rendis à Santa-Ana, où je mis un peu moins d'un mois à compléter mes observations de tous genres. Santa-Ana et ses alentours avaient complétement changé d'aspect. Une végétation active, une fraîche verdure revêtaient partout le sol, émaillé de fleurs variées. A peine y pouvais-je reconnaître la campagne que j'avais

1. Voyez page 619.

laissée deux mois auparavant. Cette effervescence générale de la végétation amenait une multitude d'insectes de tous genres et d'éclatans oiseaux qui, tout en animant l'ensemble, m'ouvrit une nouvelle source de richesses et de travaux. 1831. Chiquitos.

2 Nov. Le 2 Novembre, je fus témoin d'un fait nouveau pour moi, et qui me surprit beaucoup. De toutes les parties de la maison du gouvernement et des cours sortit, sans doute pour s'accoupler, une multitude extraordinaire de mâles et de femelles de fourmis ailées. Dès que les Indiens s'en aperçurent, j'entendis répéter partout: „Ce sont des *Océpés.*" Les hommes, les femmes, les enfans se portèrent vers ces lieux, en se disputant la possession des femelles, dont l'abdomen, rond, de la grosseur d'un petit pois, était rempli des germes des œufs, matière grasse, blanche comme de la pâte. Je prenais plaisir à voir ces pauvres gens saisir une fourmi, lui arracher l'abdomen, et le croquer avec autant de plaisir que s'ils eussent savouré le fruit le plus succulent. D'autres gourmands, plus délicats, réunissaient les insectes dans un vase, afin de les manger frits. Surmontant la répugnance que devait me faire éprouver l'aspect d'un mets si étrange, j'en voulus goûter, et je le trouvai assez agréable. Pendant une quinzaine de jours, les Indiens donnèrent partout la chasse aux fourmis, et en firent une ample provision.

Un autre jour, le gouverneur, étant sorti le soir dans une des cours qui communiquait avec la campagne par de larges barrières toujours ouvertes, crut voir passer, près de lui, un gros animal, et rentra tout effrayé. Le lendemain, on y reconnut sur le sable la trace des pas d'un jaguar. Cette apparition mit toute la mission en émoi. On construisit bientôt en dehors une cage formée de grosses branches d'arbres; on y attacha de la viande fraîche, en établissant une porte à bascule, qui devait se refermer dès qu'on toucherait à la viande. Ce stratagème, usité partout où ces animaux sont communs, réussit la seconde nuit. Au point du jour on vint m'en prévenir. Rien n'était effrayant comme ce jaguar furieux, s'élançant sur les barreaux de sa cage dès qu'on s'en approchait, et faisant voler des éclats d'écorce avec ses griffes acérées. C'était réellement un beau spectacle, auquel pourtant personne ne prenait plaisir, dans la crainte qu'un des efforts du féroce animal ne vînt à rompre ses liens. Abattu, lorsqu'il se croyait seul, ses yeux étincelaient à la moindre approche. Alors il se cramponnait à ses barreaux, ébranlant toute sa cage pour en sortir et pour se jeter sur les spectateurs. La peur de le voir s'échapper fit désirer sa mort. Une balle mit fin à la rage du prisonnier, et ramena la sécurité dans Santa-Ana.

1831. Les jaguars, très-communs dans la province de Chiquitos, causent de grands dégâts dans les fermes où l'on élève les bestiaux. Ces fermes, disséminées sur des points éloignés, sont entourées de vastes déserts, refuge naturel de l'animal, qui porte constamment obstacle à l'accroissement des troupeaux et les empêche de prospérer. Le gouverneur, qui connaissait la bravoure des Indiens, offrit une vache pleine pour chaque peau de jaguar qu'on lui apporterait. L'effet de cette mesure passa toutes ses espérances. On avait tué, depuis une année, cent jaguars au moins, et leurs peaux tannées formaient un magnifique tapis dans la grande salle de réception du gouverneur. Les Indiens le chassent avec des *trampas*, piéges analogues à celui de Santa-Ana ou à coups de flèches; armes dont ils usent avec beaucoup d'adresse.

Chiquitos.

Avant de laisser Santa-Ana, j'aurais voulu visiter la ville de Mato-Grosso, distante de cinquante-neuf lieues au nord; mais je renonçai à ce voyage, parce qu'il y régnait alors une fièvre endémique, qui décimait la population en sévissant particulièrement sur les blancs. Cette fièvre presque annuelle ne permet d'y vivre qu'aux mulâtres ou aux nègres; aussi tous les blancs se réfugient-ils à *Cuyaba*, aujourd'hui capitale de la province. Suivant les limites établies entre l'Espagne et le Portugal par le traité de 1777, la *Villa bella do Mato-Grosso* (la belle ville du grand bois) devait être la frontière; mais il n'en est pas ainsi, et la limite actuelle se trouve de fait à Salinas, c'est-à-dire à trente-trois lieues de Santa-Ana. Du reste le seul chemin qui existe entre la république de Bolivia et le Brésil, est celui de Santa-Ana, par lequel beaucoup d'Espagnols sont venus de Rio de Janeiro au Pérou. Ces voyages sont même assez fréquens en raison du commerce des mines de diamans de la chaîne de Diamantino. A douze lieues de Santa-Ana, existe sur cette route, le poste du *Pato*, où l'on entretient, toute l'année, au nom de la Bolivia, quelques soldats, afin de prévenir des mouvemens des Brésiliens. Du Pato à Purubi on compte treize lieues de plaines entrecoupées de palmares ou de bois de palmiers carondaïs, de bosquets naturels et de prairies magnifiques pour les bestiaux. Le même terrain se continue à huit lieues jusqu'à *Salinas*, premier poste du Brésil et présentement la limite entre la république et l'empire. Le Brésil entretient là un fort détachement de soldats. Salinas est près d'un immense marais bordé de bois, source du Rio Barbados, qui, quatorze lieues plus loin, offre sur ses rives, dans une plaine, le village de Casalbasco. C'est un lieu de déportation, où l'on exile les condamnés. Depuis la guerre de l'indépendance on y retient des familles de Chiquitos, que le gouverneur

Ramos a enlevées de Santa-Ana, et ces pauvres Indiens sont soumis à la même surveillance que les criminels, les Brésiliens craignant de les voir retourner à Santa-Ana. On les renferme tous les soirs, ils ne vont aux champs qu'escortés de soldats, et quand on les surprend dans la campagne, ou qu'on les soupçonne d'avoir voulu s'évader, on les châtie avec rigueur. De Casalbasco à Mato-Grosso il n'y a plus que douze lieues, qui se font sur le Rio Barbados, en jolies gariteas. La navigation est donc établie déjà par ce point jusqu'à l'embouchure de l'Amazone. Quelques grosses barques remontent tous les ans et apportent à Mato-Grosso par le Para et par le Rio de Maderas toutes les marchandises d'Europe. 1831. Chiquitos.

Le 23 Novembre je fis, toujours accompagné du gouverneur, mes adieux 23 Nov. à Santa-Ana, non sans regretter ces bons Indiens, dont j'avais reçu tant de services. Je me rendis à San-Miguel, d'où, quelques jours après, je m'acheminai vers Concepcion et San-Xavier par une pluie presque continuelle. Je ne parlerai pas des missions, ni de la route, que j'ai décrites au XXIX.e chapitre. Partout je fis de belles moissons d'histoire naturelle. La nature était alors revêtue de sa plus riche parure. À Concepcion j'avais été obligé de laisser le gouverneur, qui poursuivit son voyage jusqu'à Santa-Cruz. Je m'en séparai avec un véritable regret. J'avais pu apprécier ses bonnes qualités, son amabilité, et j'éprouvais pour lui une affection toute particulière. Don Marcelino de la Peña, né au Cuzco, s'était distingué dans l'armée espagnole, où il avait atteint le grade de lieutenant-colonel. Méritant tour à tour la confiance de l'Espagne et de la patrie, il devint, après l'émancipation, major de place, commandant militaire et intendant de police à Santa-Cruz, puis gouverneur de Moxos, ensuite de la province de Chiquitos, où tout son désir était d'opérer des améliorations utiles. Je lui dois le succès de mon voyage et je lui ai voué une reconnaissance éternelle. Depuis je n'ai jamais pensé à lui sans un grand plaisir. Puisse cet honorable fonctionnaire lire ces lignes avec le charme que j'éprouve à m'y retracer la mémoire de tout ce que je dois à son amitié !

TABLE DES MATIÈRES

CONTENUES DANS CE VOLUME.

Pages.

FIN DU SECOND VOLUME.

www.ingramcontent.com/pod-product-compliance
Ingram Content Group UK Ltd.
Pitfield, Milton Keynes, MK11 3LW, UK
UKHW020254230726
13925UKWH00001B/37

9 782013 476096